데경향에 맞춘 최고의 수험서

2024 PASS

측량 및 지형공간정보

산업기사 필기+실기

3~5과목/부록

송용희 · 민미란 · 이혜진 · 김민승 · 박동규 저

예문사

제3편 지리정보시스템(GIS) 및 위성측위시스템(GNSS)

제4편 응용측량

CHAPTER. 01 면적 · 체적측량

CHAPTER. 02 노선측량

CHAPTER. 03 하천 및 해양측량

제5편 실기(작업형)

CHAPTER. 04 성과정리

CHAPTER. 05 실전문제

부록 Ⅰ

부록 Ⅱ

03

지리정보시스템 (GIS) 및 위성측위시스템 (GNSS)

지리정보시스템 (GIS) 및 위성측위시스템 (GNSS)

CHAPTER 01 총론

···01 개요

(1) **지리정보체계(Geographic Information System ; GIS)**

① 지리정보를 효과적으로 수집, 저장, 조작, 분석, 표현할 수 있도록 서로 유기적으로 연계된 컴퓨터의 하드웨어, 소프트웨어, 자료기반 및 인적자원의 결합체이다.

② 지구상의 지점에 관련된 현상과 관계된 정보를 처리하는 지리정보체계이다.

(2) **지형공간정보체계(GeoSpatial Information System ; GSIS)**

국토계획, 지역계획, 자원개발계획, 공사계획 등 각종 계획의 입안과 추진을 성공적으로 수행하기 위해서는 토지, 자원, 환경 또는 이와 관련된 각종 정보 등을 컴퓨터에 의해 종합적, 연계적으로 처리하는 방식이 지형공간정보체계이다.

···02 특징

(1) 대량의 정보를 저장하고 관리할 수 있음

(2) 원하는 정보를 쉽게 찾아볼 수 있고, 새로운 정보의 추가와 수정이 용이

(3) 표현방식이 다른 여러 가지 지도나 도형으로 표현이 가능

(4) 지도의 축소 · 확대가 자유롭고 계측이 용이

(5) 복잡한 정보의 분류나 분석에 유용

(6) 필요한 자료의 중첩을 통하여 종합적 정보의 획득이 용이

(7) 입지 선정의 적합성 판정이 용이

···03 도입효과

(1) 정책 일관성 확보

(2) 과학적 정책결정

(3) 업무의 신속성 및 비용 절감

(4) 합리적 도시계획

(5) 일상 업무 지원

···04 활용

(1) 수치지도의 제작에 유용

(2) 시설물 관리에 유용

(3) 환경 및 자원의 분석과 관리에 유용

(4) 교통 및 관광 분야에 유용

(5) 유통 및 마케팅 분야에 유용

(6) 지역개발계획 수립을 위한 자료 제공

(7) 도시 및 지역관리에 유용

···05 체계구성 및 구비요건

(1) 체계의 구성

지리정보체계는 토지, 자원 및 환경 등에 관련된 다양한 정보를 그들 특성에 따라 위치와 특성에 맞추어 입력, 저장하여 컴퓨터에 의해 처리함으로써 여러 목적에 맞게 활용, 분석 및 출력할수 있는 정보체계

(2) 구비요건

① 하나 또는 그 이상의 자료입력 형식

② 소요공간 관계와 관련된 정보의 저장 및 유지기능

③ 자료 간의 상관성과 적절한 요소들의 원인 : 결과 반응을 고려한 모형화

④ 다양한 방식에 의한 자료의 출력

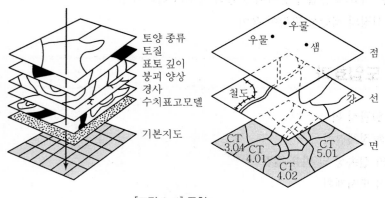

[그림 1-1] 중첩

⋯⋯06 GIS의 구성요소

(1) 하드웨어(Hardware)

하드웨어는 GIS 구현을 위한 기본 토대로서 소프트웨어가 운용되며 데이터의 구축, 저장 및 프로세스의 수행을 담당하는 장치이다. 하드웨어의 범주에는 컴퓨터, 디지타이저, 스캐너, 플로터 등이 포함된다.

(2) 소프트웨어(Software)

GIS 데이터의 구축, 조작뿐만 아니라 GIS에서 수행하는 대부분의 작업이 소프트웨어를 거치지 않고는 어려울 만큼 대부분의 기능을 여기서 수행하고 있다.

(3) 데이터베이스(Database)

GIS에서 사용되는 데이터는 지리데이터(Geographic Data)라고도 하며, 이 데이터는 공간데이터와 비공간데이터(속성데이터)로 구성되며 GIS 작업의 대부분은 데이터를 입력하고 관리해야 한다.

(4) 조직 및 인력(Organization and People)

GIS의 시스템 구축, 유지관리, 활용이라는 단계를 통해 데이터 제작자, 시스템 관리자, 프로그래머, 시스템 엔지니어, 사용자 등 다양한 역할을 수행하는 조직 및 인력이 필요하다.

···07 자료처리체계

GIS의 자료처리체계는 크게 자료입력, 자료처리, 출력의 3단계로 구분할 수 있다.

(1) GIS의 자료처리 순서

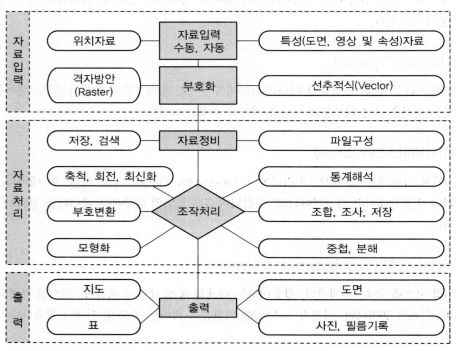

[그림 1-2] GIS 자료처리의 흐름도

(2) 자료입력

1) 자료입력

자료의 입력 방식에는 수동방식과 자동방식이 있으며, 기본도의 투영법 및 축척 등에 맞도록 재편집한다.

2) 부호화

① 점, 선, 면, 다각형 등에 포함되어 있는 변량을 부호화한다.
② 부호화 방식에는 벡터입력 방식(Vector Coding), 격자입력 방식(Raster Coding)이 있다.

(3) 자료처리

1) 자료정비

① 자료 관리 과정은 GIS의 효율적 작업의 성공 여부에 매우 중요

② 자료 유지관리는 모든 자료의 등록, 저장, 재생 및 유지에 관련된 일련의 프로그램의 구성

2) 조작처리

① 표면분석 : 하나의 자료층에 있는 변량들 간의 관계분석에 적용

② 중첩분석 : 둘 이상의 자료층에 있는 변량들 간의 관계분석에 적용

(4) 출력

도면이나 도표의 형태로 검색 및 출력

···08 GIS 관련 학술분야

(1) 측량학(Surveying) 및 측지학(Geodesy)

(2) 사진측량학(Photogrammetry)

(3) 원격탐측(Remote Sensing) 및 수치영상처리(Digital Image Processing)

(4) 지리학(Geography)

(5) 지도제작(Cartography)

(6) 통계학(Statistics)

···09 GIS의 응용

(1) 토지정보체계(Land Information System ; LIS)

(2) 도시정보체계(Urban Information System ; UIS)

(3) 지리정보체계(Geographic Information System ; GIS)

(4) 수치지도제작 및 지도정보체계(Digital Mapping and Map Information System ; DM/MIS)

(5) 도면자동화 및 시설물관리(Automated Mapping and Facilities Management ; AM/FM)

(6) 측량정보체계(Surveying Information System ; SIS)

(7) 도형 및 영상정보체계(Graphic and Image Information System ; GIIS)

(8) 교통정보체계(Transportation Information System ; TIS)

(9) 환경정보체계(Environmental Information System ; EIS)

(10) 재해정보체계(Disaster Information System ; DIS)

(11) 해양정보체계(Marine Information System ; MIS)

(12) 지하정보체계(UnderGround Information System ; UGIS)

(13) 자원정보체계(Resource Information System ; RIS)

···10 기타

(1) 지형(Geo)

일반적으로 토지의 기복이나 형태. 즉, 자연지형을 가리키며, 포괄적인 개념으로 제반 인간활동영역에서 이루어지는 학술적인 현상 또는 대상물의 특성 또는 분포를 의미한다.

(2) 공간(Space)

지형정보를 해석하는 데 필요한 대상물들 사이의 상호 위치관계와 제반 학술적 현상의 발생영역 또는 범주로 모형공간과 실제공간으로 구분된다.

(3) 정보(Information)

자료를 처리하여 사용자에게 의미있는 가치를 부여한 것으로 위치정보와 특성정보로 구분된다.

(4) 체계(System)

다양한 정보들의 상관관계를 규정함으로써 여러 종류의 정보들에 대한 연결을 시도하는 것이고 이에 대한 자체적인 제어능력을 가진 개별 요소들의 집합체이다.

CHAPTER 01 실전문제

01 세계 최초로 컴퓨터를 활용한 GIS를 성공적으로 도입하여 수행하고 있는 국가는?

㉮ 호주
㉯ 미국
㉰ 캐나다
㉱ 일본

○ 1960년대 캐나다에서 세계 최초의 지리정보체계가 구축되었는데, 토지 생산성에 관한 수많은 지도를 작성하여 농지의 재생회복 사업을 위한 자료를 해석하기 위해서 구축되었다.

02 다음 중 그 의미가 다른 것은?

㉮ GIS(Geographic Information System)
㉯ GSIS(Geo−Spatial Information System)
㉰ GPS(Global Positioning System)
㉱ 지리정보체계

○ GPS(Global Positioning System) 위성에서 발사한 전파를 수신하여 관측점까지 소요시간을 관측함으로써 관측점의 위치를 결정하는 체계이다.

03 GIS에 대한 일반적인 설명으로 틀린 것은?

㉮ 도형자료와 속성자료를 연결하여 처리하는 정보시스템이다.
㉯ 하드웨어, 소프트웨어, 지리자료, 인적자원의 통합적 시스템이다.
㉰ 인공위성을 이용한 위치결정시스템이다.
㉱ 지리자료와 공간문제의 해결을 위한 자료의 활용에 중점을 둔다.

○ GPS(Global Positioning System) 위성에서 발사한 전파를 수신하여 관측점까지 소요시간을 관측함으로써 관측점의 위치를 결정하는 체계이다.

04 GIS에 대한 설명으로 옳지 않은 것은?

㉮ 공간요소에 연계된 속성정보로 구축되었다.
㉯ 저장, 갱신, 관리, 분석 및 출력이 가능하도록 된 체계이다.
㉰ 공간적으로 배열된 형태의 자료를 처리한다.
㉱ 일반적으로 숫자나 문자를 처리하는 정보시스템이다.

○ 지리정보체계는 토지, 자원 및 환경 등에 관련된 다양한 정보를 그들 특성에 따라 위치와 특성에 맞추어 입력, 저장하여 컴퓨터에 의해 처리함으로써 여러 목적에 맞게 활용, 분석 및 출력할 수 있다.
• 위치정보와 이와 관련된 속성정보를 이용하여 현실세계를 표현
• 효율적 관리 및 처리방안의 수립
• 합리적 공간분석

정답 01 ㉰ 02 ㉰ 03 ㉰ 04 ㉱

05 지리정보시스템(GIS)에 대한 설명 중 틀린 것은?

㉮ 인간의 의사결정능력의 지원에 필요한 지리정보의 관측과 수집
에서부터 보존과 분석, 출력에 이르기까지 일련의 조작을 위한
정보시스템이다.

㉯ 격자방식이 벡터방식에 비해 정확한 경계선 추출이 가능하다.

㉰ 지리정보는 GIS에서 대상으로 하는 모든 정보를 의미한다.

㉱ 지리정보의 대표적인 항목은 지리적 위치, 관련 속성정보, 공간
적 관계, 시간이다.

⊙ 벡터 자료구조는 차원, 길이 등으로
모든 위치를 정밀하게 표현할 수 있어
격자 자료구조보다 더 정확하게 경계
선을 추출할 수 있다.

06 지리정보시스템(GIS)에 대한 설명으로 맞지 않는 것은?

㉮ 지리정보의 전산화 도구

㉯ 고품질의 공간정보 획득 도구

㉰ 합리적인 공간의사결정을 위한 도구

㉱ CAD 및 그래픽 전용 도구

⊙ 지리정보시스템(GIS)
지구 및 우주공간 등 인간활동공간에
관련된 제반 과학적 현상을 정보화하
고 시공간적 분석을 통하여 그 효용성
을 극대화하기 위한 정보체계로 CAD
및 그래픽 전용 도구보다 다양하게 운
용할 수 있는 정보시스템이다.

07 GIS에 대한 설명으로 옳지 않은 것은?

㉮ 위치정보를 가진 도형정보와 문자로 된 속성정보를 갖는다.

㉯ 컴퓨터 하드웨어(H/W)와 소프트웨어(S/W)를 필요로 한다.

㉰ CAD에서도 GIS처럼 위상정보의 중첩기능을 제공한다.

㉱ 일반적인 도면 형식과 지도 형식을 가진 도형정보를 다룬다.

⊙ CAD는 그래픽형태의 벡터파일 형식
으로 위상구조를 저장하지 않는다.

08 GIS 시스템이 CAD 시스템과 차별화되는 요인은?

㉮ 대용량의 그래픽 정보를 다룬다.

㉯ 위상구조를 바탕으로 공간분석 능력을 갖추었다.

㉰ 필요한 도형정보만을 추출할 수 있다.

㉱ 다양한 축척으로 자료를 출력할 수 있다.

⊙ GIS
• 지구 및 우주 공간 등(인간 활동 공
간에 관련된) 제반 과학적 현상을
정보화
• 각종 정보를 컴퓨터에 의해(종합
적, 연계적+시공간적 분석) 처리
• 그 효용성을 극대화하는 공간정보체계
• Computer H/W, S/W, 지형공간
자료 및 인적 자원의 통합체
• CAD는 단순히 벡터 파일을 생성
하고 각종 계산을 가능하게 하지만
GIS와 같이 공간분석 능력을 갖고
있지 않음
• GIS > CAD

정답 **05** ㉯ **06** ㉱ **07** ㉰ **08** ㉯

09 다음 중 GIS를 사용하여 발생되는 장점이 아닌 것은?

㉮ 수치데이터로 구축되어 지도 축척의 손쉬운 변환이 가능하다.

㉯ 기존의 수작업으로 하는 작업을 컴퓨터를 이용하여 손쉽게 할 수 있다.

㉰ GIS 데이터는 CAD와 비교하여 데이터의 형식이 간단하여 취급이 쉽다.

㉱ 다양한 공간적 분석이 가능하여 도시계획, 환경, 생태 등 다양한 분야에서 의사결정에 활용될 수 있다.

⊙ GIS
• 정의
  - 지구 및 우주 공간 등 인간 활동 공간에 관련된 제반 과학적 현상을 정보화
  - 각종 정보를 컴퓨터에 의해 종합적, 연계적으로 처리하여 그 효율성을 극대화하는 공간정보체계
• 효과
  - 관리 및 처리 방안의 수립
  - 효율적 관리
  - 이용 가능한 자료의 구축
  - 합리적 공간 분석
  - 투자 및 조사의 중복 극소화
  - 수집한 자료의 용이한 결합

10 GIS를 사용함에 따른 특징이 아닌 것은?

㉮ 정보가 수치데이터로 구축되어 지도 축척의 손쉬운 변환이 가능하다.

㉯ 기존의 수작업으로 하던 작업을 컴퓨터를 이용하여 손쉽게 할 수 있다.

㉰ GIS와 CAD, CAM의 공통점은 지리적 위치관계를 갖고 있는 공간자료와 속성자료를 서로 연관시켜 부가가치 높은 정보를 창출하는 것이다.

㉱ 다양한 공간적 분석이 가능하여 도시계획, 환경, 생태 등의 여러 분야에서 의사결정에 활용될 수 있다.

⊙ CAD, CAM은 그래픽 형태의 공간자료로 속성자료가 결여되어 있어 공간자료와 속성자료를 연결하여 새로운 정보를 창출하는 것이 어렵다.

11 GIS의 특징에 대한 설명으로 가장 옳지 않은 것은?

㉮ 지리정보처리는 자료의 입력, 자료의 분석, 자료의 출력 3단계로 구분할 수 있다.

㉯ 사용자의 요구에 맞는 지도를 쉽게 제작할 수 있다.

㉰ 자료의 통계적 분석이 가능하며 분석결과에 맞는 지도의 제작이 가능하다.

㉱ 일반적으로 자료가 수치적으로 구성되므로 축척 변경이 어렵다.

⊙ GIS는 자료가 수치적으로 구성되므로 축척 변경이 용이하다.

12 GIS의 필요성과 관계가 없는 것은?

㉮ 전문부서 간의 업무의 유기적 관계를 갖기 위하여

㉯ 정보의 신뢰도를 높이기 위한 측면

㉰ 자료 중복조사 및 분산관리를 위한 측면

㉱ 행정환경변화의 수동적 대응을 하기 위한 측면

⊙ ㉱ : 행정환경변화의 능동적 대응
• 업무의 신속성
• 최신정보이용 및 과학적 정책결정
• 유관기관 자료공유 및 유기적 협조체제

정답 **09** ㉰ **10** ㉰ **11** ㉱ **12** ㉱

실전문제 TIP

13 지리정보시스템(GIS)의 특징이 아닌 것은?

㉮ 자료의 합성 및 중첩에 의한 다양한 공간분석이 용이하다.

㉯ 사용자의 요구에 맞게 새로운 지도를 제작하거나, 수정할 수 있다.

㉰ 대규모 자료를 데이터베이스화하여 효과적으로 관리할 수 있다.

㉱ 한 번 구축된 지리정보시스템의 자료는 항상성을 유지하기 위해 수정, 편집이 어렵다.

⊙ GIS의 특징
- 대량의 정보를 저장하고 관리할 수 있음
- 원하는 정보를 쉽게 찾아볼 수 있고, 새로운 정보의 추가와 수정이 용이
- 표현방식이 다른 여러 가지 지도나 도형으로 표현이 가능
- 지도의 축소·확대가 자유롭고 계측이 용이
- 복잡한 정보의 분류나 분석에 유용
- 필요한 자료의 중첩을 통하여 종합적 정보의 획득이 용이

14 지리정보시스템의 주요 기능에 대한 설명으로 가장 거리가 먼 것은?

㉮ 효율적인 수치지도(Digital Map) 제작을 통해 지도의 내용과 활용성을 높인다.

㉯ 효율적인 GIS 데이터 모델을 적용하여 다양한 분석기능 및 모델링이 가능하다.

㉰ 입지분석, 하천분석, 교통분석, 가시권 분석, 환경분석, 상권설정 및 분석 등을 통한 고부가가치 정보 및 지식을 창출한다.

㉱ 조직의 인사관리 및 관리자의 조직운영 결정기능을 지원하다.

⊙ GIS
- 정의
  지구 및 우주 공간 등 인간 활동공간에 관련된 제반 과학적 현상을 정보화하고 각종 정보를 컴퓨터에 의해 종합적, 연계적으로 처리하여 그 효율성을 극대화하는 공간정보체계
- 효과
  - 관리 및 처리 방안의 수립
  - 효율적 관리
  - 이용 가능한 자료의 구축
  - 합리적 공간 분석
  - 투자 및 조사의 중복 극소화
  - 수집한 자료의 용이한 결합

15 자료의 수집 및 취득시 지형공간정보체계를 이용함으로써 기대할 수 있는 효과에 대한 설명으로 거리가 먼 것은?

㉮ 투자 및 조사의 중복을 극소화할 수 있다.

㉯ 분업과 합작을 통하여 자료의 수치화 작업을 용이하게 해준다.

㉰ 상호 간의 자료공유와 자료입수가 쉽지 않으므로 보안성이 좋아진다.

㉱ 자료기반(Database)과 전산망 체계를 통하여 자료를 더욱 간편하게 사용하게 된다.

⊙ 지형공간정보체계는 상호 간의 자료공유가 원활하고 자료입수가 용이하므로 보안성은 낮아진다.

16 지리정보시스템의 이용효과 중 거리가 먼 것은?

㉮ 수치화된 자료에 대한 다양한 분석이 가능하다.

㉯ DB 체계를 통하여 자료를 더욱 간편하게 사용하고 자료 입수도 용이하다.

㉰ 투자 및 조사의 중복을 극대화할 수 있다.

㉱ 수집한 자료는 다른 여러 자료와 유용하게 결합할 수 있다.

⊙ 지리정보시스템을 이용함으로써 상호 간의 자료공유를 원활하게 하여 투자 및 조사의 중복을 극소화한다.

정답 13 ㉱ 14 ㉱ 15 ㉰ 16 ㉰

17 다음 중 GIS 도입의 성공 요건과 가장 거리가 먼 것은?

㉮ 데이터 입력의 효율화 ㉯ 데이터베이스의 유지관리

㉰ 데이터의 공유 ㉱ 데이터 수집 비용의 증대

> 데이터 수집 비용의 증대는 GIS 도입의 성공 요건과는 거리가 멀다.

18 지리정보시스템(GIS)의 기능과 가장 거리가 먼 것은?

㉮ 공간자료의 정보화 ㉯ 자료의 시공간적 분석

㉰ 의사결정 지원 ㉱ 공간정보의 보안 강화

> 지형공간정보체계는 상호 간의 자료 공유가 원활하고 자료입수가 용이하므로 보안성은 낮아진다.

19 지리정보시스템(GIS) 산업의 성장에 긍정적인 영향을 준 것으로 거리가 먼 것은?

㉮ 자료 시각화 기술의 발달

㉯ 정보의 독점 강화

㉰ 오픈소스 기반 GIS 소프트웨어의 발달

㉱ 자료 유통체계 확립

> 지리정보시스템을 이용함으로써 상호 간의 자료공유를 원활하게 하여 투자 및 조사의 중복을 극소화하며 이를 활용한 서비스뿐만 아니라 GIS 애플리케이션 개발, 모바일 GIS 등 GIS 시장이 다양하게 확대되고 있다.

20 다음 중 지형공간정보체계의 기능을 충분히 발휘하기 위하여 요구되는 구비요건에 대한 설명으로 틀린 것은?

㉮ 하나 또는 그 이상의 자료 입력 방식

㉯ 소요 공간관계와 관련된 정보의 저장 및 유지기능

㉰ 자료 간의 상관성과 적절한 요소들의 원인 결과 반응을 고려한 모형화

㉱ 단일 방식에 의한 자료 출력

> 지형공간정보체계는 다양한 방식으로 자료를 출력한다.

21 GIS의 필수 구성요소가 아닌 것은?

㉮ 지리정보 데이터베이스 ㉯ 하드웨어와 소프트웨어

㉰ 운영 위원 ㉱ 인터넷(Internet)

> GIS 구성요소
> 하드웨어, 소프트웨어, 데이터베이스, 조직 및 인력

22 GIS의 일반적인 구성요소가 아닌 것은?

㉮ 컴퓨터 하드웨어 ㉯ 컴퓨터 소프트웨어

㉰ 공간데이터베이스 ㉱ 메타데이터

> 메타데이터(Metadata)는 데이터를 설명해주는 데이터로 데이터의 이력서라고도 하며 GIS의 구성요소와는 거리가 멀다.

정답 17 ㉱ 18 ㉱ 19 ㉯ 20 ㉱ 21 ㉱ 22 ㉱

23 다음 중 지리정보시스템(GIS)의 구성요소로 옳은 것은?

㉮ 하드웨어, 소프트웨어, 인적자원, 데이터

㉯ 하드웨어, 소프트웨어, 데이터, GPS

㉰ 데이터, GPS, LIS, BIS

㉱ BIS, LIS, UIS, GPS

⊙ GIS 구성요소
• 하드웨어
• 소프트웨어
• 데이터베이스
• 조직 및 인력

24 GIS 구성요소 중 하드웨어와 소프트웨어의 설명으로 잘못된 것은?

㉮ 전통적인 GIS는 독립형 응용프로그램으로 개발되었으나, 오늘날의 GIS는 대개 컴퓨터의 클라이언트/서버 모델을 사용한 네트워크 환경에서 실행되고 있다.

㉯ 소프트웨어 구조는 객체관계형 모델(Object-Relational Model)에서 지리관계형 모델(Geo-Relational Model)로 바뀌고 있다.

㉰ GIS 응용프로그램을 만들기 위해서 일반적인 컴퓨터 언어를 사용한 개념과 기술들은 소프트웨어 공학론(Software Engineering Methodology)에 기반을 둔 컴포넌트 소프트웨어(Component Software)를 토대로 하고 있다.

㉱ 하드웨어는 GIS가 운영되는 기본 토대로서, 크게 자료입력과 자료처리 및 관리, 자료출력의 세 부분으로 나누어 볼 수 있다.

⊙ 데이터베이스모델은 관계형 모델에서 객체관계형 모델로 바뀌고 있다.

25 지리정보시스템의 구성요소가 아닌 것은?

㉮ 자료(Data)

㉯ 인력

㉰ 공공기관

㉱ 기술(Software와 Hardware)

⊙ GIS 구성요소
하드웨어, 소프트웨어, 데이터베이스, 조직 및 인력

26 지리정보시스템(GIS)의 구성요소 중 하드웨어(Hardware) 구성요소가 아닌 것은?

㉮ 입력장치

㉯ 저장장치

㉰ 데이터 분석 및 연산장치

㉱ 데이터베이스 관리시스템

⊙ 하드웨어의 구성요소
• 중앙처리장치(CPU)
• 기억장치(Memory)
• 입출력장치(I/O Devices)
• 백업장치(Back-up)

27 다음은 지리정보시스템(GIS)의 구성요소 중 무엇에 대한 설명인가?

> • GIS 데이터의 구축, 조작을 포함한 대부분의 기능을 수행한다.
> • GIS 업무를 수행하기 위해 전산기에 내려지는 명령어의 집합을 말한다.

㉮ 소프트웨어
㉯ 하드웨어
㉰ 네트워크
㉱ 자료

> ● 소프트웨어(Software)
> GIS 데이터의 구축, 조작뿐만 아니라 GIS에서 수행하는 대부분의 기능을 수행한다.

28 지리정보체계 소프트웨어의 일반적인 주요 기능으로 보기 어려운 것은?

㉮ 벡터형 공간자료와 래스터형 공간자료의 통합 기능
㉯ 사진, 동영상, 음성 등 멀티미디어 자료의 편집 기능
㉰ 공간자료와 속성자료를 이용한 모델링 기능
㉱ DBMS와 연계한 공간자료 및 속성정보의 관리 기능

> ● GIS 소프트웨어는 격자나 벡터구조의 도형정보를 조작하는 부분과 속성정보의 관리를 위한 부분으로 나누어지며 입력, 편집, 검색, 추출, 분석 등을 위한 컴퓨터 프로그램의 집합체이다. 사진, 동영상, 음성 등 멀티미디어를 편집하는 기능은 지리정보를 조작·관리하는 GIS 소프트웨어의 기능과는 거리가 멀다.

29 지리정보시스템에 이용되는 GIS 소프트웨어의 모듈기능이 아닌 것은?

㉮ 자료의 출력
㉯ 자료의 입력과 확인
㉰ 자료의 저장과 데이터베이스 관리
㉱ 자료를 전송하기 위한 전화선으로 구성된 네트워크 시스템

> ● GIS 소프트웨어의 기능
> 자료의 입력과 검색, 자료의 저장과 데이터베이스 관리, 자료의 출력과 자료의 변환, 사용자 연계

30 일반적인 GIS의 구성요소 중 도형자료와 속성자료를 합친 모든 정보를 입력하여 보관하는 정보의 저장소로 GIS 구축과정에서 많은 시간과 비용을 차지하는 것은?

㉮ 하드웨어
㉯ 소프트웨어
㉰ 데이터베이스
㉱ 인력

> ● 데이터베이스(Database)
> 공통의 요소나 목적에 관련되는 정보를 통합하는 것을 말하며 GIS 구축과정에서 많은 시간과 비용을 차지한다.

31 GIS 구성요소 중 전체 구축비의 70~80%를 차지하는 항목으로 실세계를 컴퓨터상에 구현해 놓은 것이라 할 수 있는 것은?

㉮ 네트워크
㉯ 데이터베이스
㉰ 하드웨어
㉱ 소프트웨어

> ● 데이터베이스(Database)
> 공통의 요소나 목적에 관련되는 정보를 통합하는 것을 말하며 GIS 구축과정에서 많은 시간과 비용을 차지한다.

정답 27 ㉮ 28 ㉯ 29 ㉱ 30 ㉰ 31 ㉯

32 다음 중 지형공간정보체계의 일반적인 단계를 순서대로 바르게 표시한 것은?

    ㉮ 자료의 수치화−자료조작 및 관리−응용분석−출력

    ㉯ 자료조작 및 관리−자료의 수치화−응용분석−출력

    ㉰ 자료의 수치화−응용분석−자료조작 및 관리−출력

    ㉱ 자료조작 및 관리−응용분석−자료의 수치화−출력

⊙ GIS 자료 처리 순서

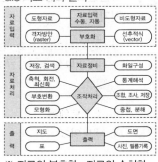

※ 자료의 부호화−자료의 수치화

33 GIS자료 처리(구축) 절차에 대한 순서로 옳은 것은?

    ㉮ 수집−저장−자료관리−검색

    ㉯ 수집−자료관리−검색−저장

    ㉰ 자료관리−수집−저장−검색

    ㉱ 자료관리−저장−수집−검색

⊙ GIS의 자료처리 및 구축 작업과정
자료수집−자료입력−자료처리−
자료조작 및 분석−출력

34 지리정보시스템(GIS) 구축을 위한 〈보기〉의 과정을 순서대로 바르게 나열한 것은?

> ㉠ 자료수집 및 입력   ㉡ 질의 및 분석
> ㉢ 전처리   ㉣ 데이터베이스 구축
> ㉤ 결과물 작성

    ㉮ ㉢−㉠−㉣−㉡−㉤   ㉯ ㉠−㉢−㉣−㉤−㉡

    ㉰ ㉠−㉢−㉣−㉡−㉤   ㉱ ㉢−㉣−㉠−㉡−㉤

⊙ 지리정보시스템(GIS) 구축과정 순서
자료수집 → 자료입력 → 자료처리 →
자료조작 및 분석 → 출력

35 다음 중 GIS의 주요 기능이 아닌 것은?

    ㉮ 자료입력   ㉯ 자료관리

    ㉰ 자료압축   ㉱ 자료분석

⊙ GIS의 주요 기능
• 자료 입력
• 자료 처리 및 분석
• 자료 출력

36 지리정보시스템의 주요 기능으로 거리가 먼 것은?

    ㉮ 출력(Output)   ㉯ 자료 입력(Input)

    ㉰ 검수(Quality Check)   ㉱ 자료 처리 및 분석(Analysis)

⊙ GIS의 주요 기능
• 자료 입력
• 자료 처리 및 분석
• 자료 출력

정답   32 ㉮   33 ㉮   34 ㉰   35 ㉰   36 ㉰

실전문제

37 지리정보시스템(GIS)의 기능과 거리가 먼 것은?

㉮ 데이터 획득 및 저장

㉯ 데이터 관리 및 검색

㉰ 데이터 유통 및 가격 결정

㉱ 데이터 분석 및 표현

○ GIS의 구축을 위한 작업과정
자료입력−부호화−자료정비−조작
처리−출력

38 GIS 구축에 대한 용어 설명으로 맞지 않는 것은?

㉮ 수집 : 필요한 자료를 확보한다.

㉯ 저장 : 수집된 자료를 전산자료로 저장한다.

㉰ 변환 : 구축된 자료 중에서 필요한 자료를 쉽게 찾아낸다.

㉱ 분석 : 자료를 특성별로 분류하여 자료가 내포하는 의미를 찾아낸다.

○ 자료변환은 인쇄된 기록들을 GIS 프
로그램들에 적합한 형식으로 변환하
는 것을 말한다

39 다음 설명 중 틀린 것은?

㉮ 자료의 입력은 기존 지도와 야외조사자료, 인공위성 등을 통해 얻은 정보 등을 수치 형태로 입력하거나 변환하는 것을 말한다.

㉯ 자료의 출력은 자료를 보여주고 분석결과를 사용자에게 알려주는 것을 말한다.

㉰ 자료변환은 지형, 지물과 관련된 사항을 현지에서 직접 조사하는 것을 말한다.

㉱ 자료의 저장과 데이터베이스 관리에서는 지표상의 위치와 연결성, 지리적 속성에 대한 정보를 구체화하고 조직화하는 방법이 중요한 과제이다.

○ GIS의 자료 처리
• 자료 취득 : 기존 자료 이용(삼각점, 지형도, 주제도 등), 새로운 자료 취득(항공측량, RS 영상, GPS 등)
• 자료 입력 : Scanning, Digitizing, 측량 및 통계, CAD 자료의 변환
• 자료 조작 : Vector Raster화, 역변환, 도면일치, 분리, 삭제, 편집, 축척변환
• 분석
 −공간자료분석(다각형, 중첩, 삭제, 영향권 설정, 근린지역 등)
 −수치지형분석(경사, 하천유역, 단면도, 가시도, 3차원영상 등)
 −망구조분석(최단노선, 적정노선, 시간권역분석, 유통량 등)
• 질의 : 지형요소의 속성정보 추출, 속성자료에 의한 지형요소 추출
• 출력 : 3차원 그래픽 표현, 지도제작, 지도+속성이 포함된 보고서 제작

40 다음 중 GIS의 구현과 운용과정에 있어서 필요한 주요 학문 분야로 가장 거리가 먼 것은?

㉮ 지도/지리학   ㉯ 역사학

㉰ 측량/측지학   ㉱ 전산학

○ GIS 관련 학술분야
• 측량학 및 측지학
• 사진측량학
• 원격탐측 및 수치영상처리
• 지리학
• 지도제작
• 통계학

41 지형공간정보체계의 활용에 대한 설명 중 틀린 것은?

㉮ 토지정보체계는 교통과 관련된 문제를 해결하기 위한 정보체계이다.

㉯ 환경정보체계는 대기오염정보, 수질오염정보, 폐기물처리정보와 관련된 정보체계이다.

㉰ 지리정보체계는 공간좌표 또는 지리좌표에 관련된 도형 및 속성자료를 효율적으로 수집, 저장, 갱신, 분석하기 위한 정보체계이다.

㉱ 도시정보체계는 도시계획 및 도시화 현상에서 발생하는 인구, 자원 및 교통의 관리, 건물면적, 지명, 환경변화 등에 관한 정보를 다루는 체계이다.

⊙ 토지정보시스템(LIS)
토지에 대한 물리적, 정량적, 법적인 내용을 다룬 토지정보체계로 토지와 관련된 각종 공부의 관리, 토지의 이용 등 토지와 관련된 문제 해결을 위한 정보분석체계이다.

42 지형공간정보시스템(Geo-Spatial Information System)의 응용 및 활용분야로 볼 수 없는 것은?

㉮ 도면자동화 – 시설물관리(Automate Mapping – Facilities Management)

㉯ 토지정보시스템(Land Information System)

㉰ 도시정보시스템(Urban Information System)

㉱ 범지구위치결정시스템(Global Positioning System)

⊙ GPS(Global Positioning System)는 위성을 이용한 3차원 위치결정체계이다.

43 지리정보시스템(GIS)의 주요 활용 분야와 가장 거리가 먼 것은?

㉮ 도시정보시스템(UIS)

㉯ 경영정보시스템(MIS)

㉰ 토지정보시스템(LIS)

㉱ 환경정보시스템(EIS)

⊙ 지리정보시스템(GIS)의 활용 분야
- 토지정보체계(LIS ; Land Information System)
- 도시정보체계(UIS ; Urban Information System)
- 지리정보체계(GIS ; Geographic Information System)
- 도면자동화 및 시설물관리(AM/FM ; Automated Mapping and Facilities Management)
- 교통정보체계(TIS ; Transportation Information System)
- 환경정보체계(EIS ; Environmental Information System)
- 해양정보체계(MIS ; Marine Information System)
- 자원정보체계(RIS ; Resource Information System)

44 공간정보 관련 영어 약어에 대한 설명으로 틀린 것은?

㉮ NGIS : 국가지리정보시스템

㉯ RIS : 자원정보체계

㉰ UIS : 도시정보체계

㉱ LIS : 교통정보체계

> ● 토지정보시스템(LIS)
> 토지에 대한 물리적, 정량적, 법적인 내용을 다룬 토지정보체계로 토지와 관련된 각종 공부의 관리, 토지의 이용 등 토지와 관련된 문제 해결을 위한 정보분석체계이다.

45 GIS의 적용 분야에 대한 설명으로 옳지 않은 것은?

㉮ FM : 시설물 관리

㉯ LIS : 토지 및 지적 관련 정보 관리

㉰ EIS : 환경 개선을 위한 오염원 정보 관리

㉱ UIS : 자동지도제작

> ● 도시정보체계
> (UIS : Urban Information System)

46 다음 중 자원정보체계(RIS)에 대한 설명으로 옳은 것은?

㉮ 수치지형모형, 전산도형해석기법과 조경, 경관요소 및 계획대안을 고려한 다양한 모의 관측을 통하여 최적 경관계획안을 수립하는 정보체계

㉯ 대기오염정보, 수질오염정보, 고형폐기물처리정보, 유해폐기물 등의 위치 및 특성과 관련된 전산정보체계

㉰ 농산자원, 삼림자원, 수자원, 지하자원 등의 위치, 크기, 양 및 특성과 관련된 정보체계

㉱ 수계특성, 유출특성 추출 및 강우빈도와 강우량을 고려한 홍수방재체제 수립, 지진방재체제 수립, 민방공체제 구축, 산불방제대책 등의 수립에 필요한 정보체계

> ● GIS의 활용 분야
> • 조경 및 경관정보시스템
>   수치지형모형, 전사도형해석기법과 조경, 경관요소 및 계획대안을 고려한 다양한 모의관측을 통하여 최적 경관계획안을 수립하는 정보체계
> • 환경정보시스템
>   대기오염정보, 수질오염정보, 고형폐기물처리정보, 유해폐기물 등의 위치 및 특성과 관련된 전산정보체계
> • 자원정보시스템
>   농산자원, 삼림자원, 수자원, 지하자원 등의 위치, 크기, 양 및 특성과 관련된 정보체계
> • 재해정보시스템
>   수계특성, 유출특성 추출 및 강우빈도와 강우량을 고려한 홍수방재체제 수립, 지진방재체제 수립, 민방공체제구축, 산불방제대책 등의 수립에 필요한 정보체계

47 도시지역의 인구, 건물면적, 지명 등과 같이 숫자나 문자로 표시되는 속성정보와 지형, 행정경계, 도로 등과 같이 지도나 도면에 의해 표시되는 정보를 체계적으로 관리함으로써, 시정업무를 효율적으로 지원할 수 있는 기능과 소프트웨어를 갖춘 정보체계를 무엇이라고 하는가?

㉮ LIS(Land Information System)

㉯ UIS(Urban Information System)

㉰ MIS(Map Information System)

㉱ DIS(Disaster Information System)

> ● 도시정보체계(Urban Information System ; UIS)
> 도시계획 및 도시화 현상에서 발생하는 인구, 자원 및 교통관리, 건물면적, 지명, 환경변화 등에 관한 도시의 정보를 수집하고 관리하는 정보체계

정답 44 ㉱ 45 ㉱ 46 ㉰ 47 ㉯

48 공공시설물이나 대규모의 공장, 관로망 등에 대한 지도 및 도면 등 제반정보를 수치 입력하여 시설물에 대한 효율적인 운영관리를 하는 종합적인 관리체계를 무엇이라 하는가?

㉮ CAD/CAM
㉯ A.M.(Automatic Mapping)
㉰ F.M.(Facility Management)
㉱ S.I.S(Surveying Information System)

⊙ 시설물관리시스템
(FM ; Facility Management)
공공시설물이나 대규모의 공장, 관로망 등에 대한 지도 및 도면 등 제반정보를 수치 입력하여 시설물에 대해 효율적인 운영관리를 하는 정보체계

49 지형분석, 토지의 이용, 개발, 행정, 다목적 지적 등 토지자원에 관련된 문제 해결을 위한 정보분석체계는?

㉮ 환경정보체계(EIS)
㉯ 토지정보체계(LIS)
㉰ 위성측위체계(GPS)
㉱ 시설물정보체계(FM)

⊙ 토지정보체계(Land Information System ; LIS)
토지와 관련된 위치정보와 속성정보를 수집, 처리, 저장, 관리하기 위한 정보체계

CHAPTER 02 GIS의 자료구조 및 생성

···01 GIS의 정보(자료)

지리정보시스템을 효율적으로 구축하기 위해서는 방대한 양의 정보(자료)가 필요하다. 이러한 정보에는 크게 위치정보와 특성정보로 구분되며, 위치정보는 절대위치정보·상대위치정보, 특성정보는 도형정보·영상정보·속성정보로 세분화된다.

(1) GIS 정보(자료)의 종류

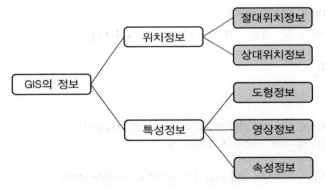

[그림 2-1] GIS정보(자료)의 종류

(2) 위치정보(Positional Information)

점, 선, 면적 또는 다각형과 같은 공간적 양들의 개개의 위치를 판별하는 것으로서 절대위치정보와 상대위치정보로 구분된다.

① 절대위치정보 : 실제공간에서의 위치정보
② 상대위치정보 : 모형공간에서의 상대적 위치정보 또는 위상관계를 부여하는 기준

(3) 특성정보(Descriptive Information)

1) 도형정보(Graphic Information)

도형정보는 지도형상의 수치적 설명이며 지도의 특정한 지도요소를 설명한다. 도형정보는 지도형상과 주석을 설명하기 위해 6가지 도형요소를 사용한다.

① 점   ② 선   ③ 면
④ 영상소(Pixel)   ⑤ 격자셀(Grid Cell)   ⑥ 기호(Symbol)

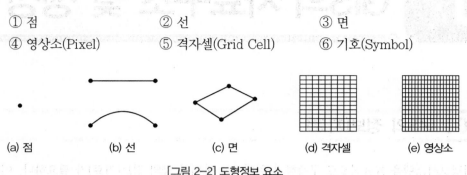

| (a) 점 | (b) 선 | (c) 면 | (d) 격자셀 | (e) 영상소 |

[그림 2-2] 도형정보 요소

2) 영상정보(Image Information)

인공위성에서 직접 얻어진 수치영상이나 항공기를 통하여 얻어진 항공사진을 수치화하여 입력한다. 인공위성에서 보내오는 영상은 영상소 단위로 형성되어 격자형으로 자료가 처리 · 조작된다.

3) 속성정보(Attribute Information)

지도상의 특성이나 질, 지형 · 지물의 관계 등을 나타낸다.

> **Reference 참고**
>
> ➤ 자료의 척도
>
> ① 명목 척도
> 명목 척도는 자료를 구분하기 위한 것으로 가장 기본적인 척도이다.
> 예) 논 · 밭 · 과수원, 주택 · 연립주택 · 아파트 등
>
> ② 서열 척도
> 서열 척도는 자료의 상대적인 값을 서열 또는 순위별로 나타내는 것이다.
> 예) 시계 · 군계 · 구계 · 읍계 · 동계
>
> ③ 등간 척도
> 등간 척도는 자료의 값에 대해 '크기의 정도'를 나타내는 것이다.
> 예) 등고선
>
> ④ 비율 척도
> 비율 척도는 자료의 값에 대해 구간의 차이를 나타내면서 동시에 비율로도 나타낼 수 있는 척도이다.
> 예) 학교까지의 거리, 동별 인구수

···02 자료의 형태

(1) **서류** : 계획수립에 필요한 각각의 특성과 사용 목적에 따라 분리된 자료들의 집합

(2) **지도** : 주위 환경에 대한 자료를 좌표계에 기준하여 도형을 표현한 것

(3) **항공사진** : 항공기나 기구 등에 탑재된 측량용 사진기로 촬영된 사진

(4) **위성영상자료** : 위성에 탑재되어 있는 센서에 의해 촬영된 영상

(5) **통계자료** : 통계분석에 이용되는 자료

(6) **설문조사** : 계획수립과정에서 그 주제에 대한 구성원들의 반응과 요구를 끌어내기 위한 자료

•••03 도형 및 영상정보의 자료구조

(1) 벡터(Vector)자료구조

벡터자료구조는 가능한 한 정확하게 대상물을 표시하는 데 목적이 있으며, 분할된 것이 아니라 정밀하게 표현된 차원, 길이 등으로 모든 위치를 표현할 수 있는 연속적인 자료구조를 말한다.

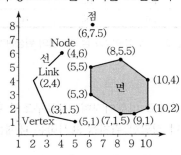

[그림 2-3] 벡터자료의 표현 예

1) 벡터자료의 표현

기하학 정보는 점, 선, 면의 데이터를 구성하는 가장 기본적인 정보로서, 점일 경우 (x, y) 하나로 저장되며, 선의 경우는 연결된 점들의 집합, 즉 $(x_1, y_1), (x_2, y_2)\cdots\cdots(x_n, y_n)$으로 구성되며, 면의 경우는 면의 내부를 확인하는 참조점으로 구성된다.

2) 벡터자료의 저장

① **스파게티(Spaghetti) 모형**

점, 선, 면들의 공간 형상들을 X, Y 좌표로 저장하는 구조로, 단순하며 객체 간의 상호 연관성에 관한 정보는 기록되지 않는다.

② **위상(Topology) 모형**

점, 선, 면들의 공간형상들 간의 공간관계를 말하며, 즉 다양한 공간형상들 간의 공간관계 정보를 인접성, 연속성, 영역성 등으로 구성하고, 공간분석을 위해서는 필수적으로 위상구조가 정립되어야 한다.

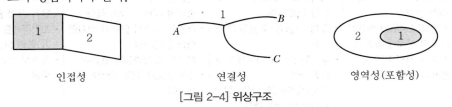

[그림 2-4] 위상구조

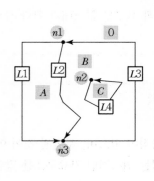

점의 위상		
구분	선의 수	선
n1	3	L1, L2, L3
n2	1	L4
n3	3	L1, L2, L3

면의 위상		
구분	선의 수	선
A	2	−L1, L2
B	3	−L2, −L3, L4
C	1	−L4

선의 위상				
구분	시작노드	종점노드	좌측면	우측면
L1	n1	n3	A	0
L2	n1	n3	B	A
L3	n3	n1	B	0
L4	n2	n2	C	B

[그림 2-5] 위상모델과 점, 선, 면의 위상관계

(2) 격자(Raster)자료구조

격자구조는 동일한 크기의 격자로 이루어지며, 자료구조의 단순성 때문에 주제도를 간편하게 분할할 수 있는 장점이 있으나 정확한 위치를 표시하는 데에는 많은 어려움이 따르는 자료구조를 말한다.

1) 격자자료구조의 특징

① 각 셀(Cell)들의 크기에 따라 데이터의 해상도와 저장 크기가 다르다.

② 셀 크기가 작으면 작을수록 보다 정밀한 공간현상을 잘 표현할 수 있다.

③ 격자형의 영역에서 x, y축을 따라 일련의 셀들이 존재한다.

④ 각 셀들이 속성값을 가지므로 이들 값에 따라 셀들을 분류하거나 다양하게 표현한다.

⑤ 격자 데이터 유형 : 인공위성에 의한 이미지, 항공사진에 의한 이미지, 또한 스캐닝을 통해 얻어진 이미지 데이터 등이 있다.

⑥ 3차원 등과 같은 입체적인 지도 디스플레이가 가능하다.

(3) 벡터자료와 격자자료의 비교

벡터자료		격자자료	
장점	단점	장점	단점
• 격자자료구조보다 압축되어 간결 • 지형학적 자료가 필요한 망조직 분석에 효과적 • 지도와 거의 비슷한 도형제작 적합	• 격자자료구조보다 훨씬 복잡한 자료구조 • 중첩 기능을 수행하기 어려움 • 공간적 편의를 나타내는 데 비효과적 • 조작과정과 영상질을 향상시키는 데 비효과적	• 간단한 자료구조 • 중첩에 대한 조작이 용이 • 다양한 공간적 편의가 격자형 형태로 나타남 • 자료의 조작과정에 효과적 • 수치형상의 질을 향상시키는 데 용이	• 압축되어 사용되는 경우가 거의 없음 • 지형관계를 나타내기가 훨씬 어려움 • 미관상 선이 매끄럽지 못함

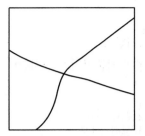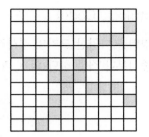

[그림 2-6] 벡터구조와 래스터구조

···04 격자 자료구조의 압축방법

지리정보시스템을 효율적으로 구축하고 활용하기 위해서 격자형 자료구조를 다음과 같은 방법으로 저장용량을 줄여 압축·기록한다.

(1) 사슬부호(Chain Code)

① 영역의 경계는 그 시작점과 방향에 대한 단위벡터로 표시한다.

② 각 방향은 동-0, 북-1, 서-2, 남-3으로 표시하며 픽셀의 수는 상첨자로 표시한다.

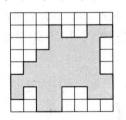

$0, 1, 0, 1, 0, 1^2, 0, 3, 0^2, 1, 0^2$
$3, 2, 3^3, 0, 3^2$
$2^2, 1, 2^2, 3^2, 2^2, 1^2, 2, 3, 2,$
1^2

[그림 2-7] 사슬부호

(2) 연속분할부호(Run-Length Code)

① 셀값을 개별적으로 저장하는 대신 각각의 변 진행에 대하여 속성값, 위치, 길이를 한 번씩만 표시한다.

② 각 행에 대해서 왼쪽으로부터 오른쪽으로 시작 셀과 끝 셀을 표시한다.

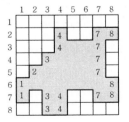

2행 : 4, 4 7, 8
3행 : 4, 7
4행 : 3, 7
5행 : 2, 7
6행 : 1, 8
7행 : 1, 1 3, 4 7, 8
8행 : 3, 4

[그림 2-8] 연속분할부호

(3) 블록부호(Block Code)

① 어느 영역을 다양한 크기의 정사각형 블록으로 표시한다.

② 원점(중심부나 좌측 하단)의 X, Y좌표와 정사각형의 기준거리로 표시한다.

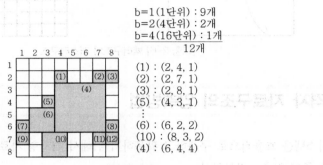

[그림 2-9] 블록부호

(4) 사지수형(Quadtree)

① 어느 영역을 단계적으로 4분원으로 분할하여 표시한다.

② $2^n \times 2^n$ 배열 중심절점(Root Node)에서 각 절점은 북서(NW), 북동(NE), 남서(SW), 남동(SE)의 가지를 가지며 더 이상 분할할 수 없는 잎절점(Loaf Node)은 4분할을 가리킨다.

③ 각 절점은 2비트로 표현하며 '안(↑ ↓)' 또는 '밖(↓ ↑)'으로 정의한다.(□, ■)

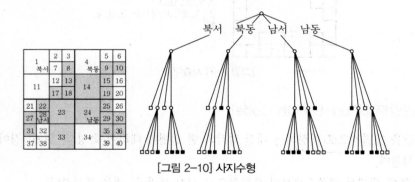

[그림 2-10] 사지수형

···05 GIS의 자료 생성

(1) 기존 지도를 이용하여 생성하는 방법

가장 간단한 방법이며 가격이 저렴하고 신속하나 정확도가 낮다.

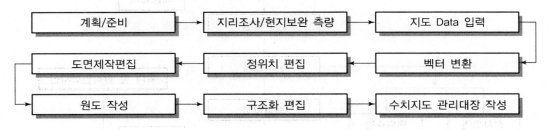

[그림 2-11] 기존지도를 이용한 GIS 자료 생성

(2) 지상측량에 의하여 생성하는 방법

비교적 정확한 취득방법이나 대규모 지역에서는 비용이 고가이고, 영역에 한계가 있다.

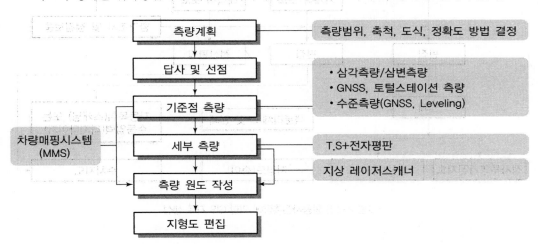

[그림 2-12] 지상측량에 의한 GIS 자료 생성

(3) 항공사진측량에 의하여 생성하는 방법

가장 일반적 방법이며 정확도가 높고 대규모 지역의 자료 생성에 유용하다.

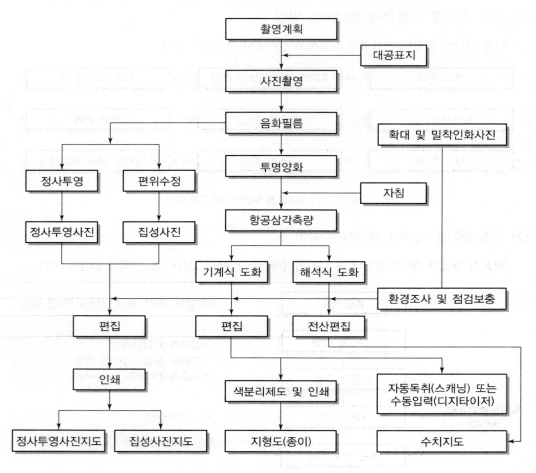

[그림 2-13] 항공사진측량에 의한 GIS 자료 생성

(4) 위성측량에 의하여 생성하는 방법

목적에 적합한 정보획득이 용이하고 관측자료가 수치적으로 저장되어 판독이 자동적이며 정량화가 가능하다.

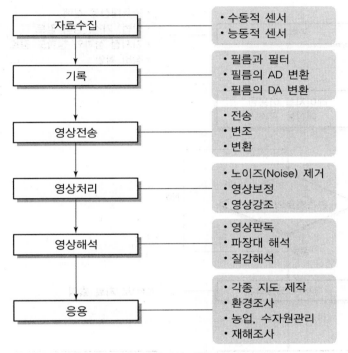

자료수집	• 수동적 센서 • 능동적 센서
기록	• 필름과 필터 • 필름의 AD 변환 • 필름의 DA 변환
영상전송	• 전송 • 변조 • 변환
영상처리	• 노이즈(Noise) 제거 • 영상보정 • 영상강조
영상해석	• 영상판독 • 파장대 해석 • 질감해석
응용	• 각종 지도 제작 • 환경조사 • 농업, 수자원관리 • 재해조사

[그림 2-14] 위성측량에 의한 GIS 자료 생성

(5) 레이저측량에 의하여 생성하는 방법

기상조건에 좌우되지 않고 산림이나 수목지대에서도 투과율이 높으며 자료취득 및 처리과정이
완전히 수치방식으로 이루어지므로 경제성과 효율성이 높다.

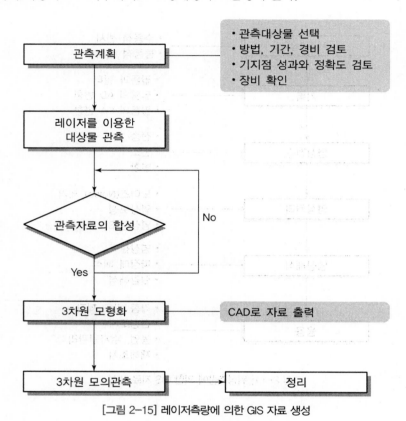

[그림 2-15] 레이저측량에 의한 GIS 자료 생성

···06 기타

(1) 중첩(Overlay)

각각의 자료집단이 주어진 기본도를 기초로 좌표계의 통일이 되면 둘 또는 그 이상의 자료관측
에 대하여 분석될 수 있으며, 이 기법을 중첩 또는 합성이라 한다.

(2) 커버리지(Coverage)

자료분석을 위해 여러 지도요소를 겹칠 때 그 지도요소 하나하나를 가리키는 말로 커버리지 하
나는 독립적인 지도가 될 수 있고 완성된 지도의 한 부분이 될 수도 있다.

(3) 레이어(Layer)

한 주제를 다루는 데 중첩되는 다양한 자료들로 한 커버리지의 자료파일을 말한다.

(4) 노드(Node)

점의 특수한 형태로 무차원이며, 위상적 연결이나 끝점을 나타낸다.

(5) 버텍스(Vertex)

호의 중간점으로 체인에서 방향이 바뀌는 지점을 나타낸다.

(6) 위상관계(Topology)

공간관계를 정의하는 데 쓰이는 수학적 방법으로서 입력된 자료의 위치를 좌표 값으로 인식하고 각각의 자료 간의 정보를 상대적 위치로 저장하며, 선의 방향, 특성들 간의 관계, 연결성, 인접성, 영역 등을 정의하는 것을 의미한다.

(7) 영상소(Pixel)

사진을 구성하는 영상에서 가장 작은 영역이다. 비분할 2차원적 화소이다. 스크린이 500×300 해상도인 경우 이는 수평으로 500픽셀, 수직으로 300픽셀이 존재한다는 뜻이다. 래스터 자료의 그리드 셀은 하나의 픽셀이다.

(8) 격자셀(Grid cell)

단일 지리정보체계 값이나 원격탐측 이미지의 속성을 표현하는 최소 단위 격자를 말한다.

(9) Shape 파일

ESRI사 제품의 파일포맷으로 도형 및 속성자료의 통합변환이 가능하며 벡터자료 파일 형식 중 하나이다.

(10) TIGER(Topologically Integrated Geographic Encoding and Referencing System)

U.S Census Bureau에서 인구조사를 위해 개발한 벡터형 파일 형식으로 위상구조를 포함한다.

(11) TIFF(Tagged Image File Format)

꼬리표(Tag) 붙은 화상 파일 형식이라는 뜻으로 미국의 앨더스사와 마이크로소프트사가 공동 개발한 래스터 파일 형식이다.

(12) GeoTiff

파일헤더에 위치참조 정보를 가지고 있으며 GIS데이터로 주로 사용하는 래스터파일 형식이다.

CHAPTER 02 실전문제

01 GIS 데이터베이스를 구성하는 정보(Information)와 자료(Data)에 대한 설명으로 옳은 것은?

㉮ 자료는 의사 결정의 수단으로 활용할 수 있는 가공된 것이다.

㉯ 지리자료는 지리정보를 처리하여 얻을 수 있는 결과물이다.

㉰ 정보와 자료는 같은 의미로 사용되는 개념으로 구분이 무의미하다.

㉱ 모든 정보는 자료를 처리하여 의미를 부여한 것이다.

> ㉮ : 정보는 의사 결정의 수단으로 활용할 수 있는 가공된 것이다.
> ㉯ : 지리정보는 지리자료를 처리하여 얻을 수 있는 결과물이다.
> ㉰ : 자료는 가공되지 않은 것. 정보는 가공된 것의 의미로 사용된다.

02 GIS에서 다루어지는 지리정보의 특성이 아닌 것은?

㉮ 위치정보를 갖는다.

㉯ 위치정보와 함께 관련 속성정보를 갖는다.

㉰ 공간객체 간에 존재하는 공간적 상호관계를 갖는다.

㉱ 시간이 흘러도 변하지 않는 영구성을 갖는다.

> 지리정보의 특성
> • 위치정보
> • 속성정보
> • 공간적 상호관계(위상)

03 지형공간정보 체계의 자료에 대한 설명으로 옳지 않은 것은?

㉮ 자료는 위치자료(도형자료)와 특성자료(속성자료)로 대별할 수 있다.

㉯ 위치자료의 기반은 도면이나 지도와 같은 도형에서 위치의 값을 수록하는 정보의 파일이다.

㉰ 일반적인 통계자료 또는 영상자료의 파일은 특성자료로 사용할 수 없다.

㉱ 위치자료 기반과 특성자료 기반은 서로 연관성을 가지고 있어야 한다.

> GIS 정보는 위치정보와 특성정보로 구분되며, 특성정보는 도형정보, 영상정보, 속성정보로 세분화된다.

04 다음 설명 중 옳지 않은 것은?

㉮ 위치정보는 공간적 해석이 가능하도록 대상물에 절대적 또는 상대적 위치를 부여하는 것이다.

㉯ 도형정보는 도면 또는 지도에 의한 정보이다.

㉰ 영상정보는 일반사진, 항공사진, 인공위성영상, 비디오 및 각종 영상에 의한 정보이다.

㉱ 속성정보는 대상물의 자연, 인문, 사회, 행정, 경제, 환경적 특성을 나타내는 지도정보로서 지형 공간적 분석은 불가능하다.

> 속성정보는 대상물의 자연, 인문, 사회, 행정, 경제, 환경적 특징을 나타내는 정보로서 지형 공간적 분석이 가능하다.

정답 **01** ㉱ **02** ㉱ **03** ㉰ **04** ㉱

05 지리정보체계에 필수적인 자료를 크게 2가지로 구분할 때 옳게 짝지어진 것은?

㉮ 위치자료와 속성자료
㉯ 도형자료와 영상자료
㉰ 위치자료와 영상자료
㉱ 속성자료와 인문자료

◉ GIS의 정보에는 크게 위치정보와 특성정보로 구분되며, 위치정보는 절대위치정보·상대위치정보, 특성정보는 도형정보·영상정보·속성정보로 세분화된다.

06 지리정보시스템의 자료특성에 대한 설명 중 틀린 것은?

㉮ 벡터(Vector)자료는 점(point), 선(line), 면(polygon) 자료구조로 단순화하여 좌표를 통해 실세계의 지형·지물을 표현한 자료로 수치지도가 이에 속한다.
㉯ 래스터(raster)자료는 균등하게 분할된 격자모델로 최소단위인 화소(pixel) 또는 셀(cell)로 구성된 자료로 항공영상, 위성영상이 대표적이다.
㉰ 속성정보는 지도상의 특성이나 질, 지형·지물의 관계 등을 문자나 숫자형태로 나타낸 자료로 대장, 보고서 등이 이에 속한다.
㉱ 위치정보는 절대위치정보만으로 구성되며 영상이나 지도 위의 점, 선, 면의 형상을 나타내는 자료이다.

◉ 위치정보는 절대위치정보와 상대위치정보로 구성된다.

07 대상물에 대한 일반적인 수치지도 도형정보 표현방법이 틀린 것은?

㉮ 전봇대－면(Polygon) ㉯ 호수－면(Polygon)
㉰ 우물－점(Point) ㉱ 철도－선(Line)

◉ ㉮ : 전봇대－점(Point)

08 다음 중 지리정보와 가장 거리가 먼 것은?

㉮ 지역별 연평균 강우량 정보
㉯ 행정구역별 인구밀도 정보
㉰ 직업군별 평균소득 정보
㉱ 대상지역의 경사도분포 정보

◉ 직업군별 평균소득정보는 지리정보와 거리가 멀다.

실전문제 *TIP*

09 다음과 같은 GIS 자료 중 도형(위치)자료로 활용할 수 있는 것은?

  ㉮ 관거 매설 연도　　　　㉯ 관거 재질
  ㉰ 관거 관리 이력　　　　㉰ 관거 시점 좌표

⊙ 위치자료는 점, 선, 면과 같은 공간적 양들의 개개의 위치를 판별하는 것으로서 상대위치 정보와 절대위치 정보로 구분된다.
　※ 관거 시점 좌표는 위치자료로 활용할 수 있다.

10 GIS 공간객체 타입 중 1차원 객체 타입이 아닌 것은?

  ㉮ 선분(Line Segment)
  ㉯ 연속선분(String)
  ㉰ 호(Arc)
  ㉰ 격자셀(Grid Cell)

⊙ ・점 : 0차원
　・선 : 1차원
　　ㅡ선분(Line Segment) : 두 점 간 직선 연결
　　ㅡ호(Arc) : 수학적 함수로 정의되는 곡선의 일부
　　ㅡ연속선분(String) : 여러 개 선분의 모임
　　ㅡ사슬(Chain) : 두 절점을 잇는 서로 교차하지 않는 지향성 선분 또는 호의 모임
　　ㅡ링크(Link) : 두 절점 간의 연결
　　ㅡ고리(Ring) : 서로 교차하지 않는 Chain, String, Link 또는 Arc로 이루어진 폐합망
　・격자셀, 영상소 : 2차원

11 다음의 도형 정보 중 차원이 다른 하나는?

  ㉮ 절대 표고를 표시한 점　　㉯ 소방차의 출동 경로
  ㉰ 분수선과 계곡선　　　　㉰ 도로의 중심선

⊙ ㉮ 절대 표고를 표시한 점 : 0차원
　㉯ 소방차의 출동 경로 : 1차원
　㉰ 분수선과 계곡선 : 1차원
　㉰ 도로의 중심선 : 1차원

12 선형 벡터 데이터 구조가 아닌 것은?

  ㉮ 아크(Arc)　　　　　㉯ 노드(Node)
  ㉰ 체인(Chain)　　　　㉰ 폴리라인(Polyline)

⊙ 노드(Node)는 점의 특수한 형태로 위상적 연결점이나 끝점을 말한다.

13 GIS의 도형자료 중 면형 자료가 아닌 것은?

  ㉮ 필지 관리용 지적선　　㉯ 노선 분석용 도로 차선
  ㉰ 선거 집계를 위한 구역선　㉰ 건물대장 관리용 건물

⊙ 노선분석용 도로차선 ㅡ 선형 자료

14 속성자료의 중요한 요소가 아닌 것은?

  ㉮ 정확성　　　　　㉯ 시간
  ㉰ 인접성　　　　　㉰ 유통성

⊙ 인접성은 도형자료와 관계가 깊다.

정답 **09** ㉰ **10** ㉰ **11** ㉮ **12** ㉯ **13** ㉯ **14** ㉰

15 지리정보시스템(GIS)에서 도로에 대한 데이터베이스를 구축할 때 도로포장 일자, 포장 종류, 차선 수, 보수 일자와 같은 정보를 무엇이라 하는가?

- ㉮ 위상 정보
- ㉯ 지리적 위치
- ㉰ 공간적 관계
- ㉱ 속성 정보

> 속성 정보는 지도상의 특성이나 질, 지형·지물의 관계 등을 나타낸다.

16 지리정보시스템의 정보유형 중 하나인 속성정보라 볼 수 없는 것은?

- ㉮ 설악산 국립공원 내 야생동식물 분포 변화량
- ㉯ 신행정수도 주변의 대규모 위락단지 개발후보지 위치도
- ㉰ 강원도의 천연지하자원별 매장량
- ㉱ 서울특별시의 연도별 지하철 이용자 증가량

> 도형정보는 지도를 수치화한 것으로 개발후보지 위치도는 도형정보이다.

17 지리정보를 공간정보와 속성정보로 분류할 때 공간정보에 속하는 것은?

- ㉮ 지형도
- ㉯ 교량사진
- ㉰ 전주 이력 정보
- ㉱ 건축물 대장

> ㉯ 교량사진 – 영상정보
> ㉰ 전주 이력 정보 – 속성정보
> ㉱ 건축물 대장 – 속성정보

18 지리정보시스템(GIS) 자료의 종류 중 가계수입의 '저소득', '중간소득', '고소득'과 같이 어떤 자연적인 순서는 표현할 수 있지만 계산이 불가능한 자료값을 의미하는 것은?

- ㉮ 명목 자료값(Nominal data value)
- ㉯ 순서 자료값(Ordinal data value)
- ㉰ 간격 자료값(Interval data value)
- ㉱ 비율 자료값(Ratio data value)

> 서열 척도
> 서열 척도는 자료의 상대적인 값을 서열 또는 순위별로 나타내는 것이다.
> ※ 순서 자료값=자료의 척도 중 서열 척도

19 벡터 데이터 모델에서 속성정보가 가질 수 있는 척도가 아닌 것은?

- ㉮ 서열척도
- ㉯ 등간척도
- ㉰ 비율척도
- ㉱ 가치척도

> 지도특성에 따른 자료의 척도
> • 명목척도 : 객체의 구분을 위해 부여된 이름
> • 서열척도 : 객체의 순서
> • 등간척도 : 크기의 정도
> • 비율척도 : 구간의 차이(비율)

정답 15 ㉱ 16 ㉯ 17 ㉮ 18 ㉯ 19 ㉱

실전문제 TIP

20 GIS 데이터 구조 중에서 객체의 위치를 공간상에서 방향성과 크기로 나타내며 공간정보의 기본단위인 점, 선, 면을 사용하는 것은?

㉮ 격자구조   ㉯ 계층구조
㉰ 위상구조   ㉱ 벡터구조

◉ 벡터데이터는 공간데이터를 표현하는 주요 두 가지 방식 중 하나로 실세계 공간현상을 점, 선, 면인 0, 1, 2차원 공간형상으로 표현된다.

21 다음 설명 중 벡터식 자료구조가 아닌 것은?

㉮ 점사상(Point)   ㉯ 선사상(Line)
㉰ 면사상(Polygon)   ㉱ 격자구조(Grid)

◉ 벡터식 자료구조는 점, 선, 면을 이용하여 대상물의 위치와 차원을 정의한다.

22 벡터 데이터 모델은 기본적인 도형의 요소(Geometric Primitive Type)로 공간 객체를 표현한다. 보기 중 기본적인 도형의 요소로 모두 짝지어진 것은?

| ㉠ 점   ㉡ 선   ㉢ 면 |

㉮ ㉠   ㉯ ㉠, ㉡   ㉰ ㉡, ㉢   ㉱ ㉠, ㉡, ㉢

◉ 벡터 자료구조는 크기와 방향성을 가지고 있으며 점, 선, 면을 이용하여 대상물의 위치와 차원을 정의한다.

23 벡터 데이터 모델은 기본적인 도형의 요소(Geometric Primitive Type)로 공간 객체를 표현한다. 다음 중 국토지리정보원에서 제작한 수치지도 v 2.0의 내부 포맷 NGI에서 사용하는 기본적인 도형의 요소인 것은?

㉮ 점   ㉯ 점, 선
㉰ 선, 면   ㉱ 점, 선, 면

◉ 수치지도 2.0
수치지도 1.0의 논리적이고 기하학적 오류를 수정 · 보완하고 지리조사를 통하여 획득한 속성정보를 입력한 DB 형태의 수치지도
① 데이터 형식 : NGI(국토지리정보원 포맷)
② 데이터 구조 : 도형구조(점, 선, 면)

24 GIS의 자료구조에 대한 설명 중 틀린 것은?

㉮ 점은 하나의 노드로 구성되어 있고, 노드의 위치는 좌표를 표현한다.
㉯ 선은 두 개의 노드와 수 개의 버텍스(Vertex)로 구성되어 있고, 노드 혹은 버텍스는 링크로 연결된다.
㉰ 면은 하나 이상의 노드와 수 개의 버텍스로 구성되어 있고, 노드 혹은 버텍스는 링크로 연결된다.
㉱ TIN은 연속적인 삼각면으로 지표면을 표현하는 것으로 각 삼각면의 중앙점에서 해당 지점의 고도값을 표현한다.

◉ 불규칙 삼각망(TIN)은 연속적인 삼각면으로 지표면을 표현하는데 삼각형을 구성하는 세 점에서 해당 지점의 고도값을 표현한다.

정답   20 ㉱   21 ㉱   22 ㉱   23 ㉱   24 ㉱

실전문제 TIP

25 공간정보 자료 형식 중 하나인 벡터데이터에서 연결선(Polyline)으로 체인에서 방향이 바뀌는 지점을 나타내는 용어로서 체인 상에서 좌표라벨을 부여받는 점은?

㉮ 레이어(Layer)　　　　㉯ 커버리지(Coverage)

㉰ 노드(Node)　　　　　㉱ 버텍스(Vertex)

> 버텍스(Vertex)
> 호의 중간점으로 체인에서 방향이 바뀌는 지점을 나타낸다.

26 다음 데이터 중 표현 형식이 다른 하나는?

㉮ 그리드 형태의 수치표고모형(DEM)

㉯ 불규칙삼각망(TIN)

㉰ 위성영상

㉱ 항공사진

> ㉮, ㉰, ㉱ : 래스터 자료구조
> ㉯ : 벡터 자료구조

27 다음의 지리정보체계의 자료취득 방법 중 자료성격이 다른 방법은?

㉮ 항공사진　　　　　㉯ 인공위성영상

㉰ 디지타이징　　　　㉱ 스캐닝

> 항공사진, 인공위성영상, 스캐닝은 래스터 자료를 취득하는 방법이며, 디지타이징은 벡터자료를 취득하는 방법이다.

28 GIS에서 커버리지 또는 레이어(Coverage or Layer)에 대한 설명으로 옳지 않은 것은?

㉮ 단일주제와 관련된 데이터 세트를 의미한다.

㉯ 균등한 특성을 갖는 래스터정보의 기본요소를 의미한다.

㉰ 공간자료와 속성자료를 갖고 있는 수치지도를 의미한다.

㉱ 하나의 인공위성 영상에 포함되는 지상의 면적을 의미하기도 한다.

> 레이어는 한 주제도를 다루는 데 중첩되는 다양한 자료들로 한 커버리지의 자료파일을 말한다. 레이어와 커버리지 모두 수치화된 지도형태를 갖고 있다.

29 도형자료의 점, 선, 면, 위치 등에 대하여 양이나 크기와 관계없이 형상이나 공간적 위치 관계를 규정하는 것을 무엇이라고 하는가?

㉮ 위상설정　　　　㉯ 위치설정

㉰ 종속설정　　　　㉱ 도형설정

> 위상(Topology)
> • 공간관계를 정의하는 데 사용되는 수학적 방법
> • 입력자료의 위치를 좌표값으로 인식하여 각각의 자료정보를 상대위치로 저장
> • 선의 방향, 특성들 간의 관계, 연결성, 인접성, 영역 등을 정의

정답 25 ㉱ 26 ㉯ 27 ㉰ 28 ㉯ 29 ㉮

30 공간의 관계를 정의하는 데 쓰이는 수학적 방법으로서 입력된 자료의 위치를 좌푯값으로 인식하고 각각의 자료 간의 정보를 상대적 위치로 저장하며, 선의 방향, 특성 간의 관계, 연결성, 인접성 등을 정의하는 것을 무엇이라 하는가?

㉮ 위상관계   ㉯ 위치관계

㉰ 위치정보   ㉱ 속성정보

○ 위상(Topology)
- 공간관계를 정의하는 데 사용되는 수학적 방법
- 입력자료의 위치를 좌표값으로 인식하여 각각의 자료정보를 상대위치로 저장
- 선의 방향, 특성들 간의 관계, 연결성, 인접성, 영역 등을 정의

31 벡터자료에 위상이 부여됨으로써 시 행정구역을 나타내는 폴리곤과 그 안의 동 행정구역들을 표현하는 폴리곤과의 관계를 나타내는 특성은?

㉮ 인접성   ㉯ 근접성

㉰ 계급성   ㉱ 연결성

○ 계급성
폴리곤 간의 포함관계를 나타낸다.

32 다음은 지리정보의 특성인 공간적 위상관계에 대해 설명한 것이다. 옳지 않은 것은?

㉮ 인접성은 대상물의 주변에 존재하는 대상물과의 관계를 의미한다.

㉯ 연결성은 실제로 연결된 대상물들 사이의 관계를 의미한다.

㉰ 근접성은 서로 다른 계층에서 서로 다르게 인식될 수 있는 대상물의 관계를 의미한다.

㉱ 공간적 위상관계의 특성을 바탕으로 조건에 만족하는 지역이나 조건을 검색 및 분석할 수 있다.

○ 근접성은 대상물의 가까운 곳에 존재하는 대상물과의 관계를 의미한다.

33 위상관계(Topological Relationship)의 유형이 아닌 것은?

㉮ 무결성(Integrity)   ㉯ 인접성(Proximity)

㉰ 포함관계(Containment)   ㉱ 연결성(Connectivity)

○ 위상관계(Topology)
공간관계를 정의하는 데 쓰이는 수학적 방법으로서 입력된 자료의 위치를 좌푯값으로 인식하고 각각의 자료 간의 정보를 상대적 위치로 저장하며, 선의 방향, 특성들 간의 관계, 연결성, 인접성, 영역 등을 정의한다.

34 필지 간의 위상관계 중 주어진 연속지적도에서 나의 대지와 접해 있는 이웃 대지들의 정보를 얻기 위해 사용하는 것은?

㉮ 인접성   ㉯ 연결성

㉰ 방향성   ㉱ 포함성

○ 인접성은 서로 이웃하는 대상물 간의 관계를 말한다.

정답　30 ㉮　31 ㉰　32 ㉰　33 ㉮　34 ㉮

실전문제

35 위상(Topology)관계에 관한 설명 중 맞지 않는 것은?

㉮ 공간자료의 상호관계를 정의한다.

㉯ 인접한 점, 선, 면 사이의 공간적 대응관계를 나타낸다.

㉰ 연결성, 인접성 등과 같은 관계성을 통하여 지형·지물의 공간
관계를 인식한다.

㉱ 래스터 데이터(격자자료)는 위상을 가질 수 있으므로 공간분석
의 효율성이 높다.

> 위상이란 전체의 벡터구조를 각각의 점, 선, 면의 단위 원소로 분류하여 각각의 원소에 대하여 형상과 인접성, 연결성, 계급성에 관한 정보를 파악하고, 각종 도형 구조들의 관계를 정의함으로써, 각각의 원소 간의 관계를 효율적으로 정리한 것이다.

36 다음에서 위상정보에 관한 설명으로 틀린 것은?

㉮ 공간상에 존재하는 공간객체의 길이, 면적 등의 계산이 가능하
게 한다.

㉯ 공간객체 간의 형태(Shape)에 관한 정보만을 제공하므로 제반
분석을 매우 빠르게 한다.

㉰ 공간상에 존재하는 객체의 형태(Shape), 계급성, 연결성에 관한
정보를 제공한다.

㉱ 다양한 공간분석을 가능하게 한다.

> 위상정보는 공간객체 간의 형태(Shape)뿐만 아니라 계급성, 연결성에 관한 정보를 제공하므로 다양한 공간분석을 가능하게 한다.

37 공간분석 위상관계에 대한 설명으로 옳지 않은 것은?

㉮ 위상관계란 공간자료의 상호관계를 정의한다.

㉯ 위상관계란 인접한 점, 선, 면 사이의 공간적 대응관계를 나타낸다.

㉰ 위상관계란 연결성, 인접성의 특성을 포함한다.

㉱ 위상관계에서 한 노드(Node)를 공유하는 모든 아크(Arc)는 상
호연결성 존재가 필요없다.

> 위상관계에서 한 노드(Node)를 공유하는 모든 아크(Arc)는 상호연결성이 필요하다.

38 벡터데이터의 위상구조(Topology)에 관한 설명으로 옳지 않은
것은?

㉮ 점, 선, 면으로 나타난 객체들 간의 공간관계를 파악할 수 있다.

㉯ 다양한 공간현상들 간의 공간관계 정보를 크게 인접성(Adjacency),
연결성(Connectivity), 포함성(Containment)으로 구성한다.

㉰ 위상구조가 구축되면 데이터가 갱신될 때마다 새로운 위상구조
가 구축되어 속성 테이블과 새로운 노드가 추가되거나 변경된다.

㉱ 위상구조를 완벽하게 갖춘 벡터 데이터로 가장 대표적인 것은
GeoTIFF이다.

> GeoTiff
> GIS 소프트웨어에서 사용하는 비압축 영상 포맷으로, TIFF 포맷에 지리적 위치를 저장할 수 있는 기능을 부여한 영상 포맷으로 래스터 자료구조이다.

실전문제 _TIP_

39 위상정보에 대한 설명으로 옳은 것은?

㉮ 공간상에 존재하는 공간객체의 길이, 면적, 연결성, 계급성 등을 의미한다.

㉯ 지리정보에 포함된 CAD 데이터 정보를 의미한다.

㉰ 지리정보와 지적정보를 합한 것이다.

㉱ 위상정보는 GIS에서 할 수 있는 공간 분석과는 무관한 위성으로부터 획득한 자료를 의미한다.

◉ 위상정보는 공간객체의 길이, 면적 등의 계산을 가능하게 하며 계급성, 연결성에 관한 정보를 제공하므로 다양한 공간분석을 가능하게 한다.

40 표와 같은 위상구조 테이블에 적합한 데이터는?

Polygon	Arc 수	List of Arc
A	2	−L1, L2
B	3	−L3, −L2, L4
C	1	−L4

Arc	From Node	To Node	Left Polygon	Right Polygon
L1	n1	n3	A	0
L2	n1	n3	B	A
L3	n3	n1	B	0
L4	n2	n2	C	B

◉ 위상은 점, 선, 면 각각에 대하여 위상테이블에 나누어 기록된다.
• 선은 각 선의 시작점과 종료점을 기록하고, 각 선을 기준으로 인접하고 있는 좌·우 면을 기록
• 면은 면을 형성하는 선을 기록
• 점은 각 점에서 연결되는 선을 기록

㉮
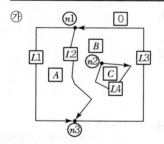

㉯
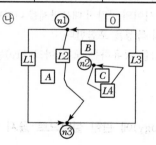

㉰
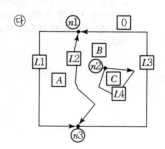

㉱
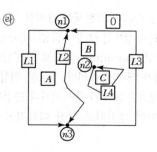

실전문제 TIP

41 그림과 같은 자료에 대해 표와 같이 위상을 구축하였다. 잘못 구축된 선(Line−id)은?

◉ 선 g의 진행방향이 ⑥ → ⑤이므로 좌측면은 C, 우측면이 B가 된다.

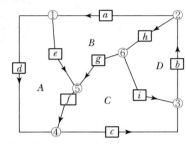

line−id	시작점	종료점	좌측면	우측면
e	1	5	B	A
f	5	4	C	A
g	6	5	B	C
h	2	6	D	B
…	…	…	…	…

㉮ e   ㉯ f   ㉰ g   ㉱ h

42 그림과 같은 데이터에 대한 위상구조 테이블에서 ㉠과 ㉡의 내용으로 적합한 것은?

◉ • 폴리곤 A를 구성하는 선(arc) : −L1, L2
• 폴리곤 B를 구성하는 선(arc) : −L3, −L2, L4
∴ ㉠ : −L1, ㉡ : −L2

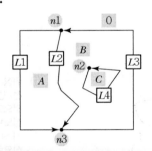

Polygon	Arc 수	List of Arc
A	2	㉠, L2
B	3	−L3, ㉡, L4
C	1	−L4

㉮ ㉠ : L1   ㉡ : L2
㉯ ㉠ : L1   ㉡ : −L2
㉰ ㉠ : −L1   ㉡ : L2
㉱ ㉠ : −L1   ㉡ : −L2

정답 41 ㉰ 42 ㉱

43 다음과 같은 데이터에 대한 위상구조 테이블에서 ⊙과 ⓒ의 내용
으로 적합한 것은?

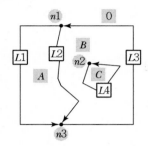

위상은 점·선·면 각각에 대하여 위
상테이블에 나누어 기록되는데 선은
각 선의 시작점과 종료점을 기록한다.
• 선 L2의 시작점은 n1, 종료점은 n3
• 선 L3의 시작점은 n3, 종료점은 n1
• 선 L4의 시작점은 n2, 종료점은 n2
∴ ⊙ : n1, ⓒ : n2

arc	from node	to node	Left polygon	Right polygon
L1	n1	n3	A	0
L2	⊙	n3	B	A
L3	n3	⊙	B	0
L4	ⓒ	ⓒ	C	B

㉮ ⊙ : n1   ⓒ : n2
㉯ ⊙ : n1   ⓒ : n3
㉰ ⊙ : n3   ⓒ : n2
㉱ ⊙ : n3   ⓒ : n1

44 보기의 그림 중 토폴로지가 다른 것은?

㉮

㉯

㉰

㉱

위상(Topology)은 벡터자료의 점,
선, 면에 대해 공간관계를 정의하는
것으로 보기 ㉮, ㉯, ㉰의 그림에서 중
심노드는 3개의 선으로 연결되며 보
기 ㉱의 그림에서 중심노드는 4개의
선으로 연결된다.
※ 보기 ㉱는 인접성, 연결성 등이 보
기 ㉮, ㉯, ㉰와는 다르게 저장된다.

45 공간데이터의 위상모델(Topology)을 통해 가능한 공간분석이 아닌 것은?

  ㉮ 중첩분석(Overlay Analysis)
  ㉯ 경사분석(Slope Analysis)
  ㉰ 인접성 분석(Contiguity Analysis)
  ㉱ 연결성 분석(Connectivity Analysis)

> **위상관계(Topology)**
> 공간관계를 정의하는 데 쓰이는 수학적 방법으로서 입력된 자료의 위치를 좌표 값으로 인식하고 각각의 자료 간의 정보를 상대적 위치로 저장하며, 선의 방향, 특성들 간의 관계, 연결성, 인접성, 영역 등을 정의함으로써 공간분석을 가능하게 한다.

46 다음 중 규칙적인 셀(cell)의 격자에 의하여 형상을 묘사하는 자료구조는?

  ㉮ 속성자료구조   ㉯ 벡터자료구조
  ㉰ 래스터자료구조   ㉱ 필지자료구조

> 래스터자료구조는 동일한 크기의 셀의 격자에 의하여 공간형상을 표현한다.

47 래스터 데이터 모델은 기본적인 도형의 요소로 공간객체를 표현한다. 래스터 데이터의 기본 도형 요소는?

  ㉮ 점   ㉯ 점, 선, 면
  ㉰ 선, 면   ㉱ 픽셀

> 래스터 자료구조는 그리드(Grid), 셀(Cell) 또는 픽셀(Pixel)로 구성된 배열이며 각 셀들의 크기에 따라 데이터의 해상도와 저장 크기가 달라지게 되는데 셀 크기가 작으면 작을수록 보다 정밀한 공간현상을 잘 표현할 수 있다.

48 래스터(Raster) 데이터의 구성요소로 옳은 것은?

  ㉮ Line   ㉯ Point
  ㉰ Pixel   ㉱ Polygon

> 래스터 자료구조는 그리드(Grid), 셀(Cell) 또는 픽셀(Pixel)로 구성된 배열이며 어떤 위치의 격자값을 저장하고 연산하여 표현하는 방식이다.

49 다음 중 래스터식 자료구조와 거리가 먼 것은?

  ㉮ 그리드(Grid)   ㉯ 폴리곤(Polygon)
  ㉰ 셀(Cell)   ㉱ 픽셀(Pixel)

> 문제 48번 해설 참조

정답 45 ㉯ 46 ㉰ 47 ㉱ 48 ㉰ 49 ㉯

실전문제

50 공간정보의 표현기법 중 래스터데이터(Raster Data)의 특징이 아닌 것은?

㉮ 격자형의 영역에서 X, Y축을 따라 일련의 셀들이 존재한다.

㉯ 각 셀들이 속성값을 가지므로 이들 값에 따라 셀들을 분류하거나 다양하게 표현한다.

㉰ 인공위성에 의한 이미지, 항공영상에 의한 이미지, 스캐닝을 통해 얻어진 이미지 데이터들이다.

㉱ 3차원과 같은 입체적인 지도 디스플레이 표현은 불가능하다.

> 격자(Raster)자료구조의 특징
> • 각 셀들의 크기에 따라 데이터의 해상도와 저장크기가 다르다.
> • 셀 크기가 작으면 작을수록 보다 정밀한 공간형상을 잘 표현할 수 있다.
> • 각 셀들이 속성값을 가지므로 이들 값에 따라 셀들을 분류하거나 다양하게 표현한다.
> • 인공위성에 의한 이미지, 항공사진에 의한 이미지, 스캐닝을 통해 얻어진 이미지 데이터들이다.
> • 3차원 등과 같은 입체적인 지도 디스플레이 표현이 가능

51 다음 그림은 6×6화소 크기의 래스터 데이터를 수치적으로 표현한 것이다. 이 데이터를 2×2화소 크기의 데이터로 만들고자 한다. 2×2화소 데이터의 수치값을 결정하는 방법으로 중앙값 방법(Median Method)을 사용하고자 할 때 결과로 옳은 것은?

2	1	3	2	1	3
2	3	2	2	2	2
2	2	2	2	2	2
2	1	3	2	1	3
2	3	2	2	3	2
2	2	2	3	3	3

㉮ | 3 | 2 |
| 3 | 3 |

㉯ | 2 | 2 |
| 2 | 4 |

㉰ | 2 | 2 |
| 2 | 3 |

㉱ | 2 | 2 |
| 2 | 2 |

> 중앙값 방법(Median Method)
> 영상결함을 제거하는 기법으로 가장 많이 사용. 어떤 영상소의 주변의 값을 작은 값부터 재배열한 후 가장 중앙의 값을 새로운 값으로 설정 후 치환
>
> 3, 3, 3, 4, 4, 5, 5, 5, 10
>
>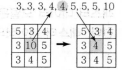
>
>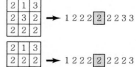
>
>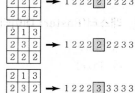
>
> ∴ 새로 생성되는 4×4 영상소는 | 2 | 2 |
> | 2 | 3 |

실전문제 **TIP**

52 아래의 래스터 데이터에 최댓값 윈도우(Max Kernel)를 3×3 크기로 적용한 결과로 옳은 것은?

7	3	5	7	1
7	5	5	1	7
5	4	2	5	9
9	2	3	8	3
0	7	1	4	7

㉮
7	3	5
7	5	5
5	4	2

㉯
9	9	9
9	9	9
9	9	9

㉰
7	7	9
9	8	9
9	8	9

㉱
7	8	9
7	8	9
7	8	9

○ **최댓값 필터(Maximum Filter)**
영상에서 한 화소의 주변 화소들에 윈도우를 씌워서 이웃 화소들 중에서 최댓값을 출력 영상에 출력하는 필터링

∴ 3×3크기로 적용한 결과
7	7	9
9	8	9
9	8	9

53 GIS 자료를 8bit의 영상으로 구성하려고 하는 경우 8bit 영상으로 표현할 수 있는 색의 수는?

㉮ 64색
㉯ 128색
㉰ 256색
㉱ 512색

○ GIS 자료의 영상에서 각 픽셀의 밝기 값을 256단계로 표현할 경우에는 8비트의 데이터량이 필요하다.

54 격자구조와 비교할 때 벡터구조가 갖는 특징에 대한 설명으로 틀린 것은?

㉮ 그래픽의 정확도가 높다.
㉯ 위치와 속성의 검색, 갱신, 일반화가 가능하다.
㉰ 자료구조가 단순하다.
㉱ 현상적 자료구조를 잘 표현할 수 있고 축약되어 있다.

○ Vector vs Raster

구분	Vector (선추적방식)	Raster (격자방안방식)
장점	• 현상적 자료구조 표현이 용이 • 자료구조의 효율적 축약 • 뛰어난 위상관계 구축 • 위치와 속성의 일반화가 가능 • 3차원 분석 및 확대 축소 시 정보의 손실 없음	• 공간 분석 용이 • 자료 구조가 단순 명료 • 단위별로 위상형태 동일 • 저가의 기술과 빠른 발달 속도
단점	• 자료구조의 복잡 • 단위별로 위상형태가 다름 • 고가의 장비 필요 • 공간연산이 복잡	• 자료 압축 시 정보의 손실 • 확대 축소 시 정보의 손실 • 3차원 분석 및 회전 불가능

정답 **52** ㉰ **53** ㉰ **54** ㉰

55 지리정보시스템(GIS)의 자료 저장 형식 중 벡터(Vector) 방식에 대한 설명으로 옳은 것은?

㉮ 자료구조가 단순하다.

㉯ 위상구조에 적합하다.

㉰ 중첩연산을 간단하게 구현할 수 있다.

㉱ 영상처리에 효율적이다.

> 벡터자료구조는 위상관계의 제공으로 공간적 분석이 용이하다.

56 벡터 데이터의 특성에 대한 설명으로 옳지 않은 것은?

㉮ 자료 구조가 래스터보다 복잡하다.

㉯ 레이어의 중첩분석이 래스터보다 용이하다.

㉰ 위상 관계를 이용한 공간분석이 가능하다.

㉱ 객체의 형상이 점, 선, 면으로 표현된다.

> 벡터 레이어의 중첩분석이 래스터 레이어의 중첩분석보다 용이하지 않다.

57 다음 중 벡터 형식의 자료가 아닌 것은?

㉮ TIGER
㉯ GeoTiff

㉰ PostScript
㉱ DXF

> 래스터형식의 자료들
> • pcx
> • jpg
> • bmp
> • tiff : Tagged-image File Format(지리기준정보 포함)

58 일반적으로 지리정보시스템을 구현하기 위한 공간자료는 벡터 데이터(Vector Data Model)와 래스터 데이터(Raster Data Model)로 구분한다. 다음 공간정보 파일 포맷 중 Vector Data Model이라 할 수 없는 것은?

㉮ Filename.dwg
㉯ Filename.tif

㉰ Filename.shp
㉱ Filename.dxf

> 벡터파일 형식
> DWG(DXF), SHP, NGI 등

59 벡터 데이터모델에 해당하는 것은?

㉮ DWG
㉯ JPG

㉰ shape
㉱ Geotiff

> DXF(Drawing eXchange Format) 오토캐드용 자료파일이 다른 그래픽 체계로 사용될 수 있도록 제작한 그래픽 자료파일형식으로 벡터자료 유형이다.

정답 55 ㉯ 56 ㉯ 57 ㉯ 58 ㉯ 59 ㉮

실전문제 TIP

60 다음 중 건물(Building) 쉐이프(Shape)파일을 구성하고 있는 부분 파일이 아닌 것은?

㉮ Building.shx　　㉯ Building.mdb
㉰ Building.dbf　　㉱ Building.shp

쉐이프(Shape)파일은 좌표파일(*.shp), 인덱스파일(*.shx), 데이터베이스파일(*.dbf) 등으로 저장된다.

61 격자자료구조(래스터구조)에 대한 설명으로 옳은 것은?

㉮ 격자의 크기보다 작은 객체의 표현도 가능하다.
㉯ 격자의 크기가 작을수록 나타낼 수 있는 객체의 형태를 자세히 나타낼 수 있다.
㉰ 격자의 크기가 작을수록 표현되는 자료는 보다 상세한 반면, 컴퓨터 저장용량에는 변함이 없다.
㉱ 격자의 크기가 작아지면 이에 비례하여 자료의 양이 감소한다.

래스터구조(Raster Data)
래스터데이터 유형은 실세계 공간 현상을 일련의 셀(Cell)들의 집합으로 정의 · 표현한다. 각 셀들의 크기에 따라 데이터의 해상도와 저장 크기가 달라지게 되는데 셀 크기가 작으면 작을수록 보다 정밀한 공간현상을 잘 표현할 수 있다.

62 벡터자료와 비교할 때 래스터자료에 대한 설명으로 옳지 않은 것은?

㉮ 자료구조가 단순하다.
㉯ 위상구조로 표현하기 힘들다.
㉰ 스캐닝한 자료는 래스터 구조이다.
㉱ 객체를 점, 선, 면의 형태로 구분하기 쉽다.

래스터데이터는 동일한 크기의 격자로 이루어지며, 자료구조가 단순하다. 벡터데이터는 객체의 형상을 점 · 선 · 면으로 표현한다.

63 래스터 데이터(격자 자료) 구조에 대한 설명으로 옳지 않은 것은?

㉮ 셀의 크기에 관계없이 컴퓨터에 저장되는 자료의 양은 항상 일정하다.
㉯ 셀의 크기는 해상도에 영향을 미친다.
㉰ 셀의 크기에 의해 지리정보의 위치 정확성이 결정된다.
㉱ 연속면에서 위치의 변화에 따라 속성들의 점진적인 현상 변화를 효과적으로 표현할 수 있다.

래스터데이터는 동일한 크기의 격자로 이루어지며, 격자의 크기가 작을수록 해상도가 좋아지는 반면 저장용량이 증가한다.

정답 60 ㉯ 67 ㉯ 62 ㉱ 63 ㉮

64 도형자료 중 래스터(Raster) 형태의 특징으로 옳지 않은 것은?

㉮ 자료의 데이터구조가 매우 복잡하며, 자료 생성이 어렵다.

㉯ 다양한 공간적 편의가 격자형태로 나타나며, 자료의 조작과정이 용이하다.

㉰ 격자의 크기조절로 자료용량의 조절이 가능하다.

㉱ 래스터자료는 주로 네모난 형태를 가지기 때문에 벡터자료에 비해 미관상 매끄럽지 못하다.

> 래스터자료구조는 벡터자료구조에 비해 자료구조가 단순하며 쉽게 자료를 생성할 수 있다.

65 다음 중 벡터방식과 비교할 때 래스터(격자)방식의 장점으로 볼 수 없는 것은?

㉮ 자료의 구조가 단순하다.

㉯ 레이어의 중첩이나 분석이 용이하다.

㉰ 속성정보의 추출 및 갱신이 용이하다.

㉱ 3차원 지형 시뮬레이션 등이 용이하다.

> 래스터(격자)자료의 장점
> • 간단한 자료구조
> • 중첩에 대한 조작이 용이
> • 다양한 공간적 편의가 격자형 형태로 나타남
> • 자료의 조작과정에 효과적
> • 수치영상의 질을 향상시키는 데 용이

66 래스터데이터의 특징에 대한 설명으로 틀린 것은?

㉮ 벡터데이터에 비해 상대적으로 데이터 구조가 단순하다.

㉯ 입력되는 자료의 양이 많아 자료의 처리와 분석에 시간이 많이 걸린다.

㉰ 위상에 관한 정보가 제공되므로 관망분석과 같은 다양한 공간분석이 가능하다.

㉱ 격자구조에서 각각의 격자는 격자 내에 포함된 주제와 관련된 하나의 수치값만을 저장한다.

> 격자구조는 동일한 크기의 격자로 이루어져 네트워크(관망) 연계구현이 곤란하다.

67 래스터식 자료구조에 대한 설명 중 옳지 않은 것은?

㉮ 점은 하나의 셀로 표현된다.

㉯ 각 셀은 행과 열의 값으로 참조된다.

㉰ 셀의 크기는 길이와 면적의 계산에 영향을 미치지 않는다.

㉱ 선은 한 방향으로 배열되어 인접하고 있는 셀들에 의해 표현된다.

> 래스터 자료구조는 셀의 크기가 작으면 작을수록 해상도가 좋아지는 반면 데이터의 저장용량이 증가한다.

정답 64 ㉮ 65 ㉰ 66 ㉰ 67 ㉰

68 GIS 자료구조에 대한 다음 설명 중 옳지 않은 것은?

㉮ 벡터 구조에서는 각 객체의 위치가 공간좌표체계에 의해 표시된다.

㉯ 벡터 구조는 래스터 구조보다 객체의 형상이 현실에 가깝게 표현된다.

㉰ 래스터 구조에서 수치값은 해당 위치의 객체의 형태나 관련 정보를 표현한다.

㉱ 래스터 구조에서는 객체의 공간좌표에 대한 정보가 존재하지 않는다.

○ 래스터 자료구조에서는 대상지역의 좌표계로 맞추기 위한 좌표변환과정을 거쳐 객체의 공간좌표를 표현할 수 있다.

69 다음은 벡터구조와 격자구조를 비교한 것이다. 설명으로 옳지 않은 것은?

㉮ 벡터구조는 격자구조에 비해 자료의 양이 적다.

㉯ 격자구조는 정확도가 높고 위상관계를 가지고 있어 공간분석이 가능하다.

㉰ 벡터구조는 자료구조가 복잡하다.

㉱ 격자구조는 중첩 분석이나 모델링이 용이하다.

○ 격자자료구조는 위상관계를 가지고 있지 않다.

70 벡터데이터와 래스터데이터(격자데이터)에 관한 설명으로 옳은 것은?

㉮ 벡터형은 래스터형에 비하여 자료구조가 단순하다.

㉯ 래스터형은 점, 선, 면으로 벡터형은 셀(Cell)로 도형을 표현한다.

㉰ 벡터형의 정밀도는 메시(Mesh) 간격에 의존한다.

㉱ 래스터형 데이터는 원격탐사 데이터와의 중첩이 용이하다.

○

구분	벡터데이터	래스터데이터
자료 구조	복잡	단순
도형 표현	점, 선, 면 해상도가 좋음	셀(cell) 시각적 효과가 떨어짐(격자의 크기에 따라 좌우됨)

71 일반적으로 지리정보시스템을 구현하기 위한 공간자료는 Vector Data Model과 Raster Data Model로 나뉘어진다. 다음 공간정보 파일 포맷 중 Raster Data Model과 거리가 먼 것은?

㉮ Filename.tif   ㉯ Filename.img

㉰ Filename.shp   ㉱ Filename.bmp

○ shp파일은 벡터형식의 파일이다.

72 영상의 저장형식 중 지리좌표를 가지는 포맷은?

㉮ GeoTIFF   ㉯ TIFF

㉰ JPG   ㉱ GIF

○ GeoTiff
GIS 소프트웨어에서 사용하는 비압축 영상 포맷으로 TIFF 포맷에 지리적 위치를 저장할 수 있는 기능을 부여한 영상 포맷이다.

정답 68 ㉱ 69 ㉯ 70 ㉱ 71 ㉰ 72 ㉮

73 격자구조자료(Raster Data)의 저장방식으로 사용되지 않는 것은?

㉮ 사슬부호(Chain Code) 방식

㉯ 폐합부호(Closure Code) 방식

㉰ 블록부호(Block Code) 방식

㉱ 연속분할부호(Run-length Code) 방식

⊙ 격자형 자료의 압축방법에는 사슬부호, 연속분할부호, 블록부호, 사지수형 등이 있다.
• 사슬부호 : 자료의 시작점에서 동서남북 방향으로 이동하는 단위거리를 통해 표현
• 연속분할부호 : 시작 픽셀과 끝 픽셀을 저장하는 방법
• 블록부호 : 블록 중심이나 시작점의 좌표와 격자의 크기를 3개의 숫자로 나타내는 방법

74 다음 중 격자구조의 자료를 압축 저장하는 방법이 아닌 것은?

㉮ Run-Length Code 기법 ㉯ Chain Code 기법

㉰ Quad-Tree 기법 ㉱ Polynomial 기법

⊙ 격자형 자료구조의 압축방법은 Chain Code 기법, Run-length Code 기법, Block Code 기법, Quadtree 기법 등이 있다.

75 다음 중 래스터데이터의 압축기법이 아닌 것은?

㉮ 런렝스 코드(Run-length Code)

㉯ 사지수형(Quadtree)

㉰ 체인 코드(Chain Code)

㉱ 스파게티(Spaghetti)

⊙ 격자형 자료구조의 압축방법
• 런렝스 코드(Run-length Code)기법
• 체인 코드(Chain Code)기법
• 블록 코드(Block Code)기법
• 사지수형(Quadtree)기법

76 래스터데이터의 일반적인 자료압축방법이 아닌 것은?

㉮ Chain Code

㉯ Block Code

㉰ Structure Code

㉱ Run-Length Code

⊙ 격자형 자료구조의 압축방법은 Chain Code 기법, Run-length Code 기법, Block Code 기법, Quadtree 기법 등이 있다.

77 래스터(또는 그리드) 저장기법 중 어떤 개체의 경계선을 그 시작점에서부터 동서남북 방향으로 4방 혹은 8방으로 순차 진행하는 단위 벡터를 사용하여 표현하는 방법은?

㉮ 사지수형 기법

㉯ 블록 코드 기법

㉰ 체인 코드 기법

㉱ Run-length 코드 기법

⊙ 사슬부호(Chain Code)
• 영역의 경계는 그 시작점과 방향에 대한 단위벡터로 표시한다.
• 각 방향은 동-0, 북-1, 서-2, 남-3으로 표시하며 픽셀의 수는 상첨자로 표시한다.

정답 73 ㉯ 74 ㉱ 75 ㉱ 76 ㉰ 77 ㉰

실전문제 ^{TIP}

78 다음의 Chain-code를 가장 정확히 나타낸 것은?(단, 0-동, 1-북, 2-서, 3-남의 방향을 표시한다.)

$$0, 1, 0^2, 3, 0^2, 3, 0, 3^3, 2, 3, 2^3, 1, 2, 1^3, 2, 1$$

㉮

㉯

㉰

㉱

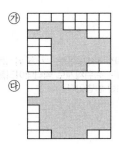
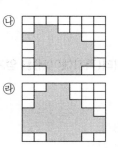

● 체인코드(Chan-code) 기법

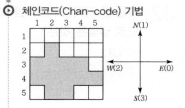

$$0, 1, 0, 3, 0^2, 3, 0\ 3, 2^2, 3, 2^2, 1, 2, 1^2$$

• 영역의 경계는 그 시작점과 방향에 대한 단위벡터로 표시한다.
• 각 방향은 동-0, 북-1, 서-2, 남 -3으로 표시하며 픽셀의 수는 상 첨자로 표시한다.

79 래스터(또는 그리드) 저장기법 중 셀 값을 개별적으로 저장하는 대신 각각의 변 진행에 대하여 속성값, 위치, 길이를 한 번씩만 저장하는 방법은?

㉮ 사지수형 기법
㉯ 블록 코드 기법
㉰ 체인 코드 기법
㉱ Run-length 코드 기법

● 연속분할부호(Run-length Code) 기법
격자방식의 자료기반에 자료를 저장하여 간단하게 자료를 압축하는 방법으로서 연속해서 동일 속성값이 반복해서 나타나는 경우 속성값과 반복된 횟수를 저장한다.

80 쿼드트리(quadtree)는 한 공간을 몇 개의 자식노드로 분할하는가?

㉮ 2
㉯ 4
㉰ 8
㉱ 16

● 사지수형(Quadtree) 기법
어느 영역을 단계적으로 4분원 하여 표시하고 더 이상 분할할 수 없을 때까지 반복하는 기법이다.

81 그림의 2차원 쿼드트리(Quadtree)의 총 면적은 얼마인가?(단, 최하단에서 하나의 셀의 면적을 1로 가정한다.)

㉮ 16
㉯ 25
㉰ 64
㉱ 128

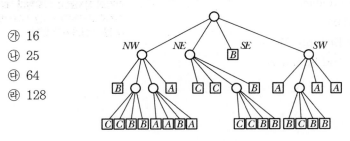

● 분할된 구역에 따라 총 면적을 산정하면
• 4단 : 셀 면적 1
• 3단 : 셀 면적 1×4
• 2단 : 셀 면적 4×4
• 1단 : 셀 면적 4×4×4
∴ 4×4×4=64

정답 78 ㉯ 79 ㉱ 80 ㉯ 81 ㉰

82 다음 중 지리정보시스템구축에 필요한 위치정보의 자료 취득방법
으로 알맞은 것은?

㉮ GIS   ㉯ GPS

㉰ PC   ㉱ TIN

> ㉮ GIS : 지형공간정보체계
> ㉯ GPS : 범지구 위치결정체계
> ㉰ PC : 개인용 컴퓨터
> ㉱ TIN : 불규칙 삼각망

83 GIS의 자료수집방법으로서 래스터데이터(격자데이터)를 얻기 위
한 방법과 거리가 먼 것은?

㉮ GPS 위성측량

㉯ 항공사진으로부터 수치정사사진의 작성

㉰ 다중밴드 위성영상으로부터 토지피복 분류

㉱ 위성영상의 기하보정 및 좌표 등록

> GPS 위성측량은 3차원 위치를 결정
> 하는 측위체계로 벡터데이터를 얻기
> 위한 방법이다.

84 지리정보시스템의 자료취득 방법과 가장 거리가 먼 것은?

㉮ 투영법에 의한 자료취득 방법

㉯ 항공사진측량에 의한 방법

㉰ 일반측량에 의한 방법

㉱ 원격탐사에 의한 방법

> 지형공간정보체계의 자료취득 방법
> • 기존 지도를 이용하여 생성하는 방법
> • 지상측량에 의하여 생성하는 방법
>   (GPS, TS)
> • 항공사진측량에 의하여 생성하는
>   방법
> • 위성측량에 의하여 생성하는 방법

85 레이저를 이용하여 대상물의 3차원 좌표를 실시간으로 획득할 수 있는
측량방법으로 삼림이나 수목지대에서도 투과율이 좋으며 자료 취득
및 처리과정이 완전히 수치 방식으로 이뤄질 수 있어 최근 고정밀 수치
표고모델과 3차원 지리정보 제작에 많이 활용되고 있는 측량방법은?

㉮ SAR(Synthetic Aperture Radar)

㉯ RAR(Real Aperture Radar)

㉰ EDM(Electro-Magnetic Distance Meter)

㉱ LiDAR(Light Detection And Ranging)

> LiDAR(Light Detection And
> Ranging)
> 비행기에 레이저측량장비와 GPS/
> INS를 장착하여 대상체면상 관측점
> 의 지형공간정보를 취득하는 관측방
> 법으로서, 3차원 공간좌표(x, y, z)를
> 각각의 점자료로 기록한다. 최근에는
> 수치표고모델과 3차원 지리정보 제작
> 에 많이 활용되고 있다.

정답   82 ㉯   83 ㉮   84 ㉮   85 ㉱

86 지형을 저장하고 표현할 수 있는 데이터 구조 중 라이다(LiDAR) 원시 자료의 데이터 구조를 설명하고 있는 것은?

㉮ 점(Point) 위치에 대해 데이터 값을 기록

㉯ 불규칙삼각망(TIN)

㉰ 수치표고모델

㉱ 등고선

⊙ LiDAR(Light Detection and Ranging)
비행기에 레이저 측량장비와 GPS/INS를 장착하여 대상체 면상 관측점의 지형공간정보를 취득하는 관측방법으로서, 3차원 공간좌표(x, y, z)를 각각의 점자료로 기록한다.

87 원격탐사를 통한 GIS 데이터를 획득할 때에 Classification(분류) 방법이 자주 사용된다. 감독분류(Supervised Classification) 방법 중 알고자 하는 픽셀이 어느 등급에 속하는 지의 확률을 계산하여 두 군집이 겹치는 부분에 속하는 픽셀은 정규분포곡선 그림을 통해 가장 속할 확률이 높은 군집에 할당시키는 방법은?

㉮ 평행육면체 분류(Parallelpiped Classify)

㉯ 최대우도법(Maximum Likelyhood Classify)

㉰ 최소거리 분류(Minimum Distance to Means Classify)

㉱ K−mean

⊙ 최대우도법(Maximum Likelyhood Classify)
클래스 정보가 정규분포를 따른다고 가정했을 때 각 화소의 개개 클래스 분류 확률을 계산 후 가장 높은 확률값의 클래스에 할당하는 방법

88 지리정보시스템(GIS)의 자료형태에서 그리드(Grid)에 대한 설명으로 옳지 않은 것은?

㉮ 래스터자료를 셀단위로 저장하는 X, Y좌표 격자망

㉯ 정방형의 가상격자망을 채워주는 점 자료

㉰ 규칙적으로 배치된 샘플점의 집합

㉱ 일반적인 벡터형 자료시스템

⊙ 그리드(Grid)
바둑판 눈금 또는 석쇠 모양의 동일한 크기의 정방형 혹은 준 정방형 셀의 배열에 의해서 정보를 표현하는 지리자료 모형으로 래스터 자료이다.

정답 86 ㉮ 87 ㉯ 88 ㉱

GIS의 자료관리

···01 데이터베이스(Database)

하나의 조직 안에서 다수의 사용자들이 공동으로 사용할 수 있도록 통합·저장되어 있는 운용 자료의 집합을 의미한다.

(1) 데이터베이스의 정의

① **통합 데이터** : 똑같은 데이터가 원칙적으로 중복되어 있지 않은 데이터
② **저장 데이터** : 컴퓨터가 접근할 수 있는 저장 매체에 저장된 데이터
③ **운영 데이터** : 기능을 수행하기 위해 반드시 유지해야 될 데이터
④ **공용 데이터** : 여러 응용 시스템들이 공동으로 소유하고 유지하며, 이용하는 데이터

(2) 데이터베이스의 개념적 구성요소

1) 개체(entity)
① 현실 세계에 대해 사람이 생각하는 개념이나 정보의 단위로서 의미를 가지고 있다.
② 하나의 개체는 하나 이상의 속성(attribute)으로 구성되며 그 속성은 개체의 특성이나 상태를 기술한다.

2) 관계(relationship)
① 개체 또는 속성을 서로 연관시켜 어떤 의미를 나타낸다.
② 개체와 관계를 도식으로 표현하는 다이어그램을 E-R 다이어그램(Entity-Relationship Diagram)이라 한다.

(3) 장단점

장점	• 자료를 한곳에 저장할 수 있다. • 자료의 효율적 관리 및 중복을 방지할 수 있다. • 자료가 표준화되고 구조적으로 저장될 수 있다. • 직접적인 사용자 접근이 가능하다. • 서로 원천이 다른 데이터끼리 데이터베이스 내에서 연결되어 함께 사용할 수 있다. • 자료의 검색과 정보의 추출을 빠르고 용이하게 할 수 있다. • 많은 사용자가 자료를 공유하여 함께 사용할 수 있다. • 다양한 응용프로그램에서 서로 다른 목적으로 편집되고, 새로운 응용을 용이하게 수행할 수 있다.

단점	• 관련 전문가를 필요로 한다. • 초기 구축비용과 유지·관리 비용이 높다. • 제공되는 정보의 가격이 비싸다. • 사용자는 데이터베이스의 구축을 위하여 정해진 자료의 효율과 구성을 갖추어야 한다. • 자료의 분실이나 자료가 잘못 사용되는 경우가 많은 만큼 상응하는 보안조치가 갖추어져야 한다.

···02 파일처리 방식

파일(File)은 기본적으로 유사한 성질이나 관계를 가진 자료의 집합으로 자료를 특성별로 분류하여 저장한다.

(1) 구성

데이터 파일은 레코드(Record), 필드(Field), 키(Key) 세 가지로 구성된다.

① 레코드(Record) : 하나의 주제에 관한 자료를 저장

② 필드(Field) : 레코드를 구성하는 각각의 항목에 관한 것을 의미

③ 키(Key) : 파일에서 정보를 추출할 때 쓰이는 필드

(2) 특징

① 데이터베이스의 가장 보편화된 방식이나 GIS에서 필요한 자료 추출을 위해 많은 양의 중복 작업을 유발한다.

② 자료에 수정이 이루어질 경우 해당 자료를 필요로 하는 각 응용프로그램에 이를 상기시켜야 한다.

③ 관련 데이터를 여러 응용프로그램에서 사용할 때 동시 사용을 위한 조정과 자료수정에 관한 전반적인 제어 기능이 불가능하다.

···03 DBMS 방식

DBMS(DataBase Management System : 데이터베이스 관리 시스템)는 파일처리방식의 단점을 보완하기 위해 도입되었으며 데이터베이스를 다루는 일반화된 체계로 표준형식의 데이터베이스 구조를 만들 수 있으며, 자료를 입력하고 검토·저장·조회·검색·조작할 수 있는 도구를 제공한다. 따라서 자료의 중복을 최소화하여 검색시간을 단축시키며, 결국에는 작업의 효율성이 향상된다.

(1) 필수기능

① **정의기능** : 저장될 데이터의 유형(type)과 구조에 대한 정의, 이용 방식, 제약 조건 등을 명시하는 기능이다.

② **조작기능** : 검색, 갱신, 삽입, 삭제 등을 체계적으로 처리하기 위해 사용자는 데이터베이스 사이의 인터페이스 수단을 제공하는 기능이다.

③ **제어기능** : 무결성, 보안 및 권한 검사, 병행 수행 제어 등 데이터베이스의 내용에 대해 정확성과 안전성을 유지할 수 있는 기능이다.

(2) 설계

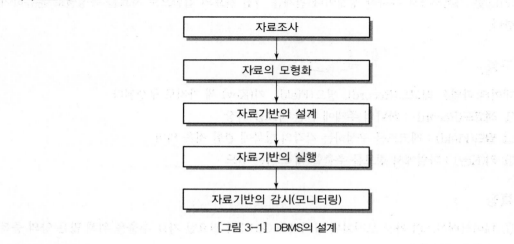

[그림 3-1] DBMS의 설계

(3) 장단점

장점	단점
• 효율적인 자료 분리 가능 • 자료의 독립성 • 자료기반의 응용 용이 • 통제의 집중화 • 직접적인 사용자 접근 가능 • 자료 중복 방지	• 장비가 고가 • 시스템의 복잡성 • 집중된 통제에 따른 위험 존재

(4) 종류

1) 계층형 데이터베이스관리체계(Hierarchical DataBase Management System ; HDBMS)

① 데이터베이스를 구성하는 각 레코드가 계층구조 또는 트리구조를 이루고 있다.

② 모든 레코드는 부모(상위) 레코드와 자식(하위) 레코드를 가지고 있다.

③ 각각의 객체는 단 하나만의 부모(상위) 레코드를 가지고 있다.

2) 관망형 데이터베이스관리체계(Network DataBase Management System ; NDBMS)
   ① 계층형 DBMS의 단점을 보완한 것으로 서로 관련 있는 레코드들이 그물처럼 얽혀 하나의 망 모양을 이루는 구조이다.
   ② 각각의 객체는 여러 개의 부모 레코드와 자식 레코드를 가질 수 있다.

3) 관계형 데이터베이스관리체계(Relationship DataBase Management System ; RDBMS)
   ① 2차원 표의 형태를 가지고 있는 구조로 가장 많이 사용되는 구조이다.
   ② 관계(Relation)라는 수학적인 개념을 도입하였다.
   ③ 상이한 정보 간 검색, 결합, 비교, 자료가감 등이 용이하다.

4) 객체지향형 데이터베이스관리체계(Object Oriented DataBase Management System ; OODBMS)
   ① 자료를 다루는 방식을 하나로 묶어 객체(Object)라는 개념을 사용하여 실세계를 표현하고 모델링하는 구조이다.
   ② 객체의 구조는 데이터, 메소드(Method), 객체식별자로 되어 있다.
   ③ 자료의 관리와 갱신이 용이하다.

5) 객체관계형 데이터베이스관리체계(Object Relational DataBase Management System ; ORDBMS)
   관계형 체계에 새로운 객체 저장능력을 추가하고 있는 체계로서 관계형과 객체지향형의 장점을 고루 살린 체계이다.

> **Reference 참고**

➤ SQL(Structured Query Language)
  ① 미국 IBM사에서 개발한 표준질의어로 비과정질의어의 대표적인 언어이다.
  ② 특징
  • 관계형 데이터베이스를 위한 산업표준으로 사용되고 있다.
  • 영어와 같은 일반 언어와 구조가 유사하다.
  • 자료 조회 시 다중의 뷰(view)를 제공한다.
  • 컴퓨터 시스템 간의 이식성이 용이하다.
  • 상호 대화식 언어이다.
  ③ 구문
  • SELECT 선택컬럼 FROM 테이블 Where 컬럼에 대한 조건값
  예) 지적도에서 면적이 100㎡을 초과하는 대지의 소유자
     구문 : Select owner From Parcels Where area>100m^2

테이블 : 지적도(Parcels)

고유번호(SN)	지번(jibun)	면적(area)	소유자(owner)
100530001	53-1	101	A
100530002	53-2	278	B
100530003	53-3	43	C
⋮			

소유자(owner)
A
B

⇒

···04 각종 관리체계

(1) 데이터베이스관리체계(DataBase Management System ; DBMS)

데이터베이스 관리체계는 자료의 저장, 검색, 변화를 조작하는 특별한 소프트웨어를 가지고 있는 전산기 프로그램이다.

(2) 의사결정지원체계(Decision-Making Support System ; DMSS)

공통된 의사결정이 어려운 경우 의사결정에 해석적 모델링과 같은 결정 탐색과정을 도입하여 의사결정에 도움을 줄 수 있는 체계이다.

(3) 전문가체계(Expert System)

체계 내에서 그들의 요구를 정형화시키는 방법을 정확히 알지 못하는 비전문가를 위하여 전문가의 지식이나 경험을 전산기체계 내에 배치함으로써 이용이 용이하도록 설계한 체계이다.

···05 기타

(1) 개체(Entity)

지형·지물의 실세계상 개체로 다른 것과 구별할 수 있는 식별 가능한 기술의 요소이다. 예를 들면 도로, 건물, 사람, 물체, 사상 등이다. 또한, 현실 세계에 존재하는 개체를 추상적으로 표현한 것을 객체(Object)라고 한다.

(2) 질의(Query)

자료기반에서 자료의 변경 없이 자료를 검색하고 선택하는 연산이다.

(3) 표준 질의어(Standard Query Language ; SQL)

IBM에 의하여 개발된 표준 질의어로 광범위하게 사용되는 비과정 질의어의 대표적인 예이다. 관계형 DBMS에서 자료를 만들고 조회할 수 있는 도구이다.

(4) 객체(Object)

객체지향프로그래밍에서 자료나 절차를 구성하는 기본요소이며 엄밀하게 정의된 경계로 식별자를 갖는, 상태와 행동을 캡슐화한 실체를 말한다.

(5) 클래스(Class)

같은 속성, 조건, 방법, 관계 및 의미를 공유하는 객체들의 집합에 대한 기술이다.

(6) 인터페이스(Interface)

둘 이상의 기기를 연결할 경우에 필요한 각종 장치·절차·기술 혹은 그것들의 규격으로서 서로 다른 두 기능 사이에서 서로 대화하는 방법을 말한다.

(7) 릴레이션(Relation)

관계형 데이터 모델에서 데이터구조를 표현하는 것으로 테이블의 열과 행의 집합을 말한다.

(8) 튜플(Tuple)

관계형 데이터 모델의 테이블에서 행이라 부르며 열은 속성(Attribute)이라고 부른다.

(9) 도메인(Domain)

관계형 데이터 모델의 테이블에서 하나의 속성이 취할 수 있는 같은 유형의 모든 원자값의 집합을 그 속성의 도메인이라고 한다.

(10) 스키마(Schema)

데이터베이스의 구조(Structure)와 제약조건(Constraints)에 대한 명세(Specification)를 기술한 것으로 외부 스키마, 개념 스키마, 내부 스키마로 구분할 수 있다.

(11) 데이터 모델링(Data Modeling)

주어진 개념으로부터 논리적인 데이터 모델을 구성하는 작업을 말하며, 데이터 모델링의 절차는 요구 분석, 현행 시스템 분석, 개념 데이터 모델링 설계, 논리적 데이터 모델링 설계, 물리적 데이터 모델링 설계, 데이터베이스 구축으로 분석, 설계, 구현 단계로 구분된다.

(12) 데이터 웨어하우스(Data Warehouse)

정보(Data)와 창고(Warehouse)의 합성어로 데이터베이스 시스템에서 의사 결정에 필요한 데이터를 미리 추출하여, 이를 원하는 형태로 변환하고 통합한 읽기 전용의 데이터 저장소이다.

실전문제

01 GIS 데이터베이스에 관한 설명으로 옳지 않은 것은?

㉮ 레코드가 모여 필드를 구성한다.

㉯ 데이터 파일은 레코드, 필드, 키의 3가지로 구성된다.

㉰ 파일베이스 방식에서 데이터베이스 방식으로 발전하였다.

㉱ GIS에서는 일반적으로 동일길이 레코드 방식보다는 가변길이 레코드 방식을 선호한다.

○ 데이터 파일은 레코드, 필드, 키 3가지로 구성되며 레코드는 하나의 주제에 관한 자료를 저장하며, 필드가 모여 레코드를 구성한다.

02 다양한 종류의 자료를 통합하여 GIS 데이터베이스를 구축할 경우에 고려하여야 할 사항으로 옳지 않은 것은?

㉮ 자료의 표준화   ㉯ 자료관리의 효율성 향상

㉰ 자료의 신뢰성   ㉱ 자료의 중복성 증대

○ 데이터베이스를 구축할 경우 자료의 중복을 최소화하여 검색시간을 단축시키는 것은 작업의 효율성을 향상시키기 위함이다.

03 아래 보기가 설명하고 있는 것은?

• 데이터베이스를 구성하는 GIS 소프트웨어의 한 부분
• 자료의 접근뿐 아니라 모든 입력, 출력, 저장을 관리
• 파일처리방식에서 한 단계 진보된 자료관리 방식

㉮ 공간자료처리언어(SDML)

㉯ 공간자료교환표준(SDTS)

㉰ 의사결정지원체계

㉱ 데이터베이스 관리체계(DBMS)

○ 데이터베이스 관리체계(DBMS) 파일처리방식의 단점을 보완하기 위해 도입되었으며, 데이터베이스를 다루는 일반화된 체계로 표준형식의 데이터베이스 구조를 만들 수 있으며, 자료 입력과 검토·저장·조회·검색·조작할 수 있는 도구를 제공한다.

04 지리정보시스템(GIS)의 데이터 처리를 위한 데이터베이스관리시스템(DBMS)에 대한 설명으로 틀린 것은?

㉮ 복잡한 조건 검색 기능이 불필요하다.

㉯ 자료의 중복 없이 표준화된 형태로 저장되어 있어야 한다.

㉰ 데이터베이스의 내용을 표시할 수 있어야 한다.

㉱ 데이터 보호를 위한 안전관리가 되어 있어야 한다.

○ DBMS(DataBase Management System)는 파일처리방식의 단점을 보완하기 위해 도입되었으며 자료의 입력과 검토·저장·조회·검색·조작할 수 있는 도구를 제공한다.

정답 **01** ㉮ **02** ㉱ **03** ㉱ **04** ㉮

실전문제

05 GIS에서 데이터베이스관리시스템(DBMS)을 사용하는 이유가 아닌 것은?

㉮ DBMS는 고차원의 검색 언어를 지원한다.

㉯ DBMS는 다양한 공간분석 기능을 갖고 있다.

㉰ DBMS는 매우 많은 양의 데이터를 저장하고 관리할 수 있다.

㉱ DBMS는 하나의 데이터베이스를 여러 사용자가 동시에 사용할 수 있게 된다.

◉ DBMS
• 서로 연관성이 있는 특별한 의미를 갖는 자료의 모임
• DB의 구축은 GIS 사업에서 가장 많은 비용과 시간을 요하는 요소
• 사전에 사용자와 사용목적이 충분히 논의된 이후에 설계가 이루어지고 구축이 진행

06 다음 중 GIS 데이터베이스의 관리 및 구축시 적용하는 DBMS 방식의 내용으로 옳지 않은 것은?

㉮ 파일처리방식의 단점을 보완한 방식이다.

㉯ DBMS 프로그램은 독립적으로 운영될 수 있다.

㉰ 데이터베이스와 사용자 간 모든 자료의 흐름을 조정하는 중앙제어역할이 가능하다.

㉱ DBMS 프로그램은 자료의 신뢰와 동시 사용을 위하여 단일 프로그램으로 구성된다.

◉ DBMS 프로그램은 자료의 신뢰와 동시 사용을 위하여 다양한 프로그램으로 구성된다.

07 사용자나 응용 프로그래머가 각 개인의 입장에서 필요로 하는 데이터베이스의 논리적 구조를 정의한 것은?

㉮ 외부 스키마   ㉯ 내부 스키마

㉰ 개념 스키마   ㉱ 논리 스키마

◉ 외부 스키마
사용자나 응용 프로그래머가 각 개인의 입장에서 필요로 하는 데이터베이스의 논리적 구조를 정의하는 것으로 하나의 스키마는 여러 개의 서브스키마로 나누어질 수 있다.

08 지리적 객체(geographic object)에 해당되지 않는 것은?

㉮ 온도   ㉯ 지적필지

㉰ 건물   ㉱ 도로

◉ 지리적 객체
• 일반적으로 점, 선, 면 등으로 구분된다.
• 지리적 현상 중에서 명확한 경계가 존재하는 것을 말한다.
• 위치와 형태, 크기, 방향 등이 존재한다.

09 GIS 자료의 저장방식을 파일 저장방식과 DBMS(DataBase Management System) 방식으로 구분할 때 파일저장방식에 비해 DBMS 방식이 갖는 특징으로 옳지 않은 것은?

㉮ 자료의 신뢰도가 일정 수준으로 유지될 수 있다.

㉯ 새로운 응용프로그램을 개발하는 데 용이하다.

㉰ 시스템이 간단하여 경제적이다.

㉱ 사용자 요구에 맞는 다양한 양식의 자료를 제공할 수 있다.

◉ 시스템이 간단하고 경제적인 것은 파일처리방식의 특징으로 GIS 자료 추출을 위해 많은 양의 중복작업이 발생한다.

정답 (05 ㉯ 06 ㉱ 07 ㉮ 08 ㉮ 09 ㉰)

10 지리정보를 효율적으로 관리하기 위한 도구로서 DBMS의 장점이라고 하기 어려운 것은?

㉮ 중앙제어기능　　　　　㉯ 효율적인 자료호환

㉰ 다양한 양식의 자료제공　㉱ 시스템의 단순성

> 시스템의 단순성은 파일처리방식의 특징이다.

11 다음 중 GIS에서 공간데이터베이스의 유지 · 보안을 위하여 취할 수 있는 항목과 거리가 먼 것은?

㉮ 전체 데이터베이스의 주기적 백업(Backup)

㉯ 암호 등 제반 안전장치를 통한 인가받은 사람만이 사용할 수 있도록 제한

㉰ 지속적인 데이터의 검색

㉱ 전력 손실에 대비한 UPS(Uninterruptable Power Supplies) 등의 설치

> GIS DataBase 유지 · 보안
> • 데이터의 주기적인 백업
> • 암호 등 제반 안전장치의 확보
> • UPS 등 전력공급 중단에 대비한 안정적인 자료의 보존
> • 유사시를 대비한 분산형 DB 관리 등

12 다음 중 지형공간정보체계의 자료 유지관리에 해당하지 않는 것은?

㉮ 자료개발　　　　　㉯ 자료저장

㉰ 자료유지　　　　　㉱ 자료등

> 자료의 유지
> 자료의 유지관리는 자료가 처음 만들어진 후 수정과 갱신, 삭제와 추가 등으로 자료를 최신의 상태로 유지하는 것으로 자료개발은 유지관리에 해당하지 않는다.

13 데이터베이스의 일반적인 모형과 거리가 먼 것은?

㉮ 입체형(Solid)　　　　㉯ 계급형(Hierarchical)

㉰ 관망형(Network)　　　㉱ 관계형(Relational)

> 데이터베이스 모델은 데이터베이스에 접근(Access)하기 위한 모델로 관계의 표현방식에 따라 계층형(Hierarchical), 네트워크형(Network), 관계형(Relational) 등으로 구분된다.

14 지형공간정보체계의 데이터베이스 구조가 아닌 것은?

㉮ 관계(Relational)구조

㉯ 계층(Hierarchical)구조

㉰ 관망(Network)구조

㉱ 3차원(3-Dimensional)구조

> 데이터베이스 모형
> • 계층형 데이터베이스 관리시스템
> • 네트워크형 데이터베이스 관리시스템
> • 관계형 데이터베이스 관리시스템
> • 객체지향형 데이터베이스 관리시스템
> • 객체관계형 데이터베이스 관리시스템

정답 **10** ㉱　**11** ㉰　**12** ㉮　**13** ㉮　**14** ㉱

실전문제

15 다음 중 계급형(Hierarchical) 데이터베이스 모형에 관한 설명으로 옳지 않은 것은?

㉮ 이해와 갱신이 용이하다

㉯ 모든 레코드는 일 대 일(1 : 1) 혹은 일 대 다수(1 : n)의 관계를 갖는다.

㉰ 각각의 객체는 여러 개의 부모 레코드를 갖는다.

㉱ 키필드가 아닌 필드에서는 검색이 불가능하다.

○ 계급형 데이터베이스 모형에서 각각의 객체는 한 개의 부모 레코드를 갖는다.

16 GIS에서 많이 사용되는 관계형 데이터베이스 모형의 장점에 해당되지 않는 것은?

㉮ 정보를 추출하기 위한 질의의 형태에 제한이 없다.

㉯ 모형 구성이 단순하고 이해가 빠르다.

㉰ 테이블의 구성이 자유롭다.

㉱ 테이블의 수가 상대적으로 적어 저장용량이 상대적으로 적게 차지한다.

○ 관계형 데이터베이스(Related Data-Base Management System)
• 2차원 행과 열로서 자료를 조직하고 접근하는 DB체계
• 관계되는 정보들을 전형적인 SQL 언어를 이용하여 접근
• 다른 파일로부터 자료항목을 다시 결합할 수 있고 자료 이용에 강력한 도구를 제공

17 관계형 데이터베이스(RDBMS ; Relational DBMS)의 특징으로 틀린 것은?

㉮ 테이블의 구성이 자유롭다.

㉯ 모형 구성이 단순하고, 이해가 빠르다.

㉰ 필드는 여러 개의 데이터 항목을 소유할 수 있다.

㉱ 정보 추출을 위한 질의 형태에 제한이 없다.

○ 관계형 데이터베이스(Related Data-Base Management System)
• 2차원 표의 형태를 가지고 있는 구조로 가장 많이 사용되는 구조이다.
• 관계(Relation)라는 수학적 개념을 도입하였다.
• 상이한 정보 간 검색, 결합, 비교, 자료 가감 등이 용이하다.
• 질의 형태에 제한이 없는 SQL을 사용한다.
※ 레코드는 필드의 집합으로 하나 이상의 항목들의 모임

18 DBMS를 제어하고, DBMS와 대화할 수 있는 관계형 데이터베이스의 표준 언어는?

㉮ COBOL   ㉯ FORTRAN

㉰ C   ㉱ SQL

○ SQL(표준질의어)
비과정 질의어의 대표적 예로 관계형 데이터베이스의 표준 언어이다.

정답 15 ㉰   16 ㉱   17 ㉰   18 ㉱

19 관계형 자료 모델(Relation Data Model)의 기본 구조요소와 거리가 가장 먼 것은?

㉮ 소트(Sort)   ㉯ 속성(Attribute)

㉰ 행(Record)   ㉱ 테이블(Table)

> 관계형 자료모델은 2차원의 행과 열로서 테이블의 형태를 가지고 있는 구조이며 소트(Sort)는 자료를 주어진 기준으로 정렬하는 것으로 관계형 자료모델의 기본 구조요소와 거리가 멀다.

20 다음 중 객체지향형 데이터베이스 관리 시스템의 특징이 아닌 것은?

㉮ 자료의 갱신이 용이하다.

㉯ 자료뿐만 아니라 자료의 구성을 위한 방법론도 저장이 가능하다.

㉰ 지도의 정보를 도형과 속성으로 나누어 유형별로 테이블에 저장한다.

㉱ 객체는 독립된 동질성을 가진 개체이며 계급적인 의미를 갖는다.

> 객체지향형 DBMS
> • 정의
>   -Object-Oriented DataBase Management System
>   -객체로서의 모델링과 데이터 생성을 지원하는 DBMS
>   -객체들의 클래스를 위한 지원의 일부 종류와 클래스 특징의 상속, 그리고 서브클래스와 그 객체들에 의한 메소드 등을 포함
> • 특징
>   -자료 갱신이 용이함
>   -자료뿐만 아니라 자료의 구성을 위한 방법론도 저장이 가능
>   -객체는 독립된 동질성을 가진 개체이며, 계급적인 의미를 포함

21 실세계의 현상들을 보다 정확히 묘사할 수 있으며 자료의 갱신이 용이한 자료관리체계는?

㉮ 관계지향형 DBMS   ㉯ 종속지향형 DBMS

㉰ 객체지향형 DBMS   ㉱ 관망지향형 DBMS

> 객체지향형 DBMS
> 객체로서의 모델링과 데이터 생성을 지원하는 DBMS로 실세계의 현상들을 보다 정확히 묘사할 수 있다. 또한, 자료와 자료의 구성을 위한 방법론인 메소드까지 저장하며 자료의 갱신에 용이하다.

22 객체지향용어인 다형성(Polymorphism)에 대한 설명으로 틀린 것은?

㉮ 여러 개의 형태를 가진다는 의미의 그리스어에서 유래되었다.

㉯ 동일한 이름의 함수를 여러 개 만드는 기법인 오버로딩(Overloading)도 다형성의 형태이다.

㉰ 동일한 객체 내의 또 다른 인터페이스를 통해서 사용자가 원하는 메소드와 프로퍼티에 접근하는 것을 뜻한다.

㉱ 여러 개의 서로 다른 클래스가 동일한 이름의 인터페이스를 지원하는 것도 다형성이다.

> 다형성(Polymorphism)
> 동일한 이름을 가진 메소드라도 객체의 특성에 따른 기능을 수행하는 것

정답   19 ㉮   20 ㉰   21 ㉰   22 ㉰

23 객체관계형 공간 데이터베이스에서 질의를 위해 주로 사용하는 언어는?

㉮ OQL   ㉯ SQL

㉰ GML   ㉱ DML

> ⊙ 객체관계형 공간 데이터베이스에서는 관계형에서 사용되고 있는 표준 질의어인 SQL을 주로 사용한다.

24 SQL(Structured Query Language)에 대한 설명으로 옳지 않은 것은?

㉮ 영어와 같은 일반 언어와 구조가 유사하여 배우고 이해하기가 용이한 편이다.

㉯ 자료 조회 시 다중의 뷰(view)를 제공한다.

㉰ 광범위하게 사용되는 과정 질의어(Procedural Query Language)의 대표적인 예다.

㉱ 컴퓨터 시스템 간의 이식성이 용이하다.

> ⊙ SQL(표준질의어)
> 관계형 데이터베이스를 조작하는 범용 언어로 비과정 질의어(non-procedural query language)의 대표적 예이다.

25 SQL 언어의 질의 기능에 대한 설명 중 옳지 않은 것은?

㉮ 복잡한 탐색 조건을 구성하기 위하여 단순 탐색 조건들을 AND, OR, NOT으로 결합할 수 있다.

㉯ ORDER BY절은 질의 결과가 한 개 또는 그 이상의 열값을 기준으로 오름차순 또는 내림차순으로 정렬될 수 있도록 기술된다.

㉰ SELECT절은 질의 결과에 포함될 데이터 행들을 기술하며, 이는 데이터베이스로부터 데이터 행 또는 계산 행이 될 수 있다.

㉱ FROM절은 질의어에 의해 검색될 데이터들을 포함하는 테이블을 기술한다.

> ⊙ SELECT절은 질의 결과에 포함될 데이터 열들을 기술하며, 이는 데이터베이스로부터 데이터 열 또는 계산 열이 될 수 있다.

26 SQL의 표준 구문으로 적합한 것은?

㉮ SELECT "item명" FROM "table명" WHERE "조건절"

㉯ SELECT "table명" FROM "item명" WHERE "조건절"

㉰ SELECT "조건절" FROM "table명" WHERE "item명"

㉱ SELECT "item명" FROM "조건절" WHERE "table명"

> ⊙ SQL의 표준 구문
> SELECT 선택 컬럼 FROM 테이블 WHERE 컬럼에 대한 조건 값
> ∴ SELECT "item명"
>   FROM "table명"
>   WHERE "조건절"

정답   23 ㉯   24 ㉰   25 ㉰   26 ㉮

27 지적도(Parcels)에서 면적(Area)이 100m^2 이상인 대지를 소유한 소유자의 주소(Address)를 알고 싶을 때, SQL 질의문으로 옳은 것은?

㉮ SELECT Address FROM Parcels WHERE Area GT 100 m^2

㉯ SELECT Parcels FROM Address WHERE Area GT 100 m^2

㉰ SELECT Area GT 100 m^2 FROM Address WHERE Parcels

㉱ SELECT Address FROM Area GT 100 m^2 WHERE Parcels

◉ SQL 명령어 예
- SELECT 선택 컬럼 FROM 테이블 WHERE 컬럼에 대한 조건 값
- 테이블 : 지적도(Parcels)
- 조건 : 면적(Area) GT 100 m^2
- 선택 컬럼 : 소유자의 주소 (Address)
- ∴ SELECT Addressr FROM Parcels WHERE Area GT 100 m^2

28 다음의 조건을 따르는 SQL 문으로 알맞은 것은?

BUILDING 테이블에서 NAME 필드의 값이 Library를 만족하는 모든 레코드를 검색하라.

㉮ SELECT BUILDING FROM "NAME" WHERE 'Library'

㉯ SELECT BUILDING FROM "NAME" = 'Library'

㉰ SELECT * FROM BUILDING WHERE "NAME" = 'Library'

㉱ SELECT * FROM "NAME" = 'Library' WHERE BUILDING

◉ SQL 명령어 예
- SELECT 선택 컬럼 FROM 테이블 WHERE 컬럼에 대한 조건 값
- 테이블 : BUILDING
- 조건 : "NAME" = 'Library'
- 선택 컬럼 : * (모두)
- ∴ SELECT * FROM BUILDING WHERE "NAME" = 'Library'

29 주어진 Sido 테이블에 대해 아래와 같은 SQL 질의문에 의해 얻어지는 결과는?

SQL > SELECT Do FROM Sido
WHERE POP > 2,000,000

Table : Sido

Do	Area	Perimeter	POP
강원도	1.61E + 10	8.28E + 05	1,431,101
경기도	1.06E + 10	8.65E + 05	8,713,789
서울특별시	6.08E + 08	1.69E + 05	9,631,898
인천광역시	3.30E + 08	1.30E + 05	2,422,097
충청북도	7.44E + 09	7.57E + 05	1,407,975
경상북도	1.90E + 10	1.10E + 06	2,602, 203
충청남도	8.50E + 09	8.60E + 05	1,765, 824
대전광역시	5.42E + 08	1.51E + 05	1,322,664
전라북도	7.96E + 09	6.08E + 05	1,825,789

◉ SQL 명령어 예
- SELECT 선택 컬럼 FROM 테이블 WHERE 컬럼에 대한 조건 값
- 문제구문 : SELECT DO FROM Sido WHERE POP > 2,000,000
- 해석 : Sido 테이블에서 POP필드 중 2,000,000을 초과하는 Do 필드를 선택

결과

Do
경기도
서울특별시
인천광역시
경상북도

실전문제

㉮

Do	Area	Perimeter	POP
경기도	1.06E+10	8.65E+05	8,713,789
서울특별시	6.08E+08	1.69E+05	9,631,898
인천광역시	3.30E+08	1.30E+05	2,422,097
경상북도	1.90E+10	1.10E+06	2,602,203

㉯

Do	Area	Perimeter
경기도	1.06E+10	8.65E+05
서울특별시	6.08E+08	1.69E+05
인천광역시	3.30E+08	1.30E+05
경상북도	1.90E+10	1.10E+06

㉰

Do	Area
경기도	1.06E+10
서울특별시	6.08E+08
인천광역시	3.30E+08
경상북도	1.90E+10

㉱

Do
경기도
서울특별시
인천광역시
경상북도

30 GIS를 이용하는 주체를 GIS 전문가, GIS 활용가, GIS 일반 사용자로 구분할 때, GIS 전문가의 역할로 거리가 먼 것은?

㉮ 시설물 관리   ㉯ 프로젝트 관리

㉰ 데이터베이스 관리   ㉱ 시스템 분석 및 설계

◉ GIS 전문가의 역할
• 프로젝트 관리
• 데이터베이스 관리
• 시스템 분석 및 설계

31 부서 및 응용프로그램 단위 등으로 흩어져 있는 정보들을 하나의 저장창고에 통합, 저장함으로써 자료의 가치와 효율성을 극대화하는 것은?

㉮ 데이터베이스(Database)

㉯ 데이터베이스관리시스템(DBMS)

㉰ 데이터웨어하우스(Data Warehouse)

㉱ 스트리밍기술(Streaming)

⊙ 데이터웨어하우스(Data Warehouse)
데이터웨어하우스는 회사의 각 사업 부문에서 수집된 모든 자료 또는 중요한 자료에 관한 저장창고로 모아온 정보들을 여러 가지 분석이나 조사 활동에 언제든지 쉽게 활용할 수 있게 하기 위해 데이터웨어하우징 기술이 요구된다.

32 데이터 정규화(normalization)에 대한 설명으로 옳은 것은?

㉮ 데이터를 일정한 규칙이나 기준에 의해 중복을 최소화할 수 있도록 구조화하는 것이다.

㉯ 공간데이터를 구분하거나 특성을 설명할 목적으로 속성값을 이용하여 화면에 표시하는 것이다.

㉰ 지리적인 좌표에 도로명 또는 우편번호와 같은 고유번호를 부여하는 것이다.

㉱ 공통이 되는 속성값을 기준으로 서로 구분되어 있는 사상(feature)을 단순화하는 것이다.

⊙ 데이터 정규화(Normalization)
데이터를 일정한 규칙이나 기준에 의해 중복을 최소화할 수 있도록 구조화하는 것으로 관계형 데이터베이스에서 정규화를 수행하면 데이터 처리 성능이 향상될 수 있다.

33 현실세계를 지리정보시스템(GIS) 자료형태로 표현하기 위하여 지리정보에 대한 정보구조, 표현, 논리적 구조, 제약조건 및 상호관계 등을 정의한 것을 무엇이라고 하는가?

㉮ 데이터 모델

㉯ 위상 설정

㉰ 데이터 생산사양

㉱ 메타 데이터

⊙ 데이터 모델(Data Model)
데이터 모델은 데이터, 데이터 관계, 데이터 의미 및 데이터 제약조건을 기술하기 위한 개념적 도구들의 집단으로 GIS에서는 지리정보에 대한 정보구조, 표현, 논리적 구조, 제약조건 및 상호관계 등을 정의한다.

정답 31 ㉰ 32 ㉮ 33 ㉮

CHAPTER 04 GIS의 자료운영 및 분석

···01 자료의 입력

자료입력이란 지리정보체계 자료기반을 위해 전산기가 자료를 읽고 쓸 수 있는 형식으로 자료를 부호화시키는 절차이며 입력되는 자료는 지형의 지리적 위치를 표시하는 공간자료와 비공간 속성자료로 나뉜다.

(1) 자료입력

1) 자판입력(Keyboard Entry)

자판에 의해 자료가 수치형식으로 바뀌어 입력되며 대부분의 속성자료는 자판에 의해 입력된다.

2) 기하학적 좌표(COordinate GeOmetry ; COGO)

기하학적 좌표과정은 주로 토지기록에 대한 정보를 입력하기 위해 사용되며, 자판에 의해 입력된 조사 자료로부터 공간 형상의 좌표들이 계산되고 GIS에 적합한 자료의 파일이 생성된다.

3) 디지타이징(Digitizing)

지도로부터 공간 자료를 입력하는 데 가장 많이 쓰이는 방법으로 디지타이저라는 테이블에 컴퓨터와 연결된 마우스를 이용하여 필요한 주제의 형태를 컴퓨터에 입력시키는 방법이다.

① 특징
- 자료입력 형태는 벡터형식이다.
- 디지타이징의 효율성은 작업자의 숙련도와 사용되는 소프트웨어의 성능에 좌우된다.
- 지도의 보관상태에 영향을 적게 받는 편이다.
- 수동방식이므로 시간이 많이 소요된다.
- 작업자가 입력내용을 판단할 수 있으므로 다소 낡은 도면도 입력이 가능하다.

② 오차
- 오버슈트(Overshoot : 기준선 초과 오류) : 다른 아크(도곽선)와의 교점을 지나서 디지타이징 된 아크의 한 부분을 말한다.
- 언더슈트(Undershoot : 기준선 미달 오류) : 도곽선상에 인접되어야 할 선형요소가 도곽선에 도달하지 못한 경우를 말하며 다른 선형요소와 완전히 교차되지 않는 선형을 말한다.
- 스파이크(Spike) : 돌출된 선으로서 주변 자료 값들보다 월등히 크거나 작은 수치값을 갖는 잘못된 고도자료를 말한다.

- 슬리버(Sliver) : 격자형태를 벡터형태로 바꾸는 과정에서 발생하는 오류로 선 사이의 틈을 말한다.
- 댕글(Dangle) : 한쪽 끝이 다른 연결점이나 절점에 완전히 연결되지 않은 상태의 연결선을 말한다.
- 점·선 중복(Overlapping) : 주로 영역의 경계선에서 점·선이 이중으로 입력되어 발생하는 오차로 중복된 점·선은 삭제한다.

4) 스캐닝(Scanning)

스캐너를 이용하여 지도, 사진 또는 중첩자료 등의 아날로그 자료형식을 컴퓨터에 의해 수치형식으로 입력하는 방법이다.

① 특징
- 자료입력 형태는 격자형식이다.
- 스캐너의 성능에 따라 해상도를 조절할 수 있으며 해상도가 높으면 자료의 양이 방대해진다.
- 이미지상에서 삭제, 수정할 수 있어 작업 능률이 높다.
- 문자나 그래픽 심벌과 같은 부수적 정보를 많이 포함한 도면을 입력하는 데 부적합하다.
- 손상된 도면의 경우 스캐닝에 의한 인식이 어렵다.

② 오차
- 기계적인 오차
- 도면 등록시의 오차
- 입력도면의 평탄성 오차

5) 기존의 수치 파일 입력(Input of Existing Digital Files)

> **Reference 참고**

> ➤ GIS의 자료생성방법
> ① 기존 지도를 이용하여 생성하는 방법
> ② 지상측량에 의하여 생성하는 방법
> ③ 항공사진측량에 의하여 생성하는 방법
> ④ 원격측량에 의하여 생성하는 방법
> ⑤ 레이저측량에 의하여 생성하는 방법

(2) 자료변환

GIS에서는 자료의 형태 및 특징에 따라 자료구조가 달라지는데 정보의 추출을 위한 공간분석 등 자료처리를 위해서는 하나의 공통된 자료구조를 가져야 한다. 따라서 벡터나 격자구조 상호 간의 변환이 필요하다.

① **벡터화**(Vectorization) : 격자에서 벡터구조로 변환하는 것으로 동일한 수치 값을 갖는 격자들은 하나의 폴리곤을 이루게 되며, 격자가 갖는 수치 값은 해당 폴리곤의 속성으로 저장한다.

② **격자화**(Rasterization) : 벡터에서 격자구조로 변환하는 것으로 벡터구조를 일정한 크기로 나눈 다음, 동일한 폴리곤에 속하는 모든 격자들은 해당 폴리곤의 속성 값으로 격자에 저장한다.

(3) 공간자료와 속성자료의 결합

공간자료를 입력하고 이를 기초로 속성자료를 입력한 후 이들 정보를 고유번호를 이용하여 결합시킨다.

···02 자료의 저장

(1) 자료저장기기

① 종이 서류
② 마이크로필름(Microfilm)
③ 테이프 드라이브(Tape Drive or Magnetic Tape)
④ 디스크 드라이브(Disk Drive) : 하드디스크, CD, DVD 등

(2) 영상자료저장형식

① BIL(Band Interleaved by Line) : 각 밴드를 라인별로 저장하는 방식이다.
② BSQ(Band SeQuential) : 각 밴드를 순서대로 저장하는 방식으로 각 밴드의 정보를 얻는 데 유용하다.
③ BIP(Band Interleaved by Pixel) : 각 밴드를 픽셀별로 저장하는 방식이다.

···03 공간분석(Spatial Analysis)

공간분석이란 의사결정을 도와주거나 복잡한 공간문제를 해결하는 데 있어 지리자료를 이용하여 수행되는 과정의 일부이며 공간분석과 관련되는 기능은 도형자료의 분석, 속성자료의 분석, 도형과 속성의 통합분석으로 분류될 수 있다.

(1) 도형자료의 분석

① **포맷변환** : 다양한 GIS 자료를 공유하여 사용하기 위해서 서로 호환될 수 있는 공통 포맷이 필요

② **좌표변환** : 레이어나 지도에 지표면의 기준점 좌표를 이용하여 실제 좌표계의 좌표값을 부여

③ **동형화** : 서로 다른 레이어 간에 존재하는 동일한 객체의 크기와 형태가 동일하게 되도록 보정

④ **경계의 부합**(Edge Matching) : 지도 한 장의 경계를 넘어서 다른 지도로 연장되는 객체의 형태를 정확하게 구현

⑤ **좌표삭감** : 객체의 형태를 변화시키지 않는 범위에서 좌표 수를 줄임으로써 공간 데이터베이스 내에서 분석될 데이터의 양을 줄임

⑥ **편집** : 공간자료의 추가나 수정, 삭제 혹은 객체의 지리적 위치 변경

(2) 속성자료의 분석

① **편집기능**
속성의 추출, 검색 및 수정을 위한 제반 기능 제공

② **질의기능**
사용자가 부여하는 조건에 따라 속성 데이터베이스에서 정보를 추출

Reference 참고

➤ **공간분석을 위한 연산**

① **논리연산**
- 개체 사이의 크기나 관계를 비교하는 연산으로서 일반적으로 논리연산자 또는 부울(Boolean) 연산자를 통해 처리
- 논리 연산자 : =, >, <, ≥, ≤ 등
- 부울 연산자 : AND, OR, XOR, NOT 등

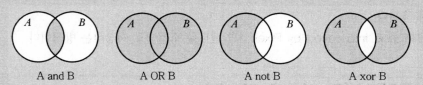

A and B   A OR B   A not B   A xor B

[그림 4-1] 부울 연산자를 이용한 면의 중첩

② **산술연산**
- 속성자료뿐만 아니라 위치자료에도 적용이 가능
- 산술 연산자 : +, −, *, / 등

③ **기하연산**
위치자료에 기반을 두어 거리, 면적, 부피, 방향, 면형객체의 중심점 등을 계산하는 연산

④ **통계연산**
- 주로 속성자료를 이용하여 수행되는 연산
- 통계 연산자 : 합(Sum), 최댓값(Maximum Value), 최솟값(Minimum Value), 평균(Average), 표준편차(Standard Deviation) 등의 일반적인 통계 값을 산출

(3) 도형자료와 속성자료의 통합분석

1) 중첩분석(Overlay Analysis)

동일한 지역에 대한 서로 다른 두 개 또는 다수의 레이어로부터 필요한 도형자료나 속성자료를 추출하기 위한 공간분석 기법이다.

① 벡터와 격자 자료구조의 중첩

② 격자자료구조의 중첩

③ 벡터자료구조의 중첩 : 면사상과 점사상의 중첩, 면사상과 선사상의 중첩, 면사상과 면사상 의 중첩

2) 근린분석(Neighborhood Analysis)

근린분석은 특정 위치를 에워싸고 있는 주변 지역의 특징을 추출하기 위한 공간분석 기법이다.

① 검색기능(Search)

② Line in Polygon과 Point in Polygon 기능

3) 연결성 분석(Connectivity Analysis)

일련의 점 또는 절점이 서로 연결되었는지를 결정하는 공간분석 기법이다.

① 연속성 분석(Contiguity Analysis)

② 근접성 분석(Proximity Analysis)

③ 관망 분석(Network Analysis)

4) 표면분석

하나의 자료층에 있는 변량들 간의 관계분석에 적용한다.

① 지형분석(Topographic Analysis) : DEM, TIN

② 보간법(Interpolation)

③ 등고선 생성

5) 기타

① 추출(Retrieval)

② 분류(Classification)

③ 일반화(Generalization)

④ 측정(Measurement)

➤ **불규칙삼각망**(Triangulated Irregular Network ; TIN)
공간을 불규칙한 삼각형으로 분할하여 모자이크 모형 형태로 생성된 일종의 공간자료 구조로서 지표면을 표현한다.

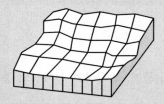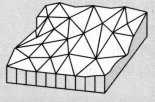

[그림 4-2] DEM(격자)과 TIN

① 삼각형을 구성하는 세 점에서 해당 지점의 고도값을 표현한다.
② 삼각형 구축방법은 다양하며 그 결과 생성되는 등고선도 달라질 수 있다.
③ 적은 자료로서 복잡한 지형을 효율적으로 나타낼 수 있다.
④ 벡터구조로 위상정보를 가지고 있다.
⑤ 델로니 삼각망을 주로 사용한다.
⑥ 불규칙하게 분포된 지형자료를 이용하여 지형을 표현할 때 효과적이다.

(4) 공간분석의 응용

① 환경분석 : 식생피복 지도화 등
② 경영분석 : 입지분석, 교통분석 등
③ 사회분석 : 주택연구, 유통량, 시간권역분석 등
④ 수계분석 : 하천유역, 하천차수 분석 등
⑤ 농업분석 : 산림분포분석, 파종분석 등

•••04 자료의 출력

(1) 인쇄복사(Hard Copy)

반영구적인 표시방법으로, 정보는 종이, 사진필름 등에 인쇄된다. 지도와 표는 이러한 형태의 출력이다.

(2) 영상복사(Soft Copy)

컴퓨터 모니터에 보이는 형태이다. 영상복사의 출력들은 조작자의 상호작용을 가능하게 하기 위해 그리고 최종출력 전에 자료를 표현해 보이기 위해서 사용한다.

(3) 전기적 형태 출력

전기적 형태 출력은 컴퓨터에서 사용하는 파일들로 되어 있으며 부가적인 분석 또는 먼 거리에서도 인쇄복사 출력이 가능하도록 자료를 다른 컴퓨터로 옮기는 데 사용한다.

···05 자료의 오차

(1) 입력 자료의 질에 따른 오차

① 위치정확도에 따른 오차
② 속성정확도에 따른 오차
③ 논리적 일관성에 따른 오차
④ 완결성에 따른 오차
⑤ 자료변천과정에 따른 오차

(2) 데이터베이스 구축 시 발생되는 오차

① 절대위치자료 생성 시 기준점의 오차
② 위치자료 생성 시 발생되는 항공사진 및 위성영상의 정확도에 따른 오차
③ 점의 조성 시 정확도 불균등에 따른 오차
④ 디지타이징 시 발생되는 점양식, 흐름양식에 발생되는 오차
⑤ 좌표변환 시 투영법에 따른 오차
⑥ 항공사진 판독 및 위성영상으로 분류되는 속성오차
⑦ 사회자료 부정확성에 따른 오차
⑧ 지형 분할을 수행하는 과정에서 발생되는 편집오차
⑨ 자료처리 시 발생되는 오차

···06 기타

(1) 기하학적 좌표(COordinate GeOmetry ; COGO)

실제 현장에서 측량의 결과로 얻어진 자료를 이용하여 수치지도를 작성하는 방식을 말한다.

(2) 디지타이저(Digitizer)

전기적으로 민감한 테이블을 사용하여 종이로 제작된 지도 자료를 컴퓨터에 의하여 사용할 수 있는 수치자료로 변환하는 데 사용되는 장비이다.

(3) 스캐너(Scanner)

사진 등과 같이 종이에 나타나 있는 정보를 그래픽 형태로 읽어들여 컴퓨터에 전달하는 입력 장비이다.

(4) dpi(dot per inch)

프린터에서 출력해야 할 출력물의 해상도를 조절하거나 스캐너로 사진이나 그림 등을 스캔 받을 때 입력물의 해상도를 조절할 때 쓰는 단위로 1인치당 표현되는 점의 개수를 말한다.

(5) 벡터라이징(Vectorizing)

격자형식의 자료를 벡터형식의 자료로 변환하는 작업을 말하며 지정된 좌표계로 변환된 격자자료를 벡터라이징 소프트웨어를 이용하여 반자동 및 자동방법으로 벡터라이징한다.

(6) BIL(Band Interleaved by line)

영상자료는 테이프 혹은 다른 매체에 의해 여러 가지 방식으로 저장된다. BIL형식은 주어진 선에 대해 모든 자료의 파장대는 연속적으로 파일 내에 저장된다.

(7) BSQ(Band SeQuential)

영상자료의 저장형식으로 각 파장대는 분리된 파일을 포함하고 있으며, 단일 파장대가 쉽게 읽혀지고 보여질 수 있다. 또한, 다중파장대를 원하는 목적에 따라 불러올 수 있다.

(8) BIP(Band Interleaved by Pixel)

BIP 형식에서는 각 파장대의 값들이 주어진 영상소(Pixel) 내에서 순서적으로 배열되며, 영상소는 테이프에 연속적으로 배열된다. 이러한 BIP 형식은 구식이므로 오늘날 거의 사용되지 않는다.

(9) 타일(Tile)

전체 대상지역을 작은 단위면적으로 분할하여 관리할 때 각각의 작은 면적을 나타내는 지도이다.

(10) 타일링(Tiling)

타일을 만드는 과정을 말한다.

(11) 연속성 분석(Contiguity Analysis)

연속성은 공간상의 객체가 서로 끊김이 없이 계속적으로 연결된 것 즉, 동질성의 연속을 말하며 누적거리의 측정, 연속적인 지역의 면적 산출 등과 같이 연속성을 계산하여 이용한다.

(12) 근접성 분석(Proximity Analysis)

근접성은 특정 거리나 위치 내에 존재하는 대상물들 간의 관계를 의미하는데 선정된 위치와 그 주변 사이의 공간적 관련성을 결정하는 데 사용되는 분석이다.

(13) 관망 분석(Network Analysis)

상호 연결된 선형의 객체가 형성하는 일정 패턴이나 프레임상의 위치 간 관련성을 고려하는 분석으로 최적 경로 계산, 자원 할당 분석 등이 있다.

(14) 지형 분석(Topographic Analysis)

지표의 기복과 강ㆍ도로ㆍ도시 등의 위치를 포함하는 지표면상의 형태 분석이다.

(15) 보간(Interpolation)

주변부의 이미 관측된 값으로부터 관측되지 않은 점에 대한 속성값을 예측하거나 표본 추출 영역 내의 특정 지점값을 추정하는 기법이다.

(16) 내삽(Interpolation)

속성 값을 알고 있는 일정 지역 내부에 존재하는 특정 지점의 속성 값을 추정하는 것이다.

(17) 외삽(Extrapolation)

속성 값을 알고 있는 지역 외부에 존재하는 특정 지점에 대한 속성 값을 추정하는 것이다.

(18) 추출(Retrieval)

공간과 속성자료의 검색 기능에서 사용자가 원하는 정보를 새로운 대상을 생성하지 않고, 기존의 자료를 검색하여 처리하는 것을 말한다.

(19) 분류(Classification)

지형 요소와 그에 관련되는 속성에 관한 자료를 유형별로 분류시켜 집합체를 만드는 과정을 의미한다.

(20) 일반화(Generalization)

모형에서 세밀한 항목을 줄이는 것으로 큰 공간에서 다시 추출하거나 선에서 점을 줄이는 것을 말한다.

(21) 측정(Measurement)

모든 GIS는 측정기능을 포함하며 공간상의 측정은 점 간의 거리, 선의 길이, 폴리곤의 둘레와 면적, 셀(Cell)의 크기 등을 포함한다.

(22) 버퍼(Buffer)

GIS연산에 의해 점 · 선 또는 면에서 일정 거리 안의 지역을 둘러싸는 폴리곤 구역을 생성해 주는 공간분석 기법이다.

(23) 모델링(Modeling)

데이터모델을 이용하여 필요한 자료를 추출하고 앞으로의 현상을 예측하거나 현실세계를 이해할 수 있도록 객체를 생생하게 묘사하는 과정을 말한다.

(24) 쿼드랫(Quadrat)

점 표현양식을 관측하는 가장 간단한 방법은 한 영역 내의 밀도나 면적 내에 존재하는 점의 수를 세는 것이며, 식물생태학과 지리학에서 광범위하게 사용되어 왔고, 다른 문제의 적용에도 사용되어 오고 있다.

(25) 프랙틀(Fractal)

프랙틀은 자기 자신을 계속 축소 복제하여 무한히 이어지는 성질로 수학적으로 정의는 가능하나 끝은 알 수 없다. GIS 공간분석에서 복소수 공간상의 사물을 표현하는 데 쓰인다.

(26) 티센폴리곤(Thiessen Polygon)

티센 다각형 내의 모든 점은 동일한 관측값을 갖는 보간 방법으로 직각 이등분 선의 교차로 생성된 다각형으로 지역을 분할하는 방법이다. 티센 다각형은 일반적으로 우량계 자료와 같은 강우, 기후 등의 자료 해석시에 많이 이용된다.

(27) 오차행렬(Error Matrix)

수치지도상(또는 영상분류결과)의 임의 위치에서 지도에 기입된 속성값을 확인하고, 현장검사에 의한 참값을 파악하여 오차 행렬을 구성하여 정확도를 계산할 수 있다.

(28) Kappa 계수

오차행렬에서 우연에 의해 옳게 분류될 경우의 수를 제거하여 정확도를 계산하는 것을 Kappa 계수라 한다.

(29) Union

두 개 이상의 레이어를 합병하는 방법이며, 입력레이어와 중첩레이어의 모든 정보가 결과레이어에 포함된다.

(30) Intersect

두 개 이상의 레이어를 교집합하는 방법이며, 입력레이어와 중첩레이어의 공통부분 정보가 결과레이어에 포함된다.

(31) Clip

정해진 모양으로 레이어의 특정 영역의 데이터를 잘라내는 기능이다.

(32) Dissolve

동일한 속성값을 가지는 개체 간 불필요한 경계를 지우고 하나의 개체로 생성하는 기능이다.

(33) Identity

두 개 이상의 레이어를 합병하는 방법으로 입력레이어의 범위에서 입력레이어와 중첩레이어의 특징이 결과 레이어에 포함된다.

(34) Georeferencing

영상이나 일반적인 데이터베이스 정보에 좌표를 부여하는 과정이다.

(35) 지오코딩(Geocoding)

지리정보체계에서 지리좌표를 사용할 수 있도록 디지털 형태로 만드는 과정으로 주소를 지리적 좌표(경위도 또는 X, Y)로 변환하는 프로세서를 말한다.

(36) 러버시팅(Rubber Sheeting)

지정된 기준점에 대해 지도나 영상의 일부분을 맞추기 위한 기하학적 변환과정으로 물리적으로 왜곡된 지도를 기준점에 의거하여 원래 형상과 일치시키는 방법이다.

(37) 와핑(Warping)

영상을 변형, 복원, 재추출하는 과정으로 종이지도를 수치화하기 위하여 왜곡을 보정하고 좌표를 부여하는 것을 말한다.

CHAPTER 04 실전문제

01 GIS 데이터의 취득과 입력에 대한 설명으로 틀린 것은?

㉮ GIS 프로젝트에서 데이터 구축에 많은 노력과 비용이 들며, 필요한 데이터의 구축 여부가 GIS의 응용분야에도 많은 영향을 미친다.

㉯ 다양한 출처로부터 획득한 공간데이터는 일반적으로 디지타이저나 스캐너 등의 입력장비를 사용하여 벡터와 래스터 데이터로 구축할 수 있으며, 최근 원격탐사나 디지털 항공사진의 발전과 함께 자동으로 수치화된 자료를 얻을 수 있다.

㉰ 표 형식의 자료나 리포트 형태의 자료들은 스캐너나 키보드를 통해 GIS 데이터로 입력되며, 센서스 자료를 디지털 형태로 제공하는 방향으로 변하고 있다.

㉱ 야외 조사나 전문가가 제시한 아이디어의 경우는 직접적인 GIS 데이터 처리에 사용되지 못하므로 GIS 데이터로서 취급하지는 않는다.

> GIS 자료입력 방법
> • 수치화 후 입력
>   - 수동방식(Digitizer)에 의하여 수치화한 후 입력
>   - 자동방식(Scanner)에 의하여 수치화한 후 입력
> • 영상(항공사진, 위성영상 등)을 이용
> • GPS 및 Total Station에 의한 입력
> • 기제작된 수치지도 입력
>
> ※ 야외 조사나 전문가가 제시한 아이디어의 경우는 GIS 데이터로 입력될 수 있다.

02 보기의 ( ) 안에 들어갈 용어로 적합한 것은?

> 종이지도나 영상자료로부터 객체정보를 추출하고 GIS에 입력하기 위해서 ( )작업을 수행한다. ( )작업은 사람에 의해 수동으로 진행되기 때문에 많은 시간과 노력이 필요하다는 단점이 있지만, 비교적 작업과정이 단순하기 때문에 소규모 GIS프로젝트에서 활용되고 있다.

㉮ 스캐닝(Scanning)　　　　㉯ GPS(Global Positioning System)
㉰ 원격탐사(Remote Sensing)　㉱ 디지타이징(Digitizing)

> 디지타이징
> 디지타이저라는 기기를 이용하여 필요한 주제의 형태를 컴퓨터에 입력시키는 방법
> • 자료의 입력형태는 벡터형식이다.
> • 디지타이징의 효율성은 작업자의 숙련도에 따라 좌우된다.
> • 다소 낮은 도면도 입력이 가능하다.
> • 수동방식으로 시간이 많이 소요된다.

03 벡터 데이터 취득방법이 아닌 것은?

㉮ 매뉴얼 디지타이징(Manual Digitizing)
㉯ 헤드업 디지타이징(Head-up Digitizing)
㉰ COGO 데이터 입력(COGO input)
㉱ 래스터라이제이션(Rasterization)

> 격자화(Rasterization)
> 벡터에서 격자구조로 변환하는 것으로 벡터구조를 일정한 크기로 나눈 다음, 동일한 폴리곤에 속하는 모든 격자들은 해당 폴리곤의 속성 값으로 격자에 저장한다.

정답 01 ㉱　02 ㉱　03 ㉱

04 다음 중 GIS의 자료입력 방법이 아닌 것은?

㉮ 수동방식(디지타이저)에 의한 방법
㉯ 자동방식(스캐너)에 의한 방법
㉰ 항공사진에 의한 해석도화 방법
㉱ 잉크젯 프린터에 의한 도면제작 방법

◉ 잉크젯 프린터에 의한 도면제작은 출력방법의 하나이다.

05 GIS자료의 입력에 적용하는 수동 디지타이징 방법에 대한 설명으로 옳은 것은?

㉮ 스캐닝방법과 비교하여 작업속도가 빠르다.
㉯ 스캐닝방법과 비교하여 작업이 자동화되어 있다.
㉰ 입력할 양이 적은 지도에 적합하며 손상된 도면도 입력할 수 있다.
㉱ 복잡하고 다양한 폴리곤이 많은 지도에서 경제적이다.

◉ ㉮ : 작업속도가 늦다.
㉯ : 작업이 수동이다.
㉰ : 복잡한 지역에 비경제적이다.

06 디지타이저를 이용한 수치지도의 입력과정에서 발생 가능한 오차의 유형으로 거리가 먼 것은?

㉮ 기계적 오류로 인해 실선이 파선으로 디지타이징되는 변질오차
㉯ 온도나 습도 변화로 인한 종이지도의 신축으로 발생하는 위치오차
㉰ 입력자의 실수로 인해 발생하는 Overshooting이나 Undershooting
㉱ 작업 중 디지타이저상의 종이지도를 탈부착할 경우 발생하는 위치오차

◉ 디지타이징 오차
• 입력도면의 평탄성 오차
• 디지타이저 독취과정에서의 오차 (Overshoot, Undershoot, Spike, Sliver 등)
• 도면등록시의 오차

07 디지타이징에 의한 수치지도 제작시 발생할 수 있는 오차유형이 아닌 것은?

㉮ 종이지도 신축에 의한 위치 오차
㉯ 세선화(Thinning) 과정에서의 형상 오차
㉰ 선분 교차점에서의 교차 미달(Undershooting) 현상
㉱ 인접 다각형의 경계선 중복부분에서의 갭(Gap) 발생

◉ 세선화(Thinning)
선의 기본 형태를 유지하고 자료점의 수를 작게 하는 연속적인 법칙 적용을 통해 선형 지형을 일반화 하는 과정이다.

08 다음 중 디지타이징 작업에서 발생하는 오류가 아닌 것은?

㉮ Spline

㉯ Overshoot

㉰ Undershoot

㉱ Spike

> 수동방식(Digitaizer)에 의한 입력 시 오차
> - Overshoot : 교차점을 지나서 선이 끝남
> - Undershoot : 교차점을 만나지 못함
> - Spike : 교차점에서 2개의 선분이 만나는 과정에서 발생
> - Sliver : 동일 경계를 갖는 다각형의 경계 중첩시 불필요한 다각형이 발생하는 경우
> - Dangle : 한쪽 끝이 다른 연결선이나 절점에 완전히 연결되지 않은 상태의 연결선

09 디지타이징 시 (가)와 같이 입력되어야 할 선분이 (나)와 같이 입력된 오류를 무엇이라 하는가?

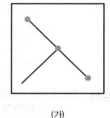 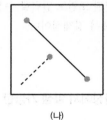

(가)　　　　　　(나)

㉮ Overshoot　　　　　㉯ Undershoot

㉰ Spike　　　　　　　㉱ Dangle Node

> 언더슈트(Undershoot)
> 다른 선형요소와 완전히 교차되지 않는 선형으로 좌표가 입력되어야 할 곳에 도달하지 못한 경우를 말한다.

10 격자를 벡터 형태로 바꾸는 정보처리기법에서 오류에 의해 발생하는 선 사이의 틈을 말하며, 두 다각형 사이에 작은 공간이 있어서 접촉되지 않는 다각형을 의미하는 것은?

㉮ Margin　　　　　　㉯ Gap

㉰ Sliver　　　　　　　㉱ Over-shoot

> 슬리버(Sliver)
> 선 사이의 틈을 말하며 구조화 과정에서의 가늘고 긴 불필요한 폴리곤을 의미한다.

11 벡터자료처리 중에 발생되며 두 입력지도의 경계가 불일치할 때 경계 부근에서 주로 생성되는 의미 없는 작은 Polygon을 무엇이라 하는가?

㉮ Sliver Polygon　　　　㉯ Small Polygon

㉰ Section Polygon　　　　㉱ Error Polygon

> 격자를 벡터형태로 바꾸는 정보처리 기법에서 오류에 의해 발생하는 선 사이의 틈을 Sliver라 한다.

정답　08 ㉮　09 ㉯　10 ㉰　11 ㉮

12 지리정보시스템의 자료입력과정에서 도면자료를 자동으로 입력할 수 있는 장비는?

㉮ 스캐너　　　　　㉯ 키보드
㉰ 마우스　　　　　㉱ 디지타이저

○ 스캐너(Scanner)
사진 등과 같이 종이에 나타나 있는 정보를 그래픽 형태로 읽어들여 컴퓨터에 의해 수치형식으로 입력하는 장치이다.

13 지리정보시스템의 자료입력과정에서 종이 지도를 래스터 데이터의 형태로 입력할 수 있는 장비는?

㉮ 스캐너　　　　　㉯ 키보드
㉰ 마우스　　　　　㉱ 디지타이저

○ 스캐너(Scanner)
위성이나 항공기에서 자료를 직접 기록하거나 지도 및 영상을 수치로 변화시키는 장치로, 스캐너로 입력한 자료는 래스터 자료이다.

14 GIS 데이터 취득에 대한 일반적인 설명으로 옳지 않은 것은?

㉮ 스캐닝이 디지타이징에 비하여 작업 속도가 빠르다.
㉯ 스캐닝에 의한 수치지도 제작을 위해서는 래스터를 벡터로 변환하는 과정이 필요하다.
㉰ 디지타이징은 전반적으로 자동화된 작업이므로 숙련도에 크게 좌우되지 않는다.
㉱ 디지타이징은 손상된 도면의 입력도 가능하며 비교적 장비가 저렴하다.

○ 디지타이징은 전반적으로 수동화된 작업이므로 작업자의 숙련도가 크게 좌우된다.

15 격자구조에서 벡터구조로 변환하는 것을 벡터화라 한다. 일반적인 벡터화 과정을 순서대로 나열한 것은?(단, 필터링 : Filtering, 세선화 : Thinning, 벡터화단계 : Vectorization, 후처리단계 : Post Processing)

㉮ 필터링 – 세선화 – 벡터화단계 – 후처리단계
㉯ 필터링 – 벡터화단계 – 세선화 – 후처리단계
㉰ 후처리단계 – 벡터화단계 – 필터링 – 세선화
㉱ 세선화 – 후처리단계 – 벡터화단계 – 필터링

○ 벡터화 과정
필터링 – 세선화 – 벡터화단계 – 후처리단계

실전문제 TIP

16 위성영상에 후춧가루를 뿌린 것처럼 불규칙한 잡음(Speckle Noise)이 발생하여 이를 보정하고자 할 때, 다음 중 가장 적합한 방법은?

㉮ 밴드 간 비연산처리
㉯ 공간 필터링
㉰ 히스토그램 확장
㉱ 주성분 분석 변환

> ◉ 공간필터링
> 잡음을 제거하거나 영상에서 특정한 형상을 강조하기 위해 사용하는 기법

17 지형공간자료를 입력하는 단계로 옳게 나열된 것은?

㉮ 비공간 속성자료의 입력 → 공간자료와 비공간자료의 연결 → 공간(위치)정보의 입력
㉯ 공간자료와 비공간자료의 연결 → 공간(위치)정보의 입력 → 비공간 속성자료의 입력
㉰ 공간(위치)정보의 입력 → 비공간 속성자료의 입력 → 공간자료와 비공간자료의 연결
㉱ 공간(위치)정보의 입력 → 공간자료와 비공간자료의 연결 → 비공간 속성자료의 입력

> ◉ 자료 입력 순서는 위치정보를 먼저 입력하고 이를 기초로 해당 속성정보를 입력한 후 이들 정보를 결합시키는 방법으로 구조화한다.

18 GIS사업을 수행하기 위하여 공간정보데이터베이스를 구축할 경우 보기의 작업을 일반적인 순서로 바르게 나열한 것은?

㉠ 편집 및 위상관계 설정	㉡ 데이터베이스 설계
㉢ 속성자료 입력	㉣ 공간자료와 속성자료의 연계
㉤ 공간자료 입력	

㉮ ㉡-㉤-㉠-㉢-㉣
㉯ ㉤-㉠-㉢-㉣-㉡
㉰ ㉡-㉣-㉤-㉠-㉢
㉱ ㉡-㉤-㉢-㉣-㉠

> ◉ •공간정보데이터베이스 구축 작업 순서
> 데이터베이스 설계 → 공간자료 입력 → 편집 및 위상관계 설정 → 속성자료 입력 → 공간자료와 속성자료의 연계
> •자료입력 순서는 위치정보를 먼저 입력하고 이를 기초로 해당 속성정보를 입력한 후 이들 정보를 결합시키는 방법으로 구조화한다.

19 영상자료의 저장방식에 해당되지 않는 것은?

㉮ BBC(Band Block Code)
㉯ BIL(Band Interleaved by Line)
㉰ BSQ(Band SeQuential)
㉱ BIP(Band Interleaved by Pixel)

> ◉ 영상자료 저장형식
> •BIL : 파일 내의 기록은 단일파장대에 대해 자료의 격자형 입력선을 포함
> •BSQ : 단일파장대가 쉽게 읽혀지고 보여질 수 있음
> •BIP : 구형이므로 거의 사용되지 않음

20 다중분광 수치영상자료의 저장 형식 중 하나로서 밴드별로 따로 관리할 수도 있고 모든 밴드를 순차적으로 저장하여 하나의 파일로 통합 관리할 수도 있는 저장방식으로 최근 대부분의 수치영상자료의 저장에 이용하고 있는 저장방식은?

㉮ BIL(Band Interleaved by Line)

㉯ BSQ(Band SeQuential)

㉰ BIP(Band Interleaved by Pixel)

㉱ BSP(Band Separately)

○ BSQ(Band SeQuential)
영상자료의 저장형식을 각 밴드별로 저장하는 것으로 각 밴드의 영상자료를 독립된 파일 형태로 만들어 쉽게 읽고 관리할 수 있다.

21 래스터 자료 저장 구조 중 아래 그림과 같은 저장방법은?

(1, 1)	(1, 2)	(1, 3)		밴드 1
(2, 1)				
(3, 1)				
		(i, j)		
(1, 1)	(1, 2)	(1, 3)		밴드 2
(2, 1)				
(3, 1)				
		(i, j)		
(1, 1)	(1, 2)	(1, 3)		밴드 3
(2, 1)				
(3, 1)				
		(i, j)		

㉮ BIL(Band Interleaved by Line)

㉯ BSQ(Band SeQuencal)

㉰ BIP(BAnd Interleaved by Pixel)

㉱ Geotiff

○ BSQ(Band SeQuential)
영상자료의 저장형식으로 각 파장대는 분리된 파일을 포함하고 있으며 단일 파장대가 쉽게 읽혀지고 보여질 수 있다.

22 다음이 공통적으로 설명하는 단어는?

> • 공간자료로부터 추가적인 의미를 추출하기 위하여 원자료로부터 다른 형태의 자료로 조작하는 것
> • 관심 대상지역의 공간자료를 선택적으로 검색하고 통계를 계산하여 지도화하는 것

㉮ 공간분석   ㉯ 네트워크 분석

㉰ 위상분석   ㉲ 통계분석

○ 공간분석
공간상에 존재하는 객체들의 상호 연관관계를 바탕으로 필요한 정보를 추출하거나 작성하는 과정

23 공간분석에 대한 설명으로 옳지 않은 것은?

㉮ 지리적 현상을 설명하기 위하여 조사하고 질의하며 검사하고 실험하는 것이다.

㉯ 속성을 표현하기 위한 탐색적 시각 도구로는 박스플롯, 히스토그램, 산포도 그리고 파이차트 등이 있다.

㉰ 중첩분석은 새로운 공간적 경계들을 구성하기 위해서 두 개나 그 이상의 공간적 정보를 통합하는 과정이다.

㉲ 공간분석에서 통계적 기법은 속성에만 적용된다.

○ 공간분석에서 통계적 기법은 주로 속성자료를 이용하여 수행되는 기법으로 속성자료와 연결되어 있는 도형자료의 추출에 적용되기도 한다.

24 인접한 지도들의 경계에서 지형을 표현할 때 위치나 내용의 불일치를 제거하는 처리방법을 나타내는 용어는?

㉮ 에지 검출(Edge Detection)

㉯ 에지 강조(Edge Enhancement)

㉰ 경계선 정합(Edge Matching)

㉲ 편집(Editing)

○ 경계선 정합(Edge Matching)
인접한 지도들의 경계에서 지형을 표현할 때 위치나 내용의 불일치를 제거하는 처리방법

25 Georeferencing에 관한 설명으로 옳지 않은 것은?

㉮ Georeferencing이란 영상이나 일반적인 데이터베이스 정보에 좌표를 부여하는 과정이다.

㉯ Address Geocoding은 Georeferencing의 일부이다.

㉰ Georeferencing을 통해 데이터의 위상구조가 부여된다.

㉲ 영상의 Georeferencing에서는 주로 지상기준점을 활용한다.

○ 지상좌표화(Georeferencing)
영상이나 일반적인 데이터베이스 정보에 좌표를 부여하는 과정이다.

좌표부여(Geocoding)
지리좌표를 지리정보체계에서 사용 가능하도록 디지털 형태로 만드는 과정이다.

26 도로명(새주소)을 이용하여 경위도 또는 X, Y 등과 같은 지리적인 좌표를 기록하는 것을 무엇이라 하는가?

㉮ Geocoding

㉯ Metadata

㉰ Annotation

㉱ Georeferencing

> ◉ Geocoding은 주소를 지리적 좌표 (경위도 또는 X, Y)로 변환하는 프로세서를 말한다.

27 아래와 같은 데이터를 등간격(Equal Interval) 방법을 이용하여 4개의 그룹으로 Classify한 결과로 옳은 것은?

> {2, 10, 11, 12, 16, 16, 17, 22, 25, 26, 31, 34, 36, 37, 39, 40}

㉮ {2, 10}, {11, 12, 16, 16, 17}, {22, 25, 26}, {31, 34, 36, 37, 39, 40}

㉯ {2, 10}, {11, 12}, {16, 16}, {17, 22, 25, 26, 31, 34, 36, 37, 39, 40}

㉰ {2, 10, 11, 12}, {16, 16, 17, 22}, {25, 26, 31, 34}, {36, 37, 39, 40}

㉱ {2, 10}, {11, 12, 16}, {16, 17, 22, 25}, {26, 31, 34, 36, 37, 39, 40}

> ◉ 등간격(Equal Interval) 방법
> 자료의 값을 크기 순으로 나열한 후 각 그룹의 간격이 동일하도록 자료를 분류하는 방법
> $$등간격 = \frac{V_{\max} - V_{\min}}{n}$$
> 여기서, $V_{\max}$: 파라미터의 최댓값
> $V_{\min}$: 파라미터의 최솟값
> $$등간격 = \frac{40-2}{4} = 9.5 ≒ 10이므로$$
> $1 \sim 10$, $11 \sim 20$, $21 \sim 30$, $31 \sim 40$ 사이의 그룹으로 분류한다.

28 아래와 같은 데이터를 등빈도(Quantile) 방법을 이용하여 4개의 그룹으로 분류한 결과로 옳은 것은?

> {2, 10, 11, 12, 16, 16, 17, 22, 25, 26, 31, 34, 36, 37, 39, 40}

㉮ {2, 10}, {11, 12, 16, 16, 17}, {22, 25, 26}, {31, 34, 36, 37, 39, 40}

㉯ {2, 10}, {11, 12}, {16, 16}, {17, 22, 25, 26, 31, 34, 36, 37, 39, 40}

㉰ {2, 10, 11, 12}, {16, 16, 17, 22}, {25, 26, 31, 34}, {36, 37, 39, 40}

㉱ {2, 10}, {11, 12, 16}, {16, 17, 22, 25}, {26, 31, 34, 36, 37, 39, 40}

> ◉ 등빈도(Quantile) 방법
> 자료의 값을 작은 값부터 크기 순으로 나열한 후 각 그룹에 속하는 자료의 수가 동일하도록 자료를 분류하는 방법
> $$등빈도 = \frac{데이터의\ 수}{그룹의\ 수}$$
> $$= \frac{16}{4}$$
> $$= 4$$
> 데이터를 4개씩 4개의 그룹으로 분류한다.

29 부울(Boolean) 연산을 이용한 지리 속성정보의 추출 방법이 아닌 것은?

㉮ A and B

㉯ A not B

㉰ A xor B

㉱ A xnot B

> ◉ 부울 연산자
> AND, OR, XOR, NOT, NAND, NOR 등

30 부울 논리(Boolean Logic)를 적용한 레이어의 중첩에서 그림의 채색된 부분과 같은 논리연산을 바르게 나타낸 것은?

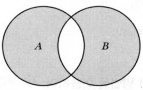

㉮ A AND B
㉯ A OR B
㉰ A NOT B
㉱ A XOR B

⊙ A XOR B

31 부울 논리(Boolean Logic)를 이용하여 속성과 공간적 특성에 대한 자료를 검색(채색된 부분)하는 방법이 잘못 짝지어진 것은?

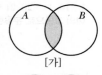
[가]

[나]

[다]

[라]

㉮ 그림 [가]—A AND B
㉯ 그림 [나]—A XOR B
㉰ 그림 [다]—A NOT B
㉱ 그림 [라]—A OR B

⊙ [다]—B
※ A NOT B

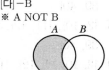

32 논리연산(AND) 처리 후 ①~④의 결과 값을 순서대로 바르게 표시한 것은?

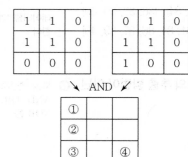

1	1	0
1	1	0
0	0	0

0	1	0
1	1	0
1	0	0

↘ AND ↙

①		
②		
③		④

㉮ 1—1—1—0
㉯ 0—1—0—1
㉰ 1—0—1—0
㉱ 0—1—0—0

⊙ AND 연산자의 결과는 두 연산항 중 어느 하나가 False면 무조건 False이고, 모두 True면 True가 된다. 비트 연산인 경우는 두 비트가 1인 경우에만 1이고, 나머지 경우는 모두 0이 된다.

1	1	0		0	1	0		0	1	0
1	1	0		1	1	0		1	1	0
0	0	0	AND	1	0	0	→	0	0	0

① 0 ② 1 ③ 0 ④ 0
∴ 0—1—0—0

33 두 격자 자료의 입력 값이 각각 0과 1일 때, 각 논리연산자 AND, OR, XOR에 의한 결과는?(단, AND, OR, XOR의 순서이고 참일 때 1이고 거짓일 때 0이다.)

㉮ 1 − 0 − 1

㉯ 1 − 1 − 0

㉰ 0 − 1 − 0

㉱ 0 − 1 − 1

• And 연산자의 결과는 두 연산항 중 어느 하나가 False이면 무조건 False이고, 모두 True면 True가 된다. 비트 연산인 경우는 두 비트가 1인 경우에만 1이고, 나머지 경우는 모두 0이 된다.
• OR 연산자의 결과는 두 연산항 중 어느 하나가 True면 무조건 True가 되고, 나머지 경우 False가 된다. 비트 연산인 경우는 어느 한 비트 이상이 1이면 무조건 1이 되고, 그렇지 않으면 0이 된다.
• Xor 연산자의 결과는 한 연산항이 True이고 다른 연산항이 False일 때만 True가 되며, 나머지 경우는 모두 False가 된다. 비트 연산인 경우는 한 비트가 0이고, 다른 비트가 1일 때만 1이 되며, 나머지 경우는 모두 0이 된다.
∴ 0 − 1 − 1

34 복합 조건문(Composite Selection)으로 공간자료를 선택하고자 한다. 이 중 어떠한 경우에도 가장 적은 결과가 선택되는 것은? (단, 각 항목은 0이 아닌 것으로 가정한다.)

㉮ (Area < 100,000 OR (LandUse = Grass AND AdminName = Seoul))

㉯ (Area < 100,000 OR (LandUse = Grass OR AdminName = Seoul))

㉰ (Area < 100,000 AND (LandUse = Grass AND AdminName = Seoul))

㉱ (Area < 100,000 AND (LandUse = Grass OR AdminName = Seoul))

• And 연산자는 연산자를 중심으로 좌우에 입력된 두 단어를 공통적으로 포함하는 정보나 레코드를 검색한다.
• OR 연산자는 좌우 두 단어 중 어느 하나만 존재하더라도 검색을 수행한다.
∴ 가장 적은 결과가 선택되는 것은 And 연산자를 두 번 사용한 ㉰이다.

35 동일한 지역에 대한 서로 다른 두 개 또는 다수의 레이어로부터 필요한 도형자료나 속성자료를 추출하기 위하여 많이 이용되는 공간분석 방법은?

㉮ 버퍼링 분석

㉯ 네트워크 분석

㉰ 중첩 분석

㉱ 3차원 분석

• 각각의 자료집단이 주어진 기본도를 기초로 좌표계가 통일되면 둘 또는 그 이상의 자료관측에 대하여 분석할 수 있으며, 이 기법을 중첩 또는 합성이라 한다.

36 도형자료와 속성자료를 활용한 통합분석에서 동일한 좌표계를 갖는 각각의 레이어 정보를 합쳐서 다른 형태의 레이어로 표현되는 분석기능은?

㉮ 공간추정　　　　㉯ 회귀분석
㉰ 중첩　　　　㉱ 내삽과 외삽

> **중첩분석**
> 새로운 공간적 경계들을 구성하는 지도를 형성하기 위해 두 개 또는 그 이상의 지도에서 공간적 정보를 통합하는 진행 과정

37 공간분석에 있어서 서로 다른 레이어에 속한 공간 데이터들을 Boolean 논리에 입각하여 주어진 조건에 따라 합성된 공간 객체를 만드는 것을 무엇이라 하는가?

㉮ 인접성 분석　　　　㉯ 관망 분석
㉰ 중첩 분석　　　　㉱ 버퍼링 분석

> **중첩분석**
> 도형자료와 속성자료를 활용한 통합분석에서 동일한 좌표계를 갖는 각각의 레이어 정보를 합쳐서 다른 형태의 레이어로 표현되는 분석기능으로 Boolean 논리를 사용하여 각각의 레이어에서 새로운 정보를 합성할 수 있다.

38 지도중첩에 대한 설명으로 가장 옳은 것은?

㉮ 둘 또는 그 이상의 입력지도나 자료층을 겹치는 것
㉯ 오차를 모형화하기 위하여 분류하는 것
㉰ 개념적인 모호성과 고유의 불확실성에서 기인하는 것
㉱ 민감도 분석을 위한 주제도를 제작하는 것

> **중첩(Overlay)**
> 각각의 자료집단이 주어진 기본도를 기초로 좌표계의 통일이 되면 둘 또는 그 이상의 자료관측에 대하여 분석될 수 있으며, 이 기법을 중첩 또는 합성이라 한다.

39 GIS의 분석방법 중 교통로와 도시팽창 지역 사이의 관계를 설명하기 위해 사용하는 방법으로 가장 적합한 것은?

㉮ 면 사상 간의 중첩　　　　㉯ 면 사상과 점 사상의 중첩
㉰ 버퍼 분석　　　　㉱ 면 사상과 선 사상의 중첩

> 교통로 : 선 사상
> 도시팽창 : 면 사상 ⎤→ 중첩

40 지리정보시스템(GIS)에서 사용되는 용어에 대한 설명 중 옳지 않은 것은?

㉮ Clip : 원래의 레이어에서 필요한 지역만을 추출해 내는 것이다.
㉯ Erase : 레이어가 나타내는 지역 중 임의 지역을 삭제하는 과정이다.
㉰ Split : 하나의 레이어를 여러 개의 레이어로 분할하는 과정이다.
㉱ Difference : 두 개의 레이어가 교차하는 부분에 대한 지오메트리를 얻는다.

> **Intersect**
> 두 개 이상의 레이어를 교집합하는 방법이며, 입력레이어와 중첩레이어의 공통부분 정보가 결과레이어에 포함된다.

정답 36 ㉰　37 ㉰　38 ㉮　39 ㉱　40 ㉱

41 그림과 같이 도시계획 레이어와 행정구역 레이어를 중첩분석한 결과를 얻었다. 어떤 중첩분석 방법을 적용하여야 하는가?

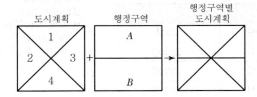

㉮ Union
㉯ Append
㉰ Difference
㉱ Buffer

> **Union**
> 공간연산방법 중 하나로 두 개 이상의 레이어에 OR 연산자를 적용하여 합병하는 방법이며 입력 레이어의 모든 정보가 결과 레이어에 포함된다.

42 첫 번째 입력 커버리지 A의 모든 형상들은 그대로 유지하고 커버리지 B의 형상은 커버리지 A 안에 있는 형상들만 나타내는 중첩연산 기능은?

㉮ Union
㉯ Intersection
㉰ Identity
㉱ Clip

> **Identity**
> 입력레이어 범위에서 중첩되는 레이어의 특징이 결과 레이어에 포함되는 연산 기능

43 "Feature Dissolve"에 대한 설명으로 옳은 것은?

㉮ 공통이 되는 속성값을 기준으로 서로 구분되어 있는 피처를 단순화한 것이다.
㉯ 사상(Feature)을 일정한 규칙이나 기준에 의해 비율화한 것이다.
㉰ 데이터를 설명하는 또 다른 데이터를 뜻한다.
㉱ 공간적인 위치관계를 뜻한다.

> **Dissolve**
> 동일한 속성값을 가지는 객체들을 하나로 통합하는 과정을 말한다.

44 그림과 같은 A벡터레이어에서 B벡터레이어를 만들었다면 공간연산기법으로 옳은 것은?

구분	속성	구분	속성
A	공장	E	대지
B	밭	F	과수원
C	밭	G	과수원
D	대지	H	과수원

〈A벡터레이어〉　　　〈B벡터레이어〉

㉮ Reclassify ㉯ Dissolve
㉰ Intersection ㉱ Buffer

⊙ Dissolve
동일한 속성값을 가지는 객체 간의 불필요한 경계를 지우고 하나의 객체로 생성하는 기능이다.
※ A 벡터레이어에서 동일한 속성값을 갖는 '밭', '대지', '과수원'의 객체가 하나의 객체로 생성된다.

45 다음 중 공간분석의 하나인 중첩분석에 해당되지 않는 것은?
㉮ 식생도와 도시계획도를 합하는 과정
㉯ 수치지형도와 하천도를 합하는 과정
㉰ 도형정보와 속성정보를 합하는 과정
㉱ 토양 비옥토 상에 토지 이용도를 합하는 과정

⊙ 도형정보와 속성정보를 합하는 과정은 자료입력 과정이다.

실전문제 TIP

46 지리정보시스템(GIS)에서 래스터 데이터를 이용한 공간분석 기능 수행 중 A와 B를 이용하여 수행한 결과 C를 만족시키기 위한 질의 조건으로 옳은 것은?

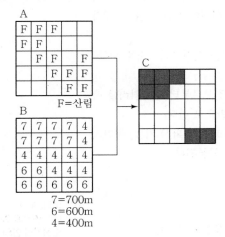

F=산림

7=700m
6=600m
4=400m

㉮ (A=산림) AND (B<500m)

㉯ (A=산림) AND NOT (B<500m)

㉰ (A=산림) OR (B<500m)

㉱ (A=산림) XOR (B<500m)

◉ 결과 C는 A의 F(=산림) 속성을 가진 셀과 B의 6(=600m), 7(=700m) 속성을 가진 셀의 중첩된 결과이다.
∴ (A=산림) AND (B>500m) 또는 (A=산림) AND NOT (B<500m)

47 특용작물 재배 적합지를 물색하기 위해 그림과 같이 주제도를 만들었다. 해발 500m 이상이며 사질토인 밭에 작물이 잘 자란다고 한다면 적합지로 옳은 것은?

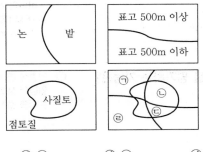

◉ 특용작물 재배 적합지(조건)
=해발 500m 이상 and 사질토 and 밭

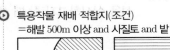

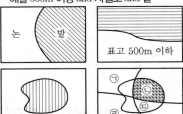

㉮ ㉠　　　㉯ ㉡　　　㉰ ㉢　　　㉱ ㉣

48 공간상에서 주어진 지점과 주변의 객체들이 얼마나 가까운지를 파악하는 데 활용되는 근접(근린) 분석에 대한 설명으로 옳지 않은 것은?

㉮ 근접 분석 기능을 수행하기 위해서는 목표지점의 설정, 목표 지점의 근접 지역, 근접 지역 내에서 수행되어야 할 작업, 총 3가지 조건이 명시되어야 한다.

㉯ 근접 분석에서 거리는 통행에 소요되는 시간 또는 비용으로도 측정될 수 있다.

㉰ 일반적으로 근접 분석은 관심대상 지점으로부터 연속거리를 측정하여 분석되므로, 벡터데이터를 기반으로 한다.

㉱ 근접 분석은 분석 목표에 따라서 검색 기능과 확산 기능, 공간적 집적 기능 그리고 경사도 분석 등으로 구분된다.

> 근접 분석은 관심대상 지점으로부터 연속적인 거리를 측정하여 분석되므로 래스터 데이터를 기반으로 한다.

49 Buffer에 관한 설명으로 옳은 것은?

㉮ 벡터자료의 면(Polygon) 자료에만 적용할 수 있다.

㉯ Buffer 결과물은 언제나 면(Polygon) 자료이다.

㉰ 모든 Buffer는 언제나 대상물로부터 일정한 거리만을 갖는다.

㉱ Buffer는 언제나 두 개 이상의 Layer가 필요하다.

> 버퍼(Buffer)
> GIS 연산에 의해 점·선 또는 면에서 일정거리 안의 지역을 둘러싸는 다각형으로서 점버퍼, 선버퍼, 면버퍼가 있으며, 결과로 나타나는 대상지역의 영역은 다각형으로 구성하게 된다.

50 AB 직선의 길이가 10km일 때 이 직선으로부터 1km의 버퍼링 분석을 실시하고자 할 때 생성되는 폴리곤의 면적은 몇 km²인가?

A ———————— B

㉮ 10+π   ㉯ 20

㉰ 20+π   ㉱ 20+2π

> 버퍼(Buffer)
> GIS연산에 의해 점·선 또는 면에서 일정거리 안의 지역을 둘러싸는 폴리곤 구역을 생성해 주는 공간분석기법이다.
> • AB의 거리 : 10 km
> • 버퍼의 거리 : 1 km
> ∴ 버퍼의 면적 : $10\times1+10\times1+\pi\times1^2$
> $=20+\pi$ km²

51 GIS 분석기능 중 대상물 간의 연결 관계를 평가하는 기능은?

㉮ 인접기능(Neighborhood Function)

㉯ 중첩기능(Overlay Function)

㉰ 연결기능(Connectivity Function)

㉱ 측정, 검색, 분류기능(Measurement, Query, Classification)

> 연결성 분석
> 일련의 점 또는 절점이 서로 연결되었는지를 결정하는 분석

정답 48 ㉰ 49 ㉯ 50 ㉰ 51 ㉰

실전문제 TIP

52 **화재나 응급 시 소방차나 앰뷸런스의 운전경로 또는 항공기의 운항경로 등의 최적경로를 결정하는 데 가장 적합한 GIS의 분석방법은?**

㉮ 관망 분석　　㉯ 중첩 분석
㉰ 버퍼링 분석　　㉱ 근접성 분석

관망분석(Network Analysis : 네트워크 분석)
두 지점 간의 최단경로를 찾는 등의 공간적인 분석으로 도로 네트워크를 통한 최적경로 계산

53 **GIS 분석방법 중 차량경로 탐색이나 최단거리 탐색, 최적경로 분석, 자원할당 분석 등에 주로 사용되는 것은?**

㉮ 면사상 중첩 분석　　㉯ 버퍼 분석
㉰ 선사상 중첩 분석　　㉱ 네트워크 분석

네트워크(Network) 분석
최단노선, 적정노선, 시간권역 분석, 자원할당 분석 등

54 **GIS의 공간분석에서 선형의 공간객체의 특성을 이용한 관망(Network)분석기법을 통하여 이루어질 수 있는 분석과 가장 거리가 먼 것은?**

㉮ 도로나 하천 등 선형의 관거에 걸리는 부하의 예측
㉯ 하나의 지점에서 다른 지점으로 이동시 최적 경로의 선정
㉰ 창고나 보급소, 경찰서, 소방서와 같은 주요 시설물의 위치 선정
㉱ 특정 주거지역의 면적 산정과 인구 파악을 통한 인구 밀도의 계산

특정 주거지역의 면적 산정, 인구밀도의 계산은 관망분석과는 거리가 멀다.

55 **데이터모델을 이용하여 필요한 자료를 추출하고 앞으로의 현상을 예측하거나 계획된 행위에 대한 결과를 예측하는 것을 무엇이라 하는가?**

㉮ 검색　　㉯ 변환　　㉰ 출력　　㉱ 모델링

모델링(Modeling)
데이터 모델을 이용하여 필요한 자료를 추출하고 앞으로의 현상을 예측하거나 현실세계를 이해할 수 있도록 객체를 생생하게 묘사하는 과정을 말한다.

56 **지형공간정보체계를 통하여 수행할 수 있는 지도 모형화의 장점이 아닌 것은?**

㉮ 문제를 분명히 정의하고, 문제를 해결하는 데에 필요한 자료를 명확하게 결정할 수 있다.
㉯ 여러 가지 연산 또는 시나리오의 결과를 쉽게 비교할 수 있다.
㉰ 많은 경우에 조건을 변경시키거나 시간의 경과에 따른 모의분석을 할 수 있다.
㉱ 자료의 명목 혹은 서열의 척도로 구성되어 있을지라도 시스템은 레이어의 정보를 정수로 표현한다.

GIS의 모형화(Modeling)
GIS 데이터모델을 이용하여 필요한 자료를 추출하고 앞으로의 현상을 예측하거나 계획된 행위에 대한 결과를 예측하는 것

정답 52 ㉮ 53 ㉱ 54 ㉱ 55 ㉱ 56 ㉱

57 수치지형모델 생성 시 원시자료로 활용할 수 없는 것은?

㉮ 등고선
㉯ GPS로 획득한 지형자료
㉰ SPOT 입체영상
㉱ INS 자료

> GPS, 항공사진측량, LiDAR, 기존지도, 위성영상 등을 이용하여 3차원 위치좌표를 수집하여 DEM 구축의 원시자료로 활용할 수 있다.
> ※ 관성항법장치(INS) : 출발시각부터 임의의 시각까지의 가속도 출력을 항법방정식에 넣고 적분하여 속도를 얻어내고 이것을 다시 적분하여 비행한 거리를 구할 수 있게 되며 최종적으로 현재의 위치를 알 수 있게 된다.

58 수치지도로부터 수치지형모델(DTM)을 생성하려고 한다. 어떤 레이어가 필요한가?

㉮ 건물 레이어
㉯ 하천 레이어
㉰ 도로 레이어
㉱ 등고선 레이어

> 수치지형모델은 적당한 밀도로 분포한 지상점의 위치 및 높이를 이용하여 지형을 수학적으로 근사 표현한 모델이므로 등고선 레이어가 필요하다.

59 불규칙 삼각망을 이용하여 수치지형을 표현하는 모델은?

㉮ DEM
㉯ TIN
㉰ DTM
㉱ DSM

> 불규칙삼각망(Triangulated Irrgular Network ; TIN)
> 공간을 불규칙한 삼각형으로 분할하여 모자이크 모형 형태로 생성된 일종의 공간자료 구조로서, 삼각형의 꼭짓점들은 불규칙적으로 벌어진 절점을 형성한다.

60 TIN의 구성요소가 아닌 것은?

㉮ 경계(Edges)
㉯ 절점(Vertices)
㉰ 평면 삼각면(Faces)
㉱ 브레이크라인(Breaklines)

> TIN의 구성요소
> 경계(Edges), 절점(Vertices 또는 Node), 평면삼각면(Faces)

61 TIN(Triangulated Irregular Networks)의 특징이 아닌 것은?

㉮ 연속적인 표면을 표현하는 방법으로 부정형의 삼각형으로 이루어진 모자이크 식으로 표현한다.
㉯ 벡터 데이터 모델로 추출된 표본 지점들이 x, y, z 값을 가지고 있다.
㉰ 표본점으로부터 삼각형의 네트워크를 생성하는 방법은 대표적으로 델로니(Delaunay) 삼각법이 사용된다.
㉱ TIN 자료모델에는 각 점과 인접한 삼각형들 간에 위상관계(Topology)가 형성되지 않는다.

> TIN의 특징
> • 세 점으로 연결된 불규칙 삼각형으로 구성된 삼각망이다.
> • 적은 자료로 복잡한 지형을 효율적으로 나타낼 수 있다.
> • 벡터구조로 위상정보를 가지고 있다.
> • 델로니 삼각법을 주로 사용한다.

정답 57 ㉱ 58 ㉱ 59 ㉯ 60 ㉱ 61 ㉱

62 불규칙삼각망(TIN)에 대한 설명으로 옳지 않은 것은?

㉮ 주로 Delaunay 삼각법에 의해 만들어진다.

㉯ 고도값의 내삽에는 사용될 수 없다.

㉰ 경사도, 사면방향, 체적 등을 계산할 수 있다.

㉱ DEM 제작에 사용된다.

> **◉ TIN의 특징**
> • 세 점으로 연결된 불규칙 삼각형으로 구성된 삼각망이다.
> • 적은 자료로서 복잡한 지형을 효율적으로 나타낼 수 있다.
> • 벡터 구조로 위상정보를 가지고 있다.
> • 델로니 삼각법을 주로 사용한다.
> • 불규칙 표고 자료로부터 등고선을 제작하는 데 사용된다.
> ※ 불규칙 삼각망의 표고 자료는 고도값의 내삽에 사용된다.

63 불규칙 삼각망(TIN)에 의해 지형을 표현하는 방식의 특징에 대한 설명으로 틀린 것은?

㉮ 벡터구조로 지형데이터의 표현을 위한 위상을 갖는다.

㉯ 격자방식과 비교하여 비교적 적은 자료량을 사용하여 전반적인 지형의 형태를 나타낼 수 있다.

㉰ 고도값의 표현에 있어서 동일한 밀도의 동일한 크기의 격자를 사용한다.

㉱ 삼각망의 각 변은 두 개의 절점을 가지나 각 절점은 여러 개의 변을 구성한다.

> **◉ TIN(Triangular Irregular Network)**
> 벡터구조로 공간을 불규칙한 삼각형으로 분할하여 지형의 표고를 나타낸다.
>
> **수치표고모델(Digital Elevation Model)**
> 일정한 크기의 격자방식으로 지형의 표고를 나타낸다.
> ※ ㉰는 수치표고모형(DEM)에 대한 설명이다.

64 수치지형모델(Digital Terrain Model)의 DEM과 TIN 방법의 비교설명으로 옳은 것은?

㉮ 수치표고모델(DEM)은 불규칙적인 공간 간격으로 표고를 표현한다.

㉯ LiDAR 또는 GPS로 취득한 지형자료를 이용할 경우에 DEM 방법이 유리하다.

㉰ TIN 방법은 사진측량에 의한 자동 디지타이징에 의한 지형자료 취득 시에 유리하다.

㉱ 지역적인 변화가 심한 복잡한 지형을 표현할 때엔 TIN이 유리하다.

> **◉ 수치표고모델(Digital Elevation Model)**
> 일정한 크기의 격자방식으로 지형의 표고를 나타낸다.
> • 기존의 등고선 지도에서 수치사진측량기법을 이용하여 작성되거나 인공위성 자료를 이용하여 작성된다.
> • 동일한 크기의 격자를 사용하므로 일정한 밀도를 갖는다.
> • 지형의 특성(복잡하거나 단순한 지형)에 따른 자료의 획득이 불가능하다.
>
> **TIN(Triangular Irregular Network)**
> 공간을 불규칙한 삼각형으로 분할하여 지형의 표고를 나타낸다.
> • 적은 양의 자료를 사용하여 복잡한 지형을 상세히 나타낼 수 있다.
> • 벡터 자료구조로 위상을 가지고 있다.
> • 불규칙하게 분포된 지형자료를 이용하여 지형을 표현할 때 효과적이다.

65 다음과 같은 DEM에서 사면의 방향은?

㉮ ↖
㉯ ↗
㉰ ↘
㉱ ↙

1000	990	978
990	975	967
980	970	950

DEM 내에 존재하는 표고값을 이용하여 셀 주변에서 가장 낮은 곳으로 사면의 방향을 결정한다.

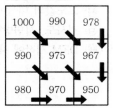

∴ 사면 방향은 ↘ 이다.

66 아래와 같은 100m 해상도의 DEM에서 최대 경사방향에 해당하는 경사도는?

㉮ 20%
㉯ 25%
㉰ 30%
㉱ 35%

200	225	250
225	250	275
250	275	300

최대 경사방향＝높이차/수평거리

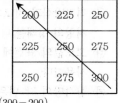

$$\frac{(300-200)}{\sqrt{200^2+200^2}} \times 100 = 35.35\%$$

67 수치지형모형(DTM)으로부터 추출할 수 있는 정보로 가장 거리가 먼 것은?

㉮ 경사분석도 　　㉯ 가시권 분석도
㉰ 사면방향도 　　㉱ 토지이용현황도

DTM은 경사도, 사면방향도, 단면분석, 절·성토량 산정, 등고선 작성 등 다양한 분야에 활용되고 있다.
※ 토지이용현황도는 토지이용상황, 즉 도시, 농업(논, 밭), 산림(성립, 미성립), 공업, 자연 및 문화재, 유보지역 등 6단계로 구분하여 필지별로 상세히 표시된 지도이다.

68 수치표고모형(DEM)자료를 이용하여 제작할 수 있는 산출물이 아닌 것은?

㉮ 음영기복도 　　㉯ 토지피복도
㉰ 3차원 지세도 　　㉱ 지형경사도

DEM은 경사도, 사면방향도, 단면분석, 절·성토량 산정, 등고선 작성 등 다양한 분야에 활용되고 있다.
※ 토지피복도는 지구 표면의 물질을 도면으로 나타낸 것으로 지구 표면을 덮고 있는 물질에는 나무, 논, 밭, 잔디, 아스팔트 등이 있다.

69 공간통계에서 사용되는 보간(내삽)법이 아닌 것은?

㉮ Inverse Distance Weighting

㉯ Root Mean Square Error

㉰ Kriging

㉱ Spline

> ● 보간(Interpolation)
> 주변부의 이미 관측된 값으로부터 관측되지 않은 점에 대한 속성값을 예측하거나 표본 추출 영역 내의 특정 지점 값을 추정하는 기법으로 보간기법으로는 알려진 점들을 이용하여 만들어진 선형식(Linear Function), 다항식의 회귀분석이나 푸리에(Fourier) 급수, 운형(Spline), 이동 평균(Moving Average), 크리깅(Kriging) 등이 있다.
>
> ※ ㉯ : 평균제곱근오차(RMSE ; Root Mean Square Error)

70 다각형의 경계가 인접지역의 두 점들로부터 같은 거리에 놓이게 하는 방법으로 구성되는 것은?

㉮ 불규칙 삼각망(TIN)　　㉯ 티센(Thiessen) 다각형

㉰ 폴리곤(Polygon)　　㉱ 타일(Tile)

> ● 티센 폴리곤 분석(Thiessen Polygon Analysis)
> 티센 다각형은 두 개의 점 개체 간에 서로 거리가 같은 선 사상을 찾음으로써 공간을 구분하는 기법이다.

71 다음 중 점 사이의 물리적 거리를 관측하는 방법으로 최단경로 검색에 사용되는 것은?

㉮ 쿼드랫방법　　㉯ 형상관측방법

㉰ 최근린방법　　㉱ 도표이용방법

> ● 최근린(Nearest Neighbor)방법은 점 사이의 물리적 거리를 관측하는 방법으로 최근린 거리를 계산하고 검색하는 방법이다.

72 부영상소 보간방법 중 출력영상의 각 격자점(x, y)에 해당하는 밝기를 입력영상좌표계의 대응점(x', y') 주변의 4개 점 간 거리에 따라 영상소의 경중률을 고려하여 보간하며 영상에 존재하는 영상값을 계산하거나 표고값을 계산하는 데 주로 사용되는 보간 방법은?

㉮ Nearest-neighbor Interpolation

㉯ Bilinear Interpolation

㉰ Bicubic Convolution Interpolation

㉱ Kriging Interpolation

> ● Bilinear Interpolation(공1차 내삽법)
> • 인접한 4개 영상소까지의 거리에 대한 가중평균값을 택하는 방법
> • 장점 : 여러 영상소로 구성되는 출력으로 부드러운 영상 획득
> • 단점 : 새로운 영상소를 제작하므로 데이터가 변질

73 A점과 B점 사이 임의의 한 점 P의 표고를 선형보간법을 이용하여 구하려고 한다. A점과 B점 사이의 거리를 L, A점과 P점 사이의 거리를 x_p, A점의 표고를 a, B점의 표고를 b, P점의 높이를 h_p라 할 때 옳은 식은?

선형보간법
$$x_p : L = h_p - a : b - a$$
$$\therefore h_p = \frac{b-a}{L}x_p + a$$

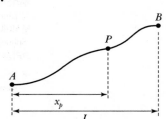

㉮ $h_p = \dfrac{b}{L}x_p$

㉯ $h_p = \dfrac{b}{a}L$

㉰ $h_p = \dfrac{b-a}{b}x_p + a$

㉱ $h_p = \dfrac{b-a}{L}x_p + a$

74 아래 관측값의 경중평균중심은 얼마인가?(단, 좌표$=(x, y)$)

점	x 값	y 값	경중률
A	3	4	2
B	2	5	1
C	1	4	3
D	5	2	1
E	2	1	2

㉮ (2.2, 3.2)

㉯ (2.4, 3.2)

㉰ (1.6, 1.8)

㉱ (1.3, 1.6)

경중평균중심
$$\overline{X} = \frac{\sum_{i=1}^{n} w_i x_i}{\sum_{i=1}^{n} w_i}$$
여기서, x_i=관측값, w_i=경중률

$$x = \frac{\begin{matrix}3\times 2 + 2\times 1 + 1\times 3 + \\ 5\times 1 + 2\times 2\end{matrix}}{2+1+3+1+2} = 2.22\cdots$$

$$y = \frac{\begin{matrix}4\times 2 + 5\times 1 + 4\times 3 + \\ 2\times 1 + 1\times 2\end{matrix}}{2+1+3+1+2} = 3.22\cdots$$

$\therefore x \fallingdotseq 2.2, \ y \fallingdotseq 3.2$

75 다음 중 GIS 자료출력용 하드웨어가 아닌 것은?

㉮ 모니터

㉯ 플로터

㉰ 프린터

㉱ 디지타이저

• GIS 입력장치
 ─수동방식(Digitizer)
 ─자동방식(Scanner)
 ─각종 측량기기(GPS, Total Station, 항공사진 등)
 ─기제작된 수치지도
 ─마우스, 키보드
• GIS 출력장치(3차원 그래픽, 지도, 지도＋속성이 포함된 보고서)
 ─모니터
 ─프린터
 ─플로터
 ─필름제조

정답 **73** ㉱ **74** ㉮ **75** ㉱

76 GIS자료의 품질향상을 위한 방안과 가장 거리가 먼 것은?

㉮ 철저한 인력 관리 ㉯ 철저한 비용 절감
㉰ 논리적 일관성 확보 ㉱ 위치 및 속성 정확도의 관리

○ GIS자료의 품질 평가 기준
• 데이터 이력
• 위치 정확성
• 속성 정확성
• 논리적 일관성
• 완결성

77 GIS 자료의 정확도에 대한 설명으로 옳은 것은?

㉮ GIS 자료의 분석은 아날로그 자료의 분석보다 정확도가 낮다.
㉯ GIS 자료의 정확도는 아날로그 자료인 원시자료의 정확도에 영향을 받는다.
㉰ 디지타이징에서 자료의 독취간격이 작을수록 위치정확도가 낮아진다.
㉱ 벡터 자료와 격자자료 간의 변환과정에서는 오차가 발생되지 않는다.

○ 공간데이터의 수집 단계에서 발생하는 오차는 다음 단계로 옮겨지면서 누적되므로 GIS 자료의 정확도에 영향을 미친다.

78 다음 중 자료의 입력과정에서 발생하는 오류와 관계없는 것은?

㉮ 공간정보가 불완전하거나 중복된 경우
㉯ 공간정보의 위치가 부정확한 경우
㉰ 공간정보가 좌표로 표현된 경우
㉱ 공간정보가 왜곡된 경우

○ 공간정보가 좌표로 표현된 경우는 입력과정에서 발생하는 오류와 관계가 없다.

79 1 : 1,000 수치지도를 만든 후, 데이터의 정확도 검증을 위해 10개의 지점에 대해 수치지도상에서 측정한 좌표와 현장에서 검증한 좌표 간의 오차가 아래와 같을 때 위치정확도는?

> 0.12m, 0.15m, 0.14m, 0.13m, 0.14m
> 0.14m, 0.13m, 0.16m, 0.14m, 0.13m

㉮ RMSE=0.11m ㉯ RMSE=0.13m
㉰ RMSE=0.15m ㉱ RMSE=0.17m

○ 위치정확도 RMSE
$$= \sqrt{\frac{[vv]}{n-1}}$$
$$= \sqrt{\frac{0.12^2 + 0.15^2 + 4 \times 0.14^2 + 3 \times 0.13^2 + 0.16^2}{10-1}}$$
$$= 0.1459m$$

80 지리정보체계의 구축 시 실세계의 참값과 구축된 시스템의 값을 비교분석하고 카파(Kappa)계수를 계산함으로써 오차의 정도를 알아내는 방법은?

㉮ 오차행렬(Error Matrix)
㉯ 카파행렬(Kappa Matrix)
㉰ 표본행렬(Sample Matrix)
㉱ 검증행렬(Verifying Matrix)

○ 오차행렬(Error Matrix)
수치지도상(또는 영상분류결과)의 임의 위치에서 지도에 기입된 속성값을 확인하고, 현장 검사에 의한 참값을 파악하여 오차행렬을 구성하며 사용자 정확도, 제작자 정확도, 전체 정확도 등을 계산할 수 있다. 이때 우연에 의해 옳게 분류될 경우의 수를 제거하여 보정하는 Kappa 계수를 계산하여 오차의 정도를 알아낸다.

정답 76 ㉯ 77 ㉯ 78 ㉰ 79 ㉯ 80 ㉮

81 지리정보시스템(GIS) 데이터베이스를 구축할 때 지리데이터와 데이터모델 사이의 규칙과 일치성을 설명하는 것으로 옳은 것은?

㉮ 논리적 일관성   ㉯ 위치 정확도

㉰ 데이터 이력   ㉱ 속성 정확도

> **논리적 일관성**
> 자료요소 사이에 논리적 관계가 잘 유지되는 정도를 말하며 지리데이터와 데이터모델 사이의 규칙과 일치성을 설명한다.

82 공간 자료의 품질의 핵심요소 중 하나로 데이터셋의 역사를 말하며 수치 데이터셋의 경우는 다음과 같이 정의할 수 있는 것은?

> 자료품질 설명의 일부로서, 자료와 관련 있는 관측 또는 원료의 출처, 자료획득 및 편집 방법, 변환 · 변형 · 분석 · 파생방법, 기타 모든 단계에서 적용한 가정 혹은 기준 등의 정보를 포함한다.

㉮ 연혁(Lineage)

㉯ 위치 정확도(Positional Accuracy)

㉰ 완전성(Completeness)

㉱ 논리적 일관성(Logical Consistency)

> **연혁(Lineage)**
> 기초자료에 대한 정보, 특히 원축척 정도를 나타낸다. 자료가 얻어져서 사용할 수 있는 형태로 들어갈 때까지의 자료의 흐름을 말한다.

83 GIS 자료의 주요 검수항목이 아닌 것은?

㉮ 기하구조의 적합성   ㉯ 자료입력 기술자 등급

㉰ 위치 정확도   ㉱ 속성 정확도

> GIS자료의 검수항목에는 자료의 입력과정 및 생성연혁 관리, 자료 포맷, 논리적 일관성, 속성의 정확성, 위치의 정확성 등이 있다.

84 지리정보시스템(GIS)에서 공간자료의 품질과 관련된 정보(품질서술문에 포함되는 정보)로 거리가 먼 것은?

㉮ 자료의 연혁   ㉯ 자료의 포맷

㉰ 논리적 일관성   ㉱ 자료의 완전성

> **지리정보-품질원칙**
> (ISO 19113 : 2007)
> • 품질개요 요소
>   －연혁
>   －목적
>   －용도
> • 데이터의 품질정보(품질평가 정보)
>   －위치정확성
>   －속성정확성
>   －일관성
>   －완전성(완결성)
>   －시간정확성
>   －주제정확성

85 다음 중 지도의 일반화 유형(단계)이 아닌 것은?

㉮ 단순화   ㉯ 분류화

㉰ 세밀화   ㉱ 기호화

> **일반화(Generalization)**
> 공간데이터 처리에 있어서 세밀한 항목을 줄이는 과정으로 큰 공간에서 다시 추출하거나 선에서 점을 줄이는 것을 말하며, 지도의 일반화 유형에는 단순화, 분류화, 기호화 등이 있다.

정답 81 ㉮   82 ㉮   83 ㉯   84 ㉯   85 ㉰

86 공간분석에서 사용되는 연결성 분석과 관계가 없는 것은?

㉮ 연속성   ㉯ 근접성

㉰ 관망   ㉱ DEM

○ 연결성 분석(Connectivity Analysis)
일련의 점 또는 절점이 서로 연결되었는지를 결정하는 분석으로 연속성 분석, 근접성 분석, 관망 분석 등이 포함된다.

87 지리정보시스템(GIS)의 자료처리에서 버퍼(Buffer)에 대한 설명으로 옳은 것은?

㉮ 공간 형상의 둘레에 특정한 폭을 가진 구역(Zone)을 구축하는 것이다.

㉯ 선 데이터에 대해서만 버퍼거리를 지정하여 버퍼링(Buffering)을 할 수 있다.

㉰ 면 데이터의 경우 면의 안쪽에서는 버퍼거리를 지정할 수 없다.

㉱ 선 데이터의 형태가 구불구불한 굴곡이 매우 심하거나 소용돌이 형상일 경우 버퍼를 생성할 수 없다.

○ 버퍼 분석
GIS 연산에 의해 점·선 또는 면에서 일정 거리 안의 지역을 둘러싸는 폴리곤 구역을 생성하는 기법

88 다양한 방식으로 획득된 고도값을 갖는 다수의 점자료를 입력자료로 활용하여 다수의 점자료로부터 삼각면을 형성하는 과정을 통해 제작되며 페이스(Face), 노드(Node), 에지(Edge)로 구성되는 데이터 모델은?

㉮ TIN   ㉯ DEM

㉰ TIGER   ㉱ LiDAR

○ 불규칙삼각망(Triangular Irregular Network ; TIN)
공간을 불규칙한 삼각형으로 분할하여 모자이크 모형 형태로 생성된 일종의 공간자료 구조로서, 페이스(Face), 노드(Node 또는 Vertices), 에지(Edge)로 구성되어 있는 데이터 모델이다.

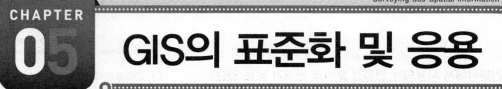

CHAPTER
05
GIS의 표준화 및 응용

···01 GIS의 표준화

GIS 표준은 다양하게 변화하는 GIS 데이터를 정의하고 만들거나 응용하는 데 있어서 발생되는 문제점을 해결하기 위하여 정의되었다. GIS 표준화는 보통 7가지 영역으로 분류될 수 있다.

(1) 표준화의 필요성

① 기본 자료로 사용하기 위한 기반 확보
② 각종 응용시스템과의 연계활용을 위한 일관성 및 완전성 있는 데이터 구축
③ 데이터의 중복 구축 방지 및 비용 감소
④ 효율적인 관리 및 활용

(2) 표준화 유형 분류

1) 응용 표준

2) 데이터 표준

① 데이터 모델의 표준화
② 데이터 내용의 표준화
③ 데이터 수집의 표준화
④ 위치참조의 표준화
⑤ 데이터 품질의 표준화
⑥ 메타데이터의 표준화
⑦ 데이터 교환의 표준화

3) 기술 표준

4) 전문적 숙련 표준

(3) SDTS(Spatial Data Transfer Standard)

다른 하드웨어, 소프트웨어, 운영체제를 사용하는 응용시스템에서 지리공간에 관한 정보를 공유하고자 만들어진 공간자료교환표준이다.

1) SDTS는 미국 연방정부 표준으로 매우 일반적이고 안정적인 교환포맷

2) '96년 NGIS 공통데이터교환포맷 표준으로 SDTS 채택

3) SDTS 내용 및 범위

① 국내실정에 적합한 좌표체계 및 표준 데이터 사전 정의

② 위상벡터데이터 전환을 위한 개념적, 논리적 구성요소 정의

③ 위상벡터데이터 전환을 위한 물리적인 구성요소 정의

> **Reference 참고**

➤ DXF(Drawing Exchange Format : 도면교환형식)의 특징
① 속성정보의 결여　　② 데이터 표현의 제약
③ 비효율적 저장방식　④ 위상정보의 결여

(4) 메타데이터(Metadata)

메타데이터란 실제 데이터는 아니지만 데이터베이스, 레이어, 속성, 공간형상 등과 관련된 데이터의 내용, 품질, 조건 및 특징 등을 저장한 데이터로서 데이터에 관한 데이터의 이력을 말한다.

1) 기본요소

① 개요 및 자료 소개 : 데이터 명칭, 개발자 등

② 자료품질 : 정확도, 완전성, 일관성 등

③ 자료의 구성 : 데이터 모형(벡터, 격자)

④ 공간참조를 위한 정보 : 투영법, 좌표계 등

⑤ 형상 및 속성정보 : 지리정보와 수록방식

⑥ 정보획득 방법 : 관련기관, 획득형태, 가격 등

⑦ 참조정보 : 작성자, 일시 등

2) 필요성

자료에 대한 접근의 용이성을 최대화하기 위해 메타데이터의 체계가 필요하다.

① 시간과 비용의 낭비를 제거

② 공간정보 유통의 효율성

···02 수치지도(DM ; Digital Map)

수치지도는 컴퓨터 그래픽기법을 이용하여 사전 규정에 따라 지도요소를 항목별로 구분하여 데이터베이스화하고 이용목적에 따라 지도를 자유로이 변경해서 사용할 수 있도록 전산화한 지도이다.

(1) 특징 및 수록정보

1) 특징

① 특정 X, Y좌표계에 기반을 두고 각종 지형·지물을 점, 선, 면으로 표현

② 최종적으로 상호변환이 가능하도록 구성

③ 도형정보는 사전 계획된 양식으로 기록함으로써 데이터베이스화가 가능

④ 일반 사용자의 요구에 따른 수치지도 대상 자료의 선정과 구축방법 및 표현방법에 대한 제약이 존재하므로 다양한 문제점을 포함

2) 수록정보

① 수치지도의 수록정보는 「수치지도 작성 작업규칙」에 근거하여 제작

② 표준코드는 수치지도를 구성하는 통합코드로 구분

③ 레이어는 8개로 분류되며 교통(A)~주기(H)까지 순차 코드를 부여

④ 레이어 코드는 수직구조로 대분류, 중분류, 소분류로 부여

⑤ 코드 구조는 「수치지도 작성 작업규칙」에 약 670여 개 코드로 정의

(2) 수치지도 자료취득 방법

① 종래의 지형도 작성법으로 완성된 지도를 디지타이저 또는 스캐너 등을 이용하여 수치화하는 방법

② 항공사진의 도화 작업시 도화기를 이용하여 수치지도 데이터를 직접 취득하는 방법

(3) 수치지도 제작순서

① 일반적인 제작순서

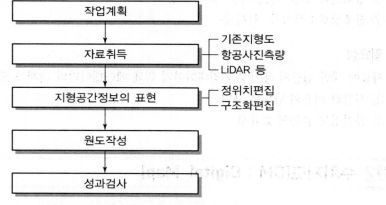

[그림 5-1] 수치지도의 일반적인 제작순서

② 사진측량에 의한 제작순서

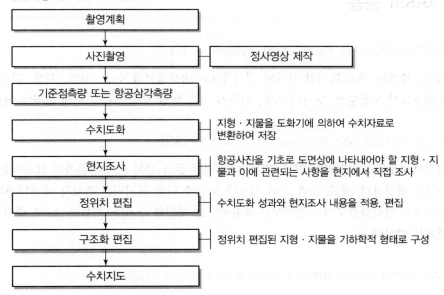

| 지형·지물을 도화기에 의하여 수치자료로 변환하여 저장 |
| 항공사진을 기초로 도면상에 나타내어야 할 지형·지물과 이에 관련되는 사항을 현지에서 직접 조사 |
| 수치도화 성과와 현지조사 내용을 적용, 편집 |
| 정위치 편집된 지형·지물을 기하학적 형태로 구성 |

[그림 5-2] 사진측량에 의한 수치지도 제작순서

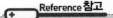

Reference 참고

수치영상을 취득하였을 경우 영상처리 및 영상정합 방법이 추가된다.

(4) 수치지도제작 현황

우리나라는 1995년 5월 '국가지리정보체계 구축 기본계획'에 의거하여 수치지도작업에 착수하였으나 우선적으로 1/1,000, 1/5,000, 1/25,000 축척의 지형도를 수치지도로 제작하고 있다.

1) 1/5,000 축척 지형도
산악지역을 제외한 전국의 수치지도로 1998년에 완료

2) 1/1,000 축척 지형도
지방자치단체의 적극적인 참여로 원활하게 추진(78개 도시지역)

3) 주제도
① 지하시설물도 : 가스, 전력, 통신, 송유관, 상하수도, 지역난방
② 공통 주제도사업 : 국토이용계획도, 지형지번도, 토지이용현황도, 도시계획도, 행정구역도, 도로망도

···03 GIS의 응용

(1) 토지정보체계(Land Information System ; LIS)

토지정보체계는 주로 토지와 관련된 위치정보와 속성정보를 수집, 처리, 저장, 관리하기 위한
정보체계로서 지형분석, 토지의 이용, 다목적 지적 등 토지자원 관련 문제 해결에 이용한다.

(2) 도시정보체계(Urban Information System ; UIS)

도시정보체계란 도시지역의 인구, 건물면적, 지명 등과 같이 숫자나 문자로 표시되는 속성정보
와 지형, 행정경계, 도로 등과 같이 지도나 도면에 의해 표시되는 정보를 데이터베이스화하여
통일적으로 관리함으로써 시정업무를 효율적으로 지원할 수 있는 기능과 소프트웨어를 갖춘 전
산체계를 말한다.

(3) 지리정보체계(Geographic Information System ; GIS)

지리정보체계는 공간좌표 또는 지리좌표에 관련된 도형 및 속성자료를 효율적으로 수집, 저장,
갱신, 분석하기 위한 체계이다.

(4) 수치지도제작 및 지도정보체계(Digital Mapping and Map Information System ; DM/MIS)

수치지도제작 및 수치지도의 활용 면에 중점을 둔 정보체계이다.

(5) 도면자동화(Automated Mapping ; AM)

수치적 방법에 의한 지도 제작공정 자동화이다.

(6) 시설물관리체계(Facilities Management System ; FM)

시설물관리체계는 공공시설물이나 대규모의 공장, 관로망 등에 대한 지도 및 도면 등 제반 정
보를 수치 입력하여 시설물에 대해 효율적인 운영관리를 하는 종합체계를 말한다.

(7) 측량정보체계(Surveying Information System ; SIS)

(8) 도형 및 영상정보체계(Graphic and Image Information System ; GIIS)

(9) 교통정보체계(Transportation Information System ; TIS)

(10) 환경정보체계(Environmental Information System ; EIS)

환경정보체계는 대기오염정보, 수질오염정보, 고형폐기물처리정보, 유해폐기물 위치평가와 관련된 정보체계이다.

(11) 재해정보체계(Disaster Information System : DIS)

(12) 해양정보체계(Marine Information System ; MIS)

(13) 지하정보체계(UnderGround Information System ; UGIS)

(14) 자원정보체계(Resource Information System ; RIS)

자원정보체계는 농산자원정보, 산림자원정보, 수자원정보 등과 관련된 정보체계이다.

···04 기타

(1) GIS 표준화

GIS의 표준화는 GIS 자료의 포맷, 구축 환경, 프로그램의 개발 관련된 기술적 사항에 대해 표준이나 기준 등을 규정하여 정보의 효율적 관리, 공동활용 및 상호 운용할 수 있는 기반을 마련한다.

(2) ISO/TC211(국제표준화기구 및 기술위원회211)

1994년 6월에 ISO(국제표준화기구)에서 211번째로 구성된 지리정보전문위원회로 수치지리정보 분야의 표준화를 위한 기술위원회로 지리정보 분야에 대한 지리적 위치와 직 · 간접으로 관련이 되는 사물이나 현상에 대한 정보표준규격을 수립하는 국제표준화기구이다.

(3) DXF(Drawing Exchange Format)

현재 구축된 국가수치지도는 DXF형식으로 이는 AutoDesk사에서 제작한 ASCⅡ형태의 그래픽 자료파일 형식이다. DXF는 지리정보시스템에서 사용되기에는 적합하지 않은 데이터 포맷이어서 보다 효율적인 포맷으로의 전환이 필요하다.

(4) SDTS(Spatial Data Transfer Standard)

국가지리정보체계(NGIS)를 구성함에 있어 지리정보시스템 간 위성벡터데이터 형식의 지리정보 교환을 위한 공통데이터 교환포맷을 말한다.

(5) 개방형GIS(OpenGIS)

메타자료, 분산 객체형 데이터베이스, 인터베이스 등 관련 하부구조를 이루고 있는 분야의 표준 및 규약의 연구를 바탕으로 미국과 같은 GIS 선진국의 국가 GIS 사업을 통한 지형정보의 유통을 위한 인터넷 활용과 연계된 지형공간정보체계이다.

(6) OGC(Open Geospatial Consortium)

OpenGIS를 개발하고 촉진시키며, 엔터프라이즈 전산환경에서의 지리정보처리부분의 통합에 기여하기 위해 설립된 회원제 법인으로, 1994년 8월 25일 설립된 이후 공공 및 민간 단체를 중심으로 협회를 구축해왔다.

(7) 기본공간정보

여러 공간정보를 통합·활용하기 위한 기본 틀이 되는 정보로서, 주요 내용으로 행정구역, 교통, 지적, 해양, 수자원, 측량기준점, 지형, 시설물, 위성영상 및 항공사진이 있다.

(8) 표준코드(Standard Code)

수치지도의 호환성을 확보하기 위하여 일정한 형식으로 구성된 코드를 말하며, 크게 도형코드, 레이어코드, 지형코드로 구분된다.

(9) 도화(Plotting)

입체도화기 등에서 등고선과 지물의 모양 등을 그리는 작업을 말한다.

(10) 정위치 편집

수치도화 성과를 기준성과로 이용하여 지리조사 내용을 적용, 편집하는 것으로 도곽 단위로 구성 및 인접 처리하고 코드 확인 및 부여, 자료구조상태 확인 및 보완·편집하는 작업이다.

(11) 구조화 편집

자료 간의 지리적 상관관계를 파악하기 위하여 정위치 편집된 지형·지물을 기하학적 형태로 구성하는 작업을 말한다.

(12) Desktop GIS

고객/서버기술을 이용하는 시스템 통합의 영향으로, 데스크톱 컴퓨터에서 사용자들이 손쉽게 지형공간정보의 공간분석을 수행할 수 있는 지리정보체계이다.

(13) Professional GIS

워크스테이션 이상의 플랫폼에서 운영되며 강력한 공간분석 기능과 지도제작 기능을 제공하므로 응용프로그램을 개발하는 개발도구로 사용된다.

(14) Enterprise GIS

각 부서에 분산된 공간정보를 자료기반 관리 기술과 클라이언트/서버 기술로 통합시키는 지리정보체계이다.

(15) Component GIS

부품을 조립하여 물건을 완성하는 것과 같은 방식으로 특정 목적의 지리정보체계를 적절한 컴포넌트의 조합으로 구현하는 지리정보체계이다.

(16) Temporal GIS

시간변화에 따라 지리정보체계에 구축된 공간의 변화를 분석하는 체계를 말한다.

(17) Virtual GIS

래스터자료를 다루는 GIS 소프트웨어에서 마치 높은 하늘에서 실제 지형을 보는 듯하게 영상면에 구현해낼 뿐만 아니라 그렇게 표현된 3차원 영상으로 각종 GIS 분석을 가능하게 해주는 소프트웨어를 말한다.

(18) 3D GIS

2차원의 x, y 위치정보와 이 위치정보에 따른 높이 및 심도, 즉 z값으로 표현되는 공간정보와 각 객체에 따른 재질, 색상, 질감 등과 같은 속성정보를 이용하여 현실세계를 실제와 유사하게 표현하고 다양한 용도로 분석 및 의사결정할 수 있는 공간정보 시스템을 말한다.

(19) 4D GIS

4D GIS는 3D모델링기술에 시간개념을 적용하여 지형과 인공시설물의 3차원정보를 구축하고 GIS 및 증강현실기술을 연동하여 시공간정보를 저장, 처리, 가공, 분석하는 GIS 시스템을 말한다.

(20) Video GIS

현장에서 직접 실시간적인 지형공간정보의 수집과 관측을 위해 비디오 등의 장비에 입력된 기록들과 GPS로부터 대상물의 위치정보데이터를 시각적으로 획득 및 분석하는 GIS를 말한다.

(21) Internet GIS(Web GIS)

인터넷 또는 인트라넷 환경에서 지리정보의 입력, 수정, 조작, 분석, 출력 등의 작업을 처리하여 네트워크 환경에서 서비스를 제공할 수 있도록 구축된 지리정보체계를 말한다.

(22) Mobile GIS

휴대용 단말기를 이용하여 별도의 시공간의 제약 없이 지리정보를 유선 및 무선 환경의 통신망을 이용하여 입력, 수정, 조작, 분석, 출력 등의 작업을 처리할 수 있도록 구현된 체계를 말한다.

(23) 유비쿼터스(Ubiquitous)

언제 어디서나 존재하고 있는 컴퓨터, 그러나 인지되지 않은 상태로 조용히 생활 속에 작동되어 우리의 삶을 편하고, 안전하고, 즐겁게 만들어주는 기술이다.

(24) 지형 · 지물의 유일식별자(Unique Feature Identifier ; UFID)

일명 전자식별자로 건물, 도로, 교량, 하천 등 인공 및 자연 지형 · 지물에 부여되는 코드를 말하며 공간 객체 등록번호라고도 한다.

(25) RFID(Radio Frequency IDentification)

전자태그를 사물에 부착하여 무선 · 자동 · 비접촉의 형태로 주위상황을 인지하고 기존 IT시스템과 실시간으로 정보교환 · 처리할 수 있는 기술이다.

(26) 지능형교통시스템(Intelligent Transport Systems ; ITS)

각종 차량이 이용하는 도로 효율의 최적화를 위해 자동차 및 교통시설에 정보통신 기능을 적용한 교통시스템이다.

(27) 텔레매틱스(Telematics)

자동차를 비롯한 이동수단을 사용하는 사용자에게 위치 및 지리정보 등을 알려주는 무선데이터 서비스이다.

(28) 위치기반서비스(Location Based Services ; LBS)

휴대폰 등 이동통신단말기의 위치에 따라 단말기 사용자에게 특화된 정보를 제공하는 서비스로 GIS, GPS, 텔레매틱스를 포함한 위치 관련 정보를 제공하는 모든 서비스를 망라하는 포괄적인 의미이다.

(29) 국가지리정보체계(National Geographic Information System ; NGIS)

국가의 관리기관이 구축, 관리하는 지리정보체계로 공간 및 지리정보자료를 효과적으로 생산/관리/사용할 수 있도록 지원하기 위한 기술/조직/제도적 체계로 1995년부터 2010년까지 3차에 걸쳐 수행되었다.

(30) 국가공간정보포털(National Spatial Date Infrastructure ; NSDI)

국가적인 측면에서 공간정보를 취득, 처리, 저장, 배포하는 데 필요한 정책, 기술 및 인적 자원 등에 대한 총체적인 개념을 말한다.

(31) 도시계획통합정보서비스(Urban Planning Information System ; UPIS)

도시계획정보시스템(UPIS)은 국민들의 재산권과 밀접한 도시계획 정보를 전산화하여 국민들에게 제공하고 행정기관의 도시계획 관련 의사결정을 지원하는 시스템이다.

(32) GCRM(Geographic Customer Relationship Management)

지리정보시스템 기술을 고객관계관리(CRM)에 활용한 것으로 주변상권, 마케팅과 같은 분야에 지리적인 요소를 제공하는 것을 말한다.

(33) 매시업(Mash-Up)

IT 분야에서 다양한 정보와 서비스를 혼합하여 새로운 서비스를 창출하는 것으로 구글지도와 부동산 정보 결합을 예로 들 수 있다.

(34) 한국토지정보시스템(Korea Land Information System ; KLIS)

토지관리정보체계(LMIS)와 필지중심토지정보시스템(PBLIS)을 통합하여 KLIS를 구축한 것으로 토지에 대한 이용 현황과 소유자, 거래, 지가, 개발 등 각종 정보를 데이터베이스화하여 공공기관의 토지 관련 정책 수립에 필요한 정보를 제공하고, 민원인에게 종합적인 토지정보를 제공하기 위해 개발한 정보체계이다.

(35) 국가공간정보오픈플랫폼(브이월드, Vworld)

정부가 축적한 공간정보를 기반으로 구축한 오픈 플랫폼(map.vworld.kr)을 지칭한다.

(36) 오픈 소스 소프트웨어(Open Source Software)

무료이면서 소스코드를 개방한 상태로 실행 프로그램을 제공하는 동시에 소스코드를 누구나 자유롭게 개작 및 개작된 소프트웨어를 재배포할 수 있도록 허용된 소프트웨어이다.

(37) 오픈 애플리케이션 프로그램 인터페이스(Open Application Programming Interface ; Open API)

누구나 사용할 수 있도록 '공개된'(Open) '응용프로그램 개발환경'(API)으로 임의의 응용프로그램을 쉽게 만들 수 있도록 준비된 프로토콜, 도구 같은 집합으로 소프트웨어나 프로그램의 기능을 다른 프로그램에서도 활용할 수 있도록 표준화된 인터페이스를 공개하는 것을 말한다.

(38) 사물인터넷(Internet of Things ; IoT)

주변 사물들이 유무선 네트워크로 연결되어 유기적으로 정보를 수집 및 공유하면서 상호 작용하는 지능형 네트워킹 기술 및 환경을 말한다.

(39) 연속수치지형도

국토지리정보원에서 제작한 도엽 단위의 수치지형도 2.0을 동일 지형·지물 레이어별로 연결하여 도엽 간 객체가 끊김 없이 연속되도록 구현된 디지털 지도로, 구축범위는 전국이며 데이터좌표계는 GRS80/UTM-K(단일평면직각좌표계)이다.

01 GIS에서 표준화가 필요한 이유를 설명한 것 중 타당하지 않은 것은?

㉮ 서로 다른 기관 간 데이터 유출의 방지 및 데이터의 보안을 유지하기 위하여

㉯ 데이터의 제작시 사용된 하드웨어(H/W)나 소프트웨어(S/W)에 구애받지 않고 손쉽게 데이터를 사용하기 위하여

㉰ 표준 형식에 맞추어 하나의 기관에서 구축한 데이터를 많은 기관들이 공유하여 사용할 수 있으므로

㉱ 데이터의 공동 활용을 통하여 데이터의 중복 구축을 방지함으로써 데이터 구축비용을 절약하기 위하여

> **GIS의 표준화**
> 각기 다른 사용목적으로 구축된 다양한 자료에 대한 접근의 용이성을 극대화하기 위해 필요하며, 서로 다른 기관 간 데이터 공동활용 및 상호 운용할 수 있는 기반을 마련한다.

02 지리정보시스템 자료구조의 일관성과 호환성 확보를 위해서는 데이터베이스 표준화가 필수이다. 지리정보 데이터베이스 표준화에 필요한 내용과 가장 거리가 먼 것은?

㉮ 지리정보 레이어에 포함할 각 공간정보와 속성정보에 대한 지침의 정의

㉯ 공간정보의 입출력 포맷과 속성정보에 대한 표현방식의 정의

㉰ 사용목적에 맞는 기능이 포함된 프로그래밍 언어 및 소프트웨어의 정의

㉱ 효과적인 데이터의 통합과 분석을 위한 데이터별 자료 분류체계와 코드의 정의

> **표준화 요소**
> • 데이터 모델의 표준화
> • 데이터 내용의 표준화
> • 데이터 수집의 표준화
> • 데이터 질의 표준화
> • 위치기준의 표준화
> • 메타데이터의 표준화
> • 데이터 교환의 표준화

03 지리정보자료의 구축에 있어서 표준화의 장점이라 볼 수 없는 것은?

㉮ 경제적이고 효율적인 시스템 구축 가능

㉯ 서로 다른 시스템이나 사용자 간의 자료 호환 가능

㉰ 자료 구축에 대한 중복 투자 방지

㉱ 불법복제로 인한 저작권 피해의 방지

> **표준화의 장점**
> • 서로 다른 기관이나 사용자 간에 자료를 공유
> • 자료 구축을 위한 비용 감소
> • 사용자 편의 증진
> • 자료 구축의 중복성 방지

정답 ❘ 01 ㉮ 02 ㉰ 03 ㉱

실전문제

04 다른 하드웨어, 소프트웨어, 운영체제를 사용하는 응용시스템에서 지리공간에 관한 정보를 공유하고자 만들어진 공간자료 교환 표준을 뜻하는 용어는?

㉮ SDTS   ㉯ SDI

㉰ SDSS   ㉱ SIF

SDTS(Spatial Data Transfer Standard)
다른 하드웨어, 소프트웨어, 운영체제를 사용하는 응용시스템에서 지리공간에 관한 정보를 공유하고자 만들어진 공간자료교환표준이다.

05 다음 중 도형이나 속성자료의 호환을 위해 사용되는 포맷이 아닌 것은?

㉮ ASCII 코드
㉯ SHAPE
㉰ JPG
㉱ TIGER

GIS Data 호환 형식
- DXF(Drawing Exchange Format) : Auto Desk사의 ASCII 형태의 그래픽 자료의 파일 포맷
- SDTS(Spatial Data Transfer Standard : 공간자료 교환표준) : NGIS를 구축함에 따라 지리정보시스템 간 위상 벡터데이터 형식의 지리정보 교환을 위한 공통 데이터 교환 포맷
- SHP(Shape file) 형식 : 미국 ESRI사에서 GIS Data의 호환을 위해 제정한 형식
- 개방형 GIS(Open GIS) : 자료에 대한 접근 및 자료 처리를 용이하게 하도록 하기 위한 사양(Specification)을 정의
- ASCII(American Standard Code for Information Interchange/ASCII) 형식 : 미국정보교환표준부호의 약어로 소형 컴퓨터에서 문자 데이터(문자, 숫자, 문장 부호)와 비입력장치 명령(제어문자)을 나타내는 데 사용되는 표준 데이터
- TIGER(Topologically Integrated Geographic Encoding and Referencing System) : U.S Census Bureau에서 인구조사를 위해 개발한 벡터형 파일 형식으로 위상구조를 포함한다.

06 다음 중 서로 다른 종류의 공간자료처리시스템 사이에서 교환포맷으로 사용하기 적당한 것은?

㉮ BMP   ㉯ JPG
㉰ PNG   ㉱ GeoTiff

GeoTiff
GIS 소프트웨어에서 사용하는 비압축 영상 포맷으로 TIFF 포맷에 지리적 위치를 저장할 수 있는 기능을 부여한 영상 포맷

정답 04 ㉮ 05 ㉰ 06 ㉱

07 지리정보분야에 대한 표준화를 위해 지리적 위치와 직·간접으로 관련이 되는 사물이나 현상에 대한 정보표준규격을 수립하는 국제표준화기구는?

㉮ KSO/TC211

㉯ IT389

㉰ LBS

㉱ ISO/TC211

○ ISO/TC211(국제표준화기구 지리정보전문위원회)
지리정보 분야의 국제표준화 기구로 수치로 된 지리정보 분야에 대한 표준화를 다루는 기술위원회로 구성되어 지리적 위치와 직·간접으로 관련이 되는 사물이나 현상에 대한 정보표준규격을 수립한다.

08 다음 중 범세계적인 지리정보의 표준화를 다루는 국제기구는?

㉮ KSO/TC 211

㉯ IT389

㉰ LBS

㉱ ISO/TC 211

○ GIS 국제표준 관련기관
• ISO/TC211(국제표준화기구 지리정보전문위원회)
 −1994년 국제표준화기구(ISO)에서 구성
 −공식명칭은 Geographic Information Geomatics
 −TC211은 디지털 지리정보 분야의 표준화를 위한 기술위원회
• CEN/TC287(유럽 표준화 및 기술위원회 287)
 −1991년 유럽 표준화 기구는 TC287이라는 기술위원회 설립
 −유럽 모든 국가에 적용할 수 있는 지리정보의 표준화 작업을 위해 제정
• OGC(Open Geospatial Consortium)
 −1994년 설립한 GIS 관련 기관과 업체 중심의 비영리 단체
 −Principal, Associate, Strategic, Technical, Universirt 회원으로 구분

09 GIS 표준과 관련된 국제기구는?

㉮ Open Geospatial Consortium

㉯ Open Source Consortium

㉰ Open Scene Graph

㉱ Open GIS Library

○ OGC(Open Geospatial Consortium)
공간정보 표준 컨소시엄은 1994년에 발족한 국제 GIS 추진기구로 공간정보 콘텐츠의 제공, GIS 자료처리 및 자료공유 등의 발전을 도모하기 위한 각종 기준을 제공한다.

10 수록된 데이터의 내용, 품질, 조건 및 특징 등을 저장한 데이터로서 데이터의 이력서라고 할 수 있는 것은?

㉮ 위상데이터

㉯ 메타데이터

㉰ 래스터데이터

㉱ 속성데이터

○ 메타데이터(Metadata)
실제 데이터는 아니지만 데이터베이스, 레이어, 속성, 공간형상 등과 관련된 데이터의 내용, 품질, 조건 및 특징 등을 저장한 데이터로서 데이터에 관한 데이터의 이력을 말한다.

정답 07 ㉱ 08 ㉱ 09 ㉮ 10 ㉯

11 자료의 표준화에 많이 사용되는 "자료에 대한 자료"를 뜻하는 용어는?

㉮ 검증데이터

㉯ 메타데이터

㉰ 표준데이터

㉱ 메가데이터

> **메타데이터(Metadata)**
> 자료에 대한 자료이다. 일련의 자료들에 관해 설명을 하거나 이들 자료를 대표하기 위하여 사용되는 자료이다. 메타 데이터는 실제 자료는 아니지만 자료에 따라 유용한 정보를 목록화하여 제공함으로써 사용자의 자료 획득 및 사용에 도움을 주기 위하여, 수록된 자료의 내용, 논리적인 관계와 특징, 기초자료의 정확도, 경계 등을 포함한, 자료의 특성을 설명하는 자료로서 정보의 이력서이다.

12 공간데이터의 각종 정보설명을 문서화한 것으로 공간데이터 자체의 특성과 정보를 유지 관리하고 이를 사용자가 쉽게 접근할 수 있도록 도와주는 자료는?

㉮ 메타데이터

㉯ 원시데이터

㉰ 측량데이터

㉱ 벡터데이터

> **메타데이터(Metadata)**
> 실제 데이터는 아니지만 데이터베이스, 레이어, 속성, 공간형상 등과 관련된 데이터의 내용, 품질, 조건 및 특징 등을 저장한 데이터로서 데이터에 관한 데이터의 이력을 말한다.

13 GIS에서 사용하고 있는 공간데이터를 설명하는 기능을 가지며 데이터의 생산자, 좌표계 등 다양한 정보를 담을 수 있는 것은 무엇인가?

㉮ Data Dictionary

㉯ Metadata

㉰ Extensible Markup Language

㉱ Geospatial Data Abstraction Library

> **메타데이터(Metadata)**
> 데이터의 내용, 품질, 조건 및 특징 등을 저장한 데이터로서 데이터에 관한 데이터의 이력을 말한다.

14 다음 메타데이터의 요소 중 데이터의 제목, 지리적 범위, 제작일 등을 나타내는 것은?

㉮ 식별정보

㉯ 품질정보

㉰ 공간정보

㉱ 속성정보

> **식별정보**
> 데이터의 제목, 지리적 범위, 제작일

15 공간 데이터의 메타데이터에 포함되는 주요 정보가 아닌 것은?

㉮ 공간 참조정보

㉯ 데이터 품질정보

㉰ 배포정보

㉱ 가격정보

> **메타데이터의 기본요소**
> • 식별정보
> • 자료품질정보
> • 공간자료조직정보
> • 공간참조정보
> • 객체 및 속성 정보
> • 배포정보
> • 메타데이터 참조정보

정답 11 ㉯ 12 ㉮ 13 ㉯ 14 ㉮ 15 ㉱

16 메타데이터(Metadata)에 대한 설명으로 옳지 않은 것은?

㉮ 공간데이터와 관련된 일련의 정보를 제공해 준다.

㉯ 자료를 생산, 유지, 관리하는 데 필요한 정보를 제공해 준다.

㉰ 대용량 공간 데이터를 구축하는 데 드는 엄청난 비용과 시간을 절약해 준다.

㉱ 공간데이터 제작자와 사용자 모두 표준용어와 정의에 동의하지 않아도 사용할 수 있다.

> ◉ 메타데이터(Metadata)
> 데이터의 내용, 품질, 조건 및 특징 등을 저장한 데이터로서 데이터에 관한 데이터의 이력을 말한다.
> • 시간과 비용의 낭비를 제거
> • 공간정보 유통의 효율성
> • 데이터에 대한 유지·관리 갱신의 효율성
> • 데이터에 대한 목록화
> • 데이터에 대한 적합성 및 장단점 평가
> • 데이터를 이용하여 로딩

17 메타데이터(Metadata)에 대한 설명으로 옳지 않은 것은?

㉮ 자료의 수집방법, 원자료, 투영법, 축척, 품질, 포맷, 관리자를 포함하는 데이터 파일에서 데이터의 설명이나 데이터에 대한 데이터를 의미한다.

㉯ 메타데이터가 중요한 이유는 공간 데이터에 대한 목록을 체계적으로 표준화된 방식으로 제공함으로써 데이터의 공유화를 촉진시키고, 대용량의 공간 데이터를 구축하는 데 드는 비용과 시간을 절감할 수 있기 때문이다.

㉰ 현재 메타데이터의 표준으로 사용되고 있는 것은 SDTS (Spatial Data Transfer Standard)와 DIGEST(Digital Geo-Graphic Exchange STandard)를 들 수 있다.

㉱ 메타데이터의 필요성에도 불구하고, 1990년 이후에서야 메타데이터 표준화 작업이 시작되었다.

> ◉ 공간자료의 교환을 위한 공통 데이터 교환 포맷으로 SDTS, NTF, DIGEST 등이 있다.

18 다음 중 메타데이터의 특징과 거리가 먼 것은?

㉮ 원하는 지역에 관한 데이터세트(Data Set)가 존재하는지에 관한 정보 제공

㉯ 원하는 작업을 얼마나 신속하게 완료할 수 있는가에 대한 정보 제공

㉰ 데이터세트(Data Set)에 대한 목록을 체계적이고 표준화된 방식으로 제공

㉱ 현재 존재하는 자료의 상태를 문서화하는 데 필요한 정보 제공

> ◉ 메타데이터
> • 시간과 비용의 낭비를 제거
> • 공간정보 유통의 효율성
> • 데이터에 대한 유지·관리 갱신의 효율성
> • 데이터에 대한 목록화
> • 데이터에 대한 적합성 및 장단점 평가
> • 데이터를 이용하여 로딩

정답 16 ㉱ 17 ㉰ 18 ㉯

19 메타데이터에 대한 설명으로 적당하지 않은 것은?

㉮ 흔히 데이터에 대한 데이터라고 한다.

㉯ 데이터의 내용, 품질 등 데이터의 특성을 설명하는 자료이다.

㉰ 표준화하여 자료제공을 하기 위한 자료이므로, 내부 관리목적으로는 활용하기 어렵다.

㉱ 공간자료 정보시장(Spatial Data Clearing house) 구성을 위한 중요한 자료이다.

○ 메타데이터(Metadata)는 자료에 대한 접근의 용이성을 최대화하기 위해 실제 데이터는 아니지만 데이터의 내용, 품질, 조건 및 특징 등을 저장한 데이터로서 데이터에 관한 데이터의 이력을 말한다.

20 메타데이터(Metadata)에 대한 설명으로 거리가 먼 것은?

㉮ 일련의 자료에 대한 정보로서 자료를 사용하는 데 필요하다.

㉯ 자료를 생산, 유지, 관리하는 데 필요한 정보를 담고 있다.

㉰ 자료에 대한 내용, 품질, 사용조건 등을 기술한다.

㉱ 정확한 정보를 유지하기 위해 수정 및 갱신이 불가능하다.

○ 메타데이터는 데이터에 대한 데이터로서 정확한 정보를 유지하기 위해 일정 주기로 수정 및 갱신을 하여야 한다.

21 3차원(3D) GIS에 대한 설명으로 틀린 것은?

㉮ 3차원 GIS는 3차원의 공간정보와 이를 이용한 공간분석 작업을 수행하는 기능을 제공한다.

㉯ 3차원 데이터는 지상 표면(Surface)과 지형·지물(Feature) 모델로 구분될 수 있다.

㉰ 3차원적인 데이터 표현과 분석작업은 현실 세계에 대한 이해를 증진시킨다.

㉱ 3차원 GIS는 높이 값을 갖지 않는 X, Y와 시간의 속성값을 말한다.

○ 3차원 GIS
3차원 GIS는 지형과 공간 대상물의 3차원 좌표(x, y, z) 값에 대한 수치가 데이터베이스로 정리되어 저장된 공간정보체계를 의미함

22 조직 내 많은 부서가 공동으로 필요로 하는 다양한 지리정보를 손쉽게 취급할 수 있도록 클라이언트 – 서버 기술을 바탕으로 시스템을 통합시키는 GIS 기술을 무엇이라 하는가?

㉮ Professional GIS

㉯ Internet GIS

㉰ Component GIS

㉱ Enterprise GIS

○ Enterprise GIS
각 부서에 분산된 공간정보를 자료기반 관리기술과 클라이언트/서버 기술로 통합시키는 지리정보체계

정답 19 ㉰ 20 ㉱ 21 ㉱ 22 ㉱

실전문제 **TIP**

23 컴포넌트(Component) GIS의 특징에 대한 설명으로 옳지 않은 것은?

㉮ 확장 가능한 구조이다.

㉯ 분산 환경을 지향한다.

㉰ 특정 운영환경에 종속되지 않는다.

㉱ 인터넷의 www(World Wide Web)와 통합된 것을 의미한다.

⊙ Component GIS
부품을 조립하여 물건을 완성하는 것과 같은 방식으로 특정 목적의 지리정보체계를 적절한 컴포넌트의 조합으로 구현하는 지리정보체계
㉱ : 인터넷 GIS

24 다음 중 지도 매시업(Mash-Up)과 관련이 있는 것은?

㉮ 웹서비스 지도와 부동산 정보의 결합

㉯ 내비게이션의 최적 경로 계산

㉰ 위성영상을 이용한 토지피복 분류

㉱ 수치표고모형을 이용한 토공량 계산

⊙ 매시업(Mash-Up)
웹으로 제공하고 있는 정보와 서비스를 융합하여 새로운 소프트웨어나 서비스, 데이터베이스 등을 만드는 것을 말한다.

25 휴대폰을 활용한 현재 위치와 가까운 병원 검색, 친구의 위치 확인, 긴급 재난 신고 등은 다음의 어느 서비스에 속하는가?

㉮ Cloud Computing Service

㉯ LBS(Location-based Service)

㉰ CNS(Central Network Service)

㉱ TIN Service

⊙ 위치기반서비스(Location Based Services ; LBS)
휴대폰, PDA 등 이동통신단말기의 위치에 따라 단말기 사용자에게 특화된 정보를 제공하는 서비스

26 사용자가 네트워크나 컴퓨터를 의식하지 않고 장소에 상관없이 자유롭게 네트워크에 접속할 수 있는 정보통신 환경 또는 정보기술 패러다임을 의미하는 것으로, 1988년 미국의 마크 와이저에 의해 처음 사용되었으며 지리정보시스템을 포함한 여러 분야에서 이용되고 있는 정보화 환경은?

㉮ 위치기반서비스(LBS)

㉯ 유비쿼터스(Ubiquitous)

㉰ 텔레매틱스(Telematics)

㉱ 지능형 교통체계(ITS)

⊙ 유비쿼터스(Ubiquitous)
언제 어디서나 존재하고 있는 컴퓨터. 그러나 인지되지 않은 상태로 생활 속에서 작동하여 우리의 삶을 편하고, 안전하고, 즐겁게 만들어 주는 기술이다.

정답 23 ㉱ 24 ㉮ 25 ㉯ 26 ㉯

27 언제 어디서에서나 원하는 정보에 접근할 수 있는 기술이나 환경을 의미하는 것으로 최근 지리정보시스템뿐만 아니라 여러 분야에서 이용되는 신개념 정보화 환경은?

- ㉮ 위치기반서비스(LBS)
- ㉯ 유비쿼터스(Ubilquitous)
- ㉰ 텔레메틱스(Telematics)
- ㉱ 지능형 교통체계(ITS)

○ 유비쿼터스(Ubiquitous)
언제 어디서나 존재하고 있는 컴퓨터. 그러나 인지되지 않은 상태로 조용히 생활 속에서 작동하여 우리의 삶을 편하고, 안전하고, 즐겁게 만들어 주는 기술이다.

28 유비쿼터스(Ubiquitous)의 정의로 옳은 것은?

- ㉮ 시간과 장소에 구애받지 않고 언제 어디서나 원하는 정보에 접근할 수 있는 기술이나 환경
- ㉯ 인공지능 컴퓨터와 로봇에 의하여 사람의 노동력이 최소화될 수 있는 기술이나 환경
- ㉰ 복지사회가 구현되어 사람들이 편안하고 행복하게 살 수 있도록 하는 이상적인 기술이나 환경
- ㉱ GPS와 GIS를 결합하여 4차원 정보관리를 할 수 있는 기술이나 환경

○ 유비쿼터스(Ubiquitous)
언제 어디서나 존재하고 있는 컴퓨터. 그러나 인지되지 않은 상태로 조용히 생활 속에서 작동하여 우리의 삶을 편하고, 안전하고, 즐겁게 만들어 주는 기술이다.

29 우리나라에서 용도지역지구의 관리를 포함한 도시계획 업무를 지원하고 도시계획 관련 각종 의사결정을 지원해주는 국가공간정보 응용 정보시스템은?

- ㉮ 온나라
- ㉯ LMIS
- ㉰ UPIS
- ㉱ KOPSS

○ UPIS(Urban Planning Information System)
도시계획정보시스템(UPIS)은 국민들의 재산권과 밀접한 도시계획 정보를 전산화하여 국민들에게 제공하고 행정기관의 도시계획 관련 의사결정을 지원하는 시스템이다.

30 도시 계획 및 관리 분야에서의 GIS 활용 사례가 아닌 것은?

- ㉮ 개발가능지 분석
- ㉯ 토지이용변화 분석
- ㉰ 지역기반마케팅 분석
- ㉱ 경관분석 및 경관계획

○ 도시정보체계(Urban Information System ; UIS)
도시계획 및 도시화 현상에서 발생하는 인구·자원 및 교통 관리, 건물면적, 지명·환경 변화 등에 관한 도시의 정보를 수집하고 관리하는 정보체계

31 다음 중 마케팅 및 상권분석과 같은 분야의 대표적인 GIS 활용사례라 할 수 있는 것은?

㉮ LBS
㉯ gCRM
㉰ 내비게이션
㉱ 포털 지도서비스

> **gCRM(Geographic Customer Relationship Management)**
> 지리정보시스템(GIS) 기술을 고객관계관리(CRM)에 활용한 것으로 주변 상권, 마케팅과 같은 분야에 지리적인 요소를 제공하는 것을 말한다.

32 오픈 소스 소프트웨어(Open Source Software)에 대한 설명으로 옳지 않은 것은?

㉮ 일반 사용자에 의해서 소스코드의 수정과 재배포가 가능하다.
㉯ 전문 프로그래머가 아닌 일반 사용자도 개발에 참여할 수 있다.
㉰ 사용자 인터페이스가 상업용 소프트웨어에 비해 우수한 것이 특징이다.
㉱ 소스코드가 제공됨으로써 자료처리 과정을 명확하게 이해할 수 있는 장점이 있다.

> **오픈 소스 소프트웨어(Open Source Software)**
> 무료이면서 소스코드를 개방한 상태로 실행 프로그램을 제공하는 동시에 소스코드를 누구나 자유롭게 개작 및 개작된 소프트웨어를 재배포할 수 있도록 허용된 소프트웨어이다.
> • 누구라도 소스코드를 읽고 사용 가능
> • 누구라도 버그 수정 및 개발 참여 가능
> • 프로그램을 복제하여 배포 가능
> • 소프트웨어의 소스코드 접근 가능
> • 프로그램을 개선할 수 있는 권리를 개발자에게 보장

33 사용자가 직접 응용프로그램과 서비스를 개발할 수 있도록 공개된 라이브러리로 지도 서비스와 같이 누구나 접근하여 사용할 수 있는 인터페이스를 의미하는 것은?

㉮ Mash-up
㉯ Ontology
㉰ Open API
㉱ Web 1.0

> **오픈 애플리케이션 프로그램 인터페이스(Open API)**
> 누구나 사용할 수 있도록 공개된(Open) '응용 프로그램 개발환경(Application Programming Interface ; API)'. 임의의 응용 프로그램을 쉽게 만들 수 있도록 준비된 프로토콜, 도구 같은 집합으로 소프트웨어나 프로그램의 기능을 다른 프로그램에서도 활용할 수 있도록 표준화된 인터페이스를 공개하는 것을 말한다.

34 각 기관에서 생산한 수치지도를 어느 곳에 집중하여 인터넷으로 검색, 구입할 수 있는 곳을 무엇이라 하는가?

㉮ 공간자료 정보센터(spatial data clearinghouse)
㉯ 공간자료 데이터베이스(spatial database)
㉰ 공간 기준계(spatial reference system)
㉱ 데이터베이스 관리시스템(database management system)

> **정보센터(Clearing House)**
> • 공간자료 생산기관, 사용자가 통신망을 매개로 상호 연결되어 필요한 공간정보 검색, 메타데이터 관리, 데이터를 제공 및 판매하는 체계
> • 공간정보 유통 관리 기관이라고도 한다.

정답 31 ㉯ 32 ㉰ 33 ㉰ 34 ㉮

실전문제 TIP

35 우리나라 국가기본도에서 사용되는 평면직각좌표계의 투영법은?

㉮ 람베르트 투영법　　　㉯ TM 투영법
㉰ UTM 투영법　　　　㉱ UPS 투영법

> 횡메르카토르도법
> (Transverse Mercator ; TM)
> 회전타원체로부터 직접 평면으로 횡
> 축 등각원통도법에 의해 투영하는 방
> 법으로 우리나라의 지형도 제작에 이
> 용되었으며, 우리나라와 같이 남북이
> 긴 형상의 나라에 적합하다.

36 우리나라 평면좌표계 원점은 서부, 중부, 동부 원점을 사용하고 있으나 울릉도는 예외의 원점을 사용한다. 울릉도에 사용하는 원점은?

㉮ 38°N 131°E　　　㉯ 38°N 130°E
㉰ 38°N 129°E　　　㉱ 38°N 125°E

> 평면직각좌표원점

명칭	경도	위도
동해원점	동경 131°	북위 38°
동부도 원점	동경 129°	북위 38°
중부도 원점	동경 127°	북위 38°
서부도 원점	동경 125°	북위 38°

37 수치지도의 축척에 관한 설명 중 옳지 않은 것은?

㉮ 축척에 따라 자료의 위치정확도가 다르다.
㉯ 축척에 따라 표현되는 정보의 양이 다르다.
㉰ 소축척을 대축척으로 일반화시킬 수 있다.
㉱ 축척 1/5,000 종이지도로는 축척 1/1,000 수치지도 제작이 불가능하다.

> 수치지도의 축척변환
> 대축척(높은 정확도) → 소축척(낮은 정확도)으로 일반화

38 다음 용어에 대한 설명 중 틀린 것은?

㉮ 수치지도작성이라 함은 컴퓨터를 이용한 수치도화, 지도입력 등 지형, 지물을 수치데이터로 취득하여 목적에 따라 편집하는 것을 말한다.
㉯ 수치도화라 함은 지도형식의 도면으로 출력하기 위하여 정위치 편집된 성과를 지도도식규칙으로 편집하는 것을 말한다.
㉰ 정위치 편집이라 함은 지리조사 및 현지보완측량에서 얻어진 성과 및 자료를 이용하여 도화성과 또는 지도데이터 입력성과를 수정, 보완하는 작업을 말한다.
㉱ 구조화편집이라 함은 데이터 간의 지리적 상관관계를 파악하기 위하여 정위치 편집된 지형, 지물을 기하학적 형태로 구성하는 작업을 말한다.

> 수치도화
> 항공사진 또는 위성영상의 형상을 도화기에 의하여 수치자료로 측정하여 이를 컴퓨터로 수록하거나 수록된 자료를 이용하여 정위치 편집, 구조화 편집 및 도면제작 편집을 실시하는 것이다.

39 수치지도 제작에 사용되는 용어 설명 중 틀린 것은?

㉮ 도곽이라 함은 일정한 크기에 따라 분할된 지도의 가장자리에 그려진 경계선을 말한다.

㉯ 좌표라 함은 좌표계상에서 지형·지물의 위치를 수치적으로 나타 낸 값을 말한다.

㉰ 수치지도작성이라 함은 각종 지형공간정보를 취득하여 전산시스템 에서 처리할 수 있는 형태로 제작 또는 변환하는 일련의 과정을 말 한다.

㉱ 메타데이터라 함은 작성된 수치지도의 결과가 목적에 부합하는 지 여부를 판단하는 것을 말한다.

> ◉ 메타데이터
> 실제 데이터는 아니나 데이터의 내용, 품질, 조건 및 특성 등을 저장한 데이 터로 데이터에 대한 데이터, 즉 데이 터의 이력을 의미한다.

40 지도의 일반화에 대한 설명으로 옳지 않은 것은?

㉮ 지표와 이를 둘러싼 공간에는 다양한 정보들이 포함되어 있는데 이를 모두 표현하는 것은 불가능하며 분석에 필요한 정보만을 추출하고 시각적으로 복잡한 정보를 단순화시켜 표현하는 것이 요구되므로 일반화가 필요하다.

㉯ 지도 일반화는 단순화, 분류화, 기호화 등의 세부과정을 거치게 된다.

㉰ 지도 일반화를 위해서는 지도의 구축 및 활용 목적을 충분히 이 해하고 축척에 맞게 의미가 전달될 수 있도록 표현하여야 한다.

㉱ 일반적으로 소축척지도에서 대축척지도로 변환할 경우에 지도 의 일반화과정의 정밀도가 더욱 많이 요구된다.

> ◉ 일반적으로 축척이 작을수록 일반화 정도가 크므로 대축척지도에서 소축척 지도로 변환할 경우에 지도의 일반화과 정의 정밀도가 더욱 많이 요구된다.

41 항공사진측량에 의한 수치지도 제작 공정이 수치지도 제작 순서에 맞게 나열된 것은?

a. 기준점 측량   b. 현지조사

c. 항공사진촬영   d. 정위치편집

e. 수치도화

㉮ c-b-a-d-e

㉯ c-e-a-b-d

㉰ c-a-b-e-d

㉱ c-a-e-b-d

> ◉ 항공사진측량에 의한 수치지도 제작 촬영계획-사진촬영-기준점측량- 수치도화-현지조사-정위치편집- 구조화편집-수치지도
> ∴ c-a-e-b-d

실전문제 TIP

42 지리정보시스템(GIS) 데이터 구축에 있어서 항공사진측량에 의한 수치지형도의 제작 과정으로 옳은 것은?

㉮ 항공사진 촬영 → 정사영상 제작 → 정위치 편집 → 수치도화 → 지리조사 → 구조화 편집 → 항공삼각측량

㉯ 항공사진 촬영 → 정사영상 제작 → 구조화 편집 → 수치도화 → 정위치 편집 → 지리조사 → 항공삼각측량

㉰ 항공사진 촬영 → 정사영상 제작 → 항공삼각측량 → 구조화 편집 → 지리조사 → 수치도화 → 정위치 편집

㉱ 항공사진 촬영 → 정사영상 제작 → 항공삼각측량 → 수치도화 → 지리조사 → 정위치 편집 → 구조화 편집

○ 수치지형도 제작과정
촬영계획 → 항공사진 촬영 → 정사영상 제작 → 항공삼각측량 → 수치도화 → 지리조사 → 정위치 편집 → 구조화 편집 → 수치지형도

43 다음 중 GIS에서 사용하는 수치지도를 제작하는 방법이 아닌 것은?

㉮ 항공기를 이용하여 항공사진을 촬영하여 수치지도를 만드는 방법

㉯ 항공사진 필름을 고감도 복사기로 인쇄하는 방법

㉰ 인공위성데이터를 이용하여 수치지도를 만드는 방법

㉱ 종이지도를 디지타이징하여 수치지도를 만드는 방법

○ 수치지도 제작
• 항공사진측량에 의한 수치지도 제작
• 인공위성 자료에 의한 수치지도 제작
• 기존 종이지도를 디지타이징하여 수치지도 제작
• 기존 종이지도를 스캐닝 후 벡터라이징하여 수치지도 제작
• GPS에 의한 수치지도 제작
• Total Station에 의한 수치지도 제작
• LiDAR에 의한 수치지도 제작 등

44 수치지도 제작과정에서 항공사진을 기초로 제작된 지형도에 표기되는 지형과 지물 및 이와 관련된 제반 사항을 조사하는 과정은?

㉮ 도화
㉯ 지상 기준점 측량
㉰ 현지 지리조사
㉱ 지도 제작 · 편집

○ 현지 지리조사
정위치 편집을 하기 위하여 항공사진을 기초로 도면상에 나타내야 할 지형 · 지물과 이에 관련되는 사항을 현지에서 직접 조사하는 것을 말한다.

45 다음 중 어떤 특정한 현상(강우량, 토지이용현황 등)에 대해 표현할 것을 목적으로 작성된 지도를 일컫는 용어는?

㉮ 주제도
㉯ 차트
㉰ 지형분석도
㉱ 시설물도

○ 주제도
해도, 지질도, 지적도, 토지이용현황도, 인구분포도, 교통도 등과 같이 어떤 특정한 주제를 선정하여 특별히 그 주제를 잘 알 수 있도록 제작한 지도를 말한다.

46 다음 중 등치선도 형태의 주제도에 가장 적합한 정보는?

㉮ 기압
㉯ 행정구역
㉰ 토지이용
㉱ 주요 관광지

○ 등치선도
통계적 표면을 지도로 나타낸 것으로 기온, 강수량, 기압, 인구 밀도 등을 표현한다.

47 음영기복도(Shaded Relief Image)에 대한 설명으로 옳지 않은 것은?

㉮ 동일한 고도를 갖는 여러 지점들을 연결한 지도이다.

㉯ 음영기복도는 DEM과 같은 3차원 데이터를 이용하여 작성한다.

㉰ 사용자가 정의한 태양 방위값과 고도값에 따라 지형을 표현한 것이다.

㉱ 태양이 비치는 곳은 밝게 표시하고, 그림자 부분은 어둡게 표시한다.

○ 음영기복도(Shaded Relief Image)
지형의 표고에 따른 음영효과를 이용하여 지표면의 높낮이를 3차원으로 보이도록 만든 영상 및 지도로 태양이 비치는 곳은 밝게, 그림자 부분은 어둡게 표시한다.

48 단위지역이 갖고 있는 속성값을 등급에 따라 분류하고 등급별로 음영이나 색채로 표시하는 주제도 표현방법으로 GIS에서 널리 사용되는 것은?

㉮ 단계구분도　　　　　　㉯ 등치선도

㉰ 음영기복도　　　　　　㉱ 도형표현도

○ 단계구분도
기본 공간 객체를 면으로 하여 집계된 자료를 여러 개의 계급으로 나누어 각각의 계급을 알맞은 음영이나 색채로 표현한 주제도

49 국토지리정보원에서 발행하는 국가기본도에 적용되는 좌표계는?

㉮ 경위도 좌표계

㉯ 카텍(KATECH) 좌표계

㉰ UTM(Universal Transverse Mercator) 좌표계

㉱ 평면직각 좌표계(TM 좌표계 : Transverse Mercator)

○ 국가기본도에 적용되는 좌표계는 평면직각좌표계이며 평면직각좌표계의 투영법은 TM(횡메르카토르도법)이다.

CHAPTER 06

GNSS 측량

···01 개요

GNSS(Global Navigation Satellite System)측량은 인공위성을 이용한 세계위치 결정체계로 정확한 위치를 알고 있는 위성에서 발사한 전파를 수신하여 관측점까지 소요시간을 관측함으로써 관측점의 위치를 구하는 체계이며, 위성체 연구, GNSS 전파의 정확도 향상, 위성궤도의 향상 및 수신기술 개발이 접목되어 측지 분야뿐만 아니라 다양한 분야에서 활용되고 있다.

···02 역사

종류＼구분	세대	연대	특징
GNSS	제1세대	1978~1992년	실험단계
	제2세대	1993~1999년	실용화
	제3세대	2000년~현재	국제화

···03 종래측량과 GNSS측량의 비교

종래측량	GNSS측량
1차원 또는 2차원 측지(평면측량과 수준측량이 별도)	3차원 또는 4차원 측지
정확도 : $\dfrac{1}{10^5}$	정확도 : $\dfrac{1}{10^6} \sim \dfrac{1}{10^7}$
기상조건에 좌우됨	기상조건에 무관(천둥번개는 영향을 미침)
상호 관측기선이 가시구역 내 위치	가시구역이 필요 없고, 위성을 추적할 수 있는 공간 필요
관측시간의 제약	24시간 관측 가능
좌표계가 통일되지 않음	좌표계가 통일
다수인원 필요	수신기 1대당 1인 필요
	장비 설치 용이
	고속 관측자료 처리
	수치적 결과 산출(자동제작과 조정 용이)

···04 GNSS(Global Navigation Satellite System : 위성항법시스템)

지구상의 위치를 결정하기 위한 위성과 이를 보강하기 위한 시스템 및 지역 항법시스템을 통칭하여 GNSS(Global Navigation Satellite System)라고 한다.

(1) GNSS 위성군

전 세계를 대상으로 하는 위성항법시스템
① GPS : 미국의 측지위성
② GLONASS(GLObal NAvigation Satellite System) : 러시아의 측지위성
③ GALILEO 시스템 : 유럽연합에서 계획하고 수행 중인 위성항법시스템으로 순수 민간인 전용의 시스템

(2) GNSS 지역 항법시스템(RNSS)

GNSS 위성이 가지고 있는 단점인 고층빌딩 및 신호 음영지역 등을 보완하여 GNSS 정밀도를 향상하기 위한 항법시스템
① QZSS(Quasi-Zenith Satellite System) : 일본 위성항법시스템
② 북두항법시스템 : 중국 위성항법시스템

(3) GNSS 보강시스템

GNSS 위성측량의 정확도 향상을 위해 지원하고 있는 위성 및 지상기반의 보강시스템
① SBAS(Space or Satellite Based Augmentation : 위성기반의 위치보정시스템)
  GNSS 위성의 위치정보에 대해 보강위성을 활용하여 보정한 정밀 위치정보를 GNSS 사용자에게 전송해주는 위성기반의 광역보정시스템으로 WAAS(미국), EGNOS(유럽연합), MSAS(일본) 등이 있다.
② GBAS(Ground Augmentation System : 지상기반의 위치보정시스템)

···05 GPS 구성

GPS는 미국 로스앤젤레스 공군기지(AFB)에 설치된 종합통제소가 1973년 이래로 현재까지 다음과 같은 세 개의 부문을 관장하고 있다.

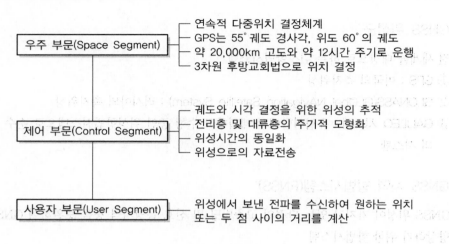

우주 부문(Space Segment)
- 연속적 다중위치 결정체계
- GPS는 55° 궤도 경사각, 위도 60°의 궤도
- 약 20,000km 고도와 약 12시간 주기로 운행
- 3차원 후방교회법으로 위치 결정

제어 부문(Control Segment)
- 궤도와 시각 결정을 위한 위성의 추적
- 전리층 및 대류층의 주기적 모형화
- 위성시간의 동일화
- 위성으로의 자료전송

사용자 부문(User Segment)
- 위성에서 보낸 전파를 수신하여 원하는 위치 또는 두 점 사이의 거리를 계산

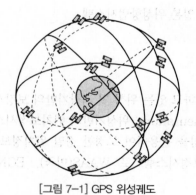

궤도 : 대략 원궤도
궤도수 : 6개
위성수 : 24개＋보조위성
궤도경사각 : 55°
궤도주기 : 약 11시간 58분(0.5 항성일)
높이 : 20,183km
사용좌표계 : WGS−84

[그림 7-1] GPS 위성궤도

···06 GPS 신호체계

GPS신호는 측위계산용 정보를 코드값으로 변조한 형태의 코드신호와 이를 지상으로 운반하는 전파형태의 반송파신호로 구분된다.

(1) 반송파(Carrier)

반송파인 L_1, L_2 신호는 위성의 위치 계산을 위한 Keplerian요소와 형식화된 자료 신호를 포함

① L1 : 1,575.42MHz(154×10.23MHz), C/A-code와 P-code 변조 가능

② L2 : 1,227.60MHz(120×10.23MHz), P-code만 변조 가능

(2) 코드(Code)

1) P-code

① 반복주기 7일인 PRN Code(Pseudo Random Noise Code)

② 주파수 10.23MHz, 파장 30m

③ AS Mode로 동작하기 위해 Y-code로 암호화되어 PPS 사용자에게 제공

[그림 7-2] GPS측량

④ PPS(Precise Positioning Service : 정밀측위서비스) : 군사용

2) C/A code

① IMS(Milli-second)인 PRN Code

② 주파수 1.023MHz, 파장 300m

③ L₁ 반송파에 변조되어 SPS 사용자에게 제공

④ SPS(Standard Positioning Service : 표준측위서비스) : 민간용

(3) 항법 메시지(Navigation Message)

1) 측위 계산에 필요한 정보

① 위성 탑재 원자 시계 및 전리층 보정을 위한 Parameter 값

② 위성 궤도 정보

③ 위성의 항법 메시지 등을 포함(C/A코드와 함께 L₁ 파에 실려서 전송)

2) 위성궤도 정보에는 평균 근점각, 이심률, 궤도 장반경, 승교점 적경, 궤도 경사각, 근지점 인수 등 기본적인 양 및 보정항(項)이 포함

···**07** GPS 시(Time)

GPS 시는 위성에 탑재된 세슘 원자시계 및 류비듐 원자시계를 통하여 UTC 시각을 기준으로 송출된다.

(1) GPS 시 설정

① 1980년 1월 6일 0시에 세계시(UTC)와 동일하게 설정
② 지구 자전 주기의 변화에 의해 세계시보다는 약 10초, 국제원자시보다는 약 19초 지연
③ 우리나라 표준시와는 9시간의 정수차가 있으며 정수차의 차는 지구자전의 감속에 의한 윤초 때문에 수시로 변경

(2) GPS 시의 활용

① 위치결정
② 국제원자시 · 세계시 및 한국표준시 생성
③ 정보통신망 구축

···**08** 위치측정 원리

(1) 코드관측방식에 의한 위치 결정 원리(의사거리를 이용한 위치 결정)

위성과 수신기간 신호의 도달시간을 관측하여 거리를 결정하며 이때 오차를 포함한 거리를 의사거리(Pseudo Range)라고 한다.

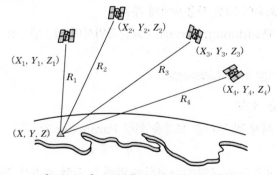

[그림 7-3] 코드관측방식에 의한 결정 원리

① 계산식

$$R = \left\{ (X_S - X_R)^2 + (Y_S - Y_R)^2 + (Z_S - Z_R)^2 \right\}^{\frac{1}{2}} + C \cdot dt$$

여기서, R : 위성(S)과 수신기(R) 사이의 거리
　　　　C : 신호의 전파속도
　　　　$X,\ Y,\ Z$: 위성(S) 또는 수신기(R)의 좌표값
　　　　dt : 위성과 수신기 간의 시각동기오차

② 절대관측방법(1점 측위) 및 DGPS(Differential GPS) 측량에 사용한다.

(2) 반송파관측방식에 의한 위치 결정 원리

위성과 수신기간 반송파의 파장 개수(위상차)에 의해 간섭법으로 거리를 결정한다.
이 방법은 코드 방식에 비해 정확도가 높지만 측정시간이 길다.

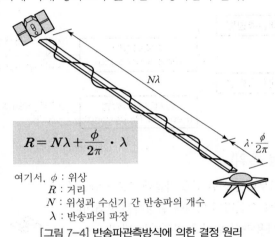

$$R = N\lambda + \frac{\phi}{2\pi} \cdot \lambda$$

여기서, ϕ : 위상
　　　　R : 거리
　　　　N : 위성과 수신기 간 반송파의 개수
　　　　λ : 반송파의 파장

[그림 7-4] 반송파관측방식에 의한 결정 원리

① 계산식

$$R = \left(N + \frac{\phi}{2\pi}\right) \cdot \lambda + C(dT + dt)$$

여기서, R : 위성과 수신기 사이의 거리
　　　　N : 위성과 수신기 간 반송파의 개수
　　　　ϕ : 위상각
　　　　λ : 반송파의 파장
　　　　C : 광속도
　　　　$dT + dt$: 위성과 수신기의 시계 오차

② 모호정수(Ambiguity)

수신기에 마지막으로 수신되는 파장의 소수 부분의 위상은 정확히 알 수 있으나 정수부분의 위상은 정확히 알 수 없는 것으로 모호정수(Ambiguity) 또는 정수값의 편의(Bias)라고도 한다.

③ 위상차를 정확히 계산하기 위한 방법으로 일중차, 이중차, 삼중차의 위상차 차분기법을 이용한다.

　• 일중차 : 한 개의 위성과 두 대의 수신기를 이용한 거리 측정
　• 이중차 : 두 개의 위성과 두 대의 수신기를 이용한 각각의 위성에 대한 일중차끼리의 차이값

•삼중차 : 한 개의 위성에 대하여 어떤 시각의 위상 측정치와 다음 시각의 위상 측정치와의 차이값

④ 스태틱(Static)측량 및 RTK(Real Time Kinematic)측량에 사용한다.

···09 위치 결정방법 및 정확도

GNSS의 관측방법은 크게 1점 측위(Point Positioning) 혹은 절대관측과 간섭계 측위(상대관측)로 나누어지며 상대관측은 후처리방법과 실시간 처리방법으로 구분된다.

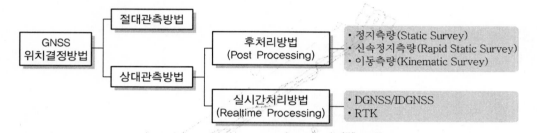

(1) 절대관측방법(1점 측위)

4개 이상의 위성으로부터 수신한 신호 가운데 C/A- code를 이용해 실시간 처리로 수신기의 위치를 결정하는 방법이다.

① 지구상에 있는 사용자의 위치를 관측하는 방법

② 위성신호 수신 즉시 수신기의 위치 계산

③ GNSS의 가장 일반적이고 기초적인 응용단계

④ 계산된 위치의 정확도가 낮음(15~25m의 오차)

⑤ 선박, 자동차, 항공기 등의 항법에 이용

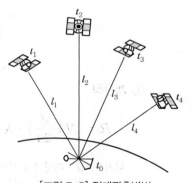

[그림 7-5] 절대관측방법

(2) 상대관측방법(간섭계 측위)

2점 간에 도달하는 전파의 시간적 지연을 측정하고, 2점 간의 거리를 정확히 측정하여 관측하는 방법으로 스태틱측량과 키네매틱측량으로 나누어진다.

1) 스태틱(Static)측량

2개 이상의 수신기를 각 측점에 고정하고 양 측점에서 동시에 4대 이상의 위성으로부터 신호를 30~60분 이상 수신하는 방식이다.

① VLBI의 보완 또는 대체 가능

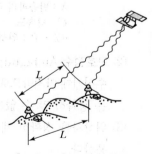

[그림 7-6] 스태틱관측방법

② 수신완료 후 컴퓨터로 각 수신기의 위치, 거리 계산

③ 계산된 위치 및 거리 정확도가 높음

④ 측지측량에 이용(기준점 측량에 이용)

⑤ 정도는 수cm 정도(1~0.1ppm)

2) 키네마틱(Kinematic)측량

기지점의 1대 수신기를 고정국, 다른 수신기를 이동국으로 하여 4대 이상의 위성으로부터 신호를 수초~수분 정도 포맷하는 방식이다.

① 이동차량 위치 결정에 이용

② 공사측량 등에 응용

③ 정도는 10cm~10m 정도

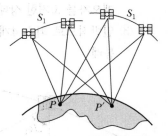

[그림 7-7] 키네마틱관측방법

3) DGNSS(또는 RTK 측량)

DGNSS는 이미 알고 있는 기지점좌표를 이용하여 오차를 최대한 줄여서 이용하기 위한 위치결정 방식으로 기지점에서 기준국용 GNSS 수신기를 설치, 위성을 관측하여 각 위성의 의사거리 보정 값을 구하고 이 보정값을 이용하여 이동국용 GNSS 수신기의 위치결정 오차를 개선하는 위치 결정방식이다.

···10 간섭측위에 의한 위상차 관측방법(차분법)

이 방법은 정적 간섭측위(Static Positioning)를 통하여 기선해석을 하는 데 사용하는 방법으로서 두 개의 기지점에 GNSS 수신기를 설치하고 위상차를 측정하여 기선의 길이와 방향을 3차원 벡터량으로 결정한다. 이 방법은 다음과 같은 위상차 차분기법을 통하여 기선해석의 품질을 높이는 데 이용된다.

(1) 일중차(일중위상차 : Single Phase Difference)

① 간섭측위에 의한 기선해석의 1단계

② 한 개의 위성과 두 대의 수신기를 이용한 위성과 수신기 간의 거리 측정차(행로차)

③ 동일 위성에 대한 측정치이므로 위성의 궤도오차 와 원자시계에 의한 오차가 소거된 상태

④ 수신기의 시계오차는 내재되어 있음

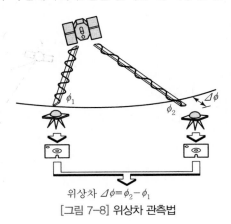

위상차 $\Delta\phi = \phi_2 - \phi_1$

[그림 7-8] 위상차 관측법

(2) 이중차(이중위상차 : Double Phase Difference)

① 두 개의 위성과 두 대의 수신기를 이용하여 각각의 위성에 대한 수신기 사이의 1중차끼리의 차이값

② 두 개의 위성에 대하여 두 대의 수신기로 관측함으로써 같은 양으로 존재하는 수신기의 시계오차를 소거한 상태

③ 일반적으로 최소 4개의 위성을 관측하여 3회의 이중차를 측정하여 기선해석을 하는 것이 통례

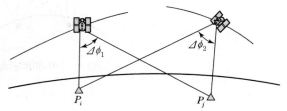

이중차 : $\Delta\phi_{12} = \Delta\phi_2 - \Delta\phi_1 + 2n\pi$
시계오차가 소거된다.

[그림 7-9] 이중차 관측법

(3) 삼중차(삼중위상차 : Triple Phase Difference)

① 한 개의 위성에 대하여 어떤 시각의 위상 적산치(측정치)와 다음 시각의 위상 적산치와의 차이값(적분 위상차라고도 함)

② 반송파의 모호정수(Ambiguity)를 소거하기 위하여 일정 시간 간격으로 이중차의 차이값을 측정하는 것

③ 즉, 일정 시간 동안의 위성거리 변화를 뜻하며 파장의 정수파의 불명확을 해결하는 방법으로 이용

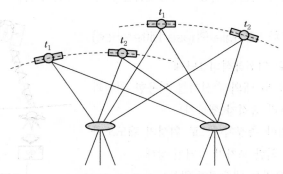

[그림 7-10] 삼중차 관측법

···11 GNSS에 의한 통합기준점(삼각점) 측량

통합기준점 및 삼각점에 대한 GNSS 관측은 다음과 같이 실시한다.

(1) GNSS에 의한 통합기준점 및 삼각점 측량의 일반적 순서

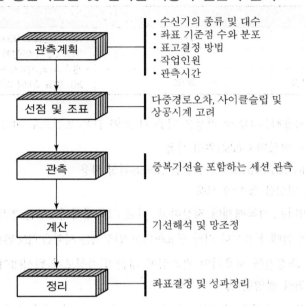

관측계획
- 수신기의 종류 및 대수
- 좌표 기준점 수와 분포
- 표고결정 방법
- 작업인원
- 관측시간

선점 및 조표 ─── 다중경로오차, 사이클슬립 및 상공시계 고려

관측 ─── 중복기선을 포함하는 세션 관측

계산 ─── 기선해석 및 망조정

정리 ─── 좌표결정 및 성과정리

[그림 7-11] GNSS에 의한 기준점 측량의 일반적 흐름도

(2) 통합기준점 및 삼각점에 대한 GNSS관측

1) GNSS관측은 관측망도 및 관측계획에 따라 실시한다.

2) GNSS위성의 최신 운행정보·위성배치 및 사용하는 위성기준점의 운용 상황을 수집·확인하는 등 적정한 관측조건을 갖춘 상태에서 관측을 실시한다.

3) 사용하고자 하는 위성기준점의 가동상황을 관측 전후에 확인한다.

4) 국가기준점의 지반침하 등을 고려하여 설치완료 24시간이 경과한 후 침하량을 파악하여 지반침하가 없는 경우에 관측을 실시한다.

5) 장비의 이상 유무 등을 관측 전에 확인하고, 필요시 관측 중에도 수시로 확인한다.

6) GNSS관측은 정적간섭측위방식으로 실시한다.

7) GNSS측량기기를 설치할 때에는 GNSS안테나 등의 기계적 중심이 국가기준점의 수평면에서의 중심과 동일 연직선상에 위치하도록 치심에 세심한 주의를 기울이고, 이때 정준대를 설치하는 개소는 수평이 되게 하고 관측 전과 관측 후에 치심상황을 점검한다.

8) GNSS안테나의 높이는 강권척을 사용하여 통합기준점 표지의 중심에서 안테나 참조점(ARP)까지 연직방향으로 정확한 값이 되도록 관측 전과 관측 후에 각각 3회 측정하고 당해 측정값을 확인할 수 있도록 사진을 촬영한다.

9) GNSS관측은 단위다각형마다 또는 통합기준점마다 실시하고 관측시간 등은 다음을 표준으로 한다.

구분		비고
연속관측시간	4시간	• KST기준으로 09시 이후 관측을 시작하고 익일 09시 이전에 관측을 종료하여야 함
세션수	1	• 관측 시 라이넥스 도엽명 및 점번호 코드는 별표 20, 별표 21에 따라 입력하여야 함
데이터 취득 간격	30초	

10) GNSS관측에 사용하는 GNSS위성은 다음 각 호와 같은 조건으로 한다.
　　① 고도각 15도 이상의 GNSS위성 사용
　　② 작동상태(Health Status)가 정상인 GNSS위성 사용
　　③ 4개 이상의 위성을 동시에 사용

11) GNSS관측데이터는 기록매체에 저장하고, 다른 기록매체에 1부를 별도 작성한다.

12) GNSS관측 시의 안테나 높이나 기타 필요하다고 인정되는 사항을 GNSS관측기록부에 기록한다.

13) GNSS관측 시 조정기를 사용하여 관측점에 대한 입력정보가 원시데이터에 기록되도록 하고, GNSS관측 사진을 촬영한다.

14) 제1방위표의 GNSS측량은 제1항부터 제13항까지의 규정을 준용하여 통합기준점과 2시간 이상 동시관측을 통해 제1방위각을 결정하고, 이때 제1방위각을 기준으로 내각은 2대회 관측을 실시(배각차 10″, 관측차 7″ 이내) 관측기계(1초독 이상)를 이용하여 정밀각(角) 관측을 통해 인덱스방위각과 제2방위각을 산출하여 별표 8에 따라 작성한다.

15) 표고점의 GNSS측량은 제1항부터 제9항까지의 규정을 준용하여 기지점과 2시간 이상 동시관측한다.

16) 모든 GNSS 관측데이터는 RINEX 포맷으로 변환하여 전산기록매체에 저장한다.

▪▪▪ 12 네트워크 RTK(VRS)

네트워크 RTK측량은 3점 이상의 GNSS 상시관측소에서 취득한 위성데이터로부터 계통적 오차를 분리 · 모델링하여 생성한 보정데이터를 사용자에게 실시간으로 전송함으로써 수신기 1대만으로 정확도가 높은 측량이 가능한 기술로, 최근 널리 사용되고 있는 측위방법이다.

(1) 네트워크 RTK의 종류

① VRS(Virtual Reference Station, 가상기준점) 방식 : 쌍방향통신
② FKP(Flächen-Korrektur Parameter, 면보정 파라미터) 방식 : 편방향통신

(2) VRS-RTK

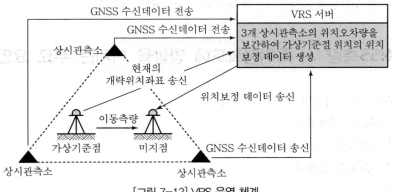

[그림 7-12] VRS 운영 체계

···**13** GNSS에 의한 간접수준측량

정표고는 평균해수면에 가장 근사한 중력 등포텐셜면으로 정의되는 지오이드를 기준으로 하여 측정되며, GNSS에 의하여 측정되는 타원체고는 지오이드에 대하여 수학적으로 가장 근사한 가상면의 지심타원체(WGS84 타원체)를 기준으로 측정된다. 그러므로 수준측량에 있어 GNSS를 실용화하기 위해서는 정확한 지오이드고가 산정되어야 하겠지만 현재로서는 다음과 같은 간접방식에 의해 GNSS 수준측량이 가능하다.

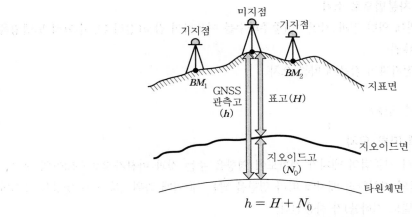

$$h = H + N_0$$

[그림 7-13] GNSS 기반의 높이측량 원리

(1) 레벨에 의해 직접 수준측량으로 구해진 높이값은 표고이나 GNSS에 의해 관측된 높이값은 타원체고에 해당한다.

(2) 표고는 지오이드면으로부터 지표면까지의 높이값이므로 수준점에서 GNSS 관측을 실시하면 그 지점의 지오이드고를 알 수 있다.

(3) 2개의 기지점에서 GNSS 관측을 하여 두 점 간의 국소지오이드 경사도를 구한 후, 이를 미지점의 GNSS 관측높이에 보정함으로써 GNSS 수준측량이 가능하다.

•••14 GNSS측량 시 측위정확도에 영향을 미치는 주요 요인

(1) 위성의 궤도 정보(위성의 개수와 배치상황)

(2) 전리층과 대류권 전파지연

(3) 안테나의 위상특성

(4) 수신기 내부오차와 방해파

(5) 기선 길이

•••15 GNSS오차

GNSS의 측위오차는 거리오차와 DOP(정밀도 저하율)의 곱으로 표시가 되며 크게 구조적 요인에 의한 거리오차, 위성의 배치상황에 따른 오차, SA, Cycle Slip 등으로 구분할 수 있다.

(1) 구조적 요인에 의한 거리오차

① 위성시계오차 : 차분법으로 소거

② 위성궤도오차 : 차분법으로 소거

③ 전리층과 대류권에 의한 전파 지연 : 이중주파수를 이용하여 감소(전리층), 수학적 모델링을 통하여 감소(대류권)

④ 수신기 자체의 전자파적 잡음에 따른 오차

(2) 측위 환경에 따른 오차

1) 위성의 배치상황에 따른 오차

후방교회법에 있어서 기준점의 배치가 정확도에 영향을 주는 것과 마찬가지로 GNSS의 오차는 수신기와 위성들 간의 기하학적 배치에 따라 영향을 받는 데 이때 측위 정확도가 영향을 표시하는 계수로 DOP(정밀도 저하율)가 사용된다.

① DOP의 종류
- GDOP : 기하학적 정밀도 저하율
- PDOP : 위치정밀도 저하율(3차원 위치), 3~5 정도가 적당
- HDOP : 수평정밀도 저하율(수평위치), 2.5 이하가 적당
- VDOP : 수직정밀도 저하율(높이)
- RDOP : 상대정밀도 저하율
- TDOP : 시간정밀도 저하율

② DOP의 특징
- 수치가 작을수록 정확하다.
- 지표에서 가장 좋은 배치상태일 때를 1로 한다.
- 5까지는 실용상 지장이 없으나 10 이상인 경우는 좋은 조건이 아니다.
- 수신기를 가운데 두고 4개의 위성이 정사면체를 이룰 때, 즉 최대체적일 때 GDOP, PDOP 등이 최소이다.

2) 주파단절(Cycle Slip)

① 반송파의 위상치의 값을 순간적으로 놓침으로써 발생하는 오차로 이동측량에서 많이 발생한다.

② 사이클슬립의 원인
- GNSS 안테나 주위의 지형 · 지물에 의한 신호 단절
- 높은 신호 잡음
- 낮은 신호 강도
- 낮은 위성의 고도각

③ 처리방법 : 3중 차분법을 이용

3) 다중경로(Multipath)에 의한 오차

GNSS 신호는 GNSS 수신기에 위성으로부터 직접파와 건물 등으로부터 반사되어 오는 반사파가 동시에 도달하는데 이를 다중경로라고 하며, 의사거리와 위상관측값에 영향을 주어 관측에 오차가 발생한다.

① 멀티패스의 원인 : 건물 벽면, 바닥면 등에 의한 반사파의 수신

② 오차소거방법
- 관측시간을 길게 설정한다.
- 오차요인을 가진 장소를 피해 안테나를 설치한다.
- 각 위성 신호에 대하여 칼만 필터를 적용한다.
- Choke Ring 안테나를 사용한다.
- 절대측위에 의한 위치계산 시 반송파와 코드를 조합하여 해석한다.

(3) 기타 오차

1) 선택적 가용성(Selective Availability : SA)

미국방성의 정책적 판단에 의해 인위적으로 GPS 측량의 정확도를 고의로 저하시키기 위한 조치로, 위성의 시각정보 및 궤도정보 등에 임의의 오차를 부여하거나 송신신호 형태를 임의로 변경하는 것을 말한다. GPS 오차에 가장 큰 영향을 주던 SA는 2000년 5월 1일에 해제되었다.

2) PCV(Phase Center Variable)

위상중심(Phase Center) 변동이란 위성과 안테나 간의 거리를 관측하는 안테나의 기준점을 말하는데, 실제 안테나 패치가 설치된 물리적 위상중심의 위치와 위상 측정이 이루어지는 전기적 위상중심점의 위치는 위성의 고도와 수신신호의 방위각에 따라 변하게 되므로 이를 PCV(위상신호의 가변성)이라 하며, 이로부터 얻은 안테나 옵셋값을 실측에 적용함으로써 고정밀 GNSS 측량이 가능하다.

① 위상 중심의 변화

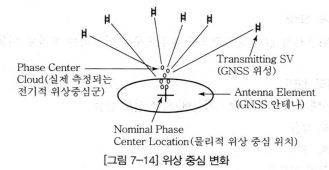

Phase Center Cloud(실제 측정되는 전기적 위상중심군)
Transmitting SV (GNSS 위성)
Antenna Element (GNSS 안테나)
Nominal Phase Center Location(물리적 위상 중심 위치)

[그림 7-14] 위상 중심 변화

② 안테나 옵셋(Offset) 거리의 규정
- 안테나 옵셋 거리 : 안테나의 물리적 위상중심과 전기적 위상중심 간의 옵셋 거리
- 실험실 시험을 통해 생산되는 GNSS안테나의 기종별 안테나 옵셋 거리 규정
- 표준 안테나(Choke Ring 안테나)의 위상 관측 결과를 기준으로 각 기준별 안테나의 옵셋 거리 규정
- 모든 GNSS안테나 옵셋은 미국 NGS(National Geodetic Survey) 홈페이지에서 검색 가능

···16 GNSS 관측데이터의 품질관리

(1) 외업에 대한 품질관리

① 위성 배치 점검
② 다중경로(Multipath) 오차 점검
③ 전리층 지연 점검
④ 위성신호 강도 점검

(2) 내업에 대한 품질관리

① 단일기선에 대한 품질관리
② 환폐합에 대한 품질관리
③ 기타 품질 관리

> **Reference 참고**
>
> GNSS 신호의 품질은 일반적으로 건물이나 지형 · 지물에 의해 반사된 신호, 대기층에 수증기 양이 많을수록, 전리층의 전자수가 많을수록 품질이 좋지 않다.

···17 응용 분야

GNSS는 위치나 시간정보를 필요로 하는 모든 분야에 이용될 수 있기 때문에 매우 광범위하게 응용되고 있으며 그 범위가 확산되고 있는 추세이다.

(1) 측지측량 분야
(2) 해상측량 분야
(3) 교통 분야
(4) 지도제작 분야(GNSS-VAN)
(5) 항공 분야
(6) 우주 분야
(7) 레저 · 스포츠 분야
(8) 군사용
(9) GSIS의 D/B 구축

···18 주요 용어정리

(1) DGNSS(Differential GNSS)

DGNSS는 상대측위방식의 GNSS측량기법으로서 이미 알고 있는 기지점좌표를 이용하여 오차를 최대한 줄여서 이용하기 위한 위치 결정방식이다.

(2) RTK(Realtime Kinematic)

RTK는 위성신호 중 L_1/L_2의 반송파를 처리하여 $1 \sim 2cm$ 정도의 위치정확도를 얻는 방법이다.

(3) IDGNSS(Inverse DGNSS 또는 Inverted DGNSS)

DGNSS는 이동국 GNSS의 측위를 위하여 사용되는 사용자 중심의 측위방법인데 반하여 IDGNSS는 이동국 GNSS의 위치 파악 내지는 위치 변화량의 측정을 위하여 사용되는 관리자 중심의 측위방법이다.

(4) 궤도정보(Ephemeris : 위성력)

GNSS의 궤도정보는 방송력과 정밀력으로 대별되며 방송력은 사전에 계산되어 위성에 입력한 예보궤도로 지상으로 송신하는 궤도 정보이며 정밀력은 실제 위성의 궤도 정보로 지상 추적국에서 위성전파를 수신하여 계산된 궤도 정보이다.

(5) WGS84(World Geodetic System 84)

전세계를 하나의 통일된 좌표계로 나타내기 위해 개발된 지심좌표계를 세계측지측량기준계(WGS)라 하며 전세계적으로 측정해 온 중력측량(중력장과 지구형상)을 근거로 만들어진 지심좌표계로 GPS의 사용좌표계이다.

(6) WADGNSS(Wide Area DGNSS)

WADGNSS는 지상에 기지국을 설치하지 않고 통신위성을 이용하여 다수의 기지국 네트워크를 통하여 생성한 위치보정 신호를 방송함으로써 적어도 1개 국가 내에서는 어디서나 1개의 GNSS수신기만으로도 약 1m 이내의 위치정확도로 실시간 측위가 가능하도록 하는 광역 DGNSS 측위체계이다.

(7) 국내 GNSS 상시관측소

국내 GNSS 상시관측소는 국토지리정보원, 안전행정부, 해양수산부 및 과학기술부 등의 국가기관에서 120여 개소 이상의 상시관측소를 설치 운영 중에 있다.

(8) 에어본 GNSS(Airborne GNSS)

항공기에 GNSS수신장치를 탑재하여 실시간으로 위치자료를 손쉽게 제공하는 에어본 GNSS의 이용이 증가될 전망이다. 에어본 GNSS는 이용 측면에서 측량(Surveying) 및 지도제작(Mapping) 부분과 운송(Transportation) 부분으로 구분된다.

(9) GNSS-VAN

GNSS-VAN은 주행차량에 GNSS수신기, 관성항법체계, CCD사진기 및 각종 탐측장치를 탑재하여 고속으로 주행하면서 도로와 관련된 각종 시설물의 현황과 속성정보를 자동으로 취득하는 이동식 도로도면화 체계이다.

(10) GNSS 사진측량학

GNSS 사진측량학은 기존의 사진측량기법에 GNSS측량기술을 접목시킨 새로운 학문으로서 지형도 작성을 위한 GNSS 항공사진측량, GNSS-VAN에 의한 도면화 체계를 위한 지상사진측량 등에 이용되고 있다.

(11) CNS(Car Navigation System)

차량주행(CNS)이란 선박, 항공기 등 항법장치에 쓰이고 있는 GNSS수신기를 장착하여 GNSS 위치, 시간정보를 받아 진행차량의 현 위치 결정, 진행 방향, 목적지 검색, 차량의 최적경로 및 각종 편의정보를 제공해 편안한 운전환경을 제공하는 최첨단시스템이다.

(12) VRS(Virtual Reference Station)

VRS방식은 가상기준점방식의 새로운 실시간 GNSS측량법으로서 기지국 GNSS를 설치하지 않고 이동국 GNSS만을 이용하여 VRS 서비스센터에서 제공하는 위치보정데이터를 휴대전화로 수신함으로써 RTK 또는 DGNSS측량을 수행할 수 있는 첨단기법이다.

(13) LBS(Location Based Service : 위치기반서비스)

LBS는 이동 통신망을 기반으로 사람이나 사물의 위치를 정확히 파악하고 이를 활용하는 응용시스템 및 서비스를 통칭하는 위치기반서비스체계이다.

(14) AS(Anti-Spoofing : 코드의 암호화, 신호 차단)

군사목적의 P코드를 적의 교란으로부터 방지하기 위해 암호화시키는 기법이며 암호를 풀 수 있는 수신기를 가진 사용자만이 위성신호 수신이 가능하다.

(15) RINEX(Receiver Independent Exchange Format)

정지측량시 기종이 서로 다른 GNSS 수신기를 혼합하여 관측을 하였을 경우 어떤 종류의 후처리 소프트웨어를 사용하더라도 수집된 GNSS 데이터의 기선 해석이 용이하도록 고안된 세계표준의 GNSS 데이터 포맷이다.

(16) NMEA(National Marine Electronics Assocation : 미국해양전자협회) 포맷

GPS의 다양한 활용은 물론 위치 정보를 필요로 하는 각종 관측장비와의 호환을 위하여 제정한 GPS 출력데이터의 표준을 의미하며, 일반적으로 NMEA0183 포맷이 사용되고 있다.

(17) 세션(Session) 관측

측량을 위하여 일정한 관측간격을 두고 동시에 GNSS측량을 실시하는 단위작업을 말한다.

(18) GNSS Leveling(GPS 수준측량)

GNSS측량과 수준측량을 동일 관측점에서 실시하여 기지점의 지오이드고를 측정한 후 미지점의 정표고를 결정하는 간접방식의 GNSS 수준측량 방법을 말한다.

(19) RTCM(Radio Technical Commisson for Maritime Service)

기준국 GNSS에서 생성한 위치보정 데이터(신호)를 이동국 GNSS로 송신하는 데 있어 그 신호의 표준형식을 말한다.

(20) 세계시(Universal Time ; UT)

- 지구 자전을 기준으로 한 시간 시스템
- 극운동을 보정한 것 : UT_1
- 계절 변동을 보정한 것 : UT_2

(21) 역학시(Dynamical Time ; DT)

- 상대론적 시간 시스템
- 지구 중심을 기준으로 한 지구 역학시(Terrestrial Dynamical Time ; TDT)
- 태양을 기준으로 한 태양계 역학시(Barycentric Dynamical Time ; TDB)
- 상대론적 시간시스템의 전신인 역표시(Ephemeris Time ; ET)

(22) 국제원자시(International Atomic Time ; TAI)

원자 진동을 기준으로 한 시간시스템, 현재 시간의 기준임

(23) 협정 세계시(Coordinated Universal Time ; UTC)

지구 자전과 원자시를 타협한 시간시스템, 일상적으로 사용하고 있는 시각임

(24) GPS시(GPS Time)

- GPS 위성 전용 시간시스템
- 국제 원자시와 정확하게 19초 늦음

(25) PPP-RTK

GNSS 기준국 네트워크에서 수집된 신호를 실시간으로 처리해 위성 궤도 오차와 시계오차의 보정량(위성항법 메시지에 대한 보정량)을 계산하고 더불어 동일한 네트워크 기반으로 전리층과 대류권오차를 산출해 사용자에게 제공한다. 사용자는 수신기 시계오차와 좌표만을 추정한다.

(26) FKP

단방향통신방식으로 사용자가 GNSS수신기에서 계산한(보정되지 않는) 개략적 위치를 FKP시스템으로 전송, 사용자에게 사용자 주변에 가장 가까운 관측소의 관측데이터와 Cell을 보정하기 위한 파라미터를 인터넷망으로 전송하는 시스템이다.

(27) GNSS 재밍(Jamming)

GNSS 재밍은 GNSS의 전파교란을 뜻하는 것으로 GNSS신호와 동일한 주파수의 강력한 전파를 발사하여 신호세기가 상대적으로 미약한 GNSS신호를 교란함으로써 해당 지역에서의 GNSS 측위를 무력화시키는 용도의 GNSS 측위 간섭 기술이다.

CHAPTER 06 실전문제

01 GPS의 주요 구성 중 궤도와 시각 결정을 위한 위성 추적을 담당 하는 부문은?

㉮ 우주 부문 ㉯ 제어 부문
㉰ 사용자 부문 ㉱ 위성 부문

⊙ 제어부문은 위성에서 송신되는 신호의 품질점검, 위성궤도의 추적, 위성에 탑재된 각종기기의 동작상태 점검 및 그 밖의 각종 제어 작업을 수행한다.

02 GPS 위성의 궤도는?

㉮ 원궤도 ㉯ 극궤도 ㉰ 타원궤도 ㉱ 정지궤도

⊙ • GPS 위성 : 원궤도
• NNSS 위성 : 극궤도

03 GPS에서 이용되는 좌표계는?

㉮ WGS-68 ㉯ WGS-72
㉰ WGS-84 ㉱ WGS-94

⊙ GPS 위성에서 이용되는 좌표계는 WGS-84좌표계이다.

04 GPS 위성은 L 파장 내 주파수를 이용해 L_1, L_2 두 개의 신호를 전송 한다. L_1에서 변조할 수 있는 코드와 관계있는 것은?

㉮ C/A코드, L_2 ㉯ C/A코드, P코드
㉰ P코드, S코드 ㉱ P코드, G코드

⊙ • L_1 : C/A코드, P코드 변조 가능
• L_2 : P코드만 변조 가능

05 GPS의 위치 결정방법 중 절대관측방법(1점 측위)과 관계가 없는 것은?

㉮ 지구상에 있는 사용자의 위치를 관측하는 방법이다.
㉯ GPS의 가장 일반적이고 기초적인 응용단계이다.
㉰ VLBI의 보완 또는 대체가 가능하다.
㉱ 선박, 자동차, 항공기 등에 주로 이용된다.

⊙ VLBI의 보완 또는 대체가 가능한 측위방법은 상대측위이다.

06 GPS의 응용 분야와 관계가 적은 곳은?

㉮ 측지측량 분야 ㉯ 차량 분야
㉰ 잠수함의 위치 결정 분야 ㉱ 레저·스포츠 분야

⊙ GPS측량은 수중에서는 관측이 불 가능하다.

정답 01 ㉯ 02 ㉮ 03 ㉰ 04 ㉯ 05 ㉰ 06 ㉰

실전문제 TIP

07 인공위성과 관측점 간의 거리를 알 수 있는 원리는?

㉮ 다각법 ㉯ 음향관측법
㉰ 세차운동의 원리 ㉱ 도플러효과

> ◉ 도플러효과는 관측자로부터 멀어지는 경우에는 적색 쪽으로 이동한 위치에서 나타나며, 관측자에게 접근한 경우 청색 쪽으로 이동한 위치에 나타난다.

08 다음의 GPS측위 중 가장 정확도가 높은 측위는 어느 것인가?

㉮ 정지측위 ㉯ 키네마틱측위
㉰ RTK측위 ㉱ 단독측위

> ◉ 정지측위는 기선을 포함한 복수의 지점에 같은 종류의 수신기를 설치하고 최소 30분에서 수시간 동안 연속 관측하여 불명확 상수를 소거함으로써 각 지점 간의 벡터를 구하는 방식으로 GPS측량 중 가장 정확도가 높다.

09 GPS측량시 고려해야 할 사항이 아닌 것은?

㉮ 정지측량 시 4개 이상, RTK측량 시는 5개 이상의 위성이 관측 되어야 한다.
㉯ 가능하면 15° 이상의 임계고도각을 유지하여야 한다.
㉰ DOP 수치가 3 이하인 경우는 관측을 하지 않는 것이 좋다.
㉱ 철탑이나 대형 구조물, 고압선 직하 지점은 회피하여야 한다.

> ◉ DOP 수치가 7~10 이상인 경우는 오차가 크므로 관측을 하지 않는 것이 좋다.

10 GPS측량에 있어 사이클슬립(주파단절)의 주된 원인은?

㉮ 위성의 높은 고도각 ㉯ 상공 시계의 불량
㉰ 낮은 신호 잡음 ㉱ 높은 신호 강도

> ◉ Cycle Slip은 GPS 안테나 주위의 지형·지물에 의한 신호단절, 높은 신호 잡음, 낮은 신호 강도, 낮은 위성의 고도각 등에 의하여 발생한다.

11 다음 중 위성의 기하학적 배치 상태에 따른 정밀도 저하율을 뜻하는 것은?

㉮ 멀티패스(Multipath) ㉯ DOP
㉰ 사이클슬립(Cycle Slip) ㉱ S/A

> ◉ 정밀도 저하율(DOP)은 위성들의 상대적인 기하학적 상태가 위치결정에 미치는 오차를 표시하는 무차원 수를 말한다.

12 다음 중 위성의 반송파 신호를 이용하여 측량하는 방법이 아닌 것은?

㉮ 단독측위
㉯ 정지측위(Static Survey)
㉰ 이동측위(Kinematic Survey)
㉱ RTK측위

> ◉ 단독측위방법은 위성의 C/A코드를 이용하여 관측한다.

정답 07 ㉱ 08 ㉮ 09 ㉰ 10 ㉯ 11 ㉯ 12 ㉮

13 정밀측지를 위하여 GPS측량을 이용하고자 할 때 가장 거리가 먼 것은?

㉮ 반송파 위상관측

㉯ 동시에 4개 이상의 위성신호수신과 위성의 양호한 기하학적 배치 상태 고려

㉰ 코드측정방식에 의한 절대관측

㉱ 관측점을 주위로 한 정육면체의 위성 배치

○ 코드측정방식은 신속하나 정확도는 반송파방식에 비하여 낮다.

14 WGS-84좌표계와 관계가 없는 것은?

㉮ 편평률 1/298.257이다.

㉯ Z축은 1984년 국제시보국에서 채택한 지구평균자전축이다.

㉰ X축은 1984년 국제시보국에서 정의한 본초자오선과 수직한 평면이 지구의 적도면과 교차한 선 축이다.

㉱ Y축은 X축과 Z축이 이루는 평면과 직교한 축이다.

○ Y축은 X축과 Z축이 이루는 평면에 동쪽으로 수직한 방향으로 정의된다.

15 GPS측량에서 사용자의 위치 결정은 어떤 방법을 이용하는가?

㉮ 후방교회법   ㉯ 전방교회법

㉰ 측방교회법   ㉱ 도플러효과

○ GPS측량은 알고 있는 위성을 이용하여 미지점의 위치를 결정하는 방법이므로 후방교회법이다.

16 DOP에 대한 설명 중 적당하지 않은 것은?

㉮ 수치가 작을수록 정확하며 지표에서 가장 좋은 배치상태일 때를 1로 한다.

㉯ 수신기를 가운데 두고 4개의 위성이 정사면체를 이룰 때, 즉 최대체적일 때 GDOP, PDOP 등이 최소가 된다.

㉰ DOP 상태가 좋지 않을 때는 정밀측량을 피하는 것이 좋다.

㉱ DOP 수치가 클 때는 DGPS방법에 의해 정확도를 향상할 수 있다.

○ DOP 수치가 클 때는 정밀측량을 피하는 것이 좋다.

17 기종이 서로 다른 GPS 수신기를 혼합하여 관측하였을 경우 수집된 GPS 데이터의 기선해석이 용이하도록 고안된 세계표준의 GPS 데이터의 자료형식은 무엇인가?

㉮ RINEX   ㉯ DXF

㉰ DWG   ㉱ RTCM

○ 라이넥스(RINEX)란 GPS 측량에서 수신기의 기종이 다르고 기록형식이나 자료의 내용이 다르기 때문에 기종을 혼용하면 기선해석에 어려움이 있다. 이를 통일시킨 자료형식으로 다른 기종 간에 기선해석이 가능하도록 한 것으로 1996년부터 GPS의 공동포맷으로 사용하고 있다. 여기서 만들어지는 공통적인 자료로는 의사거리, 위상 자료, 도플러자료 등이다.

정답 **13** ㉰ **14** ㉱ **15** ㉮ **16** ㉱ **17** ㉮

18 GPS측량의 특징에 대한 설명 중 틀린 것은?

㉮ GPS에 사용되는 좌표체계의 원점은 지구타원체 중심이다.

㉯ 날씨, 관측점에서 시통 등에 관계없이 측량할 수 있는 전천후 체계이다.

㉰ 고정밀도측량이 가능하다.

㉱ 위성을 추적할 수 있는 공간이 확보되어야만 한다.

> GPS에서 사용되는 WGS-84좌표계의 원점은 지구질량 중심이다.

19 GPS 수신기에 의해 구해지는 높이값은?

㉮ 지오이드고

㉯ 표고

㉰ 비고

㉱ 타원체고

> GPS수신기에 의해 구해지는 높이는 WGS-84 타원체에 의한 타원체고이다.

20 GPS측량의 오차에 관한 설명 중 틀린 것은?

㉮ 전리층 통과시 전파의 운반지연량은 기온, 기압, 습도 등의 기상측정에 의해 보정될 수 있다.

㉯ 기선해석에서 고정점의 좌표정확도는 신점의 위치정확도에 영향을 미친다.

㉰ 일중차의 해석 처리만으로는 GPS 위성과 GPS 수신기 모두의 시계오차가 소거되지 않는다.

㉱ 동 기종의 GPS 안테나는 동일 방향을 향하도록 설치함으로써 전파입사각에 의한 위상의 엇갈림에 대한 영향을 줄일 수 있다.

> GPS측량은 기온, 기압, 습도 등의 기상조건에 영향을 받지 않는다.

21 GPS측량기를 사용하여 기지점 A와 신점 B 간의 측량을 한 결과, 기지점 A로부터 신점 B까지의 거리는 10km, 신점 B의 타원체고는 17m의 성과를 얻었다. 이때 기지점 A의 표고가 15m, 타원체고가 20m이며, 지오이드면은 타원체면에 대해 기지점 A로부터 신점 B의 방향으로 거리 1km당 -0.02m 경사를 보이고 있다고 하면 신점 B의 표고는 몇 m인가?(단, 거리는 타원체면상의 거리이다.)

㉮ 11.8m

㉯ 12.2m

㉰ 17.8m

㉱ 22.2m

> 표고=지오이드고로부터의 높이값
> 타원체고=GPS측량에 의한 높이값
> • A와 B의 타원체고 차이값 :
> $20m - 17m = 3m$
> • A와 B의 지오이드고 차이값 : 0.2m
> ∴ B의 표고 :
> $15m - 3m + 0.2m = 12.2m$

실전문제 TIP

22 GPS(Global Positioning System)측량의 특징 중 잘못된 것은?

㉮ 높은 정밀도의 측량이 가능하다.
㉯ 야간 관측이 어렵다.
㉰ 장거리 측량이 가능하다.
㉱ 관측점 간의 시통이 필요하지 않다.

⊙ GPS측량은 전천후 측량시스템이다.

23 범세계 위치 결정체계(GPS)에 대한 설명 중 틀린 것은?

㉮ 관측점의 위치는 정확한 위치를 알고 있는 위성에서 발사한 전파의 소요시간을 관측함으로써 결정한다.
㉯ GPS 위성은 약 20,000km의 고도에서 24시간 주기로 운행한다.
㉰ 구성은 우주 부문, 제어 부문, 사용자 부문으로 이루어진다.
㉱ GPS 위성은 1,547.42MHz의 주파수를 가진 L_1과 1,227.60MHz의 주파수를 가진 L_2신호를 전송한다.

⊙ GPS 위성은 약 20,000km 고도와 약 12시간 주기로 운행한다.

24 GPS측량에 대한 기술 중 맞지 않는 것은?

㉮ 인공위성의 전파를 수신하여 위치를 결정하는 시스템이다.
㉯ 우천시에도 위치 결정이 가능하다.
㉰ 수신점의 높이를 결정하는 데 이용될 수 있다.
㉱ 2점 이상 관측 시 수신점 간 시통이 되지 않으면 위치를 결정할 수 없다.

⊙ 수신점 간의 시통은 위치 결정에 영향을 주지 않는다(장애물의 영향을 받지 않음).

25 GPS 위성에 대한 다음 내용 중 잘못 설명된 것은?

㉮ 측지기준계로 WGS84를 채택하고 있다.
㉯ 2004년 기준, GPS 위성은 적도면으로부터 위성궤도의 경사각이 30°인 4개의 궤도면에 배치되어 운용되고 있다.
㉰ GPS 위성은 0.5항성일(약 11시간 58분)의 주기로 지구 주위를 돌고 있다.
㉱ 시간 기준은 세슘(Cs) 또는 루비듐(Rb) 원자시계에 기본을 둔 GPS 시간 체계를 사용하고 있다.

⊙ GPS 위성 궤도의 경사각은 55°이고 6개의 궤도면에 배치되어 운용되고 있다.

26 다음 중 GPS측량의 응용분야로 가장 거리가 먼 것은?

㉮ 측지측량분야　　㉯ 차량분야
㉰ 군사분야　　㉱ 실내인테리어분야

⊙ 실내인테리어 분야와 GPS 측위체계의 활용과는 무관하다.

정답 22 ㉯ 23 ㉯ 24 ㉱ 25 ㉯ 26 ㉱

27 GPS 위성 시스템에 관한 다음 설명 중 옳지 않은 것은?

㉮ 위성의 고도는 지표면상 평균 약 20,200km이다.

㉯ 측지기준계는 GRS80 기준계를 적용한다.

㉰ 각 위성들은 모두 상이한 코드정보를 전송한다.

㉱ 위성의 궤도주기는 약 11시간 58분이다.

⊙ GPS 위성은 WGS-84 좌표계를 사용한다.

28 GPS에서는 어떻게 위성과 수신기 사이의 거리를 측정하는가?

㉮ 신호의 전달시간을 관측

㉯ 신호의 형태를 관측

㉰ 신호의 세기를 관측

㉱ 신호대 잡음비를 관측

⊙ GPS(Global Positioning System) 는 인공위성을 이용한 세계위치 결정 체계로 정확한 위치를 알고 있는 위성 에서 발사한 전파를 수신하여 관측점 까지 소요시간을 관측함으로써 관측 점의 위치를 구하는 체계이다.

29 GPS 시스템에서 획득될 수 없는 정보는?

㉮ 정확한 위치

㉯ 정확한 시간

㉰ 정확한 수신기의 무게

㉱ 정확한 기선의 길이

⊙ 정확한 수신기의 무게는 GPS 시스 템에서 획득할 수 없고 저울을 이용하 면 된다.

30 다음 중 가장 정확하게 위치를 결정할 수 있는 자료처리법은?

㉮ 코드를 이용한 단독측위

㉯ 코드를 이용한 상대측위

㉰ 반송파를 이용한 단독측위

㉱ 반송파를 이용한 상대측위

⊙ 코드측정방식은 신속하나 정확도는 반송파 방식보다 낮으며 단독측위보 다는 상대측위가 정확도가 높다.

31 GPS의 정확도가 1ppm 이라면 기선의 길이가 10km일 때 GPS를 이용하여 어느 정도로 정확하게 위치를 알아낼 수 있다는 말인가?

㉮ 수 km

㉯ 수 m

㉰ 수 cm

㉱ 수 mm

⊙ $1ppm = \dfrac{1}{1,000,000}mm \Rightarrow$

$\dfrac{10^7}{10^6} = 10mm = 1cm$

즉, 수 cm 정도의 정확도로 위치를 알 아낼 수 있다는 의미이다.

32 다음 중 GPS를 이용한 측량 중 가장 정밀한 위치결정 방법으로 정 밀한 기준점측량이나 학술목적으로 주로 사용되는 방법은?

㉮ 스태틱(Static)측량

㉯ 키네마틱(Kinematic)측량

㉰ DGPS(Differential GPS)

㉱ RTK(Real Time Kinematic)

⊙ 정지측량(Static Survey) GPS측량의 현장관측은 크게 정지 (적)관측(Static Survey)과 동적관 측(Kinematic Survey)으로 구분되 는데, 정지관측이란 수신기를 장시간 고정한 채로 관측하는 방법을 말한다. 정지측량은 높은 정확도의 좌표값을 얻고자 할 때 사용하는 방법이며 기준 점 측량에 있어 가장 일반적인 방법이 다.

정답 27 ㉯ 28 ㉮ 29 ㉰ 30 ㉱ 31 ㉰ 32 ㉮

33 다음 설명 중 틀린 것은?

㉮ 일반적으로 DGPS가 단독측위보다 정확하다.
㉯ DGPS에서는 2개의 수신기에 관측된 자료를 사용한다.
㉰ DGPS에서는 2개의 수신기의 위치를 동시에 계산한다.
㉱ 기선의 길이가 길수록 DGPS의 정확도는 낮다.

> DGPS(Differential GPS)
> DGPS는 이미 알고 있는 기지점좌표를 이용하여 오차를 최대한 줄여서 이용하기 위한 위치 결정방식으로 기점에서 기준국용 GPS수신기를 설치, 위성을 관측하여 각 위성의 의사거리 보정값을 구하고 이 보정값을 이용하여 이동국용 GPS수신기의 위치 결정 오차를 개선하는 위치 결정방식이다.

34 다음 중 다중경로(멀티패스) 오차를 줄일 수 있는 방법으로 적합하지 않은 것은?

㉮ 관측시간을 길게 한다.
㉯ 안테나로 들어오는 위성신호의 입사각을 낮춘다.
㉰ 안테나의 설치환경(위치)을 잘 선택한다.
㉱ Choke Ring 안테나와 같이 Ground Plane이 장착된 안테나를 사용한다.

> 안테나로 들어오는 위성신호의 입사각을 넓힘으로써 다중경로 오차를 최소화할 수 있다.

35 기준국과 이동국간의 거리가 짧을 경우 상대측위를 수행하면 절대측위에 비해 정확도가 현격히 향상되게 되는데 그 이유로 부적합한 것은?

㉮ 위성궤도오차가 제거된다.
㉯ 다중경로오차(Multipath)를 제거할 수 있다.
㉰ 전리층에 의한 신호의 전파지연이 보정된다.
㉱ 위성시계오차가 제거된다.

> 다중경로오차(Multipath)
> • GPS위성의 신호가 수신기에 수신되기 전 건물 또는 지형등에 의해 반사되어 수신되므로 발생되는 오차
> • 다중경로오차는 수신기 주변에 반사물질이 없도록 해야만 줄일 수 있음

36 GPS 관측도중 장애물 등으로 인하여 GPS 신호의 수신이 일시적으로 단절되는 현상을 무엇이라고 하는가?

㉮ 사이클슬립(Cycle Slip)
㉯ SA(Selective Availability)
㉰ AS(Anti Spoofing)
㉱ 모호 정수(Ambiguity)

> Cycle Slip은 GPS 안테나 주위의 지형·지물에 의한 신호단절, 높은 신호잡음, 낮은 신호강도, 낮은 위성의 고도각 등에 의하여 발생한다.

37 위성의 배치에 따른 정확도의 영향을 수치로 나타낼 수 있는데 그 중 위치정확도 저하율을 나타내는 것은?

㉮ VDOP
㉯ PDOP
㉰ TDOP
㉱ HDOP

> • GDOP : 기하학적 정밀도 저하율
> • PDOP : 위치정밀도 저하율
> • HDOP : 수평정밀도 저하율
> • VDOP : 수직정밀도 저하율
> • RDOP : 상대정밀도 저하율
> • TDOP : 시간정밀도 저하율

실전문제

38 위성의 고도가 낮아지면서 증대되는 오차는?

㉮ Anti-Spoofing ㉯ 궤도오차
㉰ 시계오차 ㉱ 대기오차

◉ 저고도각 위성의 전파는 지구 대기 (전리층, 대류권)를 오랫동안 통과하므로 전파오차가 커지기 쉽다.

39 다음 중 GPS 시스템 오차 원인과 가장 거리가 먼 것은?

㉮ 위성 시계 오차
㉯ 위성 궤도 오차
㉰ 코드 오차
㉱ 전리층과 대류권에 의한 오차

◉ GPS측량의 오차는 위성의 시계오차, 위성의 궤도오차, 대기조건에 의한 오차, 수신기오차 순으로 그 중요성이 요구된다.

40 다음 중 GPS 활용 분야로 적합하지 않은 것은?

㉮ 차량항법 ㉯ 수심측량
㉰ 구조물 모니터링 ㉱ 국가기준점 결정

◉ GPS측량은 수중측량이 불가능하다.

41 임의 지점에서 GPS 관측을 수행하여 WGS84 타원체고(h) 57.234m 를 획득하였다. 그 지점의 지구중력장 모델로부터 산정한 지오이드고 (N)가 25.578m라 한다면 정표고(H)는 얼마인가?

㉮ −31.656m ㉯ 25.578m
㉰ 31.656m ㉱ 82.812m

◉ 정표고(H)
=타원체고(h)−지오이드고(N)
=57.234−25.578
=31.656(m)

42 GPS 위성으로부터 전송되는 L_1 신호의 주파수는 1575.42 MHz 이다. 광속 c=299,792,458m/s일 때 L_1 신호 100,000 파장의 거리는 얼마인가?

㉮ 10230.000m ㉯ 12276.000m
㉰ 15754.200m ㉱ 19029.367m

◉ $\lambda=\frac{c}{f}$(λ : 파장, c : 광속도, f : 주파수)에서 MHz를 Hz 단위로 환산하여 계산하면,
$\lambda=\frac{299,792,458}{1575.42\times10^6}=0.190293672$m
∴ L₁ 신호 100,000파장거리=
100,000×0.190293672=19029.36728m

43 상대측위 방법(간섭계측위)의 설명 중 옳지 않은 것은?

㉮ 전파의 위상차를 관측하는 방식으로서 정밀측량에 주로 사용된다.
㉯ 위상차의 계산은 단순차, 2중차, 3중차의 차분 기법을 적용할 수 있다.
㉰ 수신기 1대를 사용하여 모호 정수를 구한 뒤 측위를 실시한다.
㉱ 위성과 수신기간 전파의 파장 개수를 측정하여 거리를 계산한다.

◉ 상대측위
2점 간에 도달하는 전파의 시간적 지연을 측정하는 방법으로 2대 이상의 수신기가 필요

정답 38 ㉱ 39 ㉰ 40 ㉯ 41 ㉰ 42 ㉱ 43 ㉰

44 임의 시간에 GPS 관측을 실시한 결과 PRN7 위성으로부터 수신기로 들어온 L_1 신호 주파수의 부분주파수가 반파장인 경우, L_1 신호의 모호정수(Ambiguity) N은 얼마인가?(단, L_1 신호의 파장 $\lambda = 19.0$cm 이며 PRN7 위성과 수신기간의 정확한 거리는 19,000,000.095m이다.)

㉮ 100,000,000   ㉯ 50,000,000

㉰ 10,000,000   ㉱ 5,000,000

⊙ $L = N\lambda + \Delta\lambda$

$19,000,000.095$

$= (0.19)(N) + \left(\dfrac{0.19}{2}\right)$

$\therefore N = 100,000,000$

45 전송파(Carrier)에 대한 미지의 수로서, 위성과 수신기 안테나 간 파장의 개수를 무엇이라 하는가?

㉮ 모호정수   ㉯ AS   ㉰ 다중경로   ㉱ 삼중차

⊙ 반송파 측정법에 의한 GPS 위치 결정원리는 반송파의 파장수에 의해 위치를 결정하며 이때 정수치에 해당하는 파장의 수가 모호정수이다.

46 GPS에 의한 단독측위에 대한 설명 중 잘못된 것은?

㉮ GPS 수신기 한대로 위치결정을 할 수 있다.

㉯ 1초 또는 1/10초 간격으로, 거의 순간적으로 현재 위치를 파악할 수 있다.

㉰ 단독측위는 코드 신호를 이용하여 산출된 의사거리를 사용하여 위치를 결정한다.

㉱ 우주공간부터 항공, 해상, 지상, 땅 속이나 물 속 등 어느 곳을 막론하고 사용 가능하다.

⊙ GPS 측량은 GPS 신호가 수신되는 범위에 한정된다. 즉 땅속, 물속에서는 GPS 신호가 도달되지 않는다.

47 GPS 신호의 오차에 관한 설명이 틀린 것은?

㉮ 대류권 오차는 수학적 모델링을 통하여 감소시킬 수 있다.

㉯ 차분을 통하여 랜덤오차를 감소시킬 수 있다.

㉰ 높은 건물이나 나무에서 떨어져 관측함으로써 다중경로오차를 줄일 수 있다.

㉱ 전리층 오차는 이중주파수의 사용으로 감소시킬 수 있다.

⊙ 위상차 차분기법을 통하여 기선해석의 품질을 높이는 데 이용된다.

48 위성의 배치에 따른 정확도의 영향을 DOP라는 수치로 나타낸다. 다음 설명 중 틀린 것은?

㉮ GDOP : 중력 정확도 저하율

㉯ HDOP : 수평 정확도 저하율

㉰ VDOP : 수직 정확도 저하율

㉱ TDOP : 시각 정확도 저하율

⊙ DOP(정밀도 저하율)
• GDOP : 기하학적 정밀도 저하율
• PDOP : 위치 정밀도 저하율
• RDOP : 상대 정밀도 저하율

정답 44 ㉮ 45 ㉮ 46 ㉱ 47 ㉯ 48 ㉮

49 GPS에서 두 개의 주파수를 사용하는 이유는?

㉮ 전리층의 효과를 제거(보정)하기 위해

㉯ 대류권의 효과를 제거(보정)하기 위해

㉰ 시계오차를 제거(보정)하기 위해

㉱ 다중 반사를 제거(보정)하기 위해

> ● 2주파 수신기를 사용할 경우 GPS 신호가 전리층을 지나며 발생하는 전파지연에 따른 오차 보정이 가능하다.

50 GPS는 원래 군대에서 사용할 목적으로 개발되었다. 이에 따라 일반인들이 정확한 신호를 얻지 못하도록 원래 신호를 암호화하여 전송하게 되는데 이것을 무엇이라고 하는가?

㉮ 시계 오차

㉯ 궤도 오차

㉰ Selective Availability

㉱ Anti-Spoofing

> ● 선택적 가용성
> (Selective Availability) :
> 의도적으로 GPS 신호에 오차를 주는 방법이었으나 2005년에 해제됨
> ● 암호화(Anti-Spoofing) : 군사용으로 암호화한 것으로 P파를 이용 PPS 사용자에게 제공됨

51 GPS를 이용한 삼각점측량의 계획을 수립하려고 한다. 이때 위성의 이용 가능 시간대와 배치 상황도를 참고하여 관측 계획 시 고려하지 않아도 되는 것은?

㉮ 상공 시계 확보를 위한 선점 위치의 지상 장애물 분포 상황

㉯ 임계 고도각 이상에 존재하는 사용 위성의 개수

㉰ 수신에 사용할 각 위성의 번호 파악

㉱ 관측 예정 시간대의 DOP 수치 파악

> ● GPS의 정확도는 GPS 위성관측이 양호하도록 시계가 확보되어야 하며 충분한 수의 위성이 양호한 DOP를 가져야 하나 관측되는 위성의 번호와는 무관하다.

52 GNSS(Global Navigational Satellite System)위성과 관련 없는 것은?

㉮ GPS

㉯ KH-11

㉰ GLONASS

㉱ Galileo

> ● GNSS 위성군
> GPS(미국), GLONASS(러시아), Galileo(유럽연합)

53 유럽연합에서 상업용으로 개발했으며, 유료부분과 무료부분으로 서비스를 할 예정으로 있는 위성측위시스템은?

㉮ GPS

㉯ GLONASS

㉰ QZSS

㉱ GALILEO

> ● GPS는 미국, GLONASS는 러시아 위성측위시스템이다.

정답 ▶ **49** ㉮ **50** ㉱ **51** ㉰ **52** ㉯ **53** ㉱

54 다음 중 RINEX 파일에 대한 설명 중 틀린 것은?

㉮ RINEX는 GPS 수신기 기종에 따라 기록 방식이 달라 이를 통일하기 위해 만든 표준파일형식이다.

㉯ 헤더부분에는 관측점명, 안테나높이, 관측날짜, 수신기명 등 파일에 대한 정보가 들어간다.

㉰ RINEX 파일로 변환하였을 경우 자료처리의 신뢰도를 높이기 위해 사용자가 편집 못하도록 해 놓았다.

㉱ 반송파, 코드 신호를 모두 기록한다.

◉ RINEX 파일
기종이 서로 다른 GPS 수신기를 혼합하여 관측하였을 경우 어떤 종류의 후처리 소프트웨어를 사용하더라도 수집된 GPS 데이터의 기선해석이 용이하도록 고안된 세계표준의 GPS Data 포맷이다.

55 다음 중 GPS를 이용하여 위치를 결정하는 경우에 대한 설명으로 틀린 것은?

㉮ 반송파를 이용한 위치결정이 코드를 이용한 경우보다 정확하다.

㉯ 단독측위보다 상대측위가 정확하다.

㉰ 위성의 대수가 많을수록 정확하다.

㉱ 위성의 고도가 낮을수록 정확하다.

◉ 위성의 고도가 낮을수록 DOP가 좋지 않아 정확도가 낮다. 즉, 정사면체를 이룰 때 최고의 정확도가 나타난다.

56 GPS로부터 획득할 수 있는 정보와 거리가 먼 것은?

㉮ 공간상 한 점의 위치

㉯ 지각의 변동

㉰ 해수면의 온도

㉱ 정확한 시간

◉ GPS로 취득할 수 있는 정보 : 4차원 정보(X, Y, Z, T)

57 대류층 지연 보정 모델과 관련이 없는 것은?

㉮ Niell 모델 ㉯ Hopfield 모델

㉰ Saastamoinen 모델 ㉱ Stokes 모델

◉ Stokes 모델
중력 측량에 의한 지구형상 결정

58 시간오차를 제거한 3차원 위치결정에 필요한 최소 위성수는 몇 대인가?

㉮ 1대 ㉯ 2대

㉰ 3대 ㉱ 4대

◉ GPS 관측위성수
• 3차원 위치결정 : 위치(x, y, z) +시간(t)으로 4개의 미지수 결정을 위해 4개의 위성 필요
• RTK 위치결정 : 5개의 위성 필요

정답 54 ㉰ 55 ㉱ 56 ㉰ 57 ㉱ 58 ㉱

59 기준점측량과 같이 매우 높은 정밀도를 필요로 할 때 사용하는 방법으로서 두 개 또는 그 이상의 수신기를 사용하여 보통 1시간 이상 관측하는 GPS 현장 관측방법은 무엇인가?

㉮ 정지측량(스태틱 관측방법)

㉯ 이동측량(키네마틱 관측방법)

㉰ 고속 스태틱 관측방법

㉱ RTK(Real Time Kinematic)

> GPS 현장 관측법(두 대의 수신기를 이용하는 상대측위방법)
> • 정지측위
> • 신속정지측위
> • 이동측위
> • 실시간 이동측위(RTK)
> ※ 정지측위는 1시간 이상 관측하는 방법으로 가장 정확한 측위방법이다.

60 차분(Differencing)을 이용한 측위에 대한 설명으로 옳지 않은 것은?

㉮ 공통된 위성으로부터 수신된 신호는 같은 궤도 오차를 가진다.

㉯ 하나의 수신기에 수신된 여러 위성으로부터의 신호는 같은 수신기 시계오차를 가진다.

㉰ 기지점과 미지점 간의 거리가 짧다면 대기효과는 비슷하게 나타난다.

㉱ 단일차분에 의해서 위성과 수신기의 시계오차를 동시에 제거할 수 있다.

> 차분법
> • 일중차 : 위성궤도오차 위성 시계오차 소거
> • 이중차 : 위성궤도오차 위성 시계오차＋수신기시계오차 소거
> • 삼중차 : 모호정수 소거

61 도심지와 같이 장애물이 많은 경우 특히 증대되는 GPS 관측오차는?

㉮ 다중경로 오차   ㉯ 궤도오차

㉰ 시계오차   ㉱ 대기오차

> GPS 관측시 도심지에서는 고층빌딩에 반사된 GPS 신호가 수신되는 다중경로오차가 발생하게 된다.

62 GPS반송파 위상추적회로에서 반송파 위상관측값을 순간적으로 손실하여 발생하는 오차를 무엇이라 하는가?

㉮ AS   ㉯ Cycle Slip

㉰ SA   ㉱ VRS

> 사이클슬립(Cycle Slip)이란 GPS 관측 중 어떤 원인에 의해 위성으로부터의 일시적인 신호 Loss에 의해 반송파 위상관측값이 단절되는 현상이다.

63 다음 중 러시아에서 운용되는 위성항법체계는 무엇인가?

㉮ GPS   ㉯ Galileo

㉰ GLONASS   ㉱ JRANS

> 글로나스(Global Novigation Satellite System ; GLONASS)
> 러시아가 개발한 인공위성에 의한 위성위치결정체계이다. 위성부문은 24개의 위성들(21개 운영, 3개 예비)로 구성하여 19,100km의 고도에서 11시간 15분의 공전주기 궤도를 가진다. 세 개의 궤도면에 8개의 위성들이 균등간격으로 위치해 있으며 64.8°의 경사를 이루며 120°의 간격으로 떨어져 있다.

정답 59 ㉮ 60 ㉱ 61 ㉮ 62 ㉯ 63 ㉰

64 GPS의 RTK 관측법에 대한 설명으로 옳지 않은 것은?

㉮ RTK란 Real Time Kinematic의 약자로 이동국이 다른 측점으로 이동하여 관측하는 동안에 실시간으로 측점의 위치가 결정되는 측량방법이다.

㉯ RTK 측량에서는 스태틱 측량과 같이 1대의 수신기만으로 별도의 후속처리 없이 미지점의 좌표를 얻을 수 있는 방법이다.

㉰ RTK를 위한 무선연결을 위해서는 기준국과 이동국 간에 시통이 되어야 최대의 효과를 볼 수 있으나 이러한 문제점에 대한 해결책도 모색되고 있다.

㉱ RTK 측량의 정밀도는 1/100,000~1/1,000,000 정도이다.

○ RTK 관측법은 GPS를 이용한 실시간 이동위치관측으로 GPS 반송파를 사용한 정밀 이동위치관측방식으로 최소 2대의 수신기가 필요하다.

65 GPS측량에 대한 설명으로 옳은 것은?

㉮ GPS측량은 후처리방식과 실시간처리방식으로 구분되며, 실시간 처리방식에는 정지측량, 신속정지측량, 이동측량이 포함된다.

㉯ RINEX는 GPS 수신기의 기종에 관계없이 데이터의 호환이 가능하도록 하는 공용포맷의 일종이다.

㉰ 다중경로(Multipath)는 GPS 수신기에 다양한 신호를 유도하여 위치정확도를 향상시킨다.

㉱ GPS 정지측량은 고정점의 수신기에서 라디오 모뎀에 의해 GPS 데이터와 보정자료를 이동점 수신기로 전송하여 현장에서 직접 측량성과를 획득하는 측량방법이다.

○ ㉮ 실시간처리방식 : 이동측량
㉰ 다중경로는 위치정확도를 감소시킨다.
㉱ DGPS 또는 RTK방식의 설명이다.

66 각각의 GPS 위성에는 위성 고유의 식별자라고 할 수 있는 코드를 가지고 있다. 이를 무엇이라 하는가?

㉮ Pseudo Random Noise Code

㉯ Dilution of Precision

㉰ Differential GPS

㉱ RTK

○ GPS 위성에서는 C/A코드와 P코드로 PRN을 전송하며, GPS 수신기는 PRN 위성을 식별하여 거리계산체계에 사용한다.

67 GPS측량에서 이동국 GPS관측점에서 최소 5개의 위성신호를 처리한 성과와 기지국 GPS에서 송신된 위치자료를 수신하여 이동지점의 위치좌표를 바로 구할 수 있는 측량방법은?

㉮ 정지식 GPS방법   ㉯ 이동식 GPS방법

㉰ 역정밀 GPS방법   ㉱ 실시간 이동식 GPS방법

○ DGPS
GPS에 의해 결정한 위치오차를 줄이는 기술로, 이미 알고 있는 기지점의 좌표를 이용하여 오차를 최대한 소거시켜 관측점의 위치 정확도를 높이기 위한 위치 결정방식이다. 기지점에 기준국용 GPS 수신기를 설치하고 위성을 관측하여 각 위성의 의사거리 보정

정답 64 ㉯ 65 ㉯ 66 ㉮ 67 ㉱

값(항법메시지, 항법력, 위성의 시계 오차)을 구하고, 이 보정값을 무선모 뎀 등을 사용(실시간으로 보정된 의 사거리송신)하여 이동국용 GPS 수 신기의 위치결정 오차를 개선하는 위 치결정 형태를 DGPS라 한다.

68 위성에서 송출된 신호가 수신기에 하나 이상의 경로를 통해 수신 될 때 발생하는 현상을 무엇이라 하는가?

㉮ 전리층 편의

㉯ 대류권 지연

㉰ 다중경로

㉱ 위성궤도 편의

▶ 다중경로(Multipath)
일반적으로 GPS신호는 GPS 수신기에 위성으로부터 직접파와 건물 등으로부 터 반사되어오는 반사파가 동시에 도달 한다. 이를 다중경로라고 한다. 다중경 로는 마이크로파 신호를 둘 다 사용하 기 때문에 경로길이의 차이로 의사거리 와 위상관측값에 영향을 주어 관측에 오차를 일으키는 원인이 된다.

69 GPS측량의 오차 중 신호전달과정과 관련된 편의(오차)와 거리가 먼 것은?

㉮ 전리층 편의

㉯ 대류권 지연

㉰ 다중경로의 영향

㉱ 주파수 오차

▶ GPS의 측위오차는 크게 구조적 요 인에 의한 거리오차, 위성의 배치상황 에 따른 오차, SA, Cycle Slip 등으로 구분할 수 있으며 구조적 요인에 의한 거리오차는 다음과 같다.
• 위성시계오차
• 위성궤도오차
• 전리층과 대류권에 의한 전파 지연
• 전파적 잡음, 다중경로오차

70 GPS측량에서 "L-밴드의 마이크로파에 속하는 두 개의 반송파는 두 개의 PRN(Pseudo – Random Noise)코드로 변조된다."에서 두 개의 코드로 짝지어진 것은?

㉮ C/A코드, L_2코드

㉯ C/A코드, P코드

㉰ P코드, L코드

㉱ L코드, G코드

▶ 반송파(Carrier)
반송파인 L_1, L_2 신호는 위성의 위치 계산을 위한 Keplerian 요소와 형식 화된 자료 신호를 포함
• L_1 :
1,575.42MHz(154×10.23MHz), C/A-code와 P-code 변조 가능
• L_2 :
1,227.60MHz(120×10.23MHz), P-code만 변조 가능

71 GPS 관측기술 중 GPS 상시관측소를 활용하여 실시간으로 높은 정확도의 3차원 위치를 결정할 수 있는 측량방법은?

㉮ 실시간 Point Positioning 측량

㉯ 실시간 DGPS 측량

㉰ 실시간 VRS 측량

㉱ 실시간 RTK 측량

▶ 가상기지국(Virtual Reference Stations ; VRS)
위치기반서비스를 하기 위해 GPS 위 성 수신방식과 GPS 기지국으로부터 얻은 정보를 통합하여 임의의 지점에 서 단말기 또는 휴대폰을 통하여 그 지점에서 정보를 얻기 위한 가상의 기 지국이다.

정답 68 ㉰ 69 ㉱ 70 ㉯ 71 ㉰

72 C/A 코드에 인위적으로 궤도오차 및 시계오차를 부가하여 민간사용의 정확도를 저하시켰던 정책을 무엇이라 하는가?

㉮ DoD   ㉯ SA
㉰ DSCS   ㉱ MCS

○ 에스에이(Selective Availability ; SA)
허가되지 않은 사람이 양질의 GPS 신호를 사용하는 것을 막기 위하여 위성의 시계나 궤도 정보 등을 조작하여 신호의 질을 떨어뜨리는 체제를 말하는 것으로 위성의 시계정보를 조작하는 것을 델타 프로세스, 위성 궤도 정보를 조작하는 것을 입실론 프로세스라 한다.

73 GPS측량의 측위법에 대한 설명으로 틀린 것은?

㉮ 단독측위법은 한 개의 수신기에서 4개 이상의 위성을 관측하는 방법이다.
㉯ 상대측위법은 두 개 이상의 수신기에서 똑같은 위성을 동시에 관측하는 방법이다.
㉰ 단독측위법은 전방교회법의 원리에 따라 수신기의 3차원 위치를 결정하는 방법이다.
㉱ 단독측위법은 의사거리를 사용하여 상대측위법에서는 반송파의 위상차(위상변위)를 사용한다.

○ 단독측위법은 후방교회법 원리에 따라 수신기의 3차원 위치를 결정하는 방법이다.

74 GPS에 의한 위치결정에 있어서 가장 중요한 관측요소로 옳은 것은?

㉮ 위성과 수신기 사이의 거리   ㉯ 위성신호의 전송데이터 양
㉰ 위성과 수신기 사이의 각   ㉱ 위성과 수신기 안테나 길이

○ GPS(Global Positioning System)는 인공위성을 이용한 세계위치 결정체계로 정확한 위치를 알고 있는 위성에서 발사한 전파를 수신하여 관측점까지 소요시간을 관측함으로써 관측점의 위치를 구하는 체계이다.

75 지각 변동/운동의 결정과 같이 정밀한 위치결정을 하기 위하여 GPS를 이용하는 경우에 대한 설명으로 틀린 것은?

㉮ 오차를 제거하기 위하여 일반적으로 차분된 관측치를 사용한다.
㉯ 정밀한 위치를 결정하여야 하므로 코드 신호를 사용한다.
㉰ 상용보다는 학습용 자료처리 프로그램을 사용한다.
㉱ 정확한 궤도정보인 정밀 궤도력을 사용한다.

○ 정밀한 위치를 결정하기 위해 코드방식에 비해 정확도가 매우 높은 반송파방식을 사용한다.

76 GPS 방송궤도력에서 제공하는 정보로 옳은 것은?

㉮ 위성과 수신기 사이의 거리   ㉯ 위성의 위치정보
㉰ 대기 중 습도정보   ㉱ 수신기의 시계오차

○ 방송력은 사전에 계산되어 위성에 입력한 예보궤도로서 위성의 위치정보를 제공한다.

77 다음 중 실시간으로 얻을 수 있는 GPS 궤도 정보는 무엇인가?

㉮ 초신속궤도력 ㉯ 신속궤도력

㉰ 방송궤도력 ㉱ 정밀궤도력

> ● 궤도정보
> • 방송력 : 사전에 계산되어 위성에 입력한 예보궤도로서 GPS 위성이 타 정보와 마찬가지로 지상으로 송신하는 궤도 정보
> • 정밀력 : 실제 위성의 궤적으로 지상 추적국에서 위상전파를 수신하여 계산된 궤도 정보

78 GPS 위성신호 L_1 및 L_2의 주파수는 각각 $f_1=1,575.42$MHz, $f_2=1,227.60$MHz이다. 광속(c)을 약 $300,000$km/sec라고 할 때, Wide Lane($Lw = L_1 - L_2$) 인공주파수의 파장은 약 얼마인가?

㉮ 0.86 m ㉯ 0.24 m

㉰ 0.19 m ㉱ 0.11 m

> ● L_1의 주파수의 파장은 19cm이고 L_2 주파수의 파장은 24cm이며 확장파장(Wide Lane)은 86cm이다.
> 1,575.42 - 1,227.60 = 347.82MHz
> ※ 1,575.42 ÷ 347.82 = 4.53
> ※ 4.53 × 19cm = 86cm

79 GPS에 의한 위치관측법에서 상대관측방법에 대한 설명으로 옳지 않은 것은?

㉮ 4개 이상의 위성에서 수신한 신호 가운데 C/A Code를 이용하여 실시간처리로 수신기의 위치를 관측하는 정지식 방법

㉯ 기기점에 1대의 수신기를 설치하여 고정국으로 정한 다음, 다른 수신기를 이용하면서 최소 4개 이상의 위성신호를 수신하여 이동지점의 위치를 관측하는 이동식 GPS방법

㉰ 정확히 알고 있는 좌표지점에 기지국용 GPS 수신기를 설치하고 위성을 관측하여 각 위성의 의사거리 보정값을 구하여 이동국용 GPS수신기 위치결정 오차를 개선하는 사용자 중심의 위치관측인 정밀 GPS방법

㉱ 이동식 GPS에서 기지국 GPS로 GPS 관측자료를 송신하여 이동국 GPS의 정확한 위치관측 및 위치변화량의 관측을 위하여 사용되는 관리자 중심의 위치 관측인 역정밀 GPS방법

> ● 상대측위법
> 2점 간에 도달하는 전파의 시간적 지연을 측정하는 방법으로 2대 이상의 수신기가 필요하다.

80 GPS 신호의 품질에 대한 설명으로 틀린 것은?

㉮ 건물이나 지형지물에 의해 반사된 신호는 품질이 좋지 않다.

㉯ 대기층에 수증기 양이 많을수록 품질이 좋지 않다.

㉰ 전리층의 전자수가 많을수록 품질이 좋지 않다.

㉱ 위성의 고도가 높을수록 품질이 좋지 않다.

> ● GPS의 위성은 약 20,000 km 고도와 약 12시간 주기로 운행하며, 위성배치의 고도가 15° 이상일수록 품질은 좋다.

정답 ◀ 77 ㉰ 78 ㉮ 79 ㉮ 80 ㉱

81 GPS 관측계획 수립 시 고려해야 할 사항 중 틀린 것은?

㉮ 보유 수신기 대수
㉯ 동원 가능한 인원
㉰ 관측시간
㉱ 위성궤도력

○ GPS 관측계획 수립 시 고려사항
• 수신기의 종류 및 대수
• 좌표기준점 수와 분포
• 표고결정방법
• 작업인원
• 관측시간

82 다음 중 정밀 측위용 GPS 수신기를 사용하여야 하는 분야는?

㉮ 측량 및 측지
㉯ 해상 운행
㉰ 통신
㉱ 카-내비게이션

○ 인간의 활동이 미치는 모든 영역에서 거리, 방향, 높이, 시를 관측하여 지도제작 및 구조물의 위치를 정량화시키고 지구 내부의 특성, 지구의 형상 및 운동을 결정하는 측량 및 측지분야에서는 정밀 측위용 GPS 수신기를 사용하여야 한다.

83 신속정지측위(Rapid Static Positioning)에 대한 설명으로 옳은 것은?

㉮ 신속하게 이동하여 측위하는 기법을 말한다.
㉯ 수신기를 자동차에 탑재하여 이동하며 측위하는 것을 말한다.
㉰ 짧은 시간 동안 수신된 데이터를 이용하여 측위하는 기법을 말한다.
㉱ 일반적으로 단독측위 기법을 기반으로 한다.

○ 신속정지측위는 상대측위 기법을 기반으로 짧은 시간 동안 수신된 데이터를 이용하여 측위하는 기법을 말한다.

84 GPS 신호 관측 시 발생하는 대류층 지연과 관련된 대기의 요소가 아닌 것은?

㉮ 온도
㉯ 속도
㉰ 습도
㉱ 압력

○ GPS 신호 관측 시 발생하는 대류층 지연과 관련된 대기의 요소 중 속도는 관계가 멀다.

85 다음 중 대류층과 전리층에 의한 지연효과가 가장 작은 관측치는?

㉮ 일중위상차
㉯ 이중위상차
㉰ 삼중위상차
㉱ 무차분 위상

○ 대류층 지연은 표준 보정식을 이용하는 방법 등을 사용하며 전리층 지연은 2주파(L_1, L_2)를 선형결합하여 보정하는데 삼중위상차는 대류층과 전리층에 의한 지연효과가 가장 작다.

정답 81 ㉱ 82 ㉮ 83 ㉰ 84 ㉯ 85 ㉰

86 그림과 같이 A지점에서 GPS로 관측한 타원체고(h)가 37.238m이고 지오이드고(N)는 21.524m를 얻었다. A점에서 취득한 높이 값을 이용하여 수준측량 한 결과 C점의 표고는?(단, 거리는 타원체면 상의 거리이고 A, B, C점의 지오이드는 동일하며 연직선편차는 0 으로 가정한다.)

> 정표고(H)
> =타원체고(h)−지오이드고(N)
> $H_A = 37.238 - 21.524 = 15.714$m
> $\therefore H_C = H_A + 0.985 - 1.755 + 0.789$
> $- 1.258 = 14.475$m

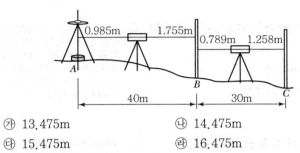

㉮ 13.475m

㉯ 14.475m

㉰ 15.475m

㉱ 16.475m

87 GPS 절대측위에서 HDOP와 VDOP가 2.3과 3.7이고 예상되는 관측데이터의 정확도(σ)가 2.5m일 때 예상할 수 있는 수평위치 정확도(σ_H)와 수직위치 정확도(σ_V)는?

> GPS 측위오차는 거리오차와 DOP 의 곱으로 표시된다.
> • 수평위치 정확도
>   (σ_H)=2.3×2.5=5.75m
> • 수직위치 정확도
>   (σ_V)=3.7×2.5=9.25m

㉮ $\sigma_H = \pm 0.92$m, $\sigma_V = \pm 1.48$m

㉯ $\sigma_H = \pm 1.48$m, $\sigma_V = \pm 8.51$m

㉰ $\sigma_H = \pm 4.8$m, $\sigma_V = \pm 6.20$m

㉱ $\sigma_H = \pm 5.75$m, $\sigma_V = \pm 9.25$m

88 다음 중 사이클 슬립(Cycle Slip)의 발생과 관련이 없는 경우는?

> Cycle Slip은 GPS 안테나 주위의 지형·지물에 의한 신호단절, 높은 신호 잡음, 낮은 신호 강도, 낮은 위성 의 고도각 등에 의하여 발생한다.

㉮ 높은 지대로 주변에 장애물이 없는 곳에서 측량을 하는 경우

㉯ 태양폭풍에 의해 전리층이 교란된 경우

㉰ 수신기를 갑자기 이동한 경우

㉱ 신호가 단절된 경우

89 GPS 코드 신호의 이중차분(Double Differencing)을 이용하여 정 지측위를 실시하는 경우 필요한 위성의 최소 개수는?

> 정지측위를 실시할 경우 필요한 최소 위성 개수는 4개이다.

㉮ 2개

㉯ 4개

㉰ 6개

㉱ 8개

•• 측량 및 지형공간정보산업기사

실전문제 TIP

90 다음 중 모호정수(Ambiguity)를 제거하기 위한 GPS 측위 관측신호는?

㉮ 차분되지 않은 반송파
㉯ 단일차분된 반송파
㉰ 이중차분된 반송파
㉱ 삼중차분된 반송파

> 삼중 위상차 관측방법은 한 개의 위성에 대하여 어떤 시각의 위상 적산치(측정치)와 다음 시각의 위상 적산값의 차이값으로 일정시간 동안의 위성거리 변화를 뜻하며 파장의 정수배의 불명확(모호정수)을 해결하는 방법으로 이용된다.

91 GPS 측량을 통해 수집된 공통 데이터 형식인 RINEX 파일에 포함되지 않는 사항은?

㉮ 관측데이터
㉯ 항법메시지
㉰ 기상관측자료
㉱ 측량작업자

> RINEX 파일의 헤더부분에는 관측점명, 안테나 높이, 관측날짜, 수신기명 등 파일에 관한 정보가 쓰여 있다. 헤더 이후에 이어지는 내용이 실제 관측데이터로서 관측시각별로 측정값이 나열되어 있다.

92 GPS 단독측위에서의 정확도와 관련된 설명 중 틀린 것은?

㉮ 대류권의 수증기 양이 적을수록 정확도가 높다.
㉯ 전리층의 전하량이 적을수록 정확도가 높다.
㉰ 위성의 궤도가 정확할수록 정확도가 높다.
㉱ 위성의 배치가 천정방향에 집중될수록 정확도가 높다.

> 우주공간에서의 위성배치 및 분포가 좋지 않으면 측위 정확도가 저하되며, 극단적으로 4개 위성이 거의 같은 위치에 모여 있다면, 측위 정확도가 낮다.

93 GNSS(Global Navigation Satellite System)측량의 오차에 관한 설명 중 틀린 것은?

㉮ 전리층 통과 시 전파 굴절오차는 기온, 기압, 습도 등의 기상 측정에 의해 보정될 수 있다.
㉯ 기선해석에서 기지점의 좌표 정확도는 미지점의 위치정확도에 영향을 미친다.
㉰ 일중차의 해석 처리만으로는 GNSS 위성과 GNSS 수신기 모두의 시계오차가 소거되지 않는다.
㉱ 동일 기종의 GNSS 안테나는 동일 방향을 향하도록 설치함으로써 안테나 위상 중심 변동에 의한 영향을 줄일 수 있다.

> 전리층 통과 시 전파 굴절오차는 L1, L2파의 선형조합을 통해 보정할 수 있다.

94 VRS(Virtual Reference Station)에 대한 설명으로 틀린 것은?

㉮ 코드데이터 기반으로 측량을 수행한다.
㉯ 중앙국과의 무선통신이 가능해야 한다.
㉰ 중앙국에서 계산된 오차를 이용하여 위치를 결정하는 기법이다.
㉱ 실시간 측위가 가능하다.

> VRS(Virtual Reference Station) VRS 방식은 가상기준점방식의 새로운 실시간 GPS 측량법으로서 기지국 GPS를 설치하지 않고 이동국 GPS만을 이용하여 VRS 서비스센터에서 제공하는 위치보정 데이터를 휴대전화로 수신함으로써 RTK 또는 DGPS 측량을 수행할 수 있는 첨단기법이다. VRS 측량은 실시간 정밀측량방식으로 반송파를 기반으로 측량을 수행한다.

정답 90 ㉱ 91 ㉱ 92 ㉱ 93 ㉮ 94 ㉮

642 • PART 03. 지리정보시스템(GIS) 및 위성측위시스템(GNSS)

95 GPS 위성 궤도력(Ephemeris)에 대한 설명 중 옳은 것은?

㉮ 정밀궤도력은 위성으로부터 실시간으로 수신할 수 있다.

㉯ 국토지리정보원에서는 정밀궤도력을 생산한다.

㉰ 정확한 위치 결정을 위해서는 정밀궤도력을 사용한다.

㉱ 방송궤도력에는 위성시계오차 보정항을 포함하고 있지 않다.

> 정밀 궤도력은 실제 위성의 궤적으로 지상 추적국에서 위상전파를 수신하여 계산된 궤도 정보로서 후처리 방식의 정밀 기준점 측량 시 사용한다.

96 모호정수(Cycle Ambiguity)를 결정하여 고정해(Fixing Solution)를 산출하는 이유는?

㉮ 측위정확도를 향상시킬 수 있기 때문이다.

㉯ 대기효과를 제거할 수 있기 때문이다.

㉰ 사이클슬립을 방지할 수 있기 때문이다.

㉱ 수신기의 갑작스러운 이동을 막을 수 있기 때문이다.

> 간섭측위에서는 모호정수를 해결함으로써 측위정확도를 향상시킬 수 있다.

97 GNSS측량 시 측위 정확도에 영향을 주지 않는 것은?

㉮ 기선 길이

㉯ 수신기의 안테나 높이

㉰ 가시위성(Visible Satellite) 개수

㉱ 위성의 기하학적 배치

> GNSS측량 시 측위 정확도에 영향을 미치는 주요 요인
> • 위성궤도정보(위성의 개수와 배치현황)
> • 전리층과 대류권 전파 지연
> • 안테나의 위상 특성
> • 수신기 내부오차와 방해파
> • 기선 길이
> ※ GNSS측량 시 안테나의 높이는 측위 정확도에 영향을 주지 않는다.

98 GPS에서 전송되는 L_2 대의 신호 주파수가 1,227.60MHz일 때 L_2 신호 300,000 파장의 거리는?(단, 광속(c)=299,792,458m/s이다.)

㉮ 36,803m

㉯ 36,828m

㉰ 73,263m

㉱ 1,228,450m

> $\lambda = \dfrac{c}{f} = \dfrac{299,792,458}{1,227.60 \times 10^6} = 0.244210213$
> ∴ 신호 300,000 파장의 거리
> $= 0.244210213 \times 300,000$
> $= 73,263.06m$

99 P코드의 특성에 대한 설명으로 옳지 않은 것은?

㉮ L_1 신호에만 실려서 들어온다.

㉯ P코드는 비트율이 높아 의사거리의 정확도가 높다.

㉰ P코드는 10.23mbps의 비트율을 가지며, C/A코드는 1.023mbps의 비트율을 가진다.

㉱ P코드는 주기의 길이 때문에 P코드 전체를 이용한 측위는 불가능하다.

> P코드는 L_1, L_2 신호에 실려서 들어온다.

정답 95 ㉰ 96 ㉮ 97 ㉯ 98 ㉰ 99 ㉮

100 GPS의 오차에 대한 설명으로 틀린 것은?

㉮ GPS의 오차에는 위성시계오차, 대기 굴절오차, 수신기 오차 등이 있다.

㉯ 위성의 위치오차는 위성의 배치상태의 오차를 말하며 측점의 좌표계산에는 영향을 주지 않는다.

㉰ 안테나의 높이 측정오차와 구심오차는 안테나의 중심과 위상 중심의 차이에서 발생하는 오차를 말한다.

㉱ 위성의 기하학적 배치상태가 정밀도에 어떻게 영향을 주는가를 추정할 수 있는 하나의 척도로 DOP(Dilution Of Precision)를 사용한다.

> ⊙ 위성의 위치오차는 위성의 배치상태의 오차를 말하며 측점 좌표계산에 영향을 크게 미친다.

101 GPS 단독측위에서 4개 위성의 관측점 좌표 x, y에 대한 Cofactor 행렬의 대각선 요소가 각각 $q_{xx} = 0.75$, $q_{yy} = 1.13$일 때 관측점의 수평정확도 저하율(HDOP)은?

㉮ 0.85

㉯ 1.37

㉰ 1.51

㉱ 1.88

> ⊙ 수평정확도 저하율(HDOP)
> $$= \sqrt{q_{xx} + q_{yy}} = \sqrt{0.75 + 1.13}$$
> $$= 1.37$$

102 하나의 관측방정식에서 다른 관측방정식을 빼는 차분법 중 사이클 슬립(Cycle Slips)의 문제를 가장 잘 해결할 수 있는 GPS 측량방법은?

㉮ 단순 차분

㉯ 2중 차분

㉰ 3중 차분

㉱ 4중 차분

> ⊙ 사이클슬립은 3중차 차분기법을 이용하여 검출한다.

103 GPS 시에 대한 설명으로 옳지 않은 것은?

㉮ GPS 시는 위성에 탑재된 원자시계가 나타내는 시각이다.

㉯ GPS 시와 UTC의 차이는 윤초의 삽입으로 증가한다.

㉰ GPS 시는 1980년 1월 6일 0시 UTC로부터 시작하였다.

㉱ GPS 시는 국제원자시와 정확하게 일치한다.

> ⊙ GPS 시는 국제원자시(TAI)와 정확하게 19초 늦은 시간시스템이다.

104 통합기준점 설치를 위한 GPS 기준점 측량 시 연속관측시간은?

㉮ 2시간

㉯ 4시간

㉰ 6시간

㉱ 8시간

> ⊙ 통합기준점 GPS 관측의 관측시간
>
> | 연속관측시간 | 4시간 |
> |---|---|
> | Session 수 | 1 |
> | Data 취득간격 | 30초 |

정답 100 ㉯ 101 ㉯ 102 ㉰ 103 ㉱ 104 ㉯

105 다음 중 GPS 다중경로 오차를 줄이기 위한 측량방법으로 거리가 먼 것은?

㉮ 이중주파수 수신기를 설치한다.

㉯ 관측시간을 길게 설정한다.

㉰ 오차 요인을 가진 장소를 피해 안테나를 설치한다.

㉱ 각 위성 신호에 대하여 칼만 필터를 적용한다.

> 이중주파수 수신기를 사용할 경우 GPS 신호가 전리층을 지나며 발생하는 전파 지연에 따른 오차 보정이 가능하다. 따라서 다중경로 오차와는 무관하다.

106 GPS 신호에서 C/A 코드는 1.023Mbps로 이루어져 있다. GPS 신호의 전파 속도를 200,000km/s로 가정했을 때 코드 1비트 사이의 간격은 약 몇 m인가?

㉮ 약 1.96m   ㉯ 약 19.6m

㉰ 약 196m   ㉱ 약 1,960m

> $$\lambda = \frac{v(\text{m/sec})}{f(Hz)}$$
> $$= \frac{200,000 \times 1,000}{1.023 \times 10^6}$$
> $$\fallingdotseq 196\text{m}$$

107 GPS 측위 방식에 관한 설명으로 옳지 않은 것은?

㉮ 단독측위 시 많은 수의 위성을 동시에 관측할 때 위성의 궤도정보 오차는 측위결과에 영향이 거의 없다.

㉯ DGPS는 미지점과 기지점에서 동시에 관측을 실시하여 양 측점에서 관측한 정보를 모두 해석함으로써 미지점의 위치를 결정한다.

㉰ RTK-GPS는 관측하는 전 과정 동안 모든 수신기에서 최소 4개 이상의 위성들로부터 송신되는 위성신호를 모두 동시에 수신하여야 한다.

㉱ RTK-GPS는 공공측량 시 3·4급 기준점측량에 적용할 수 있다.

> 단독측위 시 많은 수의 위성을 동시에 관측하더라도 위성의 궤도정보 오차는 측위결과에 영향을 미친다.

108 GPS 신호에 포함된 항법메시지에서 제공되는 정보가 아닌 것은?

㉮ 궤도정보   ㉯ 위성시계보정계수

㉰ 위성상태   ㉱ 전리층 지연량

> 전리층 지연량은 이중 주파수 관측으로 최소화할 수 있다.

109 GPS 측위의 계통적 오차(정오차) 요인이 아닌 것은?

㉮ 위성의 시계오차   ㉯ 위성의 궤도오차

㉰ 전리층 지연오차   ㉱ 관측 잡음오차

> 관측 잡음오차는 일정한 방향 또는 일정한 크기로 나타나지 않으므로 정오차요인이 아니다.

정답   105 ㉮   106 ㉰   107 ㉮   108 ㉱   109 ㉱

110 어떤 지점에서 GNSS 측량을 실시한 결과 타원체고가 153.8m, 정표고가 53.7m였다면 이 지점의 지오이드고는?

㉮ 100.1m

㉯ 160.2m

㉲ 207.5m

㉳ 241.3m

> h(타원체고)
> $= H$(정표고) $+ N$(지오이드고)
> $\therefore N = h - H = 153.8 - 53.7$
> $= 100.1 \text{m}$

111 GPS의 오차요인 중에서 DGPS기법으로 상쇄되는 오차가 아닌 것은?

㉮ 위성의 궤도 정보 오차

㉯ 전리층에 의한 신호지연

㉲ 대류권에 의한 신호지연

㉳ 전파의 혼선

> 전파의 혼선은 필터기법의 적용 여부나 안테나의 성능에 따라 다소 증상 개선의 효과가 있으나 DGPS 기법으로는 상쇄되지 않는다.

112 GNSS 신호 관측 시 발생하는 대류층 지연과 관련된 대기의 요소가 아닌 것은?

㉮ 온도

㉯ 색조

㉲ 습도

㉳ 압력

> 색조는 빛의 반사에 의한 것으로 식물의 집단이나 대상물의 판별에 도움을 주는 것으로 대류층 지연과 관련된 대기의 요소와는 관계가 없다.

113 GNSS의 방송궤도력에서 제공하는 정보로 옳은 것은?

㉮ 위성과 수신기 사이의 거리

㉯ 위성의 위치정보

㉲ 대기 중 습도정보

㉳ 수신기의 시계오차

> 방송력은 사전에 계산되어 위성에 입력한 예보궤도로 지상으로 송신하는 궤도정보이다. 송신되는 항법메시지에는 앞으로의 궤도(위성 위치정보 등)에 대한 예측치가 들어 있다.

114 북극이나 남극지역에서 천정방향으로 지나가는 GPS 위성이 관측되지 않는 이유로 옳은 것은?

㉮ 지구가 자전하기 때문이다.

㉯ 지구 자전축이 기울어져 있기 때문이다.

㉲ 위성의 공전주기가 대략 12시간으로 24시간보다 짧기 때문이다.

㉳ 궤도경사각이 55°이기 때문이다.

> 북극이나 남극지역에서 천정방향으로 지나가는 GPS 위성이 관측되지 않는 이유는 GPS 궤도경사각이 55° 이기 때문이다.

정답 110 ㉮ 111 ㉳ 112 ㉯ 113 ㉯ 114 ㉳

실전문제

115 GPS 위성신호에 대한 설명으로 틀린 것은?

㉮ GPS의 반송파에는 L_1 반송파와 L_2 반송파가 있다.

㉯ 모든 GPS 위성은 똑같은 주파수로 전파를 송신한다.

㉰ L_1 반송파에는 C/A 코드와 P 코드가 탑재되어 있다.

㉱ L_2 반송파에는 정밀궤도력 정보가 포함되어 있다.

> ⊙ 정밀력은 실제 위성의 궤적으로서 지상추적국에서 위성전파를 수신하여 계산된 궤도정보(약 11일 소요)이다.

116 과학기술용 위성 등 저궤도 위성에 탑재된 GNSS 수신기를 이용한 정밀위성궤도 결정과 가장 유사한 지상측량의 방법은?

㉮ 위상데이터를 이용한 이동측위

㉯ 위상데이터를 이용한 정지측위

㉰ 코드데이터를 이용한 이동측위

㉱ 코드데이터를 이용한 정지측위

> ⊙ 저궤도 위성의 궤도 결정
> GPS 관측 데이터에 포함된 GPS 위성 및 수신기의 시계 오차를 제거하기 위하여, 저궤도 위성에 탑재된 GPS 수신기로부터 획득한 데이터와 IGS 지상국들로부터 측정된 GPS 데이터를 결합하여 이중 차분을 수행하는 DGPS 기법을 적용한다(위상데이터를 이용한 이동측위).
>
> ※ 저궤도 위성 : 지구 상공 500~1,500km 궤도에서 운용되며, 주로 원격탐사와 기상 관측에 이용된다.

117 항공측량부분의 GNSS 응용에서 GNSS의 단점을 보완할 수 있는 장치로서 촬영비행기의 위치를 구하는 데 많이 활용되고 있는 것은?

㉮ 레이저스캐너(LiDAR)

㉯ 관성항법장치(INS)

㉰ HRV 센서

㉱ MSS 센서

> ⊙ 관성항법장치(INS)
> 출발시각부터 임의의 시각까지의 가속도 출력을 항법방정식에 넣고 적분하여 속도를 얻어내고 이것을 다시 적분하여 비행한 거리를 구할 수 있게 되며 최종적으로 현재의 위치를 알 수 있게 된다. 현재 GNSS 신호가 단절될 때 위치 및 자세결정 보조장비로 활용되고 있다.

118 통합기준점 GNSS 관측에 대한 설명으로 옳은 것은?

㉮ 연속관측시간의 표준은 12시간으로 한다.

㉯ GNSS 위성은 고도각 10° 이상을 사용한다.

㉰ 데이터 취득간격은 60초를 표준으로 한다.

㉱ GNSS 관측은 정적간섭 측위방식으로 실시한다.

> ⊙ 통합기준점 GNSS 관측은 연속관측시간의 표준을 8시간, 고도각은 15° 이상, 데이터 취득간격은 30초를 표준으로 하며, 정적간섭 측위방식으로 실시한다.

정답 115 ㉱ 116 ㉮ 117 ㉯ 118 ㉱

119 GNSS의 상대측위에 대한 설명으로 옳지 않은 것은?

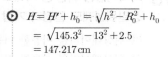

⑦ 상대측위는 공간적 상관성이 높은 오차를 최소화하여 정확도 향상이 가능하다.

④ 대표적인 실시간 상대측위 기법은 DGPS와 RTK가 있다.

⑤ 센티미터 수준의 정확도 확보를 위해서는 반송파를 사용한다.

④ 반송파를 이용하는 상대측위에서는 단일차분을 사용한다.

GNSS 반송파 상대측위기법은 2점 간에 도달하는 전파의 시간적 지연을 측정하고, 2점 간의 거리를 정확히 측정하여 관측하는 방법이며, 오차보정을 위하여 단일차분, 이중차분, 삼중차분의 기법을 적용할 수 있다.

120 GNSS 정지측위 방식에 의해 기준점 측량을 실시하였다. GNSS 관측 전후에 측정한 측점에서 ARP(Antenna Reference Point)까지의 경사 거리는 각각 145.2cm와 145.4cm이었다. 안테나 반경이 13cm이고, ARP를 기준으로 한 APC(Antenna Phase Center) 오프셋(Offset)이 높이 방향으로 2.5cm일 때 보정해야 할 안테나고(Antenna Height)는?

⑦ 142.217cm
④ 147.217cm
⑤ 147.800cm
④ 142.800cm

$H = H' + h_0 = \sqrt{h^2 - R_0^2} + h_0$
$\quad = \sqrt{145.3^2 - 13^2} + 2.5$
$\quad = 147.217\,\mathrm{cm}$

여기서, H : 안테나고
$\quad\quad H'$: 보정 전 높이
$\quad\quad h$: 측점에서 ARP까지의 경사거리
$\quad\quad \left(= \dfrac{145.2 + 145.4}{2}\right)$
$\quad\quad R_0$: 안테나 반경
$\quad\quad h_0$: APC 오프셋(Offset)

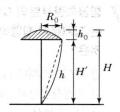

121 GNSS 측량의 특징에 대한 설명으로 옳지 않은 것은?

⑦ 24시간 측량이 가능하다.

④ 날씨, 기상에 관계없이 위치결정이 가능하다.

⑤ EDM과 같은 TWO−WAY 시스템이다.

④ 기선결정의 경우 두 측점 간 사통 여부와는 무관하다.

GNSS는 ONE-WAY 시스템이다.

122 연속적으로 측정한 일련의 GNSS 관측(또는 관측단위)을 무엇이라고 하는가?

㉮ 단독측위   ㉯ Session

㉰ DGPS   ㉱ PDOP

◉ Session
당해 측량을 위하여 일정한 관측간격을 두고 동시에 GNSS 측량을 실시하는 단위작업을 말한다.

123 GNSS 시스템 및 좌표계에 대한 설명으로 옳지 않은 것은?

㉮ GNSS 시스템은 우주부문, 제어부문 및 사용자 부문으로 구성된다.

㉯ WGS84 타원체의 요소와 GRS80 타원체의 요소는 완전히 일치한다.

㉰ WGS84 기준계는 지구질량 중심을 원점으로 한다.

㉱ GPS 제어국(Control Station)은 주제어국(Master Control Station)과 감시국(Monitor Station)으로 구성되어 있다.

◉ WGS84 타원체의 요소와 GRS80 타원체의 요소는 거의 일치한다.

124 수준점을 이용하여 미지점의 정표고를 결정하기 위해 GPS Leveling을 실시하였다. 수준점과 미지점 사이의 거리가 약 150m, 수준점의 정표고가 67.248m, 타원체고가 42.357m이고 미지점의 타원체고가 72.835m라고 할 때 미지점의 정표고는?

㉮ 47.944m   ㉯ 97.726m

㉰ 147.944m   ㉱ 197.357m

∴ 미지점의 정표고(H')
$= h' + N = 72.835 + 24.891 = 97.726\text{m}$

125 동일 위치에 대하여 수치지형도에서 취득한 평면좌표와 GNSS 측량에 의해서 관측한 평면좌표가 다음의 표와 같을 때 수치지형도의 평면거리 오차량은?(단, GNSS 측량결과가 참값이라고 가정)

수치지형도		GNSS 측정값	
X(m)	Y(m)	X(m)	Y(m)
254,859.45	564,854.45	254,858.88	564,851.32

㉮ 2.58m   ㉯ 2.88m

㉰ 3.18m   ㉱ 4.27m

◉ 평면거리 오차량
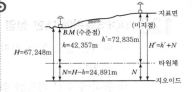

$= \sqrt{(X_{GNSS} - X_{수치지형도})^2 + (Y_{GNSS} - Y_{수치지형도})^2}$
$= \sqrt{(254,858.88 - 254,859.45)^2 + (564,851.32 - 564,854.45)^2}$
$= 3.18\text{m}$

126 어느 GNSS수신기의 정확도가 ±(5mm+5ppm)이라고 한다. 이 수신기로 기선길이 10km에 대해 측량하였을 때의 오차를 정확하게 표현한 것은?

㉮ ±(5mm+50mm)
㉯ ±(50mm+50mm)
㉰ ±(5mm+20mm)
㉱ ±(50mm+20mm)

⊙ 수신기의 정확도 : ±(a+bppm)
여기서, a : 거리에 비례하지 않는 오차
b : 거리에 비례하는 오차
(1km당 5mm의 오차가 발생한다는 의미)
그러므로 10km에 대해 측량하였을 때의 오차를 정확하게 표현하면, ±(5mm+50mm)가 된다.

127 DGPS에 대한 설명으로 옳지 않은 것은?

㉮ 일반적으로 단독측위에 비해 정확하다.
㉯ 두 대의 수신기에서 수신된 데이터가 있어야 한다.
㉰ 수신기 간의 거리가 짧을수록 좋은 성과를 기대할 수 있다.
㉱ 후처리절차를 거쳐야 하므로 실시간 위치측정은 불가능하다.

⊙ DGPS는 상대측위기법 중 하나로 코드신호를 이용한 실시간 위치결정 방법이다.

128 DGPS측위에 대한 설명 중 틀린 것은?

㉮ 위치를 알고 있는 기지점과 위치를 모르는 미지점에서 동시에 관측한다.
㉯ 동시에 수신 가능한 위성이 최소한 4개 필요하다.
㉰ 기지점과 미지점의 거리가 길수록 측위정확도가 높다.
㉱ 기지점과 미지점에서의 오차가 유사할 것이라는 가정을 이용한다.

⊙ DGPS측위는 기지점과 미지점의 거리가 길수록 측위정확도가 낮다.

129 GPS위성에 대한 설명으로 틀린 것은?

㉮ 위성이 지구를 한 바퀴 공전할 때 지구는 반 바퀴 자전한다.
㉯ 위성의 고도는 정지궤도위성의 고도보다 낮다.
㉰ 하나의 궤도면에 3개의 위성이 등간격을 이루도록 설계되어 있다.
㉱ 북극점 혹은 남극점에서도 가시위성(Visible Satellite)이 존재한다.

⊙ GPS위성은 하나의 궤도면에 4개의 위성이 등간격을 이루도록 설계되어 있다.

130 세계 각국에서는 보다 정확하고 시공을 초월한 측위환경에 대한 수요가 증가함에 따라 각국 고유의 측위위성시스템(GNSS)을 개발·구축하고 있다. 이와 관련이 없는 것은?

㉮ Galileo
㉯ BeiDou
㉰ SPOT
㉱ GLONASS

⊙ SPOT위성은 고해상도의 지구영상 획득과 지구자원을 탐사하는 것으로 측위위성시스템(GNSS)과는 관련이 없다.

실전문제

131 GNSS측량을 통해 수집된 공통데이터형식인 RINEX파일에 해당되지 않는 것은?

㉮ O(관측)파일
㉯ N(항법메시지)파일
㉰ M(기상)파일
㉱ S(측위해)파일

> 현재 RINEX포맷은 관측자료파일, 항법메시지파일, 기상자료파일, GLONASS 항법메시지파일을 포함한 4개의 ASC II 파일로 구성되어 있다.

132 반송파를 이용한 상대측위에 대한 설명으로 옳지 않은 것은?

㉮ 위성과 수신기의 반송파 위상 차이를 이용하여 수신기의 위치를 결정한다.
㉯ 센티미터 수준의 정확도 확보는 정확한 미지정수 결정으로 가능하다.
㉰ 반송파는 전리층에서 코드의 경우와 반대로 빠르게 진행한다.
㉱ 반송파는 코드의 경우보다 다중경로오차가 크다.

> 상대측위는 기지점과 미지점에서 동시에 수신한 L_1, L_2 반송파를 이용하여 정밀측량에 이용되는 방식이므로 코드의 경우보다 다중경로오차가 적다.

133 GNSS 측위 방식에 관한 설명으로 옳지 않은 것은?

㉮ 단독측위 시 많은 수의 위성을 동시에 관측하므로 위성의 궤도정보 오차는 측위결과에 영향이 거의 없어 무시할 수 있다.
㉯ DGPS는 미지점과 기지점에서 동시에 관측을 실시하여 양 측점에서 관측한 정보를 모두 해석함으로써 미지점의 위치를 결정한다.
㉰ GNSS 이동측량은 관측하는 전 과정 동안 모든 수신기에서 최소 4개 이상의 위성들로부터 송신되는 위성신호를 동시에 수신하여야 한다.
㉱ 네트워크 RTK측량(이동측위법)은 3~4급 공공삼각점측량에 적용할 수 있다.

> 단독측위의 정확도와 관계 있는 요소는 위성의 궤도정보, 관측하는 위성의 배치, 전리층과 대류권의 영향, 수신기에 의한 의사거리 측정오차, 측위계산에 따른 여러 가지 오차 등이다. 즉, 위성의 궤도오차는 측위 결과에 크게 영향을 미친다.

134 GPS의 군사용 신호를 이용할 수 없도록 제한하는 암호화 체계는?

㉮ Delta Process
㉯ Anti-Spoofing
㉰ Epsilon Process
㉱ Selective Availability

> 암호화(Anti-Spoofing)
> 군사 목적의 P코드를 적의 교란으로부터 방지하기 위해 암호화시키는 기법이며, 암호를 풀 수 있는 수신기를 가진 사용자만이 위성신호 수신이 가능한 체계이다.

정답 131 ㉱ 132 ㉱ 133 ㉮ 134 ㉯

135 GPS 측량의 기준좌표계인 WGS84에 대한 설명으로 옳지 않은 것은?

㉮ 전 세계적으로 측정해 온 지구의 중력장과 지구 모양을 근거로 해서 만들어진 좌표계이다.

㉯ X축은 국제시보국(BIH)에서 정의한 본초자오선과 평행한 평면이 지구 적도면과 교차하는 선이다.

㉰ Y축은 X축과 Z축이 이루는 평면에 서쪽으로 수직인 방향(서쪽으로 90°)으로 정의된다.

㉱ Z축은 1984년 국제시보국(BIH)에서 채택한 평균극축(CTP)과 평행하다.

> Y축은 X축과 Z축이 이루는 평면에 동쪽으로 수직인 방향으로 정의된다.

136 GPS에 관한 설명으로 옳지 않은 것은?

㉮ 3차원 측량을 동시에 할 수 있다.

㉯ 약 0.5 항성일의 궤도 주기를 가지고 있다.

㉰ L_1 반송파는 C/A의 P코드 신호를 전송한다.

㉱ 지구를 크게 3개의 지역으로 분할한 지역기준계를 사용한다.

> GPS 위성은 세계기준계(WGS 좌표계)를 사용한다.

137 GNSS 자료 처리에 의하여 직접적으로 획득할 수 있는 성과가 아닌 것은?

㉮ 타원체고   ㉯ 경도
㉰ 위도   ㉱ 정표고

> 정표고는 지표면의 한 점에서 중력방향을 따라 관측한 지오이드(평균해수면)까지의 거리이므로 GNSS/Leveling에 의해 지오이드고를 구하여 간접적으로 획득할 수 있는 성과이다.

138 GNSS 반송파 상대측위기법에 대한 설명으로 옳지 않은 것은?

㉮ 전파의 위상차를 관측하는 방식으로서 정밀측량에 주로 사용된다.

㉯ 정오차 축소·소거를 위해 차분기법을 적용한다.

㉰ 수신기 1대를 사용해 모호정수를 결정한 후 위치를 추정한다.

㉱ 위성과 수신기 간 전파의 파장 개수를 측정하여 거리를 계산한다.

> GNSS 반송파 상대측량은 2대 이상의 수신기를 동시에 사용하여 기지점의 좌표를 기준으로 미지점의 좌표를 결정하는 측량이다.

139 DGPS 측량방법을 사용하는 이유에 대한 설명으로 옳은 것은?

㉮ 단독(절대)측위보다 빠른 계산을 위하여

㉯ 단독(절대)측위보다 연속적인 위치 계산을 위하여

㉰ 단독(절대)측위보다 실내측위 적용성 향상을 위하여

㉱ 단독(절대)측위보다 정확한 위치를 계산하기 위하여

> DGPS 측량방법은 기지점과 미지점에 기준국 GPS와 이동국 GPS를 각각 설치하고 기준국 GPS에서 구해지는 위치오차량을 이동국 GPS에 연속 보정하여 측위 정확도를 높이는 실시간 측량기법으로 단독(절대)측위보다 정확도가 높다.

정답 135 ㉰ 136 ㉱ 137 ㉱ 138 ㉰ 139 ㉱

04

응용측량

CHAPTER 01

면적 · 체적측량

····01 개요

면적과 체적의 산정은 건설공사의 계획, 시공에 있어서 적정 계획면 설정, 토공량 산정, 수문량 조사를 위한 유역면적, 저수지의 담수량 산정 등에 널리 사용되며, 가옥 및 임야면적 등과 같이 재산권이 개입된 실생활 문제와도 밀접한 관계가 있다.

> **Reference 참고**
>
> 토지의 면적은 경계선을 기준면에 투영하였을 때의 수평면적, 즉 측량구역이 큰 지역은 평균해수면상에, 작은 지역은 임의 수평면상에 투영하여도 무방하다.

····02 면적 산정방법

```
                              ┌ 직접법 : 직접 현지에서 거리를 관측하여 구하는 방법
              관측방법에 ─────┤
              따른 분류        └ 간접법 : 도상에서 구적기 또는 도해적 방법을 이용하여
면적 산정방법 ─┤                           구하는 방법(직접법에 비해 정확도가 떨어진다)
              │              ┌ 수치 계산법 : 삼각형법, 지거법, 다각형법, 좌표법
              계산방법에 ─────┤
              따른 분류        └ 도해법 : 방안법, 구적기를 이용하는 방법
```

(1) 수치 계산에 의한 면적 산정

1) 삼사법

① 밑변과 높이를 관측하여 면적을 구하는 방법이다.

② 삼각형의 밑변과 높이를 되도록 같게 하는 것이 이상적이다.

$$A = \frac{1}{2}ah$$

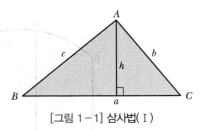

[그림 1-1] 삼사법(Ⅰ)

③ 각의 크기 및 변의 길이를 관측한 경우(협각법)는 다음과 같다.

$$A = \frac{1}{2}ab\sin\gamma = \frac{1}{2}ac\sin\beta = \frac{1}{2}bc\sin\alpha$$

[그림 1-2] 삼사법(Ⅱ)

2) 삼변법(삼각형의 세 변을 관측한 경우)

삼변법은 정삼각형에 가깝게 나누는 것이 이상적이다.

$$A = \sqrt{S(S-a)(S-b)(S-c)}$$

단, $S = \frac{1}{2}(a+b+c)$

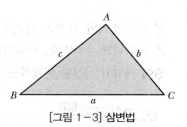

[그림 1-3] 삼변법

3) 좌표법

각 경계점의 좌표(X, Y)를 트래버스 측량으로 취득하여 면적을 산정한다.

$$면적(A) = \frac{1}{2}\{X_1(Y_2 - Y_n) + X_2(Y_3 - Y_1)$$
$$+ X_3(Y_4 - Y_2) + \cdots X_{n-1}(Y_n - Y_{n-2})$$
$$+ X_n(Y_1 - Y_{n-1})\}$$

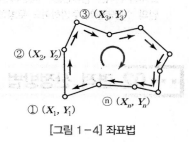

[그림 1-4] 좌표법

4) 지거법

복잡하게 굴곡진 경계선 내의 면적을 구할 때는 앞 방법으로는 불충분하다. 일반적으로 도상에서 구적기를 사용하여 구하지만, 수치계산법으로 구하려면 지거법을 이용한다.

① 심프슨(Simpson) 제1법칙 : 측선의 경계선을 포물선으로 보고, 지거의 두 구간을 한 조로 하여 면적을 구하는 방법이다.

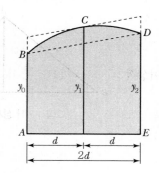
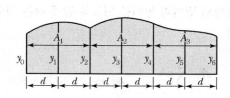

[그림 1-5] 심프슨 제1법칙

$A = \{사다리꼴(ABDE) + 포물선(BCD)\}$

$= \left(2d \times \dfrac{y_0 + y_2}{2}\right) + \dfrac{2}{3}\left(y_1 - \dfrac{y_0 + y_2}{2}\right) \times 2d$가 되며,

나머지 부분에도 위와 같이 적용하여 전면적 A로 표시하면 다음과 같다.

$$A = \dfrac{d}{3}\{y_0 + y_n + 4(y_1 + y_3 + \dots + y_{n-1}) + 2(y_2 + y_4 + \dots + y_{n-2})\}$$

$$= \dfrac{d}{3}\left(y_0 + y_n + 4\sum y_{홀수} + 2\sum y_{짝수}\right)$$

(단, n은 짝수이며 홀수인 경우는 끝의 것은 사다리꼴로 계산함)

② 심프슨(Simpson) 제2법칙 : 측선의 경계선을 3차 포물선으로 보고, 지거의 세 구간을 한 조로 하여 면적을 구하는 방법이다.

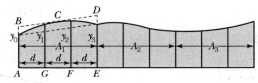

[그림 1-6] 심프슨 제2법칙

$A = \{사다리꼴(ABDE) + 포물선(BCD)\}$

$= \left(3d \times \dfrac{y_0 + y_3}{2}\right) + \dfrac{3}{4}\left(\dfrac{y_1 + y_2}{2} - \dfrac{y_0 + y_3}{2}\right) \times 3d$가 되며,

나머지 부분에도 위와 같이 적용하여 전면적 A로 표시하면 다음과 같다.

$$A = \dfrac{3}{8}d\{y_0 + y_n + 3(y_1 + y_2 + y_4 + y_5 + \dots + y_{n-2} + y_{n-1}) + 2(y_3 + y_6 + \dots + y_{n-3})\}$$

$$= \dfrac{3}{8}d\left(y_0 + y_n + 2\sum y_{3의\ 배수} + 3\sum y_{나머지수}\right)$$

(2) 도해법에 의한 면적 산정

① 구적기(Planimeter)에 의한 면적 계산

등고선과 같이 경계선이 매우 복잡한 도형의 면적을 신속, 간편하게 구해 건설공사에 매우 활용도가 높으며 극식과 무극식이 있다.

[그림 1-7] 무극식 구적기

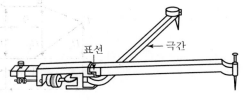

[그림 1-8] 극식 구적기

② 방안법에 의한 면적 계산

투사지에 일정한 간격으로 격자선을 그려서 도면상에 얹어놓고 구하려는 면적에 둘러싸인 부분의 격자수를 센다. 경계선이 격자에 들어간 경우에는 비례에 의하여 그 자릿수를 읽는다.

(3) 횡단면적 산정

토공량을 알기 위해 횡단면적을 관측하며, 주로 좌표법에 의하여 산정된다.

① 수평단면인 경우

$$d_1 = d_2 = \frac{w}{2} + sh$$

$$A = H(w + sh)$$

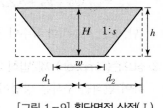

[그림 1-9] 횡단면적 산정(Ⅰ)

② 등경사단면인 경우

$$d_1 = \left(H + \frac{w}{2s}\right)\left(\frac{ns}{n+s}\right)$$

$$d_2 = \left(H + \frac{w}{2s}\right)\left(\frac{ns}{n-s}\right)$$

$$A = \frac{d_1 d_2}{s} - \frac{w^2}{4s} = sh_1 h_2 + \frac{w}{2}(h_1 + h_2)$$

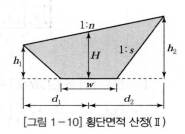

[그림 1-10] 횡단면적 산정(Ⅱ)

③ 불규칙단면의 경우

분모에는 횡좌표, 분자에는 종좌표를 기입한다.

$$\frac{H_2}{D_2} \cdot \frac{H_1}{D_1} \cdot \frac{C}{O} \cdot \frac{h_1}{d_1} \cdot \frac{h_2}{h_2}$$

$$\frac{O}{-\frac{w}{2}} \cdot \frac{H_2}{-D_2} \cdot \frac{H_1}{-D_1} \cdot \frac{C}{O} \cdot \frac{h_1}{+d_1} \cdot \frac{h_2}{+d_2} \cdot \frac{O}{+\frac{w}{2}}$$

즉, 각 항의 분모 우측에 그 부호와 반대의 부호를 기입한다.

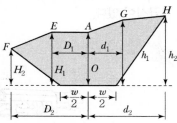

[그림 1-11] 횡단면적 산정(Ⅲ)

···03 면적의 분할

(1) 한 변에 평행한 직선에 따른 분할(평행분할)

$$\frac{\triangle ADE}{\triangle ABC} = \frac{m}{m+n} = \left(\frac{\overline{DE}}{\overline{BC}}\right)^2 = \left(\frac{\overline{AD}}{\overline{AB}}\right)^2 = \left(\frac{\overline{AE}}{\overline{AC}}\right)^2$$

$$\overline{AD} = \overline{AB}\sqrt{\frac{m}{m+n}} \ , \ \overline{AE} = \overline{AC}\sqrt{\frac{m}{m+n}}$$

$$\overline{DE} = \overline{BC}\sqrt{\frac{m}{m+n}}$$

[그림 1-12] 평행분할

(2) 변상의 고정점을 지나는 직선에 따른 분할(임의분할)

$$\frac{\triangle ADE}{\triangle ABC} = \frac{m}{m+n} = \frac{(\overline{AD} \cdot \overline{AE})}{(\overline{AB} \cdot \overline{AC})}$$

$$\overline{AD} = \frac{m}{m+n}\left(\frac{\overline{AB} \cdot \overline{AC}}{\overline{AE}}\right)$$

$$\overline{AE} = \frac{m}{m+n}\left(\frac{\overline{AB} \cdot \overline{AC}}{\overline{AD}}\right)$$

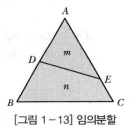

[그림 1-13] 임의분할

(3) 한 꼭짓점을 지나는 직선에 따른 분할(꼭짓점 분할)

$$\frac{\triangle ABD}{\triangle ABC} = \frac{m}{m+n} = \frac{\overline{BD}}{\overline{BC}}$$

$$\overline{BD} = \frac{m}{m+n}\overline{BC}$$

$$\frac{\triangle ADC}{\triangle ABC} = \frac{n}{m+n} = \frac{\overline{DC}}{\overline{BC}}$$

$$\overline{DC} = \frac{n}{m+n}\overline{BC}$$

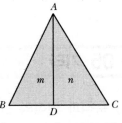

[그림 1-14] 꼭짓점 분할

(4) 사각형의 분할(밑변의 평행분할)

$$\overline{EF} = \sqrt{\frac{m\overline{AD}^2 + n\overline{BC}^2}{m+n}}$$

$$\overline{AE} = \frac{\overline{AD} - \overline{EF}}{\overline{AD} - \overline{BC}} \cdot \overline{AB}$$

[그림 1-15] 사각형 분할

···04 관측면적의 정확도

(1) 거리관측의 정확도가 동일한 정도가 아닌 경우

$$\frac{dA}{A} = \frac{dx}{x} + \frac{dy}{y}$$

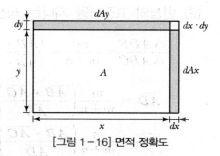

[그림 1-16] 면적 정확도

(2) 거리관측의 정확도가 동일한 경우(정방향)

$$\frac{dx}{x} = \frac{dy}{y} = K 로 \ 놓으면 \ \frac{dA}{A} = 2K \ \therefore \ dA = 2KA$$

즉, 면적측량의 정확도는 거리측량 정확도의 2배가 된다.

···05 기타

(1) 축척과 면적의 관계

$$(축척)^2 = \left(\frac{1}{m}\right)^2 = \frac{도상면적}{실제면적}$$

(2) 실제면적 산정

$$실제면적(진면적) = \frac{(부정길이)^2 \times 관측면적}{(표준길이)^2}$$

(3) 면적의 부정오차 전파

$$면적의\ 부정오차(M) = \pm\sqrt{(l_2 m_1)^2 + (l_1 m_2)^2}$$

(4) 단위면적과 축척

$$\frac{a_1}{m_1^{\,2}} = \frac{a_2}{m_2^{\,2}} \qquad \therefore\ a_2 = \left(\frac{m_2}{m_1}\right)^2 \cdot a_1$$

여기서, a_1 : 축척 $\dfrac{1}{m_1}$ 인 도면의 단위면적

a_2 : 축척 $\dfrac{1}{m_2}$ 인 도면의 단위면적

···06 체적 산정방법

토공량을 산정하는 것으로 토목공사에는 단면법, 점고법, 등고선법 등이 주로 행하여진다.

(1) 단면에 의한 체적 계산

철도, 도로, 수로 등과 같이 긴 노선의 토공량 산정 시 이용된다.

① 각주공식(Prismoidal Formula)

다각형인 양단면이 평행이며 $(A_1,\ A_2)$ 중앙의 면적(A_m)을 구하고 심프슨 제1법칙을 적용하여 구하면 된다.

$$V_0 = \frac{h}{3}(A_1 + 4A_m + A_2)$$

또는,

$$V_0 = \frac{l}{6}(A_1 + 4A_m + A_2)$$

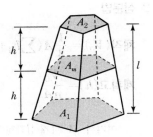

[그림 1 − 17] 단면법에 의한 체적 산정

② 양단면평균법(End Area Formula)

$$V_0 = \left(\frac{A_1 + A_2}{2}\right) \times l$$

여기서, A_1, A_2 : 양단면의 면적
l : A_1에서 A_2까지 거리

③ 중앙단면법(Middle Area Formula)

$$V_0 = A_m \times l$$

※ 단면법에 의해 구해진 토량은 일반적으로 양단면평균법(과다) > 각주공식(정확) > 중앙단면
법(과소)을 갖는다.

(2) 점고법에 의한 체적 계산(Computation of Volume by Spot Levels)

장방형지역의 토공량 계산에 널리 이용된다.

① 사분법

$$체적(V_0) = \frac{1}{4}A\left(\sum h_1 + 2\sum h_2 + 3\sum h_3 + 4\sum h_4\right)$$

$$계획고(h) = \frac{V_0}{nA}$$

여기서, A : 1개 사각형의 면적$(a \times b)$
n : 사각형의 수
$h_1, \cdots, h_4$: 직사각형의 모서리 높이

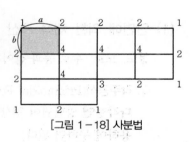

[그림 1-18] 사분법

② 삼분법

$$체적(V_0) = \frac{1}{3}A\left(\sum h_1 + 2\sum h_2 + \cdots + 8\sum h_8\right)$$

$$계획고(h) = \frac{V_0}{nA}$$

여기서, A : 1개 삼각형의 면적$\left(\frac{1}{2}a \times b\right)$
n : 삼각형의 수
$h_1, \cdots, h_8$: 삼각형의 모서리 높이

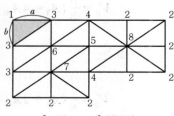

[그림 1-19] 삼분법

(3) 등고선법에 의한 체적 계산

저수지 용적 등 체적을 근사적으로 구하는 경우 대단히 편리한 방법이다.

$$체적(V_0) = \frac{h}{3}\{A_0 + A_n + 4(A_1 + A_3 + A_5) + 2(A_2 + A_4 + A_6)\}$$

여기서, V_0 : 저수지의 용량
A : 각 단면의 면적
h : 등고선의 간격

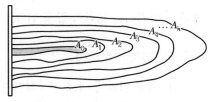

[그림 1-20] 등고선에 의한 체적 산정

···07 관측체적의 정확도 및 부정오차

관측된 수평 및 수직거리 x, y, z의 거리오차를 dx, dy, dz라 하고 거리관측의 정확도가 k로 일정하다고 할 때 체적오차 dV는 다음과 같다.

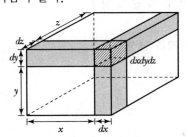

[그림 1-21] 체적측량의 정확도

$$dV = (x+dx)(y+dy)(z+dz) - xyz$$
$$= xydz + xzdy + xdydz + yzdx + ydxdz + zdxdy + dxdydz$$

미소항의 2차식을 무시하고, 양변을 체적(V)으로 나누면 체적측량의 정확도는 다음과 같다.

$$\frac{dV}{V} = \frac{dz}{z} + \frac{dy}{y} + \frac{dx}{x} = 3k$$

즉, 체적측량의 정확도는 거리측량 정확도의 3배가 된다.

$$체적의\ 부정오차(\Delta V) = \pm\sqrt{(m_1yz)^2 + (m_2xz)^2 + (m_3xy)^2}$$

···**08** 유토곡선(Mass Curve)

어느 절토가 어느 성토에 유용하고, 어느 절토에 사토하고, 어느 성토에 토취장에서 보급할 것인가를 결정하는 것을 토량 배분이라고 말한다. 토량 배분에는 토적도 또는 토적 곡선을 이용하는 것이 편리하며, 토적도를 작성하려면 먼저 토량 계산서를 작성하여야 하고, 토량 배분에 의해서 계획 토량과 운반거리를 명확히 알게 된다.

(1) 유토곡선의 작성

① 측량 결과에 의해 종·횡단면도를 그린다.
② 종단면도 아래에 토적 곡선을 그린다. 이때 누가 토량에 의해 토적 곡선을 작성한다.
③ 종축에 누가 토량을 취하고, 횡축에 거리를 취하여 종단면도의 각 측점에 대응하는 누가 토량을 도시하여 토적 곡선을 작도한다.

(2) 유토곡선을 작성하는 이유

① 토량 이동에 따른 공사 방법 및 순서 결정
② 평균 운반거리 산출
③ 운반거리에 의한 토공 기계를 산정
④ 토량 배분

(3) 유토곡선의 성질

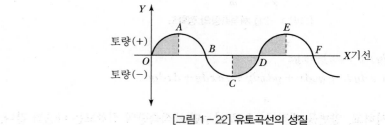

[그림 1-22] 유토곡선의 성질

① 유토곡선이 하향인 구간은 성토구간(AC, EF)이고, 상향인 구간은 절토구간(OA, CE)이다.
② 유토곡선의 극소점(C)은 성토에서 절토로 옮기는 점이고, 극대점(A, E)은 절토에서 성토로 옮기는 점이다.
③ 절토와 성토의 평균운반거리는 유토곡선 토량의 1/2점 간의 거리로 한다.
④ 평균운반거리는 절토부분의 중심과 성토부분의 중심 간의 거리를 의미한다.
⑤ B, D, F는 토량 이동이 없는 평행부분이다.

CHAPTER 01 실전문제

실전문제 TIP

01 **불규칙한 경계선에 둘러싸인 지역의 면적을 되도록 정확하게 측정하는 방법은?**

㉮ 트래버스측량(多角測量, Traverse)으로 골조측량을 하여 이것부터 만든 도면 위에서 면적을 구적기(Planimeter)로 측정한다.
㉯ 트래버스측량으로 골조를 만들고, 이것부터 만든 도면에서 트래버스 내는 삼사법으로 주변은 구적기로 면적을 측정한다.
㉰ 트래버스측량에 의하여 트래버스 내의 면적을 계산하고 주변은 지거법으로 측정한 결과를 심프슨 법칙으로 면적을 계산한다.
㉱ 트래버스 내는 트래버스측량으로 면적을 계산하고 주변은 구적기로 면적을 측정한다.

면적측정의 정도를 좋게 하려면 실제로 관측한 값을 기본으로 구하는 것이 좋다. 즉, ㉰의 방법은 트래버스를 기본으로 계산하는 것이 가장 정도가 좋으며, 지거는 주변의 형이 복잡한 경우는 그 수를 많이 취해야 한다.

02 **축척이 1/600인 도면상에서 그림과 같은 값을 얻었을 때 삼각형의 면적은?**

㉮ 33.54m^2
㉯ 67.08m^2
㉰ 101.24m^2
㉱ 201.24m^2

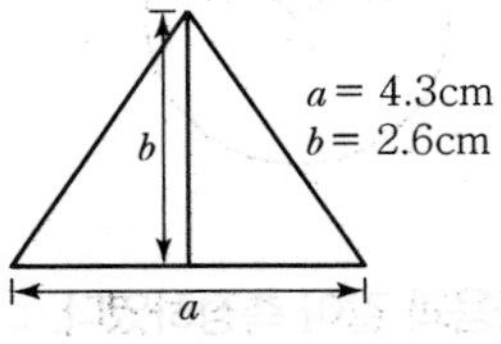

a = 4.3cm
b = 2.6cm
b
a

$$A=\frac{1}{2}ab$$
$$=\frac{1}{2}\times 4.3\times 2.6=5.59\text{cm}^2$$
$$(\text{축척})^2=\frac{\text{도상면적}}{\text{실제면적}}$$
$$\left(\frac{1}{600}\right)^2=\frac{5.59}{\text{실제면적}}$$
$$\therefore \text{실제면적}=2{,}012{,}400\text{cm}^2$$
$$=201.24\text{m}^2$$

03 **양변이 80m와 100m이고 그에 낀 각이 60°인 삼각형의 면적은?**

㉮ $3{,}464\text{m}^2$
㉯ $4{,}500\text{m}^2$
㉰ $4{,}800\text{m}^2$
㉱ $6{,}928\text{m}^2$

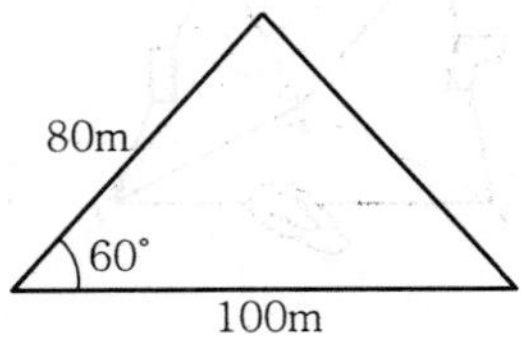

80m
60°
100m

$$A=\frac{1}{2}ab\sin\theta$$
$$=\frac{1}{2}\times 80\times 100\times \sin 60°$$
$$=3{,}464\text{m}^2$$

정답 01 ㉰ 02 ㉱ 03 ㉮

실전문제 TIP

04 삼사법에 의하여 면적을 계산할 때 정확도를 좋게 하기 위한 방법으로서 가장 타당한 것은?

㉮ 삼각형의 정점을 공통되게 한다.
㉯ 밑변을 공통되게 한다.
㉰ 밑변과 높이를 거의 같게 한다.
㉱ 되도록 밑변을 높이보다 길게 한다.

◉ 삼각형의 면적에 있어서는 밑변과 높이가 같은 영향을 미치므로 길이를 같게 하는 것이 좋다.

05 삼각형의 3변의 길이가 다음과 같을 때 면적을 구한 값은?(단, 3변의 길이는 $a=32\mathrm{m}$, $b=16\mathrm{m}$, $c=20\mathrm{m}$이다.)

㉮ 2,016m²　　　　㉯ 1,309m²
㉰ 201.6m²　　　　㉱ 130.9m²

◉ $S=\dfrac{1}{2}(a+b+c)=34\mathrm{m}$
∴ $A=\sqrt{S(S-a)(S-b)(S-c)}$
$=130.9\mathrm{m}^2$

06 다음과 같이 반지름 $R=10\mathrm{m}$인 원에서 $\angle AOB=75°$일 때 빗금 친 부분의 넓이는 얼마인가?

㉮ 52.50m²
㉯ 35.01m²
㉰ 25.78m²
㉱ 17.15m²

◉ 빗금 친 면적 = 부채꼴 면적−빗금 친 부분을 제외한 면적
$A=\left(\pi R^2\times\dfrac{75°}{360°}\right)$
$\quad-\left(\dfrac{1}{2}\times R^2\times\sin 75°\right)$
$=17.15\mathrm{m}^2$

07 □ABCD의 면적을 구하기 위하여 다음과 같이 측정하였다. □ABCD의 정확한 면적은?(단, $\overline{AP}=70\mathrm{m}$, $\overline{BP}=60\mathrm{m}$, $\overline{CP}=65\mathrm{m}$, $\overline{DP}=64\mathrm{m}$, $\angle APB=60°$, $\angle BPC=90°$, $\angle CPD=120°$, $\angle DPA=90°$)

㉮ 7,810m²
㉯ 7,850m²
㉰ 7,875m²
㉱ 7,906m²

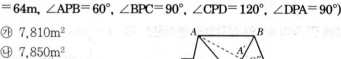
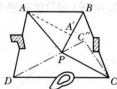

◉ $A=\left(\dfrac{1}{2}\times70\times60\times\sin60°\right)$
$+\left(\dfrac{1}{2}\times60\times65\times\sin90°\right)$
$+\left(\dfrac{1}{2}\times64\times65\times\sin120°\right)$
$+\left(\dfrac{1}{2}\times64\times70\times\sin90°\right)$
$=7,810\mathrm{m}^2$

정답 **04** ㉰　**05** ㉱　**06** ㉱　**07** ㉮

08 다음 중 폐합트래버스의 경, 위거 계산에 $\overline{CD}$ 측선의 횡거를 구하여 전체의 면적을 구한 값은?

측선	위거	경거	배횡거	배면적	
				(+)	(−)
$\overline{AB}$	+65.39	+83.57	+83.57		
$\overline{BC}$	−34.57	+18.68	+185.82		
$\overline{CD}$	−65.43	−40.60			
$\overline{DA}$	+34.61	−61.65			

㉮ 12,473.08m² ㉯ 9,680.25m²

㉰ 6,236.54m² ㉱ 4,774.72m²

• $\overline{CD}$의 배횡거
$= 185.82 + 18.68 - 40.60$
$= 163.90$m
• $\overline{DA}$의 배횡거
$= 163.90 - 40.60 - 61.65$
$= 61.65$m
• $\overline{AB}$의 배면적
$= 65.39 \times 83.57 = 5,464.64$m²
• $\overline{BC}$의 배면적
$= -34.57 \times 185.82$
$= -6,423.80$m²
• $\overline{CD}$의 배면적
$= -65.43 \times 163.90$
$= -10,723.98$m²
• $\overline{BA}$의 배면적
$= 34.61 \times 61.65 = 2,133.71$m²
∴ 면적
$= \left\{ \dfrac{1}{2}(5,464.64 - 6,423.80 \right.$
$\left. - 10,723.98 + 2,133.71) \right\}$
$= 4,774.72$m²

09 다음 그림에서 토공 단면적을 계산하는 식은?

㉮ $\dfrac{bk}{2} + \dfrac{mk}{2}$

㉯ $\dfrac{bh}{2} + mk$

㉰ $\dfrac{bk}{2} + \dfrac{mh}{2}$

㉱ $\dfrac{bh}{2} + \dfrac{mk}{2}$

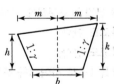

$A = \dfrac{bh}{2} + \dfrac{2mh}{2} + \dfrac{2m}{2}(k-h)$
$= \dfrac{bh}{2} + mk$

10 그림의 토공 단면적은?(단, $m = n$, $h = k$)

㉮ $\dfrac{1}{2}(m + n + b)d$

㉯ $\dfrac{1}{2}(b + d)m \times n$

㉰ $\dfrac{1}{2}(m + n)b \times d$

㉱ $\dfrac{1}{2}(m + b)n \times d$

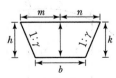

사다리꼴 면적 공식을 적용하면 단면적을 구할 수 있다.

정답 08 ㉱ 09 ㉯ 10 ㉮

11 다음 그림과 같은 도로 횡단면의 면적은 얼마인가?

㉮ 27.5m²

㉯ 37.5m²

㉰ 55m²

㉱ 75m²

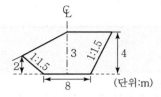

(단위:m)

⊙ • Ⓐ의 면적
$$= \left(\frac{2+3}{2} \times 7\right) - \left(\frac{3 \times 2}{2}\right)$$
$$= 14.5\text{m}^2$$

• Ⓑ의 면적
$$= \left(\frac{3+4}{2} \times 10\right) - \left(\frac{6 \times 4}{2}\right)$$
$$= 23\text{m}^2$$

∴ 총단면적(A) = Ⓐ + Ⓑ
$$= 14.5 + 23 = 37.5\text{m}^2$$

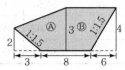

12 그림과 같은 배수로의 배수 단면적 계산 공식은?

㉮ $(B+2m)H$

㉯ $BH+mH$

㉰ $BH+H^2/m$

㉱ $(B+mH)H$

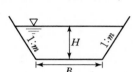

⊙ $A = \dfrac{B+(2mH+B)}{2} \times H$
$$= \dfrac{2(mH+B)}{2} \times H$$
$$= (mH+B)H$$

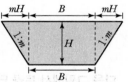

13 심프슨 법칙을 설명한 내용 중 옳지 않은 것은?

㉮ 심프슨 법칙을 이용하는 경우 지거 간격은 균등하게 하여야 한다.

㉯ 심프슨의 제1법칙을 1/3법칙이라고도 한다.

㉰ 심프슨의 제2법칙을 3/8법칙이라고도 한다.

㉱ 심프슨의 제2법칙은 사다리꼴 2개를 1조로 하여 3차 포물선으로 생각하여 면적을 계산한다.

⊙ 심프슨의 제2법칙은 사다리꼴 3개를 1조로 하여 3차 포물선으로 생각하여 면적을 계산한다.

14 도형의 면적을 구할 경우 그림에서 곡선의 AB를 2차 곡선으로 가정할 때 그 면적 ABEF를 구하는 공식은?

㉮ $S = \dfrac{S}{2}(y_0 + y_1 + y_2)$

㉯ $S = \dfrac{S}{2}(y_0 + 3y_1 + y_2)$

㉰ $S = \dfrac{S}{3}(y_0 + 4y_1 + y_2)$

㉱ $S = \dfrac{S}{2}(y_0 + 4y_1 + y_2)$

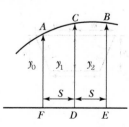

⊙ AB를 2차 곡선으로 가정한 경우이므로 Simpson 제1법칙이다.

실전문제 TIP

15 다음 식 중에서 심프슨의 식(제1법칙)은 어느 것인가?

㉮ $A=\frac{l}{3}\left\{\begin{array}{l}h_0+h_n+\frac{1}{2}(h_1+h_3+\ldots+h_{n-1})\\+(h_2+h_4+\ldots+h_{n-2})\end{array}\right\}$

㉯ $A=\frac{l}{3}\left\{\begin{array}{l}h_0+h_n+\frac{1}{4}(h_1+h_3+\ldots+h_{n-2})\\+(h_2+h_4+\ldots+h_{n-2})\end{array}\right\}$

㉰ $A=\frac{l}{3}\left\{\begin{array}{l}h_0+h_n+2(h_1+h_3+\ldots+h_{n-1})\\+(h_2+h_4+\ldots+h_{n-2})\end{array}\right\}$

㉱ $A=\frac{l}{3}\left\{\begin{array}{l}h_0+h_n+4(h_1+h_3+\ldots+h_{n-1})\\+2(h_2+h_4+\ldots+h_{n-2})\end{array}\right\}$

⊙ $A=\frac{l}{3}(h_0+h_n+4\Sigma h_{\text{홀수}}+2\Sigma h_{\text{짝수}})$

16 다음과 같은 토지의 면적을 심프슨 제1법칙으로 구하면 얼마인가?

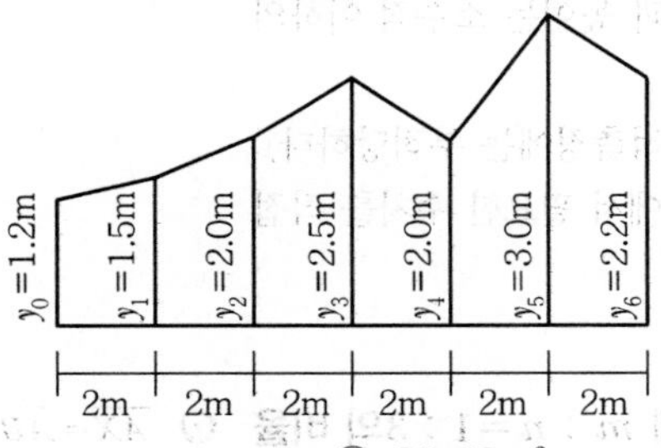

㉮ 26.26m² ㉯ 25.43m²
㉰ 25.40m² ㉱ 24.96m²

⊙ $A=\frac{d}{3}\{y_0+y_6+4(y_1+y_3+y_5)+2(y_2+y_4)\}$
$=\frac{2}{3}\{1.2+2.2+4(1.5+2.5+3.0)+2(2.0+2.0)\}$
$=26.26\text{m}^2$

17 심프슨(Simpson) 제2법칙을 이용하여 다음 그림의 면적을 구한 값은?

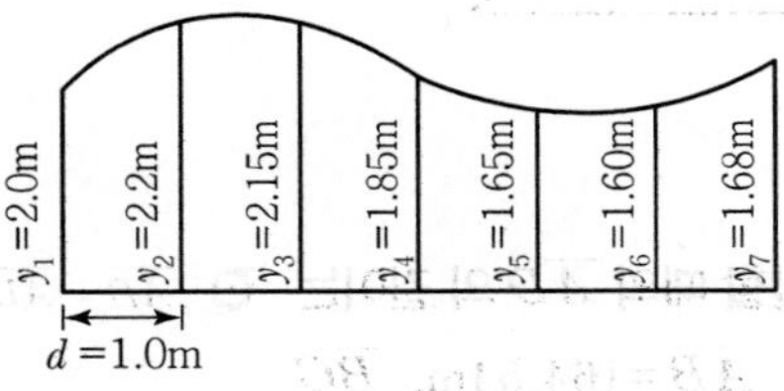

㉮ 10.24m² ㉯ 11.32m²
㉰ 11.71m² ㉱ 12.07m²

⊙ $A=\frac{3}{8}d\{y_1+y_7+3(y_2+y_3+y_5+y_6)+2(y_4)\}$
$=\frac{3}{8}\times1.0\{2.0+1.68+3(2.2+2.15+1.65+1.60)+2(1.85)\}$
$=11.32\text{m}^2$

정답 15 ㉱ 16 ㉮ 17 ㉯

18 토지의 면적 계산에 사용되는 심프슨의 제2법칙은 그림과 같은 포물선 AMNB의 면적(빗금 친 부분)을 사각형 ABCD 면적의 얼마로 보고 유도한 공식인가?

㉮ 약 1/2

㉯ 약 2/3

㉰ 약 3/4

㉱ 약 3/8

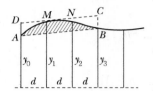

$A = (\text{사다리꼴}) + \text{포물선}(AMNB)$

$= \left(3d \times \dfrac{y_0 + y_3}{2}\right)$

$+ \dfrac{3}{4}\left(\dfrac{y_1 + y_2}{2} - \dfrac{y_0 + y_3}{2}\right)$

즉, 포물선 AMNB의 면적을 사각형 ABCD 면적의 $\dfrac{3}{4}$으로 보고 유도한 공식이다.

19 면적측정에 관한 설명 중 틀린 것은?

㉮ 구적기에 의한 면적측정은 측정면적이 적을수록 정밀도가 떨어진다고 한다.

㉯ 삼사법에 의한 면적측정은 반드시 밑변과 높이는 소수점 이하의 수치가 같지 않아도 된다.

㉰ 구적기는 불규칙한 형인 토지면적의 면적측정에는 부적당하다.

㉱ 소구역의 토지의 면적을 구할 때는 현지에서 필요한 수치를 직접 측정해서 구하는 것이 적당하다.

구적기는 불규칙한 형의 토지면적 측정에 가장 널리 이용되는 방법이다.

20 그림과 같이 토지의 1변 $\overline{BC}$에 평행하게 $m : n = 1 : 3$의 비율로 분할하고자 할 경우 $\overline{AB}$의 길이가 75m라면 $\overline{AX}$는 얼마나 되겠는가?

㉮ 33.2m

㉯ 37.5m

㉰ 37.8m

㉱ 36.7m

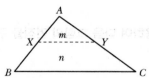

$\overline{AX} = \overline{AB}\sqrt{\dfrac{m}{m+n}}$

$= 75\sqrt{\dfrac{1}{1+3}} = 37.5\text{m}$

21 그림과 같이 △ABC의 면적을 1 : 2로 분할할 때의 $\overline{AD}$의 길이는 얼마인가?(단, $\overline{BC}$와 $\overline{DE}$는 평행이고, $\overline{AB} = 164.54\text{m}$, $\overline{BC} = 156.46\text{m}$, $\overline{AC} = 135.20\text{m}$이다.)

㉮ 약 93m

㉯ 약 94m

㉰ 약 95m

㉱ 약 96m

$\overline{AD} = \overline{AB}\sqrt{\dfrac{S}{S+2S}}$

$= 164.54\sqrt{\dfrac{1}{3}}$

$= 94.997\text{m}$

$= 95\text{m}$

22 그림과 같은 토지의 한 변 $\overline{BC}=52\text{m}$상의 점 D와 $\overline{AC}=46\text{m}$상의 점 E를 연결하여 $\triangle ABC$의 면적을 2등분하려면 $\overline{AE}$의 길이를 얼마로 하면 좋은가?

㉮ 18.8m

㉯ 20.8m

㉰ 22.4m

㉱ 24.6m

◉ 먼저 $\overline{CE}$를 구하면

$$\overline{CE}=\frac{\overline{AC}\cdot\overline{BC}}{\overline{CD}}\times\frac{n}{m+n}$$

$$=\frac{46\times52}{44}\times\frac{1}{2}=27.2\text{m}$$

$$\therefore\ \overline{AE}=\overline{AC}-\overline{CE}$$
$$=46-27.2=18.8\text{m}$$

---

23 그림과 같은 삼각형의 토지 ABC를 B점에서 임의의 넓이로 분할하고자 한다. $\overline{AD}$의 길이를 얼마로 하여야 하는가?(단, ABC의 면적$=M$, 임의의 넓이$=m$으로 한다.)

㉮ $\overline{AD}=\dfrac{m}{M}\cdot\overline{AC}$

㉯ $\overline{AD}=\dfrac{M}{m}\cdot\overline{AC}$

㉰ $\overline{AD}=\dfrac{m}{M}+\overline{AC}$

㉱ $\overline{AD}=\dfrac{m}{M}-\overline{AC}$

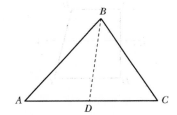

◉ $\overline{AD}=\dfrac{m}{m+n}$, $\overline{AD}=\dfrac{m}{M}\overline{AC}$

---

24 그림과 같은 삼각형의 꼭짓점 A로부터 밑변을 향해서 직선 $a:b:c=5:3:2$의 비율로 면적을 분할하려면 $\overline{BP}$, $\overline{PQ}$는 각각 얼마로 해야 하는가?(단, $\overline{BC}=150\text{m}$)

㉮ 67.5m,   80m

㉯ 75m,   45m

㉰ 88.9m,   80m

㉱ 88.9m,   67.5m

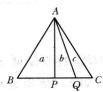

◉
• $\overline{BP}=\dfrac{a}{a+b+c}\times\overline{BC}$

$$=\frac{5}{10}\times150=75\text{m}$$

• $\overline{BQ}=\dfrac{(a+b)}{a+b+c}\times\overline{BC}$

$$=\frac{8}{10}\times150=120\text{m}$$

$$\therefore\ \overline{PQ}=\overline{BQ}-\overline{BP}$$
$$=120-75=45\text{m}$$

정답 **22** ㉮ **23** ㉮ **24** ㉯

25 측선 $\overline{AB}$ 밖의 정점 C에서 수선을 내려 그 발 F점을 구하는 측량 ⊙ 과정에서 $\overline{AF}$를 구하는 식은?

$\overline{DF} : \overline{DC} = \overline{DE} : \overline{DG}$

$\therefore \overline{DF} = \dfrac{\overline{DC} \times \overline{DE}}{\overline{DG}}$

㉮ $\overline{DF} = \dfrac{\overline{DC} \cdot \overline{DE}}{\overline{DG}}$

㉯ $\overline{DF} = \dfrac{\overline{DG} \cdot \overline{DE}}{\overline{DC}}$

㉰ $\overline{DF} = \dfrac{\overline{DG} \cdot \overline{DC}}{\overline{DE}}$

㉱ $\overline{DF} = \dfrac{\overline{DG}^2 + \overline{DC}^2 + \overline{DE}^2}{\overline{DG} \cdot \overline{DC} \cdot \overline{DE}}$

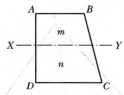

26 그림과 같은 4변형의 토지를 $\overline{AD}$를 평행하게 $m:n = 2:3$으로 ⊙ 면적을 분할하고자 한다. $\overline{AB} = 50\text{m}$, $\overline{AD} = 80\text{m}$, $\overline{CD} = 80\text{m}$ 일 때 $\overline{AX}$는?

㉮ 17.6m

㉯ 19.8m

㉰ 36.5m

㉱ 24.4m

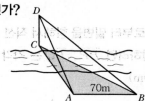

$\overline{XY} = \sqrt{\dfrac{m\overline{CD}^2 + n\overline{AB}^2}{m+n}}$

$= \sqrt{\dfrac{2 \times 80^2 + 3 \times 50^2}{2+3}} = 63.7\text{m}$

$\therefore \overline{AX} = \dfrac{\overline{AD}(\overline{XY} - \overline{AB})}{\overline{CD} - \overline{AB}}$

$= \dfrac{80(63.7 - 50)}{80 - 50} = 36.5\text{m}$

27 강 건너에 있는 굴뚝의 높이를 알고자 다음과 같은 측량결과를 얻 ⊙ 었다. $\angle ABC = 45°$, $\angle BAC = 70°$, $\angle CBD = 26°$, $\overline{AB} = 70\text{m}$이다. 굴뚝의 높이는 얼마인가?

㉮ 약 35m

㉯ 약 33m

㉰ 약 31m

㉱ 약 29m

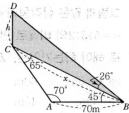

$\dfrac{70}{\sin 65°} = \dfrac{x}{\sin 70°} \rightarrow$

$x = \dfrac{\sin 70°}{\sin 65°} \times 70 ≒ 72.58\text{m}$

$\therefore h = 72.58 \times \tan 26° = 35.4\text{m}$

28 사변형 $ABCD$의 C를 통하여 면적을 2등분할 때 $\overline{PD}$의 길이 ⊙ 는?(단, $ABCD$의 면적은 1,800m²이고, $\overline{CE}$의 길이는 60m임)

㉮ 24m

㉯ 26m

㉰ 28m

㉱ 30m

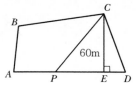

$\triangle PCD$의 면적 $= \dfrac{1,800}{2} = 900\text{m}^2$

$\triangle PCD$의 면적 $= \dfrac{1}{2} \times \overline{PD} \times \overline{CE}$

$= 900\text{m}^2$

$\therefore \overline{PD} = \dfrac{2 \times 900}{60} = 30\text{m}$

29 축척 1/1,000의 단면적이 10m²일 때 이것을 이용하여 1/2,000의 축척에 의한 면적을 구할 경우의 단위면적을 구한 값은?

- ㉮ 60m²
- ㉯ 40m²
- ㉰ 20m²
- ㉱ 5m²

$$a_2 = \left(\frac{m_2}{m_1}\right)^2 a_1$$
$$= \left(\frac{2,000}{1,000}\right)^2 \times 10$$
$$= 40\text{m}^2$$

30 지상 1km²의 면적을 지도상에서 4cm²로 표시하기 위해서는 다음 중 어느 축척으로 하여야 하는가?

- ㉮ 1/500
- ㉯ 1/5,000
- ㉰ 1/50,000
- ㉱ 1/500,000

$$A = 4\text{cm}^2 = (2\text{cm})^2$$
$$\rightarrow L = 2\text{cm}$$
$$\therefore \ \text{축척}\left(\frac{1}{m}\right) = \frac{\text{도상거리}}{\text{실제거리}}$$
$$= \frac{2}{100,000} = \frac{1}{50,000}$$

31 축척 1/50,000의 도면상에서 어떤 토지개량지구의 면적을 구하였더니 45.50cm²였다. 실제면적은?

- ㉮ 1,138ha
- ㉯ 1,238ha
- ㉰ 1,328ha
- ㉱ 1,183ha

$$(\text{축척})^2 = \left(\frac{1}{m}\right)^2 = \frac{\text{도상면적}}{\text{실제면적}}$$
$$= \left(\frac{1}{50,000}\right)^2 = \frac{45.50}{\text{실제면적}}$$
$$\therefore \ \text{실제면적} = 1,138 \times 10^4 \text{m}^2$$
$$= 1,138\text{ha}$$
여기서, 1ha = 10,000m²

32 한 변의 길이가 10m인 정방형을 축척 1/300 도상에서 측정한 경우 면적정확도는 몇 %가 되겠는가?(단, 변의 측정오차를 도상에서 0.2mm로 함)

- ㉮ 0.36%
- ㉯ 1.2%
- ㉰ 3.7%
- ㉱ 6.0%

$$\text{축척}\left(\frac{1}{m}\right) = \frac{\text{도상거리}}{\text{실제거리}} \rightarrow$$
$$\frac{1}{300} = \frac{0.2}{\text{실제 측정오차}}$$
실제 측정오차 = 60mm = 0.06m
$$\therefore \ \text{면적정확도}\left(\frac{dA}{A}\right)$$
$$= 2\frac{dl}{l} = \frac{2 \times 0.06}{10}$$
$$= 0.012 = 1.2\%$$

33 거리측정의 정확도가 $\dfrac{1}{m}$로 측정된 토지측량의 면적의 정확도는 얼마인가?

- ㉮ 약 $\dfrac{1}{m}$
- ㉯ 약 $\dfrac{1}{m^2}$
- ㉰ 약 $\dfrac{2}{m}$
- ㉱ 약 $\dfrac{1}{\sqrt{m}}$

$$\frac{dA}{A} = \frac{1}{m} + \frac{1}{m} = \frac{2}{m}$$

34 100m^2의 정방형 토지의 면적을 0.1m^2까지 정확하게 구하자면 이에 필요한 1변의 길이는?

㉮ 한 변의 길이를 1cm까지 정확하게 읽어야 한다.

㉯ 한 변의 길이를 1mm까지 정확하게 읽어야 한다.

㉰ 한 변의 길이를 5cm까지 정확하게 읽어야 한다.

㉱ 한 변의 길이를 5mm까지 정확하게 읽어야 한다.

$$\frac{dA}{A} = 2\frac{dl}{l} \rightarrow$$
$$\frac{0.1}{100} = 2 \times \frac{dl}{10}$$
$$\therefore dl = 0.005\text{m} = 5\text{mm}$$

35 장방형 토지를 측정하니 75.45m와 48.55m이었다. 길이의 측정값에 ±1cm의 오차가 있는 것으로 한다면 면적의 오차는?

㉮ ±1.4m² ㉯ ±1.2m² ㉰ ±1.1m² ㉱ ±0.9m²

$$M = \pm\sqrt{(ym_1)^2 + (xm_2)^2}$$
$$= \pm\sqrt{(0.01\times75.45)^2 + (0.01\times48.55)^2}$$
$$= \pm0.9\text{m}^2$$

36 장방형의 두 변을 측정하여 $x_1 = 25\text{m}$, $x_2 = 50\text{m}$를 얻었다. 줄자의 1m당 평균자승오차는 ±3mm일 때 면적의 평균자승오차는?

㉮ ±0.15m² ㉯ ±0.21m²

㉰ ±0.84m² ㉱ ±0.92m²

• $M_1 = \pm3\text{mm}\sqrt{25\text{m}} = 0.015\text{m}$
• $M_2 = \pm3\text{mm}\sqrt{50\text{m}} = 0.021\text{m}$

∴ 오차총합(M)
$$= \pm\sqrt{(x_2m_1)^2 + (x_1m_2)^2}$$
$$= \pm\sqrt{(50\times0.015)^2 + (25\times0.021)^2}$$
$$\fallingdotseq \pm0.92\text{m}^2$$

37 도형의 체적계산법이 아닌 것은?

㉮ 양단면평균법 ㉯ 점고법에 의한 방법

㉰ 등고선법에 의한 방법 ㉱ 좌표법

토공량 산정이 목적인 체적 계산방법에는 단면법, 점고법, 등고선법 등이 있다.

38 노선의 토적을 계산하는 다음 방식 중 적당하지 않은 것은?

㉮ 양단면평균식 ㉯ 중앙면적식

㉰ 프리스모이드식(각주공식) ㉱ 등고선식

토공량 산정방법
• 단면법 : 각주공식, 양단면평균법, 중앙단면법
• 점고법 : 사각형, 삼각형분할법
• 등고선법 : 저수용량산정법
※ 노선의 토적 계산은 양단면평균법이 많이 이용된다.

39 다음과 같은 지형의 체적을 구하는 공식은?

㉮ $V = \dfrac{l}{3}(A_1 + \sqrt{A_1 A_2} + A_2)$

㉯ $V = \dfrac{A_m}{3}(A_1 + A_m + A_2)$

㉰ $V = \dfrac{l}{8}(A_1 + 3A_2 + 3A + A_2)$

㉱ $V = \dfrac{l}{6}(A_1 + 4A_m + A_2)$

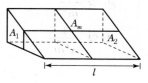

각주공식을 적용하면,
$$V = \frac{\dfrac{l}{2}}{3}(A_1 + 4A_m + A_2)$$
$$= \frac{l}{6}(A_1 + 4A_m + A_2)$$

정답 34 ㉱ 35 ㉱ 36 ㉱ 37 ㉱ 38 ㉱ 39 ㉱

40 노선에 대한 체적을 구하는 공식 중의 하나이다. 적당한 것은 어느 것인가?

㉮ $V = \dfrac{A_1 + A_2}{3} \times l$

㉯ $V = \dfrac{A_1 + A_2}{2} \times l$

㉰ $V = \dfrac{A_1 + A_2 + l}{3}$

㉱ $V = \dfrac{A_1 + A_2 + l}{2}$

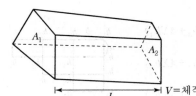

⊙ 양단면평균법
$$V = \frac{A_1 + A_2}{2} \times l$$

41 다음과 같은 모양의 10m 길이의 저장탱크(Storage Tank)의 체적은 얼마인가?(단, ∠BCD=90°)

㉮ 450m³

㉯ 420m³

㉰ 360m³

㉱ 300m³

⊙ $V = (사각형 면적 + 삼각형 면적) \times l$
$= \left\{ (5 \times 6) + \left(\frac{1}{2} \times 3 \times 4 \times \sin 90° \right) \right\} \times 10$
$= 360\text{m}^3$

42 운동장이나 비행장과 같은 시설을 건설하기 위한 넓은 지형의 정지공사에서 토량을 계산하자면 다음 방법 중 어느 것이 적당한가?

㉮ 점고계산법

㉯ 양단면평균법

㉰ 중앙단면법

㉱ 오일러 공식에 의한 방법

⊙ 대단위 지역의 토량 계산, 토취장 및 토사장의 용량관측 등 넓은 지역의 토공용적을 산정할 경우에는 주로 점고법이 이용된다.

43 다음 표에서 성토 부분의 총 토량 중 알맞은 것은 어느 것인가?

㉮ 2,315m³

㉯ 2,220m³

㉰ 1,915m³

㉱ 1,720m³

측점	거리(m)	성토단면적(m²)
1		23.00
2	20.0	33.00
3	20.0	20.00
4	20.0	43.00

⊙ 양단면평균법을 적용하면
$V = \left(\dfrac{23 + 33}{2} \times 20 \right)$
$+ \left(\dfrac{33 + 20}{2} \times 20 \right)$
$+ \left(\dfrac{20 + 43}{2} \times 20 \right)$
$= 1,720\text{m}^3$

44 그림과 같은 형태의 넓은 면적의 토량을 계산하는 데 적당한 식 은?(단, a, b는 구형단면의 세로와 가로의 길이, h_1, h_2, h_3, h_4는 절취를 해야 할 높이)

⊙ 점고법에 의한 체적계산 중 사분법 을 이용하면 된다.

㉮ $V = \dfrac{ab}{4}(\Sigma h_1 + 3\Sigma h_2 + 2\Sigma h_3 + 4\Sigma h_4)$

㉯ $V = \dfrac{ab}{4}(\Sigma h_1 + 2\Sigma h_2 + 3\Sigma h_3 + 4\Sigma h_4)$

㉰ $V = \dfrac{ab}{4}(4\Sigma h_1 + \Sigma h_2 + 3\Sigma h_3 + 4\Sigma h_4)$

㉱ $V = \dfrac{ab}{4}(3\Sigma h_1 + 2\Sigma h_2 + \Sigma h_3 + 4\Sigma h_4)$

45 그림에서 각 점의 수치는 표고이다. 표고가 36m로 정지할 때 절 토량은 다음 중 어느 것인가?

㉮ $1,260\text{m}^3$
㉯ $1,240\text{m}^3$
㉰ $1,250\text{m}^3$
㉱ $1,270\text{m}^3$

36.5	37.2	37.8	38.3
37.4	38.6	39.3	40.2
38.5	39.4	40.2	

정방형은 10m×10m

⊙ 기준 표고 36m와 지반고의 차이로 절토량을 산출한다.

$$\therefore V = \frac{A}{4}(\Sigma h_1 + 2\Sigma h_2 + 3\Sigma h_3 + 4\Sigma h_4)$$
$$= 1,240\text{m}^3$$

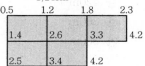

46 각 정사각형 부지에서 꼭짓점의 표고는 다음 그림과 같다. 절토량 과 성토량이 같도록 정지하려면 시공기준고는?

㉮ 63.26m
㉯ 65.56m
㉰ 65.46m
㉱ 64.76m

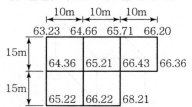

⊙ • $V = \dfrac{A}{4}(\Sigma h_1 + 2\Sigma h_2 + 3\Sigma h_3 + 4\Sigma h_4)$
$= 49,171.875\text{m}^3$

• $V = nAh$
$\therefore h = \dfrac{V}{nA} = \dfrac{49,171.875}{5 \times 15 \times 10}$
$= 65.56\text{m}$

47 그림과 같은 구릉이 있다. 표고 5m의 등고선에 싸인 부분의 단면 적이 $A_1 = 3,800\text{m}^2$, $A_2 = 2,900\text{m}^2$, $A_3 = 1,800\text{m}^2$, $A_4 = 900\text{m}^2$, $A_5 = 200\text{m}^2$라고 할 때 이 구릉의 토량은?

㉮ $22,500\text{m}^3$
㉯ $11,400\text{m}^3$
㉰ $33,800\text{m}^3$
㉱ $38,000\text{m}^3$

⊙ $V = \dfrac{h}{3}\{A_1 + A_5 + 4(A_2 + A_4) + 2(A_3)\}$
$= \dfrac{5}{3}\{3,800 + 200 + 4(2,900 + 900) + 2(1,800)\}$
$= 38,000\text{m}^3$

정답 44 ㉯ 45 ㉯ 46 ㉯ 47 ㉱

48 3cm 두께의 아스팔트콘크리트를 8m 넓이의 도로 9.6km에 포장하려고 한다. 아스팔트콘크리트 1m³의 무게가 90kg일 때 몇 kg이 필요한가?

⑦ 20,740kg　　　　　㉯ 25,600kg

㉰ 207,360kg　　　　　㉴ 256,000kg

◉ 아스팔트콘크리트 도로의 체적을 구하면
$V = 0.03 \times 8 \times 9,600 = 2,304\text{m}^3$
비례식에 의해 콘크리트량을 구하면
$1 : 90 = 2,304 : x$
$\therefore$ 콘크리트량$(\text{m}^3) = 2,304 \times 90$
$= 207,360\text{kg}$

49 토지의 면적은 그 토지를 둘러싼 경계선을 기준면에 투영시켰을 때 그 선 안의 넓이이다. 한 변이 30km로 이루어진 정삼각형 토지의 면적은 어느 면을 기준면으로 잡는가?

⑦ 수평면　　　　　㉯ 평균해수면

㉰ 최대만조면　　　　　㉴ 최저가조면

◉ 한 변이 30km로 이루어진 정삼각형 토지의 면적은 대규모 지역이므로 평균해수면에 투영한 면적으로 한다.

50 그림과 같이 직경 1.2m인 원형배수관에 하수가 0.9m만큼 채워져 흐를 때의 배수 단면적은?

⑦ 약 0.81m^2

㉯ 약 0.91m^2

㉰ 약 1.01m^2

㉴ 약 1.11m^2

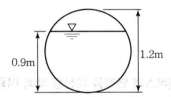

◉ 배수 단면적
$= \pi \times 0.6^2 - \left[\pi \times 0.6^2 \times \dfrac{120°}{360°} \right]$
$\quad + \left(\dfrac{1}{2} \times 0.6^2 \times \sin 120° \right)$
$= 0.91\text{m}^2$

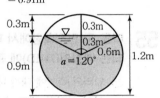

51 저수용량의 산정에 주로 쓰이는 용적산정방법은?

⑦ 점고법　　　　　㉯ 등고선법

㉰ 단면법　　　　　㉴ 절선법

◉ 등고선법에 의한 체적 계산은 저수용량(담수량)을 산정할 경우 편리한 방법이다.

52 체적을 산정하는 방법 중 철도, 도로 및 수로 등을 축조할 때와 같이 보다 정확한 토지의 토공량을 산정하는 데 적합한 방법은?

⑦ 점고법　　　　　㉯ 등고선법

㉰ 유토곡선법　　　　　㉴ 단면법

◉ 폭이 좁고 긴 지역, 즉 선형지역의 토공량 산정에 가장 정확한 방법은 단면법이다.

53 가로가 20m, 세로가 15m인 사각형의 면적 계산에서 상대오차를 1/1,000 이내로 하기 위해서 각 변장의 제한오차는 얼마인가? (단, 변장의 측정정밀도는 동일함)

㉮ $\Delta a = 10$mm, $\Delta b = 7.5$mm

㉯ $\Delta a = 12$mm, $\Delta b = 7.5$mm

㉰ $\Delta a = 10$mm, $\Delta b = 8.5$mm

㉱ $\Delta a = 12$mm, $\Delta b = 8.5$mm

• $\dfrac{dA}{A} = 2 \times \dfrac{\Delta a}{l_1} = \dfrac{1}{1,000} \rightarrow$

$\dfrac{\Delta a}{l_1} = \dfrac{1}{2,000} \rightarrow$

$\dfrac{\Delta a}{20} = \dfrac{1}{2,000}$

$\therefore \Delta a = 10$mm

• $\dfrac{dA}{A} = 2 \times \dfrac{\Delta b}{l_2} = \dfrac{1}{1,000} \rightarrow$

$\dfrac{\Delta b}{l_2} = \dfrac{1}{2,000} \rightarrow$

$\dfrac{\Delta b}{15} = \dfrac{1}{2,000}$

$\therefore \Delta b = 7.5$mm

54 도상면적 200m²로 측정된 도면이 측량 당시보다 가로, 세로 각각 0.5%씩 늘어난 것이었다면 면적오차는?

㉮ 2.015m²　　　㉯ 1.875m²

㉰ 1.325m²　　　㉱ 0.995m²

가로, 세로 0.5%씩 늘어났으므로 1% 의 면적오차 발생

$\therefore$ 면적오차$(\Delta A) = 200 \times 0.01$

$= 2$m²

[별해] 가로, 세로 $\dfrac{1}{200}$ 의 정확도로 관측하였으므로,

$\dfrac{dA}{A} = 2\dfrac{dl}{l} = 2 \times \dfrac{1}{200}$

$\therefore dA = \dfrac{A}{100} = \dfrac{200}{100} = 2$m²

55 다음 중 면적측량에서 폐합트래버스의 면적을 계산할 때에 이용되는 배횡거(DMD)에 관한 설명으로 틀린 것은?

㉮ 임의의 측선에 대한 배횡거는 하나 앞 측선의 배횡거에 하나 앞 측선의 위거와 해당 측선의 경거를 합치면 된다.

㉯ 좌표의 종측에 접하는 시발측선의 배횡거는 해당 측선의 경거의 값과 같다.

㉰ 폐합트래버스의 마지막 측선의 배횡거는 그 측선의 경거와 값이 같으나 부호가 반대이다.

㉱ 각 측선의 배횡거와 위거를 곱한 것을 대수화하면 폐합트래버스의 배면적이 된다.

임의의 측선의 배횡거＝하나 앞 측선의 배횡거＋하나 앞 측선의 경거＋해당 측선의 경거

제1측선의 배횡거＝그 측선의 경거

56 축척 1/1,000인 지형도를 축척 1/1,200 지형도로 잘못 생각하여 삼사법으로 구한 면적이 11,520m²일 때 축척 1/1,000지형도의 실제면적은?

㉮ 8,000m²　　　㉯ 9,600m²

㉰ 13,824m²　　　㉱ 16,589m²

$A = \left(\dfrac{1,000}{1,200}\right)^2 \times 11,520$

$= 8,000$m²

정답　53 ㉮　54 ㉮　55 ㉮　56 ㉮

57 전자식 플래니미터로 곡선과 직선이 함께 있는 도형의 면적을 측정할 때 모드의 형태로 옳은 것은?

㉮ 직선 : 연속모드,   곡선 : 연속모드

㉯ 직선 : 포인트모드,   곡선 : 포인트모드

㉰ 직선 : 포인트모드,   곡선 : 연속모드

㉱ 직선 : 연속모드,   곡선 : 포인트모드

실전문제 TIP

⊙ 전자식 플래니미터(구적기)를 사용할 때 직선 부분을 연속모드로 할 경우 관측오차가 많이 생기므로 포인트모드로 관측하며, 곡선은 연속모드로 관측하여 측정오차를 최대한 줄여야 한다.

58 $\triangle ABC$에서 선 $\overline{DE}$를 $\overline{BC}$에 평행하게 그어 $\triangle ADE$와 $\square DBCE$의 넓이를 같게 하고자 할 때 $\overline{DE}$의 길이는?

㉮ 7.07m

㉯ 6.98m

㉰ 6.67m

㉱ 5.00m

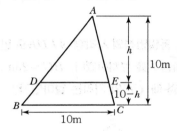

⊙ $\dfrac{\triangle ADE}{\triangle ABC} = \dfrac{m}{m+n} = \left(\dfrac{\overline{DE}}{\overline{BC}}\right)^2$

$= \left(\dfrac{\overline{AD}}{\overline{AB}}\right)^2 = \left(\dfrac{\overline{AE}}{\overline{AC}}\right)^2$

$\therefore \overline{DE} = \overline{BC}\sqrt{\dfrac{m}{m+n}}$

$= 10 \times \sqrt{\dfrac{1}{2}} = 7.07\text{m}$

59 그림에 표시된 사변형 $ABCD$의 면적은?

㉮ 1,891.3m²

㉯ 1,995.0m²

㉰ 3,680.3m²

㉱ 3,886.4m²

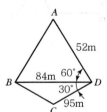

⊙ $A = \left(\dfrac{1}{2} \times 52 \times 84 \times \sin 60°\right)$

$+ \left(\dfrac{1}{2} \times 95 \times 84 \times \sin 30°\right)$

$= 3,886.4\text{m}^2$

60 축척 1/600 도면에서 측정한 값이 그림과 같을 때 $ABCD$의 실제면적은?

㉮ 16m²

㉯ 59m²

㉰ 164m²

㉱ 591m²

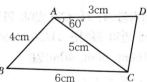

⊙ 실제거리 = $m \cdot$ 도상길이

• $\overline{AB} = 600 \times 0.04 = 24\text{m}$

• $\overline{BC} = 600 \times 0.06 = 36\text{m}$

• $\overline{AC} = 600 \times 0.05 = 30\text{m}$

• $\overline{AD} = 600 \times 0.03 = 18\text{m}$

• $A_1 = \sqrt{S(S-a)(S-b)(S-c)}$

$= 357.2\text{m}^2$

• $A_2 = \dfrac{1}{2}ab\sin\theta = 233.8\text{m}^2$

$\therefore A = A_1 + A_2 = 591\text{m}^2$

61 다음 그림과 같은 사변형 $ABCD$의 면적은?

㉮ 121.8m²

㉯ 59.8m²

㉰ 68.4m²

㉱ 111.8m²

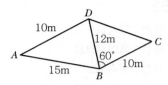

- $\triangle BCD$의 면적(A_1)

$$= \frac{1}{2}(ab\sin\theta)$$

$$= \frac{1}{2}(10 \times 12 \times \sin 60°)$$

$$= 51.96\text{m}^2$$

- $\triangle ABD$의 면적(A_2)

$$= \sqrt{S(S-a)(S-b)(S-c)}$$

$$= \sqrt{18.5 \times (18.5 - 10)}$$
$$\times (18.5 - 15) \times (18.5 - 12)$$

$$= 59.81\text{m}^2$$

여기서, $S = \frac{1}{2}(a+b+c) = 18.5$m

$$\therefore A = A_1 + A_2 = 51.96 + 59.81$$

$$= 111.77 = 111.8\text{m}^2$$

62 그림과 같은 5각형 $ABCDE$를 동일면적의 사각형 $AFDE$로 만들기 위해 $\overline{DC}$의 연장선에 경계점 F를 설치하였다. $\overline{BC} = 25$m, $\angle ACB = 30°$, $\angle BCF = 80°$일 때 $\overline{CF}$의 거리는 얼마인가?

㉮ 12.7m

㉯ 12.9m

㉰ 13.3m

㉱ 13.5m

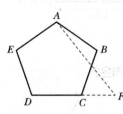

- 삼각형 ABC의 면적

$$= \frac{1}{2} \times \overline{AC} \times 25 \times \sin 30°$$

$$= 6.25 \times \overline{AC} \cdots\cdots ①$$

- 삼각형 ACF의 면적

$$= \frac{1}{2} \times \overline{AC} \times \overline{CF} \times \sin 110°$$

$$= 0.4698 \times \overline{AC} \times \overline{CF} \cdots ②$$

- 삼각형 ABC와 ACF의 면적은 같아야 하므로 ①=②에서

$$6.25 \times \overline{AC} = 0.4698 \times \overline{AC} \times \overline{CF}$$

$$\therefore \overline{CF} = 13.3\text{m}$$

63 다음 둘레의 길이가 160m인 세 삼각형 A, B, C가 있다. 면적이 큰 순서대로 나열된 것은?(단, 세 변의 길이는 A(50m, 50m, 60m), B(55m, 55m, 50m), C(60m, 60m, 40m)임)

㉮ $A > B > C$

㉯ $B > A > C$

㉰ $A > C > B$

㉱ $B > C > A$

$A = \sqrt{S(S-a)(S-b)(S-c)}$

$S = \frac{1}{2}(a+b+c)$

실전문제 TIP

64 다음 설명 중에서 면적 계산을 할 수 없는 것은?

㉮ 1개의 변 길이와 2개의 각을 알고 있는 삼각형

㉯ 2개의 변 길이와 사잇각을 알고 있는 삼각형

㉰ 3개의 변 길이를 알고 있는 삼각형

㉱ 2개의 대각선 길이를 알고 있는 사각형

⊙ ㉮ : sine 법칙
㉯ : 삼사법
㉰ : 삼변법

65 그림과 같이 간격을 d로 일정하게 나누어 그 면적을 구할 때 사다리꼴 공식을 이용하여 구한 면적(m^2)은?

㉮ 45.5m^2

㉯ 46.7m^2

㉰ 49.8m^2

㉱ 51.0m^2

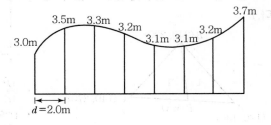

⊙
$$A = \left(\frac{3.0+3.5}{2}\right) \times 2$$
$$+ \left(\frac{3.5+3.3}{2}\right) \times 2$$
$$+ \left(\frac{3.3+3.2}{2}\right) \times 2$$
$$+ \left(\frac{3.2+3.1}{2}\right) \times 2$$
$$+ \left(\frac{3.1+3.1}{2}\right) \times 2$$
$$+ \left(\frac{3.1+3.2}{2}\right) \times 2$$
$$+ \left(\frac{3.2+3.7}{2}\right) \times 2 = 45.5m^2$$

66 다음 중에서 옳게 나타낸 것은?

㉮ 축척 1/500 도면을 축척 1/1,000으로 축소했을 때 도면의 크기는 1/4로 된다.

㉯ 축척 1/1,000 도면을 1/500으로 확대했을 때 도면 크기가 2배가 된다.

㉰ 축척 1/500 도면상의 면적은 실제면적의 1/25,000이다.

㉱ 지상 1km^2 면적을 지도상에서 4cm^2로 표시했을 때 축척은 1/5,000이다.

⊙ 1/500 · · · 1/500 · · · → 1/1,000

즉, $\frac{1}{1,000}$ 도면은 $\frac{1}{500}$ 도면이 $\frac{1}{4}$ 배 축소된다.

67 직선구간의 도로설계를 위한 종횡단측량을 통하여 얻은 두 측점에서의 절토단면적 및 성토단면적이 주어진 표와 같다고 할 때 이 구간의 절토량과 성토량을 순서대로 맞게 열거한 것은?

측 점	절토단면적	성토단면적
No.3	26.23m^2	28.36m^2
No.3 + 12.50m	12.48m^2	30.25m^2

㉮ 387.10m^3, 586.10m^3

㉯ 586.10m^3, 387.10m^3

㉰ 366.31m^3, 241.94m^3

㉱ 241.94m^3, 366.31m^3

⊙ 양단면 평균법을 적용

• 절토량(V) = $\frac{26.23+12.48}{2} \times 12.5$
= 241.94m^3

• 성토량(V) = $\frac{28.36+30.25}{2} \times 12.5$
= 366.31m^3

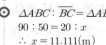

68 그림과 같이 삼각형 면적이 각각 $\triangle ABP = 20\text{m}^2$, $\triangle ABC$
= 90m^2일 때 $\overline{BP}$의 길이는?(단, $\overline{BC} = 50\text{m}$)

㉮ 11.111m
㉯ 12.111m
㉰ 13.111m
㉱ 14.111m

⊙ $\triangle ABC : \overline{BC} = \triangle ABP : \overline{BP}$
$90 : 50 = 20 : x$
$\therefore x = 11.111(\text{m})$

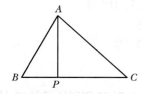

69 그림과 같은 삼각형 ABC의 면적을 1 : 1로 분할할 경우 P점의
좌표는?(단, 단위는 m이다.)

㉮ $x = 130,\ y = 195$
㉯ $x = 128,\ y = 200$
㉰ $x = 130,\ y = 200$
㉱ $x = 128,\ y = 195$

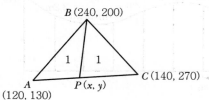

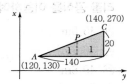

• $\dfrac{\overline{AP}}{\overline{AC}} = \dfrac{1}{1+1}$
• $\overline{AC}$의 x거리 = 140 − 120 = 20
• $\overline{AC}$의 y거리 = 270 − 130 = 140
$\therefore P(x,\ y) = \left(120 + \dfrac{20}{2},\ 130 + \dfrac{140}{2}\right)$
$= (130,\ 200)$

70 정사각형의 면적을 관측하기 위하여 거리 관측을 실시한 결과 정확
도가 K라고 할 때, 면적 측량의 정확도는 얼마인가?(단, K는 전체
거리 분의 오차거리를 나타낸 것이다. 예를 들어 정확도 $K =$
$\dfrac{1}{1,000}$ 은 1,000m 거리에서 ±1m 오차가 있을 수 있다는 뜻이다.)

㉮ K^2
㉯ $2K$
㉰ $K/2$
㉱ $2/K$

⊙ $\dfrac{dA}{A} = 2\dfrac{dl}{l}$ 에서 $\dfrac{dl}{l}$ 을 K라 하면 면적측량의 정확도는 $2K$가 된다.

71 수평 및 수직 거리관측을 동일한 정확도 $\dfrac{1}{m}$ 으로 관측하여 체적
을 산정하였다면, 이 체적의 정확도는 얼마인가?

㉮ $\dfrac{1}{m}$
㉯ $\dfrac{3}{m}$
㉰ $\dfrac{1}{m^3}$
㉱ $\dfrac{3}{m^3}$

⊙ $\dfrac{dV}{V} = \dfrac{1}{m} + \dfrac{1}{m} + \dfrac{1}{m} = \dfrac{3}{m}$

72 다음과 같은 그림의 체적계산에서 양단면평균법과 각주 공식으로 구한 체적(Volume)의 차이를 나타내는 식으로 옳은 것은?

㉮ $\dfrac{D}{2}(b_1-b_2)(h_1-h_2)$

㉯ $\dfrac{D}{3}(b_1-b_2)(h_1-h_2)$

㉰ $\dfrac{D}{24}(b_1-b_2)(h_1-h_2)$

㉱ $\dfrac{D}{12}(b_1-b_2)(h_1-h_2)$

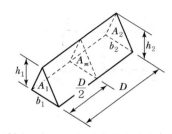

• 양단면평균법

$= \dfrac{A_1+A_2}{2}\times D$

$= \dfrac{\dfrac{b_1h_1}{2}+\dfrac{b_2h_2}{2}}{2}\times D$

$= \dfrac{D}{4}(b_1h_1+b_2h_2)$ ··········· ①

• 각주공식

$= \dfrac{D}{6}(A_1+4A_m+A_2)$

$= \dfrac{D}{6}\left(b_1h_1+\dfrac{b_1h_2+b_2h_1}{2}+b_2h_2\right)$

················· ②

여기서,

$A_m = \left(\dfrac{b_1+b_2}{2}\right)\left(\dfrac{h_1+h_2}{2}\right)\times\dfrac{1}{2}$

$= \dfrac{1}{8}(b_1h_1+b_1b_2+b_2h_1+b_2h_2)$

∴ 양단면평균법과 각주공식에 의한 차
$=(①-②)$

$= \dfrac{D}{12}(b_1h_1-b_1h_2+b_2h_2-b_2h_1)$

$= \dfrac{D}{12}(b_1-b_2)(h_1-h_2)$

73 그림과 같은 다각형의 토량을 양단면평균법, 각주공식 및 중앙단면법으로 산정한 토량의 크기를 비교한 것으로 옳은 것은?(단, $A_1=300\text{m}^2$, $A_m=200\text{m}^2$, $A_2=100\text{m}^2$이고 상호 간에 평행하며 $h=20\text{m}$, 측면은 평면이다.)

㉮ 양단면평균법 < 각주공식 < 중앙단면법
㉯ 양단면평균법 > 각주공식 > 중앙단면법
㉰ 양단면평균법 = 각주공식 = 중앙단면법
㉱ 양단면평균법 < 각주공식 = 중앙단면법

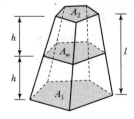

단면법에 의해 구해진 토량은 일반적으로 양단면평균(과다) > 각주공식(정확) > 중앙단면법(과소)을 갖는다.
그러나 본 문제는 양단면평균법, 각주공식 및 중앙단면법이 8,000m³으로 모두 같다.

74 체적계산에서 점고법에 대한 설명 중 틀린 것은?

㉮ 넓은 지역의 정지작업 또는 매립 등의 토공량 산정에 편리한다.
㉯ 사각형이나 삼각형으로 구분 할 때, 표면은 곡면으로 간주한다.
㉰ 지형의 기복이 작은 지역은 크게 구분하고 기복이 큰 경우는 작게 구분한다.
㉱ 양단면이 평면이면 양단면 중심간 거리에 수평면적을 곱한다.

점고법에 의한 체적산정시 사각형이나 삼각형으로 구분할 때, 표면은 평면으로 간주한다.

75 그림과 같이 임의 지역에 대한 표고를 측정하였다. 이 지역의 계획 ◉
고가 10.00m로 되기 위한 토량은?(단, 각 사각형의 면적=
500.00m², 표고 단위 : m)

㉮ 절토량 137.50m³
㉯ 성토량 137.50m³
㉰ 절토량 210.00m³
㉱ 성토량 210.00m³

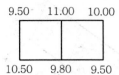

• 실제토량(V_1)
$$= \frac{A}{4}(\Sigma h_1 + 2\Sigma h_2 + 3\Sigma h_3 + 4\Sigma h_4)$$
$$= 10,137.5\text{m}^3$$
• 계획토량(V_2)
$$= 500 \times 10 \times 2 = 10,000\text{m}^3$$
$$\therefore V = V_2 - V_1 = -137.5\text{m}^3 \, (절토)$$

76 토공 작업을 요하는 노선의 종단면도에 계획선을 넣을 때 고려해 ◉
야 할 사항 중 틀리는 것은?

㉮ 계획경사는 될 수 있는 대로 요구에 맞게 한다.
㉯ 경사와 곡선을 될 수 있는 대로 병설하고 제한 내에 있도록 한다.
㉰ 절토는 성토와 대략 같게 되도록 한다.
㉱ 절토는 성토에 이용이 가능하도록 운반 거리를 고려한다.

구배와 곡선의 병설은 피해야 한다.

77 사변형의 면적을 구하기 위하여 실측한 결과가 아래 그림과 같을 ◉
때 사각형의 면적은?

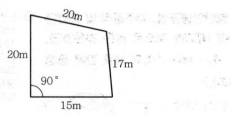

㉮ 169.2m²
㉯ 300.2m²
㉰ 319.3m²
㉱ 469.4m²

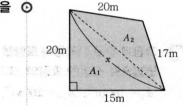

• x의 결정
$$x = \sqrt{20^2 + 15^2} = 25\text{m}$$
• 면적
$$A_1 = \frac{1}{2} \times 20 \times 15 \times \sin 90° = 150\text{m}^2$$
$$A_2 = \sqrt{S(S-a)(S-b)(S-c)}$$
$$= \sqrt{31(31-20)(31-17)(31-25)}$$
$$= 169.25\text{m}^2$$
(여기서, $S = \frac{20+17+25}{2} = 31\text{m}$)
$$\therefore A = A_1 + A_2 = 150 + 169.25$$
$$= 319.3\text{m}^2$$

78 다음 중 면적계산에 있어서 도면에서 곡선으로 둘러싸여 있는 지 ◉
역의 면적을 구하는 방법으로 가장 적당한 것은?

㉮ 좌표법에 의한 방법
㉯ 배횡거법에 의한 방법
㉰ 삼사법에 의한 방법
㉱ 심프슨법칙에 의한 방법

곡선으로 둘러싸여 있는 지역의 면
적을 구하는 방법으로는 도해적인 구
적기법과 수치적인 심프슨법칙에 의
한 방법이 타당하다.

실전문제

79 다음 심프슨 법칙에 대한 설명으로 옳지 않은 것은?

㉮ 심프슨의 제1법칙은 경계선을 2차 포물선으로 보고, 지거의 두 구간을 한 조로 하여 면적을 계산한다.

㉯ 심프슨의 제2법칙은 지거의 두 구간을 한 조로 하여 경계선을 3차 포물선으로 보고 면적을 계산한다.

㉰ 심프슨의 제1법칙은 구간의 개수가 홀수인 경우 마지막 구간을 사다리꼴 공식으로 계산하여 더해 준다.

㉱ 심프슨 법칙을 이용하는 경우, 지거 간격은 균등하게 하여야 한다.

• 심프슨 제1법칙(Simpson's First Formula)
면적을 계산하는 데 사용되는 공식 중의 하나로, 두 구간을 하나로 묶어 면적을 구하는 공식이다.
• 심프슨 제2법칙(Simpson's Second Formula)
면적을 계산하는 데 사용되는 공식 중의 하나로, 세 구간을 하나로 묶어 면적을 구하는 공식이다.

80 그림과 같은 △ABC의 면적을 2등분하기 위한 $\overline{AE}$의 길이는?

㉮ 5m
㉯ 6m
㉰ 7m
㉱ 8m

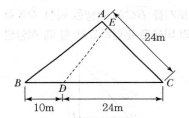

먼저 $\overline{CE}$를 구하면

$$\overline{CE} = \frac{m}{m+n} \times \frac{\overline{AC} \cdot \overline{BC}}{\overline{CD}}$$

$$= \frac{1}{2} \times \frac{24 \times 34}{24}$$

$$= 17\text{m}$$

$$\therefore \overline{AE} = \overline{AC} - \overline{CE}$$

$$= 24 - 17$$

$$= 7\text{m}$$

81 다음 그림은 도로의 횡단면도를 나타낸 것이다. 이 횡단면의 면적은?(단위는 m임)

㉮ 103.0m²
㉯ 51.5m²
㉰ 43.5m²
㉱ 26.5m²

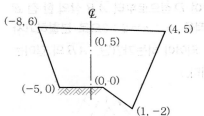

좌표법

측점	x	y	y_{n+1}	y_{n-1}	Δy	$x \cdot \Delta y$
1	−8	6	5	0	5	−40
2	0	5	5	6	−1	0
3	4	5	−2	5	−7	−28
4	1	−2	0	5	−5	−5
5	0	0	0	−2	2	0
6	−5	0	6	0	6	−30
계						103

배면적$(2A)=103\text{m}^2$

$$\therefore \text{면적}(A) = \frac{1}{2} \times \text{배면적}$$

$$= \frac{103}{2} = 51.5\text{m}^2$$

82 그림과 같은 삼각형의 면적을 $m : n$으로 분할할 경우 관계식으로 옳은 것은?(단, $\overline{DE}$ 와 $\overline{BC}$ 는 평행하다.)

㉮ $\overline{AD} = \overline{AB}\sqrt{\dfrac{m}{m+n}}$

㉯ $\overline{AE} = \overline{DE}\sqrt{\dfrac{m}{m+n}}$

㉰ $\overline{AD} = \overline{AB}\sqrt{\dfrac{m+n}{m}}$

㉱ $\overline{AE} = \overline{BC}\sqrt{\dfrac{m+n}{n}}$

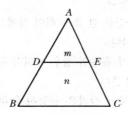

$\dfrac{\triangle ADE}{\triangle ABC} = \dfrac{m}{m+n} = \left(\dfrac{\overline{DE}}{\overline{BC}}\right)^2$

$= \left(\dfrac{\overline{AD}}{\overline{AB}}\right)^2 = \left(\dfrac{\overline{AE}}{\overline{AC}}\right)^2$

$\therefore \overline{AD} = \overline{AB}\sqrt{\dfrac{m}{m+n}}$

83 그림과 같은 삼각형 ABC의 토지를 $\overline{BC}$에 평행한 직선 $\overline{DE}$로 $\triangle ADE : \square BCED = 2 : 3$의 비율로 분할하고자 할 때 적당한 $\overline{AD}$ 의 길이는?

㉮ 24.00m

㉯ 18.97m

㉰ 16.97m

㉱ 13.00m

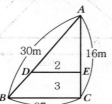

$\overline{AD} = \overline{AB}\sqrt{\dfrac{m}{m+n}} = 30\sqrt{\dfrac{2}{5}}$

$= 18.97\text{m}$

84 그림과 같은 삼각형 토지에서 A점으로부터 20m 떨어진 AC상의 한 점 D를 고정점으로 하여 D점으로부터 $\overline{AB}$ 상의 한 점 E를 연결하여 $\triangle ABC$의 면적을 $m : n = 2 : 3$으로 분할하고자 한다. $\overline{AE}$의 길이는 얼마가 되어야 하는가?(단, $\overline{AB}$의 길이는 37m, $\overline{AC}$의 길이는 30m이다.)

㉮ 9.9m

㉯ 22.2m

㉰ 25.5m

㉱ 33.3m

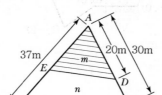

$\dfrac{\triangle AED}{\triangle ABC} = \dfrac{m}{m+n}$

$= \left(\dfrac{\overline{AE} \cdot \overline{AD}}{\overline{AB} \cdot \overline{AC}}\right)$

$\therefore \overline{AE} = \dfrac{m}{m+n}\left(\dfrac{\overline{AB} \cdot \overline{AC}}{\overline{AD}}\right)$

$= \dfrac{2}{2+3} \times \left(\dfrac{37 \times 30}{20}\right)$

$= 22.2\text{m}$

85 다음 그림과 같은 삼각형 모양의 토지를 면적비가 1 : 3이 될 수 있도록 D점을 결정하고자 한다. $\overline{BD}$의 거리를 얼마로 하면 되겠는가?

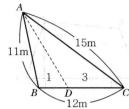

㉮ 2m

㉯ 3m

㉰ 4m

㉱ 5m

$\overline{BD} = \dfrac{n}{m+n} \times \overline{BC}$

$= \dfrac{1}{3+1} \times 12$

$= 3\text{m}$

86 다음 표는 어느 노선의 구간별 토량계산 결과이다. 구간 1~4까지의 누가토량은?

구간	절토량(m^3)	성토량(m^3)
1	100	200
2	300	
3	400	100
4	250	

㉮ 750m^3

㉯ $1,050\text{m}^3$

㉰ $1,350\text{m}^3$

㉱ $1,400\text{m}^3$

구간	절토량(m^3)	성토량(m^3)	차인토량(m^3)	누가토량(m^3)
1	100	200	−100	−100
2	300	−	300	200
3	400	100	300	500
4	250	−	250	750
계	1,050	300		

• 차인토량=절토량−성토량
• 누가토량=차인토량의 합

87 그림에서 면적을 $m : n = 1 : 3$으로 분할하고자 한다. 밑변의 길이 $\overline{BC}$가 100m일 때, $\overline{BD}$의 길이는 얼마인가?

㉮ 25m

㉯ 33m

㉰ 67m

㉱ 75m

$\overline{BD} = \dfrac{m}{m+n} \times \overline{BC}$

$= \dfrac{1}{3+1} \times 100 = 25\text{m}$

88 그림과 같은 삼각형을 A로부터 밑변을 향해 $a : b : c = 6 : 2 : 2$의 비율로 면적을 분할하려면 $\overline{BP}$와 $\overline{BQ}$는 각각 얼마로 해야 하는가?(단, $\overline{BC} = 100\text{m}$임)

㉮ 70m, 25m

㉯ 60m, 25m

㉰ 75m, 20m

㉱ 60m, 20m

• $\overline{BP} = \dfrac{a}{a+b+c} \times \overline{BC}$

$= \dfrac{6}{6+2+2} \times 100 = 60\text{m}$

• $\overline{PQ} = \dfrac{b}{a+b+c} \times \overline{BC}$

$= \dfrac{2}{6+2+2} \times 100 = 20\text{m}$

89 사각형 $ABCD$를 CO를 통하여 면적을 2등분하려면 $\overline{OD}$의 길이를 얼마로 해야 하는가?(단, $\square ABCD = 2,500\text{m}^2$, $\overline{CE}$의 길이는 100m이다.)

㉮ 20m

㉯ 25m

㉰ 30m

㉱ 35m

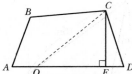

⊙ $\triangle COD$의 면적 $= \dfrac{2,500}{2} = 1,250\text{m}^2$

$\triangle COD$ 면적 $= \dfrac{1}{2} \times \overline{OD} \times \overline{CE}$

$= 1,250\text{m}^2$

$\therefore \overline{OD} = \dfrac{2 \times 1,250}{100} = 25\text{m}$

90 그림과 같은 운동장의 둘레 거리는?

㉮ 514m

㉯ 475m

㉰ 357m

㉱ 227m

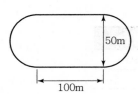

⊙ 운동장 둘레 거리
$= (2 \cdot \pi \cdot r) + 직선거리$
$= (2 \times \pi \times 25) + 200$
$= 357\text{m}$

91 지상 9km²의 면적을 지도상에서 36cm²로 표시하기 위한 축척은?

㉮ 1 : 30,000

㉯ 1 : 40,000

㉰ 1 : 50,000

㉱ 1 : 60,000

⊙
- $a_{도상} = 36\text{cm}^2 = (6\text{cm})^2$
- $l_{도상} = 6\text{cm}$
- $A_{지상} = 9\text{km}^2 = (3\text{km})^2$
- $L_{지상} = 3\text{km}$

$\therefore \dfrac{1}{m} = \dfrac{6\text{cm}}{3\text{km}} = \dfrac{6}{300,000}$

$= \dfrac{1}{50,000}$

92 30m에 대하여 3cm 늘어나 있는 강철자로 정사각형의 토지를 측정하여 면적 28,900m²를 얻었다면 이 토지의 실제 면적은 얼마인가?

㉮ 28,842.2m²

㉯ 28,871.1m²

㉰ 28,928.9m²

㉱ 28,957.8m²

⊙ 실제 면적
$= \dfrac{(부정길이)^2 \times 관측면적}{(표준길이)^2}$
$= \dfrac{(30.03)^2 \times 28,900}{(30)^2}$
$= 28,957.8\text{m}^2$

93 도면에서 면적을 측정하니 1,450m²였다. 이 도면이 가로, 세로 모두 1%씩 줄어 있었다면 실제 면적은 약 얼마인가?

㉮ 1,445m² ㉯ 1,465m² ㉰ 1,479m² ㉱ 1,495m²

⊙ $\dfrac{dA}{A} = 2\dfrac{dl}{l} \rightarrow \dfrac{dA}{A} = \dfrac{1}{50}$

잘못된 면적 차이량 $= 1,450 \div 50$
$= 29\text{m}^2$

$\therefore$ 실제면적 $= 1,450 + 29 = 1,479\text{m}^2$

94 정사각형의 토지를 50m 테이프로 측정하여 면적을 구하였더니 750m²의 결과를 얻었다. 그런데 이 테이프가 50m에 10cm가 늘어나 있었다면 실제의 면적은 얼마인가?

㉮ 747.0m²

㉯ 748.5m²

㉰ 751.5m²

㉱ 753.0m²

⊙ 실제 면적
$= \dfrac{(부정길이)^2 \times 관측면적}{(표준길이)^2}$
$= \dfrac{(50.1)^2 \times 750}{(50)^2} = 753.0\text{m}^2$

95 수평 및 수직거리를 동일한 정확도로 관측하여 $10,000\text{m}^3$의 체적에 대한 체적 산정오차가 5.0m^3 이하로 하기 위한 거리관측의 허용정확도는?

㉮ 1/3,000 이하   ㉯ 1/4,000 이하

㉰ 1/5,000 이하   ㉱ 1/6,000 이하

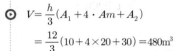

$$\frac{\Delta V}{V} = 3\frac{\Delta l}{l} \rightarrow$$

$$\frac{5}{10,000} = 3\frac{\Delta l}{l}$$

$$\therefore \frac{\Delta l}{l} = \frac{1}{6,000}$$

96 다음 그림과 같은 흙의 토량은?(단, 계산은 각주공식을 사용함)

㉮ 500m³

㉯ 480m³

㉰ 360m³

㉱ 280m³

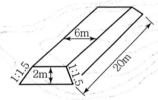

24m

$A_1=10\text{m}^2$ $A_m=20\text{m}^2$ $A_2=30\text{m}^2$

12m

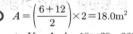

$$V = \frac{h}{3}(A_1 + 4\cdot Am + A_2)$$

$$= \frac{12}{3}(10 + 4\times20 + 30) = 480\text{m}^3$$

97 그림과 같이 노폭이 6m, 성토가 2m, 성토 경사가 1 : 1.5인 성토 구간 20m의 토량은 얼마인가?

㉮ 293m³

㉯ 360m³

㉰ 400m³

㉱ 460m³

6m

1:1.5   2m   1:1.5   20m

$$A = \left(\frac{6+12}{2}\right)\times2 = 18.0\text{m}^2$$

$$\therefore V = A\cdot l = 18\times20 = 360\text{m}^3$$

98 길이 100m, 폭 20m의 도로를 성토하기 위한 6m 높이의 성토량은?(단, 성토경사 = 1 : 1.5)

㉮ 13,800m³   ㉯ 14,400m³

㉰ 14,700m³   ㉱ 17,400m³

면적계산

$$= \frac{20 + (20 + 6\times1.5\times2)}{2}\times6$$

$$= 174\text{m}^2$$

$$\therefore 성토량 = A\cdot l = 174\times100$$

$$= 17,400\text{m}^3$$

99 체적을 계산하는 방법 중 단면법(양단면평균법, 중앙단면법, 각주공식)에 대한 설명으로 틀린 것은?

㉮ 양단면평균법은 실제 값보다 작게 나타나고 중앙단면법은 실제 값보다 크게 나타나는 특성이 있다.

㉯ 각주공식은 중앙단면과 양단면에 심프슨법칙을 적용한 것과 같다.

㉰ 3가지 방법 중 각주공식이 가장 정확도가 높다.

㉱ 단면법에 의한 체적계산은 철도, 도로 및 수로 등의 축조에 있어서 절토량, 성토량의 계산에 이용된다.

양단면평균법은 실제 값보다 크게 나타나고, 중앙단면법은 실제 값보다 작게 나타난다.

100 도로폭 8.0m의 도로를 건설하기 위해 높이 2.0m의 성토를 하려고 한다. 건설 도로연장은 80.0m이고, 왼쪽 경사는 1 : 1.5, 오른쪽 경사는 1 : 2로 건설하려면 성토량은?

㉮ 1,280m³

㉯ 1,760m³

㉰ 1,840m³

㉱ 1,920m³

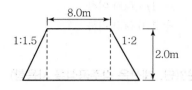

성토면적

$$= \frac{8 + (8 + 2 \times 1.5 + 2 \times 2)}{2} \times 2$$

$$= 23\text{m}^2$$

∴ 성토량 = 성토면적 × 연장

$$= 23 \times 80 = 1,840\text{m}^2$$

101 그림에 있어서 댐 저수면의 높이를 110m로 할 경우 댐의 저수량은 얼마인가?(단, 80m 등고선 내의 면적 100m², 90m 등고선 내의 면적 1,000m², 100m 등고선 내의 면적 2,000m², 110m 등고선 내의 면적 3,500m², 120m 등고선 내의 면적 3,700m², 바닥은 평평한 것으로 가정한다.)

$$V = \frac{h}{3}(A_0 + 4A_1 + A_2)$$
$$+ \frac{h}{2}(A_2 + A_3)$$
$$= 47,833 ≒ 48,000\text{m}^3$$

㉮ 16,500m³

㉯ 25,000m³

㉰ 38,000m³

㉱ 48,000m³

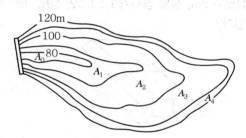

102 그림에서 댐의 저수면 높이를 100m로 할 때 저수량은?(단, 60m 미만의 저수량은 고려하지 않는다.)

$$V = \frac{h}{3}\{(A_0 + A_4) + 4(A_1 + A_3) + 2(A_2)\}$$
$$= \frac{10}{3} \times \{100 + 1,200 + 4(200 + 1,000) + 2(600)\}$$
$$= 24,333.3\text{m}^3$$

[각 등고선 내의 면적]	
60m − 100m²	70m − 200m²
80m − 600m²	90m − 1,000m²
100m − 1,200m²	

㉮ 24,333.3m³

㉯ 32,534.6m³

㉰ 39,781.4m³

㉱ 42,468.7m³

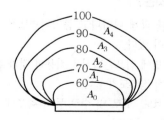

실전문제 TIP

103 어느 지역의 택지조성을 하기 위하여 사각형 구분법에 의한 토공량을 계산한 결과 2,000m³이었다. 이 토공이 택지 내에서 균형을 이루려면 그 높이는 얼마로 하여야 하는가?(단, 사각형의 변의 길이는 가로, 세로가 각각 20m, 10m이고 사각형의 수는 40개임)

㉮ 25m　　㉯ 10m
㉰ 1.0m　　㉱ 0.25m

⊙ 계획고(h)

$= \dfrac{V}{nA} = \dfrac{2{,}000}{40 \times (20 \times 10)}$

$= 0.25\text{m}$

104 DEM의 전체 토량과 절토량 및 성토량이 균형을 이루는 계획 지반고로 옳게 짝지어진 것은?

㉮ 631.20m³, 10.52m
㉯ 631.20m³, 11.18m
㉰ 670.50m³, 10.52m
㉱ 670.50m³, 11.18m

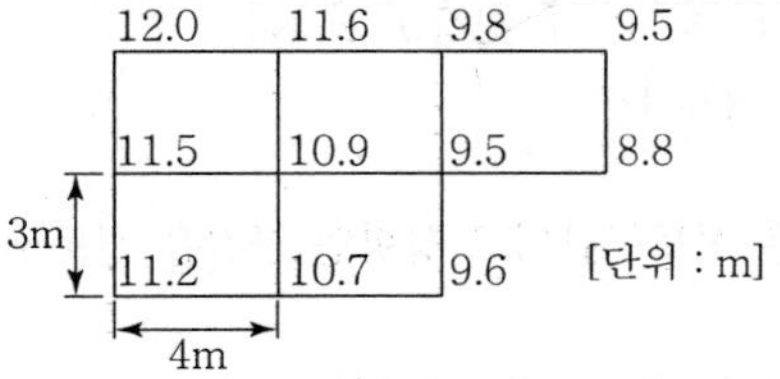

⊙ $V = \dfrac{A}{4}\{\Sigma h_1 + 2\Sigma h_2 + 3\Sigma h_3 + 4\Sigma h_4\}$

$= 631.2\text{m}^3$

$\therefore\ h = \dfrac{V}{nA} = 10.52\text{m}$

105 1 : 25,000 축척의 지형도에서 주곡선을 이용하여 구릉지를 구적기로 면적 측정하여 $A_0 = 120\text{m}^2$, $A_1 = 450\text{m}^2$, $A_2 = 1{,}270\text{m}^2$, $A_3 = 2{,}430\text{m}^2$, $A_4 = 5{,}670\text{m}^2$를 얻었을 때 등고선법(각주 공식)에 의한 체적은?

㉮ 56,166.67m³　　㉯ 66,166.67m³
㉰ 76,166.67m³　　㉱ 86,166.67m³

⊙ 1 : 25,000 주곡선 간격은 10m이므로

$V = \dfrac{h}{3}\{A_0 + A_4 + 4(A_1 + A_3) + 2(A_2)\}$

$= \dfrac{10}{3}\{120 + 5{,}670 + 4(450 + 2{,}430) + 2(1{,}270)\}$

$= 66{,}166.67\text{m}^3$

106 그림과 같은 삼각형 지역의 토량은 얼마인가?(단, 각 점에 주어진 수치는 지반고이며 m단위이고, 각 변에 주어진 거리는 수평면에 투영된 거리임)

㉮ 151.4m³
㉯ 75.7m³
㉰ 19.3m³
㉱ 12.3m³

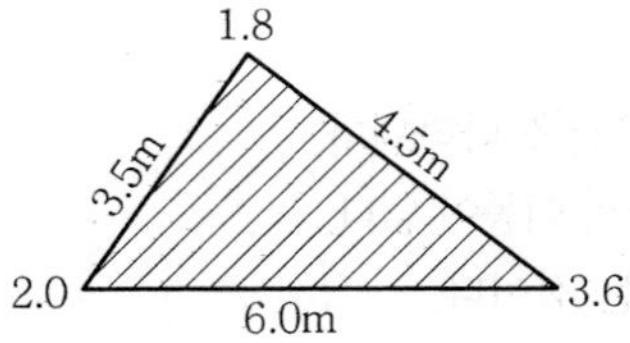

⊙ $A = \sqrt{S(S-a)(S-b)(S-c)}$

$= 7.83\text{m}^2$

$\therefore\ V = A \cdot h$

$= 7.83 \times \left(\dfrac{1.8 + 2.0 + 3.6}{3}\right)$

$= 19.3\text{m}^3$

정답 103 ㉱ 104 ㉮ 105 ㉯ 106 ㉰

107 다음의 종단면도와 유토곡선(Mass Curve)으로부터 잘못 분석한 것은?

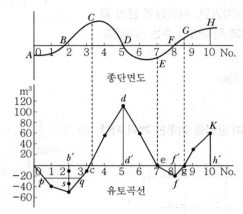

⊙ 유토곡선(Mass Curve)
주로 선상시설물 공사에서 토량의 과부족 판단, 토량의 이동 거리 산정, 토공장비의 선정 등의 목적으로 시점으로부터 각 측점에서의 토량의 과부족을 누계하여 그래프로서 나타낸 것이며, 일반적으로 횡축에는 측점위치를, 종축에는 시점으로부터 누가토량을 일정한 축척을 적용하여 나타내고 있다.
AH구간에서 사토량은 h′K가 된다.

㉮ 유토곡선이 하향인 구간은 성토구간이고 상향인 구간은 절토구간이다.

㉯ 유토곡선의 저점은 성토에서 절토로 정점은 절토에서 성토로 바뀌는 점이다.

㉰ c, e, g점은 절토량은 성토량이 거의 같은 평형상태를 나타낸다.

㉱ AH구간에서 사토량은 dd′가 된다.

108 아래 유토곡선에 대한 설명으로 옳은 것은?

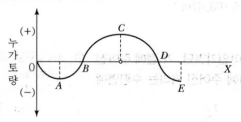

⊙ ㉮ : 절토구간
㉰ : 절토에서 성토로 변하는 점
㉱ : 토량이 부족(DE)

㉮ 상향부분 A~C 구간은 성토구간을 나타낸다.

㉯ 기선 OX상의 B, D에서는 토량의 이동이 없다.

㉰ C점은 성토에서 절토로 변하는 점이다.

㉱ 위 곡선은 결과적으로 토량이 남는다는 것을 의미한다.

109 유토곡선(Mass Curve)을 작성하는 목적과 거리가 먼 것은?

㉮ 토공기계의 선정 ㉯ 토량의 배분

㉰ 노선의 횡단결정 ㉱ 토량의 운반거리 산출

⊙ 유토곡선을 작성하는 목적은 토량의 배분, 운반거리 산출, 토공기계의 결정 등이다.

정답 107 ㉱ 108 ㉯ 109 ㉰

110 유토곡선의 특성 중 옳지 않은 것은?

㉮ 곡선이 하향인 구간은 절토구간이고, 상향인 구간은 성토구간 이다.

㉯ 곡선의 저점은 성토에서 절토로, 정점은 절토에서 성토로 바뀌 는 점이다.

㉰ 극대치와 다음 극대치의 두 점 간 종거의 차는 전체 토공량을 나 타낸다.

㉱ 유토곡선이 평행선(기선)과 교차점은 성, 절토의 균형선으로 토 공 평행선이라 한다.

> ◉ 유토곡선의 하향 구간은 성토구간이 고, 상향 구간은 절토구간이다.

111 유토곡선의 성질에 대한 설명으로 틀린 것은?

㉮ 유토곡선이 하향인 구간은 성토구간이고, 상향인 구간은 절토구 간이다.

㉯ 유토곡선의 극대점은 성토에서 절토로 옮기는 점이고, 극소점은 절토에서 성토로 옮기는 점이다.

㉰ 절토와 성토의 평균운반거리는 유토곡선토량의 1/2점 간의 거 리로 한다.

㉱ 평균운반거리는 절토 부분의 중심과 성토 부분의 중심 간의 거 리를 의미한다.

> ◉ 유토곡선의 극소점(저점)은 성토에 서 절토로, 극대점(정점)은 절토에서 성토로 바뀌는 점이다.

112 체적측량에 있어서 관측된 수평 및 수직거리 x, y, z의 거리오차 를 dx, dy, dz라 하고 거리관측의 정확도가 K로 동일하다고 할 때, 다음 중 체적관측의 정확도는?

㉮ $\dfrac{1}{3}K$

㉯ $1K$

㉰ $3K$

㉱ $9K$

> ◉ 체적관측정도
> $$\left(\frac{dV}{V}\right)=\frac{dx}{x}+\frac{dy}{y}+\frac{dz}{z} \text{에서 거리관}$$
> 측의 정도가 동일하므로
> $$\frac{dx}{x}=\frac{dy}{y}=\frac{dz}{z}=K\text{로 놓으면,}$$
> $$\therefore \frac{dV}{V}=3K$$

113 그림과 같이 $ABCD$토지의 면적을 심프슨 제2법칙에 의하여 구 한 결과 $45m^2$였다. $\overline{AD}$ 의 거리는?

㉮ 3.0m

㉯ 9.0m

㉰ 12.0m

㉱ 16.0m

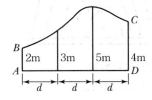

> ◉ 심프슨 제2법칙
> $$A=\frac{3}{8}d\{y_0+y_n+3(y_{\text{나머지 수}})$$
> $$+2(y_{3\text{의 배수}})\}$$
> $$\to 45=\frac{3}{8}d\{2+4+3(3+5)\}$$
> $$\to d=4.0m$$
> $$\therefore \overline{AD}=d\times n=4\times 3=12.0m$$

114 그림과 같은 삼각형의 면적을 구하기 위하여 기준점으로부터 측량을 실시하여 좌표를 구한 결과가 표와 같다. 이 삼각형 ABC의 면적은?(단, C'는 C의 편심점으로 측선 $\overline{C'C}$의 거리는 100m, 방위각은 $180°$이다.)

측점	N(m)	E(m)
A	10.5	10.5
B	12.8	180.3
C′	270.5	100.8

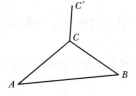

㉮ 13,480.16m²
㉯ 13,490.16m²
㉰ 26,960.31m²
㉱ 26,980.32m²

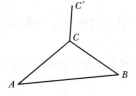

- $X_C = X_{C'} + (l \cdot \cos\theta)$
  $= 270.5 + (100 \times \cos 180°)$
  $= 170.5\,\text{m}$

- $Y_C = Y_{C'} + (l \cdot \sin\theta)$
  $= 100.8 + (100 \times \sin 180°)$
  $= 100.8\,\text{m}$

좌표법

측점	A	B	C	계
x	10.5	12.8	170.5	
y	10.5	180.3	100.8	
y_{n+1}	180.3	100.8	10.5	
y_{n-1}	100.8	10.5	180.3	
Δy	79.5	90.3	−169.8	
$x \cdot \Delta y$	834.75	1,155.84	−28,950.90	26,960.31

배면적 $= 2A$

$\therefore$ 면적$(A) = \dfrac{1}{2} \times$ 배면적

$= \dfrac{1}{2} \times 26,960.31$

$= 13,480.16\,\text{m}^2$

115 그림과 같이 계곡에 댐을 만들어 저수하고자 한다. 댐의 저수위를 170m로 할 때의 저수량은?(단, 바닥은 편평한 것으로 가정한다.)

구분	면적
130m	500m²
140m	600m²
150m	700m²
160m	900m²
170m	1,100m²

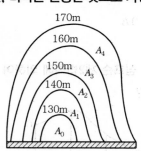

㉮ 20,600m³
㉯ 30,000m³
㉰ 30,600m³
㉱ 35,500m³

$V = \dfrac{h}{3} \cdot \{A_0 + A_4 + 4(A_1 + A_2) + 2(A_2)\}$

$= \dfrac{10}{3} \times \{500 + 1,100 + 4(600 + 900) + 2(700)\}$

$= 30,000\,\text{m}^3$

116 그림과 같이 삼각형 격자의 교점에 대한 절토고를 얻었을 때 절토량은?(단, 각 구간의 면적은 같고, 단위는 m이다.)

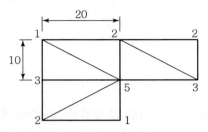

㉮ $1,352.6\text{m}^3$

㉰ $1,733.3\text{m}^3$

㉯ 862.7m^3

㉱ 753.1m^3

- $\sum h_1 = 2+1 = 3\text{m}$
- $\sum h_2 = 1+3+2+3 = 9\text{m}$
- $\sum h_3 = 2\text{m}$
- $\sum h_5 = 5\text{m}$

$\therefore V = \dfrac{1}{3}A(\sum h_1 + 2\sum h_2 + 3\sum h_3$
$\quad + 4\sum h_4 + 5\sum h_5 + 6\sum h_6 + 7\sum h_7$
$\quad + 8\sum h_8)$

$= \dfrac{\frac{1}{2}\times 10\times 20}{3}$
$\quad \times \{3+2(9)+3(2)+5(5)\}$
$= 1,733.3\text{m}^3$

117 $ABCD$구역에 대해 각 변의 거리를 관측하여 그림과 같은 결과를 얻었다면 면적은?(단, 거리의 단위는 m이다.)

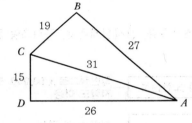

㉮ 648.88m^2

㉰ 448.88m^2

㉯ 548.88m^2

㉱ 348.88m^2

- $\triangle ABC$ 면적(A_1)
$= \sqrt{S(S-a)(S-b)(S-c)}$
$= \sqrt{\begin{array}{l}38.5(38.5-27)\\(38.5-19)(38.5-31)\end{array}}$
$= 254.46\text{m}^2$

여기서, $S = \dfrac{1}{2}(a+b+c)$

$\qquad = \dfrac{1}{2}(27+19+31)$

$\qquad = 38.5\text{m}$

- $\triangle ACD$ 면적(A_2)
$= \sqrt{S(S-a)(S-b)(S-c)}$
$= \sqrt{\begin{array}{l}36(36-31)\\(36-15)(36-26)\end{array}}$
$= 194.42\text{m}^2$

여기서, $S = \dfrac{1}{2}(a+b+c)$

$\qquad = \dfrac{1}{2}(31+15+26)$

$\qquad = 36\text{m}$

$\therefore$ 면적$(A) = A_1 + A_2$
$\qquad = 254.46 + 194.42$
$\qquad = 448.88\text{m}^2$

CHAPTER 02 노선측량

···01 개요

노선측량(Route Surveying)이란 도로, 철도, 수로, 관로 및 송전선로와 같이 폭이 좁고 길이가 긴 구역의 측량을 총칭하며, 도로나 철도의 경우 현지 지형에 조화를 이루는 선형계획과 경제성 및 안전성을 고려한 최적의 곡선설치가 이루어져야 한다.

···02 노선측량의 순서 및 방법

(1) 노선측량의 일반적 순서

노선측량의 순서는 크게 노선선정, 계획조사측량, 실시설계측량, 공사측량 등으로 구분된다.

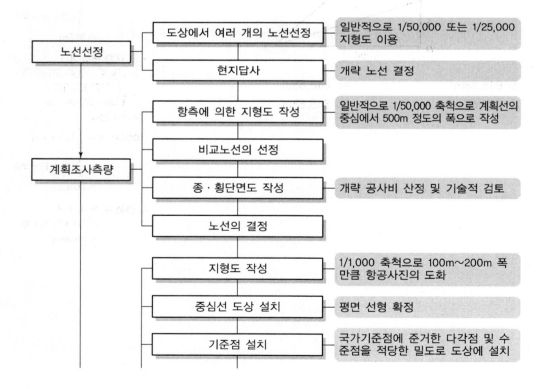

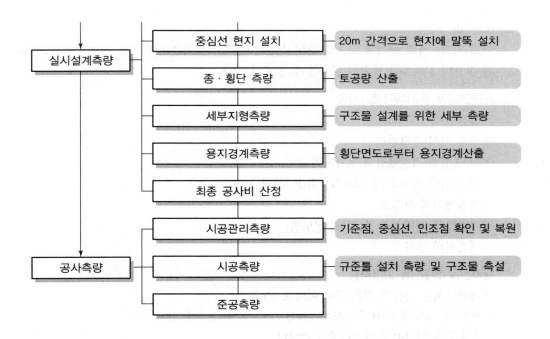

(2) 노선선정 시 고려사항

① 가능한 한 직선으로 할 것
② 가능한 한 경사가 완만할 것
③ 토공량이 적게 되며, 절토량과 성토량이 같을 것
④ 절토의 운반거리가 짧을 것
⑤ 배수가 완전할 것

(3) 노선선정(도상계획)

국토기본도 1/50,000 또는 1/25,000 지형도를 사용하여 생각하는 노선은 전부 취하여 검토하고, 여러 개의 노선을 선정한다.

(4) 종·횡단측량

1) 종단측량

종단측량이라 함은 중심선에 설치된 측점 및 변화점에 박은 중심말뚝, 추가말뚝 및 보조말뚝을 기준으로 하여 중심선의 지반고를 측량하고 연직으로 토지를 절단하여 종단면도를 만드는 측량이다.

① 종단면도 작성

가로 거리, 세로 높이를 축으로 하여 작성하고, 수직축척은 일반적으로 수평축척보다도 크게 잡으며 고저차를 명확히 알아볼 수 있도록 한다.

② 종단면도에 표기해야 할 사항

- 측점위치
- 측점 간의 수평거리
- 각 측점의 기점에서의 누가거리
- 각 측점의 지반고 및 고저기준점(B.M)의 높이
- 측점에서의 계획고
- 지반고와 계획고의 차(성토, 절토별)
- 계획선의 경사

③ 계획선을 넣을 때 고려사항

- 계획구배는 가급적 제한 구배 이내로 한다.
- 절토 및 성토가 균형이 되도록 한다.
- 유용토를 위하여 운반거리를 고려한다.

2) 횡단측량

횡단측량은 중심말뚝이 설치되어 있는 지점에서 중심선의 접선에 대하여 직각 방향(법선방향)으로 지표면을 절단한 면을 얻어야 한다. 횡단면도는 토공량, 구조물의 수량을 산출하는 기초가 되는 자료이며 결국에는 용지폭 말뚝의 설치에까지 영향을 주는 것이므로 다른 측량 이상으로 세심한 주의를 하여 정확도를 높이도록 해야 한다.

(5) 용지측량

횡단면도에 계획 단면을 기입하여 용지 폭을 정하고, 축척 1/500 또는 1/600로 용지도를 작성한다.

(6) 공사측량 및 준공검사측량

1) 공사측량

① 검측 : 중심선 말뚝의 검측, 가B.M(TBM)과 중심말뚝의 높이의 검측을 실시한다.

② 가인조점 등의 설치, 기타 : 중요한 보조말뚝의 외측에 인조점을 설치하고, 토공의 기준틀, 콘크리트 구조물의 형간의 위치 측량 등을 실시한다.

2) 준공검사측량

① 공사 착수 전에 이설한 인조점 및 시공기준틀의 정확성을 검사한다.

② 이들을 기준점에 결합시켜 오차의 한계 내에 있는가를 검사한다.

③ 설계와 시방서대로 공사가 시행되었는가의 여부를 검사한다.

···03 곡선 설치

(1) 곡선의 분류 및 형상

1) 곡선의 분류

선상 축조물의 중심선이 굴절한 경우, 곡선에서 이것을 연결하여 방향의 변화를 원활히 할 필요가 있다. 곡선은 이것을 포함하는 면에 의해 2개로 구분된다. 그래서 수평면 내에 있으면 수평곡선(평면곡선), 수직면 내에 있으면 수직곡선으로 종단곡선과 횡단곡선이 있다.

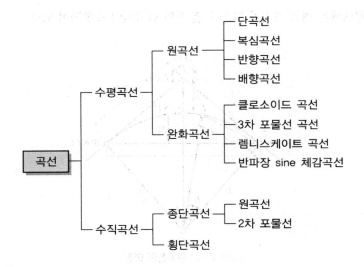

2) 노선의 평면 형상

일반적인 도로의 평면 선형은 직선─완화곡선─원곡선─완화곡선─직선으로 구성된다.

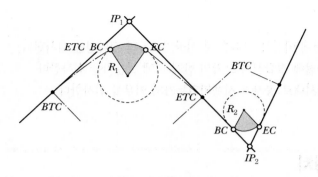

[그림 2-1] 노선의 평면 형상

여기서, IP(Intersection Point) : 교점
BC(Beginning of Curve) : 원곡선 시점
EC(End of Curve) : 원곡선 종점
BTC(Beginning of Transition Curve) : 완화곡선 시점
ETC(End of Transition Curve) : 완화곡선 종점

(2) 원곡선

원곡선의 형태에는 여러 가지가 있으나 몇 개의 단곡선이 조합되어 있다.

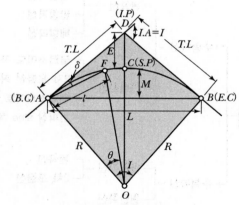

[그림 2-2] 원곡선의 명칭

1) 원곡선 명칭

기 호	명 칭	기 호	명 칭
B.C	곡선의 시점(Beginning of Curve)	R	곡선반지름(Radius of Curvature)
E.C	곡선의 종점(End of Curve)	C.L	곡선길이(Curve Length)
S.P	곡선의 중점(Point of Secant)	E	외할(External Secant)
I.P	교점(Intersection Point)	M	중앙종거(Middle Ordinate)
I	교각(Intersection Angle)	C	현장(Chord Length)
T.L	접선길이(Tangent Length)	δ	편각(Deflection Angle)

2) 공식

① 접선길이$(T.L) = R\tan\dfrac{I}{2}$

② 곡선길이$(C.L) = RI = \dfrac{R\pi I°}{180} = 0.01745RI°$

③ 외할$(E$ 또는 $S.L) = R\left(\sec\dfrac{I}{2} - 1\right)$

④ 중앙종거$(M) = R\left(1 - \cos\dfrac{I}{2}\right)$

⑤ 현의 길이$(L) = 2R\sin\dfrac{I}{2}$

⑥ 편각$(\delta) = \dfrac{l}{2R}$(라디안) $= 1,718.87'\dfrac{l}{R}$(분)

⑦ 곡선의 시점$(B.C) = I.P - T.L$

⑧ 곡선의 종점$(E.C) = B.C + C.L$

3) 호와 현길이의 차

$$C - l = \dfrac{C^3}{24R^2}$$

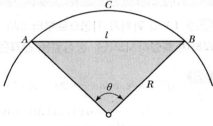

[그림 2−3] 호와 현

4) 중앙종거와 곡률반경의 관계

$$R^2 - \left(\dfrac{L}{2}\right)^2 = (R - M)^2$$

$$\therefore R = \dfrac{L^2}{8M} + \dfrac{M}{2}$$

※ M의 값이 L에 비해 작으면 2항 무시

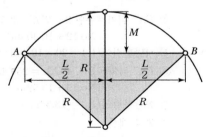

[그림 2−4] 중앙종거와 반경

5) 단곡선 설치

① 작업 순서

교점$(I.P)$ 설치 → 교점 결정 → 반경(R) 결정 → 곡선의 시점 및 종점 결정 → 시단현 및 종단현길이 계산

② 편각법에 의한 방법

- 철도, 도로 등의 곡선 설치에 가장 일반적이다.
- 다른 방법에 비해 정확하다.
- 반경이 적을 때 오차가 많이 발생한다.
- 한 측점 사이를 20m로 하고 시단현거리
  l_1, 종단현거리 l_n에서 편각을 구하면

$$\delta_1 = 1,718.87' \times \frac{l_1}{R}$$

$$\delta_{20} = 1,718.87' \times \frac{20}{R}$$

$$\delta_n = 1,718.87' \times \frac{l_n}{R}$$

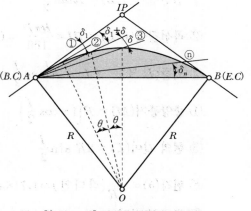

[그림 2-5] 편각에 의한 곡선 설치

•• EXAMPLE ••

문제 I.P의 위치가 기점으로부터 325.18m, 곡선반경 200m, 교각 41°00′인 단곡선을 편각법에 의하여 측설하시오(단, 중심말뚝 간격은 20m이다).

풀이

① $T.L = R \tan \frac{I}{2} = 200 \times \tan 20°30' = 74.777m$

② $C.L = \frac{R°}{\rho°} = 0.0174533 R I° = 0.0174533 \times 200 \times 41° = 143.117m$

③ $E = R\left(\sec \frac{I}{2} - 1\right) = 200\left(\sec \frac{41°}{2} - 1\right) = 13.522m$

④ $B.C$ 위치 = 총연장 − $T.L$ = 325.18 − 74.777 = 250.403m
   　　　　　No.12 + 10.403m

⑤ 시단현길이(l_1) = 20 − 10.403 = 9.597m

⑥ $E.C$ 위치 = B.C + C.L = 250.403 + 143.117 = 393.520m
   　　　　　No.19 + 13.52m

⑦ 종단현길이(l_n) = 13.52m

⑧ 편각 계산

　㉠ 20m에 대한 편각　　　　　$\delta_{20} = 1,718.87' \times \frac{20}{200} = 2°51'53''$

　㉡ 시단현에 대한 편각　　　　$\delta_1 = 1,718.87' \times \frac{9.597}{200} = 1°22'29''$

　㉢ 종단현에 대한 편각　　　　$\delta_n = 1,718.87' \times \frac{13.52}{200} = 1°56'12''$

③ 중앙종거에 의한 방법(일명 1/4법)

곡선의 반경 또는 곡선의 길이가 작은 시가지의 곡선 설치와 철도, 도로 등의 기설곡선의 검사 또는 개정시에 편리하다.

$$M_1 = R\left(1 - \cos\frac{I}{2}\right) \quad M_2 = R\left(1 - \cos\frac{I}{4}\right)$$

$$M_3 = R\left(1 - \cos\frac{I}{8}\right) \quad M_4 = R\left(1 - \cos\frac{I}{16}\right)$$

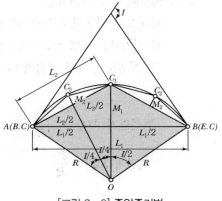

[그림 2-6] 중앙종거법

●●● EXAMPLE ●●●

문제 중앙종거법에 의하여 곡선을 설치하고자 한다. 다음 그림에서 M은 M'의 몇 배인가?

풀이
$$M : M' = R\left(1 - \cos\frac{I}{2}\right) : R\left(1 - \cos\frac{I}{4}\right)$$
$$= \left(1 - \cos\frac{I}{2}\right) : \left(1 - \cos\frac{I}{4}\right)$$
$$= \left(1 - \cos\frac{60°}{2}\right) : \left(1 - \cos\frac{60°}{4}\right)$$
$$= 4 : 1$$
$$\therefore M은 M'의 4배$$

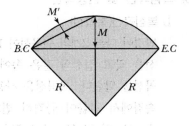

④ 접선에 대한 지거법

양 접선에 지거를 내려 곡선을 설치하는 방법으로 터널 내의 곡선 설치와 산림지에서 벌채량을 줄일 경우에 적당한 방법이다.

$$y = l_i \sin\delta_i = 2R\sin^2\delta_i$$
$$= 2R(1 - \cos^2\delta_i)$$
$$x = l_i \cos\delta_i = 2R\sin\delta_i\cos\delta_i$$
$$= R\sin 2\delta_i$$

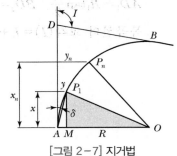

[그림 2-7] 지거법

⑤ 접선편거 및 현편거법

트랜싯을 사용하지 못할 때 폴과 테이프로 설치하는 방법으로 지방도로에 이용된다. 정밀도는 다른 방법에 비해 낮다.

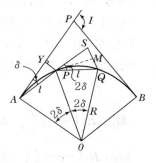

$$접선편거(MQ) = \frac{l^2}{2R}$$

$$현편거(SQ) = \frac{l^2}{R}$$

[그림 2-8] 접선편거/현편거

⑥ 장현에 대한 종거와 횡거에 의한 방법(장현지거법)

곡선의 시점과 종점을 연결한 측선을 X축으로 하고 이에 직각 방향의 지거를 이용하여 곡선상의 측점의 위치를 결정하는 방법으로 보통 줄자만을 사용하지만 정확히 직각을 만들 때는 직각기 또는 트랜싯을 이용한다. 이 방법은 곡선반경이 짧을 때 편리하다.

6) 복심곡선 및 반향곡선

① 복심곡선(복곡선)

반경이 다른 2개의 원곡선이 1개의 공통접선을 갖고 접선의 같은 쪽에서 연결하는 곡선을 말한다. 복곡선을 사용하면 그 접속점에서 곡률이 급격히 변화하므로 될 수 있는 한 피하는 것이 좋다.

곡선설치는 2개의 원곡선으로 나누어 설치하면 된다.

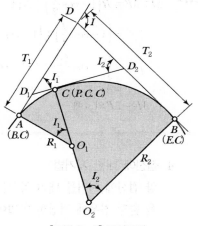

$$\overline{AD_1} = R_1\tan\frac{I_1}{2}, \quad \overline{BD_2} = R_2\tan\frac{I_2}{2}$$

복곡선의 교각 $(I) = I_1 + I_2$

[그림 2-9] 복심곡선

② 반향곡선

반경이 같지 않은 2개의 원곡선이 1개의 공통접선의 양쪽에 서로 곡선 중심을 가지고 연결한 곡선이다. 반향곡선을 사용하면 접속점에서 핸들의 급격한 회전이 생기므로 가급적 피하는 것이 좋다.

반향곡선의 기하학적 성질은 복곡선과 같고 복곡선의 모든 공식에 R_2와 I_2의 부호를 반대로 하여 그대로 사용하며 설치법도 복곡선 설치법과 같다.

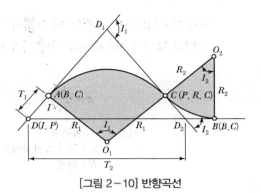

[그림 2-10] 반향곡선

③ 배향곡선(머리핀곡선)

반향곡선을 연속시켜 머리핀 같은 형태의 곡선이 된 것을 말한다. 산지에서 기울기를 낮추기 위해 쓰여지므로 철도에서 Switchback에 적합하여 산허리를 누비듯이 나아가는 노선에 쓰인다.

···04 완화곡선

노선의 직선부와 원곡선부 사이에 반지름이 무한대에서 점차 작아져서 원곡선의 반지름 R이 되는 곡선을 넣고 동시에 이 곡선 중의 Cant와 Slack이 0에서 차차 커져 원곡선부에 정해진 값이 되도록 설치하는 특수곡선을 말한다.

(1) 캔트(Cant)

곡선부를 통과하는 차량이 원심력이 발생하여 접선 방향으로 탈선하려는 것을 방지하기 위해 바깥쪽 노면을 안쪽 노면보다 높이는 정도를 말하며 편경사라고 한다.

－일반식－

$$C = \frac{V^2 S}{gR}$$

여기서, C : 캔트
S : 궤간
V : 속도(m/sec)
R : 반경
g : 중력 가속도

－최대 주행속도를 고려한 편경사와 반경과의 관계－

$$R = \frac{V^2}{127(i+f)}$$

여기서, R : 반경
V : 최대 주행속도(km/hr)
i : 편경사
f : 노면의 마찰계수

(2) 슬랙(Slack)

차량이 곡선 위를 주행할 때 그림과 같이 뒷바퀴가 앞바퀴보다 안쪽을 통과하게 되므로 차선 너비를 넓혀야 하는데 이를 확폭이라 한다.

$$\varepsilon = \frac{L^2}{2R}$$

여기서, ε : 확폭량
L : 차량 앞바퀴에서 뒷바퀴까지의 거리
R : 반경

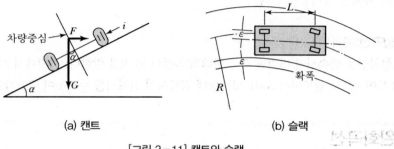

(a) 캔트   (b) 슬랙

[그림 2-11] 캔트와 슬랙

(3) 완화곡선의 성질

① 완화곡선의 반지름은 그 시작점에서 무한대(∞)이고, 종점에서는 원곡선의 반지름과 같다.
② 완화곡선의 접선은 시점에서는 직선에, 종점에서는 원호에 접한다.
③ 완화곡선에 연한 곡선반경의 감소율은 캔트의 증가율과 같다.

(4) 완화곡선의 길이

곡선길이 $L(\mathrm{m})$을 캔트 $C(\mathrm{mm})$에 N배 비례시키면

$$L = \frac{N}{1,000} \cdot C = \frac{N}{1,000} \cdot \frac{V^2 S}{gR}$$

여기서, L : 완화곡선길이
N : 완화곡선상수
C : 캔트$\left(\dfrac{V^2 S}{gR}\right)$

(5) 완화곡선의 종류

① Clothoid 곡선 : 고속도로에 많이 사용된다.

② Lemniscate 곡선 : 시가지 철도에 많이 사용된다.

③ 3차 포물선 곡선 : 철도에 많이 사용된다.

④ 반파장 sine 체감곡선 : 고속철도에 많이 사용된다.

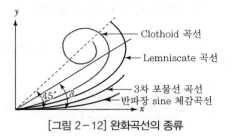

[그림 2-12] 완화곡선의 종류

(6) 클로소이드곡선

곡률이 곡선장에 비례하는 곡선을 Clothoid 곡선이라 한다. 차 앞바퀴의 회전 속도를 일정하게 유지할 경우 이 차가 그리는 운동 궤적이 Clothoid가 된다.

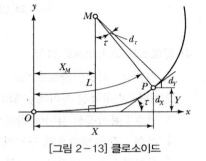

[그림 2-13] 클로소이드

1) 기본식

$$A^2 = RL = \frac{L^2}{2\tau} = 2\tau R^2$$

여기서, A : Clothoid 매개변수
R : 곡률반경
L : 완화곡선길이
τ : 접선각

2) 단위 클로소이드

① 클로소이드의 매개변수 A에 있어서 $A=1$, 즉 $R \cdot L=1$의 관계에 있는 클로소이드를 단위 클로소이드라 한다.

② 단위 클로소이드의 요소에 알파벳의 소문자를 사용하면 $r \cdot \ell = 1$이다.

③ 또는 $R \cdot L = A^2$의 양변을 A^2으로 나누면, $\frac{R}{A} \cdot \frac{L}{A} = 1$이므로, 단위 클로소이드 반경 ($r$)은 $\frac{R}{A}$, 단위 클로소이드 길이(l)은 $\frac{L}{A}$이 된다.

3) 클로소이드(Clothoid) 설치법

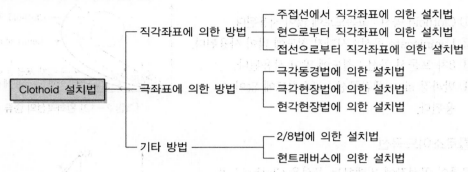

Clothoid 설치법
- 직각좌표에 의한 방법
  - 주접선에서 직각좌표에 의한 설치법
  - 현으로부터 직각좌표에 의한 설치법
  - 접선으로부터 직각좌표에 의한 설치법
- 극좌표에 의한 방법
  - 극각동경법에 의한 설치법
  - 극각현장법에 의한 설치법
  - 현각현장법에 의한 설치법
- 기타 방법
  - 2/8법에 의한 설치법
  - 현트래버스에 의한 설치법

4) 클로소이드(Clothoid) 형식

① 기본형 : 직선－클로소이드－원곡선
② S형 : 반향곡선 사이에 2개의 클로소이드 삽입
③ 난형 : 복심곡선 사이에 클로소이드 삽입
④ 凸형 : 같은 방향으로 구부러진 2개의 클로소이드를 직선적으로 삽입
⑤ 복합형 : 같은 방향으로 구부러진 2개 이상의 클로소이드를 이은 것

5) 클로소이드의 일반적 성질

① 클로소이드는 나선의 일종이다.
② 모든 클로소이드는 닮은꼴이다.
③ 단위가 있는 것도 있고 없는 것도 있다.
④ 접선각(τ)은 30°가 적당하다.

(7) 3차 포물선

$y = a^2 x^3$을 가진 방정식의 곡선을 말한다.

① 완화곡선길이(L)

$$L = \frac{NC}{1,000}$$

② 이정(f)

$$f(\Delta R) = \frac{L^2}{24R}$$

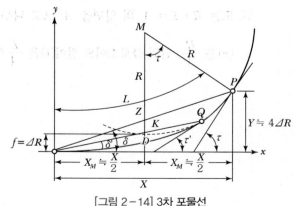

[그림 2-14] 3차 포물선

여기서, N : 완화곡선정수
R : 곡선반경
C : 캔트$\left(\dfrac{V^2 S}{gR}\right)$
I : 교각

③ 완화곡선의 접선길이($T.L$)

$$T.L = \frac{L}{2} + (R+f)\tan\frac{I}{2}$$

④ X축에 대한 수직거리(y)

$$y = \frac{x^3}{6RX}$$

···05 수직곡선

(1) 종단곡선(종곡선)

① 노선의 경사가 변하는 곳에서 차량이 원활하게 달릴 수 있고 운전자의 시야를 넓히기 위하여 종곡선을 설치한다. 종곡선은 일반적으로 원곡선 또는 2차 포물선이 이용된다.

② 종단곡선을 설치하기 위해서는 노선의 상향기울기 및 하향기울기에 따른 종단곡선의 길이가 먼저 결정되어야 하며, 종단 경사도의 최댓값은 도로 2~9%, 철도 10~35‰로 한다.

1) 원곡선에 의한 종단곡선
① 종곡선의 길이

$$l_1 = \frac{R}{2}(m \pm n)$$

$$l = l_1 + l_2 = R(m \pm n)$$

여기서, l_1 : 교점에서 곡선의 시점까지의 거리
l : 종곡선의 길이

② 곡선 시점에서 x만큼 떨어진 곳의 종거

$$y = \frac{x^2}{2R}$$

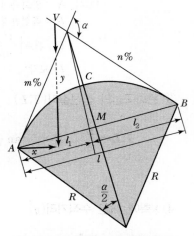

[그림 2-15] 원곡선에 의한 종곡선

2) 2차 포물선에 의한 종단곡선

$$L = \frac{(m-n)}{360}V^2$$

여기서, V : 최고제한속도(km/hr)

$$H_D = H_A + \frac{mx}{100}$$
$$H_D' = H_D - y_D$$
$$y_D = \frac{|m \pm n|}{2L}x^2$$

여기서, y : 종거
H_D' : 계획고

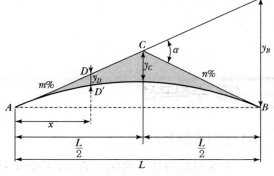

[그림 2-16] 2차 포물선에 의한 종곡선

(2) 횡단곡선(횡곡선)

도로, 광장 등의 횡단면 형상에 배수를 위하여 경사를 설치하고 있으며, 이 경사의 종류에는 직선, 포물선, 쌍곡선 등이 있고 포물선, 쌍곡선과 같이 직선 형상이 아닌 것을 횡단면에 설치할 때 횡단곡선이라 한다.

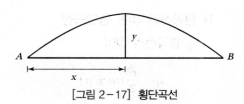

[그림 2-17] 횡단곡선

$$y = ax^2$$

여기서, y : 포물선의 종거, x : 포물선의 중앙까지 거리
a : 상수

실전문제 TIP

01 다음은 노선측량의 작업내용을 설명한 것이다. 이 중에서 설명이 잘못된 것은?

㉮ 측량 순서로 답사, 예측, 도상선정, 실측이 있으나 도로인 경우는 도상선정을 하지 않을 수도 있다.

㉯ 예측에서는 답사에 의하여 정해진 유망한 노선에 다시 더욱 자세한 조사를 하기 위하여 트래버스측량을 하고 곡선을 설치한다.

㉰ 실측에는 중심선 설치, 수준측량, 지형측량 등을 하게 된다.

㉱ 시공측량은 중심점 인조측량, 구조물 위치 결정, 시공기준틀 설치측량 등을 하게 된다.

⊙ 노선측량의 순서는 크게 노선선정, 계획조사측량, 실시설계측량, 공사측량순으로 진행되며, 노선선정시 도상선정은 중요한 사항 중 하나이다.

02 노선측량에서 노선선정을 할 때 가장 중요한 것은?

㉮ 곡선의 과소
㉯ 건설비와 측량비
㉰ 곡선 설치의 난이도
㉱ 수송량 및 경제성

⊙ 노선선정시 가장 중요한 사항은 수송량을 고려한 경제성이다.

03 도로 노선 곡선반경은 일반적으로 다음 요소를 고려하여야 한다. 이 중 가장 부적당한 것은 어느 것인가?

㉮ 도로의 중요성
㉯ 도로 부근의 지형
㉰ 차량의 속도
㉱ 보행인의 수량

⊙ 노선의 곡선반경은 차량속도, 지형, 도로의 등급 등을 고려하여 선정하여야 한다.

04 노선측량 중 시공측량에 속하지 않는 것은?

㉮ 용지측량
㉯ 중심점 인조측량
㉰ 시공규준틀 설치측량
㉱ 준공검사 조사측량

⊙ ㉮ : 실시설계측량
㉯ : 공사측량(시공관리측량)
㉰ : 공사측량(시공측량)
㉱ : 공사측량(준공측량)

정답 01 ㉮ 02 ㉱ 03 ㉱ 04 ㉮

05 노선측량 순서에서 실측을 하게 되는데 터널(Tunnel)이나 교량과 같은 구조물의 위치를 정하는 측량은?

㉮ 지형측량에 해당된다.

㉯ 용지측량에 해당된다.

㉰ 설계측량에 해당된다.

㉱ 시공측량에 해당된다.

> ⊙ 시공측량은 중심말뚝이나 TBM의 검측을 실시하며, 중요한 보조말뚝에 인조점을 설치하고 토공의 기준틀, 콘크리트 구조물의 형간위치측량 등을 실시한다.

06 횡단측량의 범위는 도로폭의 대략 몇 배로 하면 좋은가?

㉮ 1~3배   ㉯ 2~6배

㉰ 3~9배   ㉱ 5~10배

> ⊙ 횡단측량지역은 도로폭의 5~10배 정도로 측량하는 것이 일반적이다.

07 공사측량에서 종단과 횡단측정에 관한 설명에 있어서 적당하지 않은 것은?

㉮ 종단측정은 횡단측정보다 일반적으로 정도가 높아야 한다.

㉯ 종단도면의 횡거의 축척은 종거의 축척보다 크며, 횡단면도의 종횡의 축척은 같게 한다.

㉰ 종단면도를 보면 노선의 대세를 분별할 수 있지만 횡단면도에서는 분별하기가 곤란하다.

㉱ 횡단측량은 종단측량의 중심말뚝만 정확하게 박혀 있으면 종단보다 먼저 할 수도 있다.

> ⊙ 종단측량은 횡단측량보다 일반적으로 높은 정도가 요구되며, 종단측량에서는 횡거의 축척은 종거의 축척보다 적게 취하는 것이 일반적이다.

08 도로 중심선을 따라 20m 간격으로 종단측량을 행한 결과가 다음과 같다. 측점 1의 도로계획고를 표고 21.50m로 하고 2%의 상향구배의 도로를 설치하면 측점 5의 절취고는?

측 점	No.1	No.2	No.3	No.4	No.5
지반고	20.30	21.80	23.45	26.10	28.20

㉮ 4.70m   ㉯ 5.10m

㉰ 5.90m   ㉱ 6.10m

> ⊙ $2\% = \dfrac{x}{80} \times 100 \rightarrow x = 1.6m$
>
> No.5 계획고 $= 21.50 + 1.6$
>
> $= 23.10m$
>
> ∴ 절토고 $= 23.10 - 28.20m$
>
> $= -5.10m$

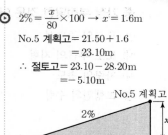

09 다음 표는 횡단측량의 야장이다. b점의 지반고는?(단, 기계고는 같고 측점 5의 지반고는 15m임)

B점의 지반고 $= 15 + 1.3 - 2.1$
$= 14.20$m

측점	좌			중점	우	
	a	b	c		d	e
No.5	2.70	2.10	2.65	1.30	2.45	3.05
	19.60	12.50	5.00	0	4.50	18.00

㉮ 11.15m ㉯ 14.20m
㉰ 15.80m ㉱ 19.75m

10 다음 그림과 같이 도로계획을 하였다가 6m 보도를 설치해야 하기 때문에 점선과 같은 L형 옹벽을 계획했다. L형 옹벽 상면의 높이는 얼마인가?

㉮ 8.25m
㉯ 8.00m
㉰ 7.83m
㉱ 7.50m

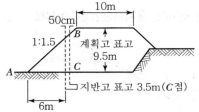

$1 : 1.5 = x : 6.5 →$
$x = \dfrac{6.5}{1.5} = 4.33$
$\therefore H_B = 3.5 + 4.33 = 7.83$m

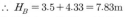

11 도로의 중심선을 따라 20m 간격의 종단측량을 해서 표와 같은 결과를 얻었다. 측점 1과 측점 5의 지반고를 연결하는 도로계획선을 설정했다면 이 계획선의 구배는?

㉮ −1%
㉯ −5%
㉰ +5%
㉱ +1%

측 점	지반고(m)
No.1	73.63
No.2	72.82
No.3	75.67
No.4	70.55
No.5	72.83

$i(\%) = \dfrac{H}{D} \times 100 = 1\%$
$\therefore$ 하향경사이므로 −1%가 된다.

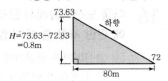

12 다음과 같은 지역에 ABCD에 신설도로를 만들고자 한다. BC 간의 거리가 100m일 때 BC 간의 평균구배는 얼마인가?

㉮ 12.5%
㉯ 10.0%
㉰ 7.5%
㉱ 5.0%

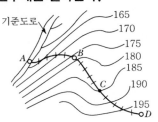

$i(\%) = \dfrac{H}{D} \times 100$
$= \dfrac{185 - 177.5}{100} \times 100$
$= 7.5\%$
※ 185m와 177.5m는 등고선상에서 개략적으로 구한다.

13 도로의 구배 표시방법은?

㉮ $n/100$ ㉯ $n/1,000$

㉰ $n/10$ ㉱ $n/1$

⊙ • 도로경사 : $n/100$
• 철도경사 : $n/1,000$

14 다음 그림과 같은 수평면과 45°의 경사를 가진 사면의 길이 15m 의 토사면이 있다. 이 사면을 30°로 할 때 사면의 길이를 얼마로 하면 좋은가?

㉮ 17.4m

㉯ 19.3m

㉰ 21.2m

㉱ 23.1m

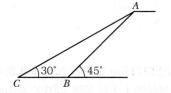

⊙ sine법칙을 이용하면
$$\frac{x'}{\sin 135°} = \frac{15}{\sin 30°}$$
$$\therefore x' = 21.2m$$

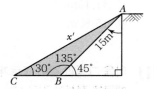

15 다음 그림은 노선 단면을 나타낸 것이다. 용지폭은?(단, 여유폭= 0.5m로 한다.)

㉮ 17.05m

㉯ 18.05m

㉰ 19.05m

㉱ 20.05m

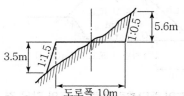

⊙ 용지폭 = 도로폭 + 여유폭(양쪽)
$$= (1.5 \times 3.5) + 10 + (0.5 \times 5.6)$$
$$+ 2(0.5)$$
$$= 19.05m$$

16 다음 노선측량에서 단곡선의 설치방법에 따르는 종류와 그 특징 에 관한 사항 중 옳지 않은 것은?

㉮ 접선편거와 현편거에 의하여 설치하는 방법은 직각기와 테이프만 을 사용하기 때문에 편리하게 된다.

㉯ 편각 설치법은 가장 정도가 좋고 정밀한 결과를 얻을 수가 있기 때문에 철도나 기타 중요한 곳에 많이 사용된다.

㉰ 접선에 대한 지거에 의한 설치방법은 터널 속이나 삼림지대에서 벌목량을 적게 할 때 사용하면 편리하다.

㉱ 장현에 대한 종거와 횡거에 의하는 방법은 곡률반경이 짧은 곡선 일 때 편리하게 설치한다.

⊙ 접선편거와 현편거에 의한 방법은 폴과 테이프만으로 설치할 수 있는 간 단한 방법이므로 정도가 낮다.

17 곡선의 종류를 크게 분류하면 평면곡선과 종곡선으로 구분되는데 평면곡선으로는 일반적으로 다음 어떤 곡선이 가장 많이 사용되는가?

   ㉮ 완화곡선   ㉯ 복합곡선

   ㉰ 단곡선   ㉱ 클로소이드

> ⊙ 평면곡선(수평곡선)은 크게 원곡선과 완화곡선으로 분류되고 평면곡선에서 가장 많이 사용되는 곡선은 단곡선이다.

18 노선의 곡선에서 수평곡선으로 사용하지 않는 곡선은 다음 중 어느 곡선인가?

   ㉮ 복곡선   ㉯ 단곡선

   ㉰ 2차 곡선   ㉱ 반향곡선

> ⊙ 수평곡선은 원곡선과 완화곡선으로 구분되며 원곡선에는 단곡선, 복곡선, 반향곡선, 배향곡선 등이 있다.
> 2차 곡선은 수직곡선인 종단곡선에 이용된다.

19 반경이 같지 않은 2개의 원곡선이 1개의 공통접선의 양쪽에 서로 곡선 중심을 가지고 연결된 곡선은?

   ㉮ 머리핀곡선   ㉯ 반향곡선

   ㉰ 복심곡선   ㉱ 원곡선

> ⊙ 반향곡선은 반경이 같지 않은 2개의 원곡선이 1개의 공통접선의 양쪽에 서로 곡선 중심을 가지고 연결하는 곡선이다.

20 다음 반향곡선에 관한 설명 중 옳은 것은?

   ㉮ 1개의 원호가 공통접선의 양측에 있는 곡선이다.

   ㉯ 2개의 원호가 공통접선의 양측에 있는 곡선이다.

   ㉰ 3개의 원호가 공통접선의 양측에 있는 곡선이다.

   ㉱ 원호가 공통접선의 한쪽에 있는 곡선이다.

> ⊙ 반향곡선은 반경이 같지 않은 2개의 원곡선이 1개의 공통접선의 양쪽에 서로 곡선 중심을 가지고 연결하는 곡선이다.

21 복곡선 및 반향곡선에 관한 설명 중 옳지 않은 것은?

   ㉮ 반경이 다른 2개의 단곡선이 그 접속점에서 공통접선을 갖고, 곡선의 중심이 둘 다 공통접선에 대하여 같은 방향에 있는 것이 복곡선이다.

   ㉯ 반경이 다른 2개의 단곡선이 그 접속점에서 공통접선을 갖고, 곡선의 중심이 공통접선에 대하여 서로 반대 방향에 있는 것이 반향곡선이다.

   ㉰ 복곡선 및 반향곡선은 사용하기 복잡하기 때문에 공통접선에서 2개의 단곡선을 그대로 취급하여도 좋다.

   ㉱ 복곡선에서 큰 원의 교각을 I_1, 작은 원의 교각을 I_2라 할 때 복곡선의 교각 $I = I_1 - I_2$이다.

> ⊙ 복곡선의 교각(I) $= I_1 + I_2$이다.

22 다음은 노선측량에 관한 사항이다. 잘못된 것은?

㉮ 노선측량의 작업을 크게 나누면 지형측량, 중심선측량, 종단측량, 횡단측량, 공사측량으로 분류한다.

㉯ 곡률이 곡선길이에 반비례하는 곡선을 Clothoid곡선이라 한다.

㉰ 클로소이드의 기본형은 직선, 클로소이드, 원곡선의 순이다.

㉱ 완화곡선의 반경은 시점에서 무한대, 종점에서 원곡선 곡선반경 이 된다.

> 곡률이 곡선장에 비례하는 곡선을 클로소이드(Clothoid)곡선이라 한다.

23 노선측량에서 곡선을 설치하려면 다음 요소들을 알아야 한다. 이 중 가장 중요한 요소는?

㉮ 곡률반경(R) 　　　　㉯ 접선장(T.L)

㉰ 곡선장(C.L) 　　　　㉱ 교각(I)

> 곡선을 설치하려면 먼저 교각(I)을 결정한 후 R을 결정하고 I와 R의 함수인 T.L, C.L, S.L, M등을 결정한다.

24 노선 시공측량에서 최소한도 시공완료될 때까지 절대로 보존되어야 할 측점은?

㉮ 곡선중점(S.P) 　　　　㉯ 교점(I.P)

㉰ 곡선시점(B.C) 　　　　㉱ 곡선종점(E.C)

> 교점은 노선측량 작업상 중요하며, 이 점에서 두 직선의 교각을 측정하여 그 값과 원곡선의 반경으로부터 곡선의 제원을 계산해 내는 데 사용되므로 최소한 시공이 완료될 때까지 절대로 보존되어야 할 측점이다.

25 단곡선 설치에 있어서 호 길이와 현길이의 차를 구하는 식 중 맞는 것은?

㉮ $\dfrac{C^3}{12R^2}$ 　　㉯ $\dfrac{C}{12R^2}$ 　　㉰ $\dfrac{C^3}{24R^2}$ 　　㉱ $\dfrac{C^2}{24R^2}$

> $C-l ≒ \dfrac{C^3}{24R^2}$

26 단곡선 설치에서 가장 널리 사용하며 편리한 방법은 어느 것인가?

㉮ 편각 설치법

㉯ 장현에서의 종거에 의한 설치법

㉰ 지거 설치법

㉱ 접선에 대한 지거법

> 단곡선 설치방법
> • 편각법 : 가장 널리 이용, 정확하다.
> • 중앙종거법 : 반경이 적은 도심지 곡선 설치 및 기설곡선 검정에 이용
> • 지거법 : 터널 및 산림지역의 채벌량을 줄일 경우 적당
> • 접선편거 및 현편거 : 정도가 낮다. 폴과 줄자만으로 곡선 설치, 지방도 곡선 설치에 이용

27 중앙종거와 곡률반경과의 관계를 바르게 나타낸 것은?

㉮ $\dfrac{L^2}{4M}$ 　　㉯ $\dfrac{L^2}{8M}$ 　　㉰ $\dfrac{L^2}{2M}$ 　　㉱ $\dfrac{L^2}{M}$

> $R=\dfrac{L^2}{8M}+\dfrac{M}{2}$
> ∴ M이 작을 경우에는 $\dfrac{M}{2}$을 무시할 수 있다.

정답 　22 ㉯　23 ㉱　24 ㉯　25 ㉰　26 ㉮　27 ㉯

28 터널 내의 곡선 설치나 산림지에서 벌채량을 줄일 경우에 적당한 방법은?

㉮ 접선편거와 현편거에 의한 방법

㉯ 중앙종거에 의한 방법

㉰ 편각에 의한 방법

㉱ 접선에 대한 지거법

> ◉ 도로측량에서 원곡선을 설치하는 방법으로서 접선종거와 접선횡거를 이용하여 설치하는 방법을 접선지거법이라 하며, 터널 내 곡선설치 및 산림 벌채량을 줄일 경우 이용된다.

29 편기각법 설치법의 특징은 다음 중 어느 것인가?

㉮ 수표가 필요 없다.

㉯ 인원, 기계 및 시간을 많이 요하지 않는다.

㉰ 곡선의 일부를 조정하기 쉽다.

㉱ 다른 설치법에 비하여 정밀하다.

> ◉ 철도, 도로 등의 단곡선 설치에서 가장 일반적으로 이용하고 있는 방법이 편기각법이며, 다른 설치법에 비하여 정밀하다.

30 다음 중 편각 설치법에서 중요한 것은?

㉮ 수표 없이 계산이 가능하다.

㉯ 곡선반경이 클 때 오차가 많이 생긴다.

㉰ 곡선반경이 작을 때 오차가 많이 생긴다.

㉱ 장애물이 있어도 가능하다.

> ◉ 편각 설치방법은 정밀하나 곡선반경이 작을 때 오차가 많이 발생한다.

31 곡선 설치 시 곡선장을 구하는 식은 어느 것인가?(단, 교각은 도단위임)

㉮ $C.L = R \times \cos l \times 0.0174533$

㉯ $C.L = R \times I° \times 0.0174533$

㉰ $C.L = \dfrac{R}{2} \times 0.0174533$

㉱ $C.L = R \times 0.0174533$

> ◉ $I = \dfrac{C.L}{R}$ (라디안) $\rightarrow I° = \dfrac{C.L}{R}\rho°$
>
> $\therefore C.L = \dfrac{I°R}{\rho°} = \dfrac{\pi I°R}{180°}$
>
> $= 0.0174533 R I°$
>
>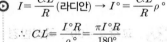

32 교각 I=90°, T.L=100m인 원곡선의 반경 R은 얼마인가?

㉮ 90m

㉯ 100m

㉰ 110m

㉱ 120m

> ◉ 접선거리$(T.L) = R \tan\dfrac{I}{2}$
>
> $\therefore R = \dfrac{T.L}{\tan\dfrac{I}{2}} = \dfrac{100}{\tan 45°}$
>
> $= 100\text{m}$

33 단곡선을 설치하려고 한다. $R = 500\text{m}$, $I = 60°$일 때 접선길이 ($T.L$)와 곡선길이($C.L$)는?

	T.L	*C.L*
㉮	288.68m	523.50m
㉯	298.68m	533.50m
㉰	308.68m	543.50m
㉱	318.68m	533.50m

- $T.L = R\tan\dfrac{I}{2}$
  - $= 500 \times \tan\dfrac{60°}{2}$
  - $= 288.68\text{m}$
- $C.L = 0.01745 RI°$
  - $= 0.01745 \times 500 \times 60°$
  - $= 523.50\text{m}$

34 단곡선에 있어서 반경 $R = 150\text{m}$이고, 교각 $I = 60°$일 때 중앙종거(M)와 곡선장($C.L$)을 구한 값 중에서 옳은 것은?

㉮	$M = 75.00\text{m}$	$C.L = 158.53\text{m}$
㉯	$M = 86.60\text{m}$	$C.L = 173.21\text{m}$
㉰	$M = 18.09\text{m}$	$C.L = 155.07\text{m}$
㉱	$M = 20.10\text{m}$	$C.L = 157.05\text{m}$

- $M = R\left(1 - \cos\dfrac{I}{2}\right)$
  - $= 150 \times (1 - \cos 30°)$
  - $= 20.10\text{m}$
- $C.L = 0.01745 RI°$
  - $= 0.01745 \times 150 \times 60°$
  - $= 157.05\text{m}$

35 원곡선에서 교각이 $32°30'$이고 곡선반지름이 300m일 때 곡선시점의 추가거리가 356.35m이면 곡선종점까지의 추가거리는?

㉮ 526.49m ㉯ 526.69m
㉰ 526.79m ㉱ 529.89m

- $E.C = B.C + C.L$
  - $= 356.35 + 0.01745 RI°$
  - $= 526.49\text{m}$

36 교각 $I = 90°$, 곡선반경 $= 150\text{m}$인 단곡선의 교점 $I.P$의 추가거리가 1,139.25m일 때 곡선의 시점 $B.C$의 추가거리는?

㉮ 1,289.25m ㉯ 1,023.18m
㉰ 1,245.32m ㉱ 989.25m

- $B.C$ 위치 = 총연장 $- T.L$
- $T.L = R\tan\dfrac{I}{2}$
  - $= 150 \times \tan\dfrac{90°}{2} = 150\text{m}$
- $\therefore B.C$ 추가거리 $= 1,139.25 - 150$
  - $= 989.25\text{m}$

37 원곡선에 있어서 교각(I)이 $60°$, 반지름(R)이 100m, $B.C = $ No.5 + 5m일 때 곡선의 종점($E.C$)까지의 거리는?(단, 말뚝중심 간격은 10m이다.)

㉮ 49.7m ㉯ 154.7m
㉰ 159.7m ㉱ 209.7m

- $E.C$ 위치 $= B.C + C.L$
- $B.C = (10 \times 5) + 5 = 55\text{m}$
- $C.L = 0.01745 RI° = 104.7\text{m}$
- $\therefore E.C = 55 + 104.7 = 159.7\text{m}$

38 기점으로부터 1,000.00m 지점에 교점($I.P$)이 있고 반지름 $R=$ 100m, 교각 $I=30°20'$ 일 때 최초의 단현 L_f와 최후의 단현 L_e 를 구하면?(단, 중심선의 말뚝과 말뚝의 사이는 20m로 한다.)

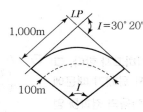

① $L_f=7.11$, $L_e=14.17$
④ $L_f=7.11$, $L_e=5.82$
⑤ $L_f=12.89$, $L_e=14.17$
④ $L_f=12.89$, $L_e=5.83$

- $T.L=R\tan\dfrac{I}{2}=27.11$m
- $B.C=I.P-T.L$
  $=972.89$m
  $=$ NO.48$+12.89$m
- ∴ 시단현길이$=20-12.89=7.11$m
- $C.L=0.01745RI°=52.93$m
- $E.C=B.C+C.L$
  $=972.89+52.93$
  $=1,025.82$m
  $=$ No.51$+5.82$m
- ∴ 종단현길이$=5.82$m

39 교각 I는 60°, 곡선반지름 R이 200m, 노선의 시작점에서 $I.P$점 까지 추가거리가 210.60m일 때 시단현의 편각은?(단, 중심말뚝 간 격은 20m이다.)

① $41'51''$
④ $51'51''$
⑤ $31'51''$
④ $21'51''$

- $T.L=R\tan\dfrac{I}{2}=115.47$m
- $B.C=$총연장$-T.L$
  $=210.60-115.47$m
  $=95.13$m
  $=$ No.4$+15.13$m
- 시단현길이$=20-15.13=4.87$m
- ∴ 시단현편각$=1,718.87'\dfrac{l_1}{R}$
  $=1,718.87'\times\dfrac{4.87}{200}$
  $≒41'51''$

40 반지름 $R=600$m, $l=20$m인 원곡선의 일반 편각은 얼마인가?

① $1°07'03''$
④ $1°07'18''$
⑤ $07'03''$
④ $57'18''$

- $\delta_{20}=1,718.87'\dfrac{l}{R}$
  $=1,718.87'\times\dfrac{20}{600}$
  $=57'18''$

41 노선에 반지름 260m인 원곡선을 편각법으로 설치할 때 교각 46°22', 기점부터 교점까지의 거리를 780.640m라 하면 다음 시 단현에 대한 편각은 얼마인가?(단, 중심말뚝 간격은 20m이다.)

① $1°10'47''$
④ $1°11'47''$
⑤ $1°12'47''$
④ $1°13'47''$

- $T.L=R\tan\dfrac{I}{2}=111.35$m
- $B.C=I.P-T.L$
  $=780.640-111.35$m
  $=669.29$m
  $=$ No.33$+9.29$m
- 시단현길이$(l_1)=20-9.29$
  $=10.71$m
- ∴ 시단현편각(δ_1)
  $=1,718.87'\dfrac{l_1}{R}$
  $=1,718.87'\times\dfrac{10.71}{260}$
  $≒1°10'47''$

정답 38 ④ 39 ① 40 ④ 41 ①

42 $R = 100\text{m}$, $I = 56°20'$의 원곡선 설치 시 편각이 $7°20'$일 때 X의 크기는?

㉮ 6.67m   ㉯ 25.60m

㉰ 3.33m   ㉱ 51.20m

$\delta = 1,718.87 \dfrac{X}{R} \rightarrow$

$440' = 1,718.87 \dfrac{X}{100}$

$\therefore X = 25.60\text{m}$

43 그림과 같이 $\overline{AC}$ 및 $\overline{BD}$ 선 사이에 곡선을 설치하고자 한다. 그런데 그 교점에 장애물이 있어 교각을 측정하지 못했기 때문에 $\angle ACD$, $\angle CDB$ 및 $\overline{CD}$ 의 거리를 측정하여 다음의 결과를 얻었다. $\angle ACD = 150°$, $\angle CDB = 90°$, $\overline{CD} = 200\text{m}$, 곡선반지름은 300m라 하면 C점부터 곡선의 시점까지의 거리는?

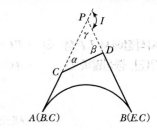

㉮ 298.58m   ㉯ 275.78m

㉰ 265.78m   ㉱ 288.68m

$CD = 200\text{m}$, $\angle ACD = 150°$,
$\angle CDB = 90°$에서 α, β, γ를 구하여 I를 구한다.
$\alpha = 30°$, $\beta = 90°$, $\gamma = 60°$
그러므로, 교각(I)은 120°이다.

• $T.L = R\tan\dfrac{I}{2} = 300 \times \tan\dfrac{120°}{2}$
  $= 519.615\text{m}$

• sine법칙에 의하여 $\overline{CP}$를 구하면
  $\dfrac{200}{\sin 60°} = \dfrac{\overline{CP}}{\sin 90°} \rightarrow$
  $\overline{CP} = 230.94\text{m}$
  $\therefore \overline{AC} = T.L - \overline{CP}$
  $= 519.615 - 230.94$
  $\fallingdotseq 288.68\text{m}$

44 다음 그림에서 $R = 150\text{m}$, $\alpha = 60°$, $\beta = 30°$, $\overline{CD} = 100\text{m}$일 때 C점으로부터 A점까지의 거리는?

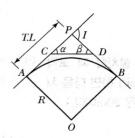

㉮ 50.0m   ㉯ 86.6m

㉰ 100.0m   ㉱ 115.5m

• sine법칙에 의하여 $\overline{CP}$를 구하면
  $\dfrac{\overline{CP}}{\sin 30°} = \dfrac{100}{\sin 90°} \rightarrow$
  $\overline{CP} = 50\text{m}$

• $T.L = R\tan\dfrac{I}{2}$
  $= 150 \times \tan 45° = 150\text{m}$
  $\therefore \overline{AC}$ 거리 $= \overline{AP} - \overline{CP}$
  $= 150 - 50 = 100.0\text{m}$

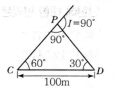

45 그림에서 $\overline{AD}$, $\overline{BD}$ 간에 단곡선을 설치할 때 $\angle ADB$의 2등분 선상의 C점을 곡선의 중점으로 선택하였을 때 이 곡선의 접선길이를 구한 값은?(단, $\overline{DC}=10.0\text{m}$, $I=80°21'$ 이다.)

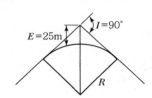

㉮ 34.0m 　　　　　　㉯ 32.4m

㉰ 27.3m 　　　　　　㉱ 15.3m

$\overline{DC}=S.L=$외할

$=R\left(\sec\dfrac{I}{2}-1\right)\rightarrow$

$R=\dfrac{S.L}{\left(\sec\dfrac{I}{2}-1\right)}=32.39\text{m}$

$\therefore\ T.L=R\tan\dfrac{I}{2}$

$=32.39\times\tan\dfrac{80°21'}{2}$

$\fallingdotseq 27.35\text{m}$

46 그림처럼 두 노선의 교각 $I=90°$이다. 이때 외할 $E=25\text{m}$의 곡선이 설치되었다면 이 단곡선의 곡선반지름은?

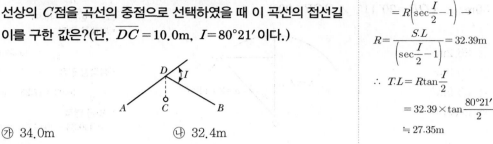

㉮ 40.3m 　　　　　　㉯ 50.3m

㉰ 60.3m 　　　　　　㉱ 70.3m

$E=R\left(\sec\dfrac{I}{2}-1\right)$

$\therefore R=\dfrac{E}{\sec\dfrac{I}{2}-1}$

$=\dfrac{25}{\sec45°-1}$

$=60.36\text{m}$

47 도로를 개수하여 구곡선의 중앙에 있어서 10m만큼 곡선을 내측으로 옮기고자 한다. 신곡선의 반경을 구하면?(단, 구곡선의 곡선반경은 100m이고 그 교각은 60°로 하며 접선 방향은 변하지 않는 것으로 한다.)

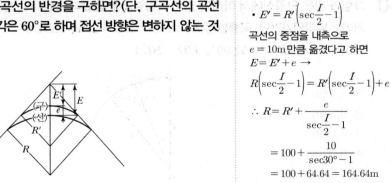

㉮ 138.26m 　　　　　㉯ 194.65m

㉰ 150.50m 　　　　　㉱ 164.64m

$\bullet\ SL=E=R\left(\sec\dfrac{I}{2}-1\right)$

$\bullet\ E'=R'\left(\sec\dfrac{I}{2}-1\right)$

곡선의 중점을 내측으로

$e=10\text{m}$만큼 옮겼다고 하면

$E=E'+e\rightarrow$

$R\left(\sec\dfrac{I}{2}-1\right)=R'\left(\sec\dfrac{I}{2}-1\right)+e$

$\therefore\ R=R'+\dfrac{e}{\sec\dfrac{I}{2}-1}$

$=100+\dfrac{10}{\sec30°-1}$

$=100+64.64=164.64\text{m}$

48 다음 그림에서 빗금 친 부분의 넓이를 구하면 얼마인가?(단, $R=$ 50m, $\angle AOB=20°11'$, $\angle OCB=90°$)

㉮ 26.2m²

㉯ 26.3m²

㉰ 35.5m²

㉱ 36.9m²

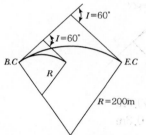

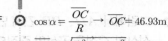

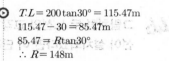

$\cos\alpha = \dfrac{\overline{OC}}{R} \rightarrow \overline{OC}=46.93\text{m}$

$\overline{CB} = \sqrt{50^2 - 46.93^2} = 17.25\text{m}$

• 부채꼴 면적

$= \pi r^2 \times \dfrac{\alpha°}{360°} = 440.33\text{m}^2$

• 삼각형 면적

$= \dfrac{1}{2} \times 46.93 \times 17.25 = 404.77\text{m}^2$

∴ 빗금 면적

$= 440.33 - 404.77 = 35.5\text{m}^2$

49 $I=60°$, $R=200$m의 구곡선이 있다. 지금 I점을 제1접선의 방향으로 30m 움직이고, 그에 따라 제2접선도 평행으로 이동한 경우 $B.C$ 점의 위치를 이동하지 않고 곡선을 설치할 경우 반경은 몇 m로 하면 좋은가?

㉮ 85.47m

㉯ 115.47m

㉰ 125m

㉱ 148m

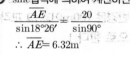

$T.L = 200\tan30° = 115.47\text{m}$

$115.47 - 30 = 85.47\text{m}$

$85.47 = R\tan30°$

∴ $R = 148\text{m}$

50 그림과 같은 단곡선에서 아래와 같은 측량결과를 얻었다. $\overline{AE}$의 거리는 얼마인가?(단, 곡률반경(R) $=\overline{AO}=\overline{BO}=20$m, $\angle BCO$ $=90°$, $\angle AOB=36°52'00''$, $\overline{CD}=\overline{BD}$)

㉮ 7.14m

㉯ 6.32m

㉰ 6.00m

㉱ 5.55m

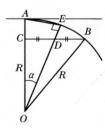

sine법칙에 의하여 계산하면

$\dfrac{\overline{AE}}{\sin18°26'} = \dfrac{20}{\sin90°}$

∴ $\overline{AE} = 6.32\text{m}$

51 노선측량에서 다음과 같은 단곡선이 곡률반경 $R=50\text{m}$일 때 장현 C의 값은 얼마인가?(단, $\overline{AB}$의 방위(Bearing)$=\text{N}25°33'00''E$, $\overline{BC}$의 방위(Bearing)$=\text{S}28°22'00''E$이다.)

㉮ 90.66m

㉯ 89.13m

㉰ 87.99m

㉱ 80.82m

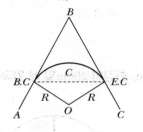

주어진 조건에서 교각(I)를 구하면,

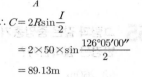

$$I = 180° - 25°33'00'' - 28°22'00'' = 126°05'00''$$

$$\therefore C = 2R\sin\frac{I}{2}$$
$$= 2 \times 50 \times \sin\frac{126°05'00''}{2}$$
$$= 89.13\text{m}$$

52 그림과 같이 교각 I인 가로에 따라 $ABCDE$와 같은 형태의 건물을 축조하려고 한다. 중앙종거법으로 단곡선 $\overline{BC}$를 설치할 때 제1의 중앙종거 M과 단곡선의 반지름 R을 구하는 식은 다음 중 어느 것인가?(단, 교각 I와 $\overline{BC}=S$는 주어져 있고 반지름 R은 알 수 없다.)

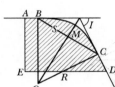

㉮ $R = \tan\dfrac{I}{2}S$, $M = R\left(\sec\dfrac{I}{2}-1\right)$

㉯ $R = \tan\dfrac{I}{2}S$, $M = R\left(1-\cos\dfrac{I}{2}\right)$

㉰ $R = \dfrac{S}{2\sin\dfrac{I}{2}}$, $M = R\left(1-\cos\dfrac{I}{2}\right)$

㉱ $R = \dfrac{S}{2\sin\dfrac{I}{2}}$, $M = R\left(\sec\dfrac{I}{2}-1\right)$

$\overline{BC}$(현)를 알고 있으므로 현을 구하는 공식에 의하여 R을 구하면 된다.

• $S = 2R\sin\dfrac{I}{2} \rightarrow R = \dfrac{S}{2\sin\dfrac{I}{2}}$

• $M = R\left(1-\cos\dfrac{I}{2}\right)$

53 노선측량에서 제1중앙종거가 12.44m일 때 제2중앙종거는 몇 m인가?(단, 곡선반경 : 100m, 시단현 : 1.64m)

㉮ 3.11 ㉯ 6.22 ㉰ 8.27 ㉱ 10.56

$M_1 = 4M_2$

$$\therefore M_2 = \frac{M_1}{4} = \frac{12.44}{4} = 3.11\text{m}$$

54 $I = 60°$, $R = 200$m일 때 중앙종거법에 의해 원곡선을 측정할 경우 8등분점은?

㉮ 26.8m

㉯ 6.82m

㉰ 1.71m

㉱ 3.27m

중앙종거법에 의한 8등분점은
$M = R\left(1 - \cos\dfrac{I}{8}\right)$이다.

$\therefore M = R\left(1 - \cos\dfrac{I}{8}\right)$
$= 200 \times \left(1 - \cos\dfrac{60°}{8}\right)$
$= 1.71$m

55 그림과 같은 중앙종거가 20m, 현장이 200m일 때 원곡선의 곡률반경은 얼마인가?

㉮ 260m

㉯ 450m

㉰ 550m

㉱ 650m

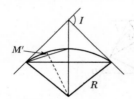

중앙종거와 반경과의 관계식에서
$R = \dfrac{L^2}{8M} + \dfrac{M}{2}$
$= \dfrac{200^2}{8 \times 20} + \dfrac{20}{2}$
$= 260$m

56 노선의 단곡선에서 곡률반경 $R = 400$m이고, 교각 $I = 120°00'$일 때 제2의 중앙종거 M'의 값을 1/4법으로 구한 값은?

㉮ 200m

㉯ 100m

㉰ 53.60m

㉱ 50.00m

$M' = R\left(1 - \cos\dfrac{I}{4}\right)$
$= 400 \times (1 - \cos 30°)$
$= 53.590$m

57 지거 설치에 대한 설명 중 옳은 것은?

㉮ 단곡선 설치법 중 가장 간단하고 정도도 가장 높다.

㉯ 줄자로서 간단히 측정되며, 도로에 이용된다.

㉰ 간단하지도 않고 정도가 낮다.

㉱ 소요인원이 적고, 반경이 극히 작은 경우도 오차가 없다.

지거법은 간단하게 줄자만을 이용하여 설치할 수 있으나 정도는 좋지 않다.

58 지거 설치법에 있어서 현장 C에 대한 현편거 d는 접선편거 t의 몇 배인가?

㉮ 1/2배

㉯ 1배

㉰ 2배

㉱ 5배

$d = 2t = \dfrac{l^2}{R}$
여기서, d : 현편거
t : 접선편거

정답 54 ㉰ 55 ㉮ 56 ㉰ 57 ㉯ 58 ㉰

실전문제

59 다음에 기술한 것은 노선의 곡선들이다. 이 중 완화곡선이 아닌 것은 어느 것인가?

㉮ 3차 포물선곡선
㉯ 클로소이드곡선
㉰ 렘니스케이트곡선
㉱ 반향곡선

○ 완화곡선의 종류
  • Clothoid곡선
  • Lemniscate곡선
  • 3차 포물선 곡선
  • 반파장 sine 체감곡선

60 다음은 완화곡선의 성질을 설명한 것이다. 틀린 것은?

㉮ 완화곡선의 접선은 시점에서 직선, 종점에서 원호에 가깝다.
㉯ 곡선반경은 완화곡선의 시점에서 무한대, 종점에서 원곡선 R로 된다.
㉰ 완화곡선에 연한 곡선반경의 감소율은 캔트의 증가율과 동률(다른 부호)로 된다.
㉱ 종점에 있는 캔트는 원곡선의 캔트와는 같지 않다.

○ 종점에 있는 캔트는 원곡선의 캔트와 같다. 또한, 완화곡선에 연한 곡선반경의 감소율은 캔트의 증가율과 같다.

61 다음 설명 중 옳지 않은 것은?

㉮ 완화곡선의 반지름은 시점에서 무한대, 종점에서 원곡선 R로 한다.
㉯ 클로소이드의 형식에는 S형, 복합형, 기본형 등이 있다.
㉰ 완화곡선의 접선은 시점에서 원호에, 종점에서 직선에 접한다.
㉱ 모든 클로소이드는 닮은꼴이며, 클로소이드 요소는 길이의 단위를 가진 것과 단위가 없는 것도 있다.

○ 완화곡선은 시점에서는 직선에, 종점에서는 원곡선 반경에 접한다.

62 곡선 설치시의 B.T.C 및 E.T.C란 무엇인가?

㉮ 완화곡선의 시점 및 종점의 위치
㉯ 완화곡선의 시점위치
㉰ 완화곡선의 종점위치
㉱ 단곡선의 시점 및 종점의 위치

○ • 완화곡선 시점(Beginning of Transition Curve ; B.T.C)
  • 완화곡선 종점(End of Transition Curve ; E.T.C)

63 철도에서 주로 사용하는 완화곡선의 길이를 구하는 식 중 맞는 것은?

㉮ $\dfrac{N}{1,000}\dfrac{V^2 S}{gR}$

㉯ $\dfrac{V^2 S}{gR}$

㉰ $\dfrac{N}{1,000}\dfrac{V^2 S}{gR^2}$

㉱ $\dfrac{N}{1,000}\dfrac{VS^2}{gR}$

○ $L=\dfrac{N}{1,000}h=\dfrac{N}{1,000}\dfrac{V^2 S}{gR}$

정답 **59** ㉱ **60** ㉱ **61** ㉰ **62** ㉮ **63** ㉮

64 다음 중 Slack(확폭)에 관한 확폭량의 식 중 맞는 것은?

㉮ $\dfrac{L}{2R}$

㉯ $\dfrac{L^3}{2R^2}$

㉰ $\dfrac{L}{2R^2}$

㉱ $\dfrac{L^2}{2R}$

⊙ 차량이 곡선 위를 주행할 때 뒷바퀴가 앞바퀴보다 안쪽을 통과하게 되므로 차선너비를 넓혀야 하는데 이를 확폭(Slack)이라 한다.

∴ $\varepsilon = \dfrac{L^2}{2R}$

65 완화곡선장과 Cant와의 비가 600이며 교점의 추가거리가 4,216.28m, 교각 45°, 원점의 반지름 500m, 고도 105mm일 때 완화곡선장(l)과 이정(f)을 구한 값은?

㉮ $l = 63$m, $f = 0.33$m

㉯ $l = 61$m, $f = 0.44$m

㉰ $l = 59$m, $f = 0.55$m

㉱ $l = 57$m, $f = 0.66$m

⊙ ・완화곡선장(l)
$$= \dfrac{N}{1,000} \cdot h = \dfrac{600}{1,000} \times 105$$
$$= 63\text{m}$$

・이정(f)
$$= \dfrac{l^2}{24R} = \dfrac{63^2}{24 \times 500} = 0.33\text{m}$$

66 클로소이드곡선 설치 때 클로소이드곡선의 파라미터 A를 200, 반경 R을 400m라 하면 완화곡선장 L을 계산한 값은?

㉮ 400m

㉯ 300m

㉰ 200m

㉱ 100m

⊙ $A^2 = R \cdot L$
$$\therefore L = \dfrac{A^2}{R}$$
$$= \dfrac{200^2}{400} = 100\text{m}$$

67 곡선반경이 300m이고, 궤도 간격이 1,067mm이다. 이때 단곡선 위를 시속 100km로 주행할 때 캔트(Cant)는 몇 cm인가?(단, g=9.8m/sec²임)

㉮ 25cm

㉯ 28cm

㉰ 30cm

㉱ 32cm

⊙ $C = \dfrac{V^2 S}{gR}$
$$= \dfrac{\left(100 \times \dfrac{1}{3.6}\right)^2 \times 1.067}{9.8 \times 300}$$
$$= 0.28\text{m}$$
$$= 28\text{cm}$$

68 Clothoid의 일반적인 성질이 아닌 것은?

㉮ Clothoid는 나선의 일종이며 상사성이다.

㉯ 모든 Clothoid는 닮은꼴이다.

㉰ 확대율을 가지고 있고 표로서 요소를 구한다.

㉱ τ는 Radian으로 구하고 τ는 45°가 적당하다.

⊙ 클로소이드는 나선의 일종이며, 닮은꼴이다. 또한, 접선각(τ)은 Radian으로 구하고 30°가 적당하다.

69 클로소이드(Clothoid Curve)에 대한 설명 중 옳지 않은 것은?

㉮ 고속도로에 가장 적합하다.

㉯ 곡률이 곡선의 길이에 비례한다.

㉰ 철도의 종단곡선 설치에 가장 효과적이다.

㉱ 일종의 완화곡선이다.

> ⊙ 철도의 종단곡선 설치에 가장 효과적인 방법은 원곡선에 의한 방법이다. 클로소이드는 고속도로에 적합한 완화곡선이다.

70 노선의 곡률반경이 150m이고, 곡선장이 20m일 때 클로소이드의 매개변수 A의 값은?

㉮ 24.77m ㉯ 34.77m ㉰ 44.77m ㉱ 54.77m

> ⊙ $A^2 = R \cdot L$
> $\therefore A = \sqrt{R \cdot L}$
> $= \sqrt{150 \times 20}$
> $= 54.77\text{m}$

71 완화곡선의 매개변수를 1.2배 늘리면 동일 곡선반경에서 완화곡선길이는 몇 배가 되는가?

㉮ 0.69 ㉯ 6.9 ㉰ 1.44 ㉱ 1.2

> ⊙ $A^2 = R \cdot L \rightarrow (1.2)^2 = R \cdot L$
> $\therefore$ 반경이 동일하므로 완화곡선길이는 1.44배가 된다.

72 다음 글은 완화곡선에 사용하는 클로소이드에 대한 설명이다. 틀린 것은 어느 것인가?

㉮ 클로소이드는 곡률이 곡선장에 비례하여 한결같이 증대하는 곡선이다.

㉯ 단위 클로소이드의 각 요소는 모두 무차원이다.

㉰ 클로소이드의 종점의 좌표 x, y는 그 점의 접선각(I)의 함수로 표시된다.

㉱ 곡선장(L)과 파라미터(A)가 일정할 때 이정량(ΔR)을 변화시킴으로써 임의 반경의 원곡선에 접속시킬 수 있다.

> ⊙ 클로소이드 요소에는 길이의 단위를 가진 것(L, X, Y, X_M, R, ΔR, T_L)과 단위가 없는 것(τ, σ, $\Delta r/r$, $\Delta R/R$, l/r, L/R) 등이 있다.

73 다음은 클로소이드(Clothoid)의 특성에 관한 설명이다. 틀린 것은 어느 것인가?(단, I : 접선각, ΔR : 이정량, R : 원곡선반경, A : Clothoid Parameter, L : 완화곡선장)

㉮ I가 일정한 경우 R을 크게 하기 위해서는 큰 A를 사용한다.

㉯ R이 일정할 때 A를 변화시킴에 따라 L을 변화시킬 수 있다.

㉰ ΔR이 일정할 때 A를 변화시킴에 따라 임의의 R원에 접속시킬 수 있다.

㉱ L과 A가 결정되어 있을 경우 R을 변화시킴에 따라 임의의 R원에 접속시킬 수가 없다.

> ⊙ 클로소이드 각 점에서 R과 완화곡선장(L)은 클로소이드상의 장소에 따라 모두 틀리나 R과 L의 곱은 일정한 A^2이 된다.
> 그러므로 R, L, A 중 두 가지만 알면 다른 하나는 간단히 구해진다.

정답 69 ㉰ 70 ㉱ 71 ㉰ 72 ㉯ 73 ㉱

실전문제 TIP

74 일반적으로 널리 쓰이고 있는 종곡선의 형상은?

㉮ 포물선　　　　　　　　　㉯ 직교좌표

㉰ 사교좌표　　　　　　　　　㉲ 극좌표

> 종곡선 설치는 원곡선의 설치방법과 2차 포물선의 설치방법으로 하나 주로 2차 포물선에 의하여 설치한다.

75 상향구배 $4.5/1,000$와 하향구배 $3.5/1,000$가 반지름 $2,000m$의 곡선 중에서 만날 경우에 곡선시점에서 $20m$ 떨어져 있는 점의 종거 y값은 어느 것인가?

㉮ $1.0m$　　　㉯ $0.6m$　　　㉰ $0.4m$　　　㉲ $0.1m$

> 원곡선에 의한 설치방법에 의하여 종거(y)를 구하면(반경이 주어졌으므로),
> $$y = \frac{x^2}{2R} = \frac{20^2}{2 \times 2,000} = 0.1m$$

76 종곡선 설치에서 상향구배 $4.5/1,000$와 하향구배 $35/1,000$가 반경 $3,000m$의 곡선 중에서 교차할 때 교점에서 곡선시점까지의 거리는 얼마인가?

㉮ $L = 120m$　　　　　　　㉯ $L = 75m$

㉰ $L = 60m$　　　　　　　㉲ $L = 30cm$

> $$l_1 = \frac{R}{2}(m \pm n)$$
> $$= \frac{3,000}{2} \times \left(\frac{4.5}{1,000} + \frac{35}{1,000} \right)$$
> $$= 59.25$$
> $$\fallingdotseq 60m$$

77 상향구배 $2.5/1,000$, 하향구배 $-40/1,000$일 때 곡선반경이 $2,000m$이면 종곡선장은?

㉮ $85m$　　　　　　　㉯ $45.2m$

㉰ $42.5m$　　　　　　　㉲ $35.5m$

> $$L = R\left(\frac{m}{1,000} - \frac{n}{1,000} \right)$$
> $$= 2,000 \times \left(\frac{2.5}{1,000} - \frac{-40}{1,000} \right)$$
> $$= 2,000 \times \frac{42.5}{1,000} = 85m$$
> 여기서, L : 종곡선장
> m, n : 경사

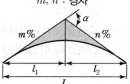

78 노폭 $32m$ 되는 도로의 횡단구배를 포물선구배로 하려 한다. 이때 구배가 4%이면 이 도로의 폭원 좌측으로부터 $1/4$ 되는 곳의 높이는?

㉮ $0.15m$　　　　　　　㉯ $0.16m$

㉰ $0.17m$　　　　　　　㉲ $0.18m$

> $$4\% = \frac{y}{16}100\%$$
> $$y = 0.04 \times 16 = 0.64m$$
> $$y = ax^2 \rightarrow 0.64 = a \times 16^2$$
> $$\rightarrow a = 0.0025m$$
> $$\therefore y_0 = ax^2 = 0.0025 \times 8^2 = 0.16m$$

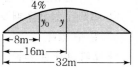

79 오름경사 3%, 내림경사 3%인 그림과 같은 곳에서 길이 60m의 종거(y)는 얼마인가?

㉮ $0.001x^2$
㉯ $0.0004x^2$
㉰ $0.0005x^2$
㉱ $0.0006x^2$

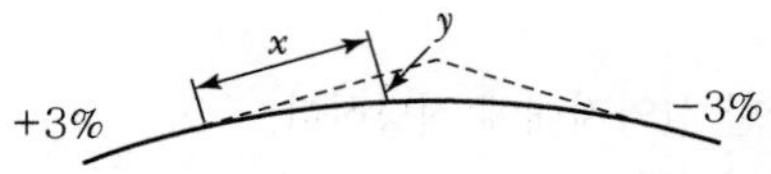

x
y
+3%
−3%

$$y=\frac{|m\pm n|}{2L}x^2=\frac{|0.03+0.03|}{2\times 60}x^2=\frac{0.06}{2\times 60}x^2=0.0005x^2$$

80 도로의 상향구배 +6%, 하향구배 −4%의 종단구배상에서 자동차가 60(km/hr)로 주행할 때 종곡선의 길이는 얼마나 되는가?(단, 충격 고려시)

㉮ 80m　㉯ 100m
㉰ 120m　㉱ 160m

도로에서 충격을 고려할 때 종곡선장을 구하는 식은

$$L=\frac{(m-n)}{360}V^2=\frac{6-(-4)}{360}\times 60^2=100\text{m}$$

81 다음과 같은 종곡선(Vertical Curve)에서 A점으로부터 10m 되는 지점의 표고는 얼마인가?(단, 시점 A의 표고는 101.40m이다.)

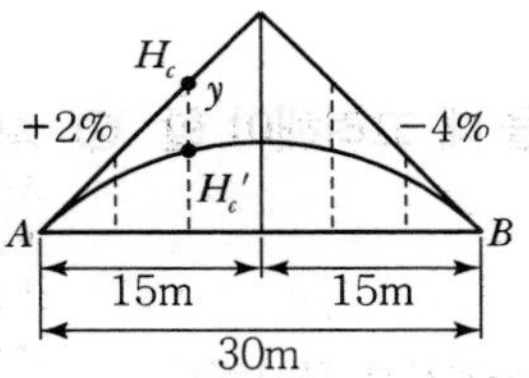

H_c
y
+2%
−4%
H_c'
A
B
15m
15m
30m

㉮ 101.40m　㉯ 101.475m
㉰ 101.50m　㉱ 101.60m

• $H_C=H_A+\frac{m}{100}x=101.40+\frac{2}{100}\times 10=101.60\text{m}$

• $y=\frac{|m\pm n|}{2L}x^2=\frac{0.06}{2\times 30}\times 10^2=0.1\text{m}$

$\therefore H_C'=H_C-y=101.60-0.1=101.50\text{m}$

82 곡선과 그 설치방법에 대한 설명 중 옳지 않은 것은?

㉮ 편각 설치법은 정도가 높은 결과를 얻을 수 있다.
㉯ 3차 포물선을 고속도로에 가장 많이 이용하는 이유는 자동차의 주행 궤적과 일치하기 때문이다.
㉰ 완화곡선의 반경은 무한대에서 시작하여 종점에서 원곡선의 반경이 된다.
㉱ 절선편거에 의한 방법은 테이프만을 사용하므로 정도가 좋지 않다.

3차 포물선은 철도에 이용되는 완화곡선이다.

정답 79 ㉰ 80 ㉯ 81 ㉰ 82 ㉯

83 노선측량의 클로소이드곡선(Clothoid Curve)에 대한 설명 중 옳은 것은?

㉮ 곡률반경이 곡선의 길이에 반비례한다.

㉯ 고속도로에는 부적당하다.

㉰ 일종의 종곡선으로 경사가 급한 산악지대에 적당하다.

㉱ 철도의 종단곡선 설치에 효과적이다.

○ 클로소이드곡선은 곡률 $\left(\dfrac{1}{R}\right)$이 곡선장에 비례하는 곡선을 말한다. 그러므로, 반경(R)과 곡선길이와의 관계는 반비례이다.($A^2 = RL$)

84 다음 설명 중 완화곡선에 대한 정의가 가장 정확한 것은?

㉮ 차량의 흐름을 완화시켜주기 위해 직선부와 곡선부 사이에 넣어주는 곡선

㉯ 차량에 가해지는 힘을 완화시켜주기 위해 직선부와 곡선부 사이에 넣어주는 곡선

㉰ 차량의 속도를 경감시켜주기 위해 직선부와 곡선부 사이에 넣어주는 곡선

㉱ 차량의 속도를 증가시키기 위해 직선부와 곡선부 사이에 넣어주는 곡선

○ 완화곡선은 차량이 노선의 직선부에서 곡선부로 주행할 때 직선과 곡선의 변화점에서 급격히 원심력이 작용한다. 이와 같이 직선과 곡선의 사이에서 일어나는 여러 가지의 영향을 완화할 목적으로 넣는 곡선이다.

85 토공작업을 수반하는 종단면도에 계획선을 넣을 때 고려해야 할 사항으로 틀린 것은?

㉮ 계획구배는 가능한 한 요구에 부합시킨다.

㉯ 절토량과 성토량의 균형을 맞추기 위해서는 제한경사를 무시해도 된다.

㉰ 절토는 성토와 대략 같도록 한다.

㉱ 절토는 성토에 될 수 있는 한 유용하기 위하여 운반거리를 고려한다.

○ 종단면도에 계획선을 넣을 때 고려사항
• 계획 구배는 가급적 제한 구배 이내로 한다.
• 절토 및 성토가 균형이 되도록 한다.
• 유용토를 위하여 운반거리를 고려한다.

86 클로소이드를 이용하는 이유로 적당하지 않은 것은?

㉮ 곡선의 모양이 좋다.

㉯ 지형에 적응하기 쉬운 곡선이다.

㉰ 하나의 원곡선에 대응하는 클로소이드는 1개뿐이다.

㉱ 직선에서 곡선으로 진로를 변환할 때 그 주행의 궤적이 이론과 일치한다.

○ 하나의 원곡선에 대응하는 클로소이드는 다양하다.

정답 83 ㉮ 84 ㉯ 85 ㉯ 86 ㉰

87 도로의 구배 계산을 위한 수준측량 결과가 그림과 같을 때 A, B 두 점 간의 구배는?(단, A, B점 간의 경사거리는 42m이다.)

㉮ 0.76%

㉯ 1.94%

㉰ 2.02%

㉱ 10.38%

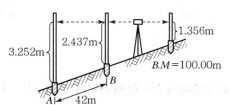

○ A, B 두 점 간의 수평거리를 구하면

$$D = L - \frac{H^2}{2L}$$

$$= 42 - \frac{(3.252 - 2.437)^2}{2 \times 42}$$

$$= 41.992m$$

∴ 경사$(i) = \frac{H}{D} \times 100$

$$= \frac{0.815}{41.992} \times 100$$

$$= 1.94\%$$

88 캔트(Cant)에 관한 다음 설명 중 가장 적당한 것은?

㉮ 직선과 곡선의 연결 부분의 명칭이다.

㉯ 토량을 계산하는 방법의 일종이다.

㉰ 곡선부의 안쪽과 바깥쪽의 높이차이다.

㉱ 완화곡선의 일종이다.

○ 캔트(Cant)
곡선부를 통과하는 차량이 원심력이 발생하여 접선 방향으로 탈선하려는 것을 방지하기 위해 바깥쪽 노면을 안쪽 노면보다 높이는 정도를 말하며 편경사 라고 한다.

89 다음 중 도로의 노선측량에서 종단면도에 기재하지 않는 사항은?

㉮ 용지의 경계

㉯ 절토 및 성토고

㉰ 계획고

㉱ 곡선 및 구배

○ 종단면도 기재사항
거리, 지반고, 곡선, 구배, 절토고, 성토고 등
※ 용지의 경계는 용지측량에서 얻어진다.

90 클로소이드곡선에서 접선각 τ를 라디안으로 표시할 때 곡선장 L 과 반경 R 사이의 관계로 옳은 것은?

㉮ $\tau = \dfrac{R}{2L}$

㉯ $R = \dfrac{L}{2\tau}$

㉰ $\tau = \dfrac{RL}{2}$

㉱ $\tau = \dfrac{L}{2R}$

○ $A^2 = RL = \dfrac{L^2}{2\tau}$

∴ $R = \dfrac{L}{2\tau}$

91 교각 $I = 32°36'$인 2개의 선간에 최소반경 $R_0 = 180m$의 렘니스케이트(Lemniscate)곡선을 측설하려고 한다. 접선길이는 얼마인가?

㉮ 101.803m

㉯ 102.400m

㉰ 104.164m

㉱ 105.400m

○ $Z = 3R\sin\dfrac{I}{3} = 101.80m$

$$\frac{Z}{\sin\left(90° - \dfrac{I}{2}\right)} = \frac{접선길이}{\sin\left(90° + \dfrac{I}{3}\right)}$$

∴ 접선길이 $= \dfrac{\sin\left(90° + \dfrac{I}{3}\right)}{\sin\left(90° - \dfrac{I}{2}\right)} \times Z$

$$≒ 104.161m$$

정답 87 ㉯ 88 ㉰ 89 ㉮ 90 ㉯ 91 ㉰

92 철도의 곡선부에서는 궤도 간격을 넓혀야 하는데, 이때 넓히는 양을 무엇이라고 하는가?

㉮ 캔트(Cant)   ㉯ 확폭(Slack)

㉰ 전도   ㉱ 횡거

> 차량이 곡선 위를 주행할 때 뒷바퀴가 앞바퀴보다 안쪽을 통과하게 되므로 차선 너비를 넓혀야 하는데 이를 확폭(Slack)이라 한다.

93 어느 원곡선에서 곡선반경이 200, 현길이가 20m일 때 현편거 및 접선편거의 크기는?

㉮ 현편거 2m, 접선편거 1m

㉯ 현편거 4m, 접선편거 2m

㉰ 현편거 1m, 접선편거 2m

㉱ 현편거 2m, 접선편거 4m

> • 접선편거$(t) = \dfrac{l^2}{2R} = 1\text{m}$
>
> • 현편거$(d) = 2t = \dfrac{l^2}{R} = 2\text{m}$

94 도로의 중심선을 시점 No.1에서 종점 No.7까지 20m씩 종단측량하여 표고를 구한 결과 No.3의 표고는 80.70m, No.4는 82.00m, No.5는 83.60m이었다. 계획선의 구배가 1/100이고 No.4를 절, 성토의 기준표고로 하면 No.3 성토고와 No.5의 절토고는 얼마인가?

㉮ No.3 = 1.00m(성토고), No.5 = 1.30m(절토고)

㉯ No.3 = 1.10m(성토고), No.5 = 1.40m(절토고)

㉰ No.3 = 1.20m(성토고), No.5 = 1.50m(절토고)

㉱ No.3 = 1.30m(성토고), No.5 = 1.60m(절토고)

> No.4를 기준표고로 하여 계획고를 구하면 No.3의 계획고는 81.80m, No.5의 계획고는 82.20m이므로 No.3은 1.10m의 성토고와 No.5는 1.40m의 절토고가 된다.

95 구조물 준공 시 검사측량을 할 때 해당되지 않는 측량은?

㉮ 중심선측량   ㉯ 종단측량

㉰ 지형측량   ㉱ 횡단측량

> 준공검사측량
> • 공사착수 전에 이설한 인조점 및 시공기준틀들의 정확성을 검사한다.
> • 이들을 기준점에 결합시켜 오차의 한계 내에 있는가를 검사한다.
> • 설계와 시방서대로 공사가 시행되었는가의 여부를 검사한다.
> ※ 지형측량은 실시설계측량에 해당한다.

96 노선측량에서 제1중앙종거와 제2중앙종거의 비율은?

㉮ $\dfrac{1}{2}$ ㉯ $\dfrac{1}{4}$

㉰ $\dfrac{1}{8}$ ㉱ $\dfrac{1}{16}$

> $M_1 = 4M_2$
>
> $\therefore M_2 = \dfrac{1}{4}M_1$

정답 92 ㉯ 93 ㉮ 94 ㉯ 95 ㉰ 96 ㉯

97 보기의 빈칸에 적합한 용어가 알맞게 나열된 것은?

> 완화곡선은 직선과 원곡선 사이 또는 반경이 다른 두 원곡선 사이에 설치되어 (   ), (   ), (   )의 차이를 원활하게 연결해 주는 역할을 한다.

㉮ 확폭량, 편경사, 종단경사
㉯ 곡선반경, 확폭량, 편경사
㉰ 곡선반경, 편경사, 종단경사
㉱ 종단경사, 편경사, 편기각

> ⊙ 완화곡선은 노선의 직선부와 원곡선 사이에 반지름이 무한대에서 점차 작아져서 원곡선의 반지름 R이 되는 곡선을 넣고 동시에 이 곡선 중의 Cant와 Slack이 0에서 차차 커져 원곡선부에 정해진 값이 되도록 설치하는 특수곡선을 말한다.

98 클로소이드의 형식은 조합하는 형식에 따라 기본형(基本形), S형, 난형(卵形), 복합형(複合形) 등이 있다. 이 중 복심곡선 사이에 클로소이드를 삽입한 형식은?

㉮ 기본형(基本形)   ㉯ S형
㉰ 난형(卵形)   ㉱ 복합형(複合形)

> ⊙ • 기본형 : 직선 → 클로소이드 → 원곡선
> • S형 : 반향곡선 사이에 2개의 클로소이드를 삽입
> • 복합형 : 같은 방향으로 2개 이상의 클로소이드를 이은 것

99 완화곡선 중 가장 먼저 곡률반경이 작아지는 것은?

㉮ 클로소이드   ㉯ 렘니스케이트
㉰ 3차 포물선   ㉱ 2차 포물선

> ⊙ 곡선반경이 작아지는 순서는 클로소이드, 렘니스케이트, 3차 포물선이다.

100 노선측량에서 도로를 신설할 때 실시설계측량에 해당되지 않는 것은?

㉮ 지형도 작성   ㉯ 중심선측량
㉰ 용지측량   ㉱ 고저측량

> ⊙ 실시설계측량이란 기본설계를 구체화하여 실제 시공에 필요한 구체적인 설계사항을 작성하기 위한 세부적인 측량이다.

101 노선측량의 용지측량에 관한 사항 중 틀린 것은?

㉮ 축척 1/500 또는 1/600의 용지도를 작성한다.
㉯ 용지도는 지적도와 관계가 있다.
㉰ 용지폭 말뚝설치는 중심선에 직각이다.
㉱ 종단면도를 이용하여 용지폭을 결정한다.

> ⊙ 노선측량에서 용지 폭은 횡단면도에 의해 결정한다.

102 노선측량에서 종단면도를 작성할 때 표기사항이 아닌 것은?

㉮ 측점 간 수평거리

㉯ 측점의 계획단면

㉰ 각 측점의 기점으로부터의 누가거리

㉱ 측점에서의 계획고

⊙ 종단면도 기재사항
거리, 지반고, 곡선, 구배, 절토고, 성토고 등

103 원곡선을 설치하는 노선의 일반적인 평면선형으로 옳은 것은?

㉮ 직선 – 완화곡선 – 원곡선 – 완화곡선 – 직선

㉯ 완화곡선 – 직선 – 원곡선 – 완화곡선 – 직선

㉰ 직선 – 완화곡선 – 원곡선 – 직선 – 완화곡선

㉱ 원곡선 – 직선 – 완화곡선 – 직선 – 완화곡선

⊙ 일반적인 도로평면선형
직선 – 완화곡선 – 원곡선 – 완화곡선 – 직선

104 노선측량에서 그림과 같은 단곡선을 설치할 때 $\overline{CD}$ 의 거리는 얼마인가?(단, 곡선의 반지름(R) = 50m, $\alpha = 20°$)

㉮ 17.10m

㉯ 8.68m

㉰ 8.55m

㉱ 4.34m

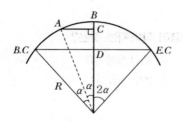

⊙ $I = \alpha + \alpha + 2\alpha = 80°$

• $\overline{BD} = R\left(1 - \cos\dfrac{I}{2}\right)$

$\quad = 50\left(1 - \cos\dfrac{80°}{2}\right)$

$\quad = 11.70(\text{m})$

• $\overline{BC} = R\left(1 - \cos\dfrac{I}{4}\right)$

$\quad = 50\left(1 - \cos\dfrac{80°}{4}\right)$

$\quad = 3.02(\text{m})$

$\therefore \overline{CD} = \overline{BD} - \overline{BC}$

$\quad = 11.70 - 3.02 = 8.68(\text{m})$

105 원곡선 설치를 위한 조건이 다음과 같을 경우 원곡선 시점(B.C)부터 원곡선상 처음 중심점(P₁)까지의 편각은?

측점위치	X(m)	Y(m)
원곡선시점(B.C)	117.441	117.441
교점(I.P)	150.000	150.000
원곡선상 처음 중심점(P₁)	123.030	124.452

㉮ 3° 26′ 20″

㉯ 6° 26′ 20″

㉰ 45° 00′ 00″

㉱ 51° 26′ 20″

⊙ • B.C에서 P_1 방향각

$\theta_1 = \tan^{-1}\left(\dfrac{Y_{P_1} - Y_{BC}}{X_{P_1} - X_{BC}}\right)$

$\quad = 51°26′20″$

• B.C에서 I.P 방향각

$\theta_2 = \tan^{-1}\dfrac{Y_{IP} - Y_{BC}}{X_{IP} - X_{BC}}$

$\quad = 45°$

$\therefore$ 편각$(\theta) = \theta_1 - \theta_2 = 6°26′20″$

106 그림과 같은 곡선의 시점에서 종점을 시준할 수가 없어서 $\angle L$, $\angle M$, $\angle N$, $\angle O$, $\angle P$를 측정하였다. 이 각들의 합계가 634°30′일 때 노선의 교각(交角, I)은?

㉮ 85°30′

㉯ 94°30′

㉰ 75°30′

㉱ 90°00′

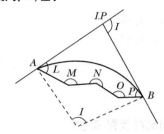

◉ 측점수가 6개인 내각의 합
내각의 합＝180°(n－2)
＝180°(6－2)＝720°
634°30′＋(180°－I)＝720°
∴ I＝94°30′

107 단곡선 설치에서 교각(I)을 측정하지 못하여 그림과 같이 a, b 각을 측정하였다. 교각(I)는 얼마인가?(단, $a=100°$, $b=130°$임)

㉮ 50°

㉯ 100°

㉰ 130°

㉱ 230°

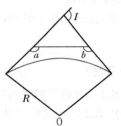

◉ $I=a+\beta=80°+50°=130°$

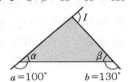

108 다음 수평곡선설치에서 곡선의 반지름(R)이 50m, x가 30m, 장현(AB)이 80m이면 종거(y)는?

㉮ 10m

㉯ 12m

㉰ 14m

㉱ 16m

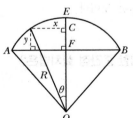

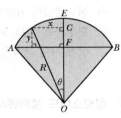

• $\sin\theta = \dfrac{x}{R}$

$\theta = \sin^{-1}\dfrac{x}{R} = \sin^{-1}\dfrac{30}{50}$

≒ 36°52′12″

• $\overline{CO} = R\cos\theta$

＝ 50 · cos 36°52′12″ ≒ 40m

• $\overline{CE} = R - \overline{CO} = 50 - 40 = 10m$

• $R^2 - \left(\dfrac{L}{2}\right)^2 = (R - \overline{EF})^2$

$\overline{EF} = R - \sqrt{\left(R^2 - \left(\dfrac{L}{2}\right)^2\right)}$

$= 50 - \sqrt{\left(50^2 - \left(\dfrac{80}{2}\right)^2\right)}$

＝ 20m

∴ $\overline{CF} = \overline{EF} - \overline{CE} = 20 - 10 = 10m$

109 반지름이 1,200m인 원곡선에 의한 종단 곡선 설치시 시점에 대한 접선과 시점으로부터 횡거 20m 지점에서의 종단곡선 사이의 종거는?

㉮ 0.17m

㉯ 1.45m

㉰ 2.56m

㉱ 3.14m

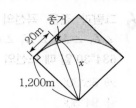

$x = \sqrt{20^2 + 1,200^2}$
$= 1,200.167\text{m}$
∴ 종거 $= 1,200.167\text{m} - 1,200$
$= 0.167\text{m}$

110 완화곡선에 대한 다음 설명 중 바르지 못한 것은?

㉮ 직선부와 곡선부 사이에 넣는 특수곡선이다.

㉯ 반지름은 0에서 조금씩 증가하여 일정한 값이 된다.

㉰ 완화곡선의 접선은 종점에서 원호에 접한다.

㉱ 종류는 클로소이드, 3차 포물선, 렘니스케이트 등이 있다.

○ 완화곡선의 성질
• 완화곡선의 반지름은 그 시작점에서 ∞이고, 종점에서는 원곡선의 반지름과 같다.
• 완화곡선의 접선은 시점에서는 직선에, 종점에서는 원호에 접한다.
• 완화곡선의 연한 곡선반경의 감소율은 캔트의 증가율과 같다.

111 편경사에 대한 설명으로 옳지 않은 것은?

㉮ 편경사는 차량의 도로 주행시 안전을 확보하기 위해 설치한다.

㉯ 편경사의 크기를 결정짓는 중요한 요소는 차량의 주행 속도와 곡선의 곡률반경이다.

㉰ 철도레일에 편경사를 적용한 것을 캔트라고 한다.

㉱ 편경사란 도로 노선의 곡선부에서 안쪽을 높게 하고 바깥쪽을 낮게 하여 한쪽으로 경사지게 만든 것이다.

○ 편경사(Superelevation)
도로, 철도 등의 설계에서 곡선부에서 차량이 바깥쪽으로 벗어나려는 원심력에 대응하기 위하여 차량이 안쪽으로 기울어지도록 횡단면에 한쪽으로만 경사를 설치하는 것이며, 안쪽이 낮고 바깥쪽이 높도록 경사를 설치한다.

112 클로소이드 설치에서 극좌표에 의한 중간점 설치법은?

㉮ 주접선으로부터의 설치법

㉯ 현에서 직각좌표에 의한 설치법

㉰ 극각동경법에 의한 설치법

㉱ 현다각으로부터의 설치법

○ 극좌표에 의한 중간점 설치법
• 극각 동경법에 의한 설치법
• 극각 현장법에 의한 설치법
• 현각 현장법에 의한 설치법

113 클로소이드 곡선의 기본식으로 알맞은 것은?(단, R : 클로소이드 곡선의 반지름, L : 곡선의 길이, A : 클로소이드 매개변수)

㉮ $R = L = A$

㉯ $R/A = L$

㉰ $R \cdot A = L^2$

㉱ $R \cdot L = A^2$

○ $A^2 = RL = \dfrac{L^2}{2\tau} = 2\tau R^2$

정답 ﹇ 109 ㉮ 110 ㉯ 111 ㉱ 112 ㉰ 113 ㉱

실전문제 TIP

114 클로소이드의 곡선 길이(L)가 200m, 매개변수(A)가 40m일 때 접선각(τ)은 얼마인가?

㉮ 11.5Rad
㉯ 12.5Rad
㉰ 13.5Rad
㉱ 14.5Rad

○ $A^2 = RL = \dfrac{L^2}{2\tau}$

$\therefore \tau = \dfrac{L^2}{2A^2} = \dfrac{200^2}{2 \times 40^2} = 12.5\text{Rad}$

115 그림과 같이 2차포물선을 이용하는 종단곡선(Vertical Curve)에서 A점의 계획고(Elevation)가 56.40m일 때 B점의 계획고는 얼마인가?

㉮ 55.80m
㉯ 56.00m
㉰ 56.36m
㉱ 56.80m

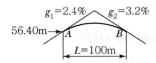

$56.40\text{m} \quad g_1=2.4\% \quad g_2=3.2\%$
$L=100\text{m}$

○ • $y = \dfrac{|m \pm n|}{2L} x^2$

$= \dfrac{|0.024 + 0.032|}{2 \times 100} \times 100^2$

$= 2.8\text{m}$

• $H_B' = H_A + \dfrac{m}{100}x$

$= 56.4 + \dfrac{2.4}{100} \times 100$

$= 58.8\text{m}$

$\therefore H_B = H_B' - y = 56.0\text{m}$

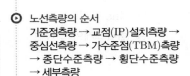

116 원곡선 설치를 위한 노선측량의 순서로 가장 적합한 것은?

㉠ 종단수준측량
㉡ 가수준점(TBM)측량
㉢ 중심선 측량
㉣ 세부측량
㉤ 교점(I.P)설치 측량
㉥ 횡단수준측량
㉦ 기준점 측량

㉮ ㉦-㉠-㉣-㉡-㉢-㉤-㉥
㉯ ㉦-㉤-㉢-㉡-㉠-㉥-㉣
㉰ ㉦-㉤-㉡-㉢-㉣-㉠-㉥
㉱ ㉦-㉤-㉢-㉥-㉠-㉣-㉡

○ 노선측량의 순서
기준점측량 → 교점(IP)설치측량 → 중심선측량 → 가수준점(TBM)측량 → 종단수준측량 → 횡단수준측량 → 세부측량

117 노선측량의 순서가 바른 것은?

㉮ 노선선정－계획조사측량－실시설계측량－세부측량－용지측량－
　공사측량

㉯ 노선선정－계획조사측량－용지측량－실시설계측량－세부측량－
　공사측량

㉰ 계획조사측량－노선측량－실시설계측량－용지측량－세부측량－
　공사측량

㉱ 계획조사측량－노선측량－실시설계측량－용지측량－공사측량－
　세부측량

⊙ 노선측량의 순서
노선선정 → 계획조사측량 → 실시설
계측량(세부측량, 용지측량) → 공사
측량

118 노선측량의 횡단면도상에 나타내어야 할 사항은?

㉮ 절토 및 성토면적　　　㉯ 곡선길이
㉰ 접선장　　　　　　　　㉱ 편각

⊙ 횡단면도는 토공량, 구조물의 수량
을 산출하는 기초가 되는 자료이므로
절토 및 성토면적이 기록되어야 한다.

119 고속도로의 완화곡선 설치에는 다음 중 어느 곡선을 많이 이용하
는가?

㉮ sine 곡선　　　　　　㉯ 클로소이드 곡선
㉰ 렘니스케이트 곡선　　㉱ 3차 포물선

⊙ • 클로소이드 곡선 : 고속도로
• 렘니스케이트 곡선 : 시가지 철도
• 3차 포물선 : 철도
• 반파장 sine 체감곡선 : 고속철도

120 완화곡선 직교좌표에서 $(x^2+y^2)^2=\alpha^2(x^2-y^2)$의 방정식을 갖는
곡선은?

㉮ 3차 포물선

㉯ 클로소이드(Clothoid) 곡선

㉰ 렘니스케이트(Lemniscate)곡선

㉱ 2차 포물선

⊙ • $y=a^2x^3$: 3차 포물선
• $(x^2+y^2)^2=a^2(x^2-y^2)$
　: 렘니스케이트 곡선
• $A^2=R\cdot L$: 클로소이드 곡선
• $y=ax^2$: 2차 포물선

121 일반철도의 완화곡선에 주로 사용되는 것은?

㉮ 렘니스케이트 곡선

㉯ 클로소이드 곡선

㉰ 사인 반파장 곡선

㉱ 3차 포물선

⊙ 완화곡선의 종류
• Clothoid 곡선 : 고속도로
• Lemniscate 곡선 : 시가지 철도
• 3차 포물선 : 철도
• 반파장 sine 체감곡선 : 고속철도

정답 117 ㉮　118 ㉮　119 ㉯　120 ㉰　121 ㉱

122 다음 중 곡선의 용도가 다른 것은?

㉮ 2차 포물선

㉯ 3차 포물선

㉰ 클로소이드(Clothoid) 곡선

㉱ 렘니스케이트(Lemniscate) 곡선

> ◉ 2차 포물선 곡선은 노선의 종단선형에 이용된다.

123 도로의 종단곡선으로 많이 쓰이는 곡선은?

㉮ 3차 포물선 ㉯ 2차 포물선

㉰ 클로소이드 곡선 ㉱ 렘니스케이트 곡선

> ◉ • 종단곡선은 원곡선과 2차 포물선이 있다.
> • 도로에서 종단곡선은 2차 포물선을 많이 이용한다.

124 노선측량의 곡선의 설치 등에 관한 설명으로 틀린 것은?

㉮ 도로에서 복곡선을 사용하면 접속점에서 곡률이 급격히 변화되므로 가급적 피한다.

㉯ 복곡선은 반향곡선보다 곡률의 변화가 심하여 반드시 완화곡선을 설치하여야 한다.

㉰ 반향곡선과 복곡선의 기하학적인 성질과 설치법은 서로 거의 같다.

㉱ 산지 같은 특수한 도로에서 속도저하 때문에 복곡선을 설치하는 경우가 있다.

> ◉ 복곡선(Compound Curve)
> 원곡선 두 개가 그 접속점에서 같은 방향으로 굽어진 형태의 곡선이며, 두 곡선구간을 합한 것을 말하며, 두 곡선의 중심점과 반지름은 각각 다르다.

125 곡선과 그 설치방법에 대한 설명 중 옳지 않은 것은?

㉮ 편각 설치법은 정확도가 높은 결과를 얻을 수 있다.

㉯ 3차 포물선을 고속도로에 가장 많이 이용하는 이유는 자동차의 주행 궤적과 일치하기 때문이다.

㉰ 완화곡선의 반지름은 무한대에서 시작하여 종점에서 원곡선의 반지름이 된다.

㉱ 접선편거에 의한 방법은 테이프만을 사용하므로 정도가 좋지 않다.

> ◉ 3차 포물선(Cubic Parabola) 곡선 완화곡선의 형상을 나타내는 데 있어서 3차 포물선 형태로 나타낸 것이며, 주로 철도에서 적용하고 있는 완화곡선 형상이다.

126 편각법에 의한 단곡선 설치 중 곡선 시점(B.C), 곡선 종점(E.C)에서 시준장애가 있는 경우에 병용할 수 있는 효과적인 방법은?

㉮ 중앙종거법 ㉯ 현각현장법

㉰ 전방교선법 ㉱ 2점 편각법

> ◉ 현각현장법은 B.C 또는 E.C로부터의 시준에 장애가 있는 경우에 많이 사용하며 보통 편각현장법과 병용하여 사용된다.

127 원곡선 설치구간의 노선을 개량하고자 아래 그림과 같이 구곡선 반경(R_o) 200m를 신곡선 반경(R_n) 500m로 크게 했을 경우 전체 노선 길이는 약 얼마만큼 단축되는가?

㉮ 185m
㉯ 190m
㉰ 195m
㉱ 205m

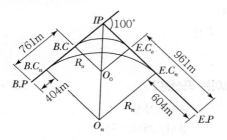

128 그림에서 R=500m이고 $\gamma=35°$, $\beta=55°$일 때 $\overline{DA}$의 길이는?(단, $\overline{CD}$의 길이는 200m이다.)

㉮ 1,237.108m
㉯ 1,300.168m
㉰ 1,348.689m
㉱ 1,585.797m

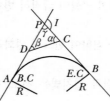

129 단곡선을 설치하기 위한 조건 중 곡선시점(B.C)의 좌표가 $X_{B.C}=500.500m$, $Y_{B.C}=300.400m$이고, 곡선반경(R)이 400m, 교각(I)이 60°, 곡선시점(B.C)으로부터 교점(I.P)에 이르는 방위각이 45°일 경우 원곡선 중심의 좌표는?

㉮ $X_0=210.657m$, $Y_0=563.242m$
㉯ $X_0=217.657m$, $Y_0=583.200m$
㉰ $X_0=217.657m$, $Y_0=583.243m$
㉱ $X_0=663.799m$, $Y_0=463.699m$

130 철도 곡선부의 캔트량을 계산할 때 필요 없는 요소는?

㉮ 궤간
㉯ 속도
㉰ 교각
㉱ 곡선의 반지름

실전문제 TIP

131 곡선반경이 500m인 원곡선을 90km/h로 주행하고자 할 때 캔트(C)는 얼마인가?(단, 궤간(b)은 1,067mm, $g = 9.8\text{m/sec}^2$)

㉮ 140mm   ㉯ 136mm

㉰ 131mm   ㉱ 126mm

$\bullet$ 캔트(C) $= \dfrac{V^2 S}{gR}$

$= \dfrac{\left(\dfrac{90 \times 1,000}{60 \times 60}\right)^2}{9.8 \times 500} \times 1,067$

$= 136\text{mm}$

132 캔트(Cant)의 계산에서 속도 및 반경을 모두 2배로 할 때 캔트의 크기 변화는?

㉮ 1/4로 감소   ㉯ 1/2로 감소

㉰ 2배로 증가   ㉱ 4배로 증가

$\bullet$ $C = \dfrac{S \cdot V^2}{g \cdot R} = \dfrac{S \times (2V)^2}{g \times (2R)}$

$= \dfrac{4S \cdot V^2}{2g \cdot R} = 2 \cdot \dfrac{SV^2}{gR}$

∴ 2배로 증가된다.

133 완화곡선의 캔트(Cant) 계산에서 동일한 조건에서 반지름만을 2배로 증가시키면 캔트는?

㉮ 4배로 증가   ㉯ 2배로 증가

㉰ 1/2로 감소   ㉱ 1/4로 감소

$\bullet$ $C = \dfrac{SV^2}{gR}$ 에서 반경을 2배로 증가시키면 캔트는 $\dfrac{1}{2}$ 배로 감소한다.

134 클로소이드 곡선에 대한 설명 중 맞는 것은?

㉮ 곡선반지름 R, 곡선길이 L, 매개변수 A와의 관계는 $R \cdot L = A$ 의 관계가 성립한다.

㉯ 곡선반지름에 비례해서 곡선길이가 길어지는 곡선이다.

㉰ 곡선길이가 일정할 때 곡선반지름이 커지면 접선각이 작아진다.

㉱ 곡선반지름이 일정할 때 곡선길이가 커지면 접선각이 작아진다.

$\bullet$ 클로소이드곡선(Clothoid Curve)
도로에 이용되는 완화곡선의 한 종류이며, 캔트가 완화곡선장의 크기에 비례하여 체감되는 특성이 있다. $RL = A^2$ 의 수식으로 나타내며, 클로소이드 곡선상의 임의의 한 점에서의 곡선반지름과 곡선장의 곱은 일정하며, 그 형태가 자동차의 주행궤적과 근사하므로 도로에 이용된다.

$A^2 = R \cdot L = \dfrac{L^2}{2r} = 2\tau R^2$

∴ 접선각(τ) $= \dfrac{L}{2R}$ 이므로 L이 일정할 때 R이 커지면 접선각은 작아진다.

135 클로소이드 곡선(Clothoid curve)에 대한 설명 중 옳지 않은 것은?

㉮ 철도의 종단곡선설치에 효과적이다.

㉯ 반지름(R)=곡선장(L)=매개변수(A)인 점을 특성점이라 한다.

㉰ 클로소이드는 곡률이 곡선의 길이에 비례하는 곡선이다.

㉱ 곡선장(L)을 일정하게 두고 클로소이드의 크기를 변화시키면 클로소이드 선상의 각 점은 대응하지 않는다.

$\bullet$ 철도의 종단곡선은 주로 원곡선이 사용된다.

정답 131 ㉯ 132 ㉰ 133 ㉰ 134 ㉰ 135 ㉮

136 편각법에 의한 단곡선의 측설에 있어서 그림과 같이 호의 길이 20m를 현의 길이 20m로 간주하는 경우, δ_1과 δ_2의 차이는 얼마인가?(단, 단곡선의 반지름(R)은 190m이다.)

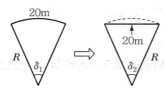

20m

R δ_1 ⇒ 20m R δ_2

㉮ 약 1″
㉯ 약 5″
㉰ 약 10″
㉱ 약 15″

⊙ • $CL = 0.0174533 RI_1° \rightarrow$
  $I_1 = 6°1'52''$
• $L = 2R\sin\dfrac{I_2}{2} \rightarrow$
  $I_2 = 6°2'02''$
∴ $\overline{\delta_1\delta_2}$ 차이$= I_2 - I_1 = 10''$

137 복심곡선의 교각 $I = 95°30'$이고 첫 번째 원곡선의 교각과 반지름이 각각 $I_1 = 30°15'$, $R_1 = 300m$, 두 번째 원곡선의 반지름 $R_2 = 400m$라 할 때 복심곡선의 전체 길이는?

㉮ 455.5m ㉯ 613.9m
㉰ 666.7m ㉱ 702.5m

⊙ • $I_2 = 180° - \{(180° - 95°30')$
  $+ 30°15'\}$
  $= 65°15'$
• $CL_1 = 0.0174533 \times R_1 \times I_1°$
  $= 158.389m$
• $CL_2 = 0.0174533 \times R_2 \times I_2°$
  $= 455.531m$
∴ $CL = CL_1 + CL_2 = 613.920m$

138 노선측량에서 현편거법으로 원곡선을 설치하려고 한다. 곡선반지름 $R = 250m$일 때, 현편거(d)는 얼마인가?(단, 중심말뚝 간격은 20.0m임)

㉮ 1.6m ㉯ 3.2m
㉰ 12.5m ㉱ 25.0m

⊙ $d = 2t = \dfrac{l^2}{R}$
  $= \dfrac{20^2}{250} = 1.6m$

139 클로소이드 곡선에 있어서 $R \fallingdotseq A \fallingdotseq L$ 범위에서 완화곡선상의 점 P의 곡률중심 M의 좌표를 (X_M, Y_M)이라 할 때 X_M과 완화곡선장 L과의 근사식으로 옳은 것은?

㉮ $X_M \fallingdotseq L/2$ ㉯ $X_M \fallingdotseq L/3$
㉰ $X_M \fallingdotseq L/4$ ㉱ $X_M \fallingdotseq L/5$

⊙ 클로소이드 곡선에 있어서 $R \fallingdotseq A \fallingdotseq L$ 범위에서 X_M과 완화곡선장 L과의 근사식은 $X_M \fallingdotseq \dfrac{L}{2}$ 이 된다.

140 클로소이드를 조합하는 형식이 아닌 것은?

㉮ 기본형 ㉯ S형
㉰ 복합형 ㉱ M형

⊙ 클로소이드 형식
• 기본형 : 직선-클로소이드-원곡선-클로소이드 - 직선
• S형 : 반향곡선 사이에 2개의 클로소이드 삽입
• 凸형 : 2개의 클로소이드를 직선적 삽입
• 묘형(난형) : 복심곡선 사이에 클로소이드 삽입
• 복합형 : 같은 방향으로 2개 이상의 클로소이드를 이은 것

정답 136 ㉰ 137 ㉯ 138 ㉮ 139 ㉮ 140 ㉱

141 다음 중 클로소이드 곡선의 설치 방법이 아닌 것은?

㉮ 주접선에서 직교좌표에 의한 설치법

㉯ 현에서 직교좌표에 의한 설치법

㉰ 현각현장법에 의한 설치법

㉱ 4분의 1법에 의한 설치법

⊙ 클로소이드 설치법
- 주접선에서 직각좌표에 의한 설치법
- 현접선에서 직각좌표에 의한 설치법
- 접선으로부터 직각좌표에 의한 설치법
- 극각동경법에 의한 설치법
- 극각현장법에 의한 설치법
- 현각현장법에 의한 설치법
- 2/8법에 의한 설치법
- 현다각으로부터 설치법

142 노선의 곡률반지름 $R=100$m, 곡선장 $L=16$m일 때 클로소이드의 매개변수(Parameter) A의 값은?

㉮ 40m ㉯ 50m

㉰ 60m ㉱ 70m

⊙ $A^2 = RL$
∴ $A = \sqrt{100 \times 16} = 40$m

143 노선측량의 곡선설치에 대한 설명 중 옳지 않은 것은?

㉮ 단곡선에서 접선장(T.L)과 반지름(R)은 반비례 관계가 있다.

㉯ 2개의 원호가 공통접선의 양측에 있는 곡선은 반향 곡선이다.

㉰ 완화곡선의 곡선반지름은 시점에서 무한대, 종점에서 원곡선의 반지름(R)으로 된다.

㉱ 클로소이드의 형식에는 S형, 복합형, 기본형 등이 있다.

⊙ 접선장(T.L)
$T.L = R\tan\left(\dfrac{I}{2}\right)$
∴ 접선장은 반지름(R)에 비례관계가 있다.

144 완화곡선에 대한 설명 중 잘못된 것은?

㉮ 완화곡선의 접선은 종점에서 원호에 접한다.

㉯ 원곡선과 직선부 사이에 넣는 특수곡선이다.

㉰ 반지름은 0에서 조금씩 증가하여 일정한 값이 된다.

㉱ 종류는 클로소이드, 3차 포물선, 렘니스케이트곡선 등이 있다.

⊙ 완화곡선 반지름은 시점에서 무한대, 종점에서 원곡선 반지름(R)이 된다.

145 완화곡선 중 곡률이 곡선의 길이에 비례하는 곡선으로 정의되는 것은?

㉮ 클로소이드(Clothoid)

㉯ 렘니스케이트(Lemniscate)

㉰ 3차 포물선

㉱ 반파장 sine 체감곡선

⊙ 클로소이드(Clothoid)란 곡률$\left(\dfrac{1}{R}\right)$이 곡선장에 비례하는 곡선을 말한다.

정답 141 ㉱ 142 ㉮ 143 ㉮ 144 ㉰ 145 ㉮

실전문제 TIP

146 **완화곡선 중 3차 포물선에 적용하는 직교좌표의 방정식으로 옳은 것은?(단, $a^2 = \frac{1}{6RX}$, R : 곡선반경, X : 횡거)**

㉮ $y = \frac{x^3}{a^2}$　　㉯ $y = a^2 x^3$

㉰ $y = 2a^2 x^3$　　㉱ $y = a^4 x^3$

⊙ 3차 포물선은 $y = a^2x^3$을 가진 완화곡선을 말한다.

147 **클로소이드에 관한 설명 중 틀린 것은?**

㉮ 클로소이드는 나선의 일종이다.

㉯ 클로소이드는 종단곡선으로 많이 활용된다.

㉰ 모든 클로소이드는 닮은 꼴이다.

㉱ 클로소이드는 곡률이 곡선의 길이에 비례하여 증가하는 곡선이다.

⊙ 클로소이드곡선(Clothoid Curve)
도로에 이용되는 완화곡선의 한 종류이며, 캔트가 완화곡선장의 크기에 비례하여 체감되는 특성이 있다.
$RL = A^2$의 수식으로 나타내며, 클로소이드 곡선상의 임의의 한 점에서의 곡선반지름과 곡선장의 곱은 일정하며, 그 형태가 자동차의 주행궤적과 근사하므로 도로에 이용된다.

148 **클로소이드 곡선의 계산에서 곡선 반지름(R) = 100m, 곡선장(L) = 40m일 경우 접선각(τ)은 얼마인가?**

㉮ 10° 27′ 33″

㉯ 11° 27′ 33″

㉰ 12° 17′ 33″

㉱ 13° 27′ 33″

⊙ $A^2 = RL = \frac{L^2}{2\tau} \rightarrow$

$R = \frac{L}{2\tau}$

$\therefore \tau = \frac{L}{2R} = \frac{40}{2 \times 100}$

$= 0.2$(라디안)$= 11°27'33''$

149 **직선과 반지름(R) = 500m의 원곡선 사이에 3차 포물선에 의한 150m 길이의 완화곡선을 설치할 경우 완화곡선 시점 A(B.T.C)로부터 주접선상 100m인 지점에서 완화곡선상 C점까지의 수직거리 y는 얼마인가?**

㉮ 0.22m

㉯ 1.75m

㉰ 2.22m

㉱ 2.75m

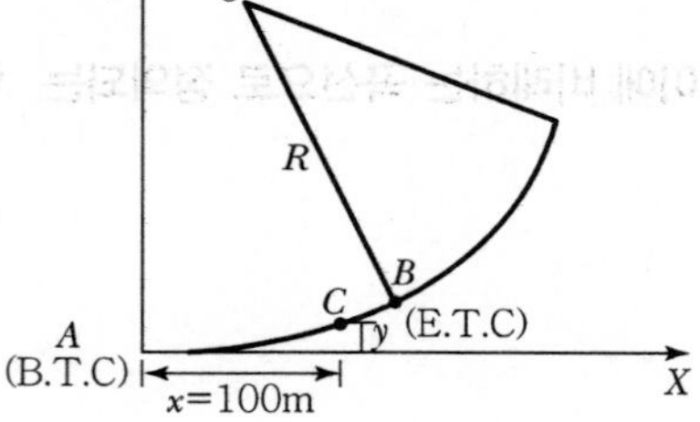

⊙ $y = \frac{x^3}{6RX} = \frac{100^3}{6 \times 500 \times 150}$

$= 2.22$m

정답 146 ㉯ 147 ㉯ 148 ㉯ 149 ㉰

150 그림에서 V지점에 해당하는 종단곡선(Vertical Curve)상의 계획고(Elevation)는 얼마인가?(단, 종단곡선은 2차 포물선이고, A점의 계획고=65.50m)

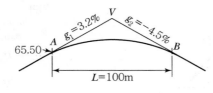

㉮ 66.14m

㉯ 66.57m

㉰ 66.83m

㉱ 67.49m

• $y = \dfrac{|m \pm n|}{2L} x^2$

$\quad = \dfrac{|0.032 + 0.045|}{2 \times 100} \times 50^2$

$\quad = 0.96\text{m}$

• $H_V = H_A + \dfrac{m}{100} x$

$\quad = 65.50 + \dfrac{3.2}{100} \times 50$

$\quad = 67.1\text{m}$

∴ $H_V' = H_V - y = 67.1 - 0.96$

$\quad = 66.14\text{m}$

151 그림과 같은 도로의 2차 포물선 종단곡선에서 가장 낮은 점(Lowest Point)의 계획고(Design Elevation)는 얼마인가?(단, 종단곡선의 거리는 60m이고, A점의 계획고는 46.80m이다.)

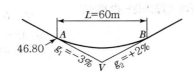

㉮ 45.26m

㉯ 45.90m

㉰ 46.27m

㉱ 46.90m

• $y = \dfrac{|m \pm n|}{2L} x^2$

$\quad = \dfrac{|0.03 + 0.02|}{2 \times 60} \times 30^2$

$\quad = 0.375$

• $H_v = 46.8 - \dfrac{3}{100} \times 30 = 45.9$

∴ $H_v' = 45.9 + 0.375 = 46.275\text{m}$

152 종단곡선의 설치에 관한 설명으로 맞는 것은?

㉮ 평면선형이 급격히 변화하는 노선에서 차량의 안전한 주행을 확보하기 위해 설치한다.

㉯ 종단곡선의 설치에는 원곡선을 이용하는 방법과 2차 포물선을 이용하는 방법이 있으며, 원곡선은 도로에, 2차 포물선은 철도에 주로 사용된다.

㉰ 종단곡선을 설치하기 위해서는 노선의 상향기울기 및 하향기울기에 따른 종단곡선의 길이가 먼저 결정되어야 한다.

㉱ 종단경사도의 최댓값은 도로에서는 10~35%로 하고, 철도에서는 2~9%로 한다.

㉮ : 평면선형 → 수직선형

㉯ : 원곡선은 철도, 2차 포물선은 도로

㉱ : 도로 2~9%, 철도 10~35‰

153 그림과 같은 2차포물선에 의한 종단곡선에서 점 A로부터 X만큼 떨어진 지점의 표고(H_c')를 구하는 식은?(단, H_A는 A점에서의 표고이다.)

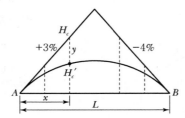

㉮ $H_C' = H_A + \dfrac{3}{100}x - \dfrac{7}{200L}x^2$ ㉯ $H_C' = H_A - \dfrac{3}{100}x - \dfrac{7}{200L}x^2$

㉰ $H_C' = H_A + \dfrac{3}{100}x + \dfrac{7}{200L}x^2$ ㉱ $H_C' = H_A - \dfrac{3}{100}x + \dfrac{7}{200L}x^2$

⊙
- $H_C = H_A + \dfrac{mx}{100}$
- $H_C' = H_C - y$
- $y = \dfrac{|m \pm n|}{2L}x^2 \rightarrow$ %식으로 환산

하면

$y = \dfrac{|m \pm n|}{200L}x^2$

$\therefore H_C' = H_A + \dfrac{mx}{100} - \dfrac{|m \pm n|}{200L}x^2$

$= H_A + \dfrac{3x}{100} - \dfrac{7}{200L}x^2$

154 그림은 노선측량에서 이용되는 원곡선이다. M 및 M'를 곡선의 중앙종거라 하는데 다음 중 M과 M' 사이에 성립되는 관계는?

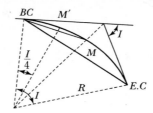

㉮ M은 M'의 약 2배가 된다.
㉯ M은 M'의 약 4배가 된다.
㉰ M은 R의 약 1/3이 된다.
㉱ M'은 R의 약 1/8이 된다.

⊙
- $M = R\left(1 - \cos\dfrac{I}{2}\right)$
- $M' = R\left(1 - \cos\dfrac{I}{4}\right)$

$M : M' = 4 : 1$
$\therefore M$은 M'의 약 4배가 된다.

155 노선측량에 대한 다음의 용어 설명 중 옳지 않은 것은?

㉮ 교점 – 방향이 변하는 두 직선이 교차하는 점
㉯ 중심말뚝 – 노선의 시점, 종점 및 교점에 설치하는 말뚝
㉰ 복심곡선 – 반경이 서로 다른 두 개 또는 그 이상의 원호가 연결된 곡선으로 공통접선의 같은 쪽에 원호의 중심이 있는 곡선
㉱ 완화곡선 – 고속으로 이동하는 차량이 직선부에서 곡선부로 진입할 때 차량의 격동을 완화하기 위해 직선과 원호 사이에 설치하는 곡선

⊙ 노선측량에서 중심선이 지나가는 위치에 설치한 말뚝을 중심말뚝이라 한다.

정답 153 ㉮ 154 ㉯ 155 ㉯

156 $R=80\text{m}$, $L=20\text{m}$인 클로소이드의 종점 좌표를 단위 클로소이드 표에서 찾아보니 $x=0.499219$, $y=0.020810$였다면 실제 X, Y 좌표는?

    ㉮ $X=19.969\text{m}$, $Y=0.823\text{m}$ ㉯ $X=9.984\text{m}$, $Y=0.416\text{m}$

    ㉰ $X=39.936\text{m}$, $Y=1.665\text{m}$ ㉱ $X=29.109\text{m}$, $Y=1.218\text{m}$

$A=\sqrt{RL}=\sqrt{80\times20}=40$
$\therefore X=A\cdot x=40\times0.499219$
$\qquad =19.969\text{m}$
$\therefore Y=A\cdot y=40\times0.020810$
$\qquad =0.832\text{m}$

157 교각$(I)=52°50'$, 곡선반경$(R)=300\text{m}$인 기본형 대칭 클로소이드를 설치할 경우 클로소이드의 시점과 교점(I.P) 간의 거리(D)는 얼마인가?(단, 원곡선의 중심(M)의 X좌표$(X_m)=37.480\text{m}$, 이정량$(\Delta R)=0.781\text{m}$이다.)

    ㉮ 148.03m ㉯ 149.48m

    ㉰ 185.51m ㉱ 186.90m

$w=(R+\Delta R)\tan\dfrac{I}{2}$
$\quad =(300+0.781)\tan26°25'$
$\quad =300.781\times0.49677$
$\quad =149.419\text{m}$
$\therefore D=w+X_m=149.419+37.480$
$\qquad =186.899\text{m}$

158 완화곡선을 삽입하는 이유로서 옳은 것은?

    ㉮ 캔트(Cant)와 슬랙(Slack)을 주기 위하여

    ㉯ 직선과 곡선 구간의 변화에 따른 원심력의 급증에 의한 주행차량의 격동을 방지하기 위하여

    ㉰ 곡선 설치에 정확도를 향상시키고 지거에 의한 설치가 용이하도록 하기 위하여

    ㉱ 곡선 구간 진입에 의한 차량의 속도 저하를 방지하기 위하여

완화곡선은 직선부와 평면곡선 사이 또는 평면곡선과 평면곡선 사이에서 자동차의 원활한 주행을 위해 설치하는 곡선으로 곡선상의 위치에 따라 곡선반경이 변하는 곡선을 말한다.

159 그림과 같은 단곡선에서 $\angle AOB=36°52'00''$, $\overline{CD}=\overline{BD}$이고, $\overline{OA}=\overline{OB}=\overline{OE}=R=20\text{m}$일 때 $\overline{EF}$의 거리는?

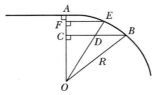

    ㉮ 7.50m ㉯ 7.14m

    ㉰ 7.02m ㉱ 6.41m

· sine 법칙을 적용하면,

$$\frac{R}{\sin90°}=\frac{\overline{CB}}{\sin36°52'00''}$$
$$\qquad\quad =\frac{\overline{OC}}{\sin53°08'00''}$$

$\overline{CB}=\dfrac{\sin36°52'00''}{\sin90°00'00''}\times20$
$\qquad =12.0\text{m}$

$\overline{CD}=\dfrac{\overline{CB}}{2}=\dfrac{12.0}{2}=6.0\text{m}$

$\overline{OC}=\dfrac{\sin53°08'00''}{\sin90°00'00''}\times20=16.0\text{m}$

· 피타고라스 정리에 의해 $\overline{OD}$를 구하면,

$\overline{OD}=\sqrt{(\overline{OC})^2+(\overline{CD})^2}$
$\qquad =\sqrt{(16.0)^2+(6.0)^2}$
$\qquad =17.1\text{m}$

실전문제 TIP

• 비례식에 의해 $\overline{EF}$거리를 구하면,

$$\overline{OD} : \overline{CD} = \overline{OE} : \overline{EF}$$

$$\therefore \overline{EF} = \frac{\overline{CD} \times \overline{OE}}{\overline{OD}} = \frac{6 \times 20}{17.1}$$

$$= 7.02m$$

160 일반철도에서 직선과 곡선 사이에 삽입되는 완화곡선의 식으로 가장 적합한 것은?

⑦ $\frac{1}{R} = C.L$

㉯ $y = \frac{x^3}{6RX}$

㉰ $\rho^2 = a^2 \sin 2\delta$

㉭ $y = \frac{x^2}{2R}$

◉ 철도에 주로 이용되는 완화곡선은 3차 포물선이다.

∴ 3차 포물선의 일반식$(y) = \dfrac{x^3}{6RX}$

161 그림과 같이 폭 15m의 도로가 어느 지역을 지나가게 될 때 도로에 포함되는 □$BCDE$의 넓이는?(단, $\overline{AC}$의 방위=N 23°30′00″ E, $\overline{AD}$의 방위=S 89°30′00″E, $\overline{AB}$의 거리=20m, ∠ACD =90°이다.)

⑦ 971.78m²

㉯ 926.50m²

㉰ 910.10m²

㉭ 893.22m²

◉

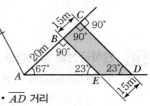

• $\overline{AD}$ 거리

$$\frac{\overline{AD}}{\sin 90°00'00''} = \frac{35.000}{\sin 23°00'00''}$$

$$\overline{AD} = \frac{\sin 90°00'00''}{\sin 23°00'00''} \times 35.000$$

$$= 89.576m$$

• $\overline{AE}$ 거리

$$\frac{\overline{AE}}{\sin 90°00'00''} = \frac{20.000}{\sin 23°00'00''}$$

$$\overline{AE} = \frac{\sin 90°00'00''}{\sin 23°00'00''} \times 20.000$$

$$= 51.186m$$

• △ACD 면적

$$A = \frac{1}{2} \times \overline{AC} \times \overline{AD} \times \sin \angle A$$

$$= \frac{1}{2} \times 35.000 \times 89.576 \times \sin 67°00'00''$$

$$= 1,442.96m^2$$

• △ABE 면적

$$A = \frac{1}{2} \times \overline{AB} \times \overline{AE} \times \sin \angle A$$

$$= \frac{1}{2} \times 20.000 \times 51.186 \times \sin 67°00'00''$$

$$= 471.17m^2$$

• □$BCED$ 면적

∴ $A = △ACD$ 면적 $- △ABE$ 면적

$$= 1,442.96 - 471.17$$

$$= 971.79m^2$$

실전문제 **TIP**

162 매개변수 A=150m인 클로소이드에 접속되는 원곡선의 반지름 이 250m라고 할 때 단위클로소이드 길이(l)는?

㉮ 0.571000

㉯ 0.600000

㉰ 1.258000

㉱ 1.666667

$A^2 = R \cdot L$에서 양변을 A^2으로 나누면,

$$\frac{R}{A} \cdot \frac{L}{A} = 1,$$

$\frac{R}{A} = \gamma$, $\frac{L}{A} = l$이라 하면

$\gamma \cdot l = 1$이다.

∴ 단위클로소이드 길이(l)

$$= \frac{L}{A} = \frac{90}{150} = 0.6$$

여기서, $L = \frac{A^2}{R} = \frac{150^2}{250} = 90m$

163 그림과 같은 단곡선에서 곡선반지름(R)=50m, $\overline{AI}$의 방위= N79° 49′ 32″ E, $\overline{BI}$의 방위=N50° 10′ 28″ W일 때 $\overline{AB}$의 거리는?

㉮ 34.20m

㉯ 28.36m

㉰ 42.26m

㉱ 10.81m

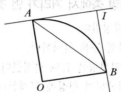

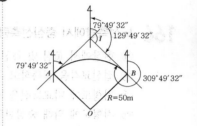

- $\overline{AI}$ 방위각=79°49′32″
- $\overline{IB}$ 방위각=$\overline{BI}$ 역방위각
  =$\overline{BI}$ 방위각-180°
  =309°49′32″-180°
  =129°49′32″
- I=$\overline{IB}$ 방위각-$\overline{AI}$ 방위각
  =129°49′32″-79°49′32″
  =50°00′00″

∴ $\overline{AB}$의 거리=$2R \cdot \sin\frac{I}{2}$

$$= 2 \times 50 \times \sin\frac{50°}{2}$$
$$= 42.26m$$

164 토털스테이션(Total Station)을 이용한 단곡선 설치에 있어서 가장 널리 사용되는 편리한 방법은?

㉮ 좌표법

㉯ 중앙종거법

㉰ 지거설치법

㉱ 종거에 의한 설치법

토털스테이션에는 좌표입력기능이 있으므로 각 측점의 좌표를 입력하여 측설하는 방법이 널리 사용되고 있다.

165 도로를 설계하기 위해 횡단면도를 작도하고 횡단면적을 구한 값이 표와 같다. 측점 No. 1에서 No. 2까지의 성토량은?

측점	거리(m)	횡단면적(성토)(m²)
No.1	–	124.4
No. 1 + 12	12	86.0
No. 2	8	40.8

㉮ 647.0m³

㉯ 1,262.4m³

㉰ 1,510.8m³

㉱ 1,769.6m³

○ 양단면 평균법을 적용할 경우
• No.1~No.1+12

$$V_1 = \frac{124.4 + 86.0}{2} \times 12$$

$$= 1,262.4\text{m}^3$$

• No.1+12~No.2

$$V_2 = \frac{86.0 + 40.8}{2} \times 8$$

$$= 507.2\text{m}^3$$

• $V_1 + V_2 = 1,262.4 + 507.2$

$$= 1,769.6\text{m}^3$$

∴ No.1~No.2의 성토량은
1,769.6m³ 이다.

166 노선측량에서 중심선측량에 대한 설명 중에서 거리가 먼 것은?

㉮ 현장에서 교점 및 곡선의 접선을 결정한다.

㉯ 접선교각을 실측하고 주요점, 중간점 등을 설치한다.

㉰ 지형도에 비교노선을 기입하고 평면선형을 검토 결정한다.

㉱ 지형도에 의해 중심선의 좌표를 계산하여 현장에 설치한다.

○ 노선측량의 순서는 크게 노선선정, 계획조사측량, 실시설계측량, 공사측량으로 구분되며 20m 간격으로 현지에 직접 설치하는 것은 실시설계측량이며, 비교 노선선정은 계획조사측량으로 그 성격이 다르다.

167 클로소이드 곡선의 매개변수(A)를 2배 늘리면 곡선반지름(R)이 일정할 때 완화곡선길이(L)는 몇 배가 되는가?

㉮ $\sqrt{2}$

㉯ 2

㉰ 4

㉱ 8

○ $A^2 = R \cdot L \rightarrow (2)^2 = R \cdot L$
∴ 반경이 동일하므로 완화곡선길이는 4배가 된다.

168 직선과 원곡선을 직접 접속할 경우에 비하여 그 사이에 완화곡선을 설치하는 경우 생기는 Y방향(주접선의 직각방향)의 길이를 무엇이라고 하는가?

㉮ 이정량(Shift)

㉯ 접선편거

㉰ 현편거

㉱ 캔트(Cant)

○ 이정량(Shift)은 클로소이드 곡선의 중심에서 주접선에 내린 수선의 길이와 접속되는 원곡선의 반지름 차이를 말한다. 즉, 클로소이드 곡선 삽입으로 인한 주접선에서 원곡선의 이동량이다.

169 그림과 같이 도로를 계획하여 시공 중 옹벽 설치를 추가하였다. 빗 금 친 부분과 같은 옹벽바깥쪽의 단위길이당 토량은?

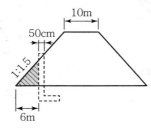

$1 : 1.5 = x : 6 \rightarrow$

$x = \dfrac{6}{1.5} = 4\text{m}$

∴ 단위길이당 토량(V)

$= A \times L$

$= \dfrac{1}{2} \times 6 \times 4 \times 1\text{m}$

$= 12\text{m}^3$

㉮ 10m³　　　　　　　　㉯ 12m³

㉰ 24m³　　　　　　　　㉱ 27m³

170 클로소이드 곡선에 대한 설명으로 옳은 것은?

㉮ 클로소이드의 모양은 하나밖에 없지만 매개변수 A를 바꾸면 크 기가 다른 무수한 클로소이드를 만들 수 있다.

㉯ 클로소이드는 길이를 연장한 모양이 목걸이 모양으로 연주곡선 이라고도 한다.

㉰ 매개변수 A=100m의 클로소이드를 1,000분의 1도면에 그리기 위해서는 A=10m인 클로소이드를 그려 넣으면 된다.

㉱ 클로소이드 요소에는 길이의 단위를 가진 것과 면적의 단위를 가진 것으로 나눠진다.

○ 클로소이드의 매개변수는 클로소이 드 크기를 결정하는 계수로 클로소이 드 설치에 중요한 요소이다.

171 그림과 같이 2차 포물선에 의하여 종단곡선을 설치하려 한다면 C 점의 계획고는?(단, A점의 계획고는 50.00m이다.)

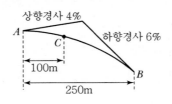

㉮ 40.00m　　　　　　　㉯ 50.00m

㉰ 51.00m　　　　　　　㉱ 52.00m

○ $y = \dfrac{|m \pm n|}{2L} \cdot x^2$

$= \dfrac{|0.04 + 0.06|}{2 \times 250} \times 100^2$

$= 2.00\text{m}$

∴ $H_C = H_A + y$

$= 50.00 + 2.00$

$= 52.00\text{m}$

172 그림과 같은 횡단면도의 성토 부분의 면적은?

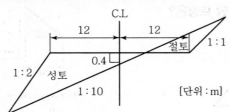

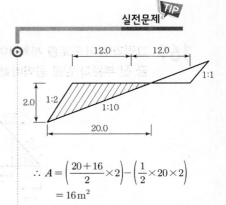

$$\therefore A = \left(\frac{20+16}{2} \times 2 \right) - \left(\frac{1}{2} \times 20 \times 2 \right)$$
$$= 16\,\mathrm{m}^2$$

㉮ 10m² ㉯ 16m²

㉰ 18m² ㉱ 24m²

173 설계속도 70km/h, 곡선반지름 530m인 곡선을 설계할 때, 필요한 편경사는?

$$i = \frac{V^2}{127 \cdot R} = \frac{70^2}{127 \times 530} = 0.07$$
$$= 7\%$$

㉮ 5% ㉯ 6%

㉰ 7% ㉱ 8%

174 노선에 단곡선을 설치할 때, 교점 부근에 하천이 있어 그림과 같이 A', B'를 선정하여 $\alpha = 36°14'20''$, $\beta = 42°26'40''$를 얻었다면 접선길이(T.L)는?(단, 곡선의 반지름은 224m이다.)

교각(I) $= \alpha + \beta$
$$= 36°14'20'' + 42°26'40''$$
$$= 78°41'00''$$

$$\therefore T.L(접선길이) = R \cdot \tan\frac{I}{2}$$
$$= 224 \times \tan\frac{78°41'00''}{2}$$
$$= 183.614\,\mathrm{m}$$

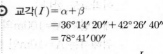

㉮ 183.614m ㉯ 307.615m

㉰ 327.865m ㉱ 559.663m

175 그림과 같이 구곡선의 교점(D_0)을 접선방향으로 20m 움직여서 신곡선의 교점(D_N)으로 이동하였다. 시점(B.C)의 위치를 이동하지 않고 신곡선을 설치할 경우, 신곡선의 곡선반지름은?(단, 구곡선의 곡선반지름(R_0)=150m, 구곡선의 교각(I)=100°)

㉮ 133.2m

㉯ 146.5m

㉰ 153.5m

㉲ 166.8m

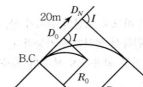

• 구곡선 접선길이(T.L$_0$)

$$= R \cdot \tan\frac{I}{2}$$

$$= 150 \times \tan\frac{100°}{2}$$

$$= 178.8\text{m}$$

• 신곡선 접선길이(T.L$_N$)

$$= R' \cdot \tan\frac{I}{2} \rightarrow$$

$$178.8 + 20 = R' \cdot \tan\frac{100°}{2}$$

$$\therefore R' = 166.8\text{m}$$

176 단곡선을 설치하기 위하여 곡선시점의 좌표가 (1,000.500m, 200.400m), 곡선반지름이 300m, 교각이 60°일 때, 곡선시점으로부터 교점의 방위각이 120°일 경우, 원곡선 종점의 좌표는?

㉮ (680.921m, 328.093m)

㉯ (740.692m, 350.400m)

㉰ (1,233.966m, 433.766m)

㉲ (1,344.666m, 544.546m)

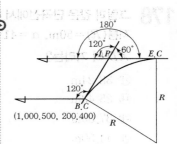

(1,000.500, 200.400)

• T.L(접선장)

$$= R \cdot \tan\frac{I}{2} = 300 \times \tan\frac{60°}{2}$$

$$= 173.205\,\text{m}$$

• $X_{I.P}$

$$= X_{B.C} + (T.L \times \cos \overline{B.C.I.P}\text{방위각})$$

$$= 1,000.500 + (173.205 \times \cos 120°)$$

$$= 913.897\text{m}$$

• $Y_{I.P}$

$$= Y_{B.C} + (T.L \times \sin \overline{B.C.I.P}\text{방위각})$$

$$= 200.400 + (173.205 \times \sin 120°)$$

$$= 350.400\text{m}$$

• $X_{E.C}$

$$= X_{I.P} + (T.L \times \cos \overline{I.P.E.C}\text{방위각})$$

$$= 913.897 + (173.205 \times \cos 180°)$$

$$= 740.692\text{m}$$

• $Y_{E.C}$

$$= Y_{I.P} + (T.L \times \sin \overline{I.P.E.C}\text{방위각})$$

$$= 350.400 + (173.205 \times \sin 180°)$$

$$= 350.400\text{m}$$

∴ 원곡선 종점좌표

$$X_{E.C} = 740.692\text{m}$$

$$Y_{E.C} = 350.400\text{m}$$

177 원곡선 설치에 관한 설명으로 틀린 것은?

㉮ 원곡선 설치를 위해서는 기본적으로 도로기점으로부터 교점의 추가거리, 교각, 원곡선의 곡선반지름을 알아야 한다.

㉯ 중앙종거를 이용하여 원곡선을 설치하는 방법을 중앙종거법이라 하며 4분의 1법이라고도 한다.

㉰ 교점의 위치는 항상 시준 가능해야 하므로 교점의 위치가 산, 하천 등의 장애물이 있는 경우에는 원곡선 설치가 불가능하다.

㉱ 각측량 장비가 없는 경우에는 지거를 활용하여 복수의 줄자만 가지고도 원곡선 설치가 가능하다.

○ 교점의 위치에 장애물이 있어서 시준이 불가능할 경우에는 적정한 위치에 시통선 및 트래버스를 설치하면 원곡선 설치가 가능하다.

178 그림과 같은 단곡선에서 다음과 같은 측량 결과를 얻었다. 곡선반지름(R)=50m, α=41°40′00″, $\angle ADB = \angle DAO = 90°$일 때 $\overline{AD}$의 거리는?

㉮ 33.24m

㉯ 35.43m

㉰ 37.35m

㉱ 44.50m

○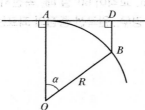

$$\frac{x}{\sin\alpha} = \frac{R}{\sin\gamma} \rightarrow$$

$$x = \frac{\sin41°40'}{\sin90°} \times 50 = 33.24\text{m}$$

$\overline{AD} /\!/ \overline{B'B}$이므로

∴ $\overline{AD}$의 거리 = 33.24m

179 노선 측량의 단곡선 설치에서 곡선의 반지름 R=600m, 교각 I =32°15′일 때 곡선시점부터 곡선종점까지 곡선상에 설치해야 할 20m 간격의 말뚝 수는?(단, 시단현의 길이는 15m이다.)

㉮ 17개 ㉯ 18개

㉰ 19개 ㉱ 20개

• 곡선시점($B.C$)=No.0+5.0m
• 곡선길이($C.L$)
  =0.0174533 · R · $I°$
  =0.0174533×600×32°15′
  =337.72m
• 곡선종점($E.C$)
  = $B.C + C.L$
  =5.0+337.72
  =342.72m(No.17+2.72m)

그러므로, 곡선상에 설치할 말뚝 수는 17개, 곡선시점($B.C$)과 곡선종점($E.C$)에 각 1개씩 2개이므로 설치해야 할 전체 말뚝 수는 19개이다.

180 도로계획선의 설정을 위해 중심선을 따라 20m 간격으로 종단측량을 실시한 결과가 표와 같다. 측점 No.1을 시점으로 하고 No.5를 종점으로 하는 도로계획선의 기울기와 No.3의 절·성토고는?

측점	No.1	No.2	No.3	No.4	No.5
지반고(m)	75.7	74.5	73.5	72.5	76.5

㉮ 기울기＝0.8%, 절토고＝2.52m

㉯ 기울기＝0.8%, 성토고＝2.52m

㉰ 기울기＝1%, 절토고＝2.6m

㉱ 기울기＝1%, 성토고＝2.6m

• 도로계획선의 기울기(No.1~No.5)

$$\therefore i(\%) = \frac{H}{D} \times 100$$
$$= \frac{76.5 - 75.7}{80} \times 100$$
$$= 1\%$$

• No.3 지반고＝73.5m

• No.3 계획고

$$= \text{No.1 계획고} + \left(\frac{구배}{100} \times 거리\right)$$
$$= 75.7 + \left(\frac{1}{100} \times 40\right)$$
$$= 76.1m$$

∴ 성토고＝76.1－73.5＝2.6m

※ 계획고－지반고＝⊕성토고, ⊖절토고

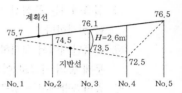

181 도로의 중심선을 시점 No.0에서 No.7까지 20m씩 종단측량한 결과의 일부가 표와 같다. 도로계획선의 기울기가 상향 1/100이고 No.4에서 지반고와 계획고가 같다고 할 때, No.3의 성토고(A)와 No.5의 절토고(B)는?

㉮ A＝1.1m, B＝1.4m

㉯ A＝1.1m, B＝1.8m

㉰ A＝1.5m, B＝1.4m

㉱ A＝1.5m, B＝1.8m

구분	표고
No.3	80.7m
No.4	82.0m
No.5	83.6m

• No.3 계획고
$$= \text{No.4 계획고} - (구배 \times 거리)$$
$$= 82.0 - \left(\frac{1}{100} \times 20\right) = 81.8m$$

• No.5 계획고
$$= \text{No.4 계획고} + (구배 \times 거리)$$
$$= 82.0 + \left(\frac{1}{100} \times 20\right) = 82.2m$$

∴ No.3의 성토고(A)
$$= 지반고 - 계획고$$
$$= 80.7 - 81.8 = -1.1m$$

∴ No.5의 절토고(B)
$$= 지반고 - 계획고$$
$$= 83.6 - 82.2 = 1.4m$$

※ 지반고－계획고＝⊕절토고, ⊖성토고

182 노선측량에 대한 설명으로 옳지 않은 것은?

㉮ 완화곡선의 곡선반지름은 완화곡선 시점에서 무한대, 종점에서 원곡선의 반지름으로 된다.

㉯ 도로 곡선부에 편경사를 설치하는 주된 목적은 노면의 배수를 위한 것이다.

㉰ 완화곡선에 연한 곡선반지름의 감소율은 캔트의 증가율과 같다.

㉱ 완화곡선의 접선은 시점에서 직선에, 종점에서 원호에 접한다.

◉ 도로 곡선부에 편경사를 설치하는 주된 목적은 곡선부를 통과하는 차량에 원심력이 발생하여 접선방향으로 탈선하려는 것을 방지하기 위한 것이다.

183 노선측량의 순서를 도상계획, 예측, 실측 및 공사측량 등으로 시행할 때 다음 설명 중 옳지 않은 것은?

㉮ 실측에서는 중심선 설치, 종·횡단측량, 용지측량, 평면측량 등을 실시한다.

㉯ 실측단계에서 실시하는 용지측량은 노선 구역에 대한 지가 보상 문제 등의 자료로 이용된다.

㉰ 공사측량에서는 실측과정에서 만들어진 공사 도면을 가지고 노선을 시공한다.

㉱ 예측은 답사에서 얻은 유망한 노선에 대하여 더욱 자세하게 조사한 후 현장에 곡선 설치를 하는 단계이다.

◉ 예측은 답사에서 얻은 유망한 노선에 대하여 더욱 자세한 조사를 하기 위하여 트래버스측량을 하고 곡선을 설치한다.

CHAPTER 03 하천 및 해양측량

···· 01 하천측량

(1) 개요

하천측량은 하천의 형상, 수위, 단면, 구배 등을 관측하여 하천의 평면도, 종·횡단면도를 작성함과 동시에 유속, 유량, 기타 구조물을 조사하여 각종 수공설계, 시공에 필요한 자료를 얻기위한 것이다.

(2) 하천측량의 순서

도상조사 → 자료조사 → 현지조사 → 평면측량 → 수준측량 → 유량측량 → 기타 측량

(3) 평면측량

삼각 및 다각측량에 의해 세부측량의 기준이 되는 골조측량을 실시하고 TS와 평판측량으로 세부측량을 실시하여 평면도를 작성한다.

1) 평면측량 범위

① **유제부** : 제외지 전부와 제내지의 300m 이내로 한다.

② **무제부** : 홍수가 영향을 주는 구역보다 약간 넓게 측량한다.(홍수시에 물이 흐르는 맨 옆에서 100m까지)

③ **하천공사의 경우** : 하구에서 상류의 홍수피해가 미치는 지점까지 측량한다.

④ **사방공사의 경우** : 수원지까지 측량한다.

⑤ **해운을 위한 하천개수공사** : 하구까지 측량한다.

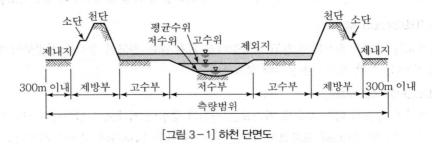

[그림 3-1] 하천 단면도

2) 측량방법

① 삼각측량

삼각점은 국가기본삼각점으로부터 정하는 것을 원칙으로 하며, 삼각점은 2~3km마다 설치하고, 삼각망은 단열삼각망, 측각은 단측법 또는 배각법으로 관측하여 각 오차는 20″ 이내로 한다.

② 다각측량

- 다각측량은 삼각점 간을 연결한 결합다각형을 하며 나중에 TS와 평판측량에 편리한 점을 선택한다.
- 결합다각형의 폐합차는 3′ 이내, 폐합비 1/10,000 이내로 하고 약 200~300m마다 다각망을 설치한다.

③ 세부측량

시거측량거리는 100m 이내라야 하며 특히 제내지 침수지역, 범람지역, 유수지의 수위, 용량조사 등에는 등고선측량이 필요하고 지형도에 표시된 수애선(Water Course Line)은 평수위로 표시한다. 측량은 종래 지거측량, 평판측량, 시거측량, 최근에는 TS 및 GNSS 측량으로 실시한다.

④ 수애선 측량

수면과 하안의 경계선을 수애선이라 한다. 수애선은 하천수위의 변화에 따라 변동하는 것으로 평수위에 의하여 정해진다. 수애선의 측량에는 동시관측에 의한 방법과 심천측량에 의한 방법이 있다.

- 동시관측에 의한 방법 : 다수의 인원을 이용하여 동시에 수애에 말뚝을 박는다.
- 심천측량에 의한 방법 : 수위의 변화가 적은 시기에 심천측량을 행하여 하천의 횡단면도를 만들고 그 도상에서 수위의 관계로부터 평수위 수위를 구한다. 그 밖에 감조부의 하천에서는 하구의 기준면인 평균해수면을 사용할 경우도 있다.

⑤ 평면도 제작

평면도는 하천개수나 하천구조물의 계획, 설계, 시공의 기초가 되는 것으로 골조측량으로 구한 기준점은 전부 직각좌표에 의하여 전개되고 축척은 보통 1/2,500으로 한다.

(4) 수준측량

종·횡단측량을 하는 것으로서 유수부에서는 심천측량에 의해 종단면도와 횡단면도를 작성한다.

1) 수준기표(Bench Mark)

수준기표는 지반이 침하되지 않고 교통장애가 되지 않는 견고한 장소를 선정하여 양안 5km마다 설치한다. 수위 관측소에는 필히 설치한다.

2) 거리표(Distance Mark)

거리측정의 기준이 되는 것으로 거리표는 하천의 중심에 직각으로 설치하여 하구 또는 하천의 합류점으로부터 200m를 표준으로 설치한다. 거리표는 1km마다 석표를 매설하고, 그 중간에는 나무말뚝을 사용한다.

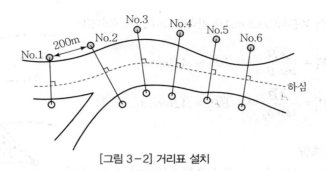

[그림 3−2] 거리표 설치

3) 종단측량

종단측량은 좌우에 설치한 거리표, 양수표, 수문, 기타 중요한 장소의 높이를 측정하는 것으로 반드시 왕복측량을 원칙으로 하며 4km 왕복에서 유조부 10mm, 무조부 15mm, 급류부 20mm의 오차를 허용한다.

종단측량의 축척은 거리(횡) 1/1,000~1/10,000, 높이(종) 1/100로 종단면도를 작성한다.

4) 횡단측량

보통 좌안을 따라 거리표를 기준으로 하며, 간격은 10~20m마다 측량을 실시한다. 횡단면도 제작 시 그 축척은 종 1/100, 횡 1/1,000로 한다.

① **수면경사** : 하천의 유량을 직접 좌우하고, 수위에 의해 경사 변화가 많다.

② **하저경사** : 하천 최심부의 경사를 말하고, 각 횡단면에서 최심부의 위치를 구하여 이것을 하저기울기로 한다.

5) 심천측량

심천측량(Sounding)은 하천의 수심 및 유수부분의 하저 상황을 조사하고 횡단면도를 제작하는 측량이다. 유수의 실태를 파악하기 위해 하상의 물질을 동시에 취급하는 것이 보통이다.

① **수심측량**

수심측량은 원칙적으로 횡단측량의 실시와 동시에 시행하는 것이나 때에 따라서는 수심측량만 단독으로 실시하는 경우도 있다.

- 비교적 수심이 얕은 6m 이하 장소 : 측간 이용
- 수심이 깊고 유속이 큰 장소 : 음향측심기 또는 수압측정기 사용
- 하천의 폭이 넓고 수심이 깊은 장소 : 측량선에 의한 심천측량 실시

− A점에서 트랜싯으로 관측한 경우(전방교회법) −

$$\overline{BP_1} = \overline{AB}\tan\alpha_1, \quad \overline{BP_2} = \overline{AB}\tan\alpha_2$$

– P에서 육분의(Sextant)로 관측한 경우(후방교회법) –

$$\overline{BP_1} = \frac{\overline{AB}}{\tan\beta_1}\text{에서 } \overline{BP_1} = \overline{AB}\cot\beta_1$$

$$\overline{BP_2} = \frac{\overline{AB}}{\tan\beta_2}\text{에서 } \overline{BP_2} = \overline{AB}\cot\beta_2$$

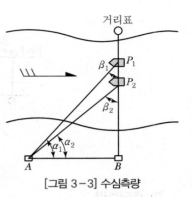

[그림 3-3] 수심측량

② 최신 심천측량

최신 심천측량은 수심측정기(음향측심기)에 의해 수심(H)을, GNSS나 토털스테이션(TS)에 의해 평면위치(X, Y)를 측정한다.

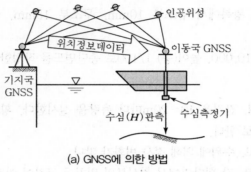

(a) GNSS에 의한 방법

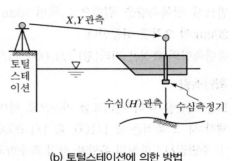

(b) 토털스테이션에 의한 방법

[그림 3-4] 최신 심천측량

(5) 수위관측

1) 양수표(수위관측소) 설치 장소(수위관측이 유량관측에 이용되는 경우 위치 선정)

양수표는 하천에 연하여 5~10km마다 배치한다.

① 상하류 약 100m 정도의 직선인 장소이어야 한다.

② 수류 방향이 일정한 장소이어야 한다.

③ 수위가 교각이나 기타 구조물에 의해 영향을 받지 않는 장소이어야 한다.

④ 유실, 세굴, 이동, 파손의 위험이 없는 장소이어야 한다.

⑤ 쉽게 수위를 관측할 수 있는 장소이어야 한다.

⑥ 합류점이나 분류점에서 수위의 변화가 생기지 않는 장소이어야 한다.

⑦ 수면구배가 급하거나 완만하지 않는 지점이어야 한다.

2) 양수표(수위표)의 영위(수위관측시설의 설치요령)

① 양수표의 영위(점)는 하저수위의 밑에 있고, 양수표 눈금의 최고위는 최대홍수위보다 높아야 한다.

② 양수표에 있어서는 평균해수면의 표고를 관측해 둔다.

③ 홍수표에는 수준점을 연결하여 그 표고를 확인한다.

④ 수위표는 cm 단위의 눈금이 있는 것을 원칙으로 하고 있으며 부근에 수준점을 설치한다.

⑤ 자동기록수위계는 반드시 수위표와 같이 설치한다.

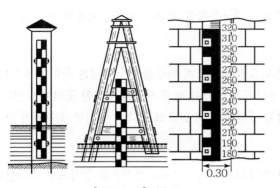

[그림 3-5] 양수표

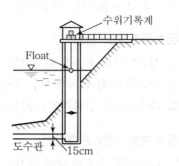

[그림 3-6] 수위관측소

3) 하천의 수위

① 최고수위(HWL), 최저수위(LWL)

어떤 기간에 있어서 최고, 최저수위로 연단위 혹은 월단위의 최고, 최저로 구한다.

② 평균최고수위(NHWL), 평균최저수위(NLWL)

연과 월에 있어서의 최고, 최저의 평균수위, 평균최고수위는 제방, 교량, 배수 등의 치수 목적에 사용하며 평균최저수위는 수운, 선항, 수력발전의 수리 목적에 사용한다.

③ 평균수위(MWL)

어떤 기간의 관측수위의 총합을 관측횟수로 나누어 평균치를 구한 수위

④ 평균고수위(MHWL), 평균저수위(MLWL)

어떤 기간에 있어서의 평균수위 이상 수위들이 평균수위 및 어떤 기간에 있어서의 평균수위 이하 수위들의 평균수위

⑤ 최다수위(Most Frequent Water Level)

일정기간 중 제일 많이 발생한 수위

⑥ 평수위(OWL)

어느 기간의 수위 중 이것보다 높은 수위와 낮은 수위의 관측수가 똑같은 수위로 일반적으로 평균수위보다 약간 낮은 수위, 1년을 통해 185일은 이보다 저하하지 않는 수위

⑦ 저수위 : 1년을 통해 275일은 이보다 저하하지 않는 수위

⑧ 갈수위 : 1년을 통해 355일은 이보다 저하하지 않는 수위

⑨ 고수위 : 2~3회 이상 이보다 적어지지 않는 수위

⑩ 지정수위 : 홍수 시에 매시 수위를 관측하는 수위

⑪ 통보수위 : 지정된 통보를 개시하는 수위

⑫ 경계수위 : 수방(水防)요원의 출동을 필요로 하는 수위

(6) 유속관측

유속관측에는 유속계(Current Meter)와 부자(Float) 등이 가장 많이 이용된다. 유속을 직접 관측할 수 없을 때는 하천구배를 관측하여 평균유속을 구하는 방법을 이용한다.

1) 유속관측장소 선정

① 직선부로서 흐름이 일정하고 하상의 요철이 적으며 하상경사가 일정한 곳이어야 한다.

② 수위의 변화에 의해 하천 횡단면 형상이 급변하지 않고 지질이 양호한 곳이어야 한다.

③ 관측장소의 상하류의 수로는 일정한 단면을 갖고 있으며 관측이 편리한 곳이어야 한다.

2) 유속계에 의한 관측방법

① 유속계를 수중에 넣어 수저로부터 순차적으로 20~50cm 간격으로 상향으로 관측한다.

② 소정의 깊이에서 지지되면 약 30초 가량 경과 후 회전수를 관측한다.

③ 유속은 횡단면에 수직 방향으로 관측한다.

④ 유속계에 의한 유속산정

$$V = aN + b$$

여기서, V : 유속 a, b : 유속계상수 N : 1초 동안 회전수

⑤ 평균유속을 구하는 방법

- 1점법 : 수면으로부터 수심 0.6H 되는 곳의 유속을 이용하여 평균유속을 구하는 방법으로 수심이 얕은 경우에 많이 사용된다(약 5% 정도의 오차가 있음).

$$V_m = V_{0.6}$$

- 2점법 : 수심 0.2H, 0.8H 되는 곳의 유속을 다음 식에 의해 평균유속을 구하는 방법이다(약 2% 정도의 오차가 있음).

$$V_m = \frac{1}{2}(V_{0.2} + V_{0.8})$$

- 3점법 : 수심 0.2H, 0.6H, 0.8H 되는 곳의 유속을 다음 식에 의해 평균유속을 구하는 방법이다(약 0.5% 정도의 오차가 있음).

$$V_m = \frac{1}{4}(V_{0.2} + 2V_{0.6} + V_{0.8})$$

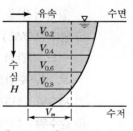

[그림 3 – 7] 평균유속산정

- 4점법 : 수심 0.2H, 0.4H, 0.6H, 0.8H 되는 곳의 유속을 다음 식에 의해 평균유속을 구하는 방법이다.

$$V_m = \frac{1}{5}\left\{(V_{0.2}+V_{0.4}+V_{0.6}+V_{0.8})+\frac{1}{2}\left(V_{0.2}+\frac{V_{0.8}}{2}\right)\right\}$$

3) 부자(Float)에 의한 방법

부자에 의한 유속관측의 유하거리는 하천폭의 2~3배 정도(큰 하천 100~200m, 작은 하천 20~50m)로 한다.

① 부자의 종류

- 표면부자(Surface Float)
  답사나 홍수 시 급한 유속을 관측할 때 편리한 방법이며, 나무, 코르크, 병 등을 이용하여 수면유속을 관측한다 (평균유속은 수면유속의 80~90%).
- 이중부자
  표면에 수중부자를 연결한 것으로 수중부자는 수면에서 6/10(6할)이 되는 깊이로 한다.

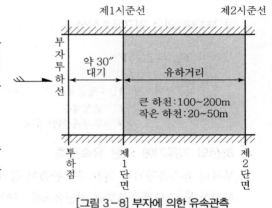

[그림 3-8] 부자에 의한 유속관측

- 봉부자
  봉부자는 가벼운 대나무나 목판을 이용하며, 전 수심에 걸쳐 유속의 작용을 받으므로 비교적 평균유속을 받는 편이 된다.

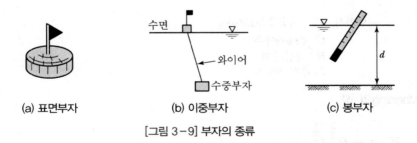

(a) 표면부자   (b) 이중부자   (c) 봉부자

[그림 3-9] 부자의 종류

[그림 3-10] 부자 및 측정부자추

② 부자에 의한 평균유속산정

$$V_m = C \cdot V$$

여기서, V_m : 평균유속
C : 보정계수
V : 부자에 의한 유속

4) 하천의 기울기에 의한 유속관측

부자나 유속측정기에 의한 유속관측이 불가능하여 수로의 신설에 따른 설계에 하천의 기울기, 하상상태, 조도계수로부터 평균유속을 구한다.

① Chezy식

$$V_m = C\sqrt{RI}$$

여기서, V_m : 평균유속(m/sec)
C : Chezy계수
R : 경심(윤변)
I : 수면 기울기

② Manning의 식

$$V_m = \frac{1}{n} R^{\frac{2}{3}} I^{\frac{1}{2}}$$

여기서, n : 하천의 조도계수

5) 유속분포

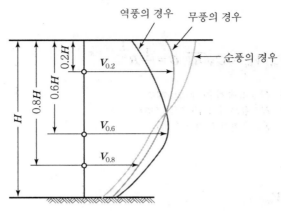

[그림 3-11] 유속분포

(7) 유량관측

유량관측은 하천과 기타 수로의 각종 수위에 대하여 유속을 관측하고, 이것에 기인하여 각 수위에 대한 유량을 계산하며, 수위와 유량과의 관계를 정리하여 하천계획과 Dam 기타 계획 등에 기초자료를 작성하는 데 목적이 있다.

1) 유속·유량의 관측장소
① 직류부로서 흐름이 일정하고, 하상의 요철(凹凸)이 적고 하상경사가 일정한 곳이어야 한다.
② 수위의 변화에 의해 하천 횡단면 형상이 급변하지 않고, 지질이 양호하며, 하상이 안정하여 세굴·퇴적이 일어나지 않는 곳이어야 한다.
③ 관측장소의 상·하류의 유로는 일정한 단면을 갖는 곳이어야 한다.
④ 관측이 편리한 곳이어야 한다.

2) 유량관측 방법
① 평균유속을 구하면 그것에 그 지배 단면적을 곱하여 유량을 구한다.
② 하천의 기울기를 이용하는 유량관측으로 하천 수면 기울기, 하상상태, 조도계수로부터 평균유속을 구하고 유적을 곱하여 유량을 구한다.
③ 유량곡선에 의한 유량관측으로 어떤 지점의 수위와 이것에 대응하는 유량을 관측하고 수위를 세로축에, 유량을 가로축에 취하여 수위유량곡선으로 유량을 구한다.
④ 위어에 의한 유량관측으로 작은 하천 또는 수로에 위어를 설치하고 위어의 공식에 의해 유량을 구한다.

3) 유량의 계산

① Chezy 공식

$$Q = A \cdot V_m, \; V_m = C\sqrt{RI}, \; C = \frac{1}{n}R^{\frac{1}{6}}$$

여기서, C : 유속계수(Chezy 계수)
R : 유로의 경심(유적/윤변)
I : 수면의 구배(기울기)

② Kutter 공식

$$Q = A \cdot V_m$$

③ Manning 공식

$$Q = A \cdot V_m, \; V_m = \frac{1}{n}R^{\frac{2}{3}}I^{\frac{1}{2}}$$

여기서, n : 하도의 조도계수
R : 유로의 경심(유적/윤변)
I : 수면의 기울기

⋯02 해양측량

(1) 개요

해양측량은 해상위치 결정, 수심관측, 해저지형의 기복과 구조, 해안선의 결정, 조석의 변화, 해양 중력 및 지자기 분포, 해수의 흐름과 특성 등 해양에 관한 제반 정보를 체계적으로 수립, 정리하며 해양을 이용하는 데 필수적인 자료를 제공하기 위한 해양과학의 한 분야이다.

(2) 해양측량의 내용

① 해상위치측량
② 수심측량
③ 해저지형측량
④ 해저지질측량
⑤ 조석측량

⑥ 해안선측량

⑦ 해도 작성을 위한 측량

⑧ 해양중력측량

⑨ 해양지자기측량

⑩ 해양기준점측량

(3) 바다의 기본도

① 종류 : 해저지형도, 해저지질구조도, 지자기 전자력도, 중력 이상도

② 축척 : 1/200,000, 1/50,000, 1/10,000

(4) 해상의 위치 결정 방법

1) 지문항법

① 연안의 지물이나 항로표식 등에 의하여 항로위치를 결정하는 방법이다.

② 연안항법과 추측항법으로 대별된다.

2) 천문항법

① 항성이나 태양 등 천체를 관측하여 선박위치를 결정하는 방법(육분의 이용)이다.

② 원리는 천문측량과 동일하다.

③ 주로 육분의에 의하며 천정각 거리나 방위각 대신 고도와 시각을 관측한다.

3) 전파항법

전파를 이용하여 무선국 간의 거리, 거리차 또는 방위를 관측함으로써 위치를 결정하는 방법이다.

① 유효거리에 의한 분류

• 장거리 방식 : 유효거리 500해리 이상(Loran-A, Loran-C, Omega, Lanbda)

• 중거리 방식 : 유효거리 100~500해리(Beacon, Consol, Decca)

• 단거리 방식 : 유효거리 100해리 이내(Hi-Fix, Raydist …)

② 위치선에 따른 분류

• 방사선 방식 : 위치선은 무선국 간의 방위선이 된다.

• 원호 방식 : 두 무선국 간의 거리를 관측한 경우, 위치선은 원호가 되며, 중거리 · 단거리용으로 사용한다.

• 쌍곡선 방식 : 두 무선국과 다른 하나의 무선국 사이의 거리차를 관측한 경우 위치선은 쌍곡선이 되며 장거리에 사용한다.

③ 주파수에 의한 분류

- 초장파 방식 : 초장거리용
- 장파 방식 : 장거리용
- 중파 방식 : 중거리용
- 단파 방식 : 중거리용
- 초단파 방식 : 중거리/단거리용

4) 위성항법

① 인공위성은 지구중력장의 성질을 반영하므로 위성궤도를 정확히 관측하여 지구중력장 해석, 지오이드 결정, 수신점의 위치를 구할 수 있는 방법이다.

② 인공위성을 이용한 위치결정으로 GNSS(Global Navigation Satellite System) 방식이 있다.

5) 관성항법

① 관성항법장치에 의하여 출발점으로부터 이동경로에 따른 순간 가속도를 구하여 위치를 결정하는 방법이다.

② 전파항법, 위성항법과 함께 대양을 항해하는 선박이나 항공기에 널리 사용된다.

③ 시통성, 기상, 대기 굴절 등과 무관하므로 잠수함 항법으로도 이용된다.

④ 최근 정확도 향상으로 기준점 측량, 공사측량, 진북자오선 결정, 지구 물리측량에 신속 간편하게 적용된다.

6) 음향항법

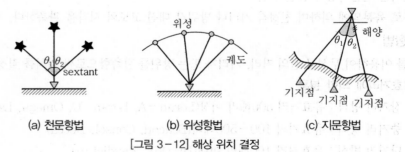

(a) 천문항법   (b) 위성항법   (c) 지문항법

[그림 3-12] 해상 위치 결정

(5) 수심측량 방법

수심측량은 수심을 체계적인 방법으로 관측하여 해저지형기복을 알아내기 위한 측량이다. 오늘날 거의 대부분의 수심측량은 수면에서 해저까지의 음파신호의 왕복시간을 관측하여 수심을 알아내는 음향 측심기(Echo Sounding)에 의하여 이루어진다.

1) 측추, 측간에 의한 방법

무게추를 매단 줄이나 막대로 직접 재는 방식이고 얕은 바다에서 활용된다.

2) 사진측량에 의한 방법

수질이 아주 투명한 해역에서는 항공사진 또는 수중사진을 활용할 수 있다.

3) 수중측량에 의한 방법

주로 해저 유물탐사 및 고고학적 연구에 응용되는 방법이다.

4) 레이저에 의한 방법(수심 LiDAR에 의한 방법)

초음파보다 훨씬 분해능이 높은 레이저를 이용하는 방법이다.

5) 음향측심기에 의한 방법

① 음향측심기의 원리

$$D = \frac{1}{2} V \cdot t$$

여기서, D : 수심,
V : 수중속도,
t : 시간차

② 음향측심기 구조

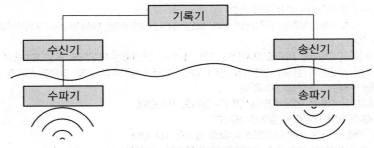

[그림 3-13] 음향측심기 원리

③ 음속도보정 : 음향표적법, 음속도계법, 계산법, 보정도법

(6) 조석관측

① 해수면의 승강을 관측하는 것(검조)

② 조석 양상을 제대로 파악하기 위해서는 1년 이상 연속 관측

③ 조석관측방법 : 검조주, 수압식 자기검조의, 부표식 자기검조의, 해조검조의, 원격 자기검조의

Reference 참고

➤ 우리나라 표고의 기준
① 우리나라의 육지 표고 기준 : 평균 해수면(Mean Sea Level ; MSL)
② 해저수심 : 평균 최저 간조면(Mean Lowest Low Water Level ; MLLW)
③ 해안선 : 평균 최고 만조면(Mean Highest High Water Level ; MHHW)
④ 토지와 접한 항만 구조물의 높이 기준 : 평균해수면에 근거한 국가 수준점 표고
⑤ 수로 등의 해양 구조물의 높이 기준 : 약최저저조면을 기준으로 하는 수로용 수준점(수로국 TBM)

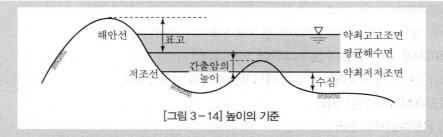

[그림 3 – 14] 높이의 기준

➤ 조석 관련 용어

① 조석주기 : 연속되는 간(만)조 사이의 시간
② 일주조 : 조석주기가 평균 24시간 50분인 조석
③ 반일주조 : 조석주기가 평균 12시간 25분인 조석
④ 일조부등 : 반일 주조에서 연날은 2개의 고조 및 2개의 저조가 같은 날일지라도 조위가 다른 것
⑤ 월간격 : 임의의 월간격 사이에 발생하는 고조간격과 저조간격을 총칭하여 월간격이라 함
⑥ 평균고조간격/평균저조간격 : 장기간에 걸쳐 고조간격 및 저조간격을 평균한 값

➤ 수로측량 업무규정 제5조(수로측량의 기준)

① 좌표계는 세계측지계에 의함을 원칙으로 한다. 다만, 필요한 경우에는 베셀(Bessel) 지구타원체에 의한 좌표를 병기할 수 있다.
② 위치는 지리학적 경도 및 위도로 표시한다. 다만, 필요한 경우에는 직각좌표 또는 극좌표로 표시할 수 있다.
③ 측량의 원점은 대한민국 경위도 원점으로 한다. 다만, 도서나 해양측량, 기타 필요한 사유가 있는 경우 원장의 승인을 얻은 때에는 그러하지 아니하다.
④ 노출암, 표고 및 지형은 평균해면으로부터의 높이로 표시한다.
⑤ 수심은 기본수준면으로부터의 깊이로 표시한다.
⑥ 간출암 및 간출퇴 등은 기본수준면으로부터의 높이로 표시한다.
⑦ 해안선은 해면이 약최고고조면에 달하였을 때의 육지와 해면과의 경계로 표시한다.
⑧ 교량 및 가공선의 높이는 약최고고조면으로부터의 높이로 표시한다.
⑨ 투영법은 특별한 경우를 제외하고 국제횡메르카토르도법(UTM)을 원칙으로 한다.

➤ 수로측량기준

1. 일반기준
   가. 이 "수로측량기준"은 국제수로기구(IHO)에서 안전항해를 향상시키기 위하여 제작된 기준 중의 하나로서 주로 해도제작에 사용되는 자료를 수집하기 위한 수로측량 수행에 필요한 기준으로 적용하여야 한다.
2. 수심측량 등급분류(Classification of Surveys) 기준
   가. 특등급(Special Order) 수심측량
      1) 측량 등급 중에서 가장 정밀한 등급으로 선저통과(under – keel clearance) 수심이 중대한(critical) 해역에 적용된다.
      2) 선저통과 수심이 중대하기 때문에 완전한 해저면 탐사(full sea floor search)가 요구되고, 이러한 탐사로 발견된 물체(features)의 크기는 작은 것도 신중하게 묘사해야 한다.
      3) 선저통과 수심이 중대하더라도 40m보다 깊은 해역은 특등급 측량이 고려되지 않는다.
      4) 특등급 측량이 보장되어야 할 해역은 묘박지, 항만, 항행수로의 중대한 해역 등이다.
   나. 1a등급(Order 1a) 수심측량
      1) 1a등급 측량은 그 해역을 통행할 것으로 예상되는 선박항행의 형태를 고려하여 수심이 얕은 해역의 해저에 자연적 또는 인공적인 물체(features)가 있는 곳을 대상으로 한다.

2) 선저통과(under-keel clearance) 수심은 특등급 측량보다 덜 중요한 해역이다. 인공적 또는 자연적 물체(features)들이 선박항행 대상해역에 존재할 수 있으므로 완전한 해저면 탐사(full sea floor search)가 필요하며, 탐지되어야 할 물체(features)의 크기는 특등급보다 크다.

3) 선저통과(under-keel clearance) 수심은 수심이 증가함에 따라 덜 중대하므로 완전한 해저면 탐사(full sea floor search)에 의해 탐지되어야 할 물체(features)의 크기는 수심 40m를 넘으면 더욱 커진다.

4) 1a등급의 측량은 수심 100m 보다 얕은 해역에 한정된다.

다. 1b등급(Order 1b) 측량

1) 1b등급 측량은 그 해역을 통행할 것으로 예상되는 선박항행 형태를 고려하여 해저면의 일반적인 묘사가 이루어지는 100m보다 얕은 해역을 대상으로 한다.

2) 완전한 해저면 탐사(full sea floor search)가 필요하지 않는다는 의미는 비록 최대 허용 측심선 간격으로 물체(features)의 크기를 제한하더라도 몇몇의 물체(features)는 탐지되지 않고 남아 있을 수 있다.

3) 이 등급의 측량은 선저통과(under-keel clearance) 수심이 고려되지 않는 곳에 권고된다. 이러한 해역은 선박항행이 빈번하지 않는 곳이지만 해저면에 자연적 또는 인공적인 물체(features)와 같은 해저특성을 가진 곳으로 위험이 될 수 있다.

라. 2등급(Order 2) 측량

1) 이 등급은 가장 엄격하지 않은 측량등급이고, 해저면의 일반적인 묘사가 충분히 고려되는 수심의 해역에 적용된다. 완전한 해저면 탐사(full sea floor search)는 필요하지 않다.

2) 2등급 수로측량은 100m보다 깊은 지역에서 이루어진다. 수심 100m 초과 해역이라도 인공적이거나 자연적인 물체(features)들이 항해에 영향을 미칠 만큼 충분히 크면서도 아직까지 발견되지 않은 것이 있을 수 있으므로 2등급 수로측량이 바람직하지 않을 수 있다.

➤ 각종 원도도식 기호

순번	기호	내용	규격(가로)	규격(세로)
1	✕◯	인공어초(군락)	3~5mm	3~5mm
2	✕◯	인공어초(독립)	3~5mm	3~5mm
3	◯	조류관측점	3~5mm	
4	△	국립해양조사원 주삼각점	3~5mm	
⋮	⋮	⋮	⋮	⋮

※ 상기 외의 원도도식 기호는 「수로측량 업무규정」 측량원도 작성기준 참고

01 하천측량을 실시하는 주목적은?

㉮ 하천 공작물의 계획, 설계, 시공에 필요한 자료를 얻기 위하여

㉯ 하천의 수위, 구배, 단면을 알기 위하여

㉰ 평면도, 종단면도를 작성하기 위해

㉱ 하천공사와 공비를 산출하기 위해

> 하천측량은 하천의 형상, 수위, 단면, 구배 등을 관측하여 하천의 평면도, 종횡 단면도를 작성함과 동시에 유속, 유량 기타 구조물을 조사하여 각종 수공설계, 시공에 필요한 자료를 얻기 위한 것이다.

02 다음 하천측량의 가장 일반적인 작업 순서로 옳은 것은?

㉮ 도상조사 → 현지조사 → 평면측량 → 수준측량 → 유량측량

㉯ 현지조사 → 유량측량 → 도상조사 → 수준측량 → 평면측량

㉰ 도상조사 → 현지조사 → 수준측량 → 평면측량 → 유량측량

㉱ 도상조사 → 현지조사 → 유량측량 → 수준측량 → 평면측량

> 하천측량 순서
> 도상조사 → 자료조사 → 현지조사 → 평면측량 → 고저측량 → 유량측량 → 기타 측량

03 하천측량에서 평면측량의 범위는?

㉮ 유제부에서 제내 300m 이내, 무제부에서는 홍수가 영향을 주는 구역보다 약간 넓게 한다.

㉯ 유제부에서 제내 200m 이내, 무제부에서는 홍수가 영향을 주는 구역보다 약간 좁게 한다.

㉰ 유제부에서 제내 200m 이내, 무제부에서는 홍수가 영향을 주는 구역보다 약간 넓게 한다.

㉱ 유제부에서 제내 300m이내, 무제부에서는 홍수가 영향을 주는 구역보다 약간 좁게 한다.

> 평면측량 범위
> • 무제부 : 홍수가 영향을 주는 구역 보다 약간 넓게, 즉 홍수시에 물이 흐르는 맨 옆에서 100m까지
> • 유제부 : 제외지 전부와 제내지의 300m 이내

04 지형도상에서 하천의 유역경계선을 결정하는 원리는?

㉮ 능선을 연결

㉯ 지형의 최대경사 방향 연결

㉰ 계곡을 따라 연결

㉱ 등경사 방향 연결

> 지형의 최대 경사방향을 연결하면 유역면적이 산정된다.

실전문제

05 하천의 삼각측량에서 가장 많이 쓰이는 삼각망의 형성방법은?

㉮ 단열 삼각형쇄   ㉯ 사변형쇄

㉰ 유심 다각형쇄   ㉴ 격자망쇄

> ⊙ 폭이 좁고 길이가 긴 노선, 하천측량에서는 단열 삼각형쇄가 많이 이용된다.

06 하천의 평면측량에서 삼각망의 구성 중 사용 삼각점은 하천에 따라 몇 km마다 설치하는 것이 좋은가?

㉮ 1~2km   ㉯ 2~3km

㉰ 3~4km   ㉴ 4~5km

> ⊙ 삼각점은 기본 삼각점으로부터 정하는 것을 원칙으로 하며, 삼각점은 2~3km마다 설치한다.

07 하천측량 준칙에 의하면 하천측량의 기준점은 기본 3각점으로부터 정하는 것으로 되어 있다. 이 경우 다음 방법 중 가장 정도가 좋은 방법은 어느 것인가?(단, 그림 중 △은 기본 삼각형, □은 하천측량의 기준점, ═은 기선, ∀은 기지각, ∀은 관측각이다.)

㉮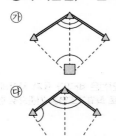

㉯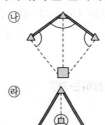

㉰

㉴

> ⊙ 후방교회법은 그림 O점에서 기지점 A, B, C를 시준할 수 있을 때 그 협각 α, β를 관측하고 O점에서 위치를 구하는 방법이다.
> $\overline{AB}$, $\overline{BC}$, γ가 기지이므로 α, β를 관측하면 S_1, S_2, S_3 및 ϕ, θ를 신속하고 정확하게 구할 수 있으므로 ㉮번이 타당하다.

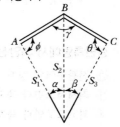

08 다음은 하천측량에서 표지를 설치하는 요령에 대하여 설명하였다. 이 중 옳지 않은 것은?

㉮ 거리표는 하천의 한쪽 하안에 따라 하구 또는 합류점에서 100m 또는 200m마다 설치한다.

㉯ 대안의 거리표는 이미 설치된 거리표의 점마다 하천 중심에서 직각 방향으로 설치한다.

㉰ 거리표는 1km마다 표석을 설치하고 그 중간에는 나무말뚝을 사용한다.

㉴ 양안 2km마다 B.M(수준점)을 설치한다.

> ⊙ 수준점의 설치는 하천 양안의 5km마다 측설한다.
> • 하안 : 강이나 시내(하천)의 가장자리에 닿아 있는 둔덕
> • 하구 : 강물이 바다로 흘러가는 어귀

정답 05 ㉮ 06 ㉯ 07 ㉮ 08 ㉴

09 하천측량의 종단면도의 축척은 주로 어느 것을 사용하는가?

   ⑦ 종 : 1/100, 횡 : 1/1,000

   ④ 종 : 1/200, 횡 : 1/1,000

   ⑤ 종 : 1/200, 횡 : 1/5,000

   ⑥ 종 : 1/300, 횡 : 1/600

> ⊙ 종단면도의 축척은 종 1/100~1/200, 횡 1/1,000~1/10,000에서 종 1/100, 횡 1/1,000을 표준으로 하지만 경사가 급한 경우에는 종축척을 1/200로 한다.

10 종단측량 및 하천 구배측량에서 수준측량의 오차 허용범위를 설명한 것 중 옳은 것은?

   ⑦ 4km 왕복에서 유조부는 10mm, 무조부는 15mm를 넘지 않아야 한다.

   ④ 4km 왕복에서 유조부는 15mm, 무조부는 20mm를 넘지 않아야 한다.

   ⑤ 4km 왕복에서 유조부는 15mm, 무조부는 10mm를 넘지 않아야 한다.

   ⑥ 4km 왕복에서 유조부는 20mm, 무조부는 15mm를 넘지 않아야 한다.

> ⊙ 하천 수준측량의 허용오차
> 4km 왕복 시 : 유조부−10mm
> 무조부−15mm
> 급류부−20mm

11 항만측량에서 해안선의 기준은 무엇으로 정하는가?

   ⑦ 전관수역의 경계

   ④ 최저저조면과 육지와의 경계

   ⑤ 최고고조면과 육지와의 경계

   ⑥ 평균해수면과 육지와의 경계

> ⊙ 해안선은 바다와 육지 사이의 접선으로 최고고조면을 기준으로 한다.

12 수심측량의 측점위치를 정하는 다음 설명 중 적당하지 않은 것은 어느 것인가?

   ⑦ 선박상에서 육분의로 정한다.

   ④ 육지에 기선을 설정하여 선박과 이루는 기선 양단의 각을 측정한다.

   ⑤ 선박을 일정한 선상으로 일정한 속도로 진행시킨다.

   ⑥ 선상에서 트래버스측량을 실시한다.

> ⊙ 선상에서 트래버스측량은 실제 곤란한 방법이며, 주로 선상에서는 육분의 측량에 의해 측점의 위치를 결정한다.

정답 09 ⑦ 10 ⑦ 11 ⑤ 12 ⑥

13 하천의 준설작업을 위해 수심을 측량하는 것은 다음 중 어느 것인가?

㉮ 육분의측량　　　　　　㉯ 심천측량

㉰ 후방교회법　　　　　　㉲ 전방교회법

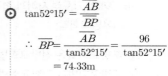

심천측량은 하천의 수심 및 유수 부분의 하저상황을 조사하고 횡단면도를 제작하는 측량이다.

14 다음 그림에서 $\overline{BC}$선에 연하여 심천측량을 하기 위해 A점을 $\overline{CB}$선에 직각으로 $\overline{AB}=96\mathrm{m}$를 잡았다. 지금 이 배의 위치에서 육분의(Sextant)로 $\angle APB$를 측정하여 $52°15'$를 얻었을 때 $\overline{BP}$의 거리는?

$$\tan 52°15' = \frac{\overline{AB}}{\overline{BP}}$$

$$\therefore \overline{BP} = \frac{\overline{AB}}{\tan 52°15'} = \frac{96}{\tan 52°15'}$$

$$= 74.33\mathrm{m}$$

㉮ 93.85m

㉯ 83.85m

㉰ 74.33m

㉲ 64.33m

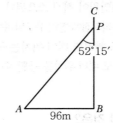

15 하천에서 수심측량을 하는 데 기선 $\overline{AB}=100\mathrm{m}$, 기선의 직각 방향 P점에서 $\angle APB=42°30'$을 얻었다. 이 경우 사용하는 일반적인 측량기 이름은?

㉮ 육분의

㉯ 1등 수준기

㉰ 트랜싯

㉲ 행잉컴퍼스

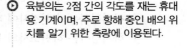

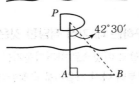

육분의는 2점 간의 각도를 재는 휴대용 기계이며, 주로 항해 중인 배의 위치를 알기 위한 측량에 이용된다.

16 어떤 하천 $\overline{BC}$선에 연하여 심천측량을 실시할 때 B점에서 $\overline{CB}$에 직각으로 $\overline{AB}=96\mathrm{m}$의 기선을 잡았다. 지금 배 P 위에서 육분의(Sextant)로 $\angle APB$를 측정한 값이 $43°30'$ 이다. $\overline{BP}$의 거리가 100m가 될 때 P의 위치는?

㉮ B방향으로 8.90m

㉯ C방향으로 8.90m

㉰ C방향으로 1.16m

㉲ B방향으로 1.16m

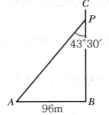

$$\tan 43°30' = \frac{\overline{AB}}{\overline{BP}} \rightarrow$$

$$\overline{BP} = \frac{\overline{AB}}{\tan 43°30'} = \frac{96}{\tan 43°30'}$$

$$= 101.16\mathrm{m}$$

$\overline{BP}$의 거리가 100m가 될 때 P의 위치는 1.16m만큼 차이가 있다.

∴ B방향으로 1.16m

정답 13 ㉯ 14 ㉰ 15 ㉮ 16 ㉲

17 심천측량에서 육상의 3개 기준점을 이용하여 측심선의 위치를 다음 2가지 방법으로 구할 때 두 방법의 비교 설명 중 틀린 것은?

> Ⅰ. 3개의 기지점의 직각에 트랜싯을 정치하여 배의 위치를 동시에 관측한다.(전방교회법)
> Ⅱ. 3개의 기준점 사이의 협각을 2개의 육분의로서 동시에 관측한다.
> (후방교회법)

㉮ 후방교회법은 전방교회법보다 작업의 능률은 좋으나 정도는 낮다.

㉯ 후방교회법은 전방교회법보다도 작업인원이 적게 소요된다.

㉰ 전방교회법은 후방교회법보다도 배를 목적지점에 빨리 유도할 수 있다.

㉱ 후방교회법에는 각의 관측이 1개라도 빠지면 배의 위치는 구할 수 없으나 전방교회법은 한 각이 결측되어도 배의 위치를 구할 수 있다.

> ⊙ 후방교회법은 심천측량에서 전방교회법에 비해 정도는 낮으나 배를 신속하게 유도할 수 있다.

18 수면경사와 하저경사와의 의미로 틀린 것은?

㉮ 수면경사는 관측하기 쉽다.

㉯ 수면경사는 수위에 의하여 경사의 변화가 많다.

㉰ 하저경사는 수면경사에 비하여 凹凸이 많다.

㉱ 하저경사는 하천조사의 목적이 되는 유량을 직접 좌우한다.

> ⊙ 수면경사는 하천유량을 직접 좌우하고, 하저경사는 하천개수공사에 중요하게 이용된다.

19 하천측량에 있어서 하저경사를 구하는 데 가장 적당한 것은?

㉮ 각 횡단면에서 최심부의 위치를 알고 이것으로 하저기울기를 안다.

㉯ 수면기울기를 측정하고 이것으로부터 다시 기울기를 측정한다.

㉰ 하천 중심의 하저를 측정해 나간다.

㉱ 심천측량으로 하저의 가장 깊은 곳을 찾아서 하저기울기로 한다.

> ⊙ 하저경사는 하천 최심부의 구배를 말하므로 하천의 중심과 일치하지 않을 때가 많다.

20 하천 만곡부의 수면경사를 관측할 때 가장 주의할 사항은?

㉮ 만곡부 하천 중심의 길이를 측정하기 곤란하므로 특히 주의하여 정확히 측정한다.

㉯ 시시각각 수면경사가 변하므로 많은 사람을 써서 동시에 많은 양수표의 읽음을 취한다.

㉰ 수면경사측정에는 반드시 하천의 동일 방향에서 관측한 값에 기준하여 계산한다.

㉱ 측정은 반드시 양안에서 하고, 그 평균을 가장 중심의 수면으로 본다.

> ⊙ 하천의 만곡부에는 양단에 수위차가 있으므로 반드시 양안에서 관측을 해야 하며 그렇지 않을 경우 오차가 크게 될 우려가 있다.

21 하천구배에 관한 설명 중 옳지 않은 것은?

㉮ 수면구배는 하천유량을 직접 좌우한다.

㉯ 하상구배는 하천개수공사에 중요하게 쓰인다.

㉰ 하천 만곡부의 수면구배는 유심선의 구배로 한다.

㉱ 어느 한 지점에서의 수면구배는 항상 동일하다.

> ● 어느 한 지점의 수면구배는 동일하지 않으며 평균값을 이용한다. 즉, 하천의 만곡부에는 양단의 수위가 있으므로 반드시 양안의 관측을 하지 않으면 큰 오차가 될 우려가 있다.

22 하천측량에 있어서 하상구배를 구하려 할 때 가장 적당하다고 생각되는 것은?

㉮ 각 단면도에 의하여 가장 깊은 곳을 따라 이것을 하상구배로 한다.

㉯ 하천의 중심지를 따라 하상을 측량하고 구배를 정한다.

㉰ 수심측량에 의하여 구배를 정한다.

㉱ 수평구배에 의하여 정한다.

> ● 하상구배와 하저경사는 같은 용어이다.

23 하천의 수면구배를 정하기 위해 100m의 간격으로 동시 수위를 측정하여 다음과 같은 결과를 얻었다. 이 결과로부터 구한 이 구간의 평균수면구배는?

㉮ 1/750

㉯ 1/1,000

㉰ 1/500

㉱ 1/1,250

측 점	표 고
1	73.63
2	73.45
3	73.23
4	73.02
5	72.83

> ● 각 측점 간의 높이 차는 1~2 : 0.18m, 2~3 : 0.22m, 3~4 : 0.21m, 4~5 : 0.19m이므로 평균표고를 구하면
> $0.8/4 = 0.2m$
> $$\therefore 평균구배 = \frac{높이}{수평거리}$$
> $$= \frac{0.2}{100}$$
> $$= \frac{1}{500}$$

24 하천측량에서 하저경사도를 구하는 데 가장 적합한 방법은?

㉮ 심천측량으로 가장 깊은 곳을 찾아 하저경사도를 구한다.

㉯ 하천의 중심에 따라 하저를 측정하여 하천의 양안에 설치한 수준기표를 이용하여 하저경사도를 구한다.

㉰ 각 횡단측량으로부터 최심부의 위치를 평면도상에 그리고 거리를 구하여 하천바닥의 종단면도를 그려 하저경사도를 구한다.

㉱ 수면경사도를 구하고 이것을 이용하여 하저경사도를 구한다.

> ● 하천의 최심부는 반드시 그 중심선과 일치하지 않고 그 위치를 찾아내기도 어려운 일이므로, 보통은 횡단측량의 결과에서 얻은 최심부의 종단도에서 하저 경사도를 구한다.

25 하천 수위관측소의 설치 장소 중 옳지 않은 것은 어느 것인가?

㉠ 수위가 교각이나 구조물에 의한 영향을 받지 않는 곳일 것

㉡ 홍수시에도 양수량을 쉽게 볼 수 있는 곳일 것

㉢ 잔류, 역류 및 저수위가 많은 곳일 것

㉣ 하상과 하안이 안전하고 퇴적이 생기지 않는 곳일 것

⊙ 수위관측소의 설치는 잔류, 역류가 없는 곳이 적당하다.

26 유량측정장소의 선정이 잘못된 것은?

㉠ 유수 방향이 최다 방향과 정방향인 곳

㉡ 교량, 그 밖의 구조물에 의한 영향을 받지 않는 곳

㉢ 합류에 의하여 불규칙한 영향을 받지 않는 곳

㉣ 완류와 역류가 생기지 않는 곳

⊙ 유량측정장소는 수류 방향이 일정한 장소가 적당하다.

27 하천측량에 대한 설명 중 맞지 않는 것은 어느 것인가?

㉠ 양수표는 하천에 연하여 보통 1~3km마다 배치한다.

㉡ 하천의 만곡부의 수평경사를 측정할 때 측정은 반드시 양안에서 하고 그 평균을 가장 중심의 수면으로 본다.

㉢ 국토교통부 하천측량의 규정에서 표준으로 하는 종단면도의 축척은 횡 1/1,000, 종 1/100이다.

㉣ 하천 횡단면 직선 내 평균유속을 구하는 데 2점법을 사용하는 경우 수면으로부터 수심의 2/10, 8/10점의 유속을 측정, 평균한다.

⊙ 양수표는 하천에 연하여 5~10km마다 설치한다.

28 하천에 있어서 수위관측을 위하여 보통 양수표와 자가양수표를 설치하게 되는데 양수표를 설치하는 장소 중 적당하지 않은 것은?

㉠ 상하류로 약 100m 정도는 직선이 되고, 되도록 교각이나 그 외의 구조물을 이용할 수 있는 곳이 좋다.

㉡ 양수표의 위치와 그 상류 및 하류로 상당한 범위에서 하상과 하안이 안정하고 세굴이나 퇴적이 생기지 않는 곳이 좋다.

㉢ 평시는 물론 홍수시에도 양수표를 쉽게 읽을 수 있고 이동이나 파손이 없는 곳이 좋다.

㉣ 지천(支川)의 합류점에서는 지천은 합류점에서 상당한 상류로, 본류는 상류 또는 하류가 좋다.

⊙ 양수표는 상하류 약 100m 정도의 직선인 장소와 수위가 교각이나 기타 구조물에 의해 영향을 받지 않는 장소가 좋다.

29 하천의 유량조사는 각 공사에 필요한 조사이기 때문에 위치선점이 중요하다. 다음 설명 중 타당하지 않은 것은?

㉮ 유로는 평탄하고 고르며 또한 직선이고, 하상에 급한 변동이 없는 곳이 좋다.

㉯ 유속을 유속계에 의하는 방법은 평수위 때가 좋다.

㉰ 홍수위 때에는 부자에 의한 방법이 가장 적당하다.

㉱ 같은 단면에서는 수심이나 평면위치에 관계없이 유속은 같다.

> ◉ 같은 단면에서 수심이나 평면위치에 따라 유속은 다르므로 평균유속을 산정하여 유량을 산정한다.

30 하천의 유량조사는 고수위와 저수위공사에 대한 하도(河道)를 계획하는 데 필요한 조사로 관측점의 선점에 특히 주의를 요하는데 다음 선점에 대한 설명 중 옳지 않은 것은?

㉮ 관측에 편리하며 무리가 없는 곳이 좋고 특히 교량의 교각 부근이 좋다.

㉯ 유로(流路)는 평편하고 고른 곳이 좋으며 수로가 직선이고 항상 급한 변동이 없는 곳이 좋다.

㉰ 수위의 변화에 따라 단면의 형태가 급변하지 않는 곳이 좋으며 항상 안정되고 단면적 및 저수로의 위치가 변하지 않는 곳이 좋다.

㉱ 초목이나 그 외의 장애물 때문에 유속이 방해되지 않는 곳이 좋다.

> ◉ 유량조사에는 관측이 편한 곳, 교량이나 교각의 영향을 받지 않는 곳을 선정하는 것이 좋다.

31 양수표의 영위에 대한 설명 중 적당하지 않은 것은?

㉮ 양수표의 영위는 최저수위보다도 하위에 있어야 하고, 양수표 눈금의 최고위는 최대홍수위보다도 높게 해야 할 것

㉯ 모든 양수표에는 우리나라 검조장의 평균해면의 표고를 측정해 둘 것

㉰ 홍수 후에는 반드시 부근의 수준점과 연결하여 그 표고를 확정할 것

㉱ 영위의 높이를 최저수위와 최대홍수위와의 평균점에 일치시켜야 할 것

> ◉ 양수표의 영위는 최저수위의 밑에 있고, 양수표 눈금의 최고위는 최대홍수위보다 높아야 한다.

32 하천측량에 대한 설명 중 옳지 않은 것은?

㉮ 수위관측소의 위치는 지천의 합류점 및 분류점으로서 수위의 변화
가 일어나기 쉬운 곳이 적당하다.

㉯ 하천측량에서 수준측량을 실시할 때 거리표는 하천의 중심에 직각
방향으로 설치한다.

㉰ 심천측량은 하천의 수심 및 유수 부분의 하저상황을 조사하고,
횡단면도를 제작하는 측량을 말한다.

㉱ 하천측량시 처음에 할 일은 도상조사로써 유로상황, 지역면적,
지형 · 지물 및 토지이용상황 등을 조사하여야 한다.

◉ 수위관측소의 위치는 합류점이나 분류점에서 수위의 변화가 생기지 않는 장소이어야 한다.

33 하천측량에서 관측한 수위에 대한 설명 중 옳지 않은 것은?

㉮ 평균최고수위는 축제나 가교 배수공사 등에 이용된다.

㉯ 지정수위는 홍수시에 매시 수위를 관측하는 수위이다.

㉰ 평균고수위는 어떤 기간에 있어서의 평균수위 이상의 수위로부터
구한 평균수위이다.

㉱ 평균수위는 어떤 기간에 있어서의 수위 중 이것보다 높은 수위
와 낮은 수위의 관측횟수가 똑같은 수위이다.

◉ 평수위는 어느 기간의 수위 중 이것보다 높은 수위와 낮은 수위의 관측횟수가 똑같은 수위이다.

34 유속계에 의하여 유속을 측정하고자 한다. 적절하지 못한 것은?

㉮ 하천단면을 약 5m 간격으로 나누고 각 구간에 대한 평균유속을
구한다.

㉯ 유속을 측정하는 지점은 유속 측정선상에서 20~50m 간격으로
한다.

㉰ 소정의 깊이에서 정지되면 약 3분 후 회전수를 측정한다.

㉱ 지지봉 또는 줄에 매달아 수중의 소정위치에 넣는다.

◉ 유속계로 유속을 관찰할 때에는 소정의 깊이에서 지지된후 약 30″ 후 회전수를 측정한다.

35 어느 기간에서 관측수위 중 그 상 · 하 관측횟수와 같은 수위를 무
엇이라 하나?

㉮ 최저수위   ㉯ 평균수위

㉰ 평수위   ㉱ 최다수위

◉ • 최저수위 : 어느 기간 내에서 최저의 수위
• 최다수위 : 어느 기간 내에서 가장 많은 횟수로 발생하는 수위
• 평균수위 : 적당한 기준면에서 조수의 높이를 조사하여 평균한 것이다.

36 저수위에 대한 설명이 옳은 것은?

㉮ 1년을 통하여 355일, 이것보다 내려가지 않는 수위

㉯ 1년을 통하여 275일, 이것보다 내려가지 않는 수위

㉰ 1년을 통하여 185일, 이것보다 내려가지 않는 수위

㉱ 1년을 통하여 125일, 이것보다 더 내려가지 않는 수위

◉ ㉮ : 갈수위, ㉰ : 평수위

37 갈수위의 설명이 맞는 것은?

㉮ 1년 중 355일은 이것보다 내려가지 않는 수위

㉯ 1년 중 275일은 이것보다 내려가지 않는 수위

㉰ 1년 중 185일은 이것보다 내려가지 않는 수위

㉱ 1년 중 90일은 이것보다 내려가지 않는 수위

◉ ㉯ : 저수위, ㉰ : 평수위

38 하천에서의 수위(이수면에서의 분류) 중 95일 이상 이보다 적어지지 않는 수량은?

㉮ 갈수량

㉯ 풍수량

㉰ 평수량

㉱ 저수량

◉ 풍수량
강물에 연중 가장 많은 양의 물이 흐르는 분량. 하천의 유량을 나타내는 말로, 1년 중 95일은 보존되는 수량이다.

39 다음 그림 중 순풍이 불 때의 유속분포곡선은 어느 것인가?

◉ ㉯ : 순풍
㉱ : 역풍

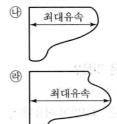

40 홍수 시 급히 유속관측을 할 때 알맞은 방법은?

㉮ Price식 유속계

㉯ Screw형 유속계

㉰ 이중부자

㉱ 표면부자

◉ 표면부자는 홍수 시 급히 유속을 관측할 때 편리한 방법이다.

정답 36 ㉯ 37 ㉮ 38 ㉯ 39 ㉯ 40 ㉱

실전문제 **TIP**

41 그림과 같이 봉부자로 유속을 측정하고자 한다. 상하류 횡단면을 유하거리 200m, 유하시간은 1분 40초라 할 때 유속은 얼마인가?

㉮ 1.2m/sec

㉯ 1.9m/sec

㉰ 2.0m/sec

㉱ 3.2m/sec

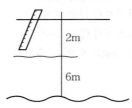

2m

6m

$V = $ m/sec
$= 200/100$
$= 2.0$m/sec

42 하천의 수면 유속측정을 위하여 그림과 같이 표면부자를 수면에 띄우고 A점을 출발하여 B점을 통과하는 데 소요되는 시간은 2분 20초였다. AB 두 점 사이의 거리가 20.5m일 때 유속은?(단, 부자고는 0.9임)

㉮ 0.113m/sec

㉯ 0.132m/sec

㉰ 0.146m/sec

㉱ 0.277m/sec

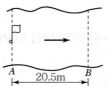

A ─── 20.5m ─── B

• 실제유속(V_s) = m/sec
$= 20.5/140$
$= 0.146$m/sec
• 부자고 $= 0.9$
∴ $V_m = 0.9 V_s = 0.132$m/sec

43 무풍(無風)의 경우 표면유속과 평균유속과의 비는?

㉮ 0.2

㉯ 0.4

㉰ 0.6

㉱ 0.8

평균유속은 표면유속의 80~90%이므로 표면유속과 평균유속과의 비는 0.80이다.

44 하천측량에 관한 다음 설명 중 옳지 않은 것은?

㉮ 홍수 유속의 측정에 알맞은 것은 막대기 부자이다.

㉯ 심천측량을 하여 지형을 표시하는 방법은 점고법이 이용된다.

㉰ 횡단측량은 300m마다의 거리표를 기준으로 하며 우안을 기준으로 한다.

㉱ 무제부에서의 측량범위는 홍수가 영향을 주는 구역보다 약간 넓게 한다.

횡단측량은 200m마다의 거리표를 기준으로 하며 일반적으로 좌안을 기준으로 한다.

45 하천측량에서 유속계를 사용하여 측정하는 경우에 적당한 유속은?

㉮ 0.5~1m/sec

㉯ 1~2m/sec

㉰ 2~3m/sec

㉱ 3~4m/sec

유속계의 일반적 관측범위(적당유속)는 0.08~3m/sec 정도이다. 즉, 유속이 크지 않은 경우에 이용된다.

정답 **41** ㉰ **42** ㉯ **43** ㉱ **44** ㉰ **45** ㉮

실전문제 TIP

46 **유속계를 보정하기 위하여 다음과 같은 측정치를 얻었다. N : 회전수, V : 유속일 때 유속계의 상수 a, b는 얼마인가?(단, $V=aN+b$로 계산한다.)**

㉮ $V=0.22N+0.24$
㉯ $V=0.24N+0.22$
㉰ $V=0.22N+0.20$
㉱ $V=0.20N+0.22$

측정횟수	N	V
1회	2.5	0.80
2회	3.4	1.00

$V=aN+b$이므로

$$\begin{array}{rl} & 0.8=2.5a+b \cdots\cdots ① \\ -) & 1=3.4a+b \cdots\cdots ② \\ \hline & a≒0.22,\ b≒0.24 \end{array}$$

$\therefore V=0.22N+0.24$

여기서, V : 유속
a, b : 유속계 상수
N : 1초 동안의 회전수

47 **유속측정에서 부자를 사용할 때 유하거리는 다음 중 어느 것이 적당한가?**

㉮ 수면폭의 5배 ㉯ 수면폭의 3배
㉰ 길수록 좋다. ㉱ 얼마가 되어도 좋다.

부자관측 시 유하거리는 하천폭의 2～3배가 적당하다.

48 **부자(Float)에 의해 유속을 측정하고자 한다. 측정지점 제1단면과 제2단면 간의 거리는 대략 얼마가 좋은가?(단, 큰 하천의 경우)**

㉮ 50m 이내 ㉯ 100m 이내
㉰ 100～200m ㉱ 200～300m 이내

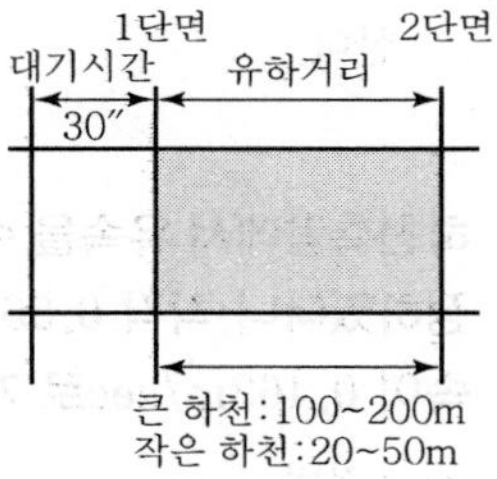

49 **부자를 이용하여 유량측정할 때 부자투하에서 관측까지의 거리는?**

㉮ 얼마라도 좋다.
㉯ 30초 정도 유하시킬 필요가 있다.
㉰ 10초 정도 유하시킬 필요가 있다.
㉱ 많은 시간이 걸릴수록 좋다.

부자를 투하하여 측정지점 1단면까지 30″ 정도 대기시간을 두는 것이 좋다.

50 **하천의 유속측량에서 평균유속을 구하는 1점법이란 어느 지점에서 하는가?**

㉮ 수심의 0.5 깊이 지점
㉯ 수심의 0.6 깊이 지점
㉰ 수심의 0.7 깊이 지점
㉱ 수심의 0.8 깊이 지점

1점법은 수면에서 0.6H 수심의 유속으로 $V_{0.6}$에 의해 평균유속을 구하는 방법이다.

정답 46 ㉮ 47 ㉯ 48 ㉰ 49 ㉯ 50 ㉯

51 하천의 횡단면 직선 내의 평균유속을 구하기 위하여 두 점을 사용할 경우 수저에서 수심의 몇 할과 몇 할의 점의 유속을 측정하여 평균하여야 하는가?

- ㉮ 4할과 6할
- ㉯ 3할과 7할
- ㉰ 2할과 8할
- ㉭ 1할과 9할

> 수면에서 수심의 1/5, 4/5, 2점의 유속 $V_{0.2}$, $V_{0.8}$을 구하여 이것들의 평균값을 평균유속으로 결정하는 방법이다.

52 하천의 횡단면 직선 내의 평균유속을 구하는 데 2점법을 사용하는 경우 옳은 것은?

- ㉮ 수저에서 수심의 1할, 9할의 점에 의한 유속을 측정하여 평균한다.
- ㉯ 수저에서 수심의 2할, 8할의 점에 의한 유속을 측정하여 평균한다.
- ㉰ 수저에서 수심의 3할, 7할의 점에 의한 유속을 측정하여 평균한다.
- ㉭ 수저에서 수심의 4할, 6할의 점에 의한 유속을 측정하여 평균한다.

> 2점법
> 수면에서 수심의 $\frac{1}{5}$, $\frac{4}{5}$, 2점의 유속 $V_{0.2}$, $V_{0.8}$을 구하여 이것들의 평균값을 평균유속으로 결정하는 방법이다.

53 하천측량에서 유속을 수면으로부터 0.2, 0.6, 0.8 되는 곳에서 측정하였더니 각각 0.562, 0.497, 0.364m/sec였다. 이때 평균유속이 0.463m/sec로 계산되었다면 다음 중 옳은 계산법은?

- ㉮ 1점법
- ㉯ 2점법
- ㉰ 3점법
- ㉭ 평균유속계산법

> 2점법
> $$V_m = \frac{1}{2}(V_{0.2} + V_{0.8})$$
> $$= \frac{0.562 + 0.364}{2}$$
> $$= 0.463\text{m/sec}$$

54 하천의 평균유속을 구하기 위하여 수면으로부터 2/10, 6/10, 8/10 되는 곳의 유속을 측정하였더니 0.54m/sec, 0.67m/sec, 0.59m/sec이었다. 이때 3점법에 의하여 산출한 평균유속은 얼마인가?

- ㉮ 0.52m/sec
- ㉯ 0.565m/sec
- ㉰ 0.605m/sec
- ㉭ 0.618m/sec

> $$V_m = \frac{1}{4}(V_{0.2} + 2V_{0.6} + V_{0.8})$$
> $$= \frac{1}{4}\{0.54 + (2 \times 0.67) + 0.59\}$$
> $$\fallingdotseq 0.618\text{m/sec}$$

55 하천구배를 써서 유량을 계산하는 방법과 가장 관계가 깊은 것은 어느 것인가?

- ㉮ 중등오차
- ㉯ Kutter의 공식
- ㉰ Rehbock의 공식
- ㉭ 유량곡선

> Kutter공식 : $Q = A \cdot V$

정답 **51** ㉰ **52** ㉯ **53** ㉯ **54** ㉭ **55** ㉯

56 육분의에 대한 설명 중 부적당한 것은?

㉮ 선체에서 수평각, 연직각 및 경사각을 신속하게 측정할 수 있다.

㉯ 천체관측, 하천, 항만공사에서 선상위치를 측정할 수 있다.

㉰ 곡선 설정 등 지상의 측각에도 많이 이용된다.

㉱ 동요선체상에서도 측각이 가능하므로 수상측량에 사용한다.

◉ 해상에서 육상기지점을 관측할 경우에는 선박 자체가 끊임없이 요동을 받으므로 트랜싯에 비하여 관측 정밀도는 낮으나 순간적으로 간편한 수평각 또는 수직각을 관측할 수 있는 육분의가 널리 사용된다. 그러나 지상에서는 정도가 낮으므로 많이 이용되지 않는다.

57 유량이란 단위시간에 어떤 단면을 흐르는 수량으로 보통 m²/sec로 표시하게 된다. 다음 이를 측정하는 장소의 선정 중 잘못된 것은?

㉮ 장소 결정에 앞서 하상을 조사하여 특히 저수위 때의 조사를 하여 홍수시는 어떤 변화가 생기는지에 대하여 잘 생각해 두어야 한다.

㉯ 측정할 곳에는 적어도 상, 하류로 하폭의 3~4배 구간은 직선으로 흐르고 퇴적이나 세굴이 없어야 한다.

㉰ 측정할 장소의 전과 후의 유로는 항상 일률적인 단면이라야 한다.

㉱ 물의 흐름이 최다 풍향과 직각 방향으로 향할 수 있는 장소가 좋다.

◉ 유속·유량 관측장소
- 직류부로서 흐름이 일정하고, 하상경사가 일정한 곳
- 수위변화에 의해 세굴과 퇴적이 일어나지 않는 곳
- 관측장소의 상·하류의 유로는 일정한 단면을 갖는 곳
- 관측이 편리한 곳

58 하천의 유량(Q) 측정공식은 다음 중 어느 것인가?

㉮ $Q = A \cdot V$

㉯ $Q = \dfrac{A}{V}$

㉰ $Q = \dfrac{V}{A}$

㉱ $Q = A \cdot V^t$

◉ $Q = A \cdot V_m$
여기서, Q : 유량(m³/sec)
A : 단면적(m²)
V_m : 평균유속(m/sec)

59 유량 계산에 있어서 Manning 공식으로 평균유속공식이 맞는 것은?

㉮ $\dfrac{1}{n} R^{2/3} I^{1/2}$

㉯ $\dfrac{1}{2}(V_{0.2} + V_{0.6})$

㉰ $C\sqrt{RI}$

㉱ $\dfrac{1}{4}(V_{0.2} + 2V_{0.6} + V_{0.8})$

◉ • $Q = A \cdot V_m$
• $V_m = \dfrac{1}{n} R^{\frac{2}{3}} I^{\frac{1}{2}}$
여기서, n : Manning의 조도계수
R : 경심
I : 수면기울기

60 하천 수면의 연직선 내 수면의 2/10, 4/10, 6/10, 8/10 되는 지점의 유속이 각각 아래와 같을 때 3점법에 의한 평균유속은?

> $2h/10 = \text{No.2} = 0.64\text{m/sec}$　$4h/10 = \text{No.4} = 0.56\text{m/sec}$
> $6h/10 = \text{No.6} = 0.44\text{m/sec}$　$8h/10 = \text{No.8} = 0.26\text{m/sec}$

㉮ 0.440m/sec

㉯ 0.445m/sec

㉰ 0.450/msec

㉱ 0.505m/sec

◉ $V_m = \dfrac{(V_{0.2} + 2V_{0.6} + V_{0.8})}{4}$
$= \dfrac{(0.64 + 0.88 + 0.26)}{4}$
$= 0.445\text{m/sec}$

정답 56 ㉰　57 ㉱　58 ㉮　59 ㉮　60 ㉯

61 하천의 유량을 구하기 위하여 수심과 유속을 측정한 결과 다음과 같다. 제2구간의 유량(m³/sec)은 얼마인가?

좌안으로부터의 거리(m)	0	5	10	15
수 심(m)	0	2.4	2.8	0

(단위 : m/sec)

구간	1	2	3
$V_{0.2}$	1.8	2.6	1.9
$V_{0.6}$		2.1	
$V_{0.8}$	0.9	1.2	1.0

㉮ 24m³/sec

㉯ 25m³/sec

㉰ 26m³/sec

㉱ 27m³/sec

⊙ ・제2구간의 평균유속(V_m)

$$= \frac{(V_{0.2} + 2V_{0.6} + V_{0.8})}{4}$$

$$= 2\text{m/sec}$$

・제2구간 단면적(A)

$$= \frac{(2.4 + 2.8)}{2} \times 5$$

$$= 13\text{m}^2$$

∴ 제2구간의 유량(Q)

$$= A \cdot V_m = 13 \times 2$$

$$= 26\text{m}^3/\text{sec}$$

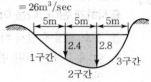

62 수로측량에서 수심의 기준은?

㉮ 평균해면(중등해면)

㉯ 최고조위면

㉰ 최저조위면(기본 수준면)

㉱ 그 지역에서 가장 가까운 수준점

⊙ ・수심 : 약최저저조면
・해안선 : 약최고고조면
・수애선 : 평수위

63 수위표(양수표)에 관한 다음 사항 중 틀린 것은?

㉮ 수위표에는 원칙적으로 5cm 단위의 눈금을 붙인다.

㉯ 자기수위계에는 반드시 수위표를 같이 설치하여 기준 수위표로 한다.

㉰ 수위표의 영점은 갈수위 이하까지 표시하고 상단은 계획고수위 이상까지 측정할 수 있도록 한다.

㉱ 수위표의 영점 표고는 그 관측소의 수준기표로부터 측정하고 수준 기표의 표고는 부근의 국가수준점에 결부시킨다.

⊙ 양수표의 영위는 최저수위보다 하위에 있어야 하며, 양수표 눈금의 최고위는 최대홍수위보다도 높게 하여야 한다.

정답 61 ㉰ 62 ㉰ 63 ㉯

64 다음 그림과 같은 하천의 유량을 계산한 값 중에서 알맞은 값은?(단, 각 구간의 평균유속은 다음 표와 같다.)

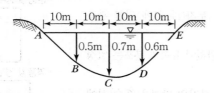

단 면	$A-B$	$B-C$	$C-D$	$D-E$
평균유속	0.05m/sec	0.30m/sec	0.35m/sec	0.06m/sec

㉮ $4.38\text{m}^3/\text{sec}$ ㉯ $4.83\text{m}^3/\text{sec}$

㉰ $5.38\text{m}^3/\text{sec}$ ㉱ $5.83\text{m}^3/\text{sec}$

◉ $Q = A \cdot V_m$
$= (2.5 \times 0.05) + (6 \times 0.30)$
$+ (6.5 \times 0.35) + (3 \times 0.06)$
$= 4.38\text{m}^3/\text{sec}$
※ 각 구간의 면적(A)은 사다리꼴 공식에 의해 구한다.

65 하천측량시 대상이 되는 수애선(水涯線)에 대한 설명 중 틀린 것은?

㉮ 수면과 하안(河岸)과의 경계선을 수애선이라 한다.

㉯ 수애선은 하천 수위에 따라 변동하는 것으로 저수위에 의하여 정해진다.

㉰ 수애선의 측량에는 심천측량에 의한 방법과 동시관측에 의한 방법이 있다.

㉱ 심천측량에 의한 방법을 이용할 때에는 수위의 변화가 적은 시기에 심천측량을 행하여 하천의 횡단면도를 먼저 만든다.

◉ 수애선은 수면과 하안의 경계선을 말하며, 평수위를 기준으로 한다.

66 하천측량에서 거리표를 설치하는 다음 요령 중 가장 기본적으로 쓰이는 방법은?

㉮ 하천의 양안에 연하여 하구 또는 합류부로부터 $100\sim200$m마다 설치하고 1km마다 석주로 표시한다.

㉯ 하천의 한쪽 안에 연하여 하구 또는 합류부로부터 200m마다 설치하고 2km마다 석주로 표시한다.

㉰ 하천의 한쪽 안에 연하여 하구 또는 합류부로부터 $100\sim200$m마다 설치하고 여기서 하심에 직각 방향인 대안에도 설치하고 1km마다 석주로 표시한다.

㉱ 하천의 한쪽 안에 연하여 하구 또는 합류부로부터 $100\sim200$m마다 설치하고 각 표시는 석주로 표시한다.

◉ 거리표 설치간격은 하구 또는 간천의 합류점에 설치한 기점에서 하천의 중심을 따라서 200m를 표준으로 하는데, 하천의 규모 등에 따라 500m마다 설치할 때도 있다. 실제로 하천의 중심을 따라서 200m 간격을 설정하는 것은 곤란한 경우가 많으므로 좌안을 따라 200m 간격으로 설치하는 것이 많다. 따라서 우안의 거리표는 꼭 200m 간격으로 되지 않는다.

67 하천측량에서 다음의 유량(流量) 관측에 관한 설명으로 적당하지 않은 것은?

㉮ 유량관측은 유속계와 같은 기계관측과 부자(浮子)에 의한 관측이 있다.

㉯ 같은 단면 내에서는 수심이나 위치에 상관없이 유속의 분포는 일정하다.

㉰ 유속계의 방법은 주로 평수위시가 좋고 부자의 방법은 홍수 시에 많이 이용된다.

㉱ 보통 하천이나 수로의 유속은 구배, 유로의 형태, 크기, 수량, 풍향 등에 따라 변한다.

같은 단면 내에서는 수심과 위치에 상관하여 유속분포가 다르다.
• 순풍일 경우 유속분포

• 역풍일 경우 유속분포

68 다음 중 하천의 치수목적에 이용되는 수위는?

㉮ 평균최고수위　　㉯ 평균최저수위

㉰ 평수위　　㉱ 통보수위

• 평균최고수위 : 제방, 교량, 배수 등의 치수목적에 이용
• 평균최저수위 : 수운, 선항, 수력발전의 수리목적에 이용
• 평수위 : 수애선의 기준

69 하천측량의 종단측량을 위한 거리표를 설치해 나가는 방향은?

㉮ 하류에서 상류쪽으로 올라가면서

㉯ 상류에서 하류쪽으로 내려가면서

㉰ 하천 중심부에서 상·하류 방향으로

㉱ 임의점부터 상·하류 방향으로

거리표
거리측정의 기준이 되는 것으로서 하천의 중심을 따라 직각으로 설치하여 하구 또는 하천의 합류점으로부터 100m 또는 200m마다 설치한다.

70 하천의 양수표를 설치하는 장소로 적당하지 않은 것은?

㉮ 양수표의 설치위치뿐만 아니라 그 상류, 하류의 상당한 범위의 하상이나 하안이 안정한 곳

㉯ 본류와 지류가 합류하는 지점에서는 그 중앙의 곳

㉰ 홍수시 유실, 이동, 파손되지 않는 곳

㉱ 평시, 홍수시를 막론하고 언제나 쉽게 양수표를 읽을 수 있는 곳

지천의 합류점에서는 지천은 합류점에서 상당한 상류로, 본류는 상류 또는 하류가 좋다.

71 하천측량의 평면도 작성에 관한 다음 사항 중 옳지 않은 것은?

㉮ 대규모 지역의 경우는 항공사진측량에 의한다.

㉯ 소규모 지역의 경우는 평판측량에 의한다.

㉰ 하천개수계획을 종합적으로 검토할 경우에는 축척을 1/10,000로 한다.

㉱ 구체적인 계획을 세울 때는 축척 1/1,000~1/2,500의 평면도로 한다.

하천개수계획의 기본도 축척은 1/2,500이다.

정답 67 ㉯ 68 ㉮ 69 ㉯ 70 ㉯ 71 ㉰

실전문제

72 하천측량의 종단측량과 횡단측량에 관한 설명으로 틀린 것은?

㉮ 거리표는 좌안을 기준으로 200m 간격으로 설치한다.

㉯ 횡단면도를 이용하여 단면적을 계산하므로 종·횡의 축척을 같게 한다.

㉰ 수준기표는 국가수준점과 결합시킨다.

㉱ 종단측량은 왕복측량을 원칙으로 한다.

○ 횡단면도제작시 종·횡의 축척을 다르게 한다.

73 어떤 기간 동안의 수위 중 이것보다 높은 수위와 낮은 수위의 관측 횟수가 같은 수위를 나타내는 것은?

㉮ 평균수위   ㉯ 평수위

㉰ 평균고수위   ㉱ 평균저수위

○ 평균수위는 어떤 기간의 관측수위의 총합을 관측횟수로 나누어 평균치를 구한 수위를 말한다.

74 부자를 이용하여 유속측정을 할 때 부자투하에서 관측까지의 시간은 어느 정도가 적당한가?

㉮ 얼마라도 좋다.

㉯ 많은 시간이 걸릴수록 좋다.

㉰ 5~10초 정도 유하시킬 필요가 있다.

㉱ 20~30초 정도 유하시킬 필요가 있다.

○ 부자 출발선에서부터 첫 번째 시준하는 선까지의 거리는 부자가 도달하는 데 약 30초 정도가 소요되는 위치로 하고 시준선은 유심에 직각이 되도록 한다.

75 다음 중 하천개수공사 및 하천 공작물 설치를 위한 하천 종단면도에 기입하는 사항이 아닌 것은?

㉮ 계획 제방고   ㉯ 계획고 수위

㉰ 거리와 표고   ㉱ 수면 말뚝높이

○ 하천 종단면도에 기입하는 사항 양안의 거리, 표고, 하상고, 계획고, 수위, 수위표, 표대고, 수문 및 배수용 갑문 등을 기입한다.

76 하천의 수위에서 어떤 기간 내에 있어서의 관측수위 중 그 상, 하에 있어서의 관측횟수가 같게 되는 수위는?

㉮ 평수위(平水位)   ㉯ 평균수위(平均水位)

㉰ 최다수위(最多水位)   ㉱ 평균저수위(平均低水位)

○ 평수위
1년을 통해 185일은 이보다 저하하지 않는 수위

77 하천측량의 작업을 분류하면 3가지를 들 수 있다. 다음 사항 중 이에 해당되지 않는 것은 어느 것인가?

㉮ 강우량측량   ㉯ 유량측량

㉰ 수준측량   ㉱ 평면측량

○ 하천측량의 순서는 크게 평면측량, 수준측량, 유량측량으로 구분된다.

정답 72 ㉯ 73 ㉯ 74 ㉱ 75 ㉱ 76 ㉮ 77 ㉮

78 다음 하천수위에 대한 정의 중 틀린 것은?

㉮ 평균수위 : 어떤 기간의 관측수위를 합계하여 관측횟수로 나누어 평균값을 구한 수위

㉯ 평균저수위 : 어떤 기간의 평균수위 이하의 수위로부터 구한 평균수위

㉰ 평수위 : 어떤 기간의 수위 중 이것보다 높은 수위와 낮은 수위의 관측횟수가 똑같은 수위

㉱ 지정수위 : 홍수 시에 지정된 통보를 개시하는 수위

> • 지정수위 : 홍수 시에 매시 수위를 관측하는 수위
> • 통보수위 : 지정된 통보를 개시하는 수위

79 하천이나 항만 등에서 심천측량을 한 결과의 지형을 표시하는 방법으로 옳은 것은?

㉮ 지모법   ㉯ 음영법

㉰ 점고법   ㉱ 등고선법

> 점고법은 지면에 있는 임의 점의 표고를 도상에 숫자로 표시하는 방법. 하천, 해양 등의 수심표시에 주로 이용된다.

80 하천의 유속이 크고 수심이 깊은 곳에서 사용되는 하천의 깊이 측량용 기구는?

㉮ 측간   ㉯ 측추

㉰ 로드   ㉱ 음향측심기

> • 측간 : 6m 이내
> • 측추 : 6m 이상
> • 음향측심기 : 유속이 크고 깊은 곳

81 하천측량에 관한 내용 중 틀린 것은?

㉮ 평면측량의 범위는 제내지 300m 이내 또는 홍수가 영향을 미치는 영역보다 100m 정도 넓게 한다.

㉯ 삼각측량의 구역이 광범위한 경우에는 국가삼각점을 이용하지만 소규모 지역에서는 삼각점과 연결하지 않아도 된다.

㉰ 다각측량은 서로 다른 삼각점 간을 연결한 폐합다각망을 사용한다.

㉱ 세부측량은 하천유역에 있는 모든 것을 대상으로 한다.

> 서로 다른 삼각점 간을 연결한 트래버스를 결합 다각망이라 한다.

82 하천측량에서 평면측량에 대한 설명 중 옳지 않은 것은?

㉮ 측량의 범위는 제외지 및 제내지 약 300m 이내이다.

㉯ 삼각점의 내각의 크기는 40°~100°로 한다.

㉰ 하천 수애선의 측량은 평균수위(M.W.L)를 기준으로 한다.

㉱ 삼각점과 삼각점 사이를 연결하는 결합 트래버스측량을 실시한다.

> 하천 수애선의 측량은 평수위(OWL)를 기준으로 한다.

정답 78 ㉱ 79 ㉰ 80 ㉱ 81 ㉰ 82 ㉰

83 하천측량에 있어서 지형(평면)측량의 범위로 틀린 것은?

㉮ 하천의 형상을 포함할 수 있는 크기

㉯ 유제부에서는 제내지 전부

㉰ 무제부에서는 홍수가 영향을 주는 구역보다 약간 넓게

㉱ 홍수방어가 목적인 하천공사에서는 하구에서부터 상류의 홍수 피해가 미치는 지점까지

> ● 평면측량 범위
> • 무제부 : 홍수가 영향을 주는 구역보다 약간 넓게, 즉 홍수시에 물이 흐르는 맨 옆에서 100m까지
> • 유제부 : 제외지 전부와 제내지의 300m 이내

84 다음 중 하천측량에서 수준측량작업과 거리가 먼 것은?

㉮ 거리표설치

㉯ 종단 및 횡단측량

㉰ 심천측량

㉱ 유속측량

> ● 하천측량의 수준측량
> • 수준기표(Bench Mark) 설치
> • 거리표(Distance Mark) 설치
> • 종 · 횡단 측량
> • 수심측량

85 하천 개수공사 등을 위해 하천의 수면으로부터 하상까지의 연직 거리를 측정하는 것을 무슨 측량이라고 하는가?

㉮ 평판측량

㉯ 거리표측량

㉰ 심천측량

㉱ 수준기표측량

> ● 심천측량
> 심천측량은 하천의 수심 및 유수 부분의 하저상황을 조사하고 "횡단면도"를 제작하는 측량이다.

86 하천측량에서 합류점, 분류점이나 만곡이 심한 장소로 높은 정확도가 요구되는 곳에서는 어느 망을 구성하는 것이 가장 좋은가?

㉮ 유심망

㉯ 결합다각망

㉰ 복합망

㉱ 사변망

> ● 폭이 좁고 길이가 긴 노선, 하천측량에서는 단열삼각망이 많이 이용되나 높은 정확도를 요구하는 곳은 사변망이 적당하다.

87 하구 심천측량에 관한 설명 중 잘못된 것은?

㉮ 하구심천측량은 하구 부근 하저 및 해저의 지형을 조사한다.

㉯ 하구의 항만시설, 해안보전 시설의 설계자료로 사용된다.

㉰ 조위를 관측하고 실측한 수심을 기본수준면으로부터의 수심으로 보정하여 심천측량의 정확도를 높인다.

㉱ 해안에서는 수심 100m 되는 앞바다까지를 측량구역으로 한다.

> ● 하구 심천측량은 해안에서 수심 20m 되는 앞바다까지 측량구역으로 한다.

정답 83 ㉯ 84 ㉱ 85 ㉰ 86 ㉱ 87 ㉱

실전문제 TIP

88 **하천측량에서 수위에 관련한 다음 용어 중 잘못된 것은?**

㉮ 최고수위(H.W.L.) : 어떤 기간에 있어서 최고의 수위
㉯ 평균수위(M.W.L.) : 어떤 기간의 관측수위를 합계하여 관측횟수로 나누어 평균값을 구한 수위
㉰ 평수위 : 어떤 기간의 수위 중 이것보다 높은 수위와 낮은 수위의 관측횟수가 똑같은 수위
㉱ 경계수위 : 지정된 통보를 개시하는 수위

⊙ 경계수위는 수방요원의 출동을 필요로 하는 수위이다.

89 **하천측량에 대한 설명 중 옳지 않은 것은?**

㉮ 트래버스측량의 트래버스는 삼각점을 기점과 종점으로 하는 결합 트래버스가 되도록 한다.
㉯ 수애선은 평수위에 의하여 정해진다.
㉰ 수위관측시 최고수위의 전후에는 6시간마다 관측한다.
㉱ 종단측량은 좌우양안의 거리표고와 지반고를 관측하는 것이다.

⊙ 수위관측은 12시간 또는 6시간 마다 관측하며 평수위에는 1시간 또는 30분마다 관측하고, 최고수위에 접근할 때는 5～10분 간격으로 관측한다.

90 **다음 중 수애선의 측량에 관한 설명 중 틀린 것은?**

㉮ 수면과 하안과의 경계선으로 하천수위의 변화에 따라 다르며 평균고수위에 의하여 결정한다.
㉯ 심천측량에 의하여 횡단면도를 만들고 그 도면에서 수위의 관계로부터 평수시의 수위를 구한다.
㉰ 감조부의 하천에서는 하구의 기준면인 평균해수면을 사용할 경우도 있다.
㉱ 같은 시각에 많은 횡단측량을 하여 횡단면도를 작성하고 수애의 위치를 구한다.

⊙ 수면과 하안과의 경계선인 수애선은 평수위로 나타낸다.

91 **유하거리 정도가 $\frac{10}{L}$(%), 유하시간 정도가 $\frac{30}{L}$(%)라면 관측유속 1.0m/sec의 경우 그 차를 2% 이내에 있도록 하기 위한 부자 유하거리(L)는?**

㉮ L ≥ 15.8m　　㉯ L ≥ 20.8m
㉰ L ≥ 25.8m　　㉱ L ≥ 30.8m

⊙ V=m/sec에서 유속은 유하거리와 시간에 영향을 받는다.

$$\frac{dV}{V}=2\%=\sqrt{\left(\frac{10}{L}\right)^2+\left(\frac{30}{L}\right)^2}=\frac{31.62}{L}$$

그러므로 L이 15.8m이므로, L ≥ 15.8m가 되어야 한다.

정답 88 ㉱ 89 ㉰ 90 ㉮ 91 ㉮

TIP

92 하천의 유수부 횡단면을 5m 간격으로 4개 구간으로 나누어 각 구간의 유수단면적(A)을 구하고 각 구간의 중심연직선상에서 평균유속(V)을 관측하였다면 전체 유량은?

- $A_1 = 7.6\text{m}^2$
- $A_2 = 18.0\text{m}^2$
- $A_3 = 23.3\text{m}^2$
- $A_4 = 9.5\text{m}^2$
- $V_1 = 0.5\text{m/s}$
- $V_2 = 0.75\text{m/s}$
- $V_3 = 0.7\text{m/s}$
- $V_4 = 0.6\text{m/s}$

㉮ $29.3\text{m}^3/\text{sec}$
㉯ $39.3\text{m}^3/\text{sec}$
㉰ $43.7\text{m}^3/\text{sec}$
㉱ $45.7\text{m}^3/\text{sec}$

◉ $Q = A \cdot V$
$$= (7.6 \times 0.5) + (18 \times 0.75)$$
$$+ (23.3 \times 0.7) + (9.5 \times 0.6)$$
$$= 39.3\text{m}^3/\text{sec}$$

93 그림과 같은 하천단면에 평균유속 2.0m/sec로 물이 흐를 때 유량(m^3/sec)은?

㉮ $10\text{m}^3/\text{sec}$
㉯ $20\text{m}^3/\text{sec}$
㉰ $30\text{m}^3/\text{sec}$
㉱ $40\text{m}^3/\text{sec}$

◉ $Q = A \cdot V_m$
$$= 10 \times 2 = 20\text{m}^3/\text{sec}$$

여기서, $A = \left(\dfrac{3+2+3+2}{2}\right) \times 2$
$$= 10\text{m}^2$$

94 하천의 어느 지점에서 유량측정을 위한 직접적인 관측사항이 아닌 것은?

㉮ 강우량 측정
㉯ 유속 측정
㉰ 심천측량
㉱ 유수단면적 측정

◉ • 유량계산(Kutter 공식)
$Q = A \cdot V$
여기서, Q : 유량
A : 단면적
V : 유속
• 심천측량은 하천의 수심 및 유수 부분의 하저상황을 조사하고 횡단면도를 제작하는 측량이다.

95 하천측량에서 골조측량은 보통 어떤 형으로 구성하는가?

㉮ 격자망
㉯ 유심다각형망
㉰ 결합다각망
㉱ 단열삼각망

◉ 폭이 좁고 길이가 긴 하천측량에서는 단열삼각망을 이용하여 골조측량을 실시한다.

96 하천측량의 횡단측량에 대한 설명으로 옳지 않은 것은?

㉮ 200m마다의 거리표를 기준으로 고저측량하는 것으로 좌안(左岸)을 기준으로 한다.
㉯ 고저차의 관측은 지면이 평탄한 경우에도 5~10m 간격으로 측량한다.
㉰ 경사변환점에서는 필히 높이를 관측한다.
㉱ 횡단면도는 좌안을 우측으로 하여 제도한다.

◉ 하천의 횡단면도는 좌안을 기준으로 하여 제도한다.

정답 92 ㉯ 93 ㉯ 94 ㉮ 95 ㉱ 96 ㉱

97 하천측량에 대한 설명 중 옳지 않은 것은?

㉮ 수위 관측소의 위치는 지천의 합류점 및 분류점으로서 수위의 변화가 뚜렷한 곳이 적당하다.

㉯ 하천측량에서 수준측량을 할 때의 거리표는 하천의 중심에 직각 방향으로 설치한다.

㉰ 심천측량은 하천의 수심 및 유수부분의 하저 상황을 조사하고 횡단면도를 제작하는 측량을 말한다.

㉱ 하천 측량시 처음에 할 일은 도상 조사로서 유로상황, 지역면적, 지형지물, 토지이용 상황 등을 조사하여야 한다.

> ⊙ 수위관측소의 위치는 합류점이나 분류점에서 수위의 변화가 생기지 않는 장소이어야 한다.

98 하천측량에 관한 다음 설명 중 옳지 않은 것은?

㉮ 평수위란 어떤 기간의 수위 중 이보다 높은 수위와 낮은 수위의 관측횟수가 같은 수위이다.

㉯ 평균수위란 어떤 기간의 관측수위를 합계하여 관측횟수로 나누어 평균한 수위로 일반적으로 평수위보다 약간 낮고 심천측량의 기준이 된다.

㉰ 수위관측소는 상·하류의 길이가 약 100m 정도는 직선이어야 하고 유속이 크지 않아야 한다.

㉱ 수위관측소는 평시에는 홍수 때보다 수위표를 쉽게 읽을 수 있는 곳이어야 한다.

> ⊙ 평균수위는 어떤 기간의 관측수위의 총합을 관측횟수로 나누어 평균치를 구한 수위를 말한다.

99 하천측량의 골조측량 중에서 삼각측량과 다각측량에 관한 내용 중 틀린 것은?

㉮ 삼각망은 주로 유심삼각망을 많이 이용한다.

㉯ 다각망의 기준점 간격은 약 200m 정도로 한다.

㉰ 다각망은 삼각점을 기점과 종점으로 하는 결합 다각형으로 한다.

㉱ 하천의 합류점, 분류점 등은 높은 정확도를 위해 사변형삼각망으로 하는 것이 좋다.

> ⊙ 폭이 좁고 길이가 긴 노선, 하천측량에서는 단열 삼각형쇄가 많이 이용된다.

100 하천측량에서 거리표 설치 시 유의할 사항 중 틀린 것은?

㉮ 유심선에 직각으로 1km 거리마다 양안에 설치하는 것을 표준으로 한다.

㉯ 양안의 거리표를 시준하는 선은 유심선에 직교되어야 한다.

㉰ 설치 위치는 망실, 파손 및 변동의 염려가 없고 공사에 지장이 없는 위치로 한다.

㉱ 거리표는 하구나 합류점을 기점으로 한다.

> ⊙ 거리표(Distance Mark)
> 거리측정의 기준이 되는 것으로 거리표는 하천의 중심에 직각으로 설치하여 하구 또는 하천의 합류점으로부터 100m 또는 200m마다 설치한다. 거리표는 1km마다 석표를 매설하고, 그 중간에는 나무말뚝을 사용한다.

정답 97 ㉮ 98 ㉯ 99 ㉮ 100 ㉮

101 하천의 ㉠ 이수목적(利水目的)과 ㉡ 치수목적(治水目的)에 이용 되는 각각의 수위는?

㉮ ㉠ 평균최저수위, ㉡ 평균최고수위
㉯ ㉠ 평균최저수위, ㉡ 평균최저수위
㉰ ㉠ 평균최고수위, ㉡ 평균최저수위
㉱ ㉠ 평균최고수위, ㉡ 평균최고수위

○ • 이수목적 : 평균최저수위
• 치수목적 : 평균최고수위

102 다음의 하천 수위 중 제방의 축조, 교량의 건설 또는 배수공사 등 치수목적으로 주로 이용되는 수위는?

㉮ 최저수위
㉯ 평균최고수위
㉰ 평균수위
㉱ 최다수위

○ 평균최고수위(Normal High Water Level ; NHWL)
하천의 수위 중에서 어떤 기간 중 연 또는 월의 최고수위의 평균값을 말하며, 제방의 축설, 교량의 가설, 배수 등의 치수 목적에 이용된다.

103 유량측정장소의 선정 조건에 해당되지 않는 것은?

㉮ 교량, 그 밖의 구조물에 의한 영향을 받지 않는 곳
㉯ 와류와 역류가 생기지 않는 곳
㉰ 유수방향이 최다 방향으로 나누어지는 곳
㉱ 합류에 의하여 불규칙한 영향을 받지 않는 곳

○ 수위관측소의 위치는 합류점이나 분류점에서 수위의 변화가 생기지 않는 장소이어야 한다.

104 하천에서 표면부자에 의하여 유속을 측정한 경우 평균유속과 수면유속의 관계에 대한 설명으로 가장 적합한 것은?

㉮ 평균유속은 수면유속의 50~60%이다.
㉯ 평균유속은 수면유속의 80~90%이다.
㉰ 평균유속은 수면유속의 110~120%이다.
㉱ 평균유속은 수면유속의 140~150%이다.

○ 평균유속은 표면부자의 속도를 v_s로 한 경우, 큰 하천에서는 $0.9v_s$, 얕은 하천에서는 $0.8v_s$로 한다.

105 표면부자에 의한 유속관측 방법에 대한 설명으로 옳지 않은 것은?

㉮ 유속은 (거리/시간)으로 구해진다.
㉯ 시점과 종점의 거리는 하천 폭의 약 2~3배 이상으로 한다.
㉰ 표면유속이므로 평균유속으로 환산하면 표면유속의 60% 정도가 된다.
㉱ 하천에 표면부자를 이용하여 시점과 종점 간의 거리와 시간을 측정한다.

○ 표면부자(Surface Float)
하천의 유속을 관측하는 데 사용되는 부자(浮子)의 일종이다. 부자 일부분이 수면 밖으로 나오게 한 것으로 나무, 코르크 등 가벼운 것으로 만들어 유하시켜 표면유속을 관측한다. 이 표면 부자는 바람이나 소용돌이 등의 영향을 받지 않도록 주의해야 하며, 답사나 홍수시 급히 유속을 결정해야 할 때 많이 사용된다. 평균유속은 표면유속(수면유속)의 80~90%이다.

실전문제 TIP

106 그림과 같이 2중 부자를 이용하여 유속을 관측하고자 할 때 평균 유속을 직접 관측하기 위해서 수면에 있는 부자와 수중에 있는 부자간의 간격(l)으로 적당한 길이는?

⊙ 이중부자
표면부자에다 수면부자를 연결한 것으로 수중부자는 수면에서 6/10(6할)이 되는 깊이로 한다.

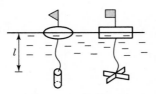

㉮ 수심의 20% 깊이

㉯ 수심의 40% 깊이

㉰ 수심의 50% 깊이

㉱ 수심의 60% 깊이

107 하천측량에서 유속관측에 관한 설명으로 적당하지 않은 것은?

㉮ 유속관측은 유속계와 같은 기계관측과 부자(浮子)에 의한 관측 등이 있다.

㉯ 같은 단면 내에서는 수심이나 위치에는 상관없이 유속의 분포는 일정하다.

㉰ 유속계의 방법은 주로 평수위시가 좋고 부자의 방법은 홍수시에 많이 이용된다.

㉱ 일반적으로 하천이나 수로의 유속은 기울기, 크기, 수량, 유로의 형태, 풍향 등에 따라 변한다.

⊙ 같은 단면 내에서 수심이나 위치에 따라 유속의 분포가 일정하지 않다.

108 평균유속을 구하는 방법에 대한 설명으로 옳지 않은 것은?

㉮ 1점법은 수면부터 수심의 50% 깊이의 유속을 평균 유속으로 한다.

㉯ 2점법은 수면부터 수심의 20%, 80% 깊이의 유속을 측정하여 구한다.

㉰ 3점법은 수면부터 수심의 20%, 60%, 80% 깊이의 유속을 측정하여 구한다.

㉱ 4점법은 수면부터 수심의 20%, 40%, 60%, 80% 깊이의 유속을 측정하여 구한다.

⊙ 1점법은 수면으로부터 수심의 60% 깊이의 유속을 평균 유속으로 한다.

109 하천의 유속 분포가 다음 그림과 같을 때 3점법으로 평균유속을 구한 값은?(단, 하천의 표면유속은 1.0m/sec)

$V_m = \frac{1}{4}(V_{0.2} + 2V_{0.6} + V_{0.8})$

$= \frac{1}{4}(1.2 + 2 \times 1.04 + 0.88)$

$= 1.04\text{m/sec}$

㉮ 1.04m/sec

㉯ 1.095m/sec

㉰ 2.70m/sec

㉱ 3.65m/sec

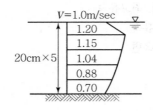

110 수심 h인 하천의 유속측정에서 수면으로부터 0.2h, 0.4h, 0.6h, 0.8h 깊이의 유속이 각각 0.380m/sec, 0.360m/sec, 0.340m/sec, 0.320m/sec일 때, 4점법에 의한 평균유속은 얼마인가?

$V_m = \frac{1}{5}\{(V_{0.2} + V_{0.4} + V_{0.6}$

$+ V_{0.8}) + \frac{1}{2}(V_{0.2} + \frac{V_{0.8}}{2})\}$

$= 0.334\text{m/sec}$

㉮ 0.334m/sec

㉯ 0.345m/sec

㉰ 0.350m/sec

㉱ 0.355m/sec

111 수심 h인 하천의 유속 측정을 한 결과가 표와 같다. 1점법, 2점법, 3점법으로 구한 평균유속의 크기를 각각 V_1, V_2, V_3라 할 때 이들을 비교한 것으로 옳은 것은?

- $V_1 = V_{0.6} = 0.5\text{m/sec}$
- $V_2 = \frac{1}{2}(V_{0.2} + V_{0.8}) = 0.5\text{m/sec}$
- $V_3 = \frac{1}{4}(V_{0.2} + 2V_{0.6} + V_{0.8})$

$= 0.5\text{m/sec}$

∴ $V_1 = V_2 = V_3$

수심	유속(m/sec)
0.2h	0.52
0.4h	0.58
0.6h	0.50
0.8h	0.48

㉮ $V_1 = V_2 = V_3$

㉯ $V_1 > V_2 > V_3$

㉰ $V_3 > V_2 > V_1$

㉱ $V_2 > V_1 > V_3$

112 다음 중에서 하천의 유량관측방법이 아닌 것은?

㉮ 수로 중에 둑을 설치하고 월류량의 공식을 이용하여 유량을 구하는 방법

㉯ 수위유량곡선을 미리 만들어 소요 수위에 대한 유량을 구하는 방법

㉰ 유속계로 직접 유속을 측정하여 평균유속을 구하고 단면적을 측정하여 유량을 구하는 방법

㉱ 유출계수와 강우강도를 구하여 유량을 구하는 방법

유출계수와 강우강도 및 유역면적이 있어야 유량을 구할 수 있다.

113 하천의 유량을 간접적으로 알아내기 위해 평균유속공식을 사용할 경우 반드시 알아야 할 사항은?

㉮ 수면기울기, 하상기울기, 단면적, 최고유속

㉯ 단면적, 하상기울기, 윤변, 최고유속

㉰ 수면기울기, 조도계수, 단면적, 윤변

㉱ 단면적, 조도계수, 경심, 윤변

> 하천의 유량을 간접적으로 알아내기 위해서는 하천의 수면기울기, 하상상태, 조도계수로 평균유속공식에 의한 평균유속을 구하고 유역면적을 곱하여 유량을 산정한다.

114 해양측지에 해당되지 않는 것은?

㉮ 해도작성을 위한 측량

㉯ 항만 및 항로측량

㉰ 해양측량 및 보정측량

㉱ 유속측정측량

> 해양측량의 주요 내용은 해양위치측량, 수심측량, 해저지형측량, 해저지질측량, 조석관측, 해안선측량, 해도작성을 위한 측량 등이다.

115 해상위치 결정에 대한 다음 설명 중 틀린 것은?

㉮ 전파항법이란 임의의 천체의 운동을 관측하여 해상위치를 결정하는 항법이다.

㉯ 천문항법의 정확도는 관측자의 기술, 선의 동요, 대기에 의한 빛의 굴절, 작도의 오차 등에 의존한다.

㉰ 육지의 기지점의 고도나 방위 등을 해상에서 광학적으로 관측하여 위치선을 구하는 것을 지문항법이라 한다.

㉱ 인공위성의 운동을 관측하여 해상의 위치를 구하는 것을 위성항법이라 한다.

> 전파항법은 전파를 이용하여 무선국 간의 거리, 거리차 또는 방위를 관측함으로써 위치를 결정하는 방법이다.

116 해상위치 결정에 대한 설명 중 잘못된 것은?

㉮ 천문항법은 천구상의 위치를 알고 있는 항성을 관측하여 해상위치를 결정하는 것이다.

㉯ 지문항법은 육지의 기점이 고도나 방위 등을 해상에서 광학적으로 측정하여 위치선을 구하는 것이다.

㉰ 위성항법은 별의 운동을 관측하여 해상위치를 구하는 것이다.

㉱ 전파항법은 전파의 직진성 또는 송수신 시간차 등을 이용하여 위치선을 구하는 것이다.

> 별운동을 관측하여 해상의 위치를 구하는 것을 천문항법이라 한다.

실전문제 TIP

117 **해양측량에 대한 다음 설명 중 맞지 않는 것은?**

㉮ 선상에서 연직추를 늘어뜨리면 배의 동요로 인한 수평 가속도의 영향 때문에 연직진자는 3~6° 기울어진다.
㉯ 해양관측의 정확도는 육지관측의 경우에 비하여 훨씬 좋다.
㉰ 해면은 지오이드(Geoid)면과 거의 일치한다.
㉱ 해양측량에는 연직 또는 수평 방향의 유지가 중요한 문제이다.

⊙ 해양관측의 정확도는 육지관측의 경우에 비하여 훨씬 떨어진다.

118 **해상위치 결정에서 전파의 직진성, 또는 송수신 시간차 등을 이용하여 위치선을 구하는 방법은?**

㉮ 지문항법 ㉯ 천문항법
㉰ 직진항법 ㉱ 전파항법

⊙ 전파항법은 전파를 이용하여 무선국 간의 거리, 거리차 또는 방위를 관측함으로써 위치를 결정하는 방법이다.

119 **근거리 해역에서 해상위치 결정방법이 아닌 것은?**

㉮ 지거비례법 ㉯ 거리관측법
㉰ 삼점양각법 ㉱ 전방교회법

⊙ 근해 지역에서의 해상위치 결정방법에는 전방교회법, 거리관측법, 해상방위관측법, 삼점양각법, 궤적항법 등이 있다.

120 **해저지형은 다음 중 어느 기구를 사용하면 편리한가?**

㉮ 측심봉 ㉯ 음향측심기(Echo Sounder)
㉰ 측추 ㉱ 수압계

⊙ 해저지형을 관측하려면 수심이 깊으므로 수평위치는 GPS 측량으로, 수심은 음향측심기를 이용하면 효과적으로 해저지형을 측량할 수 있다.

121 **해저지형측량에서 수심이 8,000m이고 발사음이 약 10초 후에 수신된다면 음파의 속도는?**

㉮ 750m/sec ㉯ 1,500m/sec
㉰ 1,600m/sec ㉱ 8,000m/sec

⊙ $D=\frac{1}{2}Vt$

여기서, V : 수중속도
t : 송신음파와 수신음파와의 도달시간차

$\therefore V=\frac{2D}{t}=\frac{2\times 8,000}{10}$
$=1,600\text{m/sec}$

122 **다음 중 해상에서 중력을 측정할 경우 필요한 보정은?**

㉮ 아이소스타시 보정 ㉯ 에토베스 보정
㉰ 프리에어 보정 ㉱ 부게(Bouguer) 보정

⊙ 에토베스보정은 선박이나 항공기 등의 동체에서 중력을 관측하게 되는 경우 지구에 대한 동체의 상대운동의 영향에 의한 중력변화를 보정하는 것이다.

정답 117 ㉯ 118 ㉱ 119 ㉮ 120 ㉯ 121 ㉰ 122 ㉯

123 다음은 해저지형측량에서 음파 속도에 영향을 주는 요소이다. 가장 영향을 적게 받는 것은?

㉮ 수압
㉯ 수온
㉰ 해수의 오염
㉲ 염분의 농도

> 실제 수중의 음속은 염분, 수온, 수압 등에 의하여 미소하게 변화하므로 엄밀한 관측값을 구하려면 관측 당시의 실제 음속을 구하여 음속도 보정을 해주어야 한다.

124 음향측심기에 관한 설명 중 잘못된 것은?

㉮ 해수의 염분은 음향측심기의 측정값에 영향을 미친다.
㉯ 해면에서 음파를 해저에 발사하고, 도달시간을 이용하여 수심을 측량한다.
㉰ 수심은 $D = t \cdot v$(D : 수심, t : 발사 후 음파의 도달시간, v : 해수 중에서의 음파의 평균전파속도)로 계산한다.
㉲ 대부분의 음향측심기는 가정 음파속도의 음파를 발사한다.

> 음향측심기를 이용하여 수심을 측정할 경우 $D = \frac{1}{2} V \cdot t$ 로 구한다.

125 해저수심과 해안선의 기준을 옳게 설명한 것은?

㉮ 해저수심은 평균최고만조면을 기준으로 하고 해안선은 평균최저간조면을 기준으로 한다.
㉯ 해저수심은 평균해수면을 기준으로 하고 해안선은 평균최저간조면을 기준으로 한다.
㉰ 해저수심은 평균최고만조면을 기준으로 하고 해안선은 평균해수면을 기준으로 한다.
㉲ 해저수심은 평균최저간조면을 기준으로 하고 해안선은 평균최고만조면을 기준으로 한다.

> • 수심 : 평균최저저조면
> • 해안선 : 평균최고고조면
> • 육상높이 : 평균해수면

126 음향측심기에 의한 관측값을 정확한 수심으로 환산하기 위한 보정 중 옳지 않은 것은?

㉮ 음속도보정
㉯ 흘수보정
㉰ 조고보정
㉲ 중력보정

> 음향측심기 보정에는 음속도보정, 흘수보정, 조고보정 등이 있다.

127 해수면의 높이 변화를 위하여 위성 고도계에서 관측하는 관측치는?

㉮ 위성에서 송신한 신호가 해수면에 반사되어 돌아오는 시간
㉯ 위성과 해상의 목표물과의 거리
㉰ 위성과 해상의 목표물과의 각도
㉲ 위성에서 촬영하는 영상

> 1970년대부터 개발되어온 위성고도계들은 해양에 대한 다양한 데이터들을 수집해 왔으며, 이러한 데이터들은 해양학뿐만 아니라 지구 물리학, 측지학 등 여러 과학분야에서 광범위하게 활용되고 있다.

정답 123 ㉰ 124 ㉰ 125 ㉲ 126 ㉲ 127 ㉮

실전문제 TIP

128 해안선측량을 위한 방법과 거리가 먼 것은?

㉮ 토털스테이션측량 ㉯ GPS측량
㉰ 항공레이저측량 ㉱ 해저면 영상조사

> ○ 해저면 영상조사는 해저 지형 및 지질조사를 하기 위한 방법으로 해안선 측량방법과는 무관하다.

129 해양지질학적 기초자료를 획득하기 위하여 음파 또는 탄성파탐사장비를 이용하여 해저퇴적양상 또는 음향상 분포를 조사하는 작업은?

㉮ 지적측량 ㉯ 해저지층탐사
㉰ 해상위치측량 ㉱ 조석관측

> ○ 해저지층탐사는 해저 지질 및 지층 구조를 조사하는 측량으로 주로 탄성파 및 음파방법을 이용한다.

130 선박의 안전통항을 위한 교량 및 가공선의 높이를 결정하기 위한 기준면으로 사용되는 것은?

㉮ 평균해면 ㉯ 기본수준면
㉰ 약최고고조면 ㉱ 평균저조면

> ○ 선박의 안전통항을 위한 교량 및 가공선의 높이를 결정하기 위해서는 해안선의 기준인 약최고고조면을 기준으로 한다.

131 하천측량에서 횡단면도의 작성에 필요한 측량으로 하천의 수면으로부터 하저까지의 깊이를 구하는 측량은?

㉮ 유속측량 ㉯ 유량측량
㉰ 양수표 수위관측 ㉱ 심천측량

> ○ 심천측량은 하천의 수심 및 유수부분의 하저상황을 조사하고 횡단면도를 제작하는 측량이다.

132 해수면이 약최고고조면(일정기간 조석을 관측하여 분석한 결과 가장 높은 해수면)에 이르렀을 때의 육지와 해수면의 경계를 조사하는 측량은?

㉮ 지형측량 ㉯ 지리조사
㉰ 수심측량 ㉱ 해안선조사

> ○ 해안선 측량방법
> 해수면이 약최고고조면에 이르렀을 때 육지와 해수면의 경계선은 지상현황측량 또는 항공레이저측량 등의 방법을 이용하여 획정할 수 있다.

133 다중빔음향측심기의 장비점검 및 보정 시에 평탄한 해저에서 동일한 측심선을 따라 왕복측량을 실시하여 조사선의 좌측 및 우측의 기울기 차이로 발생하는 오차를 보정하는 것은?

㉮ 롤보정 ㉯ 피치보정
㉰ 헤딩보정 ㉱ 시간보정

> ○ ㉮ 롤보정 : 평탄한 해저에서 동일한 측심선을 따라 왕복측량을 실시한다.
> ㉯ 피치보정 : 해저의 굴곡지형, 경사가 급한 지형, 인공구조물 등이 있는 지형을 선택하여 실시한다.
> ㉰ 헤딩보정 : 목표물이 있는 지형에서 실시하며 목표물을 가운데 두고 동일 방향, 동일 속도의 다른 측심선으로 편도차량을 실시한다.
> ㉱ 시간보정 : 해저지형은 경사가 심하거나 목표물이 있는 지형을 선택하여 실시한다.

정답 128 ㉱ 129 ㉯ 130 ㉰ 131 ㉱ 132 ㉱ 133 ㉮

134 수로가 비교적 직선이고 단면적도 규칙적이며 하상이 평평한 상태에서의 평균유속에 대한 설명으로 옳은 것은?

㉮ 하상의 표면에 상관없이 평균유속의 위치는 같다.

㉯ 일반적으로 평균유속의 위치는 수심(H)의 0.2~0.3H 사이에 존재한다.

㉰ 하상의 표면이 조잡할수록 평균유속의 위치는 낮아지고 평활할수록 높아진다.

㉱ 수면으로부터 평균유속까지의 깊이는 수심과 하천 폭의 비가 증가함에 따라서 커진다.

> ㉮ : 하상의 표면 상태에 따라 평균유속위치가 다르다.
> ㉯ : 일반적으로 평균유속의 위치는 수심(H)의 0.5~0.6H 사이에 존재한다.
> ㉰ : 하상의 표면이 조잡할수록 평균유속의 위치는 높아지고 평활할수록 낮아진다.

135 그림과 같은 배수로의 배수단면적 계산공식은?

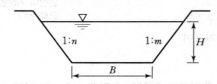

㉮ $(B+mH+nH)\dfrac{H}{2}$

㉯ $\left(B+\dfrac{mH}{2}+\dfrac{nH}{2}\right)H$

㉰ $\left(B+\dfrac{H}{2m}+\dfrac{H}{2n}\right)H$

㉱ $(B+mH+nH)H$

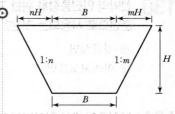

> 사다리꼴 공식에 의하여 배수 단면적을 산정하면,
> $$\therefore A = \frac{1}{2}(B+B+mH+nH)\times H$$
> $$= \left(B+\frac{mH}{2}+\frac{nH}{2}\right)\times H$$

136 다음 수로측량의 기준에 대한 설명으로 틀린 것은?

㉮ 좌표계는 세계측지계를 사용한다.

㉯ 수심은 기본수준면으로부터의 깊이로 표시한다.

㉰ 해안선은 해면이 약최저저조면에 달하였을 때의 육지와 해면과의 경계로 표시한다.

㉱ 투영법은 국제횡메르카토르도법(UTM)을 원칙으로 한다.

> 해안선은 해면이 약최고고조면에 달하였을 때의 육지와 해면과의 경계로 표시한다.

137 해상에 있는 수심측량선의 수평위치결정방법으로 가장 적합한 것은?

㉮ 나침반에 의한 방법

㉯ 평판측량에 의한 방법

㉰ 음향측심기에 의한 방법

㉱ 인공위성(GNSS) 측위에 의한 방법

> 해양에 있는 수심측량선의 수평위치 결정방법은 인공위성(GNSS) 측위에 의한 방법으로 결정하고, 수직위치결정방법은 음향측심기에 의한 방법으로 결정한다.

정답 134 ㉱ 135 ㉯ 136 ㉰ 137 ㉱

138 하구 심천측량에 관한 설명으로 옳지 않은 것은?

㉮ 하구 심천측량은 하구 부근 하저 및 해저의 지형을 조사한다.

㉯ 하구의 항만시설, 해안보전시설의 설계 자료로 사용된다.

㉰ 조위를 관측하고 실측한 수심을 기본수준면으로부터의 수심으로 보정하여 심천측량의 정확도를 높인다.

㉱ 해안에서는 수심 100m 되는 앞바다까지를 측량구역으로 한다.

⊙ 해안에서는 수심 20m 되는 앞바다까지를 측량구역으로 한다.

139 해양에서 수심측량을 할 경우 음파 반사가 양호한 판 또는 바(Bar)를 눈금이 달린 줄의 끝에 매달아서 음향측심기의 기록지상에 이 반사체의 반향신호를 기록하여 보정하는 것은?

㉮ 정사보정   ㉯ 방사보정

㉰ 시간보정   ㉱ 음속도보정

⊙ 실제 수중의 음속은 염분, 수온, 수압 등에 의하여 미소하게 변화하므로 엄밀한 관측 값을 구하려면 관측 당시의 실제 음속을 구하여 음속도보정을 해주어야 한다.

140 달, 태양 등의 기조력과 기압, 바람 등에 의해서 일어나는 해수면의 주기적 승강현상을 연속 관측하는 것은?

㉮ 수온관측   ㉯ 해류관측

㉰ 음속관측   ㉱ 조석관측

⊙ 조석관측
해수면의 주기적 승강을 관측하는 것이며, 어느 지점의 조석양상을 제대로 파악하기 위해서는 적어도 1년 이상 연속적으로 관측하여야 한다.

141 어떤 지점에서 조석관측을 수행하였을 경우 연이은 두 고조 또는 두 저조의 높이가 다르게 나타나게 되는데 이런 현상을 무엇이라고 하는가?

㉮ 일조부등   ㉯ 평균고조간격

㉰ 평균저조간격   ㉱ 반일주조

⊙ 일조부등
반일주조에서 연달은 2개의 고조 및 2개의 저조가 같은 날일지라도 조위가 다른 것을 말한다.

142 수로조사 성과심사의 대상에 해당되는 것은?

㉮ 노선측량   ㉯ 해안선측량

㉰ 지적측량   ㉱ 터널측량

⊙ 수로측량은 선박의 항행을 위해 바다, 강, 하천, 호소 등의 항로에 대하여 수심, 지질, 상황, 목표 등의 형태를 측정하여 해도를 작성하는 측량으로 해안선측량은 수로조사 성과심사의 대상이 된다.

143 수로기준점표지에 해당되지 않는 것은?

㉮ 해안선기준점   ㉯ 수로측량기준점

㉰ 해양중력점   ㉱ 기본수준점

⊙ 수로기준점은 기본수준면을 기초로 정한 기준점으로서 수로측량기준점, 기본수준점, 해안선기준점으로 구분된다.

정답 138 ㉱ 139 ㉱ 140 ㉱ 141 ㉮ 142 ㉯ 143 ㉰

144 하천의 폭이 200~500m일 때 하천종단측량의 간격 표준은?

㉮ 50m 내외　　　　　　㉯ 100m 내외

㉰ 200m 내외　　　　　　㉭ 500m 내외

> 하천종단측량은 좌·우에 설치한 거리표, 양수표, 수문, 기타 중요한 장소의 높이를 측정하는 것으로서 간격은 200m를 표준으로 한다.

145 선박에서 음향 측심기로 음파를 발신하여 수신할 때까지 걸린 시간이 0.1초이었다면 수심은?(단, 해수 중의 음파속도는 약 1,500m/s이며, 수면에서 송·수파기까지의 길이는 3m이다.)

㉮ 75m　　　　　　　　㉯ 78m

㉰ 150m　　　　　　　　㉭ 153m

> • 음향측심기까지의 수심(H')
> $$H' = \frac{1}{2} \cdot V \cdot t$$
> $$= \frac{1}{2} \times 1,500 \times 0.1 = 75m$$
> • 수면에서 음향측심기까지의 길이 $=3m$
> ∴ 수심(H) $= H' + 3 = 75 + 3$
> $$= 78m$$

146 음향측심기를 이용하여 수심을 측정하였을 경우 수심측정값으로 옳은 것은?(단, 수중음속 1,510m/s, 음파송수신시간 0.2초)

㉮ 150m　　　　　　　　㉯ 151m

㉰ 300m　　　　　　　　㉭ 302m

> $$D = \frac{1}{2} \cdot V \cdot t = \frac{1}{2} \times 1,510 \times 0.2$$
> $$= 151m$$
> 여기서, D : 수심
> V : 수중속도
> t : 시간차

147 수로측량의 기준으로 옳은 것은?

㉮ 교량 및 가공선의 높이는 약최저저조면으로부터의 높이로 표시한다.

㉯ 노출암, 표고 및 지형은 약최고고조면으로부터의 높이로 표시한다.

㉰ 수심은 기본수준면으로부터의 깊이로 표시한다.

㉭ 해안선은 해면이 약최저저조면에 달하였을 때의 육지와 해면의 경계로 표시한다.

> 수로측량 업무규정 제5조(수로측량의 기준)
> • 좌표계는 세계측지계에 의하고, 위치는 지리학적 경도 및 위도로 표시한다. 다만, 필요한 경우에는 직각좌표 또는 극좌표로 표시할 수 있다.
> • 노출암, 표고 및 지형은 평균해면으로부터의 높이로 표시한다.
> • 수심은 기본수준면으로부터의 깊이로 표시한다.
> • 교량 및 가공선의 높이는 약최고고조면부터의 높이로 표시한다.

148 해양지질학적 기초자료를 획득하기 위하여 음파 또는 탄성파 탐사장비를 이용하여 해저지층 또는 음향상 분포를 조사하는 작업은?

㉮ 수로측량　　　　　　㉯ 해저지층탐사

㉰ 해상위치측량　　　　㉭ 수심측량

> 해저지층탐사
> 해상용 지층탐사기를 이용하여 해저면 하부의 지층 등에 대한 정보를 획득하는 조사 작업을 말한다.

149 조수의 간만 현상이 일어나는 원인에 해당하는 것은?

㉮ 응력　　　　　　　　㉯ 기조력

㉰ 부력　　　　　　　　㉭ 추진력

> 기조력
> 달과 태양이 지구에 작용하는 인력에 의해서 조석이나 조류운동을 일으키는 힘을 말한다.

정답 144 ㉰　145 ㉯　146 ㉯　147 ㉰　148 ㉯　149 ㉯

실전문제

150 수로도서지 변경을 위한 수로조사 대상인 것은?

㉮ 항로준설공사
㉯ 터널공사
㉰ 임도건설공사
㉱ 저수지 둑 보강공사

⊙ 수로조사 대상
• 항만공사(어항공사 포함) 또는 항로 준설공사
• 해저에서 흙, 모래, 광물 등의 채취
• 바다에서 흙, 모래, 준설토 등을 버리는 행위
• 매립, 방파제, 인공안벽 등의 설치나 철거 등으로 기존 해안선이 변경되는 공사
• 해양에서 인공어초 등의 구조물 설치 또는 투입
• 항로상의 교량 및 공중전선 등의 설치 또는 변경

151 수로측량의 기준에 대한 설명으로 옳은 것은?

㉮ 간출암은 평균해수면으로부터의 높이로 표시한다.
㉯ 노출암은 기본수준면으로부터의 높이로 표시한다.
㉰ 수심은 기본수준면으로부터의 깊이로 표시한다.
㉱ 해안선은 관측 당시의 육지와 해면의 경계로 표시한다.

⊙ 수로측량 업무규정 제5조(수로측량의 기준)
• 좌표계는 세계측지계에 의하고, 위치는 지리학적 경도 및 위도로 표시한다. 다만, 필요한 경우에는 직각좌표 또는 극좌표로 표시할 수 있다.
• 노출암, 표고 및 지형은 평균해면으로부터의 높이로 표시한다.
• 수심은 기본수준면으로부터의 깊이로 표시한다.
• 교량 및 가공선의 높이는 약최고고조면부터의 높이로 표시한다.

152 수로측량에서 수심, 안벽측심, 해안선 등 원도 작성에 필요한 일체의 자료를 일정한 도식에 따라 작성한 도면을 무엇이라고 하는가?

㉮ 해양측도
㉯ 측량원도
㉰ 측심도
㉱ 해류도

⊙ 원도 작성에 필요한 일체의 자료를 일정한 도식에 따라 작성한 도면을 측량원도라 한다.

153 해저면 영상조사(Side Scan Sonar)의 활용분야가 아닌 것은?

㉮ 심부 지층 조사
㉯ 인공 어초 조사
㉰ 해저 케이블 조사
㉱ 수중 이상체 조사

⊙ 심부지층조사는 해저지층탐사 중 저주파수대역(1kHz 이하)의 음원을 사용한 조사작업을 말한다.

154 해저지질구조 해석을 위한 음파탐사의 기록정확도에 기인하는 잡음(Noise)의 종류가 아닌 것은?

㉮ 송파기의 잡음
㉯ 전기적 잡음
㉰ 수파기의 잡음
㉱ 선체의 잡음

⊙ 송파기는 해저면에 음파를 발사하는 장비이므로 음파탐사의 기록정확도와는 거리가 멀다.

155 수로측량 원도 작성 시 다음 도식이 의미하는 것은?

㉮ 인공어초
㉯ 등부표
㉰ 바다에 침몰한 선박
㉱ 등대

○ 도식이 의미하는 것은 인공어초(독립)이다.
(「수로측량 업무규정」 별표 11 측량원도 작성 기준 참고)

156 수로측량 원도의 작성에 이용되는 도법은?

㉮ TM도법
㉯ UTM도법
㉰ 점장도법
㉱ 원뿔도법

○ 수로측량 원도의 작성에 이용되는 도법은 특별한 경우를 제외하고 국제 횡메르카토르도법(UTM)을 원칙으로 한다.

157 국제수로기구(IHO)에서 안전항해를 위해 제작된 기준 중 해도제작에 사용되는 자료를 수집하기 위한 수심측량 등급분류 기준에 해당하지 않는 것은?

㉮ 1a등급
㉯ 등급 외 측량
㉰ 특등급
㉱ 2등급

○ 수심측량 등급분류(Classification of Surveys) 기준
• 특등급(Special Order) 수심측량
• 1a등급(Order 1a) 수심측량
• 1b등급(Order 1b) 측량
• 2등급(Order 2) 측량

158 수로측량 기간 동안 실시하는 30일 이상부터 1년 미만까지의 조석관측은?

㉮ 단기조석관측
㉯ 장기조석관측
㉰ 연속조석관측
㉱ 상시조석관측

○ 단기조석관측
수로측량 기간 동안 30일 이상부터 1년 미만까지의 조석을 관측하는 것이다.

159 해저의 퇴적물인 저질(Bottom Material)을 조사하는 방법 또는 장비가 아닌 것은?

㉮ 채니기
㉯ 음파에 의한 해저탐사
㉰ 코어러
㉱ 채수기

○ 채수기는 바닷물의 온도, 염분, 화학성분 등을 측정하기 위하여 바닷물을 퍼 올리는 데 쓰이는 기구이므로 해저의 퇴적물인 저질(Bottom Material) 조사방법과는 무관하다.

160 해안선측량은 해면이 약최고고조면에 달하였을 때 육지와 해면의 경계를 결정하기 위한 측량방법을 말하는데, 다음 중 해안선측량 방법에 해당하는 것은?

㉮ 천부지층탐사
㉯ GPS 측량
㉰ 수중촬영
㉱ 해저면 영상조사

○ 해안선 측량방법
해수면이 약최고고조면에 이르렀을 때 육지와 해수면의 경계선은 토털스테이션, GPS 측량, 항공레이저측량 등의 방법을 이용하여 획정할 수 있다.

정답 155 ㉮ 156 ㉯ 157 ㉯ 158 ㉮ 159 ㉱ 160 ㉯

실전문제

161 측면주사음향탐지기(Side Scan Sonar)를 이용한 해저면 영상 조사에서 탐지할 수 없는 것은?

㉮ 수중의 암초 ㉯ 노출암
㉰ 해저케이블 ㉱ 바다에 침몰한 선박

○ 해저면 영상조사
측면주사음향탐지기(Side Scan Sonar)를 이용하여 해저면의 영상정보를 획득하는 조사작업을 말한다. 암초, 어초, 침선 등의 해저장애물 등을 탐지하는 것으로서 노출암 탐지와는 무관하다.

162 수로도지에 속하지 않는 것은?

㉮ 해도 ㉯ 영해기점도
㉰ 해저지형도 ㉱ 경계점좌표등록부

○ 경계점좌표등록부는 각 필지 단위로 경계점의 위치를 좌표로 등록, 공시하는 지적공부를 말한다.

163 수로도지에 해당하지 않는 것은?

㉮ 항해용 해도
㉯ 해저지형과 해저지질의 특성을 나타낸 해저지형도
㉰ 해양영토 관리 등에 필요한 정보를 수록한 영해기점도
㉱ 지적측량을 통하여 조사된 지적도

○ 수로도지는 선박의 안전과 능률적인 항행을 위하여 발행한 것으로 다음과 같은 도면을 말한다.
• 항해용으로 사용되는 해도
• 해양영토관리, 해양경계획정 등에 필요한 정보를 수록한 영해기점도
• 연안정보를 수록한 연안특수도
• 해저지형과 해저지질의 특성을 나타낸 해저지형도
• 해저지층분포도, 지구자기도, 중력도 등 해양기본도
• 조류와 해류의 정보를 수록한 조류도 및 해류도
• 해양재해를 줄이기 위한 해안침수 예상도
• 그 밖에 수로조사성과를 수록한 각종 주제도

164 해상교통안전, 해양의 보전·이용·개발, 해양관할권의 확보 및 해양재해 예방을 목적으로 하는 수로측량·해양관측·항로조사 및 해양지명조사를 무엇이라고 하는가?

㉮ 해안조사 ㉯ 해양측량
㉰ 연안측량 ㉱ 수로조사

○ 수로조사란 해상교통안전, 해양의 보전·이용·개발, 해양관할권의 확보 및 해양재해 예방을 목적으로 하는 수로측량·해양관측·항로조사 및 해양지명조사를 말한다.

정답 161 ㉯ 162 ㉱ 163 ㉱ 164 ㉱

165 얕은 하천에서 표면유속이 0.8m/s, 하천의 단면적인 16m²일 때, 유량은?

㉮ 12.80m³/s ㉯ 10.24m³/s

㉰ 20.00m³/s ㉱ 11.52m³/s

> 평균유속(V_m)
> =표면유속(V_s)×80%
> =0.8×80%=0.64m/s
> ∴ 유량(Q)
> =단면적(A)×평균유속(V_m)
> =16×0.64=10.24m³/s
> ※ 평균유속은 표면유속의 80~90% 이므로 본 문제에서는 평균유속과 표면유속의 비를 80%로 적용

166 하천측량에서 합류점, 분류점이나 만곡이 심한 장소로, 높은 정확 도가 요구되는 곳의 삼각망구성으로 가장 좋은 것은?

㉮ 유심삼각망 ㉯ 사변형삼각망

㉰ 단열삼각망 ㉱ 단삼각망

> 하천과 같이 폭이 좁고 길이가 긴 곳의 삼각망은 주로 단열삼각망으로 구성하는 것이 일반적이나 높은 정확도가 요구되는 곳의 삼각망은 사변형삼각망으로 구성하여야 한다.

167 해양에서 수심측량을 할 경우에 음향측심장비로부터 취득한 데이 터에서 보정하여야 할 항목이 아닌 것은?

㉮ 굴절오차 ㉯ 음속 변화

㉰ 기계오차 ㉱ 조석

> 음향측심장비로부터 취득한 데이터에서 보정해야 할 항목은 흘수, 수중음속도, 조석, 기계오차 등이 있다.

168 조석관측을 실시하여 기본수준점을 새로 설치하기 위해 선점할 때의 유의사항으로 옳지 않은 것은?

㉮ 선정지점은 되도록 해안선 인근의 견고한 암반이나 손괴가 쉽지 않도록 가능한 한 공공용지 등에 선정한다.

㉯ 선점된 기본수준점표 부지의 사용은 부지의 소유자나 관리자의 승낙을 얻어야 한다.

㉰ 지반 연약지 또는 성토지 등의 사유지를 활용하여 선정한다.

㉱ 지형의 변화 예상이 적고 현지 상황 등을 조사하여 이용에 편리 한 가장 적합한 장소를 선정한다.

> 기본수준점표는 습지, 지반 연약지 또는 성토지 등 침하가 일어날 우려가 있는 장소와 지하시설물이 있는 장소는 피한다.

정답 165 ㉯ 166 ㉯ 167 ㉮ 168 ㉰

CHAPTER 04 터널 및 시설물측량

···01 터널측량

(1) 개요

터널측량은 지상측량, 지하측량, 터널 내·외 연결측량 등으로 나누고, 이 측량은 보통 측량에서 볼 수 없는 여러 가지 어려운 점이 있다. 터널측량은 공사 도중에 결과를 점검하기가 곤란하며 터널이 관통되었을 때 비로소 그 오차를 발견할 수 있으므로 높은 정확도를 요구하고 있다.

(2) 터널측량의 순서

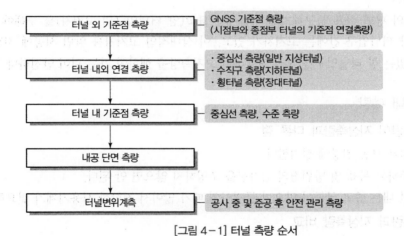

[그림 4-1] 터널 측량 순서

(3) 터널측량의 주요 작업 내용

① 터널 외 기준점 설치 및 대축척 지형도 제작
② 터널 중심선의 지상 설치
③ 터널 내·외의 연결측량
④ 터널 중심선의 지하 설치

(4) 터널 외 측량

다른 일반측량과 다른 점은 없으며 착공 전에 행하는 측량으로 지형측량, 터널 외 기준점측량, 중심선측량, 수준측량 등이 있다.

1) 터널 외 기준점측량

① 터널 입구 부근에 인조점을 설치한다.

② 측량의 정확도를 높이기 위해 가능한 한 후시를 길게 잡는다.

③ 고저 측량용 기준점은 터널입구 부근과 떨어진 곳에 2개소 이상 설치하는 것이 좋다.

④ 기준점을 서로 관련시키기 위해 기준점이 시통되는 곳에 보조삼각점을 설치한다.

2) 중심선측량

① 터널의 중심선측량은 양 터널입구의 중심선상에 기준점을 설치하고, 이 두 점의 좌표를 구하여 터널을 굴진하기 위한 방향을 줌과 동시에 정확한 거리를 찾아내는 것이 목적이다.

② 터널측량에서 방향과 고저, 특히 방향의 오차는 영향이 크므로 되도록 직접 구하여 터널을 굴진하기 위한 방향을 구하는 것과 동시에 정확한 거리를 찾아내는 것이 목적이다.

③ 지표 중심선 측량방법에는 직접 측설법, 트래버스에 의한 측설법, 삼각측량에 의한 측설법 등이 있다.

3) 고저측량

기준점의 평면 좌표가 구해지면 다음에는 표고(양 터널입구의 고저차)를 구해야 한다. 일반적으로 양 터널입구 간에는 고저차가 있고, 이 상대적인 고저차를 알면 시공에 지장이 없으므로 될 수 있는 한 터널입구를 직접 연결하는 고저측량을 행하여 가는 편이 안전하다.

(5) 터널 내 측량

1) 지하측량이 지상측량과 다른 점

① 측점은 보통 천장에 설치한다.

② 시준하는 목표 및 망원경의 십자선을 조명하지 않으면 안 된다.

③ 터널 내는 좁고 굴곡이 많으며 급경사인 때가 많아서 적합한 사용기계가 필요하다.

2) 지하측량과 지상측량 비교

구 분	지하측량	지상측량
정밀도	낮다.	높다.
측점설치	천장	지표면
조명	필요	불필요

3) 터널측량용 트랜싯(터널용 트랜싯의 구비조건)

① 이심장치를 가지고 있고 상·하 어느 측점에도 빠르게 구심시킬 수 있을 것

② 상부 고정나사와 하부 고정나사의 모양을 바꾸어 터널 내에서도 촉감으로 구별할 수 있을 것

③ 연직분도반은 전원일 것, 또 수평분도원의 눈금은 0~360°까지 일방향으로 명확히 새겨 있을 것

④ 주망원경의 위 또는 옆에 보조망원경을 달 수 있도록 되어 있을 것

4) 터널 내 측량의 특성

① 개방 트래버스에 의한 측량이므로 누적오차 발생을 확인하기 어렵다.

② 습기, 먼지, 소음, 어둠 등으로 측량 조건이 매우 불량하다.

③ 굴착면의 변위 발생으로 설치한 기준점의 변형이 수반될 수 있다.

④ 좁고 길며 밀폐된 공간의 측량으로서 후시의 경우 거리가 짧고, 예각 발생의 경우가 많아 오차 발생요인이 크다.

5) 터널 내 중심선측량

터널 내에서의 중심말뚝은 차량 등에 의하여 파괴되지 않도록 견고하게 만들어야 하며, 보통 도벨이라는 기준점을 설치한다.

① 중심선 도입 측량과 중심말뚝 설치

② 터널 내 고저측량

③ 터널 내 곡선설치

6) 터널 내 수준측량

터널 내의 고저측량에 표척과 Level을 사용하는 것은 터널 외와 같지만 먼지나 연기 때문에 흐릴 경우가 많으므로 표척과 Level을 조명할 필요가 있다. 터널 내 수준측량에는 완경사일 때 레벨을, 급경사인 경우에는 트랜싯에 의한 방법이 이용된다.

① 직접수준측량	② 간접수준측량
$$H_B = H_A - h_1 + h_2$$	$$\Delta H = l \sin\alpha + h_1 - H_i$$

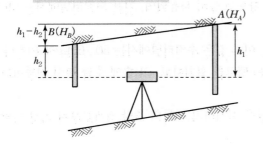

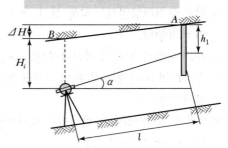

여기서, H_A : 기지 지반고 h_1 : 후시($B.S$)
　　　h_2 : 전시($F.S$) H_B : B점의 지반고

여기서, ΔH : A, B점 간의 고저차
　　　l : 경사거리 h_1 : 시준고
　　　H_i : 천장으로부터 망원경 중심점까지 높이

[그림 4-2] 터널 내 직접수준측량

[그림 4-3] 터널 내 간접수준측량

7) 터널 내 곡선 설치

터널 내의 곡선 설치는 지거법에 의한 곡선 설치와 접선편거와 현편거에 의한 방법을 이용하여 설치한다.

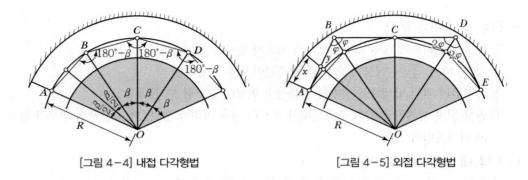

[그림 4-4] 내접 다각형법   [그림 4-5] 외접 다각형법

(6) 터널 내·외 연결측량

도로나 철도와 같은 지상연결측량은 중심선 측량으로 터널 내·외를 연결하며, 지하철, 통신구 등의 지하연결 측량은 수직구를 통하여 지하 터널 굴착을 위한 기준점 설치 측량을 실시한다.

1) 터널 내·외 연결측량의 특징

① 지하의 터널과 지상의 터널입구경계 및 중요 제점과 어떤 관계가 있는가를 조사하기 위한 측량이다.

② 터널 내·외의 측점 위치 관계를 명확하게 하기 위한 목적으로 실시된다.

③ 수직 터널이 낮고 단면이 큰 경우에는 광학적 방법을 이용하여 충분한 정확도를 얻을 수 있다.

④ 1개의 수직터널로 연결할 경우에는 수직터널에 2개의 추를 달아서 이것에 의해 연직면을 정하고, 그 방위각을 지상에서 관측하여 터널 내 측량으로 연결한다.

⑤ 얕은 수직터널에서는 보통 철선, 동선, 황동선 등이 사용되며, 깊은 수직터널에서는 피아노선이 이용된다.

⑥ 추의 중량은 얕은 수직터널에서는 5kg 이하 깊은 수직터널에서는 50~60kg에 이른다.

⑦ 수직터널 바닥에는 물 또는 기름을 넣은 탱크를 설치하고, 그 속에 추를 넣어 진동하는 것을 방지한다.

⑧ 2개의 수직터널의 연결방법은 다각측량을 실시하고 이들의 측량 결과로부터 지상 측량과 터널 내 측량을 연결한다.

2) 지상 연결 측량 : 횡터널, 사터널 포함

① 다각 측량으로 터널 내·외 연결 측량을 실시한다.

② 가능한 한 후시를 길게 하여 측량을 함으로써 오차를 적게 한다.

3) 지하연결 측량(수직구 측량)

① 광학적 방법
- 지상에서 지하로 직접 시준하여 기준점 좌표 측설(토털스테이션)
- 수직구 높이가 낮고 넓은 경우에 적용
- 오차를 최대한 줄이기 위해 반사프리즘을 역으로 세워 시준

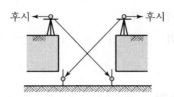

[그림 4-6] 터널 내·외 연결 측량(1)

② 강선법
피아노 강선과 연직추를 이용하여 지상좌표를 직접 지하로 이설

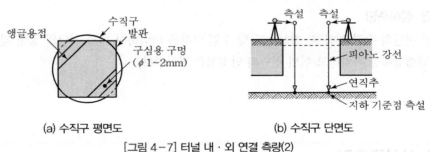

(a) 수직구 평면도　　　　　(b) 수직구 단면도

[그림 4-7] 터널 내·외 연결 측량(2)

③ 연직기에 의한 방법
- 수직구 발판에 기지점을 설치
- 지하 바닥면에 연직기(Zenith-nadir Plummet)를 설치하고 지상 기지점을 직접 시준하여 구심을 설치함으로써 기준점을 이설
- 경우에 따라 지상에 연직기를 설치하여 지하를 시준할 수도 있음

(7) 터널 완공 후 측량

터널 완공 후 측량에는 준공검사 측량과 터널이 변형을 일으킨 경우의 조사 측량이 있으며, 세부적으로는 중심선 측량, 고저 측량, 단면 측량 등이 있다.

(8) 터널의 내공단면측량

과거 터널의 내공단면측량 개념은 단순히 중심선으로부터 굴착면까지의 거리만을 측정하는 개념이었으나, 최근에는 단면의 형상뿐만 아니라 숏크리트나 라이닝 콘크리트의 수량까지 계산하는 시공관리 개념으로 터널 단면의 3차원 좌표를 이용한 다양한 처리가 요구된다.

① 거리측정에 의한 방법 ⇒ 레이저 거리측정기
② 좌표(X, Y, Z) 측정에 의한 방법
③ 지상사진측량에 의한 방법
④ 지상라이다에 의한 방법

(9) 내공변위 및 천단 침하측량

1) 내공변위측량

내공단면의 침하량, 변위속도 및 수렴 여부를 파악하여 터널 내공의 변위량, 변위속도, 변위수렴상황, 단면의 변형상태에 따라 주변 지반 및 터널의 안정성을 평가한다.

2) 천단 침하측량

터널 천단의 수직 침하량, 침하속도 및 수렴 여부를 파악하여 터널 천단의 절대 침하량 및 단면의 변형상태를 파악하고 터널 천단의 안정성을 판단한다.

···02 시설물측량

(1) 지하시설물 측량

지하시설물 측량이란 지하에 설치·매설된 시설물을 효율적이고 체계적으로 유지·관리하기 위하여 지하시설물에 대한 조사, 탐사 및 위치측량과 이에 따르는 도면제작 및 데이터베이스 구축까지를 말한다.

1) 작업순서

① 작업계획   ② 자료의 수집 및 작업준비
③ 지하시설물조사 및 탐사   ④ 지하시설물의 위치측량
⑤ 지하시설물원도 작성   ⑥ 대장조서 및 속성 DB 작성
⑦ 지하시설물도 작성   ⑧ 정위치편집
⑨ 구조화편집   ⑩ 편집 및 출력
⑪ 성과 등의 정리

2) 탐사방법

① 자장 탐사법

송신기로부터 매설관이나 케이블에 교류 전류를 흐르게 하여 그 주변에 교류 자장을 발생시켜 지표면에서 발생된 교류 자장을 수신기의 측정코일의 감도 방향성을 이용하여 평면위치를 측정하고 지표면으로부터 전위경도에 대해 심도를 측정하는 방법이다.

② 지중레이더 탐사법

지하를 단층촬영하여 시설물 위치를 판독하는 방법으로 지상의 안테나에서 지하에 전자파를 방사시켜 대상물에서 반사 또는 주사된 전자파를 수신하여 반사강도(함수율)에 따라 8가지 컬러로 표시되고, 이를 분석하여 위치와 깊이를 측정하는 방법이다.

③ 음파 탐사법

물이 가득 차 흐르는 관로(수도관)에 음파신호(Sound Wave Signal)를 보내 수신기로 하여금 관 내에 발생된 음파를 탐사하는 방법으로, 비금속(플라스틱, PVC 등) 수도관로 탐사에 유용하나 음파신호를 보낼 수 있는 소화전이나 수도미터기 등이 반드시 필요하다.

④ 전기 탐사법

전기탐사는 지반 중에 전류를 흘려보내어 그 전류에 의한 전압 강하를 측정함으로써 지반 내의 비저항값의 분포를 구하는 것이다. 비저항치는 지반의 토질과 흙의 공극률, 함수율 등에 의해 변화하기 때문에 비저항 값의 분포를 측정하면 토질의 지반 상황의 변화를 추적할 수 있다.

3) 지하시설물 탐사간격

① 탐사간격

지하시설물의 측량간격은 20m 이하로 한다.

② 탐사간격에 관계없이 반드시 측량해야 하는 경우

- 지하시설물의 지름 또는 재질이 변경되는 경우
- 지하시설물이 교차, 분기하거나 상태가 바뀌는 경우
- 지하시설물이 곡선 구간인 경우
- 지하시설물에 각종 제어장치 또는 밸브가 있는 경우

4) 위치결정방법

① 절대측정법

① 지하시설물의 위치에 대한 높은 정확도 확보
② NGIS, 지자체 종합 GIS, 설계 및 시공측량 등의 활용에 적합
③ 측량비용 고가

② 상대측정법

① 측량비용 저렴
② 좌표개념으로의 사용 어려움(단순 거리요소)
③ 지하시설물 관리기관 자체의 유지 관리용으로는 적합하나 NGIS 구축에는 부적합

5) 탐사오차의 허용 범위(공공측량 작업규정 세부기준)

대상물	탐사오차의 허용범위		비고
	평면위치	깊이	
금속관로	±20cm	±30cm	매설깊이 3.0m
비금속관로	±20cm	±40cm	매설깊이 3.0m 이내로서 관경 100mm 이상

(2) 시설물 변위 측량

시설물 변위 측량은 각종 구조물이나 기초지반의 변위량을 정밀하게 측정, 분석하여 이를 체계적으로 데이터베이스화하는 측량으로서 시공 중의 안전관리나 준공 후의 유지관리는 물론 새로운 설계나 시공기법 개발에도 활용되어 시설물에 대한 방재대책 수립과 나아가서는 건설 공사비 절감에도 큰 기여를 할 수 있는 측량 분야이다.

– 시설물 변위 측량방법 –
① 센서나 줄자에 의한 방법
② GNSS나 토털스테이션에 의한 방법
③ 사진측량에 의한 방법
④ 지상 LiDAR 및 InSAR에 의한 방법

⋯03 교량 및 댐 측량

(1) 교량측량

교량은 하천, 계곡, 호소, 해협을 횡단하는 시설물로서 상부구조와 하부구조로 나누어지며, 세부적으로는 교량의 평면위치 결정, 하부구조물측량, 상부구조물측량의 순으로 진행된다.

1) 평면위치 결정
① 노선계획
② 실시설계측량
③ 교대, 교각의 위치 결정
④ 지간측량
⑤ 고저측량

2) 하부구조물측량

① 말뚝 설치측량

② 케이슨 설치측량

③ 형틀 설치측량

3) 상부구조물측량

① 치수검사 및 가조립 검사

② 가설 중 측량

③ 가설 후 측량

4) 안전유지관리 측량(변위 계측)

(2) 댐측량

댐은 축조되는 재료의 종류나 수압저항에 활용되는 방법 등에 따라서 분류되는데, 중력식, 아치식, 부벽식, 흙댐, 록휠댐 등으로 구분된다. 댐을 축조하기 위한 측량은 크게 조사계획측량, 실시설계측량, 안전관리측량 등으로 분류된다.

1) 조사계획측량

① 수문자료조사

② 지형 · 지질조사

③ 보상조사

④ 재료원조사

⑤ 가설비조사

2) 실시설계측량

삼각측량－다각측량－평면도 작성－종 · 횡단측량－토취장측량, 동바리 및 거푸집측량

3) 안전관리측량

① 절대변위측량

② 상대변위측량

CHAPTER 04 실전문제

01 지표에 설치된 중심선을 기준으로 터널입구에서 굴착을 시작하고 굴착이 진행됨에 따라 터널 내의 중심선을 설정하는 작업은?

㉮ 예측 ㉯ 조사

㉰ 지하설치 ㉱ 지표설치

> ◉ 터널측량의 작업 순서
> 답사 → 예측 → 지표설치 → 지하설치
> • 답사 : 개략적인 계획을 세우고 현장 부근의 지형이나 지질을 조사하여 터널의 위치 예정
> • 예측 : 지표에 중심선을 미리 표시하고 다시 도면상에 터널위치를 검토
> • 지표설치 : 중심선을 현지의 지표에 정확히 설정, 터널입구의 위치 결정
> • 지하설치 : 터널입구에서 굴착이 진행함에 따라 터널 내의 중심선을 설정하는 작업

02 다음 터널측량에 대한 설명 중 틀린 것은 어느 것인가?

㉮ 터널 내의 곡선 설치는 일반적으로 지상에서와 같다.

㉯ 터널의 길이 방향은 삼각측량 또는 트래버스측량으로 행한다.

㉰ 터널 내의 측량에서는 기계의 십자선 또는 잣눈 표척에 조명이 필요하다.

㉱ 터널측량의 분류는 터널 외 측량, 터널 내 측량, 터널 내외 연결 측량으로 나눈다.

> ◉ 터널 내의 곡선 설치는 터널 내가 협소하므로 지거법, 접선편거와 현편거 방법을 이용한다.

03 터널내에서 측점을 시준할 때 조명에 관한 사항 중 틀린 것은?

㉮ 거리가 30m 이상일 때는 등화의 불빛을 직접 시준하게 특별히 표등을 사용한다.

㉯ 단거리인 경우는 수선을 시준하고 그 후방에는 백지 또는 백포를 대고 수선의 측후방 또는 수선과 백지와의 중간에서 조명한다.

㉰ 근거리일 때는 특히 십자선을 밝게 조명하지 않으면 시준오차가 생기기 쉽다.

㉱ 거리가 멀고 빛이 약하여 보기가 곤란할 때는 여러 가지 반사경 조명기기가 사용된다.

> ◉ 근거리에서는 특히 간접 조명하여 반사광으로 시준하여야 한다.

정답 01 ㉰ 02 ㉮ 03 ㉰

실전문제

04 급경사를 이루고 있는 터널 내에서 트래버스측량을 실시할 때 측량을 정밀하게 하는 데 가장 적당한 방법은 다음 중 어느 것인가?

㉮ 방위각법　　　　㉯ 협각법
㉰ 방향각법　　　　㉱ 편각법

⊙ 정밀측각에는 협각법을 이용해서 배각법으로 하는 것이 가장 적당하다.

05 터널 내에서 트래버스측량을 할 때 트랜싯의 어느 부분을 잘 조정해야 하는가?

㉮ 종십자선　　　　㉯ 평반수준기
㉰ 보조망원경　　　　㉱ 수평축

⊙ 터널측량 시 급경사 측량이 이루어지는 경우 트랜싯의 조정이 불안정하면 영향이 크므로 특히 수평축은 정확히 수평을 유지하도록 조정할 것

06 한 수직터널을 통하여 터널 내외 연결측량을 하는 방법 중 해당되지 않는 것은?

㉮ 정렬법　　　　㉯ 삼각법
㉰ 사변형법　　　　㉱ 트래버스법

⊙ 다각측량(트래버스법)은 2개의 수직터널을 통하여 터널내외 연결측량 하는 방법이다.

07 수직터널에 의하여 지상과 지하의 측량을 연결할 때에 수직터널 수선측량을 한다. 다음 중 틀린 사항은?

㉮ 깊은 수직터널에 있어서는 강선에다 50~60kg이 되는 추를 단다.
㉯ 수직터널 입구에는 통풍이 되지 않게 뚜껑을 닫아야 한다.
㉰ 수직터널 밑에는 물이나 기름을 담은 물통을 설치하고, 내린 추가 그 물통 속에서 동요하지 않게 한다.
㉱ 수직터널 밑에 있어서 수선의 위치를 결정할 때는 수선이 완전 정지하는 것을 기다렸다가 결정한다.

⊙ 수선진동의 위치를 10회 이상 관측해서 그것의 평균값으로 정지점을 삼는 것이 적당하다.

08 터널 내외 연결측량에서 1개의 수직터널에 의한 연결측량의 설명 중 옳지 않은 것은?

㉮ 깊은 수직터널에서 추의 중량은 50~60kg이다.
㉯ 얕은 수직터널에서는 피아노선(강선)을 이용한다.
㉰ 얕은 수직터널에서는 추의 중량은 5kg 이하이다.
㉱ 수직터널 밑에는 물 또는 기름을 넣은 탱크를 설치하고 그 속에 추를 넣어 진동하는 것을 방지한다.

⊙ 깊은 수직터널에서는 피아노선을 이용하며, 얕은 수직터널에서는 철선, 동선, 황동선을 사용한다.

정답　04 ㉯　05 ㉱　06 ㉱　07 ㉱　08 ㉯

09 터널측량에서 지표중심선측량방법과 직접적인 관련이 없는 것은?

㉮ 트랜싯에 의한 직접측량법

㉯ 트래버스측량에 의한 측설법

㉰ 레벨에 의한 측설법

㉱ 삼각측량에 의한 측설법

> ⊙ 지표중심선측량방법에는 직접측설법, 트래버스에 의한 측설법, 삼각측량에 의한 측설법 등이 있다. 레벨에 의한 측설법은 고저측량과 관계가 있다.

10 다음은 터널 내외의 연결측량의 목적을 설명한 것이다. 틀린 설명은?

㉮ 광구 경계측량을 하기 위하여

㉯ 터널 내외의 측점의 위치관계를 명확히 해두기 위하여

㉰ 터널 내에서 재변이 일어났을 때 터널 외에서 그 위치를 알기 위하여

㉱ 공사계획이 부적당할 때 쉽게 그 계획을 변경하기 위하여

> ⊙ 터널 내외 연결측량은 지상측량의 좌표와 지하측량의 좌표를 같게 하는 측량이다.

11 광산이나 터널 등의 지하측량에서 보통 트랜싯을 사용해도 무방하지만 특히 삼각은 활족식으로 신축될 수 있는 것이 좋고, 또 다음의 구비조건을 갖추어야 한다. 다음 중 적당하지 않은 것은?

㉮ 이심장치를 가지고 있는 상·하 어느 점에서도 빠르게 구심을 할 수가 있어야 한다.

㉯ 상부 고정나사와 하부 고정나사의 모양을 바꾸어 캄캄한 내부에서도 촉감으로 구별할 수가 있어야 한다.

㉰ 연직분도원을 4분도원으로 눈금한 것이 좋고, 수평눈금은 0~360°로 한 방향으로 명확하게 새겨진 것이라야 한다.

㉱ 주망원경의 위 또는 옆에 보조망원경을 달 수 있도록 되어 있어야 한다.

> ⊙ 광산이나 터널측량용 트랜싯은 연직분도원이 전원이어야 한다.

12 경사도가 30°인 경사터널의 터널입구와 터널내부 간의 고저차를 가장 정밀하고 용이하게 측정하는 방법 중에서 가장 적당한 방법은?

㉮ 경사계에 의하여 경사를 측정하고 그 사거리를 재어 계산으로 구한다.

㉯ Transit으로 경사각을 측정하고 사거리를 재어 계산으로 구한다.

㉰ Y형 Level로 직접수준측량으로 한다.

㉱ 수은 수압계에 의한 측정방법으로 한다.

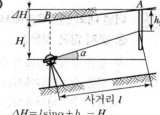

사거리 l

$$\Delta H = l\sin\alpha + h_1 - H_i$$

실전문제

13 지상측량의 좌표와 지하측량의 좌표를 같게 하는 측량은 다음 중 어느 것인가?

㉮ 지상·지하수준측량 ㉯ 지표중심선측량
㉰ 터널좌표측량 ㉱ 터널 내외 연결측량

> 지상좌표와 지하좌표를 같게 하는 측량은 터널내외 연결측량이다.

14 터널 내에서 60°보다 큰 연직각을 측정하는 경우 가장 정밀한 결과를 얻는 것은?

㉮ 측위망원경 ㉯ 수평망원경
㉰ 연직망원경 ㉱ 정위망원경

> 광산 및 터널측량의 트랜싯의 종류에는 정위, 측위, 편심, 가변 보조망원경 등이 있다. 정위망원경은 주망원경 위에다 지주를 세우고 그 위에 보조망원경을 주망원경에 평행으로 고정하여 고저차가 큰 각을 읽기 편하게 하고 있다.

15 터널 내의 절취면에서 상하 두 점 간에 매설된 테이프의 경사를 측정할 때 어떤 지점에 경사계를 걸어야 하는가?

㉮ 중앙에서 약간 아래 위치
㉯ 중앙
㉰ 중앙에서 약간 위의 위치
㉱ 상단에서 중앙과의 중간 위치

16 다음 터널측량에서 그 내용의 일부를 설명한 것 중 옳지 않은 것은?

㉮ 터널측량의 분류는 지표측량과 지하측량으로 나눈다.
㉯ 터널의 길이나 방향은 삼각측량 또는 트래버스측량으로 정하게 된다.
㉰ 터널 내에서 천장에 B.M을 만들어 표척을 반대로 사용할 경우 표고는 후시에서 전시와 후시점의 표고를 뺀 값이다.
㉱ 터널 내의 측량에서는 기계의 십자선의 잣눈 표척 등에 조명이 필요하다.

> 터널 내에서 미지의 지반고는 기지 지반고-후시+전시이다.

17 A, B 두 터널의 수직터널에 의하여 터널 내외 연결을 하는 경우 깊이를 700m, 수직터널 간의 거리를 500m로 하면 두 개의 수직터널 간의 거리는 터널 내외에서 얼마나 틀리는가?(단, $R = 6,370$km임)

㉮ 5cm
㉯ 10cm
㉰ 3cm
㉱ 7cm

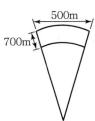

>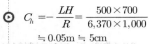
> $C_h = -\dfrac{LH}{R} = \dfrac{500 \times 700}{6,370 \times 1,000}$
> $\fallingdotseq 0.05\text{m} \fallingdotseq 5\text{cm}$

정답 13 ㉱ 14 ㉱ 15 ㉮ 16 ㉰ 17 ㉮

실전문제 **TIP**

18 경사터널의 고저차를 구하기 위해 측량한 결과 다음을 얻었다. A, B의 고저차는 얼마인가?(단, A점의 기계높이와 B점의 시준높이를 천장으로부터 관측한 값이다. A점의 기계높이 $IH=1.15\text{m}$, B점의 시준높이 $Z=1.56\text{m}$, 사거리 $L=31.69\text{m}$, 연직각 $\alpha=+17°41'$)

㉮ 9.63m

㉯ 10.04m

㉰ 15.6m

㉱ 31.69m

$$\Delta H = Z + L\sin\alpha - IH$$
$$= 1.56 + 31.69 \times \sin17°41'$$
$$- 1.15$$
$$= 10.04\text{m}$$

19 두 개의 수직터널 A, B에서 수선측량을 하여 터널 내외를 연결했다. 터널 외 $\overline{AB}$의 좌표 $A(X=1,265.45\text{m}, Y=468.75\text{m})$, $B(X=2,185.31\text{m}, Y=1,692.60\text{m})$, 터널 내 $\overline{AB}$의 좌표 $A(X=1,265.45\text{m}, Y=468.75\text{m})$, $B(X=2,190.77\text{m}, Y=1,689.77\text{m})$이다. 터널 내 측량의 최초의 측선의 방위각을 얼마만큼 수정해야 하는가?

㉮ 8′41″

㉯ 0′22″

㉰ 13′36″

㉱ 14′22″

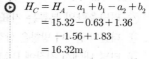

- 터널 내 $\overline{AB}$좌표의 방위각
$$\tan\theta = \frac{Y_B - Y_A}{X_B - X_A}$$
$$= \frac{1,689.77 - 468.75}{2,190.77 - 1,265.45}$$
$$\theta = 52°50'39.21''$$
- 터널 외 $\overline{AB}$좌표의 방위각
$$\tan\theta = \frac{1,692.60 - 468.75}{2,185.31 - 1,265.45}$$
$$\theta = 53°04'15.77''$$
∴ 수정량
$$= 53°04'15.77'' - 52°50'39.21''$$
$$= 13'36.56''$$

20 측점이 터널의 천장에 설치되어 있는 터널 내 수준측량에서 아래 그림과 같은 관측결과를 얻었다. A점의 지반고가 15.32m(수준측량의 기준면부터)일 때 C점의 지반고는 다음 중 어느 것인가?

㉮ 14.32m

㉯ 14.49m

㉰ 16.32m

㉱ 16.49m

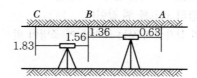

$$H_C = H_A - a_1 + b_1 - a_2 + b_2$$
$$= 15.32 - 0.63 + 1.36$$
$$- 1.56 + 1.83$$
$$= 16.32\text{m}$$

21 터널측량 중 지자기편차가 서(West)편차인 지역의 방위각 계산방법은?

㉮ 서편차만큼의 1/2을 빼준다.

㉯ 서편차만큼의 1/2을 더해준다.

㉰ 서편차만큼 빼준다.

㉱ 서편차만큼 더해준다.

방위각을 구하려면 서편차만큼 빼준다.

정답 18 ㉯ 19 ㉰ 20 ㉰ 21 ㉰

22 경사된 사거리가 50m인 경사터널에서 수평각을 측정한 시준선에
서 직각으로 5mm의 시준오차가 생겼다. 각에 미치는 오차는?

㉮ 21″　　　　　　　　　　㉯ 30″
㉰ 35″　　　　　　　　　　㉱ 41″

$\theta'' = \dfrac{\Delta h}{D}\rho''$
$= \dfrac{0.005}{50} \times 206,265''$
$= 20.63''$

23 지표에서 보링을 행하여 단층의 Core를 채취하였더니 두께
5.00m, 층의 경사각이 30°이었다. 이때 한 층의 실제두께는?

㉮ 2.50m　　　　　　　　㉯ 4.33m
㉰ 6.50m　　　　　　　　㉱ 8.33m

실제두께$(h') = h\cos\theta$
$= 5 \times \cos 30°$
$= 4.33\text{m}$

24 급경사면의 연직각을 측정하기 위하여 정위망원경으로 부각
45°17′을 관측하였다. 측점까지의 사거리를 70m, 주망원경과의 수
직거리를 10cm로 하면 실제의 부각은 얼마인가?

㉮ 35°10′5″　　　　　　　㉯ 45°12′5″
㉰ 55°22′5″　　　　　　　㉱ 65°32′5″

• $V' - V = x \rightarrow V = V' - x$
• $x = \sin^{-1}\left(\dfrac{\overline{BC}}{\overline{AB}}\right)$
$= \sin^{-1}\left(\dfrac{0.1}{70}\right) = 0°04'55''$
∴ $V = 45°17' - 0°04'55'' = 45°12'05''$

정위망원경(V')
주망원경(V)

25 60°의 경사를 이루고 있는 30m의 경사터널에 있어서 수평각을 관
측하였더니 시준선에 직각으로 3mm의 시준오차가 생겼다. 이때
수평각오차는?

㉮ 20″　　　　　　　　　　㉯ 21″
㉰ 22″　　　　　　　　　　㉱ 23″

$\theta'' = \dfrac{\Delta h}{D} \cdot \rho''$
$= \dfrac{0.003}{30} \times 206,265''$
$= 20.6'' \fallingdotseq 21''$

26 터널 내의 좌표가 (1,328.0m, 810.0m), (1,734.0m, 589.0m),
높이가 (86.30m, 112.40m) 되는 AB점을 연결하는 터널을 굴
진하는 경우 터널의 경사거리는?

㉮ 342m　　　　　　　　　㉯ 365m
㉰ 463m　　　　　　　　　㉱ 465m

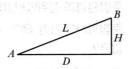

• $\overline{AB}$ 수평거리(D)
$= \sqrt{\begin{array}{c}(1,734.0-1,328.0)^2\\+(589.0-810.0)^2\end{array}}$
$= 462.25\text{m}$
• $\overline{AB}$ 고저차(H)
$= 112.4 - 86.3 = 26.1\text{m}$
∴ 터널의 경사거리(L)
$= \sqrt{D^2 + H^2}$
$= \sqrt{462.25^2 + 26.1^2} \fallingdotseq 463\text{m}$

정답 22 ㉮　23 ㉯　24 ㉯　25 ㉯　26 ㉰

27 터널측량에서 방위각과 측선거리가 그림과 같을 때 $\overline{AD}$ 간의 거리는?

㉮ 35.80m

㉯ 36.00m

㉰ 36.20m

㉱ 36.40m

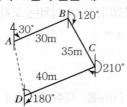

$L_{AB} = 30 \times \cos 30° = 25.98m$
$D_{AB} = 30 \times \sin 30° = 15.00m$
$L_{BC} = 35 \times \cos 120° = -17.50m$
$D_{BC} = 35 \times \sin 120° = 30.31m$
$L_{CD} = 40 \times \cos 210° = -34.64m$
$D_{CD} = 40 \times \sin 210° = -20.00m$
• $\sum L = 25.98 - 17.50 - 34.64$
$= -26.16m$
• $\sum D = 15 + 30.31 - 20 = 25.31m$
∴ $\overline{AD}$의 거리
$= \sqrt{(-26.16)^2 + (25.31)^2}$
$≒ 36.40m$

28 우리나라의 자침편차는 다음 중 어느 것인가?

㉮ 서편차 7°

㉯ 동편차 7°

㉰ 서편차 7′

㉱ 동편차 7′

우리나라의 자침편차는 W5~W10° 지역이다.

29 어떤 광산에 있어서 자기편차가 7°28′ W였다. 지금 어떤 측선의 자침방위가 S50°30′ W였다고 한다. 그 측선의 방위각은?

㉮ 225°02′

㉯ 223°02′

㉰ 57°58′

㉱ 43°02′

자북방위각
$\alpha_m = 180° + 50°30′ = 230°30′$
∴ 진북방위각
$\alpha = 230°30′ - 7°28′ = 223°02′$

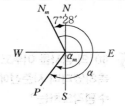

30 광산측량에서 정위망원경으로 측정한 연직각 $V' = -20° \; 32′30″$, 주망원경과 정위망원경의 시준선 사이 거리 $\overline{AB} = 0.05m$이며, 시준점까지의 거리 $\overline{BC} = 40.40m$이었다. 이때 정확한 연직각을 구한 값은?

㉮ $-20°28′15″$

㉯ $-20°29′27″$

㉰ $-20°30′30″$

㉱ $-20°36′45″$

$\theta'' = \frac{\overline{AB}}{\overline{BC}} \rho''$
$= \frac{0.05}{40.40} \times 206,265''$
$= 255'' = 4'15''$
∴ 정확한 연직각(V)
$= 20°32′30'' - 4'15'' = 20°28′15''$

31 보기에 나타낸 터널측량의 작업내용을 순서대로 옳게 열거한 것은?

> ㉠ 터널 중심선의 지상 설치
> ㉡ 터널 내외 연결측량
> ㉢ 터널 외 기준점 설치 및 대축척지형도 작성
> ㉣ 터널 중심선의 지하 측설

㉮ ㉠ – ㉢ – ㉣ – ㉡ ㉯ ㉢ – ㉠ – ㉣ – ㉡

㉰ ㉢ – ㉠ – ㉡ – ㉣ ㉱ ㉠ – ㉣ – ㉢ – ㉡

○ 터널측량의 작업 순서
㉢ 터널 외 기준점 설치 및 대축척 지형도 작성(답사) → ㉠ 터널 중심선의 지상 설치(예측) → ㉣ 터널 중심선의 지하 설치(지표 설치) → ㉡ 터널 내외 연결측량(지하 설치)

32 터널의 중심선측량의 가장 중요한 목적은?

㉮ 정확한 방향과 거리측정 ㉯ 터널입구의 정확한 굴삭 방향

㉰ 인조점의 올바른 매설 ㉱ 도벨 간 정확한 거리 판정

○ 터널측량에 있어서는 방향과 고저, 특히 방향의 오차는 영향이 크므로 되도록 직접 구하여 터널을 굴진하기 위한 방향을 구하는 것과 동시에 정확한 거리를 찾아내는 것이 목적이다.

33 A, B 두 지점 간을 연결하는 직선터널을 건설하고자 할 때 $\overline{AB}$ 측선의 방위각은?(단, 두 지점의 평면좌표(X, Y)는 $A(1,200.52\text{m}, 830.70\text{m})$, $B(1,755.30\text{m}, 667.85\text{m})$임)

㉮ 16°21′33″

㉯ 73°38′27″

㉰ 106°21′33″

㉱ 343°38′27″

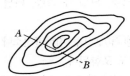

○ $\theta = \tan^{-1}\left(\dfrac{667.85 - 830.70}{1,755.30 - 1,200.52}\right)$
$= 16°21′33″$(4상한)
$\therefore \overline{AB}$방위각 $= 360° - 16°21′33″$
$= 343°38′27″$

34 경사터널의 다각측량 시 트랜싯 어느 부분의 조정을 가장 엄밀하게 해야 하는가?

㉮ 연직분도원 ㉯ 연직축

㉰ 수평축 ㉱ 십자선

○ 터널측량 시 급경사 측량이 이루어지는 경우 트랜싯 조정이 불안정하면 영향이 대단히 크므로 특히 수평축은 엄밀히 수평축을 유지하도록 조정하는 것이 필요하다.

35 터널작업에서 터널 외 기준점측량에 대한 다음 설명 중 옳지 않은 것은?

㉮ 터널 입구 부근에 인조점(引照點)을 설치한다.

㉯ 측량의 정확도를 높이기 위해 가능한 한 후시를 짧게 잡는다.

㉰ 고저측량용 기준점은 터널입구 부근과 떨어진 곳에 2개소 이상 설치하는 것이 좋다.

㉱ 기준점을 서로 관련시키기 위해 기준점이 시통되는 곳에 보조삼각점을 설치한다.

○ 기준점을 기초로 하여 터널작업을 진행해 가므로 측량정확도를 높이기 위해서는 후시를 될 수 있는 한 길게 잡고 고저측량용 기준점은 터널 입구 부근과 떨어진 곳에 2개소 이상 설치하는 것이 좋다.

정답 31 ㉯ 32 ㉮ 33 ㉱ 34 ㉰ 35 ㉯

36 그림에서 A는 광맥의 노두상의 점이고 광맥의 경사는 50°이다. B는 주향선과 60°의 방향으로 수평거리 300m 떨어진 지점이다. B점의 입갱에서 광상까지의 깊이를 구하면?(단, 표고의 단위는 m임)

㉮ 259.81m
㉯ 309.63m
㉰ 409.63m
㉱ 498.05m

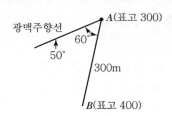

광맥주향선
60°
A(표고 300)
50°
300m
B(표고 400)

보링의 깊이 $L = H + h$
$h = d\sin\theta\tan\delta$
$\therefore L = H + (d\sin\theta\tan\delta)$
$= 100 + (300 \times \sin 60°$
$\times \tan 50°)$
$= 409.63\text{m}$

37 깊이 100m, 직경 5m인 1개의 수직터널에 의해서 터널 내외를 연결하는 데는 어느 방법이 가장 많이 사용되는가?

㉮ 사변형법
㉯ 트랜싯과 추선에 의한 방법
㉰ 삼각법
㉱ 지거법

1개의 수직터널에 의한 연결방법에서 얕은 수직터널에서는 보통 철선, 동선, 황동선 등이 사용되며, 깊은 수직터널에서는 피아노선이 이용된다. 깊이가 100m인 깊은 수직터널이므로 트랜싯과 추선을 이용하는 것이 타당하다.

38 다음 중 터널측량에 관한 설명이 틀린 것은?

㉮ 터널측량을 크게 나누어 터널 외 측량, 터널 내 측량, 터널 내외 연결측량으로 구분한다.
㉯ 광의의 터널에는 입갱(立坑)과 사갱(斜坑) 또는 지하발전소나 지하저유소와 같은 인공적 공동(空洞)도 포함된다.
㉰ 터널측량의 순서는 터널 내 측량, 터널 외 측량, 터널 내외 연결측량의 순서로 행한다.
㉱ 터널 내의 측량에는 기계의 십자선과 표척 등에 조명이 필요하다.

터널측량은 크게 터널 외 측량, 터널 내 측량, 터널 내외 연결측량으로 구분된다.

39 종단선형의 설계방법 중 틀린 것은 어느 것인가?

㉮ 장대터널에서 자동차 배기가스의 배제를 위하여 최대오르막구배를 4.0%로 하고 특별한 경우에도 5.0%를 넘지 않도록 한다.
㉯ 구배변화가 작을 때의 종단곡선은 될 수 있는 한 크게 취해야 한다.
㉰ 종단구배는 완만할수록 좋지만 노면의 배수를 위해서 0.3~0.5%의 구배로 하는 것이 좋다.
㉱ 연장이 긴 연속된 오르막 구간에는 오르막구배가 끝나는 정상부근에서 구배를 비교적 완만하게 하는 것이 좋다.

최소종단경사

바람직한 최소치	절대 최소치
0.5%	0.3%

즉, 장대터널에서 자동차 배기가스의 배제를 위하여 최소 0.3~0.5%를 유지하여야 한다.

실전문제 TIP

40 **트랜싯과 레벨을 터널 내에서 사용하는 경우에 필요한 조명장치에 대한 설명 중 틀린 것은?**

㉮ 망원경십자선과 눈금반을 조명하는 것에는 건전지상자, 휴대용의 회중전등형의 것을 사용한다.
㉯ 시준이 원거리인 경우 시준 등을 사용하면 좋다.
㉰ 망원경십자선은 망원경의 경사 전방에 전등을 두어 조명하거나 십자선 조명용 반사경을 망원경의 앞에 달아 붙이면 편리하다.
㉱ 근거리일 때는 직접 조명하여 시준하여야 한다.

> 근거리에서는 특히 간접 조명하여 반사광으로 시준하여야 한다.

41 **지상측량의 좌표와 지하측량의 좌표를 일치시키는 측량은 다음 중 어느 것인가?**

㉮ 지상 · 지하수준측량　　㉯ 지표중심선측량
㉰ 터널좌표측량　　㉱ 터널 내외 연결측량

> 터널 내외 연결측량은 지상측량의 좌표를 지하측량의 좌표에 연결하여 터널 내외를 동일좌표계로 구성하는 측량이다.

42 **터널의 양쪽 입구를 연결하는 트래버스측량을 실시하여 다음 좌표를 얻었다. A점(100, 200), B점(−200, −200)일 때 $\overline{AB}$의 방위각은?**

㉮ 53° 07′ 48″　　㉯ 233° 07′ 48″
㉰ 36° 52′ 12″　　㉱ 216° 52′ 12″

> $\theta = \tan^{-1}\left(\frac{Y_B - Y_A}{X_B - X_A}\right)$
> $= 53°07'48''$(3상한)
> $\therefore \overline{AB}$ 방위각 $= 180° + 53°07'48''$
> $= 233°7'48''$

43 **측점이 터널의 천장에 설치되어 있는 터널 내 수준측량에서 아래 그림과 같은 관측결과를 얻었다. A점의 지반고가 15.32m(수준측량의 기준면부터)일 때 C점의 지반고는?**

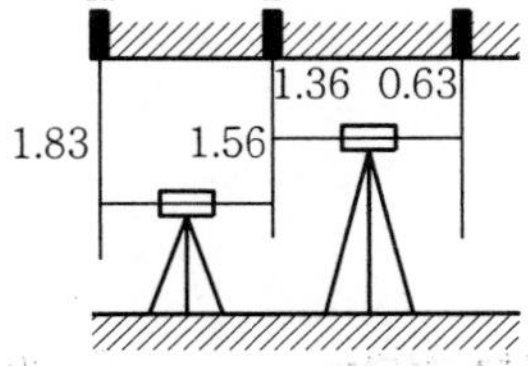

㉮ 14.32m　　㉯ 14.49m
㉰ 16.32m　　㉱ 16.49m

> $H_C = 15.32 - 1.83 + 1.56 - 1.36 + 0.63$
> $= 14.32$m

정답 40 ㉱ 41 ㉱ 42 ㉯ 43 ㉮

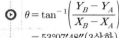

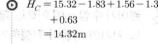

44 다음과 같은 터널에서 $\overline{AB}$ 사이의 구배가 1/250이고, $\overline{BC}$ 사이의 구배는 1/100일 때 측점 A와 C 사이의 지반고의 차이는?

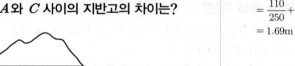

⑦ 1.690m
④ 1.645m
⑤ 1.600m
⑥ 1.590m

$H_{AC} = H_B + H_C$
$= \dfrac{110}{250} + \dfrac{125}{100}$
$= 1.69\text{m}$

45 다음 그림과 같은 500mm 하수관 공사에서 A점의 관저 계획고는 50.15m이고 B점의 관저 계획고는 50.45m, 하수관의 구배가 1/250일 때 $\overline{AB}$ 간의 거리는?

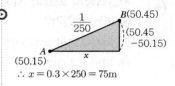

⑦ 60m
④ 75m
⑤ 120m
⑥ 150m

$\therefore x = 0.3 \times 250 = 75\text{m}$

46 높이가 수십 m에 이르는 대형 터널의 단면측량을 할 때 다음 중 어느 기기의 사용이 적절한가?

⑦ 트랜싯과 강철자
④ 터널용 데오돌라이트와 강철자
⑤ 반사경을 사용해야 하는 광파거리측정기
⑥ 터널 프로파일러

높이가 수십 m에 이르므로 반사경을 사용하는 광파거리측량기는 작업이 불편하므로 터널용 데오돌라이트를 이용하는 것이 현실적인 방법으로 판단된다.

47 다음 중 터널 곡선부의 측설법으로 적절하지 못한 것은?

⑦ 중앙종거법
④ 현편거법
⑤ 편각법
⑥ 접선편거법

편각법은 다른 방법에 비해 정확하나 반경이 적을 때 오차가 많이 발생하므로 터널곡선부의 측설법으로는 부적당하다.

48 터널측량에서 터널 내 고저측량에 대한 다음 설명 중 틀린 것은?

㉮ 터널의 굴착이 진행됨에 따라 터널입구 부근에 이미 설치된 고저기준점(B.M)으로부터 터널 내의 B.M에 고저측량으로 연결하여 터널내의 고저를 관측한다.

㉯ 터널 내의 B.M은 터널 내 작업에 의하여 파손되지 않는 곳에 설치가 쉽고 측량이 편리한 장소를 선택한다.

㉰ 터널 내의 고저측량에는 터널 외와 달리 표척과 레벨을 사용하지 않는다.

㉱ 터널 내의 표척은 3m 또는 그 이하의 것을 사용하고 천장에 B.M을 설치할 경우에는 5m 표척을 사용한다.

◉ 터널 내 고저측량에서 완경사에는 레벨을, 급경사인 경우에는 트랜싯에 의한 간접수준측량을 실시한다.

49 터널측량에서 지표중심선측량방법과 직접적인 관련이 없는 것은?

㉮ 트랜싯에 의한 직접측량법 ㉯ 트래버스측량에 의한 측설법
㉰ 레벨에 의한 측설법   ㉱ 삼각측량에 의한 측설법

◉ 지표중심선 측량방법에는 직접측설법, 트래버스에 의한 측설법, 삼각측량에 의한 측설법 등이 있다.

50 다음 중 터널측량의 순서로서 가장 옳은 것은?

① 터널변위계측	② 터널 내외 연결측량
③ 내공단면측량	④ 터널 외 측량
⑤ 노선선정	⑥ 터널 내 측량

㉮ ⑤-④-②-⑥-③-①   ㉯ ⑤-④-⑥-②-③-①
㉰ ⑤-⑥-②-④-③-①   ㉱ ⑤-⑥-②-④-①-③

◉ 터널측량 작업순서
노선선정 → 터널 외 측량 → 터널 내외 연결측량 → 터널 내 측량 → 내공단면측량 → 터널변위계측

51 터널의 변형조사 측량과 거리가 먼 것은?

㉮ 중심측량   ㉯ 지거측량
㉰ 고저측량   ㉱ 단면측량

◉ 지거측량(Offset Surveying)
관측점에서 측선까지의 지거를 관측하여 측량하는 방법이며, 주로 지상의 세부위치를 구할 때 사용된다.

52 터널 내 측량의 특성을 설명한 것 중 옳지 않은 것은?

㉮ 결합 트래버스에 의한 측량이므로 누적오차 발생을 확인하기 쉽다.

㉯ 습기, 먼지, 소음, 어둠 등으로 측량조건이 매우 불량하다.

㉰ 굴착면의 변위발생으로 설치한 기준점의 변형이 수반될 수 있다.

㉱ 좁고 길며 밀폐된 공간의 측량으로서 후시의 경우 거리가 짧고 예각 발생의 경우가 많아 오차 발생요인이 크다.

◉ 개방트래버스에 의한 측량이므로 누적오차 발생을 확인하기 어렵다.

정답 48 ㉰ 49 ㉰ 50 ㉮ 51 ㉯ 52 ㉮

53 터널 내 중심선 측량과 가장 거리가 먼 것은?

㉮ 중심선 도입측량과 중심말뚝 설치

㉯ 터널 내 고저측량

㉰ 터널변형 측정

㉱ 터널 내 곡선설치

터널변형 측정은 터널 중심선 측량과 무관하다.

54 터널의 시점(P)과 종점(Q)의 좌표가 $P(1,200, 800, 75)$, $Q(1,600, 600, 100)$로 터널을 굴진할 경우 경사각은?

㉮ 2°11′19″

㉯ 2°13′19″

㉰ 3°11′59″

㉱ 3°13′19″

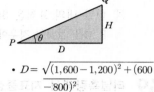

- $D = \sqrt{(1,600-1,200)^2 + (600-800)^2}$
  $= 447.214$m
- $H = 100 - 75 = 25$m
- $\tan\theta = \dfrac{H}{D}$

$\therefore \theta = \tan^{-1}\dfrac{25}{447.214} = 3°11′59″$

55 현편거법에 의하여 터널 내 곡선설치를 할 때 변 $\overline{SQ}$의 크기는 얼마인가?

㉮ $\dfrac{l^2}{R}$

㉯ $\dfrac{l^2}{2R}$

㉰ $\dfrac{2l^2}{R}$

㉱ $\dfrac{l}{R}$

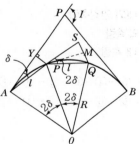

$\overline{SQ} = 2 \cdot \overline{YP}$

$\overline{YP} = l \cdot \sin\delta$

$\overline{SQ} = 2 \cdot l \cdot \sin\delta$

$\left(\delta = \dfrac{l}{2R}(라디안)\right)$

$\therefore \overline{SQ} = 2 \cdot l \cdot \dfrac{l}{2R} = \dfrac{l^2}{R}$

56 터널 내외 연결측량에 대한 설명으로 잘못된 것은?

㉮ 수직터널이 낮고 단면이 큰 경우에는 광학적인 방법을 이용하여 충분한 정확도를 얻을 수 있다.

㉯ 터널 내외의 측점 위치관계를 명확하게 하기 위한 목적으로 실시한다.

㉰ 수직터널이 한 개인 경우 수직터널에 한 개의 수선을 내리고 이 수선의 길이와 방위를 관측한다.

㉱ 지하의 터널과 지상의 광산구역경계 및 중요 제점과 어떤 관계가 있는가를 조사하기 위한 측량이다.

1개의 수직터널으로 연결할 경우에는 수직터널에 2개의 추를 매달아서 이것에 의해 연직면을 정하고, 그 방위각을 지상에서 관측하여 터널 내 측량으로 연결한다.

정답 53 ㉰ 54 ㉰ 55 ㉮ 56 ㉰

실전문제 TIP

57 측위망원경에 의해 수평각을 측정하여 $H'=80°$를 얻었다. 주망원경과 측위망원경의 시준선 간의 거리 $\overline{OC}=\overline{OC'}=0.10m$이고, 시준선까지의 거리 $\overline{AO}=35.77m$, $\overline{BO}=23.10m$이었다면 실제 수평각(H)은 얼마인가?

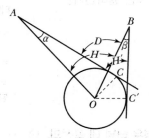

㉮ 79°55′44″ ㉯ 80°05′16″
㉰ 80°11′05″ ㉱ 80°15′25″

⊙ $H=H'+\beta-\alpha$

• $\beta=\cos^{-1}\dfrac{\overline{BO}^2+\overline{BC'}^2-\overline{OC'}}{2\cdot\overline{BO}\cdot\overline{BC'}}$

$=\cos^{-1}\dfrac{23.1^2+23.1^2-0.1^2}{2\times23.1\times23.1}$

$=0°14'53''$

• $\alpha=\cos^{-1}\dfrac{\overline{AO}^2+\overline{AC}^2-\overline{OC}^2}{2\times\overline{AO}\times\overline{AC}}$

$=\cos^{-1}\dfrac{35.77^2+35.77^2-0.1^2}{2\times35.77\times35.77}$

$=0°09'37''$

$\therefore H=80+0°\,14'\,53''-0°\,09'\,37''$
$=80°05'16''$

58 지구에 연직방향인 A, B 2개의 수직터널에 의해서 터널 내외를 연결하는 경우, 터널 외에서 수직터널 간의 거리가 400m일 때, 수직터널 깊이가 500m라면 터널 내에서의 두 수직터널 간 거리는?(단, 지구는 반지름 6,370km의 구로 가정한다.)

㉮ 399.969m ㉯ 399.992m
㉰ 400.008m ㉱ 400.031m

⊙ 거리$=D-\dfrac{H}{R}D$

$=400-\dfrac{500}{6,370\times1,000}\times400$

$=399.969m$

59 직선 터널 양끝의 좌표가 $A(120, 60)$, $B(240, 70)$이고 각각의 표고가 80m, 82m일 때 이 터널의 경사거리는?(단, 단위는 m임)

㉮ 115.12m ㉯ 120.43m
㉰ 125.44m ㉱ 130.43m

⊙ • $\overline{AB}$의 수평거리
$=\sqrt{(240-120)^2+(70-60)^2}$
$=120.416m$

• $\overline{AB}$의 고저차
$=82-80=2m$

∴ $\overline{AB}$의 경사거리
$=\sqrt{120.416^2+2^2}=120.43m$

60 터널 내 A, B의 좌표가 $A(x=1,328.0m,\ y=810.0m,\ z=86.30m)$, $B(x=1,734.0m,\ y=589.0m,\ z=112.40m)$일 때 두 점을 굴진하는 경우 A, B점의 경사각은?

㉮ 약 3° ㉯ 약 5°
㉰ 약 7° ㉱ 약 9°

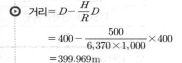

⊙ • $\overline{AB}$수평거리
$=\sqrt{(X_A-X_B)^2+(Y_A-Y_B)^2}$
$=462.25m$

• $\overline{AB}$고저차$=Z_B-Z_A=26.1m$

$\therefore \theta=\tan^{-1}\dfrac{\overline{AB}\text{ 고저차}}{\overline{AB}\text{ 수평거리}}$
$=3.23°\fallingdotseq3°$

정답 57 ㉯ 58 ㉮ 59 ㉯ 60 ㉮

PART 01 PART 02 PART 03 PART 04 PART 05 부록

61 두 개의 수직터널 A, B에서 추선측량을 하여 터널 내외를 연결했다. 터널 외 A, B의 좌표가 $A(x=1,367.54\text{m}, y=486.57\text{m})$, $B(x=2,187.24\text{m}, y=1,687.64\text{m})$이고, 터널 내 A, B의 좌표가 $A(x=1,367.54\text{m}, y=486.57\text{m})$, $B(x=2,196.77\text{m}, y=1,677.72\text{m})$일 때 이 터널 내외의 측선이 이루는 방위각의 차는 얼마인가?

㉮ 29′19″　　　　㉯ 30′53″
㉰ 31′53″　　　　㉴ 53′19″

- 터널 외 $\overline{AB}$ 방위각
$$=\tan^{-1}\frac{y_B-y_A}{x_B-x_A}$$
$$=\tan^{-1}\frac{1,687.64-486.57}{2,187.24-1,367.54}$$
$$=55°41′14″$$
- 터널 내 $\overline{AB}$ 방위각
$$=\tan^{-1}\frac{y_B-y_A}{x_B-x_A}$$
$$=\tan^{-1}\frac{1,677.72-486.57}{2,196.77-1,367.54}$$
$$=55°9′21″$$
∴ 방위각 차$=55°41′14″-55°9′21″$
$$=0°31′53″$$

62 터널측량에서 측점의 위치가 다음 표와 같을 경우 터널 내 곡선의 교각은 얼마인가?

측점위치	X(m)	Y(m)
터널 내 원곡선시점	100.000	100.000
터널 내 원곡선종점	100.000	350.000
교점	120.000	225.000

㉮ 18°10′50″　　　　㉯ 28°15′45″
㉰ 48°10′50″　　　　㉴ 71°50′10″

- $\alpha_1=\tan^{-1}\left(\dfrac{225-100}{120-100}\right)$
$$=80°54′35″$$
- $\alpha_2=\tan^{-1}\left(\dfrac{350-225}{120-100}\right)$
$$=80°54′35″$$
∴ $I=180°-\alpha_2-\alpha_1$
$$=180°-80°54′35″$$
$$-80°54′35″$$
$$=18°10′50″$$

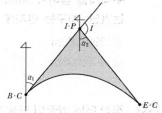

63 터널측량에 대한 설명 중 틀린 것은?

㉮ 터널 외 측량, 터널 내 측량, 터널 내외 연결측량으로 구분한다.
㉯ 터널 내 측량 시 조명이 달린 표척과 레벨이 필요하다.
㉰ 터널 내 중심선측량 시 도벨이라는 기준점을 설치한다.
㉴ 터널 내의 곡선설치 시 편각현장법을 사용한다.

터널 내의 곡선설치는 지거법에 의한 곡선설치, 접선편거와 현편거에 의한 방법을 이용하여 설치한다.

64 터널측량을 지상측량과 비교했을 때의 특징적인 내용이 아닌 것은?

㉮ 망원경의 십자선은 조명 장치 등으로 구분이 용이하여야 한다.
㉯ 측점은 천장에 설치하기도 한다.
㉰ 터널 내의 곡선 설치는 장소가 협소하므로 편각법을 주로 사용한다.
㉴ 터널 내는 좁고, 어두우며, 급경사인 경우가 많으므로 특별한 기계장치의 조합이 필요하다.

터널 내의 곡선 설치는 지거법에 의한 곡선 설치, 접선편거와 현편거에 의한 방법을 이용하여 설치한다.

정답　61 ㉰　62 ㉮　63 ㉴　64 ㉰

실전문제 TIP

65 터널측량에 관한 설명으로 옳지 않은 것은?

㉮ 터널측량은 터널 외 측량과 터널 내 측량, 터널 내외 연결측량으로 나눌 수 있다.
㉯ 터널의 길이, 방향은 삼각측량 또는 트래버스 측량으로 정한다.
㉰ 터널 내의 수준측량은 정확도를 위해 레벨과 수준척에 의한 직접수준측량으로만 측정한다.
㉱ 터널 내 측량에서는 기계의 십자선, 표척눈금 등에 조명이 필요하다.

터널 내 수준측량은 레벨에 의한 직접 수준측량을 주로 이용하고 현장상황에 따라 트랜싯 또는 토털스테이션에 의한 간접수준측량을 실시한다.

66 터널측량에 대한 설명으로 옳지 않은 것은?

㉮ 터널 내에서의 곡선설치는 일반적으로 지상에서와 같은 방법으로 행한다.
㉯ 터널의 길이방향 관측은 삼각측량 또는 트래버스 측량으로 행한다.
㉰ 터널 내의 측량에서는 기계의 십자선 및 표척 등에 조명이 필요하다.
㉱ 터널측량은 터널 외 측량, 터널 내 측량, 터널 내외 연결측량으로 분류할 수 있다.

터널 내의 곡선설치는 터널 내가 협소하므로 지거법, 접선편거와 현편거 방법을 이용한다.

67 경사 약 30°의 경사 터널의 시점과 종점의 고저차를 가장 정밀하고 간편하게 구하는 방법은?

㉮ 레벨과 표척을 이용한 수준측량에 의해 고저차를 구한다.
㉯ 경사계로 경사를 구하고 사거리를 측정하여 고저차를 구한다.
㉰ 토털스테이션으로 경사와 경사거리를 측정하여 고저차를 구한다.
㉱ 기압계에 의하여 고저차를 구한다.

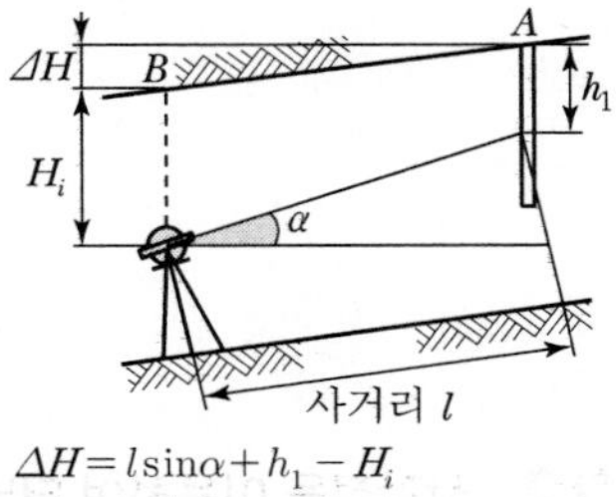

$\Delta H = l\sin\alpha + h_1 - H_i$

68 터널 작업에서 터널 외 기준점 측량에 대한 설명으로 틀린 것은?

㉮ 터널 입구 부근에 인조점을 설치한다.
㉯ 기준점을 서로 관련시키기 위해 기준점이 시통 되는 곳에 필요한 경우 보조 삼각점을 설치한다.
㉰ 측량의 정확도를 높이기 위하여 가능한 후시를 짧게 한다.
㉱ 고저측량용 기준점은 터널입구 부근과 떨어진 곳에 2개소 이상 설치하는 것이 좋다.

일반적으로 후시의 정확도를 높이기 위하여 가능한 먼 거리에 있는 점을 시준한다.

정답 65 ㉰ 66 ㉮ 67 ㉰ 68 ㉰

69 다음 중 터널측량 작업순서가 올바른 것은?

㉮ 예측 → 지표설치 → 답사 → 지하설치

㉯ 답사 → 예측 → 지표설치 → 지하설치

㉰ 예측 → 답사 → 지하설치 → 지표설치

㉱ 답사 → 지표설치 → 예측 → 지하설치

○ 터널측량의 작업 순서
- 터널 외 기준점 설치 및 대축척지형도 작성(답사)
- 터널 중심선의 지상 설치(예측)
- 터널 중심선의 지하 설치(지표설치)
- 터널 내외 연결측량(지하설치)

70 터널측량을 실시할 때 작업순서로 옳은 것은?

① 터널 내 기준점을 설치하기 위한 측량을 한다.

② 다각측량으로 터널 중심선을 설치한다.

③ 터널의 굴착 단면형을 확인하기 위해서 횡단면을 측정한다.

④ 항공 사진측량에 의해 계획지역의 지형도를 작성한다.

㉮ ② → ④ → ① → ③   ㉯ ② → ① → ④ → ③

㉰ ④ → ① → ② → ③   ㉱ ④ → ② → ① → ③

○ 터널측량 순서
지형측량 → 중심선측량 → 터널 내외 연결측량 → 터널 내 측량

71 지표에 설치된 중심선을 기준으로 터널 입구에서 굴착을 시작하고 굴착이 진행됨에 따라 터널 내의 중심선을 설정하는 작업은?

㉮ 예측   ㉯ 조사

㉰ 지하설치   ㉱ 지표설치

○ 터널측량의 작업 순서
답사 → 예측 → 지표설치 → 지하설치
- 답사 : 개략적인 계획을 세우고 현장부근의 지형이나 지질을 조사하여 터널의 위치 예정
- 예측 : 지표에 중심선을 미리 표시하고 다시 도면상에 터널위치를 검토
- 지표설치 : 중심선을 현지의 지표에 정확히 설정. 터널입구의 위치 결정
- 지하설치 : 터널입구에서 굴착이 진행함에 따라 터널내의 중심선을 설정하는 작업

72 삼각점을 이용하여 터널 입구 A와 B의 좌푯값에 대한 결과가 표와 같다. 측선 $\overline{AB}$의 거리와 방향은?

구분	X(m)	Y(m)
A	−50169.38	+66466.21
B	−51226.24	+66106.39

㉮ 거리 : 1,116.43m, 방향 : 18°48′06″

㉯ 거리 : 1,116.43m, 방향 : 198°48′06″

㉰ 거리 : 380.55m, 방향 : 18°48′06″

㉱ 거리 : 380.55m, 방향 : 198°48′06″

○ $\overline{AB}$거리
$$= \sqrt{(X_B - X_A)^2 + (Y_B - Y_A)^2}$$
$$= 1,116.43\text{m}$$

○ $\overline{AB}$방향 $= \tan^{-1}\dfrac{Y_B - Y_A}{X_B - X_A}$
$$= 198°48′06″$$

73 터널 입구를 연결하는 다각측량을 실시하여 A (50m, 80m), B (−100m, −200m)를 얻었다. $\overline{AB}$ 측선의 방위각은?

㉮ 40°25′12″

㉯ 61°49′17″

㉰ 170°20′08″

㉱ 241°49′17″

$$\theta = \tan^{-1}\left(\frac{Y_B - Y_A}{X_B - X_A}\right)$$
$$= 61°49′17″ (3상한)$$
$$\therefore \overline{AB} \text{ 방위각} = 241°49′17″$$

74 터널의 시점(P)과 종점(Q)의 좌표가 P(1,200m, 800m, 75m), Q(1,600m, 600m, 100m)일 때 P로부터 Q로 터널을 굴진할 경우 경사각은?

㉮ 2°11′19″

㉯ 2°13′19″

㉰ 3°11′59″

㉱ 3°13′59″

$$\cdot D = \sqrt{(1,600-1,200)^2 + (600-800)^2}$$
$$= 447.214\text{m}$$
$$\cdot H = 100 - 75 = 25\text{m}$$
$$\cdot \tan\theta = \frac{H}{D}$$
$$\therefore \theta = \tan^{-1}\frac{25}{447.214} = 3°11′59″$$

75 터널의 양쪽 입구 A와 B를 연결한 지상골조 측량을 하여 A (−2,357.26m, −1,763.26m), B(−1,385.78m, −987.33m) 및 임의점 P에 대한 방위각($\overline{AP}$) = 176°27′32″를 얻었을 때 $\angle PAB$는?

㉮ 38°36′49″

㉯ 137°50′39″

㉰ 151°16′36″

㉱ 215°04′21″

$$\cdot \overline{AB} \text{ 방위}$$
$$= \tan^{-1}\frac{Y_B - Y_A}{X_B - X_A}$$
$$= \tan^{-1}\frac{-987.33-(-1,763.26)}{-1,385.78-(-2,357.26)}$$
$$= 38°36′53″ (1상한)$$
$$\cdot \overline{AB} \text{ 방위각} = 38°36′53″$$
$$\therefore \angle PAB$$
$$= \overline{AP}\text{방위각} - \overline{AB}\text{방위각}$$
$$= 176°27′32″ - 38°36′53″$$
$$= 137°50′39″$$

76 터널 내외의 연결측량에 대한 설명으로 틀린 것은?

㉮ 지상과 지하가 어떻게 연결되어 있는가에 따라서 측량방법이 다르다.

㉯ 경사가 급한 경우에는 보조망원경이 있는 트랜싯을 사용해야 한다.

㉰ 1개의 수직터널로 연결할 경우에는 수직터널에 2개의 추를 매달아 연직면을 정한다.

㉱ 추를 드리울 때 깊은 수직터널에는 철선, 황동선 등이 사용되며 추의 중량은 5kg 이하이다.

얕은 수직터널에서는 보통 철선, 동선, 황동선 등이 사용되며, 깊은 수직터널에서는 피아노선이 이용된다.

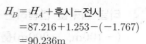

실전문제

77 터널 내 천장 B에 수준점을 측설하기 위하여 터널 내 고저측량을 실시하였다. B점의 지반고는?(단, A점의 지반고는 87.216m임)

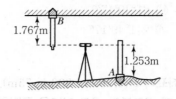

㉮ 84.196m
㉯ 86.702m
㉰ 87.730m
㉱ 90.236m

$H_B = H_A + 후시 - 전시$
$= 87.216 + 1.253 - (-1.767)$
$= 90.236m$

78 터널측량 중 A점에 기계를 세우고 천장의 B점에 표척을 거꾸로 세워 1.03m를 읽었다면 B점의 지반고는?(단, A점의 지반고는 10.30m, 기계고는 1.44m)

㉮ 10.71m
㉯ 11.33m
㉰ 11.74m
㉱ 12.77m

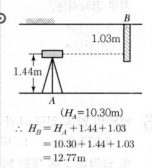

$(H_A = 10.30m)$
$\therefore H_B = H_A + 1.44 + 1.03$
$= 10.30 + 1.44 + 1.03$
$= 12.77m$

79 터널 내의 고저차 측량에서 두 측점이 천장에 설치되어 있을 때 아래와 같은 결과를 얻었다. 두 점 간의 고저차는?

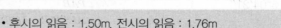

- 후시의 읽음 : 1.50m, 전시의 읽음 : 1.76m
- 두 점의 경사거리 : 100m, A로부터 B로의 연직각 : $-30°$

㉮ 35.45m
㉯ 49.74m
㉰ 50.26m
㉱ 57.47m

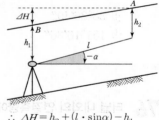

$\therefore \Delta H = h_2 + (l \cdot \sin\alpha) - h_1$
$= 1.5 + (100 \times \sin 30°) - 1.76$
$= 49.74m$

80 터널 완성 후에 실시하는 측량과 관계가 먼 것은?

㉮ 터널 내외 연결측량
㉯ 중심선측량
㉰ 고저측량
㉱ 단면측량

터널 완공 후의 측량에는 준공검사의 측량과 터널이 변형을 일으킨 경우의 조사측량이 있으며, 세부적으로는 중심선 측량, 고저측량, 단면측량 등이 있다.

81 교량측정에서 교량 가설지점을 지형도상에 계획 중심선을 삽입한 후 종단측량을 실시하는 측량을 무엇이라 하는가?

㉮ 노선계획
㉯ 교대 및 교각의 위치 결정
㉰ 실시설계측량
㉱ 지간측량

실시설계측량이란 세부지형도 작성, 중심선 기입, 종 · 횡단측량, 교량형식 결정, 교대 및 교각의 위치 결정을 하는 측량을 말한다.

정답 77 ㉱ 78 ㉱ 79 ㉯ 80 ㉮ 81 ㉰

82 교량측량에서 말뚝 설치측량, 우물통 설치측량, 형틀 설치측량을 크게 무엇이라 하는가?

㉮ 평면위치 결정측량　　　㉯ 하부구조물측량

㉰ 상부구조물측량　　　　㉱ 유지관리측량

▶ • 상부구조물측량 : PC부재, 트러스, 아치구조물 조립 및 일괄 거치측량
• 안전유지관리 : 변위 계측

83 비행장측량의 입지선정측량과 거리가 먼 것은?

㉮ 개발 형태　　　　　　㉯ 기후

㉰ 장애물　　　　　　　㉱ 활주로 형태

▶ 비행장측량의 입지 선정요소
주변 지역 개발 형태, 기후, 접근성, 장애물, 지원시설 기타 주변 여건

84 비행장측량에서 활주로 형태와 거리가 먼 것은?

㉮ 단일 활주로　　　　　㉯ 평행 활주로

㉰ 교차 활주로　　　　　㉱ S형 활주로

▶ 활주로 형태
단일 활주로, 평행 활주로, 교차 활주로, V형 활주로

85 댐측량에서 조사계획측량과 거리가 먼 것은?

㉮ 절대변위측량　　　　　㉯ 수문측량

㉰ 지형, 지질측량　　　　㉱ 보상조사

▶ 조사계획측량
수문자료 수집, 지형·지질조사, 보상조사, 재료원조사, 가설비조사

86 교량에 대한 경관에 대하여 잘못 설명한 것은?

㉮ 교량의 경관상 역할은 교량이 경관의 주역인 경우로 조망의 대상이 되는 경우와 경관을 조망하는 기회를 주는 시점의 역할을 하는 경우로 나누어 볼 수 있다.

㉯ 경관설계시 기능과 형태의 문제와 내적 요청과 외적인 요청의 평형을 고려하여야 한다.

㉰ 내적인 요청이란 교량에 요구되는 기능으로서 통행역학적 안정성, 내구성과 교량으로서의 미적 요소를 만족하여야 한다는 것을 말한다.

㉱ 외적인 요청은 교량이 설치되는 것의 환경에 따르는 것이나 시설물을 경관적으로 설계할 때에는 내·외적 요청의 조화점을 구할 필요까지는 없다.

▶ 외적 요청은 교량이 설치되는 곳의 환경에 따른 것이며, 시설물을 경관적으로 설계할 때는 내적·외적 요청의 일치점과 상이점을 찾아 그 조화점을 구하여야 한다.

87 일조량측량에서 다음 사항 중 옳지 않은 것은?

㉮ 일조의 효과는 빛효과, 열효과, 화학효과 및 보건효과 등으로 나눌 수 있다.

㉯ 일조장애를 파악하는 지역은 항공사진에 의해 조사대상범위를 설정하고 평면도상에 시각별 일조도를 작성한다.

▶ 일사량을 구하는 방법은 넓은 지역의 시설계획 등에 있어서 일조면의 사전 평가로 유효하다.

㉰ 일조시간선을 구하는 방법은 시설물의 계획에 의해 주변 가옥 등에 미치는 일조시각을 사전에 예측한다.
㉱ 일사량을 구하는 방법은 비교적 좁은 지역을 대상으로 구한다.

88 **다음 중 댐 외부의 연직변위측정방법으로 정확도가 낮아 적절치 못한 것은?**

㉮ 삼변삼각측량　　㉯ 평판수준측량
㉰ 지상사진측량　　㉱ 직접수준측량

⊙ 평판 수준측량방법이 연직변위측정에 가장 부적절한 방법이다.

89 **댐 건설을 위한 조사측량에서 댐 사이트의 평면도 작성은 어떤 측량방법에 의하는 것이 좋은가?**

㉮ 평판측량
㉯ 지상사진측량 또는 항공사진측량
㉰ 시거측량
㉱ 원격탐사

⊙ 댐 건설을 위한 평면도 작성은 대규모 지역이므로 사진측량에 의한 방법이 타당하다.

90 **지상 및 지하시설물 등에 대한 지도 및 도면 등 제반 정보를 수치 입력하여 효율적으로 운영·관리하는 종합적인 관리체계를 무엇이라 하는가?**

㉮ SIS　㉯ CAD체계　㉰ AM　㉱ FM

⊙
- AM : 도면 자동화체계
- FM : 시설물 관리체계
- SIS : 측량정보체계

91 **지하시설물 탐사작업의 순서로 바른 것은?**

(1) 자료의 수집 및 편집
(2) 작업계획 수립
(3) 지표면상에 노출된 지하시설물에 대한 조사
(4) 관로조사 등 지하매설물에 대한 탐사
(5) 지하매설물 원도 작성
(6) 작업조서의 작성

㉮ (2)－(1)－(3)－(4)－(5)－(6)　㉯ (1)－(5)－(3)－(4)－(2)－(6)
㉰ (2)－(1)－(4)－(5)－(3)－(6)　㉱ (1)－(3)－(4)－(2)－(6)－(5)

⊙ 지하시설물 탐사작업의 순서
작업계획수립 → 자료의 수집 및 편집 → 지표면상에 노출된 지하시설물의 조사 → 관로조사 등 지하시설물에 대한 탐사 → 지하시설물 원도의 작성 → 작업조서의 작성

92 **교량의 경관 계획에서 고려할 사항으로 가장 거리가 먼 것은?**

㉮ 교량가설위치, 형식, 규모를 결정한다.
㉯ 교량을 조망하는 시점 및 시점장을 찾는다.
㉰ 교량의 유지관리 체계를 평가한다.
㉱ 교량과 지형, 주변시설물과의 조화 등을 평가한다.

⊙ 교량의 유지관리체계를 평가하는 것은 시공 후 유지관리체계를 평가하는 것으로 경관계획과는 무관하다.

정답 88 ㉯ 89 ㉯ 90 ㉱ 91 ㉮ 92 ㉰

93 상 · 하수도 시설, 가스시설, 통신시설 등의 건설 및 유지관리를 위한 자료제공의 역할을 하는 측량은?

㉮ 관개배수측량 ㉯ 초구측량

㉰ 건축측량 ㉱ 지하시설물측량

> 지하시설물측량(Underground Facility Surveying)
> 지하시설물의 수평위치와 수직위치를 관측하는 측량을 말하며 지하시설물을 효율적 · 체계적으로 유지관리하기 위한 지하시설물에 대한 조사, 탐사와 도면제작을 위한 측량을 말한다.

94 지중 레이더(Ground Penetration Radar ; GPR) 탐사기법은 전자파의 어떤 성질을 이용하는가?

㉮ 방사 ㉯ 반사

㉰ 흡수 ㉱ 산란

> 지중 레이더 측량기법은 전자파의 반사 성질을 이용하여 지중의 각종 현상을 밝히는 것으로 레이더의 특성과 같다.

95 다음 중 높은 정확도가 요구되는 지하매설물의 측량기법에 속하지 않는 것은?

㉮ 전자유도 측량기법

㉯ 지중 레이더 측량기법

㉰ 음파 측량기법

㉱ 관성 측량기법

> 지하매설물 측량기법
> • 전자유도 측량기법
> • 지중 레이더 측량기법
> • 음파측량기법

96 지하시설물도를 작성하는 표시방법 중 잘못 연결된 것은?

㉮ 통신시설 – 녹색

㉯ 가스시설 – 황색

㉰ 상수도시설 – 주황색

㉱ 하수도시설 – 보라색

> 지하시설물의 종류별 기본 색상
> • 상수도시설 : 청색
> • 하수도시설 : 보라색
> • 가스시설 : 황색
> • 통신시설 : 녹색
> • 전기시설 : 적색
> • 송유관시설 : 갈색
> • 난방열관시설 : 주황색

97 댐 외부의 수평변위에 대한 측정방법으로 가장 부적합한 것은?

㉮ 삼각측량 ㉯ GPS측량

㉰ 시거측량 ㉱ 삼변측량

> 시거측량은 정도 $\frac{1}{500} \sim \frac{1}{1,000}$의 정확도밖에 얻을 수 없어 변위계측에는 부적당하다.

98 댐 측량 중에서 하천의 개발계획, 즉 발전, 치수, 농업 및 공업용수 등의 종합 계획에 중점을 두고 실시하는 측량은?

㉮ 조사계획측량

㉯ 실시설계측량

㉰ 안전관리측량

㉱ 공사측량

> 조사계획측량
> • 수문자료조사
> • 지형 · 지질조사
> • 보상조사
> • 재료원조사
> • 가설비조사

정답 ▶ 93 ㉱ 94 ㉯ 95 ㉱ 96 ㉰ 97 ㉰ 98 ㉮

99 댐의 변위, 변형측량의 설명 중 틀린 것은?

㉮ 사진측량에 의해 수위에 대한 댐의 변위, 변형측량을 할 수 있다.

㉯ 댐에 설치된 표정점의 좌표를 관측하여 댐의 변위, 변형측량을 할 수 있다.

㉰ 측량망 조정방법은 사진측량에 의한 방법보다 관측시간이 적게 소요되므로 순간적인 변위 및 변형에 유용하게 이용된다.

㉱ 순간변형에 대하여 동시관측 및 반복관측을 통하여 변위량을 알 수 있다.

> 댐변위에 측량망 조정방법(지상측량)은 사진측량에 의한 방법보다 관측 및 데이터처리에 많은 시간이 소요되므로 순간적인 변위 및 변형량 관측에 유용한 방법이 아니다.

100 지하시설물 측량에 관한 다음 사항 중 바르지 못한 것은?

㉮ 지표면상에 노출된 지하시설물은 측량하지 않는다.

㉯ 지하시설물의 위치, 깊이, 서로 떨어진 거리 등을 측량한다.

㉰ 지하시설물에 대한 탐사간격은 20m 이하로 한다.

㉱ 지하시설물이란 상·하수도, 가스, 통신 등 지하에 매설된 시설물을 의미한다.

> 지하시설물 탐사작업의 순서
> 작업계획수립 → 자료의 수집 및 편집 → 지표면상에 노출된 지하시설물의 조사 → 관로조사 등 지하시설물에 대한 탐사 → 지하시설물 원도의 작성 → 작업조서의 작성

101 지하시설물 관측방법에서 원래 누수를 찾기 위한 기술로 수도관로 중 PVC 또는 플라스틱 관을 찾는 데 이용되는 관측방법은?

㉮ 전기관측법

㉯ 자장관측법

㉰ 음파관측법

㉱ 탄성파관측법

> 음파탐사법(Acoustic Prospecting Method)
> 물이 가득 차 흐르는 관로(수도관)에 음파신호(Sound Wave Signal)를 보내 수신기로 하여금 관 내에 발생된 음파를 탐사하는 방법으로서 비금속(플라스틱, PVC 등)수도관로 탐사에 유용하나 음파신호를 보낼 수 있는 소화전이나 수도미터기 등이 반드시 필요한 방법이다.

102 지하시설물의 관측방법 중 조사구역을 적당한 격자 간격으로 분할하여 그 격자점에 대한 자력 값을 관측함으로써 지하의 자성체의 분포를 추정하는 방법은?

㉮ 자장관측법

㉯ 자기관측법

㉰ 전자관측법

㉱ 탄성파관측법

> 자기탐사법(Magnetic Detection Method)
> 지구 내부 자장의 공간적 변화를 관측하여 지하의 자성체 분포를 탐사하는 기법으로 지층의 전기적 성질의 차이(지표의 전위 분포, 전기저항 분포)를 관측하여 지층상황을 탐사하는 데 적합한 방법이다.

103 지하시설물측량 및 그 대상에 대한 설명으로 틀린 것은?

㉮ 지하시설물측량은 도면작성 및 검수에 초기 비용이 적게 든다.

㉯ 도시의 지하시설물은 주로 상수도, 하수도, 전기선, 전화선, 가스선 등으로 이루어진다.

㉰ 지하시설물과 연결되어 지상으로 노출된 각종 맨홀 등의 가공선에 대한 자료 조사 및 관측 작업도 포함된다.

㉱ 지중레이다관측법, 음파관측법 등 다양한 방법이 사용된다.

● 지하시설물측량(Underground Facility Surveying)
지하시설물의 수평위치와 수직위치를 관측하는 측량을 말하며 지하시설물을 효율적 및 체계적으로 유지관리하기 위하여 지하시설물에 대한 조사, 탐사와 도면제작을 위한 측량으로 초기 도면 제작비용이 많이 든다.

104 전자파의 반사 성질을 이용하여 지하의 각종 현상을 밝히는 측량 방법은?

㉮ 지중 레이더 측량기법

㉯ 전자유도 측량기법

㉰ 음파측량기법

㉱ GPS 측량기법

● 지중 레이더 탐사법(Ground Penetration Radar Method)
지하를 단층 촬영하여 시설물위치를 판독하는 방법으로 전자파가 반사되는 성질을 이용하여 지중의 각종 현상을 밝히는 것으로 레이더는 원래 고주파의 전자파를 공기 중으로 방사시킨 후 대상물에서 반사되어 온 전자파를 수신하여 대상물의 위치를 알아내는 시스템이다.

105 댐 측량의 일반적 순서는?

㉮ 조사계획측량 – 실시설계측량 – 안전관리측량

㉯ 조사계획측량 – 안전관리측량 – 실시설계측량

㉰ 실시설계측량 – 조사계획측량 – 안전관리측량

㉱ 실시설계측량 – 안전관리측량 – 조사계획측량

● ・조사계획측량
  - 수문자료조사
  - 지형 · 지질조사
  - 보상조사
  - 재료원조사
  - 가설비조사
・실시설계측량
  - 삼각측량
  - 다각측량
  - 평면도제작측량
  - 종 · 횡단측량
  - 토취장 측량
・안전관리측량
  - 절대변위측량
  - 상대변위측량

106 터널 내의 천장에 측점 A, B를 정하여 수준측량을 한 결과, 두 점의 고저차가 20.42m이고, A점에서의 기계고가 -2.5m, B점에서의 표척의 관측값으로 -2.25m를 얻었다면, 사거리 100.25m에 대한 연직각은?

㉮ $10°14'12''$

㉯ $10°53'56''$

㉰ $11°53'56''$

㉱ $23°14'12''$

● $\Delta H = l\sin\alpha + h_1 - H_i$
$20.42 = 100.25\sin\alpha + 2.25 - 2.5$
$\sin\alpha \fallingdotseq 0.2062$
$\therefore \alpha \fallingdotseq 11°53'56''$

정답 **103** ㉮ **104** ㉮ **105** ㉮ **106** ㉰

107 지하시설물에 대한 탐사 간격은 20m 이하를 원칙으로 한다. 다만, 간격에 관계없이 반드시 측량하여야 하는 경우에 해당되지 않는 것은?

㉮ 지하시설물이 분기하는 경우

㉯ 지하시설물이 교차하는 경우

㉰ 지하시설물이 직선구간인 경우

㉱ 지하시설물에 각종 제어장치가 있는 경우

○ 탐사 간격에 관계없이 반드시 측정
해야 하는 경우
 • 지하시설물의 지름 또는 재질이 변
경되는 경우
 • 지하시설물이 교차, 분기하거나 상
태가 바뀌는 경우
 • 지하시설물이 곡선구간인 경우
 • 지하시설물에 각종 제어장치 또는 밸
브가 있는 경우

108 그림과 같이 200mm 하수관을 묻었을 때 측점 A의 관저계획고는 53.16m이고, $\overline{AB}$ 구간의 설치 기울기는 1/200, $\overline{BC}$ 구간의 설치기울기는 1/250일 때, 측점 C의 관저계획고는?

㉮ 54.35m

㉯ 54.48m

㉰ 54.51m

㉱ 54.54m

○ $H_C = H_A + H_{AB} + H_{BC}$
$= 53.16 + \dfrac{120}{200} + \dfrac{180}{250}$
$= 54.48\text{m}$

109 다음 중 시설물의 변위상태를 3차원적으로 정확하게 규명하기 위한 측량방법으로 적합하지 않은 측량은?

㉮ 사진측량

㉯ GPS 측량

㉰ Total Station 측량

㉱ 평판측량

○ 사진측량, GPS측량, Total Station
측량은 X, Y, Z 3차원 측량이 가능하
며, 평판측량은 2차원 측량이므로 시
설물의 변위상태를 3차원적으로 정확
하게 규명하기 위한 측량방법으로는
적합하지 않다.

110 터널의 변형조사 측량과 거리가 먼 것은?

㉮ 중심측량

㉯ 삼각측량

㉰ 고저측량

㉱ 단면측량

○ 삼각측량
삼각측량은 수평위치(X, Y)를 결정
하는 측량이므로 터널의 변형조사 측
량과는 무관하다.

111 하나의 터널을 완성하기 위해서는 계획 · 설계 · 시공 등의 작업과정을 거쳐야 한다. 다음 중 터널의 시공과정 중에 주로 이뤄지는 측량은?

㉮ 지형측량

㉯ 터널 외 기준점 측량

㉰ 세부측량

㉱ 터널 내 측량

○ 터널측량의 순서
노선선정 → 터널 외 기준점 측량 →
터널 내 · 외 연결측량 → 터널 내 측량
→ 내공단면측량 → 터널변위계측

정답 **107** ㉰ **108** ㉯ **109** ㉱ **110** ㉯ **111** ㉱

112 터널측량에 관한 설명으로 옳지 않은 것은?

㉮ 터널측량을 크게 나누어 터널 외 측량, 터널 내 측량, 터널 내외 연결측량으로 구분한다.

㉯ 터널 내에서 중심말뚝을 콘크리트 등을 이용하여 견고하게 만든 것을 자이로(Gyro)라고 한다.

㉰ 터널 내 측량의 측점은 보통 천장에 설치한다.

㉱ 터널 내 측량에는 기계의 십자선과 표척 등에 조명이 필요하다.

○ 터널 내에서 중심말뚝을 콘크리트 등을 이용하여 견고하게 만든 것을 도벨(Dowel)이라고 한다.

113 지하시설물의 관측방법 중 지구자장의 변화를 관측하여 자성체의 분포를 알아내는 방법은?

㉮ 전자관측법

㉯ 자기관측법

㉰ 전기관측법

㉱ 탄성파관측법

○ 자기탐사법(Magnetic Detection Method)
지구 내부 자장의 공간적 변화를 관측하여 지하의 자성체 분포를 탐사하는 기법으로 지층의 전기적 성질의 차이(지표의 전위분포, 전기저항분포)를 관측하여 지층상황을 탐사하는 데 적합한 방법이다.

114 그림과 같이 터널 내의 천장에 측점을 정하여 관측하였을 때, $\overline{AB}$ 두 점의 고저 차가 40.25m이고 $a=1.25$m, $b=1.85$m이며, 경사거리 $S=100.50$m이었다면 연직각(α)은?

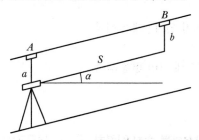

㉮ 15°25′34″

㉯ 23°14′11″

㉰ 34°28′42″

㉱ 45°30′28″

○ $\Delta H = b + (s \cdot \sin\alpha) - a \rightarrow$

$$\sin\alpha = \frac{\Delta H - b + a}{s}$$

$$\therefore \alpha = \sin^{-1}\frac{\Delta H - b + a}{s}$$

$$= \sin^{-1}\frac{40.25 - 1.85 + 1.25}{100.5}$$

$$= 23°14′11″$$

115 지하시설물 측량의 대상이 아닌 것은?

㉮ 도시기준점

㉯ 상수도

㉰ 가스관

㉱ 하수도

○ 지하시설물의 종류
상수도, 하수도, 가스, 통신, 전기, 송유관, 난방열관

116 댐의 장기적 안정성을 조사하기 위한 변위측량에 대한 설명으로 틀린 것은?

㉮ 삼각측량에 의하여 댐의 수평 방향의 절대 변위를 관측할 수 있다.

㉯ 댐 표면과 부근의 고정점을 이용하여 반복 관측한다.

㉰ 지형 및 정확도면에서 3개 이상의 고정점을 이용한다.

㉱ 변위측량의 절대 위치결정에 대한 정확도는 5.0~10.0cm 정도이다.

⊙ 댐의 장기적 안정성을 조사하기 위한 변위측량의 절대위치결정에 대한 정확도는 0.5~1.0mm 정도이다.

117 다음 중 터널 곡선부의 곡선 측설법으로 가장 적합한 방법은?

㉮ 좌표법　　　　　㉯ 지거법

㉰ 중앙종거법　　　㉱ 편각법

⊙ 터널 곡선부의 곡선 측설법으로는 터널 내부가 협소하여 지거법, 접선편거와 현편거 방법을 이용하는 것이 일반적이나 최근 사용되는 토털스테이션에는 좌표 입력기능이 있어 각 측점의 좌표를 입력하여 측설하는 방법이 널리 이용되고 있다.

118 터널 외 기준점측량에 대한 설명으로 옳지 않은 것은?

㉮ 터널 입구 부근은 대개 지형이 나쁘고 좁은 장소가 많으므로 인조점을 설치한다.

㉯ 측량의 정확도를 높이기 위해 터널 외 기준점 설치 시 후시를 가능한 길게 잡는 것이 좋다.

㉰ 고저측량용 기준점은 터널 입구 부근과 떨어진 곳에 2개소 이상 설치하는 것이 좋다.

㉱ 터널 외 기준점측량은 작업터널 완성 후 터널 내 단면 변형 관측을 위해 수행한다.

⊙ 터널 외 기준점측량은 설계완료 후 시공 전에 실시하는 측량으로 굴착을 위한 측량의 기준점을 설치하기 위해 실시된다.

119 지상 및 지하시설물 등의 지도 및 도면 등 제반정보를 수치 입력하여 효율적으로 운영, 관리하는 종합적인 관리체계를 무엇이라 하는가?

㉮ AM(Automated Mapping)

㉯ FM(Facilities Management)

㉰ CAD(Computer Aided Design)

㉱ SIS(Surveying Information System)

⊙ 시설물관리시스템(Facility Management ; FM)
공공시설물이나 대규모의 공장, 관로망 등의 지도 및 도면 등 제반정보를 수치 입력하여 시설물에 대해 효율적인 운영, 관리를 하는 정보체계이다.

정답　116 ㉱　117 ㉮　118 ㉱　119 ㉯

CHAPTER 05 경관 및 기타 측량

···01 경관측량

(1) 개요

경관이란 경치, 눈에 보이는 경색, 풍경의 지리학적 특성과 특색 있는 풍경 형태를 가진 일정한 지역을 말하며, 경관측량이란 인간과 물적 대상의 양 요소에 대한 경관도의 정량화 및 표현에 관한 평가를 하는 것을 말한다.

(2) 경관의 분류

1) 인식대상의 주체에 관한 분류

① 자연경관 : 인공이 전혀 가해지지 않은 경치로서 산, 하천, 바다, 자연녹지 등의 자연경
② 인공경관 : 인공요소와 경치를 조화시킨 조경(Landscape), 인공요소만을 주체로 한 장식경
③ 생태경관 : 동식물의 생태변화가 인식대상으로 자연과 조화를 표현한 경관

2) 경관 구성요소에 의한 분류

경관 구성요소는 대상계, 경관장계, 시점계, 상호성계

3) 시각적인 요소에 의한 분류

① 위치 : 고저, 원근, 방향
② 크기 : 대소
③ 색과 색감 : 명암, 흑백, 적청
④ 형태 : 생김새
⑤ 선 : 곡선 및 직선
⑥ 질감 : 거칢, 아름다움
⑦ 농담 : 투명과 불투명

4) 개성적 요소에 의한 분류

① 천연경관
② 포위된 경관
③ 터널적 경관
④ 순간적 경관
⑤ 파노라믹경관
⑥ 초점적 경관
⑦ 세부적 경관

(3) 경관 해석방법

1) 현황조사

① 기본자료로서 1/50,000, 1/25,000, 1/5,000 등 지형도와 항공사진, 지적도, 임야도, 도시계획도, 도로망도, 지질도를 수집한다.

② 식생조사, 지형조사, 수문조사 등을 행한다.

2) 현황 경관분석

기호와 기법, 심미적 요소의 정량화방법, 메시분석방법, 지상사진에 의한 방법, 수치지형모형에 의한 방법 등이 있다.

3) 경관 예측방법

몽타주에 의한 방법, 모형에 의한 방법, 조감도에 의한 방법, 수치지형모형에 의한 방법 등이 있다.

(4) 경관 평가요인의 정량화

1) 시설물경관의 시계

① 수평시각(θ_H)

- $0° \leq \theta_H \leq 10°$: 시설물은 주위 환경과 일체가 되고 경관의 주제로서 대상에서 벗어난다.
- $10° < \theta_H \leq 30°$: 시설물의 전체 형상을 인식할 수 있고 경관의 주제로서 적당하다.
- $30° < \theta_H \leq 60°$: 시설물이 시계 중에 차지하는 비율이 크고 강조된 경관을 얻는다.
- $60° < \theta_H$: 시설물에 대한 압박감을 느끼기 시작한다.

② 수직시각(θ_V)

- $0° \leq \theta_V \leq 15°$: 시설물이 경관의 주제가 되고 쾌적한 경관으로 인식된다.
- $15° < \theta_V$: 압박을 느끼고 쾌적한 경관을 인식할 수 없다.

③ 시준선과 시설물 축선이 이루는 각(α)

- $0° \leq \alpha \leq 10°$: 특이한 경관을 얻고 시점이 높게 된다.
- $10° < \alpha \leq 30°$: 입체감이 있는 계획이 잘된 경관을 얻는다.
- $30° < \alpha \leq 90°$: 입체감이 없는 평면적인 경관이 된다.

···02 택지조성측량

(1) 개요

택지조성측량이란 농지, 임야 등 건축물 및 기타 공작물의 부지 이외의 토지를 택지로 하기 위한 측량을 말한다. 택지조성측량에는 기준점측량, 수준측량, 현황측량, 경계측량, 확정측량 등이 포함된다.

(2) 주요 용어

① **용지도** : 택지조성측량에서 용지의 수용 등에 관련된 용지의 범위를 나타내기 위해 용지폭 말뚝, 말뚝좌표를 전개한 도면이다.

② **용지측량** : 실측의 횡단면에서 택지의 경계선까지의 거리를 산출하고, 택지의 용지폭을 결정하는 측량이다.

③ **지구계 측량** : 토지구획정리사업 시행지구의 지구계를 명확하게 하기 위하여 지구계점을 측량하여 그 위치를 구하고 지구 총면적을 산출하는 작업이다.

④ **지구계 확정측량** : 수치측량방법에 의하여 각 사업지구 전체면적을 확정하기 위한 것으로 사업시행 전 토지 및 임야대장에 등록된 면적과 사업시행 이후의 면적 증감을 확인하는 측량이다.

(3) 택지조성측량 순서

1) 기준점측량

① GNSS에 의한 삼변측량 또는 토털스테이션에 의한 삼각 및 다각측량을 실시한다.
② 조성 구역 내에 기준점을 균등하게 배치하고 표식을 안전하게 한다.
③ 경계측량 및 확정 측량에 사용되므로 정확히 설치해야 한다.

2) 수준측량

기준점과 같이 정확하고 안전하게 표식을 설치한다.

3) 현황측량

① 1/500의 대축척으로 지형도를 작성한다(수치 지도화함).
② 지형도는 지형과 경계가 자세히 표시되어야 한다.

4) 경계측량

① 경계선은 토지 소유권의 경계에 관한 선으로 경계는 민관경계(도로, 수로 등 공유지와의 경계)와 민민경계(사유지와의 경계)로 나뉘어진다.
② 각 경계점은 경계석을 기준으로 하며 토지의 굴곡점에 대하여 3차원 좌표를 취득하여야 한다.
③ 토지 경계의 3차원 좌표를 이용해 면적을 산정한다.

5) 확정측량

① 확정측량은 가구확정측량과 필지확정측량으로 구분되며 가구확정측량은 공공용지와 사유지의 경계를 기초로 그 중심점, 가구점을 좌표값에 따라 정하고 현지에 표시하는 작업이며, 필지확정측량은 환지 설계된 자료에 따라 환지 면적을 확보하여 필지 말뚝을 현지에 설치하는 작업이다.

② 확정 측량 성과에 의한 등기용 지적도는 등기소에 영구 보존되므로 정확도에 세심한 주의를 기울여야 한다.

···03 지적측량

(1) 개요

지적측량이란 토지를 지적공부에 등록하거나 지적공부에 등록된 경계를 지표상에 복원할 목적으로 소관청이 직권 또는 이해관계인의 신청에 의하여 각 필지의 경계 또는 좌표와 면적을 구하는 측량을 말한다.

(2) 주요 용어

① 지적소관청

지적공부를 관리하는 시장·군수 또는 구청장을 말한다.

② 지적공부

토지대장, 임야대장, 공유지연명부, 대지권등록부, 지적도, 임야도 및 경계점 좌표등록부 등 지적측량 등을 통하여 조사된 토지의 표시와 해당 토지의 소유자 등을 기록한 대장 및 도면을 말한다.

③ 토지의 표시

지적공부에 토지의 소재·지번(地番)·지목(地目)·면적·경계 또는 좌표를 등록한 것을 말한다.

④ 필지

대통령령으로 정하는 바에 따라 구획되는 토지의 등록 단위를 말한다.

⑤ 지번

필지에 부여하여 지적공부에 등록한 번호를 말한다.

⑥ 지목

토지의 주된 용도에 따라 토지의 종류를 구분하여 지적공부에 등록한 것을 말한다.

⑦ 경계점

필지를 구획하는 선의 굴곡점으로서 지적도나 임야도에 도해형태로 등록하거나 경계점좌표등록부에 좌표형태로 등록하는 점을 말한다.

⑧ 경계

필지별로 경계점들을 직선으로 연결하여 지적공부에 등록한 선을 말한다.

⑨ 면적

지적공부에 등록한 필지의 수평면상의 넓이를 말한다.

⑩ 분할

지적공부에 등록된 1필지를 2필지 이상으로 나누어 등록하는 것을 말한다.

⑪ 합병

지적공부에 등록된 2필지 이상을 1필지로 합하여 등록하는 것을 말한다.

⑫ 지목변경

지적공부에 등록된 지목을 바꾸어 등록하는 것을 말한다.

⑬ 축척변경

지적도에 등록된 경계점의 정밀도를 높이기 위하여 작은 축척을 큰 축척으로 변경하여 등록하는 것을 말한다.

(3) 축척과 정확도

우리나라의 지적도는 1/500, 1/600, 1/1,000, 1/1,200, 1/2,400 및 1/3,000, 1/6,000의 축척을 사용하고 있으며, 이 중 1/3,000, 1/6,000은 임야도에서 사용한다. 1/1,200은 대부분 농촌지역에 적용되어 있으며, 시가지 중심지에는 1/600이 사용되고 있다. 전 국토를 동일한 정확도로 측량하는 것은 실용적이지 못하므로 지역에 맞는 정확도와 축척을 사용하는 것이 경제적이다.

(4) 지적측량 순서

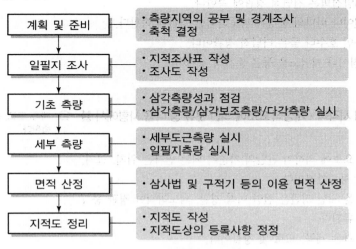

[그림 5-1] 지적측량의 일반적 순서

CHAPTER 05 실전문제

01 공학적인 경관설계의 올바른 순서는?

㉮ 경관예측 – 예비설계 – 조사 – 평가 – 시공 및 관리

㉯ 경관예측 – 조사 – 평가 – 예비설계 – 시공 및 관리

㉰ 예비설계 – 조사 – 평가 – 경관예측 – 시공 및 관리

㉱ 조사 – 예비설계 – 경관예측 – 평가 – 시공 및 관리

> ⊙ 경관예측 과정을 크게 분류하면 조사, 분석, 종합과정으로 나눈다. 조사과정은 기능계획 개요 파악이며, 분석단계는 계획 대체안을 작성 조정하고, 종합단계에서는 예비설계, 경관예측, 평가, 시공 및 관리지침을 마련한다.

02 시설물이 시계 내에서 차지하는 각도가 몇 도 이상이면 압박감을 느끼기 시작하는가?

㉮ 40° ㉯ 50°

㉰ 60° ㉱ 70°

> ⊙ 경관이론 참조

03 구조물 경관예측을 위한 사전 조사항목으로 가장 거리가 먼 것은?

㉮ 식생 ㉯ 지형

㉰ 현황사진 ㉱ 지하배관

> ⊙ 지하배관 상태는 경관예측 항목과는 관계가 없다.

04 다음은 경관의 개성과 분류에 대한 내용이다. 틀린 것은?

㉮ 산속의 기암절벽은 천연적 경관에 속한다.

㉯ 넓은 초원이나 바다의 풍경은 파노라믹한 경관에 속한다.

㉰ 수목에 싸인 호수나 들은 터널적 경관이다.

㉱ 안개, 아침이나 저녁노을 등은 순간적 경관이다.

> ⊙ 수목으로 싸인 호수와 들은 포위된 경관에 속한다.

05 경관측량에서 시각적 · 개성적 요소에 의한 분류 중 다음 사항에서 틀린 것은?

㉮ 시각적인 요소에 의하여 판단의 기준이 되는 인자는 위치, 크기, 색과 색감 등 7가지이다.

㉯ 각기 개성을 지닌 경관은 천연 미적 경관, 파노라믹한 경관 등 7가지로 분류된다.

㉰ 터널적 경관은 계곡, 도로 및 강물이다.

㉱ 순간적 경관은 안개, 아침이나 저녁노을 등이다.

> ⊙ 계곡, 도로, 강물 등은 초점적 경관에 속한다.

정답 **01** ㉱ **02** ㉰ **03** ㉱ **04** ㉰ **05** ㉰

06 경관을 시각적으로 판단하는 데 있어서 판단의 기준이 되는 인자에 속하지 않는 것은?

㉮ 위치　　　　　　　　㉯ 크기

㉰ 형태　　　　　　　　㉱ 조화

⊙ 시각적인 판단 인자
위치, 크기, 색과 색감, 형태, 선, 질감, 농담

07 경관측량에서 시각적인 요소에 의하여 판단의 기준이 되는 7가지 인자에 포함되지 않는 것은?

㉮ 위치, 크기　　　　　㉯ 색과 형태, 농담

㉰ 선, 질감　　　　　　㉱ 초점, 파노라마

⊙ 문제 06번 해설 참조

08 경관 평가에 있어서 시준선과 시설물 축선이 이루는 각이 어떤 범위에 있을 때 시설물이 입체감이 있는 계획이 잘된 경관을 얻는가?

㉮ $0° < \alpha \leq 10°$　　　　㉯ $10° < \alpha \leq 30°$

㉰ $30° < \alpha \leq 60°$　　　㉱ $60° < \alpha \leq 90°$

⊙ 시준선과 시설물 축선이 이루는 각(α)
• $0° < \alpha \leq 10°$: 특이한 경관을 얻고 시점이 높게 된다.
• $10° < \alpha \leq 30°$: 입체감이 있는 계획이 잘된 경관을 얻는다.
• $30° < \alpha \leq 60°$: 입체감이 없는 평면적인 경관이 된다.

09 시설물 경관을 수평시각(θ_H)에 의하여 평가하는 경우 시설물 전체의 형상을 인식할 수 있고 경관의 주제로서 적당한 경관으로 인식되는 수평시각의 범위는?

㉮ $0° < \theta_H \leq 10°$　　　㉯ $10° < \theta_H \leq 30°$

㉰ $30° < \theta_H \leq 60°$　　㉱ $60° < \theta_H$

⊙ 경관이론 참조

10 경관의 구성요소에 해당하지 않는 것은?

㉮ 대상계　　　　　　　㉯ 시점계

㉰ 투시도계　　　　　　㉱ 경관장계

⊙ 경관의 구성요소
대상계, 경관장계, 시점계, 상호성계

11 경관의 개성적 요소에 의한 분류에 해당되지 않는 것은?

㉮ 아름다운 경관　　　　㉯ 천연경관

㉰ 초점적 경관　　　　　㉱ 순간적 경관

⊙ 개성적 요소
천연경관, 파노라믹경관, 포위된 경관, 초점적 경관, 터널적 경관, 세부적 경관, 순간적 경관

12 최근 지형과 적절히 조화되는 경관을 창출하기 위해 경관에 관한 연구가 많이 진행되고 있는데 그 중요도가 적은 것은?

㉮ 도로공사　　　　　　㉯ 대단위 위락시설

㉰ 상·하수도공사　　　　㉱ 교량공사

⊙ 상·하수도공사는 주로 지하에서 이루어지므로 경관 창출과는 거리가 멀다.

정답 **06** ㉱　**07** ㉱　**08** ㉯　**09** ㉯　**10** ㉰　**11** ㉮　**12** ㉰

13 경관을 인식대상의 주체에 관하여 분류하는 경우 이에 속하지 않는 것은?

㉮ 사회경관　　　　　㉯ 자연경관
㉰ 인공경관　　　　　㉱ 생태경관

⊙ 경관이론 참조

14 자연경관에 가장 큰 영향을 미치는 요인은 식생과 지형현황인데 지형은 다음 중 어느 지형도를 택하는가?

㉮ 1/5,000∼1/10,000　　㉯ 1/20,000∼1/25,000
㉰ 1/25,000∼1/30,000　　㉱ 1/25,000∼1/50,000

⊙ 식생은 식생분포도에서 식생패턴을 읽어서 이용하고, 지형은 1/5,000∼ 1/10,000 정도의 지형도에서 등고선에 따라 표고의 위치를 찾아낸다.

15 소규모 지역의 현황경관을 분석하는 데 가장 널리 이용되고 있는 방법은?

㉮ 메시분석방법　　　　㉯ 지상사진에 의한 방법
㉰ 기호화방법　　　　　㉱ 수치지형모형에 의한 방법

⊙ 현황경관을 분석하는 데 널리 이용되는 것은 지상사진에 의한 방법이나 소규모 지역에 국한되며, 대규모 지역에는 항공사진이 유리하다.

16 경관예측방법 중 가장 정확하며 시간이 적게 소요되는 방법은?

㉮ 몽타주에 의한 방법　　㉯ 모형에 의한 방법
㉰ 조감도에 의한 방법　　㉱ 수치지형모형에 의한 방법

⊙ 경관을 예측하는 방법에는 새로운 기법인 수치지형모형(DTM)을 이용하면 현황 및 예측경관을 정확하고 신속하게 창출할 수 있다.

17 시설물경관의 시계에서 수직시각(θ_V)이 $15° < \theta_V$일 때 다음 사항 중 맞는 것은?

㉮ 특이한 경관을 얻고 시점이 높게 된다.
㉯ 시설물이 경관의 주제가 되고 쾌적한 경관으로 인식된다.
㉰ 압박을 느끼고 쾌적한 경관을 인식할 수 없다.
㉱ 시설물이 시계 중에 차지하는 비율이 크고 강조된 경관을 얻는다.

⊙ ㉮ : $0° ≤ \alpha ≤ 10°$
㉯ : $0° ≤ \theta_V ≤ 15°$
㉰ : $15° < \theta_V$
㉱ : $30° < \theta_H ≤ 60°$

18 경관에 대한 다음 사항 중 틀린 것은?

㉮ 경관은 대상의 주체에 의하여 자연경관, 인공경관 및 생태경관으로 3분한다.
㉯ 자연경관은 인공이 전혀 가해지지 않는 경치로서 자연경이다.
㉰ 인공경관은 인공요소를 가한 경치와 인공요소만을 주체로 한 경치로 2분된다.
㉱ 인공요소를 가한 경치는 일명 장식경이라 한다.

⊙ 인공요소와 경치를 조화시킨 조경, 인공요소만을 주체로 한 경치를 장식경이라 한다.

정답 **13** ㉮　**14** ㉮　**15** ㉯　**16** ㉱　**17** ㉰　**18** ㉱

19 시설물을 보는 각도 중 수평시각에 관한 설명으로 틀린 것은?

㉮ $0° \leq \theta_H \leq 10°$ 사이에서 시설물은 주위 경관과 일치가 되고, 경관의 주제로서 대상에서 벗어난다.

㉯ $10° < \theta_H \leq 30°$에서는 시설물의 전체형상을 인식할 수 있고, 경관의 주제로서 적당하다.

㉰ $30° < \theta_H \leq 60°$ 사이는 시설물이 시계 중에 차지하는 비율이 작고 강조된 경관을 얻는다.

㉱ θ_H가 60°보다 크면 시설물에 대한 압박감을 느끼기 시작한다.

> $30° < \theta_H \leq 60°$ 사이는 시설물이 시계 중에 차지하는 비율이 크고 강조된 경관을 얻는다.

20 경관에 대한 다음 설명 중 틀린 것은?

㉮ 경관은 인간의 감각적 인식에 의하여 파악되는 공간구성을 뜻한다.

㉯ 경관측량은 인간과 물적 대상의 양 요소에 대한 경관도의 정량화 및 표현에 관한 평가를 하는 데 의의를 두고 있다.

㉰ 경관도는 때와 장소에 좌우되지 않고 근원적인 경관가치를 실현할 수 있도록 계획이 수립되어야 한다.

㉱ 자연경관은 인공이 가해지지 않은 자연녹지 등을 뜻하는 자연경이다.

> 경관도는 때와 장소에 좌우되지 않도록 근원적인 경관의 가치를 실현할 수 있는 계획이 수립되어야 한다.

21 다음 설명 중 옳지 않은 것은?

㉮ 인간의 시선은 수평보다 약 10° 하향이다.

㉯ 머리를 움직이지 않고 볼 수 있는 각도는 ±27°, −8 ~ −30° 정도이다.

㉰ 시점과 배경의 위치관계는 쉽게 정량화할 수 있다.

㉱ 시설물의 식별은 시설물과 시점의 거리에 의해 크게 변화한다.

> 시점과 배경의 위치관계에 기인하는 요인은 배경의 다양성으로 심리적 영향에 따라 인상이 크게 변화하기 때문에 정량적 분석은 매우 곤란하다.

22 구조물 경관의 평가지표와 가장 거리가 먼 것은?

㉮ 과고감   ㉯ 입체감

㉰ 식별도   ㉱ Scale감

> 경관평가를 위한 평가지표에는 가시·불가시, 식별도, 위압감, 규모(Scale)감, 입체감, 변화감, 조화감 등으로 나눌 수 있다.

23 경관측량으로 측량한 결과로 경관도 분석을 하기 위한 방법이 아닌 것은?

㉮ 천연색 합성사진   ㉯ 조정집성사진

㉰ 모형   ㉱ 천연색사진 모의실험

> 계획 구상단계에서 시설물에 대한 대상지역 내에서의 경관도 분석을 하기 위한 방법은 천연색사진 합성(Color Photo Montage), 천연색사진 모형관측(Color Photo Simulation) 그리고 모형이 있다.

24 경관의 분류법을 나열한 것 중 틀린 것은?

㉮ 인식대상의 주체에 관한 분류

㉯ 시각적인 요소에 의한 분류

㉰ 경관의 구성요소에 의한 분류

㉱ 객관적 요소에 의한 분류

⊙ 경관의 분류법에는 인식대상의 주체, 경관 구성요소, 시각적인 요소, 개성적 요소에 의한 분류가 있다.

25 다음 중 경관분석을 위한 기초인자가 아닌 것은?

㉮ 주변의 생태 특성

㉯ 인간의 시각 특성

㉰ 대상의 시각 속성

㉱ 시점과 대상과의 관계

⊙ 경관분석을 위한 기초인자
인간의 시지각 특성, 대상의 시각 특성, 시점과 대상과의 관계

26 경관평가를 위한 평가지표가 아닌 것은?

㉮ 색감, 질감

㉯ 식별도, 조화감

㉰ 위압감, 변화감

㉱ 규모감, 입체감

⊙ 질감은 사진판독요소이다.

27 경관의 시각적인 요소에 의한 인자가 아닌 것은?

㉮ 위치, 크기

㉯ 색과 색감, 형태

㉰ 선, 질감

㉱ 조경, 생태

⊙ 경관의 시각적 요소는 위치, 크기, 색과 색깔, 형태, 선, 질감, 농담 등이다.

28 다음 중 경관분석의 기초인자로 사용되지 않는 것은?

㉮ 식생상태와 기상과의 관계

㉯ 대상의 시각 속성

㉰ 시점과 대상과의 관계

㉱ 인간의 시지각 특성

⊙ 경관분석을 위한 기초인자
• 인간의 시지각 특성
• 대상의 시각 특성
• 시점과 대상과의 관계

29 경관분석을 위한 기초인자에 대한 설명 중 틀린 것은?

㉮ 인간의 감각 특성

㉯ 대상의 시각 속성

㉰ 시점과 대상과의 관계

㉱ 대상 상호관계와 변동요인으로 시정(視程), 기상, 시각, 계절 등이 있다.

⊙ 문제 28번 해설 참조

정답 **24** ㉱ **25** ㉮ **26** ㉮ **27** ㉱ **28** ㉮ **29** ㉱

실전문제

30 경관예측에 관한 다음의 설명 중 옳지 않은 것은?

㉮ 수평시각은 대상물의 시점과 종점을 시준할 때의 각도를 말한다.

㉯ 수직시각은 대상물의 특정 부분의 상·하단을 시준하는 각도를 말한다.

㉰ 시설물의 식별은 시설물과 시점(視點) 사이의 거리(D)에 의해 크게 변화한다.

㉱ 일반적으로 시점의 위치가 낮은 쪽이 정(靜)적인 인상을 받고 높게 됨에 따라 동(動)적인 인상이 강하게 된다.

> 일반적으로 시점의 위치가 낮은 쪽이 활동적인 인상을 받고, 높게 됨에 따라 정적인 인상이 강하게 된다.

31 시설물의 경관을 수직시각(θ_V)에 의하여 평가하는 경우 시설물이 경관의 주제가 되고 쾌적한 경관으로 인식되는 수직시각의 범위는?

㉮ $0° \leq \theta_V \leq 15°$ ㉯ $15° \leq \theta_V \leq 30°$

㉰ $30° \leq \theta_V \leq 45°$ ㉱ $45° \leq \theta_V \leq 60°$

> θ_V가 15°보다 커지면 시계에서 차지하는 비율이 커져서 압박감을 느끼고 쾌적한 경관으로 인식되지 못한다.

32 항공사진측량을 지적측량에 활용하는 이유로 가장 거리가 먼 것은?

㉮ 정확도가 전체적으로 균일하다.

㉯ 대단위지역에서 시간·경제적으로 우수하다.

㉰ 공중에서 전체지역을 볼 수 있기 때문에 보완측량이 필요 없다.

㉱ 접근하기 어려운 대상지역에도 측량이 가능하다.

> 공중에서 넓은 지역을 관측하므로 세부지역의 현지보완측량이 필수적이다.

33 경관측량에서 고정적인 시점에서 얻을 수 있는 경관은?

㉮ 이동경관   ㉯ 지점경관

㉰ 장의경관   ㉱ 변천경관

> 지점경관 구성요소는 시점, 시점장, 주대상, 대상장으로 나눌 수 있다.

34 경관측량에서 개성적 요소에 의한 분류와 관계가 없는 것은?

㉮ 천연경관   ㉯ 파노라믹경관

㉰ 포위된 경관   ㉱ 인공경관

> 개성적 요소
> 천연경관, 파노라믹경관, 포위된 경관, 초점적 경관, 터널적 경관, 세부적 경관, 순간적 경관

35 경관을 분류할 때 경관구성요소에 의한 분류기준 중 인식의 주체가 되는 계는 무엇인가?

㉮ 대상계   ㉯ 경관장계

㉰ 시점계   ㉱ 상호성계

> 시점계
> 인간의 속성(예 : 직업, 연령, 건강상태, 성장환경)과 시점의 성격(예 : 표고, 장관도, 입지조건)에 관한 내용이 포함

정답 | 30 ㉱ 31 ㉮ 32 ㉰ 33 ㉯ 34 ㉱ 35 ㉰

36 다음 중 경관의 3요소와 거리가 먼 것은?

㉮ 경제성   ㉯ 조화감

㉰ 순화감   ㉱ 미의식의 상승

> ◉ 경관측량은 녹지와 여공간을 이용하여 휴식, 산책, 운동, 오락 및 관망 등을 목적으로 하는 도시공원 조성이나 토목구조물 등이 자연환경과 이루는 조화감, 순화감, 미의식의 상승 등을 고려하는 데 이용된다.

37 경관을 일반적으로 경관구성 요소에 의하여 시점계, 대상계, 경관장계, 상호계로 구분할 때 경관장계에 대한 설명으로 옳은 것은?

㉮ 인식의 주체

㉯ 인식 대상이 되는 사물

㉰ 대상을 둘러싸고 있는 환경

㉱ 각 구성요인과 성격 사이에 존재하는 관계

> ◉ 경관은 인식대상이 되는 대상계, 이를 둘러싸고 있는 경관장계, 그리고 인식 주체인 시점계가 있다.

38 지점경관구성요소가 아닌 것은?

㉮ 시점   ㉯ 상호계   ㉰ 주대상   ㉱ 시점장

> ◉ 지점경관 구성요소는 시점, 시점장, 주대상, 대상장으로 나눌수 있다.

39 경관분석을 위한 조사항목과 가장 거리가 먼 것은?

㉮ 현황사진

㉯ 지역 및 식생현황

㉰ 대상지역의 역사적 배경과 문화

㉱ 전출입 인구

> ◉ 전출입 인구는 경관분석을 위한 조사항목과는 관계가 없다.

40 시설물을 보는 각도에서 압박감을 느끼는 수평시각(θ_H)과 수직시각(θ_V)은?

㉮ $(\theta_H) > 60°$, $(\theta_V) > 15°$ ㉯ $(\theta_H) > 60°$, $(\theta_V) > 10°$

㉰ $(\theta_H) > 50°$, $(\theta_V) > 15°$ ㉱ $(\theta_H) > 50°$, $(\theta_V) > 10°$

> ◉ 시설물 경관시계
> • 수평시각(θ_H) > 60° : 시설물에 대한 압박감을 느끼기 시작한다.
> • 수직시각(θ_V) > 15° : 압박을 느끼고 쾌적한 경관을 인식할 수 없다.

41 경관평가에서 수평시각(θ_H)이 $60° < \theta_H$일 때에 대한 설명으로 가장 알맞은 것은?

㉮ 시설물의 전체 형상을 인식할 수 있고 경관의 주체로서 적당하다.

㉯ 시설물이 시계 중에 차지하는 비율이 크고 강조된 경관을 얻는다.

㉰ 시설물에 대한 압박감을 느끼기 시작한다.

㉱ 시설물은 주위 환경과 일체가 되고 경관의 주체로서 대상에서 벗어난다.

> ◉ 수평시각(θ_H)
> • $0° \leq \theta_H \leq 10°$: 시설물은 주위 환경과 일체가 되고, 경관의 주제로서 대상에서 벗어난다.
> • $10° < \theta_H \leq 30°$: 시설물의 전체 형상을 인식할 수 있고 경관의 주제로서 적당하다.
> • $30° < \theta_H \leq 60°$: 시설물이 시계 중에 차지하는 비율이 크고 강조된 경관을 얻는다.
> • $60° < \theta_H$: 시설물에 대한 압박감을 느끼기 시작한다.

정답   36 ㉮   37 ㉰   38 ㉯   39 ㉱   40 ㉮   41 ㉰

42 도로경관에서의 시점에 대한 특징이 아닌 것은?

㉮ 도로에서의 시점은 이동한다.

㉯ 풍경이 변화하고 속도가 커짐에 따라 시야가 넓어진다.

㉰ 시축이 한 방향으로 한정된다.

㉱ 시점을 내부에 두는 내부경관과 도로 밖에 두는 외부 경관으로 나누어진다.

> ◯ 도로의 경관은 풍경이 변화하고 속도가 커짐에 따라 시야가 좁아진다.

43 다음 중 자연경관에 가장 큰 영향을 미치는 요인은?

㉮ 도시계획현황

㉯ 식생(植生)과 지형현황

㉰ 주민구성

㉱ 지역의 역사적 배경

> ◯ 도시계획현황, 주민구성, 지역의 역사적 배경은 인공경관 및 생태경관에 영향을 미치는 요소이다.

44 경관표현방법에 의한 정량화 방법이 아닌 것은?

㉮ 정사투영도에 의한 방법

㉯ 투시도에 의한 방법

㉰ 평면도에 의한 방법

㉱ 영상(Image) 처리에 의한 방법

> ◯ 경관의 정량화 방법
> • 정사투영도에 의한 방법
> • 스케치 및 회화에 의한 방법
> • 투시도에 의한 방법
> • 몽타주에 의한 방법
> • 색채모의관측에 의한 방법
> • 비디오 영상에 의한 방법
> • 영상처리에 의한 방법
> • 모형에 의한 방법

45 지적측량의 순서로 옳은 것은?

㉮ 계획수립 → 선점 및 조표 → 준비 및 현지답사 → 성과표 작성 → 관측 및 계산

㉯ 준비 및 현지답사 → 계획수립 → 선점 및 조표 → 성과표 작성 → 관측 및 계산

㉰ 준비 및 현지답사 → 선점 및 조표 → 계획수립 → 관측 및 계산 → 성과표 작성

㉱ 계획수립 → 준비 및 현지답사 → 선점 및 조표 → 관측 및 계산 → 성과표 작성

> ◯ 지적측량 순서
> 계획수립 → 준비 및 현지답사 → 선점 및 조표 → 관측 및 계산 → 성과표 작성

46 대축척인 지적도를 작성하는 데에는 일반적으로 기존의 삼각점만으로는 충분하지 않다. 이때 필요한 기준점 설치를 위한 기초측량에 해당되지 않는 것은?

㉮ 지적도근측량

㉯ 세부측량

㉰ 지적삼각보조측량

㉱ 지적삼각측량

> ◯ 지적법상 기초측량은 지적삼각측량, 지적삼각보조측량, 지적위성기준측량, 지적도근측량으로 분류된다.

정답 42 ㉯ 43 ㉯ 44 ㉰ 45 ㉱ 46 ㉯

47 항공사진측량을 지적측량에 활용하는 이유로 가장 거리가 먼 것은?

㉮ 정확도가 전체적으로 균일하다.

㉯ 대단위 지역에서 시간 · 경제적으로 우수하다.

㉰ 공중에서 전체 지역을 볼 수 있기 때문에 보완측량이 필요 없다.

㉱ 접근하기 어려운 대상지역에도 측량이 가능하다.

> 공중에서 넓은 지역을 관측하므로 세부 지역의 현지보완측량이 필수적이다.

48 용지 측량 순서로 옳은 것은?

㉮ 작업계획 → 경계확인 → 면적계산 → 경계측량 → 자료조사 → 용지실측도, 원도 등의 작성

㉯ 자료조사 → 작업계획 → 경계확인 → 경계측량 → 면적계산 → 용지실측도, 원도 등의 작성

㉰ 작업계획 → 자료조사 → 경계확인 → 경계측량 → 면적계산 → 용지실측도, 원도 등의 작성

㉱ 작업계획 → 경계측량 → 경계확인 → 자료조사 → 면적계산 → 용지실측도, 원도 등의 작성

> 본문 택지조성 및 지적측량 순서 참조

49 도시계획사업, 토지구획정리사업, 농지개량사업 및 기타 법령의 토지개발사업 등에 의하여 토지를 구획하고 환지를 완료한 토지의 지번, 지목, 면적, 경계 또는 좌표를 지적공부에 등록하기 위해서 실시하는 측량은?

㉮ 골조측량 ㉯ 경계측량

㉰ 현황측량 ㉱ 확정측량

> 확정측량
> (Confirmation Surveying)
> 토지구획정리사업의 사업계획에서 정해진 가구 및 획지와 이 사업의 환지설계에서 정해진 가구 및 획지에 대하여 그 위치, 형상 및 면적을 확정하는 작업을 말한다. 확정측량에는 가구확정측량과 획지확정측량이 있다.

50 확정측량에 대한 설명으로 가장 적합한 것은?

㉮ 시가지 계획을 위한 기초측량이다.

㉯ 구획정리를 하고 환지를 교부하여 토지의 면적을 지적 공부에 새로이 등록하는 이동측량이다.

㉰ 토지구획과 형질을 변경한 뒤 새로운 획지에 이전시키는 측량이다.

㉱ 신규측량과 이동측량을 제외한 모든 측량을 말한다.

> 문제 49번 해설 참조

51 토지구획정리측량에 관한 설명 중 옳지 않은 것은?

㉮ 환경정비개선, 교통안전 확보, 재해발생방지 등 시가지 조성을 위해 실시된다.

㉯ 토지의 형상, 면적 파악 등의 정확한 측량이 요구된다.

> 토지구획정리측량은 다른 공사의 시공과 달리 측량기술자에 의해 설계변경을 할 수 없다.

정답 47 ㉰ 48 ㉰ 49 ㉱ 50 ㉯ 51 ㉰

㉰ 구획정리는 다른 공사의 시공과 달리 측량기술자에 의해 쉽게 설계변경을 할 수 있다.

㉱ 토지구획정리는 지역의 사회적, 자연적 조건을 고려하여야 한다.

52 일반적인 택지조성측량의 순서로 가장 적합한 것은?

㉮ 사전조사 → 현황측량 → 확정측량 → 경계측량 → 택지조성공사 → 준공측량

㉯ 사전조사 → 현황측량 → 택지조성공사 → 확정측량 → 경계측량 → 준공측량

㉰ 사전조사 → 현황측량 → 경계측량 → 택지조성공사 → 확정측량 → 준공측량

㉱ 사전조사 → 현황측량 → 준공측량 → 경계측량 → 택지조성공사 → 확정측량

◉ 본문 택지조성측량 참조

53 다음의 괄호 안에 들어갈 계획이 순서대로 나열된 것은?

공원녹지계획의 유형을 공원녹지계획을 다루는 대상의 규모나 성격, 계획의 목적 등의 기준으로 보면 도시 전체의 공원녹지의 체계라는 수준에서 정책적 제안을 하는 (ㄱ) 또는 (ㄴ)이라는 차원과 특정한 공원과 녹지를 조성하는 수준에서 기술적인 제안을 하는 단일 목적의 (ㄷ) 또는 (ㄹ)이라는 차원으로 구분할 수 있다.

㉮ 정책계획 – 체계계획 – 사업계획 – 조성계획

㉯ 정책계획 – 조성계획 – 체계계획 – 사업계획

㉰ 체계계획 – 사업계획 – 정책계획 – 조성계획

㉱ 사업계획 – 정책계획 – 체계계획 – 조성계획

54 경관의 구성요소에서 인간의 속성을 나타내는 직업, 연령, 건강상태, 교육환경이 속하는 계는?

㉮ 대상계   ㉯ 경관장계

㉰ 시점계   ㉱ 형상계

◉ 시점계
인간의 속성(예 : 직업, 연령, 건강상태, 성장환경)과 시점의 성격(예 : 표고, 장관도, 입지조건)에 관한 내용이 포함

55 다음 중 교량의 경관계획에서 결정할 사항이 아닌 것은?

㉮ 교량의 형식 및 규모   ㉯ 교량의 형태 및 색채

㉰ 교량의 수면과 조화   ㉱ 교량의 성능 관리

◉ 교량의 성능관리는 경관계획과는 무관한 사항이다.

정답 52 ㉰   53 ㉮   54 ㉰   55 ㉱

56 경관 평가요인을 정량화하기 위하여 수평시각을 관측한 결과 30° ≤ θ ≤ 60°의 값을 얻었다. 시설물에 대한 느낌으로 적절한 것은?

㉮ 시설물은 주위와 일체가 되고 경관의 주제로서 대상에서 벗어난다.

㉯ 시설물의 전체 형상을 인식할 수 있고 경관의 주제로 적합하다.

㉰ 시설물이 시계 중에 차지하는 비율이 크고 강조된 경관으로 인식된다.

㉱ 시설물에 대한 압박감을 크게 느낀다.

▸ 수평각(θ_H)
㉮ $0° \le \theta_H \le 10°$: 시설물은 주위 환경과 일체가 되고 경관의 주제로서 대상에서 벗어난다.
㉯ $10° < \theta_H \le 30°$: 시설물의 전체 형상을 인식할 수 있고 경관의 주제로서 적당하다.
㉰ $30° < \theta_H \le 60°$: 시설물이 시계 중에 차지하는 비율이 크고 강조된 경관을 얻는다.
㉱ $60° < \theta_H$: 시설물에 대한 압박감을 느끼기 시작한다.

57 다른 시점에서 합쳐진 작도가 가능할 뿐 아니라 시각성이 양호하여 판단하기 쉬운 장점이 있는 경관예측방법은?

㉮ 비디오 영상에 의한 방법

㉯ 모형에 의한 방법

㉰ 조감도에 의한 방법

㉱ 투시도에 의한 방법

▸ ㉮ : 비디오에 의한 영상합성을 이용하는 방법
㉯ : 구조물 및 지형 등과 같은 모형재료에 의해 3차원 모형으로 표현하는 방법
㉰ : 조감도를 작성하여 예측하는 방법
㉱ : 다른 시점에서 합쳐진 작도가 가능할 뿐만 아니라 시각성이 양호하여 판단하기 쉬운 장점이 있으나 설계자의 주관이 포함되기 쉬우며 자연조건까지 포함하는 데는 제약이 따르는 단점이 있다.

58 비행장의 입지 선정을 위해 고려하여야 할 주요요소로 가장 거리가 먼 것은?

㉮ 주변지역의 개발 형태 ㉯ 항공기 이용에 따른 접근성

㉰ 지표면 활용상태 ㉱ 비행장 운영에 필요한 지원시설

▸ 비행장의 입지 선정 요소
주변지역 개발 형태, 기후, 접근성, 장애물, 지원시설 기타 주변 여건

59 다음 중 교량의 경관계획에서 결정할 사항이 아닌 것은?

㉮ 교량의 형식 및 규모 ㉯ 교량의 형태 및 색채

㉰ 교량과 수면의 조화 ㉱ 교량의 성능 관리

▸ 교량의 성능 관리는 경관계획과는 무관한 사항이다.

60 시설물의 계획 설계 시 구조물과 생활공간 및 자연환경 등의 조화감 등에 대하여 검토되는 위치결정에 필요한 측량은?

㉮ 공공측량 ㉯ 자원측량

㉰ 공사측량 ㉱ 경관측량

▸ 경관측량은 녹지와 여공간을 이용하여 휴식, 산책, 운동, 오락 및 관망 등을 목적으로 하는 도시공원 조성이나 토목구조물 등이 자연환경과 이루는 조화감, 순화감, 미의식의 상승 등에 대하여 검토되는 위치결정에 필요한 측량을 말한다.

정답 ▸ 56 ㉰ 57 ㉱ 58 ㉰ 59 ㉱ 60 ㉱

05

실기
(작업형)

CHAPTER 01 실기(작업형)시험 대비 요령

···01 실기(작업형)시험과제(100점)

(1) 레벨(Level) 측량(30점)

(2) 토털스테이션(Total Station) 측량(40점)

(3) 성과정리(30점)

···02 시험시간(1시간 50분)

(1) 실기(작업형)시간 : 110분

① 레벨(Level) 측량 : 35분

② 토털스테이션(Total Station) 측량 : 35분

③ 성과정리 : 40분

(2) 연장시간 : 없음

···03 수험자 유의사항

(1) 측량기계는 안전에 유의하여 조심스럽게 다루고 측량이 끝나면 제자리에 놓는다.

(2) 측점에는 충격이 없도록 기계를 세운다.

(3) 작업에 적합한 복장을 착용한다.

(4) 모든 답안작성은 흑색 필기구만 사용해야 하며, 정정 시에는 두 줄을 긋고 다시 작성한다.

(5) 토털스테이션 측량, 레벨 측량, 성과정리 3개의 과제 중 1개의 과제라도 0점인 경우에는 실격처리 된다.

(6) 레벨 측량에서 왕복 2회(총 4회) 이상 세우지 않은 경우에는 실격처리 된다.

(7) 작업형(외업) 시험시간은 각 과제별로 35분(연장 없음)을 초과할 수 없으며, 시험시간이 경과하면 작성된 상태까지를 제출하여야 하며, 제출하지 않은 경우 기권처리 된다.

CHAPTER 02 레벨(Level) 측량

••••01 개요

수준측량은 지구 및 우주공간상의 높이를 결정하는 측량으로서 단순한 높이 결정에서부터 공사현황 측량 및 종·횡단면도 작성에 이르기까지 다양하게 응용되고 있다. 측량 및 지형공간정보산업기사 실기(작업형)시험에서는 레벨을 이용한 직접수준측량 방식으로 왕복측량 하여 최확값을 결정하는 방식으로 시험을 실시하고 있다.

••••02 요구사항

시험장에 설치된 No.0~No.8 측점을 왕복측량 하여 각 측점의 지반고를 계산하고 답안지를 완성하시오. 단, No.0 측점의 지반고는 시험장에서 주어지며, 기계는 왕복 각 2회(총 4회) 이상 세우고 (No.8에서 왕복 전환할때 반드시 기계를 재설치한다.), 각 측점간의 거리는 동일한 것으로 가정한다.

••••03 기기(機器) 및 보조 기구(器具)

수준측량 작업형(외업) 시험에 이용되는 기기는 레벨이며, 보조 기구는 삼각대, 표척으로 구성되고, 기타 시험 준비물로 계산기, 연필, 지우개 및 볼펜을 준비하여 시험에 응시하여야 한다.(단, 답안작성은 흑색 필기구만 사용해야 한다.)

(1) 레벨 구조 및 주요 명칭

레벨은 직접수준측량에 사용하는 기기로, 망원경과 기포관이 주된 본체를 구성하고 있다. 레벨의 종류에는 와이레벨, 덤피레벨, 자동레벨 및 정확도가 높은 미동레벨 등이 있으나, 가장 대중적으로 사용하는 레벨은 원형수준기로 대략 수평을 맞추면 시준선이 자동으로 수평이 되는 자동레벨이다. 최근에는 사용이 편리하고 정확도가 높은 디지털레벨이 등장하였다.

[그림 2-1] 레벨의 주요 명칭(앞면부)

임의 방향 지시계
(핍 사이트)
대물렌즈
반사경
원형기포관

[그림 2-2] 레벨의 주요 명칭(뒷면부)

초점나사
접안렌즈
미동나사
정준나사

[그림 2-3] 보조 기구

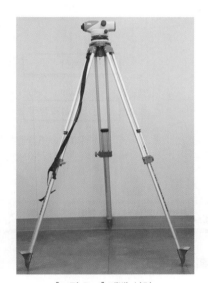

[그림 2-4] 레벨 설치

NOTICE 본 사진은 수험자의 실기시험에 도움이 되도록 모의 제작한 것으로 실제 시험장 기계와는 차이가 있을 수도 있음을 알려드립니다.

┅┅04 작업순서

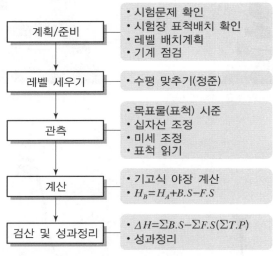

계획/준비	→	• 시험문제 확인 • 시험장 표적배치 확인 • 레벨 배치계획 • 기계 점검
레벨 세우기	→	• 수평 맞추기(정준)
관측	→	• 목표물(표척) 시준 • 십자선 조정 • 미세 조정 • 표척 읽기
계산	→	• 기고식 야장 계산 • $H_B = H_A + B.S - F.S$
검산 및 성과정리	→	• $\Delta H = \sum B.S - \sum F.S(\sum T.P)$ • 성과정리

[그림 2-5] 레벨 측량의 일반적 작업흐름도

┅┅05 세부 작업 요령

(1) 계획 및 준비

레벨 측량 실기시험 시 대기석에서 시험장 표척배치상태를 확인하고 시험문제 배부 즉시 레벨 배치계획을 수립한 후 삼각대와 정준나사를 작업에 용이하도록 조정한다.

현황 사진	세부 설명
① 레벨 측량 시험장 전체 현황 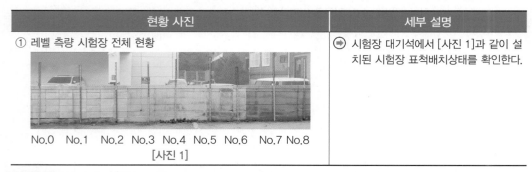 No.0 No.1 No.2 No.3 No.4 No.5 No.6 No.7 No.8 [사진 1]	⮕ 시험장 대기석에서 [사진 1]과 같이 설치된 시험장 표척배치상태를 확인한다.

NOTICE 본 사진은 수험자의 실기시험에 도움이 되도록 모의 제작한 것으로 실제 시험장 현황과는 차이가 있을 수도 있음을 알려드립니다.

현황 사진	세부 설명
② 레벨 배치계획 수립  [사진 2] - 레벨 배치계획(예) - 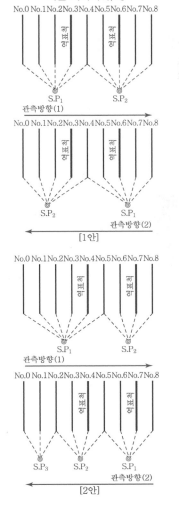 ※ S.P(Station Point) : 기계설치점	● [사진 2]와 같이 시험장을 확인하고 표척 배치계획을 수립하는 데 보통 3, 6번 또는 4, 7번에 역표척이 배치되어 있다. 이기점(T.P)은 역표척을 피하여 관측하는 것이 계산의 실수를 줄이는 방법의 하나임을 알아야 한다. 레벨배치계획은 시험장 상황에 따라 다르므로 시험장에서 다양하게 구상하여 측량을 실시하는 것이 좋다.

현황 사진	세부 설명
③ 기계점검  [사진 3]　　　　[사진 4] 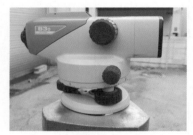 [사진 5]  [사진 6]	➡ 레벨기계가 지급되면 기계를 점검한다. 점검방법은 [사진 3, 4]와 같이 삼각대 신축조정나사를 이용하여 레벨의 높이를 자신의 눈높이에 맞춰 삼각대를 조절한다. [사진 5]와 같이 삼각대 기반 위에 편심이 있는 경우 중앙에 위치시켜야 하며, [사진 6]과 같이 정준나사를 이용하여 중앙에 위치하도록 조정한다.

(2) 레벨 세우기

레벨 세우기는 레벨 측량에서 많은 시간을 요하는 부분이므로 반복 연습하여 시간을 단축하는 것이 전체 공정에 매우 중요한 사항이 된다. 레벨을 세우는 일반적인 방법은 삼각대를 견고하게 지지한 후, 개략적인 수평 맞추기는 삼각대를 이용하고, 미세 수평 맞추기는 정준나사를 활용하는 것이다.

현황 사진	세부 설명
① 삼각대 고정  [사진 7]	⮕ 관측계획이 수립되면 첫 관측점으로 이동하여 [사진 7]과 같이 삼각대를 지반에 단단히 고정한다. 삼각대가 지반에 고정되지 않을 경우 측량 중에 수평이 흐트러지는 상황이 발생할 수도 있으므로 각별히 주의하여야 한다. 또한 관측표척과 등거리 지점에 레벨을 위치시켜야 기계오차 및 기타 오차를 줄일 수 있다.
② 정준나사 조정 [사진 8]  [1조정] 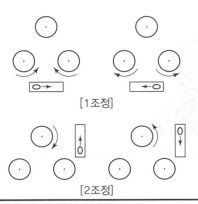 [2조정]	⮕ 삼각대 고정 후 [사진 8]과 같이 반사경을 보면서 정준나사를 이용하여 레벨의 수평을 맞춘다. 레벨의 기포조정은 그림과 같이 정준나사 두 개를 동시 조정하여 1조정을 실시한 후 나머지 정준나사로 2조정을 한다.

(3) 관측

레벨 측량은 시험장에 설치된 No.0~No.8 측점을 왕복관측 하며, 일반적으로 기계는 각 2회 (총 4회) 이상 세워야 하므로 표척 읽기, 역표척 읽기, 다른 표척시준 및 야장 기입에 주의하여 관측을 실시하여야 한다.

현황 사진	세부 설명
① 표척시준방법  [사진 9]  [사진 10]	➡ 정준이 완료되면 [사진 9, 10]과 같이 망원경 위의 방향지시계를 이용하여 표척을 시준한다. 시험장의 표척은 간격이 좁아 방향지시계를 이용하지 않으면 표척을 잘못 시준하는 과실이 발생할 수도 있다.
② 십자선 선명도 조정  [사진 11]	➡ 접안렌즈 초점나사를 이용하여 [사진 11]과 같이 십자선의 선명도를 조정한다.

현황 사진	세부 설명

③ 렌즈의 초점 조정

[사진 12]

⮕ 십자선 조정이 완료되면 [사진 12]와 같이 대물렌즈 초점나사를 이용하여 렌즈의 초점을 맞춘다.

④ 표척 시준

[사진 13]

⮕ 표척방향, 십자선 선명도, 렌즈의 초점 조정이 완료되면 [사진 13]과 같이 미동나사를 이용하여 표척이 십자선 중앙에 오도록 조정하여 관측을 실시한다.
[사진 14]는 잘된 시준상태를, [사진 15]는 잘못된 시준상태를 보여주고 있다.

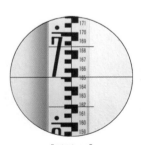

[사진 14]

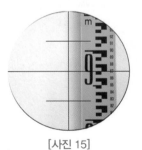

[사진 15]

현황 사진	세부 설명
⑤ 표척 읽기 －정표척 읽기－ [사진 16]　　　[사진 17] －역표척 읽기－ [사진 18]　　　[사진 19]	➡ 표척 읽기는 크게 정표척 읽기와 역표 척 읽기로 구분되며 표척 읽기는 다음 과 같다. • 정표척 읽기 　[사진 16] : 1.195m 　[사진 17] : 4.535m • 역표척 읽기 　[사진 18] : −0.260m 　[사진 19] : −3.284m

현황 사진	세부 설명

⑥ 야장 정리(거리는 소수 3자리까지 기입, No.0 지반고는 시험장에서 주어짐)

| 레벨 측량 [1] |

(단위 : m)

측점	후시	전시		기계고	지반고	비고
		이기점	중간점			
No.0	1.567				10.500	No.0의 지반고 = 10.500
No.1			1.214			
No.2			0.984			
No.3			−2.410			
No.4	3.684	3.865				
No.5			2.314			
No.6			−3.243			
No.7			2.507			
No.8		1.643				
계						

| 레벨 측량 [2] |

(단위 : m)

측점	후시	전시		기계고	지반고	비고
		이기점	중간점			
No.8	1.637					
No.7			2.556			
No.6			−3.212			
No.5	2.312	2.214				
No.4			3.750			
No.3			−2.314			
No.2			0.881			
No.1			1.351			
No.0		1.478				
계						

➡ 야장 정리 시 주의사항
- 기계 세우는 횟수와 후시(B.S), 전시(F.S) 횟수는 동일하다.
- 역표척 지점에서는 계산이 복잡하므로 이기점(T.P)을 설치하지 않는 것이 좋다.
- 마지막 측점은 항상 이기점(T.P)에 기록한다.

※ 본 야장의 후시, 전시 및 지반고 값은 임의로 기입한 수치임을 알려드립니다.

NOTICE 본 성과표는 수험자의 실기시험에 도움이 되도록 모의 작성한 것으로 실제 성과표와 차이가 있을 수도 있음을 알려드립니다.

(4) 계산 및 검산

수준측량의 계산은 기고식 야장기입법을 이용하며(No.0 측점의 지반고는 시험장에서 주어짐), 일반적인 계산방법은 '미지지반고(G.H)＝기계고(I.H)－전시(F.S)'이나, 역표척인 경우에는 부호가 반대이므로 세심한 주의가 필요하다. 최종 성과가 계산되면 검산을 실시하여 결과값을 확인한다. 그러나 검산 결과값이 일치되어도 중간의 모든 결과값이 정확하게 측량되었다고 보기는 어려우므로 관측 시 세심한 주의가 필요하다.

1) 최종성과표(거리는 소수 3자리까지 기입, No.0 지반고는 시험장에서 주어짐)

| 레벨 측량 [1] | (단위 : m)

| 측 점 | 후 시 | 전 시 | | 기계고 | 지반고 |
		이기점	중간점		
No.0	1.567			12.067	10.500
No.1			1.214		10.853
No.2			0.984		11.083
No.3			−2.410		14.477
No.4	3.684	3.865		11.886	8.202
No.5			2.314		9.572
No.6			−3.243		15.129
No.7			2.507		9.379
No.8		1.643			10.243
계	5.251	5.508			

| 레벨 측량 [2] | (단위 : m)

| 측점 | 후시 | 전시 | | 기계고 | 지반고 |
		이기점	중간점		
No.8	1.637			11.880	10.243
No.7			2.556		9.324
No.6			−3.212		15.092
No.5	2.312	2.214		11.978	9.666
No.4			3.750		8.228
No.3			−2.314		14.292
No.2			0.881		11.097
No.1			1.351		10.627
No.0		1.478			10.500
계	3.949	3.692			

| 레벨 측량 최종 결과 | (단위 : m)

측점	No.1	No.2	No.3	No.4	No.5	No.6	No.7	No.8
최확값	10.740	11.090	14.385	8.215	9.619	15.111	9.352	10.243

※ 본 야장의 후시, 전시 및 지반고 값은 임의로 기입한 수치임

2) 해설

> • 기계고(I.H) = 지반고(G.H) + 후시(B.S)
> • 지반고(G.H) = 기계고(I.H) − 전시(F.S)

① 레벨 측량 [1]
- No.0 지반고 = **10.500m**
- No.0 기계고 = 10.500 + 1.567 = 12.067m
- No.1 지반고 = 12.067 − 1.214 = 10.853m
- No.2 지반고 = 12.067 − 0.984 = 11.083m
- No.3 지반고 = 12.067 − (−2.410) = 14.477m
- No.4 지반고 = 12.067 − 3.865 = 8.202m

- No.4 기계고 = 8.202 + 3.684 = 11.886m
- No.5 지반고 = 11.886 − 2.314 = 9.572m
- No.6 지반고 = 11.886 − (−3.243) = 15.129m
- No.7 지반고 = 11.886 − 2.507 = 9.379m
- No.8 지반고 = 11.886 − 1.643 = **10.243m**

− 검산 −
- Σ 후시 = No.0 + No.4 = 1.567 + 3.684 = 5.251m
- Σ 전시(이기점) = No.4 + No.8 = 3.865 + 1.643 = 5.508m
- ΔH = 5.251 − 5.508 = −0.257m
- 지반고 차 = No.8 지반고 − No.0 지반고 = 10.243 − 10.500 = −0.257m (O.K)

② 레벨 측량 [2]
- No.8 지반고 = **10.243m**
- No.8 기계고 = 10.243 + 1.637 = 11.880m
- No.7 지반고 = 11.880 − 2.556 = 9.324m
- No.6 지반고 = 11.880 − (−3.212) = 15.092m
- No.5 지반고 = 11.880 − 2.214 = 9.666m

- No.5 기계고 = 9.666 + 2.312 = 11.978m
- No.4 지반고 = 11.978 − 3.750 = 8.228m
- No.3 지반고 = 11.978 − (−2.314) = 14.292m
- No.2 지반고 = 11.978 − 0.881 = 11.097m

- No.1 지반고 $=11.978-1.351=10.627$m
- No.0 지반고 $=11.978-1.478=10.500$m

 - 검산 -
 - $\sum$ 후시 $=$ No.8$+$No.5$=1.637+2.312=3.949$m
 - $\sum$ 전시(이기점) $=$ No.5$+$No.0$=2.214+1.478=3.692$m
 - $\Delta H=3.949-3.692=0.257$m
 - 지반고 차 $=$ No.0 지반고$-$No.8 지반고
   $=10.500-10.243=0.257$m (O.K)

3) 최종 검산

$\Delta H=\sum B.S$(레벨 측량 1$+$레벨 측량 2)$-\sum F.S$(레벨 측량 1 이기점$+$레벨 측량 2 이기점)

$\qquad=$No.0 지반고(레벨 측량 1)$-$No.0 지반고(레벨 측량 2)

$9.200-9.200=10.500-10.500$

$\qquad 0.000$m$=0.000$m (O.K)

※ $\sum B.S$(레벨 측량 1$+$레벨 측량 2)$-\sum F.S$(레벨 측량 1 이기점$+$레벨 측량 2 이기점)의 값
과 No.0(레벨 측량 1) 지반고와 No.0(레벨 측량 2) 지반고의 차가 일치하므로, 야장계산은
정확하게 계산되었다고 할 수 있다.

4) 최확값

각각의 (레벨 측량 1 지반고$+$레벨 측량 2 지반고)$\div 2$

- No.1 최확값 $=(10.853+10.627)\times\dfrac{1}{2}=10.740$m

- No.2 최확값 $=(11.083+11.097)\times\dfrac{1}{2}=11.090$m

- No.3 최확값 $=(14.477+14.292)\times\dfrac{1}{2}=14.385$m

- No.4 최확값 $=(8.202+8.228)\times\dfrac{1}{2}=8.215$m

- No.5 최확값 $=(9.572+9.666)\times\dfrac{1}{2}=9.619$m

- No.6 최확값 $=(15.129+15.092)\times\dfrac{1}{2}=15.111$m

- No.7 최확값 $=(9.379+9.324)\times\dfrac{1}{2}=9.352$m

- No.8 최확값 $=(10.243+10.243)\times\dfrac{1}{2}=10.243$m

CHAPTER 03 토털스테이션(Total Station) 측량

···01 개요

최근 전자기술 및 컴퓨터의 발달로 GNSS, 관성측량시스템 및 각과 거리를 자동으로 관측하는 토털스테이션 기계를 개발하였다. 토털스테이션 기계는 관측된 데이터를 직접 저장하고 처리할 수 있으므로 3차원 지형정보 획득으로부터 데이터베이스의 구축 및 지형도 제작까지 일괄적으로 처리할 수 있는 최신 측량기계이다. 측량 및 지형공간정보산업기사 실기(작업형)시험에서는 2개의 측점에서 각, 거리, 좌표 등을 관측하고, 1개의 측점에서 프리즘을 직접 설치하여 거리를 직접 관측하는 방식으로 실시하고 있다.

···02 요구사항

측점 A의 좌표(X_A, Y_A)와 $\overline{AP}$의 방위각 α를 이용하여 답안지를 완성하시오.(단, A점의 좌표는 m 단위로 소수 3자리까지, 각은 초단위, 프리즘 상수는 감독위원의 지시에 따른다.)

① 측점 A에 기계를 설치하고, 측점 B에 프리즘을 세워 관측하시오.

② 측점 B에 기계를 설치하여 관측하시오.

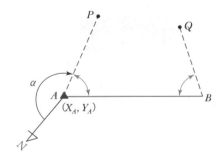

여기서, A : 기지점
B, P, Q : 미지점
(X_A, Y_A) : 기지점 좌표
α : $\overline{AP}$의 방위각
※ A점의 좌표와 $\overline{AP}$방위각은 주어짐

···03 기기(機器) 및 보조 기구(器具)

토털스테이션 측량 작업형(외업) 시험에 이용되는 기기는 토털스테이션이며, 보조 기구는 삼각대, 프리즘으로 구성되고, 기타 시험 준비물로 계산기, 연필, 지우개 및 볼펜을 준비하여 시험에 응시하여야 한다.(단, 답안작성은 흑색 필기구만 사용해야 한다.)

(1) 토털스테이션의 구조 및 주요 명칭

토털스테이션은 각과 거리를 동시에 관측할 수 있는 대표적인 측량기기를 말한다. 토털스테이션의 등장으로 그동안 직접관측으로는 획득하기 어려웠던 수평거리와 높이차는 물론이고 좌표 획득까지 가능하게 되었다.

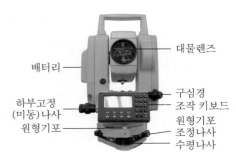

[그림 3-1] 토털스테이션(앞면부)

[그림 3-2] 토털스테이션(뒷면부)

[그림 3-3] 보조 기구

[그림 3-4] 토털스테이션 설치

NOTICE 본 사진은 수험자의 실기시험에 도움이 되도록 모의 제작한 것으로 실제 시험장 기계와는 차이가 있을 수도 있음을 알려드립니다.

••• 04 작업순서

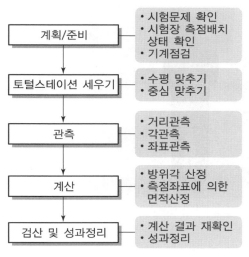

[그림 3-5] 토털스테이션 측량의 일반적 작업흐름도

••• 05 세부 작업 요령

(1) 계획 및 준비

토털스테이션 측량 실기시험 시 대기석에서 시험장 현황을 확인하고 시험문제 배부 즉시 토털스테이션 설치계획을 수립한 후 삼각대와 정준나사를 작업에 용이하도록 조정한다.

현황 사진	세부 설명
① 토털스테이션 측량 시험장 전체 현황 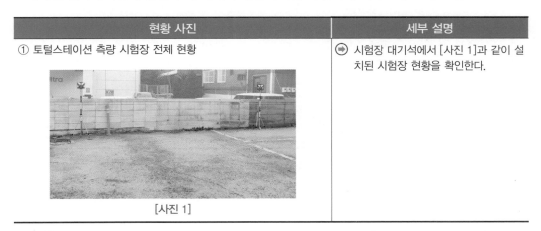 [사진 1]	➡ 시험장 대기석에서 [사진 1]과 같이 설치된 시험장 현황을 확인한다.

NOTICE 본 사진은 수험자의 실기시험에 도움이 되도록 모의 제작한 것으로 실제 시험장 현황과는 차이가 있을 수도 있음을 알려드립니다.

현황 사진	세부 설명
② 토털스테이션 배치계획 수립  [사진 2]	➲ [사진 2]와 같이 시험장을 확인하고 토털스테이션 배치계획을 수립한다.
– 토털스테이션 배치계획 – 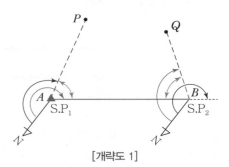 [개략도 1]	➲ 토털스테이션은 [개략도 1]과 같이 기지점($S.P_1$), 미지점($S.P_2$)에 세우며, $S.P_1$에서는 A점의 교각, $\overline{AB}$, $\overline{AP}$거리를 관측하고, $S.P_2$에서는 B점의 교각, $\overline{BQ}$거리를 관측한다. ※ S.P(Station Point) : 기계설치점

현황 사진	세부 설명
③ 기계점검   [사진 3]　　　　　[사진 4]  [사진 5]  [사진 6]	➡ 토털스테이션 기계가 지급되면 기계를 점검한다. 점검방법은 [사진 3, 4]와 같이 삼각대 신축 조정나사를 이용하여 토털스테이션의 망원경 중심을 자신의 눈높이에 맞춰 삼각대를 조절한다. [사진 5]와 같이 삼각대 기반 위에 편심이 있는 경우, 중앙에 위치시켜야 하며, [사진 6]과 같이 정준나사를 이용하여 중앙에 위치하도록 조정한다.

(2) 토털스테이션 세우기

토털스테이션 세우기는 토털스테이션 측량에서 많은 시간을 요하는 부분이므로 반복 연습하여 시간을 단축하는 것이 전체 공정에 매우 중요한 사항이 된다. 토털스테이션을 세우는 일반적인 방법은 삼각대를 견고하게 지지한 후, 개략적인 수평 및 중심 맞추기는 삼각대를 이용하고, 미세 수평 맞추기는 정준나사를 활용하며, 미세 중심 맞추기는 본체를 이동시켜 맞추는 것이다.

현황 사진	세부 설명
① 삼각대 고정  [사진 7]	⊕ 관측계획이 수립되면 첫 관측점으로 이동하여 [사진 7]과 같이 삼각대를 이용하여 중심 맞추기를 완료하고 지반에 단단히 고정한다. 삼각대가 지반에 고정되지 않을 경우 측량 중에 수평과 중심이 흐트러지는 상황이 발생할 수도 있으므로 각별히 주의하여야 한다. 또한 토털스테이션의 위치는 측점의 중앙에 정확히 위치시켜야 기계오차 및 기타 오차를 줄일 수 있다.
② 정준나사 조정(수평 맞추기)  [사진 8] 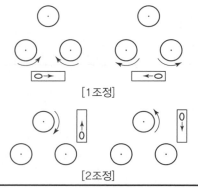[1조정] [2조정]	⊕ 삼각대 고정 후 [사진 8]과 같이 삼각대의 신축나사를 이용하여 원형기포를 맞춘 후 정준나사를 이용하여 막대기포를 맞춘다. 토털스테이션의 막대기포 조정은 그림과 같이 정준나사 두 개를 동시 조정하여 1조정을 실시한 후 나머지 정준나사로 2조정을 한다.

현황 사진	세부 설명
③ 중심 맞추기  [사진 9]  [사진 10]	➡ 중심 맞추기는 토털스테이션 측량에서 가장 중요한 과정 중 하나로, 먼저 [사진 9]와 같이 삼각대를 이용하고, 미세 중심 맞추기는 [사진 10]과 같이 본체를 이동시켜 정확하게 맞춘다.

(3) 관측

토털스테이션 측량은 시험장에서 요구하는 사항을 관측하며, 일반적으로 측점 A와 B에 기계를 설치하여 각과 거리를 관측하므로 올바른 프리즘 시준 및 야장 기입에 주의하여 관측을 실시하여야 한다.

현황 사진	세부 설명
① 프리즘 시준방법  [사진 11]  [사진 12]	➲ 정준과 중심 맞추기가 완료되면 [사진 11, 12]와 같이 망원경 위의 방향지시계를 이용하여 프리즘을 시준한다. 시험장에 설치된 프리즘은 독립적으로 설치되어 있으므로 방향지시계를 이용하는 것이 바람직하다.
② 십자선 선명도 조정  [사진 13]	➲ 접안렌즈 초점나사를 이용하여 [사진 13]과 같이 십자선의 선명도를 조정한다.

현황 사진	세부 설명
③ 렌즈의 초점 조정  [사진 14]	⮕ 십자선 조정이 완료되면 [사진 14]와 같이 대물렌즈 초점나사를 이용하여 렌즈의 초점을 맞춘다.
④ 프리즘 시준  [사진 15]   [사진 16]　　　　　[사진 17]	⮕ 프리즘방향, 십자선 선명도, 렌즈의 초점 조정이 완료되면 [사진 15]와 같이 미동나사를 이용하여 프리즘이 십자선 중앙에 오도록 조정하여 관측을 실시한다. [사진 16]은 잘된 시준상태이며, [사진 17]은 잘못된 시준상태를 보여주고 있다.

현황 사진	세부 설명

⑤ 관측방법

– 관측방법 (1) –

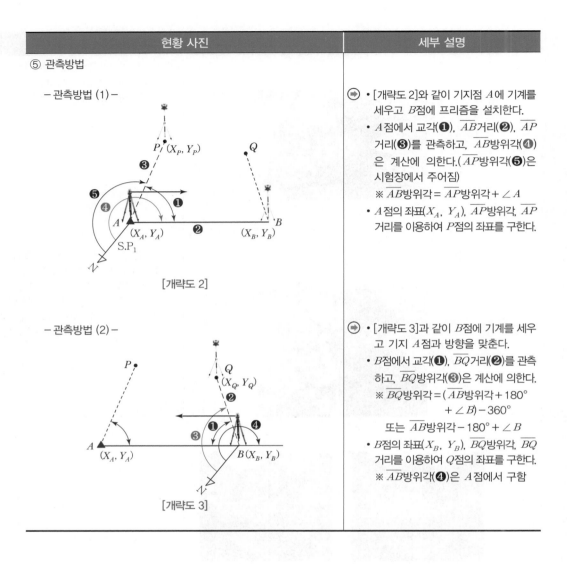

[개략도 2]

➡ • [개략도 2]와 같이 기지점 A에 기계를
세우고 B점에 프리즘을 설치한다.
 • A점에서 교각(❶), $\overline{AB}$거리(❷), $\overline{AP}$
거리(❸)를 관측하고, $\overline{AB}$방위각(❹)
은 계산에 의한다.($\overline{AP}$방위각(❺)은
시험장에서 주어짐)
 ※ $\overline{AB}$방위각 = $\overline{AP}$방위각 + ∠A
 • A점의 좌표(X_A, Y_A), $\overline{AP}$방위각, $\overline{AP}$
거리를 이용하여 P점의 좌표를 구한다.

– 관측방법 (2) –

[개략도 3]

➡ • [개략도 3]과 같이 B점에 기계를 세우
고 기지 A점과 방향을 맞춘다.
 • B점에서 교각(❶), $\overline{BQ}$거리(❷)를 관측
하고, $\overline{BQ}$방위각(❸)은 계산에 의한다.
 ※ $\overline{BQ}$방위각 = ($\overline{AB}$방위각 + 180°
 + ∠B) – 360°
 또는 $\overline{AB}$방위각 – 180° + ∠B
 • B점의 좌표(X_B, Y_B), $\overline{BQ}$방위각, $\overline{BQ}$
거리를 이용하여 Q점의 좌표를 구한다.
 ※ $\overline{AB}$방위각(❹)은 A점에서 구함

현황 사진	세부 설명

⑥ 야장정리

| 토털스테이션 측량 |

$\overline{AP}$의 방위각 = 123°45′50″

측점	교각	측선	수평거리(m)	방위각
A	69°27′35″	$\overline{AB}$	15.514	193°13′25″
B	72°32′47″	$\overline{BQ}$	19.375	85°46′12″

측점	좌표(m)	
	X	Y
P	186.106	170.783
A	200.000	150.000
B	184.897	146.451
Q	186.326	165.773

□ $PABQ$의 면적(m²)
 • 계산과정 :

 • 답 :

➡ 야장 정리 시 주의사항
 • 기계는 A, B측점에 세워서 교각, 수평거리, 좌표값을 관측하고, 관측값을 관측수부(관측기록부)에 옮겨 적을 때 오기가 없도록 주의해서 작성한다.
 • $\overline{AP}$방위각과 관측한 교각을 이용하여 별도로 $\overline{AB}$, $\overline{BQ}$ 방위각을 계산한다.
 • 면적은 좌표법을 이용하여 계산한다.

 ※ 본 야장의 방위각, 교각, 수평거리 및 측점 좌표값은 임의로 기입한 수치임을 알려드립니다.

 ※ $\overline{AB}$, $\overline{BQ}$의 방위각은 계산에 의한 값임

NOTICE 본 성과표는 수험자의 실기시험에 도움이 되도록 모의 작성한 것으로 실제 성과표와는 차이가 있을 수도 있음을 알려드립니다.

(4) 계산 및 검산

토털스테이션 측량의 계산은 크게 방위각과 면적산정이므로 관측한 교각, 거리 및 각 측점의 좌표값을 이용하여 거리와 좌표는 m 단위로 소수 3자리까지, 각은 초단위까지 정확하게 계산한다. 또한 면적은 좌표법으로 산정하므로 계산과정을 충실하게 기록하는 등의 세심한 주의가 필요하다.

1) 답안지(성과표) 작성

$\overline{AP}$의 방위각 = 123°45′50″

측점	교각	측선	수평거리(m)	방위각
A	69°27′35″	$\overline{AB}$	15.514	193°13′25″
B	72°32′47″	$\overline{BQ}$	19.375	85°46′12″

측점	좌표(m)	
	X	Y
P	186.106	170.783
A	200.000	150.000
B	184.897	146.451
Q	186.326	165.773

□ $PABQ$의 면적(m²)
• 계산과정 :

측점	X	Y	Y_{n+1}	Y_{n-1}	ΔY	$X \cdot \Delta Y$
P	186.106	170.783	150.000	165.773	−15.773	−2,935.450
A	200.000	150.000	146.451	170.783	−24.332	−4,866.400
B	184.897	146.451	165.773	150.000	15.773	2,916.380
Q	186.326	165.773	170.783	146.451	24.332	4,533.684
계						351.786

배면적$(2A)$ = 351.786m²

$\therefore A = $ 배면적 $\times \dfrac{1}{2} = 351.786 \times \dfrac{1}{2} = 175.893$m²

• 답 : 175.893m²

2) 해설

① 방위각 산정

• $\overline{AP}$방위각 = 123°45′50″(시험장에서 주어짐)

• $\overline{AB}$방위각 = $\overline{AP}$방위각 + $\angle A$

$= 123°45′50″ + 69°27′35″ = 193°13′25″$

- $\overline{BQ}$방위각$=(\overline{AB}$방위각$+180°+\angle B)-360°$
  $=(193°13'25''+180°+72°32'47'')-360°$
  $=85°46'12''$

※ 또는 $\overline{BQ}$방위각$=\overline{AB}$방위각$-180°+\angle B$
  $=193°13'25''-180°+72°32'47''$
  $=85°46'12''$

② 좌표 산정($X_A = 200.000$m, $Y_A = 150.000$m ⇒ 시험장에서 주어짐)

㉠ P점 좌표

- $X_P = X_A + (\overline{AP}$거리$\times \cos \overline{AP}$방위각$)$
  $=200.000+(25.000\times\cos123°45'50'')$
  $=186.106$m
- $Y_P = Y_A + (\overline{AP}$거리$\times \sin \overline{AP}$방위각$)$
  $=150.000+(25.000\times\sin123°45'50'')$
  $=170.783$m

㉡ B점 좌표

- $X_B = X_A + (\overline{AB}$거리$\times \cos \overline{AB}$방위각$)$
  $=200.000+(15.514\times\cos193°13'25'')$
  $=184.897$m
- $Y_B = Y_A + (\overline{AB}$거리$\times \sin \overline{AB}$방위각$)$
  $=150.000+(15.514\times\sin193°13'25'')$
  $=146.451$m

㉢ Q점 좌표

- $X_Q = X_B + (\overline{BQ}$거리$\times \cos \overline{BQ}$방위각$)$
  $=184.897+(19.375\times\cos85°46'12'')$
  $=186.326$m
- $Y_Q = Y_B + (\overline{BQ}$거리$\times \sin \overline{BQ}$방위각$)$
  $=146.451+(19.375\times\sin85°46'12'')$
  $=165.773$m

③ 면적 산정

• 좌표법 적용

측점	X	Y	Y_{n+1}	Y_{n-1}	ΔY	$X \cdot \Delta Y$
P	186.106	170.783	150.000	165.773	-15.773	$-2,935.450$
A	200.000	150.000	146.451	170.783	-24.332	$-4,866.400$
B	184.897	146.451	165.773	150.000	15.773	2,916.380
Q	186.326	165.773	170.783	146.451	24.332	4,533.684
계						351.786

배면적$(2A) = 351.786\text{m}^2$

$$\therefore \ A = \text{배면적} \times \frac{1}{2} = 351.786 \times \frac{1}{2} = 175.893\text{m}^2$$

CHAPTER 04 성과정리

••••01 개요

측량 및 지형공간정보산업기사 실기(작업형) 시험의 성과정리는 시험장에서 제시된 관측값으로 레벨 측량 성과(계획고, 절·성토고 계산)와 트래버스 측량 성과(각, 위·경거 조정계산)를 정리하는 방식으로 시험을 실시하고 있다.

••••02 레벨 측량 성과정리

(1) 조건

① 지반고는 시험장(감독위원)에서 제시하는 값을 이용한다.
② No.0의 계획고는 지반고와 같다.
③ No.0~No.4 구간은 상향기울기, No.4~No.8 구간은 하향기울기이다.(단, 상향과 하향기울기는 시험장(감독위원)에서 제시한다.)
④ 각 측점 간의 거리는 20m이다.
⑤ 계산은 반올림하여 소수 3자리까지 구한다.

(2) 성과정리표

상향기울기				하향기울기		
측점	지반고		계획고		성토고	절토고
No.0						
No.1						
No.2						
No.3						
No.4						
No.5						
No.6						
No.7						
No.8						
계						

NOTICE 본 성과표는 수험생의 수험대비를 위해 작성된 것으로 실제 시험성과표와 차이가 있을 수도 있음을 알려 드립니다.

····03 트래버스 측량 성과정리

(1) 조건

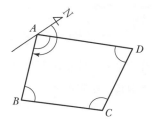

① 폐합트래버스를 컴퍼스법칙에 의해 조정한다.

② $\overline{AB}$의 방위각, A의 합위거, 합경거와 각 측선의 거리 및 관측각은 시험장(감독위원)에서 제시하는 값을 이용한다.

③ 계산은 반올림하여 소수 3자리까지 구한다.

(2) 성과정리표

측선	거리	측점	교각	조정량	조정각	방위각	위거	경거
$\overline{AB}$		A						
$\overline{BC}$		B						
$\overline{CD}$		C						
$\overline{DA}$		D						
계								

위거조정량	경거조정량	조정위거	조정경거	측점	합위거	합경거
				A		
				B		
				C		
				D		
				A		

○ 폐합오차 :

○ 폐합비 :

NOTICE 본 성과표는 수험생의 수험대비를 위해 작성된 것으로 실제 시험성과표와 차이가 있을 수도 있음을 알려드립니다.

CHAPTER 05 실전문제

국가기술자격 실기 모의시험 문제 및 해설 [1]

※ 본 모의시험 문제 및 해설은 수험생의 수험대비를 위해 모의로 작성한 것임을 알려드립니다.

자격 종목	측량 및 지형공간정보산업기사	과제명	레벨 측량, 토털스테이션 측량, 성과정리

• 시험 시간 : 1시간 50분

1) 레벨 측량 : 35분

2) 토털스테이션 측량 : 35분

3) 성과정리 : 40분

• 연장 시간 : 없음

•••01 모의시험 문제

(1) 레벨 측량

시험장에 설치된 No.0~No.8 측점을 왕복측량하여 답안지를 완성하시오.(단, No.0 측점의 지반고는 10m이며, 기계는 왕복 각 2회(총 4회) 이상 세우고, 각 측점 간의 거리는 동일한 것으로 가정하며, 단위는 m로 소수 3자리까지 구하시오.)

(2) 토털스테이션 측량

측점 A의 좌표(140.000m, 120.000m)와 $\overline{AP}$의 방위각 145°40′30″를 이용하여 답안지를 완성하시오.(단, A점의 좌표는 m 단위로 소수 3자리까지, 각은 초 단위, 프리즘 상수는 감독위원의 지시에 따른다.)

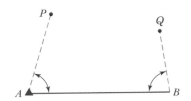

(3) 성과정리

다음 제시하는 조건에 따라 레벨 측량 성과정리와 트래버스 측량 성과정리를 완성하시오.

① 레벨 측량 성과정리 조건
- No.0의 지반고는 12m이다.(단, 계획고는 지반고와 같다.)
- No.0~No.4 구간은 상향기울기이며 2.0%, No.4~No.8 구간은 하향기울기로 −4.0% 이다.
- 각 측점 간의 거리는 20m이다.
- 계산은 반올림하여 소수 3자리까지 구한다.

② 트래버스 측량 성과정리 조건
- 폐합트래버스를 컴퍼스법칙에 의해 조정한다.
- 계산은 반올림하여 소수 3자리까지 구한다.
- 각 측선의 거리, 교각, $\overline{AB}$의 방위각 및 A의 합위거, 합경거는 다음과 같다.

측선	거리(m)	측점	교각	방위각	합위거(m)	합경거(m)
$\overline{AB}$	90.160	A	85°20′46″	26°43′47″	150.000	130.000
$\overline{BC}$	123.250	B	89°24′38″			
$\overline{CD}$	85.345	C	72°19′07″			
$\overline{DA}$	96.770	D	112°55′25″			

•••02 국가기술자격 실기 모의시험 답안지

(1) 레벨 측량(야장)

자격 종목	측량 및 지형공간정보산업기사	비번호	

※ 거리는 소수 3자리까지 기입하시오.(단위 : m)
※ 답안작성은 흑색 필기구만 사용하시오.

레벨 측량 [1]

(단위 : m)

측점	후시	전시		기계고	지반고
		이기점	중간점		
No.0	1.567				10.000
No.1			1.214		
No.2			2.351		
No.3			−1.223		
No.4	1.015	0.978			
No.5			1.431		
No.6			−1.083		
No.7			1.145		
No.8		0.985			
계					

[연습란]

NOTICE 본 야장의 후시, 전시 및 지반고 값은 임의로 기입한 수치임을 알려드립니다.

자격 종목	측량 및 지형공간정보산업기사	비번호	

※ 거리는 소수 3자리까지 기입하시오.(단위 : m)
※ 답안작성은 흑색 필기구만 사용하시오.

레벨 측량 [2]

(단위 : m)

측점	후시	전시		기계고	지반고
		이기점	중간점		
No.8	0.876				
No.7			1.154		
No.6			−1.051		
No.5	1.335	1.403			
No.4			0.989		
No.3			−1.153		
No.2			2.254		
No.1			1.245		
No.0		1.427			
계					

[레벨 측량 최종 결과]

(단위 : m)

측점	No.1	No.2	No.3	No.4	No.5	No.6	No.7	No.8
최확값								

NOTICE 본 야장의 후시, 전시 및 지반고 값은 임의로 기입한 수치임을 알려드립니다.

(2) 토털스테이션 측량(야장)

자격 종목	측량 및 지형공간정보산업기사	비번호	

※ 거리는 소수 3자리까지, 각은 초단위까지 기입하시오.
※ 답안작성은 흑색 필기구만 사용하시오.

토털스테이션 측량

$\overline{AP}$의 방위각 $= 145°40'30''$

측점	교각	측선	수평거리(m)	방위각
A	52°25'12''	$\overline{AB}$	14.257	198°05'42''
B	63°41'27''	$\overline{BQ}$	23.413	81°47'09''

측점	좌표(m)	
	X	Y
P	119.354	134.097
A	140.000	120.000
B	126.448	115.572
Q	129.793	138.745

□ $PABQ$의 면적(m²)
　• 계산과정 :

　• 답 :

NOTICE 본 야장의 방위각, 교각, 수평거리 및 측점 좌표값은 임의로 기입한 수치임을 알려드립니다.

(3) 성과정리

자격 종목	측량 및 지형공간정보산업기사	비번호	

※ 계산은 반올림하여 소수 3자리까지 구하시오.(단위 : m)
※ 답안작성은 흑색 필기구만 사용하시오.

레벨 측량 성과정리

(단위 : m)

상향기울기		2.0%		하향기울기		−4.0%	
측점	지반고	계획고		성토고		절토고	
No.0	12.000	12.000					
No.1	13.332						
No.2	16.033						
No.3	11.207						
No.4	17.940						
No.5	12.484						
No.6	10.154						
No.7	17.045						
No.8	12.565						
계							

NOTICE 본 답안지의 측점 No.0~No.8의 지반고 값과 계획고는 임의로 기입한 수치임을 알려드립니다.

자격 종목	측량 및 지형공간정보산업기사	비번호	

※ 거리는 소수 3자리까지, 각은 초단위까지 기입하시오.
※ 답안작성은 흑색 필기구만 사용하시오.

트래버스 측량 성과정리

측선	거리	측점	교각	조정량	조정각	방위각	위거	경거
$\overline{AB}$	90.160	A	85°20′46″			26°43′47″		
$\overline{BC}$	123.250	B	89°24′38″					
$\overline{CD}$	85.345	C	72°19′07″					
$\overline{DA}$	96.770	D	112°55′25″					
계								

위거조정량	경거조정량	조정위거	조정경거	측점	합위거	합경거
				A	150.000	130.000
				B		
				C		
				D		
				A		

○ 폐합오차 :

○ 폐합비 :

NOTICE 본 답안지의 거리, 교각, $\overline{AB}$방위각 및 A점 합위거, 합경거 값은 임의로 기입한 수치임을 알려드립니다.

····03 최종 성과표 및 해설

(1) 레벨 측량

1) 최종 성과표

| 레벨 측량 [1] |

(단위 : m)

측점	후시	전시		기계고	지반고
		이기점	중간점		
No.0	1.567			11.567	10.000
No.1			1.214		10.353
No.2			2.351		9.216
No.3			−1.223		12.790
No.4	1.015	0.978		11.604	10.589
No.5			1.431		10.173
No.6			−1.083		12.687
No.7			1.145		10.459
No.8		0.985			10.619
계	2.582	1.963			

| 레벨 측량 [2] |

(단위 : m)

측점	후시	전시		기계고	지반고
		이기점	중간점		
No.8	0.876			11.495	10.619
No.7			1.154		10.341
No.6			−1.051		12.546
No.5	1.335	1.403		11.427	10.092
No.4			0.989		10.438
No.3			−1.153		12.580
No.2			2.254		9.173
No.1			1.245		10.182
No.0		1.427			10.000
계	2.211	2.830			

| 레벨 측량 최종 결과 |

(단위 : m)

측점	No.1	No.2	No.3	No.4	No.5	No.6	No.7	No.8
최확값	10.268	9.195	12.685	10.514	10.133	12.617	10.400	10.619

2) 해설

> • 기계고(I.H) = 지반고(G.H) + 후시(B.S)
> • 지반고(G.H) = 기계고(I.H) − 전시(F.S)

① 레벨 측량 [1]

- No.0 지반고 = **10.000m**
- No.0 기계고 = 10.000 + 1.567 = 11.567m
- No.1 지반고 = 11.567 − 1.214 = 10.353m
- No.2 지반고 = 11.567 − 2.351 = 9.216m
- No.3 지반고 = 11.567 − (−1.223) = 12.790m
- No.4 지반고 = 11.567 − 0.978 = 10.589m

- No.4 기계고 = 10.589 + 1.015 = 11.604m
- No.5 지반고 = 11.604 − 1.431 = 10.173m
- No.6 지반고 = 11.604 − (−1.083) = 12.687m
- No.7 지반고 = 11.604 − 1.145 = 10.459m
- No.8 지반고 = 11.604 − 0.985 = **10.619m**

− 검산 −

- $\sum$ 후시 = No.0 + No.4 = 1.567 + 1.015 = 2.582m
- $\sum$ 전시(이기점) = No.4 + No.8 = 0.978 + 0.985 = 1.963m
- ΔH = 2.582 − 1.963 = **0.619m**
- 지반고 차 = No.8 지반고 − No.0 지반고 = 10.619 − 10.000 = **0.619m** (O.K)

② 레벨 측량 [2]

- No.8 지반고 = **10.619m**
- No.8 기계고 = 10.619 + 0.876 = 11.495m
- No.7 지반고 = 11.495 − 1.154 = 10.341m
- No.6 지반고 = 11.495 − (−1.051) = 12.546m
- No.5 지반고 = 11.495 − 1.403 = 10.092m

- No.5 기계고 = 10.092 + 1.335 = 11.427m
- No.4 지반고 = 11.427 − 0.989 = 10.438m
- No.3 지반고 = 11.427 − (−1.153) = 12.580m
- No.2 지반고 = 11.427 − 2.254 = 9.173m

- No.1 지반고＝11.427－1.245＝10.182m
- No.0 지반고＝11.427－1.427＝10.000m

－ 검산 －
- $\sum$ 후시＝No.8＋No.5＝0.876＋1.335＝2.211m
- $\sum$ 전시(이기점)＝No.5＋No.0＝1.403＋1.427＝2.830m
- ΔH＝2.211－2.830＝－0.619m
- 지반고 차＝No.0 지반고－No.8 지반고＝10.000－10.619＝－0.619m (O.K)

3) 최종 검산

ΔH＝$\sum B.S$(레벨 측량 1＋레벨 측량 2)－$\sum F.S$(레벨 측량 1 이기점＋레벨 측량 2 이기점)
　　＝No.0 지반고(레벨 측량 1)－No.0 지반고(레벨 측량 2)

4.793－4.793＝10.000－10.000

　　　0.000m＝0.000m (O.K)

※ $\sum B.S$(레벨 측량 1＋레벨 측량 2)－$\sum F.S$(레벨 측량 1 이기점＋레벨 측량 2 이기점)의 값
과 No.0(레벨 측량 1) 지반고와 No.0(레벨 측량 2) 지반고의 차가 일치하므로, 야장계산은
정확하게 계산되었다고 할 수 있다.

4) 최확값

각각의 (레벨 측량 1 지반고＋레벨 측량 2 지반고)÷2

- No.1 최확값＝$(10.353＋10.182)×\dfrac{1}{2}$＝10.268m
- No.2 최확값＝$(9.216＋9.173)×\dfrac{1}{2}$＝9.195m
- No.3 최확값＝$(12.790＋12.580)×\dfrac{1}{2}$＝12.685m
- No.4 최확값＝$(10.589＋10.438)×\dfrac{1}{2}$＝10.514m
- No.5 최확값＝$(10.173＋10.092)×\dfrac{1}{2}$＝10.133m
- No.6 최확값＝$(12.687＋12.546)×\dfrac{1}{2}$＝12.617m
- No.7 최확값＝$(10.459＋10.341)×\dfrac{1}{2}$＝10.400m
- No.8 최확값＝$(10.619＋10.619)×\dfrac{1}{2}$＝10.619m

(2) 토털스테이션 측량

1) 최종 성과표

$\overline{AP}$의 방위각＝145°40′30″

측점	교각	측선	수평거리(m)	방위각
A	52°25′12″	$\overline{AB}$	14.257	198°05′42″
B	63°41′27″	$\overline{BQ}$	23.413	81°47′09″

측점	좌표(m)	
	X	Y
P	119.354	134.097
A	140.000	120.000
B	126.448	115.572
Q	129.793	138.745

□ $PABQ$의 면적(m²)
- 계산과정 :

측점	X	Y	Y_{n+1}	Y_{n-1}	ΔY	$X \cdot \Delta Y$
P	119.354	134.097	120.000	138.745	−18.745	−2,237.291
A	140.000	120.000	115.572	134.097	−18.525	−2,593.500
B	126.448	115.572	138.745	120.000	18.745	2,370.268
Q	129.793	138.745	134.097	115.572	18.525	2,404.415
계						56.108

배면적$(2A) = 56.108\text{m}^2$

$\therefore A = $ 배면적$\times \dfrac{1}{2} = 56.108 \times \dfrac{1}{2} = 28.054\text{m}^2$

- 답 : 28.054m²

2) 해설

① 방위각 산정

- $\overline{AP}$방위각＝145°40′30″(시험장에서 주어짐)
- $\overline{AB}$방위각＝$\overline{AP}$방위각＋∠A

  ＝145°40′30″＋52°25′12″＝198°05′42″
- $\overline{BQ}$방위각＝($\overline{AB}$방위각＋180°＋∠B)－360°

  ＝(198°05′42″＋180°＋63°41′27″)－360°

  ＝81°47′09″

  ※ 또는 $\overline{BQ}$방위각 ＝$\overline{AB}$방위각－180°＋∠B

  ＝198°05′42″－180°＋63°41′27″

  ＝81°47′09″

② 좌표 산정($X_A = 140.000$m, $Y_A = 120.000$m ⇒ 시험장에서 주어짐)

　㉠ P점 좌표

　　• $X_P = X_A + (\overline{AP}$거리 $\times \cos \overline{AP}$방위각$)$

　　　$= 140.000 + (25.000 \times \cos 145°40'30'')$

　　　$= 119.354$m

　　• $Y_P = Y_A + (\overline{AP}$거리 $\times \sin \overline{AP}$방위각$)$

　　　$= 120.000 + (25.000 \times \sin 145°40'30'')$

　　　$= 134.097$m

　㉡ B점 좌표

　　• $X_B = X_A + (\overline{AB}$거리 $\times \cos \overline{AB}$방위각$)$

　　　$= 140.000 + (14.257 \times \cos 198°05'42'')$

　　　$= 126.448$m

　　• $Y_B = Y_A + (\overline{AB}$거리 $\times \sin \overline{AB}$방위각$)$

　　　$= 120.000 + (14.257 \times \sin 198°05'42'')$

　　　$= 115.572$m

　㉢ Q점 좌표

　　• $X_Q = X_B + (\overline{BQ}$거리 $\times \cos \overline{BQ}$방위각$)$

　　　$= 126.448 + (23.413 \times \cos 81°47'09'')$

　　　$= 129.793$m

　　• $Y_Q = Y_B + (\overline{BQ}$거리 $\times \sin \overline{BQ}$방위각$)$

　　　$= 115.572 + (23.413 \times \sin 81°47'09'')$

　　　$= 138.745$m

③ 면적 산정

　• 좌표법 적용

측점	X	Y	Y_{n+1}	Y_{n-1}	ΔY	$X \cdot \Delta Y$
P	119.354	134.097	120.000	138.745	-18.745	$-2,237.291$
A	140.000	120.000	115.572	134.097	-18.525	$-2,593.500$
B	126.448	115.572	138.745	120.000	18.745	2,370.268
Q	129.793	138.745	134.097	115.572	18.525	2,404.415
계						56.108

배면적$(2A) = 56.108$m^2

∴ $A = $ 배면적 $\times \dfrac{1}{2} = 56.108 \times \dfrac{1}{2} = 28.054$m^2

(3) 레벨 측량 성과정리

1) 최종 성과표

상향기울기		2.0%		하향기울기		−4.0%
측점	지반고		계획고		성토고	절토고
No.0	12.000		12.000			
No.1	13.332		12.400			0.932
No.2	16.033		12.800			3.233
No.3	11.207		13.200		1.993	
No.4	17.940		13.600			4.340
No.5	12.484		12.800		0.316	
No.6	10.154		12.000		1.846	
No.7	17.045		11.200			5.845
No.8	12.565		10.400			2.165
계						

2) 해설

① 계획고 산정

측점 No.0~No.4 구간(상향기울기 2.0%)

- No.0 계획고=12.000m
- No.1 계획고=No.0 계획고+$\left(\dfrac{\text{상향기울기}}{100} \times \text{측점 간 거리}\right)$

$$=12.000+\left(\dfrac{2.0}{100}\times 20.00\right)=12.400\text{m}$$

- No.2 계획고=No.1 계획고+$\left(\dfrac{\text{상향기울기}}{100} \times \text{측점 간 거리}\right)$

$$=12.400+\left(\dfrac{2.0}{100}\times 20.00\right)=12.800\text{m}$$

- No.3 계획고=No.2 계획고+$\left(\dfrac{\text{상향기울기}}{100} \times \text{측점 간 거리}\right)$

$$=12.800+\left(\dfrac{2.0}{100}\times 20.00\right)=13.200\text{m}$$

- No.4 계획고=No.3 계획고+$\left(\dfrac{\text{상향기울기}}{100} \times \text{측점 간 거리}\right)$

$$=13.200+\left(\dfrac{2.0}{100}\times 20.00\right)=13.600\text{m}$$

측점 No.4 ~ No.8 구간(하향기울기 −4.0%)

- No.4 계획고＝13.600m
- No.5 계획고＝No.4 계획＋$\left(\dfrac{\text{하향기울기}}{100} \times \text{측점 간 거리}\right)$

$$＝13.600＋\left(\dfrac{-4.0}{100} \times 20.00\right)＝12.800\text{m}$$

- No.6 계획고＝No.5 계획고＋$\left(\dfrac{\text{하향기울기}}{100} \times \text{측점 간 거리}\right)$

$$＝12.800＋\left(\dfrac{-4.0}{100} \times 20.00\right)＝12.000\text{m}$$

- No.7 계획고＝No.6 계획고＋$\left(\dfrac{\text{하향기울기}}{100} \times \text{측점 간 거리}\right)$

$$＝12.000＋\left(\dfrac{-4.0}{100} \times 20.00\right)＝11.200\text{m}$$

- No.8 계획고＝No.7 계획고＋$\left(\dfrac{\text{하향기울기}}{100} \times \text{측점 간 거리}\right)$

$$＝11.200＋\left(\dfrac{-4.0}{100} \times 20.00\right)＝10.400\text{m}$$

② 성토고 및 절토고 산정

지반고 − 계획고 ＝ ⊕절토고, ⊖성토고

- No.0＝12.000−12.000＝0.000m
- No.1＝13.332−12.400＝0.932m
- No.2＝16.033−12.800＝3.233m
- No.3＝11.207−13.200＝−1.993m
- No.4＝17.940−13.600＝4.340m
- No.5＝12.484−12.800＝−0.316m
- No.6＝10.154−12.000＝−1.846m
- No.7＝17.045−11.200＝5.845m
- No.8＝12.565−10.400＝2.165m

Reference 참고

➤ 종단면도 성과도 작성

※ 본 종단면도는 수험생의 이해도를 높이기 위해 작성한 것으로 레벨 측량의 성과정리와는 관계가 없음을 알려드립니다.

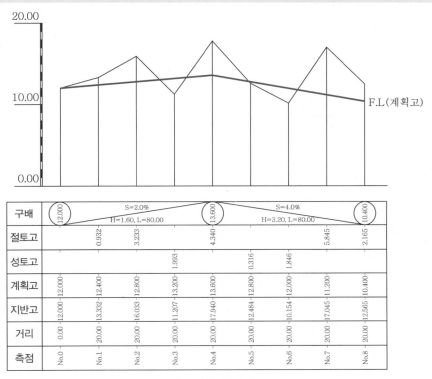

| 종단면 성과도 |

(4) 트래버스 측량 성과정리

1) 최종 성과표

측선	거리	측점	교각	조정량	조정각	방위각	위거	경거
$\overline{AB}$	90.160	A	85°20′46″	+1″	85°20′47″	26°43′47″	80.525	40.552
$\overline{BC}$	123.250	B	89°24′38″	+1″	89°24′39″	117°19′08″	−56.565	109.503
$\overline{CD}$	85.345	C	72°19′07″	+1″	72°19′08″	225°00′00″	−60.348	−60.348
$\overline{DA}$	96.770	D	112°55′25″	+1″	112°55′26″	292°04′34″	36.370	−89.675
계	395.525		359°59′56″	+4″	360°00′00″		−0.018	0.032

위거조정량	경거조정량	조정위거	조정경거	측점	합위거	합경거
0.004	−0.007	80.529	40.545	A	150.000	130.000
0.006	−0.010	−56.559	109.493	B	230.529	170.545
0.004	−0.007	−60.344	−60.355	C	173.970	280.038
0.004	−0.008	36.374	−89.683	D	113.626	219.683
		0.000	0.000	A	150.000	130.000

○ 폐합오차 : $\sqrt{(위거오차)^2 + (경거오차)^2} = \sqrt{(-0.018)^2 + (0.032)^2} = 0.037\text{m}$
○ 폐합비 : $\dfrac{폐합오차}{총길이} = \dfrac{0.037}{395.525} = \dfrac{1}{10,690}$

2) 해설

① 측각오차 산정

- $E_\alpha = [\alpha] - 180°(n-2) = 359°59'56'' - 180°(4-2) = -4''$

∴ 조정량 $= \dfrac{4''}{4} = 1''(\oplus 조정)$

② 방위각 산정

- $\overline{AB}$방위각 $= 26°43'47''$(시험장에서 주어짐)
- $\overline{BC}$방위각 $= \overline{AB}$방위각 $+ 180° - \angle B$
  $= 26°\ 43'47'' + 180° - 89°24'39''$
  $= 117°19'08''$
- $\overline{CD}$방위각 $= \overline{BC}$방위각 $+ 180° - \angle C$
  $= 117°19'08'' + 180° - 72°19'08''$
  $= 225°00'00''$
- $\overline{DA}$방위각 $= \overline{CD}$방위각 $+ 180° - \angle D$
  $= 225°00'00'' + 180° - 112°55'26''$
  $= 292°04'34''$
- $\overline{AB}$방위각 $= (\overline{DA}$방위각 $+ 180° - \angle A) - 360°$
  $= (292°04'34'' + 180° - 85°20'47'') - 360°$
  $= 26°43'47''$

③ 위거 및 경거 산정

㉠ 위거($l \cdot \cos\theta$)

- $\overline{AB}$위거 $= 90.160 \times \cos 26°43'47'' = 80.525\text{m}$
- $\overline{BC}$위거 $= 123.250 \times \cos 117°19'08'' = -56.565\text{m}$

- $\overline{CD}$위거$=85.345\times\cos225°00'00''=-60.348$m
- $\overline{DA}$위거$=96.770\times\cos292°04'34''=36.370$m

ⓒ 경거$(l\cdot\sin\theta)$

- $\overline{AB}$경거$=90.160\times\sin26°43'47''=40.552$m
- $\overline{BC}$경거$=123.250\times\sin117°19'08''=109.503$m
- $\overline{CD}$경거$=85.345\times\sin225°00'00''=-60.348$m
- $\overline{DA}$경거$=96.770\times\sin292°04'34''=-89.675$m

④ 폐합오차 및 폐합비 산정

㉠ 폐합오차(E)

$$E=\sqrt{(위거오차)^2+(경거오차)^2}=\sqrt{(-0.018)^2+(0.032)^2}=0.037\text{m}$$

ⓒ 폐합비

$$폐합비=\frac{폐합오차}{총길이}=\frac{0.037}{395.525}=\frac{1}{10,690}$$

⑤ 위거조정량 및 경거조정량 산정

㉠ 위거조정량

ⓐ 위거오차$(\varepsilon_l)=\ominus0.018m(\oplus$조정$)$

ⓑ 위거조정량$=\dfrac{위거오차}{총길이}\times$조정할 측선의 길이

- $\overline{AB}$위거조정량$=\dfrac{0.018}{395.525}\times90.160=0.004$m

- $\overline{BC}$위거조정량$=\dfrac{0.018}{395.525}\times123.250=0.006$m

- $\overline{CD}$위거조정량$=\dfrac{0.018}{395.525}\times85.345=0.004$m

- $\overline{DA}$위거조정량$=\dfrac{0.018}{395.525}\times96.770=0.004$m

ⓒ 경거조정량

ⓐ 경거오차$(\varepsilon_d)=0.032$m$(\ominus$조정$)$

ⓑ 경거조정량$=\dfrac{경거오차}{총길이}\times$조정할 측선의 길이

- $\overline{AB}$경거조정량$=\dfrac{0.032}{395.525}\times90.160=-0.007$m

- $\overline{BC}$경거조정량$=\dfrac{0.032}{395.525}\times123.250=-0.010\text{m}$

- $\overline{CD}$경거조정량$=\dfrac{0.032}{395.525}\times85.345=-0.007\text{m}$

- $\overline{DA}$경거조정량$=\dfrac{0.032}{395.525}\times96.770=-0.008\text{m}$

⑥ 합위거 및 합경거 산정

측점	합위거	합경거
A	150.000m	130.000m
B	150.000 + 80.529 = 230.529m	130.000 + 40.545 = 170.545m
C	230.529 − 56.559 = 173.970m	170.545 + 109.493 = 280.038m
D	173.970 − 60.344 = 113.626m	280.038 − 60.355 = 219.683m
A	113.626 + 36.374 = 150.000m	219.683 − 89.683 = 130.000m

Reference **참고**

➤ 폐합트래버스 성과도 작성

※ 본 폐합트래버스는 수험생의 이해도를 높이기 위해 작성한 것으로 트래버스 측량의 성과정리와는 관계가 없음을 알려드립니다.

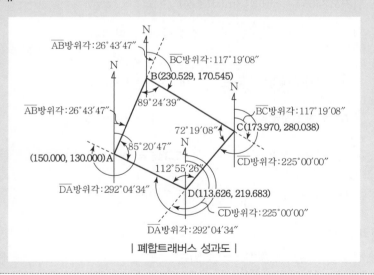

| 폐합트래버스 성과도 |

국가기술자격 실기 모의시험 문제 및 해설 [2]

※ 본 모의시험 문제 및 해설은 수험생의 수험대비를 위해 모의로 작성한 것임을 알려드립니다.

자격 종목	측량 및 지형공간정보산업기사	과제명	레벨 측량, 토털스테이션 측량, 성과정리

- **시험 시간** : 1시간 50분
    1) 레벨 측량 : 35분
    2) 토털스테이션 측량 : 35분
    3) 성과정리 : 40분

- **연장 시간** : 없음

••••01 모의시험 문제

(1) 레벨 측량

시험장에 설치된 No.0~No.8 측점을 왕복측량하여 답안지를 완성하시오(단, No.0 측점의 지반고는 30m이며, 기계는 왕복 각 2회(총 4회) 이상 세우고, 각 측점 간의 거리는 동일한 것으로 가정하며, 단위는 m로 소수 3자리까지 구하시오).

(2) 토털스테이션 측량

측점 A의 좌표(150.000m, 130.000m)와 $\overline{AP}$의 방위각 150°30′40″를 이용하여 답안지를 완성하시오(단, A점의 좌표는 m 단위로 소수 3자리까지, 각은 초 단위, 프리즘 상수는 감독위원의 지시에 따른다).

(3) 성과정리

다음 제시하는 조건에 따라 레벨 측량 성과정리와 트래버스 측량 성과정리를 완성하시오.

① 레벨 측량 성과정리 조건
- No.0의 지반고는 25m이다(단, 계획고는 지반고와 같다).
- No.0~No.4 구간은 상향기울기이며 2.5%, No.4~No.8 구간은 하향기울기로 -3.5%이다.
- 각 측점 간의 거리는 20m이다.
- 계산은 반올림하여 소수 3자리까지 구한다.

② 트래버스 측량 성과정리 조건
- 폐합트래버스를 컴퍼스법칙에 의해 조정한다.
- 계산은 반올림하여 소수 3자리까지 구한다.
- 각 측선의 거리, 교각, $\overline{AB}$의 방위각 및 A의 합위거, 합경거는 다음과 같다.

측선	거리(m)	측점	교각	방위각	합위거(m)	합경거(m)
$\overline{AB}$	104.199	A	102°32′41″	160°32′40″	200.000	100.000
$\overline{BC}$	87.212	B	87°04′59″			
$\overline{CD}$	117.988	C	90°03′17″			
$\overline{DA}$	83.198	D	80°19′07″			

···02 국가기술자격 실기 모의시험 답안지

(1) 레벨 측량(야장)

자격 종목	측량 및 지형공간정보산업기사	비번호	

※ 거리는 소수 3자리까지 기입하시오.(단위 : m)
※ 답안작성은 흑색 필기구만 사용하시오.

레벨 측량 [1]

(단위 : m)

측점	후시	전시		기계고	지반고
		이기점	중간점		
No.0	2.367				30.000
No.1			2.923		
No.2			2.709		
No.3	2.015	1.923			
No.4			−3.033		
No.5			2.458		
No.6			2.251		
No.7			−2.832		
No.8		1.713			
계					

[연습란]

NOTICE 본 야장의 후시, 전시 및 지반고 값은 임의로 기입한 수치임을 알려드립니다.

자격 종목	측량 및 지형공간정보산업기사	비번호	

※ 거리는 소수 3자리까지 기입하시오.(단위 : m)
※ 답안작성은 흑색 필기구만 사용하시오.

레벨 측량 [2]

(단위 : m)

측점	후시	전시		기계고	지반고
		이기점	중간점		
No.8	2.051				
No.7			−3.011		
No.6	2.192	2.413			
No.5			2.287		
No.4			−2.997		
No.3			2.009		
No.2			2.732		
No.1			2.531		
No.0		2.576			
계					

[레벨 측량 최종 결과]

(단위 : m)

측점	No.1	No.2	No.3	No.4	No.5	No.6	No.7	No.8
최확값								

NOTICE 본 야장의 후시, 전시 및 지반고 값은 임의로 기입한 수치임을 알려드립니다.

(2) 토털스테이션 측량(야장)

자격 종목	측량 및 지형공간정보산업기사	비번호	

※ 거리는 소수 3자리까지, 각은 초단위까지 기입하시오.
※ 답안작성은 흑색 필기구만 사용하시오.

토털스테이션 측량

$\overline{AP}$의 방위각 = 150°30′40″

측점	교각	측선	수평거리(m)	방위각
A	72°36′24″	$\overline{AB}$	18.156	223°07′04″
B	56°36′06″	$\overline{BQ}$	22.101	99°43′10″

측점	좌표(m)	
	X	Y
P	128.239	142.306
A	150.000	130.000
B	136.747	117.590
Q	133.016	139.374

☐ $PABQ$의 면적(m²)
• 계산과정 :

• 답 :

NOTICE 본 야장의 방위각, 교각, 수평거리 및 측점 좌표값은 임의로 기입한 수치임을 알려드립니다.

(3) 성과정리

자격 종목	측량 및 지형공간정보산업기사	비번호	

※ 계산은 반올림하여 소수 3자리까지 구하시오.(단위 : m)
※ 답안작성은 흑색 필기구만 사용하시오.

레벨 측량 성과정리

(단위 : m)

상향기울기		2.5%		하향기울기		−3.5%
측점	지반고	계획고		성토고		절토고
No.0	25.000	25.000				
No.1	23.487					
No.2	28.259					
No.3	22.896					
No.4	23.882					
No.5	21.805					
No.6	24.552					
No.7	26.154					
No.8	27.526					
계						

NOTICE 본 답안지의 측점 No.0~No.8의 지반고 값과 계획고는 임의로 기입한 수치임을 알려드립니다.

자격 종목	측량 및 지형공간정보산업기사	비번호	

※ 거리는 소수 3자리까지, 각은 초단위까지 기입하시오.
※ 답안작성은 흑색 필기구만 사용하시오.

트래버스 측량 성과정리

측선	거리	측점	교각	조정량	조정각	방위각	위거	경거
$\overline{AB}$	104.199	A	102°32′41″			160°32′40″		
$\overline{BC}$	87.212	B	87°04′59″					
$\overline{CD}$	117.988	C	90°03′17″					
$\overline{DA}$	83.198	D	80°19′07″					
계								

위거조정량	경거조정량	조정위거	조정경거	측점	합위거	합경거
				A	200.000	100.000
				B		
				C		
				D		
				A		

○ 폐합오차 :
○ 폐합비 :

NOTICE 본 답안지의 거리, 교각, $\overline{AB}$방위각 및 A점 합위거, 합경거 값은 임의로 기입한 수치임을 알려드립니다.

···03 최종 성과표 및 해설

(1) 레벨 측량

1) 최종 성과표

| 레벨 측량 [1] |

(단위 : m)

측점	후시	전시		기계고	지반고
		이기점	중간점		
No.0	2.367			32.367	30.000
No.1			2.923		29.444
No.2			2.709		29.658
No.3	2.015	1.923		32.459	30.444
No.4			−3.033		35.492
No.5			2.458		30.001
No.6			2.251		30.208
No.7			−2.832		35.291
No.8		1.713			30.746
계	4.382	3.636			

| 레벨 측량 [2] |

(단위 : m)

측점	후시	전시		기계고	지반고
		이기점	중간점		
No. 8	2.051			32.797	30.746
No. 7			−3.011		35.808
No. 6	2.192	2.413		32.576	30.384
No. 5			2.287		30.289
No. 4			−2.997		35.573
No. 3			2.009		30.567
No. 2			2.732		29.844
No. 1			2.531		30.045
No. 0		2.576			30.000
계	4.243	4.989			

| 레벨 측량 최종 결과 |

(단위 : m)

측점	No.1	No.2	No.3	No.4	No.5	No.6	No.7	No.8
최확값	29.745	29.751	30.506	35.533	30.145	30.296	35.550	30.746

2) 해설

> • 기계고(I.H) = 지반고(G.H) + 후시(B.S)
> • 지반고(G.H) = 기계고(I.H) − 전시(F.S)

① 레벨 측량 [1]
- No.0 지반고＝**30.000m**
- No.0 기계고＝30.000＋2.367＝32.367m
- No.1 지반고＝32.367−2.923＝29.444m
- No.2 지반고＝32.367−2.709＝29.658m
- No.3 지반고＝32.367−1.923＝**30.444m**

- No.3 기계고＝30.444＋2.015＝32.459m
- No.4 지반고＝32.459−(−3.033)＝35.492m
- No.5 지반고＝32.459−2.458＝30.001m
- No.6 지반고＝32.459−2.251＝30.208m
- No.7 지반고＝32.459−(−2.832)＝35.291m
- No.8 지반고＝32.459−1.713＝**30.746m**

－ 검산 －
- $\sum$ 후시＝No.0＋No.3＝2.367＋2.015＝4.382m
- $\sum$ 전시(이기점)＝No.3＋No.8＝1.923＋1.713＝3.636m
- ΔH＝4.382−3.636＝**0.746m**
- 지반고 차＝No.8 지반고−No.0 지반고＝30.746−30.000＝**0.746m** (O.K)

② 레벨 측량 [2]
- No.8 지반고＝**30.746m**
- No.8 기계고＝30.746＋2.051＝32.797m
- No.7 지반고＝32.797−(−3.011)＝35.808m
- No.6 지반고＝32.797−2.413＝30.384m

- No.6 기계고＝30.384＋2.192＝32.576m
- No.5 지반고＝32.576−2.287＝30.289m
- No.4 지반고＝32.576−(−2.997)＝35.573m
- No.3 지반고＝32.576−2.009＝30.567m
- No.2 지반고＝32.576−2.732＝29.844m

- No.1 지반고＝32.576－2.531＝30.045m
- No.0 지반고＝32.576－2.576＝30.000m

－ 검산 －

- $\sum$ 후시＝No.8＋No.6＝2.051＋2.192＝4.243m
- $\sum$ 전시(이기점)＝No.6＋No.0＝2.413＋2.576＝4.989m
- ΔH＝4.243－4.989＝－0.746m
- 지반고 차＝No.0 지반고－No.8 지반고＝30.000－30.746＝－0.746m (O.K)

3) 최종 검산

$\Delta H = \sum B.S$(레벨 측량 1＋레벨 측량 2)－$\sum F.S$(레벨 측량 1 이기점＋레벨 측량 2 이기점)
   ＝No.0 지반고(레벨 측량 1)－No.0 지반고(레벨 측량 2)

8.625－8.625＝30.000－30.000

0.000m＝0.000m (O.K)

※ $\sum B.S$(레벨 측량 1＋레벨 측량 2)－$\sum F.S$(레벨 측량 1 이기점＋레벨 측량 2 이기점)의 값
과 No.0(레벨 측량 1) 지반고와 No.0(레벨 측량 2) 지반고의 차가 일치하므로, 야장계산은
정확하게 계산되었다고 할 수 있다.

4) 최확값

각각의 (레벨 측량 1 지반고＋레벨 측량 2 지반고)÷2

- No.1 최확값＝$(29.444+30.045)\times\frac{1}{2}$＝29.745m
- No.2 최확값＝$(29.658+29.844)\times\frac{1}{2}$＝29.751m
- No.3 최확값＝$(30.444+30.567)\times\frac{1}{2}$＝30.506m
- No.4 최확값＝$(35.492+35.573)\times\frac{1}{2}$＝35.533m
- No.5 최확값＝$(30.001+30.289)\times\frac{1}{2}$＝30.145m
- No.6 최확값＝$(30.208+30.384)\times\frac{1}{2}$＝30.296m
- No.7 최확값＝$(35.291+35.808)\times\frac{1}{2}$＝35.550m
- No.8 최확값＝$(30.746+30.746)\times\frac{1}{2}$＝30.746m

(2) 토털스테이션 측량

1) 최종 성과표

$\overline{AP}$의 방위각$=150°30'40''$

측점	교각	측선	수평거리(m)	방위각
A	72°36′24″	$\overline{AB}$	18.156	223°07′04″
B	56°36′06″	$\overline{BQ}$	22.101	99°43′10″

측점	좌표(m)	
	X	Y
P	128.239	142.306
A	150.000	130.000
B	136.747	117.590
Q	133.016	139.374

□ $PABQ$의 면적(m²)
• 계산과정 :

측점	X	Y	Y_{n+1}	Y_{n-1}	ΔY	$X \cdot \Delta Y$
P	128.239	142.306	130.000	139.374	-9.374	$-1,202.112$
A	150.000	130.000	117.590	142.306	-24.716	$-3,707.400$
B	136.747	117.590	139.374	130.000	9.374	1,281.866
Q	133.016	139.374	142.306	117.590	24.716	3,287.623
계						340.023

배면적$(2A) = 340.023\text{m}^2$

∴ $A =$ 배면적$\times \dfrac{1}{2} = 340.023 \times \dfrac{1}{2} = 170.012\text{m}^2$

• 답 : 170.012m²

2) 해설

① 방위각 산정
• $\overline{AP}$방위각$=150°30'40''$(시험장에서 주어짐)
• $\overline{AB}$방위각$=\overline{AP}$방위각$+\angle A$
  $=150°30'40''+72°36'24''=223°07'04''$
• $\overline{BQ}$방위각$=(\overline{AB}$방위각$+180°+\angle B)-360°$
  $=(223°07'04''+180°+56°36'06'')-360°$
  $=99°43'10''$

※ 또는 $\overline{BQ}$방위각$=\overline{AB}$방위각$-180°+\angle B$
  $=223°07'04''-180°+56°36'06''$
  $=99°43'10''$

② 좌표 산정($X_A = 150.000$m, $Y_A = 130.000$m ⇒ 시험장에서 주어짐)

    ㉠ P점 좌표

        • $X_P = X_A + (\overline{AP}거리 \times \cos\overline{AP}방위각)$

            $= 150.000 + (25.000 \times \cos150°30'40'')$

            $= 128.239$m

        • $Y_P = Y_A + (\overline{AP}거리 \times \sin\overline{AP}방위각)$

            $= 130.000 + (25.000 \times \sin150°30'40'')$

            $= 142.306$m

    ㉡ B점 좌표

        • $X_B = X_A + (\overline{AB}거리 \times \cos\overline{AB}방위각)$

            $= 150.000 + (18.156 \times \cos223°07'04'')$

            $= 136.747$m

        • $Y_B = Y_A + (\overline{AB}거리 \times \sin\overline{AB}방위각)$

            $= 130.000 + (18.156 \times \sin223°07'04'')$

            $= 117.590$m

    ㉢ Q점 좌표

        • $X_Q = X_B + (\overline{BQ}거리 \times \cos\overline{BQ}방위각)$

            $= 136.747 + (22.101 \times \cos99°43'10'')$

            $= 133.016$m

        • $Y_Q = Y_B + (\overline{BQ}거리 \times \sin\overline{BQ}방위각)$

            $= 117.590 + (22.101 \times \sin99°43'10'')$

            $= 139.374$m

③ 면적 산정

    • 좌표법 적용

측점	X	Y	Y_{n+1}	Y_{n-1}	ΔY	$X \cdot \Delta Y$
P	128.239	142.306	130.000	139.374	-9.374	$-1,202.112$
A	150.000	130.000	117.590	142.306	-24.716	$-3,707.400$
B	136.747	117.590	139.374	130.000	9.374	1,281.866
Q	133.016	139.374	142.306	117.590	24.716	3,287.623
계						340.023

배면적$(2A) = 340.023\text{m}^2$

$\therefore A = 배면적 \times \dfrac{1}{2} = 340.023 \times \dfrac{1}{2} = 170.012\text{m}^2$

(3) 레벨 측량 성과정리

1) 최종 성과표

상향기울기		2.5%		하향기울기		−3.5%
측점	지반고		계획고	성토고		절토고
No.0	25.000		25.000			
No.1	23.487		25.500	2.013		
No.2	28.259		26.000			2.259
No.3	22.896		26.500	3.604		
No.4	23.882		27.000	3.118		
No.5	21.805		26.300	4.495		
No.6	24.552		25.600	1.048		
No.7	26.154		24.900			1.254
No.8	27.526		24.200			3.326
계						

2) 해설

① 계획고 산정

측점 No.0 ~ No.4 구간(상향기울기 2.5%)

- No.0 계획고＝25.000m
- No.1 계획고＝No.0 계획고＋$\left(\dfrac{\text{상향기울기}}{100}\times\text{측점 간 거리}\right)$

  $=25.000+\left(\dfrac{2.5}{100}\times20.00\right)=25.500\text{m}$

- No.2 계획고＝No.1 계획고＋$\left(\dfrac{\text{상향기울기}}{100}\times\text{측점 간 거리}\right)$

  $=25.500+\left(\dfrac{2.5}{100}\times20.00\right)=26.000\text{m}$

- No.3 계획고＝No.2 계획고＋$\left(\dfrac{\text{상향기울기}}{100}\times\text{측점 간 거리}\right)$

  $=26.000+\left(\dfrac{2.5}{100}\times20.00\right)=26.500\text{m}$

- No.4 계획고＝No.3 계획고＋$\left(\dfrac{\text{상향기울기}}{100}\times\text{측점 간 거리}\right)$

  $=26.500+\left(\dfrac{2.5}{100}\times20.00\right)=27.000\text{m}$

측점 No.4 ~ No.8 구간(하향기울기 −3.5%)

- No.4 계획고=27.000m
- No.5 계획고=No.4 계획고+$\left(\dfrac{하향기울기}{100}×측점 간 거리\right)$

$$=27.000+\left(\dfrac{-3.5}{100}×20.00\right)=26.300m$$

- No.6 계획고=No.5 계획고+$\left(\dfrac{하향기울기}{100}×측점 간 거리\right)$

$$=26.300+\left(\dfrac{-3.5}{100}×20.00\right)=25.600m$$

- No.7 계획고=No.6 계획고+$\left(\dfrac{하향기울기}{100}×측점 간 거리\right)$

$$=25.600+\left(\dfrac{-3.5}{100}×20.00\right)=24.900m$$

- No.8 계획고=No.7 계획고+$\left(\dfrac{하향기울기}{100}×측점 간 거리\right)$

$$=24.900+\left(\dfrac{-3.5}{100}×20.00\right)=24.200m$$

② 성토고 및 절토고 산정

지반고 − 계획고 = ⊕절토고, ⊖성토고

- No.0=25.000−25.000=0.000m
- No.1=23.487−25.500=−2.013m
- No.2=28.259−26.000=2.259m
- No.3=22.896−26.500=−3.604m
- No.4=23.882−27.000=−3.118m
- No.5=21.805−26.300=−4.495m
- No.6=24.552−25.600=−1.048m
- No.7=26.154−24.900=1.254m
- No.8=27.526−24.200=3.326m

Reference 참고

➤ 종단면도 성과도 작성

※ 본 종단면도는 수험생의 이해도를 높이기 위해 작성한 것으로 레벨 측량의 성과정리와는 관계가 없음을 알려드립니다.

구배	25.000	S=2.5% H=2.00, L=80.00	27.000	S=3.5% H=2.80, L=80.00	24.200
절토고		2.259			1.254	3.326
성토고	2.013		3.604	3.118	4.495	1.048	
계획고	25.000	25.500	26.000	26.500	27.000	26.300	25.600	24.900	24.200
지반고	25.000	23.487	28.259	22.896	23.882	21.805	24.552	26.154	27.526
거리	0.00	20.00	20.00	20.00	20.00	20.00	20.00	20.00	20.00
측점	No.0	No.1	No.2	No.3	No.4	No.5	No.6	No.7	No.8

| 종단면 성과도 |

(4) 트래버스 측량 성과정리

1) 최종 성과표

측선	거리	측점	교각	조정량	조정각	방위각	위거	경거
$\overline{AB}$	104.199	A	102°32′41″	−1″	102°32′40″	160°32′40″	−98.249	34.706
$\overline{BC}$	87.212	B	87°04′59″	−1″	87°04′58″	67°37′38″	33.196	80.647
$\overline{CD}$	117.988	C	90°03′17″	−1″	90°03′16″	337°40′54″	109.149	−44.806
$\overline{DA}$	83.198	D	80°19′07″	−1″	80°19′06″	238°00′00″	−44.088	−70.556
계	392.597		360°00′04″	−4″	360°00′00″		0.008	−0.009

위거조정량	경거조정량	조정위거	조정경거	측점	합위거	합경거
−0.002	0.002	−98.251	34.708	A	200.000	100.000
−0.002	0.002	33.194	80.649	B	101.749	134.708
−0.002	0.003	109.147	−44.803	C	134.943	215.357
−0.002	0.002	−44.090	−70.554	D	244.090	170.554
−0.008	0.009	0.000	0.000	A	200.000	100.000

○ 폐합오차 : $\sqrt{(\text{위거오차})^2 + (\text{경거오차})^2} = \sqrt{(0.008)^2 + (-0.009)^2} = 0.012\text{m}$
○ 폐합비 : $\dfrac{\text{폐합오차}}{\text{총길이}} = \dfrac{0.012}{392.597} = \dfrac{1}{32,716}$

2) 해설

① 측각오차 산정

- $E_\alpha = [\alpha] - 180°(n-2) = 360°00'04'' - 180°(4-2) = 4''$

  $\therefore 조정량 = \dfrac{4''}{4} = 1''(\ominus 조정)$

② 방위각 산정

- $\overline{AB}$방위각 $= 160°32'40''$(시험장에서 주어짐)
- $\overline{BC}$방위각 $= \overline{AB}$방위각 $- 180° + \angle B$
  $= 160°32'40'' - 180° + 87°04'58'' = 67°37'38''$
- $\overline{CD}$방위각 $= (\overline{BC}$방위각 $- 180° + \angle C) + 360°$
  $= (67°37'38'' - 180° + 90°03'16'') + 360° = 337°40'54''$
- $\overline{DA}$ 방위각 $= \overline{CD}$방위각 $- 180° + \angle D$
  $= 337°40'54'' - 180° + 80°19'06'' = 238°00'00''$
- $\overline{AB}$방위각 $= \overline{DA}$ 방위각 $- 180° + \angle A$
  $= 238°00'00'' - 180° + 102°32'40'' = 160°32'40''$

③ 위거 및 경거 산정

㉠ 위거($l \cdot \cos\theta$)

- $\overline{AB}$위거 $= 104.199 \times \cos 160°32'40'' = -98.249\text{m}$
- $\overline{BC}$위거 $= 87.212 \times \cos 67°37'38'' = 33.196\text{m}$
- $\overline{CD}$위거 $= 117.988 \times \cos 337°40'54'' = 109.149\text{m}$
- $\overline{DA}$위거 $= 83.198 \times \cos 238°00'00'' = -44.088\text{m}$

ⓒ 경거($l \cdot \sin\theta$)

- $\overline{AB}$경거＝$104.199 \times \sin160°32'40'' = 34.706$m
- $\overline{BC}$경거＝$87.212 \times \sin67°37'38'' = 80.647$m
- $\overline{CD}$경거＝$117.988 \times \sin337°40'54'' = -44.806$m
- $\overline{DA}$경거＝$83.198 \times \sin238°00'00'' = -70.556$m

④ 폐합오차 및 폐합비 산정

ⓒ 폐합오차(E)

$$E = \sqrt{(위거오차)^2 + (경거오차)^2} = \sqrt{(0.008)^2 + (-0.009)^2} = 0.012\text{m}$$

ⓒ 폐합비

$$폐합비 = \frac{폐합오차}{총길이} = \frac{0.012}{392.597} = \frac{1}{32,716}$$

⑤ 위거조정량 및 경거조정량 산정

ⓒ 위거조정량

ⓐ 위거오차(ε_l)＝0.008m(⊖조정)

ⓑ 위거조정량 ＝ $\dfrac{위거오차}{총길이} \times$ 조정할 측선의 길이

- $\overline{AB}$위거조정량＝$\dfrac{0.008}{392.597} \times 104.199 = -0.002$m

- $\overline{BC}$위거조정량＝$\dfrac{0.008}{392.597} \times 87.212 = -0.002$m

- $\overline{CD}$위거조정량＝$\dfrac{0.008}{392.597} \times 117.988 = -0.002$m

- $\overline{DA}$위거조정량＝$\dfrac{0.008}{392.597} \times 83.198 = -0.002$m

ⓒ 경거조정량

ⓐ 경거오차(ε_d)＝⊖0.009m(⊕조정)

ⓑ 경거조정량 ＝ $\dfrac{경거오차}{총길이} \times$ 조정할 측선의 길이

- $\overline{AB}$경거조정량＝$\dfrac{0.009}{392.597} \times 104.199 = 0.002$m

- $\overline{BC}$경거조정량＝$\dfrac{0.009}{392.597} \times 87.212 = 0.002$m

- $\overline{CD}$경거조정량＝$\dfrac{0.009}{392.597} \times 117.988 = 0.003$m

- $\overline{DA}$경거조정량＝$\dfrac{0.009}{392.597} \times 83.198 = 0.002$m

⑥ 합위거 및 합경거 산정

측점	합위거	합경거
A	200.000m	100.000m
B	$200.000 - 98.251 = 101.749$m	$100.000 + 34.708 = 134.708$m
C	$101.749 + 33.194 = 134.943$m	$134.708 + 80.649 = 215.357$m
D	$134.943 + 109.147 = 244.090$m	$215.357 - 44.803 = 170.554$m
A	$244.090 - 44.090 = 200.000$m	$170.554 - 70.554 = 100.000$m

Reference 참고

➤ 폐합트래버스 성과도 작성

※ 본 폐합트래버스는 수험생의 이해도를 높이기 위해 작성한 것으로 트래버스 측량의 성과정리와는 관계가 없음을 알려드립니다.

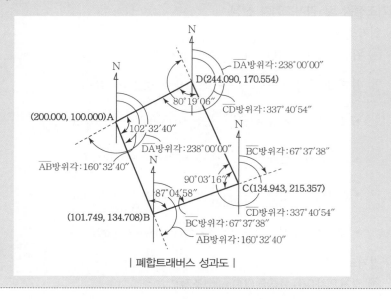

| 폐합트래버스 성과도 |

APPENDIX

부록 Ⅰ

측량 및 지형공간정보산업기사(필기시험) Part별 기출문제 빈도표
측량 및 지형공간정보산업기사 필기 기출문제 및 해설(2018~2020년)

측량 및 지형공간정보산업기사(필기시험) Part별 기출문제 빈도표(2012~2020년)

PART 01 PART 02 PART 03 PART 04 PART 05 부록

※ 2020년 마지막 시험부터 CBT로 시행되고 있음을 알려드립니다.

1. 출제경향분석

2012~2020년까지 시행된 측량 및 지형공간정보산업기사는 매년 유사한 경향으로 문제가 출제되고 있다. 세부 과목별 출제경향을 살펴보면 측량학 Part는 거리측량 및 법규, 사진측량 및 원격탐사 Part는 사진측량의 공정 및 원격탐측, 지리정보시스템 및 위성측위시스템 Part는 GIS의 자료운영 및 분석과 위성측위시스템, GIS의 자료구조 및 생성, 응용측량 Part는 노선측량, 면적·체적측량을 중심으로 먼저 학습한 후 출제빈도순으로 학습하는 것이 최상의 학습방향이라 하겠다.

측량학
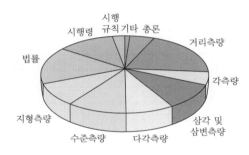

사진측량 및 원격탐사
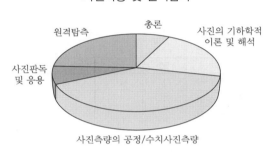

지리정보시스템 및 위성측위시스템
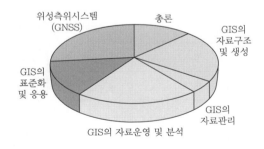

응용측량
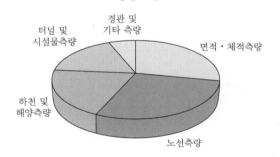

2. 기출문제 빈도표

※ 2020년 마지막 시험부터 CBT로 시행되고 있음을 알려드립니다.

세부 구분		2012년 산업기사 3월4일	2012년 산업기사 5월20일	2012년 산업기사 9월15일	2013년 산업기사 3월10일	2013년 산업기사 6월2일	2013년 산업기사 9월28일	2014년 산업기사 3월2일	2014년 산업기사 5월25일	2014년 산업기사 9월20일	빈도(합계)	빈도(%)
측량학	총론	2	1	1		1	1	1	1		8	4.4
	거리측량	6	5	4	3	4	2	2	6	4	36	20
	각측량				2	1	2	1	1	1	8	4.4
	삼각 및 삼변측량	1	2	3	2	2	2	4	1	3	20	11.1
	다각측량	2	2	1	2	2	3	2	2	1	17	9.4
	수준측량	2	3	3	2	2	1	3	1	3	20	11.1
	지형측량	1	1	2	3	2	3	2	3	2	19	10.6
	측량관계법규 법률	4	2	4	2	2	4	4	4		26	14.4
	시행령	1	3	1	3	3	1		1	5	18	10
	시행규칙	1		1	1			1			4	2.2
	기타		1			1	1			1	4	2.2
총 계		20	20	20	20	20	20	20	20	20	180	100
사진측량 및 원격탐사	총론	1	1	2	2		3			1	10	5.6
	사진의 일반성	2	1	3	6	5	3	3	5	7	35	19.4
	사진측량에 의한 지형도제작	10	12	9	7	8	10	11	10	4	81	45
	사진판독 및 응용	2	3	1	2		2		1	3	16	8.9
	원격탐측	5	3	5	3	5	4	4	4	5	38	21.1
총 계		20	20	20	20	20	20	20	20	20	180	100
지리정보시스템 및 위성측위시스템	GIS 총론	2	4	3	3		2	1	1	2	18	10
	GIS의 자료구조 및 생성	4	6	1	7	5	3	4	5	6	41	22.8
	GIS의 자료관리			2		1	1	2	1		7	3.9
	GIS의 자료운영 및 분석	6	4	6	2	5	7	6	4	3	43	23.9
	GIS의 표준화 및 응용	4	2	3	4	3	2	3	4	4	29	16.1
	공간위치 결정			1							1	0.5
	위성측위시스템(GNSS)	4	4	4	4	6	5	4	5	5	41	22.8
총 계		20	20	20	20	20	20	20	20	20	180	100
응용측량	면적·체적측량	5	6	5	5	5	4	5	4	5	44	24.4
	노선측량	6	5	7	6	6	7	6	7	6	56	31.1
	하천 및 해양측량	4	4	3	4	5	4	4	5	4	37	20.6
	터널 및 시설물측량	4	4	4	3	4	4	4	4	4	35	19.4
	경관 및 기타 측량	1	1	1	2		1	1	1	1	8	4.4
총 계		20	20	20	20	20	20	20	20	20	180	100

세부 구분		시행연도	2015년 산업기사 3월8일	2015년 산업기사 5월31일	2015년 산업기사 9월19일	2016년 산업기사 3월6일	2016년 산업기사 5월8일	2016년 산업기사 10월1일	2017년 산업기사 3월5일	2017년 산업기사 5월7일	2017년 산업기사 9월23일	2018년 산업기사 3월4일	2018년 산업기사 4월28일	2018년 산업기사 9월15일	빈도(합계)	빈도(%)
측량학		총론	1	1	1	1	1	1	1	2	2		1		14	5.8
		거리측량	4	5	5	2	5	5	3	4	1	4	4	4	46	19.2
		각측량		2		2	1	1	1	1	2	1	1		12	5.0
		삼각 및 삼변측량	2	1	3	2	3	2	3	2	2	1	2	2	25	10.4
		다각측량	2	1	1	2	1	1		1	2	3	2	2	18	7.5
		수준측량	3	2	2	3	2	2	4	2	3	3	2	2	30	12.5
		지형측량	2	2	2	2	1	2	2	2	2	2	2	2	23	9.6
	측량관계법규	법률	4	3	4	2	3	4	2	2	3	4	3	3	37	15.4
		시행령	1	3	2	2	2	2	3	3	2	1	2	3	26	10.8
		시행규칙	1				1		1	1	1	1	1		7	2.9
		기타				1	1								2	0.8
총 계			20	20	20	20	20	20	20	20	20	20	20	20	240	100
사진측량 및 원격탐사		총론	2	3	1	1	2	2	1	1	2	1	1	1	18	7.5
		사진의 일반성	3	4	4	7	5	4	1	5	1	4	2	4	44	18.3
		사진측량에 의한 지형도제작	7	8	9	7	6	6	12	8	11	9	11	10	104	43.3
		사진판독 및 응용	3	1	2		2		1	2	1	1	2	1	16	6.7
		원격탐측	5	4	4	5	5	8	5	4	5	5	4	4	58	24.2
총 계			20	20	20	20	20	20	20	20	20	20	20	20	240	100
지리정보시스템 및 위성측위시스템		GIS 총론	1	2	4	3	3	2	2	3	1	3	1	2	27	11.3
		GIS의 자료구조 및 생성	4	4	6	6	2	4	4	3	4	4	3	4	48	20.0
		GIS의 자료관리		1		1	2	1	3	1	1		2	1	13	5.4
		GIS의 자료운영 및 분석	4	8	4	3	3	6	5	5	6	5	4	8	61	25.4
		GIS의 표준화 및 응용	7	1	2	3	5	2	1	3	4	3	4		35	14.6
		공간위치 결정														
		위성측위시스템(GNSS)	4	4	4	4	5	5	5	5	4	5	6	5	56	23.3
총 계			20	20	20	20	20	20	20	20	20	20	20	20	240	100
응용측량		면적·체적측량	5	4	5	5	4	5	6	6	6	5	6	6	63	26.3
		노선측량	7	8	7	6	6	7	7	6	6	7	6	6	79	32.9
		하천 및 해양측량	4	4	4	5	4	4	4	3	5	5	5	5	52	21.7
		터널 및 시설물측량	3	3	3	3	4	4	3	4	2	2	2	3	36	15.0
		경관 및 기타 측량	1	1	1	1	2			1	1	1	1		10	4.2
총 계			20	20	20	20	20	20	20	20	20	20	20	20	240	100

세부구분		시행연도	2019년			2020년		빈도 (합계)	빈도 (%)
			산업기사 3월3일	산업기사 4월27일	산업기사 9월21일	산업기사 6월13일	산업기사 8월23일		
측량학		총론	1		2	1		4	4
		거리측량	4	4	2	3	2	15	15
		각측량	1	1	1	2	2	7	7
		삼각 및 삼변측량	2	3	2	2	3	12	12
		다각측량	2	3	2	2	2	11	11
		수준측량	2	1	3	2	3	11	11
		지형측량	2	2	2	2	2	10	10
		법률	2	4	4	3	3	16	16
		시행령	3	2	1	3	3	12	12
		시행규칙	1		1			2	2
		기타							
	총 계		20	20	20	20	20	100	100
사진측량 및 원격탐사		총론		1	1	2	2	6	6
		사진의 기하학적 이론 및 해석	6	4	4	3	5	22	22
		사진측량의 공정	7	7	7	9	6	36	36
		수치사진측량	2	2	2	1	1	8	8
		사진판독 및 응용	1	1	1	2	2	7	7
		원격탐측	4	5	5	3	4	21	21
	총 계		20	20	20	20	20	100	100
지리정보시스템 및 위성측위시스템		총론	4	2	2	2	2	12	12
		GIS의 자료구조 및 생성	6	4	6	4	1	21	21
		GIS의 자료관리		2	3		1	6	6
		GIS의 자료운영 및 분석	2	6	3	5	6	22	22
		GIS의 표준화 및 응용	3	2	2	3	4	14	14
		위성측위시스템(GNSS)	5	4	4	6	6	25	25
	총 계		20	20	20	20	20	100	100
응용측량		면적·체적측량	6	6	5	5	4	26	26
		노선측량	6	6	6	7	8	33	33
		하천 및 해양측량	4	5	4	4	4	21	21
		터널 및 시설물측량	3	2	3	3	2	13	13
		경관 및 기타 측량	1	1	2	1	2	7	7
	총 계		20	20	20	20	20	100	100

본 문제의 해설은 출제자의 의도와 일치되지 않을 수 있으며, 문제 및 정답은 일부 오탈자가 있을 수 있으므로 학습시 의문사항이 있으면 예문사 또는 저자에게 문의하여 주시기 바랍니다.

Subject 01 응용측량

01 선박의 안전통항을 위해 교량 및 가공선의 높이를 결정하고자 할 때 기준면으로 사용되는 것은?

① 기본수준면
② 약최고고조면
③ 대조의 평균저조면
④ 소조의 평균저조면

Guide 선박의 안전통항을 위한 교량 및 가공선의 높이를 결정하기 위해서는 해안선의 기준인 약최고고조면을 기준으로 한다.

02 터널측량을 실시할 때 작업순서로 옳은 것은?

a. 터널 내 기준점 설치를 위한 측량을 한다.
b. 다각측량으로 터널중심선을 설치한다.
c. 터널의 굴착 단면을 확인하기 위해서 횡단면을 측정한다.
d. 항공사진측량에 의해 계획지역의 지형도를 작성한다.

① b → d → a → c
② b → a → d → c
③ d → a → c → b
④ d → b → a → c

Guide 터널측량 순서
지형측량 → 중심선측량 → 터널 내외 연결측량 → 터널내측량

03 하천에서 수위관측소를 설치하고자 할 때 고려하여야 할 사항 중 옳지 않은 것은?

① 상하류의 길이가 약 100m 정도의 직선인 곳

② 합류점이나 분류점으로 수위의 변화가 생기지 않는 곳
③ 홍수 시에 관측지점의 유실, 이동 및 파손의 우려가 없는 곳
④ 교각이나 기타 구조물에 의해 주변에 비해 수위 변화가 뚜렷이 나타나는 곳

Guide 하천에서 수위관측소 설치 시에는 수위가 교각이나 기타 구조물에 의해 영향을 받지 않는 장소이어야 한다.

04 노선측량의 반향곡선에 대한 설명으로 옳은 것은?

① 원호가 공통접선의 한쪽에 있는 곡선이다.
② 원호의 곡률이 곡선길이에 대하여 일정한 비율로 증가하는 곡선이다.
③ 2개의 원호가 공통접선의 양측에 있는 곡선이다.
④ 원곡선에 대하여 외측 방향의 높이를 증가시키는 양을 결정하는 곡선이다.

Guide 반향곡선은 곡선 방향이 반대 방향으로 변한 곡선을 두 원호가 이어져 있어서 어느 한 점에서 공통의 접선을 가지며, 두 원의 중심이 접선에 관하여 서로 반대쪽에 있는 곡선이다.

05 삼각형($\triangle ABC$) 토지의 면적을 구하기 위해 트래버스측량을 한 결과 배횡거와 위거가 표와 같을 때, 면적은?

측선	배횡거(m)	위거(m)
$\overline{AB}$	+ 38.82	+ 23.29
$\overline{BC}$	+ 54.35	− 54.34
$\overline{CA}$	+ 15.53	+ 31.05

① 4,339.06m²
② 2,169.53m²
③ 1,084.93m²
④ 783.53m²

Guide 배면적 = 배횡거×위거
- $\overline{AB}$ 배면적 = 38.82×23.29 = 904.12m²
- $\overline{BC}$ 배면적 = 54.35×(−54.34) = −2,953.38m²
- $\overline{CA}$ 배면적 = 15.53×31.05 = 482.21m²
- 합계 = 1,567.05m²

$$\therefore 면적(A) = \frac{1}{2} \times 배면적$$
$$= \frac{1}{2} \times 1,567.05$$
$$= 783.53m^2$$

06 단곡선 설치에서 곡선반지름 $R = 200$m, 교각 $I = 60°$일 때의 외할(E)과 중앙종거(M)는?

① $E = 30.94$m, $M = 26.79$m
② $E = 26.79$m, $M = 30.94$m
③ $E = 30.94$m, $M = 24.78$m
④ $E = 24.78$m, $M = 26.79$m

Guide
- 외할$(E) = R\left(\sec\frac{I}{2} - 1\right)$
$$= 200\left(\sec\frac{60°}{2} - 1\right)$$
$$= 30.94m$$
- 중앙종거$(M) = R\left(1 - \cos\frac{I}{2}\right)$
$$= 200\left(1 - \cos\frac{60°}{2}\right)$$
$$= 26.79m$$
$\therefore$ 외할$(E) = 30.94$m, 중앙종거$(M) = 26.79$m

07 교각 $I = 80°$, 곡선반지름 $R = 200$m인 단곡선의 교점 $I.P$의 추가거리가 1,250.50m일 때 곡선시점 $B.C$의 추가거리는?

① 1,382.68m
② 1,282.68m
③ 1,182.68m
④ 1,082.68m

Guide
- 곡선시점$(B.C)$ = 총연장 − 접선장$(T.L)$
- 접선장$(T.L) = R \cdot \tan\frac{I}{2}$
$$= 200 \times \tan\frac{80°}{2}$$
$$= 167.82m$$
$\therefore$ 곡선시점$(B.C) = 1,250.50 - 167.82$
$$= 1,082.68m$$

08 그림과 같은 성토단면을 갖는 도로 50m를 건설하기 위한 성토량은?(단, 성토면의 높이 $(h) = 5$m)

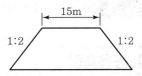

① 5,000m³
② 5,625m³
③ 6,250m³
④ 7,500m³

Guide

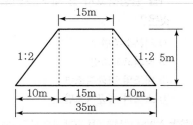

$$\therefore 성토량(V) = \left(\frac{밑변 + 윗변}{2} \times 높이\right) \times 연장$$
$$= \left(\frac{35 + 15}{2} \times 5\right) \times 50$$
$$= 6,250m^3$$

09 해상에 있는 수심측량선의 수평위치 결정방법으로 가장 적합한 것은?

① 나침반에 의한 방법
② 평판측량에 의한 방법
③ 음향측심기에 의한 방법
④ 인공위성(GNSS) 측위에 의한 방법

Guide 해상에 있는 수심측량선의 수평위치 결정방법은 인공위성(GNSS) 측위에 의한 방법으로 결정하고, 수직위치 결정방법은 음향측심기에 의한 방법으로 결정한다.

10 수위에 관한 설명으로 틀린 것은?

① 저수위는 1년 중 300일은 이보다 저하하지 않는 수위이다.
② 최대수위는 일정 기간 중 제일 많이 발생한 수위이다.
③ 평균수위는 어떤 기간의 관측수위의 총합을 관측횟수로 나누어 평균값을 구한 수위이다.

정답 06 ① 07 ④ 08 ③ 09 ④ 10 ①

④ 평수위는 어떤 기간에 있어서의 수위 중 이것보다 높은 수위와 낮은 수위의 관측횟수가 같은 수위를 의미한다.

Guide 저수위
1년 중 275일은 이보다 저하하지 않는 수위

11 측량원도의 축척이 1 : 1,000인 도상에서 부지의 면적이 20.0cm²이었다. 그런데 신축으로 인하여 도면이 가로, 세로 길이가 2%씩 늘어나 있었다면 실면적은 약 얼마인가?

① 1,920m²
② 1,940m²
③ 1,960m²
④ 1,980m²

Guide
• $(축척)^2 = \left(\frac{1}{m}\right)^2 = \frac{도상면적}{실제면적} \rightarrow$

$\left(\frac{1}{1,000}\right)^2 = \frac{20}{실제면적(A')} \rightarrow$

실제면적$(A') = 2,000m^2$

• $\frac{dA}{A} = 2\frac{dl}{l} \rightarrow \frac{dA}{A} = 2 \times \frac{2}{100} = \frac{1}{25}$

• 잘못된 면적 차이량 $= 2,000 \div 25 = 80m^2$

∴ 실제면적$(A) = 2,000 - 80 = 1,920m^2$

12 그림과 같은 터널에서 AB 사이의 경사가 1/250이고 BC 사이의 경사는 1/100일 때 측점 A와 C 사이의 표고차는?

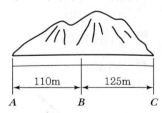

① 1.690m
② 1.645m
③ 1.600m
④ 1.590m

Guide $H_{AC} = H_B + H_C$

$= \frac{110}{250} + \frac{125}{100}$

$= 1.690m$

13 1,000m³의 체적을 정확하게 계산하려고 한다. 수평 및 수직 거리를 동일한 정확도로 관측하여 체적 계산 오차를 0.5m³ 이하로 하기 위한 거리관측의 허용정확도는?

① 1/4,000
② 1/5,000
③ 1/6,000
④ 1/7,000

Guide $\frac{dV}{V} = 3\frac{dl}{l} \rightarrow$

$\frac{0.5}{1,000} = 3\frac{dl}{l}$

$\therefore \frac{dl}{l} = \frac{1}{6,000}$

14 반지름 $R = 500m$인 단곡선에서 현길이가 $l = 15m$에 대한 편각은?

① 0°35′34″
② 0°51′34″
③ 1°02′34″
④ 1°04′34″

Guide 편각$(\delta) = 1,718.87' \times \frac{l}{R} = 1,718.87' \times \frac{15}{500}$

$= 0°51'34''$

15 완화곡선의 캔트(Cant) 계산 시 동일한 조건에서 반지름만을 2배로 증가시키면 캔트는?

① 4배로 증가
② 2배로 증가
③ 1/2로 감소
④ 1/4로 감소

Guide 캔트$(C) = \frac{S \cdot V^2}{g \cdot R}$에서 반경$(R)$을 2배로 증가시키면

캔트(C)는 $\frac{1}{2}$배로 감소한다.

16 지형의 체적계산법 중 단면법에 의한 계산법으로 비교적 가장 정확한 결과를 얻을 수 있는 것은?

① 점고법
② 중앙단면법
③ 양단면평균법
④ 각주공식에 의한 방법

Guide 단면법으로 구한 체적(토량)은 일반적으로 양단면평균법(과다), 각주공식(정확), 중앙단면법(과소)을 갖는다.

17 하천측량에서 수애선 측량에 대한 설명으로 옳지 않은 것은?

① 수애선은 평수위에 따른 경계선이다.
② 수애선은 교호수준측량에 의해 결정된다.
③ 수애선은 수면과 하안의 경계선을 말한다.
④ 수애선은 동시관측에 의한 방법과 심천측량에 의한 방법이 있다.

> **Guide** 수애선은 수면과 하안의 경계선으로 평수위에 의해 결정되며, 교호수준측량에 의해 결정되지 않는다.

18 그림과 같이 폭 15m의 도로가 어느 지역을 지나가게 될 때 도로에 포함되는 □$BCDE$의 넓이는?(단, $\overline{AC}$ 의 방위 = N23°30′00″E, $\overline{AD}$ 의 방위 = S89°30′00″E, $\overline{AB}$ 의 거리 = 20m, ∠ACD = 90°이다.)

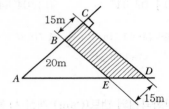

① 971.79m²　　② 926.50m²
③ 910.12m²　　④ 893.22m²

> **Guide**
>
>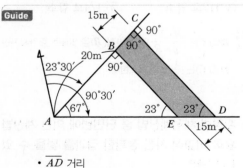
>
> • $\overline{AD}$ 거리
> $$\frac{\overline{AD}}{\sin90°00′00″} = \frac{35.000}{\sin23°00′00″} \rightarrow$$
> $$\overline{AD} = \frac{\sin90°00′00″}{\sin23°00′00″} \times 35.000 = 89.576\text{m}$$

• $\overline{AE}$ 거리
$$\frac{\overline{AE}}{\sin90°00′00″} = \frac{20.000}{\sin23°00′00″} \rightarrow$$
$$\overline{AE} = \frac{\sin90°00′00″}{\sin23°00′00″} \times 20.000 = 51.186\text{m}$$

• $\triangle ACD$ 면적
$$A = \frac{1}{2} \times \overline{AC} \times \overline{AD} \times \sin\angle A$$
$$= \frac{1}{2} \times 35.000 \times 89.576 \times \sin67°00′00″$$
$$= 1,442.96\text{m}^2$$

• $\triangle ABE$ 면적
$$A = \frac{1}{2} \times \overline{AB} \times \overline{AE} \times \sin\angle A$$
$$= \frac{1}{2} \times 20.000 \times 51.186 \times \sin67°00′00″$$
$$= 471.17\text{m}^2$$

∴ □$BCDE$ 면적(A)
$= \triangle ACD$ 면적 $- \triangle ABE$ 면적
$= 1,442.96 - 471.17$
$= 971.79\text{m}^2$

19 상향기울기가 25/1,000, 하향기울기가 −50/1,000일 때 곡선반지름이 800m이면 원곡선에 의한 종단곡선의 길이는?

① 85m　　② 75m
③ 60m　　④ 55m

> **Guide**
> $$L = R\left(\frac{m}{1,000} - \frac{n}{1,000}\right)$$
> $$= 800 \times \left(\frac{25}{1,000} - \frac{-50}{1,000}\right)$$
> $$= 800 \times \frac{75}{1,000}$$
> $$= 60\text{m}$$

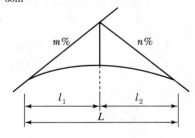

여기서, L : 종곡선장
m, n : 경사

20 지형과 적절히 조화되는 경관을 창출하기 위한 경관측량의 중요도가 적은 공사는?

① 도로공사
② 상하수도공사
③ 대단위 위락시설
④ 교량공사

Guide 상·하수도공사는 주로 지하에서 이루어지는 시설물 공사이므로 경관 창출과는 거리가 멀다.

Subject 02 사진측량 및 원격탐사

21 여러 시기에 걸쳐 수집된 원격탐사 데이터로부터 이상적인 변화탐지 결과를 얻기 위한 가장 중요한 해상도로 옳은 것은?

① 주기 해상도(temporal resolution)
② 방사 해상도(radiometric resolution)
③ 공간 해상도(spatial resolution)
④ 분광 해상도(spectral resolution)

Guide 주기 해상도(Temporal Resolution)
• 지구상의 특정지역을 어느 정도 자주 촬영 가능한지 표현
• 위성체의 하드웨어적 성능에 좌우
• 주기 해상도가 짧을수록 지형변이 양상을 주기적이고도 빠르게 파악
• 데이터베이스 축적을 통해 향후의 예측을 위한 좋은 모델링 자료 제공

22 편위수정(Rectification)을 거친 사진을 집성한 사진지도로 등고선이 삽입되어 있는 것은?

① 중심투영 사진지도
② 약조정 집성 사진지도
③ 정사 사진지도
④ 조정 집성 사진지도

Guide 정사투영사진지도는 사진기의 경사, 지표면의 비고를 수정하였을 뿐만 아니라 등고선이 삽입된 사진지도이다.

23 완전수직 항공사진의 특수 3점에서의 사진축척을 비교한 것으로 옳은 것은?

① 주점에서 가장 크다.
② 연직점에서 가장 크다.
③ 등각점에서 가장 크다.
④ 3점에서 모두 같다.

Guide 엄밀수직사진에서 주점, 연직점, 등각점은 일치한다.

24 사진측량은 4차원 측량이 가능한데 다음 중 4차원 측량에 해당하지 않는 것은?

① 거푸집에 대하여 주기적인 촬영으로 변형량을 관측한다.
② 동적인 물체에 대한 시간별 움직임을 체크한다.
③ 4가지의 각각 다른 구조물을 동시에 측량한다.
④ 용광로의 열변형을 주기적으로 측정한다.

Guide 4차원 측량은 시간별로 촬영이 가능하다는 의미이므로 4가지의 각각 다른 구조물을 동시에 측량하는 것과는 관계가 멀다.

25 어느 지역의 영상으로부터 "논"의 훈련지역(Training Field)을 선택하여 해당 영상소를 "P"로 표기하였다. 이때 산출되는 통계값과 사변형 분류법(Parallelepiped Classification)을 이용하여 "논"을 분류한 결과로 옳은 것은?

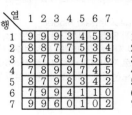
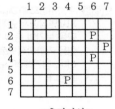

<영상>   <훈련지역>

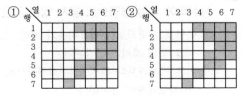

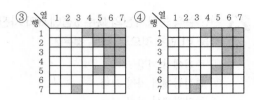

논의 트레이닝 필드지역 통계값을 분석하면 3~6이므로 영상에서 3~6 사이의 값을 선택하면 된다.

26 다음 중 사진의 축척을 결정하는 데 고려할 요소로 거리가 가장 먼 것은?

① 사용목적, 사진기의 성능
② 사용되는 사진기, 소요 정밀도
③ 도화 축척, 등고선 간격
④ 지방적 특색, 기상관계

Guide 사진의 축척을 결정하는 데 지방적 특색과 기상관계는 무관하다.

27 지형도와 항공사진으로 대상지의 3차원 좌표를 취득하여 불규칙한 지형을 기하학적으로 재현하고 수치적으로 해석함으로써 경관해석, 노선선정, 택지조성, 환경설계 등에 이용되는 것은?

① 수치지형모델
② 도시정보체계
③ 수치정사사진
④ 원격탐사

Guide 수치지형모델(Digital Terrain Model)
지표면상에서 규칙 및 불규칙적으로 관측된 3차원 좌푯값을 보간법 등의 자료처리 과정을 통하여 불규칙한 지형을 기하학적으로 재현하고 수치적으로 해석하는 기법이며, 경관해석, 노선선정, 택지조성, 환경설계 등에 이용된다.

28 항공사진측량용 디지털 카메라를 이용한 영상취득에 대한 설명으로 옳지 않은 것은?

① 아날로그 방식보다 필름비용과 처리, 스캐닝 비용 등의 경비가 절감된다.
② 기존 카메라보다 훨씬 넓은 피사각으로 대축척 지도제작이 용이하다.

③ 높은 방사해상력으로 영상의 질이 우수하다.
④ 컬러영상과 다중채널영상의 동시 취득이 가능하다.

Guide 기존 카메라보다 훨씬 넓은 피사각으로 소축척 지도제작이 용이하다.

29 측량용 사진기의 검정자료(Calibration Data)에 포함되지 않는 것은?

① 주점의 위치
② 초점거리
③ 렌즈왜곡량
④ 좌표 변환식

Guide 측량용 사진기의 검정자료에는 주점의 위치, 초점거리, 렌즈왜곡량 등이 포함된다.

30 촬영 당시 광속의 기하상태를 재현하는 작업으로 렌즈의 왜곡, 사진의 초점거리 등을 결정하는 작업은?

① 도화
② 지상기준점측량
③ 내부표정
④ 외부표정

Guide 내부표정(Interior Orientation)
촬영 당시의 광속의 기하상태를 재현하는 작업으로 기준점위치, 렌즈의 왜곡, 사진기의 초점거리와 사진의 주점을 결정하여 부가적으로 사진의 오차(Optic Distortion)를 보정하여 사진좌표의 정확도를 향상시키는 것을 말한다.

31 대공표지의 크기가 사진상에서 $30\mu\text{m}$ 이상이어야 할 때, 사진축척이 $1:20,000$이라면 대공표지의 크기는 최소 얼마 이상이어야 하는가?

① 50cm 이상
② 60cm 이상
③ 70cm 이상
④ 80cm 이상

Guide 대공표지의 크기$(d) = \dfrac{m}{T} = \dfrac{20,000}{30\times 1,000}$
$= 0.6\text{m} = 60\text{cm}$

32 미국의 항공우주국에서 개발하여 1972년에 지구자원탐사를 목적으로 쏘아 올린 위성으로 적조의 조기발견, 대기오염의 확산 및 식물의 발육상태 등을 조사할 수 있는 것은?

① MOSS   ② SPOT
③ IKONOS   ④ LANDSAT

> **Guide** LANDSAT(Land Satellite)
> 미국의 항공우주국에서 1972년에 발사한 지구자원탐사 위성으로 적조의 조기발견, 화산의 분화 이에 따른 강회의 감시, 유빙 등의 관찰, 식물의 발육상태, 토지의 이용 상황, 대기오염의 확산 등 지구의 현상을 조사할 수 있는 위성이다.

33 다음 중 원격탐사용 인공위성 플랫폼이 아닌 것은?

① 아리랑위성(KOMPSAT)
② 무궁화위성(KOREASAT)
③ Worldview
④ GeoEye

> **Guide** 무궁화위성(KOREASAT)은 우리나라 최초의 정지궤도 방송통신위성이다.

34 항공사진촬영을 재촬영해야 하는 경우가 아닌 것은?

① 구름, 적설 및 홍수로 인해 지형을 구분할 수 없을 경우
② 촬영코스의 수평이탈이 계획촬영 고도의 10% 이내일 경우
③ 촬영 진행 방향의 중복도가 53% 미만이거나 68~77%가 되는 모델이 전 코스의 사진매수의 1/4 이상일 경우
④ 인접코스간의 중복도가 표고의 최고점에서 5% 미만일 경우

> **Guide** ② : 촬영코스의 수평이탈이 계획촬영 고도의 15% 이상인 경우

35 동서 26km, 남북 8km인 지역을 사진크기 23cm×23cm인 카메라로 종중복도 60%, 횡중복도 30%, 축척 1 : 30,000인 항공사진으로 촬영할 때, 입체모델 수는?(단, 엄밀법으로 계산하고 촬영은 동서 방향으로 한다.)

① 16   ② 18
③ 20   ④ 22

> **Guide**
> • 종모델수$(D) = \dfrac{S_1}{B} = \dfrac{S_1}{ma(1-p)}$
> $\qquad = \dfrac{26 \times 1,000}{30,000 \times 0.23 \times (1-0.60)}$
> $\qquad = 9.4$ 모델 ≒ 10모델
> • 횡모델수$(D') = \dfrac{S_2}{C_0} = \dfrac{S_2}{ma(1-q)}$
> $\qquad = \dfrac{8 \times 1,000}{30,000 \times 0.23 \times (1-0.30)}$
> $\qquad = 1.7$ 코스 ≒ 2코스
> ∴ 종모델수＝종모델수(D)×횡모델수(D')
> $\qquad = 10 \times 2 = 20$ 모델

36 항공사진측량을 초점거리 160mm인 카메라로 비행고도 3,000m에서 촬영기준면의 표고가 500m인 평지를 촬영할 때의 사진축척은?

① 1 : 15,625   ② 1 : 16,130
③ 1 : 18,750   ④ 1 : 19,355

> **Guide** 사진축척$(M) = \dfrac{1}{m} = \dfrac{f}{H-h} = \dfrac{0.16}{3,000-500}$
> $\qquad = \dfrac{1}{15,625}$

37 축척 1 : 20,000인 항공사진을 180km/hr의 속도로 촬영하는 경우 허용흔들림의 범위를 0.01mm로 한다면, 최장노출시간은?

① $\dfrac{1}{90}$ 초   ② $\dfrac{1}{125}$ 초
③ $\dfrac{1}{180}$ 초   ④ $\dfrac{1}{250}$ 초

> **Guide** $T_l = \dfrac{\Delta s \cdot m}{V} = \dfrac{0.01 \times 20,000}{180 \times 1,000,000 \times \dfrac{1}{3,600}}$
> $\qquad = \dfrac{200}{50,000} = \dfrac{1}{250}$ 초

38 절대표정에 필요한 지상기준점의 구성으로 틀린 것은?

① 수평기준점(X, Y) 4개
② 지상기준점(X, Y, Z) 3개
③ 수평기준점(X, Y) 2개와 수직기준점(Z) 3개
④ 지상기준점(X, Y, Z) 2개와 수직기준점(Z) 2개

Guide 절대표정에 필요한 최소 지상기준점
• 삼각점(X, Y) 2점
• 수준점(Z) 3점

39 다음은 어느 지역 영상에 대해 영상의 화솟값 분포를 알아보기 위해 도수분포표를 작성한 것으로 옳은 것은?

열

	1	2	3	4	5	6	7
1	9	9	9	3	4	5	3
2	8	8	7	8	5	4	4
3	8	8	8	9	7	5	5
4	7	8	9	8	7	4	5
5	8	8	8	8	3	4	1
6	7	9	9	4	1	1	0
7	8	8	6	0	1	0	2

행

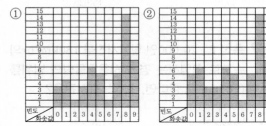

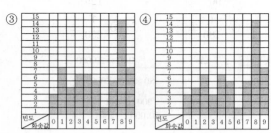

Guide 도수분포표는 주어진 자료를 몇 개의 구간으로 나누고 각 계급에 속하는 도수를 조사하여 나타낸 표이다. 영상의 화솟값에 따라 도수를 조사하여 작성하면 ①의 표와 같이 나타낼 수 있다.

40 항공사진의 기복변위에 대한 설명으로 옳지 않은 것은?

① 촬영고도에 비례한다.
② 지형지물의 높이에 비례한다.
③ 연직점으로부터 상점까지의 거리에 비례한다.
④ 표고차가 있는 물체에 대한 연직점을 중심으로 한 방사상 변위를 의미한다.

Guide 기복변위의 특징
• 기복변위는 비고(h)에 비례한다.
• 기복변위는 촬영고도(H)에 반비례한다.
• 연직점으로부터 상점까지의 거리에 비례한다.
• 표고차가 있는 물체에 대한 사진의 중점으로부터의 방사상 변위를 말한다.
• 돌출(凸)비고에서는 내측으로, 함몰지(凹)는 외측으로 조정된다.
• 정사투영에서는 기복변위가 발생하지 않는다.
• 지표면이 평탄하면 기복변위가 발생하지 않는다.

Subject 03 지리정보시스템(GIS) 및 위성측위시스템(GNSS)

41 수치지형모형(DTM)으로부터 추출할 수 있는 정보로 거리가 먼 것은?

① 경사분석도
② 가시권 분석도
③ 사면방향도
④ 토지이용도

Guide DTM은 경사도, 사면방향도, 단면분석, 절·성토량 산정, 등고선 작성 등 다양한 분야에 활용되고 있으며 토지이용도는 DTM의 활용분야와는 거리가 멀다.

42 래스터자료에 대한 설명으로 틀린 것은?

① 자료구조가 간단하다.
② 모델링이나 중첩분석이 용이하다.
③ 원격탐사 자료와 연결시키기가 쉽다.
④ 그래픽 자료의 양이 적다.

Guide 래스터자료는 동일한 크기의 격자로 이루어지며, 격자의 크기가 작을수록 해상도가 좋아지는 반면 저장용량이 증가한다.
※ 래스터자료의 양은 벡터자료의 양보다 많다.

정답 38 ① 39 ① 40 ① 41 ④ 42 ④

43 공간정보 관련 영어 약어에 대한 설명으로 틀린 것은?

① NGIS - 국가지리정보체계
② RIS - 자원정보체계
③ UIS - 도시정보체계
④ LIS - 교통정보체계

Guide **토지정보시스템(LIS)**

토지에 대한 물리적, 정량적, 법적인 내용을 다룬 토지정보체계로 가장 일반적인 형태는 토지소유자, 토지가액, 세액평가 그리고 토지경계 등의 정보를 관리한다.

※ 교통정보체계는 TIS(Transportation Information System)이다.

44 지리정보시스템(GIS) 소프트웨어의 일반적인 주요 기능으로 거리가 먼 것은?

① 벡터형 공간자료와 래스터형 공간자료의 통합 기능
② 사진, 동영상, 음성 등 멀티미디어 자료의 편집 기능
③ 공간자료와 속성자료를 이용한 모델링 기능
④ DBMS와 연계한 공간자료 및 속성정보의 관리 기능

Guide GIS 소프트웨어는 격자나 벡터구조의 도형정보를 조작하는 부분과 속성정보의 관리를 위한 부분으로 나누어지며 입력, 편집, 검색, 추출, 분석 등을 위한 컴퓨터 프로그램의 집합체이다.

사진, 동영상, 음성 등 멀티미디어를 편집하는 기능은 지리정보를 조작·관리하는 GIS 소프트웨어의 기능과는 거리가 멀다.

45 GPS 위성신호 L_1 및 L_2의 주파수를 각각 $f_1 = 1575.42$MHz, $f_2 = 1,227.60$MHz, 광속(c)을 약 300,000km/s라고 가정할 때, Wide-Lane($L_w = L_1 - L_2$) 인공주파수의 파장은?

① 0.19m
② 0.24m
③ 0.56m
④ 0.86m

Guide $\lambda = \dfrac{c}{f}$ (λ : 파장, c : 광속, f : 주파수)에서

MHz를 Hz 단위로 환산하여 계산하면,

$\lambda = \dfrac{300,000}{(1,575.42 - 1,227.60) \times 10^6}$

$= 8.62 \times 10^{-4}$ km

$= 0.86$ m

∴ 확장 파장(Wide Lane)은 0.86m이다.

46 다음 중 지리정보분야의 국제표준화기구는?

① ISO/IT190
② ISO/TC211
③ ISO/TC152
④ ISO/IT224

Guide **ISO/TC211(국제표준화기구 지리정보전문위원회)**

• 1994년 국제표준화기구(ISO)에서 구성
• 공식명칭은 Geographic Information Geomatics
• TC211은 디지털 지리정보 분야의 표준화를 위한 기술위원회

47 네트워크 RTK 위치결정 방식으로 현재 국토지리정보원에서 운영 중인 시스템 중 하나인 것은?

① TEC(Total Electron Content)
② DGPS(Differential GPS)
③ VRS(Virtual Reference Station)
④ PPP(Precise Point Positioning)

Guide **VRS(Virtual Reference Station)**

VRS 방식은 가상기준점방식의 새로운 실시간 GPS 측량법으로 기지국 GPS를 설치하지 않고 이동국 GPS만을 이용하여 VRS 서비스센터에서 제공하는 위치보정데이터를 휴대전화로 수신함으로써 RTK 또는 DGPS 측량을 수행할 수 있는 첨단기법이다.

48 벡터데이터모델에 해당하는 것은?

① DWG
② JPG
③ shape
④ Geotiff

Guide **DXF(Drawing eXchange Format)**

오토캐드용 자료파일이 다른 그래픽 체계로 사용될 수 있도록 제작한 그래픽 자료파일 형식으로 벡터자료 유형이다.

정답 43 ④ 44 ② 45 ④ 46 ② 47 ③ 48 ①

49 객체 사이의 인접성, 연결성에 대한 정보를 포함하는 개념은?

① 위치정보　　　　② 속성정보
③ 위상정보　　　　④ 영상정보

> **Guide** 위상관계(Topology)
> 공간관계를 정의하는 데 쓰는 수학적 방법으로서 입력된 자료의 위치를 좌푯값으로 인식하고 각각의 자료 간의 정보를 상대적 위치로 저장하며, 선의 방향, 특성들 간의 관계, 연결성, 인접성, 영역 등을 정의함으로써 공간분석을 가능하게 한다.

50 지리정보시스템(GIS)의 주요 기능에 대한 설명으로 옳지 않은 것은?

① 자료의 입력은 기존 지도와 현지조사자료, 인공위성 등을 통해 얻은 정보 등을 수치형태로 입력하거나 변환하는 것을 말한다.
② 자료의 출력은 자료를 보여주고 분석결과를 사용자에게 알려주는 것을 말한다.
③ 자료변환은 지형, 지물과 관련된 사항을 현지에서 직접 조사하는 것을 말한다.
④ 데이터베이스 관리에서는 대상물의 위치와 지리적 속성, 그리고 상호 연결성에 대한 정보를 구체화하고 조직화하여야 한다.

> **Guide** 현지 지리조사
> 정위치 편집을 하기 위하여 항공사진을 기초로 도면상에 나타내어야 할 지형 · 지물과 이에 관련되는 사항을 현지에서 직접 조사하는 것을 말한다.

51 공간 데이터 입력 시 발생할 수 있는 오류가 아닌 것은?

① 스파이크(Spike)
② 오버슈트(Overshoot)
③ 언더슈트(Undershoot)
④ 톨러런스(Tolerance)

> **Guide** 스파이크(Spike), 오버슈트(Overshoot), 언더슈트(Undershoot) 등은 수동방식(Digitaizer)에 의한 입력 시 오차이다.
> ※ 톨러런스(Tolerance) : 허용오차(거리)

52 지리정보시스템(GIS)에서 사용하고 있는 공간데이터를 설명하는 또 다른 부가적인 데이터로서 데이터의 생산자, 생산목적, 좌표계 등의 다양한 정보를 담을 수 있는 것은?

① Metadata　　　　② Label
③ Annotation　　　④ Coverage

> **Guide** 메타데이터(Metadata)
> 데이터의 내용, 품질, 조건 및 특징 등을 저장한 데이터로서 데이터에 관한 데이터의 이력을 말한다.

53 근접성 분석을 위하여 지정된 요소들 주위에 일정한 폴리곤 구역을 생성해 주는 것은?

① 중첩　　　　　　② 버퍼링
③ 지도 연산　　　　④ 네트워크 분석

> **Guide** 버퍼 분석
> GIS 연산에 의해 점 · 선 또는 면에서 일정 거리 안의 지역을 둘러싸는 폴리곤 구역을 생성하는 기법

54 다음 중 항공사진측량 시 카메라 투영중심의 위치를 획득(결정)하는 데 가장 효과적인 것은?

① GNSS　　　　　② Open GIS
③ 토털스테이션　　④ 레이저고도계

> **Guide** GNSS/INS 기법을 항공사진측량에 이용하면 실시간으로 비행기 위치(카메라 투영중심 위치)를 결정할 수 있으므로 외부표정 시 필요한 기준점 수를 크게 줄일 수 있어 비용을 절감할 수 있다.
> ※ GNSS(Global Navigation Satellite System)
> GPS(미국), GLONASS(러시아), GALILEO(유럽연합) 등 지구상의 위치를 결정하기 위한 위성과 이를 보강하기 위한 시스템 및 지역 보정시스템

55 상대측위(DGPS) 기법 중 하나의 기지점에 수신기를 세워 고정국으로 이용하고 다른 수신기는 측점을 순차적으로 이동하면서 데이터 취득과 동시에 위치결정을 하는 방식은?

① Static Surveying
② Real Time Kinematic
③ Fast Static Surveying
④ Point Positioning Surveying

Guide RTK(Real Time Kinematic)

기준국용 GPS 수신기를 설치하고 위성을 관측하여 각 위성의 의사거리 보정값을 구하고 이 보정값을 이용하여 이동국용 GPS 수신기의 위치를 결정하는 것으로 GPS 반송파를 사용한 실시간 이동 위치관측이다.

56 GNSS 측량에서 HDOP와 VDOP가 2.5와 3.2이고 예상되는 관측데이터의 정확도(σ)가 2.7m일 때 예상할 수 있는 수평위치 정확도(σ_H)와 수직위치 정확도(σ_V)는?

① $\sigma_H = 0.93m$, $\sigma_V = 1.19m$

② $\sigma_H = 1.08m$, $\sigma_V = 0.84m$

③ $\sigma_H = 5.20m$, $\sigma_V = 5.90m$

④ $\sigma_H = 6.75m$, $\sigma_V = 8.64m$

Guide • 수평위치 정확도(σ_H)=2.5×2.7=6.75m

• 수직위치 정확도(σ_V)=3.2×2.7=8.64m

57 수치지도의 축척에 관한 설명 중 옳지 않은 것은?

① 축척에 따라 자료의 위치정확도가 다르다.

② 축척에 따라 표현되는 정보의 양이 다르다.

③ 소축척을 대축척으로 일반화(Generalization) 시킬 수 있다.

④ 축척 1 : 5,000 종이지도로 축척 1 : 1,000 수치지도 정확도 구현이 불가능하다.

Guide 일반화(Generalization)

공간데이터를 처리할 때 세밀한 항목을 줄이는 과정으로 큰 공간에서 다시 추출하거나 선에서 점을 줄이는 것을 말한다.

※ 지도의 일반화는 대축척에서 소축척으로만 가능하다.

58 지리정보시스템(GIS)의 자료처리 공간분석 방법을 점자료 분석 방법, 선자료 분석 방법, 면자료 분석 방법으로 구분할 때, 선자료 공간분석 방법에 해당되지 않는 것은?

① 최근린 분석   ② 네트워크 분석

③ 최적경로 분석   ④ 최단경로 분석

Guide 선자료 공간분석 방법

네트워크분석, 최적경로 분석, 최단경로 분석

59 첫 번째 입력 커버리지 A의 모든 형상들은 그대로 유지하고 커버리지 B의 형상은 커버리지 A 안에 있는 형상들만 나타내는 중첩 연산 기능은?

① Union

② Intersection

③ Identity

④ Clip

Guide Identity

입력레이어 범위에서 중첩되는 레이어의 특징이 결과 레이어에 포함되는 연산 기능

60 지리적 객체(Geographic Object)에 해당되지 않는 것은?

① 온도   ② 지적필지

③ 건물   ④ 도로

Guide 지리적 객체

• 일반적으로 점, 선, 면 등으로 구분된다.

• 지리적 현상 중에서 명확한 경계가 존재하는 것을 말한다.

• 위치와 형태, 크기, 방향 등이 존재한다.

Subject 04 측량학

✔ 측량 관련 법규는 출제 당시 법률을 기준으로 해설되었음을 알려드립니다.

61 1 : 50,000 지형도에 표기된 아래와 같은 도엽번호에 대한 설명으로 틀린 것은?

NJ 52-11-18

① 1 : 250,000 도엽을 28등분한 것 중 18번째 도엽번호를 의미한다.

정답 56 ④   57 ③   58 ①   59 ③   60 ①   61 ④

② N은 북반구를 의미한다.
③ J는 적도에서부터 알파벳을 붙인 위도구역을 의미한다.
④ 52는 국가고유코드를 의미한다.

Guide 서경 180°를 기준으로 6° 간격으로 60개 종대로 구분하여 1~60까지 번호를 사용하며 우리나라는 51, 52종대에 속한다. 그러므로 52는 국가고유코드를 의미하는 것이 아니다.

62 다각측량에서 측점 A의 직각좌표(x, y)가 (400m, 400m)이고, $\overline{AB}$측선의 길이가 200m일 때, B점의 좌표는?(단, $\overline{AB}$측선의 방위각은 225°이다.)

① (300.000m, 300.000m)
② (226.795m, 300.000m)
③ (541.421m, 541.421m)
④ (258.579m, 258.579m)

Guide
- $X_B = X_A + (\overline{AB}\ 거리 \times \cos \overline{AB}\ 방위각)$
  $= 400.000 + (200.000 \times \cos 225°00'00'')$
  $= 258.579\text{m}$
- $Y_B = Y_A + (\overline{AB}\ 거리 \times \sin \overline{AB}\ 방위각)$
  $= 400.000 + (200.000 \times \sin 225°00'00'')$
  $= 258.579\text{m}$
∴ $X_B = 258.579\text{m}$, $Y_B = 258.579\text{m}$

63 표준길이보다 36mm가 짧은 30m 줄자로 관측한 거리가 480m일 때 실제거리는?

① 479.424m
② 479.856m
③ 480.144m
④ 480.576m

Guide 실제거리 $= \dfrac{부정길이 \times 관측길이}{표준길이}$
$= \dfrac{29.964 \times 480.000}{30.000}$
$= 479.424\text{m}$

64 삼각형을 이루는 각 점에서 동일한 정밀도로 각 관측을 하였을 때 발생한 폐합오차의 조정 방법은?

① 3등분하여 조정한다.
② 각의 크기에 비례해서 조정한다.
③ 변의 길이에 비례해서 조정한다.
④ 각의 크기에 반비례해서 조정한다.

Guide 동일한 정밀도로 각을 관측하였을 때 발생한 폐합오차의 조정식은 $\dfrac{폐합오차}{각수}$이므로 3등분하여 조정한다.

65 수평직교좌표원점의 동쪽에 있는 A점에서 B점 방향의 자북방위각을 관측한 결과 88°10'40''이었다. A점에서 자오선수차가 2'20'', 자침 편차가 4°W일 때 방향각은?

① 84°08'20''　② 84°13'00''
③ 92°08'20''　④ 92°13'00''

Guide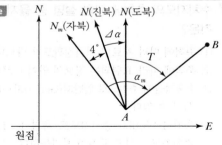

∴ 방향각(T)
= 자북방위각(α_m) − 자침편차 − 자오선수차($\Delta\alpha$)
= 88°10'40'' − 4° − 2'20''
= 84°08'20''

66 측량에 있어서 부정오차가 일어날 가능성의 확률적 분포 특성에 대한 설명으로 틀린 것은?

① 매우 큰 오차는 거의 생기지 않는다.
② 오차의 발생확률은 최소제곱법에 따른다.
③ 큰 오차가 생길 확률은 작은 오차가 생길 확률보다 매우 작다.
④ 같은 크기의 양(+)오차와 음(−)오차가 생길 확률은 거의 같다.

Guide 부정오차 가정조건
- 큰 오차가 생길 확률은 작은 오차가 발생할 확률보다 매우 작다.
- 같은 크기의 정(+)오차와 부(−)오차가 발생할 확률은 거의 같다.
- 매우 큰 오차는 거의 발생하지 않는다.
- 오차들은 확률법칙을 따른다.

67 A점 및 B점의 좌표가 표와 같고 A점에서 B점까지 결합 다각측량을 하여 계산해 본 결과 합위거가 84.30m, 합경거가 512.62m이었다면 이 측량의 폐합오차는?

구분	X좌표	Y좌표
A점	69.30m	123.56m
B점	153.47m	636.23m

① 0.18m
② 0.14m
③ 0.10m
④ 0.08m

Guide
- 위거오차$(\varepsilon_l) = (X_B - X_A)$
$= (153.47 - 69.30)$
$= 84.17\text{m}$
- 경거오차$(\varepsilon_d) = (Y_B - Y_A)$
$= (636.23 - 123.56)$
$= 512.67\text{m}$
∴ 폐합오차 $= \sqrt{(84.30 - 84.17)^2 + (512.62 - 512.67)^2}$
$= 0.14\text{m}$

68 토털스테이션의 일반적인 기능이 아닌 것은?

① EDM이 가지고 있는 거리 측정 기능
② 각과 거리 측정에 의한 좌표계산 기능
③ 3차원 형상을 스캔하여 체적을 구하는 기능
④ 디지털 데오드라이트가 갖고 있는 측각 기능

Guide 토털스테이션(Total Station)
각도와 거리를 동시에 관측할 수 있는 기능이 함께 갖추어져 있는 측량기이다. 즉, 전자식 데오드라이트와 광파거리 측량기를 조합한 측량기이다. 마이크로프로세서에서 자료를 짧은 시간에 처리하거나 표시하고, 결과를 출력하는 전자식거리 및 각 측정기기이다.

69 수준측량 시 중간점이 많을 경우 가장 적합한 야장기입법은?

① 고차식
② 승강식
③ 기고식
④ 교호식

Guide 수준측량 야장기입법
- 고차식 야장법 : 전시의 합과 후시의 합의 차로 고저차를 구하는 방법이다.
- 기고식 야장법 : 현재 가장 많이 사용하는 방법이다. 중간점이 많을 때 이용되며, 종·횡단측량에 널리 이용되지만 중간점에 대한 완전검산이 어렵다.
- 승강식 야장법 : 후시값과 전시값의 차가 ⊕이면 승란에 기입하고, ⊖이면 강란에 기입하는 방법이다. 완전검산이 가능하지만 계산이 복잡하고, 중간점이 많을 때는 불편하며 시간 및 비용이 많이 소요되는 단점이 있다.

70 수준측량의 이기점에 대한 설명으로 옳은 것은?

① 표척을 세워서 전시만 읽는 점
② 표고를 알고 있는 점에 표척을 세워 눈금을 읽는 점
③ 표척을 세워서 후시와 전시를 읽는 점
④ 장애물로 인하여 기계를 옮기는 점

Guide 이기점(T.P. : Turning Point)
표척을 세워서 전시와 후시를 동시에 읽는 점을 말하며, 이점이라고도 한다.

71 국토지리정보원에서 발급하는 삼각점에 대한 성과표의 내용이 아닌 것은?

① 경위도
② 점번호
③ 직각좌표
④ 거리의 대수

Guide 기준점 성과표 내용
- 구분(삼각점/수준점…)
- 점번호
- 도엽명칭(1/50,000)
- 경·위도(위도/경도)
- 직각좌표($X(N)/Y(E)$/원점)
- 표고
- 지오이드고
- 타원체고
- 매설연월

72 어떤 측량장비의 망원경에 부착된 수준기 기포관의 감도를 결정하기 위해서 $D = 50$m 떨어진 곳에 표척을 수직으로 세우고 수준기의 기포를 중앙에 맞춘 후 읽은 표척 눈금값이 1.00m이고, 망원경을 약간 기울여 기포관상의 눈금 $n = 6$개 이동된 상태에서 측정한 표척의 눈금이 1.04m이었다면 이 기포관의 감도는?

① 약 13″   ② 약 18″
③ 약 23″   ④ 약 28″

Guide $\alpha'' = \dfrac{\Delta h}{n \cdot D} \cdot \rho'' = \dfrac{1.04 - 1.00}{6 \times 50} \times 206,265''$
$\qquad\quad\ \fallingdotseq 28''$

73 최소제곱법에 대한 설명으로 옳지 않은 것은?

① 같은 정밀도로 측정된 측정값에서는 오차의 제곱의 합이 최소일 때 최확값을 얻을 수 있다.
② 최소제곱법을 이용하여 정오차를 제거할 수 있다.
③ 동일한 거리를 여러 번 관측한 결과를 최소제곱법에 의해 조정한 값은 평균과 같다.
④ 최소제곱법의 해법에는 관측방정식과 조건방정식이 있다.

Guide 최소제곱법에 의해 추정되는 오차는 부정오차(우연오차)이다.

74 우리나라 1 : 25,000 수치지도에 사용되는 주곡선 간격은?

① 10m   ② 20m
③ 30m   ④ 40m

Guide 지형도 축척과 등고선 간격   (단위 : m)

등고선 종류 \ 축척	1/5,000	1/10,000	1/25,000	1/50,000
주곡선	5	5	10	20
간곡선	2.5	2.5	5	10
조곡선	1.25	1.25	2.5	5
계곡선	25	25	50	100

75 측량기준점을 크게 3가지로 구분할 때, 그 분류로 옳은 것은?

① 삼각점, 수준점, 지적점
② 위성기준점, 수준점, 삼각점
③ 국가기준점, 공공기준점, 지적기준점
④ 국가기준점, 공공기준점, 일반기준점

Guide 공간정보의 구축 및 관리 등에 관한 법률 제7조(측량기준점)
측량기준점은 국가기준점, 공공기준점, 지적기준점으로 구분한다.

76 공공측량의 정의에 대한 설명 중 아래의 "각 호의 측량"에 대한 기준으로 옳지 않은 것은?

「대통령령으로 정하는 측량」이란 다음 <u>각 호의 측량</u> 중 국토교통부장관이 지정하여 고시하는 측량을 말한다.

① 측량실시지역의 면적이 1제곱킬로미터 이상인 기준점측량, 지형측량 및 평면측량
② 촬영지역의 면적이 10제곱킬로미터 이상인 측량용 사진의 촬영
③ 국토교통부장관이 발행하는 지도의 축척과 같은 축척의 지도 제작
④ 인공위성 등에서 취득한 영상정보에 좌표를 부여하기 위한 2차원 또는 3차원의 좌표측량

Guide 공간정보의 구축 및 관리 등에 관한 법률 시행령 제3조(공공측량)
국토교통부장관이 지정하여 고시하는 공공측량은 다음과 같다.
1. 측량실시지역의 면적이 1제곱킬로미터 이상인 기준점측량, 지형측량 및 평면측량
2. 측량노선의 길이가 10킬로미터 이상인 기준점측량
3. 국토교통부장관이 발행하는 지도의 축척과 같은 축척의 지도 제작
4. 촬영지역의 면적이 1제곱킬로미터 이상인 측량용 사진의 촬영
5. 지하시설물 측량
6. 인공위성 등에서 취득한 영상정보에 좌표를 부여하기 위한 2차원 또는 3차원의 좌표측량
7. 그 밖에 공공의 이해에 특히 관계가 있다고 인정되는 사설철도 부설, 간척 및 매립사업 등에 수반되는 측량

정답   72 ④   73 ②   74 ①   75 ③   76 ②

77 측량업을 폐업한 경우에 측량업자는 그 사유가 발생한 날로부터 최대 며칠 이내에 신고하여야 하는가?

① 10일   ② 15일
③ 20일   ④ 30일

Guide 공간정보의 구축 및 관리 등에 관한 법률 제48조(측량업의 휴업·폐업 등 신고)
다음 각 호의 어느 하나에 해당하는 자는 국토교통부령 또는 해양수산부령으로 정하는 바에 따라 국토교통부장관, 해양수산부장관 또는 시·도지사에게 해당 각 호의 사실이 발생한 날부터 30일 이내에 그 사실을 신고하여야 한다.
1. 측량업자인 법인이 파산 또는 합병 외의 사유로 해산한 경우 : 해당 법인의 청산인
2. 측량업자가 폐업한 경우 : 폐업한 측량업자
3. 측량업자가 30일을 넘는 기간 동안 휴업하거나, 휴업 후 업무를 재개한 경우 : 해당 측량업자

78 측량기술자가 아님에도 불구하고 공간정보의 구축 및 관리 등에 관한 법률에서 정하는 측량(수로측량 제외)을 한 자에 대한 벌칙기준으로 옳은 것은?

① 3년 이하의 징역 또는 3천만 원 이하의 벌금
② 2년 이하의 징역 또는 2천만 원 이하의 벌금
③ 1년 이하의 징역 또는 1천만 원 이하의 벌금
④ 300만 원 이하의 과태료

Guide 공간정보의 구축 및 관리 등에 관한 법률 제109조(벌칙)
다음 각 호의 어느 하나에 해당하는 자는 1년 이하의 징역 또는 1천만 원 이하의 벌금에 처한다.
1. 무단으로 측량성과 또는 측량기록을 복제한 자
2. 심사를 받지 아니하고 지도 등을 간행하여 판매하거나 배포한 자
3. 해양수산부장관의 승인을 받지 아니하고 수로도서지를 복제하거나 이를 변형하여 수로도서지와 비슷한 제작물을 발행한 자
4. 측량기술자가 아님에도 불구하고 측량을 한 자
5. 업무상 알게 된 비밀을 누설한 측량기술자 또는 수로기술자
6. 둘 이상의 측량업자에게 소속된 측량기술자 또는 수로기술자
7. 다른 사람에게 측량업등록증 또는 측량업등록수첩을 빌려주거나 자기의 성명 또는 상호를 사용하여 측량업무를 하게 한 자
8. 다른 사람의 측량업등록증 또는 측량업등록수첩을 빌려서 사용하거나 다른 사람의 성명 또는 상호를 사용

하여 측량업무를 한 자
9. 지적측량수수료 외의 대가를 받은 지적측량기술자
10. 거짓으로 다음 각 목의 신청을 한 자
   가. 신규등록 신청
   나. 등록전환 신청
   다. 분할 신청
   라. 합병 신청
   마. 지목변경 신청
   바. 바다로 된 토지의 등록말소 신청
   사. 축척변경 신청
   아. 등록사항의 정정 신청
   자. 도시개발사업 등 시행지역의 토지이동 신청
11. 다른 사람에게 자기의 성능검사대행자 등록증을 빌려 주거나 자기의 성명 또는 상호를 사용하여 성능검사대행업무를 수행하게 한 자
12. 다른 사람의 성능검사대행자 등록증을 빌려서 사용하거나 다른 사람의 성명 또는 상호를 사용하여 성능검사대행업무를 수행한 자

79 국토지리정보원장이 간행하는 지도의 축척이 아닌 것은?

① 1/1,000   ② 1/1,200
③ 1/50,000   ④ 1/250,000

Guide 공간정보의 구축 및 관리 등에 관한 법률 시행규칙 제13조(지도 등 간행물의 종류)
국토지리정보원장이 간행하는 지도나 그 밖에 필요한 간행물(이하 "지도등"이라 한다)의 종류는 다음 각 호와 같다.
1. 축척 1/500, 1/1,000, 1/2,500, 1/5,000, 1/10,000, 1/25,000, 1/50,000, 1/100,000, 1/250,000, 1/500,000 및 1/1,000,000의 지도
2. 철도, 도로, 하천, 해안선, 건물, 수치표고 모형, 공간정보 입체모형(3차원 공간정보), 실내공간정보, 정사영상 등에 관한 기본 공간정보
3. 연속수치지형도 및 축척 1/25,000 영문판 수치지형도
4. 국가인터넷지도, 점자지도, 대한민국전도, 대한민국주변도 및 세계지도
5. 국가격자좌표정보 및 국가관심지점정보

80 일반측량실시의 기초가 될 수 없는 것은?

① 일반측량성과   ② 공공측량성과
③ 기본측량성과   ④ 기본측량기록

Guide 공간정보의 구축 및 관리 등에 관한 법률 제22조(일반측량의 실시 등)
일반측량은 기본측량성과 및 그 측량기록, 공공측량성과 및 그 측량기록을 기초로 실시하여야 한다.

EXERCISES
기출문제 2018. 4. 28 시행(산업기사)

본 문제의 해설은 출제자의 의도와 일치되지 않을 수 있으며, 문제 및 정답은 일부 오탈자가 있을 수 있으므로 학습시 의문사항이 있으면 예문사 또는 저자에게 문의하여 주시기 바랍니다.

Subject 01 응용측량

01 그림과 같은 지역의 전체 토량은?(단, 각 구역의 크기는 동일하다.)

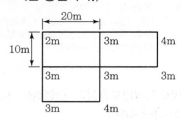

① 1,850m³
② 1,950m³
③ 2,050m³
④ 2,150m³

Guide
$$V = \frac{A}{4}\left(\Sigma h_1 + 2\Sigma h_2 + 3\Sigma h_3 + 4\Sigma h_4\right)$$
$$= \frac{20 \times 10}{4}\{16 + (2 \times 6) + (3 \times 3)\}$$
$$= 1,850\text{m}^3$$

02 경관측량에 대한 설명으로 옳지 않은 것은?

① 경관은 인간의 시각적 인식에 의한 공간구성으로 대상군을 전체로 보는 인간의 심적 현상에 의해 판단된다.
② 경관측량의 목적은 인간의 쾌적한 생활공간을 창조하는 데 필요한 조사와 설계에 기여하는 것이다.
③ 경관구성요소를 인식의 주체인 경관장계, 인식의 대상이 되는 시점계, 이를 둘러싼 대상계로 나눌 수 있다.
④ 경관의 정량화를 해석하기 위해서는 시각적 측면과 시각현상에 잠재되어 있는 의미적 측면을 동시에 고려하여야 한다.

Guide 경관구성요소는 인식대상이 되는 대상계, 이를 둘러싸고 있는 경관장계, 인식주체인 시점계로 나눌 수 있다.

03 그림은 축척 1 : 500으로 측량하여 얻은 결과이다. 실제 면적은?

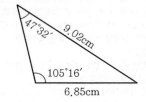

① 70.6m²
② 176.5m²
③ 353.03m²
④ 402.02m²

Guide
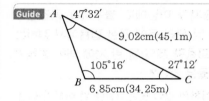

실제거리 = 축척분모수 × 도상거리
• $\overline{AC} = 500 \times 0.0902 = 45.1$m
• $\overline{BC} = 500 \times 0.0685 = 34.25$m
∴ 실제면적(A) $= \frac{1}{2} \times \overline{AC} \times \overline{BC} \times \sin\theta$
$$= \frac{1}{2} \times 45.1 \times 34.25 \times \sin 27°12'$$
$$= 353.03\text{m}^2$$

04 지표에 설치된 중심선을 기준으로 터널 입구에서 굴착을 시작하고 굴착이 진행됨에 따라 터널 내의 중심선을 설정하는 작업은?

① 다보(Dowel)설치
② 터널 내 곡선설치
③ 지표설치
④ 지하설치

Guide 지하설치는 지표에 설치된 중심선을 기준으로 하고 터널 입구에서 굴착이 진행됨에 따라 터널 내의 중심선을 설정하는 작업이다.

05 원곡선 설치에서 곡선반지름이 250m, 교각이 65°, 곡선시점의 위치가 No.245+09.450m일 때, 곡선종점의 위치는?(단, 중심말뚝 간격은 20m이다.)

① No.245+13.066m

② No.251+13.066m

③ No.259+06.034m

④ No.259+13.066m

> **Guide** • $C.L$(곡선길이) $= 0.0174533 \cdot R \cdot I°$
> $= 0.0174533 \times 250 \times 65°$
> $= 283.616m$
> • $B.C$(곡선시점) $=$ No.245+9.450m
> ∴ $E.C$(곡선종점) $= B.C + C.L$
> $= 4,909.450 + 283.616$
> $= 5,193.066m$
> (No.259+13.066m)

06 단곡선 설치과정에서 접선길이, 곡선길이 및 외할을 구하기 위해 우선적으로 결정해야 할 사항으로 옳게 짝지어진 것은?

① 시점, 종점　　② 시점, 반지름

③ 반지름, 교각　　④ 중점, 교각

> **Guide** 단곡선을 설치하려면 먼저 교각(I)을 결정한 후 반지름(R)을 결정하고 교각(I)과 반지름(R)의 함수인 접선길이($T.L$), 곡선길이($C.L$), 외할(E) 등을 결정한다.

07 자동차가 곡선부를 통과할 때 원심력의 작용을 받아 접선 방향으로 이탈하려고 하므로 이것을 방지하기 위하여 노면에 높이차를 두는 것을 무엇이라 하는가?

① 확폭(Slack)　　② 편경사(Cant)

③ 완화구간　　④ 시거

> **Guide** 곡선부를 통과하는 차량이 원심력의 작용을 받아 접선방향으로 탈선하려는 것을 방지하기 위해 바깥쪽 노면을 안쪽 노면보다 높이는 정도를 캔트(Cant) 또는 편경사, 편구배라고 한다.

08 하천의 수면으로부터 수면에 따른 유속을 관측한 결과가 아래와 같을 때 3점법에 의한 평균유속은?

관측지점	유속(m/s)
수면으로부터 수심의 2/10	0.687
수면으로부터 수심의 4/10	0.644
수면으로부터 수심의 6/10	0.528
수면으로부터 수심의 8/10	0.382

① 0.531m/s　　② 0.571m/s

③ 0.589m/s　　④ 0.625m/s

> **Guide** 3점법
> $$V_m = \frac{1}{4}\left(V_{0.2} + 2V_{0.6} + V_{0.8}\right)$$
> $$= \frac{1}{4}\{0.687 + (2 \times 0.528) + 0.382\}$$
> $$= 0.531m/s$$

09 노선측량의 순서로 가장 적합한 것은?

① 노선선정 → 계획조사측량 → 실시설계측량 → 세부측량 → 용지측량 → 공사측량

② 노선선정 → 실시설계측량 → 세부측량 → 용지측량 → 공사측량 → 계획조사측량

③ 노선선정 → 공사측량 → 실시설계측량 → 세부측량 → 용지측량 → 계획조사측량

④ 노선선정 → 계획조사측량 → 실시설계측량 → 공사측량 → 세부측량 → 용지측량

> **Guide** 노선측량의 순서는 크게 노선선정 → 계획조사측량 → 실시설계측량 → 공사측량 등으로 구분되며, 세부측량 및 용지측량은 실시설계측량에 속한다.

10 하천의 유속측정에 있어서 표면유속, 최소유속, 평균유속, 최대유속의 4가지 유속이 하천의 표면에서부터 하저에 이르기까지 나타나는 일반적인 순서로 옳은 것은?

① 표면유속 → 최대유속 → 최소유속 → 평균유속

② 표면유속 → 평균유속 → 최대유속 → 최소유속

③ 표면유속 → 최대유속 → 평균유속 → 최소유속

④ 표면유속 → 최소유속 → 평균유속 → 최대유속

정답 05 ④　06 ③　07 ②　08 ①　09 ①　10 ③

Guide 유속분포(무풍의 경우)

표면유속 → 최대유속 → 평균유속 → 최소유속

무풍의 경우

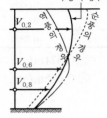

11 삼각형 3변의 길이가 아래와 같을 때 면적은?

a = 35.65m, b = 73.50m, c = 42.75m

① 269.76m² ② 389.67m²
③ 398.96m² ④ 498.96m²

Guide
$$S = \frac{1}{2}(a+b+c) = \frac{1}{2}(35.65 + 73.50 + 42.75)$$
$$= 75.95m$$
$$\therefore A = \sqrt{S(S-a)(S-b)(S-c)}$$
$$= \sqrt{75.95(75.95 - 35.65)(75.95 - 73.50)(75.95 - 42.75)}$$
$$= 498.96m^2$$

12 축척 1 : 1,200 지도상의 면적을 측정할 때, 이 축척을 1 : 600으로 잘못 알고 측정하였더니 10,000m²가 나왔다면 실제면적은?

① 40,000m² ② 20,000m²
③ 10,000m² ④ 2,500m²

Guide
$$a_2 = \left(\frac{m_2}{m_1}\right)^2 \cdot a_1$$
$$= \left(\frac{1,200}{600}\right)^2 \times 10,000 = 40,000m^2$$

13 노선측량에서 곡선반지름 60m, 클로소이드 매개변수가 40m일 때 곡선길이는?

① 1.5m ② 26.7m
③ 49.0m ④ 90.0m

Guide
$$A^2 = R \cdot L$$
$$\therefore L = \frac{A^2}{R} = \frac{40^2}{60} = 26.7m$$

14 교각이 49°30′, 반지름이 150m인 원곡선 설치 시 중심말뚝 간격 20m에 대한 편각은?

① 6°36′18″ ② 4°20′15″
③ 3°49′11″ ④ 1°46′32″

Guide
$$\text{일반편각}(\delta_{20}) = 1,718.87' \times \frac{20}{R}$$
$$= 1,718.87' \times \frac{20}{150}$$
$$= 3°49′11″$$

15 부자에 의한 유속관측을 하고 있다. 부자를 띄운 뒤 2분 후에 하류 120m 지점에서 관측되었다면 이때의 표면유속은?

① 1m/s ② 2m/s
③ 3m/s ④ 4m/s

Guide 표면유속(V) = m/sec = 120/120 = 1m/s

16 배면적을 구하는 방법으로 옳은 것은?

① |Σ(각 측선의 조정경거×각 측선의 횡거)|
② |Σ(각 측선의 조정위거×각 측선의 배횡거)|
③ |Σ(각 측선의 조정경거×각 측선의 배횡거)|
④ |Σ(각 측선의 조정위거×각 측선의 조정경거)|

Guide
• 배면적= 각 측선의 배횡거×각 측선의 조정위거
• 임의 측선의 배횡거
 = 전 측선의 배횡거+ 전 측선의 경거+ 그 측선의 경거

17 20m 간격으로 등고선이 표시되어 있는 구릉지에서 구적기로 면적을 구한 값이 A₅ = 200m², A₄ = 250m², A₃ = 600m², A₂ = 800m², A₁ = 1,600m²일 때의 토량은?(단, 각주공식을 이용하고 정상부는 평평한 것으로 가정한다.)

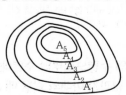

① 45,000m³   ② 46,000m³

③ 47,000m³   ④ 48,000m³

Guide 토량$(V) = \dfrac{h}{3}\{A_1 + A_5 + 4(A_2 + A_4) + 2(A_3)\}$

$\qquad = \dfrac{20}{3}\{1,600 + 200 + 4(800 + 250) + 2(600)\}$

$\qquad = 48,000\text{m}^3$

18 국제수로기구(IHO)에서 안전항해를 위해 제작된 기준 중 해도제작에 사용되는 자료를 수집하기 위한 수심측량 등급분류 기준에 해당하지 않는 것은?

① 1a등급   ② 등급외 측량

③ 특등급   ④ 2등급

Guide 수심측량 등급분류(Classification of Surveys) 기준
- 특등급(Special Order) 수심측량
- 1a등급(Order 1a) 수심측량
- 1b등급(Order 1b) 측량
- 2등급(Order 2) 측량

19 해양에서 수심측량을 할 경우 음향측심 장비로부터 취득한 수심에 필요한 보정이 아닌 것은?

① 정사보정   ② 조석보정

③ 흘수보정   ④ 음속보정

Guide 해양에서 수심측량을 할 경우 음향측심장비로부터 취득된 수심은 흘수보정, 조석보정, 음속보정이 되어야 정확한 수심으로 계산될 수 있다.
- 흘수보정(Draft Correction)
배가 물 위에 떠 있을 때 물 아래 잠긴 부분의 깊이를 말하며 일반적으로 수면에서 배의 최하부까지의 수직거리이며, 이 거리에 의한 영향을 제거하는 작업이다.
- 조석보정(Tidal Correction)
조석에 의한 해수면 변화의 영향을 제거하는 작업이다.
- 음속보정(Sound Velocity Correction)
해수의 수온, 염분에 따른 밀도차로 인해 발생하는 음속의 영향을 제거하는 작업이다. 음속이 실제보다 빠를 경우 수심이 얕게, 음속이 실제보다 느릴 경우 수심이 깊게 나오게 된다.

20 그림과 같은 경사터널에서 A, B 두 측점간의 고저차는?(단, A의 기계고 $IH = 1\text{m}$, B의 $HP = 1.5\text{m}$, 사거리 $S = 20\text{m}$, 경사각 $\theta = 20°$)

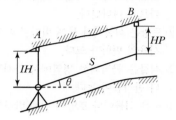

① 4.34m   ② 6.34m

③ 7.34m   ④ 9.34m

Guide $\Delta H = HP + (S \cdot \sin\theta) - IH$
$\qquad = 1.5 + (20 \times \sin 20°) - 1.0$
$\qquad = 7.34\text{m}$

Subject 02 사진측량 및 원격탐사

21 다음 중 3차원 지도제작에 이용되는 위성은?

① SPOT 위성

② LANDSAT 5호 위성

③ MOS 1호 위성

④ NOAA 위성

Guide SPOT 위성에는 HRV 2대가 탑재되어 같은 지역을 다른 방향(경사관측)에서 촬영함으로써 입체시할 수 있어 영상획득과 지형도 제작이 가능하다.

22 TIN에 대한 설명으로 옳지 않은 것은?

① 벡터 구조이다.

② 위상 구조를 갖는다.

③ 불규칙 삼각망이다.

④ 2차원 공간 모델이다.

Guide 불규칙 삼각망(TIN ; Triangulated Irregular Network)은 불규칙하게 위치해 있는 데이터의 상호 기하학적 관계를 고려하여 지형의 3차원적인 표현을 가능하도록 만든 데이터 구조이다.

23 물체의 분광반사특성에 대한 설명으로 옳은 것은?

① 같은 물체라도 시간과 공간에 따라 반사율이 다르게 나타난다.
② 토양은 식물이나 물에 비하여 파장에 따른 반사율의 변화가 크다.
③ 식물은 근적외선 영역에서 가시광선 영역보다 반사율이 높다.
④ 물은 식물이나 토양에 비해 반사도가 높다.

Guide 식물은 근적외선 영역에서 반사율이 높고, 가시광선 영역에서는 광합성작용으로 인해 적색광과 청색광은 식물에 흡수되어 반사율이 낮다.

24 사진측량에서 말하는 모형(Model)의 의미로 옳은 것은?

① 촬영지역을 대표하는 부분
② 촬영사진 중 수정 모자이크된 부분
③ 한 쌍의 중복된 사진으로 입체시되는 부분
④ 촬영된 각각의 사진 한 장이 포괄하는 부분

Guide 모델(Model)이란 다른 위치로부터 촬영되는 2매 1조의 입체사진으로부터 만들어지는 처리단위를 말한다.

25 다음 중 가장 최근에 개발된 사진측량시스템은?

① 편위 수정기   ② 기계식 도화기
③ 해석식 도화기   ④ 수치 도화기

Guide 수치 도화기는 수치영상을 이용하여 컴퓨터상에서 대상물을 해석하고 수치지도를 제작하는 최신 도화기이다.

26 초점거리 150mm, 사진크기 23cm×23cm인 카메라로 촬영고도 1,800m, 촬영기선길이 960m가 되도록 항공사진촬영을 하였다면 이 사진의 종중복도는?

① 60.0%   ② 63.4%
③ 65.2%   ④ 68.8%

Guide
- 사진축척(M) $= \dfrac{1}{m} = \dfrac{f}{H} = \dfrac{0.15}{1,800} = \dfrac{1}{12,000}$
- 촬영종기선 길이(B) $= m \cdot a(1-p) \rightarrow$

$960 = 12,000 \times 0.23(1-p)$
$\therefore \ p = 65.2\%$

27 전정색 영상의 공간해상도가 1m, 밴드 수가 1개이고, 다중분광영상의 공간해상도가 4m, 밴드 수가 4개라고 할 때, 전정색 영상과 다중분광영상의 해상도 비교에 대한 설명으로 옳은 것은?

① 전정색 영상이 다중분광영상보다 공간해상도와 분광해상도가 높다.
② 전정색 영상이 다중분광영상보다 공간해상도가 높고 분광해상도는 낮다.
③ 전정색 영상이 다중분광영상보다 공간해상도와 분광해상도도 낮다.
④ 전정색 영상이 다중분광영상보다 공간해상도가 낮고 분광해상도는 높다.

Guide 공간해상도 숫자가 적을수록 공간해상도가 높고, 밴드 수가 많을수록 분광해상도가 높다.

28 촬영고도 2,000m에서 평지를 촬영한 연직사진이 있다. 이 밀착사진상에 있는 2점 간의 시차를 측정한 결과 1.5mm이었다. 2점 간의 높이차는?(단, 카메라의 초점거리는 15cm, 종중복도는 60%, 사진크기는 23cm×23cm이다.)

① 26.3m   ② 32.6m
③ 63.2m   ④ 92.0m

Guide $h = \dfrac{H}{b_0} \cdot \Delta p = \dfrac{2,000}{0.092} \times 0.0015 = 32.6\text{m}$

여기서, $b_0 = a(1-p) = 0.23(1-0.60) = 0.092\text{m}$

29 아래 그림에서 과잉수정계수(Over Correction Factor)를 구하는 식으로 옳은 것은?

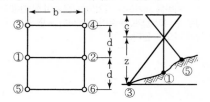

① $\dfrac{1}{2}\left(\dfrac{z^2}{d^2}+1\right)$ ② $\dfrac{1}{2}\left(\dfrac{z^2}{d^2}-1\right)$

③ $\dfrac{1}{2}\left(\dfrac{z^2}{b^2}+1\right)$ ④ $\dfrac{1}{2}\left(\dfrac{z^2}{b^2}-1\right)$

Guide 과잉수정계수는 입체사진의 상호표정에서 ω(오메가)로, 종시차를 없애기 위해 사용하는 수정계수이며 다음 식으로 나타낼 수 있다.

$$K=\dfrac{1}{2}\left(\dfrac{z^2}{d^2}-1\right)$$

30 항공사진의 주점에 대한 설명에 해당하는 것은?

① 렌즈의 중심을 통한 수선 및 연직선을 2등분 하는 직선의 화면과의 교점
② 렌즈의 중심을 통한 연직선과 화면과의 교점
③ 렌즈의 중심으로부터 화면에 내린 수선의 교점
④ 사진면에서 연직면을 중심으로 방사상의 변 위가 생기는 점

Guide 항공사진의 특수 3점
• 주점 : 사진의 중심점으로서 렌즈 중심으로부터 화면에 내린 수선의 발
• 연직점 : 렌즈 중심으로부터 지표면에 내린 수선의 발
• 등각점 : 주점과 연직점이 이루는 각을 2등분한 선

31 항공사진측량의 일반적인 특성에 관한 설명으로 옳지 않은 것은?

① 축척의 변경이 용이하다.
② 분업화에 의해 능률이 높다.
③ 접근하기 어려운 대상물을 측량할 수 있다.
④ 소규모 구역에서의 경제적인 측량에 적합하다.

Guide 항공사진측량은 대규모 지역에서 경제적인 측량이다.

32 항공사진 촬영 시 유의사항으로 옳은 것은?

① 촬영고도는 계획고도에 대해서 10% 이상의 차가 있어야 한다.
② 종중복도는 40%, 횡중복도는 10% 정도로 한다.
③ 촬영지역 전체가 완전히 입체시되도록 촬영 한다.

④ 비행 방향에 대하여 κ는 5°, ψ나 ω는 10°를 넘어서는 안 된다.

Guide 항공사진 촬영 시 종중복도 60%, 횡중복도 30%를 적용하여 촬영지역 전체가 입체시되도록 촬영하여야 한다.

33 세부도화를 하기 위한 표정 작업의 종류가 아닌 것은?

① 수시표정   ② 내부표정
③ 상호표정   ④ 절대표정

Guide 표정의 종류
• 내부표정
• 외부표정 : 상호표정, 접합표정, 절대표정

34 항공삼각측량에서 스트립(Strip)을 형성하기 위해 사용되는 점은?

① 횡접합점   ② 종접합점
③ 자침점   ④ 자연점

Guide 종접합점은 항공삼각측량 과정에서 스트립을 형성하기 위하여 사용되는 점으로 보조기준점(Pass Point)이라고도 한다.

35 다음 중 상호표정인자가 아닌 것은?

① ω ② b_x
③ b_y ④ b_z

Guide 상호표정은 양 투영기에서 나오는 광속이 촬영 당시 촬영면에 이루어지는 종시차를 소거하여 목표 지형물에 상대위치를 맞추는 작업으로 κ, ϕ, ω, b_y, b_z의 5개 인자를 사용한다.

36 사진상 사진 주점을 지나는 직선상의 A, B 두 점 간의 길이가 15cm이고, 축척 1 : 1,000 지형도에서는 18cm이었다면 사진의 축척은?

① 1 : 1,200   ② 1 : 1,250
③ 1 : 1,300   ④ 1 : 12,000

정답 30 ③   31 ④   32 ③   33 ①   34 ②   35 ②   36 ①

PART 01 PART 02 PART 03 PART 04 PART 05 부록

Guide $\dfrac{1}{m} = \dfrac{도상거리}{실제거리}$ →

$\dfrac{1}{1,000} = \dfrac{0.18}{실제거리}$ →

실제거리 $= 1,000 \times 0.18 = 180m$

$\therefore$ 사진축척 $\left(\dfrac{1}{m}\right) = \dfrac{도상거리}{실제거리} = \dfrac{0.15}{180} = \dfrac{1}{1,200}$

37 N차원의 피처공간에서 분류될 화소로부터 가장 가까운 훈련자료 화소까지의 유클리드 거리를 계산하고 그것을 해당 클래스로 할당하여 영상을 분류하는 방법은?

① 최근린 분류법(Nearest–Neighbor Classifier)
② K–최근린 분류법(K–Nearest–Neighbor Classifier)
③ 최장거리 분류법(Maximum Distance Classifier)
④ 거리가중 K–최근린 분류법(K–Nearest–Neighbor Distance–Weighted Classifier)

Guide **최근린 분류법(Nearest Neighbor Classifier)**
가장 가까운 거리에 근접한 영상소의 값을 택하는 방법이며, 원 영상의 데이터를 변질시키지 않으나 부드럽지 못한 영상을 획득하는 단점이 있다.

38 카메라의 초점거리 15cm, 촬영고도 1,800m인 연직사진에서 도로 교차점과 표고 300m의 산정이 찍혀 있다. 도로 교차점은 사진 주점과 일치하고, 교차점과 산정의 거리는 밀착사진상에서 55mm이었다면 이 사진으로부터 작성된 축척 1 : 5,000 지형도상에서 두점의 거리는?

① 110mm   ② 130mm
③ 150mm   ④ 170mm

Guide • 비행고도$(H) = 1,800 - 300 = 1,500m$

• 사진축척$(M) = \dfrac{1}{m} = \dfrac{f}{H} = \dfrac{l}{L}$ →

$L = \dfrac{H}{f} \times l = \dfrac{1,500}{0.15} \times 0.055 = 550m$

• $\dfrac{1}{m} = \dfrac{l}{L}$ → $\dfrac{1}{5,000} = \dfrac{l}{550}$

$\therefore l = \dfrac{550}{5,000} = 0.11m = 110mm$

39 사진지표의 용도가 아닌 것은?

① 사진의 신축 측정   ② 주점의 위치 결정
③ 해석적 내부표정   ④ 지구의 곡률 보정

Guide **사진지표(Fiducial Marks)**
사진의 네 모서리 또는 네 변의 중앙에 있는 표지, 필름이 사진기 내에서 노출된 순간에 필름의 위치를 정하기 위한 점을 말한다.

40 원격탐사에서 화상자료 전체 자료량(Byte)을 나타낸 것으로 옳은 것은?

① (라인수)×(화소수)×(채널수)×(비트수/8)
② (라인수)×(화소수)×(채널수)×(바이트수/8)
③ (라인수)×(화소수)×(채널수/2)×(비트수/8)
④ (라인수)×(화소수)×(채널수/2)×(바이트수/8)

Guide 원격탐사에서 영상자료 전체 자료량(Byte)은 (라인수)×(화소수)×(채널수)×(비트수/8)로 표시된다.

Subject 03 지리정보시스템(GIS) 및 위성측위시스템(GNSS)

41 지리정보시스템(GIS)의 데이터 취득에 대한 일반적인 설명으로 옳지 않은 것은?

① 스캐닝이 디지타이징에 비하여 작업속도가 빠르다.
② 디지타이징은 전반적으로 자동화된 작업과정이므로 숙련도에 크게 좌우되지 않는다.
③ 스캐닝에 의한 수치지도 제작을 위해서는 래스터를 벡터로 변환하는 과정이 필요하다.
④ 디지타이징은 지도와 항공사진 등 아날로그 형식의 자료를 전산기에 의해서 직접 판독할 수 있는 수치 형식으로 변환하는 자료획득방법이다.

Guide 디지타이징은 전반적으로 수동화된 작업이므로 작업자의 숙련도가 크게 요구된다.

42 GNSS 측량에 대한 설명으로 옳은 것은?

① GNSS 측량은 후처리방식과 실시간처리방식으로 구분되며 실시간처리방식에는 정지측량, 신속정지측량, 이동측량이 포함된다.

② RINEX는 GNSS 수신기의 기종에 관계없이 데이터의 호환이 가능하도록 하는 공용포맷의 일종이다.

③ 다중경로(Multipath)는 GNSS 수신기에 다양한 신호를 유도하여 위치정확도를 향상시킨다.

④ GNSS 정지측량은 고정점의 수신기에서 라디오 모뎀에 의해 데이터와 보정자료를 이동점 수신기로 전송하여 현장에서 직접 측량성과를 획득하는 측량방법이다.

> **Guide** ① 실시간처리방식 : 이동측량
> ③ 다중경로는 위치정확도를 감소시킴
> ④ DGNSS 또는 RTK방식의 설명

43 지리정보시스템(GIS)의 자료에 대한 설명으로 옳지 않은 것은?

① 자료는 위치자료(도형자료)와 특성자료(속성자료)로 대별할 수 있다.

② 위치자료와 특성자료는 서로 연관성을 가지고 있어야 한다.

③ 일반적인 통계자료 또는 영상파일은 특성자료로 사용될 수 없다.

④ 위치자료는 도면이나 지도와 같은 도형에서 위치값을 수록하는 정보파일이다.

> **Guide** GIS 정보는 위치정보와 특성정보로 구분되며, 특성정보는 도형정보, 영상정보, 속성정보로 세분화된다.

44 지리정보시스템(GIS)에서 표면분석과 중첩분석의 가장 큰 차이점은?

① 자료분석의 범위

② 자료분석의 지형형태

③ 자료에 사용되는 입력방식

④ 자료에 사용되는 자료층의 수

> **Guide** 표면분석은 한 자료층의 분석이고, 중첩분석은 한 개 이상의 자료층의 분석이다.

45 사용자가 네트워크나 컴퓨터를 의식하지 않고 장소에 상관없이 자유롭게 네트워크에 접속할 수 있는 정보통신 환경 또는 정보기술패러다임을 의미하는 것으로 1988년 미국의 마크 와이저에 의하여 처음 사용되었으며 지리정보시스템을 포함한 여러 분야에서 이용되고 있는 정보화 환경은?

① 위치기반서비스(LBS)

② 유비쿼터스(Ubiquitous)

③ 텔레메틱스(Telematics)

④ 지능형교통체계(ITS)

> **Guide** 유비쿼터스(Ubiquitous)
> 언제 어디서나 존재하고 있는 컴퓨터. 인지되지 않은 상태로 생활 속에 작동되어 우리의 삶을 편하고, 안전하고, 즐겁게 만들어 주는 기술이다.

46 지리정보시스템(GIS)에서 표준화가 필요한 이유로 가장 거리가 먼 것은?

① 데이터의 공동 활용을 통하여 데이터의 중복 구축을 방지함으로써 데이터 구축비용을 절약한다.

② 표준 형식에 맞추어 하나의 기관에서 구축한 데이터를 많은 기관들이 공유하여 사용할 수 있다.

③ 서로 다른 기관 간에 데이터의 유출 방지 및 데이터의 보안을 유지하기 위해 필요하다.

④ 데이터 제작 시 사용된 하드웨어나 소프트웨어에 구애받지 않고 손쉽게 데이터를 사용할 수 있다.

> **Guide** GIS의 표준화
> 각기 다른 사용목적으로 구축된 다양한 자료에 대한 접근의 용이성을 극대화하기 위해 필요

47 국토지리정보원에서 발행하는 국가기본도에 적용되는 좌표계는?

① 경위도 좌표계
② 카텍(KATECH) 좌표계
③ UTM(Universal Transverse Mercator) 좌표계
④ 평면직각 좌표계(TM 좌표계 : Transverse Mercator)

Guide 국가기본도에 적용되는 좌표계는 평면직각 좌표(TM 좌표계)이다.

48 래스터형 GIS 데이터에 대한 설명으로 옳지 않은 것은?

① 원격탐사 자료와의 연계처리가 용이하다.
② 좌표변환과 같은 데이터 변환에 있어 많은 시간이 소요된다.
③ 여러 레이어의 중첩이나 분석에 용이하다.
④ 위상에 관한 정보가 제공되어 관망분석(Network Analysis)과 같은 공간분석이 가능하다.

Guide 격자구조는 동일한 크기의 격자로 이루어져 있으며 위상이 구축되지 않아 네트워크 분석과 같은 공간분석이 가능하지 않다.

49 Boolean 대수를 사용한 면의 중첩에서 그림과 같은 논리연산을 바르게 나타낸 것은?

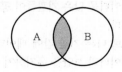

① A AND B   ② A OR B
③ A NOT B   ④ A XOR B

Guide A AND B

50 지리정보시스템(GIS)의 직접적인 활용범위로 거리가 먼 것은?

① 토지정보체계(Land Information System)
② 도시정보체계(Urban Information System)
③ 경영정보체계(Management Information System)
④ 지리정보체계(Geographic Information System)

Guide 경영정보체계는 GIS의 직접적인 활용과 거리가 멀다

51 지리정보시스템(GIS)에서 데이터 모델링의 일반적인 절차로 옳은 것은?

① 실세계 → 개념모델 → 논리모델 → 물리모델
② 실세계 → 논리모델 → 개념모델 → 물리모델
③ 실세계 → 논리모델 → 물리모델 → 개념모델
④ 실세계 → 물리모델 → 논리모델 → 개념모델

Guide 데이터의 모델링
개념모델 → 논리모델 → 물리모델

52 다음 중 GNSS 측량을 직접 적용할 수 있는 분야는?

① 해안선 위치 결정
② 고층 건물이 밀접한 시가지역의 지적 경계 결정
③ 터널 내부의 수평 위치 결정
④ 실내 측량 기준점 성과 결정

Guide GNSS는 현재 실내, 지하 등 위성의 수신이 안 되는 지역에서는 관측이 어려우며 지적경계 결정을 위해서는 경위의측량, 측판측량방법을 이용한다. 따라서, GNSS 측량을 직접 적용할 수 있는 분야는 해안선 위치 결정이다.

53 GPS 위성으로부터 송신된 신호를 수신기에서 획득 및 추적할 수 없도록 GPS 신호와 동일한 주파수 대역의 신호를 고의로 송신하는 전파간섭을 의미하는 용어는?

① 스니핑(Sniffing)
② 재밍(Jamming)
③ 지오코딩(Geocoding)
④ 트래킹(Tracking)

정답 47 ④ 48 ④ 49 ① 50 ③ 51 ① 52 ① 53 ②

Guide GPS 재밍(Jamming)

GPS의 전파교란을 뜻하는 것으로 GPS 신호와 동일한 주파수의 강력한 전파를 발사하여 신호세기가 상대적으로 미약한 GPS 신호를 교란함으로써 해당 지역에서의 GPS 측위를 무력화하는 용도의 GPS 측위 간섭 기술이다.

54 지리정보시스템(GIS)을 통하여 수행할 수 있는 지도 모형화의 장점이 아닌 것은?

① 문제를 분명히 정의하고 문제를 해결하는 데 필요한 자료를 명확하게 결정할 수 있다.
② 여러 가지 연산 또는 시나리오의 결과를 쉽게 비교할 수 있다.
③ 많은 경우에 조건을 변경하거나 시간의 경과에 따른 모의분석을 할 수 있다.
④ 자료가 명목 혹은 서열의 척도로 구성되어 있을지라도 시스템은 레이어의 정보를 정수로 표현한다.

Guide GIS의 모형화(Modeling)

GIS 데이터모델을 이용하여 필요한 자료를 추출하고 앞으로의 현상을 예측하거나 계획된 행위에 대한 결과를 예측하는 것으로 자료가 서열척도로 구성되어 있다면 서열 또는 순위별로 나타내는 자료로 표현한다.

55 다음 중 실세계의 현상들을 보다 정확히 묘사할 수 있으며 자료의 갱신이 용이한 자료관리체계(DBMS)는?

① 관계지향형 DBMS
② 종속지향형 DBMS
③ 객체지향형 DBMS
④ 관망지향형 DBMS

Guide 객체지향형 DBMS

객체로서의 모델링과 데이터 생성을 지원하는 DBMS로 실세계의 현상들을 보다 정확히 묘사할 수 있다. 또한, 자료와 자료의 구성을 위한 방법론인 메소드까지 저장하며 자료의 갱신에 용이하다.

56 GNSS 측량의 활용분야가 아닌 것은?

① 변위추정
② 영상복원
③ 절대좌표해석
④ 상대좌표해석

Guide GNSS는 위치나 시간정보가 필요한 모든 분야에 이용될 수 있기 때문에 매우 광범위하게 응용되고 있으며 영상 취득, 처리, 복원 등의 분야와는 거리가 멀다.

57 다음 중 서로 다른 종류의 공간자료처리시스템 사이에서 교환포맷으로 사용하기에 가장 적합한 것은?

① GeoTiff
② BMP
③ JPG
④ PNG

Guide GeoTiff

GIS 소프트웨어에서 사용하는 비압축 영상 포맷으로 TIFF 포맷에 지리적 위치를 저장할 수 있는 기능을 부여한 영상 포맷

58 GNSS 정지측위 방식에 의해 기준점 측량을 실시하였다. GNSS 관측 전후에 측정한 측점에서 ARP(Antenna Reference Point)까지의 경사거리는 각각 145.2cm와 145.4cm이었다. 안테나 반경이 13cm이고, ARP를 기준으로 한 APC(Antenna Phase Center) 오프셋(Offset)이 높이 방향으로 2.5cm일 때 보정해야 할 안테나고(Antenna Height)는?

① 142.217cm
② 147.217cm
③ 147.800cm
④ 142.800cm

Guide $H = H' + h_0 = \sqrt{h^2 - R_0^2} + h_0$
$= \sqrt{145.3^2 - 13^2} + 2.5 = 147.217 \text{cm}$

여기서, H : 안테나고
H' : 보정 전 높이
h : 측점에서 ARP까지의 경사거리 $\left(= \dfrac{145.2 + 145.4}{2} \right)$
R_0 : 안테나 반경
h_0 : APC 오프셋(Offset)

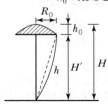

59 아래의 래스터 데이터에 최솟값 윈도우(Min kernel)를 3×3 크기로 적용한 결과로 옳은 것은?

7	3	5	7	1
7	5	5	1	7
5	4	2	5	9
9	2	3	8	3
0	7	1	4	7

①
5	5	5
5	4	5
3	4	4

②
5	5	1
4	2	5
2	3	8

③
7	7	9
9	8	9
9	8	9

④
2	1	1
2	1	1
0	1	1

Guide 최솟값 필터
영상에서 한 화소의 주변 화소들에 윈도우를 씌워서 이웃 화소들 중에서 최솟값을 출력 영상에 출력하는 필터링

7	3	5
7	5	5
5	4	2
→2

3	5	7
5	5	1
4	2	5
→1

5	7	1
5	1	7
2	5	9
→1

7	5	5
5	4	2
9	2	3
→2

5	5	1
4	2	5
2	3	8
→1

5	1	7
2	5	9
3	8	3
→1

5	4	2
9	2	3
0	7	1
→0

4	2	5
2	3	8
7	1	4
→1

2	5	9
3	8	3
1	4	7
→1

∴
2	1	1
2	1	1
0	1	1

60 각각의 GPS 위성이 가지고 있는 위성 고유의 식별자라고 할 수 있는 코드는?

① PRN
② DOP
③ DGPS
④ RTK

Guide PRN(Pseudo Random Noise) Code
GPS 위성에서는 C/A코드와 P코드로 PRN을 전송하며, GPS 수신기는 PRN 위성을 식별하여 거리계산체계에 사용한다.

Subject 04 측량학

✔ 측량 관련 법규는 출제 당시 법률을 기준으로 해설되었음을 알려드립니다.

61 삼각측량의 삼각망 조정에서 만족을 요하는 조건이 아닌 것은?

① 공선조건
② 측점조건
③ 각조건
④ 변조건

Guide 각관측 3조건
• 각조건 : 삼각망 중 각 삼각형 내각의 합은 180°가 될 것
• 점조건 : 한 측점 주위에 있는 모든 각의 총합은 360°가 될 것
• 변조건 : 삼각망 중에서 임의의 한 변의 길이는 계산순서에 관계없이 동일할 것

62 트래버스의 폐합오차 조정에 대한 설명 중 옳지 않은 것은?

① 트랜싯법칙은 각관측의 정확도가 거리관측의 정확도보다 좋은 경우에 사용된다.
② 컴퍼스법칙은 폐합오차를 전측선의 길이에 대한 각 측선의 길이에 비례하여 오차를 배분한다.
③ 트랜싯법칙은 폐합오차를 각 측선의 위거, 경거 크기에 반비례하여 오차를 배분한다.
④ 컴퍼스법칙은 각관측과 거리관측의 정밀도가 서로 비슷한 경우에 사용된다.

Guide 트랜싯법칙은 각 측량의 정밀도가 거리의 정밀도보다 높을 때 이용되며 위거, 경거의 오차를 각 측선의 위거 및 경거에 비례하여 배분한다.

63 표준자와 비교하였더니 30m에 대하여 6cm가 늘어난 줄자로 삼각형의 지역을 측정하여 삼사법으로 면적을 측정하였더니 950m²였다. 이 지역의 실제면적은?

① 953.8m²
② 951.9m²
③ 946.2m²
④ 933.1m²

Guide 실제면적 $= \dfrac{(\text{부정길이})^2 \times \text{관측면적}}{(\text{표준길이})^2}$

$= \dfrac{(30.06)^2 \times 950}{(30)^2}$

$= 953.8\text{m}^2$

64 관측값의 신뢰도를 나타내는 경중률의 성질로 틀린 것은?

① 경중률은 관측횟수에 비례한다.
② 경중률은 우연오차의 제곱에 반비례한다.
③ 경중률은 정도의 제곱에 비례한다.
④ 직접수준측량 시 경중률은 노선길이에 비례한다.

Guide 경중률은 관측값의 신뢰도를 나타내며 다음과 같은 성질을 가진다.
• 경중률은 관측횟수에 비례한다.
• 경중률은 노선거리에 반비례한다.
• 경중률은 평균제곱근오차의 제곱에 반비례한다.

65 각 측정기의 기본요소에 속하지 않는 것은?

① 연직축 ② 삼각축
③ 수평축 ④ 시준축

Guide 각 측정기의 기본요소
연직축, 시준축, 수평축

66 다음 측량기기 중 거리관측과 각관측을 동시에 할 수 있는 장비는?

① Theodolite ② EDM
③ Total Station ④ Level

Guide 토털스테이션(Total Station)
각도와 거리를 동시에 관측할 수 있는 기능이 갖추어져 있는 측량기이다. 즉, 전자식 데오드라이트와 광파거리측량기를 조합한 측량기이다. 마이크로프로세서에서 자료를 짧은 시간에 처리하거나 표시하고, 결과를 출력하는 전자식 거리 및 각 측정기기이다.

67 수준측량을 실시한 결과가 아래와 같을 때 P점의 표고는?

측점	표고 (m)	측량 방향	고저차 (m)	거리 (km)
A	20.14	$A \rightarrow P$	$+1.53$	2.5
B	24.03	$B \rightarrow P$	-2.33	4.0
C	19.89	$C \rightarrow P$	$+1.88$	2.0

① 21.75m ② 21.72m
③ 21.70m ④ 21.68m

Guide 경중률은 노선거리에 반비례하므로 경중률 비를 취하면,

$W_1 : W_2 : W_3 = \dfrac{1}{S_1} : \dfrac{1}{S_2} : \dfrac{1}{S_3}$

$= \dfrac{1}{2.5} : \dfrac{1}{4.0} : \dfrac{1}{2.0}$

$= 8 : 5 : 10$

$\therefore P\text{점표고}(H_P) = \dfrac{W_1 H_1 + W_2 H_2 + W_3 H_3}{W_1 + W_2 + W_3}$

$= \dfrac{(8 \times 21.67) + (5 \times 21.70) + (10 \times 21.77)}{8 + 5 + 10}$

$= 21.72\text{m}$

68 트래버스 계산 결과에서 측점 3의 합위거는? (단, 단위 : m)

측선	조정위거	조정경거	측점	합위거	합경거
$\overline{1-2}$	-22.076	$+40.929$	1	0	0
$\overline{2-3}$	-36.317	-6.548	2		
$\overline{3-4}$	-0.396	-35.793	3	?	
$\overline{4-5}$	$+34.684$	-12.047	4		
$\overline{5-1}$	$+24.105$	$+13.459$	5		

① -58.393m ② -28.624m
③ 58.393m ④ 64.941m

Guide • 측점 1 합위거 $= 0.000$m
• 측점 2 합위거 $=$ 측점 1 합위거 $+$ 측선 $\overline{1-2}$ 조정위거
$= 0.000 + (-22.076)$
$= -22.076$m
$\therefore$ 측점 3 합위거 $=$ 측점 2 합위거 $+$ 측선 $\overline{2-3}$ 조정위거
$= -22.076 + (-36.317)$
$= -58.393$m

69 구과량(e)에 대한 설명으로 옳은 것은?

① 평면과 구면과의 경계점

② 구면 삼각형의 내각의 합이 $180°$보다 큰 양

③ 구면 삼각형에서 삼각형의 변장을 계산한 값

④ $e = F/R$로 표시되는 양(F : 구면삼각형의 면적, R : 지구의 곡선반지름)

Guide 구면 삼각형의 내각의 합은 $180°$가 넘으며, 이 값과 $180°$ 와의 차이를 구과량이라 한다.

70 오차의 종류 중 확률 법칙에 따라 최소제곱법으로 처리하는 오차는?

① 과오 ② 정오차

③ 부정오차 ④ 누적오차

Guide 확률 법칙에 따라 최소제곱법으로 처리하는 오차는 부정오차(우연오차)이다.

71 다음 중 지성선의 종류에 속하지 않는 것은?

① 계곡선 ② 능선

③ 경사변환선 ④ 산능대지선

Guide 지성선에는 능선, 합수선, 경사변환선, 최대경사선 등이 있다.

72 축척 $1 : 50,000$ 지형도의 산정에서 계곡까지의 거리가 42mm이고 산정의 표고가 780m, 계곡의 표고가 80m이었다면 이 사면의 경사는?

① 1/5 ② 1/4

③ 1/3 ④ 1/2

Guide 수평거리를 실제거리로 환산하면

$$\frac{1}{50,000} = \frac{42}{실제거리} \longrightarrow$$

실제거리 $= 50,000 \times 42 = 2,100,000mm = 2,100m$

$$\therefore 경사(i) = \frac{h}{D} = \frac{700}{2,100} = \frac{1}{3}$$

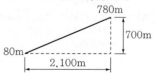

73 삼각점 A에 기계를 세우고 삼각점 C가 시준되지 않아 P를 관측하여 $T' = 110°$를 얻었다면 보정한 각 T는?(단, $S = 1km$, $e = 20cm$, $k = 298°45'$)

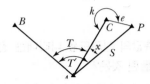

① $108°58'24''$ ② $108°59'24''$

③ $109°58'24''$ ④ $109°59'24''$

Guide
$$x'' = \frac{e \cdot \sin(360° - k)}{S} \cdot \rho''$$
$$= \frac{0.20 \times \sin(360° - 298°45')}{1,000} \times 206,265''$$
$$= 0°0'36''$$
$$\therefore T = T' - x'' = 110° - 0°0'36'' = 109°59'24''$$

74 그림에서 $B.M$의 지반고가 89.81m라면 C점의 지반고는?(단, 단위 : m)

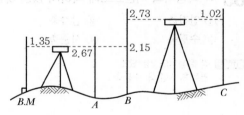

① 87.45m ② 88.90m

③ 90.20m ④ 90.72m

Guide
$$H_B = H_{B.M} + B.S - F.S$$
$$= 89.81 + 1.35 - 2.15$$
$$= 89.01m$$
$$\therefore H_C = H_B + B.S - F.S$$
$$= 89.01 + 2.73 - 1.02$$
$$= 90.72m$$

75 공공측량 작업계획서를 제출할 때 포함되지 않아도 되는 사항은?(단, 그 밖에 작업에 필요한 사항은 제외한다.)

① 공공측량의 목적 및 활용 범위
② 공공측량의 위치 및 사업량
③ 공공측량의 시행자의 규모
④ 사용할 측량기기의 종류 및 성능

> **Guide** 공간정보의 구축 및 관리 등에 관한 법률 시행규칙 제21조(공공측량 작업계획서의 제출)
> 공공측량 작업계획서에 포함되어야 할 사항은 다음과 같다.
> 1. 공공측량의 사업명
> 2. 공공측량의 목적 및 활용 범위
> 3. 공공측량의 위치 및 사업량
> 4. 공공측량의 작업기간
> 5. 공공측량의 작업방법
> 6. 사용할 측량기기의 종류 및 성능
> 7. 사용할 측량성과의 명칭, 종류 및 내용
> 8. 그 밖에 작업에 필요한 사항

76 성능검사를 받아야 하는 측량기기 중 금속관로탐지기의 성능검사 주기로 옳은 것은?

① 1년　　　　　② 2년
③ 3년　　　　　④ 5년

> **Guide** 공간정보의 구축 및 관리 등에 관한 법률 시행령 제97조(성능검사의 대상 및 주기 등)
> 성능검사를 받아야 하는 측량기기와 검사주기는 다음과 같다.
> 1. 트랜싯(데오드라이트) : 3년
> 2. 레벨 : 3년
> 3. 거리측정기 : 3년
> 4. 토털 스테이션 : 3년
> 5. 지피에스(GPS) 수신기 : 3년
> 6. 금속관로탐지기 : 3년

77 벌칙규정에 대한 설명으로 옳지 않는 것은?

① 심사를 받지 아니하고 지도 등을 간행하여 판매하거나 배포한 자는 1년 이하의 징역 또는 2천만 원 이하의 벌금에 처한다.
② 다른 사람에게 측량업등록증 또는 측량업등록수첩을 빌려주거나 자기의 성명 또는 상호를 사용하여 측량업무를 하게 한 자는 1년 이하의 징역 또는 1천만 원 이하의 벌금에 처한다.
③ 측량업자로서 속임수, 위력(威力) 그 밖의 방법으로 측량업과 관련된 입찰의 공정성을 해친 자는 3년 이하의 징역 또는 3천만 원 이

하의 벌금에 처한다.
④ 성능검사를 부정하게 한 성능검사대행자는 2년 이하의 징역 또는 2천만 원 이하의 벌금에 처한다.

> **Guide** 공간정보의 구축 및 관리 등에 관한 법률 제109조(벌칙)
> 심사를 받지 아니하고 지도 등을 간행하여 판매하거나 배포한 자는 1년 이하의 징역 또는 1천만 원 이하의 벌금에 처한다.

78 측량기준에 대한 설명으로 옳지 않은 것은?

① 측량의 원점은 대한민국 경위도원점 및 수준원점으로 한다.
② 수로조사에서 간출지의 높이와 수심은 약최고고조면을 기준으로 측량한다.
③ 해안선은 해수면의 약최고고조면에 이르렀을 때의 육지와 해수면과의 경계로 표시한다.
④ 위치는 세계측지계에 따라 측정한 지리학적 경위도와 높이(평균해수면으로부터의 높이를 말한다.)로 표시한다

> **Guide** 공간정보의 구축 및 관리 등에 관한 법률 제6조(측량기준)
> 수로조사에서 간출지의 높이와 수심은 기본수준면(일정 기간 조석을 관측하여 분석한 결과 가장 낮은 해수면)을 기준으로 측량한다.

79 기본측량 측량성과의 고시사항에 포함되지 않는 것은?(단, 그 밖에 필요한 사항은 제외한다.)

① 측량실시의 시기 및 지역
② 설치한 측량기준점의 수
③ 측량의 정확도
④ 측량 수행자

> **Guide** 공간정보의 구축 및 관리 등에 관한 법률 시행령 제13조(측량성과의 고시)
> 측량성과의 고시에는 다음의 사항이 포함되어야 한다.
> 1. 측량의 종류
> 2. 측량의 정확도
> 3. 설치한 측량기준점의 수
> 4. 측량의 규모(면적 또는 지도의 장수)
> 5. 측량실시의 시기 및 지역
> 6. 측량성과의 보관 장소
> 7. 그 밖에 필요한 사항

80 공간정보의 구축 및 관리 등에 관한 법률에서
규정하는 수치주제도에 속하지 않는 것은?

① 지하시설물도
② 토지피복지도
③ 행정구역도
④ 수치지적도

> **Guide** 공간정보의 구축 및 관리 등에 관한 법률 제2조(정의)
> 지도란 측량 결과에 따라 공간상의 위치와 지형 및 지명
> 등 여러 공간정보를 일정한 축척에 따라 기호나 문자 등으
> 로 표시한 것을 말하며, 정보처리시스템을 이용하여 분
> 석, 편집 및 입력·출력할 수 있도록 제작된 수치지형도
> [항공기나 인공위성 등을 통하여 얻은 영상정보를 이용하
> 여 제작하는 정사영상지도를 포함한다]와 이를 이용하여
> 특정한 주제에 관하여 제작된 지하시설물도·토지이용
> 현황도 등 대통령령으로 정하는 수치주제도를 포함한다.

본 문제의 해설은 출제자의 의도와 일치되지 않을 수 있으며, 문제 및 정답은 일부 오탈자가 있을 수 있으므로 학습시 의문사항이 있으면 예문사 또는 저자에게 문의하여 주시기 바랍니다.

Subject 01 응용측량

01 단곡선 설치에서 곡선반지름이 100m일 때 곡선길이를 87.267m로 하기 위한 교각의 크기는?

① 80° ② 52°

③ 50° ④ 48°

Guide 곡선길이($C.L$) = 0.0174533 · R · $I°$ →
87.267 = 0.0174533×100×$I°$
∴ $I° = \dfrac{87.267}{0.0174533 \times 100} = 50°$

02 그림과 같이 삼각형의 정점 A에서 직선 $\overline{AP}$, $\overline{AQ}$로 △ABC의 면적을 1 : 2 : 3으로 분할하기 위한 $\overline{BP}$, $\overline{PQ}$의 길이는?

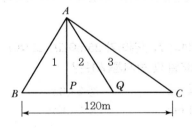

① $\overline{BP}$ =10m, $\overline{PQ}$ =30m

② $\overline{BP}$ =20m, $\overline{PQ}$ =60m

③ $\overline{BP}$ =20m, $\overline{PQ}$ =40m

④ $\overline{BP}$ =10m, $\overline{PQ}$ =60m

Guide
· $\overline{BP} = \dfrac{l}{l+m+n} \times \overline{BC} = \dfrac{1}{1+2+3} \times 120 = 20\text{m}$

· $\overline{BQ} = \dfrac{l+m}{l+m+n} \times \overline{BC} = \dfrac{1+2}{1+2+3} \times 120 = 60\text{m}$

· $\overline{PQ} = \overline{BQ} - \overline{BP} = 60 - 20 = 40\text{m}$

∴ $\overline{BP}$ = 20m, $\overline{PQ}$ = 40m

03 지표에 설치된 중심선을 기준으로 터널 입구에서 굴착을 시작하고 굴착이 진행됨에 따라 터널 내의 중심선을 설정하는 작업은?

① 예측 ② 지하설치

③ 조사 ④ 지표설치

Guide 지표에 설치된 중심선을 기준으로 터널 입구에서부터 굴착이 진행됨에 따라 터널 내의 중심선을 설정하는 작업을 지하설치라 한다.

04 하천의 수위관측소 설치 장소에 대한 설명으로 틀린 것은?

① 하안과 하상이 양호하고 세굴 및 퇴적이 없는 곳

② 상·하부가 곡선으로 이어져 유속이 최소가 되는 곳

③ 교각 등의 구조물에 의하여 수위에 영향을 받지 않는 곳

④ 지천에 의한 수위 변화가 생기지 않는 곳

Guide 수위관측소는 상·하류 약 100m 정도가 직선으로 이어져 유속이 일정해야 한다.

05 하천측량에서 관측한 수위에 대한 설명 중 틀린 것은?

① 최고 수위(H.W.L) : 어떤 기간에 있어서 최고의 수위로 연(年)단위나 월(月)단위 등으로 구분한다.

② 평균 최고 수위(N.H.W.L) : 어떤 기간에 있어서 연(年) 또는 월(月)의 최고 수위의 평균이다.

③ 평균 고수위(M.H.W.L) : 어떤 기간에 있어서의 평균 수위 이상의 수위의 평균이다.

④ 평균 수위(M.W.L) : 어떤 기간에 있어서의 수위 중 이것보다 높은 수위와 낮은 수위의 관측회수가 같은 수위이다.

정답 01 ③ 02 ③ 03 ② 04 ② 05 ④

06 도로의 기점으로부터 1,000.00m 지점에 교점(I.P)이 있고 원곡선의 반지름 $R=100$m, 교각 $I=30°20'$일 때 시단현 l_f와 종단현 l_e의 길이는?(단, 중심선의 말뚝 간격은 20m로 한다.)

① $l_f=7.11$m, $l_e=5.83$m

② $l_f=7.11$m, $l_e=14.17$m

③ $l_f=12.89$m, $l_e=5.83$m

④ $l_f=12.89$m, $l_e=14.17$m

Guide
• 접선장($T.L$)$=R\cdot\tan\dfrac{I}{2}$

$\quad=100\times\tan\dfrac{30°20'}{2}=27.11$m

• 곡선지점($B.C$)$=I.P-T.L$

$\quad=1,000.00-27.11$

$\quad=972.89$m(No.48+12.89m)

∴ 시단현길이(l_f)$=20$m$-B.C$추가거리

$\quad=20-12.89=7.11$m

• 곡선장($C.L$)$=0.0174533\cdot R\cdot I°$

$\quad=0.0174533\times100\times30°20'$

$\quad=52.94$m

• 곡선종점($E.C$)$=B.C+C.L$

$\quad=972.89+52.94$

$\quad=1,025.83$m(No.51+5.83m)

∴ 종단현길이(l_e)$=E.C$추가거리$=5.83$m

07 그림과 같은 다각형의 토량을 양단면평균법, 각주공식 및 중앙단면법으로 계산하여 토량의 크기를 비교한 것으로 옳은 것은?(단, 단면은 $A_1=400$m², $A_m=250$m², $A_2=200$m²이고 상호간에 평행하며 $h=20$m, 측면은 평면이다.)

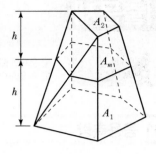

① 양단면평균법 < 각주공식 < 중앙단면법

② 양단면평균법 > 각주공식 > 중앙단면법

③ 양단면평균법 = 각주공식 = 중앙단면법

④ 양단면평균법 < 각주공식 = 중앙단면법

Guide
• 양단면평균법(V_1)$=\dfrac{A_1+A_2}{2}\times2h$

$\quad=\dfrac{400+200}{2}\times(2\times20)$

$\quad=12,000$m³

• 각주공식(V_2)$=\dfrac{h}{3}(A_1+4A_m+A_2)$

$\quad=\dfrac{20}{3}(400+(4\times250)+200)$

$\quad=10,667$m³

• 중앙단면법(V_3)$=A_m\times2h$

$\quad=250\times2\times20=10,000$m³

∴ 양단면평균법(V_1)>각주공식(V_2)>중앙단면법(V_3)

08 단곡선의 접선길이가 25m이고, 교각이 $42°20'$일 때 반지름(R)은?

① 94.6m

② 84.6m

③ 74.6m

④ 64.6m

Guide 접선장($T.L$)$=R\cdot\tan\dfrac{I}{2}\rightarrow$

$25=R\cdot\tan\dfrac{42°20'}{2}$

∴ $R=\dfrac{25}{\tan\dfrac{42°20'}{2}}=64.6$m

09 그림과 같이 ∠AOB = 75°, 반지름 $R = 10$m 일 때 △AOB의 넓이는?

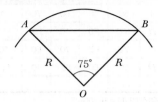

① 48.30m² ② 38.37m²
③ 30.44m² ④ 25.88m²

Guide 이변협각법 적용

$$A = \frac{1}{2} \cdot \overline{AO} \cdot \overline{BO} \cdot \sin\angle O$$
$$= \frac{1}{2} \times 10 \times 10 \times \sin 75° = 48.30\text{m}^2$$

10 철도의 종단곡선으로 많이 쓰이는 곡선은?

① 3차포물선 ② 클로소이드곡선
③ 원곡선 ④ 반향곡선

Guide 철도의 종단곡선 설치에 많이 쓰이는 곡선은 원곡선이다.

11 횡단면도에 의하여 절토, 성토 단면의 면적 산출에 주로 사용되는 방법으로 CAD 등의 면적 계산에 활용되는 것은?

① 자오선거법 ② 심프슨 제1법칙
③ 삼변법 ④ 좌표법

Guide 좌표법은 직선으로 둘러싸인 부분의 면적 계산방법으로 적당하며, CAD 등의 면적 계산에 활용된다.

12 [보기]에서 노선의 종단면도에 기입하여야 할 사항만으로 짝지어진 것은?

[보기]
A : 곡선 B : 절토고
C : 절토면적 D : 기울기
E : 계획고 F : 용지폭
G : 성토고 H : 성토면적
I : 지반고 J : 법면장

① A, B, D, E, G, I
② A, C, F, H, I, J
③ B, C, F, G, H, J
④ B, D, E, F, G, I

Guide 종단면도에 기입할 사항
• 측점위치
• 측점 간의 수평거리
• 각 측점의 기점에서의 추가거리
• 각 측점의 지반고 및 고저기준점(B.M)의 높이
• 측점에서의 계획고
• 지반고와 계획고의 차(성토, 절토별)
• 계획선의 경사

13 하천에서 부자를 이용하여 유속을 측정하고자 할 때 유하거리는 보통 얼마 정도로 하는가?

① 100~200m
② 500~1,000m
③ 1~2km
④ 하폭의 5배 이상

Guide 하천에서 부자에 의한 유속관측의 유하거리는 하천폭의 2~3배 정도(큰 하천 100~200m, 작은 하천 20~50m)로 한다.

14 경사터널에서 경사가 60°, 사거리가 50m이고, 수평각을 관측할 때 시준선에 직각으로 5mm의 시준오차가 생겼다면 이 시준오차가 수평각에 미치는 오차는?

① 25″ ② 30″
③ 35″ ④ 41″

Guide

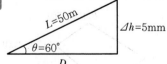

수평거리$(D) = L \cdot \cos\theta$
$= 50 \times \cos 60°$
$= 25$m
$\therefore \theta'' = \frac{\Delta h}{D} \cdot \rho'' = \frac{0.005}{25} \times 206,265''$
$= 0°00'41''$

15 해양에서 수심측량을 할 경우 음파 반사가 양호한 판 또는 바(Bar)를 눈금이 달린 줄의 끝에 매달아서 음향측심기의 기록지상에 이 반사체의 반향신호를 기록하여 보정하는 것은?

① 정사 보정　　　② 방사 보정
③ 시간 보정　　　④ 음속도 보정

> **Guide** 실제 수중의 음속은 염분, 수온, 수압 등에 의하여 미소하게 변화하므로 엄밀한 관측값을 구하려면 관측 당시의 실제 음속을 구하여 음속도 보정을 해주어야 한다.

16 지하시설물 탐사작업의 순서로 옳은 것은?

> ㉠ 자료의 수집 및 편집
> ㉡ 작업계획 수립
> ㉢ 지표면상에 노출된 지하시설물에 대한 조사
> ㉣ 관로조사 등 지하매설물에 대한 탐사
> ㉤ 지하시설물 원도 작성
> ㉥ 작업조서의 작성

① ㉠－㉢－㉣－㉡－㉥－㉤
② ㉠－㉤－㉢－㉣－㉡－㉥
③ ㉡－㉠－㉢－㉣－㉤－㉥
④ ㉡－㉠－㉣－㉤－㉢－㉥

> **Guide** 지하시설물 탐사작업의 순서
> 작업계획 수립 → 자료의 수집 및 편집 → 지표면상에 노출된 지하시설물의 조사 → 관로조사 등 지하매설물에 대한 탐사 → 지하시설물 원도의 작성 → 작업조서의 작성

17 그림과 같은 사각형의 면적은?

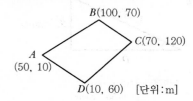

$B(100, 70)$
$C(70, 120)$
A
$(50, 10)$
$D(10, 60)$　[단위：m]

① 4,850m²　　　② 5,550m²
③ 5,950m²　　　④ 6,150m²

> **Guide** 좌표법을 적용하면 (단위 : m)
>
> | 측점 | X | Y | y_{n-1} | y_{n+1} | Δy | $\Delta y \cdot X$ |
> |---|---|---|---|---|---|---|
> | A | 50 | 10 | 60 | 70 | -10 | -500 |
> | B | 100 | 70 | 10 | 120 | -110 | $-11,000$ |
> | C | 70 | 120 | 70 | 60 | 10 | 700 |
> | D | 10 | 60 | 120 | 10 | 110 | 1,100 |
> | 계 | | | | | | $-9,700$ |
>
> 배면적$(2A) = 9,700\text{m}^2$
>
> ∴ 면적$(A) = \dfrac{1}{2} \times$배면적$= \dfrac{1}{2} \times 9,700 = 4,850\text{m}^2$

18 수평 및 수직거리 관측의 정확도가 K로 동일할 때 체적측량의 정확도는?

① 2K　　　② 3K
③ 4K　　　④ 5K

> **Guide** $\dfrac{dV}{V} = \dfrac{dz}{z} + \dfrac{dy}{y} + \dfrac{dx}{x} = 3K$ 이므로,
> 체적측량의 정확도는 3K가 된다.

19 간출암의 높이를 결정하기 위한 기준면으로 사용되는 것은?

① 기본수준면
② 약최고고조면
③ 소조의 평균고조면
④ 대조의 평균고조면

> **Guide** 간출암의 높이는 기본수준면으로부터의 높이로 표시한다.

20 철도 곡선부의 캔트량을 계산할 때 필요 없는 요소는?

① 궤간　　　② 속도
③ 교각　　　④ 곡선의 반지름

> **Guide** 캔트$(C) = \dfrac{V^2 \cdot S}{g \cdot R}$
> 여기서, C : 캔트
> 　　　　S : 궤간
> 　　　　V : 속도(m/sec)
> 　　　　R : 반경
> 　　　　g : 중력가속도

Subject 02 사진측량 및 원격탐사

21 사진크기 23cm×23cm, 축척 1:10,000, 종중복도 60%로 초점거리 210mm인 사진기에 의해 평탄한 지형을 촬영하였다. 이 사진의 기선고도비(B/H)는?

① 0.22   ② 0.33
③ 0.44   ④ 0.55

> **Guide** • $B = ma(1-p) = 10,000 \times 0.23 \times (1-0.6)$
> $\qquad = 920m$
> • $H = m \cdot f = 10,000 \times 0.21 = 2,100m$
> ∴ 기선고도비$\left(\dfrac{B}{H}\right) = \dfrac{920}{2,100} = 0.44$

22 지표면의 온도를 모니터링하고자 할 경우 가장 적합한 위성영상 자료는?

① IKONOS 위성의 팬크로매틱 영상
② RADARSAT 위성의 SAR 영상
③ KOMPSAT 위성의 팬크로매틱 영상
④ LANDSAT 영상의 TM 영상

> **Guide** LANDSAT의 TM 영상은 7밴드로, 밴드 6이 열적외선 밴드이며, 지표면의 온도를 모니터링하고자 할 경우 이용된다.

23 표정에 사용되는 각 좌표축별 회전인자 기호가 옳게 짝지어진 것은?

① X축회전-ω, Y축회전-κ, Z축회전-ϕ
② X축회전-ω, Y축회전-ϕ, Z축회전-κ
③ X축회전-ϕ, Y축회전-κ, Z축회전-ω
④ X축회전-ϕ, Y축회전-ω, Z축회전-κ

> **Guide** 3차원 좌표변환
> • X축에 관한 회전-ω
> • Y축에 관한 회전-ϕ
> • Z축에 관한 회전-κ

24 내부표정에 대한 설명으로 옳지 않은 것은?

① 상호표정을 하기 전에 실시한다.
② 사진의 초점거리를 조정한다.
③ 축척과 경사를 결정한다.
④ 사진의 주점을 맞춘다.

> **Guide** 축척과 경사를 결정하는 것은 절대표정이다.

25 표정점 선점을 위한 유의사항으로 옳은 것은?

① 측선을 연장한 가상점을 선택하여야 한다.
② 시간적으로 일정하게 변하는 점을 선택하여야 한다.
③ 원판의 가장자리로부터 1cm 이내에 나타나는 점을 선택하여야 한다.
④ 표정점은 X, Y, H가 동시에 정확하게 결정될 수 있는 점을 선택하여야 한다.

> **Guide** 표정점(기준점) 선점
> • 표정점은 X, Y, H가 동시에 정확하게 결정되는 점을 선택
> • 상공에서 잘 보이면서 명료한 점 선택
> • 시간적 변화가 없는 점 선택
> • 급한 경사와 가상점을 사용하지 않는 점 선택
> • 헐레이션(Halation)이 발생하지 않는 점 선택
> • 지표면에서 기준이 되는 높이의 점 선택

26 사진상에서 기복변위량에 대한 설명으로 틀린 것은?

① 연직점으로부터의 거리와 비례한다.
② 비고와 비례한다.
③ 초점거리와는 직접적인 관계가 없다.
④ 촬영고도와 비례한다.

> **Guide** 기복변위의 특징
> • 기복변위는 비고(h)에 비례한다.
> • 기복변위는 촬영고도(H)에 반비례한다.
> • 연직점으로부터 상점까지의 거리에 비례한다.
> • 표고차가 있는 물체에 대한 사진의 중점으로부터의 방사상의 변위를 말한다.
> • 돌출비고에서는 내측으로, 함몰지는 외측으로 조정한다.
> • 정사투영에서는 기복변위가 발생하지 않는다.
> • 지표면이 평탄하면 기복변위가 발생하지 않는다.

정답 21 ③ 22 ④ 23 ② 24 ③ 25 ④ 26 ④

27 그림은 어느 지역의 토지 현황을 나타내고 있다. 이 지역을 촬영한 7×7 영상에서 "호수"의 훈련지역(Training Field)을 선택한 결과로 적합한 것은?

①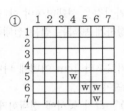

②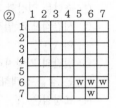

③

④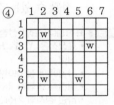

> **Guide** 호수의 훈련지역은 5~7열, 6~7행이므로 ②를 선택하는 것이 타당하다.

28 원격탐사용 위성과 관련이 없는 것은?

① VLBI　　　　② GeoEye
③ SPOT　　　　④ WorldView

> **Guide** VLBI는 초장기선간섭계로 준성을 이용한 우주전파측량이다.

29 센서를 크게 수동방식과 능동방식의 센서로 분류할 때 능동방식 센서에 속하는 것은?

① TV 카메라　　② 광학스캐너
③ 레이더　　　　④ 마이크로파 복사계

> **Guide** 센서(sensor)
> • 수동적 센서 : 대상물에서 방사되는 전자기파 수집
> ex) 광학사진기

• 능동적 센서 : 대상물에 전자기파를 발사한 후 반사되는 전자기파 수집
ex) Laser, Radar

30 촬영비행조건에 관한 설명으로 틀린 것은?

① 촬영비행은 구름이 많은 흐린 날씨에 주로 행한다.
② 촬영비행은 태양고도가 산지에서는 $30°$ 평지에서는 $25°$ 이상일 때 행한다.
③ 험준한 지형에서는 영상이 잘 나타나는 태양고도의 시간에 행하여야 한다.
④ 계획촬영 코스로부터 수평이탈은 계획촬영고도의 15% 이내로 한다.

> **Guide** 촬영비행은 구름이 없는 맑은 날씨에 하는 것이 좋다.

31 항공사진 상에 나타난 철탑의 변위가 $5.9mm$, 철탑의 최상부와 연직점 사이의 거리가 $54mm$, 철탑의 실제 높이가 $72m$일 경우 항공기의 촬영고도는?

① $659m$　　　② $787m$
③ $988m$　　　④ $1,333m$

> **Guide** 기복변위$(\Delta r) = \dfrac{h}{H} \cdot r \rightarrow$
>
> $5.9 = \dfrac{72}{H} \times 54$
>
> $\therefore H = \dfrac{72 \times 54}{5.9} = 659m$

32 수치사진측량의 특징에 대한 설명으로 옳지 않은 것은?

① 사진에 나타나지 않은 지형지물의 판독이 가능하다.
② 다양한 결과물의 생성이 가능하다.
③ 자동화에 의해 효율성이 증가한다.
④ 자료의 교환 및 유지관리가 용이하다.

> **Guide** 수치사진측량의 특징
> • 자료에 대한 처리 범위가 넓다.
> • 기존 아날로그 형태의 자료보다 취급이 용이하다.
> • 광범위한 형태의 영상을 생성할 수 있다.

- 수치형태로 자료가 처리되므로 지형공간정보체계에 쉽게 적용된다.
- 기존 해석사진측량보다 경제적이며 효율적이다.
- 자료의 교환 및 유지관리가 용이하다.

33 사진의 크기가 23cm × 23cm이고 두 사진의 주점기선의 길이가 8cm 이었다면 이때의 종중복도는?

① 35% ② 48%
③ 56% ④ 65%

> **Guide** 주점기선길이(b_0) = $a(1-p)$ →
> $8 = 23(1-p)$
> ∴ 종중복도(p) = 65%

34 다음 중 수치표고자료의 수치모델로 제작되고 저장되는 방식이 아닌 것은?

① 불규칙한 삼각형에 의한 방식(TIN)
② 등고선에 의한 방식
③ 격자방식(Grid)
④ 광속조정법에 의한 방식

> **Guide** 광속조정법은 상좌표를 사진좌표로 변환시킨 다음 사진좌표로부터 직접 절대좌표를 구하는 방법이다.

35 절대표정(Absolute Orientation)에 필요한 최소 기준점으로 옳은 것은?

① 1점의 (X, Y)좌표 및 2점의 (Z)좌표
② 2점의 (X, Y)좌표 및 1점의 (Z)좌표
③ 1점의 (X, Y, Z)좌표 및 2점의 (Z)좌표
④ 2점의 (X, Y, Z)좌표 및 1점의 (Z)좌표

> **Guide** 일반적으로 절대표정에 필요로 하는 최소표정점은 삼각점(X, Y) 2점과 수준점(Z) 3점이다.

36 지도와 사진을 비교할 때, 사진의 특징에 대한 설명으로 틀린 것은?

① 여러 단계의 색조로 높은 정확도의 실체파악을 할 수 있다.

② 일상적으로 사용되는 기호로 기호화하여 정리되어 있으므로 찾아보기 쉽다.
③ 인간의 입체적 관찰 능력으로 종합적 실체 파악에 우수하다.
④ 토지조사에 대한 이용 및 응용 측면에서 활용의 폭이 넓다.

> **Guide** 일상적으로 사용되는 기호로 기호화하여 정리되어 있으므로 찾아보기 쉬운 것은 지도이다.

37 수치영상처리 기법 중 특징 추출과 판독에 도움이 되기 위하여 영상의 가시적 판독성을 증강시키기 위한 일련의 처리과정을 무엇이라 하는가?

① 영상분류(Image Classification)
② 영상강조(Image Enhancement)
③ 정사보정(Ortho-Rectification)
④ 자료융합(Data Merging)

> **Guide** 영상강조(Image Enhancement)는 특징 추출과 영상판독에 도움이 되기 위해, 원영상의 명암을 강조하고 색상을 입히거나 경계선을 강조하며 밝기를 조절함으로써 시각적으로 향상시키는 것을 말한다.

38 비행고도로 6,350m, 사진 I 의 주점기선장이 67mm 사진Ⅱ의 주점기선장이 70mm일 때 시차차가 1.37mm인 건물의 비고는?

① 107m ② 117m
③ 127m ④ 137m

> **Guide** $h = \dfrac{H}{b_0} \cdot \Delta p = \dfrac{6,350 \times 1,000}{\dfrac{67+70}{2}} \times 1.37$
> $= 127,000\text{mm} = 127\text{m}$

39 다음 중 제작과정에서 수치표고모형(DEM)이 필요한 사진지도는?

① 정사투영사진지도
② 약조정집성사진지도
③ 반조정집성사진지도
④ 조정집성사진지도

정답 33 ④ 34 ④ 35 ④ 36 ② 37 ② 38 ③ 39 ①

Guide 정사투영사진지도는 영상정합 과정을 통해 수치표고모형(DEM)을 생성하며, 생성된 DEM 자료를 토대로 수치편위수정에 의해 정사투영영상을 생성하게 된다.

40 다음 중 지평선이 사진 상에 찍혀있는 사진은?

① 고각도 경사사진   ② 수직사진
③ 저각도 경사사진   ④ 엄밀수직사진

Guide • 저각도 경사사진 : 지평선이 찍히지 않는 사진
  • 고각도 경사사진 : 지평선이 나타나는 사진

Subject 03 지리정보시스템(GIS) 및 위성측위시스템(GNSS)

41 축척 1 : 5000 수치지도를 만든 후, 데이터의 정확도 검증을 위해 10개의 지점에 대해 수치지도 상에서 측정한 좌표와 현장에서 검증한 좌표 간의 오차가 아래와 같을 때, 위치정확도(RMSE)로 옳은 것은?

1.2,	1.5,	1.4,	1.3,	1.4
1.4,	1.3,	1.6,	1.4,	1.3	[단위 : cm]

① ±0.98   ② ±1.22
③ ±1.46   ④ ±1.59

Guide
$$\sigma = \pm\sqrt{\frac{[vv]}{n-1}}$$
$$= \pm\sqrt{\frac{1.2^2 + 3\times1.3^2 + 4\times1.4^2 + 1.5^2 + 1.6^2}{10-1}}$$
$$= \pm 1.46$$

42 지리정보시스템(GIS)의 공간분석에서 선형의 공간객체 특성을 이용한 관망(Network) 분석을 통해 얻을 수 있는 결과와 거리가 먼 것은?

① 도로, 하천, 선형의 관로 등에 걸리는 부하의 예측
② 하나의 지점에서 다른 지점으로 이동 시 최적 경로의 선정
③ 창고나 보급소, 경찰서, 소방서와 같은 주요 시설물의 위치 선정

④ 특정 주거지역의 면적산정과 인구 파악을 통한 인구밀도의 계산

Guide 관망분석(Network Analysis : 네크워크 분석)
두 지점 간의 최단 경로를 찾는 등의 공간적인 분석으로 도로 네트워크를 통한 최적 경로 계산으로 차량 경로 탐색이나 최단 거리 탐색, 최적 경로 분석, 자원 할당 분석 등에 주로 사용된다.
※ 특정 주거지역의 면적산정, 인구밀도의 계산은 관망분석과는 거리가 멀다.

43 지리정보시스템(GIS)에서 사용되는 용어에 대한 설명 중 옳지 않은 것은?

① Clip : 원래의 레이어에서 필요한 지역만을 추출해 내는 것이다.
② Erase : 레이어가 나타내는 지역 중 임의 지역을 삭제하는 과정이다.
③ Split : 하나의 레이어를 여러 개의 레이어로 분할하는 과정이다.
④ Difference : 두 개의 레이어가 교차하는 부분에 대한 지오메트리를 얻는다.

Guide Intersect
두 개 이상의 레이어를 교집합하는 방법이며, 입력레이어와 중첩레이어의 공통부분 정보가 결과레이어에 포함된다.
※ ④는 교차(Intersect) 기능의 설명이다.

44 GPS위성에 대한 설명으로 틀린 것은?

① GPS위성의 고도는 약 20,200km이며, 주기는 약 12시간으로 근 원형궤도를 돌고 있다.
② GPS위성의 배치는 각 60° 간격으로 6개의 궤도면에 매 궤도마다 최소 4개의 위성이 배치된다.
③ GPS위성은 최소 두 개의 반송파 신호(L_1과 L_2)를 송신한다.
④ GPS위성을 통해 얻어진 위치는 3차원 좌표로 높이의 결과가 지상측량보다 정확하다.

Guide GPS측량에 의해 결정되는 좌표는 지구의 중심을 원점으로 하는 3차원 직교좌표이므로 이 좌표의 높이값은 타원체고에 해당되며, 레벨에 의해 직접수준측량으로 구해진 높이값은 표고가 된다. 수준측량에 있어 GPS를 실용화하기 위해서는 정확한 지오이드고가 산정되어야 하므로 지상측량보다 정확하다고 할 수 없다.

45 기존의 지형도나 지도를 수치적으로 전산입력하기 위한 입력장치가 아닌 것은?

① 키보드　　　　② 마우스
③ 플로터　　　　④ 디지타이저

Guide 플로터
GIS의 도형·기호·숫자·문자 등의 수치자료를 눈으로 볼 수 있도록 종이에 자동적으로 묘사하는 장치를 총칭한 것으로 출력장치이다.

46 기준국을 고정하여 기계를 설치하고 이동국으로 측량하며 모뎀 등을 이용하여 실시간으로 좌표를 얻음으로써 현황측량 등에 이용하는 GNSS 측량 기법은?

① DGPS　　　　② RTK
③ PPP　　　　　④ PPK

Guide RTK(Real Time Kinematic)
기준국용 DGNSS 수신기를 설치해 위성을 관측하여 각 위성의 의사거리 보정값을 구하고 이 보정값을 이용하여 이동국용 DGNSS 수신기의 위치를 결정하는 것으로 DGNSS 반송파를 사용한 실시간 이동 위치관측이다.

47 지리정보시스템(GIS)에서 공간자료의 품질과 관련된 정보(품질서술문에 포함되는 정보)로 거리가 먼 것은?

① 자료의 연혁
② 자료의 포맷
③ 논리적 일관성
④ 자료의 완전성

Guide 지리정보–품질원칙(ISO 19113 : 2007)
• 품질개요 요소
 – 연혁
 – 목적
 – 용도
• 데이터의 품질정보(품질평가 정보)
 – 위치정확성
 – 속성정확성
 – 일관성
 – 완전성(완결성)
 – 시간정확성
 – 주제정확성

48 GPS 신호가 이중주파수를 채택하고 있는 가장 큰 이유는?

① 대류지연효과를 제거하기 위함이다.
② 전리층지연효과를 제거하기 위함이다.
③ 신호단절에 대비하기 위함이다.
④ 재밍(Jamming)과 같은 신호 방해에 대비하기 위함이다.

Guide GPS측량에서는 L_1, L_2 파의 선형 조합을 통해 전리층 지연오차 등을 산정하여 보정할 수 있다.

49 GNSS측량으로 직접 수행하기 어려운 것은?

① 절대측위　　　② 상대측위
③ 시각동기　　　④ 터널 내 공사측량

Guide GNSS는 위치를 알고 있는 위성에서 발사한 전파를 수신하여 관측점까지 소요시간을 관측함으로써 관측점의 위치를 구하는 체계로 실내, 터널 내 측량 등 위성의 수신이 되지 않는 곳의 측량은 직접 수행하기 어렵다.

50 지리정보시스템(GIS)의 3대 기본구성요소로 다음 중 가장 거리가 먼 것은?

① 인터넷　　　　② 하드웨어
③ 소프트웨어　　④ 데이터베이스

Guide GIS 구성요소
하드웨어, 소프트웨어, 데이터베이스, 조직 및 인력

51 다중분광 수치영상자료의 저장형식의 하나로 밴드별로 별도 관리할 수도 있고 모든 밴드를 순차적으로 저장하여 하나의 파일로 통합 관리할 수도 있는 저장방식은?

① BIL(Band Interleaved by Line)
② BIP(Band Interleaved by Pixel)
③ BSQ(Band Sequential)
④ BSP(Band Separately)

Guide BSQ(Band SeQuential)
영상자료의 저장형식을 각 밴드별로 저장하는 것으로 각 밴드의 영상자료를 독립된 파일 형태로 만들어 쉽게 읽혀지고 관리할 수 있다.

정답 45 ③　46 ②　47 ②　48 ②　49 ④　50 ①　51 ③

52 다중경로(멀티패스) 오차를 줄일 수 있는 방법으로 적합하지 않은 것은?

① 관측시간을 길게 한다.
② 낮은 고도의 위성신호가 높은 고도의 위성신호보다 다중경로에 유리하다.
③ 안테나의 설치환경(위치)을 잘 선택한다.
④ Choke Ring 안테나 혹은 Ground Plane이 장착된 안테나를 사용한다.

Guide 다중경로 오차소거방법
- 관측시간을 길게 설정한다.
- 오차요인을 가진 장소를 피해 안테나를 설치한다.
- 각 위성신호에 대하여 칼만필터를 적용한다.
- Choke Ring 안테나를 사용한다.
- 절대측위에 의한 위치계산 시 반송파와 코드를 조합하여 해석한다.

53 벡터 데이터 모델은 기본적으로 도형의 요소(Geometric Primitive Type)로 공간 객체를 표현한다. [보기] 중 기본적인 도형의 요소로 모두 짝지어진 것은?

[보기]
ⓐ 점   ⓑ 선   ⓒ 면

① ⓐ   ② ⓐ, ⓑ
③ ⓑ, ⓒ   ④ ⓐ, ⓑ, ⓒ

Guide 벡터모델의 기본요소는 점, 선, 면이다.

54 지리정보시스템(GIS)을 이용하는 주체를 GIS 전문가, GIS 활용가, GIS 일반 사용자로 구분할 때, GIS 전문가의 역할로 거리가 먼 것은?

① 시설물 관리
② 프로젝트 관리
③ 데이터베이스 관리
④ 시스템 분석 및 설계

Guide GIS 전문가의 역할
- 프로젝트 관리
- 데이터베이스 관리
- 시스템 분석 및 설계

55 지리정보시스템(GIS) 자료구조에 대한 설명으로 옳지 않은 것은?

① 벡터 구조에서는 각 객체의 위치가 공간좌표체계에 의해 표시된다.
② 벡터 구조는 래스터 구조보다 객체의 형상이 현실에 가깝게 표현된다.
③ 래스터 구조에서는 객체의 공간좌표에 대한 정보가 존재하지 않는다.
④ 래스터 구조에서 수치값은 해당 위치의 관련 정보를 표현한다.

Guide 래스터 자료구조에서는 대상지역의 좌표계로 맞추기 위한 좌표변환과정을 거쳐 객체의 공간좌표를 표현할 수 있다.

56 지리정보시스템(GIS)의 자료수집방법으로서 래스터 데이터(격자 데이터)를 얻기 위한 방법과 거리가 먼 것은?

① GNSS측량을 통한 좌표 취득
② 항공사진으로부터 수치정사사진의 작성
③ 다중밴드 위성영상으로부터 토지피복 분류
④ 위성영상의 기하보정 및 영상 정합

Guide GNSS는 3차원 위치를 결정하는 측위체계로 벡터데이터를 얻기 위한 방법이다.

57 지리정보시스템(GIS)의 주요 기능에 대한 설명으로 가장 거리가 먼 것은?

① 효율적인 수치지도 제작을 통해 지도의 내용과 활용성을 높인다.
② 효율적인 GIS 데이터 모델을 적용하여 다양한 분석기능 및 모델링이 가능하다.
③ 입지 분석, 하천 분석, 교통 분석, 가시권 분석, 환경 분석, 상권 설정 및 분석 등을 통해 고부가가치 정보 및 지식을 창출한다.
④ 조직의 인사관리 및 관리자의 조직운영 결정 기능을 지원한다.

③ 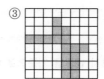 ④

Guide 체인코드(Chan−Code) 기법

어느 영역의 경계선을 단위벡터로 표시

$0^2, 1^3, 0^2, 3^2, 0, 3^2, 0^2, 3, 2, 3^3, 2^2, 1^4, 2^4, 1$

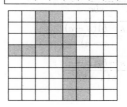

Guide GIS

• 정의
지구 및 우주공간 등 인간의 활동공간에 관련된 제반 과학적 현상을 정보화하고 각종 정보를 컴퓨터에 의해 종합적·연계적으로 처리하여 그 효율성을 극대화하는 공간정보체계

• 효과
  – 관리 및 처리 방안의 수립
  – 효율적 관리
  – 이용 가능한 자료의 구축
  – 합리적 공간 분석
  – 투자 및 조사의 중복 극소화
  – 수집한 자료의 용이한 결합

58 부울논리(Boolean Logic)를 이용하여 속성과 공간적 특성에 대한 자료 검색(검게 채색된 부분)을 위한 방법은?

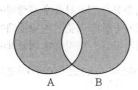

① A AND B ② A XOR B
③ A NOT B ④ A OR B

Guide A XOR B

60 지리정보시스템(GIS)의 분석기능 중 대상물의 상호 간에 이어지거나 관계가 있음을 평가하는 기능은?

① 중첩기능(Overlay Function)
② 연결기능(Connectivity Function)
③ 인접기능(Neighborhood Function)
④ 측정, 검색, 분류기능(Measurement, Query, Classification)

Guide 연결성 분석
일련의 점 또는 절점이 서로 연결되었는지를 결정하는 분석

59 아래와 같은 Chain−Code를 나타낸 것으로 옳은 것은?(단, 0−동, 1−북, 2−서, 3−남의 방향을 표시)

$0^2, 1^3, 0^2, 3^2, 0, 3^2, 0^2, 3, 2, 3^3, 2^2, 1^4, 2^4, 1$

① 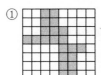 ②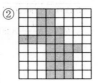

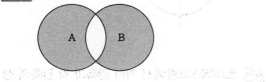

Subject 04 측량학

✔ 측량 관련 법규는 출제 당시 법률을 기준으로 해설되었음을 알려드립니다.

61 삼변측량 결과인 a, b, c의 변 길이를 이용하여 반각공식으로 A지점의 각을 계산하고자 할 때, 옳은 식은?(단, $s = \dfrac{a+b+c}{2}$)

① $\cos\dfrac{A}{2} = \sqrt{\dfrac{s(s-a)}{bc}}$

② $\sin\dfrac{A}{2} = \sqrt{\dfrac{(s-b)(s-c)}{sbc}}$

③ $\tan\dfrac{A}{2} = \sqrt{\dfrac{(s-b)(s-c)}{(s-a)}}$

④ $\sin\dfrac{A}{2} = \sqrt{\dfrac{(s-b)(s-c)}{s(s-b)}}$

Guide 반각공식

- $\sin\dfrac{A}{2} = \sqrt{\dfrac{(s-b)(s-c)}{bc}}$
- $\cos\dfrac{A}{2} = \sqrt{\dfrac{s(s-a)}{bc}}$
- $\tan\dfrac{A}{2} = \sqrt{\dfrac{(s-b)(s-c)}{s(s-a)}}$

62 삼각측량에서 유심다각망 조정에 해당하지 않는 것은?

① 각 조건에 대한 조정
② 관측점 조건에 대한 조정
③ 변 조건에 대한 조정
④ 표고 조건에 대한 조정

Guide 유심다각망 조정 조건
- 각 조건에 의한 조정(제1조정)
- 점 조건에 의한 조정(제2조정)
- 변 조건에 의한 조정(제3조정)

63 토털스테이션이 주로 활용되는 측량 작업과 가장 거리가 먼 것은?

① 지형측량과 같이 많은 점의 평면 및 표고좌표가 필요한 측량

② 고정밀도를 요하는 국가기준점 측량

③ 거리와 각을 동시에 관측하면 작업효율이 높아지는 트래버스측량

④ 비교적 높은 정밀도가 필요하지 않은 기준점 측량

Guide 고정밀도를 요하는 국가기준점 측량은 전 국토를 대상으로 실시되므로 토털스테이션보다는 GNSS, VLBI 등이 적합하다.

64 레벨(Level)의 조정에 관한 사항으로 옳지 않은 것은?

① 기포관축은 연직축에 직교해야 한다.
② 시준선은 기포관축에 평행해야 한다.
③ 십자종선과 시준선은 평행해야 한다.
④ 십자횡선은 연직축에 직교해야 한다.

Guide 십자종선과 시준선은 직교되어야 한다.

65 트래버스측량에서 거리 관측과 각 관측의 정밀도가 균형을 이룰 때 거리 관측의 허용오차를 1/5,000로 한다면 각 관측의 허용오차는?

① $25''$ ② $30''$
③ $38''$ ④ $41''$

Guide
$$\dfrac{\Delta h}{D} = \dfrac{\theta''}{\rho''} \rightarrow$$
$$\dfrac{1}{5,000} = \dfrac{\theta''}{206,265''}$$
$$\therefore \theta'' = \dfrac{1}{5,000} \times 206,265'' = 0°00'41''$$

정답 61 ① 62 ④ 63 ② 64 ③ 65 ④

66 그림은 교호수준측량의 결과이다. B점의 표고는?(단, A점의 표고는 50m이다.)

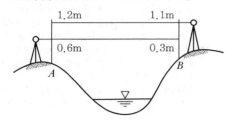

① 49.8m   ② 50.2m

③ 52.2m   ④ 52.6m

Guide
$$\Delta H = \frac{1}{2}\{(a_1 - b_1) + (a_2 - b_2)\}$$
$$= \frac{1}{2}\{(0.6 - 0.3) + (1.2 - 1.1)\}$$
$$= 0.2\text{m}$$
$$\therefore H_B = H_A + \Delta H = 50.0 + 0.2 = 50.2\text{m}$$

67 등고선의 성질에 대한 설명으로 틀린 것은?

① 동일 등고선 위의 점은 높이가 같다.
② 등고선의 간격이 좁아지면 지표면의 경사가 급해진다.
③ 등고선은 반드시 교차하지 않는다.
④ 등고선은 반드시 폐합하게 된다.

Guide 높이가 다른 두 등고선은 동굴이나 절벽을 제외하고는 교차하지 않는다.

68 지형도의 축척 1:1,000, 등고선 간격 1.0m, 경사 2%일 때, 등고선 간의 도상수평거리는?

① 0.1cm   ② 1.0cm

③ 0.5cm   ④ 5.0cm

Guide
- $i(\%) = \dfrac{h}{D} \times 100 \rightarrow$
$$D = \frac{100}{i} \times h = \frac{100}{2} \times 1.0 = 50\text{m}$$
- $\dfrac{1}{m} = \dfrac{\text{도상거리}}{\text{실제거리}} \rightarrow$
$$\frac{1}{1,000} = \frac{\text{도상거리}}{50}$$
$$\therefore \text{도상거리} = \frac{50}{1,000} = 0.05\text{m} = 5.0\text{cm}$$

69 측량 시 발생하는 오차의 종류로 수학적, 물리적인 법칙에 따라 일정하게 발생되는 오차는?

① 정오차   ② 참오차

③ 과대오차   ④ 우연오차

Guide 정오차(Constant Error)
일정한 조건하에서 항상 같은 방향에서 같은 크기로 발생하며 원인과 상태만 알면 제거가 가능한 오차이며, 오차가 누적되므로 누차라고도 한다.

70 두 점의 거리 관측을 A, B, C 세 사람이 실시하여 A는 4회 관측의 평균이 120.58m이고, B는 2회 관측의 평균이 120.51m, C는 7회 관측의 평균이 120.62m이라면 이 거리의 최확값은?

① 120.55m   ② 120.57m

③ 120.59m   ④ 120.62m

Guide 경중률은 관측횟수(N)에 비례하므로 경중률 비를 취하면,
$$W_1 : W_2 : W_3 = N_1 : N_2 : N_3 = 4 : 2 : 7$$
$$\therefore L_0 = \frac{W_1 L_1 + W_2 L_2 + W_3 L_3}{W_1 + W_2 + W_3}$$
$$= 120.00 + \frac{(4 \times 0.58) + (2 \times 0.51) + (7 \times 0.62)}{4 + 2 + 7}$$
$$= 120.59\text{m}$$

71 지구의 적도반지름이 6,370km이고 편평률이 1/299이라고 하면 적도반지름과 극반지름의 차이는?

① 21.3km   ② 31.0km

③ 40.0km   ④ 42.6km

Guide 편평률 $= \dfrac{1}{299} = \dfrac{a - b}{a} = \dfrac{6,370 - b}{6,370} \rightarrow$
$b = 6,348.696\text{km}$
$\therefore$ 적도반지름과 극반지름과의 차
$= a - b = 6,370 - 6,348.696 = 21.3\text{km}$

정답   66 ②   67 ③   68 ④   69 ①   70 ③   71 ①

72 지오이드에 대한 설명으로 옳지 않은 것은?

① 위치에너지 $E = mgh$가 "0"이 되는 면이다.
② 지구타원체를 기준으로 대륙에서는 낮고 해양에서는 높다.
③ 평균해수면을 육지내부까지 연장한 면을 말한다.
④ 지오이드의 법선과 타원체의 법선은 불일치하며 그 양을 연직선편차라 한다.

Guide 지오이드는 지구타원체를 기준으로 대륙에서는 높고, 해양에서는 낮다.

73 결합트래버스에서 A점에서 B점까지의 합위거가 152.70m, 합경거가 653.70m일 때 폐합오차는?(단, A점 좌표 $X_A = 76.80$m, $Y_A = 97.20$mB점 좌표 $X_B = 229.62$m, $Y_B = 750.85$m)

① 0.11m
② 0.12m
③ 0.13m
④ 0.14m

Guide $X_A + \Sigma L = X_B$, $Y_A + \Sigma D = Y_B$가 되어야 하므로,
$X_B - X_A = 229.62 - 76.80 = 152.82$m
$Y_B - Y_A = 750.85 - 97.20 = 653.65$m
∴ 폐합오차
$= \sqrt{(152.70 - 152.82)^2 + (653.70 - 653.65)^2}$
$= 0.13$m

74 두 점간의 거리를 각 팀별로 수십번 측량하여 최확값을 계산하고 각 관측값의 오차를 계산하여 도수분포그래프로 그려보았다. 가장 정밀하면서 동시에 정확하게 측량한 팀은?

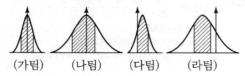

(가팀) (나팀) (다팀) (라팀)

① 가팀
② 나팀
③ 다팀
④ 라팀

Guide 정규곡선(Normal Curve)
오차와 이에 대한 확률의 관계 곡선으로 오차곡선(Error Curve), 가우스곡선(Gauss Curve), 확률곡선이라고도 하며 종축은 확률, 횡축은 오차축으로 하는 오차함수의 표시곡선이다. 가우스의 오차법칙은 다음과 같다.

• 절댓값이 같은 우연오차가 일어날 확률은 같다. 즉 참값보다 (+)로 관측될 확률과 (-)로 관측될 확률은 같다. 그러므로 오차곡선은 y축을 경계로 대칭형이 된다.
• 절댓값이 작은 오차 발생확률은 절댓값이 큰 오차 발생확률보다 크다. 즉 참값에 대하여 오차가 작은 관측수가 오차가 큰 관측수보다 많다.
• 절댓값이 대단히 큰 오차의 발생확률은 거의 일어나지 않는다. 즉 극단인 극대오차가 포함된 관측 값은 없다.

75 성능검사를 받아야 하는 금속관로탐지기의 성능검사 주기로 옳은 것은?

① 1년
② 2년
③ 3년
④ 4년

Guide 공간정보의 구축 및 관리 등에 관한 법률 시행령 제97조 (성능검사의 대상 및 주기 등)
성능검사를 받아야 하는 측량기기와 검사주기는 다음과 같다.
1. 트랜싯(데오드라이트) : 3년
2. 레벨 : 3년
3. 거리측정기 : 3년
4. 토털 스테이션 : 3년
5. 지피에스(GPS) 수신기 : 3년
6. 금속관로탐지기 : 3년

76 우리나라 위치측정의 기준이 되는 세계측지계에 대한 설명이다. ( ) 안에 알맞은 용어로 짝지어진 것은?

회전타원체의 ( )이 지구의 자전축과 일치하고, 중심은 지구의 ( )과 일치할 것

① 장축, 투영중심
② 단축, 투영중심
③ 장축, 질량중심
④ 단축, 질량중심

Guide 공간정보의 구축 및 관리 등에 관한 법률 시행령 제7조 (세계측지계 등)
세계측지계는 지구를 편평한 회전타원체로 상정하여 실시하는 위치측정의 기준으로서 다음의 요건을 갖춘 것을 말한다.
1. 회전타원체의 장반경 및 편평률은 다음 각 목과 같을 것
가. 장반경 : 6,378,137미터
나. 편평률 : 298.257222101분의 1
2. 회전타원체의 중심이 지구의 질량중심과 일치할 것
3. 회전타원체의 단축이 지구의 자전축과 일치할 것

정답 72 ② 73 ③ 74 ① 75 ③ 76 ④

77 다음 중 가장 무거운 벌칙의 기준이 적용되는 자는?

① 측량성과를 위조한 자
② 입찰의 공정성을 해친 자
③ 측량기준점표지를 파손한 자
④ 측량업 등록을 하지 아니하고 측량업을 영위한 자

Guide 공간정보의 구축 및 관리 등에 관한 법률 제107조(벌칙)
측량업자나 수로사업자로서 속임수, 위력, 그 밖의 방법으로 측량업 또는 수로사업과 관련된 입찰의 공정성을 해친 자는 3년 이하의 징역 또는 3천만 원 이하의 벌금에 처한다.

78 일반측량성과 및 일반측량기록 사본의 제출을 요구할 수 있는 경우에 해당되지 않는 것은?

① 측량의 기술 개발을 위하여
② 측량의 정확도 확보를 위하여
③ 측량의 중복 배제를 위하여
④ 측량에 관한 자료의 수집·분석을 위하여

Guide 공간정보의 구축 및 관리 등에 관한 법률 제22조(일반측량의 실시 등)
다음 사항의 목적을 위하여 필요하다고 인정되는 경우에는 일반측량을 한 자에게 그 측량성과 및 측량기록 사본을 제출하게 할 수 있다.
1. 측량의 정확도 확보
2. 측량의 중복 배제
3. 측량에 관한 자료의 수집, 분석

79 기본측량을 실시하여 측량성과를 고시할 때 포함되어야 할 사항과 거리가 먼 것은?

① 측량의 종류
② 측량실시 기관
③ 측량성과의 보관 장소
④ 설치한 측량기준점의 수

Guide 공간정보의 구축 및 관리 등에 관한 법률 시행령 제13조(측량성과의 고시)
측량성과의 고시에는 다음의 사항이 포함되어야 한다.
1. 측량의 종류
2. 측량의 정확도
3. 설치한 측량기준점의 수
4. 측량의 규모(면적 또는 지도의 장수)

5. 측량실시의 시기 및 지역
6. 측량성과의 보관 장소
7. 그 밖에 필요한 사항

80 측량기록의 정의로 옳은 것은?

① 당해 측량에서 얻은 최종결과
② 측량계획과 실시결과에 관한 공문 기록
③ 측량을 끝내고 내업에서 얻은 최종결과의 심사 기록
④ 측량성과를 얻을 때까지의 측량에 관한 작업의 기록

Guide 공간정보의 구축 및 관리 등에 관한 법률 제2조(정의)
측량기록이란 측량성과를 얻을 때까지의 측량에 관한 작업의 기록을 말한다.

EXERCISES
기출문제

2019. 3. 3 시행(산업기사)

본 문제의 해설은 출제자의 의도와 일치되지 않을 수 있으며, 문제 및 정답은 일부 오탈자가 있을 수 있으므로 학습시 의문사항이 있으면 예문사 또는 저자에게 문의하여 주시기 바랍니다.

Subject 01 응용측량

01 지하 500m에서 거리가 400m인 두 지점에 대하여 지구 중심에 연직한 연장선이 이루는 지표면의 거리는?(단, 지구 반지름 $R = 6,370$km이다.)

① 399.07m ② 400.03m
③ 400.08m ④ 400.10m

Guide

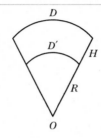

$\therefore$ 지표면거리$(D) = D' + \dfrac{H}{R} \cdot D'$

$= 400 + \dfrac{500}{6,370,000} \times 400$

$= 400.03$m

02 깊이 100m, 지름 5m인 1개의 수직터널에 의해서 터널 내외를 연결하는 데 사용하기에 가장 적합한 방법은?

① 삼각법
② 지거법
③ 사변형법
④ 트랜싯과 추선에 의한 방법

Guide 1개의 수직터널에 의한 연결방법에서 얕은 수직터널에서는 보통 철선, 동선, 황동선 등이 사용되며, 깊은 수직터널에서는 피아노선이 사용된다. 깊이가 100m인 깊은 수직터널이므로 트랜싯과 추선에 의한 방법이 타당하다.

03 심프슨 제2법칙을 이용하여 계산할 경우, 그림과 같은 도형의 면적은?(단, 각 구간의 거리(d)는 동일하다.)

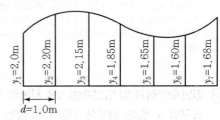

① 11.24m^2 ② 11.29m^2
③ 11.32m^2 ④ 11.47m^2

Guide
$A = \dfrac{3}{8}d\{y_1 + y_7 + 3(y_2 + y_3 + y_5 + y_6) + 2(y_4)\}$

$= \dfrac{3}{8} \times 1.0\{2.0 + 1.68 + 3(2.2 + 2.15 + 1.65 + 1.60) + 2(1.85)\}$

$= 11.32$m^2

04 해저의 퇴적물인 저질(Bottom Material)을 조사하는 방법 또는 장비가 아닌 것은?

① 채니기
② 음파에 의한 해저탐사
③ 코어러
④ 채수기

Guide 채수기는 바닷물의 온도, 염분, 화학성분 등을 측정하기 위하여 바닷물을 퍼 올리는 데 쓰이는 기구이므로 해저의 퇴적물인 저질(Bottom Material) 조사방법과는 무관하다.

05 도로의 기울기 계산을 위한 수준측량 결과가 그림과 같을 때 A, B점 간의 기울기는?(단, A, B점 간의 경사거리는 42m이다.)

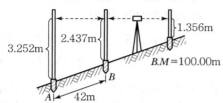

① 1.94% ② 2.02%
③ 7.76% ④ 10.38%

Guide A, B 두 점 간의 수평거리를 구하면,

$$D = L - \frac{H^2}{2L}$$

$$= 42 \times \frac{(3.252 - 2.437)^2}{2 \times 42}$$

$$= 41.992m$$

$$\therefore \ 기울기(\%) = \frac{H}{D} \times 100$$

$$= \frac{0.815}{41.992} \times 100$$

$$= 1.94\%$$

06 하천에서 수심측량 후 측점에 숫자로 표시하여 나타내는 지형표시 방법은?

① 점고법 ② 기호법
③ 우모법 ④ 등고선법

Guide 점고법
지면에 있는 임의 점의 표고를 도상에 숫자로 표시하는 방법으로 주로 하천, 해양 등의 수심표시에 이용된다.

07 하천의 유속을 부자로 측정할 때에 대한 설명으로 옳지 않은 것은?

① 홍수 시 유속을 측정할 때는 하천 가운데서 부자를 띄우고 평균유속의 80~85%를 전단면의 유속으로 볼 수 있다.
② 수심 H인 하천에서 수중부자를 이용하여 1점의 유속을 관측할 경우에는 수면에서 $0.8H$ 되는 깊이의 유속을 측정한다.

③ 표면부자를 쓸 경우는 표면유속의 80~90% 정도를 그 연직선 내의 평균유속으로 볼 수 있다.
④ 부자의 유하거리는 하천 폭의 2배 이상으로 하는 것이 좋다.

Guide 수심이 H인 하천에서 수중부자를 이용하여 1점의 유속을 관측할 경우에는 수면에서 $0.6H$ 되는 깊이의 유속을 측정한다.

08 완화곡선 중 곡률이 곡선의 길이에 비례하는 곡선으로 정의되는 것은?

① 클로소이드(Clothoid)
② 렘니스케이트(Lemniscate)
③ 3차 포물선
④ 반파장 sine 체감곡선

Guide 클로소이드곡선은 곡률$\left(\frac{1}{R}\right)$이 곡선장에 비례하는 곡선이다.

09 유토곡선(Mass Curve)에 의한 토량계산에 대한 설명으로 옳지 않은 것은?

① 곡선은 누가토량의 변화를 표시한 것으로, 그 경사가 (−)는 깎기 구간, (+)는 쌓기 구간을 의미한다.
② 측점의 토량은 양단면평균법으로 계산할 수 있다.
③ 곡선에서 경사의 부호가 바뀌는 지점은 쌓기 구간에서 깎기 구간 또는 깎기 구간에서 쌓기 구간으로 변하는 점을 의미한다.
④ 토적곡선을 활용하여 토공의 평균운반거리를 계산할 수 있다.

Guide 곡선은 누가토량의 변화를 표시한 것으로, 그 경사가 (−)는 쌓기 구간, (+)는 깎기 구간을 의미한다.

10 단곡선 설치에서 곡선반지름이 100m이고, 교각이 60°이다. 곡선시점의 말뚝 위치가 No.10+2m일 때 도로의 기점으로부터 곡선종점까지의 거리는?(단, 중심말뚝 간격은 20m이다.)

① 104.72m ② 157.08m
③ 306.72m ④ 359.08m

Guide • $B.C$(곡선시점) $= 202.00\text{m} \,(\text{No.10}+2.00\text{m}\,)$
• $C.L$(곡선길이) $= 0.0174533 \cdot R \cdot I°$
$\qquad = 0.0174533 \times 100 \times 60°$
$\qquad = 104.72\text{m}$
∴ $E.C$(곡선종점) $= B.C + C.L$
$\qquad = 202.00 + 104.72$
$\qquad = 306.72\text{m}\,(\text{No.15}+6.72\text{m})$

11 축척 1:5,000의 지적도상에서 16cm^2로 나타나 있는 정방형 토지의 실제면적은?

① $80,000\text{m}^2$ ② $40,000\text{m}^2$
③ $8,000\text{m}^2$ ④ $4,000\text{m}^2$

Guide $(\text{축척})^2 = \left(\dfrac{1}{m}\right)^2 = \dfrac{\text{도상면적}}{\text{실제면적}}$
$\qquad = \left(\dfrac{1}{5,000}\right)^2 = \dfrac{16}{\text{실제 면적}}$
∴ 실제면적 $= 40,000\text{m}^2$

12 도로 또는 철도의 설치 시 차량의 탈선을 방지하기 위하여 곡선의 안쪽과 바깥쪽의 높이차를 두게 되는데 이것을 무엇이라 하는가?

① 확폭 ② 슬랙
③ 캔트 ④ 슬래브

Guide 캔트(Cant)
곡선부를 통과하는 차량이 원심력이 발생하여 접선방향으로 탈선하려는 것을 방지하기 위해 바깥쪽 노면을 안쪽 노면보다 높이는 정도를 말하며, 편경사 또는 편구배라고도 한다.

13 시설물의 경관을 수직시각(θ_V)에 의하여 평가하는 경우, 시설물이 경관의 주제가 되고 쾌적한 경관으로 인식되는 수직시각의 범위로 가장 적합한 것은?

① $0° \leq \theta_V \leq 15°$ ② $15° \leq \theta_V \leq 30°$
③ $30° \leq \theta_V \leq 45°$ ④ $45° \leq \theta_V \leq 60°$

Guide θ_V가 15°보다 커지면 시계에서 차지하는 비율이 커져서 압박감을 느끼고 쾌적한 경관으로 인식하지 못한다.

14 $\triangle ABC$에서 ㉮:㉯:㉰의 면적의 비를 각각 4:2:3으로 분할할 때 $\overline{EC}$의 길이는?

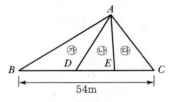

① 10.8m ② 12.0m
③ 16.2m ④ 18.0m

Guide $\overline{BE} = \dfrac{㉮+㉯}{㉮+㉯+㉰} \times \overline{BC}$
$\qquad = \dfrac{4+2}{4+2+3} \times 54$
$\qquad = 36\text{m}$
∴ $\overline{EC} = \overline{BC} - \overline{BE} = 54 - 36 = 18\text{m}$

15 교각 $I=80°$, 곡선반지름 $R=180\text{m}$인 단곡선의 교점($I.P$)의 추가거리가 1,152.52m일 때 곡선의 종점($E.C$)의 추가거리는?

① 1,001.48m ② 1,106.34m
③ 1,180.11m ④ 1,252.81m

Guide • $T.L$(접선길이) $= R \cdot \tan\dfrac{I}{2}$
$\qquad = 180 \times \tan\dfrac{80°}{2}$
$\qquad = 151.04\text{m}$
• $C.L$(곡선길이) $= 0.0174533 \cdot R \cdot I°$
$\qquad = 0.0174533 \times 180 \times 80°$
$\qquad = 251.33\text{m}$

• $B.C$(곡선시점)$=$총거리$- T.L$
$= 1,152.52 - 151.04$
$= 1,001.48$m

∴ $E.C$(곡선종점)$=B.C+ C.L$
$= 1,001.48 + 251.33$
$= 1,252.81$m

16 삼각형 3변의 길이가 $a = 40$m, $b = 28$m, $c = 21$m일 때 면적은?

① 153.36m^2 ② 216.89m^2
③ 278.65m^2 ④ 306.72m^2

> **Guide** $S= \dfrac{1}{2}(a+b+c) = \dfrac{1}{2}(40+28+21) = 44.5$m
>
> ∴ $A = \sqrt{S(S-a)(S-b)(S-c)}$
> $= \sqrt{44.5(44.5 - 40)(44.5 - 28)(44.5 - 21)}$
> $= 278.65$m^2

17 상 · 하수도시설, 가스시설, 통신시설 등의 건설 및 유지관리를 위한 자료제공의 역할을 하는 측량은?

① 관개배수측량   ② 초구측량
③ 건축측량   ④ 지하시설물측량

> **Guide** 지하시설물측량(Underground Facility Surveying)
> 지하시설물의 수평위치와 수직위치를 관측하는 측량을 말하며, 지하시설물(상 · 하수도, 가스, 통신 등)을 효율적 · 체계적으로 유지관리하기 위한 지하시설물에 대한 조사, 탐사와 도면제작을 위한 측량을 말한다.

18 그림의 체적(V)을 구하는 공식으로 옳은 것은?

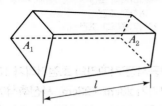

① $V= \dfrac{A_1 + A_2}{3} \times l$ ② $V= \dfrac{A_1 + A_2}{2} \times l$

③ $V= \dfrac{A_1 + A_2 + l}{3} \times l$ ④ $V= \dfrac{A_1 + A_2 + l}{2} \times l$

> **Guide** 양단면 평균법
>
> $$V= \dfrac{A_1 + A_2}{2} \times l$$

19 하천의 수위를 나타내는 다음 용어 중 가장 낮은 수위를 나타내는 것은?

① 평수위   ② 갈수위
③ 저수위   ④ 홍수위

> **Guide** 갈수위
> 1년을 통해 355일은 이보다 저하하지 않는 수위로서 하천의 수위 중 가장 낮은 수위를 나타낸다.

20 그림과 같이 2차포물선에 의하여 종단곡선을 설치하려 한다면 C점의 계획고는?(단, A점의 계획고는 50.00m이다.)

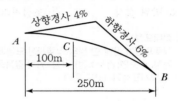

① 40.00m   ② 50.00m
③ 51.00m   ④ 52.00m

> **Guide**
>
>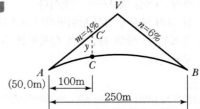
>
> • $y = \dfrac{|m \pm n|}{2 \cdot L} \cdot x^2$
> $= \dfrac{|0.04 + 0.06|}{2 \times 250} \times 100^2 = 2.0$m
>
> • $H_{C'} = H_A + \dfrac{m}{100} \cdot x$
> $= 50.0 + \dfrac{4}{100} \times 100 = 54.0$m
>
> ∴ $H_C = H_{C'} - y = 54.0 - 2.0 = 52.0$m

정답   **16** ③   **17** ④   **18** ②   **19** ②   **20** ④

Subject 02 사진측량 및 원격탐사

21 레이더 위성영상의 주요 활용 분야가 아닌 것은?

① 수치표고모델(DEM) 제작
② 빙하 움직임 조사
③ 지각변동 조사
④ 토지피복 조사

> **Guide** 레이더 위성영상은 능동적센서의 특징을 이용한 홍수모니터링, 간섭기법을 이용한 정밀수치 고도모형 생성, 빙하의 이동경로 관측, 해수면 파랑조사, 지표의 붕괴 및 변이 관측, 화산활동 관측 등에 이용되고 있다.

22 다음 중 절대(대지)표정과 관계가 먼 것은?

① 경사 결정
② 축척 결정
③ 방위 결정
④ 초점거리의 조정

> **Guide** 절대표정
> 상호표정이 끝난 한 쌍의 입체사진 모델에 대하여 축척 결정, 수준면(경사조정) 결정, 위치 결정을 하는 작업으로 대지표정이라고도 한다.

23 사진측량의 모델에 대한 정의로 옳은 것은?

① 편위수정된 사진이다.
② 촬영 지역을 대표하는 사진이다.
③ 한 장의 사진에 찍힌 단위면적의 크기이다.
④ 중복된 한 쌍의 사진으로 입체시할 수 있는 부분이다.

> **Guide** 모델
> 다른 위치로부터 촬영되는 2매 1조의 입체사진으로부터 만들어지는 처리단위를 말한다.

24 해석식 도화의 공선조건식에 대한 설명으로 틀린 것은?

① 지상점, 영상점, 투영중심이 동일한 직선상에 존재한다는 조건이다.
② 하나의 사진에서 충분한 지상기준점이 주어진다면 외부 표정요소를 계산할 수 있다.
③ 하나의 사진에서 내부, 상호, 절대표정요소가 주어지면 지상점이 투영된 사진상의 좌표를 계산할 수 있다.
④ 내부표정요소 및 절대표정요소를 구할 때 이용할 수 있다.

> **Guide** 내부표정요소는 초점거리(f), 주점위치(x_0, y_0)로 자체 검정자료에 의해 얻는다.

25 사진크기 23cm×23cm, 초점거리 150mm인 카메라로 찍은 항공사진의 경사각이 15°이면 이 사진의 연직점(Nadir Point)과 주점(Principal Point) 간의 거리는?[단, 연직점은 사진 중심점으로부터 방사선(Radial Line) 위에 있다.]

① 40.2mm
② 50.0mm
③ 75.0mm
④ 100.5mm

> **Guide** $\overline{mn} = f \cdot \tan i = 150 \times \tan 15° = 40.2mm$

26 사진지도를 제작하기 위한 정사투영에서 편위수정기가 만족해야 할 조건이 아닌 것은?

① 기하학적 조건
② 입체모형의 조건
③ 샤임플러그 조건
④ 광학적 조건

> **Guide** 편위수정
> • 사진의 경사와 축척을 통일시키고 변위가 없는 연직사진으로 수정하는 작업을 말하며, 일반적으로 3~4개의 표정점이 필요하다.
> • 편위수정 조건
> − 기하학적 조건
> − 광학적 조건
> − 샤임플러그 조건

27 항공사진 카메라의 초점거리가 153mm, 사진크기가 23cm×23cm, 사진축척이 1:20,000, 기준면으로부터 높이가 35m일 때, 이 비고(比高)에 의한 사진의 최대 기복변위는?

① 0.370cm
② 0.186cm
③ 0.256cm
④ 0.308cm

Guide

- 사진축척(M) $= \dfrac{1}{m} = \dfrac{f}{H} \rightarrow$

  $H = m \cdot f = 20,000 \times 0.153 = 3,060\text{m}$

- $r_{max} = \dfrac{\sqrt{2}}{2} \cdot a = \dfrac{\sqrt{2}}{2} \times 0.23 = 16.26\text{cm} = 0.1626\text{m}$

$\therefore$ 최대 기복변위(Δr_{max}) $= \dfrac{h}{H} \cdot r_{max}$

$= \dfrac{35}{3,060} \times 0.1626$

$= 0.00186\text{m} = 0.186\text{cm}$

28 원자력발전소의 온배수 영향을 모니터링하고자 할 때 다음 중 가장 적합한 위성영상자료는?

① SPOT 위성의 HRV 영상
② Landsat 위성의 ETM$^+$ 영상
③ IKONOS 위성의 팬크로매틱 영상
④ Radarsat 위성의 SAR 영상

Guide Landsat 위성의 ETM$^+$ 센서는 7호에 탑재되어 있으며 밴드 6의 열적외선 밴드를 이용하여 원자력발전소의 온배수 영향을 모니터링할 수 있다.

29 축척 1:50,000의 사진을 초점거리가 15cm 인 항공사진 카메라로 촬영하기 위한 촬영고도는?

① 7,300m
② 7,500m
③ 7,700m
④ 7,900m

Guide 사진축척(M) $= \dfrac{1}{m} = \dfrac{f}{H}$

$\therefore H = m \cdot f = 50,000 \times 0.15 = 7,500\text{m}$

30 항공사진측량에서 카메라 렌즈의 중심(O)을 지나 사진면에 내린 수선의 발, 즉 렌즈의 광축과 사진면이 교차하는 점은?

① 주점
② 연직점
③ 등각점
④ 중심점

Guide 항공사진의 특수 3점
- 주점 : 사진의 중심점으로서 렌즈 중심으로부터 화면에 내린 수선의 발. 즉 렌즈의 광축과 사진면이 교차하는 점이다.

- 연직점 : 렌즈 중심으로부터 지표면에 내린 수선의 발. 사진상의 비고점은 연직점을 중심으로 한 방사선상에 있다.
- 등각점 : 주점과 연직점이 이루는 각을 2등분한 선. 등각점에서는 경사각에 관계없이 수직사진의 축척과 같다.

31 항공사진의 촬영고도가 2,000m, 카메라의 초점거리가 210mm이고, 사진 크기가 21cm ×21cm일 때 사진 1장에 포함되는 실제면적은?

① 3.8km^2
② 4.0km^2
③ 4.2km^2
④ 4.4km^2

Guide 사진축척(M) $= \dfrac{1}{m} = \dfrac{f}{H} = \dfrac{0.21}{2,000} = \dfrac{1}{9,524}$

$\therefore$ 실제면적(A) $= (ma)^2$

$= (9,524 \times 0.21)^2$

$= 4,000,160\text{m}^2 = 4.0\text{km}^2$

32 그림은 측량용 항공사진기의 방사렌즈 왜곡을 나타내고 있다. 사진좌표가 $x = 3\text{cm}$, $y = 4\text{cm}$인 점에서 왜곡량은?(단, 주점의 사진좌표는 $x = 0$, $y = 0$이다.)

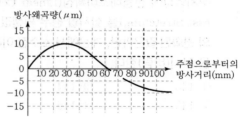

① 주점 방향으로 5μm
② 주점 방향으로 10μm
③ 주점 반대방향으로 5μm
④ 주점 반대방향으로 10μm

Guide 렌즈의 방사왜곡은 상의 위치가 주점으로부터 방사방향을 따라 왜곡되어 나타나는 것을 말한다. 즉, 방사왜곡량이 (+)이면 주점 반대방향, (−)이면 주점방향의 왜곡량이 된다.

방사거리를 구하면,

$r = \sqrt{3^2 + 4^2} = 5\text{cm} = 50\text{mm}$이므로,

그림에서 방사왜곡량을 구하면 5μm가 된다.

정답 28 ② 29 ② 30 ① 31 ② 32 ③

33 한 쌍의 항공사진을 입체시하는 경우 지면의 기복은 어떻게 보이는가?

① 실제 지형보다 과장되어 보인다.
② 실제 지형보다 축소되어 보인다.
③ 실제 지형과 동일하다.
④ 촬영 계절에 따라 다르다.

Guide 과고감
한 쌍의 항공사진을 입체시하는 경우 수직축척이 수평축척보다 크게 나타나 실제 지형보다 과장되어 보이는 현상이다.

34 항공사진측량의 작업에 속하지 않는 것은?

① 대공표지 설치   ② 세부도화
③ 사진기준점 측량   ④ 천문측량

Guide 항공사진측량의 일반적 순서
계획 및 준비 → 대공표지 설치 → 기준점 측량 → 항공사진 촬영 → 항공삼각측량 → 도화 → 편집

35 8bit gray level(0~255)을 가진 수치영상의 최소 픽셀값이 79, 최대 픽셀값이 156이다. 이 수치영상에 선형대조비확장(Linear Contrast Stretching)을 실시할 경우 픽셀값 123의 변화된 값은?[단, 계산에서 소수점 이하 값은 무시(버림)한다.]

① 143   ② 144
③ 145   ④ 146

Guide 명암대비 확장(Contrast Stretching) 기법
영상을 디지털화할 때는 가능한 한 밝기값을 최대한 넓게 사용해야 좋은 품질의 영상을 얻을 수 있는데, 영상 내 픽셀의 최소, 최대값의 비율을 이용하여 고정된 비율로 영상을 낮은 밝기와 높은 밝기로 펼쳐주는 기법을 말한다.

- $g_2(x,\ y) = [g_1(x,\ y) + t_1]t_2$
  여기서, $g_1(x,\ y)$: 원 영상의 밝기값
  $g_2(x,\ y)$: 새로운 영상의 밝기값
  $t_1,\ t_2$: 변환 매개 변수
- $t_1 = g_2^{min} - g_1^{min} = 0 - 79 = -79$
- $t_2 = \dfrac{g_2^{max} - g_2^{min}}{g_1^{max} - g_1^{min}} = \dfrac{255 - 0}{156 - 79} = 3.31$

∴ 원 영상의 밝기값 123의 변환 밝기값 산정
$$g_2(x,\ y) = [g_1(x,\ y) + t_1]t_2$$
$$= [123 - 79] \times 3.31$$
$$= 145.64 ≒ 145$$
즉, 원 영상의 123 밝기값은 145 밝기값으로 변환된다.

36 항공레이저측량을 이용하여 수치표고모델을 제작하는 순서로 옳은 것은?

⊙ 작업 및 계획준비
ⓒ 항공레이저측량
ⓒ 기준점 측량
ⓔ 수치표면자료 제작
ⓜ 수치지면자료 제작
ⓗ 불규칙삼각망자료 제작
ⓢ 수치표고모델 제작
ⓞ 정리점검 및 성과품 제작

① ⊙ → ⓒ → ⓒ → ⓔ → ⓜ → ⓗ → ⓢ → ⓞ
② ⊙ → ⓒ → ⓔ → ⓒ → ⓗ → ⓜ → ⓢ → ⓞ
③ ⊙ → ⓒ → ⓒ → ⓔ → ⓗ → ⓢ → ⓜ → ⓞ
④ ⊙ → ⓒ → ⓒ → ⓗ → ⓜ → ⓔ → ⓢ → ⓞ

Guide 항공레이저측량에 의한 수치표고모델 제작 순서
작업계획 및 준비 → 항공레이저 측량 → 기준점 측량 → 수치표면자료(DSD) 제작 → 수치지면자료(DTD) 제작 → 불규칙삼각망자료 제작 → 수치표고모델(DEM) 제작 → 정리점검 및 성과품 제작

37 프랑스, 스웨덴, 벨기에가 협력하여 개발한 상업위성으로 입체모델을 형성하여 촬영할 수 있는 인공위성은?

① SKYLAB   ② LANDSAT
③ SPOT   ④ NIMBUS

Guide SPOT 위성
지구관측위성으로서 프랑스, 벨기에, 스웨덴이 공동으로 개발한 상업용 위성이며, HRV 센서 2대가 탑재되어 같은 지역을 다른 방향(경사관측)에서 촬영함으로써 입체시할 수 있는 영상획득과 지형도 제작이 가능하다.

정답 33 ① 34 ④ 35 ③ 36 ① 37 ③

38 디지털 영상에서 사용되는 비트맵 그래픽 형식이 아닌 것은?

① BMP　　　　　② JPEG
③ DWG　　　　　④ TIFF

> **Guide** 비트맵
> 작은 점들이 그림을 이루는 이미지 파일 형식으로 GIF, JPEG, PNG, TIFF, BMP 등의 확장자로 저장된다.
> ※ DWG는 오토캐드 파일 형식이다.

39 수치영상에서 표정을 자동화하기 위하여 필요한 방법은?

① 영상정합　　　　② 영상융합
③ 영상분류　　　　④ 영상압축

> **Guide** 수치영상에서 표정을 자동화하기 위해서는 영상정합이 중요한 요소가 된다.

40 상호표정인자를 회전인자와 평행인자로 구분할 때, 평행인자에 해당하는 것은?

① κ　　　　　　② b_y
③ ω　　　　　　④ ϕ

> **Guide** 상호표정인자
> • 회전인자 : κ, ϕ, ω
> • 평행인자 : b_y, b_z

Subject 03 지리정보시스템(GIS) 및 위성측위시스템(GNSS)

41 지리정보시스템(GIS)의 지형공간정보 관련 자료를 처리하는 데 필요한 과정이 아닌 것은?

① 자료입력　　　　② 자료개발
③ 자료 조작과 분석　④ 자료출력

> **Guide** GIS의 자료처리 및 구축 과정
> 자료수집 → 자료입력 → 자료처리 → 자료조작 및 분석 → 출력

42 다음과 같은 데이터에 대한 위상구조 테이블에서 ㉠과 ㉡의 내용으로 적합한 것은?

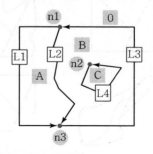

arc	from node	to node	Left polygon	Right polygon
L1	n1	n3	A	0
L2	㉠	n3	B	A
L3	n3	㉠	B	0
L4	㉡	㉡	C	B

① ㉠ : n1, ㉡ : n2　　② ㉠ : n1, ㉡ : n3
③ ㉠ : n3, ㉡ : n2　　④ ㉠ : n3, ㉡ : n1

> **Guide** 위상은 점, 선, 면 각각에 대하여 위상테이블에 나누어 기록되는데 선은 각 선의 시작점과 종료점을 기록한다.
> • 선 L2의 시작점은 n1, 종료점은 n3
> • 선 L3의 시작점은 n3, 종료점은 n1
> • 선 L4의 시작점은 n2, 종료점은 n2
> ∴ ㉠ : n1, ㉡ : n2

43 지리정보시스템(GIS)에 대한 설명으로 옳지 않은 것은?

① 지리정보의 전산화 도구
② 고품질의 공간정보 활용 도구
③ 합리적인 공간의사결정을 위한 도구
④ CAD 및 그래픽 전용 도구

> **Guide** 지리정보시스템(GIS)
> 지구 및 우주공간 등 인간활동공간에 관련된 제반 과학적 현상을 정보화하고 시·공간적 분석을 통하여 그 효용성을 극대화하기 위한 정보체계로, CAD 및 그래픽 기능보다 다양하게 운용할 수 있는 정보시스템이다.

44 그림 중 토폴로지가 다른 것은?

①   ②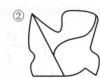

③  ④

Guide 위상(Topology)은 벡터자료의 점, 선, 면에 대해 공간관계를 정의하는 것으로 보기 ①, ②, ③의 그림에서 중심노드는 3개의 링크로 연결되며, 보기 ④의 그림에서 중심노드는 4개의 링크로 연결된다.
따라서 보기 ④는 인접성, 연결성 등이 보기 ①, ②, ③과는 다르게 저장된다.

45 지리정보시스템(GIS)에서 표준화가 필요한 이유에 대한 설명으로 거리가 먼 것은?

① 서로 다른 기관 간 데이터의 복제를 방지하고 데이터의 보안을 유지하기 위하여
② 데이터의 제작 시 사용된 하드웨어(H/W)나 소프트웨어(S/W)에 구애받지 않고 손쉽게 데이터를 사용하기 위하여
③ 표준 형식에 맞추어 하나의 기관에서 구축한 데이터를 많은 기관들이 공유하여 사용하기 위하여
④ 데이터의 공동 활용을 통하여 데이터의 중복 구축을 방지함으로써 데이터 구축비용을 절약하기 위하여

Guide GIS의 표준화 목적
각기 다른 사용목적으로 구축된 다양한 자료에 대한 접근의 용이성을 극대화하기 위한 것이다.

46 벡터 데이터와 래스터 데이터를 비교 설명한 것으로 옳지 않은 것은?

① 래스터 데이터의 구조가 비교적 단순하다.
② 래스터 데이터가 환경 분석에 더 용이하다.
③ 벡터 데이터는 객체의 정확한 경계선 표현이 용이하다.
④ 래스터 데이터도 벡터 데이터와 같이 위상을 가질 수 있다.

Guide 격자자료구조는 위상관계를 가지고 있지 않다.

47 건물이나 도로와 같이 지표면상에 존재하고 있는 모든 사물이나 개체에 대해 표준화된 고유한 번호를 부여하여 검색, 활용 및 관리를 효율적으로 하고자 하는 체계를 무엇이라 하는가?

① UGID ② UFID
③ RFID ④ USIM

Guide UFID(Unique Feature Identifier)
지형지물의 검색, 관리 및 재해방지, 물류, 부동산관리 등 지리정보의 다양한 활용을 위하여 지도상의 핵심 지형지물에 부여하는 고유번호이다.

48 지리정보시스템(GIS)의 구성요소가 아닌 것은?

① 기술(software와 hardware)
② 공공 기관
③ 자료(data)
④ 인력

Guide GIS 구성요소
하드웨어, 소프트웨어, 데이터베이스, 조직, 인력

49 위상모형을 통하여 얻을 수 있는 기초적 공간 분석으로 적절하지 않은 것은?

① 중첩 분석 ② 인접성 분석
③ 위험성 분석 ④ 네트워크 분석

Guide 위상관계(Topology)
공간관계를 정의하는 데 쓰이는 수학적 방법으로서 입력된 자료의 위치를 좌표값으로 인식하고 각각의 자료 간 정보를 상대적 위치로 저장하며, 선의 방향, 특성들 간의 관계, 연결성, 인접성, 영역 등을 정의함으로써 공간 분석을 가능하게 한다.

50 지리정보시스템(GIS) 산업의 성장에 긍정적인 영향을 준 것으로 거리가 먼 것은?

① 자료 시각화 기술의 발달
② 정보의 독점 강화
③ 오픈소스 기반 GIS 소프트웨어의 발달
④ 자료 유통체계 확립

> **Guide** 지리정보시스템을 이용함으로써 상호 간의 자료공유를 원활하게 하여 투자 및 조사의 중복을 극소화하며 이를 활용한 서비스뿐만 아니라 GIS 애플리케이션 개발, 모바일 GIS 등 GIS 시장이 다양하게 확대되고 있다.

51 GNSS 신호가 고도각이 작을수록 대기효과의 영향을 많이 받게 되는 주된 이유는?

① 수신기 안테나의 방향인 연직방향과 차이가 있기 때문이다.
② 위성과 수신기 사이의 거리가 상대적으로 멀기 때문이다.
③ 신호가 통과하는 대기층의 두께가 커지기 때문이다.
④ 신호의 주파수가 변하기 때문이다.

> **Guide** GNSS 신호는 고도각이 작을수록 대기층을 통과하는 신호의 길이가 더 길어지므로 대기효과의 영향을 더 많이 받게 된다(신호가 통과하는 대기층의 두께가 커지기 때문).

52 다음 중 지구좌표계가 아닌 것은?

① 경위도 좌표계
② 평면직교 좌표계
③ 황도 좌표계
④ 국제 횡메르카토르(UTM) 좌표계

> **Guide** 지구좌표계
> 경위도좌표계, 평면직교좌표계, UTM 좌표계, UPS 좌표계, WGS 좌표계, ITRF 좌표계 등

53 자료의 입력과정에서 발생하는 오류와 관계 없는 것은?

① 공간정보가 불완전하거나 중복된 경우
② 공간정보의 위치가 부정확한 경우
③ 공간정보가 좌표로 표현된 경우
④ 공간정보가 왜곡된 경우

> **Guide** 공간정보가 좌표로 표현된 경우는 입력과정에서 발생하는 오류와 관계가 없다.

54 항법메시지 파일에 포함되어 있지 않은 정보는?

① 위성궤도   ② 시계오차
③ 수신기위치   ④ 시간

> **Guide** 항법정보(Navigation Message)
> 위성의 궤도력과 시간자료, 항해력 그리고 위성들과 그 신호에 대한 정보들을 말하며, GPS 신호에 포함된 37,500비트의 메시지로 초당 50비트로 송신된다.

55 2차원 쿼드트리(Quadtree)에서 B의 면적은?(단, 최하단에서 하나의 셀 면적을 2로 가정한다.)

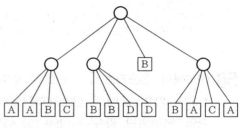

① 10   ② 12
③ 14   ④ 16

> **Guide** 세 번째 단 B의 면적 : 4개×2(최하단 단위면적) = 8
> 세 번째 단
>
> | B | | B | B | | | B |
>
> 두 번째 단 B의 면적 : 1개×8(단위면적의 4배) = 8
> 두 번째 단
>
> | B | B |
> |---|---|
> | B | B |
>
> ∴ B 면적의 합계 : 8 + 8 = 16

56 인접한 지도들의 경계에서 지형을 표현할 때 위치나 내용의 불일치를 제거하는 처리를 나타내는 용어는?

① 영상 강조(Image Enhancement)
② 경계선 정합(Edge Matching)
③ 경계 추출(Edge Detection)
④ 편집(Editing)

Guide 경계선 정합(Edge Matching)
인접한 지도들의 경계에서 지형을 표현할 때 위치나 내용의 불일치를 제거하는 처리방법이다.

57 RTK-GPS에 의한 세부측량을 설명한 것으로 옳은 것은?

① RTK-GPS 관측에 의해 지형도 등의 작성에 필요한 수치데이터를 취득하는 작업을 말한다.
② RTK-GPS 관측에 의해 구조물의 변형과 변위를 관측하는 작업을 말한다.
③ RTK-GPS 관측에 의해 국가기준점인 삼각점을 설치하는 작업을 말한다.
④ RTK-GPS 관측에 의해 국도변에 설치된 수준점의 타원체고를 구하는 작업을 말한다.

Guide 세부측량(Detail Surveying)
기준점 성과를 토대로 각종 측량 기법을 적용하여 목적에 맞는 세부적인 지모, 지물을 측정하는 것을 의미한다.

58 GPS에서 전송되는 L_1 신호의 주파수가 1,575.42MHz일 때 L_1 신호의 파장 200,000개의 거리는?[단, 광속(c) = 299,792,458m/s 이다.]

① 15,754.200m   ② 19,029.367m
③ 31,508.400m   ④ 38,058.734m

Guide $\lambda = \dfrac{c}{f}$ (λ : 파장, c : 광속, f : 주파수)에서
MHz를 Hz 단위로 환산하여 계산하면,
$\lambda = \dfrac{299,792,458}{1,575.42 \times 10^6} = 0.190293672m$
$\therefore L_1$ 신호의 200,000 파장거리
$= 200,000 \times 0.190293672 = 38,058.734\,m$

59 다음은 6×6 화소 크기의 래스터 데이터를 수치적으로 표현한 것이다. 이 데이터를 2×2 화소 크기의 데이터로 만들고자 한다. 2×2 화소 데이터의 수치값을 결정하는 방법으로 중앙값 방법(Median Method)을 사용하고자 할 때 결과로 옳은 것은?

2	1	3	2	1	3
2	3	1	1	1	3
1	1	1	1	2	2
2	1	3	2	1	3
2	3	2	2	3	2
2	2	2	3	3	3

①
1	2
2	3

②
1	1
2	3

③
2	2
2	2

④
3	1
3	3

Guide 중앙값 방법(Median Method)
영상결함을 제거하는 기법으로 어떤 영상소의 주변의 값을 작은 값부터 재배열한 후 가장 중앙의 값을 새로운 값으로 설정하여 치환하는 방법이다.

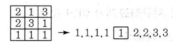 → 1,1,1,1 ☐1 2,2,3,3

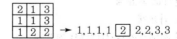 → 1,1,1,1 ☐2 2,2,3,3

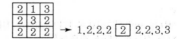 → 1,2,2,2 ☐2 2,2,3,3

 → 1,2,2,2 ☐3 3,3,3,3

$\therefore$
1	2
2	3

60 메타데이터(Metadata)에 대한 설명으로 옳지 않은 것은?

① 공간데이터와 관련된 일련의 정보를 제공해 준다.

② 자료를 생산, 유지, 관리하는 데 필요한 정보를 제공해 준다.

③ 대용량 공간 데이터를 구축하는 데 드는 엄청난 비용과 시간을 절약해 준다.

④ 공간데이터 제작자와 사용자 모두 표준용어와 정의에 동의하지 않아도 사용할 수 있다.

> **Guide** 메타데이터(Metadata)
> 데이터의 내용, 품질, 조건 및 특징 등을 저장한 데이터로서 데이터에 관한 데이터의 이력을 말한다.
> • 시간과 비용의 낭비 제거
> • 공간정보 유통의 효율성
> • 데이터에 대한 유지 · 관리 갱신의 효율성
> • 데이터에 대한 목록화
> • 데이터에 대한 적합성 및 장 · 단점 평가
> • 데이터를 이용하여 로딩

Subject 04 측량학

✔ 측량 관련 법규는 출제 당시 법률을 기준으로 해설되었음을 알려드립니다.

61 거리 관측 시 발생되는 오차 중 정오차가 아닌 것은?

① 표준장력과 가해진 장력의 차이에 의하여 발생하는 오차

② 표준길이와 줄자의 눈금이 틀려서 발생하는 오차

③ 줄자의 처짐으로 인하여 생기는 오차

④ 눈금의 오독으로 인하여 생기는 오차

> **Guide** 눈금의 오독으로 인하여 생기는 오차는 관측자의 미숙, 부주의에 의한 오차이므로 착오 또는 과실, 과대오차이다.

62 삼각망 중에서 조건식의 수가 가장 많으며, 정확도가 가장 높은 것은?

① 사변형망　　② 단열삼각망

③ 유심다각망　　④ 육각형망

> **Guide** 사변형망
> 기선 삼각망에 이용하며, 조건식의 수가 가장 많아 정밀도가 높고, 조정이 복잡하고 포함 면적이 작으며 시간과 비용이 많이 든다.

63 수준척을 사용할 때 주의해야 할 사항이 아닌 것은?

① 수준척은 연직으로 세워야 한다.

② 관측자가 수준척의 눈금을 읽을 때에는 수준척을 기계를 향하여 앞 · 뒤로 조금씩 움직여 제일 큰 눈금을 읽어야 한다.

③ 표척수는 수준척의 이음매에서 오차가 발생하지 않도록 하여야 한다.

④ 수준척을 세울 때는 침하하기 쉬운 곳에는 표척대를 놓고 그 위에 수준척을 세워야 한다.

> **Guide** 관측자가 수준척의 눈금을 읽을 때에는 수준척을 기계를 향하여 앞 · 뒤로 조금씩 움직여 제일 작은 눈금을 읽어야 한다.

64 다각측량의 수평각 관측에서 일명 협각법이라고도 하며, 어떤 측선이 그 앞의 측선과 이루는 각을 관측하는 방법은?

① 배각법　　② 편각법

③ 고정법　　④ 교각법

> **Guide** 각관측방법의 종류
> • 교각법 : 어떤 측선이 그 앞의 측선과 이루는 각을 관측하는 방법이다.
> • 편각법 : 각 측선이 그 앞측선의 연장선과 이루는 각을 관측하는 방법이다.
> • 배각법 : 수평각 관측에서 1개의 각을 2회 이상 관측하여 관측횟수로 나누어서 구하는 방법이다.
> • 고정법(부전법) : 방위각법으로 한 번의 잘못된 관측이 다음 관측에 누적된다는 단점과 여기서 얻어지는 방위각은 역방위각이기 때문에 180°를 감해야 하는 불편함이 있다.

정답 ◀ 60 ④　61 ④　62 ①　63 ②　64 ④

65 하천, 항만측량에 많이 이용되는 지형표시 방법으로 표고를 숫자로 도상에 나타내는 방법은?

① 점고법   ② 음영법
③ 채색법   ④ 등고선법

Guide 점고법
지면에 있는 임의 점의 표고를 도상에 숫자로 표시하는 방법으로 하천, 해양 등의 수심표시에 주로 이용된다.

66 지구의 반지름이 6,370km이며, 삼각형의 구과량이 15″일 때 구면삼각형의 면적은?

① 1,934km^2 ② 2,254km^2
③ 2,951km^2 ④ 3,934km^2

Guide
$$\varepsilon'' = \frac{A}{r^2} \cdot \rho''$$
$$\therefore A = \frac{\varepsilon'' \cdot r^2}{\rho''} = \frac{15'' \times 6,370^2}{206,265''} = 2,951\text{km}^2$$

67 직사각형 토지의 관측값이 가로변 = 100 ± 0.02cm, 세로변 = 50 ± 0.01cm이었다면 이 토지의 면적에 대한 평균제곱근오차는?

① ±0.707cm^2 ② ±1.03cm^2
③ ±1.414cm^2 ④ ±2.06cm^2

Guide
$$M = \pm\sqrt{(X \cdot \Delta y)^2 + (Y \cdot \Delta x)^2}$$
$$= \pm\sqrt{(100 \times 0.01)^2 + (50 \times 0.02)^2}$$
$$= \pm 1.414\text{cm}^2$$

68 각관측에서 망원경의 정위, 반위로 관측한 값을 평균하면 소거할 수 있는 오차는?

① 오독에 의한 착오   ② 시준축 오차
③ 연직축 오차   ④ 분도반의 눈금오차

Guide 시준축 오차
시준선이 수평축과 직각이 아니기 때문에 생기는 오차로, 망원경을 정위와 반위로 관측한 값의 평균값을 구하면 소거가 가능하다.

69 A점에서 트래버스측량을 실시하여 A점에 되돌아왔더니 위거의 오차 40cm, 경거의 오차는 25cm이었다. 이 트래버스측량의 전측선장의 합이 943.5m이었다면 트래버스측량의 폐합비는?

① 1/1,000   ② 1/2,000
③ 1/3,000   ④ 1/4,000

Guide
$$폐합오차 = \sqrt{(위거오차)^2 + (경거오차)^2}$$
$$= \sqrt{(0.40)^2 + (0.25)^2}$$
$$= 0.47\text{m}$$
$$\therefore 폐합비 = \frac{폐합오차}{전\ 측선장의\ 합} = \frac{0.47}{943.5} ≒ \frac{1}{2,000}$$

70 표준길이보다 3cm가 긴 30m의 줄자로 거리를 관측한 결과, 2점 간의 거리가 300m이었다면 실제거리는?

① 299.3m   ② 299.7m
③ 300.3m   ④ 300.7m

Guide
$$실제거리 = \frac{부정거리 \times 관측거리}{표준거리}$$
$$= \frac{30.03 \times 300}{30.00}$$
$$= 300.3\text{m}$$

71 직접수준측량을 하여 2km를 왕복하는 데 오차가 ±16mm이었다면 이것과 같은 정밀도로 측량하여 10km를 왕복 측량하였을 때 예상되는 오차는?

① ±20mm   ② ±25mm
③ ±36mm   ④ ±42mm

Guide $M = \pm E\sqrt{S}$ 에서 $\pm E$는 1km당 오차이며, S는 왕복거리이므로 16mm $= \pm E\sqrt{4}$ →
$E = \pm 8$mm
같은 정밀도이므로 1km당 오차는 같다.
$\therefore M = \pm 8$mm $\sqrt{20} = \pm 36$mm

72 삼변측량에 관한 설명 중 옳지 않은 것은?

① 삼변측량 시 Cosine 제2법칙, 반각공식을 이용하면 변으로부터 각을 구할 수 있다.

② 삼변측량의 정확도는 삼변망이 정오각형 또는 정육각형을 이루었을 때 가장 이상적이다.

③ 삼변측량 시 관측점에서 가능한 한 모든 점에 대한 변관측으로 조건식 수를 증가시키면 정확도를 향상시킬 수 있다.

④ 삼변측량에서 관측대상이 변의 길이이므로 삼각형의 내각이 $10°$ 이하인 경우에 매우 유용하다.

> **Guide** 삼변측량 시 세 내각이 $60°$에 가까우면 측각 및 계산상의 오차 영향을 줄일 수 있다.

73 광파거리측량기에 관한 설명으로 옳지 않은 것은?

① 두 점 간의 시준만 되면 관측이 가능하다.

② 안개나 구름의 영향을 거의 받지 않는다.

③ 주로 중·단거리 측정용으로 사용된다.

④ 조작인원은 1명으로도 가능하다.

> **Guide** 광파거리측량기
> 안개, 비, 눈 등 기후의 영향을 많이 받으며, 목표점에 반사경을 설치하여 되돌아오는 반사파의 위상과 발사파의 위상차로부터 거리를 구하는 기계이다.

74 지형도에서 80m 등고선상의 A점과 120m 등고선상의 B점 간의 도상거리가 10cm 이고, 두 점을 직선으로 잇는 도로의 경사도가 10%이었다면 이 지형도의 축척은?

① 1:500   ② 1:2,000

③ 1:4,000   ④ 1:5,000

> **Guide** A, B점 간의 경사도를 이용하여 실제 수평거리를 구하면,
> $$i(\%) = \frac{H}{D} \times 100 \rightarrow$$
> $$D = \frac{100}{i} \times H = \frac{100}{10} \times 40 = 400\text{m}$$

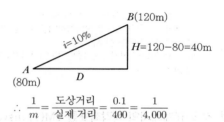

$$\therefore \frac{1}{m} = \frac{\text{도상거리}}{\text{실제 거리}} = \frac{0.1}{400} = \frac{1}{4,000}$$

75 공공측량성과를 사용하여 지도 등을 간행하여 판매하려는 공공측량시행자는 해당 지도 등의 필요한 사항을 발매일 며칠 전까지 누구에게 통보하여야 하는가?

① 7일 전, 국토관리청장

② 7일 전, 국토지리정보원장

③ 15일 전, 국토관리청장

④ 15일 전, 국토지리정보원장

> **Guide** 공간정보의 구축 및 관리 등에 관한 법률 시행규칙 제24조(공공측량성과 등의 간행)
> 공공측량성과를 사용하여 지도 등을 간행하여 판매하려는 공공측량시행자는 해당 지도 등의 크기 및 매수, 판매가격 산정서류를 첨부하여 해당 지도 등의 발매일 15일 전까지 국토지리정보원장에게 통보하여야 한다.

76 2년 이하의 징역 또는 2천만 원 이하의 벌금에 해당되지 않는 사항은?

① 측량기준점표지를 이전 또는 파손한 자

② 성능검사를 부정하게 한 성능검사대행자

③ 법을 위반하여 측량성과를 국외로 반출한 자

④ 측량성과 또는 측량기록을 무단으로 복제한 자

> **Guide** 공간정보의 구축 및 관리 등에 관한 법률 제108조(벌칙)
> 다음 각 호의 어느 하나에 해당하는 자는 2년 이하의 징역 또는 2천만원 이하의 벌금에 처한다.
> 1. 측량기준점표지를 이전 또는 파손하거나 그 효용을 해치는 행위를 한 자
> 2. 고의로 측량성과 또는 수로조사성과를 사실과 다르게 한 자
> 3. 측량성과를 국외로 반출한 자
> 4. 측량업의 등록을 하지 아니하거나 거짓이나 그 밖의 부정한 방법으로 측량업의 등록을 하고 측량업을 한 자
> 5. 수로사업의 등록을 하지 아니하거나 거짓이나 그 밖의 부정한 방법으로 수로사업의 등록을 하고 수로사업을 한 자
> 6. 성능검사를 부정하게 한 성능검사대행자

정답   72 ④   73 ②   74 ③   75 ④   76 ④

7. 성능검사대행자의 등록을 하지 아니하거나 거짓이나 그 밖의 부정한 방법으로 성능검사대행자의 등록을 하고 성능검사업무를 한 자

※ ④ : 1년 이하의 징역 또는 1천만 원 이하의 벌금에 해당한다.

77 각 좌표계에서의 직각좌표를 TM(Transverse Mercator, 횡단 머케이터) 방법으로 표시할 때의 조건으로 옳지 않은 것은?

① X축은 좌표계 원점의 적도선에 일치하도록 한다.
② 진북방향을 정(+)으로 표시한다.
③ Y축은 X축에 직교하는 축으로 한다.
④ 진동방향을 정(+)으로 한다.

> **Guide** 공간정보의 구축 및 관리 등에 관한 법률 시행령
> 제7조(세계측지계 등) 별표 2
> X축은 좌표계 원점의 자오선에 일치하여야 하고, 진북방향을 정(+)으로 표시하며, Y축은 X축에 직교하는 축으로서 진동방향을 정(+)으로 한다.

78 공간정보의 구축 및 관리 등에 관한 법률에 따른 설명으로 옳지 않은 것은?

① 모든 측량의 기초가 되는 공간정보를 제공하기 위하여 국토교통부장관이 실시하는 측량을 기본측량이라 한다.
② 국가, 지방자치단체, 그 밖에 대통령령으로 정하는 기관이 관계 법령에 따른 사업 등을 시행하기 위하여 기본측량을 기초로 실시하는 측량을 공공측량이라 한다.
③ 공공의 이해 또는 안전과 밀접한 관련이 있는 측량은 기본측량으로 지정할 수 있다.
④ 일반측량은 기본측량, 공공측량, 지적측량, 수로측량 외의 측량을 말한다.

> **Guide** 공간정보의 구축 및 관리 등에 관한 법률 제2조(정의)
> 공공측량이란 다음 각 목의 측량을 말한다.
> 가. 국가, 지방자치단체, 그 밖에 대통령령으로 정하는 기관이 관계 법령에 따른 사업 등을 시행하기 위하여 기본측량을 기초로 실시하는 측량
> 나. 가목 외의 자가 시행하는 측량 중 공공의 이해 또는 안전과 밀접한 관련이 있는 측량으로서 대통령령으로 정하는 측량

79 기본측량의 실시공고에 포함되어야 하는 사항으로 옳은 것은?

① 측량의 정확도
② 측량의 실시지역
③ 측량성과의 보관 장소
④ 설치한 측량기준점의 수

> **Guide** 공간정보의 구축 및 관리 등에 관한 법률 시행령
> 제12조(측량의 실시공고)
> 기본측량 및 공공측량의 실시공고에는 다음의 사항이 포함되어야 한다.
> 1. 측량의 종류
> 2. 측량의 목적
> 3. 측량의 실시기간
> 4. 측량의 실시지역
> 5. 그 밖에 측량의 실시에 관하여 필요한 사항

80 측량기기 중 토털 스테이션의 성능검사 주기로 옳은 것은?

① 1년   ② 2년
③ 3년   ④ 5년

> **Guide** 공간정보의 구축 및 관리 등에 관한 법률 시행령
> 제97조(성능검사의 대상 및 주기 등)
> 성능검사를 받아야 하는 측량기기와 검사주기는 다음과 같다.
> 1. 트랜싯(데오드라이트) : 3년
> 2. 레벨 : 3년
> 3. 거리측정기 : 3년
> 4. 토털 스테이션 : 3년
> 5. 지피에스(GPS) 수신기 : 3년
> 6. 금속관로 탐지기 : 3년

정답 77 ①   78 ③   79 ②   80 ③

본 문제의 해설은 출제자의 의도와 일치되지 않을 수 있으며, 문제 및 정답은 일부 오탈자가 있을 수 있으므로 학습시 의문사항이 있으면 예문사 또는 저자에게 문의하여 주시기 바랍니다.

Subject 01 응용측량

01 노선측량의 도로기점에서 곡선시점까지의 거리가 1,312.5m, 접선길이가 176.4m, 곡선길이가 320m라면 도로기점에서 곡선종점까지의 거리는?

① 1,488.9m
② 1,560.7m
③ 1,591.5m
④ 1,632.5m

Guide

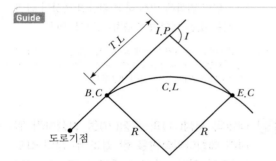

- $B.C$ (곡선시점) = 1,312.5m
- $C.L$ (곡선길이) = 320m
- ∴ 도로기점~$E.C$(곡선종점)까지의 거리
  = $B.C + C.L$ = 1,312.5 + 320 = 1,632.5m

02 그림과 같이 두 직선의 교점에 장애물이 있어 C, D 측점에서 방향각(α, β, γ)을 관측하였다. 교각(I)은?(단, $\alpha = 228°30'$, $\beta = 82°00'$, $\gamma = 136°30'$이다.)

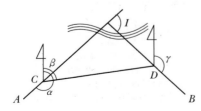

① 54°30′
② 88°00′
③ 92°00′
④ 146°30′

Guide

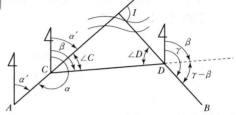

- $\overline{AC}$ 방위각$(\alpha') = \overline{CA}$ 방위각$(\alpha) - 180°$
  $= 228°30' - 180°$
  $= 48°30'$
- $\angle C = \overline{CD}$ 방위각$(\beta) - \overline{AC}$ 방위각(α')
  $= 82°00' - 48°30'$
  $= 33°30'$
- $\angle D = \overline{DB}$ 방위각$(\gamma) - \overline{CD}$ 방위각(β)
  $= 136°30' - 82°00'$
  $= 54°30'$
- ∴ 교각$(I) = \angle C + \angle D = 33°30' + 54°30' = 88°00'$

03 편각법에 의한 단곡선의 설치에 있어서 그림과 같이 호의 길이 10m를 현의 길이 10m로 간주하는 경우 δ_1과 δ_2의 차이는?
(단, 단곡선의 반지름은 120m이다.)

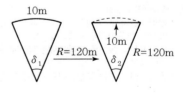

① 약 1″
② 약 5″
③ 약 10″
④ 약 15″

Guide
- $C.L$(곡선길이) $= 0.0174533 \cdot R \cdot I_1° \rightarrow$
  $I_1 = 4°46'29''$

- L(현의 길이) $= 2R \cdot \sin\dfrac{I_2}{2} \rightarrow$

  $I_2 = 4°46'34''$

  $\therefore \delta_1$과 δ_2의 차이 $= I_2 - I_1$
  $= 4°46'34'' - 4°46'29''$
  $= 0°00'05''$

04 클로소이드 공식 사이의 관계가 틀린 것은? (단, R : 곡률반지름, L : 완화곡선길이, τ : 접선각, A : 매개변수)

① $R \cdot L = A^2$ ② $\tau = \dfrac{L}{2R}$

③ $A^2 = \dfrac{L^2}{2\tau}$ ④ $\tau = \dfrac{A}{2R^2}$

Guide 클로소이드 기본식

$A^2 = R \cdot L = \dfrac{L^2}{2\tau} = 2\tau R^2$

05 완화곡선에 대한 설명으로 옳지 않은 것은?

① 모든 클로소이드는 닮은꼴이며, 클로소이드 요소는 길이의 단위를 가진 것과 단위가 없는 것이 있다.
② 클로소이드의 형식은 S형, 복합형, 기본형 등이 있다.
③ 완화곡선의 반지름은 시점에서 무한대, 종점에서 원곡선의 반지름으로 된다.
④ 완화곡선의 접선은 시점에서 원호에, 종점에서 직선에 접한다.

Guide 완화곡선의 성질
- 완화곡선의 반지름은 그 시작점에서 무한대이고, 종점에서는 원곡선의 반지름과 같다.
- 완화곡선의 접선은 시점에서는 직선에, 종점에서는 원호에 접한다.
- 완화곡선에 연한 곡선반경의 감소율은 캔트의 증가율과 같다.

06 터널측량에서 지표면상의 좌표와 터널 안의 좌표를 같게 하기 위한 측량은?

① 터널 내 · 외 연결측량
② 터널 내 좌표측량

③ 지하수준측량
④ 지상측량

Guide 터널 내 · 외 연결측량은 지상측량의 좌표를 지하측량의 좌표에 연결하여 터널 내 · 외를 동일좌표계로 구성하는 측량이다.

07 하천의 유량관측 방법에 대한 설명으로 틀린 것은?

① 수로 내에 둑을 설치하고, 사방댐의 월류량 공식을 이용하여 유량을 구할 수 있다.
② 수위유량곡선을 만들어서 필요한 수위에 대한 유량을 그래프상에서 구할 수 있다.
③ 직류부로서 흐름이 일정하고, 하상경사가 일정한 곳을 택해 관측하는 것이 좋다.
④ 수위의 변화에 의해 하천 횡단면 형상이 급변하는 곳을 택하여 관측하는 것이 좋다.

Guide 유량관측은 수위의 변화에 의해 하천 횡단면 형상이 급변하지 않고, 지질이 양호하며, 하상이 안정하여 세굴 · 퇴적이 일어나지 않는 곳이어야 한다.

08 터널의 시점(A)과 종점(B)을 결정하기 위하여 폐합다각측량을 한 결과 두 점의 좌표가 표와 같다. A에서 굴착하여야 할 터널 중심선의 방위각은?

측점	X	Y
A	82.973m	36.525m
B	112.973m	76.525m

① 53°07'48''   ② 143°07'48''
③ 233°07'48''   ④ 323°07'48''

Guide
$\tan\theta = \dfrac{Y_B - Y_A}{X_B - X_A} \rightarrow$

$\theta = \tan^{-1}\dfrac{Y_B - Y_A}{X_B - X_A}$

$= \tan^{-1}\dfrac{76.525 - 36.525}{112.973 - 82.973}$

$= 53°07'48''$(1상한)

$\therefore$ 터널 중심선의 방위각은 $53°07'48''$이다.

09 단곡선에서 곡선반지름이 100m, 곡선길이가 117.809m일 때 교각은?

① 1°10′41″　　② 11°46′51″
③ 67°29′58″　　④ 70°41′7″

> **Guide** $C.L$(곡선길이) $= 0.0174533 \cdot R \cdot I° \rightarrow$
> $117.809 = 0.0174533 \times 100 \times I°$
> $\therefore I° = \dfrac{117.809}{0.0174533 \times 100} = 67°29′58″$

10 종·횡단 고저측량에 의하여 얻은 각 측점의 단면적에 의하여 작성되는 유토곡선의 성질에 대한 설명으로 옳지 않은 것은?

① 유토곡선의 하향구간은 성토구간이고, 상향구간은 절토구간이다.
② 곡선의 저점은 절토에서 성토로, 정점은 성토에서 절토로 바뀌는 점이다.
③ 곡선과 평행선(기선)이 교차하는 점에서는 절토량과 성토량이 거의 같다.
④ 절토와 성토의 평균운반거리는 유토곡선 토량의 1/2점 간의 거리로 한다.

> **Guide** 유토곡선의 극소점(저점)은 성토에서 절토로, 극대점(정점)은 절토에서 성토로 바뀌는 점이다.

11 그림과 같은 도형의 면적은?

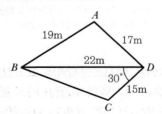

① 235.3m²　　② 238.6m²
③ 255.3m²　　④ 258.3m²

> **Guide** • △ABD 면적(삼변법 적용)
> $A = \sqrt{S(S-a)(S-b)(S-c)}$
> $= \sqrt{29(29-19)(29-17)(29-22)}$
> $= 156.1\text{m}^2$
> 여기서, $S = \dfrac{1}{2}(19+17+22) = 29\text{m}$

• △BCD 면적(이변협각법 적용)
$A = \dfrac{1}{2} \cdot \overline{CD} \cdot \overline{BD} \cdot \sin \angle D$
$= \dfrac{1}{2} \times 15 \times 22 \times \sin 30°$
$= 82.5\text{m}^2$
∴ 도형의 면적 $= 156.1 + 82.5 = 238.6\text{m}^2$

12 하천의 평균유속 측정법 중 2점법에 대한 설명으로 옳은 것은?

① 수면과 수저의 유속을 측정 후 평균한다.
② 수면으로부터 수심의 40%, 60% 지점의 유속을 측정 후 평균한다.
③ 수면으로부터 수심의 20%, 80% 지점의 유속을 측정 후 평균한다.
④ 수면으로부터 수심의 10%, 90% 지점의 유속을 측정 후 평균한다.

> **Guide** 2점법
> 수면으로부터 수심 $0.2H$, $0.8H$ 되는 곳의 평균유속을 구하는 방법이다.
> $V_m = \dfrac{1}{2}(V_{0.2} + V_{0.8})$

13 수위표(양수표)에 대한 설명으로 틀린 것은?

① 수위표의 영위는 최저수위보다 하위에 있어야 한다.
② 수위표 눈금의 최고위는 최대 홍수위보다 높아야 한다.
③ 수위표의 표고는 그 하천 하류부의 가장 낮은 곳을 높이의 기준으로 정한다.
④ 홍수 후에는 부근 수준점과 연결하여 그 표고를 확인해야 한다.

> **Guide** 양수표(수위표)의 영위(수위관측시설의 설치요령)
> • 양수표의 영위(점)는 하저수위의 밑에 있고, 양수표 눈금의 최고위는 최대 홍수위보다 높아야 한다.
> • 양수표에 있어서는 평균해수면의 표고를 관측해둔다.
> • 홍수표에는 수준점을 연결하여 그 표고를 확인한다.
> • 수위표는 cm 단위의 눈금이 있는 것을 원칙으로 하고 있으며 부근에 수준점을 설치한다.
> • 자동기록수위계는 반드시 수위표와 같이 설치한다.

정답 09 ③　10 ②　11 ②　12 ③　13 ③

14 곡선에 둘러싸인 부분의 면적을 계산할 때 이용되는 방법으로 적합하지 않은 것은?

① 모눈종이(Grid)법
② 구적기에 의한 방법
③ 좌표에 의한 계산법
④ 횡선(Strip)법

> **Guide** 좌표에 의한 계산법은 직선으로 둘러싸인 부분의 면적 계산방법으로 적당하다.

15 거리관측의 정확도를 $\dfrac{1}{M}$로 관측하여 토지의 면적을 계산하였다면 면적의 정확도는 약 얼마인가?

① $\dfrac{1}{\sqrt{M}}$
② $\dfrac{1}{M}$
③ $\dfrac{2}{M}$
④ $\dfrac{1}{M^2}$

> **Guide** $\dfrac{dA}{A} = \dfrac{1}{M} + \dfrac{1}{M} = \dfrac{2}{M}$

16 그림과 같은 경우에 심프슨 제1법칙에 의한 면적을 구하는 식으로 옳은 것은?

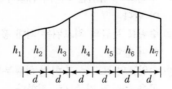

① $\dfrac{d}{3}\left[(h_1+h_7)+4(h_2+h_4+h_6)+2(h_3+h_5)\right]$

② $\dfrac{d}{3}(h_1+2h_2+3h_3+4h_4+5h_5+6h_6+7h_7)$

③ $\dfrac{d}{6}\left[(h_1+h_7)+4(h_2+h_4+h_6)+2(h_3+h_5)\right]$

④ $\dfrac{d}{6}(h_1+2h_2+3h_3+4h_4+5h_5+6h_6+7h_7)$

> **Guide** 심프슨 제1법칙
> $A = \dfrac{d}{3}\{h_1+h_7+4(h_2+h_4+h_6)+2(h_3+h_5)\}$

17 각과 위치에 의한 경관도의 정량화에서 시설물의 한 점을 시준할 때 시준선과 시설물 축선이 이루는 각(α)은 크기에 따라 입체감에 변화를 주는데 다음 중 입체감 있게 계획이 잘된 경관을 얻을 수 있는 범위로 가장 적합한 것은?

① $10° < \alpha \leq 30°$
② $30° < \alpha \leq 50°$
③ $40° < \alpha \leq 60°$
④ $50° < \alpha \leq 70°$

> **Guide** 시준선과 시설물 축선이 이루는 각(α)
> • $0° < \alpha \leq 10°$: 특이한 경관을 얻고 시점이 높게 된다.
> • $10° < \alpha \leq 30°$: 입체감이 있는 계획이 잘된 경관을 얻는다.
> • $30° < \alpha \leq 60°$: 입체감이 없는 평면적인 경관이 된다.

18 해안선측량은 해면이 약최고고조면에 달하였을 때 육지와 해면과의 경계를 결정하기 위한 측량방법을 말하는데 다음 중 해안선측량 방법에 해당하는 것은?

① 천부지층탐사
② GPS 측량
③ 수중촬영
④ 해저면 영상조사

> **Guide** 해안선측량방법
> 해수면이 약최고고조면에 이르렀을 때 육지와 해수면의 경계선은 토털스테이션, GPS측량, 항공레이저측량 등의 방법을 이용하여 획정할 수 있다.

19 그림은 택지조성지역의 표고값을 표시하고 있다. 이 지역의 토공량(V)과 토공량의 균형을 맞추기 위한 계획고(h)는?(단, 표고의 단위는 m이고, 분할된 각 면적은 동일하다.)

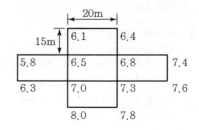

① $V = 6,225\text{m}^3$, $h = 4.15\text{m}$

② $V = 10,365\text{m}^3$, $h = 4.15\text{m}$

③ $V = 6,225\text{m}^3$, $h = 6.91\text{m}$

④ $V = 10,365\text{m}^3$, $h = 6.91\text{m}$

Guide
- $V = \dfrac{A}{4}(\sum h_1 + 2\sum h_2 + 3\sum h_3 + 4\sum h_4)$

  $= 10,365\text{m}^3$

  $\sum h_1 = 6.1 + 6.4 + 7.4 + 7.6 + 7.8 + 8.0 + 6.3 + 5.8$
  $= 55.4\text{m}$

  $\sum h_3 = 6.5 + 6.8 + 7.3 + 7.0 = 27.6\text{m}$

- $h = \dfrac{V}{n \cdot A} = \dfrac{10,365}{5 \times (20 \times 15)} = 6.91\text{m}$

20 측면주사음향탐지기(Side Scan Sonar)를 이용한 해저면영상조사에서 탐지할 수 없는 것은?

① 수중의 암초
② 노출암
③ 해저케이블
④ 바다에 침몰한 선박

Guide 해저면영상조사
측면주사음향탐지기(Side Scan Sonar)를 이용하여 해저면의 영상정보를 획득하는 조사작업을 말한다. 암초, 어초, 침선 등의 해저장애물 등을 탐지하는 것으로서 노출암 탐지와는 무관하다.

Subject 02 사진측량 및 원격탐사

21 원격탐사 시스템에서 시스템 자체특성이나 지구자전 및 곡률에 의해 나타나는 내부기하오차로 센서 특성과 천문력 자료의 분석을 통해 때때로 보정될 수 있는 영상 내 기하왜곡이 아닌 것은?

① 지구자전효과에 의한 휨 현상
② 탑재체의 고도와 자세 변화
③ 스캐닝 시스템에 의한 접선방향 축척 왜곡
④ 스캐닝 시스템에 의한 지상해상도 셀 크기의 변화

Guide 원격탐사 영상은 전형적으로 내부 및 외부적인 기하오차를 가지고 있다.

- 내부기하오차
  - 지구자전 효과에 의한 휨 현상
  - 스캐닝 시스템에 의한 지상해상도 셀 크기의 변화
  - 스캐닝 시스템에 의한 1차원 기복변위
  - 스캐닝 시스템에 의한 접선방향 축척 왜곡
- 외부기하오차
  - 고도 변화
  - 자세 변화(좌우회전, 전후회전, 수평회전)

22 항공사진측량에 의하여 제작된 수치지도의 위치 정확도에 영향을 주는 요소와 가장 거리가 먼 것은?

① 사진의 축척
② 도화기의 정확도
③ 지도 레이어의 개수
④ 지상기준점의 정확도

Guide 레이어는 한 주제를 다루는 데 중첩되는 다양한 자료들로 한 커버리지의 자료파일이므로 수치지도의 위치정확도와는 무관하다.

23 항공사진을 이용한 지형도 제작 단계를 크게 3단계로 구분할 때 작업 순서로 옳은 것은?

① 촬영 → 기준점측량 → 세부도화
② 세부도화 → 촬영 → 기준점측량
③ 세부도화 → 기준점측량 → 촬영
④ 촬영 → 세부도화 → 기준점측량

Guide 지형도의 작성순서
촬영계획 → 촬영 → 기준점측량 → 인화 → 세부도화 → 지형도

24 사진좌표계를 결정하는 데 필요하지 않은 사항은?

① 사진지표
② 좌표변환식
③ 주점의 좌표
④ 연직점의 좌표

Guide 사진좌표계는 주점을 원점으로 하는 2차원 좌표계로 사진좌표계는 지표좌표계 축과 각각 평행을 이루며 약간의 차이가 있다. 그러므로 좌표변환에 의해 사진좌표를 구한다.

정답 20 ② 21 ② 22 ③ 23 ① 24 ④

25 영상지도 제작에 사용되는 가장 적합한 영상은?

① 경사 영상 ② 파노라믹 영상
③ 정사 영상 ④ 지상 영상

Guide 영상지도는 편위수정을 거친 사진지도이므로 정사영상에 가깝다.

26 레이저스캐너와 GPS/INS로 구성되어 수치표고모델(DEM)을 제작하기에 용이한 측량 시스템은?

① LiDAR ② RADAR
③ SAR ④ SLAR

Guide LiDAR(Light Detection And Ranging)
GNSS, INS, 레이저스캐너를 항공기에 장착하여 레이저펄스를 지표면에 주사하고 반사된 레이저펄스의 도달시간 및 강도를 측정함으로써 반사지점의 3차원 위치좌표 및 지표면에 대한 정보를 추출하는 측량기법이다.

27 시차차에 관한 설명 중 옳지 않은 것은?

① 시차차의 크기는 촬영고도에 반비례한다.
② 시차차의 크기는 초점거리에 비례한다.
③ 시차차의 크기는 사진 축척의 분모수에 반비례한다.
④ 시차차의 크기는 촬영기선장에 비례한다.

Guide
$$h = \frac{H}{b_0} \cdot \Delta p \rightarrow \Delta p = \frac{h \cdot b_0}{H} = \frac{h \cdot b_0}{m \cdot f}$$

∴ 시차차의 크기는 초점거리에 반비례한다.

28 원격탐사 시스템에서 90°의 총 시야각과 10,000m의 고도를 가진 스캐닝 시스템의 지상관측 폭은?

① 10,000m ② 20,000m
③ 30,000m ④ 40,000m

Guide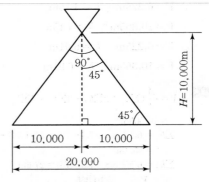

∴ 90°의 총 시야각과 10,000m의 고도를 가진 스캐닝 시스템의 지상관측 폭은 20,000m이다.

29 절대(대지)표정과 관계가 있는 것은?

① 표고결정, 시차측정
② 축척결정, 위치결정
③ 표정점 측량, 내부표정
④ 시차측정, 방위결정

Guide 절대표정
상호표정이 끝난 한 쌍의 입체사진에 대하여 축척, 수준면, 위치 결정을 하는 작업이다.

30 다음 중 우리나라가 운영하고 있는 인공위성은?

① IKONOS ② KOMPSAT
③ KVR ④ LANDSAT

Guide KOMPSAT은 우리나라가 운영하고 있는 아리랑위성을 말한다.

31 평지를 촬영고도 1,500m로 촬영한 연직사진이 있다. 이 밀착 사진상에 있는 건물 상단과 하단 간의 시차차를 관측한 결과가 1mm 였다면 이 건물의 높이는?(단, 사진기의 초점거리는 15cm, 사진크기는 23cm×23cm, 종중복도는 60%이다.)

① 10m ② 12.3m
③ 15m ④ 16.3m

Guide $h = \dfrac{H}{b_0} \cdot \Delta p = \dfrac{1,500}{0.092} \times 0.001 = 16.3\text{m}$

여기서, $b_0 = a(1-p) = 0.23(1-0.6) = 0.092\text{m}$

32 사진측량용 카메라의 렌즈와 일반 카메라의 렌즈를 비교한 것으로 옳지 않은 것은?

① 사진측량용 카메라 렌즈의 초점거리가 짧다.
② 사진측량용 카메라 렌즈의 수차(Distortion)가 적다.
③ 사진측량용 카메라 렌즈의 해상력과 선명도가 좋다.
④ 사진측량용 카메라 렌즈의 화각이 크다.

Guide 사진측량용 카메라 렌즈의 초점거리가 길다.

33 초점거리 150mm, 사진크기 23cm×23cm인 항공사진기로 종중복도 70%, 횡중복도 40%로 촬영하면 기선고도비는?

① 0.46 ② 0.61
③ 0.92 ④ 1.07

Guide 기선고도비$\left(\dfrac{B}{H}\right) = \dfrac{ma(1-p)}{m \cdot f} = \dfrac{a(1-p)}{f}$

$= \dfrac{0.23 \times (1-0.7)}{0.15} = 0.46$

34 축척 1:20,000의 항공사진으로 면적 1,000 km²의 지역을 종중복도 60%, 횡중복도 30%로 촬영하려고 할 경우 필요한 사진매수는?(단, 사진크기는 23cm×23cm로 매수의 안전율 30%를 가산한다.)

① 170매 ② 190매
③ 220매 ④ 250매

Guide 사진매수

$= \dfrac{F}{A_0}(1 + \text{안전율})$

$= \dfrac{F}{(ma)^2(1-p)(1-q)}(1+\text{안전율})$

$= \dfrac{1,000 \times 10^6}{(20,000 \times 0.23)^2(1-0.6)(1-0.3)} \times (1+0.3)$

$= 219.417 ≒ 220$매

35 각각의 입체 모형을 단위로 접합점과 기준점을 이용하여 여러 입체모형의 좌표들을 조정법에 의한 절대좌표로 환산하는 방법은?

① Aeropolygon법
② Independent Model법
③ Bundle Adjustment법
④ Block Adjustment법

Guide 독립모델법(IMT ; Independent Model Triangulation)
각 입체모델을 단위로 하여 접합점과 기준점을 이용하여 여러 입체모델의 좌표들을 조정방법에 의한 절대좌표로 환산하는 방법이다.

36 원격탐사에 대한 설명으로 옳지 않은 것은?

① 자료 수집 장비로는 수동적 센서와 능동적 센서가 있으며, Laser 거리관측기는 수동적 센서로 분류된다.
② 원격탐사 자료는 물체의 반사 또는 방사의 스펙트럴 특성에 의존한다.
③ 자료의 양은 대단히 많으며 불필요한 자료가 포함되어 있을 수 있다.
④ 탐측된 자료가 즉시 이용될 수 있으며 재해 및 환경문제 해결에 편리하다.

Guide Laser 거리관측기는 능동적 센서로 분류된다.

37 해석적 내부표정에서의 주된 작업내용은?

① 3차원 가상좌표를 계산하는 작업
② 표고결정 및 경사를 결정하는 작업
③ 1개의 통일된 블록좌표계로 변환하는 작업
④ 관측된 상좌표로부터 사진좌표로 변환하는 작업

Guide 내부표정(Inner Orientation)
도화기의 투영기에 촬영 시와 동일한 광학관계를 갖도록 양화필름을 정착시키는 작업이며, 사진의 주점을 도화기의 촬영 중심에 일치시키고 초점거리를 도화기 눈금에 맞추는 작업이 기계적 내부표정 방법이며, 상좌표로부터 사진좌표를 구하는 수치처리를 해석적 내부표정 방법이라 한다.

정답 32 ① 33 ① 34 ③ 35 ② 36 ① 37 ④

38 항공사진의 촬영에 대한 설명으로 옳지 않은 것은?

① 같은 사진기를 이용하여 촬영할 경우, 촬영고도와 촬영면적은 반비례한다.

② 같은 사진기를 이용하여 촬영할 경우, 촬영고도와 사진축척은 반비례한다.

③ 같은 사진기를 이용하여 촬영할 경우, 촬영고도와 촬영되는 폭은 비례한다.

④ 같은 사진기를 이용하여 촬영할 경우, 촬영고도를 2배로 하면 사진매수는 1/4로 줄어든다.

Guide 같은 사진기를 이용하여 촬영할 경우 촬영되는 폭은 촬영고도에 비례하고, 촬영면적은 촬영고도의 제곱에 비례하며, 사진축척은 촬영고도에 반비례한다.

39 원격탐사 자료처리 중 기하학적 보정에 해당되는 것은?

① 영상대조비 개선

② 영상의 밝기 조절

③ 화소의 노이즈 제거

④ 지표기복에 의한 왜곡 제거

Guide 기하학적 보정
- 지표의 기복에 의한 오차 제거
- 센서의 기하학적 특성에 의한 오차 제거
- 플랫폼의 자세에 의한 오차 제거

40 다음 중 항공사진을 재촬영하여야 할 경우가 아닌 것은?

① 인접한 사진의 축척이 현저한 차이가 있을 때

② 인접코스 간의 중복도가 표고의 최고점에서 3% 정도일 때

③ 항공기의 고도가 계획 촬영고도의 3% 정도 벗어날 때

④ 구름이 사진에 나타날 때

Guide 항공기의 고도가 계획 촬영고도의 15% 이상일 때 재촬영을 하여야 한다.

Subject 03 지리정보시스템(GIS) 및 위성측위시스템(GNSS)

41 객체지향용어인 다형성(Polymorphism)에 대한 설명으로 틀린 것은?

① 여러 개의 형태를 가진다는 의미의 그리스어에서 유래되었다.

② 동일한 이름의 함수를 여러 개 만드는 기법인 오버로딩(Overloading)도 다형성의 형태이다.

③ 동일한 객체 내의 또 다른 인터페이스를 통해서 사용자가 원하는 메소드와 프로퍼티에 접근하는 것을 뜻한다.

④ 여러 개의 서로 다른 클래스가 동일한 이름의 인터페이스를 지원하는 것도 다형성이다.

Guide 다형성(Polymorphism)
동일한 이름을 가진 메소드라도 객체의 특성에 따른 기능을 수행하는 것이다.

42 A점에 대한 GNSS 관측결과로 타원체고가 123.456m, 지오이드고가 +23.456m이었다면 지오이드면에서 A점까지의 높이는?

① 76.544m   ② 100.000m

③ 146.912m   ④ 170.368m

Guide 정표고 = 타원체고 - 지오이드고
$$= 123.456 - 23.456 = 100.000m$$

43 지리정보시스템(GIS)의 기능과 가장 거리가 먼 것은?

① 공간자료의 정보화

② 자료의 시공간적 분석

③ 의사결정 지원

④ 공간정보의 보안 강화

Guide 지리정보시스템(GIS)
지구 및 우주공간 등 인간활동공간에 관련된 제반 과학적 현상을 정보화하고 시·공간적 분석을 통하여 그 효용성을 극대화하기 위한 정보체계로 다양한 분야에서 의사결정에 활용될 수 있다.

44 태양폭풍 영향으로 GNSS 위성신호의 전파에 교란을 발생시키는 대기층은?

① 전리층　　　　② 대류권
③ 열권　　　　　④ 권계면

> **Guide** 태양폭풍
> 흑점 아래 모인 높은 에너지의 물질이 순간적으로 분출되는 것으로 먼저 강한 X선이 지구에 도달하여 전리층을 흔들고 무선 통신에 장애를 일으킨다.

45 쿼드트리(Quadtree)는 한 공간을 몇 개의 자식노드로 분할하는가?

① 2　　　　　　② 4
③ 8　　　　　　④ 16

> **Guide** 사지수형(Quadtree) 기법
> 어느 영역을 단계적으로 4분원하여 표시하고 더 이상 분할할 수 없을 때까지 반복하는 기법이다.

46 지리정보시스템(GIS)과 관련된 용어의 설명으로 옳지 않은 것은?

① 위치정보는 지물 및 대상물의 위치에 대한 정보로서 위치는 절대위치(실제공간)와 상대위치(모형공간)가 있다.
② 도형정보는 지형·지물 또는 대상물의 위치에 관한 자료로서, 지도 또는 그림으로 표현되는 경우가 많다.
③ 영상정보는 항공사진, 인공위성영상, 비디오 및 각종 영상의 수치 처리에 의해 취득된 정보이다.
④ 속성정보는 대상물의 자연, 인문, 사회, 행정, 경제, 환경적 특성을 도형으로 나타내는 지도정보로서 지형 공간적 분석은 불가능한 단점이 있다.

> **Guide** 속성정보
> 대상물의 자연, 인문, 사회, 행정, 경제, 환경적 특징을 나타내는 정보로서 지형 공간적 분석이 가능하다.

47 위성의 배치에 따른 정확도의 영향인 DOP에 대한 설명으로 틀린 것은?

① PDOP : 위치 정밀도 저하율

② HDOP : 수평위치 정밀도 저하율
③ VDOP : 수직위치 정밀도 저하율
④ TDOP : 기하학적 정밀도 저하율

> **Guide** DOP의 종류
> • GDOP : 기하학적 정밀도 저하율
> • PDOP : 위치정밀도 저하율(3차원 위치)
> • HDOP : 수평정밀도 저하율(수평위치)
> • VDOP : 수직정밀도 저하율(높이)
> • RDOP : 상대정밀도 저하율
> • TDOP : 시간정밀도 저하율

48 지리정보체계(GIS)의 공간데이터 중 래스터 자료 형태로 짝지어진 것은?

① GPS측량결과, 항공사진
② 항공사진, 위성영상
③ 수치지도, 항공사진
④ 수치지도, 위성영상

> **Guide** • 벡터 자료 형태 : GPS 측량결과, 수치지도
> • 래스터 자료 형태 : 항공사진, 위성영상

49 2개 이상의 실측값을 이용하여 그 사이에 있는 임의의 위치에 있는 지점의 값을 추정하는 방법으로, 표고점을 이용한 등고선의 구축이나 몇 개 지점의 온도자료를 이용한 대상지 전체 온도 지도 작성 등에 활용되는 공간정보 분석 방법은?

① 보간법　　　　② 버퍼링
③ 중력모델　　　④ 일반화

> **Guide** 보간법
> 주변부의 이미 관측된 값으로부터 관측되지 않은 점에 대한 속성값을 예측하거나 표본 추출 영역 내의 특정 지점값을 추정하는 기법이다.

50 국가 위성기준점을 활용하여 실시간으로 높은 정확도의 3차원 위치를 결정할 수 있는 측량방법은?

① Static GPS 측량　　② DGPS 측량
③ VRS 측량　　　　　④ VLBI 측량

■■ 측량 및 지형공간정보산업기사

Guide 가상기지국(VRS ; Virtual Reference Stations)
위치기반서비스를 하기 위해 GPS 위성 수신방식과 GPS 기지국으로부터 얻은 정보를 통합하여 임의의 지점에서 단말기 또는 휴대폰을 통하여 그 지점에서 정보를 얻기 위한 가상의 기지국이다.

51 지리정보시스템(GIS)의 구축 시 실세계의 참값과 구축된 시스템의 값을 비교·분석하기 위하여 시스템에서 추출한 속성값과 현장검사에 의한 속성의 참값을 행렬로 나타낸 것으로 데이터의 속성에 대한 정확도를 평가하는 데 매우 효과적인 것은?

① 오차행렬(Error Matrix)
② 카파행렬(Kappa Matrix)
③ 표본행렬(Sample Matrix)
④ 검증행렬(Verifying Matrix)

Guide 오차행렬(Error Matrix)
수치지도상(또는 영상분류결과)의 임의 위치에서 지도에 기입된 속성값을 확인하고, 현장검사에 의한 참값을 파악하여 행렬로 나타내는 것으로 정확도를 계산할 수 있다.

52 다음 정보 중 메타데이터의 항목이 아닌 것은?

① 자료의 정확도　　② 토지의 식생정보
③ 사용된 지도투영법　④ 지도의 지리적 범위

Guide 메타데이터의 기본요소
• 개요 및 자료소개
• 자료품질
• 자료의 구성
• 공간창조를 위한 정보
• 형상 및 속성정보
• 정보획득방법
• 참조정보

53 지형공간정보체계의 자료구조 중 벡터형 자료구조의 특징이 아닌 것은?

① 복잡한 지형의 묘사가 원활하다.
② 그래픽의 정확도가 높다.
③ 그래픽과 관련된 속성정보의 추출 및 일반화, 갱신 등이 용이하다.

④ 데이터베이스 구조가 단순하다.

Guide 벡터구조는 격자구조에 비해 자료구조가 복잡하다.

54 다음 관측값의 경중평균중심은 얼마인가?
[단, 좌표 = (x, y)]

점	x값	y값	경중률
A	3	4	2
B	2	5	1
C	1	4	3
D	5	2	1
E	2	1	2

① (2.2, 3.2)　　② (2.4, 3.2)
③ (1.6, 1.8)　　④ (1.3, 1.6)

Guide 경중평균중심
$$x = \frac{3\times2+2\times1+1\times3+5\times1+2\times2}{2+1+3+1+2} = 2.22\cdots$$
$$y = \frac{4\times2+5\times1+4\times3+2\times1+1\times2}{2+1+3+1+2} = 3.22\cdots$$
$$\therefore x = 2.2, y = 3.2$$

55 지리정보시스템(GIS)의 자료입력용 하드웨어가 아닌 것은?

① 스캐너　　　② 플로터
③ 디지타이저　④ 해석도화기

Guide 플로터(Plotter)
GIS의 도형·기호·숫자·문자 등의 수치자료를 눈으로 볼 수 있도록 종이에 자동적으로 묘사하는 장치를 총칭한 것이다.

56 디지타이저를 이용한 수치지도의 입력과정에서 발생 가능한 오차의 유형으로 거리가 먼 것은?

① 기계적 오류로 인해 실선이 파선으로 디지타이징되는 변질오차
② 온도나 습도 변화로 인한 종이지도의 신축으로 발생하는 위치오차
③ 입력자의 실수로 인해 발생하는 Overshooting이나 Undershooting

정답 51 ① 52 ② 53 ④ 54 ① 55 ② 56 ①

1004 • 부록 I

④ 작업 중 디지타이저상의 종이지도를 탈부착할 경우 발생하는 위치오차

Guide 디지타이징 오차
- 입력도면의 평탄성 오차
- 디지타이저 독취과정에서의 오차(Overshoot, Undershoot, Spike, Sliver 등)
- 도면등록 시의 오차

57 지리정보시스템(GIS)에서 사용되는 관계형 데이터베이스 모형의 특징에 해당되지 않는 것은?

① 정보를 추출하기 위한 질의의 형태에 제한이 없다.
② 모형 구성이 단순하고 이해가 빠르다.
③ 테이블의 구성이 자유롭다.
④ 테이블의 수가 상대적으로 적어 저장용량을 상대적으로 적게 차지한다.

Guide 관계형 데이터베이스(Related Database Management System)
- 2차원 행과 열로서 자료를 조직하고 접근하는 DB 체계이다(테이블로 저장).
- 관계되는 정보들을 전형적인 SQL 언어를 이용하여 접근한다.
- 다른 File로부터 자료항목을 다시 결합할 수 있고 자료 이용에 강력한 도구를 제공한다.

58 공공시설물이나 대규모의 공장, 관로망 등에 대한 지도 및 도면 등 제반정보를 수치 입력하여 시설물에 대한 효율적인 운영관리를 하는 종합적인 관리체계를 무엇이라 하는가?

① CAD/CAM
② AM(Automatic Mapping)
③ FM(Facility Mapping)
④ SIS(Surveying Information System)

Guide FM(Facility Management)
공공시설물이나 대규모의 공장, 관로망 등에 대한 지도 및 도면 등 제반정보를 수치 입력하여 시설물에 대한 효율적인 운영관리를 하는 정보체계이다.

59 동일한 경계를 갖는 두 개의 다각형을 중첩하였을 때 입력오차 등에 의하여 완전 중첩되지 않고 속성이 결여된 다각형이 발생하는 경우가 있다. 이를 무엇이라 하는가?

① Margin
② Undershoot
③ Sliver
④ Overshoot

Guide 슬리버(Sliver)
선 사이의 틈을 말하며, 두 다각형 사이에 작은 공간이 있어서 접촉되지 않는 다각형을 의미한다.

60 각 기관에서 생산한 수치지도를 어느 곳에 집중하여 인터넷으로 검색, 구입할 수 있는 곳을 무엇이라 하는가?

① 공간자료 정보센터(Spatial Data Clearing House)
② 공간자료 데이터베이스(Spatial Database)
③ 공간 기준계(Spatial Reference System)
④ 데이터베이스 관리시스템(Database Management System)

Guide 정보센터(Clearing House)
공간자료 생산기관, 사용자가 통신망을 매개로 상호 연결되어 필요한 공간정보 검색, 메타데이터 관리, 데이터 제공 및 판매하는 체계이며, 공간정보 유통관리기관이라고도 한다.

Subject 04 측량학

✔ 측량 관련 법규는 출제 당시 법률을 기준으로 해설되었음을 알려드립니다.

61 갑, 을, 병 세 사람이 기선측량을 한 결과 다음과 같은 결과를 얻었다면 최확값은?

- 갑 : 100.521±0.030m
- 을 : 100.526±0.015m
- 병 : 100.532±0.045m

① 100.521m
② 100.524m

③ 100.526m ④ 100.531m

Guide 경중률은 평균제곱근오차(m)의 제곱에 반비례하므로 경중률 비를 취하면,

$$W_1 : W_2 : W_3 = \frac{1}{m_1^2} : \frac{1}{m_2^2} : \frac{1}{m_3^2}$$

$$= \frac{1}{3^2} : \frac{1}{1.5^2} : \frac{1}{4.5^2}$$

$$= \frac{1}{9} : \frac{1}{2.25} : \frac{1}{20.25}$$

$$= 2.25 : 9 : 1$$

$$\therefore 최확값(L_0) = \frac{L_1 W_1 + L_2 W_2 + L_3 W_3}{W_1 + W_2 + W_3}$$

$$= 100.500 + \frac{(0.021 \times 2.25) + (0.026 \times 9)}{2.25 + 9 + 1}$$

$$= 100.526\text{m}$$

62 광파거리측량기(EDM)를 사용하여 두 점 간의 거리를 관측한 결과 1,234.56m이었다. 관측 시의 대기굴절률이 1.000310이었다면 기상보정 후의 거리는?(단, 기계에서 채용한 표준대기굴절률은 1.000325이다.)

① 1,234.54m ② 1,234.56m
③ 1,234.58m ④ 1,234.60m

Guide $D_s = D \cdot \frac{n_s}{n} = 1,234.56 \times \frac{1.000325}{1.000310} = 1,234.58\text{m}$

여기서, D_s : 기상보정 후거리
D : EDM 측정거리
n_s : 표준대기 굴절률
n : 측정 시 대기굴절률

63 평면직각좌표가 $(x_1,\ y_1)$인 P_1을 기준으로 관측한 P_2의 극좌표$(S,\ T)$가 다음과 같을 때 P_2의 평면직각좌표는?(단, x축은 북, y축은 동, T는 x축으로부터 우회로 측정한 각이다.)

$$x_1 = -234.5\text{m},\ y_1 = +1,345.7\text{m},$$
$$S = 813.2\text{m},\ T = 103°51'20''$$

① $x_2 = -39.8\text{m}$, $y_2 = 556.2\text{m}$

② $x_2 = -194.7\text{m}$, $y_2 = 789.5\text{m}$

③ $x_2 = -274.3\text{m}$, $y_2 = 1,901.9\text{m}$

④ $x_2 = -429.2\text{m}$, $y_2 = 2,135.2\text{m}$

Guide • $x_2 = x_1 + (S \cdot \cos T)$
$= -234.5 + (813.2 \times \cos 103°51'20'')$
$= -429.2\text{m}$
• $y_2 = y_1 + (S \cdot \sin T)$
$= 1,345.7 + (813.2 \times \sin 103°51'20'')$
$= 2,135.2\text{m}$
$\therefore x_2 = -429.2\text{m},\ y_2 = 2,135.2\text{m}$

64 1회 관측에서 ±3mm의 우연오차가 발생하였을 때 20회 관측 시의 우연오차는?

① ±6.7mm ② ±13.4mm
③ ±34.6mm ④ ±60.0mm

Guide $M = \pm m\sqrt{n} = \pm 3\sqrt{20} = \pm 13.4\text{mm}$

65 축척 1:3,000의 지형도를 만들기 위해 같은 도면크기의 축척 1:500의 지형도를 이용한다면 1:3,000 지형도의 1도면에 필요한 1:500 지형도는?

① 36매 ② 25매
③ 12매 ④ 6매

Guide

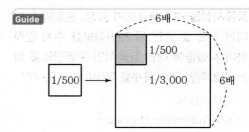

$\therefore$ 총 36매가 필요하다.

66 지반고 145.25m의 A지점에 토털스테이션을 기계고 1.25m 높이로 세워 B지점을 시준하여 사거리 172.30m, 타깃 높이 1.65m, 연직각 $-20°11'$을 얻었다면 B지점의 지반고는?

① 71.33m   ② 85.40m

③ 217.97m   ④ 221.67m

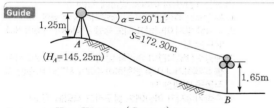

Guide

$$\therefore H_B = H_A + i_A - (S \cdot \sin\alpha) - i_B$$
$$= 145.25 + 1.25 - (172.30 \times \sin 20°11') - 1.65$$
$$= 85.40m$$

67 기설치된 삼각점을 이용하여 삼각측량을 할 경우 작업순서로 가장 적합한 것은?

㉮ 계획/준비	㉯ 조표
㉰ 답사/선점	㉱ 정리
㉲ 계산	㉳ 관측

① ㉮ → ㉰ → ㉯ → ㉳ → ㉲ → ㉱

② ㉮ → ㉯ → ㉰ → ㉲ → ㉳ → ㉱

③ ㉮ → ㉯ → ㉳ → ㉲ → ㉰ → ㉱

④ ㉮ → ㉰ → ㉯ → ㉲ → ㉳ → ㉱

Guide 삼각측량 작업순서
계획 → 준비 → 답사 → 선점 → 조표 → 관측 → 계산 → 정리

68 삼각측량에서 그림과 같은 사변형망의 각 조건식 수는?

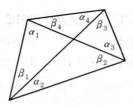

① 1개   ② 2개

③ 3개   ④ 4개

Guide 각 조건식 수 $= l - P + 1$
$$= 6 - 4 + 1 = 3$$
여기서, l : 변의 수
P : 삼각점의 수

69 어느 폐합트래버스의 전체 측선의 길이가 1,200m일 때, 폐합비를 $\frac{1}{6,000}$으로 한다면 축척 1:500의 도면에서 허용되는 최대오차는?

① ±0.2mm   ② ±0.4mm

③ ±0.8mm   ④ ±1.0mm

Guide
• 폐합비 $= \dfrac{\text{폐합오차}}{\text{전 거리}} \to$

$$\frac{1}{6,000} = \frac{E}{1,200} \to E = 0.20m$$

• $\dfrac{1}{m} = \dfrac{\text{도상거리}}{\text{실제거리}} \to$

$$\frac{1}{500} = \frac{\text{도상거리}}{0.20}$$

$\therefore$ 도상거리 $= \pm 0.0004m = \pm 0.4mm$

70 방위가 N 32°38′05″W인 측선의 역방위각은?

① 32°38′05″   ② 57°21′55″

③ 147°21′55″   ④ 212°38′05″

Guide

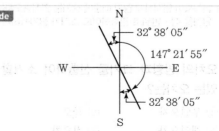

$\therefore$ 역방위각 $= 180° - 32°38′05″ = 147°21′55″$

71 삼각수준측량에서 지구가 구면이기 때문에 생기는 오차의 보정량은?(단, D : 수평거리, R : 지구 반지름이다.)

① $+\dfrac{2D}{R}$ ② $+\dfrac{D^2}{2R}$

③ $-\dfrac{2R}{D}$ ④ $-\dfrac{R^2}{2D}$

Guide 구차 $(E_c) = +\dfrac{D^2}{2R}$

정답   67 ①   68 ③   69 ②   70 ③   71 ②

72 축척 1:25,000 지형도에서 표고 105m와 348m 사이에 주곡선간격의 등고선 수는?

① 50개 ② 49개
③ 25개 ④ 24개

Guide

348m

H=243m

105m

∴ 1/25,000 지형도에서 주곡선간격은 10m이므로, 등고선 수는 24개이다.
(단, 문제에서 계곡선은 제외한다는 지문이 없으므로 계곡선도 주곡선으로 간주한다.)

73 각 측량의 기계적 오차 중 망원경의 정·반 위치에서 측정값을 평균해도 소거되지 않는 오차는?

① 연직축오차 ② 시준축오차
③ 수평축오차 ④ 편심오차

Guide 연직축이 연직하지 않기 때문에 생기는 연직축오차는 망원경을 정·반위로 관측하여도 소거가 불가능하다.

74 오차의 방향과 크기를 산출하여 소거할 수 있는 오차는?

① 우연오차 ② 착오
③ 개인오차 ④ 정오차

Guide 정오차
일정조건하에서 같은 방향과 같은 크기로 발생되는 오차로, 오차가 누적되므로 누차라고도 하며, 원인과 상태만 알면 제거가 가능한 오차이다.

75 무단으로 측량성과 또는 측량기록을 복제한 자에 대한 벌칙 기준으로 옳은 것은?

① 3년 이하의 징역 또는 3천만 원 이하의 벌금
② 2년 이하의 징역 또는 2천만 원 이하의 벌금
③ 1년 이하의 징역 또는 1천만 원 이하의 벌금
④ 300만 원 이하의 과태료

Guide 공간정보의 구축 및 관리 등에 관한 법률 제109조(벌칙)
다음 각 호의 어느 하나에 해당하는 자는 1년 이하의 징역 또는 1천만 원 이하의 벌금에 처한다.
1. 무단으로 측량성과 또는 측량기록을 복제한 자
2. 심사를 받지 아니하고 지도 등을 간행하여 판매하거나 배포한 자
3. 해양수산부장관의 승인을 받지 아니하고 수로도서지를 복제하거나 이를 변형하여 수로도서지와 비슷한 제작물을 발행한 자
4. 측량기술자가 아님에도 불구하고 측량을 한 자
5. 업무상 알게 된 비밀을 누설한 측량기술자 또는 수로기술자
6. 둘 이상의 측량업자에게 소속된 측량기술자 또는 수로기술자
7. 다른 사람에게 측량업등록증 또는 측량업등록수첩을 빌려주거나 자기의 성명 또는 상호를 사용하여 측량업무를 하게 한 자
8. 다른 사람의 측량업등록증 또는 측량업등록수첩을 빌려서 사용하거나 다른 사람의 성명 또는 상호를 사용하여 측량업무를 한 자
9. 지적측량수수료 외의 대가를 받은 지적측량기술자
10. 거짓으로 다음 각 목의 신청을 한 자
   가. 신규등록 신청
   나. 등록전환 신청
   다. 분할 신청
   라. 합병 신청
   마. 지목변경 신청
   바. 바다로 된 토지의 등록말소 신청
   사. 축척변경 신청
   아. 등록사항의 정정 신청
   자. 도시개발사업 등 시행지역의 토지이동 신청
11. 다른 사람에게 자기의 성능검사대행자 등록증을 빌려주거나 자기의 성명 또는 상호를 사용하여 성능검사대행업무를 수행하게 한 자
12. 다른 사람의 성능검사대행자 등록증을 빌려서 사용하거나 다른 사람의 성명 또는 상호를 사용하여 성능검사대행업무를 수행한 자

76 측량기기의 성능검사 주기로 옳은 것은?

① 레벨 : 3년 ② 트랜싯 : 2년
③ 거리측정기 : 4년 ④ 토털스테이션 : 2년

Guide 공간정보의 구축 및 관리 등에 관한 법률 시행령 제97조(성능검사의 대상 및 주기 등)
성능검사를 받아야 하는 측량기기와 검사주기는 다음과 같다.
1. 트랜싯(데오드라이트) : 3년
2. 레벨 : 3년
3. 토털스테이션 : 3년
4. 지피에스(GPS) 수신기 : 3년
5. 금속관로 탐지기 : 3년

정답 72 ④ 73 ① 74 ④ 75 ③ 76 ①

77 공공측량에 관한 공공측량 작업계획서를 작성하여야 하는 자는?

① 측량협회
② 측량업자
③ 공공측량시행자
④ 국토지리정보원장

Guide 공간정보의 구축 및 관리 등에 관한 법률 제17조(공공측량의 실시 등)

공공측량의 시행을 하는 자가 공공측량을 하려면 국토교통부령으로 정하는 바에 따라 미리 공공측량 작업계획서를 국토교통부장관에게 제출하여야 한다.

78 모든 측량의 기초가 되는 공간정보를 제공하기 위하여 국토교통부장관이 실시하는 측량은?

① 국가측량　　② 기본측량
③ 기초측량　　④ 공공측량

Guide 공간정보의 구축 및 관리 등에 관한 법률 제2조(정의)

기본측량이란 모든 측량의 기초가 되는 공간정보를 제공하기 위하여 국토교통부장관이 실시하는 측량을 말한다.

79 측량기준점에 대한 설명 중 옳지 않은 것은?

① 측량기준점은 국가기준점, 공공기준점, 지적기준점으로 구분된다.
② 국토교통부장관은 필요하다고 인정하는 경우에는 직접 측량기준점표지의 현황을 조사할 수 있다.
③ 측량기준점표지의 형상, 규격, 관리방법 등에 필요한 사항은 대통령령으로 정한다.
④ 측량기준점을 정한 자는 측량기준점표지를 설치하고 관리하여야 한다.

Guide 공간정보의 구축 및 관리 등에 관한 법률 제8조(측량기준점표지의 설치 및 관리)

측량기준점표지의 형상, 규격, 관리방법 등에 필요한 사항은 국토교통부령 또는 해양수산부령으로 정한다.

80 기본측량의 측량성과 고시에 포함되어야 하는 사항이 아닌 것은?

① 측량의 종류
② 측량성과의 보관 장소
③ 설치한 측량기준점의 수
④ 사용 측량기기의 종류 및 성능

Guide 공간정보의 구축 및 관리 등에 관한 법률 시행령 제13조(측량성과의 고시)

기본측량 및 공공측량의 측량성과 고시에는 다음의 사항이 포함되어야 한다.
1. 측량의 종류
2. 측량의 정확도
3. 설치한 측량기준점의 수
4. 측량의 규모(면적 또는 지도의 장수)
5. 측량실시의 시기 및 지역
6. 측량성과의 보관 장소
7. 그 밖에 필요한 사항

본 문제의 해설은 출제자의 의도와 일치되지 않을 수 있으며, 문제 및 정답은 일부 오탈자가 있을 수 있으므로 학습시 의문사항이 있으면 예문사 또는 저자에게 문의하여 주시기 바랍니다.

Subject 01 응용측량

01 축척에 대한 설명으로 옳은 것은?

① 축척 1:300의 도면상 면적은 실제 면적의 1/9,000이다.
② 축척 1:600인 도면을 축척 1:200으로 확대했을 때 도면의 크기는 3배가 된다.
③ 축척 1:500의 도면상 면적은 실제 면적의 1/1,000이다.
④ 축척 1:500인 도면을 축척 1:1,000으로 축소했을 때 도면의 크기는 1/4이 된다.

> **Guide** ① : $(1/300)^2 = 1/90,000$
> ② : 9배
> ③ : $(1/500)^2 = 1/250,000$

02 면적이 400m²인 정사각형 모양의 토지 면적을 0.4m²까지 정확하게 구하기 위해 한 변의 길이는 최대 얼마까지 정확하게 관측하여야 하는가?

① 1mm   ② 5mm
③ 1cm   ④ 5cm

> **Guide** $\dfrac{dA}{A} = 2\dfrac{dl}{l} \rightarrow$
> $\dfrac{0.4}{400} = 2 \times \dfrac{dl}{20}$
> $\therefore dl = 0.01\text{m} = 1\text{cm}$

03 반지름이 1,200m인 원곡선으로 종단곡선을 설치할 때 접선시점으로부터 횡거 20m 지점의 종거는?

① 0.17m   ② 1.45m
③ 2.56m   ④ 3.14m

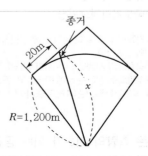

$x = \sqrt{20^2 + 1,200^2} = 1,200.17\text{m}$
∴ 종거 $= 1,200.17 - 1,200 = 0.17\text{m}$

04 도로 설계에서 클로소이드곡선의 매개변수(A)를 2배로 하면 동일한 곡선반지름에서 클로소이드곡선의 길이는 몇 배가 되는가?

① 2배   ② 4배
③ 6배   ④ 8배

> **Guide** $A^2 = R \cdot L \rightarrow (2)^2 = R \cdot L$
> ∴ 반경이 동일하므로 클로소이드 곡선의 길이는 4배가 된다.

05 교점이 기점에서 450m의 위치에 있고 교각이 30°, 중심말뚝 간격이 20m일 때, 외할(E)이 5m라면 시단현의 길이는?

① 2.831m   ② 4.918m
③ 7.979m   ④ 9.319m

> **Guide** • $E(\text{외할}) = R \cdot \left(\sec\dfrac{I}{2} - 1\right) \rightarrow$
> $5 = R \cdot \left(\sec\dfrac{30°}{2} - 1\right) \rightarrow R = 141.739\text{m}$
> • $T.L(\text{접선길이}) = R \cdot \tan\dfrac{I}{2} = 141.739 \times \tan\dfrac{30°}{2}$
> $= 37.979\text{m}$

정답 01 ④ 02 ③ 03 ① 04 ② 05 ③

• $B.C$ (곡선시점) = 총거리 − $T.L$
$$= 450 - 37.979$$
$$= 412.021\text{m(No.20} + 12.021\text{m)}$$
∴ l (시단현길이) = 20m − $B.C$ 추가거리
$$= 20 - 12.021$$
$$= 7.979\text{m}$$

06 어느 기간에서 관측수위 중 그 수위보다 높은 수위와 낮은 수위의 관측횟수가 같은 수위를 무엇이라 하는가?

① 평균수위   ② 최대수위
③ 평균저수위   ④ 평수위

> **Guide** 평수위(OWL)
> 어느 기간의 수위 중 이것보다 높은 수위와 낮은 수위의 관측 수가 똑같은 수위로 일반적으로 평균수위보다 약간 낮은 수위로서, 1년을 통해 185일은 이보다 저하하지 않는 수위를 말한다.

07 그림과 같은 지역을 점고법에 의해 구한 토량은?

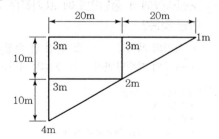

① 1,000m³   ② 1,250m³
③ 1,500m³   ④ 2,000m³

> **Guide** 토량(V) = $\dfrac{A}{4}\left(\sum h_1\right) + \dfrac{A}{3}\left(\sum h_1\right)$
> $$= \left(\frac{200}{4} \times 10\right) + \left(\frac{100}{3} \times 15\right)$$
> $$= 1,000\text{m}^3$$

08 터널 중심선측량의 가장 중요한 목적은?

① 터널 단면의 변위 관측
② 터널 입구의 정확한 크기 설정
③ 인조점의 올바른 매설
④ 정확한 방향과 거리측정

> **Guide** 터널 중심선측량의 목적은 양 터널입구의 중심선상에 기준점을 설치하고, 이 두 점의 좌표를 구하여 터널을 굴진하기 위한 정확한 방향과 거리를 측정하는 것이다.

09 지하시설물관측방법 중 지표면에서 지하로 고주파의 전자파를 방사하고 지하에서 반사되어 온 반사파를 수신하여 지하시설물의 위치를 판독하는 방법은?

① 전기관측법
② 지중레이더 관측법
③ 전자관측법
④ 탄성파관측법

> **Guide** 지중레이더 탐사법(Ground Penetration Radar Method)
> 지하를 단층 촬영하여 시설물 위치를 판독하는 방법으로 전자파가 반사되는 성질을 이용하여 지중의 각종 현상을 밝히는 것이다. 레이더는 원래 고주파의 전자파를 공기 중으로 방사시킨 후 대상물에서 반사되어 온 전자파를 수신하여 대상물의 위치를 알아내는 시스템이다.

10 그림과 같은 삼각형 ABC 토지의 한 변 $\overline{AC}$ 상의 점 D와 $\overline{BC}$ 상의 점 E를 연결하고 직선 $\overline{DE}$에 의해 삼각형 ABC의 면적을 2등분하고자 할 때 $\overline{CE}$의 길이는?(단, $\overline{AB} = 40$m, $\overline{AC} = 80$m, $\overline{BC} = 70$m, $\overline{AD} = 13$m 이다.)

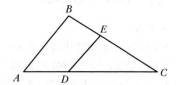

① 39.18m   ② 41.79m
③ 43.15m   ④ 45.18m

> **Guide** $\dfrac{\Delta CDE}{\Delta ABC} = \dfrac{m}{m+n} = \dfrac{\overline{CD} \cdot \overline{CE}}{\overline{AC} \cdot \overline{BC}}$
> ∴ $\overline{CE} = \dfrac{m}{m+n}\left(\dfrac{\overline{AC} \cdot \overline{BC}}{\overline{CD}}\right)$
> $$= \frac{1}{1+1}\left(\frac{80 \times 70}{80 - 13}\right)$$
> $$= 41.79\text{m}$$

정답 06 ④   07 ①   08 ④   09 ②   10 ②

11 경관평가요인 중 일반적으로 시설물의 전체 형상을 인식할 수 있고 경관의 주제로서 적당한 수평시각(θ)의 크기는?

① $0° \leq \theta \leq 10°$

② $10° < \theta \leq 30°$

③ $30° < \theta \leq 60°$

④ $60° \leq \theta < 90°$

Guide 수평시각(θ)
- $0° \leq \theta \leq 10°$: 시설물은 주위 환경과 일체가 되고 경관의 주제로서 대상에서 벗어난다.
- $10° < \theta \leq 30°$: 시설물의 전체 형상을 인식할 수 있고 경관의 주제로서 적당하다.
- $30° \leq \theta \leq 60°$: 시설물이 시계 중에 차지하는 비율이 크고 강조된 경관을 얻는다.
- $60° < \theta$: 시설물에 대한 압박감을 느끼기 시작한다.

12 해양측량에서 해저수심, 간출암 높이 등의 기준은?

① 평균해수면　　② 약최고고조면

③ 약최저저조면　　④ 평수위면

Guide 해양측량에서 해저수심, 간출암 높이 등은 약최저저조면을 기준으로 한다.

13 그림에서 댐 저수면의 높이를 100m로 할 경우 그 저수량은 얼마인가?(단, 80m 바닥은 평평한 것으로 가정한다.)

[관측값]
- 80m 등고선 내의 면적 : 300m²
- 90m 등고선 내의 면적 : 1,000m²
- 100m 등고선 내의 면적 : 1,700m²
- 110m 등고선 내의 면적 : 2,500m²

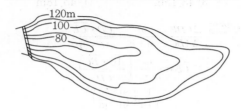

① 16,000m³　　② 20,000m³

③ 30,000m³　　④ 34,000m³

Guide 양단면 평균법을 적용하면,

$$V = \frac{h}{2}\{A_0 + A_2 + 2(A_1)\}$$
$$= \frac{10}{2} \times \{300 + 1,700 + 2(1,000)\}$$
$$= 20,000\text{m}^3$$

14 다음 중 터널 곡선부의 곡선 측설법으로 가장 적합한 방법은?

① 좌표법　　② 지거법

③ 중앙종거법　　④ 편각법

Guide 터널 곡선부의 곡선 측설법으로는 터널 내부가 협소하여 지거법, 접선편거와 현편거 방법을 이용하는 것이 일반적이나 최근 사용되는 토털스테이션에는 좌표 입력기능이 있어 각 측점의 좌표를 입력하여 측설하는 방법이 널리 이용되고 있다.

15 노선측량에서 종단면도에 표기하는 사항이 아닌 것은?

① 측점의 계획고　　② 측점 간 수평거리

③ 측점의 계획단면적　　④ 측점의 지반고

Guide 종단면도 표기사항
- 측점위치
- 측점 간의 수평거리
- 각 측점의 기점에서의 추가거리
- 각 측점의 지반고 및 고저기준점($B.M$)의 높이
- 측점에서의 계획고
- 지반고와 계획고의 차(성토, 절토)
- 계획선의 경사

16 클로소이드에 대한 설명으로 옳지 않은 것은?

① 모든 클로소이드는 닮은꼴로 클로소이드의 형은 하나밖에 없지만 매개변수를 바꾸면 크기가 다른 많은 클로소이드를 만들 수 있다.

② 클로소이드의 요소에는 길이의 단위를 가진 것과 단위가 없는 것이 있다.

③ 클로소이드는 나선의 일종으로 곡률이 곡선의 길이에 비례한다.

정답 11 ② 12 ③ 13 ② 14 ① 15 ③ 16 ④

④ 클로소이드에 있어서 접선각(τ)을 라디안으로 표시하면 곡선길이(L)와 반지름(R) 사이에는 $\tau = L/3R$인 관계가 있다.

Guide $A^2 = R \cdot L = \dfrac{L^2}{2\tau} = 2\tau R^2$에서 접선각($\tau$)을 라디안으로 표시하면 곡선길이($L$)와 반지름($R$) 사이에는 $\tau = L/2R$의 관계가 있다.

17 그림과 같이 $\overline{BC}$에 직각으로 $\overline{AB} = 96\text{m}$로 A점을 정하고 육분의(Sextant)로 배의 위치 $\angle APB$를 관측하여 $52°15'$을 얻었을 때 $\overline{BP}$의 거리는?

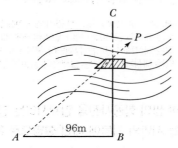

① 93.85m
② 83.85m
③ 74.33m
④ 64.33m

Guide $\tan\theta = \dfrac{\overline{AB}}{\overline{BP}}$

$\therefore \overline{BP} = \dfrac{\overline{AB}}{\tan\theta} = \dfrac{96}{\tan 52°15'} = 74.33\text{m}$

18 그림과 같은 사각형 $ABCD$의 면적은?

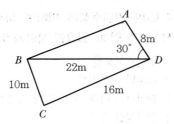

① 95.2m^2
② 105.2m^2
③ 111.2m^2
④ 117.3m^2

Guide
- $A_1 = \dfrac{1}{2}(ab\sin\theta) = \dfrac{1}{2}(8 \times 22 \times \sin 30°) = 44\text{m}^2$
- $A_2 = \sqrt{S(S-a)(S-b)(S-c)}$
  $= \sqrt{24(24-10)(24-22)(24-16)}$
  $= 73.3\text{m}^2$

여기서, $S = \dfrac{1}{2}(a+b+c) = \dfrac{1}{2}(10+22+16) = 24\text{m}$

$\therefore A = A_1 + A_2 = 44 + 73.3 = 117.3\text{m}^2$

19 수심이 h인 하천의 평균유속을 구하기 위해 각 깊이별 유속을 관측한 결과가 표와 같을 때, 3점법에 의한 평균유속은?

관측 깊이	유속(m/s)	관측 깊이	유속(m/s)
수면(0.0h)	3	0.6h	4
0.2h	3	0.8h	2
0.4h	5	바닥(1.0h)	1

① 3.25m/s
② 3.67m/s
③ 3.75m/s
④ 4.00m/s

Guide 3점법

$V_m = \dfrac{1}{4}(V_{0.2} + 2V_{0.6} + V_{0.8})$

$= \dfrac{1}{4}\{3 + (2 \times 4) + 2\}$

$= 3.25\text{m/s}$

20 교점($I.P.$)이 도로기점으로부터 300m 떨어진 지점에 위치하고 곡선반지름 $R = 200\text{m}$, 교각 $I = 90°$인 원곡선을 편각법으로 측설할 때, 종점($E.C.$)의 위치는?(단, 중심말뚝의 간격은 20m이다.)

① No.20 + 14.159m
② No.21 + 14.159m
③ No.22 + 14.159m
④ No.23 + 14.159m

Guide
- $T.L$(접선길이) $= R \cdot \tan\dfrac{I}{2} = 200 \times \tan\dfrac{90°}{2}$
  $= 200.000\text{m}$

정답 17 ③ 18 ④ 19 ① 20 ①

- $C.L$(곡선길이)$= 0.0174533 \cdot R \cdot I°$
  $= 0.0174533 \times 200 \times 90°$
  $= 314.159\text{m}$
- $B.C$(곡선시점)$=$ 총거리$- T.L$
  $= 300.000 - 200.000$
  $= 100.000\text{m}(\text{No.5} + 0.000\text{m})$
- $\therefore E.C$(곡선종점)$= B.C + C.L$
  $= 100.000 + 314.159$
  $= 414.159\text{m}(\text{No.20} + 14.159\text{m})$

Subject 02 사진측량 및 원격탐사

21 초점거리가 f이고, 사진의 크기가 $a \times a$인 카메라로 촬영한 항공사진이 촬영 시 경사도가 α이었다면 사진에서 주점으로부터 연직점까지의 거리는?

① $a \cdot \tan\alpha$
② $a \cdot \tan\dfrac{\alpha}{2}$
③ $f \cdot \tan\alpha$
④ $f \cdot \tan\dfrac{\alpha}{2}$

 Guide

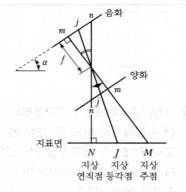

$\therefore$ 주점에서 연직점까지의 거리$(\overline{mn}) = f \cdot \tan\alpha$

22 지구자원탐사 목적의 LANDSAT(1~7호) 위성에 탑재되었던 원격탐사 센서가 아닌 것은?

① LANDSAT TM(Thematic Mapper)
② LANDSAT MSS(Multi Spectral Scanner)
③ LANDSAT HRV(High Resolution Visible)

④ LANDSAT ETM$^+$(Enhanced Thematic Mapper plus)

Guide HRV 센서는 프랑스 지구자원탐사 위성인 SPOT에 탑재되어 있다.

23 SAR(Synthetic Aperture Radar)의 왜곡 중에서 레이더 방향으로 기울어진 면이 영상에 짧게 나타나게 되는 왜곡 현상은?

① 음영(Shadow)
② 전도(Layover)
③ 단축(Foreshortening)
④ 스페클 잡음(Speckle Noise)

Guide 레이더 방향으로 기울어진 면이 영상면에 짧게 나타나게 되는 왜곡을 단축이라 한다. 단축현상에 의하여 근지점에 있는 대상체의 경사는 실제보다 심하게 보이며, 원지점에 있는 대상체의 경사는 실제보다 완만한 것처럼 보인다.

24 한 쌍의 항공사진을 입체시하는 경우 나타나는 지면의 기복에 대한 설명으로 옳은 것은?

① 실제보다 높이 차가 커 보인다.
② 실제보다 높이 차가 작아 보인다.
③ 실제와 같다.
④ 고저를 분별하기 힘들다.

Guide 한 쌍의 항공사진을 입체시하는 경우 같은 축척의 실제 모형을 보는 것보다 상이 약간 높게 보이는데, 이는 평면축척에 비하여 수직축척이 크게 되기 때문에 실제보다 높이 차가 커 보인다.

25 수치미분편위수정에 의하여 정사영상을 제작하고자 할 때 필요한 자료가 아닌 것은?

① 수치표고모델
② 디지털 항공영상
③ 촬영 시 사진기의 위치 및 자세정보
④ 영상정합 정보

Guide 수치미분편위수정에 의해 정사영상 제작 시 디지털영상, 촬영 당시 카메라의 위치 및 자세정보, 수치표고모델 등의 자료가 필요하다.

26 회전주기가 일정한 위성을 이용한 원격탐사의 특성이 아닌 것은?

① 단시간 내에 넓은 지역을 동시에 측정할 수 있으며 반복측정이 가능하다.
② 관측이 좁은 시야각으로 행해지므로 얻어진 영상은 정사투영에 가깝다.
③ 탐사된 자료가 즉시 이용될 수 있으며 환경문제 해결 등에 유용하다.
④ 언제나 원하는 지점을 원하는 시기에 관측할 수 있다.

Guide 위성은 궤도와 주기를 가지고 운동하기 때문에 원하는 지점 및 시기에 관측하기 어렵다.

27 원격탐사를 위한 센서를 탑재한 탑재체(Platform)가 아닌 것은?

① IKONOS
② LANDSAT
③ SPOT
④ VLBI

Guide VLBI는 초장기선간섭계로 준성을 이용한 우주전파 측량이다.

28 항공사진의 축척(Scale)에 대한 설명으로 옳은 것은?

① 카메라의 초점거리에 비례하고, 비행고도에 반비례한다.
② 카메라의 초점거리에 반비례하고, 비행고도에 비례한다.
③ 카메라의 초점거리와 비행고도에 반비례한다.
④ 카메라의 초점거리와 비행고도에 비례한다.

Guide $M = \dfrac{1}{m} = \dfrac{f}{H}$

여기서, M : 축척
m : 축척분모수
H : 비행고도
f : 초점거리

29 촬영고도 3,000m에서 초점거리 150mm인 카메라로 촬영한 밀착사진의 종중복도가 60%, 횡중복도가 30%일 때 이 연직사진의 유효모델 1개에 포함되는 실제면적은?(단, 사진크기는 18cm×18cm이다.)

① 3.52km²
② 3.63km²
③ 3.78km²
④ 3.81km²

Guide 사진축척$(M) = \dfrac{1}{m} = \dfrac{f}{H} = \dfrac{0.15}{3,000} = \dfrac{1}{20,000}$

∴ 유효면적$(A_0) = (ma)^2(1-p)(1-q)$
$= (20,000 \times 0.18)^2 \times (1-0.6) \times (1-0.3)$
$= 3,628,800\text{m}^2 ≒ 3.63\text{km}^2$

30 초점거리가 150mm인 카메라로 표고 300m인 평탄한 지역을 사진축척 1:15,000으로 촬영한 연직사진의 촬영고도(절대촬영고도)는?

① 2,250m
② 2,550m
③ 2,850m
④ 3,000m

Guide $M = \dfrac{1}{m} = \dfrac{f}{H} \rightarrow$

$\dfrac{1}{15,000} = \dfrac{0.15}{H} \rightarrow H = 2,250\text{m}$

∴ 절대촬영고도 = 2,250 + 300 = 2,550m

31 축척 1:5,000으로 평지를 촬영한 연직사진이 있다. 사진크기가 23cm×23cm, 종중복도가 60%라면 촬영기선길이는?

① 690m
② 460m
③ 920m
④ 1,380m

Guide 촬영기선길이$(B) = ma(1-p)$
$= 5,000 \times 0.23 \times (1-0.6)$
$= 460\text{m}$

정답 26 ④ 27 ④ 28 ① 29 ② 30 ② 31 ②

32 사진크기와 촬영고도가 같을 때 초광각카메라(초점거리 88mm, 피사각 120°)에 의한 촬영면적은 광각카메라(초점거리 152mm, 피사각 90°)에 의한 촬영면적의 약 몇 배가 되는가?

① 1.5배   ② 1.7배

③ 3.0배   ④ 3.4배

> **Guide** 사진의 크기(a)와 촬영고도(H)가 같을 경우 초광각카메라에 의한 촬영면적은 광각카메라의 경우에 약 3배가 넓게 촬영된다.
>
> $A_초 : A_광 = (ma)^2 : (ma)^2$
>
> $\qquad = \left(\dfrac{H}{f_초} \cdot a\right)^2 : \left(\dfrac{H}{f_광} \cdot a\right)^2$
>
> 여기서, 초광각카메라(f) : 약 88mm
> 광각카메라(f) : 약 150mm
> 보통각카메라(f) : 약 210mm

33 항공사진측량용 디지털카메라 중 선형배열 카메라(Linear Array Camera)에 대한 설명으로 틀린 것은?

① 선형의 CCD 소자를 이용하여 지면을 스캐닝하는 방식이다.

② 각각의 라인별로 중심투영의 특성을 가진다.

③ 각각의 라인별로 서로 다른 외부표정요소를 가진다.

④ 촬영방식은 기존의 아날로그 카메라와 동일하게 대상지역을 격자형태로 촬영한다.

> **Guide** 촬영방식이 기존의 아날로그 카메라와 동일하게 대상지역을 격자형태로 촬영한 카메라를 면형(Frame Array) 카메라라 한다.

34 지상좌표계로 좌표가 (50m, 50m)인 건물의 모서리가 사진상의 (11mm, 11mm) 위치에 나타났다. 사진상의 주점 위치는 (1mm, 1mm)이고, 투영중심은 (0m, 0m, 1,530m)라면 사진의 축척은?(단, 사진좌표계와 지상좌표계의 모든 좌표축의 방향은 일치한다.)

① 1:1,000   ② 1:2,000

③ 1:5,000   ④ 1:10,000

> **Guide** 사진축척(M) $= \dfrac{1}{m} = \dfrac{l}{L} = \dfrac{10}{50 \times 1,000} = \dfrac{1}{5,000}$

35 수치지도로부터 수치지형모델(DTM)을 생성하기 위하여 필요한 레이어는?

① 건물 레이어   ② 하천 레이어

③ 도로 레이어   ④ 등고선 레이어

> **Guide** 수치지도의 등고선 레이어 표고값을 이용하여 다양한 보간법을 통해 수치지형모델(DTM)을 생성한다.

36 절대표정에 대한 설명으로 틀린 것은?

① 절대표정을 수행하면 Tie Point에 대한 지상점 좌표를 계산할 수 있다.

② 상호표정으로 생성된 3차원 모델과 지상좌표계의 기하학적 관계를 수립한다.

③ 주점의 위치와 초점거리, 축척을 결정하는 과정이다.

④ 7개의 독립적인 지상좌표값이 명시된 지상기준점이 필요하다.

> **Guide** 절대표정은 축척의 결정, 수준면의 결정, 위치의 결정을 한다.

37 지상기준점과 사진좌표를 이용하여 외부표정 요소를 계산하기 위해 필요한 식은?

① 공선조건식   ② Similarity 변환식

③ Affine 변환식   ④ 투영변환식

> **Guide** 하나의 사진에서 촬영한 지상기준점이 주어지면 공선조건식에 의해 외부표정요소(X_0, Y_0, Z_0, κ, ϕ, ω)를 계산할 수 있다.

38 원격탐사 디지털 영상 자료 포맷 중 데이터세트 안의 각각의 화소와 관련된 n개 밴드의 밝기 값을 순차적으로 정렬하는 포맷은?

① BIL   ② BIP

③ BIT   ④ BSQ

Guide BIP는 디지털 영상자료 포맷 중 데이터 세트 안의 각각의 화소와 관련된 밴드의 밝기값을 순차적으로 정렬하는 형식이다.

39 항공라이다의 활용분야로 가장 거리가 먼 것은?

① 지하매설물의 탐지
② 빙하 및 사막의 DEM 생성
③ 수목의 높이 측정
④ 송전선의 3차원 위치 측정

Guide 항공라이다(LiDAR)의 활용
• 지형 및 일반구조물 측량
• 용적계산
• 구조물 변형 추정
• 가상현실, 건축 시뮬레이션
• 문화재 3차원 데이터 취득

40 복수의 입체모델에 대해 입체모델 각각에 상호표정을 행한 뒤에 접합점 및 기준점을 이용하여 각 입체모델의 절대표정을 수행하는 항공삼각측량의 조정방법은?

① 독립모델법 　　② 광속조정법
③ 다항식조정법 　　④ 에어로 폴리건법

Guide 독립모델법
각 입체모형을 단위로 하여 접합점과 기준점을 이용하여 여러 입체모형의 좌표들을 조정방법에 의하여 절대표정 좌표로 환산하는 방법이다.

Subject 03 지리정보시스템(GIS) 및 위성측위시스템(GNSS)

41 공간정보를 크게 두 가지 정보로 구분할 때, 다음 중 그 분류로 가장 적합한 것은?

① 위치정보(Positional Information)와 속성정보(Attribute Information)
② 객체정보(Object Information)와 형상정보(Entity Information)
③ 위치정보(Positional Information)와 형상정보(Entity Information)
④ 객체정보(Object Information)와 속성정보(Attribute Information)

Guide GIS 정보
• 위치정보 : 절대위치정보, 상대위치정보
• 특성정보 : 도형정보, 영상정보, 속성정보

42 다음 중 수치표고자료의 유형이 아닌 것은?

① DEM 　　② DIME
③ DTED 　　④ TIN

Guide 수치표고자료의 유형
• DEM : 식생과 인공지물을 포함하지 않는 지형만의 표고값을 표현
• DTM : 지표면의 표고값뿐만 아니라 지표의 다른 속성까지 포함하여 지형을 표현
• DSM(DTED) : 지표면의 표고값뿐만 아니라 인공지물(건물 등)과 지형·지물(식생 등)의 표고값을 표현
• TIN : 지형을 불규칙한 삼각형의 망으로 표현
• 등고선
※ DIME : 미 통계국에서 가로망과 관련된 자료를 기록하기 위해 사용한 수치자료 포맷

43 주어진 연속지적도에서 본인 소유의 필지와 접해 있는 이웃 필지의 소유주를 알고 싶을 때 필지 간의 위상관계 중에 어느 관계를 이용하는가?

① 포함성 　　② 일치성
③ 인접성 　　④ 연결성

Guide 위상관계 중 인접성은 대상물의 주변에 존재하는 이웃 대상물과의 관계를 의미한다.

44 벡터(Vector) 자료구조의 특징으로 옳지 않은 것은?

① 현실 세계의 정확한 묘사가 가능하다.
② 비교적 자료구조가 간단하다.
③ 압축된 데이터구조로 자료의 용량을 축소할 수 있다.
④ 위상관계의 제공으로 공간적 분석이 용이하다.

Guide 벡터구조는 격자구조에 비해 자료구조가 복잡하다.

45 주어진 Sido 테이블에 대해 다음과 같은 SQL 문에 의해 얻어지는 결과는?

> SQL > SELECT * FROM Sido WHERE POP > 2,000,000

Table : Sido

Do	AREA	PERIMETER	POP
강원도	1.61E+10	8.28E+05	1,431,101
경기도	1.06E+10	8.65E+05	8,713,789
충청북도	7.44E+09	7.57E+05	1,407,975
경상북도	1.90E+10	1.10E+06	2,602,203
충청남도	8.50E+09	8.60E+05	1,765,824

①

Do	AREA	PERIMETER	POP
경기도	1.06E+10	8.65E+05	8,713,789
경상북도	1.90E+10	1.10E+06	2,602,203

②

Do	AREA	PERIMETER
경기도	1.06E+10	8.65E+05
경상북도	1.90E+10	1.10E+06

③

Do	AREA
경기도	1.06E+10
경상북도	1.90E+10

④

Do
경기도
경상북도

Guide SQL 명령어 예
SELECT 선택 컬럼 FROM 테이블
WHERE 컬럼에 대한 조건값
• 문제구문 : SELECT * FROM Sido WHERE
POP > 2,000,000
• 해석 : Sido 테이블에서 POP 필드 중 2,000,000을 초과하는 모든 필드를 선택한다.

∴ 결과

Do	AREA	PERIMETER	POP
경기도	1.06E+10	8.65E+05	8,713,789
경상북도	1.90E+10	1.10E+06	2,602,203

46 GNSS측량방법 중 이동국 관측점에서 위성 신호를 처리한 성과와 기지국에서 송신된 위치자료를 수신하여 이동지점의 위치좌표를 바로 구할 수 있는 측량방법은?

① 정지식 측위방법   ② 후처리 측위방법
③ 역정밀 측위방법   ④ 실시간 이동식 측위방법

Guide DGNSS
GNSS에 의해 결정한 위치오차를 줄이는 기술로, 이미 알고 있는 기지점의 좌표를 이용하여 오차를 최대한 소거시켜 관측점의 위치 정확도를 높이기 위한 위치 결정 방식이다. 기지점에 기준국용 GNSS 수신기를 설치하고 위성을 관측하여 각 위성의 의사거리 보정값(항법메시지, 항법력, 위성의 시계오차)을 구하고, 이 보정값을 무선모뎀 등을 사용(실시간으로 보정된 의사거리송신)하여 이동국용 GNSS 수신기의 위치결정 오차를 개선하는 위치결정 형태를 말한다.

47 GPS측량의 체계구성을 크게 3가지로 나눌 때 해당되지 않는 것은?

① 사용자 부문   ② 우주 부문
③ 제어 부문   ④ 신호 부문

Guide GPS 구성
• 우주 부문(Space Segment)
• 제어 부문(Control Segment)
• 사용자 부문(User Segment)

48 공간 데이터의 메타데이터에 포함되는 주요 정보가 아닌 것은?

① 공간 참조정보   ② 데이터 품질정보
③ 배포정보   ④ 가격변동정보

Guide 메타데이터의 기본요소
• 식별정보
• 공간자료조직정보
• 객체 및 속성정보
• 메타데이터 참조정보
• 자료품질정보
• 공간참조정보
• 배포정보

정답 45 ① 46 ④ 47 ④ 48 ④

49 래스터 정보의 압축방법이 아닌 것은?

① Chain Code

② C/A Code

③ Run-Length Code

④ Block Code

> **Guide** 격자형 자료구조의 압축방법
> Chain Code 기법, Run-Length Code 기법, Block Code 기법, Quadtree 기법 등이 있다.

50 GNSS측량에 의해 어떤 지점의 타원체고 150.00m를 얻었다. 이 지점의 지오이드고가 20.00m라면 정표고는?

① 170.00m ② 140.00m

③ 130.00m ④ 120.00m

> **Guide** 정표고 = 타원체고 - 지오이드고
> = 150 - 20 = 130m

51 GNSS 측위기법 중에서 가장 정확도가 높은 방법은?

① Kinematic 측위 ② VRS 측위

③ Static 측위 ④ RTK 측위

> **Guide** 정지측량(Static Survey)
> 수신기를 장시간 고정한 채로 관측하는 방법으로 높은 정확도의 좌푯값을 얻고자 할 때 사용하는 방법이며, 기준점 측량에 이용되는 가장 일반적인 방법이다.

52 자료의 수집 및 취득 시 지리정보시스템(GIS)을 이용함으로써 기대할 수 있는 효과에 대한 설명으로 거리가 먼 것은?

① 투자 및 조사의 중복을 최소화할 수 있다.

② 분업과 합작을 통하여 자료의 수치화 작업을 용이하게 해준다.

③ 상호 간의 자료 공유와 유통이 제한적이므로 보안성이 향상된다.

④ 자료기반(Database)과 전산망 체계를 통하여 자료를 더욱 간편하게 사용하게 한다.

> **Guide** 지리정보시스템을 이용함으로써 상호 간의 자료공유가 원활하게 되며 공간정보산업의 진흥을 위하여 공간정보 등의 유통 활성화를 기대할 수 있다.

53 한 화소에 8bit를 할당하면 몇 가지를 서로 다른 값으로 표현할 수 있는가?

① 2 ② 8

③ 64 ④ 256

> **Guide** GIS 자료의 영상에서 각 픽셀의 밝기값을 256단계로 표현할 경우에는 8비트의 데이터양이 필요하다.

54 데이터 정규화(Normalization)에 대한 설명으로 옳은 것은?

① 데이터를 일정한 규칙이나 기준에 의해 중복을 최소화할 수 있도록 구조화하는 것이다.

② 공간데이터를 구분하거나 특성을 설명할 목적으로 속성값을 이용하여 화면에 표시하는 것이다.

③ 지리적인 좌표에 도로명 또는 우편번호와 같은 고유번호를 부여하는 것이다.

④ 공통이 되는 속성값을 기준으로 서로 구분되어 있는 사상(Feature)을 단순화하는 것이다.

> **Guide** 데이터 정규화(Normalization)
> 데이터를 일정한 규칙이나 기준에 의해 중복을 최소화할 수 있도록 구조화하는 것으로 관계형 데이터베이스에서 정규화를 수행하면 데이터처리 성능이 향상될 수 있다.

55 지리정보시스템(GIS) 소프트웨어가 갖는 CAD와의 가장 큰 차이점은?

① 대용량의 그래픽 정보를 다룬다.

② 위상구조를 바탕으로 공간분석 능력을 갖추었다.

③ 특정 정보만을 선택하여 추출할 수 있다.

④ 다양한 축척으로 자료를 출력할 수 있다.

> **Guide** CAD는 단순히 벡터 파일을 생성하고 각종 계산을 가능하게 하지만 GIS와 같이 위상정보를 저장하지 않아 공간분석 능력을 갖추고 있지 않다.

56 다음 중 디지타이징 입력에 따른 수치지도의 오류(일반적인 위상 에러) 유형이 아닌 것은?

① Sliver Polygon ② Under－Shoot
③ Spike ④ Margin

> **Guide** 수동방식(Digitizer)에 의한 입력 시 오차
> • Overshoot : 교차점을 지나서 선이 끝난다.
> • Undershoot : 교차점을 만나지 못한다.
> • Spike : 교차점에서 2개의 선분이 만나는 과정에서 발생한다.
> • Sliver Polygon : 동일 경계를 갖는 다각형의 경계 중첩 시 불필요한 다각형을 말한다.
> • Dangle(현수선) : 한쪽 끝이 다른 연결선이나 절점에 완전히 연결되지 않은 상태이다.

57 현실세계를 지리정보시스템(GIS) 자료형태로 표현하기 위하여 지리정보에 대한 정보구조, 표현, 논리적 구조, 제약조건 및 상호관계 등을 정의한 것을 무엇이라고 하는가?

① 데이터 모델
② 위상설정
③ 데이터 생산사양
④ 메타데이터

> **Guide** 데이터 모델(Data Model)
> 데이터, 데이터 관계, 데이터 의미 및 데이터 제약조건을 기술하기 위한 개념적 도구들의 집단으로 GIS에서는 지리정보에 대한 정보구조, 표현, 논리적 구조, 제약조건 및 상호관계 등을 정의한다.

58 수치표고모델(DEM)의 응용분야와 가장 거리가 먼 것은?

① 아파트 단지별 세입자 비율 조사
② 가시권 분석
③ 수자원 정보체계 구축
④ 절토량 및 성토량 계산

> **Guide** DEM은 지형의 표고값을 이용한 응용분야에 활용되며 아파트 단지별 세입자 비율 조사와는 관련이 없다.

59 다음의 도형 정보 중 차원이 다른 것은?

① 도로의 중심선
② 소방차의 출동 경로
③ 절대 표고를 표시한 점
④ 분수선과 계곡선

> **Guide** ① 도로의 중심선－1차원
> ② 소방차의 출동 경로－1차원
> ③ 절대 표고를 표시한 점－0차원
> ④ 분수선과 계곡선－1차원

60 오픈 소스 소프트웨어(Open Source Software)에 대한 설명으로 옳지 않은 것은?

① 일반 사용자에 의해서 소스코드의 수정과 재배포가 가능하다.
② 전문 프로그래머가 아닌 일반 사용자도 개발에 참여할 수 있다.
③ 사용자 인터페이스가 상업용 소프트웨어에 비해 우수한 것이 특징이다.
④ 소스코드가 제공됨으로써 자료처리 과정을 명확하게 이해할 수 있는 장점이 있다.

> **Guide** 오픈 소스 소프트웨어(Open Source Software)
> 무료이면서 소스코드를 개방한 상태로 실행 프로그램을 제공하는 동시에 소스코드를 누구나 자유롭게 개작 및 개작된 소프트웨어를 재배포할 수 있도록 허용된 소프트웨어이다.
> • 누구라도 소스코드를 읽고 사용 가능
> • 누구라도 버그 수정 및 개발 참여 가능
> • 프로그램을 복제하여 배포 가능
> • 소프트웨어의 소스코드 접근 가능
> • 프로그램을 개선할 수 있는 권리를 개발자에게 보장

Subject **04** 측량학

✔ 측량 관련 법규는 출제 당시 법률을 기준으로 해설되었음을 알려드립니다.

61 기포관 감도의 표시방법으로 옳은 것은?

① 기포관 길이에 대한 곡률중심의 사잇각
② 기포관 전체 눈금에 대한 곡률중심의 사잇각

③ 기포관 한 눈금에 대한 곡률중심의 사잇각

④ 기포관 $\frac{1}{2}$ 눈금에 대한 곡률중심의 사잇각

Guide 기포관의 감도
기포 1눈금(2mm)에 대한 중심각의 변화를 초로 나타낸 것을 말한다.

62 그림에서 $\overline{BC}$ 측선의 방위각은?(단, $\overline{AB}$ 측선의 방위각은 260°13′12″이다.)

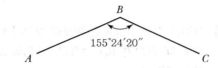

① 55°37′32″ ② 104°48′52″
③ 235°48′52″ ④ 284°48′52″

Guide $\overline{AB}$ 방위각 = 260°13′12″
∴ $\overline{BC}$ 방위각 = $\overline{AB}$ 방위각 + 180° − ∠B
= 260°13′12″ + 180° − 155°24′20″
= 284°48′52″

63 50m의 줄자로 거리를 측정할 때 ±3.0mm의 부정오차가 생긴다면 이 줄자로 150m를 관측할 때 생기는 부정오차는?

① ±1.0mm ② ±1.7mm
③ ±3.0mm ④ ±5.2mm

Guide $n = \frac{150}{50} = 3$회
∴ $M = \pm m\sqrt{n} = \pm 3\sqrt{3} = \pm 5.2$mm

64 축척 1:500 지형도를 이용하여 같은 크기의 1:5,000 지형도를 제작하려고 한다. 1:5,000 지형도 제작을 위해 필요한 1:500 지형도의 매수는?

① 10매 ② 50매
③ 100매 ④ 200매

Guide
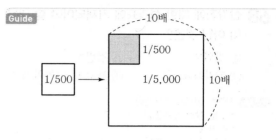

∴ 총 100매가 필요하다.

65 각 관측 시 최소제곱법으로 최확값을 구하는 목적은?

① 잔차를 얻기 위해서
② 기계오차를 없애기 위해서
③ 우연오차를 무리 없이 배분하기 위해서
④ 착오에 의한 오차를 제거하기 위해서

Guide 각 관측 시 최소제곱법으로 최확값을 구하는 목적은 측량에서 부정오차(우연오차)는 제거가 어려우므로 최소제곱법에 의해 부정오차(우연오차)를 무리 없이 배분하기 위해서이다.

66 지형도의 활용과 가장 거리가 먼 것은?

① 저수지의 담수 면적과 저수량의 계산
② 절토 및 성토 범위의 결정
③ 노선의 도상 선정
④ 지적경계측량

Guide 지형도의 활용
• 단면도 제작
• 등경사선 관측
• 유역면적 측정
• 성토 및 절토범위 측정
• 저수량 측정

67 토털스테이션의 구성요소와 관계가 없는 것은?

① 광파기
① 앨리데이드
③ 디지털 데오드라이트
④ 마이크로 프로세서(컴퓨터)

Guide 앨리데이드는 평판측량 장비이다.

68 삼각점에 대한 성과표에 기재되어야 할 내용이 아닌 것은?

① 경위도
② 점번호
③ 직각좌표
④ 표고 및 거리의 대수

Guide 기준점 성과표 기재사항
• 구분(삼각점/수준점 …)
• 점번호
• 도엽명칭(1/50,000)
• 경·위도(위도/경도)
• 직각좌표($X(N)$/$Y(E)$/원점)
• 표고
• 지오이드고
• 타원체고
• 매설연월

69 지구의 곡률에 의한 정밀도를 $\frac{1}{10,000}$까지 허용할 때 평면으로 볼 수 있는 거리를 구하는 식으로 옳은 것은?(단, 지구곡률반지름 = 6,370km이다.)

① $\sqrt{12 \times \frac{6,370^2}{10,000}}$
② $\frac{\sqrt{12 \times 6,370^2}}{10,000}$
③ $\sqrt{\frac{6,370^2}{10,000}}$
④ $\frac{\sqrt{6,370^2}}{10,000}$

Guide
$$\frac{d-D}{D} = \frac{1}{12} \cdot \left(\frac{D}{r}\right)^2 \rightarrow$$
$$\frac{1}{10,000} = \frac{1}{12} \times \frac{D^2}{6,370^2}$$
$$\therefore D = \sqrt{\frac{12 \times 6,370^2}{10,000}}$$

70 그림과 같은 △ABC에서 ∠A = 22°00′56″, ∠C = 80°21′54″, b = 310.95m라면 변 a의 길이는?

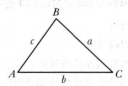

① 118.23m
② 119.34m
③ 310.95m
④ 313.86m

Guide
• ∠B = 180° − (∠A+∠C)
= 180° − (22°00′56″ + 80°21′54″)
= 77°37′10″
• 변 a의 길이(sine 법칙 적용)
$$\frac{b}{\sin\angle B} = \frac{a}{\sin\angle A}$$
$$\therefore a = \frac{\sin\angle A}{\sin\angle B} \times b = \frac{\sin 22°00′56″}{\sin 77°37′10″} \times 310.95$$
= 119.34m

71 그림과 같은 교호수준측량의 결과가 다음과 같을 때 B점의 표고는?(단, A점의 표고는 100m이다.)

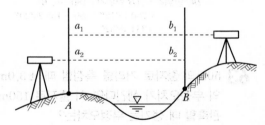

a_1 = 1.8m, a_2 = 1.2m,
b_1 = 1.0m, b_2 = 0.4m

① 100.4m
② 100.8m
③ 101.2m
④ 101.6m

Guide
$$\Delta H = \frac{1}{2}\{(a_1 - b_1) + (a_2 - b_2)\}$$
$$= \frac{1}{2}\{(1.8 - 1.0) + (1.2 - 0.4)\}$$
= 0.8m
$$\therefore H_B = H_A + \Delta H = 100.0 + 0.8 = 100.8m$$

72 150cm 표척의 최상단이 연직선에서 앞으로 10cm 기울어져 있을 때 표척의 레벨관측값이 1.2m였다면 표척이 기울어져 발생한 오차를 보정한 관측값은?

정답 68 ④ 69 ① 70 ② 71 ② 72 ①

① 119.73cm   ② 119.93cm

③ 149.47cm   ④ 149.79cm

Guide

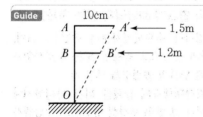

먼저 $\overline{BB'}$ 를 구하면

$1.2 : \overline{BB'} = 1.5 : 0.1$

$\overline{BB'} = 0.08\text{m}$

$\therefore \overline{OB}(\text{보정한 관측값}) = \sqrt{(\overline{OB'})^2 - (\overline{BB'})^2}$

$= \sqrt{1.2^2 - 0.08^2}$

$= 1.1973\text{m} = 119.73\text{cm}$

73 UTM 좌표에 관한 설명으로 옳은 것은?

① 각 구역을 경도는 8°, 위도는 6°로 나누어 투영한다.

② 축척계수는 0.9996으로 전 지역에서 일정하다.

③ 북위 85°부터 남위 85°까지 투영범위를 갖는다.

④ 우리나라는 51S~52S 구역에 위치하고 있다.

Guide UTM 좌표계

• 좌표계의 간격은 경도 6°마다 60지대로 나누고 각 지대의 중앙자오선에 대하여 횡메르카토르 투영을 적용한다.

• 경도의 원점은 중앙자오선이다.

• 위도의 원점은 적도상에 있다.

• 길이의 단위는 m이다.

• 중앙자오선에서의 축척계수는 0.99960이다.

• 종대에서 위도는 남, 북위 80°까지만 포함시키며 다시 8° 간격으로 20구역으로 나눈다.

• 우리나라는 51, 52종대 및 S, T횡대에 속한다.

74 그림과 같은 트래버스에서 $\overline{AL}$ 의 방위각이 19°48'26", $\overline{BM}$ 의 방위각이 310°36'43", 내각의 총합이 1,190°47'22"일 때 측각오차는?

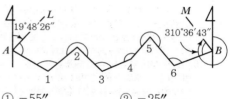

① $-55''$ ② $-25''$

③ $+25''$ ④ $+45''$

Guide $E_\alpha = W_a - W_b + [\alpha] - 180°(n-3)$

$= 19°48'26'' - 310°36'43''$

$+ 1,190°47'22'' - 180°(8-3)$

$= -0°00'55''$

75 지리학적 경위도, 직각좌표, 지구중심 직교좌표, 높이 및 중력 측정의 기준으로 사용하기 위하여 위성기준점, 수준점 및 중력점을 기초로 정한 기준점은?

① 통합기준점   ② 경위도원점

③ 지자기점   ④ 삼각점

Guide 공간정보의 구축 및 관리 등에 관한 법률 시행령 제8조 (측량기준점의 구분)

통합기준점은 지리학적 경위도, 직각좌표, 지구중심 직교좌표, 높이 및 중력 측정의 기준으로 사용하기 위하여 위성기준점, 수준점 및 중력점을 기초로 정한 기준점이다.

76 지도 등을 간행하여 판매하거나 배포할 수 없는 자에 해당되지 않는 것은?

① 피성년후견인

② 피한정후견인

③ 관련 규정을 위반하여 금고 이상의 실형을 선고받고 그 집행이 끝나거나 집행이 면제된 날부터 2년이 지나지 아니한 자

④ 관련 규정을 위반하여 금고 이상의 형의 집행유예를 선고받고 그 집행유예기간이 끝난 날부터 2년이 지나지 아니한 자

Guide 공간정보의 구축 및 관리 등에 관한 법률 제15조(기본측량성과 등을 사용한 지도 등의 간행)

다음의 어느 하나에 해당하는 자는 지도 등을 간행하여 판매하거나 배포할 수 없다.

1. 피성년후견인 또는 피한정후견인

2. 「공간정보의 구축 및 관리 등에 관한 법률」, 「국가보안

법」또는「형법」제87조부터 제104조까지의 규정을 위반하여 금고 이상의 실형을 선고받고 그 집행이 끝나거나(집행이 끝난 것으로 보는 경우를 포함한다) 집행이 면제된 날부터 2년이 지나지 아니한 자

3.「공간정보의 구축 및 관리 등에 관한 법률」,「국가보안법」또는「형법」제87조부터 제104조까지의 규정을 위반하여 금고 이상의 형의 집행유예를 선고받고 그 집행유예기간 중에 있는 자

77 측량기술자의 업무정지 사유에 해당되지 않는 것은?

① 근무처 등의 신고를 거짓으로 한 경우
② 다른 사람에게 측량기술경력증을 빌려준 경우
③ 경력 등의 변경신고를 거짓으로 한 경우
④ 측량기술자가 자격증을 분실한 경우

> **Guide** 공간정보의 구축 및 관리 등에 관한 법률 제42조(측량기술자의 업무정지 등)
> 국토교통부장관 또는 해양수산부장관은 측량기술자가 다음의 어느 하나에 해당하는 경우에는 1년 이내의 기간을 정하여 측량업무의 수행을 정지시킬 수 있다.
> 1. 근무처 및 경력 등의 신고 또는 변경신고를 거짓으로 한 경우
> 2. 다른 사람에서 측량기술경력증을 빌려주거나 자기의 성명을 사용하여 측량업무를 수행하게 한 경우

78 공공측량 작업계획서에 포함되어야 할 사항이 아닌 것은?

① 공공측량의 사업명
② 공공측량의 작업기간
③ 공공측량의 용역 수행자
④ 공공측량의 목적 및 활용 범위

> **Guide** 공간정보의 구축 및 관리 등에 관한 법률 시행규칙 제21조(공공측량 작업계획서의 제출)
> 공공측량 작업계획서에 포함되어야 할 사항은 다음과 같다.
> 1. 공공측량의 사업명
> 2. 공공측량의 목적 및 활용 범위
> 3. 공공측량의 위치 및 사업량
> 4. 공공측량의 작업기간
> 5. 공공측량의 작업방법
> 6. 사용할 측량기기의 종류 및 성능
> 7. 사용할 측량성과의 명칭, 종류 및 내용
> 8. 그 밖에 작업에 필요한 사항

79 공간정보의 구축 및 관리 등에 관한 법률에 의한 벌칙으로 2년 이하의 징역 또는 2천만 원 이하의 벌금에 해당되지 않는 것은?

① 측량업자나 수로사업자로서 속임수, 위력, 그 밖의 방법으로 측량업 또는 수로사업과 관련된 입찰의 공정성을 해친 자
② 성능검사대행자의 등록을 하지 아니하거나 거짓이나 그 밖의 부정한 방법으로 성능검사대행자의 등록을 하고 성능검사업무를 한 자
③ 고의로 측량성과 또는 수로조사성과를 사실과 다르게 한 자
④ 성능검사를 부정하게 한 성능검사대행자

> **Guide** 공간정보의 구축 및 관리 등에 관한 법률 제108조(벌칙)
> 2년 이하의 징역 또는 2천만 원 이하의 벌금에 해당하는 사항은 다음과 같다.
> 1. 측량기준점표지를 이전 또는 파손하거나 그 효용을 해치는 행위를 한 자
> 2. 고의로 측량성과 또는 수로조사성과를 사실과 다르게 한 자
> 3. 법률을 위반하여 측량성과를 국외로 반출한 자
> 4. 측량업의 등록을 하지 아니하거나 거짓이나 그 밖의 부정한 방법으로 측량업의 등록을 하고 측량업을 한 자
> 5. 수로사업의 등록을 하지 아니하거나 거짓이나 그 밖의 부정한 방법으로 수로사업의 등록을 하고 수로사업을 한 자
> 6. 성능검사를 부정하게 한 성능검사대행자
> 7. 성능검사대행자의 등록을 하지 아니하거나 거짓이나 그 밖의 부정한 방법으로 성능검사대행자의 등록을 하고 성능검사업무를 한 자
> ※ ①번은 3년 이하의 징역 또는 3천만 원 이하의 벌금에 처한다.

80 공간정보의 구축 및 관리 등에 관한 법률에 따라 다음과 같이 정의되는 것은?

> 해양의 수심·지구자기·중력·지형·지질의 측량과 해안선 및 이에 딸린 토지의 측량을 말한다.

① 해양측량   ② 수로측량
③ 해안측량   ④ 수자원측량

> **Guide** 공간정보의 구축 및 관리 등에 관한 법률 제2조(정의)

본 문제의 해설은 출제자의 의도와 일치되지 않을 수 있으며, 문제 및 정답은 일부 오탈자가 있을 수 있으므로 학습시 의문사항이 있으면 예문사 또는 저자에게 문의하여 주시기 바랍니다.

Subject 01 응용측량

01 그림과 같이 양 단면의 면적이 A_1, A_2이고, 중앙 단면의 면적이 A_m인 지형의 체적을 구하는 각주공식으로 옳은 것은?

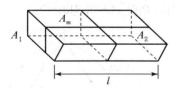

① $V = \dfrac{l}{6}(A_1 + 4A_m + A_2)$

② $V = \dfrac{l}{3}(A_1 + \sqrt{A_1 A_2} + A_2)$

③ $V = \dfrac{l}{8}(A_1 + 4A_2 + 3A_m)$

④ $V = \dfrac{l}{3}(A_1 + A_m + A_2)$

Guide 각주공식

$$V = \dfrac{\frac{l}{2}}{3}(A_1 + 4A_m + A_2)$$
$$= \dfrac{l}{6}(A_1 + 4A_m + A_2)$$

02 깊이 100m, 지름 5m 정도의 수직터널에서 터널 내외의 연결측량을 하고자 할 때 가장 적당한 방법은?

① 삼각법
② 트랜싯과 추선에 의한 방법
③ 정렬법
④ 사변형법

Guide 1개의 수직터널에 의한 연결방법에서 얕은 수직터널에서는 보통 철선, 동선, 황동선 등이 사용되며, 깊은 수직터널에서는 피아노선이 이용된다. 깊이가 100m인 깊은 수직터널이므로 트랜싯과 추선을 이용하는 것이 타당하다.

03 하천측량을 하는 주된 목적으로 가장 적합한 것은?

① 하천의 형상, 기울기, 단면 등 그 하천의 성질을 알기 위하여
② 하천 개수공사나 하천 공작물의 계획, 설계, 시공에 필요한 자료를 얻기 위하여
③ 하천공사의 토량계산, 공비의 산출에 필요한 자료를 얻기 위하여
④ 하천의 개수작업을 하여 흐름의 소통이 잘되게 하기 위하여

Guide 하천측량은 하천의 형상, 수위, 단면, 구배 등을 관측하여 하천의 평면도, 종 · 횡단면도를 작성함과 동시에 유속, 유량, 기타 구조물을 조사하여 각종 수공설계, 시공에 필요한 자료를 얻기 위한 것이다.

04 터널 내 A점의 좌표가 $(1,265.45\text{m}, -468.75\text{m})$, B점의 좌표가 $(2,185.31\text{m}, 1,961.60\text{m})$이며, 높이가 각각 36.30m, 112.40m인 두 점을 연결하는 터널의 경사거리는?

① 2,248.03m ② 2,284.30m
③ 2,598.60m ④ 2599.72m

Guide • $\overline{AB}$수평거리$(D) = \sqrt{(X_B - X_A)^2 + (Y_B - Y_A)^2}$
$= \sqrt{\begin{array}{l}(2,185.31 - 1,265.45)^2 \\ + (1,961.60 - (-468.75))^2\end{array}}$
$= 2,598.60\text{m}$

• $\overline{AB}$고저차$(H) = Z_B - Z_A$
$= 112.40 - 36.30 = 76.10\text{m}$

∴ $\overline{AB}$경사거리 $= \sqrt{D^2 + H^2}$
$= \sqrt{2,598.60^2 + 76.10^2}$
$≒ 2,599.72\text{m}$

정답 01 ① 02 ② 03 ② 04 ④

05 그림과 같은 단면의 면적은?

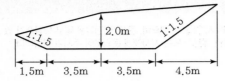

① 6.45m² ② 13.25m²

③ 20.00m² ④ 26.75m²

Guide

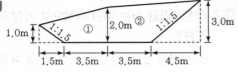

- 단면적(A_1)

$$= \left(\frac{1.0+2.0}{2} \times 5.0 \right) - \left(\frac{1}{2} \times 1.5 \times 1.0 \right)$$

$$= 6.75\text{m}^2$$

- 단면적(A_2)

$$= \left(\frac{2.0+3.0}{2} \times 8.0 \right) - \left(\frac{1}{2} \times 4.5 \times 3.0 \right)$$

$$= 13.25\text{m}^2$$

∴ 전체 단면적(A) $= A_1 + A_2$

$$= 6.75 + 13.25$$

$$= 20.00\text{m}^2$$

06 그림과 같은 지역의 각 점에 대한 시공기면에 대한 높이의 합이 $\sum h_1 = 0.40$m, $\sum h_2 = 2.00$m, $\sum h_3 = 1.00$m, $\sum h_4 = 0.75$m, $\sum h_6 = 1.20$m이었다면 흙깎기 토량(절토량)은?

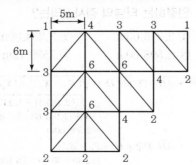

① 176m³ ② 161m³

③ 88m³ ④ 80.25m³

Guide 삼분법 적용

$$V = \frac{A}{3}(\sum h_1 + 2\sum h_2 + 3\sum h_3 + 4\sum h_4 + \cdots + 8\sum h_8)$$

$$= \frac{\frac{1}{2} \times 5 \times 6}{3} \times \{0.40 + (2 \times 2.00) + (3 \times 1.00)$$

$$+ (4 \times 0.75) + (6 \times 1.20)\}$$

$$= 88\text{m}^3$$

07 그림과 같은 토지의 한 변 $\overline{BC} = 52$m 위의 점 D와 $\overline{AC} = 46$m 위의 점 E를 연결하여 $\triangle ABC$의 면적을 이등분($m : n = 1 : 1$)하기 위한 $\overline{AE}$의 길이는?

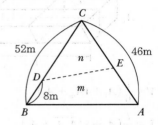

① 18.8m ② 27.2m

③ 31.5m ④ 14.5m

Guide

$$\overline{CE} = \frac{n}{m+n} \times \frac{\overline{AC} \cdot \overline{BC}}{\overline{CD}}$$

$$= \frac{1}{1+1} \times \frac{46 \times 52}{44}$$

$$= 27.2\text{m}$$

∴ $\overline{AE} = \overline{AC} - \overline{CE} = 46 - 27.2 = 18.8$m

08 교각 $I = 60°$, 곡선반지름 $R = 200$m인 원곡선의 외할(External Secant)은?

① 30.940m ② 80.267m

③ 105.561m ④ 282.847m

Guide

외할(E) $= R\left(\sec\frac{I}{2} - 1\right)$

$$= 200 \times \left(\sec\frac{60°}{2} - 1\right)$$

$$= 30.940\text{m}$$

09 수심이 h인 하천의 평균유속(V_m)을 3점법을 사용하여 구하는 식으로 옳은 것은?(단, V_n : 수면으로부터 수심 $n \cdot h$인 곳에서 관측한 유속)

① $V_m = \dfrac{1}{3}(V_{0.2} + V_{0.4} + V_{0.8})$

② $V_m = \dfrac{1}{3}(V_{0.2} + V_{0.6} + V_{0.8})$

③ $V_m = \dfrac{1}{4}(V_{0.2} + 2V_{0.4} + V_{0.8})$

④ $V_m = \dfrac{1}{4}(V_{0.2} + 2V_{0.6} + V_{0.8})$

Guide 3점법

수면으로부터 수심 $0.2H$, $0.6H$, $0.8H$ 되는 곳의 유속을 다음 식에 의해 평균유속을 구하는 방법이다.

$$V_m = \dfrac{1}{4}(V_{0.2} + 2V_{0.6} + V_{0.8})$$

10 측면주사음향탐지기(Side Scan Sonar)를 이용하여 획득한 이미지로 해저면의 형상을 조사하는 방법은?

① 해저면 기준점조사 ② 해저면 지질조사

③ 해저면 지층조사 ④ 해저면 영상조사

Guide 해저면 영상조사

측면주사음향탐지기(Side Scan Sonar)를 이용하여 해저면의 영상정보를 획득하는 조사작업을 말한다.

11 단곡선 설치에 관한 설명으로 틀린 것은?

① 교각이 일정할 때 접선장은 곡선반지름에 비례한다.

② 교각과 곡선반지름이 주어지면 단곡선을 설치할 수 있는 기본적인 요소를 계산할 수 있다.

③ 편각법에 의한 단곡선 설치 시 호 길이(l)에 대한 편각(δ)을 구하는 식은 곡선반지름을 R이라 할 때 $\delta = \dfrac{l}{R}$ (radian)이다.

④ 중앙종거법은 단곡선의 두 점을 연결하는 현의 중심으로부터 현에 수직으로 종거를 내려 곡선을 설치하는 방법이다.

Guide 편각법에 의한 단곡선 설치 시 현 길이(l)에 대한 편각(δ)을 구하는 식은 곡선반지름을 R이라 할 때 $\delta = \dfrac{l}{R}$ (radian)이다.

12 토지의 면적에 대한 설명 중 옳지 않은 것은?

① 토지의 면적이란 임의 토지를 둘러싼 경계선을 기준면에 투영시켰을 때의 면적이다.

② 면적측량구역이 작은 경우에 투영의 기준면으로 수평면을 잡아도 무관하다.

③ 면적측량구역이 넓은 경우에 투영의 기준면을 평균해수면으로 잡는다.

④ 관측면적의 정확도는 거리측정 정확도의 3배가 된다.

Guide 관측면적의 정확도는 거리측정 정확도의 2배가 된다.

$$※ \ \dfrac{dA}{A} = 2\dfrac{dl}{l}$$

13 그림과 같이 노선측량의 단곡선에서 곡선반지름 $R = 50$m일 때 장현($\overline{AC}$)의 값은? (단, $\overline{AB}$방위각 $= 25°00'10''$, $\overline{BC}$방위각 $= 150°38'00''$)

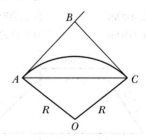

① 88.95m ② 89.45m

③ 90.37m ④ 92.98m

Guide 교각(I) $= \overline{BC}$ 방위각 $- \overline{AB}$ 방위각

$= 150°38'00'' - 25°00'10''$

$= 125°37'50''$

∴ 장현($\overline{AC}$) $= 2R \cdot \sin\dfrac{I}{2}$

$= 2 \times 50 \times \sin\dfrac{125°37'50''}{2}$

$= 88.95$m

14 도로에서 곡선 위를 주행할 때 원심력에 의한 차량의 전복이나 미끄러짐을 방지하기 위해 곡선 중심으로부터 바깥쪽의 도로를 높이는 것은?

① 확폭(Slack)
② 편경사(Cant)
③ 종거(Ordinate)
④ 편각(Deflection Angle)

Guide 편경사(Cant)
도로, 철도 등의 설계에서 곡선부에서 차량이 바깥쪽으로 벗어나려는 원심력에 대응하기 위하여 차량이 안쪽으로 기울어지도록 횡단면에 한쪽으로만 경사를 설치하는 것이며, 안쪽이 낮고 바깥쪽이 높도록 경사를 설치한다.

15 도로 폭 8.0m의 도로를 건설하기 위해 높이 2.0m를 그림과 같이 흙쌓기(성토)하려고 한다. 건설 도로연장이 80.0m라면 흙쌓기 토량은?

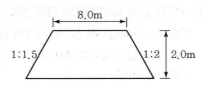

① 1,420m³
② 1,760m³
③ 1,840m³
④ 1,920m³

Guide

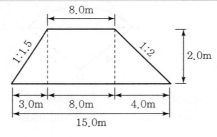

$$\therefore V = \left(\frac{8.0 + 15.0}{2} \times 2.0\right) \times 80$$
$$= 1,840m^3$$

16 하천측량에서 하천 양안에 설치된 거리표, 수위표, 기타 중요 지점들의 높이를 측정하고 유수부의 깊이를 측정하여 종단면도와 횡단면도를 만들기 위하여 필요한 측량은?

① 수준측량
② 삼각측량
③ 트래버스측량
④ 평판에 의한 지형측량

Guide 수준측량
하천 양안에 설치한 거리표, 양수표, 수문, 기타 중요한 장소의 높이를 측정하여 종단면도와 횡단면도를 작성하기 위한 측량을 말한다.

17 클로소이드에 관한 설명으로 옳지 않은 것은?

① 클로소이드는 나선의 일종이다.
② 클로소이드는 종단곡선에 주로 활용된다.
③ 모든 클로소이드는 닮은 꼴이다.
④ 클로소이드는 곡률이 곡선의 길이에 비례하여 증가하는 곡선이다.

Guide 클로소이드는 고속도로 완화곡선설치에 주로 활용된다.

18 지하시설물 측량방법 중 전자기파가 반사되는 성질을 이용하여 지중의 각종 현상을 밝히는 방법은?

① 자기관측법
② 음파 측량법
③ 전자유도 측량법
④ 지중레이더 측량법

Guide 지중 레이더 탐사법(Ground Penetration Radar Method)
지하를 단층 촬영하여 시설물 위치를 판독하는 방법으로 전자파가 반사되는 성질을 이용하여 지중의 각종 현상을 밝히는 것으로, 레이더는 원래 고주파의 전자파를 공기 중으로 방사시킨 후 대상물에서 반사되어 온 전자파를 수신하여 대상물의 위치를 알아내는 시스템이다.

정답 14 ② 15 ③ 16 ① 17 ② 18 ④

19 시설물의 계획 설계 시 구조물과 생활공간 및 자연환경 등의 조화감 등에 대하여 검토되는 위치결정에 필요한 측량은?

① 공공측량　　　② 자원측량
③ 공사측량　　　④ 경관측량

> **Guide** 경관측량은 녹지와 여공간을 이용하여 휴식, 산책, 운동, 오락 및 관광 등을 목적으로 하는 도시공원 조성이나 토목구조물 등이 자연환경과 이루는 조화감, 순화감, 미의식의 상승 등에 대하여 검토되는 위치결정에 필요한 측량을 말한다.

20 노선의 기점으로부터 2,000m 지점에 교점이 있고 곡선반지름이 100m, 교각이 42°30′일 때 시단현의 길이는?(단, 중심 말뚝 간의 거리는 20m이다.)

① 16.89m　　　② 17.90m
③ 18.89m　　　④ 19.90m

> **Guide**
> - 접선길이(T.L) $= R \cdot \tan \dfrac{I}{2}$
> $$= 100 \times \tan \dfrac{42°30′}{2}$$
> $$= 38.89 \text{m}$$
> - 곡선시점(B.C) = 총거리 − T.L
> $$= 2,000.00 - 38.89$$
> $$= 1,961.11 \text{m}(\text{No.}98 + 1.11 \text{m})$$
> $\therefore$ 시단현 길이(l_1) = 20m − B.C 추가거리
> $$= 20 - 1.11$$
> $$= 18.89 \text{m}$$

Subject 02 사진측량 및 원격탐사

21 세부도화 시 지형·지물을 도화하는 가장 적합한 순서는?

① 도로−수로−건물−식물
② 건물−수로−식물−도로
③ 식물−건물−도로−수로
④ 도로−식물−건물−수로

> **Guide** 세부도화는 선형물, 단독물체, 등고선, 기타 순서에 의하여 그린다.

22 미국의 항공우주국에서 개발하여 1972년에 지구자원탐사를 목적으로 쏘아 올린 위성으로 적조의 조기발견, 대기오염의 확산 및 식물의 발육상태 등을 조사할 수 있는 것은?

① KOMPSAT　　　② LANDSAT
③ IKONOS　　　④ SPOT

> **Guide** LANDSAT은 지구자원탐측위성으로 토지, 자원, 환경문제를 해결하고자 1972년 7월 미국 항공우주국에서 발사한 위성이다.

23 항공사진측량의 특징에 대한 설명으로 틀린 것은?

① 작업과정이 분업화되고 많은 부분을 실내작업으로 하여 작업 기간을 단축할 수 있다.
② 전체적으로 균일한 정확도이므로 지도제작에 적합하다.
③ 고가의 장비와 숙련된 기술자가 필요하다.
④ 도심의 소규모 정밀 세부측량에 적합하다.

> **Guide** 항공사진측량은 대규모 지역에서 경제적이며, 도심지의 소규모 정밀세부측량은 토털스테이션에 의한 방법이 적합하다.

24 초점거리 150mm의 카메라로 촬영고도 3,000m에서 찍은 연직사진의 축척은?

① $\dfrac{1}{15,000}$　　　② $\dfrac{1}{20,000}$
③ $\dfrac{1}{25,000}$　　　④ $\dfrac{1}{30,000}$

> **Guide** 사진축척(M) $= \dfrac{1}{m} = \dfrac{f}{H} = \dfrac{0.15}{3,000} = \dfrac{1}{20,000}$

25 항공사진측량작업규정에서 도화축척에 따른 항공사진축척이 잘못 연결된 것은?

① 도화축척 1 : 1,000 −
항공사진축척 1 : 5,000
② 도화축척 1 : 5,000 −
항공사진축척 1 : 20,000
③ 도화축척 1 : 10,000 −
항공사진축척 1 : 25,000
④ 도화축척 1 : 25,000 −
항공사진축척 1 : 50,000

Guide 항공사진측량 작업규정

[별표 3] 도화축척, 항공사진축척, 지상표본거리와의 관계

도화축척	항공사진축척	지상표본거리 (GSD)
1/500~1/600	1/3,000~1/4,000	8cm 이내
1/1,000~1/1,200	1/5,000~1/8,000	12cm 이내
1/2,500~1/3,000	1/10,000~1/15,000	25cm 이내
1/5,000	1/18,000~1/20,000	42cm 이내
1/10,000	1/25,000~1/30,000	65cm 이내
1/25,000	1/37,500	80cm 이내

26 대기의 창(Atmospheric Window)이란 무엇을 의미하는가?

① 대기 중에서 전자기파 에너지 투과율이 높은 파장대
② 대기 중에서 전자기파 에너지 반사율이 높은 파장대
③ 대기 중에서 전자기파 에너지 흡수율이 높은 파장대
④ 대기 중에서 전자기파 에너지 산란율이 높은 파장대

Guide 대기 내에서 전자기 복사에너지가 투과되는 파장영역을 대기의 창이라 한다.

27 다음과 같은 영상에 3×3 평균필터를 적용하면 영상에서 행렬 (2, 2)의 위치에 생성되는 영상소 값은?

45	120	24
35	32	12
22	16	18

① 24　　　　② 35
③ 36　　　　④ 66

Guide $\dfrac{45+120+24+35+12+22+16+18}{8} ≒ 36$

45	120	24
35	36	12
22	16	18

28 사진의 크기가 같은 광각사진과 보통각 사진의 비교 설명에서 ( ) 안에 알맞은 말로 짝지어진 것은?

촬영고도가 같은 경우 광각사진의 축척은 보통각 사진의 사진축척보다 (㉠). 그러나 1장의 사진에 넣은 면적은 (㉡), 촬영축척이 같으면 촬영고도는 광각사진이 보통각 사진보다 (㉢).

① ㉠ 작다　㉡ 크다　㉢ 낮다
② ㉠ 작다　㉡ 크다　㉢ 높다
③ ㉠ 크다　㉡ 작다　㉢ 낮다
④ ㉠ 크다　㉡ 작다　㉢ 높다

Guide 항공사진 촬영용 사진기의 성능

종류	화각	초점거리(mm)
보통각 사진기	60°	210
광각 사진기	90°	150
초광각 사진기	120°	88

29 왼쪽에 청색, 오른쪽에 적색으로 인쇄된 사진을 역입체시 하기 위해서는 어떠한 색으로 구성된 안경을 사용하여야 하는가?(단, 보기는 왼쪽, 오른쪽 순으로 나열된 것이다.)

정답 25 ④　26 ①　27 ③　28 ①　29 ②

① 청색, 청색   ② 청색, 적색

③ 적색, 청색   ④ 적색, 적색

Guide 입체시 과정에서 높은 곳은 낮게, 낮은 곳은 높게 보이는 현상을 역입체시라고 한다. 여색입체시 과정에서 역입체시를 하기 위해서는 왼쪽은 청색, 오른쪽은 적색인 안경을 사용하며, 정입체시를 얻기 위해서는 왼쪽은 적색, 오른쪽은 청색인 안경을 사용한다.

30 편위수정에 대한 설명으로 옳지 않은 것은?

① 사진지도 제작과 밀접한 관계가 있다.

② 경사사진을 엄밀 수직사진으로 고치는 작업이다.

③ 지형의 기복에 의한 변위가 완전히 제거된다.

④ 4점의 평면좌표를 이용하여 편위수정을 할 수 있다.

Guide 편위수정은 사진의 경사와 축척을 통일시키고 변위가 없는 연직사진으로 수정하는 작업을 말하며, 편위수정을 하여도 지형의 기복에 의한 변위가 완전히 제거되지는 않는다.

31 내부표정 과정에서 조정하는 내용이 아닌 것은?

① 사진의 주점을 투영기의 중심에 일치

② 초점거리의 조정

③ 렌즈왜곡의 보정

④ 종시차의 소거

Guide 종시차를 소거하여 목표물의 상대적 위치를 맞추는 작업을 상호표정이라 한다.

32 항공사진의 기복변위와 관계가 없는 것은?

① 기복변위는 연직점을 중심으로 방사상으로 발생한다.

② 기복변위는 지형, 지물의 높이에 비례한다.

③ 중심투영으로 인하여 기복변위가 발생한다.

④ 기복변위는 촬영고도가 높을수록 커진다.

Guide $\Delta r = \dfrac{h}{H} \cdot r$ 이므로 촬영고도가 높을수록 작아진다.

33 상호표정에 대한 설명으로 틀린 것은?

① 한 쌍의 중복사진에 대한 상대적인 기하학적 관계를 수립한다.

② 적어도 5쌍 이상의 Tie Points가 필요하다.

③ 상호표정을 수행하면 Tie Points에 대한 지상점 좌표를 계산할 수 있다.

④ 공선조건식을 이용하여 상호표정요소를 계산할 수 있다.

Guide 상호표정을 수행하면 Tie Points에 대한 모델좌표를 계산할 수 있다.

34 어느 지역의 영상과 동일한 지역의 지도이다. 이 자료를 이용하여 "밭"의 훈련지역(Training Field)을 선택한 결과로 적합한 것은?

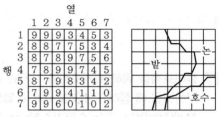

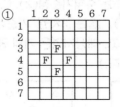

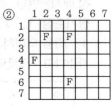

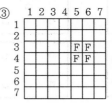

Guide 밭의 훈련지역은 밝기 값 8, 9로 ①번과 같이 선택하는 것이 가장 타당하다.

35 다음과 같은 종류의 항공사진 중 벼농사의 작황을 조사하기 위하여 가장 적합한 사진은?

① 팬크로매틱사진　　② 적외선사진
③ 여색입체사진　　④ 레이더사진

> **Guide** 적외선사진은 지질, 토양, 농업, 수자원, 산림조사 등에 주로 사용된다.

36 항공사진의 중복도에 대한 설명으로 틀린 것은?

① 일반적인 종중복도는 60%이다.
② 산악이나 고층건물이 많은 시가지에서는 종중복도를 증가시킨다.
③ 일반적으로 중복도가 클수록 경제적이다.
④ 일반적인 횡중복도는 30%이다.

> **Guide** 중복도가 클수록 사진매수 및 계산량이 많아 비경제적이다.

37 절대표정을 위하여 기준점을 보기와 같이 배치하였을 때 절대표정을 실시할 수 없는 기준점 배치는?(단, ●는 수직기준점(Z), ■는 수평기준점(X, Y), ▲는 3차원 기준점(X, Y, Z)을 의미하고, 대상지역은 거의 평면에 가깝다고 가정한다.)

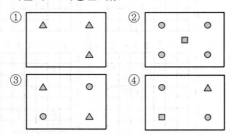

> **Guide** 절대표정에 필요한 최소표정점은 삼각점(x, y) 2점과 수준점(z) 3점이다.

38 비행고도 4,500m로부터 초점거리 15cm의 카메라로 촬영한 사진에서 기선길이가 5cm이었다면 시차차가 2mm인 굴뚝의 높이는?

① 60m　　② 90m
③ 180m　　④ 360m

> **Guide**
> $$h = \frac{H}{b_0} \cdot \Delta p = \frac{4,500}{0.05} \times 0.002$$
> $$= 180m$$

39 항공사진 판독에서 필요로 하는 중요 요소로 가장 거리가 먼 것은?

① 과고감 및 상호위치관계
② 색조
③ 형상, 크기 및 모양
④ 촬영용 비행기 종류

> **Guide** 사진판독요소
> 색조, 모양, 질감, 형상, 크기, 음영, 상호위치관계, 과고감

40 다음 중 항공삼각측량 결과로 얻을 수 없는 정보는?

① 건물의 높이
② 지형의 경사도
③ 댐에 저장된 물의 양
④ 어느 지점의 3차원 위치

> **Guide** 항공삼각측량은 소수의 지상기준점 성과를 이용하여 측정된 무수한 점들의 좌표를 컴퓨터, 블록조정기 및 해석적 방법으로 절대좌표를 환산해내는 기법이다.
> ※ 항공사진측량으로 지형 및 지물의 3차원 좌표취득은 가능하나, 댐에 저장된 물과 같은 지하, 수중, 해양의 정량적 해석은 불가능하다.

Subject 03 지리정보시스템(GIS) 및 위성측위시스템(GNSS)

41 지리정보시스템(GIS)에서 벡터(Vector) 공간자료의 구성요소가 아닌 것은?

① 점　　　　② 선
③ 면　　　　④ 격자

> **Guide** 벡터 자료구조는 크기와 방향성을 가지고 있으며 점, 선, 면을 이용하여 대상물의 위치와 차원을 정의한다.

42 레이저를 이용하여 대상물의 3차원 좌표를 실시간으로 획득할 수 있는 측량방법으로 산림이나 수목지대에서도 투과율이 좋으며 자료 취득 및 처리과정이 완전히 수치방식으로 이루질 수 있어 최근 고정밀 수치표고모델과 3차원 지리정보 제작에 많이 활용되고 있는 측량방법은?

① EDM(Electro-magnetic Distance Meter)
② LiDAR(Light Detection And Ranging)
③ SAR(Synthetic Aperture Radar)
④ RAR(Real Aperture Radar)

> **Guide** LiDAR(Light Detection And Ranging)
> 비행기에 레이저측량장비와 GPS/INS를 장착하여 대상체면상 관측점의 지형공간정보를 취득하는 관측방법으로서, 3차원 공간좌표(x, y, z)를 각각의 점자료로 기록한다. 최근에는 수치표고모델과 3차원 지리정보 제작에 많이 활용되고 있다.

43 다양한 방식으로 획득된 고도값을 갖는 다수의 점자료를 입력자료로 활용하여 다수의 점자료로부터 삼각면을 형성하는 과정을 통해 제작되며 페이스(Face), 노드(Node), 에지(Edge)로 구성되는 데이터 모델은?

① TIN   ② DEM
③ TIGER   ④ LiDAR

> **Guide** 불규칙삼각망(TIN ; Triangular Irregular Network)
> 공간을 불규칙한 삼각형으로 분할하여 모자이크 모형 형태로 생성된 일종의 공간자료 구조로서, 페이스(Face), 노드(Node), 에지(Edge)로 구성되어 있는 데이터 모델이다.

44 복합 조건문(Composite Selection)으로 공간자료를 선택하고자 한다. 이중 어떠한 경우에도 가장 적은 결과가 선택되는 것은?(단, 각 항목은 0이 아닌 것으로 가정한다.)

① (Area < 100,000 OR (LandUse = Grass AND AdminName = Seoul))

② (Area < 100,000 OR (LandUse = Grass OR AdminName = Seoul))

③ (Area < 100,000 AND (LandUse = Grass AND AdminName = Seoul))

④ (Area < 100,000 AND (LandUse = Grass OR AdminName = Seoul))

> **Guide**
> • And 연산자는 연산자를 중심으로 좌우에 입력된 두 단어를 공통적으로 포함하는 정보나 레코드를 검색한다.
> • OR 연산자는 좌우 두 단어 중 어느 하나만 존재하더라도 검색을 수행한다.
> ∴ 가장 적은 결과가 선택되는 것은 And 연산자를 두 번 사용한 ③이다.

45 위상정보(Topology Information)에 대한 설명으로 옳은 것은?

① 공간상에 존재하는 공간객체의 길이, 면적, 연결성, 계급성 등을 의미한다.
② 지리정보에 포함된 CAD 데이터 정보를 의미한다.
③ 지리정보와 지적정보를 합한 것이다.
④ 위상정보는 GIS에서 획득한 원시자료를 의미한다.

> **Guide** 위상관계(Topology)
> 공간관계를 정의하는 데 쓰이는 수학적 방법으로서 입력된 자료의 위치를 좌푯값으로 인식하고 각각의 자료 간의 정보를 상대적 위치로 저장하며, 선의 방향, 특성들 간의 관계, 연결성, 인접성, 영역 등을 정의한다.

46 위성에서 송출된 신호가 수신기에 하나 이상의 경로를 통해 수신될 때 발생하는 오차는?

① 전리층 편의 오차   ② 대류권 지연 오차
③ 다중경로 오차   ④ 위성궤도 편의 오차

> **Guide** 다중경로(Multipath)
> 일반적으로 GPS신호는 GPS수신기에 위성으로부터 직접파와 건물 등으로부터 반사되어 오는 반사파가 동시에 도달한다. 이를 다중경로라고 한다. 다중경로는 마이크로파 신호를 둘 다 사용하기 때문에 경로길이의 차이로 의사거리와 위상관측값에 영향을 주어 관측에 오차를 일으키는 원인이 된다.

47 지리정보자료의 구축에 있어서 표준화의 장점과 거리가 먼 것은?

① 자료 구축에 대한 중복 투자 방지
② 불법복제로 인한 저작권 피해의 방지
③ 경제적이고 효율적인 시스템 구축 가능
④ 서로 다른 시스템이나 사용자 간의 자료 호환 가능

> **Guide** 표준화의 장점
> • 서로 다른 기관이나 사용자 간에 자료를 공유
> • 자료구축을 위한 비용 감소
> • 사용자 편의 증진
> • 자료구축의 중복성 방지

48 공간분석에서 사용되는 연결성 분석과 관계가 없는 것은?

① 연속성 ② 근접성
③ 관망 ④ DEM

> **Guide** 연결성 분석(Connectivity Analysis)
> 일련의 점 또는 절점이 서로 연결되었는지를 결정하는 분석으로 연속성 분석, 근접성 분석, 관망 분석 등이 포함된다.

49 기종이 서로 다른 GNSS 수신기를 혼합하여 관측하였을 경우 관측자료의 형식이 통일되지 않는 문제를 해결하기 위해 고안된 표준데이터 형식은?

① PDF ② DWG
③ RINEX ④ RTCM

> **Guide** RINEX(Receiver Independent Exchange Format)
> 정지측량 시 기종이 서로 다른 GPS 수신기를 혼합하여 관측을 하였을 경우 어떤 종류의 후처리 소프트웨어를 사용하더라도 수집된 GPS 데이터의 기선 해석이 용이하도록 고안된 세계표준의 GPS 데이터 포맷이다.

50 래스터데이터의 압축기법이 아닌 것은?

① 런렝스코드(Run-length Code)
② 사지수형(Quadtree)
③ 체인코드(Chain Code)
④ 스파게티(Spaghetti)

> **Guide** 격자형 자료구조의 압축방법
> • 런렝스코드(Run Length Code) 기법
> • 체인코드(Chain Code) 기법
> • 블록코드(Block Code) 기법
> • 사지수형(Quadtree) 기법

51 지리정보시스템(GIS)에 대한 설명으로 틀린 것은?

① 도형자료와 속성자료를 연결하여 처리하는 정보시스템이다.
② 하드웨어, 소프트웨어, 지리자료, 인적자원의 통합적 시스템이다.
③ 인공위성을 이용한 각종 공간정보를 취합하여 위치를 결정하는 시스템이다.
④ 지리자료와 공간문제의 해결을 위한 자료의 활용에 중점을 둔다.

> **Guide** GPS(Global Positioning System)
> 위성에서 발사한 전파를 수신하여 관측점까지 소요시간을 관측함으로써 관측점의 위치를 결정하는 체계이다.

52 도형자료와 속성자료를 활용한 통합분석에서 동일한 좌표계를 갖는 각각의 레이어정보를 합쳐서 다른 형태의 레이어로 표현되는 분석기능은?

① 중첩 ② 공간추정
③ 회귀분석 ④ 내삽과 외삽

> **Guide** 중첩분석(Overlay Analysis)
> 동일한 지역에 대한 서로 다른 두 개 또는 다수의 레이어로부터 필요한 도형자료나 속성자료를 추출하기 위한 공간분석 기법이다.

53 동일 위치에 대하여 수치지형도에서 취득한 평면좌표와 GNSS측량에 의해서 관측한 평면좌표가 다음의 표와 같을 때 수치지형도의 평면거리 오차량은?(단, GNSS측량결과가 참값이라고 가정)

수치지형도		GNSS 측정값	
x(m)	y(m)	x(m)	y(m)
254,859.45	564,854.45	254,858.88	564,851.32

① 2.58m   ② 2.88m

③ 3.18m   ④ 4.27m

Guide 평면거리 오차량

$$= \sqrt{(X_{GNSS} - X_{수치지형도})^2 + (Y_{GNSS} - Y_{수치지형도})^2}$$
$$= \sqrt{\begin{array}{l}(254,858.88 - 254,859.45)^2 \\ + (564,851.32 - 564,854.45)^2\end{array}}$$
$$= 3.18m$$

54 공간분석에 대한 설명으로 옳지 않은 것은?

① 지리적 현상을 설명하기 위하여 조사하고 질의하고 검사하고 실험하는 것이다.

② 속성을 표현하기 위한 탐색적 시각 도구로는 박스플롯, 히스토그램, 산포도, 파이차트 등이 있다.

③ 중첩분석은 새로운 공간적 경계들을 구성하기 위해서 두 개나 그 이상의 공간적 정보를 통합하는 과정이다.

④ 공간분석에서 통계적 기법은 속성에만 적용된다.

Guide 공간분석에서 통계적 기법은 주로 속성자료를 이용하여 수행되는 기법으로 속성자료와 연결되어 있는 도형 자료의 추출에 적용되기도 한다.

55 래스터 데이터(Raster Data) 구조에 대한 설명으로 옳지 않은 것은?

① 셀의 크기는 해상도에 영향을 미친다.

② 셀의 크기에 관계없이 컴퓨터에 저장되는 자료의 양은 압축방법에 의해서 결정된다.

③ 셀의 크기에 의해 지리정보의 위치 정확성이 결정된다.

④ 연속면에서 위치의 변화에 따라 속성들의 점진적인 현상 변화를 효과적으로 표현할 수 있다.

Guide 래스터 데이터는 동일한 크기의 격자로 이루어지며, 격자의 크기가 작을수록 해상도가 좋아지는 반면 저장용량이 증가한다.

56 지리정보시스템(GIS) 구축을 위한 〈보기〉의 과정을 순서대로 바르게 나열한 것은?

〈보기〉
㉠ 자료수집 및 입력   ㉡ 질의 및 분석
㉢ 전처리   ㉣ 데이터베이스 구축
㉤ 결과물 작성

① ㉢-㉠-㉣-㉡-㉤
② ㉠-㉢-㉣-㉤-㉡
③ ㉠-㉢-㉣-㉡-㉤
④ ㉢-㉣-㉠-㉡-㉤

Guide 지리정보시스템(GIS) 구축과정 순서
자료수집 → 자료입력 → 자료처리 → 자료조작 및 분석 → 출력

57 어느 GNSS수신기의 정확도가 ±(5mm+5ppm)이라고 한다. 이 수신기로 기선길이 10km에 대해 측량하였을 때의 오차를 정확하게 표현한 것은?

① ±(5mm+50mm)
② ±(50mm+50mm)
③ ±(5mm+20mm)
④ ±(50mm+20mm)

Guide 수신기의 정확도 : ±(a + bppm)
여기서, a : 거리에 비례하지 않는 오차
       b : 거리에 비례하는 오차(1km당 5mm의 오차가 발생한다는 의미)
∴ 10km에 대해 측량하였을 때의 오차를 정확하게 표현하면, ±(5mm+50mm)가 된다.

58 DGPS에 대한 설명으로 옳지 않은 것은?

① 일반적으로 단독측위에 비해 정확하다.

② 두 대의 수신기에서 수신된 데이터가 있어야 한다.

③ 수신기 간의 거리가 짧을수록 좋은 성과를 기대할 수 있다.

④ 후처리절차를 거쳐야 하므로 실시간 위치측정은 불가능하다.

Guide DGPS는 상대측위기법 중 하나로 코드신호를 이용한 실시간 위치결정 방법이다.

59 지리정보시스템(GIS)의 자료취득방법과 가장 거리가 먼 것은?

① 투영법에 의한 자료취득 방법

② 항공사진측량에 의한 방법

③ 일반측량에 의한 방법

④ 원격탐사에 의한 방법

Guide 지리정보시스템의 자료취득방법
• 기존 지도를 이용하여 생성하는 방법
• 지상측량에 의하여 생성하는 방법
• 항공사진측량에 의하여 생성하는 방법
• 위성측량에 의하여 생성하는 방법

60 GPS 위성시스템에 대한 설명 중 틀린 것은?

① 측지기준계로 WGS-84 좌표계를 사용한다.

② GPS는 상업적 목적으로 민간이 주도하여 개발한 최초의 위성측위시스템이다.

③ 위성들은 각각 상이한 코드정보를 전송한다.

④ GPS에 사용되는 좌표계는 지구의 질량 중심을 원점으로 하고 있다.

Guide GPS는 원래 미국과 동맹국의 군사적 목적으로 개발되었으나, 현재는 일반인에게 위치정보 제공을 위한 중요한 사회기반으로 활용되고 있다.

Subject 04 측량학

✔ 측량 관련 법규는 출제 당시 법률을 기준으로 해설되었음을 알려드립니다.

61 강을 사이에 두고 교호수준측량을 실시하였다. A점과 B점에 표척을 세우고 A점에서 5m 거리에 레벨을 세워 표척 A와 B를 읽으니 1.5m와 1.9m이었고, B점에서 5m 거리에 레벨을 옮겨 A와 B를 읽으니 1.8m와 2.0m이었다면 B점의 표고는?(단, A점의 표고 = 50.0m)

① 50.1m   ② 49.8m

③ 49.7m   ④ 49.4m

Guide

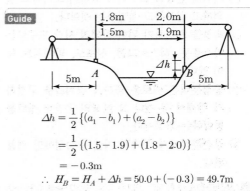

$$\Delta h = \frac{1}{2}\{(a_1 - b_1) + (a_2 - b_2)\}$$
$$= \frac{1}{2}\{(1.5 - 1.9) + (1.8 - 2.0)\}$$
$$= -0.3\text{m}$$
$$\therefore H_B = H_A + \Delta h = 50.0 + (-0.3) = 49.7\text{m}$$

62 그림과 같은 사변형삼각망의 조건식 총수는?

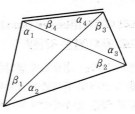

① 4개   ② 5개

③ 6개   ④ 7개

Guide 조건식 총수 $= a + B - 2P + 3$
$= 8 + 1 - (2 \times 4) + 3 = 4$
여기서, a : 관측각의 수
B : 기선의 수
P : 삼각점의 수

---

63 지구를 장반지름이 6,370km, 단반지름이 6,350km인 타원형이라 할 때 편평률은?

① 약 $\dfrac{1}{320}$ ② 약 $\dfrac{1}{430}$

③ 약 $\dfrac{1}{500}$ ④ 약 $\dfrac{1}{630}$

Guide 편평률$= \dfrac{a-b}{a} = \dfrac{6,370-6,350}{6,370}$

$= \dfrac{1}{318.5} = \dfrac{1}{320}$

64 등고선의 성질에 대한 설명으로 옳지 않은 것은?

① 등고선 간의 최단 거리의 방향은 그 지표면의 최대 경사의 방향을 가리키며 최대 경사의 방향은 등고선에 수직인 방향이다.

② 등고선은 경사가 일정한 곳에서 표고가 높아질수록 일정한 비율로 등고선 간격이 좁아진다.

③ 등고선은 절벽이나 동굴과 같은 지형에서는 교차할 수 있다.

④ 등고선은 분수선과 직교한다.

Guide 등고선은 경사가 일정한 곳에서 표고가 높아질수록 일정한 비율로 등고선 간격도 일정하다.

65 수평각을 관측할 경우 망원경을 정·반위 상태로 관측하여 평균값을 취해도 소거되지 않는 오차는?

① 망원경 편심오차

② 수평축오차

③ 시준축오차

④ 연직축오차

Guide 연직축오차는 망원경을 정위·반위로 관측하여 평균값을 취해도 소거되지 않는 오차이다.

66 그림과 같은 삼각망에서 $\overline{CD}$ 의 거리는?

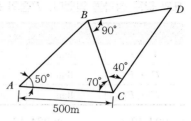

① 383.022m   ② 433.013m

③ 500.013m   ④ 577.350m

Guide

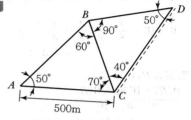

• $\dfrac{500}{\sin 60°} = \dfrac{\overline{BC}}{\sin 50°} \rightarrow$

$\overline{BC} = \dfrac{\sin 50°}{\sin 60°} \times 500 = 442.276\text{m}$

• $\dfrac{\overline{BC}}{\sin 50°} = \dfrac{442.276}{\sin 50°} = \dfrac{\overline{CD}}{\sin 90°}$

$\therefore \overline{CD} = \dfrac{\sin 90°}{\sin 50°} \times 442.276 = 577.350\text{m}$

67 오차의 원인도 불분명하고, 오차의 크기와 형태도 불규칙한 형태로 나타나는 오차는?

① 정오차

② 우연오차

③ 착오

④ 기계오차

Guide 우연오차란 예측할 수 없이 불규칙하게 발생되는 오차이며, 최소제곱법에 의한 확률법칙에 의해 추정한다.

68 기지점 A, B, C로부터 수준측량에 의하여 표와 같은 성과를 얻었다. P점의 표고는?

노선	거리	표고
$A \rightarrow P$	3km	234.54m
$B \rightarrow P$	4km	234.48m
$C \rightarrow P$	4km	234.40m

① 234.43m
② 234.46m
③ 234.48m
④ 234.56m

Guide 경중률은 노선거리(S)에 반비례하므로 경중률비를 취하면,

$$W_1 : W_2 : W_3 = \frac{1}{S_1} : \frac{1}{S_2} : \frac{1}{S_3} = \frac{1}{3} : \frac{1}{4} : \frac{1}{4}$$
$$= 4 : 3 : 3$$

$\therefore$ P점 표고(H_P)

$$= \frac{W_1 H_A + W_2 H_B + W_3 H_C}{W_1 + W_2 + W_3}$$
$$= 234.000 + \frac{(4 \times 0.540) + (3 \times 0.480) + (3 \times 0.400)}{4 + 3 + 3}$$
$$= 234.480\text{m}$$

69 어떤 각을 4명이 관측하여 다음과 같은 결과를 얻었다면 최확값은?

관측자	관측각	관측횟수
A	42°28′47″	3
B	42°28′42″	2
C	42°28′36″	4
D	42°28′55″	5

① 42°28′46″
② 42°28′44″
③ 42°28′41″
④ 42°28′36″

Guide 경중률은 관측횟수(N)에 비례하므로 경중률비를 취하면,

$$W_1 : W_2 : W_3 : W_4 = N_1 : N_2 : N_3 : N_4$$
$$= 3 : 2 : 4 : 5$$

$\therefore$ 최확값(α_0)

$$= \frac{W_1 \alpha_1 + W_2 \alpha_2 + W_3 \alpha_3 + W_4 \alpha_4}{W_1 + W_2 + W_3 + W_4}$$
$$= 42°28' + \frac{(3 \times 47'') + (2 \times 42'') + (4 \times 36'') + (5 \times 55'')}{3 + 2 + 4 + 5}$$
$$= 42°28'46''$$

70 다각측량의 특징에 대한 설명으로 틀린 것은?

① 측선의 거리는 될 수 있는 대로 같게 하고, 측점 수는 적게 하는 것이 좋다.
② 거리와 각을 관측하여 점의 위치를 결정할 수 있다.
③ 세부기준점의 결정과 세부측량의 기준이 되는 골조측량이다.
④ 통합기준점 결정에 이용되는 측량방법이다.

Guide 통합기준점 결정에 이용되는 측량방법은 GNSS측량과 직접수준측량이다.

71 1 : 1,000 수치지도 도엽코드 [358130372]에 대한 설명으로 틀린 것은?

① 1 : 1,000 지형도를 기준으로 72번째 인덱스 지역에 존재한다.
② 1 : 50,000 지형도를 기준으로 13번째 인덱스 지역에 존재한다.
③ 1 : 10,000 지형도를 기준으로 303번째 인덱스 지역에 존재한다.
④ 1 : 50,000 지형도를 기준으로 경도 128~129°, 위도 35~36° 사이에 존재한다.

Guide • 35813
  – 35813은 해당지역의 1/50,000 도엽
  – 35는 위도 35° 이상 36° 미만의 지역
  – 8은 경도 128° 이상 129° 미만의 지역
  – 13은 가로 15′, 세로 15′로 나눈 16개 구획 중 13번째 칸에 해당
• 03
  – 1/50,000 도엽을 25등분(가로 5, 세로 5)하면 1/10,000 도엽
  – 좌측 상단으로부터 일련번호를 붙인 것 중 03번째 도엽
• 72
  – 1/10,000 도엽을 100등분(가로 10, 세로 10)하면 1/1,000 도엽
  – 좌측상단으로부터 일련번호를 붙인 것 중 72번째 도엽

정답 68 ③ 69 ① 70 ④ 71 ③

72 관측점이 10점인 폐합트래버스 내각의 합은?

① 180°
② 360°
③ 1,440°
④ 2,160°

> **Guide** 내각의 합=$180°(n-2)$
> $=180°(10-2)$
> $=1,440°$

73 450m의 기선을 50m 줄자로 분할 관측할 때 줄자의 1회 관측의 우연오차가 ±0.01m이면 이 기선 관측의 오차는?

① ±0.01m
② ±0.03m
③ ±0.09m
④ ±0.81m

> **Guide** $n=\dfrac{450}{50}=9$회
> $\therefore M=\pm m\sqrt{n}=\pm0.01\sqrt{9}=\pm0.03m$

74 정확도가 ±(3mm+3ppm×L)로 표현되는 광파거리측량기로 거리 500m를 측량하였을 때 예상되는 오차의 크기는?

① ±2.0mm 이하
② ±2.5mm 이하
③ ±4.0mm 이하
④ ±4.5mm 이하

> **Guide** 일반적으로 측량기기 제작회사에서는 정확도의 표현을 $+(a+bD)$로 표시한다. 여기서 a는 거리에 비례하지 않는 오차이며, bD는 거리에 비례하는 오차의 표현이다.
> $\therefore$ 예상되는 총오차 $=\pm(3+(3\times0.5))=\pm4.5mm$

75 성능검사를 받아야 하는 측량기기와 검사주기가 옳은 것은?

① 레벨 : 2년
② 토털 스테이션 : 1년
③ 금속관로 탐지기 : 4년
④ 지피에스(GPS) 수신기 : 3년

> **Guide** 공간정보의 구축 및 관리 등에 관한 법률 시행령 제97조(성능검사의 대상 및 주기 등)
> 성능검사를 받아야 하는 측량기기와 검사주기는 다음과 같다.
> 1. 트랜싯(데오드라이트) : 3년
> 2. 레벨 : 3년
> 3. 거리측정기 : 3년
> 4. 토털 스테이션 : 3년
> 5. 지피에스(GPS) 수신기 : 3년
> 6. 금속관로 탐지기 : 3년

76 일반측량을 한 자에게 그 측량성과 및 측량기록의 사본을 제출하게 할 수 있는 경우가 아닌 것은?

① 측량의 중복 배제
② 측량의 정확도 확보
③ 측량성과의 보안 유지
④ 측량에 관한 자료의 수집·분석

> **Guide** 공간정보의 구축 및 관리 등에 관한 법률 제22조(일반측량의 실시 등)
> 국토교통부장관은 다음의 어느 하나에 해당하는 목적을 위하여 필요하다고 인정되는 경우에는 일반측량을 한 자에게 그 측량성과 및 측량기록의 사본을 제출하게 할 수 있다.
> 1. 측량의 정확도 확보
> 2. 측량의 중복 배제
> 3. 측량에 관한 자료의 수집·분석

77 "성능검사를 부정하게 한 성능검사대행자"에 대한 벌칙은?

① 1년 이하의 징역 또는 1천만 원 이하의 벌금
② 2년 이하의 징역 또는 2천만 원 이하의 벌금
③ 3년 이하의 징역 또는 3천만 원 이하의 벌금
④ 5년 이하의 징역 또는 5천만 원 이하의 벌금

> **Guide** 공간정보의 구축 및 관리 등에 관한 법률 제108조(벌칙)

정답 72 ③ 73 ② 74 ④ 75 ④ 76 ③ 77 ②

78 공간정보의 구축 및 관리 등에 관한 법률에서 정의하고 있는 용어에 대한 설명으로 옳지 않은 것은?

① "기본측량"이란 모든 측량의 기초가 되는 공간정보를 제공하기 위하여 국토교통부장관이 실시하는 측량을 말한다.

② 국가, 지방자치단체, 그 밖에 대통령령으로 정하는 기관이 관계 법령에 따른 사업 등을 시행하기 위하여 기본측량을 기초로 실시하는 측량은 "공공측량"이다.

③ "수로측량"이란 해상교통안전, 해양의 보전·이용·개발, 해양관할권의 확보 및 해양재해 예방을 목적으로 하는 항로조사 및 해양지명 조사를 말한다.

④ "일반측량"이란 기본측량, 공공측량, 지적측량 및 수로측량 외의 측량을 말한다.

> **Guide** 공간정보의 구축 및 관리 등에 관한 법률 제2조(정의)
> 수로측량이란 해양의 수심·지구자기(地球磁氣)·중력·지형·지질의 측량과 해안선 및 이에 딸린 토지의 측량을 말한다.

79 측량의 실시공고에 대한 사항으로 ( )에 알맞은 것은?

> 공공측량의 실시공고는 전국을 보급지역으로 하는 일간신문에 1회 이상 게재하거나, 해당 특별시·광역시·특별자치시·도 또는 특별자치도의 게시판 및 인터넷 홈페이지에 ( ) 이상 게시하는 방법으로 하여야 한다.

① 7일   ② 14일
③ 15일   ④ 30일

> **Guide** 공간정보의 구축 및 관리 등에 관한 법률 시행령 제12조
> (측량의 실시공고)

80 측량기준점을 구분할 때 국가기준점에 속하지 않는 것은?

① 위성기준점   ② 지적기준점
③ 통합기준점   ④ 수로기준점

> **Guide** 공간정보의 구축 및 관리 등에 관한 법률 시행령 제8조
> (측량기준점의 구분)
> 국가기준점에는 우주측지기준점, 위성기준점, 수준점, 중력점, 통합기준점, 삼각점, 지자기점, 수로기준점, 영해기준점이 있다.

본 문제의 해설은 출제자의 의도와 일치되지 않을 수 있으며, 문제 및 정답은 일부 오탈자가 있을 수 있으므로 학습시 의문사항이 있으면 예문사 또는 저자에게 문의하여 주시기 바랍니다.

Subject 01 응용측량

01 노선측량의 단곡선 설치를 위해 곡선반지름과 함께 필요한 중요 요소는?

① B.C(곡선시점)
② E.C(곡선종점)
③ I(교각)
④ T.L(접선장)

> **Guide** 단곡선을 설치하려면 곡선반지름(R)과 교각(I)을 결정한 후 I와 R의 함수인 $T.L, C.L, E, M$ 등을 결정한다.

02 수로도지에 해당하지 않는 것은?

① 항해용 해도
② 해저지형과 해저지질의 특성을 나타낸 해저지형도
③ 해양영토 관리 등에 필요한 정보를 수록한 영해기점도
④ 지적측량을 통하여 조사된 지적도

> **Guide** 수로도지는 선박의 안전과 능률적인 항행을 위하여 발행한 것으로 다음과 같은 도면을 말한다.
> • 항해용으로 사용되는 해도
> • 해양영토관리, 해양경계획정 등에 필요한 정보를 수록한 영해기점도
> • 연안정보를 수록한 연안특수도
> • 해저지형과 해저지질의 특성을 나타낸 해저지형도
> • 해저지층분포도, 지구자기도, 중력도 등 해양기본도
> • 조류와 해류의 정보를 수록한 조류도 및 해류도
> • 해양재해를 줄이기 위한 해안침수 예상도
> • 그 밖에 수로조사성과를 수록한 각종 주제도

03 해상교통안전, 해양의 보전 · 이용 · 개발, 해양관할권의 확보 및 해양재해 예방을 목적으로 하는 수로측량 · 해양관측 · 항로조사 및 해양지명조사를 무엇이라고 하는가?

① 해안조사
② 해양측량
③ 연안측량
④ 수로조사

> **Guide** 수로조사란 해상교통안전, 해양의 보전 · 이용 · 개발, 해양관할권의 확보 및 해양재해 예방을 목적으로 하는 수로측량 · 해양관측 · 항로조사 및 해양지명조사를 말한다.

04 하천 횡단측량에서 그림과 같이 $\overline{AB}$ 선상의 배위에서 $\angle a$를 관측하였다. $\overline{BP}$ 의 거리는? (단, $\overline{AB} \perp \overline{BD}$, $\overline{BD} = 50.0$m, $a = 40°30'$)

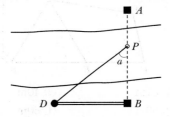

① 32.47m
② 38.02m
③ 42.70m
④ 58.54m

> **Guide**
> $$\tan a = \frac{\overline{BD}}{\overline{BP}}$$
> $$\therefore \overline{BP} = \frac{\overline{BD}}{\tan a} = \frac{50}{\tan 40°30'} = 58.54\text{m}$$

05 유토곡선(Mass Curve)을 작성하는 목적과 거리가 먼 것은?

① 토공기계의 결정
② 토량의 배분
③ 토량의 운반거리 산출
④ 토공의 단가 결정

> **Guide** 유토곡선을 작성하는 목적
> • 토량이동에 따른 공사방법 및 순서 결정
> • 평균 운반거리 산출
> • 운반거리에 따른 토공기계 산정
> • 토량 배분

정답 01 ③ 02 ④ 03 ④ 04 ④ 05 ④

06 하천측량에서 수위에 관한 용어 중 1년을 통하여 355일간은 이보다 내려가지 않는 수위를 무엇이라 하는가?

① 저수위 ② 갈수위
③ 최저수위 ④ 평균최저수위

갈수위는 1년을 통해 355일은 이보다 저하하지 않는 수위이다.

07 □$ABCD$의 넓이는 1,000m²이다. 선분 $\overline{AE}$로 △ABE와 □$AECD$의 넓이의 비를 2 : 3으로 분할할 때 $\overline{BE}$의 거리는?

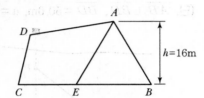

① 37m ② 40m
③ 50m ④ 60m

△ABE 면적 $= 1,000 \times \dfrac{2}{5} = 400\text{m}^2 \rightarrow$

$$\triangle ABE\text{의 면적} = \frac{1}{2} \times \overline{BE} \times h = 400\text{m}^2$$

$$\therefore \overline{BE} = \frac{400 \times 2}{16} = 50\text{m}$$

08 노선측량의 작업단계에 해당되지 않는 것은?

① 시거측량 ② 세부측량
③ 용지측량 ④ 공사측량

시거측량(Stadia Surveying)은 망원경 내부의 상·하 시거선 사이에 낀 표척의 협장과 연직각에 의하여 두 점 간의 거리와 높이의 차이를 간접적으로 구하는 측량으로서, 노선측량의 작업단계와는 무관하다.

09 완화곡선의 성질에 대한 설명으로 ( )에 알맞게 짝지어진 것은?

> 완화곡선의 접선은 시점에서 (㉠)에, 종점에서 (㉡)에 접한다.

① ㉠ 곡선, ㉡ 원호
② ㉠ 직선, ㉡ 원호
③ ㉠ 곡선, ㉡ 직선
④ ㉠ 원호, ㉡ 곡선

완화곡선의 접선은 시점에서는 직선에, 종점에서는 원호에 접한다.

10 비행장의 입지선정을 위해 고려하여야 할 주요 요소로 가장 거리가 먼 것은?

① 주변지역의 개발 형태
② 항공기 이용에 따른 접근성
③ 지표면 배수상태
④ 비행장 운영에 필요한 지원시설

비행장의 입지 선정 요소
주변지역 개발 형태, 기후, 접근성, 장애물, 지원시설, 기타 주변 여건

11 클로소이드 곡선에서 곡선반지름(R)이 일정할 때 매개변수(A)를 2배로 증가시키면 완화곡선 길이(L)는 몇 배가 되는가?

① $\sqrt{2}$ ② 2
③ 4 ④ 8

$A^2 = R \cdot L \rightarrow (2)^2 = R.L$
∴ 반경이 일정하므로 완화곡선 길이(L)는 4배가 된다.

12 땅고르기 작업을 위해 토지를 격자(4m×3m) 모양으로 분할하고, 각 교점의 지반고를 측량한 결과가 그림과 같을 때, 전체 토량은?(단, 표고 단위 : m)

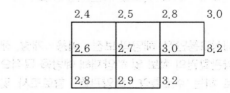

① 123m³ ② 148m³
③ 168m³ ④ 183m³

Guide $V = \dfrac{A}{4}(\sum h_1 + 2\sum h_2 + 3\sum h_3 + 4\sum h_4)$

$\qquad = \dfrac{4 \times 3}{4}\{14.6 + 2(10.8) + 3(3) + 4(2.7)\}$

$\qquad = 168\text{m}^3$

13 그림과 같은 토지의 면적을 심프슨 제1공식을 적용하여 구한 값이 44m²라면 거리 D는?

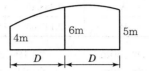

① 4.0m
② 4.4m
③ 8.0m
④ 8.8m

Guide 심프슨 제1법칙

$A = \dfrac{D}{3}(y_o + y_n + 4\sum y_{홀수} + 2\sum y_{짝수})$

$44 = \dfrac{D}{3}\{4 + 5 + 4(6)\}$

$\therefore D = 4.0\text{m}$

14 자동차가 곡선구간을 주행할 때에는 뒷바퀴가 앞바퀴보다 곡선의 내측에 치우쳐서 통과하므로 차선폭을 증가시켜 준다. 이때 증가시키는 확폭의 크기(Slack)는?(단, R : 차량 중심의 회전반지름, L : 전후차륜거리)

① $\dfrac{L^3}{2R^2}$
② $\dfrac{L^2}{2R}$
③ $\dfrac{L^3}{3R^2}$
④ $\dfrac{L^2}{3R}$

Guide 슬랙(Slack)

차량이 곡선 위를 주행할 때 뒷바퀴가 앞바퀴보다 안쪽을 통과하게 되므로 차선 너비를 넓혀야 하는데, 이를 확폭이라 한다.

$\varepsilon = \dfrac{L^2}{2R}$

15 도로선형을 계획함에 있어 A점의 성토면적이 25m², B점의 성토면적이 10.42m²인 경우, 두 지점 간의 토량은?(단, 두 지점 간의 거리는 20m이다.)

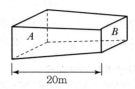

① 308.4m³
② 354.2m³
③ 380.2m³
④ 500.4m³

Guide 양단면평균법 적용

$V = \dfrac{A점\ 성토면적 + B점\ 성토면적}{2} \times 거리$

$\quad = \dfrac{25 + 10.42}{2} \times 20$

$\quad = 354.2\text{m}^3$

16 그림과 같이 중앙종거(M)가 20m, 곡선반지름(R)이 100m일 때, 단곡선의 교각은?

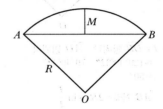

① 36°52′12″
② 73°44′23″
③ 110°36′35″
④ 147°28′46″

Guide 중앙종거$(M) = R\left(1 - \cos\dfrac{I}{2}\right)$

$\therefore I = \cos^{-1}\left(1 - \dfrac{M}{R}\right) \times 2$

$\quad = \cos^{-1}\left(1 - \dfrac{20}{100}\right) \times 2$

$\quad = 73°44′23″$

17 그림과 같은 단곡선에서 곡선반지름(R) = 50m, $\overline{AD}$ 의 방위 = N79°49′32″E, $\overline{BD}$ 의 방위 = N50°10′28″W일 때 $\overline{AB}$ 의 거리는?

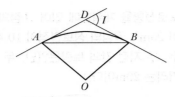

① 10.81m　　　② 28.36m

③ 34.20m　　　④ 42.26m

Guide
- $\overline{AD}$ 방위각=79°49′32″
- $\overline{BD}$ 방위각=360° - 50°10′28″=309°49′32″
- $\overline{DB}$ 방위각=$\overline{BD}$ 방위각-180°
  =309°49′32″-180°
  =129°49′32″

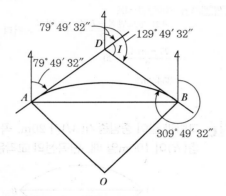

- $I=\overline{DB}$ 방위각- $\overline{AD}$ 방위각
  =129°49′32″-79°49′32″
  =50°
- $\therefore \overline{AB}$ 거리=$2R \cdot \sin \dfrac{I}{2}$

  =$2 \times 50 \times \sin \dfrac{50°}{2}$

  =42.26m

18 터널측량에 대한 설명으로 틀린 것은?

① 터널 내의 곡선설치는 일반적으로 지상에서와 같은 편각법을 사용한다.

② 터널 외 중심선측량은 트래버스측량 등으로 행한다.

③ 터널 내의 측량에서는 기계의 십자선 및 표척 등에 조명이 필요하다.

④ 터널측량의 분류는 터널 외 측량, 터널 내 측량, 터널 내외 연결측량으로 나눈다.

Guide 터널 내의 곡선설치는 지거법에 의한 방법, 접선편거와 현편거에 의한 방법을 이용하여 설치한다.

19 터널 측량결과 입구 A와 출구 B의 좌표가 표와 같을 때 터널의 길이는?

[단위 : m]

구분	X(N)	Y(E)
A	2,288.49	9,367.24
B	2,145.63	9,253.58

① 182.56m　　　② 194.34m

③ 201.53m　　　④ 213.49m

Guide 터널의 길이

$$= \sqrt{(X_B - X_A)^2 + (Y_B - Y_A)^2}$$
$$= \sqrt{(2,145.63 - 2,288.49)^2 + (9,253.58 - 9,367.24)^2}$$
$$= 182.56m$$

20 댐을 축조하기 위한 조사계획 단계의 측량과 거리가 먼 것은?

① 수문자료조사를 위한 측량

② 지형, 지질조사를 위한 측량

③ 유지관리조사를 위한 측량

④ 보상조사를 위한 측량

Guide 댐을 축조하기 위한 측량 순서
- 조사계획측량
  - 수문자료조사
  - 지형·지질조사
  - 보상조사
  - 재료원 조사
  - 가설비 조사
- 실시설계측량
  - 삼각측량
  - 다각측량
  - 평면도 제작측량
  - 종·횡단측량
  - 토취장측량
- 안전관리측량
  - 절대변위측량
  - 상대변위측량

Subject 02 사진측량 및 원격탐사

21 항공사진촬영 전 지상에 설치하는 대공표지에 대한 설명으로 옳은 것은?

① 대공표지는 사진상에 분명히 확인할 수 있어야 하며, 그 크기와 재료는 항상 동일하여야 한다.

② 대공표지는 지상에 설치하는 만큼 지표에 완전히 붙어 있어야 한다.

③ 대공표지는 기준점 주위에 설치해서는 안 되며, 사진상에서 찾기 쉽도록 광택이 나야 한다.

④ 설치장소는 천정으로부터 45° 이상의 시계를 확보할 수 있어야 한다.

> **Guide** 대공표지의 선점 시 주의사항
> • 사진상에 명확하게 보이기 위해서는 주위의 색상과 대조가 되어야 한다.
> • 상공은 45° 이상의 각도를 열어두어야 한다.
> • 대공표지의 사진상의 크기는 촬영 후 사진상에 $30\mu m$ 정도가 나타나야 한다.

22 항공사진의 성질에 대한 설명으로 옳지 않은 것은?

① 항공사진은 지면에 비고가 있으면 그 상은 변형되어 찍힌다.

② 항공사진은 지면에 비고가 있으면 연직사진의 경우에도 렌즈의 중심과 지상점의 높이의 차에 의하여 축척이 상이하다.

③ 항공사진은 연직사진이 아니므로 지도를 만들 수 없다.

④ 항공사진이 경사져 있으면 지면이 평탄해도 사진의 경사 방향에 따라 축척이 일정하지 않다.

> **Guide** 항공사진측량에 의한 지형도 제작 시 엄밀수직사진은 실제 어려우므로 거의 3° 이내의 수직사진이 이용된다.

23 촬영고도 1,000m에서 촬영한 사진상에 나타난 철탑의 상단부분이 사진의 주점으로부터 6cm 떨어져 있으며, 철탑의 변위가 5mm로 나타날 때 이 철탑의 높이는?

① 53.3m ② 63.3m
③ 73.3m ④ 83.3m

> **Guide** 기복변위 $(\Delta r) = \dfrac{h}{H} \cdot r$
>
> $\therefore \ h = \dfrac{\Delta r}{r} \cdot H = \dfrac{0.005}{0.06} \times 1{,}000 = 83.3\text{m}$

24 촬영고도 5,400m, 사진 A의 주점기선길이가 65mm, 사진 B의 주점기선길이가 70mm일 때 시차차가 1.35mm인 두 점의 높이차는?

① 108m ② 110m
③ 112m ④ 114m

> **Guide** $h = \dfrac{H}{b_0} \cdot \Delta p = \dfrac{5{,}400}{\dfrac{65+70}{2}} \times 1.35 = 108\text{m}$

25 위성영상 센서의 방사해상도에서 8bit로 표현할 수 있는 범위로 옳은 것은?

① 0~255 ② 0~256
③ 1~255 ④ 1~256

> **Guide** 위성영상 센서의 방사해상도 표현범위
> • 6bit : 0~63 • 8bit : 0~255 • 11bit : 0~2,047

26 항공사진측량의 촬영비행 조건으로 옳은 것은?(단, 항공사진측량 작업규정 기준)

① 구름 및 구름의 그림자에 관계없이 기온이 25℃ 이상인 날씨에 촬영한다.

② 촬영비행은 영상이 잘 나타나도록 지형에 맞춰 수시로 촬영고도를 변화시킨다.

③ 태양고도가 산지에서는 30°, 평지에서는 25° 이상일 때 촬영한다.

④ 계획 촬영코스로부터의 수평이탈은 계획촬영고도의 30% 이내로 촬영한다.

Guide 항공사진측량 작업규정 제3장 제23조(촬영비행조건)
촬영비행은 태양고도가 산지에서는 30°, 평지에서는 25°
이상일 때 행하며 험준한 지형에서는 음영부에 관계없이
영상이 잘 나타나는 태양고도의 시간에 행하여야 한다.

27 어느 지역 영상의 화솟값 분포를 알아보기 위
해 아래와 같은 도수분포표를 작성하였다. 이
그림으로 추정할 수 있는 해당지역의 토지피
복의 수로 적합한 것은?

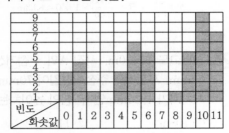

① 1   ② 2
③ 3   ④ 4

Guide 토지피복 수= $\dfrac{44}{9}$ =4.9이므로 빈도 4와 5의 값을 찾으
면 해당 지역의 토지피복의 수로 3개가 추정된다.

28 ( )에 알맞은 용어로 가장 적합한 것은?

> 절대표정(Absolute Orientation)이 완전히 끝났
> 을 때에는 입체모델과 실제 지형은 ( )의 관계
> 가 이루어진다.

① 상사(相似)   ② 이동(異動)
③ 평행(平行)   ④ 일치(一致)

Guide 절대표정을 통하여 축척과 경사조정을 끝내면 사진
Model과 지형 Model과는 상사관계가 이루어진다.(상
사 : 모양이 서로 비슷함)

29 2쌍의 영상을 입체시하는 방법 중 서로 직교
하는 두 개의 편광 광선이 한 개의 편광면을
통과할 때 그 편광면의 진동방향과 일치하는
광선만 통과하고, 직교하는 광선을 통과 못하
는 성질을 이용하는 입체시의 방법은?

① 여색입체방법   ② 편광입체방법
③ 입체경에 의한 방법   ④ 순동입체방법

Guide 편광입체방법은 서로 직교하는 진동면을 갖는 2개의 편
광광선이 1개의 편광면을 통과할 때, 그 편광면의 진동방
향과 일치하는 진행방향의 광선만 통과하고 여기에 직교
하는 광선은 통과하지 못하는 편광의 성질을 이용하는
방법이다.

30 항공사진에 찍혀 있는 두 점 A, B의 거리를 관측
하였더니 9cm이고, 축척 1 : 25,000의 지형
도에서 두 점 간의 길이가 3.6cm이었다면 촬영
고도는?(단, 카메라의 초점거리는 15cm, 사
진크기는 23cm×23cm이며, 대상지는 평지
이다.)

① 1,200m   ② 1,500m
③ 3,000m   ④ 15,000m

Guide • 지형도상의 실제거리
$$\frac{1}{m}=\frac{도상거리}{실제거리} \rightarrow \frac{1}{25,000}=\frac{0.036}{실제거리}$$
$$\rightarrow 실제거리=900m$$
• 사진축척(M)= $\dfrac{1}{m}=\dfrac{f}{H}=\dfrac{l}{L} \rightarrow$
$$\frac{1}{m}=\frac{l}{L} \rightarrow \frac{1}{m}=\frac{0.09}{900}=\frac{1}{10,000}$$
• 촬영고도(H)
$$\frac{1}{m}=\frac{f}{H} \rightarrow$$
$$\frac{1}{10,000}=\frac{0.15}{H}$$
$$\therefore H=1,500m$$

31 다음 중 수동형 센서가 아닌 것은?

① 항공사진 카메라   ② 다중분광 스캐너
③ 열적외 스캐너   ④ 레이저 스캐너

Guide 센서
• 능동적 센서(Active Sensor) : 대상물에서 전자기파
를 발사한 후 반사되는 전자기파 수집
　예 Laser, Radar
• 수동적 센서(Passive Sensor) : 대상물에서 방사되는
전자기파 수집
　예 일반렌즈 사진기, 디지털 사진기, 다중분광 스캐너,
초분광 센서

정답 27 ③   28 ①   29 ②   30 ②   31 ④

32 관성항법시스템(INS)의 구성으로 옳은 것은?

① 자이로와 가속도계
② 자이로와 도플러계
③ 중력계와 도플러계
④ 중력계와 가속도계

> **Guide** 관성항법시스템(INS)은 물체의 각속도를 검출하는 자이로와 물체의 운동상태를 순시적으로 감지할 수 있는 가속도계로 구성되어 있다.

33 사진측량은 4차원 측량이 가능하다. 다음 중 4차원 측량에 해당하지 않는 것은?

① 거푸집에 대하여 주기적인 촬영으로 변형량을 관측한다.
② 동적인 물체에 대한 시간별 움직임을 체크한다.
③ 4가지의 각각 다른 구조물을 동시에 측량한다.
④ 용광로의 열변형을 주기적으로 측정한다.

> **Guide** 4차원 측량은 시간별로 촬영이 가능하다는 의미이므로 ③항은 관계가 멀다.

34 "초점거리 및 중심점을 조정하여 상좌표로부터 사진좌표를 얻는다."와 관련된 표정은?

① 상호표정
② 내부표정
③ 절대표정
④ 접합표정

> **Guide** 내부표정은 내부표정요소인 주점의 위치와 초점거리를 조정하여 상좌표로부터 사진좌표를 구하는 작업이다.

35 원격탐사 데이터 처리 중 전처리 과정에 해당되는 것은?

① 기하보정
② 영상분류
③ DEM 생성
④ 영상지도 제작

> **Guide** 위성영상처리 순서
> • 전처리 : 방사량보정, 기하보정
> • 변환처리 : 영상강조, 데이터 압축
> • 분류처리 : 분류, 영역분할/매칭

36 영상정합(Inage Matching)의 대상기준에 따른 영상정합의 분류에 해당되지 않는 것은?

① 영역기준 정합
② 객체형 정합
③ 형상기준 정합
④ 관계형 정합

> **Guide** 영상정합의 방법
> • 영역기준 정합
> • 형상기준 정합
> • 관계형 정합

37 물체의 분광반사특성에 대한 설명으로 옳은 것은?

① 같은 물체라도 시간과 공간에 따라 반사율이 다르게 나타난다.
② 토양은 식물이나 물에 비하여 파장에 따른 반사율의 변화가 크다.
③ 식물은 근적외선 영역에서 가시광선 영역보다 반사율이 높다.
④ 물은 식물이나 토양에 비해 반사율이 높다.

> **Guide** 식물은 근적외선 영역에서 반사율이 높고, 가시광선 영역에서는 광합성 작용으로 인해 적색광과 청색광은 식물에 흡수되어 반사율이 낮다.

38 사진판독의 요소와 거리가 먼 것은?

① 색조
② 모양
③ 음영
④ 고도

> **Guide** 사진판독 요소
> • 주요소 : 색조, 모양, 질감, 형상, 크기, 음영
> • 보조요소 : 상호위치관계, 과고감

39 도화기의 발달과정 중 가장 최근에 개발되어 사용되는 도화기는?

① 해석식 도화기
② 기계식 도화기
③ 수치 도화기
④ 혼합식 도화기

> **Guide** 기계식 도화기(1900~1950년) → 해석식 도화기(1960년 ~) → 수치 도화기(1980년~)

정답 32 ① 33 ③ 34 ② 35 ① 36 ② 37 ③ 38 ④ 39 ③

40 사진의 중심점으로서 렌즈의 광축과 화면이 교차하는 점은?

① 연직점
② 주점
③ 등각점
④ 부점

Guide 항공사진의 특수 3점
- 주점 : 사진의 중심점으로서 렌즈 중심으로부터 화면에 내린 수선의 발
- 연직점 : 렌즈 중심으로부터 지표면에 내린 수선의 발
- 등각점 : 주점과 연직선이 이루는 각을 2등분한 선

Subject 03 지리정보시스템(GIS) 및 위성측위시스템(GNSS)

41 다음 중 지도의 일반화 유형(단계)이 아닌 것은?

① 단순화
② 분류화
③ 세밀화
④ 기호화

Guide 일반화(Generalization)
공간데이터 처리에 있어서 세밀한 항목을 줄이는 과정으로 큰 공간에서 다시 추출하거나 선에서 점을 줄이는 것을 말하며, 지도의 일반화 유형에는 단순화, 분류화, 기호화 등이 있다.

42 지리정보시스템(GIS)의 특징이 아닌 것은?

① 자료의 합성 및 중첩에 의한 다양한 공간분석이 용이하다.
② 사용자의 요구에 맞게 새로운 지도를 제작하거나, 수정할 수 있다.
③ 대규모 자료를 데이터베이스화하여 효과적으로 관리할 수 있다.
④ 한 번 구축된 지리정보시스템의 자료는 항상성을 유지하기 위해 수정, 편집이 어렵다.

Guide GIS의 특징
- 대량의 정보를 저장하고 관리할 수 있음
- 원하는 정보를 쉽게 찾아볼 수 있고, 새로운 정보의 추가와 수정이 용이
- 표현방식이 다른 여러 가지 지도나 도형으로 표현이 가능
- 지도의 축소·확대가 자유롭고 계측이 용이
- 복잡한 정보의 분류나 분석에 유용

- 필요한 자료의 중첩을 통하여 종합적 정보의 획득이 용이

43 지리정보시스템(GIS)의 데이터 취득에 대한 일반적인 설명으로 옳지 않은 것은?

① 스캐닝이 디지타이징에 비하여 작업 속도가 빠르다.
② 디지타이징은 전반적으로 자동화된 작업과정이므로 숙련도에 크게 좌우되지 않는다.
③ 스캐닝에 의한 수치지도 제작을 위해서는 래스터를 벡터로 변환하는 과정이 필요하다.
④ 디지타이징은 지도와 항공사진 등 아날로그 형식의 자료를 전산기에 의해서 직접 판독할 수 있는 수치 형식으로 변환하는 자료획득 방법이다.

Guide 디지타이징은 작업자의 숙련도가 작업의 효율성에 큰 영향을 준다.

44 지리정보시스템(GIS)의 자료처리에서 버퍼(Buffer)에 대한 설명으로 옳은 것은?

① 공간 형상의 둘레에 특정한 폭을 가진 구역(Zone)을 구축하는 것이다.
② 선 데이터에 대해서만 버퍼거리를 지정하여 버퍼링(Buffering)을 할 수 있다.
③ 면 데이터의 경우 면의 안쪽에서는 버퍼거리를 지정할 수 없다.
④ 선 데이터의 형태가 구불구불한 굴곡이 매우 심하거나 소용돌이 형상일 경우 버퍼를 생성할 수 없다.

Guide 버퍼 분석
GIS 연산에 의해 점·선 또는 면에서 일정 거리 안의 지역을 둘러싸는 폴리곤 구역을 생성하는 기법

45 GNSS(Global Navigation Satellite System)에 해당되지 않는 것은?

① GPS
② GOCE
③ GLONASS
④ GALILEO

정답 40 ② 41 ③ 42 ④ 43 ② 44 ① 45 ②

Guide GNSS 위성군

GPS(미국), GLONASS(러시아), Galileo(유럽연합)

46 GPS에서 채택하고 있는 기준타원체는?

① WGS84
② Bessell841
③ GRS80
④ NAD83

Guide GPS 위성측량에서 이용되는 좌표계는 WGS84 좌표계이다.

47 지리정보시스템(GIS)에서 래스터 데이터를 이용한 공간분석 기능 수행 중 A와 B를 이용하여 수행한 결과 C를 만족시키기 위한 연산 조건으로 옳은 것은?

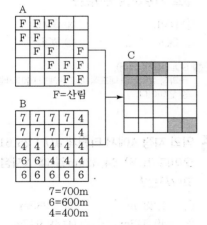

7=700m
6=600m
4=400m

① (A=산림) AND (B<500m)
② (A=산림) AND NOT (B<500m)
③ (A=산림) OR (B<500m)
④ (A=산림) XOR (B<500m)

Guide 결과 C는 A의 F(=산림) 속성을 가진 셀과 B의 6(=600m), 7(=700m) 속성을 가진 셀의 중첩된 결과이다.
∴ (A=산림) AND (B>500m) 또는
(A=산림) AND NOT (B<500m)

48 공간 자료 품질의 핵심요소 중 하나로 데이터 셋의 역사를 말하며 수치 데이터셋의 경우는 다음과 같이 정의할 수 있는 것은?

자료품질 설명의 일부로서, 자료와 관련있는 관측 또는 원료의 출처, 자료획득 및 편집방법, 변환·변형·분석·파생방법, 기타 모든 단계에서 적용한 가정 혹은 기준 등의 정보를 포함한다.

① 연혁(Lineage)
② 완전성(Completeness)
③ 위치 정확도(Positional Accuracy)
④ 논리적 일관성(Logical Consistency)

Guide 연혁(Lineage)
기초자료에 대한 정보, 특히 원축척 정도를 나타낸다. 자료가 얻어져서 사용할 수 있는 형태로 들어갈 때까지의 자료의 흐름을 말한다.

49 지리정보시스템(GIS)에서 사용하는 수치지도를 제작하는 방법이 아닌 것은?

① 항공기를 이용하여 항공사진을 촬영하여 수치지도를 만드는 방법
② 항공사진 필름을 고감도 복사기로 인쇄하는 방법
③ 인공위성 데이터를 이용하여 수치지도를 만드는 방법
④ 종이지도를 디지타이징하여 수치지도를 만드는 방법

Guide 수치지도 제작
• 항공사진측량에 의한 수치지도 제작
• 인공위성 자료에 의한 수치지도 제작
• 기존 종이지도를 디지타이징하여 수치지도 제작
• 기존 종이지도를 스캐닝 후 벡터라이징하여 수치지도 제작
• GPS에 의한 수치지도 제작
• Total Station에 의한 수치지도 제작
• LiDAR에 의한 수치지도 제작 등

정답 46 ① 47 ② 48 ① 49 ②

50 지리정보시스템(GIS)의 자료형태에서 그리드(Grid)에 대한 설명으로 옳지 않은 것은?

① 래스터자료를 셀단위로 저장하는 X, Y좌표 격자망
② 정방형의 가상격자망을 채워주는 점 자료
③ 규칙적으로 배치된 샘플점의 집합
④ 일반적인 벡터형 자료시스템

Guide 그리드(Grid)

바둑판 눈금 또는 석쇠 모양의 동일한 크기의 정방형 혹은 준 정방형 셀의 배열에 의해서 정보를 표현하는 지리 자료 모형으로 래스터 자료이다.

51 GNSS 관측 오차에 대한 설명 중 틀린 것은?

① 대류권에 의하여 신호가 지연된다.
② 전리층에 의하여 코드 신호가 지연된다.
③ 다중경로 오차에 의하여 신호의 세기가 증폭된다.
④ 수학적으로 대류권 오차는 온도, 기압, 습도 등으로 모델링한다.

Guide 다중경로 오차는 건물이나 자동차 등에 의한 반사된 GPS신호가 수신기로 수신되어 발생하는 오차로 위치정확도가 저하된다.

52 GNSS의 활용 분야와 가장 거리가 먼 것은?

① 실내 3차원 모델링
② 기준점 측량
③ 구조물 변위 모니터링
④ 지형공간정보 획득 및 시설물 유지 관리

Guide GPS는 현재 실내 및 지하 관측이 어려우므로 실내 3차원 모델링에는 그 활용도가 낮다.

53 지리정보시스템(GIS)의 분석기법 중 최단경로 탐색에 가장 적합한 것은?

① 버퍼 분석
② 중첩 분석
③ 지형 분석
④ 네트워크 분석

Guide 네트워크 분석

두 지점 간의 최단경로를 찾는 등의 공간적인 분석으로 절점이 서로 연결되었는지를 결정하는 연결성 분석 중 하나이다.

54 GPS신호 중 1,575.42MHz의 주파수를 가지는 신호는?

① P코드
② C/A코드
③ L_1
④ L_2

Guide 반송파(Carrier)

• L_1 : 1,575.42MHz(154×10.23MHz), C/A－code와 P－code 변조 가능
• L_2 : 1,227.60MHz(120×10.23MHz), P－code만 변조 가능

55 관계형 공간 데이터베이스에서 질의를 위해 주로 사용하는 언어는?

① DML
② GML
③ OQL
④ SQL

Guide SQL(표준질의어)

비과정 질의어의 대표적 예로 관계형 데이터베이스의 표준 언어이다.

56 임의 지점 A에서 타원체고(h) 25.614m, 지오이드고(N) 24.329m일 때 A지점의 정표고(H)는?

① -1.285m
② 1.285m
③ -49.943m
④ 49.943m

Guide 정표고(H)=타원체고(h)－지오이드고(N)
　　　　　 =25.614－24.329
　　　　　 =1.285
∴ 정표고(H)=1.285m

57 다음 중 도형이나 속성자료의 호환을 위해 사용되는 포맷이 아닌 것은?

① ASCII 코드
② SHAPE
③ JPG
④ TIGER

정답 50 ④ 51 ③ 52 ① 53 ④ 54 ③ 55 ④ 56 ② 57 ③

Guide GIS Data 호환 형식
- DXF(Drawing Exchange Format)
  Auto Desk사의 ASCII 형태의 그래픽 자료의 파일 포맷
- SDTS(Spatial Data Transfer Standard : 공간자료 교환표준)
  NGIS를 구축함에 따라 지리정보시스템 간 위상 벡터 데이터 형식의 지리정보 교환을 위한 공통 데이터 교환 포맷
- SHP 형식
  미국 ESRI사에서 GIS Data의 호환을 위해 제정한 형식
- 개방형 GIS(Open GIS)
  자료에 대한 접근 및 자료 처리를 용이하게 하도록 하기 위한 사양(Specification)을 정의
  - ASCII(American Standard Code for Information Interchange/ASCII) 형식
    미국정보교환표준부호의 약어로 소형 컴퓨터에서 문자 데이터(문자, 숫자, 문장 부호)와 비입력장치 명령(제어문자)을 나타내는 데 사용되는 표준 데이터
  - TIGER(Topologically Integrated Geographic Encoding and Referencing System)
    U.S Census Bureau에서 인구조사를 위해 개발한 벡터형 파일 형식으로 위상구조를 포함한다.

58 수치지형모델 중의 한 유형인 수치표고모델 (DEM)의 활용과 거리가 가장 먼 것은?

① 토지피복도(Land Cover Map)
② 3차원 조망도(Perspective View)
③ 음영기복도(Shaded Relief Map)
④ 경사도(Slope Map)

Guide DEM은 지형의 표고값을 이용한 경사도, 사면방향도, 단면분석, 절·성토량 산정, 등고선 작성 등 다양한 분야에 활용된다.

59 수록된 데이터의 내용, 품질, 작성자, 작성일자 등과 같은 유용한 정보를 제공하여 데이터 사용을 편리하게 하는 데이터를 의미하는 것은?

① 위상데이터   ② 공간데이터
③ 메타데이터   ④ 속성데이터

Guide 메타데이터(Metadata)
실제 데이터는 아니지만 데이터베이스, 레이어, 속성, 공간형상 등과 관련된 데이터의 내용, 품질, 조건 및 특징 등을 저장한 데이터로서 데이터에 관한 데이터의 이력을 말한다.

60 다음 중 지리정보시스템(GIS)의 구성요소로 옳은 것은?

① 하드웨어, 소프트웨어, 인적자원, 데이터
② 하드웨어, 소프트웨어, 데이터, GPS
③ 데이터, GPS, LIS, BIS
④ BIS, LIS, UIS, GPS

Guide GIS의 구성요소
- 하드웨어
- 소프트웨어
- 데이터베이스
- 조직 및 인력

Subject 04 측량학

✔ 측량 관련 법규는 출제 당시 법률을 기준으로 해설되었음을 알려드립니다.

61 수준측량의 오차 중 개인오차에 해당되는 것은?

① 시차에 의한 오차
② 대기굴절에 의한 오차
③ 지구곡률에 의한 오차
④ 태양의 직사광선에 의한 오차

Guide 시차에 의한 오차는 관측자의 눈의 위치에 따라 목표의 방향이 달라지는 것으로서, 목표까지의 거리의 차 및 눈의 위치의 변화량에 따라 그 양이 다르므로 개인오차에 해당된다.

62 수평각 관측을 하여 다음과 같은 결과를 얻었다. 1회 관측의 경중률이 같다고 할 때 최확값의 평균제곱근 오차(표준오차)는?

34°56′22″, 34°56′18″, 34°56′19″ 34°56′16″, 34°56′20″

① ±1.0″   ② ±1.8″
③ ±2.2″   ④ ±2.6″

Guide 최확각(α_0)
$$= 34°56' + \left(\frac{22'' + 18'' + 19'' + 16'' + 20''}{5}\right)$$
$$= 34°56'19''$$

관측각	최확각	v	vv
22		3	9
18		−1	1
19	19	0	0
16		−3	9
20		1	1
계			20

$$\therefore \text{평균제곱근오차}(M) = \pm\sqrt{\frac{[vv]}{n(n-1)}}$$
$$= \pm\sqrt{\frac{20}{5(5-1)}}$$
$$= \pm 1.0''$$

63 A, B 두 점의 표고가 각각 118m, 145m이고, 수평거리가 270m이며, AB 간은 등경사이다. A점으로부터 AB선상의 표고 120m, 130m, 140m인 점까지 각각의 수평거리는?

① 10m, 110m, 210m
② 20m, 120m, 220m
③ 20m, 110m, 220m
④ 10m, 120m, 210m

Guide

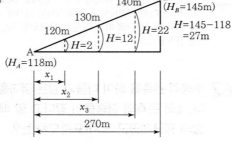

- $270 : 27 = x_1 : 2$
  $\therefore x_1 = 20\text{m}$
- $270 : 27 = x_2 : 12$
  $\therefore x_2 = 120\text{m}$
- $270 : 27 = x_3 : 22$
  $\therefore x_3 = 220\text{m}$

64 레벨의 요구 조건 중 가장 기본적인 요소로 레벨 조정의 항정법에 의하여 조정되는 것은?

① 연직축과 기포관축이 직교할 것
② 독취 시에 기포의 위치를 볼 수 있을 것
③ 기포관축과 망원경의 시준선이 평행할 것
④ 망원경의 배율과 수준기의 감도가 평형할 것

Guide 항정법
평탄한 땅을 골라 약 100m 정도 떨어진 두 점에 말뚝을 박고 수준척을 세운 다음 두 점의 중간 및 연장선상에 레벨을 세우고 관측하여 기포관축과 시준축을 수평하게 맞추는 방법이다.

65 구과량에 대한 설명으로 옳은 것은?(단, A : 구면삼각형의 면적, R : 지구반지름)

① 구과량을 구하는 식은 $\varepsilon = \dfrac{A}{2R}$ 이다.
② 구과량에 의해 사변형삼각망에서 내각의 합이 360°보다 작게 된다.
③ 평면삼각형의 폐합오차는 구과량과 같다.
④ 구과량이란 구면삼각형 내각의 합과 180°와의 차이를 뜻한다.

Guide 구면삼각형의 내각의 합은 180°가 넘으며 이 차이를 구과량이라 한다.

66 1 : 25,000 지형도에서 경사 30°인 지형의 두 점 간 도상 거리가 4mm로 표시되었다면 두 점 간의 실제 경사거리는?(단, 경사가 일정한 지형으로 가정한다.)

① 50.0m
② 86.6m
③ 100.0m
④ 115.5m

Guide 축척과 거리와의 관계
- $\dfrac{1}{m} = \dfrac{\text{도상거리}}{\text{실제거리}} \rightarrow \dfrac{1}{25,000} = \dfrac{0.004}{\text{실제거리}}$
  → 실제거리 = 100m

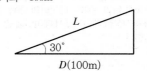

- $D = L \cdot \cos\theta$

$$\therefore \; L = \frac{D}{\cos\theta} = \frac{100}{\cos 30°} = 115.5\text{m}$$

67 그림과 같은 트래버스에서 $\overline{CD}$ 의 방위각은?

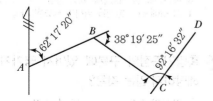

① 8°20′13″   ② 12°53′17″

③ 116°14′27″   ④ 188°20′13″

Guide
- $\overline{AB}$ 방위각=62°17′20″
- $\overline{BC}$ 방위각= $\overline{AB}$ 방위각+ $\angle B$
  =62°17′20″+38°19′25″
  =100°36′45″
- $\therefore \; \overline{CD}$ 방위각= $\overline{BC}$ 방위각−180°+ $\angle C$
  =100°36′45″−180°+92°16′32″
  =12°53′17″

68 삼각측량에서 1대회 관측에 대한 설명으로 옳은 것은?

① 망원경을 정위와 반위로 한 각을 두 번 관측
② 망원경을 정위와 반위로 두 각을 두 번 관측
③ 망원경을 정위와 반위로 한 각을 네 번 관측
④ 망원경을 정위와 반위로 두 각을 네 번 관측

Guide 1대회 관측은 0°로 시작하는 정위 관측과 180°로 관측하는 반위로 한 각을 두 번 관측하는 방법이다.

69 트래버스 측량에서 측점 A의 좌표가 $X=$ 150m, $Y=200$m이고 측점 B까지의 측선 길이가 200m일 때 측점 B의 좌표는?(단, $\overline{AB}$ 측선의 방위각은 280°25′10″이다.)

① $X=186.17$m, $Y=396.70$m
② $X=186.17$m, $Y=3.30$m
③ $X=150.72$m, $Y=396.70$m
④ $X=150.72$m, $Y=3.30$m

Guide

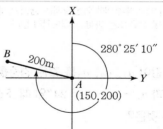

- $X_B = X_A + (\overline{AB} \text{ 거리} \times \cos\alpha)$
  $=150 + (200 \times \cos 280°25′10″)$
  $=186.17$m
- $Y_B = Y_A + (\overline{AB} \text{ 거리} \times \sin\alpha)$
  $=200 + (200 \times \sin 280°25′10″)$
  $=3.30$m
- $\therefore \; X_B = 186.17$m, $Y_B = 3.30$m

70 수준측량에서 5km 왕복측정에서 허용오차가 ±10mm라면 2km 왕복측정에 대한 허용오차는?

① ±9.5mm   ② ±8.4mm

③ ±7.2mm   ④ ±6.3mm

Guide $\sqrt{5} : 10 = \sqrt{2} : x$

$\therefore \; x = \pm 6.3$mm

71 노선 및 하천측량과 같이 폭이 좁고 거리가 먼 지역의 측량에 주로 이용되는 삼각망은?

① 사변형삼각망   ② 유심삼각망

③ 단열삼각망   ④ 단삼각망

Guide 단열삼각망
- 폭이 좁고 거리가 먼 지역에 적합하다.
- 노선, 하천, 터널측량 등에 이용한다.
- 거리에 비해 관측 수가 적으므로 측량이 신속하고 경비가 적게 드나 조건식이 적어 정도가 낮다.

72 측량에서 발생되는 오차 중 주로 관측자의 미숙과 부주의로 인하여 발생되는 오차는?

① 부정오차   ② 정오차

③ 착오   ④ 표준오차

Guide 관측자의 미숙, 부주의에 의한 오차(눈금읽기, 야장기입 잘못 등)를 착오 또는 과실, 과대오차라 한다.

73 그림과 같이 a_1, a_2, a_3를 같은 경중률로 관측한 결과 $a_1 - a_2 - a_3 = 24''$일 때 조정량으로 옳은 것은?

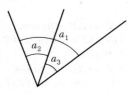

① $a_1 = +8''$, $a_2 = +8''$, $a_3 = +8''$
② $a_1 = -8''$, $a_2 = +8''$, $a_3 = +8''$
③ $a_1 = -8''$, $a_2 = -8''$, $a_3 = -8''$
④ $a_1 = +8''$, $a_2 = -8''$, $a_3 = -8''$

Guide 조정량 $= \dfrac{오차}{관측각 \ 수} = \dfrac{24''}{3} = 8''$
큰 각 ⊖ 조정, 작은 각 ⊕ 조정
∴ $a_1 = -8$, $a_2 = +8''$, $a_3 = +8''$

74 표준척보다 3cm 짧은 50m 테이프로 관측한 거리가 200m이었다면 이 거리의 실제의 거리는?

① 199.88m
② 199.94m
③ 200.06m
④ 200.12m

Guide 실제거리 $= \dfrac{부정길이 \times 관측길이}{표준길이}$
$= \dfrac{49.97 \times 200}{50}$
$= 199.88m$

75 5년마다 수립되는 측량기본계획에 해당되지 않는 사항은?

① 측량산업 및 기술인력 육성 방안
② 측량에 관한 기본 구상 및 추진 전략
③ 측량의 국내외 환경 분석 및 기술연구
④ 국가공간정보체계의 활용 및 공간정보의 유통

Guide 공간정보의 구축 및 관리 등에 관한 법률 제5조(측량기본계획 및 시행계획)
국토교통부장관은 다음의 사항이 포함된 측량기본계획을 5년마다 수립하여야 한다.
1. 측량에 관한 기본 구상 및 추진 전략
2. 측량의 국내외 환경 분석 및 기술연구
3. 측량산업 및 기술인력 육성 방안
4. 그 밖에 측량 발전을 위하여 필요한 사항

76 측량기준점의 구분에 있어서 국가기준점에 해당하지 않는 것은?

① 위성기준점
② 수준점
③ 중력점
④ 지적도근점

Guide 공간정보의 구축 및 관리 등에 관한 법률 시행령 제8조(측량기준점의 구분)
국가기준점에는 우주측지기준점, 위성기준점, 수준점, 중력점, 통합기준점, 삼각점, 지자기점, 수로기준점, 영해기준점이 있다.

77 고의로 측량성과를 사실과 다르게 한 자에 대한 벌칙 기준으로 옳은 것은?

① 3년 이하의 징역 또는 3천만 원 이하의 벌금
② 2년 이하의 징역 또는 2천만 원 이하의 벌금
③ 1년 이하의 징역 또는 1천만 원 이하의 벌금
④ 과태료

Guide 공간정보의 구축 및 관리 등에 관한 법률 제108조(벌칙)

78 공공측량에 관한 설명으로 옳지 않은 것은?

① 선행된 일반측량의 성과를 기초로 측량을 실시할 수 있다.
② 선행된 공공측량의 성과를 기초로 측량을 실시할 수 있다.
③ 공공측량시행자는 제출한 공공측량 작업계획서를 변경한 경우에는 변경한 작업계획서를 제출하여야 한다.
④ 공공측량시행자는 공공측량을 하려면 미리 측량지역, 측량기간, 그 밖에 필요한 사항을 시·도지사에게 통지하여야 한다.

정답 73 ② 74 ① 75 ④ 76 ④ 77 ② 78 ①

1. 공공측량은 기본측량성과나 다른 공공측량성과를 기초로 실시하여야 한다.
2. 공공측량의 시행을 하는 자(이하 "공공측량시행자" 라 한다)가 공공측량을 하려면 국토교통부령으로 정하는 바에 따라 미리 공공측량 작업계획서를 국토교통부장관에게 제출하여야 한다. 제출한 공공측량 작업계획서를 변경한 경우에는 변경한 작업계획서를 제출하여야 한다.
3. 국토교통부장관은 공공측량의 정확도를 높이거나 측량의 중복을 피하기 위하여 필요하다고 인정하면 공공측량시행자에게 공공측량에 관한 장기 계획서 또는 연간 계획서의 제출을 요구할 수 있다.
4. 국토교통부장관은 제출된 계획서의 타당성을 검토하여 그 결과를 공공측량시행자에게 통지하여야 한다. 이 경우 공공측량시행자는 특별한 사유가 없으면 그 결과에 따라야 한다.
5. 공공측량시행자는 공공측량을 하려면 미리 측량지역, 측량기간, 그 밖에 필요한 사항을 시·도지사에게 통지하여야 한다. 그 공공측량을 끝낸 경우에도 또한 같다.
6. 시·도지사는 공공측량을 하거나 위 5항에 따른 통지를 받았으면 지체 없이 시장·군수 또는 구청장에게 그 사실을 통지하고(특별자치시장 및 특별자치도지사의 경우는 제외한다) 대통령령으로 정하는 바에 따라 공고하여야 한다.

79 측량기기 중에서 트랜싯(데오드라이트), 레벨, 거리측정기, 토털 스테이션, 지피에스(GPS) 수신기, 금속관로 탐지기의 성능검사 주기는?

① 2년   ② 3년
③ 5년   ④ 10년

성능검사를 받아야 하는 측량기기와 검사주기는 다음과 같다.
1. 트랜싯(데오드라이트) : 3년
2. 레벨 : 3년
3. 거리측정기 : 3년
4. 토털 스테이션 : 3년
5. 지피에스(GPS) 수신기 : 3년
6. 금속관로 탐지기 : 3년

80 기본측량을 실시하기 위한 실시공고는 일간신문에 1회 이상 게재하거나 해당 특별시, 광역시·도 또는 특별자치도의 게시판 및 인터넷 홈페이지에 며칠 이상 게시하는 방법으로 하여야 하는가?

① 7일   ② 15일
③ 30일   ④ 60일

APPENDIX

부록 II

CBT(필기) 모의고사 및 해설

부록 II

본 모의고사는 측량 및 지형공간정보산업기사 수험생의 필기시험 대비를 목적으로 작성된 것임을 알려드립니다.

Subject 01 응용측량

01 그림과 같은 성토단면을 갖는 도로 50m를 건설하기 위한 성토량은?(단, 성토면의 높이 $(h) = 5m$)

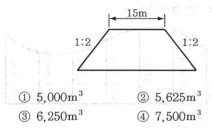

① $5,000m^3$ ② $5,625m^3$
③ $6,250m^3$ ④ $7,500m^3$

02 $1,000m^3$의 체적을 정확하게 계산하려고 한다. 수평 및 수직 거리를 동일한 정확도로 관측하여 체적 계산 오차를 $0.5m^3$ 이하로 하기 위한 거리관측의 허용정확도는?
① 1/4,000
② 1/5,000
③ 1/6,000
④ 1/7,000

03 완화곡선의 캔트(Cant) 계산 시 동일한 조건에서 반지름만을 2배로 증가시키면 캔트는?
① 4배로 증가
② 2배로 증가
③ 1/2로 감소
④ 1/4로 감소

04 지형의 체적계산법 중 단면법에 의한 계산법으로 비교적 가장 정확한 결과를 얻을 수 있는 것은?
① 점고법
② 중앙단면법
③ 양단면평균법
④ 각주공식에 의한 방법

05 상향기울기가 25/1,000, 하향기울기가 −50/1,000일 때 곡선반지름이 800m이면 원곡선에 의한 종단곡선의 길이는?
① 85m
② 75m
③ 60m
④ 55m

06 그림은 축척 1:500으로 측량하여 얻은 결과이다. 실제 면적은?

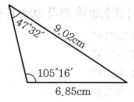

① $70.6m^2$ ② $176.5m^2$
③ $353.03m^2$ ④ $402.02m^2$

07 노선측량의 순서로 가장 적합한 것은?

① 노선선정 → 계획조사측량 → 실시설계측량 → 세부측량 → 용지측량 → 공사측량

② 노선선정 → 실시설계측량 → 세부측량 → 용지측량 → 공사측량 → 계획조사측량

③ 노선선정 → 공사측량 → 실시설계측량 → 세부측량 → 용지측량 → 계획조사측량

④ 노선선정 → 계획조사측량 → 실시설계측량 → 공사측량 → 세부측량 → 용지측량

08 하천의 유속측정에 있어서 표면유속, 최소유속, 평균유속, 최대유속의 4가지 유속이 하천의 표면에서부터 하저에 이르기까지 나타나는 일반적인 순서로 옳은 것은?

① 표면유속 → 최대유속 → 최소유속 → 평균유속

② 표면유속 → 평균유속 → 최대유속 → 최소유속

③ 표면유속 → 최대유속 → 평균유속 → 최소유속

④ 표면유속 → 최소유속 → 평균유속 → 최대유속

09 교각이 49°30′, 반지름이 150m인 원곡선 설치 시 중심말뚝 간격 20m에 대한 편각은?

① 6°36′18″

② 4°20′15″

③ 3°49′11″

④ 1°46′32″

10 부자에 의한 유속관측을 하고 있다. 부자를 띄운 뒤 2분 후에 하류 120m 지점에서 관측되었다면 이때의 표면유속은?

① 1m/s ② 2m/s

③ 3m/s ④ 4m/s

11 깊이 100m, 지름 5m인 1개의 수직터널에 의해서 터널 내외를 연결하는 데 사용하기에 가장 적합한 방법은?

① 삼각법

② 지거법

③ 사변형법

④ 트랜싯과 추선에 의한 방법

12 심프슨 제2법칙을 이용하여 계산할 경우, 그림과 같은 도형의 면적은?(단, 각 구간의 거리(d)는 동일하다.)

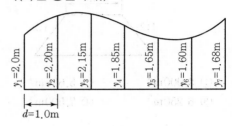

① 11.24m^2 ② 11.29m^2

③ 11.32m^2 ④ 11.47m^2

13 도로의 기울기 계산을 위한 수준측량 결과가 그림과 같을 때 A, B점 간의 기울기는?(단, A, B점 간의 경사거리는 42m이다.)

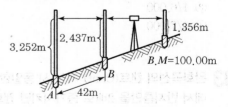

① 1.94% ② 2.02%

③ 7.76% ④ 10.38%

14 하천에서 수심측량 후 측점에 숫자로 표시하여 나타내는 지형표시 방법은?

① 점고법
② 기호법
③ 우모법
④ 등고선법

15 상·하수도시설, 가스시설, 통신시설 등의 건설 및 유지관리를 위한 자료제공의 역할을 하는 측량은?

① 관개배수측량
② 초구측량
③ 건축측량
④ 지하시설물측량

16 하천측량을 하는 주된 목적으로 가장 적합한 것은?

① 하천의 형상, 기울기, 단면 등 그 하천의 성질을 알기 위하여
② 하천 개수공사나 하천 공작물의 계획, 설계, 시공에 필요한 자료를 얻기 위하여
③ 하천공사의 토량계산, 공사비의 산출에 필요한 자료를 얻기 위하여
④ 하천의 개수작업을 하여 흐름의 소통이 잘되게 하기 위하여

17 터널 내 A점의 좌표가 $(1,265.45\text{m}, -468.75\text{m})$, B점의 좌표가 $(2,185.31\text{m}, 1,961.60\text{m})$이며, 높이가 각각 36.30m, 112.40m인 두 점을 연결하는 터널의 경사거리는?

① 2,248.03m
② 2,284.30m
③ 2,598.60m
④ 2,599.72m

18 그림과 같은 토지의 한 변 $\overline{BC}=52\text{m}$ 위의 점 D와 $\overline{AC}=46\text{m}$ 위의 점 E를 연결하여 $\triangle ABC$의 면적을 이등분($m:n=1:1$) 하기 위한 $\overline{AE}$의 길이는?

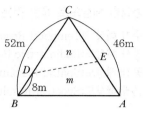

① 18.8m
② 27.2m
③ 31.5m
④ 14.5m

19 단곡선 설치에 관한 설명으로 틀린 것은?

① 교각이 일정할 때 접선장은 곡선반지름에 비례한다.
② 교각과 곡선반지름이 주어지면 단곡선을 설치할 수 있는 기본적인 요소를 계산할 수 있다.
③ 편각법에 의한 단곡선 설치 시 호 길이(l)에 대한 편각(δ)을 구하는 식은 곡선반지름을 R이라 할 때 $\delta = \dfrac{l}{R}$(radian)이다.
④ 중앙종거법은 단곡선의 두 점을 연결하는 현의 중심으로부터 현에 수직으로 종거를 내려 곡선을 설치하는 방법이다.

20 지하시설물 측량방법 중 전자기파가 반사되는 성질을 이용하여 지중의 각종 현상을 밝히는 방법은?

① 자기관측법
② 음파 측량법
③ 전자유도 측량법
④ 지중레이더 측량법

Subject 02 사진측량 및 원격탐사

21 여러 시기에 걸쳐 수집된 원격탐사 데이터로부터 이상적인 변화탐지 결과를 얻기 위한 가장 중요한 해상도로 옳은 것은?

① 주기 해상도(Temporal Resolution)
② 방사 해상도(Radiometric Resolution)
③ 공간 해상도(Spatial Resolution)
④ 분광 해상도(Spectral Resolution)

22 완전수직 항공사진의 특수 3점에서의 사진축척을 비교한 것으로 옳은 것은?

① 주점에서 가장 크다.
② 연직점에서 가장 크다.
③ 등각점에서 가장 크다.
④ 3점에서 모두 같다.

23 사진측량은 4차원 측량이 가능한데 다음 중 4차원 측량에 해당하지 않는 것은?

① 거푸집에 대하여 주기적인 촬영으로 변형량을 관측한다.
② 동적인 물체에 대한 시간별 움직임을 체크한다.
③ 4가지의 각각 다른 구조물을 동시에 측량한다.
④ 용광로의 열변형을 주기적으로 측정한다.

24 어느 지역의 영상으로부터 "논"의 훈련지역(Training Field)을 선택하여 해당 영상소를 "P"로 표기하였다. 이때 산출되는 통계값과 사변형 분류법(Parallelepiped Classification)을 이용하여 "논"을 분류한 결과로 옳은 것은?

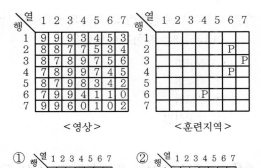

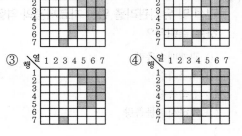

25 다음 중 사진의 축척을 결정하는 데 고려할 요소로 거리가 가장 먼 것은?

① 사용목적, 사진기의 성능
② 사용되는 사진기, 소요 정밀도
③ 도화 축척, 등고선 간격
④ 지방적 특색, 기상관계

26 측량용 사진기의 검정자료(Calibration Data)에 포함되지 않는 것은?

① 주점의 위치
② 초점거리
③ 렌즈왜곡량
④ 좌표 변환식

27 동서 26km, 남북 8km인 지역을 사진크기 23cm×23cm인 카메라로 종중복도 60%, 횡중복도 30%, 축척 1:30,000인 항공사진으로 촬영할 때, 입체모델 수는?(단, 엄밀법으로 계산하고 촬영은 동서 방향으로 한다.)

① 16   ② 18
③ 20   ④ 22

28 절대표정에 필요한 지상기준점의 구성으로 틀린 것은?

① 수평기준점(X, Y) 4개
② 지상기준점(X, Y, Z) 3개
③ 수평기준점(X, Y) 2개와 수직기준점(Z) 3개
④ 지상기준점(X, Y, Z) 2개와 수직기준점(Z) 2개

29 초점거리 150mm, 사진크기 23cm×23cm 인 카메라로 촬영고도 1,800m, 촬영기선길이가 960m가 되도록 항공사진촬영을 하였다면 이 사진의 종중복도는?

① 60.0%
② 63.4%
③ 65.2%
④ 68.8%

30 사진상 사진 주점을 지나는 직선상의 A, B 두 점 간의 길이가 15cm이고, 축척 1:1,000 지형도에서는 18cm이었다면 사진의 축척은?

① 1:1,200
② 1:1,250
③ 1:1,300
④ 1:12,000

31 레이더 위성영상의 주요 활용 분야가 아닌 것은?

① 수치표고모델(DEM) 제작
② 빙하 움직임 조사
③ 지각변동 조사
④ 토지피복 조사

32 다음 중 절대(대지)표정과 관계가 먼 것은?

① 경사 결정   ② 축척 결정
③ 방위 결정   ④ 초점거리의 조정

33 사진크기 23cm×23cm, 초점거리 150mm 인 카메라로 찍은 항공사진의 경사각이 15° 이면 이 사진의 연직점(Nadir Point)과 주점(Principal Point) 간의 거리는?[단, 연직점은 사진 중심점으로부터 방사선(Radial Line) 위에 있다.]

① 40.2mm   ② 50.0mm
③ 75.0mm   ④ 100.5mm

34 항공사진의 촬영고도가 2,000m, 카메라의 초점거리가 210mm이고, 사진 크기가 21cm×21cm일 때 사진 1장에 포함되는 실제 면적은?

① 3.8km^2 ② 4.0km^2
③ 4.2km^2 ④ 4.4km^2

35 그림은 측량용 항공사진기의 방사렌즈 왜곡을 나타내고 있다. 사진좌표가 $x = 3$cm, $y = 4$cm인 점에서 왜곡량은?(단, 주점의 사진좌표는 $x = 0$, $y = 0$이다.)

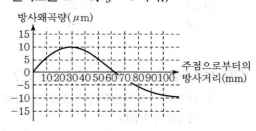

① 주점 방향으로 5μm
② 주점 방향으로 10μm
③ 주점 반대방향으로 5μm
④ 주점 반대방향으로 10μm

36 미국의 항공우주국에서 개발하여 1972년에 지구자원탐사를 목적으로 쏘아 올린 위성으로 적조의 조기발견, 대기오염의 확산 및 식물의 발육상태 등을 조사할 수 있는 것은?

① KOMPSAT
② LANDSAT
③ IKONOS
④ SPOT

37 대기의 창(Atmospheric Window)이란 무엇을 의미하는가?

① 대기 중에서 전자기파 에너지 투과율이 높은 파장대
② 대기 중에서 전자기파 에너지 반사율이 높은 파장대
③ 대기 중에서 전자기파 에너지 흡수율이 높은 파장대
④ 대기 중에서 전자기파 에너지 산란율이 높은 파장대

38 다음과 같은 영상에 3×3 평균필터를 적용하면 영상에서 행렬 (2, 2)의 위치에 생성되는 영상소 값은?

45	120	24
35	32	12
22	16	18

① 24
② 35
③ 36
④ 66

39 상호표정에 대한 설명으로 틀린 것은?

① 한 쌍의 중복사진에 대한 상대적인 기하학적 관계를 수립한다.
② 적어도 5쌍 이상의 Tie Points가 필요하다.
③ 상호표정을 수행하면 Tie Points에 대한 지상점 좌표를 계산할 수 있다.
④ 공선조건식을 이용하여 상호표정요소를 계산할 수 있다.

40 비행고도 4,500m로부터 초점거리 15cm의 카메라로 촬영한 사진에서 기선길이가 5cm이었다면 시차차가 2mm인 굴뚝의 높이는?

① 60m
② 90m
③ 180m
④ 360m

Subject 03 지리정보시스템(GIS) 및 위성측위시스템(GNSS)

41 지리정보시스템(GIS) 소프트웨어의 일반적인 주요 기능으로 거리가 먼 것은?

① 벡터형 공간자료와 래스터형 공간자료의 통합 기능
② 사진, 동영상, 음성 등 멀티미디어 자료의 편집 기능
③ 공간자료와 속성자료를 이용한 모델링 기능
④ DBMS와 연계한 공간자료 및 속성정보의 관리 기능

42 GPS 위성신호 L_1 및 L_2의 주파수를 각 $f_1 = 1,575.42MHz$, $f_2 = 1,227.60MHz$, 광속(c)을 약 300,000km/s라고 가정할 때, Wide Lane($L_w = L_1 - L_2$) 인공주파수의 파장은?

① 0.19m
② 0.24m
③ 0.56m
④ 0.86m

43 다음 중 지리정보분야의 국제표준화기구는?

① ISO/IT190
② ISO/TC211
③ ISO/TC152
④ ISO/IT224

44 공간 데이터 입력 시 발생할 수 있는 오류가 아닌 것은?

① 스파이크(Spike)
② 오버슈트(Overshoot)
③ 언더슈트(Undershoot)
④ 톨러런스(Tolerance)

45 근접성 분석을 위하여 지정된 요소들 주위에 일정한 폴리곤 구역을 생성해 주는 것은?

① 중첩
② 버퍼링
③ 지도 연산
④ 네트워크 분석

46 상대측위(DGPS) 기법 중 하나의 기지점에 수신기를 세워 고정국으로 이용하고 다른 수신기는 측점을 순차적으로 이동하면서 데이터 취득과 동시에 위치결정을 하는 방식은?

① Static Surveying
② Real Time Kinematic
③ Fast Static Surveying
④ Point Positioning Surveying

47 지리정보시스템(GIS)의 자료처리 공간분석 방법을 점자료 분석 방법, 선자료 분석 방법, 면자료 분석 방법으로 구분할 때, 선자료 공간분석 방법에 해당되지 않는 것은?

① 최근린 분석
② 네트워크 분석
③ 최적경로 분석
④ 최단경로 분석

48 첫 번째 입력 커버리지 A의 모든 형상들은 그대로 유지하고 커버리지 B의 형상은 커버리지 A 안에 있는 형상들만 나타내는 중첩 연산 기능은?

① Union
② Intersection
③ Identity
④ Clip

49 지리적 객체(Geographic Object)에 해당되지 않는 것은?

① 온도
② 지적필지
③ 건물
④ 도로

50 지리정보시스템(GIS)에서 표준화가 필요한 이유에 대한 설명으로 거리가 먼 것은?

① 서로 다른 기관 간 데이터의 복제를 방지하고 데이터의 보안을 유지하기 위하여
② 데이터의 제작 시 사용된 하드웨어(H/W)나 소프트웨어(S/W)에 구애받지 않고 손쉽게 데이터를 사용하기 위하여
③ 표준 형식에 맞추어 하나의 기관에서 구축한 데이터를 많은 기관들이 공유하여 사용하기 위하여
④ 데이터의 공동 활용을 통하여 데이터의 중복 구축을 방지함으로써 데이터 구축비용을 절약하기 위하여

51 GNSS 신호가 고도각이 작을수록 대기효과의 영향을 많이 받게 되는 주된 이유는?

① 수신기 안테나의 방향인 연직방향과 차이가 있기 때문이다.
② 위성과 수신기 사이의 거리가 상대적으로 멀기 때문이다.
③ 신호가 통과하는 대기층의 두께가 커지기 때문이다.
④ 신호의 주파수가 변하기 때문이다.

52 항법메시지 파일에 포함되어 있지 않은 정보는?

① 위성궤도
② 시계오차
③ 수신기위치
④ 시간

53 인접한 지도들의 경계에서 지형을 표현할 때 위치나 내용의 불일치를 제거하는 처리를 나타내는 용어는?

① 영상 강조(Image Enhancement)
② 경계선 정합(Edge Matching)
③ 경계 추출(Edge Detection)
④ 편집(Editing)

54 다양한 방식으로 획득된 고도값을 갖는 다수의 점자료를 입력자료로 활용하여 다수의 점자료로부터 삼각면을 형성하는 과정을 통해 제작되며 페이스(Face), 노드(Node), 에지(Edge)로 구성되는 데이터 모델은?

① TIN
② DEM
③ TIGER
④ LiDAR

55 위성에서 송출된 신호가 수신기에 하나 이상의 경로를 통해 수신될 때 발생하는 오차는?

① 전리층 편의 오차
② 대류권 지연 오차
③ 다중경로 오차
④ 위성궤도 편의 오차

56 지리정보자료의 구축에 있어서 표준화의 장점과 거리가 먼 것은?

① 자료 구축에 대한 중복 투자 방지
② 불법복제로 인한 저작권 피해의 방지
③ 경제적이고 효율적인 시스템 구축 가능
④ 서로 다른 시스템이나 사용자 간의 자료 호환 가능

57 기종이 서로 다른 GNSS 수신기를 혼합하여 관측하였을 경우 관측자료의 형식이 통일되지 않는 문제를 해결하기 위해 고안된 표준데이터 형식은?

① PDF
② DWG
③ RINEX
④ RTCM

58 도형자료와 속성자료를 활용한 통합분석에서 동일한 좌표계를 갖는 각각의 레이어정보를 합쳐서 다른 형태의 레이어로 표현되는 분석기능은?

① 중첩
② 공간추정
③ 회귀분석
④ 내삽과 외삽

59 공간분석에 대한 설명으로 옳지 않은 것은?

① 지리적 현상을 설명하기 위하여 조사하고 질의하고 검사하고 실험하는 것이다.
② 속성을 표현하기 위한 탐색적 시각 도구로는 박스플롯, 히스토그램, 산포도, 파이차트 등이 있다.
③ 중첩분석은 새로운 공간적 경계들을 구성하기 위해서 두 개나 그 이상의 공간적 정보를 통합하는 과정이다.
④ 공간분석에서 통계적 기법은 속성에만 적용된다.

60 지리정보시스템(GIS) 구축을 위한 〈보기〉의 과정을 순서대로 바르게 나열한 것은?

〈보기〉
ㄱ 자료수집 및 입력 ㄴ 질의 및 분석
ㄷ 전처리 ㄹ 데이터베이스 구축
ㅁ 결과물 작성

① ㄷ-ㄱ-ㄹ-ㄴ-ㅁ
② ㄱ-ㄷ-ㄹ-ㅁ-ㄴ
③ ㄱ-ㄷ-ㄹ-ㄴ-ㅁ
④ ㄷ-ㄹ-ㄱ-ㄴ-ㅁ

Subject**04** 측량학

61 다각측량에서 측점 A의 직각좌표(x, y)가 (400m, 400m)이고, $\overline{AB}$측선의 길이가 200m일 때, B점의 좌표는?(단, $\overline{AB}$측선의 방위각은 225°이다.)

① (300.000m, 300.000m)
② (226.795m, 300.000m)
③ (541.421m, 541.421m)
④ (258.579m, 258.579m)

62 우리나라 1:25,000 수치지도에 사용되는 주곡선 간격은?

① 10m
② 20m
③ 30m
④ 40m

63 거리 관측 시 발생되는 오차 중 정오차가 아닌 것은?

① 표준장력과 가해진 장력의 차이에 의하여 발생하는 오차
② 표준길이와 줄자의 눈금이 틀려서 발생하는 오차
③ 줄자의 처짐으로 인하여 생기는 오차
④ 눈금의 오독으로 인하여 생기는 오차

64 삼각망 중에서 조건식의 수가 가장 많으며, 정확도가 가장 높은 것은?

① 사변형망
② 단열삼각망
③ 유심다각망
④ 육각형망

65 수준척을 사용할 때 주의해야 할 사항이 아닌 것은?

① 수준척은 연직으로 세워야 한다.
② 관측자가 수준척의 눈금을 읽을 때에는 수준척을 기계를 향하여 앞·뒤로 조금씩 움직여 제일 큰 눈금을 읽어야 한다.
③ 표척수는 수준척의 이음매에서 오차가 발생하지 않도록 하여야 한다.
④ 수준척을 세울 때는 침하하기 쉬운 곳에는 표척대를 놓고 그 위에 수준척을 세워야 한다.

66 다각측량의 수평각 관측에서 일명 협각법이라고도 하며, 어떤 측선이 그 앞의 측선과 이루는 각을 관측하는 방법은?

① 배각법
② 편각법
③ 고정법
④ 교각법

67 지구의 반지름이 6,370km이며, 삼각형의 구과량이 15″일 때 구면삼각형의 면적은?

① 1,934km²

② 2,254km²

③ 2,951km²

④ 3,934km²

68 각관측에서 망원경의 정위, 반위로 관측한 값을 평균하면 소거할 수 있는 오차는?

① 오독에 의한 착오

② 시준축 오차

③ 연직축 오차

④ 분도반의 눈금오차

69 표준길이보다 3cm가 긴 30m의 줄자로 거리를 관측한 결과, 2점 간의 거리가 300m이었다면 실제거리는?

① 299.3m

② 299.7m

③ 300.3m

④ 300.7m

70 지형도에서 80m 등고선상의 A점과 120m 등고선상의 B점 간의 도상거리가 10cm 이고, 두 점을 직선으로 잇는 도로의 경사도가 10%이었다면 이 지형도의 축척은?

① 1:500

② 1:2,000

③ 1:4,000

④ 1:5,000

71 강을 사이에 두고 교호수준측량을 실시하였다. A점과 B점에 표척을 세우고 A점에서 5m 거리에 레벨을 세워 표척 A와 B를 읽으니 1.5m와 1.9m이었고, B점에서 5m 거리에 레벨을 옮겨 A와 B를 읽으니 1.8m와 2.0m이었다면 B점의 표고는?(단, A점의 표고 = 50.0m)

① 50.1m

② 49.8m

③ 49.7m

④ 49.4m

72 그림과 같은 사변형삼각망의 조건식 총수는?

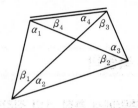

① 4개

② 5개

③ 6개

④ 7개

73 오차의 원인도 불분명하고, 오차의 크기와 형태도 불규칙한 형태로 나타나는 오차는?

① 정오차

② 우연오차

③ 착오

④ 기계오차

74 450m의 기선을 50m 줄자로 분할 관측할 때 줄자의 1회 관측의 우연오차가 ±0.01m이면 이 기선 관측의 오차는?

① ±0.01m

② ±0.03m

③ ±0.09m

④ ±0.81m

75 측량기준점을 크게 3가지로 구분할 때, 그 분류로 옳은 것은?

① 삼각점, 수준점, 지적점
② 위성기준점, 수준점, 삼각점
③ 국가기준점, 공공기준점, 지적기준점
④ 국가기준점, 공공기준점, 일반기준점

76 공공측량성과를 사용하여 지도 등을 간행하여 판매하려는 공공측량시행자는 해당 지도 등의 필요한 사항을 발매일 며칠 전까지 누구에게 통보하여야 하는가?

① 7일 전, 국토관리청장
② 7일 전, 국토지리정보원장
③ 15일 전, 국토관리청장
④ 15일 전, 국토지리정보원장

77 공간정보의 구축 및 관리 등에 관한 법률에 따른 설명으로 옳지 않은 것은?

① 모든 측량의 기초가 되는 공간정보를 제공하기 위하여 국토교통부장관이 실시하는 측량을 기본측량이라 한다.
② 국가, 지방자치단체, 그 밖에 대통령령으로 정하는 기관이 관계 법령에 따른 사업 등을 시행하기 위하여 기본측량을 기초로 실시하는 측량을 공공측량이라 한다.
③ 공공의 이해 또는 안전과 밀접한 관련이 있는 측량은 기본측량으로 지정할 수 있다.
④ 일반측량은 기본측량, 공공측량 및 지적측량 외의 측량을 말한다.

78 측량기기 중 토털스테이션의 성능검사 주기로 옳은 것은?

① 1년 ② 2년
③ 3년 ④ 5년

79 일반측량을 한 자에게 그 측량성과 및 측량기록의 사본을 제출하게 할 수 있는 경우가 아닌 것은?

① 측량의 중복 배제
② 측량의 정확도 확보
③ 측량성과의 보안 유지
④ 측량에 관한 자료의 수집 · 분석

80 "성능검사를 부정하게 한 성능검사대행자"에 대한 벌칙은?

① 1년 이하의 징역 또는 1천만 원 이하의 벌금
② 2년 이하의 징역 또는 2천만 원 이하의 벌금
③ 3년 이하의 징역 또는 3천만 원 이하의 벌금
④ 5년 이하의 징역 또는 5천만 원 이하의 벌금

PART 01 PART 02 PART 03 PART 04 PART 05 부록

정답

01	02	03	04	05	06	07	08	09	10
③	③	③	④	③	③	①	③	③	①
11	12	13	14	15	16	17	18	19	20
④	③	③	①	④	②	④	①	③	④
21	22	23	24	25	26	27	28	29	30
①	④	③	④	④	④	③	①	③	①
31	32	33	34	35	36	37	38	39	40
④	④	①	②	③	②	①	③	③	③
41	42	43	44	45	46	47	48	49	50
②	④	②	④	②	②	①	③	①	①
51	52	53	54	55	56	57	58	59	60
③	③	②	①	③	②	③	③	③	③
61	62	63	64	65	66	67	68	69	70
④	①	④	①	②	④	③	②	③	③
71	72	73	74	75	76	77	78	79	80
③	①	②	②	③	④	③	③	③	②

해설

01

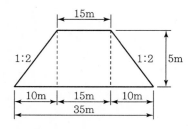

$$성토량(V) = \left(\frac{밑변+윗변}{2}\times높이\right)\times연장$$
$$= \left(\frac{35+15}{2}\times5\right)\times50$$
$$= 6,250\text{m}^3$$

02

$$\frac{dV}{V} = 3\frac{dl}{l} \rightarrow$$
$$\frac{0.5}{1,000} = 3\frac{dl}{l}$$
$$\therefore \frac{dl}{l} = \frac{1}{6,000}$$

03

캔트$(C) = \dfrac{S \cdot V^2}{g \cdot R}$ 에서 반경(R)을 2배로 증가시키면 캔트

(C)는 $\dfrac{1}{2}$배로 감소한다.

04

단면법으로 구한 체적(토량)은 일반적으로 양단면평균법(과다), 각주공식(정확), 중앙단면법(과소)을 갖는다.

05

$$종단곡선길이(L) = R\left(\frac{m}{1,000} - \frac{n}{1,000}\right)$$
$$= 800 \times \left(\frac{25}{1,000} - \frac{-50}{1,000}\right)$$
$$= 800 \times \frac{75}{1,000}$$
$$= 60\text{m}$$

06

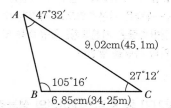

실제거리＝축척분모수×도상거리
- $\overline{AC} = 500 \times 0.0902 = 45.1\text{m}$
- $\overline{BC} = 500 \times 0.0685 = 34.25\text{m}$
$$\therefore A = \frac{1}{2}ab\sin\theta = \frac{1}{2}\times45.1\times34.25\times\sin27°12' = 353.03\text{m}^2$$

07

노선측량의 순서는 크게 노선선정 → 계획조사측량 → 실시설계측량 → 공사측량 등으로 구분되며, 세부측량 및 용지측량은 실시설계측량에 속한다.

08

유속분포(무풍의 경우)
표면유속 → 최대유속 → 평균유속 → 최소유속

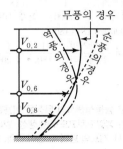

09

일반편각$(\delta_{20}) = 1,718.87' \times \dfrac{20}{R} = 1,718.87' \times \dfrac{20}{150}$
$\qquad\qquad = 3°49'11''$

10

표면유속$(V) = m/sec= 120/120 = 1$m/s

11

1개의 수직터널에 의한 연결방법에서 얕은 수직터널에서는 보통 철선, 동선, 황동선 등이 사용되며, 깊은 수직터널에서는 피아노선이 사용된다. 깊이가 100m인 깊은 수직터널이므로 트랜싯과 추선에 의한 방법이 타당하다.

12

$A = \dfrac{3}{8}d\{y_1 + y_7 + 3(y_2 + y_3 + y_5 + y_6) + 2(y_4)\}$
$\quad = \dfrac{3}{8} \times 1.0\{2.0 + 1.68 + 3(2.2 + 2.15 + 1.65 + 1.60)$
$\qquad + 2(1.85)\}$
$\quad = 11.32$m^2

13

A, B 두 점 간의 수평거리를 구하면,
$D = L - \dfrac{H^2}{2L} = 42 \times \dfrac{(3.252 - 2.437)^2}{2 \times 42} = 41.992$m
$\therefore$ 기울기$(\%) = \dfrac{H}{D} \times 100 = \dfrac{0.815}{41.992} \times 100 = 1.94\%$

14

점고법은 지면에 있는 임의 점의 표고를 도상에 숫자로 표시하는 방법으로 주로 하천, 해양 등의 수심표시에 이용된다.

15

지하시설물측량(Underground Facility Surveying)은 지하시설물의 수평위치와 수직위치를 관측하는 측량을 말하며, 지하시설물(상·하수도, 가스, 통신 등)을 효율적·체계적으로 유지관리하기 위한 지하시설물에 대한 조사, 탐사와 도면제작을 위한 측량을 말한다.

16

하천측량은 하천의 형상, 수위, 단면, 구배 등을 관측하여 하천의 평면도, 종·횡단면도를 작성함과 동시에 유속, 유량, 기타 구조물을 조사하여 각종 수공설계, 시공에 필요한 자료를 얻기 위한 것이다.

17

• $\overline{AB}$ 수평거리$= \sqrt{(X_B - X_A)^2 + (Y_B - Y_A)^2}$
$\qquad\qquad = \sqrt{\dfrac{(2,185.31 - 1,265.45)^2}{+ \{1,961.60 - (-468.75)\}^2}}$
$\qquad\qquad = 2,598.60$m

• $\overline{AB}$ 고저차$= Z_B - Z_A = 112.40 - 36.30 = 76.10$m
$\therefore$ $\overline{AB}$ 경사거리$= \sqrt{D^2 + H^2}$
$\qquad\qquad = \sqrt{2,598.60^2 + 76.10^2}$
$\qquad\qquad \fallingdotseq 2,599.72$m

18

$\overline{CE} = \dfrac{n}{m+n} \times \dfrac{\overline{AC} \cdot \overline{BC}}{\overline{CD}} = \dfrac{1}{1+1} \times \dfrac{46 \times 52}{44} = 27.2$m
$\therefore$ $\overline{AE} = \overline{AC} - \overline{CE} = 46 - 27.2 = 18.8$m

19

편각법에 의한 단곡선 설치 시 현 길이(l)에 대한 편각(δ)을 구하는 식은 곡선반지름을 R이라 할 때 $\delta = \dfrac{l}{R}$(radian)이다.

20

지중 레이더 탐사법(Ground Penetration Radar Method)은 지하를 단층 촬영하여 시설물 위치를 판독하는 방법으로 전자파가 반사되는 성질을 이용하여 지중의 각종 현상을 밝히는 것으로, 레이더는 원래 고주파의 전자파를 공기 중으로 방사시킨 후 대상물에서 반사되어 온 전자파를 수신하여 대상물의 위치를 알아내는 시스템이다.

21

주기 해상도(Temporal Resolution)
- 지구상의 특정지역을 어느 정도 자주 촬영 가능한지 표현
- 위성체의 하드웨어적 성능에 좌우
- 주기해상도가 짧을수록 지형변이 양상을 주기적이고도 빠르게 파악
- 데이터베이스 축적을 통해 향후의 예측을 위한 좋은 모델링 자료 제공

22

엄밀수직사진에서 주점, 연직점, 등각점은 일치한다.

23

4차원 측량은 시간별로 촬영이 가능하다는 의미이므로 4가지의 각각 다른 구조물을 동시에 측량하는 것과는 관계가 멀다.

24

논의 트레이닝 필드지역 통계값을 분석하면 3~6이므로 영상에서 3~6 사이의 값을 선택하면 된다.

25

사진의 축척을 결정하는 데 지방적 특색과 기상관계는 무관하다.

26

측량용 사진기의 검정자료에는 주점의 위치, 초점거리, 렌즈왜곡량 등이 포함된다.

27

- 종모델수$(D) = \dfrac{S_1}{B} = \dfrac{S_1}{ma(1-p)}$
$$= \dfrac{26 \times 1,000}{30,000 \times 0.23 \times (1-0.60)}$$
$$= 9.4 모델$$
$$\fallingdotseq 10 모델$$

- 횡모델수$(D') = \dfrac{S_2}{C_0} = \dfrac{S_2}{ma(1-q)}$
$$= \dfrac{8 \times 1,000}{30,000 \times 0.23 \times (1-0.30)}$$
$$= 1.7 코스$$
$$\fallingdotseq 2 코스$$

- ∴ 총모델수=종모델수(D)×횡모델수(D')
$$= 10 \times 2 = 20 모델$$

28

절대표정에 필요한 최소 지상기준점
- 삼각점(X, Y) : 2점
- 수준점(Z) : 3점

29

- 사진축척$(M) = \dfrac{1}{m} = \dfrac{f}{H} = \dfrac{0.15}{1,800} = \dfrac{1}{12,000}$
- 촬영종기선 길이$(B) = m \cdot a(1-p) \rightarrow$
$960 = 12,000 \times 0.23(1-p)$
$\therefore p = 65.2\%$

30

축척$\left(\dfrac{1}{m}\right) = \dfrac{도상거리}{실제거리} \rightarrow \dfrac{1}{1,000} = \dfrac{0.18}{실제거리}$
$\rightarrow 실제거리 = 1,000 \times 0.18 = 180m$
$\therefore$ 사진축척$\left(\dfrac{1}{m}\right) = \dfrac{도상거리}{실제거리} = \dfrac{0.15}{180} = \dfrac{1}{1,200}$

31

레이더 위성영상은 능동적센서의 특징을 이용한 홍수모니터링, 간섭기법을 이용한 정밀수치고도모형 생성, 빙하의 이동경로 관측, 해수면 파랑조사, 지표의 붕괴 및 변이 관측, 화산활동 관측 등에 이용되고 있다.

32

절대표정은 상호표정이 끝난 한 쌍의 입체사진 모델에 대하여 축척, 수준면(경사조정), 위치결정을 하는 작업으로 대지표정이라고도 한다.

33

$\overline{mn} = f \cdot \tan i = 150 \times \tan 15° = 40.2mm$

34

사진축척$(M) = \dfrac{1}{m} = \dfrac{f}{H} = \dfrac{0.21}{2,000} = \dfrac{1}{9,524}$
$\therefore$ 실제면적$(A) = (ma)^2 = (9,524 \times 0.21)^2$
$$= 4,000,160m^2 \fallingdotseq 4.0km^2$$

35

- 렌즈의 방사왜곡은 상의 위치가 주점으로부터 방사방향을 따라 왜곡되어 나타나는 것을 말한다. 즉, 방사왜곡량이 (+)이면 주점 반대방향, (−)이면 주점방향의 왜곡량이 된다.
- 방사거리를 구하면, $r = \sqrt{3^2 + 4^2} = 5cm = 50mm$이므로, 그림에서 방사왜곡량을 구하면 $5\mu m$가 된다.

36

LANDSAT은 지구자원탐측위성으로 토지, 자원, 환경문제를 해결하고자 1972년 7월 미국 항공우주국에서 발사한 위성이다.

37

대기 내에서 전자기 복사에너지가 투과되는 파장영역을 대기의 창이라 한다.

38

$$\frac{45+120+24+35+12+22+16+18}{8} \fallingdotseq 36$$

45	120	24
35	36	12
22	16	18

39

상호표정을 수행하면 Tie Points에 대한 모델좌표를 계산할 수 있다.

40

$$h = \frac{H}{b_0} \cdot \Delta p = \frac{4,500}{0.05} \times 0.002 = 180\text{m}$$

41

GIS 소프트웨어는 격자나 벡터구조의 도형정보를 조작하는 부분과 속성정보의 관리를 위한 부분으로 나누어지며 입력, 편집, 검색, 추출, 분석 등을 위한 컴퓨터 프로그램의 집합체이다.
※ 사진, 동영상, 음성 등 멀티미디어를 편집하는 기능은 지리정보를 조작·관리하는 GIS 소프트웨어의 기능과는 거리가 멀다.

42

$\lambda = \dfrac{c}{f}$ (λ : 파장, c : 광속, f : 주파수) 에서 MHz를 Hz 단위로 환산하여 계산하면,

$$\lambda = \frac{300,000}{(1,575.42 - 1,227.60) \times 10^6} = 8.62 \times 10^{-4}\text{km} = 0.86\text{m}$$

∴ 확장 파장(Wide Lane)은 0.86m이다.

43

ISO/TC211(국제표준화기구 지리정보전문위원회)

- 1994년 국제표준화기구(ISO)에서 구성
- 공식명칭은 Geographic Information Geomatics
- TC211은 디지털 지리정보 분야의 표준화를 위한 기술위원회

44

스파이크(Spike), 오버슈트(Overshoot), 언더슈트(Undershoot) 등은 수동방식(Digitaizer)에 의한 입력 시 오차이다.
※ 톨러런스(Tolerance) : 허용오차(거리)

45

버퍼 분석은 GIS 연산에 의해 점, 선 또는 면에서 일정 거리 안의 지역을 둘러싸는 폴리곤 구역을 생성하는 기법이다.

46

RTK(Real Time Kinematic)은 기준국용 GPS 수신기를 설치하고 위성을 관측하여 각 위성의 의사거리 보정값을 구하고 이 보정값을 이용하여 이동국용 GPS 수신기의 위치를 결정하는 것으로 GPS 반송파를 사용한 실시간 이동 위치관측이다.

47

선자료 공간분석 방법에는 네트워크분석, 최적경로 분석, 최단경로 분석이 있다.

48

Identity는 입력레이어 범위에서 중첩되는 레이어의 특징이 결과 레이어에 포함되는 연산 기능을 말한다.

49

지리적 객체

- 일반적으로 점, 선, 면 등으로 구분된다.
- 지리적 현상 중에서 명확한 경계가 존재하는 것을 말한다.
- 위치와 형태, 크기, 방향 등이 존재한다.

50

GIS의 표준화 목적은 각기 다른 사용목적으로 구축된 다양한 자료에 대한 접근의 용이성을 극대화하기 위한 것이다.

51

GNSS신호는 고도각이 작을수록 대기층을 통과하는 신호의 길이가 더 길어지므로 대기효과의 영향을 더 많이 받게 된다(신호가 통과하는 대기층의 두께가 커지기 때문).

52

항법정보(Navigation Message)는 위성의 궤도력과 시간자료, 항해력 그리고 위성들과 그 신호에 대한 정보들을 말하며, GPS 신호에 포함된 37,500비트의 메시지로 초당 50비트로 송신된다.

53

경계선 정합(Edge Matching)은 인접한 지도들의 경계에서 지형을 표현할 때 위치나 내용의 불일치를 제거하는 처리방법이다.

54

불규칙삼각망(TIN ; Triangular Irregular Network)은 공간을 불규칙한 삼각형으로 분할하여 모자이크 모형 형태로 생성된 일종의 공간자료 구조로서, 페이스(Face), 노드(Node), 에지(Edge)로 구성되어 있는 데이터 모델이다.

55

일반적으로 GPS신호는 GPS 수신기에 위성으로부터 직접파와 건물 등으로부터 반사되어 오는 반사파가 동시에 도달한다. 이를 다중경로(Multipath)라고 한다. 다중경로는 마이크로파 신호를 둘 다 사용하기 때문에 경로길이의 차이로 의사거리와 위상관측값에 영향을 주어 관측에 오차를 일으키는 원인이 된다.

56

표준화의 장점
- 서로 다른 기관이나 사용자 간에 자료를 공유
- 자료구축을 위한 비용 감소
- 사용자 편의 증진
- 자료구축의 중복성 방지

57

RINEX(Receiver Independent Exchange Format)는 정지측량 시 기종이 서로 다른 GPS 수신기를 혼합하여 관측을 하였을 경우 어떤 종류의 후처리 소프트웨어를 사용하더라도 수집된 GPS 데이터의 기선 해석이 용이하도록 고안된 세계표준의 GPS 데이터 포맷이다.

58

중첩분석(Overlay Analysis)은 동일한 지역에 대한 서로 다른 두 개 또는 다수의 레이어로부터 필요한 도형자료나 속성자료를 추출하기 위한 공간분석 기법이다.

59

공간분석에서 통계적 기법은 주로 속성자료를 이용하여 수행되는 기법으로 속성자료와 연결되어 있는 도형 자료의 추출에 적용되기도 한다.

60

지리정보시스템(GIS) 구축과정 순서 : 자료수집 → 자료입력 → 자료처리 → 자료조작 및 분석 → 출력

61

- $X_B = X_A + (\overline{AB}거리 \times \cos \overline{AB}방위각)$
  $= 400.000 + (200.000 \times \cos 225°00'00'')$
  $= 258.579\text{m}$

- $Y_B = Y_A + (\overline{AB}거리 \times \sin \overline{AB}방위각)$
  $= 400.000 + (200.000 \times \sin 225°00'00'')$
  $= 258.579\text{m}$

$\therefore X_B = 258.579\text{m},\ Y_B = 258.579\text{m}$

62

지형도 축척과 등고선 간격 (단위 : m)

등고선 종류 \ 축척	1/5,000	1/10,000	1/25,000	1/50,000
주곡선	5	5	10	20
간곡선	2.5	2.5	5	10
조곡선	1.25	1.25	2.5	5
계곡선	25	25	50	100

63

눈금의 오독으로 인하여 생기는 오차는 관측자의 미숙, 부주의에 의한 오차이므로 착오 또는 과실, 과대오차이다.

64

사변형망은 기선 삼각망에 이용하며, 조건식의 수가 가장 많아 정밀도가 높고, 조정이 복잡하고 포함 면적이 작으며 시간과 비용이 많이 든다.

65

관측자가 수준척의 눈금을 읽을 때에는 수준척을 기계를 향하여 앞ㆍ뒤로 조금씩 움직여 제일 작은 눈금을 읽어야 한다.

66

교각법은 어떤 측선이 그 앞의 측선과 이루는 각을 관측하는 방법이다.

67

$\varepsilon'' = \dfrac{A}{r^2} \cdot \rho''$

$\therefore A = \dfrac{\varepsilon'' \cdot r^2}{\rho''} = \dfrac{15'' \times 6,370^2}{206,265''} = 2,951\text{km}^2$

68

시준축 오차는 시준선이 수평축과 직각이 아니기 때문에 생기는 오차로, 망원경을 정위와 반위로 관측한 값의 평균값을 구하면 소거가 가능하다.

69

실제거리 $= \dfrac{부정거리 \times 관측거리}{표준거리} = \dfrac{30.03 \times 300}{30.00} = 300.3\text{m}$

70

A, B점 간의 경사도를 이용하여 실제 수평거리를 구하면,

$i(\%) = \dfrac{H}{D} \times 100 \rightarrow D = \dfrac{100}{i} \times H = \dfrac{100}{10} \times 40 = 400\text{m}$

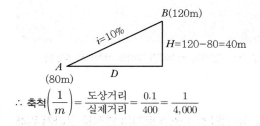

$$\therefore 축척\left(\frac{1}{m}\right)=\frac{도상거리}{실제거리}=\frac{0.1}{400}=\frac{1}{4,000}$$

71

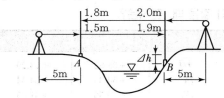

$$\Delta h=\frac{1}{2}\left\{(a_1-b_1)+(a_2-b_2)\right\}$$
$$=\frac{1}{2}\left\{(1.5-1.9)+(1.8-2.0)\right\}$$
$$=-0.3\text{m}$$
$$\therefore H_B=H_A+\Delta h=50.0+(-0.3)=49.7\text{m}$$

72

조건식 총수$=a+B-2P+3=8+1-(2\times4)+3=4$

여기서, a : 관측각의 수, B : 기선의 수, P : 삼각점의 수

73

우연오차(부정오차)란 예측할 수 없이 불규칙하게 발생되는 오차이며, 최소제곱법에 의한 확률법칙에 의해 추정한다.

74

$$n=\frac{450}{50}=9회$$
$$\therefore M=\pm m\sqrt{n}=\pm0.01\sqrt{9}=\pm0.03\text{m}$$

75

공간정보의 구축 및 관리 등에 관한 법률 제7조(측량기준점)
측량기준점은 국가기준점, 공공기준점, 지적기준점으로 구분한다.

76

공간정보의 구축 및 관리 등에 관한 법률 시행규칙 제24조(공공측량성과 등의 간행)
공공측량성과를 사용하여 지도 등을 간행하여 판매하려는 공공측량시행자는 해당 지도 등의 크기 및 매수, 판매가격 산정서류를 첨부하여 해당 지도 등의 발매일 15일전까지 국토지리정보원장에게 통보하여야 한다.

77

공간정보의 구축 및 관리 등에 관한 법률 제2조(정의)
공공측량이란 다음 각 목의 측량을 말한다.
가. 국가, 지방자치단체, 그 밖에 대통령령으로 정하는 기관이 관계 법령에 따른 사업 등을 시행하기 위하여 기본측량을 기초로 실시하는 측량
나. 가목 외의 자가 시행하는 측량 중 공공의 이해 또는 안전과 밀접한 관련이 있는 측량으로서 대통령령으로 정하는 측량

78

공간정보의 구축 및 관리 등에 관한 법률 시행령 제97조(성능검사의 대상 및 주기 등)
성능검사를 받아야 하는 측량기기와 검사주기는 다음과 같다.
1. 트랜싯(데오드라이트) : 3년
2. 레벨 : 3년
3. 거리측정기 : 3년
4. 토털 스테이션(Total Station : 각도-거리통합측량기) : 3년
5. 지피에스(GPS) 수신기 : 3년
6. 금속관로 탐지기 : 3년

79

공간정보의 구축 및 관리 등에 관한 법률 제22조(일반측량의 실시 등)
국토교통부장관은 다음의 어느 하나에 해당하는 목적을 위하여 필요하다고 인정되는 경우에는 일반측량을 한 자에게 그 측량성과 및 측량기록의 사본을 제출하게 할 수 있다.
1. 측량의 정확도 확보
2. 측량의 중복 배제
3. 측량에 관한 자료의 수집 · 분석

80

공간정보의 구축 및 관리 등에 관한 법률 제108조(벌칙)
다음 각 호의 어느 하나에 해당하는 자는 2년 이하의 징역 또는 2천만 원 이하의 벌금에 처한다.
1. 측량기준점표지를 이전 또는 파손하거나 그 효용을 해치는 행위를 한 자
2. 고의로 측량성과를 사실과 다르게 한 자
3. 측량성과를 국외로 반출한 자
4. 측량업의 등록을 하지 아니하거나 거짓이나 그 밖의 부정한 방법으로 측량업의 등록을 하고 측량업을 한 자
5. 성능검사를 부정하게 한 성능검사대행자
6. 성능검사대행자의 등록을 하지 아니하거나 거짓이나 그 밖의 부정한 방법으로 성능검사대행자의 등록을 하고 성능검사업무를 한 자

본 모의고사는 측량 및 지형공간정보산업기사 수험생의 필기시험 대비를 목적으로 작성된 것임을 알려드립니다.

Subject 01 응용측량

01 선박의 안전통항을 위해 교량 및 가공선의 높이를 결정하고자 할 때 기준면으로 사용되는 것은?

① 기본수준면
② 약최고고조면
③ 대조의 평균저조면
④ 소조의 평균저조면

02 터널측량을 실시할 때 작업순서로 옳은 것은?

a. 터널 내 기준점 설치를 위한 측량을 한다.
b. 다각측량으로 터널중심선을 설치한다.
c. 터널의 굴착 단면을 확인하기 위해서 횡단면을 측정한다.
d. 항공사진측량에 의해 계획지역의 지형도를 작성한다.

① b → d → a → c   ② b → a → d → c
③ d → a → c → b   ④ d → b → a → c

03 노선측량의 반향곡선에 대한 설명으로 옳은 것은?

① 원호가 공통접선의 한쪽에 있는 곡선이다.
② 원호의 곡률이 곡선길이에 대하여 일정한 비율로 증가하는 곡선이다.
③ 2개의 원호가 공통접선의 양측에 있는 곡선이다.
④ 원곡선에 대하여 외측 방향의 높이를 증가시키는 양을 결정하는 곡선이다.

04 삼각형($\triangle ABC$) 토지의 면적을 구하기 위해 트래버스측량을 한 결과 배횡거와 위거가 표와 같을 때, 면적은?

측선	배횡거(m)	위거(m)
$\overline{AB}$	+ 38.82	+ 23.29
$\overline{BC}$	+ 54.35	− 54.34
$\overline{CA}$	+ 15.53	+ 31.05

① 4,339.06m²   ② 2,169.53m²
③ 1,084.93m²   ④ 783.53m²

05 그림과 같이 폭 15m의 도로가 어느 지역을 지나가게 될 때 도로에 포함되는 □$BCDE$의 넓이는?(단, $\overline{AC}$의 방위 = N23°30′00″E, $\overline{AD}$의 방위 = S89°30′00″E, $\overline{AB}$의 거리 = 20m, ∠ACD = 90°이다.)

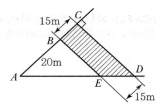

① 971.79m²   ② 926.50m²
③ 910.12m²   ④ 893.22m²

06 지형과 적절히 조화되는 경관을 창출하기 위한 경관측량의 중요도가 적은 공사는?

① 도로공사
② 상하수도공사
③ 대단위 위락시설
④ 교량공사

07 단곡선 설치과정에서 접선길이, 곡선길이 및 외할을 구하기 위해 우선적으로 결정해야 할 사항으로 옳게 짝지어진 것은?

① 시점, 종점
② 시점, 반지름
③ 반지름, 교각
④ 중점, 교각

08 하천의 수면으로부터 수면에 따른 유속을 관측한 결과가 아래와 같을 때 3점법에 의한 평균유속은?

관측지점	유속(m/s)
수면으로부터 수심의 2/10	0.687
수면으로부터 수심의 4/10	0.644
수면으로부터 수심의 6/10	0.528
수면으로부터 수심의 8/10	0.382

① 0.531m/s ② 0.571m/s
③ 0.589m/s ④ 0.625m/s

09 하천의 유속을 부자로 측정할 때에 대한 설명으로 옳지 않은 것은?

① 홍수 시 유속을 측정할 때는 하천 가운데서 부자를 띄우고 평균유속의 80~85%를 전단면의 유속으로 볼 수 있다.
② 수심 H인 하천에서 수중부자를 이용하여 1점의 유속을 관측할 경우에는 수면에서 $0.8H$ 되는 깊이의 유속을 측정한다.
③ 표면부자를 쓸 경우는 표면유속의 80~90% 정도를 그 연직선 내의 평균유속으로 볼 수 있다.
④ 부자의 유하거리는 하천 폭의 2배 이상으로 하는 것이 좋다.

10 완화곡선 중 곡률이 곡선의 길이에 비례하는 곡선으로 정의되는 것은?

① 클로소이드(Clothoid)
② 렘니스케이트(Lemniscate)
③ 3차 포물선
④ 반파장 sine 체감곡선

11 단곡선 설치에서 곡선반지름이 100m이고, 교각이 60°이다. 곡선시점의 말뚝 위치가 No.10+2m일 때 도로의 기점으로부터 곡선종점까지의 거리는?(단, 중심말뚝 간격은 20m이다.)

① 104.72m
② 157.08m
③ 306.72m
④ 359.08m

12 교각 $I=80°$, 곡선반지름 $R=180m$인 단곡선의 교점($I.P$)의 추가거리가 1,152.52m일 때 곡선의 종점($E.C$)의 추가거리는?

① 1,001.48m
② 1,106.34m
③ 1,180.11m
④ 1,252.81m

13 삼각형 세 변의 길이가 $a=40m$, $b=28m$, $c=21m$일 때 면적은?

① 153.36m²
② 216.89m²
③ 278.65m²
④ 306.72m²

14 깊이 100m, 지름 5m 정도의 수직터널에서 터널 내외의 연결측량을 하고자 할 때 가장 적당한 방법은?

① 삼각법
② 트랜싯과 추선에 의한 방법
③ 정렬법
④ 사변형법

15 그림과 같은 단면의 면적은?

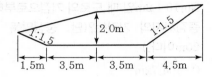

① 6.45m²
② 13.25m²
③ 20.00m²
④ 26.75m²

16 토지의 면적에 대한 설명 중 옳지 않은 것은?

① 토지의 면적이란 임의 토지를 둘러싼 경계선을 기준면에 투영시켰을 때의 면적이다.
② 면적측량구역이 작은 경우에 투영의 기준면으로 수평면을 잡아도 무관하다.
③ 면적측량구역이 넓은 경우에 투영의 기준면을 평균해수면으로 잡는다.
④ 관측면적의 정확도는 거리측정 정확도의 3배가 된다.

17 그림과 같이 노선측량의 단곡선에서 곡선반지름 R = 50m일 때 장현($\overline{AC}$)의 값은?(단, $\overline{AB}$방위각 = 25°00′10″, $\overline{BC}$방위각 = 150°38′00″)

① 88.95m
② 89.45m
③ 90.37m
④ 92.98m

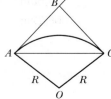

18 하천측량에서 하천 양안에 설치된 거리표, 수위표, 기타 중요 지점들의 높이를 측정하고 유수부의 깊이를 측정하여 종단면도와 횡단면도를 만들기 위하여 필요한 측량은?

① 수준측량
② 삼각측량
③ 트래버스측량
④ 평판에 의한 지형측량

19 시설물의 계획 설계 시 구조물과 생활공간 및 자연환경 등의 조화감 등에 대하여 검토되는 위치결정에 필요한 측량은?

① 공공측량
② 자원측량
③ 공사측량
④ 경관측량

20 측면주사음향탐지기(Side Scan Sonar)를 이용한 해저면영상조사에서 탐지할 수 없는 것은?

① 수중의 암초
② 노출암
③ 해저케이블
④ 바다에 침몰한 선박

Subject 02 사진측량 및 원격탐사

21 편위수정(Rectification)을 거친 사진을 집성한 사진지도로 등고선이 삽입되어 있는 것은?

① 중심투영 사진지도
② 약조정 집성 사진지도
③ 정사 사진지도
④ 조정 집성 사진지도

22 항공사진촬영을 재촬영해야 하는 경우가 아닌 것은?

① 구름, 적설 및 홍수로 인해 지형을 구분할 수 없을 경우

② 촬영코스의 수평이탈이 계획촬영 고도의 10% 이내일 경우

③ 촬영 진행 방향의 중복도가 53% 미만이거나 68~77%가 되는 모델이 전 코스의 사진매수의 1/4 이상일 경우

④ 인접코스 간의 중복도가 표고의 최고점에서 5% 미만일 경우

23 축척 1:20,000인 항공사진을 180km/hr의 속도로 촬영하는 경우 허용 흔들림의 범위를 0.01mm로 한다면, 최장 노출 시간은?

① $\frac{1}{90}$ 초

② $\frac{1}{125}$ 초

③ $\frac{1}{180}$ 초

④ $\frac{1}{250}$ 초

24 다음은 어느 지역 영상에 대해 영상의 화솟값 분포를 알아보기 위해 도수분포표를 작성한 것으로 옳은 것은?

열
	1	2	3	4	5	6	7
1	9	9	9	3	4	5	3
2	8	8	7	8	5	4	4
3	8	8	7	9	7	5	5
4	7	8	9	8	7	4	5
5	8	8	8	8	3	4	1
6	7	9	9	4	1	1	0
7	8	8	6	0	1	0	2

(행)

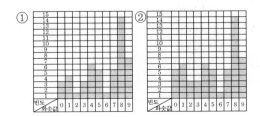

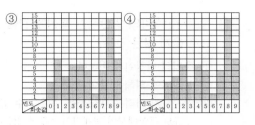

25 항공사진의 기복변위에 대한 설명으로 옳지 않은 것은?

① 촬영고도에 비례한다.

② 지형지물의 높이에 비례한다.

③ 연직점으로부터 상점까지의 거리에 비례한다.

④ 표고차가 있는 물체에 대한 연직점을 중심으로 한 방사상 변위를 의미한다.

26 물체의 분광반사특성에 대한 설명으로 옳은 것은?

① 같은 물체라도 시간과 공간에 따라 반사율이 다르게 나타난다.

② 토양은 식물이나 물에 비하여 파장에 따른 반사율의 변화가 크다.

③ 식물은 근적외선 영역에서 가시광선 영역보다 반사율이 높다.

④ 물은 식물이나 토양에 비해 반사도가 높다.

27 촬영고도 2,000m에서 평지를 촬영한 연직사진이 있다. 이 밀착사진상에 있는 2점 간의 시차를 측정한 결과 1.5mm이었다. 2점 간의 높이 차는?(단, 카메라의 초점거리는 15cm, 종중복도는 60%, 사진크기는 23cm×23cm이다.)

① 26.3m

② 32.6m

③ 63.2m

④ 92.0m

28 항공사진측량의 일반적인 특성에 관한 설명으로 옳지 않은 것은?

① 축척의 변경이 용이하다.
② 분업화에 의해 능률이 높다.
③ 접근하기 어려운 대상물을 측량할 수 있다.
④ 소규모 구역에서의 경제적인 측량에 적합하다.

29 N차원의 피처공간에서 분류될 화소로부터 가장 가까운 훈련자료 화소까지의 유클리드 거리를 계산하고 그것을 해당 클래스로 할당하여 영상을 분류하는 방법은?

① 최근린 분류법(Nearest−Neighbor Classifier)
② K−최근린 분류법(K−Nearest−Neighbor Classifier)
③ 최장거리 분류법(Maximum Distance Classifier)
④ 거리가중 K−최근린 분류법(K−Nearest−Neighbor Distance−Weighted Classifier)

30 사진지표의 용도가 아닌 것은?

① 사진의 신축 측정
② 주점의 위치 결정
③ 해석적 내부표정
④ 지구의 곡률 보정

31 해석식 도화의 공선조건식에 대한 설명으로 틀린 것은?

① 지상점, 영상점, 투영중심이 동일한 직선상에 존재한다는 조건이다.
② 하나의 사진에서 충분한 지상기준점이 주어진다면 외부 표정요소를 계산할 수 있다.
③ 하나의 사진에서 내부, 상호, 절대표정요소가 주어지면 지상점이 투영된 사진상의 좌표를 계산할 수 있다.
④ 내부표정요소 및 절대표정요소를 구할 때 이용할 수 있다.

32 항공사진 카메라의 초점거리가 153mm, 사진 크기가 23cm×23cm, 사진축척이 1:20,000, 기준면으로부터 높이가 35m일 때, 이 비고(比高)에 의한 사진의 최대 기복변위는?

① 0.370cm
② 0.186cm
③ 0.256cm
④ 0.308cm

33 원자력발전소의 온배수 영향을 모니터링하고자 할 때 다음 중 가장 적합한 위성영상자료는?

① SPOT 위성의 HRV 영상
② Landsat 위성의 ETM+ 영상
③ IKONOS 위성의 팬크로매틱 영상
④ Radarsat 위성의 SAR 영상

34 축척 1:50,000의 사진을 초점거리가 15cm인 항공사진 카메라로 촬영하기 위한 촬영고도는?

① 7,300m
② 7,500m
③ 7,700m
④ 7,900m

35 프랑스, 스웨덴, 벨기에가 협력하여 개발한 상업위성으로 입체모델을 형성하여 촬영할 수 있는 인공위성은?

① SKYLAB
② LANDSAT
③ SPOT
④ NIMBUS

36 항공사진의 중복도에 대한 설명으로 틀린 것은?

① 일반적인 종중복도는 60%이다.
② 산악이나 고층건물이 많은 시가지에서는 종중복도를 증가시킨다.
③ 일반적으로 중복도가 클수록 경제적이다.
④ 일반적인 횡중복도는 30%이다.

37 항공사진측량에 의하여 제작된 수치지도의 위치 정확도에 영향을 주는 요소와 가장 거리가 먼 것은?

① 사진의 축척
② 도화기의 정확도
③ 지도 레이어의 개수
④ 지상기준점의 정확도

38 사진측량용 카메라의 렌즈와 일반 카메라의 렌즈를 비교한 것으로 옳지 않은 것은?

① 사진측량용 카메라 렌즈의 초점거리가 짧다.
② 사진측량용 카메라 렌즈의 수차(Distortion)가 적다.
③ 사진측량용 카메라 렌즈의 해상력과 선명도가 좋다.
④ 사진측량용 카메라 렌즈의 화각이 크다.

39 지상기준점과 사진좌표를 이용하여 외부표정 요소를 계산하기 위해 필요한 식은?

① 공선조건식
② Similarity 변환식
③ Affine 변환식
④ 투영변환식

40 사진크기와 촬영고도가 같을 때 초광각카메라(초점거리 88mm, 피사각 120°)에 의한 촬영면적은 광각카메라(초점거리 152mm, 피사각 90°)에 의한 촬영면적의 약 몇 배가 되는가?

① 1.5배
② 1.7배
③ 3.0배
④ 3.4배

Subject 03 지리정보시스템(GIS) 및 위성측위시스템(GNSS)

41 수치지형모형(DTM)으로부터 추출할 수 있는 정보로 거리가 먼 것은?

① 경사분석도
② 가시권 분석도
③ 사면방향도
④ 토지이용도

42 객체 사이의 인접성, 연결성에 대한 정보를 포함하는 개념은?

① 위치정보
② 속성정보
③ 위상정보
④ 영상정보

43 지리정보시스템(GIS)의 주요 기능에 대한 설명으로 옳지 않은 것은?

① 자료의 입력은 기존 지도와 현지조사자료, 인공위성 등을 통해 얻은 정보 등을 수치형태로 입력하거나 변환하는 것을 말한다.
② 자료의 출력은 자료를 보여주고 분석결과를 사용자에게 알려주는 것을 말한다.
③ 자료변환은 지형, 지물과 관련된 사항을 현지에서 직접 조사하는 것을 말한다.
④ 데이터베이스 관리에서는 대상물의 위치와 지리적 속성, 그리고 상호 연결성에 대한 정보를 구체화하고 조직화하여야 한다.

44 다음 중 항공사진측량 시 카메라 투영중심의 위치를 획득(결정)하는 데 가장 효과적인 것은?

① GNSS
② Open GIS
③ 토털스테이션
④ 레이저고도계

45 GNSS측량에서 $HDOP$와 $VDOP$가 2.5와 3.2이고 예상되는 관측데이터의 정확도(σ)가 2.7m일 때 예상할 수 있는 수평위치 정확도(σ_H)와 수직위치 정확도(σ_V)는?

① $\sigma_H=0.93m$, $\sigma_V=1.19m$
② $\sigma_H=1.08m$, $\sigma_V=0.84m$
③ $\sigma_H=5.20m$, $\sigma_V=5.90m$
④ $\sigma_H=6.75m$, $\sigma_V=8.64m$

46 수치지도의 축척에 관한 설명 중 옳지 않은 것은?

① 축척에 따라 자료의 위치정확도가 다르다.
② 축척에 따라 표현되는 정보의 양이 다르다.
③ 소축척을 대축척으로 일반화(Generalization)시킬 수 있다.
④ 축척 1:5,000 종이지도로 축척 1:1,000 수치지도 정확도 구현이 불가능하다.

47 그림 중 토폴로지가 다른 것은?

①
②
③
④

48 벡터 데이터와 래스터 데이터를 비교 설명한 것으로 옳지 않은 것은?

① 래스터 데이터의 구조가 비교적 단순하다.
② 래스터 데이터가 환경 분석에 더 용이하다
③ 벡터 데이터는 객체의 정확한 경계선 표현이 용이하다.
④ 래스터 데이터도 벡터 데이터와 같이 위상을 가질 수 있다.

49 지리정보시스템(GIS)의 구성요소가 아닌 것은?

① 기술(Software와 Hardware)
② 공공 기관
③ 자료(Data)
④ 인력

50 다음 중 지구좌표계가 아닌 것은?

① 경위도 좌표계
② 평면직교 좌표계
③ 황도 좌표계
④ 국제 횡메르카토르(UTM) 좌표계

51 자료의 입력과정에서 발생하는 오류와 관계 없는 것은?

① 공간정보가 불완전하거나 중복된 경우
② 공간정보의 위치가 부정확한 경우
③ 공간정보가 좌표로 표현된 경우
④ 공간정보가 왜곡된 경우

52 2차원 쿼드트리(Quadtree)에서 B의 면적은?(단, 최하단에서 하나의 셀 면적을 2로 가정한다.)

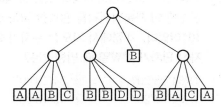

① 10 ② 12
③ 14 ④ 16

53 RTK-GPS에 의한 세부측량을 설명한 것으로 옳은 것은?

① RTK-GPS 관측에 의해 지형도 등의 작성에 필요한 수치데이터를 취득하는 작업을 말한다.
② RTK-GPS 관측에 의해 구조물의 변형과 변위를 관측하는 작업을 말한다.
③ RTK-GPS 관측에 의해 국가기준점인 삼각점을 설치하는 작업을 말한다.
④ RTK-GPS 관측에 의해 국도변에 설치된 수준점의 타원체고를 구하는 작업을 말한다.

54 GPS에서 전송되는 L_1 신호의 주파수가 1,575.42 MHz일 때 L_1 신호의 파장 200,000개의 거리는?[단, 광속(c) = 299,792,458m/s이다.]

① 15,754.200m
② 19,029.367m
③ 31,508.400m
④ 38,058.734m

55 다음은 6×6 화소 크기의 래스터 데이터를 수치적으로 표현한 것이다. 이 데이터를 2×2 화소 크기의 데이터로 만들고자 한다. 2×2 화소 데이터의 수치값을 결정하는 방법으로 중앙값 방법(Median Method)을 사용하고자 할 때 결과로 옳은 것은?

2	1	3	2	1	3
2	3	1	1	1	3
1	1	1	1	2	2
2	1	3	2	1	3
2	3	2	2	3	2
2	2	3	2	3	3

①
1	2
2	3

②
1	1
2	3

③
2	2
2	2

④
3	1
3	3

56 메타데이터(Metadata)에 대한 설명으로 옳지 않은 것은?

① 공간데이터와 관련된 일련의 정보를 제공해 준다.
② 자료를 생산·유지·관리하는 데 필요한 정보를 제공해 준다.
③ 대용량 공간 데이터를 구축하는 데 드는 엄청난 비용과 시간을 절약해 준다.
④ 공간데이터 제작자와 사용자 모두 표준용어와 정의에 동의하지 않아도 사용할 수 있다.

57 레이저를 이용하여 대상물의 3차원 좌표를 실시간으로 획득할 수 있는 측량방법으로 산림이나 수목지대에서도 투과율이 좋으며 자료 취득 및 처리과정이 완전히 수치방식으로 이루질 수 있어 최근 고정밀 수치표고모델과 3차원 지리정보 제작에 많이 활용되고 있는 측량방법은?

① EDM(Electro-magnetic Distance Meter)
② LiDAR(Light Detection And Ranging)
③ SAR(Synthetic Aperture Radar)
④ RAR(Real Aperture Radar)

58 복합 조건문(Composite Selection)으로 공간자료를 선택하고자 한다. 이중 어떠한 경우에도 가장 적은 결과가 선택되는 것은?(단, 각 항목은 0이 아닌 것으로 가정한다.)

① (Area<100,000 OR (LandUse=Grass AND AdminName=Seoul))
② (Area<100,000 OR (LandUse=Grass OR AdminName=Seoul))
③ (Area<100,000 AND (LandUse=Grass AND AdminName=Seoul))
④ (Area<100,000 AND (LandUse=Grass OR AdminName=Seoul))

59 공간분석에서 사용되는 연결성 분석과 관계가 없는 것은?

① 연속성
② 근접성
③ 관망
④ DEM

60 동일 위치에 대하여 수치지형도에서 취득한 평면좌표와 GNSS측량에 의해서 관측한 평면좌표가 다음의 표와 같을 때 수치지형도의 평면거리 오차량은?(단, GNSS측량결과가 참값이라고 가정)

수치지형도		GNSS 측정값	
X(m)	Y(m)	X(m)	Y(m)
254,859.45	564,854.45	254,858.88	564,851.32

① 2.58m
② 2.88m
③ 3.18m
④ 4.27m

61 수평직교좌표원점의 동쪽에 있는 A점에서 B점 방향의 자북방위각을 관측한 결과 88°10′40″이었다. A점에서 자오선 수차가 2′20″, 자침 편차가 4°W일 때 방향각은?

① 84°08′20″
② 84°13′00″
③ 92°08′20″
④ 92°13′00″

62 토털스테이션의 일반적인 기능이 아닌 것은?

① EDM이 가지고 있는 거리 측정 기능
② 각과 거리 측정에 의한 좌표계산 기능
③ 3차원 형상을 스캔하여 체적을 구하는 기능
④ 디지털 데오드라이트가 갖고 있는 측각 기능

63 수준측량 시 중간점이 많을 경우 가장 적합한 야장기입법은?

① 고차식
② 승강식
③ 기고식
④ 교호식

64 국토지리정보원에서 발급하는 삼각점에 대한 성과표의 내용이 아닌 것은?

① 경위도
② 점번호
③ 직각좌표
④ 거리의 대수

65 최소제곱법에 대한 설명으로 옳지 않은 것은?

① 같은 정밀도로 측정된 측정값에서는 오차의 제곱의 합이 최소일 때 최확값을 얻을 수 있다.
② 최소제곱법을 이용하여 정오차를 제거할 수 있다.
③ 동일한 거리를 여러 번 관측한 결과를 최소제곱법에 의해 조정한 값은 평균과 같다.
④ 최소제곱법의 해법에는 관측방정식과 조건방정식이 있다.

66 직사각형 토지의 관측값이 가로변＝100±0.02cm, 세로변＝50±0.01cm이었다면 이 토지의 면적에 대한 평균제곱근오차는?

① ±0.707cm²

② ±1.03cm²

③ ±1.414cm²

④ ±2.06cm²

67 직접수준측량을 하여 2km를 왕복하는 데 오차가 ±16mm이었다면 이것과 같은 정밀도로 측량하여 10km를 왕복 측량하였을 때 예상되는 오차는?

① ±20mm

② ±25mm

③ ±36mm

④ ±42mm

68 지구를 장반지름이 6,370km, 단반지름이 6,350km인 타원형이라 할 때 편평률은?

① 약 $\dfrac{1}{320}$

② 약 $\dfrac{1}{430}$

③ 약 $\dfrac{1}{500}$

④ 약 $\dfrac{1}{630}$

69 등고선의 성질에 대한 설명으로 옳지 않은 것은?

① 등고선 간의 최단 거리의 방향은 그 지표면의 최대 경사의 방향을 가리키며 최대 경사의 방향은 등고선에 수직인 방향이다.

② 등고선은 경사가 일정한 곳에서 표고가 높아질수록 일정한 비율로 등고선 간격이 좁아진다.

③ 등고선은 절벽이나 동굴과 같은 지형에서는 교차할 수 있다.

④ 등고선은 분수선과 직교한다.

70 수평각을 관측할 경우 망원경을 정·반위 상태로 관측하여 평균값을 취해도 소거되지 않는 오차는?

① 망원경 편심오차

② 수평축오차

③ 시준축오차

④ 연직축오차

71 그림과 같은 삼각망에서 $\overline{CD}$의 거리는?

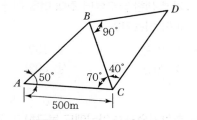

① 383.022m

② 433.013m

③ 500.013m

④ 577.350m

72 다각측량의 특징에 대한 설명으로 틀린 것은?

① 측선의 거리는 될 수 있는 대로 같게 하고, 측점 수는 적게 하는 것이 좋다.

② 거리와 각을 관측하여 점의 위치를 결정할 수 있다.

③ 세부기준점의 결정과 세부측량의 기준이 되는 골조측량이다.

④ 통합기준점 결정에 이용되는 측량방법이다.

73 1:1,000 수치지도 도엽코드 [358130372]에 대한 설명으로 틀린 것은?

① 1:1,000 지형도를 기준으로 72번째 인덱스 지역에 존재한다.

② 1:50,000 지형도를 기준으로 13번째 인덱스 지역에 존재한다.

③ 1:10,000 지형도를 기준으로 303번째 인덱스 지역에 존재한다.

④ 1:50,000 지형도를 기준으로 경도 128~129°, 위도 35~36° 사이에 존재한다.

74 정확도가 ±(3mm+3ppm×L)로 표현되는 광파거리측량기로 거리 500m를 측량하였을 때 예상되는 오차의 크기는?

① ±2.0mm 이하 ② ±2.5mm 이하
③ ±4.0mm 이하 ④ ±4.5mm 이하

75 측량업을 폐업한 경우에 측량업자는 그 사유가 발생한 날로부터 최대 며칠 이내에 신고하여야 하는가?

① 10일 ② 15일
③ 20일 ④ 30일

76 측량기술자가 아님에도 불구하고 공간정보의 구축 및 관리 등에 관한 법률에서 정하는 측량을 한 자에 대한 벌칙기준으로 옳은 것은?

① 3년 이하의 징역 또는 3천만 원 이하의 벌금
② 2년 이하의 징역 또는 2천만 원 이하의 벌금
③ 1년 이하의 징역 또는 1천만 원 이하의 벌금
④ 300만 원 이하의 과태료

77 국토지리정보원장이 간행하는 지도의 축척이 아닌 것은?

① 1/1,000 ② 1/1,200
③ 1/50,000 ④ 1/250,000

78 각 좌표계에서의 직각좌표를 TM(Transverse Mercator, 횡단 머케이터) 방법으로 표시할 때의 조건으로 옳지 않은 것은?

① X축은 좌표계 원점의 적도선에 일치하도록 한다.
② 진북방향을 정(+)으로 표시한다.
③ Y축은 X축에 직교하는 축으로 한다.
④ 진동방향을 정(+)으로 한다.

79 일반측량을 한 자에게 그 측량성과 및 측량기록의 사본을 제출하게 할 수 있는 경우가 아닌 것은?

① 측량의 중복 배제
② 측량의 정확도 확보
③ 측량성과의 보안 유지
④ 측량에 관한 자료의 수집 · 분석

80 측량기준점을 구분할 때 국가기준점에 속하지 않는 것은?

① 위성기준점
② 지적기준점
③ 통합기준점
④ 수로기준점

정답

01	02	03	04	05	06	07	08	09	10
②	④	③	④	①	②	③	①	②	①
11	12	13	14	15	16	17	18	19	20
③	④	③	②	③	④	①	①	④	②
21	22	23	24	25	26	27	28	29	30
③	②	④	①	①	③	②	④	①	④
31	32	33	34	35	36	37	38	39	40
④	②	②	②	③	③	③	①	①	③
41	42	43	44	45	46	47	48	49	50
④	③	③	①	④	③	④	④	④	③
51	52	53	54	55	56	57	58	59	60
③	④	④	①	①	④	④	②	④	③
61	62	63	64	65	66	67	68	69	70
①	③	④	④	②	③	③	①	③	④
71	72	73	74	75	76	77	78	79	80
④	④	③	④	④	③	②	①	③	②

해설

01
선박의 안전통항을 위한 교량 및 가공선의 높이를 결정하기 위해서는 해안선의 기준인 약최고고조면을 기준으로 한다.

02
터널측량 순서
지형측량 → 중심선측량 → 터널 내외 연결측량 → 터널 내 측량

03
반향곡선은 곡선 방향이 반대 방향으로 변한 곡선으로 두 원호가 이어져 있어서 어느 한 점에서 공통의 접선을 가지며, 두 원의 중심이 접선에 관하여 서로 반대쪽에 있는 곡선이다.

04
배면적=배횡거×위거

- $\overline{AB}$ 배면적 $= 38.82 \times 23.29 = 904.12\text{m}^2$
- $\overline{BC}$ 배면적 $= 54.35 \times (-54.34) = -2{,}953.38\text{m}^2$
- $\overline{CA}$ 배면적 $= 15.53 \times 31.05 = 482.21\text{m}^2$
- 합계 $= 1{,}567.05\text{m}^2$
- $\therefore$ 면적$(A) = \dfrac{1}{2} \times$ 배면적 $= \dfrac{1}{2} \times 1{,}567.05 = 783.53\text{m}^2$

05

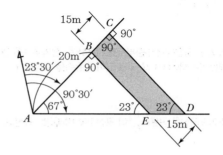

- $\overline{AD}$ 거리

$$\frac{\overline{AD}}{\sin 90°00'00''} = \frac{35.000}{\sin 23°00'00''} \rightarrow$$

$$\overline{AD} = \frac{\sin 90°00'00''}{\sin 23°00'00''} \times 35.000 = 89.576\text{m}$$

- $\overline{AE}$ 거리

$$\frac{\overline{AE}}{\sin 90°00'00''} = \frac{20.000}{\sin 23°00'00''} \rightarrow$$

$$\overline{AE} = \frac{\sin 90°00'00''}{\sin 23°00'00''} \times 20.000 = 51.186\text{m}$$

- $\triangle ACD$ 면적

$$A = \frac{1}{2} \times \overline{AC} \times \overline{AD} \times \sin \angle A$$

$$= \frac{1}{2} \times 35.000 \times 89.576 \times \sin 67°00'00'' = 1{,}442.96\text{m}^2$$

- $\triangle ABE$ 면적

$$A = \frac{1}{2} \times \overline{AB} \times \overline{AE} \times \sin \angle A$$

$$= \frac{1}{2} \times 20.000 \times 51.186 \times \sin 67°00'00'' = 471.17\text{m}^2$$

$\therefore \square BCDE$ 면적$(A) = \triangle ACD$ 면적 $- \triangle ABE$ 면적

$$= 1{,}442.96 - 471.17$$

$$= 971.79\text{m}^2$$

06

상 · 하수도공사는 주로 지하에서 이루어지는 시설물 공사이므로 경관 창출과는 거리가 멀다.

07

단곡선을 설치하려면 먼저 교각(I)을 결정한 후 반지름(R)을 결정하고 교각(I)과 반지름(R)의 함수인 접선길이($T.L$), 곡선길이($C.L$), 외할(E) 등을 결정한다.

08

$$V_m = \frac{1}{4}(V_{0.2} + 2V_{0.6} + V_{0.8})$$
$$= \frac{1}{4}\{0.687 + (2 \times 0.528) + 0.382\}$$
$$= 0.531 \text{m/s}$$

09

수심이 H인 하천에서 수중부자를 이용하여 1점의 유속을 관측할 경우에는 수면에서 $0.6H$ 되는 깊이의 유속을 측정한다.

10

클로소이드곡선은 곡률$\left(\frac{1}{R}\right)$이 곡선장에 비례하는 곡선이다.

11

- $B.C$(곡선시점) = 202.00m (No.10 + 2.00m)

- $C.L$(곡선길이) = 0.0174533 · R · $I°$
  = 0.0174533 × 100 × 60° = 104.72m

∴ $E.C$(곡선종점) = $B.C$ + $C.L$
  = 202.00 + 104.72
  = 306.72m (No.15 + 6.72m)

12

- $T.L$(접선길이) = R · $\tan\dfrac{I}{2}$

  = 180 × $\tan\dfrac{80°}{2}$ = 151.04m

- $C.L$(곡선길이) = 0.0174533 · R · $I°$
  = 0.0174533 × 180 × 80° = 251.33m

- $B.C$(곡선시점) = 총거리 − $T.L$
  = 1,152.52 − 151.04 = 1,001.48m

∴ $E.C$(곡선종점) = $B.C$ + $C.L$
  = 1,001.48 + 251.33 = 1,252.81m

13

$$A = \sqrt{S(S-a)(S-b)(S-c)}$$
$$= \sqrt{44.5(44.5-40)(44.5-28)(44.5-21)}$$
$$= 278.65 \text{m}^2$$

여기서, $S = \dfrac{1}{2}(a+b+c) = \dfrac{1}{2}(40+28+21) = 44.5$m

14

1개의 수직터널에 의한 연결방법에서 얕은 수직터널에서는 보통 철선, 동선, 황동선 등이 사용되며, 깊은 수직터널에서는 피아노선이 이용된다. 깊이가 100m인 깊은 수직터널이므로 트랜싯과 추선을 이용하는 것이 타당하다.

15

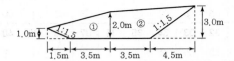

- ① 단면적(A_1)
  $$= \left(\frac{1.0+2.0}{2} \times 5.0\right) - \left(\frac{1}{2} \times 1.5 \times 1.0\right) = 6.75 \text{m}^2$$
- ② 단면적(A_2)
  $$= \left(\frac{2.0+3.0}{2} \times 8.0\right) - \left(\frac{1}{2} \times 4.5 \times 3.0\right) = 13.25 \text{m}^2$$

∴ 전체 단면적(A) = $A_1 + A_2$
  = 6.75 + 13.25 = 20.00m²

16

관측면적의 정확도는 거리측정 정확도의 2배가 된다.

※ $\dfrac{dA}{A} = 2\dfrac{dl}{l}$

17

교각(I) = $\overline{BC}$ 방위각 − $\overline{AB}$ 방위각
  = 150°38′00″ − 25°00′10″
  = 125°37′50″

∴ 장현($\overline{AC}$) = $2R$ · $\sin\dfrac{I}{2}$

  = $2 \times 50 \times \sin\dfrac{125°37′50″}{2}$

  = 88.95m

18

수준측량은 하천 양안에 설치한 거리표, 양수표, 수문, 기타 중요한 장소의 높이를 측정하여 종단면도와 횡단면도를 작성하기 위한 측량을 말한다.

19

경관측량은 녹지와 여공간을 이용하여 휴식, 산책, 운동, 오락 및 관광 등을 목적으로 하는 도시공원 조성이나 토목구조물 등이 자연환경과 이루는 조화감, 순화감, 미의식의 상승 등에 대하여 검토되는 위치결정에 필요한 측량을 말한다.

20

해저면 영상조사는 측면주사음향탐지기(Side Scan Sonar)를 이용하여 해저면의 영상정보를 획득하는 조사작업을 말한다. 암초, 어초, 침선 등의 해저장애물 등을 탐지하는 것으로서 노출암 탐지와는 무관하다.

21

정사투영사진지도는 사진기의 경사, 지표면의 비고를 수정하였을 뿐만 아니라 등고선이 삽입된 사진지도이다.

22

② : 촬영코스의 수평이탈이 계획촬영 고도의 15% 이상인 경우

23

$$T_l = \frac{\Delta s \cdot m}{V} = \frac{0.01 \times 20,000}{180 \times 1,000,000 \times \frac{1}{3,600}}$$

$$= \frac{200}{50,000} = \frac{1}{250} \bar{\text{초}}$$

24

도수분포표는 주어진 자료를 몇 개의 구간으로 나누고 각 계급에 속하는 도수를 조사하여 나타낸 표이다. 영상의 화솟값에 따라 도수를 조사하여 작성하면 ①의 표와 같이 나타낼 수 있다.

25

기복변위의 특징
· 기복변위는 비고(h)에 비례한다.
· 기복변위는 촬영고도(H)에 반비례한다.
· 연직점으로부터 상점까지의 거리에 비례한다.
· 표고차가 있는 물체에 대한 사진의 중점으로부터의 방사상 변위를 말한다.

26

식물은 근적외선 영역에서 반사율이 높고, 가시광선 영역에서는 광합성작용으로 인해 적색광과 청색광은 식물에 흡수되어 반사율이 낮다.

27

$$h = \frac{H}{b_0} \cdot \Delta p = \frac{2,000}{0.092} \times 0.0015 = 32.6\text{m}$$

여기서, $b_0 = a(1-p) = 0.23(1-0.60) = 0.092\text{m}$

28

항공사진측량은 대규모 지역에서 경제적인 측량이다.

29

최근린 분류법(Nearest Neighbor Classifier)은 가장 가까운 거리에 근접한 영상소의 값을 택하는 방법이며, 원 영상의 데이터를 변질시키지 않으나 부드럽지 못한 영상을 획득하는 단점이 있다.

30

사진지표(Fiducial Marks)는 사진의 네 모서리 또는 네 변의 중앙에 있는 표지, 필름이 사진기 내에서 노출된 순간에 필름의 위치를 정하기 위한 점을 말한다.

31

내부표정요소는 초점거리(f), 주점위치(x_0, y_0)로 자체 검정자료에 의해 얻는다.

32

· 사진축척(M) $= \frac{1}{m} = \frac{f}{H}$

　$\rightarrow H = m \cdot f = 20,000 \times 0.153 = 3,060\text{m}$

· $r_{\max} = \frac{\sqrt{2}}{2} \cdot a = \frac{\sqrt{2}}{2} \times 0.23 = 16.26\text{cm} = 0.1626\text{m}$

∴ 최대 기복변위($\Delta r_{\max}$) $= \frac{h}{H} \cdot r_{\max}$

$$= \frac{35}{3,060} \times 0.1626$$

$$= 0.00186\text{m} = 0.186\text{cm}$$

33

Landsat 위성의 ETM[+] 센서는 7호에 탑재되어 있으며 밴드 6의 열적외선 밴드를 이용하여 원자력발전소의 온배수 영향을 모니터링할 수 있다.

34

사진축척(M) $= \frac{1}{m} = \frac{f}{H}$

∴ $H = m \cdot f = 50,000 \times 0.15 = 7,500\text{m}$

35

SPOT 위성은 지구관측위성으로서 프랑스, 벨기에, 스웨덴이 공동으로 개발한 상업용 위성이며, HRV 센서 2대가 탑재되어 같은 지역을 다른 방향(경사관측)에서 촬영함으로써 입체시할 수 있는 영상획득과 지형도 제작이 가능하다.

36

중복도가 클수록 사진매수 및 계산량이 많아 비경제적이다.

37

레이어는 한 주제를 다루는 데 중첩되는 다양한 자료들로 한 커버리지의 자료파일이므로 수치지도의 위치정확도와는 무관하다.

38

사진측량용 카메라 렌즈의 초점거리가 길다.

39

하나의 사진에서 촬영한 지상기준점이 주어지면 공선조건식에 의해 외부표정요소(X_0, Y_0, Z_0, κ, ϕ, ω)를 계산할 수 있다.

40

사진의 크기(a)와 촬영고도(H)가 같을 경우 초광각카메라에 의한 촬영면적은 광각카메라의 경우에 약 3배가 넓게 촬영된다.

$A_{초}$: $A_{광} = (ma)^2 : (ma)^2$

$$= \left(\frac{H}{f_{초}} \cdot a\right)^2 : \left(\frac{H}{f_{광}} \cdot a\right)^2 = 3 : 1$$

여기서, 초광각카메라(f) : 약 88mm
광각카메라(f) : 약 150mm
보통각카메라(f) : 약 210mm

41

DTM은 경사도, 사면방향도, 단면분석, 절 · 성토량 산정, 등고선 작성 등 다양한 분야에 활용되고 있으며 토지이용도는 DTM의 활용분야와는 거리가 멀다.

42

위상관계(Topology)는 공간관계를 정의하는 데 쓰는 수학적 방법으로서 입력된 자료의 위치를 좌푯값으로 인식하고 각각의 자료 간의 정보를 상대적 위치로 저장하며, 선의 방향, 특성들 간의 관계, 연결성, 인접성, 영역 등을 정의함으로써 공간분석을 가능하게 한다.

43

현지 지리조사는 정위치 편집을 하기 위하여 항공사진을 기초로 도면상에 나타내어야 할 지형 · 지물과 이에 관련되는 사항을 현지에서 직접 조사하는 것을 말한다.

44

GNSS/INS 기법을 항공사진측량에 이용하면 실시간으로 비행기 위치(카메라 투영중심 위치)를 결정할 수 있으므로 외부표정시 필요한 기준점 수를 크게 줄일 수 있어 비용을 절감할 수 있다.
※ GNSS(Global Navigation Satellite System)
GPS(미국), GLONASS(러시아), GALILEO(유럽연합) 등 지구상의 위치를 결정하기 위한 위성과 이를 보강하기 위한 시스템 및 지역 보정시스템

45

• 수평위치 정확도(σ_H)=2.5×2.7=6.75m
• 수직위치 정확도(σ_V)=3.2×2.7=8.64m

46

일반화(Generalization)는 공간데이터를 처리할 때 세밀한 항목을 줄이는 과정으로 큰 공간에서 다시 추출하거나 선에서 점을 줄이는 것을 말한다.
※ 지도의 일반화는 대축척에서 소축척으로만 가능하다.

47

위상(Topology)은 벡터자료의 점, 선, 면에 대해 공간관계를 정의하는 것으로 보기 ①, ②, ③의 그림에서 중심노드는 3개의 링크로 연결되며, 보기 ④의 그림에서 중심노드는 4개의 링크로 연결된다. 따라서 보기 ④는 인접성, 연결성 등이 보기 ①, ②, ③과는 다르게 저장된다.

48

격자자료구조는 위상관계를 가지고 있지 않다.

49

GIS 구성요소는 하드웨어, 소프트웨어, 데이터베이스, 조직, 인력이다.

50

지구좌표계는 경위도좌표계, 평면직교좌표계, UTM 좌표계, UPS 좌표계, WGS 좌표계, ITRF 좌표계 등이 있다.

51

공간정보가 좌표로 표현된 경우는 입력과정에서 발생하는 오류와 관계가 없다.

52

• 세 번째 단 B의 면적 : 4개×2(최하단 단위면적)=8
세 번째 단

B		B	B			B

• 두 번째 단 B의 면적 : 1개×8(단위면적의 4배)=8

두 번째 단

B	B
B	B

∴ B면적의 합계 : 8+8=16

53

세부측량(Detail Surveying)은 기준점 성과를 토대로 각종 측량기법을 적용하여 목적에 맞는 세부적인 지모, 지물을 측정하는 것을 의미한다.

54

$\lambda = \dfrac{c}{f}$ (λ : 파장, c : 광속, f : 주파수) 에서 MHz를 Hz 단위로 환산하여 계산하면,

$\lambda = \dfrac{299,792,458}{1,575.42 \times 10^6} = 0.190293672$m

∴ L_1 신호의 200,000 파장거리 $= 200,000 \times 0.190293672$

$= 38,058.734$m

55

중앙값 방법(Median Method)은 영상결함을 제거하는 기법으로 어떤 영상소의 주변의 값을 작은 값부터 재배열한 후 가장 중앙의 값을 새로운 값으로 설정하여 치환하는 방법이다.

2	1	3
2	3	1
1	1	1

→ 1,1,1,1 $\boxed{1}$ 2,2,3,3

2	1	3
1	1	3
1	2	2

→ 1,1,1,1 $\boxed{2}$ 2,2,3,3

2	1	3
2	3	2
2	2	2

→ 1,2,2,2 $\boxed{2}$ 2,2,3,3

2	1	3
2	3	2
3	3	3

→ 1,2,2,2 $\boxed{3}$ 3,3,3,3

∴

1	2
2	3

56

메타데이터(Metadata)는 데이터의 내용, 품질, 조건 및 특징 등을 저장한 데이터로서 데이터에 관한 데이터의 이력을 말한다.
- 시간과 비용의 낭비 제거
- 공간정보 유통의 효율성
- 데이터에 대한 유지 · 관리 갱신의 효율성
- 데이터에 대한 목록화

- 데이터에 대한 적합성 및 장 · 단점 평가
- 데이터를 이용하여 로딩

57

LiDAR(Light Detection And Ranging)는 비행기에 레이저측량장비와 GNSS/INS를 장착하여 대상체면상 관측점의 지형공간정보를 취득하는 관측방법으로서, 3차원 공간좌표(x, y, z)를 각각의 점자료로 기록한다. 최근에는 수치표고모델과 3차원 지리정보 제작에 많이 활용되고 있다.

58

- AND 연산자는 연산자를 중심으로 좌우에 입력된 두 단어를 공통적으로 포함하는 정보나 레코드를 검색한다.
- OR 연산자는 좌우 두 단어 중 어느 하나만 존재하더라도 검색을 수행한다.

∴ 가장 적은 결과가 선택되는 것은 AND 연산자를 두 번 사용한 ③이다.

59

연결성 분석(Connectivity Analysis)은 일련의 점 또는 절점이 서로 연결되었는지를 결정하는 분석으로 연속성 분석, 근접성 분석, 관망 분석 등이 포함된다.

60

평면거리 오차량

$= \sqrt{(X_{GNSS} - X_{수치지형도})^2 + (Y_{GNSS} - Y_{수치지형도})^2}$

$= \sqrt{(254,858.88 - 254,859.45)^2 + (564,851.32 - 564,854.45)^2}$

$= 3.18$m

61

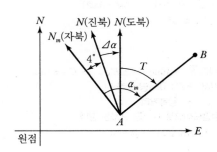

∴ 방향각(T)=자북방위각(α_m)-자침편차-자오선수차($\Delta\alpha$)

$= 88°10'40'' - 4° - 2'20''$

$= 84°08'20''$

PART 01 PART 02 PART 03 PART 04 PART 05 부록

62

토털스테이션(Total Station)은 각도와 거리를 동시에 관측할 수 있는 기능이 함께 갖추어져 있는 측량기이다. 즉, 전자식 데오드라이트와 광파거리측량기를 조합한 측량기이다. 마이크로프로세서에서 자료를 짧은 시간에 처리하거나 표시하고, 결과를 출력하는 전자식거리 및 각 측정기이다.

63

기고식 야장법은 현재 가장 많이 사용하는 방법이다. 중간점이 많을 때 이용되며, 종·횡단측량에 널리 이용되지만 중간점에 대한 완전검산이 어렵다.

64

기준점 성과표 내용
• 구분(삼각점/수준점 …)
• 점번호
• 도엽명칭(1/50,000)
• 경·위도(위도/경도)
• 직각좌표(X(N)/Y(E)/원점)
• 표고
• 지오이드고
• 타원체고
• 매설연월

65

최소제곱법에 의해 추정되는 오차는 부정오차(우연오차)이다.

66

$$M = \pm\sqrt{(X \cdot \Delta y)^2 + (Y \cdot \Delta x)^2}$$
$$= \pm\sqrt{(100 \times 0.01)^2 + (50 \times 0.02)^2}$$
$$= \pm 1.414\text{cm}^2$$

67

$M = \pm E\sqrt{S} \rightarrow 16\text{mm} = \pm E\sqrt{4} \rightarrow E = \pm 8\text{mm}$
여기서, $\pm E$: 1km당 오차
$\quad\quad\quad S$: 왕복거리
같은 정밀도이므로 1km당 오차는 같다.
$$\therefore M = \pm 8\text{mm}\sqrt{20} = \pm 36\text{mm}$$

68

편평률 $= \dfrac{a-b}{a} = \dfrac{6,370-6,350}{6,370} = \dfrac{1}{318.5} \fallingdotseq \dfrac{1}{320}$

69

등고선은 경사가 일정한 곳에서 표고가 높아질수록 일정한 비율로 등고선 간격도 일정하다.

70

연직축오차는 망원경을 정위, 반위로 관측하여 평균값을 취해도 소거되지 않는 오차이다.

71

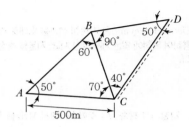

• $\dfrac{500}{\sin 60°} = \dfrac{\overline{BC}}{\sin 50°} \rightarrow$

$\overline{BC} = \dfrac{\sin 50°}{\sin 60°} \times 500 = 442.276\text{m}$

• $\dfrac{442.276}{\sin 50°} = \dfrac{\overline{CD}}{\sin 90°}$

$\therefore \overline{CD} = \dfrac{\sin 90°}{\sin 50°} \times 442.276 = 577.350\text{m}$

72

통합기준점 결정에 이용되는 측량방법은 GNSS측량과 직접수준측량이다.

73

• 35813
  - 35813은 해당지역의 1/50,000 도엽
  - 35는 위도 35° 이상 36° 미만의 지역
  - 8은 경도 128° 이상 129° 미만의 지역
  - 13은 가로 15′, 세로 15′로 나눈 16개 구획 중 13번째 칸에 해당
• 03
  - 1/50,000 도엽을 25등분(가로 5, 세로 5)하면 1/10,000 도엽
  - 좌측 상단으로부터 일련번호를 붙인 것 중 03번째 도엽
• 72
  - 1/10,000 도엽을 100등분(가로 10, 세로 10)하면 1/1,000 도엽
  - 좌측상단으로부터 일련번호를 붙인 것 중 72번째 도엽

74

일반적으로 측량기기 제작회사에서는 정확도의 표현을 $\pm(a+bD)$로 표시한다. 여기서 a는 거리에 비례하지 않는 오차이며, bD는 거리에 비례하는 오차의 표현이다. 그러므로 예상되는 총오차 $= \pm(3+(3 \times 0.5)) = \pm 4.5\text{mm}$이다.

75

공간정보의 구축 및 관리 등에 관한 법률 제48조(측량업의 휴업·폐업 등 신고)

다음 각 호의 어느 하나에 해당하는 자는 국토교통부령으로 정하는 바에 따라 국토교통부장관, 시·도지사 또는 대도시 시장에게 해당 각 호의 사실이 발생한 날부터 30일 이내에 그 사실을 신고하여야 한다.

1. 측량업자인 법인이 파산 또는 합병 외의 사유로 해산한 경우 : 해당 법인의 청산인
2. 측량업자가 폐업한 경우 : 폐업한 측량업자
3. 측량업자가 30일을 넘는 기간 동안 휴업하거나, 휴업후 업무를 재개한 경우 : 해당 측량업자

76

공간정보의 구축 및 관리 등에 관한 법률 제109조(벌칙)

다음 각 호의 어느 하나에 해당하는 자는 1년 이하의 징역 또는 1천만 원 이하의 벌금에 처한다.

1. 무단으로 측량성과 또는 측량기록을 복제한 자
2. 심사를 받지 아니하고 지도 등을 간행하여 판매하거나 배포한 자
3. 측량기술자가 아님에도 불구하고 측량을 한 자
4. 업무상 알게 된 비밀을 누설한 측량기술자
5. 둘 이상의 측량업자에게 소속된 측량기술자
6. 다른 사람에게 측량업등록증 또는 측량업등록수첩을 빌려주거나 자기의 성명 또는 상호를 사용하여 측량업무를 하게 한 자
7. 다른 사람의 측량업등록증 또는 측량업등록수첩을 빌려서 사용하거나 다른 사람의 성명 또는 상호를 사용하여 측량업무를 한 자
8. 지적측량수수료 외의 대가를 받은 지적측량기술자
9. 거짓으로 다음 각 목의 신청을 한 자
    가. 신규등록 신청
    나. 등록전환 신청
    다. 분할 신청
    라. 합병 신청
    마. 지목변경 신청
    바. 바다로 된 토지의 등록말소 신청
    사. 축척변경 신청
    아. 등록사항의 정정 신청
    자. 도시개발사업 등 시행지역의 토지이동 신청
10. 다른 사람에게 자기의 성능검사대행자 등록증을 빌려 주거나 자기의 성명 또는 상호를 사용하여 성능검사대행업무를 수행하게 한 자
11. 다른 사람의 성능검사대행자 등록증을 빌려서 사용하거나 다른 사람의 성명 또는 상호를 사용하여 성능검사대행업무를 수행한 자

77

공간정보의 구축 및 관리 등에 관한 법률 시행규칙 제13조(지도 등 간행물의 종류)

국토지리정보원장이 간행하는 지도나 그 밖에 필요한 간행물(이하 "지도등"이라 한다)의 종류는 다음 각 호와 같다.

1. 축척 1/500, 1/1,000, 1/2,500, 1/5,000, 1/10,000, 1/25,000, 1/50,000, 1/100,000, 1/250,000, 1/500,000 및 1/1,000,000의 지도
2. 철도, 도로, 하천, 해안선, 건물, 수치표고 모형, 공간정보 입체 모형(3차원 공간정보), 실내공간정보, 정사영상 등에 관한 기본 공간정보
3. 연속수치지형도 및 축척 1/25,000 영문판 수치지형도
4. 국가인터넷지도, 점자지도, 대한민국전도, 대한민국주변도 및 세계지도
5. 국가격자좌표정보 및 국가관심지점정보

78

공간정보의 구축 및 관리 등에 관한 법률 시행령 제7조(세계측지계 등) 별표 2

X축은 좌표계 원점의 자오선에 일치하여야 하고, 진북방향을 정(+)으로 표시하며, Y축은 X축에 직교하는 축으로서 진동방향을 정(+)으로 한다.

79

공간정보의 구축 및 관리 등에 관한 법률 제22조(일반측량의 실시 등)

국토교통부장관은 다음의 어느 하나에 해당하는 목적을 위하여 필요하다고 인정되는 경우에는 일반측량을 한 자에게 그 측량성과 및 측량기록의 사본을 제출하게 할 수 있다.

1. 측량의 정확도 확보
2. 측량의 중복 배제
3. 측량에 관한 자료의 수집·분석

80

공간정보의 구축 및 관리 등에 관한 법률 시행령 제8조(측량기준점의 구분)

국가기준점에는 우주측지기준점, 위성기준점, 수준점, 중력점, 통합기준점, 삼각점, 지자기점이 있다.

CBT(필기) 모의고사 3회

본 모의고사는 측량 및 지형공간정보산업기사 수험생의 필기시험 대비를 목적으로 작성된 것임을 알려드립니다.

Subject 01 응용측량

01 단곡선 설치에서 곡선반지름 $R = 200$m, 교각 $I = 60°$일 때의 외할(E)과 중앙종거(M)는?

① $E = 30.94$m, $M = 26.79$m
② $E = 26.79$m, $M = 30.94$m
③ $E = 30.94$m, $M = 24.78$m
④ $E = 24.78$m, $M = 26.79$m

02 교각 $I = 80°$, 곡선반지름 $R = 200$m인 단곡선의 교점($I.P$)의 추가거리가 1,250.50m일 때 곡선시점($B.C$)의 추가거리는?

① 1,382.68m
② 1,282.68m
③ 1,182.68m
④ 1,082.68m

03 그림과 같은 지역의 전체 토량은?(단, 각 구역의 크기는 동일하다.)

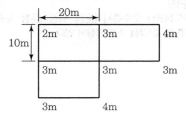

① $1,850$m³
② $1,950$m³
③ $2,050$m³
④ $2,150$m³

04 경관측량에 대한 설명으로 옳지 않은 것은?

① 경관은 인간의 시각적 인식에 의한 공간구성으로 대상군을 전체로 보는 인간의 심적 현상에 의해 판단된다.
② 경관측량의 목적은 인간의 쾌적한 생활공간을 창조하는 데 필요한 조사와 설계에 기여하는 것이다.
③ 경관구성요소를 인식의 주체인 경관장계, 인식의 대상이 되는 시점계, 이를 둘러싼 대상계로 나눌 수 있다.
④ 경관의 정량화를 해석하기 위해서는 시각적 측면과 시각현상에 잠재되어 있는 의미적 측면을 동시에 고려하여야 한다.

05 지표에 설치된 중심선을 기준으로 터널 입구에서 굴착을 시작하고 굴착이 진행됨에 따라 터널 내의 중심선을 설정하는 작업은?

① 다보(Dowel)설치
② 터널 내 곡선설치
③ 지표설치
④ 지하설치

06 원곡선 설치에서 곡선반지름이 250m, 교각이 65°, 곡선시점의 위치가 No.245 + 09.450m일 때, 곡선종점의 위치는?(단, 중심말뚝 간격은 20m이다.)

① No.245 + 13.066m
② No.251 + 13.066m
③ No.259 + 06.034m
④ No.259 + 13.066m

07 자동차가 곡선부를 통과할 때 원심력의 작용을 받아 접선 방향으로 이탈하려고 하므로 이것을 방지하기 위하여 노면에 높이차를 두는 것을 무엇이라 하는가?

① 확폭(Slack)
② 편경사(Cant)
③ 완화구간
④ 시거

08 삼각형 세 변의 길이가 아래와 같을 때 면적은?

> a = 35.65m, b = 73.50m, c = 42.75m

① $269.76m^2$
② $389.67m^2$
③ $398.96m^2$
④ $498.96m^2$

09 축척 1:1,200 지도상의 면적을 측정할 때, 이 축척을 1:600으로 잘못 알고 측정하였더니 $10,000m^2$가 나왔다면 실제면적은?

① $40,000m^2$
② $20,000m^2$
③ $10,000m^2$
④ $2,500m^2$

10 해양에서 수심측량을 할 경우 음향측심 장비로부터 취득한 수심에 필요한 보정이 아닌 것은?

① 정사보정
② 조석보정
③ 흘수보정
④ 음속보정

11 그림과 같은 경사터널에서 A, B 두 측점 간의 고저차는?(단, A의 기계고 $IH = 1m$, B의 $HP = 1.5m$, 사거리 $S = 20m$, 경사각 $\theta = 20°$)

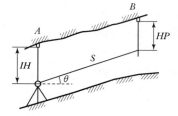

① 4.34m
② 6.34m
③ 7.34m
④ 9.34m

12 해저의 퇴적물인 저질(Bottom Material)을 조사하는 방법 또는 장비가 아닌 것은?

① 채니기
② 음파에 의한 해저탐사
③ 코어러
④ 채수기

13 유토곡선(Mass Curve)에 의한 토량계산에 대한 설명으로 옳지 않은 것은?

① 곡선은 누가토량의 변화를 표시한 것으로, 그 경사가 (−)는 깎기 구간, (+)는 쌓기 구간을 의미한다.
② 측점의 토량은 양단면평균법으로 계산할 수 있다.
③ 곡선에서 경사의 부호가 바뀌는 지점은 쌓기 구간에서 깎기 구간 또는 깎기 구간에서 쌓기 구간으로 변하는 점을 의미한다.
④ 토적곡선을 활용하여 토공의 평균운반거리를 계산할 수 있다.

14 시설물의 경관을 수직시각(θ_V)에 의하여 평가하는 경우, 시설물이 경관의 주제가 되고 쾌적한 경관으로 인식되는 수직시각의 범위로 가장 적합한 것은?

① $0° \leq \theta_V \leq 15°$

② $15° \leq \theta_V \leq 30°$

③ $30° \leq \theta_V \leq 45°$

④ $45° \leq \theta_V \leq 60°$

15 $\triangle ABC$에서 ㉮:㉯:㉰의 면적의 비를 각각 4:2:3으로 분할할 때 $\overline{EC}$의 길이는?

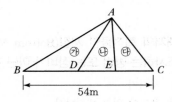

① 10.8m ② 12.0m

③ 16.2m ④ 18.0m

16 하천의 수위를 나타내는 다음 용어 중 가장 낮은 수위를 나타내는 것은?

① 평수위 ② 갈수위

③ 저수위 ④ 홍수위

17 그림과 같이 2차 포물선에 의하여 종단곡선을 설치하려 한다면 C점의 계획고는?(단, A점의 계획고는 50.00m이다.)

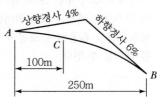

① 40.00m ② 50.00m

③ 51.00m ④ 52.00m

18 수심이 h인 하천의 평균유속(V_m)을 3점법을 사용하여 구하는 식으로 옳은 것은?(단, V_n : 수면으로부터 수심 $n \cdot h$인 곳에서 관측한 유속)

① $V_m = \frac{1}{3}(V_{0.2} + V_{0.4} + V_{0.8})$

② $V_m = \frac{1}{3}(V_{0.2} + V_{0.6} + V_{0.8})$

③ $V_m = \frac{1}{4}(V_{0.2} + 2V_{0.4} + V_{0.8})$

④ $V_m = \frac{1}{4}(V_{0.2} + 2V_{0.6} + V_{0.8})$

19 측면주사음향탐지기(Side Scan Sonar)를 이용하여 획득한 이미지로 해저면의 형상을 조사하는 방법은?

① 해저면 기준점조사

② 해저면 지질조사

③ 해저면 지층조사

④ 해저면 영상조사

20 도로 폭 8.0m의 도로를 건설하기 위해 높이 2.0m를 그림과 같이 흙쌓기(성토)하려고 한다. 건설 도로연장이 80.0m라면 흙쌓기 토량은?

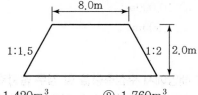

① 1,420m³ ② 1,760m³

③ 1,840m³ ④ 1,920m³

Subject 02 사진측량 및 원격탐사

21 항공사진측량용 디지털 카메라를 이용한 영상취득에 대한 설명으로 옳지 않은 것은?

① 아날로그 방식보다 필름비용과 처리, 스캐닝 비용 등의 경비가 절감된다.
② 기존 카메라보다 훨씬 넓은 피사각으로 대축척 지도제작이 용이하다.
③ 높은 방사해상력으로 영상의 질이 우수하다.
④ 컬러영상과 다중채널영상의 동시 취득이 가능하다.

22 촬영 당시 광속의 기하상태를 재현하는 작업으로 렌즈의 왜곡, 사진의 초점거리 등을 결정하는 작업은?

① 도화
② 지상기준점측량
③ 내부표정
④ 외부표정

23 미국의 항공우주국에서 개발하여 1972년에 지구자원탐사를 목적으로 쏘아 올린 위성으로 적조의 조기발견, 대기오염의 확산 및 식물의 발육상태 등을 조사할 수 있는 것은?

① MOSS
② SPOT
③ IKONOS
④ LANDSAT

24 항공사진측량을 초점거리 160mm인 카메라로 비행고도 3,000m에서 촬영기준면의 표고가 500m인 평지를 촬영할 때의 사진축척은?

① 1:15,625
② 1:16,130
③ 1:18,750
④ 1:19,355

25 다음 중 3차원 지도제작에 이용되는 위성은?

① SPOT 위성
② LANDSAT 5호 위성
③ MOS 1호 위성
④ NOAA 위성

26 전정색 영상의 공간해상도가 1m, 밴드 수가 1개이고, 다중분광영상의 공간해상도가 4m, 밴드 수가 4개라고 할 때, 전정색 영상과 다중분광영상의 해상도 비교에 대한 설명으로 옳은 것은?

① 전정색 영상이 다중분광영상보다 공간해상도와 분광해상도가 높다.
② 전정색 영상이 다중분광영상보다 공간해상도가 높고 분광해상도는 낮다.
③ 전정색 영상이 다중분광영상보다 공간해상도와 분광해상도도 낮다.
④ 전정색 영상이 다중분광영상보다 공간해상도가 낮고 분광해상도는 높다.

27 카메라의 초점거리 15cm, 촬영고도 1,800m인 연직사진에서 도로 교차점과 표고 300m의 산정이 찍혀 있다. 도로 교차점은 사진 주점과 일치하고, 교차점과 산정의 거리는 밀착사진상에서 55mm이었다면 이 사진으로부터 작성된 축척 1:5,000 지형도상에서 두 점의 거리는?

① 110mm
② 130mm
③ 150mm
④ 170mm

28 사진측량의 모델에 대한 정의로 옳은 것은?

① 편위수정된 사진이다.
② 촬영 지역을 대표하는 사진이다.
③ 한 장의 사진에 찍힌 단위면적의 크기이다.
④ 중복된 한 쌍의 사진으로 입체시할 수 있는 부분이다.

29 사진지도를 제작하기 위한 정사투영에서 편위수정기가 만족해야 할 조건이 아닌 것은?

① 기하학적 조건
② 입체모형의 조건
③ 샤임플러그 조건
④ 광학적 조건

30 항공사진측량에서 카메라 렌즈의 중심(O)을 지나 사진면에 내린 수선의 발, 즉 렌즈의 광축과 사진면이 교차하는 점은?

① 주점　　　　② 연직점
③ 등각점　　　④ 중심점

31 항공사진측량의 작업에 속하지 않는 것은?

① 대공표지 설치
② 세부도화
③ 사진기준점 측량
④ 천문측량

32 8bit Gray Level(0~255)을 가진 수치영상의 최소 픽셀값이 79, 최대 픽셀값이 156이다. 이 수치영상에 선형대조비확장(Linear Contrast Stretching)을 실시할 경우 픽셀값 123의 변화된 값은?[단, 계산에서 소수점 이하 값은 무시(버림)한다.]

① 143　　　　② 144
③ 145　　　　④ 146

33 항공레이저측량을 이용하여 수치표고모델을 제작하는 순서로 옳은 것은?

> ㉠ 작업 및 계획준비
> ㉡ 항공레이저측량
> ㉢ 기준점 측량

> ㉣ 수치표면자료 제작
> ㉤ 수치지면자료 제작
> ㉥ 불규칙삼각망자료 제작
> ㉦ 수치표고모델 제작
> ㉧ 정리점검 및 성과품 제작

① ㉠→㉡→㉢→㉣→㉤→㉥→㉦→㉧
② ㉠→㉡→㉣→㉢→㉥→㉤→㉦→㉧
③ ㉠→㉡→㉢→㉤→㉦→㉣→㉥→㉧
④ ㉠→㉡→㉢→㉥→㉤→㉣→㉦→㉧

34 항공사진측량의 특징에 대한 설명으로 틀린 것은?

① 작업과정이 분업화되고 많은 부분을 실내작업으로 하여 작업 기간을 단축할 수 있다.
② 전체적으로 균일한 정확도이므로 지도제작에 적합하다.
③ 고가의 장비와 숙련된 기술자가 필요하다.
④ 도심의 소규모 정밀 세부측량에 적합하다.

35 왼쪽에 청색, 오른쪽에 적색으로 인쇄된 사진을 역입체시하기 위해서는 어떠한 색으로 구성된 안경을 사용하여야 하는가?(단, 보기는 왼쪽, 오른쪽 순으로 나열된 것이다.)

① 청색, 청색
② 청색, 적색
③ 적색, 청색
④ 적색, 적색

36 편위수정에 대한 설명으로 옳지 않은 것은?

① 사진지도 제작과 밀접한 관계가 있다.
② 경사사진을 엄밀수직사진으로 고치는 작업이다.
③ 지형의 기복에 의한 변위가 완전히 제거된다.
④ 4점의 평면좌표를 이용하여 편위수정을 할 수 있다.

37 내부표정 과정에서 조정하는 내용이 아닌 것은?

① 사진의 주점을 투영기의 중심에 일치
② 초점거리의 조정
③ 렌즈왜곡의 보정
④ 종시차의 소거

38 항공사진의 기복변위와 관계가 없는 것은?

① 기복변위는 연직점을 중심으로 방사상으로 발생한다.
② 기복변위는 지형, 지물의 높이에 비례한다.
③ 중심투영으로 인하여 기복변위가 발생한다.
④ 기복변위는 촬영고도가 높을수록 커진다.

39 어느 지역의 영상과 동일한 지역의 지도이다. 이 자료를 이용하여 "밭"의 훈련지역(Training Field)을 선택한 결과로 적합한 것은?

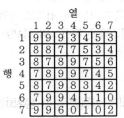

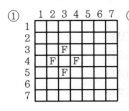

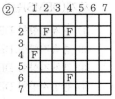

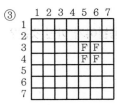

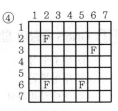

40 절대표정을 위하여 기준점을 보기와 같이 배치하였을 때 절대표정을 실시할 수 없는 기준점 배치는?(단, ○는 수직기준점(Z), □는 수평기준점(X, Y), △는 3차원 기준점(X, Y, Z)을 의미하고, 대상지역은 거의 평면에 가깝다고 가정한다.)

Subject **03** 지리정보시스템(GIS) 및 위성측위시스템(GNSS)

41 공간정보 관련 영어 약어에 대한 설명으로 틀린 것은?

① NGIS – 국가지리정보체계
② RIS – 자원정보체계
③ UIS – 도시정보체계
④ LIS – 교통정보체계

42 네트워크 RTK 위치결정 방식으로 현재 국토지리정보원에서 운영 중인 시스템 중 하나인 것은?

① TEC(Total Electron Content)
② DGPS(Differential GPS)
③ VRS(Virtual Reference Station)
④ PPP(Precise Point Positioning)

43 지리정보시스템(GIS)에서 사용하고 있는 공간데이터를 설명하는 또 다른 부가적인 데이터로서 데이터의 생산자, 생산목적, 좌표계 등의 다양한 정보를 담을 수 있는 것은?

① Metadata　　② Label
③ Annotation　　④ Coverage

44 지리정보시스템(GIS)에서 표면분석과 중첩분석의 가장 큰 차이점은?

① 자료분석의 범위
② 자료분석의 지형형태
③ 자료에 사용되는 입력방식
④ 자료에 사용되는 자료층의 수

45 지리정보시스템(GIS)에서 표준화가 필요한 이유로 가장 거리가 먼 것은?

① 데이터의 공동 활용을 통하여 데이터의 중복 구축을 방지함으로써 데이터 구축비용을 절약한다.
② 표준 형식에 맞추어 하나의 기관에서 구축한 데이터를 많은 기관들이 공유하여 사용할 수 있다.
③ 서로 다른 기관 간에 데이터의 유출 방지 및 데이터의 보안을 유지하기 위해 필요하다.
④ 데이터 제작 시 사용된 하드웨어나 소프트웨어에 구애받지 않고 손쉽게 데이터를 사용할 수 있다.

46 Boolean 대수를 사용한 면의 중첩에서 그림과 같은 논리연산을 바르게 나타낸 것은?

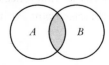

① A AND B　　② A OR B
③ A NOT B　　④ A XOR B

47 GPS 위성으로부터 송신된 신호를 수신기에서 획득 및 추적할 수 없도록 GPS 신호와 동일한 주파수 대역의 신호를 고의로 송신하는 전파간섭을 의미하는 용어는?

① 스니핑(Sniffing)
② 재밍(Jamming)
③ 지오코딩(Geocoding)
④ 트래킹(Tracking)

48 지리정보시스템(GIS)을 통하여 수행할 수 있는 지도 모형화의 장점이 아닌 것은?

① 문제를 분명히 정의하고 문제를 해결하는 데 필요한 자료를 명확하게 결정할 수 있다.
② 여러 가지 연산 또는 시나리오의 결과를 쉽게 비교할 수 있다.
③ 많은 경우에 조건을 변경하거나 시간의 경과에 따른 모의분석을 할 수 있다.
④ 자료가 명목 혹은 서열의 척도로 구성되어 있을지라도 시스템은 레이어의 정보를 정수로 표현한다.

49 다음 중 실세계의 현상들을 보다 정확히 묘사할 수 있으며 자료의 갱신이 용이한 자료관리체계(DBMS)는?

① 관계지향형 DBMS
② 종속지향형 DBMS
③ 객체지향형 DBMS
④ 관망지향형 DBMS

50 GNSS 측량의 활용분야가 아닌 것은?

① 변위추정
② 영상복원
③ 절대좌표해석
④ 상대좌표해석

51 GNSS 정지측위 방식에 의해 기준점 측량을 실시하였다. GNSS 관측 전후에 측정한 측점에서 ARP(Antenna Reference Point)까지의 경사 거리는 각각 145.2cm와 145.4cm이었다. 안테나 반경이 13cm이고, ARP를 기준으로 한 APC(Antenna Phase Center) 오프셋(Offset)이 높이 방향으로 2.5cm일 때 보정해야 할 안테나고(Antenna Height)는?

① 142.217cm   ② 147.217cm
③ 147.800cm   ④ 142.800cm

52 지리정보시스템(GIS)의 지형공간정보 관련 자료를 처리하는 데 필요한 과정이 아닌 것은?

① 자료입력   ② 자료개발
③ 자료 조작과 분석   ④ 자료출력

53 다음과 같은 데이터에 대한 위상구조 테이블에서 ㉠과 ㉡의 내용으로 적합한 것은?

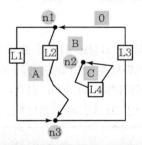

arc	from node	to node	Left polygon	Right polygon
L1	n1	n3	A	0
L2	㉠	n3	B	A
L3	n3	㉠	B	0
L4	㉡	㉡	C	B

① ㉠ : n1, ㉡ : n2
② ㉠ : n1, ㉡ : n3
③ ㉠ : n3, ㉡ : n2
④ ㉠ : n3, ㉡ : n1

54 건물이나 도로와 같이 지표면상에 존재하고 있는 모든 사물이나 개체에 대해 표준화된 고유한 번호를 부여하여 검색, 활용 및 관리를 효율적으로 하고자 하는 체계를 무엇이라 하는가?

① UGID   ② UFID
③ RFID   ④ USIM

55 위상모형을 통하여 얻을 수 있는 기초적 공간분석으로 적절하지 않은 것은?

① 중첩 분석
② 인접성 분석
③ 위험성 분석
④ 네트워크 분석

56 위상정보(Topology Information)에 대한 설명으로 옳은 것은?

① 공간상에 존재하는 공간객체의 길이, 면적, 연결성, 계급성 등을 의미한다.
② 지리정보에 포함된 CAD 데이터 정보를 의미한다.
③ 지리정보와 지적정보를 합한 것이다.
④ 위상정보는 GIS에서 획득한 원시자료를 의미한다.

57 래스터 데이터(Raster Data) 구조에 대한 설명으로 옳지 않은 것은?

① 셀의 크기는 해상도에 영향을 미친다.
② 셀의 크기에 관계없이 컴퓨터에 저장되는 자료의 양은 압축방법에 의해서 결정된다.
③ 셀의 크기에 의해 지리정보의 위치 정확성이 결정된다.
④ 연속면에서 위치의 변화에 따라 속성들의 점진적인 현상 변화를 효과적으로 표현할 수 있다.

58 DGPS에 대한 설명으로 옳지 않은 것은?

① 일반적으로 단독측위에 비해 정확하다.
② 두 대의 수신기에서 수신된 데이터가 있어야 한다.
③ 수신기 간의 거리가 짧을수록 좋은 성과를 기대할 수 있다.
④ 후처리절차를 거쳐야 하므로 실시간 위치측정은 불가능하다.

59 지리정보시스템(GIS)의 자료취득방법과 가장 거리가 먼 것은?

① 투영법에 의한 자료취득 방법
② 항공사진측량에 의한 방법
③ 일반측량에 의한 방법
④ 원격탐사에 의한 방법

60 GPS 위성시스템에 대한 설명 중 틀린 것은?

① 측지기준계로 WGS−84 좌표계를 사용한다.
② GPS는 상업적 목적으로 민간이 주도하여 개발한 최초의 위성측위시스템이다.
③ 위성들은 각각 상이한 코드정보를 전송한다.
④ GPS에 사용되는 좌표계는 지구의 질량 중심을 원점으로 하고 있다.

Subject **04** 측량학

61 1:50,000 지형도에 표기된 아래와 같은 도엽 번호에 대한 설명으로 틀린 것은?

> NJ 52 − 11 − 18

① 1:250,000 도엽을 28등분한 것 중 18번째 도엽번호를 의미한다.
② N은 북반구를 의미한다.

③ J는 적도에서부터 알파벳을 붙인 위도구역을 의미한다.
④ 52는 국가고유코드를 의미한다.

62 표준길이보다 36mm가 짧은 30m 줄자로 관측한 거리가 480m일 때 실제거리는?

① 479.424m
② 479.856m
③ 480.144m
④ 480.576m

63 측량에 있어서 부정오차가 일어날 가능성의 확률적 분포 특성에 대한 설명으로 틀린 것은?

① 매우 큰 오차는 거의 생기지 않는다.
② 오차의 발생확률은 최소제곱법에 따른다.
③ 큰 오차가 생길 확률은 작은 오차가 생길 확률보다 매우 작다.
④ 같은 크기의 양(+)오차와 음(−)오차가 생길 확률은 거의 같다.

64 A점 및 B점의 좌표가 표와 같고 A점에서 B점까지 결합 다각측량을 하여 계산해 본 결과 합위거가 84.30m, 합경거가 512.62m이었다면 이 측량의 폐합오차는?

구분	X좌표	Y좌표
A점	69.30m	123.56m
B점	153.47m	636.23m

① 0.18m
② 0.14m
③ 0.10m
④ 0.08m

65 어떤 측량장비의 망원경에 부착된 수준기 기포관의 감도를 결정하기 위해서 $D=50$m 떨어진 곳에 표척을 수직으로 세우고 수준기의 기포를 중앙에 맞춘 후 읽은 표척 눈금값이 1.00m이고, 망원경을 약간 기울여 기포관상의 눈금 $n=6$개 이동된 상태에서 측정한 표척의 눈금이 1.04m이었다면 이 기포관의 감도는?

① 약 $13''$ ② 약 $18''$
③ 약 $23''$ ④ 약 $28''$

66 표준자와 비교하였더니 30m에 대하여 6cm가 늘어난 줄자로 삼각형의 지역을 측정하여 삼사법으로 면적을 측정하였더니 950m²였다. 이 지역의 실제 면적은?

① 953.8m²   ② 951.9m²
③ 946.2m²   ④ 933.1m²

67 구과량(e)에 대한 설명으로 옳은 것은?

① 평면과 구면과의 경계점
② 구면 삼각형의 내각의 합이 $180°$보다 큰 양
③ 구면 삼각형에서 삼각형의 변장을 계산한 값
④ $e=F/R$로 표시되는 양(F : 구면삼각형의 면적, R : 지구의 곡선반지름)

68 삼각점 A에 기계를 세우고 삼각점 C가 시준되지 않아 P를 관측하여 $T'=110°$를 얻었다면 보정한 각 T는?(단, $S=1$km, $e=20$cm, $k=298°45'$)

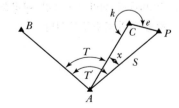

① $108°58'24''$ ② $108°59'24''$
③ $109°58'24''$ ④ $109°59'24''$

69 하천, 항만측량에 많이 이용되는 지형표시 방법으로 표고를 숫자로 도상에 나타내는 방법은?

① 점고법   ② 음영법
③ 채색법   ④ 등고선법

70 A점에서 트래버스측량을 실시하여 A점에 되돌아왔더니 위거의 오차 40cm, 경거의 오차는 25cm이었다. 이 트래버스측량의 전 측선장의 합이 943.5m이었다면 트래버스측량의 폐합비는?

① $1/1,000$
② $1/2,000$
③ $1/3,000$
④ $1/4,000$

71 삼변측량에 관한 설명 중 옳지 않은 것은?

① 삼변측량 시 Cosine제2법칙, 반각공식을 이용하면 변으로부터 각을 구할 수 있다.
② 삼변측량의 정확도는 삼변망이 정오각형 또는 정육각형을 이루었을 때 가장 이상적이다.
③ 삼변측량 시 관측점에서 가능한 한 모든 점에 대한 변관측으로 조건식 수를 증가시키면 정확도를 향상시킬 수 있다.
④ 삼변측량에서 관측대상이 변의 길이이므로 삼각형의 내각이 $10°$ 이하인 경우에 매우 유용하다.

72 광파거리측량기에 관한 설명으로 옳지 않은 것은?

① 두 점 간의 시준만 되면 관측이 가능하다.
② 안개나 구름의 영향을 거의 받지 않는다.
③ 주로 중·단거리 측정용으로 사용된다.
④ 조작인원은 1명으로도 가능하다.

73 기지점 A, B, C로부터 수준측량에 의하여 표와 같은 성과를 얻었다. P점의 표고는?

노선	거리	표고
$A \rightarrow P$	3km	234.54m
$B \rightarrow P$	4km	234.48m
$C \rightarrow P$	4km	234.40m

① 234.43m   ② 234.46m
③ 234.48m   ④ 234.56m

74 어떤 각을 4명이 관측하여 다음과 같은 결과를 얻었다면 최확값은?

관측자	관측각	관측횟수
A	42°28′47″	3
B	42°28′42″	2
C	42°28′36″	4
D	42°28′55″	5

① 42°28′46″   ② 42°28′44″
③ 42°28′41″   ④ 42°28′36″

75 일반측량실시의 기초가 될 수 없는 것은?

① 일반측량성과
② 공공측량성과
③ 기본측량성과
④ 기본측량기록

76 공공측량 작업계획서를 제출할 때 포함되지 않아도 되는 사항은?(단, 그 밖에 작업에 필요한 사항은 제외한다.)

① 공공측량의 목적 및 활용 범위
② 공공측량의 위치 및 사업량
③ 공공측량의 시행자의 규모
④ 사용할 측량기기의 종류 및 성능

77 2년 이하의 징역 또는 2천만 원 이하의 벌금에 해당되지 않는 사항은?

① 측량기준점표지를 이전 또는 파손한 자
② 성능검사를 부정하게 한 성능검사대행자
③ 법을 위반하여 측량성과를 국외로 반출한 자
④ 측량성과 또는 측량기록을 무단으로 복제한 자

78 기본측량의 실시공고에 포함되어야 하는 사항으로 옳은 것은?

① 측량의 정확도
② 측량의 실시지역
③ 측량성과의 보관 장소
④ 설치한 측량기준점의 수

79 공간정보의 구축 및 관리 등에 관한 법률에서 정의하고 있는 용어에 대한 설명으로 옳지 않은 것은?

① "기본측량"이란 모든 측량의 기초가 되는 공간정보를 제공하기 위하여 국토교통부장관이 실시하는 측량을 말한다.
② 국가, 지방자치단체, 그 밖에 대통령령으로 정하는 기관이 관계 법령에 따른 사업 등을 시행하기 위하여 기본측량을 기초로 실시하는 측량은 "공공측량"이다.
③ "지적측량"이란 토지를 지적공부에 등록하거나 지적공부에 등록된 경계점을 지상에 복원하기 위하여 필지의 경계 또는 좌표와 면적을 정하는 측량을 말하며, 지적확정측량을 포함한다.
④ "일반측량"이란 기본측량, 공공측량 및 지적측량 외의 측량을 말한다.

80 측량의 실시공고에 대한 사항으로 ( )에 알 맞은 것은?

공공측량의 실시공고는 전국을 보급지역으로 하는 일간신문에 1회 이상 게재하거나, 해당 특별시 · 광역시 · 특별자치시 · 도 또는 특별 자치도의 게시판 및 인터넷 홈페이지에 ( ) 이상 게시하는 방법으로 하여야 한다.

① 7일   ② 14일
③ 15일   ④ 30일

정답

01	02	03	04	05	06	07	08	09	10
①	④	①	③	④	④	②	④	①	①
11	12	13	14	15	16	17	18	19	20
③	④	③	④	②	④	④	④	④	③
21	22	23	24	25	26	27	28	29	30
②	③	④	①	①	②	①	④	②	①
31	32	33	34	35	36	37	38	39	40
④	③	①	④	②	③	④	④	①	②
41	42	43	44	45	46	47	48	49	50
④	③	①	④	③	①	②	④	③	②
51	52	53	54	55	56	57	58	59	60
②	②	③	①	①	③	②	③	④	④
61	62	63	64	65	66	67	68	69	70
④	①	②	②	④	①	②	④	①	②
71	72	73	74	75	76	77	78	79	80
④	②	③	①	①	③	④	②	③	①

해설

01

- 외할(E) $= R\left(\sec\dfrac{I}{2}-1\right) = 200\left(\sec\dfrac{60°}{2}-1\right) = 30.94\mathrm{m}$

- 중앙종거(M) $= R\left(1-\cos\dfrac{I}{2}\right) = 200\left(1-\cos\dfrac{60°}{2}\right) = 26.79\mathrm{m}$

∴ 외할(E)=30.94m, 중앙종거(M)=26.79m

02

- 곡선시점($B.C$) =총연장−접선장($T.L$)
- 접선장($T.L$) $= R \cdot \tan\dfrac{I}{2} = 200 \times \tan\dfrac{80°}{2} = 167.82\mathrm{m}$

∴ 곡선시점($B.C$) $= 1,250.50 - 167.82 = 1,082.68\mathrm{m}$

03

$$V = \frac{A}{4}\left(\sum h_1 + 2\sum h_2 + 3\sum h_3 + 4\sum h_4\right)$$
$$= \frac{20\times 10}{4}\{16+(2\times 6)+(3\times 3)\} = 1,850\mathrm{m}^3$$

04

경관구성요소는 인식대상이 되는 대상계, 이를 둘러싸고 있는 경관장계, 인식주체인 시점계로 나눌 수 있다.

05

지하설치는 지표에 설치된 중심선을 기준으로 하고 터널 입구에서 굴착이 진행됨에 따라 터널 내의 중심선을 설정하는 작업이다.

06

- $C.L$(곡선길이) $= 0.0174533 \cdot R \cdot I°$
  $= 0.0174533 \times 250 \times 65°$
  $= 283.616\mathrm{m}$
- $B.C$(곡선시점) $= \mathrm{No.}245 + 9.450\mathrm{m}$
- ∴ $E.C$(곡선종점) $= B.C + C.L$
  $= 4,909.450 + 283.616$
  $= 5,193.066\mathrm{m}$ (No.259+13.066m)

07

곡선부를 통과하는 차량이 원심력의 작용을 받아 접선방향으로 탈선하려는 것을 방지하기 위해 바깥쪽 노면을 안쪽 노면보다 높이는 정도를 캔트(Cant) 또는 편경사, 편구배라고 한다.

08

$$A = \sqrt{S(S-a)(S-b)(S-c)}$$
$$= \sqrt{\begin{array}{c}75.95(75.95-35.65)\\(75.95-73.50)(75.95-42.75)\end{array}}$$
$$= 498.96\mathrm{m}^2$$

여기서, $S = \dfrac{1}{2}(a+b+c) = \dfrac{1}{2}(35.65+73.50+42.75)$
$= 75.95\mathrm{m}$

09

$$a_2 = \left(\frac{m_2}{m_1}\right)^2 \cdot a_1 = \left(\frac{1,200}{600}\right)^2 \times 10,000 = 40,000\mathrm{m}^2$$

10

해양에서 수심측량을 할 경우 음향측심장비로부터 취득된 수심은 흘수보정, 조석보정, 음속보정이 되어야 정확한 수심으로 계산될 수 있다.

11

$$\Delta H = HP + (S \cdot \sin\theta) - IH = 1.5 + (20 \times \sin 20°) - 1.0$$
$$= 7.34\text{m}$$

12

채수기는 바닷물의 온도, 염분, 화학성분 등을 측정하기 위하여 바닷물을 퍼 올리는 데 쓰이는 기구이므로 해저의 퇴적물인 저질(Bottom Material) 조사방법과는 무관하다.

13

곡선은 누가토량의 변화를 표시한 것으로, 그 경사가 (−)는 쌓기 구간, (+)는 깎기 구간을 의미한다.

14

θ_V가 15°보다 커지면 시계에서 차지하는 비율이 커져서 압박감을 느끼고 쾌적한 경관으로 인식하지 못한다.

15

$$\overline{BE} = \frac{\text{㉮}+\text{㉯}}{\text{㉮}+\text{㉯}+\text{㉰}} \times \overline{BC} = \frac{4+2}{4+2+3} \times 54 = 36\text{m}$$
$$\therefore \overline{EC} = \overline{BC} - \overline{BE} = 54 - 36 = 18\text{m}$$

16

갈수위는 1년을 통해 355일은 이보다 저하하지 않는 수위로서 하천의 수위 중 가장 낮은 수위를 나타낸다.

17

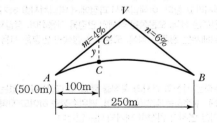

- $y = \dfrac{|m \pm n|}{2 \cdot L} \cdot x^2 = \dfrac{|0.04 + 0.06|}{2 \times 250} \times 100^2 = 2.0\text{m}$

- $H_{C'} = H_A + \dfrac{m}{100} \cdot x = 50.0 + \dfrac{4}{100} \times 100 = 54.0\text{m}$

$\therefore H_C = H_{C'} - y = 54.0 - 2.0 = 52.0\text{m}$

18

3점법은 수면으로부터 수심 $0.2H, 0.6H, 0.8H$ 되는 곳의 유속을 다음 식에 의해 평균유속을 구하는 방법이다.

$$V_m = \frac{1}{4}(V_{0.2} + 2V_{0.6} + V_{0.8})$$

19

해저면 영상조사는 측면주사음향탐지기(Side Scan Sonar)를 이용하여 해저면의 영상정보를 획득하는 조사작업을 말한다.

20

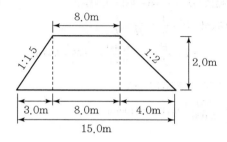

$$\therefore \text{흙쌓기 토량}(V) = \left(\frac{8.0+15.0}{2} \times 2.0\right) \times 80 = 1,840\text{m}^3$$

21

기존 카메라보다 훨씬 넓은 피사각으로 소축척 지도제작이 용이하다.

22

내부표정(Interior Orientation)은 촬영 당시의 광속의 기하상태를 재현하는 작업으로 기준점위치, 렌즈의 왜곡, 사진기의 초점거리와 사진의 주점을 결정하여 부가적으로 사진의 오차(Optic Distortion)를 보정하여 사진좌표의 정확도를 향상시키는 것을 말한다.

23

LANDSAT(Land Satellite)은 미국의 항공우주국에서 1972년에 발사한 지구자원탐사위성으로 적조의 조기발견, 화산의 분화 이에 따른 강회의 감시, 유빙 등의 관찰, 식물의 발육상태, 토지의 이용 상황, 대기오염의 확산 등 지구의 현상을 조사할 수 있는 위성이다.

24

$$\text{사진축척}(M) = \frac{1}{m} = \frac{f}{H-h} = \frac{0.16}{3,000-500} = \frac{1}{15,625}$$

25

SPOT 위성에는 HRV 2대가 탑재되어 같은 지역을 다른 방향(경사관측)에서 촬영함으로써 입체시할 수 있어 영상획득과 지형도 제작이 가능하다.

26

공간해상도 숫자가 적을수록 공간해상도가 높고, 밴드 수가 많을수록 분광해상도가 높다.

27

- 비행고도$(H) = 1,800 - 300 = 1,500$m
- 사진축척$(M) = \dfrac{1}{m} = \dfrac{f}{H} = \dfrac{l}{L}$

$$\rightarrow L = \frac{H}{f} \times l = \frac{1,500}{0.15} \times 0.055 = 550\text{m}$$

- $\dfrac{1}{m} = \dfrac{l}{L} \rightarrow \dfrac{1}{5,000} = \dfrac{l}{550}$

$$\therefore l = \frac{550}{5,000} = 0.11\text{m} = 110\text{mm}$$

28

모델은 다른 위치로부터 촬영되는 2매 1조의 입체사진으로부터 만들어지는 처리단위를 말한다.

29

편위수정은 사진의 경사와 축척을 통일시키고 변위가 없는 연직사진으로 수정하는 작업을 말하며, 일반적으로 3~4개의 표정점이 필요하다.

※ 편위수정 조건
- 기하학적 조건
- 광학적 조건
- 샤임플러그 조건

30

항공사진의 특수 3점
- 주점 : 사진의 중심점으로서 렌즈 중심으로부터 화면에 내린 수선의 발. 즉 렌즈의 광축과 사진면이 교차하는 점이다.
- 연직점 : 렌즈 중심으로부터 지표면에 내린 수선의 발. 사진상의 비점은 연직점을 중심으로 한 방사선상에 있다.
- 등각점 : 주점과 연직점이 이루는 각을 2등분한 선. 등각점에서는 경사각에 관계없이 수직사진의 축척과 같다.

31

항공사진측량의 일반적 순서
계획 및 준비 → 대공표지 설치 → 기준점 측량 → 항공사진 촬영 → 항공삼각측량 → 도화 → 편집

32

명암대비 확장(Contrast Stretching) 기법은 영상을 디지털화할 때는 가능한 한 밝기값을 최대한 넓게 사용해야 좋은 품질의 영상을 얻을 수 있는데, 영상 내 픽셀의 최소, 최댓값의 비율을 이용하여 고정된 비율로 영상을 낮은 밝기와 높은 밝기로 펼쳐주는 기법을 말한다.

- $g_2(x, y) = [g_1(x, y) + t_1]\, t_2$

    여기서, $g_1(x, y)$: 원 영상의 밝기값

    $g_2(x, y)$: 새로운 영상의 밝기값

    t_1, t_2 : 변환 매개 변수

- $t_1 = g_2^{\min} - g_1^{\min} = 0 - 79 = -79$

- $t_2 = \dfrac{g_2^{\max} - g_2^{\min}}{g_1^{\max} - g_1^{\min}} = \dfrac{255 - 0}{156 - 79} = 3.31$

원 영상의 밝기값 123의 변환 밝기값 산정
$$g_2(x, y) = [g_1(x, y) + t_1]\, t_2$$
$$= [123 - 79] \times 3.31 = 145.64 \fallingdotseq 145$$

∴ 원 영상의 123 밝기값은 145 밝기값으로 변환된다.

33

항공레이저측량에 의한 수치표고모델 제작 순서
작업계획 및 준비 → 항공레이저 측량 → 기준점 측량 → 수치표면자료(DSD) 제작 → 수치지면자료(DTD) 제작 → 불규칙삼각망자료 제작 → 수치표고모델(DEM) 제작 → 정리점검 및 성과품 제작

34

항공사진측량은 대규모 지역에서 경제적이며, 도심지의 소규모 정밀세부측량은 토털스테이션에 의한 방법이 적합하다.

35

입체시 과정에서 높은 곳은 낮게, 낮은 곳은 높게 보이는 현상을 역입체시라고 한다. 여색입체시 과정에서 역입체시를 하기 위해서는 왼쪽은 청색, 오른쪽은 적색인 안경을 사용하며, 정입체시를 얻기 위해서는 왼쪽은 적색, 오른쪽은 청색인 안경을 사용한다.

36

편위수정은 사진의 경사와 축척을 통일시키고 변위가 없는 연직사진으로 수정하는 작업을 말하며, 편위수정을 하여도 지형의 기복에 의한 변위가 완전히 제거되지는 않는다.

37

종시차를 소거하여 목표물의 상대적 위치를 맞추는 작업을 상호표정이라 한다.

38

$\Delta r = \dfrac{h}{H} \cdot r$ 이므로 촬영고도가 높을수록 작아진다.

39

밭의 훈련지역은 밝기값 8, 9로 ①과 같이 선택하는 것이 가장 타당하다.

40

절대표정에 필요한 최소표정점은 삼각점(x, y) 2점과 수준점(z) 3점이다.

41

토지정보시스템(LIS)은 토지에 대한 물리적, 정량적, 법적인 내용을 다룬 토지정보체계로 가장 일반적인 형태는 토지소유자, 토지가액, 세액평가 그리고 토지경계 등의 정보를 관리한다.
※ 교통정보체계는 TIS(Transportation Information System)이다.

42

VRS(Virtual Reference Station)는 가상기준점방식의 새로운 실시간 GPS 측량법으로서 기지국 GPS를 설치하지 않고 이동국 GPS만을 이용하여 VRS 서비스센터에서 제공하는 위치보정데이터를 휴대전화로 수신함으로써 RTK 또는 DGPS측량을 수행할 수 있는 첨단기법이다.

43

메타데이터(Metadata)는 데이터의 내용, 품질, 조건 및 특징 등을 저장한 데이터로서 데이터에 관한 데이터의 이력을 말한다.

44

표면분석은 한 자료층의 분석이고, 중첩분석은 한 개 이상의 자료층의 분석이다.

45

GIS의 표준화는 각기 다른 사용목적으로 구축된 다양한 자료에 대한 접근의 용이성을 극대화하기 위해 필요하다.

46

A and B

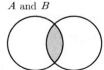

47

GPS 재밍(Jamming)은 GPS의 전파교란을 뜻하는 것으로 GPS 신호와 동일한 주파수의 강력한 전파를 발사하여 신호세기가 상대적으로 미약한 GPS 신호를 교란함으로써 해당 지역에서의 GPS 측위를 무력화하는 용도의 GPS 측위 간섭 기술이다.

48

GIS의 모형화(Modeling)는 GIS 데이터모델을 이용하여 필요한 자료를 추출하고 앞으로의 현상을 예측하거나 계획된 행위에 대한 결과를 예측하는 것으로 자료가 서열척도로 구성되어 있다면 서열 또는 순위별로 나타내는 자료로 표현한다.

49

객체지향형 DBMS는 객체로서의 모델링과 데이터 생성을 지원하는 DBMS로 실세계의 현상들을 보다 정확히 묘사할 수 있다. 또한, 자료와 자료의 구성을 위한 방법론인 메소드까지 저장하며 자료의 갱신에 용이하다.

50

GNSS는 위치나 시간정보가 필요한 모든 분야에 이용될 수 있기 때문에 매우 광범위하게 응용되고 있으며 영상취득, 처리, 복원 등의 분야와는 거리가 멀다.

51

$$H = H' + h_0 = \sqrt{h^2 - R_0^2} + h_0$$
$$= \sqrt{145.3^2 - 13^2} + 2.5 = 147.217\text{cm}$$

여기서, H : 안테나고
H' : 보정 전 높이
h : 측점에서 ARP까지의 경사거리
$\left(= \dfrac{145.2 + 145.4}{2} \right)$
R_0 : 안테나 반경
h_0 : APC 오프셋(Offset)

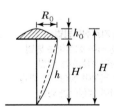

52

GIS의 자료처리 및 구축 과정
자료수집 → 자료입력 → 자료처리 → 자료조작 및 분석 → 출력

53

위상은 점, 선, 면 각각에 대하여 위상테이블에 나누어 기록되는데 선은 각 선의 시작점과 종료점을 기록한다.

- 선 L2의 시작점은 n1, 종료점은 n3
- 선 L3의 시작점은 n3, 종료점은 n1
- 선 L4의 시작점은 n2, 종료점은 n2

∴ ㉠ : n1, ㉡ : n2

54

UFID(Unique Feature Identifier)는 지형지물의 검색, 관리 및 재해방지, 물류, 부동산관리 등 지리정보의 다양한 활용을 위하여 지도상의 핵심 지형지물에 부여하는 고유번호이다.

55

위상관계(Topology)는 공간관계를 정의하는 데 쓰이는 수학적 방법으로서 입력된 자료의 위치를 좌푯값으로 인식하고 각각의 자료 간 정보를 상대적 위치로 저장하며, 선의 방향, 특성들 간의 관계, 연결성, 인접성, 영역 등을 정의함으로써 공간 분석을 가능하게 한다.

56

위상관계(Topology)는 공간관계를 정의하는 데 쓰이는 수학적 방법으로서 입력된 자료의 위치를 좌푯값으로 인식하고 각각의 자료 간의 정보를 상대적 위치로 저장하며, 선의 방향, 특성들 간의 관계, 연결성, 인접성, 영역 등을 정의한다.

57

래스터 데이터는 동일한 크기의 격자로 이루어지며, 격자의 크기가 작을수록 해상도가 좋아지는 반면 저장용량이 증가한다.

58

DGPS는 상대측위기법 중 하나로 코드신호를 이용한 실시간 위치결정 방법이다.

59

지리정보시스템의 자료취득방법

- 기존 지도를 이용하여 생성하는 방법
- 지상측량에 의하여 생성하는 방법
- 항공사진측량에 의하여 생성하는 방법
- 위성측량에 의하여 생성하는 방법

60

GPS는 원래 미국과 동맹국의 군사적 목적으로 개발되었으나, 현재는 일반인에게 위치정보 제공을 위한 중요한 사회기반으로 활용되고 있다.

61

서경 180°를 기준으로 6° 간격으로 60개 종대로 구분하여 1~60까지 번호를 사용하며 우리나라는 51, 52종대에 속한다. 그러므로 52는 국가고유코드를 의미하는 것이 아니다.

62

$$실제길이 = \frac{부정길이 \times 관측길이}{표준길이} = \frac{29.964 \times 480.000}{30.000}$$
$$= 479.424\text{m}$$

63

부정오차 가정조건

- 큰 오차가 생길 확률은 작은 오차가 발생할 확률보다 매우 작다.
- 같은 크기의 정(+)오차와 부(−)오차가 발생할 확률은 거의 같다.
- 매우 큰 오차는 거의 발생하지 않는다.
- 오차들은 확률법칙을 따른다.

64

- 위거오차$(\varepsilon_l) = X_B - X_A = 153.47 - 69.30 = 84.17\text{m}$
- 경거오차$(\varepsilon_d) = Y_B - Y_A = 636.23 - 123.56 = 512.67\text{m}$

∴ 폐합오차 $= \sqrt{(84.30 - 84.17)^2 + (512.62 - 512.67)^2}$
$= 0.14\text{m}$

65

$$\alpha'' = \frac{\Delta h}{n \cdot D} \cdot \rho'' = \frac{1.04 - 1.00}{6 \times 50} \times 206,265'' \fallingdotseq 28''$$

66

$$실제면적 = \frac{(부정길이)^2 \times 관측면적}{(표준길이)^2} = \frac{(30.06)^2 \times 950}{(30)^2}$$
$$= 953.8\text{m}^2$$

67

구면 삼각형의 내각의 합은 180°가 넘으며, 이 값과 180°와의 차이를 구과량이라 한다.

68

$$x'' = \frac{e \cdot \sin(360° - k)}{S} \times \rho''$$
$$= \frac{0.20 \times \sin(360° - 298°45')}{1,000} \times 206,265'' = 0°0'36''$$

∴ $T = T' - x'' = 110° - 0°0'36'' = 109°59'24''$

69

점고법은 지면에 있는 임의 점의 표고를 도상에 숫자로 표시하는 방법으로 하천, 해양 등의 수심표시에 주로 이용된다.

70

$$\text{폐합오차} = \sqrt{(\text{위거오차})^2 + (\text{경거오차})^2}$$
$$= \sqrt{(0.40)^2 + (0.25)^2} = 0.47\text{m}$$
$$\therefore \text{폐합비} = \frac{\text{폐합오차}}{\text{전 측선장의 합}} = \frac{0.47}{943.5} = \frac{1}{2,000}$$

71

삼변측량 시 세 내각이 $60°$에 가까우면 측각 및 계산상의 오차 영향을 줄일 수 있다.

72

광파거리측량기는 안개, 비, 눈 등 기후의 영향을 많이 받으며, 목표점에 반사경을 설치하여 되돌아오는 반사파의 위상과 발사파의 위상차로부터 거리를 구하는 기계이다.

73

$$W_1 : W_2 : W_3 = \frac{1}{S_1} : \frac{1}{S_2} : \frac{1}{S_3} = \frac{1}{3} : \frac{1}{4} : \frac{1}{4} = 4 : 3 : 3$$
$$\therefore P\text{점의 표고}(H_P)$$
$$= \frac{W_1 H_A + W_2 H_B + W_3 H_C}{W_1 + W_2 + W_3}$$
$$= 234.00 + \frac{(4 \times 0.54) + (3 \times 0.48) + (3 \times 0.40)}{4 + 3 + 3}$$
$$= 234.48\text{m}$$

74

$$W_1 : W_2 : W_3 : W_4 = N_1 : N_2 : N_3 : N_4 = 3 : 2 : 4 : 5$$
$$\therefore \text{최확값}(\alpha_0) = \frac{W_1 \alpha_1 + W_2 \alpha_2 + W_3 \alpha_3 + W_4 \alpha_4}{W_1 + W_2 + W_3 + W_4}$$
$$= 42°28' + \frac{\begin{array}{c}(3 \times 47'') + (2 \times 42'') \\ + (4 \times 36'') + (5 \times 55'')\end{array}}{3 + 2 + 4 + 5}$$
$$= 42°28'46''$$

75

공간정보의 구축 및 관리 등에 관한 법률 제22조(일반측량의 실시 등)
일반측량은 기본측량성과 및 그 측량기록, 공공측량성과 및 그 측량기록을 기초로 실시하여야 한다.

76

공간정보의 구축 및 관리 등에 관한 법률 시행규칙 제21조(공공측량 작업계획서의 제출)
공공측량 작업계획서에 포함되어야 할 사항은 다음과 같다.
1. 공공측량의 사업명
2. 공공측량의 목적 및 활용 범위
3. 공공측량의 위치 및 사업량
4. 공공측량의 작업기간
5. 공공측량의 작업방법
6. 사용할 측량기기의 종류 및 성능
7. 사용할 측량성과의 명칭, 종류 및 내용
8. 그 밖에 작업에 필요한 사항

77

공간정보의 구축 및 관리 등에 관한 법률 제108조(벌칙)
다음 각 호의 어느 하나에 해당하는 자는 2년 이하의 징역 또는 2천만 원 이하의 벌금에 처한다.
1. 측량기준점표지를 이전 또는 파손하거나 그 효용을 해치는 행위를 한 자
2. 고의로 측량성과를 사실과 다르게 한 자
3. 측량성과를 국외로 반출한 자
4. 측량업의 등록을 하지 아니하거나 거짓이나 그 밖의 부정한 방법으로 측량업의 등록을 하고 측량업을 한 자
5. 성능검사를 부정하게 한 성능검사대행자
6. 성능검사대행자의 등록을 하지 아니하거나 거짓이나 그 밖의 부정한 방법으로 성능검사대행자의 등록을 하고 성능검사업무를 한 자

※ ④ : 1년 이하의 징역 또는 1천만 원 이하의 벌금에 해당한다.

78

공간정보의 구축 및 관리 등에 관한 법률 시행령 제12조(측량의 실시공고)
기본측량 및 공공측량의 실시공고에는 다음의 사항이 포함되어야 한다.
1. 측량의 종류
2. 측량의 목적
3. 측량의 실시기간
4. 측량의 실시지역
5. 그 밖에 측량의 실시에 관하여 필요한 사항

79

공간정보의 구축 및 관리 등에 관한 법률 제2조(정의)
"지적측량"이란 토지를 지적공부에 등록하거나 지적공부에 등록된 경계점을 지상에 복원하기 위하여 필지의 경계 또는 좌표와 면적을 정하는 측량을 말하며, 지적확정측량 및 지적재조사측량을 포함한다.

80

공간정보의 구축 및 관리 등에 관한 법률 시행령 제12조(측량의 실시공고)
기본측량의 실시공고와 공공측량의 실시공고는 전국을 보급지역으로 하는 일간신문에 1회 이상 게재하거나 해당 특별시ㆍ광역시ㆍ특별자치시ㆍ도 또는 특별자치도의 게시판 및 인터넷 홈페이지에 7일 이상 게시하는 방법으로 하여야 한다.

본 모의고사는 측량 및 지형공간정보산업기사 수험생의 필기시험 대비를 목적으로 작성된 것임을 알려드립니다.

Subject 01 응용측량

01 하천측량에서 유속관측 장소의 선정 조건으로 옳지 않은 것은?

① 하상의 요철이 적으며 하상경사가 일정한 곳
② 곡류부로서 유량의 변동이 급격한 곳
③ 하천 횡단면 형상이 급변하지 않는 곳
④ 관측이 편리한 곳

02 각과 위치에 의한 경관도의 정량화에서 시설물의 한 점을 시준할 때 시준선과 시설물 축선이 이루는 각(α)은 크기에 따라 입체감에 변화를 주는데 다음 중 입체감 있게 계획이 잘된 경관을 얻을 수 있는 범위로 가장 적합한 것은?

① $10° < \alpha \leq 30°$
② $30° < \alpha \leq 50°$
③ $40° < \alpha \leq 60°$
④ $50° < \alpha \leq 70°$

03 유토곡선(Mass Curve)을 작성하는 목적과 거리가 먼 것은?

① 노선의 횡단 결정
② 토공기계의 선정
③ 토량의 배분
④ 토량의 운반거리 산출

04 터널 양쪽 입구의 중심선상에 기준점을 설치하고 이 두 점의 좌표를 구하여 터널을 굴진하기 위한 방향을 맞춤과 동시에 정확한 거리를 찾아내는 것이 목적인 터널측량은?

① 수심측량
② 수준측량
③ 중심선측량
④ 지형측량

05 노선측량에서 중심선측량에 대한 설명으로 거리가 먼 것은?

① 현장에서 교점 및 곡선의 접선을 결정한다.
② 교각을 실측하고 주요점, 중간점 등을 설치한다.
③ 지형도에 비교노선을 기입하고 평면선형을 검토하여 결정한다.
④ 지형도에 의해 중심선의 좌표를 계산하여 현장에 설치한다.

06 그림과 같은 삼각형 ABC 토지의 한 변 $\overline{AC}$ 상의 점 D와 $\overline{BC}$상의 점 E를 연결하고 직선 $\overline{DE}$에 의해 삼각형 ABC의 면적을 2등분하고자 할 때 $\overline{CE}$의 길이는?(단, $\overline{AB}=40$m, $\overline{AC}=80$m, $\overline{BC}=70$m, $\overline{AD}=13$m이다.)

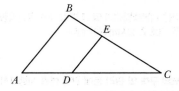

① 39.18m
② 41.79m
③ 43.15m
④ 45.18m

07 노선 선정 시 고려하여야 할 사항에 대한 설명으로 옳지 않은 것은?

① 가능한 한 경사가 완만할 것
② 절토의 운반거리가 짧을 것
③ 배수가 완전할 것
④ 가능한 한 곡선으로 할 것

08 교점 P에 접근할 수 없는 그림과 같은 곡선설치에서 C점으로부터 B.C까지의 거리 x는?
(단, $\alpha = 50°$, $\beta = 90°$, $\gamma = 40°$, $\overline{CD} = 200m$, $R = 300m$)

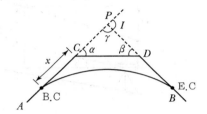

① 824.2m
② 513.1m
③ 311.1m
④ 288.7m

09 클로소이드(Clothoid)의 성질에 대한 설명으로 옳은 것은?

① 모든 클로소이드는 닮은꼴이다.
② 클로소이드는 타원의 일종이다.
③ 클로소이드의 모든 요소는 길이의 단위를 갖는다.
④ 클로소이드는 형태가 다양하지만 크기는 일정하게 유지된다.

10 노선 기점에서 400m 위치에 있는 교점의 교각이 80°인 단곡선에서 곡선반지름이 100m인 경우 시단현에 대한 편각은?

① 0°5′44″
② 1°7′12″
③ 4°36′34″
④ 5°43′46″

11 아래 지역의 토량 계산 결과가 940m³이었다면 절토량과 성토량이 같게 되는 기준면으로부터의 높이는?

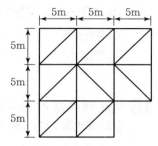

① 3.70m
② 4.70m
③ 6.70m
④ 9.70m

12 그림과 같은 토지의 면적을 심프슨 제1공식을 적용하여 구한 값이 44m²라면 거리 D는?

① 4.0m
② 4.4m
③ 8.0m
④ 8.8m

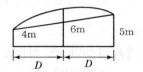

13 그림에서 댐 저수면의 높이를 100m로 할 경우 그 저수량은 얼마인가?(단, 80m 바닥은 평평한 것으로 가정한다.)

〈관측값〉
• 80m 등고선 내의 면적 : 300m²
• 90m 등고선 내의 면적 : 1,000m²
• 100m 등고선 내의 면적 : 1,700m²
• 110m 등고선 내의 면적 : 2,500m²

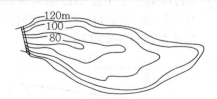

① 16,000m³
② 20,000m³
③ 30,000m³
④ 34,000m³

14 해상교통안전, 해양의 보전 · 이용 · 개발, 해양관할권의 확보 및 해양재해 예방을 목적으로 하는 수로측량 · 해양관측 · 항로조사 및 해양지명조사를 무엇이라고 하는가?

① 해안조사
② 해양측량
③ 연안측량
④ 수로조사

15 터널 내 측량 시 중심선의 이동과 관련하여 점검해야 할 사항으로 가장 거리가 먼 것은?

① 터널 입구 부근에 설치한 터널 외 기준점의 이동 여부
② 터널 내에 설치된 다보(Dowel)의 이동 여부
③ 측량기계의 상태 여부
④ 터널 내부의 환기 상태

16 수심이 h인 하천의 평균유속을 구하기 위해 각 깊이별 유속을 관측한 결과가 표와 같을 때, 3점법에 의한 평균유속은?

관측 깊이	유속(m/s)	관측 깊이	유속(m/s)
수면(0.0h)	3	0.6h	4
0.2h	3	0.8h	2
0.4h	5	바닥(1.0h)	1

① 3.25m/s
② 3.67m/s
③ 3.75m/s
④ 4.00m/s

17 그림과 같은 단면을 갖는 흙의 토량은?(단, 각주공식을 사용하고, 주어진 면적은 양 단면적과 중앙 단면적이다.)

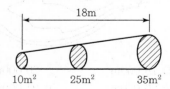

18m

10m²   25m²   35m²

① 405m³
② 420m³
③ 435m³
④ 450m³

18 노선의 단곡선에서 교각이 45°, 곡선반지름이 100m, 곡선시점까지의 추가거리가 120.85m일 때 곡선종점의 추가거리는?

① 225.38m
② 199.39m
③ 124.54m
④ 78.54m

19 터널 내 수준측량에서 천장에 측점이 설치되어 있을 때, 두 점 A, B 간의 경사거리가 60m이고, 기계고가 1.7m, 시준고가 1.5m, 연직각이 3°일 때, A점과 B점의 고저차는?

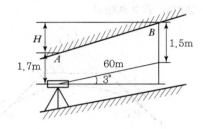

① 2.94m
② 3.34m
③ 59.7m
④ 60.12m

20 곡선반지름 $R = 500$m인 원곡선을 설계속도 100km/h로 설계하려고 할 때, 캔트(Cant)는?(단, 궤간 b는 1,067mm)

① 100mm
② 150mm
③ 168mm
④ 175mm

Subject **02** 사진측량 및 원격탐사

21 항공사진측량에 의해 제작된 지형도(지도)의 상으로 옳은 것은?

① 투시투영(Perspective Projection)
② 중심투영(Central Projection)
③ 정사투영(Orthogonal Projection)
④ 외심투영(External Projection)

22 상호표정(Relative Orientation)에 대한 설명으로 옳은 것은?

① z축 방향의 시차를 소거하는 것이다.
② y축 방향의 시차(종시차)를 소거하는 것이다.
③ x축 방향의 시차(횡시차)를 소거하는 것이다.
④ x−z축 방향의 시차를 소거하는 것이다.

23 지역 1, 2, 3에 대해서 LANDSAT−7의 3번과 4번 밴드의 화솟값을 구한 결과가 표와 같다. 각 지역의 정규화 식생지수(NDVI)로 옳은 것은?

화솟값\지역	1	2	3
밴드 3 (가시광선, Red)	100	100	20
밴드 4 (근적외선, NIR)	100	250	15

① 지역 1=0, 지역 2=0.43, 지역 3=−0.14
② 지역 1=0, 지역 2=−0.43, 지역 3=0.14
③ 지역 1=1, 지역 2=2.5, 지역 3=0.75
④ 지역 1=1, 지역 2=0.44, 지역 3=1.33

24 영상정합(Image Matching)의 대상기준에 따른 영상정합의 분류에 해당되지 않는 것은?

① 영역기준 정합
② 객체형 정합
③ 형상기준 정합
④ 관계형 정합

25 초점거리 11cm, 사진크기 18cm×18cm의 카메라를 이용하여 축척 1 : 20,000으로 촬영한 항공사진의 주점기선장이 72mm일 때 비고 50m에 대한 시차차는?

① 0.83mm ② 1.26mm
③ 1.33mm ④ 1.64mm

26 촬영고도 5,000m를 유지하면서 초점거리 150mm인 카메라로 촬영한 연직사진에서 실제길이가 800m인 교량의 길이는?

① 15mm ② 20mm
③ 24mm ④ 34mm

27 수동적 센서(Passive Sensor)로 지표로부터 반사되는 전자기파를 렌즈와 반사경으로 집광하여 필터를 통해 분광한 후 파장별로 구분하여 각각의 영상을 기록하는 감지기는?

① SAR ② Laser
③ MSS ④ SLAR

28 일반적으로 오른쪽 안경렌즈에는 적색, 왼쪽 안경렌즈에는 청색을 착색한 안경을 쓰고 특수하게 인쇄된 대상을 보면서 입체시를 구성하는 것은?

① 순동입체시
② 편광입체시
③ 여색입체시
④ 정입체시

29 SAR(Synthetic Aperture Radar) 영상의 특징이 아닌 것은?

① 태양광에 의존하지 않아 밤에도 영상의 촬영이 가능하다.
② 구름이 대기 중에 존재하더라도 영상을 취득할 수 있다.
③ 마이크로웨이브를 이용하여 영상을 취득한다.
④ 중심투영으로 영상을 취득하기 때문에 영상에서 발생하는 왜곡이 광학영상과 비슷하다.

30 항공사진측량에서 산악지역에 대한 설명으로 옳은 것은?

① 산이 많은 지역
② 평탄지역에 비하여 경사조정이 편리한 곳
③ 표정 시 산정과 협곡에 시차분포가 균일한 곳
④ 산지모델상에서 지형의 고저차가 촬영고도의 10% 이상인 지역

31 영상재배열(Image Resampling)에 대한 설명으로 옳은 것은?

① 노이즈 제거를 목적으로 한다.
② 주로 영상의 기하보정 과정에 적용된다.
③ 토지피복 분류 시 무감독 분류에 주로 활용된다.
④ 영상의 분광적 차를 강조하여 식별을 용이하게 해 준다.

32 어느 지역의 영상과 동일한 지역의 지도이다. 이 자료를 이용하여 "밭"의 훈련지역(Training Field)을 선택한 결과로 적합한 것은?

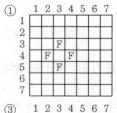

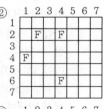

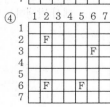

33 수치영상의 재배열(Resampling) 방법 중 하나로 가장 계산이 단순하고 고유의 픽셀값을 손상시키지 않으나 영상이 다소 거칠게 표현되는 방법은?

① 3차 회선 내삽법(Cubic Convolution)
② 공일차 내삽법(Bilinear Interpolation)
③ 공3차 회선 내삽법(Bicubic Convolution)
④ 최근린 내삽법(Nearest Neighbour Interpolation)

34 초점거리 150mm, 사진크기 23cm×23cm인 카메라로 촬영고도 1,800m, 촬영기선길이 960m가 되도록 항공사진촬영을 하였다면 이 사진의 종중복도는?

① 60.0% ② 63.4%
③ 65.2% ④ 68.8%

35 동서 30km, 남북 20km인 지역에서 축척 1:5,000의 항공사진 한 장의 스테레오 모델에 촬영된 면적이 16.3km²이다. 이 지역을 촬영하는 데 필요한 사진매수는?(단, 안전율은 30%이다.)

① 48장 ② 55장
③ 63장 ④ 68장

36 사진크기와 촬영고도가 같을 때 초광각카메라(초점거리 88mm, 피사각 120°)에 의한 촬영면적은 광각카메라(초점거리 152mm, 피사각 90°)에 의한 촬영면적의 약 몇 배가 되는가?

① 1.5배 ② 1.7배
③ 3.0배 ④ 3.4배

37 도화기의 발달과정 경로를 옳게 나열한 것은?

① 기계식 도화기 – 해석식 도화기 – 수치 도화기
② 수치 도화기 – 해석식 도화기 – 기계식 도화기
③ 기계식 도화기 – 수치 도화기 – 해석식 도화기
④ 수치 도화기 – 기계식 도화기 – 해석식 도화기

38 지상기준점과 사진좌표를 이용하여 외부표정요소를 계산하기 위해 필요한 식은?

① 공선조건식   ② Similarity 변환식
③ Affine 변환식   ④ 투영변환식

39 해석적 표정에 있어서 관측된 상좌표로부터 사진좌표로 변환하는 작업은?

① 상호표정   ② 내부표정
③ 절대표정   ④ 접합표정

40 시차(Parallax)에 대한 설명으로 옳은 것은?

① 종시차는 주점기선의 차를 반영한다.
② 종시차는 물체의 수평위치차를 반영한다.
③ 횡시차는 촬영기선을 기준으로 비행방향에 직각인 성분이다.
④ 횡시차가 없어야 입체시가 된다.

Subject **03** 지리정보시스템(GIS) 및 위성측위시스템(GNSS)

41 지리정보시스템(GIS)에서 공간데이터베이스의 유지 · 보안과 관련이 없는 것은?

① 전체 데이터베이스의 주기적 백업(Back-up)
② 암호 등 제반 안전장치를 통해 인가받은 사람만이 사용할 수 있도록 제한
③ 지속적인 데이터의 검색
④ 전력 손실에 대비한 UPS(Uninterruptible Power Supply) 등의 설치

42 GPS 기준국과 이동국 사이의 기선벡터가 각각 $\Delta X = 200m$, $\Delta Y = 300m$, $\Delta Z = 50m$일 때 기준국과 이동국 사이의 공간거리는?

① 234.52m   ② 360.56m
③ 364.01m   ④ 370.12m

43 지리정보시스템(GIS)에서 다루어지는 지리정보의 특성이 아닌 것은?

① 위치정보를 갖는다.
② 위치정보와 함께 관련 속성정보를 갖는다.
③ 공간객체 간에 존재하는 공간적 상호관계를 갖는다.
④ 시간이 흘러도 변하지 않는 영구성을 갖는다.

44 다각형의 경계가 인접지역의 두 점들로부터 같은 거리에 놓이게 하는 방법으로 구성되는 것은?

① 불규칙삼각망(TIN)
② 티센(Thiessen) 다각형
③ 폴리곤(Polygon)
④ 타일(Tile)

45 GNSS 관측을 통해 직접 결정할 수 있는 높이는?

① 지오이드고   ② 정표고
③ 역표고   ④ 타원체고

46 지리정보시스템(GIS)의 자료입력 방법이 아닌 것은?

① 수동방식(디지타이저)에 의한 방법
② 자동방식(스캐너)에 의한 방법
③ 항공사진에 의한 해석도화 방법
④ 잉크젯 프린터에 의한 도면 제작방법

47 다음 중 GPS 위성궤도에 대한 설명으로 옳지 않은 것은?

① 8개의 궤도면으로 이루어져 있다.
② 경사각은 55°이다.
③ 타원궤도이다.
④ 고도는 약 20,200km이다.

48 수치표고모델(DEM)의 응용분야와 가장 거리가 먼 것은?

① 아파트 단지별 세입자 비율 조사
② 가시권 분석
③ 수자원 정보체계 구축
④ 절토량 및 성토량 계산

49 위상(Topology)관계에 대한 설명으로 옳지 않은 것은?

① 공간자료의 상호관계를 정의한다.
② 인접한 점, 선, 면 사이의 공간적 대응관계를 나타낸다.
③ 연결성, 인접성 등과 같은 관계성을 통하여 지형지물의 공간관계를 인식한다.
④ 래스터 데이터는 위상을 갖고 있으므로 공간분석의 효율성이 높다.

50 관계형 데이터베이스(RDBMS : Relational DBMS)의 특징으로 틀린 것은?

① 테이블의 구성이 자유롭다.
② 모형 구성이 단순하고, 이해가 빠르다.
③ 필드는 여러 개의 데이터 항목을 소유할 수 있다.
④ 정보 추출을 위한 질의 형태에 제한이 없다.

51 래스터(또는 그리드) 저장기법 중 셀값을 개별적으로 저장하는 대신 각각의 변 진행에 대하여 속성값, 위치, 길이를 한 번씩만 저장하는 방법은?

① 사지수형 기법
② 블록코드 기법
③ 체인코드 기법
④ Run-Length 코드 기법

52 지리정보시스템(GIS) 자료의 저장방식을 파일 저장방식과 DBMS(DataBase Management System) 방식으로 구분할 때 파일 저장방식에 비해 DBMS 방식이 갖는 특징으로 옳지 않은 것은?

① 시스템의 구성이 간단하다.
② 새로운 응용프로그램을 개발하는 데 용이하다.
③ 자료의 신뢰도가 일정 수준으로 유지될 수 있다.
④ 사용자 요구에 맞는 다양한 양식의 자료를 제공할 수 있다.

53 화재나 응급 시 소방차나 구급차의 운전경로 또는 항공기의 운항경로 등의 최적경로를 결정하는 데 가장 적합한 분석방법은?

① 관망 분석
② 중첩 분석
③ 버퍼링 분석
④ 근접성 분석

54 지리정보시스템(GIS)의 주요 기능으로 거리가 먼 것은?

① 출력(Output)
② 자료 입력(Input)
③ 검수(Quality Check)
④ 자료 처리 및 분석(Analysis)

55 GNSS 측위기법 중에서 가장 정확도가 높은 방법은?

① Kinematic 측위
② VRS 측위
③ Static 측위
④ RTK 측위

56 벡터(Vector) 자료구조의 특징으로 옳지 않은 것은?

① 현실 세계의 정확한 묘사가 가능하다.
② 비교적 자료구조가 간단하다.
③ 압축된 데이터구조로 자료의 용량을 축소할 수 있다.
④ 위상관계의 제공으로 공간적 분석이 용이하다.

57 지리정보시스템(GIS)에서 사용하고 있는 공간데이터를 설명하는 기능을 가지며 데이터의 생산자, 좌표계 등 다양한 정보를 포함하고 있는 것은?

① Metadata
② Data Dictionary
③ eXtensible Markup Language
④ Geospatial Data Abstraction Library

58 GNSS 측량을 우주부문에 활용할 때 적당하지 않은 것은?

① 정지위성의 위치 결정
② 로켓의 궤도 추적
③ 저고도 관측위성의 위치 결정
④ 미사일 정밀 유도

59 지리정보시스템(GIS)에서 래스터 데이터를 이용한 공간분석 기능 수행 중 A와 B를 이용하여 수행한 결과 C를 만족시키기 위한 연산 조건으로 옳은 것은?

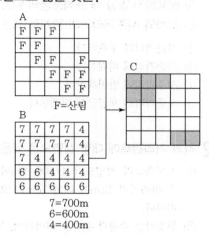

① (A=산림) AND (B<500m)
② (A=산림) AND NOT (B<500m)
③ (A=산림) OR (B<500m)
④ (A=산림) XOR (B<500m)

60 지리정보시스템(GIS)에서 사용하는 수치지도를 제작하는 방법이 아닌 것은?

① 항공기를 이용하여 항공사진을 촬영하여 수치지도를 만드는 방법
② 항공사진 필름을 고감도 복사기로 인쇄하는 방법
③ 인공위성 데이터를 이용하여 수치지도를 만드는 방법
④ 종이지도를 디지타이징하여 수치지도를 만드는 방법

Subject 04 측량학

61 레벨의 조정이 불완전하여 시준선이 기포관축과 평행하지 않을 때 표척눈금의 읽음값에 생긴 오차와 시준거리와의 관계로 옳은 것은?

① 시준거리와 무관하다.
② 시준거리에 비례한다.
③ 시준거리에 반비례한다.
④ 시준거리의 제곱근에 비례한다.

62 각과 거리관측에 대한 설명으로 옳은 것은?

① 기선측량의 정밀도가 1/100,000이라는 것은 관측거리 1km에 대한 1cm의 오차를 의미한다.
② 천정각은 수평각 관측을 의미하며, 고저각은 높낮이에 대한 관측각이다.
③ 각관측에서 배각관측이란 정위관측과 반위관측을 의미한다.
④ 각관측에서 관측방향이 15″ 틀어진 경우 2km 앞에 발생하는 위치오차는 1.5m이다.

63 삼각측량에서 1대회 관측에 대한 설명으로 옳은 것은?

① 망원경을 정위와 반위로 한 각을 두 번 관측
② 망원경을 정위와 반위로 두 각을 두 번 관측
③ 망원경을 정위와 반위로 한 각을 네 번 관측
④ 망원경을 정위와 반위로 두 각을 네 번 관측

64 평면직각좌표가 $(x_1,\ y_1)$인 P_1을 기준으로 관측한 P_2의 극좌표 $(S,\ T)$가 다음과 같을 때 P_2의 평면직각좌표는?(단, x축은 북, y축은 동, T는 x축으로부터 우회로 측정한 각이다.)

$$x_1 = -234.5\text{m},\ y_1 = +1,345.7\text{m},$$
$$S = 813.2\text{m},\ T = 103°51'20''$$

① $x_2 = -39.8\text{m},\ y_2 = 556.2\text{m}$
② $x_2 = -194.7\text{m},\ y_2 = 789.5\text{m}$
③ $x_2 = -274.3\text{m},\ y_2 = 1,901.9\text{m}$
④ $x_2 = -429.2\text{m},\ y_2 = 2,135.2\text{m}$

65 수준측량에 관한 설명으로 옳지 않은 것은?

① 전시와 후시의 거리를 같게 하면 시준선오차를 소거할 수 있다.
② 출발점에 세운 표척을 도착점에도 세우게 되면 눈금오차를 소거할 수 있다.
③ 주의 깊게 측량하여 왕복관측을 하지 않는 것을 원칙으로 한다.
④ 기계의 정치 수는 짝수 회로 하는 것이 좋다.

66 50m의 줄자로 거리를 측정할 때 ±3.0mm의 부정오차가 생긴다면 이 줄자로 150m를 관측할 때 생기는 부정오차는?

① ±1.0mm
② ±1.7mm
③ ±3.0mm
④ ±5.2mm

67 삼각점을 선점할 때의 고려사항에 대한 설명으로 옳지 않은 것은?

① 삼각형의 내각은 60°에 가깝게 하며, 불가피할 경우에도 90°보다 크지 않아야 한다.
② 상호 간의 시준이 잘되어 연결작업이 용이해야 한다.
③ 불규칙한 광선, 아지랑이 등의 영향이 적은 곳이 좋다.
④ 지반이 견고하여야 하며 이동, 침하 및 동결지반은 피한다.

68 레벨의 요구 조건 중 가장 기본적인 요소로 레벨 조정의 항정법에 의하여 조정되는 것은?

① 연직축과 기포관축이 직교할 것
② 독취 시에 기포의 위치를 볼 수 있을 것
③ 기포관축과 망원경의 시준선이 평행할 것
④ 망원경의 배율과 수준기의 감도가 평형할 것

69 수준측량에서 5km 왕복측정에서 허용오차가 ±10mm라면 2km 왕복측정에 대한 허용오차는?

① ±9.5mm ② ±8.4mm
③ ±7.2mm ④ ±6.3mm

70 주로 지역 내의 지성선상의 위치와 표고를 실측 도시하여 이것을 기초로 현지에서 지형을 관찰하면서 등고선을 삽입하는 방법으로 비교적 소축척 산지에 이용되는 방법은?

① 좌표점법(사각형 분할법)
② 종단점법(기준점법)
③ 횡단점법
④ 직접법

71 오차 중에서 최소제곱법의 원리를 이용하여 처리할 수 있는 것은?

① 누적오차 ② 우연오차
③ 정오차 ④ 착오

72 한 기선의 길이를 n회 반복 측정한 경우, 최확값의 평균제곱근오차에 대한 설명으로 옳은 것은?

① 관측횟수에 비례한다.
② 관측횟수의 제곱근에 비례한다.
③ 관측횟수의 제곱에 반비례한다.
④ 관측횟수의 제곱근에 반비례한다.

73 축척 1:50,000의 지형도에서 A점의 표고는 308m, B점의 표고는 346m일 때, A점으로부터 $\overline{AB}$상에 있는 표고 332m 지점까지의 거리는?(단, $\overline{AB}$는 등경사이며, 도상거리는 12.8mm이다.)

① 384m ② 394m
③ 404m ④ 414m

74 지구 표면에서 반지름 55km까지를 평면으로 간주한다면 거리의 허용정밀도는?(단, 지구반지름은 6,370km이다.)

① 약 1/40,000 ② 약 1/50,000
③ 약 1/60,000 ④ 약 1/70,000

75 기본측량성과의 검증을 위해 검증을 의뢰받은 기본측량성과 검증기관은 며칠 이내에 검증 결과를 제출하여야 하는가?

① 10일 ② 20일
③ 30일 ④ 60일

76 국토교통부장관이 일반측량을 한 자에게 그 측량성과 및 측량기록의 사본을 제출하게 할 수 있는 경우의 해당 목적이 아닌 것은?

① 측량의 중복 배제
② 측량의 보안 유지
③ 측량의 정확도 확보
④ 측량에 관한 자료의 수집·분석

77 측량기기인 토털스테이션(Total Station)과 지피에스(GPS) 수신기의 성능검사 주기는?

① 1년 ② 2년
③ 3년 ④ 5년

78 정당한 사유 없이 측량을 방해한 자에 대한 벌칙 기준은?

① 3년 이하의 징역 또는 3천만 원 이하의 벌금
② 2년 이하의 징역 또는 2천만 원 이하의 벌금
③ 1년 이하의 징역 또는 1천만 원 이하의 벌금
④ 300만 원 이하의 과태료

79 공공측량의 실시공고에 포함되어야 할 사항이 아닌 것은?

① 측량의 종류
② 측량의 규모
③ 측량의 목적
④ 측량의 실시기간

80 측량기준점에서 국가기준점에 해당되지 않는 것은?

① 삼각점   ② 중력점
③ 지자기점   ④ 지적도근점

정답

01	02	03	04	05	06	07	08	09	10
②	①	①	③	③	②	④	②	①	②
11	12	13	14	15	16	17	18	19	20
②	①	③	④	④	①	③	④	①	③
21	22	23	24	25	26	27	28	29	30
③	②	①	②	④	③	③	③	④	④
31	32	33	34	35	36	37	38	39	40
②	①	④	③	①	③	①	①	②	②
41	42	43	44	45	46	47	48	49	50
③	③	④	②	④	④	①	①	④	③
51	52	53	54	55	56	57	58	59	60
④	①	①	③	③	②	①	②	②	②
61	62	63	64	65	66	67	68	69	70
②	①	①	④	④	①	①	③	④	②
71	72	73	74	75	76	77	78	79	80
②	④	③	①	③	②	③	④	②	④

해설

01

유속 관측장소 선정
- 직선부로서 흐름이 일정하고 하상의 요철이 적으며 하상경사가 일정한 곳이어야 한다.
- 수위의 변화에 의해 하천 횡단면 형상이 급변하지 않고 지질이 양호한 곳이어야 한다.
- 관측장소의 상·하류의 수로는 일정한 단면을 갖고 있으며 관측이 편리한 곳이어야 한다.

02

시준선과 시설물 축선이 이루는 각(α)
- $0° < \alpha \leq 10°$: 특이한 경관을 얻고 시점이 높게 된다.
- $10° < \alpha \leq 30°$: 입체감이 있는 계획이 잘된 경관을 얻는다.
- $30° < \alpha \leq 60°$: 입체감이 없는 평면적인 경관이 된다.

03

유토곡선 작성 목적
- 토량 이동에 따른 공사방법 및 순서 결정
- 평균 운반거리 산출
- 운반거리에 의한 토공기계 선정
- 토량의 배분

04

중심선측량은 양 터널입구의 중심선상에 기준점을 설치하고, 이 두 점의 좌표를 구하여 터널을 굴진하기 위한 방향을 줌과 동시에 정확한 거리를 찾아내기 위한 것이 목적인 측량이며, 지표 중심선 측량방법에는 직접측설법, 트래버스에 의한 측설법, 삼각측량에 의한 측설법 등이 있다.

05

중심선측량은 주요점 및 중심점을 현지에 설치하고 선형 지형도를 작성하는 작업이다.

06

$$\frac{\triangle CDE}{\triangle ABC} = \frac{m}{m+n} = \frac{\overline{CD} \cdot \overline{CE}}{\overline{AC} \cdot \overline{BC}}$$

$$\therefore \overline{CE} = \frac{m}{m+n}\left(\frac{\overline{AC} \cdot \overline{BC}}{\overline{CD}}\right) = \frac{1}{1+1}\left(\frac{80 \times 70}{80-13}\right) = 41.79\text{m}$$

07

노선 선정 시 고려사항
- 가능한 한 직선으로 할 것
- 가능한 한 경사가 완만할 것
- 토공량이 적게 되며, 절토량과 성토량이 같을 것
- 절토의 운반거리가 짧을 것
- 배수가 완전할 것

PART 01 PART 02 PART 03 PART 04 PART 05 부록

08

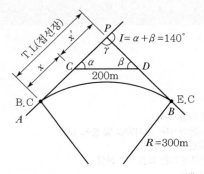

- T.L(접선장) $= R \cdot \tan \dfrac{I}{2} = 300 \times \tan \dfrac{140°}{2} = 824.2\text{m}$

- x'는 sine 법칙에 의하여 구한다.

$$\frac{\overline{CD}}{\sin\gamma} = \frac{x'}{\sin\beta} \rightarrow x' = \frac{\sin\beta}{\sin\gamma} \times \overline{CD}$$

$$= \frac{\sin 90°}{\sin 40°} \times 200 = 311.1\text{m}$$

$$\therefore x = T.L - x' = 824.2 - 311.1 = 513.1\text{m}$$

09

클로소이드의 일반적 성질
- 클로소이드는 나선의 일종이다.
- 모든 클로소이드는 닮은꼴이다.
- 단위가 있는 것도 있고 없는 것도 있다.
- 접선각(τ)은 30°가 적당하다.

10

- T.L(접선장) $= R \cdot \tan \dfrac{I}{2} = 100 \times \tan \dfrac{80°}{2} = 83.91\text{m}$

- B.C(곡선시점) $= I.P - T.L = 400 - 83.91 = 316.09\text{m}$

  (No.15 + 16.09m)

- l_1(시단현 길이) $= 20\text{m} - B.C$ 추가거리

  $= 20 - 16.09 = 3.91\text{m}$

$$\therefore \delta_1 (\text{시단현 편각}) = 1,718.87' \times \frac{l_1}{R} = 1,718.87' \times \frac{3.91}{100}$$

$$= 1°07'12''$$

11

$$V = n \cdot A \cdot h$$

$$\therefore h = \frac{V}{n \cdot A} = \frac{940}{16 \times \left(\frac{1}{2} \times 5 \times 5\right)} = 4.70\text{m}$$

12

$$A = \frac{D}{3}\{y_0 + y_n + 4\sum y_{홀수} + 2\sum y_{짝수}\} \rightarrow$$

$$44 = \frac{D}{3}\{4 + 5 + (4 \times 6)\}$$

$$\therefore D = 4.0\text{m}$$

13

양단면평균법을 적용하면,

$$V = \frac{h}{2}\{A_0 + A_2 + 2(A_1)\}$$

$$= \frac{10}{2} \times \{300 + 1,700 + 2 \times 1,000\} = 20,000\text{m}^3$$

14

수로조사란 해상교통안전, 해양의 보전 · 이용 · 개발, 해양관할권의 확보 및 해양재해 예방을 목적으로 하는 수로측량 · 해양관측 · 항로조사 및 해양지명조사를 말한다.

15

터널 내 측량 시 터널 내부의 환기 상태는 중심선의 이동과 관련하여 점검할 사항과는 거리가 멀다.

16

$$V_m = \frac{1}{4}(V_{0.2} + 2V_{0.6} + V_{0.8})$$

$$= \frac{1}{4}\{3 + (2 \times 4) + 2\} = 3.25\text{m/s}$$

17

$$V = \frac{h}{3}\{A_1 + (4 \cdot A_m) + A_2\}$$

$$= \frac{9}{3}\{10 + (4 \times 25) + 35\} = 435\text{m}^2$$

18

- B.C(곡선시점) $= 120.85\text{m}$ (No.6 + 0.85m)
- C.L(곡선장) $= 0.0174533 \cdot R \cdot I°$

  $= 0.0174533 \times 100 \times 45° = 78.54\text{m}$

$$\therefore E.C(\text{곡선종점}) = B.C + CL$$

$$= 120.85 + 78.54$$

$$= 199.39\text{m} (\text{No.9} + 19.39\text{m})$$

19

$$H = (l \cdot \sin\alpha) + h_1 - H_i$$

$$= (60 \times \sin 3°) + 1.50 - 1.70 = 2.94\text{m}$$

20

$$캔트(C) = \frac{V^2 \cdot b}{g \cdot R} = \frac{\left(100 \times \frac{1}{3.6}\right)^2 \times 1,067}{9.8 \times 500} = 168mm$$

21

항공사진은 중심투영이고, 지도는 정사투영이다.

22

상호표정은 양 투영기에서 나오는 광속이 촬영 당시 촬영면에 이루어지는 종시차(y방향)를 소거하여 목표 지형물의 상대위치를 맞추는 작업이다.

23

정규화 식생지수(NDVI) = $\dfrac{NIR - RED}{NIR + RED}$

- NDVI(지역 1) = $\dfrac{100 - 100}{100 + 100} = 0$
- NDVI(지역 2) = $\dfrac{250 - 100}{250 + 100} = 0.43$
- NDVI(지역 3) = $\dfrac{15 - 20}{15 + 20} = -0.14$

24

영상정합의 방법
- 영역기준 정합
- 형상기준 정합
- 관계형 정합

25

$$h = \frac{H}{b_0} \cdot \Delta p$$

$$\therefore \Delta p = \frac{h \cdot b_0}{H} = \frac{50 \times 0.072}{2,200} = 0.00164m = 1.64mm$$

여기서, $H = m \cdot f = 20,000 \times 0.11 = 2,200m$

26

$$M = \frac{1}{m} = \frac{f}{H} = \frac{l}{L}$$

$$\therefore l = \frac{f}{H} \times L = \frac{150}{5,000} \times 800 = 24mm$$

27

MSS는 지구자원탐사위성(Landsat)에 탑재되어 있는 센서이며 대상물의 정성적 해석에 이용된다.

28

여색입체시는 한 쌍의 입체사진의 오른쪽은 적색으로, 왼쪽은 청색으로 현상하여 이 사진의 왼쪽은 적색, 오른쪽은 청색 안경으로 보면 정입체시를 얻는 방법이다.

29

SAR 영상은 Side−looking 방식으로 영상을 취득하기 때문에 영상에서 발생하는 왜곡이 광학영상과 다른 기하학적 구성으로 되어 있다.

30

항공사진측량에서 산악지역은 한 모델 또는 사진상의 비고차가 10% 이상인 지역을 말한다.

31

영상재배열은 디지털 영상이 기하학적 변환을 위해 수행되고 원래의 디지털 영상과 변환된 디지털 영상관계에 있어 영상소의 중심이 정확히 일치하지 않으므로 영상소를 일대일 대응 관계로 재배열할 경우 영상의 왜곡이 발생한다. 일반적으로 원영상에 현존하는 밝기값을 할당하거나 인접영상의 밝기값을 이용하여 보간하는 것을 말한다.

32

밭의 훈련지역은 밝기값 8, 9로 ①번과 같이 선택하는 것이 가장 타당하다.

33

최근린 내삽법은 가장 가까운 거리에 근접한 영상소의 값을 택하는 방법이며, 원영상의 데이터를 변질시키지 않지만 부드럽지 못한 영상을 획득하는 단점이 있다.

34

- 사진축척(M) = $\dfrac{1}{m} = \dfrac{f}{H} = \dfrac{0.15}{1,800} = \dfrac{1}{12,000}$
- 촬영종기선 길이(B) = $m \cdot a(1-p) \rightarrow$
  $960 = 12,000 \times 0.23(1-p)$
  $\therefore p = 65.2\%$

35

사진매수(N) = $\dfrac{F}{A_0} \times (1 + 안전율)$

$= \dfrac{30 \times 20}{16.3} \times (1 + 0.3) = 47.85 ≒ 48장$

36

사진의 크기(a)와 촬영고도(H)가 같을 경우 초광각카메라에 의한 촬영면적은 광각카메라의 경우보다 약 3배가 넓게 촬영된다.

$$A_{초} : A_{광} = (ma)^2 : (ma)^2 = \left(\frac{H}{f_{초}} \cdot a\right)^2 : \left(\frac{H}{f_{광}} \cdot a\right)^2$$

여기서, 초광각카메라(f) : 약 88mm
광각카메라(f) : 약 150mm

37

도화기 발달과정
기계식 도화기(1900~1950년) → 해석식 도화기(1960년~) → 수치 도화기(1980년~)

38

하나의 사진에서 촬영한 지상기준점이 주어지면 공선조건식에 의해 외부표정요소(X_0, Y_0, Z_0, κ, ϕ, ω)를 계산할 수 있다.

39

해석적 표정에서 관측된 기계좌표(상좌표)로부터 사진좌표로 변환하는 작업을 내부표정이라 한다.

40

종시차는 대상물 간 수평위치 차이를 반영하며, 종시차가 커지면 입체시를 방해하게 된다.

41

GIS Database의 유지 · 보안
• 데이터의 주기적인 백업
• 암호 등 제반 안전장치의 확보
• UPS 등 전력공급 중단에 대비한 안정적인 자료의 보존
• 유사시를 대비한 분산형 DB 관리 등

42

$$공간거리 = \sqrt{\Delta X^2 + \Delta Y^2 + \Delta Z^2}$$
$$= \sqrt{200^2 + 300^2 + 50^2} = 364.01\text{m}$$

43

지리정보의 특성
• 위치정보
• 속성정보
• 공간적 상호관계(위상)

44

티센 폴리곤 분석(Thiessen Polygon Analysis)은 티센 다각형이 두 개의 점 개체 간에 서로 거리가 같은 선 사상을 찾음으로써 공간을 구분하는 기법이다.

45

GNSS 측량에 의해 결정되는 좌표는 지구의 중심을 원점으로 하는 3차원 직교좌표이며, 이 좌표의 높이값은 타원체고에 해당된다.

46

잉크젯 프린터에 의한 도면 제작은 출력방법이다.

47

GPS 위성은 위성궤도의 경사각이 55°이고 6개의 궤도면에 배치되어 운용되고 있다.

48

DEM은 지형의 표고값을 이용한 응용분야에 활용되며 아파트 단지별 세입자 비율 조사와는 관련이 없다.

49

격자구조는 동일한 크기의 격자로 이루어진 셀들의 집합으로 위상에 관한 정보가 제공되지 않으며 공간분석의 효율성이 낮다.

50

관계형 데이터베이스(Related DataBase Management System)
• 2차원 표의 형태를 가지고 있는 구조로 가장 많이 사용되는 구조이다.
• 관계(Relation)라는 수학적 개념을 도입하였다.
• 상이한 정보 간 검색, 결합, 비교, 자료가감 등이 용이하다.
• 질의 형태에 제한이 없는 SQL을 사용한다.
※ 레코드는 필드의 집합으로 하나 이상의 항목들의 모임

51

Run-Length 코드 기법은 격자방식의 자료기반에 자료를 저장하여 간단하게 자료를 압축하는 방법으로서 연속해서 동일 속성값이 반복해서 나타나는 경우 속성값과 반복된 횟수를 저장한다.

52

DBMS(DataBase Management System)은 파일 처리방식의 단점을 보완하기 위해 도입되었으며 자료의 입력과 검토 · 저장 · 조회 · 검색 · 조작할 수 있는 도구를 제공한다.
※ 시스템 구성이 간단하고 경제적인 것은 파일처리방식의 특징으로 GIS 자료 추출을 위해 많은 양의 중복작업이 발생한다.

53

관망 분석(Network Analysis)은 두 지점 간의 최단경로를 찾는 등의 공간적인 분석으로 도로 네트워크를 통한 최적경로 계산에 적합하다.

54

GIS의 주요 기능
- 자료 입력
- 자료 처리 및 분석
- 자료 출력

55

정지측량(Static Survey)은 수신기를 장시간 고정한 채로 관측하는 방법으로 높은 정확도의 좌푯값을 얻고자 할 때 사용하는 방법이며, 기준점 측량에 이용되는 가장 일반적인 방법이다.

56

벡터구조는 격자구조에 비해 자료구조가 복잡하다.

57

메타데이터(Metadata)는 데이터의 내용, 품질, 조건 및 특징 등을 저장한 데이터로서 데이터에 관한 데이터의 이력을 말한다.

58

정지위성은 지구를 관측하는 인공위성으로 GNSS 측량을 우주부문에 활용할 때는 적당하지 않다.
※ 정지위성(Geostationary Satellite)은 적도 상공 약 36,000km에서 지구 자전주기와 같은 주기로 공전하면서 지구를 관측하는 인공위성으로, 지구의 자전속도와 같은 각속도로 지구를 돌기 때문에 인공위성과 지상의 물체가 상대적으로 정지해 있어서 지구상의 고정된 영역을 연속적으로 관측할 수 있다.

59

결과 C는 A의 F(=산림) 속성을 가진 셀과 B의 6(=600m), 7(=700m) 속성을 가진 셀의 중첩된 결과이다.
∴ (A=산림) AND (B>500m) 또는
(A=산림) AND NOT (B<500m)

60

수치지도 제작방법
- 항공사진측량에 의한 수치지도 제작
- 인공위성 자료에 의한 수치지도 제작
- 기존 종이지도를 디지타이징하여 수치지도 제작
- 기존 종이지도를 스캐닝 후 벡터라이징하여 수치지도 제작
- GPS에 의한 수치지도 제작
- Total Station에 의한 수치지도 제작
- LiDAR에 의한 수치지도 제작 등

61

수준측량은 거리를 기본으로 하는 측량이므로 시준선이 기포관축과 평행하지 않을 때 표척눈금의 읽음값에 생긴 오차는 시준거리에 비례하여 발생한다.

62

$1 : 100,000 = x : 1,000 \rightarrow x = 0.01\text{m} = 1\text{cm}$

$\therefore \dfrac{1}{100,000}$ 의 정밀도인 경우 1km에 대한 1cm의 오차를 의미한다.

63

1대회 관측은 0°로 시작하는 정위 관측과 180°로 관측하는 반위로 한 각을 두 번 관측하는 방법이다.

64

- $x_2 = x_1 + (S \cdot \cos T)$
$= -234.5 + (813.2 \times \cos 103°51'20'') = -429.2\text{m}$
- $y_2 = y_1 + (S \cdot \sin T)$
$= 1,345.7 + (813.2 \times \sin 103°51'20'') = 2,135.2\text{m}$
$\therefore x_2 = -429.2\text{m},\ y_2 = 2,135.2\text{m}$

65

수준측량은 왕복관측을 원칙으로 한다.

66

$n = \dfrac{150}{50} = 3$회

$\therefore M = \pm m\sqrt{n} = \pm 3\sqrt{3} = \pm 5.2\text{mm}$

67

삼각형의 내각은 60°에 가깝게 하는 것이 좋으나 불가피할 경우에는 내각을 30~120° 이내로 한다.

68

항정법은 평탄한 땅을 골라 약 100m 정도 떨어진 두 점에 말뚝을 박고 수준척을 세운 다음 두 점의 중간 및 연장선상에 레벨을 세우고 관측하여 기포관축과 시준축을 수평하게 맞추는 방법이다.

69

$\sqrt{5} : 10 = \sqrt{2} : x$

$\therefore x = \pm 6.3\text{mm}$

70

종단점법(기준점법)은 지성선의 방향이나 주요한 방향의 여러 개의 측선에 대해서 기준점에서 필요한 점까지의 높이를 관측하고 등고선을 그리는 방법으로 주로 소축척 산지 등에 사용된다.

71

우연오차는 원인이 불명확한 오차로서 서로 상쇄되기도 하므로 상차라고도 하며 최소제곱법에 의한 확률법칙에 의해 추정 가능한 오차이다.

72

기선길이를 n회 반복 측정한 경우 최확값의 평균제곱근오차는 관측횟수(N)의 제곱근에 반비례한다.

73

도상거리를 실제거리로 환산하면,

$$\frac{1}{축척} = \frac{도상거리}{실제거리} \rightarrow \frac{1}{50,000} = \frac{12.8}{실제거리} \rightarrow$$

실제거리 $= 50,000 \times 12.8 = 640,000\text{mm} = 640\text{m}$

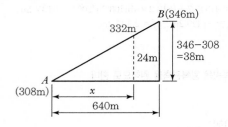

$640 : 38 = x : 24$

$\therefore x = 404\text{m}$

74

$$\frac{d-D}{D} = \frac{1}{12}\left(\frac{D}{r}\right)^2 = \frac{110^2}{12 \times 6,370^2} ≒ \frac{1}{40,000}$$

75

공간정보의 구축 및 관리 등에 관한 법률 시행규칙 제11조(기본측량성과의 검증)

검증을 의뢰받은 기본측량성과 검증기관은 30일 이내에 검증 결과를 국토지리정보원장에게 제출하여야 한다.

76

공간정보의 구축 및 관리 등에 관한 법률 제22조(일반측량의 실시 등)

다음 사항의 목적을 위하여 필요하다고 인정되는 경우에는 일반측량을 한 자에게 그 측량성과 및 측량기록 사본을 제출하게 할 수 있다.

1. 측량의 정확도 확보
2. 측량의 중복 배제
3. 측량에 관한 자료의 수집 · 분석

77

공간정보의 구축 및 관리 등에 관한 법률 시행령 제97조(성능검사의 대상 및 주기 등)

성능검사를 받아야 하는 측량기기와 검사주기는 다음과 같다.

1. 트랜싯(데오드라이트) : 3년
2. 레벨 : 3년
3. 거리측정기 : 3년
4. 토털스테이션(Total Station : 각도 · 거리 통합 측량기) : 3년
5. 지피에스(GPS) 수신기 : 3년
6. 금속 또는 비금속 관로 탐지기 : 3년

78

공간정보의 구축 및 관리 등에 관한 법률 제111조(과태료)

정당한 사유 없이 측량을 방해한 자는 300만 원 이하의 과태료에 처한다.

79

공간정보의 구축 및 관리 등에 관한 법률 시행령 제12조(측량의 실시공고)

공공측량의 실시공고에는 측량의 종류, 측량의 목적, 측량의 실시기간, 측량의 실시지역, 그 밖에 측량의 실시에 관하여 필요한 사항이 포함되어야 한다.

80

공간정보의 구축 및 관리 등에 관한 법률 시행령 제8조(측량기준점의 구분)

측량기준점은 다음과 같이 구분한다.

1. 국가기준점 : 우주측지기준점, 위성기준점, 수준점, 중력점, 통합기준점, 삼각점, 지자기점
2. 공공기준점 : 공공삼각점, 공공수준점
3. 지적기준점 : 지적삼각점, 지적삼각보조점, 지적도근점

Subject 01 응용측량

01 캔트(Cant)의 계산에서 속도 및 반지름을 모두 2배로 할 때 캔트의 크기 변화는?

① 1/4로 감소
② 1/2로 감소
③ 2배로 증가
④ 4배로 증가

02 유량 및 유속측정의 관측장소 선정을 위한 고려사항으로 틀린 것은?

① 직류부로 흐름이 일정하고 하상의 요철이 적으며 하상경사가 일정한 곳
② 수위의 변화에 의해 하천 횡단면 형상이 급변하고 와류(渦流)가 일어나는 곳
③ 관측장소 상·하류의 유로가 일정한 단면을 갖는 곳
④ 관측이 편리한 곳

03 원곡선에서 곡선반지름 $R=200$m, 교각 $I=60°$, 종단현 편각이 $0°57'20''$일 경우 종단현의 길이는?

① 2.676m
② 3.287m
③ 6.671m
④ 13.342m

04 삼각형법에 의한 면적계산 방법이 아닌 것은?

① 삼변법
② 좌표법
③ 두 변과 협각에 의한 방법
④ 삼사법

05 □$ABCD$의 넓이는 1,000m²이다. 선분 $\overline{AE}$로 △ABE와 □$AECD$의 넓이의 비를 2:3으로 분할할 때 $\overline{BE}$의 거리는?

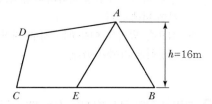

① 37m
② 40m
③ 50m
④ 60m

06 비행장의 입지 선정을 위해 고려하여야 할 주요 요소로 가장 거리가 먼 것은?

① 주변지역의 개발 형태
② 항공기 이용에 따른 접근성
③ 지표면 배수상태
④ 비행장 운영에 필요한 지원시설

07 클로소이드 매개변수 $A=60$m인 곡선에서 곡선길이 $L=30$m일 때 곡선반지름(R)은?

① 60m
② 90m
③ 120m
④ 150m

08 심프슨 법칙에 대한 설명으로 옳지 않은 것은?

① 심프슨의 제1법칙은 경계선을 2차 포물선으로 보고, 지거의 두 구간을 한 조로 하여 면적을 계산한다.

② 심프슨의 제2법칙은 지거의 두 구간을 한 조로 하여 경계선을 3차 포물선으로 보고 면적을 계산한다.

③ 심프슨의 제1법칙은 구간의 개수가 홀수인 경우 마지막 구간을 사다리꼴 공식으로 계산하여 더해 준다.

④ 심프슨 법칙을 이용하는 경우 지거 간격은 균등하게 하여야 한다.

09 그림과 같이 곡선 반지름 $R = 200$m인 단곡선의 첫 번째 측점 P를 측설하기 위하여 E.C에서 관측할 각도(δ')는?(단, 교각 $I = 120°$, 중심말뚝간격 = 20m, 시단현의 거리 = 13.96m)

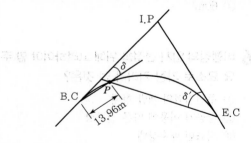

① 약 50°
② 약 54°
③ 약 58°
④ 약 62°

10 그림과 같이 중앙종거(M)가 20m, 곡선반지름(R)이 100m일 때, 단곡선의 교각은?

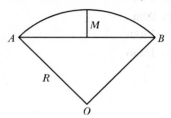

① 36°52′12″
② 73°44′23″
③ 110°36′35″
④ 147°28′46″

11 하천측량에서 평면측량의 범위에 대한 설명으로 틀린 것은?

① 유제부는 제외지만을 범위로 한다.

② 무제부는 홍수영향구역보다 약간 넓게 한다.

③ 홍수방제를 위한 하천공사에서는 하구에서부터 상류의 홍수피해가 미치는 지점까지로 한다.

④ 사방공사의 경우에는 수원지까지 포함한다.

12 도로시점으로부터 교점(I.P)까지의 거리가 850m이고, 접선장(T.L)이 185m인 원곡선의 시단현 길이는?(단, 중심말뚝 간격 = 20m)

① 20m
② 15m
③ 10m
④ 5m

13 지하시설물 측량 및 그 대상에 대한 설명으로 틀린 것은?

① 지하시설물 측량은 도면 작성 및 검수에 초기 비용이 일반 지상측량에 비해 적게 든다.

② 도시의 지하시설물은 주로 상수도, 하수도, 전기선, 전화선, 가스선 등으로 이루어진다.

③ 지하시설물과 연결되어 지상으로 노출된 각종 맨홀 등의 가공선에 대한 자료 조사 및 관측 작업도 포함된다.

④ 지중레이더관측법, 음파관측법 등 다양한 방법이 사용된다.

14 그림과 같은 등고선의 체적계산 공식으로 옳은 것은?(단, 등고선간격은 h이고, A_4는 편평한 것으로 가정한다.)

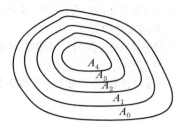

① $V_0 = \dfrac{h}{2}[A_0 + A_4 + 3(A_1 + A_2 + A_3)]$

② $V_0 = \dfrac{h}{2}[A_0 + A_4 + 4(A_1 + A_3) + 2(A_2)]$

③ $V_0 = \dfrac{h}{3}[A_0 + A_4 + 3(A_1 + A_2 + A_3)]$

④ $V_0 = \dfrac{h}{3}[A_0 + A_4 + 4(A_1 + A_3) + 2(A_2)]$

15 터널측량의 작업 순서로 옳은 것은?

① 답사 – 예측 – 지표 설치 – 지하 설치
② 예측 – 지표 설치 – 답사 – 지하 설치
③ 답사 – 지하 설치 – 예측 – 지표 설치
④ 예측 – 답사 – 지하 설치 – 지표 설치

16 하나의 터널을 완성하기 위해서는 계획·설계·시공 등의 작업과정을 거쳐야 한다. 다음 중 터널의 시공과정 중에 주로 이루어지는 측량은?

① 지형측량
② 세부측량
③ 터널 외 기준점 측량
④ 터널 내 측량

17 다중빔음향측심기의 장비점검 및 보정 시에 평탄한 해저에서 동일한 측심선을 따라 왕복측량을 실시하여 조사선의 좌측 및 우측의 기울기 차이로 발생하는 오차를 보정하는 것은?

① 롤보정
② 피치보정
③ 헤딩보정
④ 시간보정

18 디지털 구적기로 면적을 측정하였다. 축척 1 : 500 도면을 1 : 1,000으로 잘못 세팅하여 측정하였더니 50m²이었다면 실제 면적은?

① 12.5m²
② 25.0m²
③ 100.0m²
④ 200.0m²

19 지하시설물 측량방법 중 전자기파가 반사되는 성질을 이용하여 지중의 각종 현상을 밝히는 방법은?

① 전자유도 측량법
② 지중레이더 측량법
③ 음파 측량법
④ 자기관측법

20 그림과 같은 지역의 토공량은?(단, 분할된 격자의 가로×세로 크기는 모두 같다.)

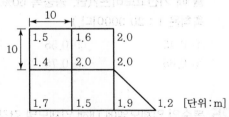

① 787.5m³
② 880.5m³
③ 970.5m³
④ 952.5m³

Subject 02 사진측량 및 원격탐사

21 비행고도가 일정할 경우 보통각, 광각, 초광각의 세 가지 카메라로 사진을 찍을 때에 사진축척이 가장 작은 것은?

① 보통각 사진
② 광각 사진
③ 초광각 사진
④ 축척은 모두 같다.

22 탐측기(Sensor)의 종류 중 능동적 탐측기(Active Sensor)에 해당되는 것은?

① RBV(Return Beam Vidicon)
② MSS(Multi Spectral Scanner)
③ SAR(Synthetic Aperture Radar)
④ TM(Thematic Mapper)

23 원격탐사를 위한 센서를 탑재한 탑재체(Platform)가 아닌 것은?

① IKONOS
② LANDSAT
③ SPOT
④ VLBI

24 카메라의 초점거리가 160mm이고, 사진크기가 18cm×18cm인 연직사진측량을 하였을 때 기선고도비는?(단, 종중복 60%, 사진축척은 1 : 20,000이다.)

① 0.45
② 0.55
③ 0.65
④ 0.75

25 복수의 입체모델에 대해 입체모델 각각에 상호표정을 행한 뒤에 접합점 및 기준점을 이용하여 각 입체모델의 절대표정을 수행하는 항공삼각측량의 조정방법은?

① 독립모델법
② 광속조정법
③ 다항식조정법
④ 에어로 폴리곤법

26 항공사진측량에 관한 설명으로 옳은 것은?

① 항공사진측량은 주로 지형도 제작을 목적으로 수행된다.
② 항공사진측량은 좁은 지역에서도 능률적이며 경제적이다.
③ 항공사진측량은 기상 조건의 제약을 거의 받지 않는다.
④ 항공사진측량은 지상 기준점 측량이 필요 없다.

27 격자형 수치표고모형(Raster DEM)과 비교할 때, 불규칙삼각망 수치표고모형(Triangulated Irregular Network DEM)의 특징으로 옳은 것은?

① 표고값만 저장되므로 자료량이 적다.
② 밝기값(Gray Value)으로 표고를 나타낼 수 있다.
③ 불연속선을 삼각형의 한 변으로 나타낼 수 있다.
④ 보간에 의해 만들어진 2차원 자료이다.

28 촬영고도 800m, 초점거리 153mm이고 중복도 65%로 연직촬영된 사진의 크기가 23cm×23cm인 한 쌍의 항공사진이 있다. 철탑의 하단부 시차가 14.8mm, 상단부 시차가 15.3mm이었다면 철탑의 실제 높이는?

① 5m
② 10m
③ 15m
④ 20m

29 일반카메라와 비교할 때, 항공사진측량용 카메라의 특징에 대한 설명으로 옳지 않은 것은?

① 렌즈의 왜곡이 적다.
② 해상력과 선명도가 높다.
③ 렌즈의 피사각이 크다.
④ 초점거리가 짧다.

30 사진측량의 표정점 종류가 아닌 것은?

① 접합점   ② 자침점
③ 등각점   ④ 자연점

31 회전주기가 일정한 인공위성을 이용하여 영상을 취득하는 경우에 대한 설명으로 옳지 않은 것은?

① 관측이 좁은 시야각으로 행하여지므로 얻어진 영상은 정사투영영상에 가깝다.
② 관측영상이 수치적 자료이므로 판독이 자동적이고 정량화가 가능하다.
③ 회전주기가 일정하므로 반복적인 관측이 가능하다.
④ 필요한 시점의 영상을 신속하게 수신할 수 있다.

32 아래와 같이 영상을 분석하기 위해 산림지역의 트레이닝 필드를 선정하였다. 트레이닝 필드로부터 취득되는 각 밴드의 통계값으로 옳은 것은?

[영상]

[산림지역 트레이닝 필드]

① 밴드 '1'의 화솟값 : 최솟값＝1, 최댓값＝5
　 밴드 '2'의 화솟값 : 최솟값＝3, 최댓값＝7
② 밴드 '1'의 화솟값 : 최솟값＝2, 최댓값＝5
　 밴드 '2'의 화솟값 : 최솟값＝2, 최댓값＝7
③ 밴드 '1'의 화솟값 : 최솟값＝2, 최댓값＝5
　 밴드 '2'의 화솟값 : 최솟값＝3, 최댓값＝7
④ 밴드 '1'의 화솟값 : 최솟값＝3, 최댓값＝5
　 밴드 '2'의 화솟값 : 최솟값＝3, 최댓값＝5

33 원격탐사에서 영상자료의 기하보정이 필요한 경우가 아닌 것은?

① 다른 파장대의 영상을 중첩하고자 할 때
② 지리적인 위치를 정확히 구하고자 할 때
③ 다른 일시 또는 센서로 취한 같은 장소의 영상을 중첩하고자 할 때
④ 영상의 질을 높이거나 태양입사각 및 시야각에 의한 영향을 보정할 때

34 항측용 디지털 카메라에 의한 영상을 이용하여 직접 수치지도를 제작하는 과정에 필요한 과정이 아닌 것은?

① 정위치편집
② 일반화편집
③ 구조화편집
④ 현지보완측량

35 절대표정에 대한 설명으로 틀린 것은?

① 절대표정을 수행하면 Tie Point에 대한 지상점 좌표를 계산할 수 있다.
② 상호표정으로 생성된 3차원 모델과 지상좌표계의 기하학적 관계를 수립한다.
③ 주점의 위치와 초점거리, 축척을 결정하는 과정이다.
④ 7개의 독립적인 지상 좌푯값이 명시된 지상기준점이 필요하다.

36 촬영고도 3,000m에서 초점거리 150mm인 카메라로 촬영한 밀착사진의 종중복도가 60%, 횡중복도가 30%일 때 이 연직사진의 유효모델 1개에 포함되는 실제면적은?(단, 사진크기는 18cm×18cm이다.)

① 3.52km² ② 3.63km²
③ 3.78km² ④ 3.81km²

37 정합의 대상기준에 따른 영상정합의 분류에 해당되지 않는 것은?

① 영역기준 정합
② 객체형 정합
③ 형상기준 정합
④ 관계형 정합

38 사진측량의 촬영방향에 의한 분류에 대한 설명으로 옳지 않은 것은?

① 수직사진 : 광축이 연직선과 일치하도록 공중에서 촬영한 사진
② 수렴사진 : 광축이 서로 평행하게 촬영한 사진
③ 수평사진 : 광축이 수평선과 거의 일치하도록 지상에서 촬영한 사진
④ 경사사진 : 광축이 연직선과 경사지도록 공중에서 촬영한 사진

39 비행속도 190km/h인 항공기에서 초점거리 153mm인 카메라로 어느 시가지를 촬영한 항공사진이 있다. 허용흔들림 양이 사진상에서 0.01mm, 최장노출시간이 1/250초, 사진크기가 23cm×23cm일 때 이 사진상에서 연직점으로부터 7cm 떨어진 위치에 있는 실제 높이가 120m인 건물의 기복변위는?

① 2.4mm ② 2.6mm
③ 2.8mm ④ 3.0mm

40 항공사진의 촬영 시 사진축척과 관련된 내용으로 옳은 것은?

① 초점거리에 비례한다.
② 비행고도와 비례한다.
③ 촬영속도에 비례한다.
④ 초점거리의 제곱에 비례한다.

Subject 03 지리정보시스템(GIS) 및 위성측위시스템(GNSS)

41 메타데이터(Metadata)에 대한 설명으로 거리가 먼 것은?

① 일련의 자료에 대한 정보로서 자료를 사용하는 데 필요하다.
② 자료를 생산, 유지, 관리하는 데 필요한 정보를 담고 있다.
③ 자료에 대한 내용, 품질, 사용조건 등을 알 수 있다.
④ 정확한 정보를 유지하기 위해 수정 및 갱신이 불가능하다.

42 다음의 체인 코드 형식으로 표현된 래스터 데이터로 옳은 것은?

$$(0,\ 3,\ 0^2,\ 3,\ 2,\ 3,\ 2^2,\ 1^3)$$

① ②
③ ④

43 GPS의 위성신호 중 주파수가 1,575.42MHz 인 L_1의 50,000파장에 해당되는 거리는? (단, 광속 = 300,000km/s로 가정한다.)

① 6,875.23m
② 9,521.27m
③ 10,002.89m
④ 15,754.20m

44 항공사진측량에 의한 작업 공정에 따른 수치 지도 제작순서로 옳게 나열된 것은?

> a. 기준점측량
> b. 현지조사
> c. 항공사진촬영
> d. 정위치편집
> e. 수치도화

① c – a – b – e – d
② c – a – e – b – d
③ c – b – a – d – e
④ c – e – a – b – d

45 불규칙삼각망(TIN)에 대한 설명으로 옳지 않은 것은?

① 주로 Delaunay 삼각법에 의해 만들어진다.
② 고도값의 내삽에는 사용될 수 없다.
③ 경사도, 사면방향, 체적 등을 계산할 수 있다.
④ DEM 제작에 사용된다.

46 벡터 데이터 취득방법이 아닌 것은?

① 매뉴얼 디지타이징(Manual Digitizing)
② 헤드업 디지타이징(Head–up Digitizing)
③ COGO 데이터 입력(COGO input)
④ 래스터라이제이션(Rasterization)

47 수치지형모델 중의 한 유형인 수치표고모델 (DEM)의 활용과 거리가 가장 먼 것은?

① 토지피복도(Land Cover Map)
② 3차원 조망도(Perspective View)
③ 음영기복도(Shaded Relief Map)
④ 경사도(Slope Map)

48 벡터구조의 특징으로 옳지 않은 것은?

① 그래픽의 정확도가 높다.
② 복잡한 현실세계의 구체적 묘사가 가능하다.
③ 자료구조가 단순하다.
④ 데이터 용량의 축소가 용이하다.

49 지리정보시스템(GIS)의 공간분석에서 선형 공간객체의 특성을 이용한 관망(Network)분석 기법으로 가능한 분석과 거리가 가장 먼 것은?

① 댐 상류의 유량 추적 및 오염 발생이 하류에 미치는 영향 분석
② 하나의 지점에서 다른 지점으로 이동 시 최적 경로의 선정
③ 특정 주거지역의 면적 산정과 인구 파악을 통한 인구밀도의 계산
④ 창고나 보급소, 경찰서, 소방서와 같은 주요 시설물의 위치 선정

50 지리정보시스템(GIS)의 자료처리에서 버퍼 (Buffer)에 대한 설명으로 옳은 것은?

① 공간 형상의 둘레에 특정한 폭을 가진 구역 (Zone)을 구축하는 것이다.
② 선 데이터에 대해서만 버퍼거리를 지정하여 버퍼링(Buffering)을 할 수 있다.
③ 면 데이터의 경우 면의 안쪽에서는 버퍼거리를 지정할 수 없다.
④ 선 데이터의 형태가 구불구불한 굴곡이 매우 심하거나 소용돌이 형상일 경우 버퍼를 생성할 수 없다.

51 공간분석 위상관계에 대한 설명으로 옳지 않은 것은?

① 위상관계란 공간자료의 상호관계를 정의한다.
② 위상관계란 인접한 점, 선, 면 사이의 공간적 관계를 나타낸다.
③ 위상관계란 공간객체와 속성정보의 연결을 의미한다.
④ 위상관계에서 한 노드(Node)를 공유하는 모든 아크(Arc)는 상호 연결성의 존재가 반드시 필요하다.

52 지리정보시스템(GIS) 구축에 대한 용어 설명으로 옳지 않은 것은?

① 변환 : 구축된 자료 중에서 필요한 자료를 쉽게 찾아낸다.
② 분석 : 자료를 특성별로 분류하여 자료가 내포하는 의미를 찾아낸다.
③ 저장 : 수집된 자료를 전산자료로 저장한다.
④ 수집 : 필요한 자료를 획득한다.

53 다음 중 지리정보시스템(GIS)의 구성요소로 옳은 것은?

① 하드웨어, 소프트웨어, 인적자원, 데이터
② 하드웨어, 소프트웨어, 데이터, GPS
③ 데이터, GPS, LIS, BIS
④ BIS, LIS, UIS, GPS

54 GNSS 관측 오차에 대한 설명 중 틀린 것은?

① 대류권에 의하여 신호가 지연된다.
② 전리층에 의하여 코드 신호가 지연된다.
③ 다중경로 오차에 의하여 신호의 세기가 증폭된다.
④ 수학적으로 대류권 오차는 온도, 기압, 습도 등으로 모델링한다.

55 GNSS 반송파 위상추적회로에서 반송파 위상관측값에 순간적인 손실이 발생하는 현상을 무엇이라 하는가?

① AS
② Cycle Slip
③ SA
④ VRS

56 과학기술용 위성 등 저궤도 위성에 탑재된 GNSS 수신기를 이용한 정밀위성궤도 결정과 가장 유사한 지상측량의 방법은?

① 위상데이터를 이용한 이동측위
② 위상데이터를 이용한 정지측위
③ 코드데이터를 이용한 이동측위
④ 코드데이터를 이용한 정지측위

57 지리정보시스템(GIS) 표준과 관련된 국제기구는?

① Open Geospatial Consortium
② Open Source Consortium
③ Open Scene Graph
④ Open GIS Library

58 지리정보시스템(GIS)의 데이터 처리를 위한 데이터베이스 관리시스템(DBMS)에 대한 설명으로 거리가 가장 먼 것은?

① 복잡한 조건 검색 기능이 불필요하여 구조가 간단하다.
② 자료의 중복 없이 표준화된 형태로 저장되어 있어야 한다.
③ 데이터베이스의 내용을 표시할 수 있어야 한다.
④ 데이터 보호를 위한 안전관리가 되어 있어야 한다.

59 GNSS를 이용한 측량 분야의 활용으로 거리가 가장 먼 것은?

① 해양 작업선의 위치 결정
② 택배 운송차량의 위치 정보 확인
③ 터널 내의 선형 및 단면 측량
④ 댐, 교량 등의 변위 측정

60 지리정보시스템(GIS)의 하드웨어 구성 중 자료 출력장비가 아닌 것은?

① 플로터　　　　② 프린터
③ 자동 제도기　　④ 해석 도화기

Subject **04** 측량학

61 삼각망 조정계산의 조건에 대한 설명이 틀린 것은?

① 어느 한 측점 주위에 형성된 모든 각의 합은 360°이어야 한다.
② 삼각망에서 각 삼각형의 내각의 합은 180°이어야 한다.
③ 한 측점에서 측정한 여러 각의 합은 그 전체를 한 각으로 관측한 각과 같다.
④ 한 개 이상의 독립된 다른 경로에 따라 계산된 삼각형의 한 변의 길이는 경로에 따라 다른 고유의 값을 갖는다.

62 측량에서 발생되는 오차 중 주로 관측자의 미숙과 부주의로 인하여 발생되는 오차는?

① 착오　　　　　② 정오차
③ 부정오차　　　④ 표준오차

63 UTM 좌표에 관한 설명으로 옳은 것은?

① 각 구역을 경도는 8°, 위도는 6°로 나누어 투영한다.
② 축척계수는 0.9996으로 전 지역에서 일정하다.
③ 북위 85°부터 남위 85°까지 투영범위를 갖는다.
④ 우리나라는 51S~52S 구역에 위치하고 있다.

64 A, B점 간의 고저차를 구하기 위해 그림과 같이 (1), (2), (3) 노선을 직접수준측량을 실시하여 표와 같은 결과를 얻었다면 최확값은?

구분	관측결과	노선길이
(1)	32.234m	2km
(2)	32.245m	1km
(3)	32.240m	1km

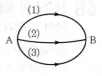

① 32.238m　　　② 32.239m
③ 32.241m　　　④ 32.246m

65 등고선의 성질에 대한 설명으로 옳지 않은 것은?

① 낭떠러지와 동굴에서는 교차한다.
② 등고선 간 최단거리의 방향은 그 지표면의 최대 경사 방향을 가리킨다.
③ 등고선은 도면 안 또는 밖에서 반드시 폐합하며 도중에 소실되지 않는다.
④ 등고선은 경사가 급한 곳에서는 간격이 넓고, 경사가 완만한 곳에서는 간격이 좁다.

66 전자파거리측량기(EDM)에서 발생하는 오차 중 거리에 비례하여 나타나는 것은?

① 위상차 측정오차
② 반사프리즘의 구심오차
③ 반사프리즘 정수의 오차
④ 변조주파수의 오차

67 그림과 같이 편각을 측정하였다면 $\overline{DE}$의 방위각은?(단, $\overline{AB}$의 방위각은 60°이다.)

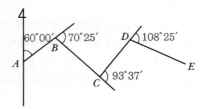

① 145°13′　　② 147°13′
③ 149°32′　　④ 151°13′

68 삼각망의 조정계산에서 만족시켜야 할 기하학적 조건이 아닌 것은?

① 삼각형의 내각의 합은 180°이다.
② 삼각형의 편각의 합은 560°이어야 한다.
③ 어느 한 측점 주위에 형성된 모든 각의 합은 반드시 360°이어야 한다.
④ 삼각형의 한 변의 길이는 그 계산 경로에 관계없이 항상 일정하여야 한다.

69 기지점의 지반고 86.37m, 기지점에서의 후시 3.95m, 미지점에서의 전시 2.04m일 때 미지점의 지반고는?

① 80.38m　　② 84.46m
③ 88.28m　　④ 92.36m

70 삼각망 내 어떤 삼각형의 구과량이 10″일 때, 그 구면삼각형의 면적은?(단, 지구의 반지름은 6,370km이다.)

① 1,047km²
② 1,574km²
③ 1,967km²
④ 2,532km²

71 직사각형의 면적을 구하기 위하여 거리를 관측한 결과 가로=50.00±0.01m, 세로=100.00±0.02m이었다면 면적에 대한 오차는?

① ±0.01m²　　② ±0.02m²
③ ±0.98m²　　④ ±1.41m²

72 각측량에서 기계오차의 소거방법 중 망원경을 정·반위로 관측하여도 제거되지 않는 오차는?

① 시준선과 수평축이 직교하지 않아 생기는 오차
② 수평 기포관축이 연직축과 직교하지 않아 생기는 오차
③ 수평축이 연직축에 직교하지 않아 생기는 오차
④ 회전축에 대하여 망원경의 위치가 편심되어 생기는 오차

73 경중률에 대한 설명으로 옳은 것은?

① 경중률은 동일 조건으로 관측했을 때 관측횟수에 반비례한다.
② 경중률은 평균의 크기에 비례한다.
③ 경중률은 관측거리에 반비례한다.
④ 경중률은 표준편차의 제곱에 비례한다.

74 지형도의 활용과 가장 거리가 먼 것은?

① 저수지의 담수 면적과 저수량의 계산
② 절토 및 성토 범위의 결정
③ 노선의 도상 선정
④ 지적경계측량

75 측량기술자의 업무정지 사유에 해당되지 않는 것은?

① 근무처 등의 신고를 거짓으로 한 경우
② 다른 사람에게 측량기술경력증을 빌려준 경우
③ 경력 등의 변경신고를 거짓으로 한 경우
④ 측량기술자가 자격증을 분실한 경우

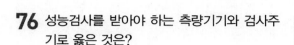

76 성능검사를 받아야 하는 측량기기와 검사주기로 옳은 것은?

① 레벨 : 1년
② 토털 스테이션 : 2년
③ 지피에스(GPS) 수신기 : 3년
④ 금속 또는 비금속 관로 탐지기 : 4년

77 다음 중 기본측량성과의 고시내용이 아닌 것은?

① 측량의 종류
② 측량의 정확도
③ 측량성과의 보관 장소
④ 측량 작업의 방법

78 공간정보의 구축 및 관리 등에 관한 법률의 제정목적에 대한 설명으로 가장 적합한 것은?

① 국토의 효율적 관리와 국민의 소유권 보호에 기여함
② 국토개발의 중복 배제와 경비 절감에 기여함
③ 공간정보 구축의 기준 및 절차를 규정함
④ 측량과 지적측량에 관한 규칙을 정함

79 측량기준점 중 국가기준점에 해당되지 않는 것은?

① 위성기준점　　② 통합기준점
③ 삼각점　　④ 공공수준점

80 공공측량 작업계획서에 포함되어야 할 사항이 아닌 것은?

① 공공측량의 사업명
② 공공측량 성과의 보관 장소
③ 공공측량의 위치 및 사업량
④ 공공측량의 목적 및 활용 범위

정답

01	02	03	04	05	06	07	08	09	10
③	②	③	②	③	③	③	②	③	②
11	12	13	14	15	16	17	18	19	20
①	②	③	④	①	④	①	①	②	①
21	22	23	24	25	26	27	28	29	30
③	③	④	①	①	①	④	①	④	③
31	32	33	34	35	36	37	38	39	40
④	③	④	②	③	②	②	②	④	①
41	42	43	44	45	46	47	48	49	50
④	②	②	②	②	④	①	③	③	①
51	52	53	54	55	56	57	58	59	60
③	①	③	①	③	②	①	①	③	④
61	62	63	64	65	66	67	68	69	70
④	①	③	④	④	①	②	③	③	③
71	72	73	74	75	76	77	78	79	80
④	②	③	④	④	③	④	①	④	②

해설

01

$$캔트(C) = \frac{S \cdot V^2}{g \cdot R}$$
$$= \frac{S \times (2V)^2}{g \times (2R)} = \frac{4S \cdot V^2}{2g \cdot R} = 2 \cdot \frac{SV^2}{gR} = 2C$$

∴ 2배로 증가된다.

02

유속 관측장소 선정
- 직선부로서 흐름이 일정하고 하상의 요철이 적으며 하상경사가 일정한 곳이어야 한다.
- 수위의 변화에 의해 하천 횡단면 형상이 급변하지 않고 지질이 양호한 곳이어야 한다.
- 관측장소의 상·하류의 수로는 일정한 단면을 갖고 있으며 관측이 편리한 곳이어야 한다.

03

$$\delta_n = 1{,}718.87' \times \frac{l_n}{R} \rightarrow 0°57'20'' = 1{,}718.87' \times \frac{l_n}{200}$$
$$\therefore l_n = \frac{0°57'20'' \times 200}{1{,}718.87'} = 6.671\text{m}$$

04

좌표법은 각 경계점의 좌표(X, Y)를 트래버스측량으로 취득하여 면적을 산정하는 방법이다.

05

$$\triangle ABC\, 면적 = 1{,}000 \times \frac{2}{5} = 400\text{m}^2 \rightarrow$$
$$\triangle ABC\, 면적 = \frac{1}{2} \times \overline{BE} \times h = 400\text{m}^2$$
$$\therefore \overline{BE} = \frac{400 \times 2}{16} = 50\text{m}$$

06

비행장의 입지 선정 요소
주변지역 개발 형태, 기후, 접근성, 장애물, 지원시설, 기타 주변 여건

07

$$A^2 = RL$$
$$\therefore R = \frac{A^2}{L} = \frac{60^2}{30} = 120\text{m}$$

08

심프슨의 제2법칙은 지거의 세 구간을 한 조로 하여 경계선을 3차 포물선으로 보고 면적을 계산한다.

09

- 곡선장$(CL) = 0.0174533 \cdot R \cdot I°$
  $$= 0.0174533 \times 200 \times 120° = 418.88\text{m}$$
- $P\sim\widehat{E.C} = 418.88 - 13.96 = 404.92\text{m (No.}20 + 4.92\text{m)}$
- 종단현 거리$(l_n) = E.C$ 추가거리 $= 4.92\text{m}$
- 20m에 대한 일반편각$(\delta_{20}) = 1{,}718.87' \times \frac{l_{20}}{R}$
  $$= 1{,}718.87' \times \frac{20}{200} = 2°51'53''$$

- 종단현 편각$(\delta_n) = 1{,}718.87' \times \dfrac{l_n}{R}$

$$= 1{,}718.87' \times \dfrac{4.92}{200} = 0°42'17''$$

$\therefore \delta' = 20\delta_{20} + \delta_n = (20 \times 2°51'53'') + 0°42'17''$

$$= 57°59'57'' \fallingdotseq 58°$$

10

중앙종거$(M) = R\left(1 - \cos\dfrac{I}{2}\right)$

$\therefore I = \cos^{-1}\left(1 - \dfrac{M}{R}\right) \times 2 = \cos^{-1}\left(1 - \dfrac{20}{100}\right) \times 2 = 73°44'23''$

11

평면측량 범위
- 무제부 : 홍수가 영향을 주는 구역보다 약간 넓게, 즉 홍수 시에 물이 흐르는 맨 옆에서 100m까지
- 유제부 : 제외지 전부와 제내지의 300m 이내

12

- T.L(접선장) = 185m
- B.C(곡선시점) = 도로시점~교점까지의 거리 − T.L
$$= 850 - 185 = 665m \ (No.33 + 5m)$$
- $\therefore l_1$(시단현 거리) = 20m − B.C 추가거리 = 20 − 5 = 15m

13

지하시설물 측량(Underground Facility Surveying)은 지하시설물의 수평위치와 수직위치를 관측하는 측량을 말하며, 지하시설물을 효율적 및 체계적으로 유지·관리하기 위하여 지하시설물에 대한 조사, 탐사와 도면 제작을 위한 측량으로 초기 도면 제작비용이 많이 든다.

14

등고선법은 저수지의 용적 등 체적을 근사적으로 구하는 경우에 대단히 편리한 방법이다. 심프슨 제1법칙을 적용하면,

$$V_0 = \dfrac{h}{3}\{A_0 + A_4 + 4(A_1 + A_3) + 2(A_2)\}$$

15

터널측량의 작업 순서
- 답사 : 터널 외 기준점 설치 및 대축척 지형도 작성
- 예측 : 터널 중심선의 지상 설치
- 지표 설치 : 터널 중심선의 지하 설치
- 지하 설치 : 터널 내외 연결측량

16

터널 내 측량은 터널의 시공과정 중에 주로 이루어지는 측량이다.

17

- 롤보정 : 평탄한 해저에서 동일한 측심선을 따라 왕복측량을 실시한다.
- 피치보정 : 해저의 굴곡지형, 경사가 급한 지형, 인공구조물 등이 있는 지형을 선택하여 실시한다.
- 헤딩보정 : 목표물이 있는 지형에서 실시하며 목표물을 가운데 두고 동일 방향, 동일 속도의 다른 측심선으로 편도차량을 실시한다.
- 시간보정 : 해저지형은 경사가 심하거나 목표물이 있는 지형을 선택하여 실시한다.

18

$$a_2 = \left(\dfrac{m_2}{m_1}\right)^2 \times a_1 = \left(\dfrac{500}{1{,}000}\right)^2 \times 50 = 12.5m^2$$

19

지중레이더 탐사법(Ground Penetration Radar Method)은 지하를 단층 촬영하여 시설물 위치를 판독하는 방법이며 전자파가 반사되는 성질을 이용하여 지중의 각종 현상을 밝히는 것으로 레이더는 원래 고주파의 전자파를 공기 중으로 방사시킨 후 대상물에서 반사되어 온 전자파를 수신하여 대상물의 위치를 알아내는 시스템이다.

20

- 사분법에 의해 V_1을 구하면

$$V_1 = \dfrac{A}{4}(\Sigma h_1 + 2\Sigma h_2 + 3\Sigma h_3 + 4\Sigma h_4)$$

$$= \dfrac{10 \times 10}{4}\{(1.5 + 1.7 + 1.9 + 2.0) +$$
$$2 \times (1.4 + 1.5 + 2.0 + 1.6) + 4 \times (2.0)\}$$
$$= 702.5m^3$$

- 삼분법에 의해 V_2을 구하면

$$V_2 = \dfrac{A}{3}(\Sigma h_1 + 2\Sigma h_2 + 3\Sigma h_3 + \cdots + 8\Sigma h_8)$$

$$= \dfrac{\frac{1}{2}(10 \times 10)}{3}(2.0 + 1.9 + 1.2) = 85m^3$$

$\therefore V = V_1 + V_2 = 702.5 + 85 = 787.5m^3$

21

축척이 가장 작게 결정되는 카메라는 화각이 120°, 초점거리(f)가 88mm인 초광각 사진기이다.

22

- 수동적 센서(Passive Sensor) : 대상물에서 방사되는 전자기파를 수집하는 방식
  예 MSS, TM, HRV

- 능동적 센서(Active Sensor) : 전자기파를 발사하여 대상물에서 반사되는 전자기파를 수집하는 방식
  예 SAR(SLAR), LiDAR

23

VLBI는 초장기선간섭계로 준성을 이용한 우주전파측량이다.

24

- $M = \dfrac{1}{m} = \dfrac{f}{H} \rightarrow \dfrac{1}{20,000} = \dfrac{0.16}{H} \rightarrow H = 3,200\text{m}$
- $B = ma(1-p) = 20,000 \times 0.18(1-0.6) = 1,440\text{m}$
- $\therefore$ 기선고도비$\left(\dfrac{B}{H}\right) = \dfrac{1,440}{3,200} = 0.45$

25

독립모델법은 각 입체모형을 단위로 하여 접합점과 기준점을 이용하여 여러 입체모형의 좌표들을 조정방법에 의하여 절대표정 좌표로 환산하는 방법이다.

26

항공사진측량은 지형도 작성 및 판독에 주로 이용된다.

27

불규칙삼각망은 수치모형이 갖는 자료의 중복을 줄일 수 있으며, 격자형 자료의 단점인 해상력 저하, 해상력 조절, 중요한 정보의 상실 가능성을 해소할 수 있다.

28

$b_0 = a(1-p) = 0.23(1-0.65) = 0.08\text{m}$

$\therefore h = \dfrac{H}{b_0} \cdot \Delta p = \dfrac{800}{0.08} \times 0.0005 = 5\text{m}$

29

일반카메라와 비교할 때, 항공사진측량용 카메라의 초점거리(f)가 길다.

30

표정점의 종류에는 자연점, 지상기준점, 대공표지, 보조기준점(종접합점), 횡접합점, 자침점이 있다.

31

회전주기가 일정하므로 원하는 지점 및 시기에 관측하기 어렵다.

32

산림지역의 트레이닝 필드로부터 취득되는 밴드 '1'의 화솟값은 최솟값 2, 최댓값 5이며, 밴드 '2'의 화솟값은 최솟값 3, 최댓값 7이 된다.

33

기하학적 보정이 필요한 경우

- 지리적인 위치를 정확히 구하고자 할 때
- 다른 파장대의 영상을 중첩하고자 할 때
- 다른 일시 또는 센서로 취한 같은 장소의 영상을 중첩하고자 할 때

※ ④항은 라디오메트릭 보정(방사량보정)을 말한다.

34

영상을 이용하여 직접 수치지도를 제작하는 과정에는 자료취득(기존지형도, 항공사진측량, LiDAR 등)과 지형공간정보의 표현(정위치편집, 구조화편집) 및 현지보완측량이 필요하며, 수치영상을 취득하였을 경우 영상처리 및 영상정합 방법이 추가된다.

35

절대표정은 축척의 결정, 수준면의 결정, 위치의 결정을 한다.

36

사진축척$(M) = \dfrac{1}{m} = \dfrac{f}{H} = \dfrac{0.15}{3,000} = \dfrac{1}{20,000}$

$\therefore$ 유효면적$(A_0) = (ma)^2(1-p)(1-q)$
$= (20,000 \times 0.18)^2 \times (1-0.6) \times (1-0.3)$
$= 3,628,800\text{m}^2$
$= 3.63\text{km}^2$

37

영상정합의 분류

- 영역기준 정합
- 형상기준 정합
- 관계형 정합

38

수렴사진은 사진기의 광축을 서로 교차시켜 촬영하는 방법이다.

39

$T_l = \dfrac{\Delta s \cdot m}{V} \rightarrow \dfrac{1}{250} = \dfrac{0.00001 \times \dfrac{H}{0.153}}{\dfrac{190 \times 1,000}{3,600}} \rightarrow H = 3,230\text{m}$

$\therefore \Delta r = \dfrac{h}{H} \cdot r = \dfrac{120}{3,230} \times 0.07 = 0.0026\text{m} = 2.6\text{mm}$

40

사진축척$(M)=\dfrac{1}{m}=\dfrac{f}{H}$ 이므로 사진축척은 초점거리(f)에 비례하고, 촬영고도(H)와는 반비례한다.

41

메타데이터는 데이터베이스, 레이어, 속성, 공간형상과 관련된 정보로서 데이터에 대한 데이터로서 정확한 정보를 유지하기 위해 일정주기로 수정 및 갱신을 하여야 한다.

42

체인코드(Chain-code) 기법
어느 영역의 경계선을 단위벡터로 표시한다.

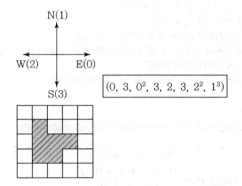

$(0, 3, 0^2, 3, 2, 3, 2^2, 1^3)$

43

$\lambda=\dfrac{c}{f}$ (λ : 파장, c : 광속, f : 주파수)에서
MHz를 Hz 단위로 환산하여 계산하면,
$\lambda=\dfrac{300,000}{1,575.42\times10^6}=1.904\times10^{-4}$km
$\therefore$ L_1 신호 50,000파장 거리 $=50,000\times1.904\times10^{-4}$
$=9.52127$km $=9,521.27$m

44

항공사진측량에 의한 수치지도 제작
촬영계획-사진촬영-기준점측량-수치도화-현지조사-정위치편집-구조화편집-수치지도
$\therefore$ c-a-e-b-d

45

TIN의 특징
- 세 점으로 연결된 불규칙 삼각형으로 구성된 삼각망이다.
- 적은 자료로서 복잡한 지형을 효율적으로 나타낼 수 있다.
- 벡터구조로 위상정보를 가지고 있다.
- 델로니 삼각망을 주로 사용한다.

- 불규칙 표고 자료로부터 등고선을 제작하는 데 사용된다.
※ 불규칙 표고 자료를 이용하여 고도값의 내삽에 사용된다.

46

격자화(Rasterization)는 벡터에서 격자구조로 변환하는 것으로 벡터구조를 일정한 크기로 나눈 다음, 동일한 폴리곤에 속하는 모든 격자들은 해당 폴리곤의 속성값으로 격자에 저장한다.

47

DEM은 경사도, 사면방향도, 단면 분석, 절·성토량 산정, 등고선 작성 등 다양한 분야에 활용되고 있다.
※ 토지피복도는 산림지, 목초지, 농경지 등 실제 토지 표면의 유형을 보여주는 지도이다.

48

벡터구조는 격자구조에 비해 자료구조가 복잡하다.

49

특정 주거지역의 면적 산정, 인구밀도의 계산은 관망분석과는 거리가 멀다.

50

버퍼 분석은 GIS 연산에 의해 점·선 또는 면에서 일정 거리 안의 지역을 둘러싸는 폴리곤 구역을 생성하는 기법이다.

51

위상관계(Topology)는 공간관계를 정의하는 데 쓰이는 수학적 방법으로서 입력된 자료의 위치를 좌푯값으로 인식하고 각각의 자료 간의 정보를 상대적 위치로 저장하며, 선의 방향, 특성들 간의 관계, 연결성, 인접성, 영역 등을 정의함으로써 공간분석을 가능하게 한다.

52

자료변환은 인쇄된 기록들을 GIS 프로그램들에 적합한 형식으로 변환하는 것을 말한다.

53

GIS의 구성요소
- 하드웨어
- 소프트웨어
- 데이터베이스
- 조직 및 인력

54

다중경로 오차는 건물이나 자동차 등에 의한 반사된 GPS 신호가 수신기로 수신되어 발생하는 오차로 위치정확도가 저하된다.

55

사이클슬립(Cycle Slip)은 GNSS 관측 중 어떤 원인에 의해 위성으로부터의 일시적인 신호가 단절되어 반송파 위상관측값이 단절되는 현상을 말한다.

56

저궤도 위성의 궤도 결정에는 GNSS 관측 데이터에 포함된 GNSS 위성 및 수신기의 시계오차를 제거하기 위하여, 저궤도 위성에 탑재된 GNSS 수신기로부터 획득된 데이터와 IGS 지상국들로부터 측정된 GNSS 데이터를 결합하여 이중 차분을 수행하는 DGNSS 기법을 적용한다(위상데이터를 이용한 이동측위).

※ 저궤도 위성 : 지구 상공 500~1,500km 궤도에서 운용되며, 주로 원격탐사와 기상 관측에 이용된다.

57

OGC(Open Geospatial Consortium)
공간정보 표준 컨소시엄은 1994년에 발족한 국제 GIS 추진기구로 공간정보 콘텐츠의 제공, GIS 자료처리 및 자료 공유 등의 발전을 도모하기 위한 각종 기준을 제공한다.

58

DBMS(DataBase Management System)는 파일처리방식의 단점을 보완하기 위해 도입되었으며, 자료의 입력과 검토 · 저장 · 조회 · 검색 · 조작할 수 있는 도구를 제공한다.
• 파일처리방식에 비하여 시스템 구성이 복잡하다.
• 중앙제어가 가능하나 집중화된 통제에 따른 위험이 있다.
• 데이터의 보호를 위한 안전관리가 되어 있어야 한다.
• 데이터의 중복을 최소화한다.

59

GNSS는 위치나 시간정보를 필요로 하는 모든 분야에 이용될 수 있기 때문에 매우 광범위하게 응용되고 있으나 위성의 수신이 되지 않는 터널 내의 측량은 불가능하다.

60

GIS 출력장비
• 모니터
• 필름제조
• 프린터
• 제도기
• 플로터
※ 해석 도화기는 사진측량에서 이용되는 장비이다.

61

한 개 이상의 독립된 다른 경로에 따라 계산된 삼각형의 한 변의 길이는 경로에 상관없이 같은 값을 갖는다.

62

관측자의 미숙, 부주의에 의해 발생되는 오차를 착오, 과실, 과대오차라고 한다.

63

UTM 좌표계
• 좌표계의 간격은 경도 6°마다 60지대로 나누고 각 지대의 중앙자오선에 대하여 횡메르카토르 투영을 적용한다.
• 경도의 원점은 중앙자오선이다.
• 위도의 원점은 적도상에 있다.
• 길이의 단위는 m이다.
• 중앙자오선에서의 축척계수는 0.9996이다.
• 종대에서 위도는 남, 북위 80°까지만 포함시키며 다시 8° 간격으로 20구역으로 나눈다.
• 우리나라는 51, 52종대 및 S, T횡대에 속한다.

64

경중률은 노선거리에 반비례하므로 경중률 비를 취하면,

$$W_1 : W_2 : W_3 = \frac{1}{S_1} : \frac{1}{S_2} : \frac{1}{S_3} = \frac{1}{2} : \frac{1}{1} : \frac{1}{1} = 1 : 2 : 2$$

$$\therefore \text{최확값}(H) = \frac{W_1 H_1 + W_2 H_2 + W_3 H_3}{W_1 + W_2 + W_3}$$

$$= 32.200 + \frac{(1 \times 0.034) + (2 \times 0.045) + (2 \times 0.040)}{1 + 2 + 2}$$

$$= 32.241 \text{m}$$

65

등고선은 경사가 급한 곳에서는 간격이 좁고, 경사가 완만한 곳에서는 간격이 넓다.

66

전자파거리측량기(EDM) 오차
• 거리에 비례하는 오차 : 광속도의 오차, 광변조주파수의 오차, 굴절률의 오차
• 거리에 비례하지 않는 오차 : 위상차 관측오차, 기계정수 및 반사경 정수의 오차

67

• $\overline{AB}$ 방위각 $= 60°$
• $\overline{BC}$ 방위각 $= 60° + 70°25' = 130°25'$
• $\overline{CD}$ 방위각 $= 130°25' - 93°37' = 36°48'$
• $\therefore \overline{DE}$ 방위각 $= 36°48' + 108°25' = 145°13'$

68

각관측 3조건
- 각조건 : 삼각망 중 각각 삼각형 내각의 합은 180°가 되어야 한다.
- 점조건 : 한 측점 주위에 있는 모든 각의 총합은 360°가 되어야 한다.
- 변조건 : 삼각망 중에서 임의 한 변의 길이는 계산순서에 관계 없이 동일하여야 한다.

69

$$H_{\text{미지점}} = H_{\text{기지점}} + \text{후시} - \text{전시}$$
$$= 86.37 + 3.95 - 2.04 = 88.28\text{m}$$

70

$$\varepsilon'' = \frac{A}{r^2} \cdot \rho''$$

$$\therefore A = \frac{10'' \times 6,370^2}{206,265''} = 1,967\text{km}^2$$

71

$$M = \pm \sqrt{(L_2 \cdot m_1)^2 + (L_1 \cdot m_2)^2}$$
$$= \pm \sqrt{(100 \times 0.01)^2 + (50 \times 0.02)^2} = \pm 1.41\text{m}^2$$

72

기포관측과 연직축은 직교해야 하는데 직교하지 않아 생기는 오차를 연직축오차라 한다. 이는 망원경을 정위와 반위로 관측하여도 소거가 불가능하다.

73

경중률은 관측값의 신뢰도를 나타내며 다음과 같은 성질을 가진다.
- 경중률은 관측횟수(N)에 비례한다.
$$W_1 : W_2 : W_3 = N_1 : N_2 : N_3$$
- 경중률은 노선거리(S)에 반비례한다.
$$W_1 : W_2 : W_3 = \frac{1}{S_1} : \frac{1}{S_2} : \frac{1}{S_3}$$
- 경중률은 평균제곱근오차(m)의 제곱에 반비례한다.
$$W_1 : W_2 : W_3 = \frac{1}{m_1^2} : \frac{1}{m_2^2} : \frac{1}{m_3^2}$$

74

지형도의 활용
- 단면도 제작
- 등경사선 관측
- 유역면적 측정
- 성토 및 절토범위 측정
- 저수량 측정

75

공간정보의 구축 및 관리 등에 관한 법률 제42조(측량기술자의 업무정지 등)
국토교통부장관은 측량기술자가 다음의 어느 하나에 해당하는 경우에는 1년 이내의 기간을 정하여 측량업무의 수행을 정지시킬 수 있다.
1. 근무처 및 경력 등의 신고 또는 변경신고를 거짓으로 한 경우
2. 다른 사람에서 측량기술경력증을 빌려주거나 자기의 성명을 사용하여 측량업무를 수행하게 한 경우

76

공간정보의 구축 및 관리 등에 관한 법률 시행령 제97조(성능검사의 대상 및 주기 등)
1. 트랜싯(데오드라이트) : 3년
2. 레벨 : 3년
3. 거리측정기 : 3년
4. 토털스테이션(Total Station : 각도 · 거리 통합 측량기) : 3년
5. 지피에스(GPS) 수신기 : 3년
6. 금속 또는 비금속 관로 탐지기 : 3년

77

공간정보의 구축 및 관리 등에 관한 법률 시행령 제13조(측량성과의 고시)
1. 측량의 종류
2. 측량의 정확도
3. 설치한 측량기준점의 수
4. 측량의 규모(면적 또는 지도의 장수)
5. 측량실시의 시기 및 지역
6. 측량성과의 보관 장소
7. 그 밖에 필요한 사항

78

공간정보의 구축 및 관리 등에 관한 법률 제1조(목적)
이 법은 측량의 기준 및 절차와 지적공부(地籍公簿) · 부동산종합공부(不動産綜合公簿)의 작성 및 관리 등에 관한 사항을 규정함으로써 국토의 효율적 관리 및 국민의 소유권 보호에 기여함을 목적으로 한다.

79

공간정보의 구축 및 관리 등에 관한 법률 시행령 제8조(측량기준점의 구분)
1. 국가기준점 : 우주측지기준점, 위성기준점, 수준점, 중력점, 통합기준점, 삼각점, 지자기점
2. 공공기준점 : 공공삼각점, 공공수준점
3. 지적기준점 : 지적삼각점, 지적삼각보조점, 지적도근점

80

공간정보의 구축 및 관리 등에 관한 법률 시행규칙 제21조(공공측량 작업계획서의 제출)

공공측량 작업계획서에 포함되어야 할 사항은 다음과 같다.

1. 공공측량의 사업명
2. 공공측량의 목적 및 활용 범위
3. 공공측량의 위치 및 사업량
4. 공공측량의 작업기간
5. 공공측량의 작업방법
6. 사용할 측량기기의 종류 및 성능
7. 사용할 측량성과의 명칭, 종류 및 내용
8. 그 밖에 작업에 필요한 사항

1. 원격탐측, 유복모, 개문사, 1986
2. 측지학, 유복모, 동명사, 1992
3. 成央(地形情報處理學), 삼북출판사, 1992
4. 측량학 해설, 정영동 · 오창수 · 조기성 · 박성규, 예문사, 1993
5. 지형공간정보론, 유복모, 동명사, 1994
6. 측량학 원론 I, 유복모, 박영사, 1995
7. 측량학 원론 II, 유복모, 박영사, 1995
8. 측량공학, 유복모, 박영사, 1996
9. 경관공학, 유복모, 동명사, 1996
10. 표준측량학, 조규전 · 이석, 보성문화사, 1997
11. 측량학, 유복모, 동명사, 1998
12. 일반측량학, 안철수 · 최재화, 문운당, 1998
13. 사진측정학, 유복모, 문운당, 1998
14. GIS 개론, 김계현, 대영사, 1998
15. 현대수치 사진측량학, 유복모, 문운당, 1999
16. GIS 용어 해설집, 이강원 · 황창학, 구미서관, 1999
17. 지도학 원론, 한균형, 민음사, 2000
18. 공간정보공학, 村井俊治, 대한측량협회, 2002
19. 지리정보시스템(GIS) 용어사전, 이강원 · 함창학, 구미서관, 2003
20. 측량용어사전, 국토지리정보원, 2003
21. 원격탐사의 원리, 대한측량협회 번역, 2004
22. 지리정보시스템의 원리, 대한측량협회 번역, 2004
23. 데이터베이스 시스템, 이석호, 정익사, 2009
24. 포인트 측량 및 지형공간정보기술사, 박성규 · 임수봉 · 주현승 · 강상구, 예문사, 2011
25. 적중 지적기사/산업기사, 송용희, 성안당, 2011
26. GIS 지리정보학, 이희연, 법문사, 2011
27. 컴퓨터인터넷 IT 용어대사전, 전산용어사전편찬위원회, 일진사, 2011
28. GNSS 측량의 기초, 土屋 淳 · 辻 宏道, 대한측량협회, 2011
29. 측량 및 지형공간정보 용어해설, 정영동 · 오창수 · 박정남 · 고제웅 · 조규장 · 박성규 · 임수봉
    · 강상구, 예문사, 2012
30. 지형공간정보체계 용어사전, 이강원 · 손호웅, 구미서관, 2016
31. 브이월드(www.vworld.kr)
32. 포인트 측량및지형공간정보기술사, 박성규 · 임수봉 · 박종해 · 강상구 · 송용희 · 이혜진, 예문사, 2019

■송용희

■약력
- 공학석사
- 측량 및 지형공간정보기술사

■저서
도서출판 예문사
「측량 및 지형공간정보기술사」
「측량 및 지형공간정보기사 필기」
「측량 및 지형공간정보기사 필기 과년도 문제해설」
「측량 및 지형공간정보산업기사 필기 과년도 문제해설」
「측량 및 지형공간정보기사 실기」

■이혜진

■약력
- 공학석사
- 측량 및 지형공간정보기술사
- (전) 인하공업전문대학, 송원대학교, 인덕대학교 강사
- (현) 신안산대학교 겸임교수
- (현) 대진대학교 강사

■저서
도서출판 예문사
「측량 및 지형공간정보기술사」
「측량 및 지형공간정보기술사 실전문제 및 해설」
「측량 및 지형공간정보기술사 기출문제 및 해설」
「측량 및 지형공간정보기사 필기」
「측량 및 지형공간정보기사 필기 과년도 문제해설」
「측량 및 지형공간정보산업기사 필기 과년도 문제해설」

■박동규

■약력
- 측량 및 지형공간정보기사
- (전) 순천제일대학교 강사
- (현) 서초수도건축토목학원 대전 원장

■저서
도서출판 예문사
「토목기사 실기」
「측량 및 지형공간정보기사 필기」
「측량 및 지형공간정보기사 필기 과년도 문제해설」
「측량 및 지형공간정보산업기사 필기 과년도 문제해설」
「측량 및 지형공간정보기사 실기」
「측량기능사 필기+실기」
「지적기사 · 산업기사 실기(필답형+작업형)」

■민미란

■약력
- 공학석사
- 토목기사

■저서
도서출판 예문사
「측량 및 지형공간정보기사 필기」
「측량 및 지형공간정보기사 필기 과년도 문제해설」
「측량 및 지형공간정보산업기사 필기 과년도 문제해설」
「토목기사 과년도 문제해설」

■김민승

■약력
- 측량 및 지형공간정보기사
- 서초수도건축토목학원 측량 전임강사

■저서
도서출판 예문사
「측량 및 지형공간정보기사 필기」
「측량 및 지형공간정보기사 필기 과년도 문제해설」
「측량 및 지형공간정보산업기사 필기 과년도 문제해설」
「측량 및 지형공간정보기사 실기」
「측량기능사 필기+실기」

PASS

측량 및 지형공간정보산업기사
필기 · 실기

발행일	1997. 8. 5	초판 발행
	2010. 1. 10	개정 24판1쇄
	2010. 5. 1	개정 25판1쇄
	2011. 1. 10	개정 26판1쇄
	2012. 2. 20	개정 27판1쇄
	2012. 4. 30	개정 28판1쇄
	2013. 1. 20	개정 29판1쇄
	2014. 1. 15	개정 30판1쇄
	2015. 2. 15	개정 31판1쇄
	2016. 1. 15	개정 32판1쇄
	2016. 4. 5	개정 33판1쇄
	2017. 1. 15	개정 34판1쇄
	2018. 1. 20	개정 35판1쇄
	2019. 2. 10	개정 36판1쇄
	2020. 2. 10	개정 37판1쇄
	2021. 2. 20	개정 38판1쇄
	2022. 2. 20	개정 39판1쇄
	2023. 1. 20	개정 40판1쇄
	2024. 1. 20	개정 41판1쇄

저 자 | 송용희 · 민미란 · 이혜진 · 김민승 · 박동규
발행인 | 정용수
발행처 | 예문사

주 소 | 경기도 파주시 직지길 460(출판도시) 도서출판 예문사
T E L | 031) 955 – 0550
F A X | 031) 955 – 0660
등록번호 | 11 – 76호

• 예문사 홈페이지 http : //www.yeamoonsa.com

정가 : 39,000원

ISBN 978-89-274-5222-5 14530